第五届
Proceedings of the Fifth

中国城市住宅研讨会论文集 　上卷

China Urban Housing Conference　Volume One

城市化进程中的人居环境和住宅建设：可持续发展和建筑节能
**Human Settlement and Housing Development under Urbanization Process:
Sustainable Development and Energy Conservation**

中国香港　香港中文大学
The Chinese University of Hong Kong, H.K.S.A.R. CHINA

2005 年 11 月 24 ~ 26 日
24 ~ 26 November 2005

主编　　　邹经宇　许溶烈　金德钧
Chief Editor　　TSOU Jin-Yeu, XU Ronglie, JIN Dejun
编辑　　　李文景
Editor　　　LI Wenjing

香港中文大学　中国城市住宅研究中心
Center for Housing Innovations, The Chinese University of Hong Kong

中国建筑工业出版社
CHINA ARCHITECTURE & BUILDING PRESS

图书在版编目（CIP）数据

城市化进程中的人居环境和住宅建设：可持续发展和建筑节能/香港中文大学
邹经宇，许溶烈，金德钧主编.-北京：中国建筑工业出版社，2005
ISBN 7-112-07847-4

Ⅰ城…Ⅱ香…Ⅲ①城市环境：居住环境-中国-学术会议-文集 ②城市建设：住宅建设-中国-学术会议-文集
Ⅳ① X21-53 ②F299.2-53

中国版本图书馆数据核字（2005）第 129241 号

责任编辑：戴静 姜莉

第五届中国城市住宅研讨会论文集（上下卷）
城市化进程中的人居环境和住宅建设：
可持续发展和建筑节能
香港中文大学中国城市住宅研究中心
邹经宇 许溶烈 金德钧 主编
*
中国建筑工业出版社出版、发行（北京西郊百万庄）
新华书店经销
利丰雅高印刷（深圳）有限公司制版
利丰雅高印刷（深圳）有限公司印刷
*
开本：210×285mm 1/16 印张：55 字数：1200千字
2005年11月第一版 2005年11月第一次印刷
定价：**240.00**元（上下卷）
ISBN 7-112-07847-4
　　　(13801)

论文评审委员会

(排名不分先后，以拼音或英文姓之首字母序)

Review Panels

(Ordered by English last names)

卢济威 LU Jiwei	教授 Prof.	同济大学建筑城规学院 College of Architecture and Urban Planning, Tongji University
马国馨 MA Guoxing	教授 Prof.	北京市建筑设计研究院 Beijing Institute of Architectural Design & Research
聂兰生 NIE Lansheng	教授 Prof.	天津大学建筑学院 Department of Architecture, Tianjin University
欧文生 OU Wen-Sheng	博士 Dr.	嘉南药理科技大学生态工程技术研发中心 Research & Development Center of Ecological Engineering and Technology, Chia Nan University of Pharmacy & Science
任爱珠 REN Aizhu	教授 Prof.	北京清华大学土木工程系 Department of Civil Engineering, Tsinghua University (Beijing)
孙骅声 SUN Huasheng	教授 Prof.	中国城市规划设计研究院深圳分院 Shenzhen Branch, China Academy of Urban Planning and Design
唐恢一 TANG Huiyi	教授 Prof.	哈尔滨工业大学建筑学院 School of Architecture, Harbin Institute of Technology
童悦仲 TONG Yuezhong	先生 Mr.	中华人民共和国建设部住宅产业化促进中心 The Center for Housing Industrialization, Ministry of Construction, P.R.China
涂英时 TU Yingshi	教授 Prof.	中国城市规划设计研究院居住区规划设计研究中心 Center for Human Settlement, China Academy of Urban Planning and Design
王静霞 WANG Jingxia	教授 Prof.	中国城市规划设计研究院 China Academy of Urban Planning and Design
黄君华 WONG, Francis	教授 Prof.	香港理工大学建筑及房地产学系 Department of Building & Real Estate, The Hong Kong Polytechnic University
吴光庭 WU Kwang-Tyng	教授 Prof.	淡江大学建筑系 Department of Architecture, Tam Kang University
邢同和 XING Tong He	教授 Prof.	上海现代建筑设计(集团)有限公司 Shanghai Xian Dai Architectural Design (Group) Co., Ltd.
许溶烈 XU Ronglie	教授 Prof.	中华人民共和国建设部科学技术委员会 Committee of Science and Technology, Ministry of Construction, P.R. China
叶嘉安 YEH, Anthony G. O.	教授 Prof.	香港大学城市规划及环境管理研究中心 The Centre of Urban Planning & Environmental Management, The University of Hong Kong
杨汝万 YEUNG Yue Man	教授 Prof.	香港中文大学亚太研究所 Hong Kong Institute of Asia-Pacific Studies, The Chinese University of Hong Kong
严汝洲 YIM, Stephen	先生 Mr.	香港房屋署发展及建筑处、工务分处(二)、建筑设计组(三) Development and Construction Division, Project Sub-division 2, Architectural Section 3, Housing Department, GHKSAR
张 颀 ZHANG Qi	教授 Prof.	天津大学建筑学院 School of Architecture, Tianjin University
赵冠谦 ZHAO Guanqian	教授 Prof.	中国建筑设计研究院 China Architecture Design & Research Group
邹德慈 ZHOU Deci	教授 Prof.	中国城市规划设计研究院 China Academy of Urban Planning and Design
朱昌廉 ZHU Changlian	教授 Prof.	重庆大学建筑城规学院住宅及人居环境研究所 Institute for Housing & Human Settlements Studies Faculty of Architecture & Urban Planning, Chongqing University
朱竞翔 ZHU Jingxiang	教授 Prof.	香港中文大学建筑学系 Department of Architecture, The Chinese University of Hong Kong
朱子瑜 ZHU Ziyu	教授 Prof.	中国城市规划设计研究院城市规划设计所 Urban Planning & Design Institute, China Academy of Urban Planning and Design

序 言
Preface

　　自首届中国城市住宅研讨会于 1998 年 12 月 18 日在北京召开以来，至今已经快有 7 个年头了，其间又先后陆续举办过三届研讨会。可以说这四届研讨会的内容一届比一届丰富而深入，研讨会的议题和参与者一届比一届广泛和增加，因此历届研讨会都受到了与会人士的普遍欢迎和好评。其实上述研讨会的发起与召开系源起于 20 世纪 90 年代中叶以来，香港中文大学建筑系与建设部科学技术委员会之间多年交往与合作的结果，从而试图在更大程度上为学人、同行间创建起广泛而且实际的交流合作平台作出的尝试。基于早先的多年交往和了解，香港中文大学中国城市住宅研究中心，在建设部科学技术委员会支持下，于 1998 年 12 月 18 日成立，并同时在北京召开了首届中国城市住宅研讨会。随后几届研讨会有了更多的单位团体参与联合主办、协办或给予了不同方式的有力支持。早在一年之前就开始着手筹备且已取得良好进展而当前筹备工作进入倒计时阶段的第五届中国城市住宅研讨会，其主题为："城市化进程中的人居环境和住宅建设；可持续发展和建筑节能，"由建设部科学技术委员会和香港中文大学中国城市住宅研究中心联合主办，香港特区政府房屋署、中国城市规划设计研究院和建设部住宅产业化促进中心协办，此外作为研讨会的支持单位尚有：中国建筑学会、香港特区政府规划署、屋宇署、澳门特区政府房屋局、香港建筑师学会、香港工程师学会，以及台湾成功大学等两岸四地的相关部门、学术团体、研究设计机构及高等学校等诸多机构。至当前为止，研讨会筹委会已经收到交流论文 180 篇，经研讨会学术委员会有关成员评阅，由于研讨会规模和条件所限，只能推荐其中的 120 篇论文入选本届研讨会论文集中，鉴于这些论文内容相当丰富，水准相对较高，经有关专家和出版人士评估，认为这本论文集，值得公开出版发行，以利于更广泛地提供交流。承蒙中国建筑工业出版社的大力支持，接受了此论文集的出版发行任务。凡入选论文集的论文，组委会和学委会将尽量安排在研讨会大会和分会上进行演讲和交流，此外，论文评审委员会将尽其所能地在广泛听取意见的基础上，评选出优秀论文 10 篇，并将在研讨会大会上颁发优秀论文证书。

　　住宅是关系人人、人人关心的大问题，而且是随着经济、科技、社会的发展而不断发展，并与人文、天时、地理等关系十分密切，因此，住宅问题是一项需要始终给予极大重视和需要不断发展、不断研究的至关重大的任务。中国是发展中的大国，中国实行改革、开放政策 20 多年来，各方面取得了巨大的成就，但中国原有的底子差，问题多，而城市化的进程要比预期的又快得多。因此，反映在中国城市住宅建设上需要研究解决的问题特别复杂和特别繁多。虽然近几年来，中国政府和有关部门组织研究解决了许多相关问题，但新的问题和新的需求又相继层出不穷。正是如此缘由，凡是有关住宅问题的重大举措和重大政策（包括经济政策和技术政策）的研究和建议都会受到众人和有关部门的关注。中国城市住宅研究中心正是在这种大后台下，由以香港中文大学建筑系邹经宇教授为首的一批学人在自己专业上所做的贡献和对事业上的奋力追求，得到了校方领导的重视和认可，自然也受到了建设部科学技术委员会的支持而成立的。作为支持者和见证人我认为中国城市住宅研究中心，自成立起至今，一直得到了建设部科技委前主任储传亨直至现任常务副主任金德钧的大力支持；建设部前部长俞正声和现任部长汪光焘都专门接见过中心的负责人，对此都足见建设部对中国城市住宅研究中心的支持和重视。自成立以来，中国城市住宅研究中心开展了大量的工作，取得了颇有影响的成就。即将于今年 11 月 24 日至 26

日在香港召开的第五届中国城市住宅研讨会全过程中，在展示整个研讨会交流成果的同时，也将展示中国城市住宅研究中心所取得的最新研究成果，而且也将充分显示以邹经宇教授为首的中国城市住宅研究中心团队科研实力和组织能力。根据本人此次对筹备工作的了解和多年与中国城市住宅研究中心交往的经验，本人对此深信不疑，并且预祝第五届中国城市住宅研讨会圆满成功，中国城市住宅研究中心不断取得新的成就！我乐此而特为之序。

许溶烈

2005 年 10 月 22 日于北京

目 录
Table of Contents

上册
Volume One

特邀论文
Invited Papers

住宅专题　　可持续城市住宅
Housing Session　　Sustainable Urban Housing

住宅专题　绿色住宅与设计
Housing Session　Green Housing Design

住宅专题　旧居更新
Housing Session　Housing Renovation

住宅专题 城乡住宅的可持续发展
Housing Session Sustainable Development of Urban & Township Housing

住宅专题 城乡住区规划
Housing Session Planning of Urban & Township Residential Zone

住宅专题　住宅设计
Housing Session　Housing Design

住宅专题　住区的可持续发展
Housing Session　Sustainable Habitation

住宅专题　住宅产业改革
Housing Session　Housing Industry Reform

人文专题　住宅与社会环境
Humanities Session　Housing & Society

人文专题　乡土住宅
Humanities Session　Vernacular Housing

下册
Volume Two

规划专题　人居模式
Planning Session　Human Settelments

规划专题　城市规划与设计
Planning Session　Urban Planning & Design

规划专题　城乡规划
Planning Session　Urban & Township Planning

规划专题　资源与城市开发
Planning Session　Resource & Urban Development

规划专题　信息与创新科技
Planning Session　Information & Technical Innovations

技术专题　绿色建筑——评估与营建
Technical Session　Green Building: Evaluation & Construction

技术专题　　营造技术
Technical Session　　Building Technologies

技术专题　　评估系统
Technical Session　　Evaluation Systems

技术专题　电脑辅助设计
Technical Session　CAAD

技术专题　材料与构造
Technical Session　Construction & Materials

技术专题　节能与建筑设计
Technical Session　Energy Saving & Architectural Design

技术专题　节能技术与设备
Technical Session　Energy Saving: Technologies & Equipments

特邀论文
Invited Papers

气象、环境与城市规划
——科技进步背景下对城市规划的重新认识（节选）[1]

建设部部长　汪光焘
WANG Guangtao, Construction Minister

中华人民共和国建设部
Ministry of Construction, P.R.C.

1　概论

随着社会经济的发展以及人们对生活环境质量要求的提高，创建良好的生态环境已成为人类社会共同追求的目标。在现代科技进步的背景下，在实施可持续发展战略、建设生态良好的城市的进程中，如何从科学的角度深刻认识城市发展及城市间相互影响的规律，制定合理的城市规划，传统的方法正受到空前的挑战。城市问题必须从区域上来研究，从地面和空间上来研究。我们必须用新的方法，新的理念，来适应可持续发展的需要。

下面我将依据北京市环境状况、污染成因、水资源、气象与城市规划等研究课题的最新研究成果，从可持续发展和生态城市建设的需求出发，阐述气象、环境与城市规划的关系，提出转变规划观念、改进规划方法的思路。并从区域布局影响、城市布局影响、功能区影响以及建筑布局和造型影响四个方面进行分析和阐述，提出注重生态城市建设和可持续发展，依照环境气象条件及污染物扩散的影响，对城市规划方案进行评价的方法。

2　问题的提出

1998 年后，我主持北京的大气污染治理工作的过程中接触到一些问题，给了我很多启示。当时北京是世界上污染最严重的首都之一。根据国家监测站的监测，污染最严重的地区往往在车公庄地区，而不是首钢地区。车公庄周围没有工厂，以居民区为主体，为什么却是一个综合污染最严重的地区？经过仔细研究，我们认为污染并非在当地发生。当时首钢的污染受到广泛重视，但是首钢附近的古城地区的大气监测子站污染并不像首钢那么明显，而高教区的污染却超过了城区和其他地区，似乎首钢对石景山地区的影响要重新评估。2000 年底，我们为此作了气球漂流试验，记录了 24h 内各种风向下气球的漂移状况。这个实验的结果表明，对首钢来说向北漂移需要重点研究。经过所取得数据的比较，发现北京的情况与法国巴黎的老城区相似。巴黎老城区的交通污染是随着时间增加的，污染最严重的是中心城区，而它的二氧化氮中心却偏离了城市的中心区。

---

[1]　录自香港中文大学荣誉教授杰出讲座

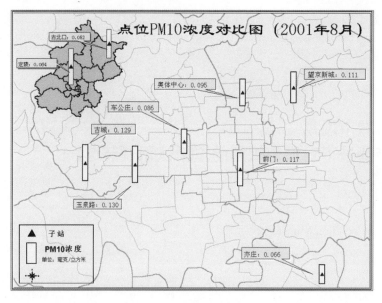

图1　大气监测子站分布

　　回顾我们的规划理论，我们经常用风玫瑰图和污染系数玫瑰图来布置城市布局，从城市规划原理上说是有一定道理的，但是用一个平均数来代替所有的矛盾，掩盖了大气与规划布局的紧密关系。不同季节不同时段的大气污染分布图也只是一个统计，对大气污染而言，短时间的污染浓度对人体的健康影响可能远远超过年平均、月平均、周平均数。

　　这个问题客观上反映在城市布局已经发生的环境变化上。北京的首钢，是按原来的理论布局，以永定河为排风走廊，北边是山区和高教园区，东部下水下风向布置是化工区。这样布局当时是有效的，但在现在最新的测定结果表明此布局的效果并不如人意。

　　人口、建筑、工业及能源消耗集中在市区，可能是造成北京城市污染加剧的重要原因。城市是人类经济和社会活动高度集中的区域，城市规划建设需要统筹考虑资源的合理利用、生态环境保持、人居环境良好以及百姓生活方便等各种因素。

　　因此必须要提出这么一个问题：我们研究的不应该只局限于地面，更要研究距地面2km以内的大气对城市布局的影响和与污染扩散的相互关系。在气象上，城市上空断面有一个锅盖状的气温轮廓线，而其温度是随着高度增加而降低的。这对我们的生活发生了严重的影响。随着城市中建筑物的发展，气温轮廓线是在变动的。而正因为如此，我们必须反思在研究地面上的问题时必须要研究大空间所发生的变化。因此气象条件包括风雨雪等各种气象情况对城市发展、对城市密集地区发展、以及对人居环境是有重要影响的。既研究"天"、又研究"地"，才能使人居环境的建设得到良好的发展。城市规划的重要任务，不仅是研究地面的布局，更重要的是要天地结合地研究最有效的布局和最优化的环境。

图2　气温、气流与污染扩散示意

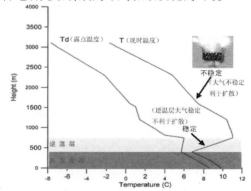

图3　温度垂直分布与污染扩散关系示意

3 科技进步背景下对气象、环境与城市规划问题的重新认识

以上是问题的提出。在此基础上，我们要研究以下几个问题：

3.1 人们对气象和生态的认识越来越深刻

城市规划与应用气象学研究的结合：近年来随着应用气象学的研究不断深入，在城市规划中开始逐步重视对气象问题的综合研究，以期指导城市规划的实践。例如北京市组织开展的《北京城市规划建设与气象条件及大气污染关系研究》、《北京大气污染控制对策研究》、《气候变化及其对北京水文循环、生态环境影响研究》、《城市园林绿化对缓解城市热岛效应的研究》、《北京生态环境保护与合理用水研究》等项目。

在城市规划建设中确立生态环境建设的目标：在城市的规划建设中，生态环境的地位和作用越来越重要。建立良好的城市生态系统，必须进一步加强对区域及城市气象为题的综合研究。

3.2 人们对生活质量的要求越来越高

从重视大气污染到规划观念的转变：根据对气象和生态问题的综合研究，合理安排城市交通建设、生产布局及居住社区建设，创造高效率的通勤条件、综合防灾条件及良好的居住环境，这是城市规划的重要任务。

3.3 对气象、环境与城市规划问题的重新认识

地形地貌及气象条件对污染扩散的影响：北京的地形地貌特征是城西北高、东南低，而综合特定气象条件的分析表明，北京从气流上讲实际上是一个大盆地，形成了特殊的大气环流效应，很难依靠自然环境来净化，这使污染问题更加突出。因此在城市规划建设中，应充分考虑特定地形地貌对污染扩散的影响，进行合理规划布局和建设。

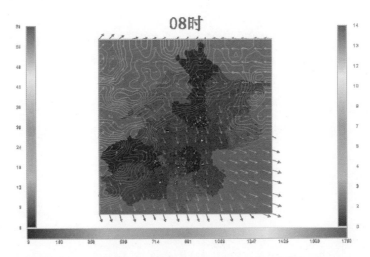

图4 北京冬季典型天气条件下风场和污染扩散模拟结果

污染远距离区域传输扩散的影响：在区域城镇体系和城市规划建设中，也要综合考虑城镇群及远距离区域传输对污染扩散的影响，进行合理的规划布局和建设。

控制和减少污染源及污染总量：通过合理的城市规划，有效地控制和减少各类污染源，削减一次污染物及产生二次粒子的污染物。

城市热岛对城市环境的影响：通过合理的城市规划布局（例如多中心和离散型城市布局结构），减

少市中心区人口、建筑和产业密度，减少过度集中的能源消耗，降低热岛效应对城市环境的影响。

4 城市规划要注重生态城市建设和可持续发展

4.1 必须从战略上、宏观上重视环境污染和生态问题

环境污染问题的本质： 环境污染的产生来自于城市的生产和生活，是客观必然的，经济发展、交通发展及居民生活都会带来环境污染问题。通过环境污染治理不可能从根本上解决环境污染问题，必须通过合理的城市规划从源头上进行有效的控制。

加强和改进城市规划： 解决环境污染问题是一个长期、复杂的过程。城市规划的任务是控制新污染源的产生，防止污染扩散及其衍生灾害的形成，将环境污染减小到最低限度。为此，必须逐步调整城市布局结构，建立适应生态要求和可持续发展的产业结构、能源消耗（燃料）结构、交通结构和土地利用结构，建立良好的绿化（包括水系）系统。需要不断转变规划观念，加强对气象问题、生态环境问题的统筹研究，改进规划方法。

4.2 重视城市规划建设布局对环境及其扩散的影响

4.2.1 区域

区域布局的影响： 在大气环流的作用下，区域生产力布局级城镇体系布局是影响区域大气环境污染分布及其扩散影响的重要因素，也对城市环境污染有直接或间接的影响。

大区域沙风暴天气的影响： 沙尘天气一直是影响北京环境的大问题。从全球范围看，华北地区处于北纬40°的沙化带。受我国北部地区沙尘暴影响，近年来北京市风沙天气和沙尘次数有增加的趋势。

区域污染扩散： 在特定的气象条件下，区域污染扩散问题成为影响城市环境状况的主要因素。

4.2.2 城市

城市布局的影响： 在大气环流的作用下，城市的城镇建设、产业结构以及交通走廊、绿化走廊、通风走廊等建设布局直接影响到城市环境污染分布及其扩散，同时对于改变大气环流的走向和气候条件也有一定的反作用。

暴雨日数的分布及夏季降水量的分布： 从暴雨日数、夏季降水量分布的时间变化来看，暴雨日数、降水量的高值区都有向南偏移的趋势，到近年密云地区已不再是高值区，而是南移到了怀柔地区。

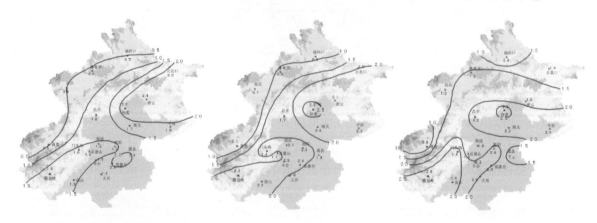

图5　北京市暴雨日数分布变化（左1978年~1990年，中1991年~2000年，右1996年~2000年）

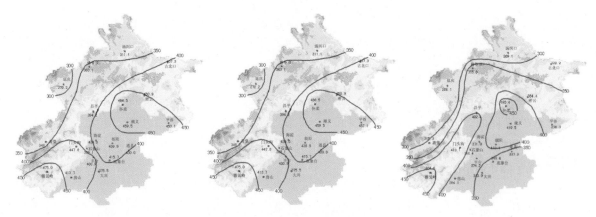

图6　北京市夏季降水量分布变化（左1978年~1990年，中1991年~2000年，右1996年~2000年）

市区绿化覆盖与热岛形势分析：我们通过卫星遥感数据的分析，对比了北京城市尺度的热岛效应分布和绿化覆盖的关系，发现绿化对市区小环境是有直接好处的，通过绿化和水体的比较后发现绿化的效果比水体更好。

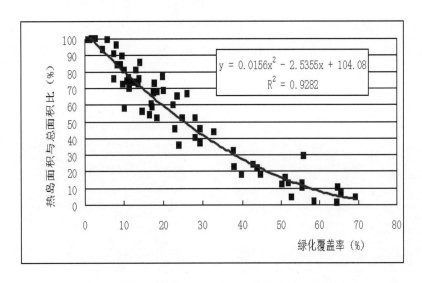

图7　绿化覆盖率与热岛强度的关系

4.2.3　功能区

功能区（居住区、工业区、商业区）的影响：城市各功能区的性质、建设规模、建筑密度、建筑高度、人口集聚程度等不仅对本区域的环境污染有直接影响，同时也不断改变着城市环境的气象条件。在大区域环流作用下，对其他相邻功能区及地区的环境污染扩散有直接影响。

建筑造型：建筑的布局、高度和造型不仅是城市倾向的体现，而且直接影响到污染扩散。例如：北京方庄地区所作的风洞试验表明，受气流影响，高层住宅群所受到的污染，在早晨时是低层最严重，下午14~16时则是12~20m最严重。

4.3　重视特定气象环境与条件对交通污染及其扩散的影响

4.3.1　交通已成为城市环境污染的主要污染源之一

以北京为例，尽管近年来治理机动车排气污染有成效，但目前（2005年7月）全市机动车据保守估计达241万辆（其中私人机动车超过165万辆），由于其数量多，流动性强，机动车排气污染及其扩

散问题十分突出。例如，目前北京市区首要污染物是颗粒物污染（2000 年 PM10/TSP 所占比重为
85.2%），从其排放量构成看，机动车尾气、交通扬尘、车胎磨损等导致的二次污染，是造成 PM10 污
染严重的重要原因。

4.3.2 特定气象条件对交通污染、大气污染及其扩散的影响

对于特定气象条件对交通污染、大气污染及其扩散的影响问题，应引起高度重视，加强相关研究，
作好城市规划。

实例一：从 1999 年 10 月 1 日至 8 日北京市区 PM10 和 SO_2 污染指数变化表和同期空气质量日报数
据来看，PM10 污染达到了四级和五级，主要原因就是机动车排气污染积累造成的；而且 NO_2 和 O_3 的高
值出现在定陵，这是机动车排气污染与气象因素共同作用形成大气环境污染的典型事例。

实例二：目前北京大气中 NO_2 污染有所下降，其年均值已低于国家标准。但是从 1999 年和 2000 年
北京市城近郊区二氧化氮污染浓度分布图看，其污染覆盖面仍然比较大。而且随着四环路的开通，重点
污染分布区域开始出现东移、北移现象。这是在特定气象条件下污染随交通走廊扩散的现象。

实例三：从 1999 年和 2000 年北京市城近郊区 O_3 浓度分布图以及 NO_2 浓度比较看，污染分布偏离
市中心区。这与国外某都市的情况有类似之处——即受行车速度、行车密度及大气环境容量等因素的影
响，机动车排放集中在市区，交通高峰期污染最为严重；但受风向、风速、温度、湿度等气象条件以及
地形、地貌等因素影响，二次污染物 O_3 分布远离市中心（发生地产生的污染扩展到整个城市），且有
一个滞后的过程。

北京市城近郊区 O₃浓度分布图(1999.7.26-1999.8.9)　　北京市城近郊区 O₃浓度分布 (2000.7.21-2000.7.31)

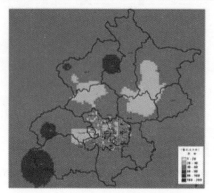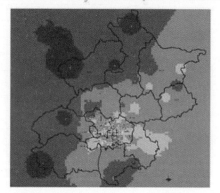

图 8　北京市近郊区臭氧浓度分布状况变化

5　结束语

我今天发言的重点就是：气象条件是构成环境状况的主要因素，对于城市规划建设有着十分重要的
影响。同时我也讲到随着科学技术的进步，人们有条件以新的技术手段研究气象问题的同时，必须结合
城市规划，只有两者结合，才能真正解决城市布局、人居环境的问题。

随着科学技术的发展，气象与生态环境问题的研究应跨学科、多专业的进行研究，更加深入的发
展。城市规划作为公共政策的定位，是按照资源环境条件控制城市发展中的不利因素，所以在城市规划
编制、决策、建设与管理中，要高度重视"天"与"地"相互配合的问题。

推行绿色建筑　加快资源节约型社会建设

建设部副部长　仇保兴
QIU Baoxing, Vice Construction Minister

中华人民共和国建设部
Ministry of Construction, P.R.C.

1　引子

　　人类社会在远古的蒙昧时期寄居在自然的怀抱中，从依靠自然恩赐的穴或巢作为栖身之所，到依托自然的条件建造人类居所，人类均囿于抗御自然灾害能力低下，而敬畏地忍受着自然规律的制约与生存命运的摆布。从人类发展的历史过程中，我们很容易看到建筑的存在与建筑技术的每一步进步，都是人类在与大自然进行顽强的抗争，处处留有为改变不利于人类生活居住条件所做的不屈努力的痕迹。无论是隔绝、封闭的人类居住之方式，还是通过原始的手段使居所有利于人类舒适生存而间接地利用自然，都是人类在向自然争取更好的生存权的表现。在某种意义上说，人类诞生与进化的漫长历程都是与他们所创造的原生的绿色建筑相伴随的。

　　随着科学技术的飞速发展和技术革命，特别是工业化时代的来临，人类似乎找到了抵御自然对人类居所摆布的方式、找到了有能力对抗自然规律不利于人类生存与生活的手段。于是人们开始建造与自然相抗衡并寻求独立于自然系统以外的栖息之所。人们开始应用工业技术和工业产品去建造认为能够对抗大自然规律的建筑，以这种主观安全感满足人类依附栖息之所抵御恐惧的心理寄托。在这个工业高度发达的时代，出现了城市化的高楼林立、阡陌交通、爆发式的资源消费、高密度的污染及大规模的废弃物排放。由工业化所推动的城市化对大自然造成前所未有的大规模、高强度、持续性的扰动，使大自然正常的生态系统和功能结构遭受了巨大的冲击、割裂、阻断和破坏。这种人为的人与自然的对抗，从不为人类重视的一点一滴的全球生态系统变异，到城市化进程加速中生态矛盾逐渐凸显出来，而且越来越严厉地威胁到人类自身安全与生存。臭氧空洞、温室效应、酸雨、沙尘暴、物种灭绝、水源匮乏、SARS 等等，这些我们当代人必须面对的危机与挑战，是我们人类点滴、局部行为跬步积累所导致的全球灾难与问题。

　　在我国改革开放、经济与社会发展日新月异的今天，对照欧美国家经历工业社会发展的城市建设痛苦经历与经验教训，中国的城市发展和城镇化进程，不能再重蹈覆辙。在城市建设中一定要重新考虑人与自然的关系，尊重自然生态规律。本着和谐共生、健康安全、永续发展的宗旨，提高我们把握命运的科学能力，约束人类无度的行为，控制对资源的低效益消耗、浪费和过量的攫取，拓展新技术，鼓励创新，尽可能使用可再生资源和能源，在城市建设中充分利用现代技术解决人类面临的危机。遵循党中央提出的"要大力发展节能省地型住宅，全面推广节能技术，制定并强制执行节能、节材、节水标准，按照减量化、再利用、资源化的原则，搞好资源综合利用，实现经济社会的可持续发展"，坚持走资源节约型和环境友好型的可持续发展道路，从每一栋建筑、每一个社区、每一个城市做起。让越来越多的绿色建筑、绿色社区、绿色城市构成我国未来希望的发展前景。

2 我国建筑四节两阶段目标及其意义

2.1 我国城镇化与建筑四节的关系

目前，我国的城镇化发展正处在快速发展期，预计从现在到 2030 年，我国的城镇化速率平均每年将为 1~1.3 个百分点。1980 年前，我国的城镇化水平还很低，当城镇化率达到 30%时，城镇化开始加速发展，速率明显提升（图 1）。从我国城镇化发展的诺塞姆曲线（图 2）也可以看出，在初期阶段如 1978 年，我国城镇化率只有 17.92%，年均城镇化速率仅为 0.1~0.2 个百分点。当到了 1995 年，城镇化率达到 30%后，发展速度开始明显加快。目前我国的城镇化率为 40%左右。从 40%到 75%或到 80%之间，城镇化发展将一直保持较高的速度。这也就意味着每年约有 1200~1500 万人口从农村转移到城市，从现在开始一直到城镇化高峰将转移 5 亿人口。这一世界史上最大的人口迁移过程，不仅是生产力不断提高的过程，也是人均资源能源消耗量成倍增长的过程。这对我国的资源环境的承受能力无疑是一种巨大的挑战。

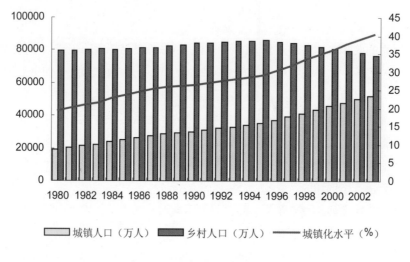

图 1　我国城镇化发展进程

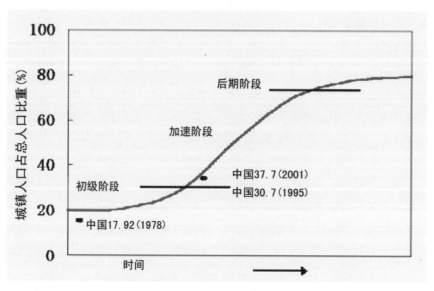

图 2　城镇化过程曲线

城镇人口的大量增加随之也带来了能源需求的增加。据统计，每个城镇人口平均耗能水平比农村人口高 3~3.5 倍。这首先是因为就业方式的不同。我国大多数农村的农民们从事的是"脸朝黄土背朝天"

的家庭农业。另一方面是因为城镇人口每年产生的生活废水和垃圾的数量大大高于农村。在城市里，每个人年均产生 350kg 的固体垃圾和 500 多立方米废水，这些固体垃圾与废水的处理也需要大量的能耗，但目前在农村有限的生活垃圾也被当作肥料或饲料了，耗能极低。同时，农村人口进入城镇以后，还要从事第二、第三产业，需要增加就业岗位，产业的发展又使得耗能和其他资源的消耗大大增加。与此同时，由于中国特殊的国情和土地制度安排，农民进城后住房和原籍居所占地"两头占有"的状况短时期内难以改变。正因为城镇化的双重性，2000 年诺贝尔经济学奖获得者、世界银行前副行长斯蒂格利茨曾宣称：21 世纪影响人类进程的两件大事，一是新技术革命；二是中国的城镇化。其成败得失，不仅影响中国，而且遍及全球。

2.2 建筑全过程的资源与能源消耗

近年来，我国每年约新建 20 亿平方米建筑，现有的 441 亿平方米存量建筑，绝大部分属于高耗能建筑。据欧洲建筑师协会测算，建筑在整个过程中的能耗占用了 50% 的全部能源。如建筑用的水泥，从石灰石矿的开采，到石灰石烧制成水泥，水泥运输至生产厂家制成商品混凝土或成品建材，再应用于建筑施工，这一过程需要消耗大量的能源。建筑建成之后，建筑的使用运行和建筑最后的废弃处理，都需要耗能。除此之外，建筑消耗了 50% 的水资源，40% 的原材料，并对 80% 的农地减少量负责。同时，50% 的空气污染、42% 的温室气体效应、50% 水污染、48% 的固体废物和 50% 的氟氯化物均来自于建筑[1]。无论是能源、物质消耗，还是污染的产生，建筑都是问题的关键所在。

2.3 我国建筑节能两阶段的目标

第一阶段的目标：从现在起到 2010 年，全面启动建筑节能和推广绿色建筑，平均节能率达到 50%。也就意味着不是每个建筑的节能率都将达到 50%，而是因为绿色建筑的节能率可能更高些，同时还有相当一部分老建筑可能还来不及进行节能改造，所以是平均要达到 50% 的节能率。沿海省份及大城市则要达到更高的标准。

第二阶段的目标：从 2010 年起到 2020 年，进一步提高建筑节能标准，平均节能率要达到 65%，东部地区要达到更高的标准。这意味着在今后 15 年内，一些建筑的节能率要达到 75% 标准。这需要我们抓住机遇，在再次进行装修或重新进行改造时，建筑节能率就要达到 65% 或更高标准。

如果能完成上述目标，2020 年，我国建筑能耗可减少 3.35 亿吨标准煤，这相当于 2002 年整个英国能耗的总量，这是个非常可观的数字，对人类社会的可持续发展也是一个巨大的贡献。

对于建筑节能，我们有两种选择（图 3）：一是如果我们没有认真把握推动建筑节能的时机，有关建筑节能的政策和标准没有落实，最后的结果是建筑能耗持续上升，再加之城市化人口急剧的增加，至 2020 年，我国建筑能耗将接近 11 亿吨标准煤，这是一个巨大的数字。二是如果我们能够实现二个阶段的目标，2020 年，我国建筑能耗将降低到 7.54 亿吨标准煤，节约 3.5 亿吨煤。这样，我们的空调高峰负荷每小时可减少 8000 万千瓦，相当于 4.5 个三峡电站的满负荷发电量。如果 2020 年我国建筑能耗能达到发达国家 20 世纪末的水平，节能效果将更加显著。所以，我们在大力投资建设电站设施以缓解我国目前电力紧张状况的同时，必须充分考虑建筑节能的巨大潜力。如果不改变目前建筑高耗能的状况，即使再建 10 座三峡电站也不能满足我们对电力的需求。

---

[1]　参见：（英）布赖恩·爱德华兹. 可持续性建筑. 第一版. 周玉鹏等人译. 中国建筑工业出版社，2003-06

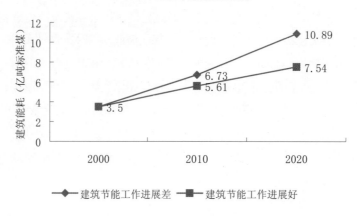

图3　中国建筑节能前景预测

2.4 德国的节能经验

也许有人会怀疑我们是否能够达到以上两阶段的目标，但我们可以从德国建筑节能的发展过程中找到答案和希望（图4）。1976年之前，德国住宅耗能标准为每平方米每年为350kWh。后来，德国对每隔几年就颁布住宅节能的新标准，2001年的住宅能耗只有1976年的20%，建筑耗能大大下降，节能成效非常显著。

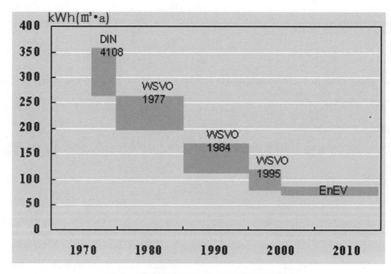

图4　德国建筑最大允许能耗的变化[1]

从节地、节水、节材方面来看，著名经济学家舒马赫认为：在物质资源中，最大的资源无疑是土地。调查一个社会如何利用它的土地，你就能得到这个社会未来将是怎样的可靠的结论[2]。我国仅仅用占全世界7%的耕地和淡水资源，养活了全球21%的人口，而且我国不均衡城镇化的趋势将导致人口更迅速地向东南沿海省份转移，这无疑会更多地消耗这些地方的优质耕地和淡水资源。

3　国外发展绿色建筑的启示

国外绿色建筑是从建筑节能起步的。1973年的中东石油危机，造成全球经济衰退，发达国家的经

---

[1]　EnEv2002，是德国当前最新的建筑节能规范，体现了德国最新建筑节能技术研究成果，有很强的实际操作性，也包含了对环境生态保护和室内空气质量等指标，与以前的建筑节能规范WSVO1995相比，其"绿色"的特征明显增加了。——译者注

[2]　参见：E.F舒马赫. 小的是美好的. 虞鸿钧，郑关林译. 刘静华校. 北京：商务印书馆，1984：66

济遭受重创。痛定思痛，各发达国家不约而同地推出各种强制性的节能措施，其中，占总能耗约一半甚至更高的建筑及建筑节能，自然受到了特别的重视。通过分阶段几次提高节约标准，每次均在原能耗基础上推进再节约50%，目前发达国家的建筑节能已经达到了很高的水平。在建筑节能取得进展的同时，伴随着可持续发展理念的产生和健康住宅概念的提出，发达国家又把视野扩展到建筑全过程的资源节约、改善室内空气质量、提高居住舒适性、安全性等更广的领域。在这期间，各类有关绿色建筑的活动在世界各地风起云涌，各种新建筑名称也繁花似锦般地涌现。澳大利亚建筑师西德尼·巴格斯（S. Baggs）等提出的生土建筑（Land Cover Building），即利用覆土来改善建筑的热工性能和生态特性；戴维·皮尔森（D. Pearson）基于从整体的角度看待人与建筑的关系而形成了生物建筑（Biologic Building）；而布兰达·威尔等人创立了自维持建筑（Autonomous Building）的概念，充分利用太阳、风和雨水维护自身运作，处置建筑内部产生的各种废弃物。1963年，V·奥戈亚（V Olgyay）在其所著的《设计结合气候：建筑地方主义的生物气候研究》一书中提出了环境气候学建筑（Environment / Bioclimatic Building）的设计理念。与此同时，日本建筑师黑川纪章、菊竹清训等人也创建了新陈代谢建筑和共生建筑的设计思路。德国建筑师托马斯·赫尔佐格（T. Herzog）、鲍罗·索勒里（P. Soleri）和生态学家约翰·托德（J. Todd）等自20世纪60年代至70年代初分别提出了生态建筑（Ecological Building）的设计理念，并根据所采用技术的高低将其区分为城市和乡村类型的生态建筑。英国哈德斯菲尔德大学建筑学教授布赖恩·爱德华兹（Brian Edwards）等人从众多的欧盟环境保护条约和法规对建筑的要求中，提炼归纳了如何减少建筑对自然环境影响的若干原则，并形成了可持续性建筑（Sustainable Architecture）的一系列新概念。

随着此类研究的逐步深入，它们之间的分歧越来越少，殊途同归的绿色建筑概念越来越清晰了。由此可见，绿色建筑实际上是上述各种各样的学术研究和实践之集大成者，是建筑学领域的一次持久的革命和新的启蒙运动，其意义远远超过能源的节约。它从多个方面进行创新，从而使建筑与自然和谐，充分利用可再生资源、水资源和原材料，创造健康、安宁和美。并由此逐步形成符合可持续发展要求的绿色建筑的设计理念和技术规范。与此同时，各发达国家将原有节能建筑再改造成绿色建筑的活动也越来越广泛。随着追求健康的生活方式和保护生态环境的理念在全球范围的兴起，绿色建筑这个源于西方发达国家的理念及其实践活动，逐渐推广到了世界各国。

绿色建筑在发达国家的发展轨迹到了今天，其成熟的标志性的运行模式，就是都不约而同地建立了绿色建筑评估系统。20世纪90年代以来，世界各国都发展了各种不同类型的绿色建筑评估系统，为绿色建筑的实践和推广做出了重大的贡献。目前国际上发展较成熟的绿色建筑评估系统有英国BREEAM（Building Research Establishment Environmental Assessment Method）、美国LEEDTM（Leadership in Energy and Environmental Design）、多国GBC(Green Building Challenge)等，这些体系的架构和应用，成为其他各国建立新型绿色建筑评估体系的重要参考。

1990年由英国的建筑研究中心（Building Research Establishment，BRE）提出的《建筑研究中心环境评估法》（Building Research Establishment Environmental Assessment Method，BREEAM）是世界上第一个绿色建筑综合评估系统，也是国际上第一套实际应用于市场和管理之中的绿色建筑评价办法。其目的是为绿色建筑实践提供指导，以期减少建筑对全球和地区环境的负面影响。BREEAM主要包含的评估条款覆盖了管理优化、能源节约、健康舒适、污染、运输、土地使用、位址的生态价值、材料、水资源消耗和使用效率九个方面，分别归类了"全球环境影响"、"当地环境影响"及"室内环境影响"三个环境表现类别。

美国绿色建筑协会（USGBC）编写的《能源与环境设计先导》（Leadership in Energy and Environmental Design，LEEDTM）问世于1995年。LEEDTM评级体系制订的目的是推广整体建筑一体设计流程，用可以识别的全国性"认证"来改变市场走向，促进绿色建筑性能的公平竞争和供求的增

长。评估内容包括场地规划、能源与大气、节水、材料与资源、室内空气质量和技术创新等 6 大方面。

1998 年 10 月，由加拿大自然资源部发起，美国、英国等 14 个西方主要工业国共同参与的绿色建筑国际会议——"绿色建筑挑战 98"（Green Building Challenge'98），目标是发展一个能得到国际广泛认可的通用绿色建筑评估框架，以便能对现有的不同建筑环境性能评价方法进行比较。我国在 2002 年参加了有关活动。

国外发展绿色建筑的宝贵经验给我们许多有益的启示，归纳起来，一是都体现了"四节"和环境保障的可持续发展要求，并将其贯穿到建筑的规划设计、建造和运行管理的全寿命周期的各个环节中；二是通过建立权威的绿色建筑评估体系制度，规范管理和指导，强化市场导向；三是要适应国情，找准切入点和突破口，先易后难，分步推进，逐步扩大范围，持续地提高要求，最终实现全面推广绿色建筑的目标。

一套清晰的绿色建筑评估系统，对"绿色建筑"概念的具体化，使绿色建筑脱离空中楼阁真正走入实践，以及对人们真正理解绿色建筑的内涵，都将起到极其重要的作用。对绿色建筑进行评估，还可以在市场范围内为其提供一定规范和标准，可减少开发商与购房者之间的信息不对称性，以利于消费者识别虚假炒作的绿色建筑，鼓励与提倡优秀绿色建筑，形成"优绿优价"的价格确定机制，从而达到规范建筑市场的目的。

4 绿色建筑与一般建筑的区别

由多国的绿色建筑评价体系分析可知，一般建筑与绿色建筑的区别，主要体现在以下六个方面：

第一，一般建筑在结构上趋向于封闭，在设计上力求与自然环境完全隔离，室内环境往往是不利于健康的；而绿色建筑的内部与外部采取有效连通的方式，会对气候变化自动进行自适应调节，就像鸟儿一样，它可以根据季节的变化更换羽毛。同时也使室内环境品质（即空气质量，温度、湿度舒适感，自然光照明，隔噪声等等）大大提高。这种为居住人健康而带来的另一种意义上的节能更具有深刻的人文意义。建筑第一次有了自己的神经系统（智能系统），变化羽毛等于随气候变化而变换节能围护装置和性能。日本日立公司在最近的北京科博会展出了集节能、环保、保安于一体的楼宇智能系统，仅 5 万元的投资就可通过一般的手机遥控将能耗降低 30%。

第二，一般建筑随着建筑设计、生产和用材的标准化、大批量化，促使了大江南北建筑形式的一律化、单调化，造成了"千城一面"；而绿色建筑推行本地材料，尊重地方历史文化传统，有助于汲取先人与大自然和谐共处的智慧，造就凝固的音乐、石头的史诗，使得建筑随着气候、资源和地区文化的差异而重新呈现不同的风貌。如黄土高原的窑洞是先人创造出的人与自然和谐相处、利用自然能源居住生活的建筑杰作，窑洞背靠黄土高坡，依山而凿形成宽敞空间，向南开窗，最大限度地吸收阳光，造就了冬暖夏凉的自然环境。现在，当地建筑师们对部分窑洞重新进行了改造（图 5），更多地吸收阳光，改善了通风条件，充分发挥了窑洞本身的节能效果，可以称之为富有地方特色的绿色建筑。 无独有偶，最近德国《星期日世界报》报道了该国建筑师德·汉森借助印地安人的穴居和黏土房理念而设计的半埋式小丘住宅，不仅有良好的舒适性，而且能效非常高，全年供暖费用仅为 150 欧元。[1]

---

[1] 参见：（德）星期日世界，2005-07-07

图 5　改进后的黄土高原窑洞

第三，一般建筑是一种商品，建筑的形式往往不顾环境资源的限制，片面追求利益或盲目迎合市场即期消费的住宅和办公楼，这往往是与资源节约和环境友好背道而驰的；而绿色建筑则被看作一种全面资源节约型的建筑，最大限度地减少不可再生的能源、土地、水和材料的消耗，最小的直接环境负荷（即温室气体排放、空气污染、污水、固体废物及对周边的影响）。建筑及其城市发展都将以最小的生态和资源为代价，在广泛的领域获得最大利益。

第四，一般建筑追求"新、奇、特"，追求自我标志效应，难免造成欧陆风或××风盛行；而绿色建筑的建筑形式是从与大自然和谐相处中获得灵感。随着绿色建筑的发展，建筑学中有了新的美学哲学：美存在于以最小的资源获得最大限度的丰富性和多样性。这使得生态美的展示充满生命力和创造性。人类对建筑美的感知将建立在生态影响的基础上，重返 2000 多年前古罗马杰出建筑师维特鲁威提出的"实用、坚固、美观"的六字真经上，而不是建立在精美艺术细节、夸张的形式主义上。

第五，一般建筑尽管采取节能设计，但综合能耗仍居高不下。随着生活水平的提高，在现代社会中，建筑业往往或正在成为最大的耗能和污染行业；而绿色建筑因广泛利用可再生能源而极大地减少了能耗，甚至自身产生和利用可再生能源，有可能达到"零能耗"（广泛利用太阳能、风能、地热能、沼气等可再生能源）和"零排放"的建筑。我们如果要在发电效率方面提高 5%，汽车节能方面提高 10%，在技术上是极为困难的，而建筑节能轻易可达 50~60% 或者更高。建筑节能有着巨大的空间。

第六，一般的建筑仅在建造过程或者是使用过程中对环境负责，是狭义的人地和谐。而绿色建筑是在建筑的全寿命周期内，为人类提供健康、适用和高效的使用空间，最终实现与自然共生。绿色建筑不仅讲究建材的绿色环保和本地化，以减少长途运输所引起的能耗和污染，而且它还在建筑整个生命周期包括建材生产到建筑物的设计、施工、使用、管理及拆除回用等全过程使用最少能源及制造最少的废弃，以循环经济的思路，实现从被动地减少对自然的干扰转到主动创造环境丰富性，减少对资源需求上来；从狭义的"以人为本"转移到对子孙后代和全人类的以人为本。这是真正的绿色建筑革命和科学发展观的含义。

5　我国绿色建筑的现状与问题

我国绿色建筑的起步始于 20 世纪后半叶。我们首先抓住建筑节能这个绿色建筑的核心内容，以科技项目和示范工程入手逐步推广的。

伴随着可持续发展思想在国际社会的认同，绿色建筑理念在我国也逐渐受到了重视。1996 年，我国国家自然科学基金会正式将"绿色建筑体系研究"列为"九五"计划重点资助课题。1999 年在北京召开的国际建筑师协会第二十届世界建筑师大会发布的《北京宪章》，明确要求将可持续发展作为建筑师和工程师在新世纪中的工作准则。我国众多政府部门和科研院所、大专院校随即启动了绿色建筑技术

研究，在一些办公建筑、高等院校图书馆、城市住宅小区、农村住宅进行了绿色建筑实践，还进行了与此相关的"生态建筑"、"健康住宅"的理论研究和实践性探索。2002 年底，在科技部、北京市科委和北京奥组委支持下，由清华大学牵头并联合有关单位，对绿色奥运建筑标准和评估体系进行了研究，针对我国具体情况，系统地提出了绿色建筑所涉及的内容和重点，建立了科学的绿色奥运建筑评估体系，形成了绿色建筑定量化评价指标体系，提出了全过程控制的观点和与之相应的评估方法和实施指南。2004 年，我部和科技部开始组织实施国家"十五"科技攻关计划项目"绿色建筑关键技术研究"，重点研究我国的绿色建筑评价标准和技术导则，开发符合绿色建筑标准的具有自主知识产权的关键技术和成套设备，并力求通过系统的技术集成和工程示范，形成我国绿色建筑核心技术的研究开发基地和自主创新体系。2004 年下半年，我部正式设立了"全国绿色建筑创新奖"。该奖的设立证明了我国进入了推广绿色建筑工作阶段。但是，此项工作才刚刚起步，还存在许多问题，对绿色建筑的发展仍然存在许多制约因素。主要是：

(1) 缺乏绿色建筑的意识和知识

不少地方尚未将建筑节能与发展绿色建筑工作放到贯彻科学发展观、全面建设小康社会、保证国家能源安全、实施可持续发展、推进城镇化的战略高度来认识。由于从政府部门到开发商、投资商和大多数设计、施工、监理、物业管理人员以至广大人民群众均缺乏绿色建筑的基本知识和意识，因而难以保证绿色建筑在建设过程中各个环节的渗透力和质量。

(2) 缺乏强有力的激励政策和法律法规

长期以来，国家对能源的管理偏重工业和交通节能，建筑节能和绿色建筑的发展缺乏有效的激励政策引导和扶植。我国现行的法律法规对能源、土地、水资源、材料的节约，也没有可操作的奖惩方法来规范和制约各方利益主体必须积极参与；我部颁发的《民用建筑节能管理规定》，作为一个部门规章，力度远远不够，致使建筑节能和绿色建筑推广工作长期落后，成为我国全面建设资源节约型社会的一个薄弱的环节。

(3) 缺乏有效的新技术推广交流平台

在西方发达国家，绿色建筑已经有几十年的成功发展史。有的国家甚至已经取得经济发展和能耗持续下降的突出成就。及时、系统、广泛地引进它们的成功经验和技术，对引导我国刚起步的绿色建筑的发展尤为重要。这对于我们少走弯路，加快绿色建筑的新技术、新产品和管理经验的推广是不可替代的。但在今年初我部会同其他部委成功举办首届绿色建筑国际研讨会和新技术展示会之前，一直缺乏吸收、推广国外绿色建筑新技术、新产品和新设计理念的平台。

(4) 缺乏系统的标准规范体系

虽然我部已先后颁布实施针对三个气候区的节能 50% 的设计标准，初步形成了比较完善的民用建筑节能标准体系，但工业建筑的节能标准尚未出台，公共建筑的节能标准也才刚刚颁布。而关于建筑节能、节地、节水、节材和环境保护的综合性的标准体系，更是还没有建立。

(5) 缺乏严密的行政监管体系

不少地方对建筑节能和绿色建筑工作相关的行政管理职能尚未予以高度的重视，尚未将其列入政府承担公共管理职能的组成部分。各级政府在"三定"方案中均没有相关的职能和编制，管理薄弱，个别地方甚至放任自流，导致政府管理部门缺位，该管的没管住。十多年的工作实践表明，必须把节能与绿色建筑工作列入各级政府的工作目标，利用法律、行政、经济等多种手段进行强有力的引导和干预。

(6) 缺乏合理的城市能源结构

目前我国还是以煤为主要燃料，城市能源结构不合理，天然气等优质能源和太阳能、地热、风能等清洁可再生能源在建筑中利用率还很低。目前我国每年城乡新建房屋建筑中 85% 以上为高能耗建筑，既有建筑中 95% 以上是高能耗建筑。我国单位建筑面积能耗是发达国家的二至三倍，对社会造成了沉重的

能源负担和严重的环境污染，这已成为制约我国可持续发展的突出问题。同时建设中还存在土地资源利用率低、水污染严重、建筑耗材高等问题。

6　推广绿色建筑的基本思路和近期工作任务

我国绿色建筑起步晚，基础差，理论研究不足，工程实践少。发达国家是工业化、城镇化高速发展期之后的后工业化时期才开始绿色建筑进程，而有幸的是我国却是在城镇化高速发展的起步阶段开始推广绿色建筑。在未来 20 年内，我国还需建造 400 亿平方米的新建筑，其建筑量相当于数千年文明史积累的总建筑量。而且，建筑尤其是住宅属于长期的消费品，不可能进行频繁地更新。对已建建筑延长使用寿命或装修期限，就意味着能源和资源的大量节约。所以，如果我国能及时普及推广绿色建筑，就可以避免发达国家对节能建筑进行二次改造的弯路。根据我国城镇化的特点，针对需要解决的问题，必须加强政府导向和管理，及时提出切实可行的推广绿色建筑工作目标、工作思路和措施，部署工作任务，加大力度推广绿色建筑工作。

6.1　推广绿色建筑的工作思路

一是全方位推进，包括在法规政策、标准规范、推广措施、科技攻关等方面开展工作；

二是全过程监管，包括在立项、规划、设计、审图、施工、监理、检测、竣工验收、核准销售、维护使用等环节加强监管；

三是全领域展开，在资源能源消耗的各个领域制定并强制执行包括节能、节地、节水、节材和环境保护等方面的标准规范；

四是全行业联动，绿色建材、绿色能源技术、绿色家电产业、绿色照明以及绿色建筑的设计、关键技术攻关和新产品示范推广等等涉及许多行业，都必须在市场机制和国家政策的双重引导下联合动作，共同推进；

五是全社会参与，从政府部门到建筑设计、施工和监理单位、房地产开发和物业管理企业、各类社会组织和企业直至广大人民群众都要积极参与，尽快形成浓厚的社会氛围。

6.2　在推广中采取的主要对策

一是全面启动北方的供热体制改革，新推行集中供热的地区与城市，应该全面采用新体制。国外的实践证明，单是供热体制的改革，就可以使得这些地区的建筑节能达到30%左右，并能够推动既有建筑的绿色化改造。这就需要我们打破几十年来一直把供热看成是一种福利的老观念，尽快启动此项改革。

二是针对我国耕地保护的严峻形势，应率先在沿海地区推行紧凑型的城镇、小区和建筑规划设计模式，追求建筑"四节"和私密性、环境生态共存的绿色设计原则。

三是要制定新的、内容更加宽泛的"四节"标准与技术规范。建筑"四节"标准和技术规范应较为宽泛和简练，就是允许各地根据本地的原材料、风俗习惯和居住条件，引导多种形式、多种途径的创新，广泛地应用新技术来进行创新。新的节能标准应该是能包容日新月异的新技术和新材料，只要达到"四节"和生态环保目标，都应该予以鼓励。

四是执行建筑节能、节地、节水、节材的国家标准应该是实际工作的最低要求，鼓励地方政府和企业以更高的要求执行"四节"标准。各级财政投资和补贴的公共建筑，应率先达到严格的节能标准和绿色建筑规范。鼓励地方制定和执行更高的"四节"标准和法规。

五是建筑节能标准要从单纯的节能设计、施工、运行尽快扩展到建筑的节地、节水、节材和减少温室气体排放和废水、垃圾处理以及提高室内环境质量诸方面。建筑"四节"应扩展到建筑的全过程。

　　六是对高级公寓和标志性的公共建筑应执行更高的"四节"标准。如英国伦敦市政大楼就运用了很多新的技术（图6），使节能率达到70%以上，节水率达40%，而且有非常好的室内空气环境条件。人们在绿色建筑里工作，得病率可以减少10~15%，工作效率也大大提高，这也是另一种方式的节能。统计资料显示，单位公共建筑的耗能量和耗水量分别是民用建筑的5~10倍和2~4倍。建筑"四节"改造，必须先从公共建筑开始进行，继而推进既有住宅建筑的改造。另外，这些公共建筑的榜样作用昭示：凡是要求老百姓做到的事情，政府自己必须首先做到。

　　七是建立适应中国国情的绿色建筑的分等级制度以及相应的奖励办法。

图6　英国伦敦市政大楼

　　八是启动绿色建筑的运动的杠杆——强化对地方政府的激励。我国幅员辽阔，各地气候条件和发展程度差异巨大，推行绿色建筑必须充分依靠地方政府的主动性和创造性，才能有效地进行分类指导。此外，地方绿色建筑的设计创新，必须建立在全面继承和发扬富有地方文化特征的传统建筑结构之上，必须从乡土建筑中汲取先人们与自然和谐相处的知识积淀。地方政府和地方的建筑师非常了解各地风土人情的实际特质和差异化，必须充分调动地方政府积极性，才能最终落实科学发展观，创造和谐社会。从另一方面看，绿色建筑包括建筑节能的推进计划，必须与各地的资源约束程度相匹配。如从上海的实际情况看，1993年夏季最高用电负荷是530万kWh，而到了2004年，只有短短的10年时间，用电负荷上升了3倍，是世界上耗能上升最快的地区之一（上海的夏季电力消耗峰值与空调台数的增加见图7及表1）。仅从上海市的实例，我们就可以看到全国建筑节能改造巨大潜力。

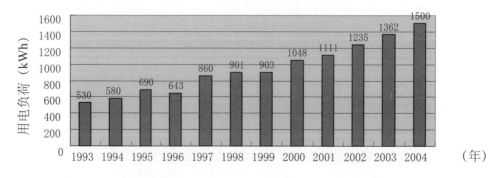

图7　上海市夏季最高用电负荷

表1　上海市 2005~2020 年空调数量及节电量预测

	2005 年	2010 年	2015 年	2020 年
百户居民空调数量预测（台）	170	185	200	250
空调设备节电量（亿千瓦时）	1.37	2.21	3.15	5.17
维护结构节电量（亿千瓦时）	0.6	2.21	4.22	7.36
总节电量（亿千瓦时）	1.97	4.42	7.37	12.53

　　中央和省级政府主管部门应组织专家定期检查地方政府建筑"四节"实施计划及其进展情况。同时应将建筑"四节"效率列入对地方政府领导政绩考核的绿色 GDP 指标体系之中。要将建筑四节及绿色建筑的推广作为评选鲁班奖、詹天佑奖、国家园林城市、环境保护模范城市、生态园林城市和中国人居奖等城市荣誉称号的必要条件之一。鼓励地方政府制订适度标准的建筑"四节"、推行绿色建筑的税收等经济激励优惠政策。要从全球污染加剧、温室气体效应强化的严峻形势，来思考我们推进建筑"四节"和绿色建筑的对策，把工作的落脚点牢牢落在地方行政启动这一杠杆，调动每一级政府、每一个企事业单位的积极性，来完成这一崇高的、艰巨的使命。

6.3 推广绿色建筑的近期工作任务

　　近期我部将进一步明确工作思路，在完善政策法规、整合现有资源、支持关键技术攻关、搭建国际交流与合作平台等几方面开展工作。

　　在完善政策法规方面，研究确定发展绿色建筑的战略目标、发展规划、技术经济政策；制定国家推进实施的鼓励和扶持政策；制定有机利用市场机制和国家特殊的财政鼓励政策相结合的推广政策；综合运用财政、税收、投资、信贷、价格、收费、土地等经济手段，逐步构建推进绿色建筑的产业结构。在《建筑法》、《节约能源法》和《规划法》中体现大力发展绿色建筑的内容，加快制定《建筑节能管理条例》；尽快修订《民用建筑节能管理规定》（建设部令第 76 号），对《房屋建筑工程和市政基础设施工程竣工验收备案管理暂行办法》（建设部令第 78 号）以及《房屋建筑和市政基础设施工程施工图设计文件审查管理办法》（建设部令第 134 号）关于建筑节能、节地、节水、节材和环境保护做出补充要求；建立绿色建筑的评估、认证、标识等制度，逐步形成和完善推广绿色建筑的法律法规体系。

　　在整合现有资源方面，对包括建设行政主管部门、设计单位、施工图审查机构、施工单位、监理单位、质量监督机构和房地产开发企业在内的相关人员进行培训，以加强能力建设;同时利用网络、电视、报刊、杂志等媒体，开展形式多样、内容丰富的节能与绿色建筑宣传，提高全社会对推广节能与绿色建筑重要性的认识；完善"全国绿色建筑创新奖"的申报、初评、筛选和评选工作。

　　在支持关键技术攻关方面，会同国家有关部门争取将发展节能与绿色建筑的科技攻关项目作为转变经济增长方式的重大战略性课题，纳入国家科技发展规划，列入"十一五"科技攻关计划，加强相关的关键技术、标准规范和政策研究，加快关键技术的推广应用和试点示范工程。建立和完善促进节能、节地、节水、节材和环境保护的综合性的发展规划和标准体系；及时将新技术、新产品、新材料纳入标准规范。

　　在构筑节能与绿色建筑先进技术与管理经验交流平台方面。今年 3 月份在北京召开的"首届国际智能与绿色建筑技术研讨会"暨"首届国际智能与绿色建筑技术与产品展览会"，是我部为加强国内外绿色建筑领域的交流与合作，促进我国绿色建筑技术与管理水平的提高，推动我国绿色建筑的发展而与国内外有关部门共同设立的一个交流平台。本届大会的主办单位是中国建设部、科技部、英国贸易投资总署、加拿大住房署、新加坡建设局、印度建业业发展委员会等。有近 1500 名来自国内外的智能和绿色

建筑方面的政府官员、专家学者和企业家参加了大会，这不仅对中国的建筑节能和绿色建筑发展有着积极的促进作用，而且对全球的可持续发展也将产生深远的影响。我们将把这个会议打造成为一年一度具有权威性、前沿性、广泛性的国际盛会。2006 年 3 月份将要在北京召开的以"绿色、智能——通向节能省地建筑捷径"为主题的"第二届国际绿色与智能建筑和建筑节能大会暨新技术与产品展览会"将以更大的规模、更广泛的参与者、更新的技术和产品继续推动我国绿色建筑的快速发展及其与全球的交流和合作。

总之，推广绿色建筑是当前我国建设事业的重大战略任务，需要我们共同的智慧、经验和勤勉，让我们抓住机遇，协同努力，为我国推广绿色建筑，实现资源节约型和环境友好型的城镇化目标而奋斗。

广义建筑节能与综合节能措施

中国建筑学会理事长　宋春华
SONG Chunhua, President of Architectural Society of China

中国建筑学会
Architectural Society of China, Beijing

1　推进建筑节能，建设节约型社会

自 2004 年《国务院办公厅关于开展资源节约活动的通知》发布之后，今年，国务院又连续出台了一系列的相关文件，主要有《国务院办公厅关于进一步推进墙体材料革新和推广节能建筑的通知》、《国务院关于加快发展循环经济的若干意见》、《国务院关于做好建设节约型社会近期重点工作的通知》等。这些文件的主旨都是要贯彻科学发展观，落实中央领导同志提出的要求："要科学认识和正确运用自然规律，学会按照自然规律办事，更加科学地利用自然为人们的生活和社会发展服务，引导全社会树立节约资源的意识，以优化资源利用、提高资源产出率、降低环境污染为重点，加快推进清洁生产，大力发展循环经济，加快建设节约型社会，促进自然资源系统和社会经济系统的良性循环"（胡锦涛：《在省部级主要领导干部提高构建社会主义和谐社会能力专题研讨班上的讲话》）。"大力发展循环经济"，鼓励和发展"节能省地型住宅和公共建筑"，"大力倡导节约能源资源的生产方式和消费方式，在全社会形成节约意识和风气，加快建设节约型社会"（温家宝：2005 年《政府工作报告》）。有关部门及各地也都积极响应，纷纷提出相应的对策和措施，其中有关建筑节能及发展节能省地型住宅和公共建筑，是重要的内容，为业内和社会所特别关注。

我国是世界上人口最多的发展中国家，国民经济的快速发展、各项社会事业的长足进步、人民生活水平的不断提高，促使建筑业、住宅与房地产业空前繁荣，各类房屋建筑的存量急剧增加，同时，建筑能耗也直线攀升。建筑运行能耗占我国能源总消费量的比例已由 20 世纪 70 年代末的 10%上升到目前的 26.7%，已经达到了世界建筑能耗占能源总消费量 30%的平均水平。发达国家的实践经验表明，这个比例还将提高到 35%左右。建筑能耗不仅是消费过程的运行能耗，还应包括建造房屋生产环节的能耗，据估算，加上这部分间接能耗，建筑能耗的总量应占到社会总能耗的 46.7%上下。

我们面对的现实是，大规模的建设活动，使建筑能耗节节上升，同时带来严重的环境问题，建筑用能排放的温室气体已占全国总量的 25%，北方城市冬季煤烟型污染指数超过世界卫生组织提出的最高值的 2 至 3 倍；温室气体的增加又使盛夏高温酷暑难耐，空调制冷满负荷运行；于是，电力供应紧张，拉闸限电已屡见不鲜，频频传出能源紧缺的信号。这是一个难以承受的恶性循环，它涉及到国家的能源安全与资源保障、环境负荷与可持续发展、人民生活质量的提高与和谐社会的构建。诚然如此，在建筑能耗问题上，又不能因噎废食，发展是硬道理，建设还要搞，环境要改善，生活质量要提高，全面建设小康社会的目标要实现，出路就在选择资源节约型的发展模式，全面推进建筑节能。现在抓建筑节能是"事有必至，理有固然"，要把建筑节能放在国计民生、国是方略的高度加以重视，树立系统观念，采取综合性措施，抓住每一个环节，认真加以解决。

推进建筑节能迈出实质性步伐，取得实际成效，还要做大量的具体的艰苦细致的工作。提高认识和抓住重点是很重要的两个方面，这里就建筑节能的广义性和重点的节能措施谈些意见，以期引起讨论形成共识。

2 广义建筑节能

目前，国家发展改革委员会为启动落实《节能中长期专项规划》，提出实施"十大重点节能工程"，包括：①节约和替代石油工程；②燃煤工业锅炉（窑炉）改造工程；③区域热电联产工程；④余热余压利用工程；⑤电机系统节能工程；⑥能量系统优化工程；⑦建筑节能工程；⑧绿色照明工程；⑨政府机构节能工程；⑩节能监测和技术服务体系建设工程。这说明节能是个大体系，是全面的节能，建筑节能只是一个子系统，是其中的一个方面。就建筑节能而言，它也是个大体系，也包括了许多方面和环节，应树立"广义建筑节能"的概念。建筑节能应该是"全天候、全寿命、全方位、全过程、全系统"的节约能源。

2.1 全天候节能

中国明确地提出建筑节能至少已经20年了。1986年原城乡建设环境保护部颁布实施了行业标准《民用建筑节能设计标准（采暖居住建筑部分）》，主要是针对北方地区寒冷和严寒气候带的居住建筑，要求达到节能30%的目标。后来根据建筑节能第二阶段节能50%的目标，建设部经过修订后于1995年批准发布了《民用建筑节能设计标准（采暖居住建筑部分）》，仍是针对上述气候特征的地区。在公共建筑方面，1993年发布了国家标准《旅游旅馆建筑热工与空气调节节能设计标准》。此后直到2001、2003年，又相继发布了《夏热冬冷地区居住建筑节能设计标准》和《夏热冬暖地区居住建筑节能设计标准》。这样就不难理解,为什么至2002年城市累计节能建筑2.3亿平方米(包括节能30%及50%)，主要是在寒冷、严寒地区（其中约一半是在北京、天津），而夏热冬冷、夏热冬暖地区几乎没有节能住宅。作为一项新事物，特别是在20年之前，我们对树立科学发展观、节约资源能源、建设节约型社会的认识，远没有今天这样普遍和深刻，工作总是从问题更大、更亟须解决的地区抓起，采取从北向南推进的战略，无疑是正确的。现在，我们应该清醒地认识到，抓建筑节能，绝不仅仅是寒冷和严寒地区的事，而是"全天候"的，夏热冬冷、夏热冬暖气候带的地区，同样也有节能的问题，尽管节能的重点可能不同，有的侧重建筑外墙保温，有的侧重外窗隔热。目前涉及不同气候带的节能标准，已经覆盖了各种天候，没有留下空白地带。随着居住水平的提高，就每个气候带来说也不仅是解决冬半季或夏半季节能的问题，而全年都有节能要求，所以是全天候的。总的目标是到2010年全国新建建筑全部执行节能标准，既有建筑节能改造逐步开展，全国城镇建筑总能耗基本实现节能50%的目标；到2020年北方和沿海经济发达地区及超大城市要实现节能65%的目标。

2.2 全寿命节能

寿命即"享年"，存活的年限，从建筑节能的内涵来讲，使用"生命周期"更为贴切，即从孕育到死亡的全过程。建筑物的生命周期大体上分为以下几个过程：①建材生产供应；②施工建造；③使用运行；④维修更新；⑤拆除；⑥废弃物处置。这中间的各个环节，都涉及到能源的消耗而与建筑节能有直接关联，诸如：如何节省用材缩短运输；如何采用先进节能的施工营建技术；如何减少使用过程的能源消耗；如何及时维修更新保持良好的品质性能，延长使用年限；如何选择有利于材料循环使用的拆除技术；如何妥善处理废弃物，尽可能综合利用，减轻污染等。

2.3 全方位节能

建筑节能既有硬节能，又有软节能。软节能主要是通过管理行为的方式实现节能，如制定法规、标准、制度、政策，改革管理体制，提高节能意识，养成良好的节能行为习惯等。硬节能，则是通过技术和物质手段而实现的节能，这里又分为直接节能与间接节能：直接节能，包括在采暖、空调、通风、照明、热水、炊事、家电、电梯等各个环节的能源节约；间接节能，通过非能源方面的节约，达到节约能源的目的，如节水、节材、减少维修、延长装修使用周期、延长建筑使用年限等。通常说的"每节约1度电，就相当于节约了 0.4kg 标准煤和 4L 净水"，反之亦然，节水、节材也间接地节约了能源。

2.4 全过程节能

无论是住宅的生产环节还是住房消费环节，要有效地实现建筑节能，必须做到全过程的节约。以住宅建设而言，从策划立项、选址定点，到规划设计、审图批准，到材料供应、施工、监理，到检验监测、竣工验收，直到入市租售，都与节能有关，都要有直接或间接的节能措施。仅以售房而言，售房者要出示住宅产品说明书和质量保证书，购房者有了解住房热性能的知情权。上海已规定：销售新建建筑物的，应当在新建住宅使用说明书中注明建筑物维护结构、用能系统和可再生能源利用系统的状况以及相应的保护要求。北京也建立了商品房标准公示制度，要求开发商公示执行节能设计标准的名称及版本代号和有关建筑材料技术参数，在《住宅质量保证书》中，应将结构形式和节能措施等写入其中，并注明开发商与业主的责任和义务。

2.5 全系统节能

建筑节能是个系统工程，大系统的节能是依靠各子系统的节能来实现的。与建筑节能有直接关联的大体上有以下几个系统：
(1) 建筑围护系统（外墙、外窗及屋面）
(2) 供热采暖与制冷空调和通风系统（热源、管网、散热设备、热交换回收装置、温控及热计量设备等）
(3) 太阳能及其他可再生（清洁）能源系统（太阳能光热、光电设施，风能，水源热泵、地源热泵等）
(4) 绿色照明及家电系统（高效节能荧光灯、发光二极管照明、电子镇流器、符合能效标准的节能家用电器）
(5) 检验监测及节能认定标识系统（通过科学检测加强终端节能管理，开展热性能评定和标识工作）
(6) 技术咨询服务系统（提供节能咨询、诊断、策划方案、更新改造、运营管理及服务等）

3 综合节能措施

3.1 建立健全建筑节能法规、政策及标准体系

从法律层面上，我国已颁布实施了《节约能源法》，并颁布了《可再生能源法》（2006 年起实施）。这些法律是建筑节能的重要依据，但法律条文难以对建筑节能及新能源建设做出详尽的规定，现在亟须编制颁布《建筑节能管理条例》，进一步明确行政部门、市场主体及广大消费者在建筑节能方面的权利、义务和法律责任，改变以往在建筑节能方面我行我素，缺乏规范和约束而又不承担任何法律责任的状况，切实把建筑节能纳入法制管理的轨道；在《条例》未出台之前，应尽快制定相关的约束和激励政策，起到引导、鼓励、扶持建筑节能的行为，可以结合发展节能省地型住宅，一并考虑制定出台国家住宅产业政策，在建立产业发展基金、金融支持、区别税赋、引入保险等方面，提出政策取向鲜明的

调控措施；此外，要加快编制各类有关节能的技术法规及标准规范，继国家标准《公共建筑节能设计标准》和行业标准《外墙外保温工程技术规程》之后，对列入计划的标准规范，也应尽快出台，如《住宅建筑规范》、《城市供热规划规范》、《建筑节能工程施工验收规范》、《民用建筑太阳能和系统应用技术规范》、《住宅性能认定标准》、《建筑能耗统计标准》等，以尽快覆盖建筑节能的各个领域和环节。

3.2 树立科学的住房消费观，选择合理的户型面积

把扩大消费与厉行节约统一起来，树立科学的消费观，对住房消费来讲，就是要讲究适度（与综合国力和居民收入水平相适应）、合理（住房应具有完善的功能、适宜的舒适度，可以满足现代居住行为的基本要求）与可持续（在满足当代人需求的同时，为后代人留有足够的空间和资源贮存，形成人与人、人与自然的和谐共存）。然而，在这个问题上，我们仍存在不少认识上非理性思考和政策上迁就倾向。尽管把 140m² 作为享受普通住宅政策的阈值，已是十分宽松的政策，但"胃口"越来越高。如某市的调查显示：仍有近 1/4 的人认为 140m²"不能满足居住要求"，"70%的市民要买 140m² 以上的房子"（经济日报，至人：《我们需要多大面积住房》）。追求更大一点的住房面积当然无可厚非，但不能不顾条件而陷入做"大房梦"的误区。在这方面，我们更多地要向日本和欧洲一些国家学习，而不能向美国看齐。实际上，在家庭结构更加趋同的当代（核心家庭多为三口之家），长期的居住实践已筛选出一个符合适度、合理、可持续的户型面积区间，大约在 85~100m²。我们应该很好地研究这一现象，克服和摆脱那种"炫耀性、竞争性、摆阔性"的消费理念，选择经济、适用、合理、节约的户型面积，特别是对于广大的低收入者来说，节能省地的 60~80m² 的中小户型，应作为购房置业的首选，这样，既能减轻沉重的购房压力，又可减少长期消费过程不菲的费用支出。因此，户型的选择对节能省地的效应是十分重要和明显的。

3.3 搞好规划设计，集成节能技术

规划设计是策划理念的具体化，起决定性的作用，是项目的决策阶段，非常重要。应把握好以下几点：

(1) 必须严格执行国家强制性节能标准，不得违背有关规定。执业规划师、建筑师及技术审查和行政审批人员，都应遵守这一准则，这是保证新建建筑不出现违背节约标准的关键一环。

(2) 规划要有节能意识。朝向、间距、竖向、形体、色彩等等规划要素，都有节能问题，规划如能为采集利用天然能源和自然采光通风创造了有利的条件，建筑单体设计就有了节能的背景环境，否则只能事倍功半。

(3) 建筑设计要统盘考虑经济、适用、美观的问题，作为非纪念性的普通建筑，不能单纯刻意地追求造型的独特和立面的新奇，而忽视能源资源的节能造成浪费。在立面处理、剖面形式、形体系数、窗墙比、窗地比、南北窗面积比、层高、进深等设计要素的选择上，都要有节能意识和措施。

(4) 尽量采用先进成熟的成套技术，以集成的方式综合性地加以运用。这是实现建筑节能硬措施。

3.4 围护结构是关键，重点部位先突破

统计显示：居住建筑的能耗构成中，采暖空调占到 65%，公共建筑中则高达 69%。可见，要把采暖空调作为建筑节能的重点，把围护结构作为节能技术的重点。主要是根据气候特点，或以保温为主，或以隔热为主，或兼而有之，相应的统一考虑外墙、外窗、屋面节能技术，重点推行外墙外保温及高效节能窗。就窗而言，也要形成框料、玻璃、开闭五金、遮阳等节能技术配套使用，这样才会收到理想的

节能效果。

3.5 大力推广太阳能技术，广泛利用可再生能源

发达国家太阳能技术已广泛应用于建筑节能领域并取得显著的效益。我国《可再生能源法》也明确规定："国家鼓励单位和个人安装和使用太阳能利用系统，包括太阳能热水系统、太阳能供暖和制冷系统、太阳能光伏发电系统等"；"在建筑物的设计和建造中为太阳能利用提供必备条件"。我国丰富的太阳能资源及日趋成熟的太阳能利用技术和基本国产化的设备供应能力，将使太阳能这种清洁的、可再生能源在建筑节能中扮演越来越重要的角色。

太阳能光热利用、光电利用、光线利用等方面的产业化发展，在建筑供暖、供热水、制冷降温、通风、自然采光等方面，应用前景十分广阔。当前，应以供暖和供热水为主，结合光伏发电和地源热泵的开发，弥补其不稳定的缺欠，使之得到广泛的推广和应用。

3.6 开展热性能认定，实施标识管理

热性能是建筑综合性能和品质的重要部分，而热性能又是难以靠五官加以鉴别和区分的，对于广大的使用者来说，孰优孰劣是一头雾水。因此，在产品终端加以评定和标识是很有必要的，既能提高产品质量、性能的透明度，明确其进入市场的身份，又能为业主在使用过程中提供基础的技术参数，搞好维护管理。我国已对商品住宅试行了性能认定制度，住宅建筑的热性能认定可以和综合性的住宅性能认定结合起来，增加热性能认定的内容和权重值。对于公共建筑来说，既可进行综合性的性能认定（包括"四节"及适用、环境、经济等方面的认定），也可以对热性能作为一个专项单独认定。

3.7 规范建筑拆除，延长使用年限

大拆大建已是中国城市化和城市建设中司空见惯的现象。许多处于正常的设计使用年限之内的建筑也被强行拆除，使中国住宅的使用寿命大大缩短。住宅短命现象造成了巨大的资源浪费和环境污染，是不符合发展循环经济、建设节约型社会和保护环境、坚持可持续发展的科学发展观的。当然，根据规划和公共利益的需要，对某些建筑，特别是存在严重安全隐患的"危房"、"病房"实施必要的拆除是难免，但对于处于设计使用年限之内，结构安全可靠度不存在问题的建筑，则不应随意拆除。应转变观念，可以通过维修、更新，改善其居住、使用条件，充分利用结构的使用年限，这对能源资源都是最大的节约。建议国家应规范既有建筑的拆除行为，确属结构安全和其他质量问题必须拆除的，应由有资格的机构进行监测鉴定；因其他非建筑本身原因需拆除的，也应由相应部门和专家论证（包括必要的听证），经批准后方可拆除。为鼓励加快既有旧住宅的更新改造，应加快相关技术的开发研究，抓好试点示范工程。国家也应出台鼓励政策，以资调动各方面的积极性，对既有住宅和公共建筑实行维护、更新、改造、改善，为节约能源、促进资源的可持续利用提供必要的技术和政策支持。

3.8 深化供热体制改革，理顺热价

建筑节能进展缓慢，除技术方面原因外，也有体制和价格方面的原因，长期以来北方采暖地区实行的是计划经济体制下形成的低热价、"大锅热"的供热体制，严重地阻碍建筑节能的推进。只有坚持供热的商品性、市场化，才能彻底改变宁可欠热费、降低供热质量，也不愿建设符合节能标准的住宅。为解决热费收缴难、用热计量难等问题，也可考虑到供热的灵活、方便，现在不少住宅采用了家用燃气热水锅炉分散供暖的方式。但是这种小型锅炉热效率低、存在安全隐患、污染低层大气，缺点是显而易见的，并不符合节能环保的要求。所以，在供热体制改革逐步深化、热调节和热计量技术比较成熟可靠的前提下，还是应该提倡在城市市区以集合住宅为主的住区中，实行集中式供热，以有利于节能和环保。

第五届中国城市住宅研讨会论文集，中国香港，2005 年 11 月

Proceedings of the Fifth China Urban Housing Conference, H.K.S.A.R. CHINA. (November 2005)

People Oriented Public Housing Development in Hong Kong

以人為本的香港公營房屋發展

Ada FUNG

馮宜萱

香港房屋署

Housing Department, Hong Kong

Keywords: Public Housing, Sustainability

Abstract: Home is where the heart is. Public housing has played a pivotal role in community building started in 1950s' as a result of a disastrous fire. Today, the Hong Kong Housing Authority has a housing stock of about 670,000 public rental units in 154 estates. [1] This paper presents some key features of our people-oriented public housing development in Hong Kong over the past five decades. In meeting the needs of community, we have been committed to providing affordable quality homes in a sustainable and healthy living environment for those in genuine need. We work in partnership with stakeholders through community participation, ensuring rational use of public resources in service delivery and allocation of housing assistance in an open and equitable manner.

1   INTRODUCTION

Over the last century, Hong Kong has been drastically transformed from a sparsely populated fishing village to a thriving international city. We have over 7 million people living in 1,100 km^2 of land of which only about 200 km^2 is developed and another 400 km^2 is devoted to country parks. Over the past 50 years, public housing has provided homes for about one half of the population, also making a prominent footprint in our built environment.

Committed to providing affordable quality housing to those in genuine need, the Hong Kong Housing Authority (HKHA) is financially autonomous. The Government provides HKHA with land on concessionary terms to build public housing. Being one of the biggest public housing developers in the world, HKHA has formed strong bond with stakeholders in nourishing a culture for developing sustainable housing in the new millennium, including staff, residents, business partners, academia, researchers, green groups and concerned groups. We strive to ensure cost effective and rational use of public resources in service delivery and allocation of housing assistance in an open and equitable manner. In the ensuing sections of the paper, we present some key features of our people oriented approach in the public housing developments of Hong Kong − from emergency housing for fire victims, through quality housing for caring community, to sustainable housing for harmonious society.

2   IN TUNE WITH THE TIMES

2.1 1950's – Emergency housing for fire victims

After the Second World War, the population of Hong Kong exploded from 600,000 to over 2,300,000 within 6 years from 1946 to 1952. [2] Sprawling squatter settlements covered the hillsides around the city. On Christmas

---

[1]   HKHA 2003/04, Annual Report.

[2]   Commissioner for Resettlement, Annual Departmental Report 1963/64.

Day of 1953, a disastrous fire in North Kowloon left 53,000 people homeless. Accommodating the homeless and the less privileged became the mission of the then housing policy.

Seven-storey concrete resettlement buildings namely, the Mark 1 blocks were built to accommodate the victims. These were low rise and high density building blocks, based on a simple single room-and-corridor design with an average livable area of 2.4 m² per person. It marked the beginning of the public housing programme in Hong Kong and carried a far deeper meaning: *"housing, which could be a life and death issue to many people, must be addressed systematically and in a well-planned manner, so that changes could be made and the underprivileged could move from shelter to home."*

Figure 1　Squatter settlement on the hillsides and Fire incident in 1953

2.2　From 1960's to 1990's – Quality housing for caring Community

During the 1960's, the economy grew rapidly. Large number of refugees continued to flock from China to Hong Kong and fuelled the demand for housing. Three categories of housing were developed in response to the need –

　　a)　Resettlement Housing for squatters and people affected by natural disasters;

　　b)　The Government Low Cost Housing for the less affordable families; and

　　c)　Former Housing Authority Estates for low income families within strict limits.

By 1964, there were 17 resettlement estates accommodating more than 500,000 people.[1] In 1973, HKHA was founded. The Hong Kong Housing Department was committed to implement the "Ten-year Housing Programme" for housing 1,800,000 people in 10 years.[2] The mission was to "help families in need gain access to adequate and affordable homes in both quantitative and qualitative terms in parallel with the economic and technological growth". Standardization, as an effective means for mass production, became the norm.

On the design aspect, standard flat modules with improved spatial and sanitary provisions in standard blocks with planned flat mix were developed. Three major strategic moves were adopted which laid a solid and sound foundation for the economic and social prosperity of Hong Kong –

i)　New Town Development

New Towns were planned to relieve the pressure on the overcrowded urban areas. Public housing estates were planned to meet residents' daily needs, from communal, cultural, educational, recreational, shopping and restaurants to transport, social and medical needs. Public rental housing was an essential component in new town development and became a catalyst for the private developments that followed. In 2005, there are 12 new towns with a total population of some 3.2 million of which about 2 million are living in public housing.

ii)　Redevelopment of Resettlement Estates

From 1970's onwards, Hong Kong had become more affluent. Basic shelters with minimum facilities in resettlement estates were considered to be inadequate particularly in terms of spatial and sanitary standard. In 1980's, the Comprehensive Redevelopment Programme (CRP) was launched for the redevelopment of over 500

---

[1]　Commissioner for Resettlement, Annual Departmental Report 1964/65.
[2]　HKHA Annual Report 1973/74.

blocks built before 1973. Reception estates were built to re-house residents from older estates in the same district.

iii) Home Ownership Scheme and other loan schemes

The Home Ownership Scheme (HOS) was introduced in 1976 to enable lower middle income families and public housing tenants to become home owners. In 1987, the Long Term Housing Strategy (LTHS) was introduced to promote mobility and home ownership amongst tenants of public housing estates. Public rental housing tenants were given priority for the purchase so as to safeguard the rational use of resources.

| 1960's | 1970's | 1980's | 1990's |

Figure 2   Living conditions of public housing from 1960's to 1990's

In the 1990's, a greater variety of public housing subsidy schemes were introduced. The design of public housing became the focus of public attention. New Harmony blocks with improved designs and estates with enhanced facilities were welcomed by the public. After decades of improvement in the design, supply and management of public housing, Hong Kong's public housing development has secured a predominant position in the international arena, both in terms of quality and quantity of providing affordable housing for those in genuine need.

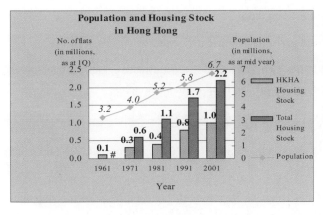

Legend
\# Data not available

Notes
HKHA housing *includes* both rental and sale flats but Housing Society flats are excluded. Total housing stock *excludes* institutions, rooftop structures and other temporary housing. (Resource - from Hong Kong Census and Statistics Department)

Figure 3   Population and Hong Kong Housing Stock in Hong Kong

2.3 The 21st Century – Sustainable housing for harmonious society

Pursuant to the unforeseen recession of Hong Kong's economy following the Asian financial crisis and the resulting shrinkage in demand for housing, the reduced prices of private sector housing, together with low mortgage interest rates, have substantially enhanced the affordability of homes, making it possible for those falling within the eligibility net of subsidized HOS and public rental housing to purchase homes in the private sector. The Government undertook a thorough review of its housing policy in response to the changes of society including variations in population structure and family composition, the changing economic situation and wages, and the changes in the aspirations of the general public as to the types, quality and quantity of housing etc. In November 2002, the Statement on Housing Policy was announced. Some of the important initiatives

included –

    a)   Cessation of the sale and production of HOS flats in order to withdraw from the property market;

    b)   Focusing on provision of public rental housing; and

    c)   Maintaining a stable operating environment for the private property market.

HKHA, with her core values of "Caring, Customer-focused, Creative and Committed",[1] has pledged to maintain the average waiting time for General Waiting List applicants at three years. In line with this Housing Policy, we adopted the following strategies to:

    a)   Enhance cost-effectiveness in the utilization of resources and economic sustainability;

    b)   Promote healthy living in a caring community; and

    c)   Establish a service-oriented culture of management and maintenance.

3   ENHANCING COST-EFFECTIVENESS IN THE UTILIZATION OF RESOURCES AND ECONOMIC SUSTAINABILITY

The cessation in production and sale of Home Ownership Scheme (HOS) flats and the halting of sales under the Tenants Purchase Scheme (TPS), together with the termination of the Private Sector Participation and Mixed Development Schemes, has created a series of financial impact as the sale of HOS and TPS flats has previously provided a major source of funding for the public housing programmes of the HKHA.

Embracing the HKHA's Vision "To help all families in need gain access to adequate and affordable housing", our Mission is to –

    a)   Provide affordable quality housing, management, maintenance and other housing related services to meet the needs of our customers in a proactive and caring manner;

    b)   Ensure cost-effective and rational use of public resources in service delivery and allocation of housing assistance in an open and equitable manner; and

    c)   Maintain a competent, dedicated and performance-oriented team.

In developing our programme of activities, we must ensure cost-effective and rational use of resources to enhance economic sustainability, including capital, land and human resources.

3.1 Rational Allocation of Public Housing Resources

Focusing on public rental housing and optimizing the use of existing resources, we implement a number of measures including –

    a)   Streamlining the organization of the Housing Department, enhancing its partnership with stakeholders, ensuring better use of private sector resources as well as making the best possible use of staff, financial and information technology resources;

    b)   In ensuring the equitable allocation of public rental housing, we have formed an Ad Hoc Committee on Review of Domestic Rent Policy to map out a rational rent adjustment mechanism which is flexible, closely linked to tenants' affordability and contribute to the long-term sustainability of Hong Kong's public housing programmes; and

    c)   In cracking down the abuse of housing resources, we have formed a Task Force Against the Abuse of Public Housing Resources to manage the expectations of tenants, ensuring they will act responsibly, look after their homes and surrender their flat units when they no longer have genuine need.

---

[1]   HKHA Annual Report 2003/04

3.2 Provision of Affordable Quality Housing

Since there is limited land supply for public housing development in the long term, we must optimize the development intensity of all HKHA developments such that maximum permitted densities will always be achieved. We critically assess the development intensity of every housing site with the objective of taking full advantage of its development potential as well as achieving a sustainable and liveable environment for our residents.

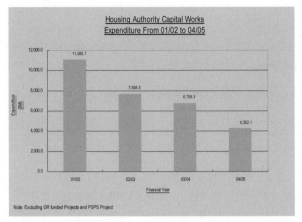

Figure 4   KHHA Annual Expenditure from 01.02 to 04/05

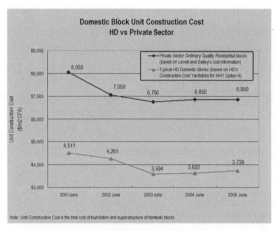

Figure 5   Public Housing vs Private Housing Domestic Construction Cost

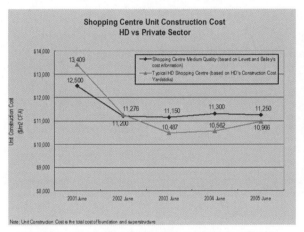

Figure 6   Public Housing vs Private Housing Shopping CentreConstruction Cost

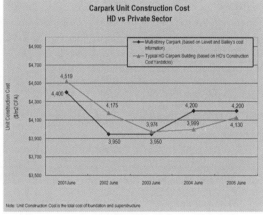

Figure 7   Public Housing vs Private Housing Carpark Construction Cost

A new Functional and Cost-effective Design approach was developed to optimize the cost-effective delivery of public housing, while meeting the crucial needs – comfort, safety, health and a quality living environment – of our tenants through careful planning and design, efficient construction, low maintenance, energy saving and effective operations. To optimize the utilization of car parking spaces in existing public rental housing, we reserve surplus parking spaces in these estates for new development projects.

New developments are built in most economical manner. While site-oriented design approach is adopted in response to specific site constraints, standard provisions and designs are continuously improved to address customer needs and optimize cost effectiveness. In terms of construction cost, public housing is about 40% lower than similar developments in the private sector.

Innovative procurement methods, including Guaranteed Maximum Price Contracting System, are explored to enhance production efficiency and cost-effectiveness. This will provide an integrated approach to design and construction with life-cycle considerations, thereby enhancing future sustainability of our properties.

To ensure a safe, comfortable and sustainable living environment for tenants, we conduct comprehensive

structural survey on estates aged 40 or above. We will carry out financial appraisal to determine the financial viability of redevelopment if the aged buildings or estates are beyond economic repair.

3.3 Exploring New Sources of Revenue[1]

In order to enable the HKHA to focus its resources on its core function as a provider of subsidized public housing and to meet the financial commitment for the public housing programme, HKHA decided in July 2003 the divestment of its retail and car parking facilities. The divestment would take place through the establishment of a Real Estate Investment Trust (REIT), namely The Link REIT.

4 PROMOTING HEALTHY LIVING IN A CARING COMMUNITY

First we shape our environment and then our environment shapes us. In providing homes for our residents, we promote healthy living, healthy life-style and social cohesion in a caring community.

4.1 Environmental Sustainability

Health is wealth. As the key housing provider for one third of Hong Kong's population, we strive to prevent and minimize environmental impact and to safeguard the health and safety of our residents, employees and relevant stakeholders. By providing cleaner, safer and greener environment for our tenants, we build a healthy community with healthy citizens.

To achieve this, we have established two distinct sets of Environmental and Safety policies, which give staff a clear direction in pursuing an Environmental, Health and Safety culture in daily operations. Through implementing these policies, we will have our housing estates built and managed in compliance with relevant legislations, and ensure our tenants residing in an environmentally friendly, healthy and safe community.

a) Environmental, Health and Safety Policy

   Environmental Policy

   • Promote healthy living, green environment and sustainable development;

   • Comply strictly with the environmental legislation and regulations;

   • Address environmental concerns, incorporate environmental initiatives and minimize impacts;

   • Minimize the use of resources and achieve cost effectiveness;

   • Promote environmental awareness and participation; and

   • Review and seek continuous improvement.

   Safety Policy

   • Provide information on safety and health criteria for contractors, the public and other key stakeholders involved in building HA projects;

   • Make safety and health performance a critical consideration in tender selection for all new and existing building projects;

   • Build up safety profile of contractors for continuous assessment of safety performance;

   • Monitor contractor safety performance by independent and in-house assessments;

   • Work through partnership by incorporating contractors' input in respect of safe construction technology and equipment; and

   • Promote safety and health issues to enhance the safety and health of persons involved.

---

[1] HKHA Annual Report 2003/04

b) Healthy living design to meet aspiration of society

Planning and design plays an important role in creating a healthy living environment. Starting from 2004, we have enhanced our design in public housing developments by applying micro-climate studies and computerized fluid dynamics techniques for all our new estate planning. These studies ensure that we gain the maximum advantages of the site for our buildings and enhance the as-built environment of the neighbourhood. We balance performance of local wind environments, natural ventilation, pollutant dispersion, daylight, thermal comfort, soft landscaping, and energy efficiency of the building services in each and every new development project, providing a versatile response to the site environment.

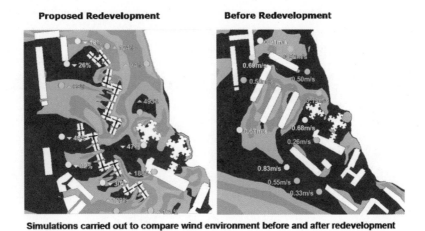

Figure 8   Comparison of wind environment before and after redevelopment

Figure 9   Sunlight and daylight study in open space and common corridor planning

We have been partnering with local academia and consultants in applying the following innovative environmental study topics -

i)   Visual sustainability

ii)   Environmentally responsive façade design

iii) Thermal comfort at open spaces

c) Establishing clean culture in public housing estates

Healthy living has become a great concern of our society especially after SARS. Clean Neighbourhood Campaigns are organized in public rental housing estates every year to promote overall cleanliness through awareness and educational activities. In parallel, we introduce the Marking Scheme on hygiene misdeeds, including littering, spitting, urinating and defecating in public areas, causing mosquito breeding by accumulating stagnant water, smoking in public lift, illegal hawking of cooked food, throwing rubbish and objects from height etc. Under this scheme, households who commit such offence, create public hazards or

unhygienic areas will receive demerit points. For those misdeeds posing serious threats to estate hygiene, we adopt zero tolerance and allotted demerit points to the offenders. Tenants committing these misdeeds will receive verbal and written warnings, and eventually termination of tenancies if 16 demerit points or more are accumulated within two years.

d)   Promoting environmental protection awareness

Promoting environmental protection awareness has reaped fruitful results in our estates as well as on construction sites. The statistics in 2003/04 indicated that the waste generation rate per person per day of 0.82kg in our estates was less than the overall Hong Kong average of 1.09kg. There was continuous reduction in noise complaint against construction sites. We have been providing residents with recycling bins. Recycled aggregates used in construction sites increased by 20%.[1] We formed partnership with green groups in organizing community environmental awareness campaigns.

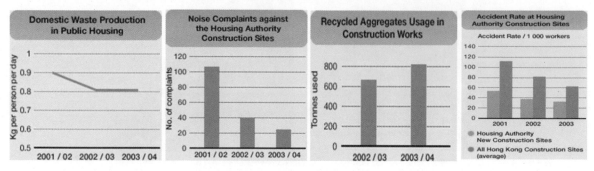

Figure 10   Statistical records of domestic waste production, noise complaints, recycled aggregates usage and accident rate at HKHA construction sites 7

e)   Landscaping and tree planting for greener environment

Landscaping and tree planting help create a greener environment and reduce heat island effect. For new developments, we endeavour to provide greening at a ratio of one tree for every 15 flats. We arouse residents' appreciation of the importance of greenery and environmental protection by conducting various promotional activities, including Landscape improvement programme in 2002/03 and Vote for the Top Ten Favourite Trees in 2003/04 in public housing estates.

4.2 Creating Caring Communities and Enhancing Social Sustainability

Social sustainability enhances the well being of people. The low rents in public housing represented a subsidy to low income families, promoting social stability, economic prosperity and foster harmony in the community. It has allowed Hong Kong to be a flexible and reliable supplier of manufactured goods for the world market in the past. We provide sustainable homes and caring for those in special need, and enhance social cohesion through community participation and communication. These interrelated measures collectively contribute to the physical, mental and social realm of healthy living –

a)   Enhancing Social Cohesion through community participation and communication

   i)   Residents' Participation in Estate Management

The Estate Management Advisory Committee (EMAC) Scheme was introduced in 1995 to increase tenants' participation in estate management. Each Committee consists of the Estate Housing Manager, a District Councillor of the constituent, and representatives from Mutual Aid Committees and residents' associations.

Regular meetings were held to discuss matters of concern to tenants, and funds were provided for Committees to carry out improvement works and organize local functions. Tenants also participate directly

---

[1]   HKHA Environmental, Health and Safety Report 2003 to 2004

in appraising the performance of various service contractors. This Scheme made a significant contribution to building a partnership with our customers.

ii) Customer Satisfaction

We have been involving our residents in the customer satisfaction surveys to gather their feedback on newly completed estates and statistical data in the constant review of flat mix, spatial standards, general estate facilities, domestic flats and communal areas. Latest residents' survey results in 2004/05 indicated over 60% of the households were very/quite satisfied and less than 1% was not satisfied with provision of estate, block and flat facilities, and the construction workmanship. We apply survey findings to refine our design standards and provisions for future projects.

Survey results of laundry rack design

	Morning Sun Shine (%)	Evening Sun Shine (%)
Prefer the house to be brighter	84.8	84.1
Disinfections	20.8	12.3
For drying clothes / herbs in the flat	2.7	2.4
Refreshing	2.6	3.3
Electricity saving	0.7	0.6

Preferred drying rack location

Figure 11   Residents survey results of laundry rack design

iii) Community Participation in Estate Planning and Design

We implement site oriented design for the master layout, flat mix, building form and landscape design. We involve residents through various forms of community participation, such as consultation with District Council and concerned groups in the planning and design process. In one of our new town development project, we introduced a "Community Artwalk" at external areas; over 80% of the residents appreciated the idea very much in recent survey. Wall mural painting, heritage corners and community farming with tenants' participation are some of the examples.

Figure 12   Community Art walk at Tung Chung and Wall Mural Painting at Tin Shui Wai

iv) Enhancing Communication with Community

We produce a wide range of multi-media materials to highlight our services, policies and keep our

stakeholders well informed of the latest public housing developments. More than 700 issues of EMAC newsletters were produced and distributed to the two million tenants at public housing estates, keeping them posted on important housing issues and the latest estate news. The public and our staff are kept in touch with our on-line newsletter, Housing Dimension. To respond more speedily to public criticisms, subject staff explains the related policies and stance to the media, and offer interim solutions to problems within the shortest possible time.

Figure 13   Meetings with Residents' concerned groups on estate planning and design

v)   Enhancing Community Relations

We organize corporate and community functions focusing on educating estate tenants about cleanliness, environmental protection, care for the elderly and fire safety etc. We have over 1,400 Fire Safety Ambassador courses, who apart from spreading the message on fire safety, are trained in fire prevention measures and the use of fire fighting equipment.[1] A permanent exhibition centre is also developed as information and education resource for the public. Workshops and educational activities are well received by students as well as tenants.

Figure 14   Corporate and community functions for residents

vi)   One-stop services for tenancy application

All public housing tenancy applications are centralized in HKHA Customer Service Centre. To improve services for the elderly, elderly applicants aged over 60 and eligible under the Single Elderly Priority Scheme and the Elderly Persons Priority Scheme, can complete their housing application processes in one single step.

vii)   Heritage Preservation

Residents treasure the memories of old neighbourhood in redevelopment estates where the old neighbourhood has strong heritage characteristics. Heritage of a site and its neighbourhood is enhanced through preservation of local characters like existing trees, landscape and cultural features. This serves to establish identity for estates. Apart from preserving selected elements with heritage value like metal gates, old shop signs, etc., we involve the non-government organizations and concerned groups to collect heritable artefacts from tenants for display in the estate.

b)   Sustainable Home and Caring for Those in Special Need

---

[1]   HKHA Annual Report 2003/04

A sustainable home enhances our physical as well as mental health, especially for those in special need and those who are aging. Build-in flexibility of internal layout enables tenants to shape their home according to their family composition and individual preference. We implement "universal design" with spatial arrangement and fittings inside the flats designed to cater for tenants regardless of their age and physical condition. At detailed design stage, we collect feedback from concerned groups and potential tenants through erection of timber mock-up flats and associated communal areas.

Figure 15   Universal design details

Apart from enhancing accessibility for wheelchairs, we have been improving services and facilities for the visually impaired persons by providing tactile guide paths throughout estates, voice synthesizer inside lift cars, tactile marking and braille letters on call buttons inside lift cars and letter boxes, enhanced lighting level at specific locations and contrasting colours in bollards, thresholds and periphery walls.

5   ESTABLISHING A SERVICE-ORIENTED CULTURE FOR MANAGEMENT AND MAINTENANCE

We strive to provide better management and maintenance service for our tenants. To meet the rising expectations from our tenants, a new service-oriented scheme is being developed featuring a proactive in-flat inspection and enhanced service to tenants' request for repair. The main approaches of the scheme are -

a)   Customer focused approach in tackling maintenance problems

b)   Customer focused approach in response to emergencies and tenants' requests for repairs

c)   Enhanced promotional and educational programmes for tenants

5.1 Customer focused approach in tackling maintenance problems

We launch customer service oriented "HomeCARE Ambassadors" In-flat Inspections Scheme to provide one-stop service for in-flat inspections and repairs, educate tenants on home caring and maintenance issues, record the maintenance conditions and build a communication network with tenants. To ensure emerged major maintenance issues be handled in a speedy and coordinated manner, we set up dedicated task forces on a need basis, and we draw up Estate Improvement Programmes for major maintenance works to sustain the aged public housing estates which are identified structurally safe. To enhance Research and Development for improving design and construction quality, we wet up flat-to-flat maintenance database to record maintenance history.

5.2 Customer focused approach in response to emergencies and tenants' requests for repairs

We set up a Maintenance Hotline to improve the efficiency in handling maintenance requests and complaints, and assign customer service coordinators to handle public and media enquiries promptly and positively. Communication with tenants will be strengthened with the wider use of the Housing Channel, so that policies and issues affecting tenants can be widely publicized. Furthermore, we enhance our monitoring of Property Service Agents and Maintenance Contractors to assure quality service.

5.3 Enhanced promotional and educational programmes for tenants

To identify typical defects and educate tenants on proper usage of sanitary fitments and installations inside flats and public areas, we implement a comprehensive Publicity and Tenant Education Plan to promote the in-flat inspection services, motivate tenants' participation in home caring and reporting defects, assist them. We conduct customer service seminars for our professional and technical staff to instil the sense of quality and commitment to customer services, and require maintenance contractors to enhance their customer service.

6 MEETING THE CHALLENGES AHEAD

Looking forward, we remain committed to providing adequate and affordable housing to those who cannot afford to rent accommodation in the private market. Taking on the challenges ahead, we will continue to provide quality public housing in the most cost-effective manner and strengthen the partnership with all stakeholders in the community. We will continue to enhance our service quality, manage and maintain our assets with a view to maximizing their economic life and contribution, and make full use of human, financial, and information technology resources in achieving sustainable development.

"Sustainability" with its wide spectrum of coverage, in the context of HKHA with her sizable portfolio of affordable quality housing, means that we must collaborate with all stakeholders towards cultivating sustainable awareness. This is a big challenge as well as an excellent opportunity to bridge the gap between policies and practice for the good of the coming generations. It not only helps us achieve our vision and mission, but also ensures that Hong Kong will have a sustainable public housing programme that will meet the needs of the community now and into the future.

REFERENCES

Commissioner for Resettlement, (1963), *Annual Departmental Report* 1963/64

Commissioner for Resettlement, (1964), *Annual Departmental Report* 1964/65

Hong Kong Housing Authority, (1973), *Annual Report* 1973/74

Hong Kong Housing Authority, (2003), *Annual Report* 2003/04

Hong Kong Housing Authority, (2003) *Environmental, Health and Safety Report* 2003/04

中国住宅技术发展的新标志——解读《住宅性能评定技术标准》

New Sign for Development of Residential Buildings in China:
Access to "Technical Specification of Performance Assessment for Residential Buildings"

王有为[1]　童悦仲[2]

WANG Youwei[1] and TONG Yuezhong[2]

[1] 中国建筑科学研究院

[2] 建设部住宅产业化促进中心

[1] China Academy of Building Research, Beijing

[2] The Center for Housing Industrialization of Ministry of Construction, P.R.C.

关键词：　住宅性能、适用性、环境性、经济性、安全性、耐久性、绿色建筑

摘　要：　中国政府组织编制的《住宅性能评定技术标准》即将问世。本文就标准的编制框架作了一个简单的介绍，重点将标准中的科技含量，从热工性能、隔声性能、室内污染物控制、智能化性能、再生能源利用到室内空气品质列举推介；与此同时，把紧跟时代发展而吸纳的新生点，如停车位、无障碍设施、装修到位、水资源利用、墙体材料革新、垃圾处理、耐久性、绿化及电梯设置也总结显现，使大家对标准中的新意有个梗概的了解。本文还将标准与国外日本的同类标准，作了粗略的比较，找出了同异之处，分析了各自的特色。随着绿色建筑在我国悄然兴起，本文对住宅性能与绿色建筑的关联，也作了初步的论述。

Keywords: performance of residential building, serviceability, friendly-environment, cost-effectiveness, safety, durability, green building

Abstract: The "Technical Specification of Performance Assessment for Residential Buildings" ("the specification" for short), developed under the direction of the government, will come out soon. The paper briefs the contents of the Specification, focusing on the science- & technology-related issues like thermal performance, sound insulation, indoor pollutant control, intelligent performance, renewable energy and indoor air quality. It also expounds the new aspects arising from keeping pace with times, such as parking lots, accessibility, one-stop decoration, water resources exploitation, walling material innovation, waste disposal, durability, greening, and elevators arrangement, which helps the public have a general picture about the new contents of the specification. Having compared the specification with the similar oversea specifications including Japanese one, the paper generalizes the similarities and differences between and analyses the characteristics of each.The green buildings are growing up in China gradually. The paper discusses the interrelation between the performance of residential buildings and green buildings.

　　住宅与人民的生活休戚相关。住宅建设关系到国家的环境、资源和发展，同时关系到消费者的安全、健康和生活质量。随着我国经济的发展，住宅政策的实施，居住者对住宅的要求愈来愈高。

　　中国政府对住宅建设赋予高度重视，建设部长期以来把住宅建设视作主流业务。近年来，为了贯彻科学发展观的思想，建设部投入相当的人力、财力，组织编制《住宅性能评定技术标准》。目前已进入报批阶段，预计推广后将会引发住宅建设"质"的飞跃。

1 《住宅性能评定技术标准》简介

《住宅性能评定技术标准》的编制及试评工作几年前就启动。随着认识和需求的深化，两年多来，由建设部住宅产业化促进中心与中国建筑科学研究院组织有关专家重新修编及试评，经过实践及听取了全国各地的反馈意见，形成了目前的报批稿。

本标准主要是强调住宅的性能，从而突显住宅的科技含量，性能是事物本身具备的性质、特点，与功能有着密不可分的联系，有了性能才有相应的功能。

经过分析归纳，我们把住宅的性能划分为五类，定义如下：

- 住宅适用性能（residential building applicability）：由住宅建筑本身和内部设备设施配置所决定的适合用户使用的性能。
- 住宅环境性能（residential building environment）：在住宅周围由人工营造和自然所形成的外部居住条件的性能。
- 住宅经济性能（residential building economy）：在住宅建造和使用过程中，节能、节水、节地和节材的性能。
- 住宅安全性能（residential building safety, security）：住宅建筑、结构、构造、设备、设施和材料等不形成危害人身安全并有利于用户躲避灾害的性能。
- 住宅耐久性能（residential building durability）：住宅建筑工程和设备设施在一定年限内保证正常安全使用的性能。

其中：

- 适用性能包含单元平面、住宅套型、建筑装修、隔声性能、设备设施、无障碍设施六部分内容，总分250分；
- 环境性能包含用地与规划、建筑造型、绿地与活动场地、室外噪声与空气污染、水体与排水系统、公共服务设施、智能化系统七部分内容，总分250分；
- 经济性能包含节能、节水、节地、节材四部分内容，总分200分；
- 安全性能包含结构安全、建筑防火、燃气及电气设备安全、日常安全防范措施，室内污染物控制五部分内容，总分200分；
- 耐久性能包含结构工程、装修工程、防水工程与防潮措施、管线工程、设备、门窗六部分内容，总分100分；

住宅性能评定总分为1000分，适用性能和环境性能得分等于或高于150分，经济性能和安全性能得分等于或高120分，耐久性能得分等于或高于60分，评为A级住宅。总分等于或高于600分，但低于720分为1A级；等于或高于720分但低于850分为2A级；总分850分以上为3A级。

与国内外同类标准相比，本标准是在国内外大量相关材料的基础上，结合我国住宅的实际情况，进行了针对性的研究，在近二百个住宅项目中进行了试评，并在全国范围征求意见。本标准是目前我国唯一的有关住宅性能的评定技术标准，适用于所有城镇新建和改建住宅；反映住宅的综合性能水平；体现节能、节地、节水、节材等产业技术政策，倡导土建装修一体化，提高工程质量；引导住宅开发和住宅理性消费；鼓励开发商提高住宅性能，住宅性能级别要根据得分高低和部分关键指标双控确定。

2 本标准的特点

本标准注重那些看不见、摸不着，难以为民众所了解的，专业性较强的，但又确实是非常重要的性能。随着住房制度的改革，百姓对住房知识的了解程度也在深化，从房型到阳台、卫生间数量、开间、进深、层高这些几何尺寸的变化，大家都能说出个"所以然"来，而对于那些至关重要的，不要说一般

民众，即便是普通的工程师都难于辨别的性能，在编制时特意进行强调，主要有：

(1) 住宅的热工性能

国家重视建筑节能十年有余，民用建筑节能标准相继问世，但真正的节能建筑不到 5%，与发达国家相比，几倍于人家的能耗，而房内的舒适度还低于国外。编制标准时，从朝向、体型系数、窗墙比、遮阳、围护结构多方面给以详尽规定，并赋予重分；

(2) 住宅的隔声性能

人们常常抱怨，现在的住宅，左邻右舍及外界的噪声会影响休息，还涉及到人们的隐私。本标准从楼板、分户墙、外窗、户门、排水管道到电梯、水泵、风机设备均作了隔声规定，保证了居室的安静环境；

(3) 室内污染物控制

墙体材料、混凝土外加剂、内墙涂料、天然石料、壁纸等建筑材料带有污染物超标的现象时有发生，直接危及到大众的健康问题，一定要加以控制，保证住宅的安全性能。

(4) 住宅的智能性能

信息化的年代，必须配备具有智能化系统的住宅。本标准以安全防范子系统、管理与监控子系统、信息网络子系统的设置来提高住宅的智能性能。这是住宅高科技的体现。

(5) 再生能源利用

太阳能是永不枯竭的清洁能源，是 21 世纪以后人类可期待的、最有希望的绿色能源之一。我国具有十分丰富的太阳能资源，光热利用已处于国际先进地位。现阶段以光热利用为主。

地源热泵供暖空调系统通过吸收大地的能量，包括土壤、井水、湖泊等天然能源，冬季从大地吸收热量，夏天向大地放出热量，再由热泵机组向建筑物供冷供热。该系统和常规的供热空调系统相比大约节能 50%。

本标准鼓励在住宅建筑设计中结合地域情况，综合考虑上述措施，巧妙地将这些成熟的科技成果用在建筑中，讲究与建筑的一体化设计。

(6) 住宅的新风

住宅的新风量是室内空气品质的重要标志。随着节能的深入开展，门窗的气密性的提高，室内的新风量会上升为一个重要指标。提高室内新风量的措施是自然通风与机械装置相结合。天井、回廊、增加窗户的开启面积、设气窗等都是节能的换气措施，但一定要配以积极有效的机械装置，如卫生间、厨房的排风装置，无动力风帽等。未来的住宅设计，需要对此给予令人满意的解决办法。

上述这些看不见、摸不着的性能，从适用、安全、高效多个角度、构成了本标准的科学观点，提高了本标准的含金量，与中国八、九十年代所建住宅的水平对照，确实是大大地前进了一步。

3 与时俱进的新变化

改革开放以来，特别是近十几年来，中国的经济高速发展，随着 GDP 的迅速增长，社会、经济、文化等各个方面均有相应的飞跃，住宅建设也有与之相应的变化。因此，本标准编制时与时俱进地吸取了这方面的变化因素。

(1) 停车位的设定

住宅建设一定要配以适当的停车位。几年前还在"设与不设"上争论不休的停车位，近年来一下子设定为 0.4、0.6、1.0 三个档次，试行中没遭到任何异议。因为中国城市规模较大，百姓的住处绝不因工作环境的变迁而移位。驾车上班的比例在逐步加大，加上年轻一代可贷款购车，停车位已成为人们购房中的重要考虑。本标准不仅要设项，还给予较高的分值，充分体现了时代发展的特点。

(2) 无障碍设施

随着经济发展，生活水平与医疗水平的提高，我国人均寿命正处于上升的趋势，建造适合老龄人居住的住宅逐步提上议事日程。本着"以人为本"的思想，对残疾人、儿童、孕妇等特定人群的需求也予以关注。在我国单是残疾人总量已达六千万以上，所以在本标准编制时，对无障碍设施予以一定的考虑。

(3) 装修到位

毛坯房是我国住宅建设中的首创，世界上几乎没有别的国家供应毛坯房的。随着装修水平的不断提高，伪劣商品装修、有害装修、低质量装修大量充斥于市场，百姓怨声载道，无法讨回公道。政府对工程结构质量有一套严格的管理办法，但对装修市场管理不严。本次编制中加大了装修到位的力度，不仅要求外部装修及公共部位的装修做好，还要求套内部分，起码要厨房、卫生间装修到位，并在对最高级别的性能评定中，要求全部装修到位，希望逐步引导住宅消费走上规范化道路，对扭转重装修轻装饰的局面起到一定的推动作用。

(4) 水资源利用

随着中国人口的不断增长，不仅水污染的矛盾得不到缓解，还使本来就突出的缺水问题凸现，导致水价的迅速上扬，也引起开发商的重视。住宅建设从规划开始就应该统筹考虑水资源的利用。本标准编制时主要从节水器具及管材、绿化景观用水、中水与雨水的回收再利用三个层面考虑，分值较高。

(5) 墙体材料革新

我国房屋建筑材料中 70%是墙体材料，其中黏土砖占主导地位。生产黏土砖每年耗用黏土资源达 10 多亿立方米，约相当于毁田 50 万亩，同时消耗 700 多万吨标准煤。因此，国家已明文规定在 170 个城市禁止生产使用实心黏土砖，力争到 2006 年底，使全国实心黏土砖年产量减少 800 亿块；到 2010 年底，所有城市禁止使用实心黏土砖。对此国外认为是中国政府力举推广绿色建筑的主要措施。国内有些城市，把黏土空心制品也视作禁用材料，本标准的条文写成"采用取代黏土砖的新型墙体材料"，基本与此呼应。

(6) 垃圾处理

考虑城市人口的增长（目前我国的城镇化率为 40%左右）和人民生活水平的提高（人均年产 350kg固体垃圾），尤其是针对我国"食文化"特点与有机垃圾比重大的情况，本标准对垃圾收运和存放处理均提出了具体要求，以达到减量化、无害化和资源化的目的。在我国某些发达地区，已在住宅小区内启用有机垃圾生物处理设施，取得了良好的经济效益、社会效益与环境效益。

(7) 耐久性指标

建设部提出用绿色建筑来促进节能省地型住宅与公共建筑的发展。耐久性指标是绿色建筑的一个重要内涵，使用年限越长，使我们投入的能源、资源能最大限度地为人类效劳，也就更节约一些能源资源，更少一些环境污染。本标准把耐久性列为住宅的五大性能之一，从结构工程、装修工程、防水工程与防潮措施、管线工程、设备、门窗六个方面设置了评定指标。

(8) 绿化

可持续发展的理念提出了生态平衡的需求，人类文明的发展又促使"创建公园式城市"思想的出现。绿地在住宅建设中被自然地提到一个重要的位置，绿化也成为小区环境建设中一个举足轻重的问题。本标准对此给予很高的分值，条文也写得很具体，对绿地率、人均公共绿地面积、乔木、灌木与草地的合理配置，木本植物的丰实度、成活率和遮荫等均作了明文规定。

(9) 电梯设置

由于土地资源的紧张，高层住宅的比例迅速上升。所以，电梯质量的好坏已成为人们购房时的一个考虑因素。而且，消防、救护也对电梯设置的要求越来越高。本标准首次提出考虑无障碍设计，要求 7

层以上的住宅，每单元至少设一部可容纳担架的电梯，且为无障碍电梯。这条规定是编制组在考察国外的基础上，又联合国内十多个电梯厂家商讨的结果，认为容纳担架的电梯无论是产品技术、设计技术还是价格，都不会带来什么新问题。但对于心脏病等类的病人，遇抢救情况，却是个救命电梯，能够充分体现人性化，是一个虽然超前但很实用的措施。

4　与国外对比研究

国外对住宅性能的研究起步较早，如法国、日本等国家。住宅建设一直是政府的重要工作。日本与中国均是亚洲国家，地理位置接近，生活习性相近，具有一定的可比性，可从比较中找差距，谋提高。

在此简要介绍"日本住宅性能表示基准"。

日本住宅性能表示制度涉及的范围相对比较单一，分9类，只有29条具体指标，每条指标分为2~5个级别。

(1) 结构安全性。主要考虑地震、抵御风力和承受积雪三方面的因素，如以地震的抗震强度为例，分为三个等级，第一等级为抗百年一遇的地震，要求不发生房屋倒塌，人员伤亡的情况，这是最低限度要求，第二等级为抗第一等级1.25倍的地震；第三等级为抗第一等级1.5倍的地震；

(2) 防火安全性。包括住宅火灾的报警装置等级、火灾时的避难安全性、火灾时墙壁和楼板等部位的耐火性能等情况及相应指标；

(3) 耐久性。主要考查不同结构类型住宅的长期耐用性能；

(4) 日常维护管理。主要考查住宅维修管理的方便性，并尽可能不干扰住户的正常生活，如将管道井设在公共空间内，可不入户进行维修；

(5) 保温隔热环境性能；

(6) 空气环境性能。主要考虑室内的通风换气问题；

(7) 采光、照明环境。主要从开窗率（窗墙比例）考虑，尽可能采用自然光；

(8) 隔声性能。主要考虑楼板、墙壁的隔声性能；

(9) 高龄者生活对应性能。这主要考虑老龄化问题，尽可能在住宅中增设无障碍设施。

我国住宅性能评定技术标准中的安全性和耐久性基本对应日本标准中的结构安全性、防火安全性和耐久性。我国的安全性除了包含结构安全和防火安全外，还含燃气及电气设备安全、日常安全防范措施和室内污染物控制；日本的耐久性主要针对结构主体，着眼于柱、梁、主要墙壁等结构主体使用的材料，我国的耐久性除了主体结构还包含装修、防水、管线、门窗等部件的耐用年限，所以就内容来比较，我国考虑得更详尽更具体，面要更宽一些。

就具体指标而言，日本的设置指标要高于我国。如结构耐久性，日本就设基准期50~60年、75~90年三档，我国基本上就是50年。我国的外墙装修和管线工程的耐久性也就设10年、15年、20年三个档次，这些都受制于我国的产品质量和施工质量。

我国住宅性能评定技术标准中的适用性，包含了日本标准中的室内环境性能、采光、照明环境、隔声性能和高龄者生活对应性能；此外还含套内功能空间、平面尺寸、硬件设备等内容，还是体现了范围广、内容宽的特点。但是具体条文内容相对粗糙。如日本的楼板撞击声分5个等级表示，而我国只是凭专家的经验加上简单的测试定为65dB和75dB两个等级。再如无障碍设施，日本对主要建筑物的出入口到住户玄关之间采取了5个等级评价，而我国仅按住区、单元内、套内三个区域提出了一些设置要求。

关于日本的"日常维护管理"，实际指耐用期限较短的给排水管和煤气管，对其是否容易检查、清扫、维修进行评价。在我国标准中，不仅对给排水与燃气管线，而且包括采暖通风有关管线、智能化的

管线，均强调设在共用部位，便于使用与维护。

我国标准中的经济性，不仅涉及到节能还包含了节水、节地、节材的内容，连同五大性能之一的环境性，均是根据改革开放以来，住宅建设迅速发展的实践活动，总结归纳出来的经验，一定程度地反映了中国特色，也引起了有些日本专家的青睐。

与日本住宅性能评定相比，初步感觉是我国标准的内容在广度上不亚于他们，但在深度上，有些方面是不及他们的，尤其在"精密设计"的观念方面，还值得向人家学习。

5　住宅性能评定与绿色建筑

《住宅性能评定技术标准》是从规划、设计、施工、使用等方面，将住宅的性能要求分成 5 个方面。通过综合评定，体现住宅的整体性能以保障消费者的居住质量。标准的性能指标以现行国家相关标准为依据，有些指标适当提高，以满足人民生活日益发展的要求，标准中将 A 类住宅的性能按得分高低分成 3 个等级，目的是为了引导住宅性能的发展与提高，同时也可适应不同人群对居住标准的要求。

绿色建筑是指在建筑的全寿命周期内，最大限度地节约资源（节能、节地、节水、节材）、保护环境和减少污染，为人们提供健康、适用和高效的使用空间，及与自然和谐共生的建筑。

两者的相同点是以人为本，为人们提供一个人性化的使用空间，包括日照、采光、通风、隔声、保温隔热与遮阳等基本性能。不同点是住宅性能评定的侧重点是住宅本身及周围环境具备的性能，而绿色建筑的侧重点是节约资源，保护环境。初听起来这二者是矛盾的，若想把单体住宅及周边环境的性能搞得好一点，势必会多花资源，增加能耗，这与绿色建筑的节约资源和保护环境相抵触。实际上是一致的，住宅性能评定中也包含了节能、节水、节地、节材的内容，而绿色建筑也强调提供健康、适用和高效的使用空间。离开这个基础，一味去讲节约就失去了意义，绿色建筑本身的定义就是对立的统一，充满了辩证唯物主义理念。

因此，我们谈及住宅性能评定与绿色建筑时，实际就是寻觅一个结合点，既能提供一个健康、适用和高效的使用空间，又能最大限度地节约资源。考虑到市场经济的因素和不同群体的需求，这个结合点不是一个水准，而是结合段，是一个水准区间，也就是住宅性能评定中的 1A、2A、3A 三个级别。（见图 1，2，3）

工程师们在理解这些概念的基础上，实际动手时的难度会更大一些，就是说要掌握这个"度"，掌握真正的技巧所在是要花费精力和智力的。时代在进步，理念在升华，工程师们的水平也应该不断提高。建设部组织编写的《住宅性能评定技术标准》、《绿色建筑技术导则》、《绿色建筑评价标准》年内即将问世，届时会对我国的住宅建设引发一个新的冲击。

中国住宅建设之广，发展之快，不仅开创中国历史之先河，在世界范围内也是令人瞩目的。这是伴随我国社会经济发展而出现的新气象。我们已清醒认识到建设之广与快带来了深刻的资源危机，我们必须以一种新的思维去发展我们的住宅，即用绿色思想，可持续发展的理念去打造我们的住宅，达到广义的建设之好，才是我们的最终目的。

图1　桥华世纪村 1A　　　　图2　重庆龙湖花园 2A　　　　图3　北京世纪大道 3A

参考文献

国家标准．住宅设计规范．GB50096-1999．1999

国家标准．城市居住区规划设计规范．GB50180-93．1993

国家标准．建筑抗震设计规范．GB50011-2001．2001

国家标准．住宅性能评定技术标准．报批稿．2005

王有为．绿色建筑付诸行动的几点考虑．2005

JICA 合作研究项目．日本的住宅性能表示制度．2003

台灣綠色建築新分級評估系統 TREND-2

New Rating System of Green Building System TREND-2 in Taiwan

林憲德

LIN Hsien-Te

成功大學建築系

Department of Architecture, National Cheng Kung University, Tainan

關鍵詞： 綠色建築、分級評估、TREND

摘　要： 本論文藉由台灣 2003 年 185 個綠色建築合格案例之評估解析，建立台灣綠色建築新分級評估系統。本分級評估乃依據得分的對數常態分佈理論與九大指標的加權系統而成立，以最優之 95%, 80%, 60%, 30%概率得分，訂為鑽石、金、銀、銅之獎勵基準。此新分級評估法將成為台灣未來獎勵綠色建築設計之重要依據。

Keywords: green building, rating system, TREND

Abstract: This paper introduces a new advanced rating system of Green Building Assessment of Taiwan which is established through the analysis of 185 qualified green building projects in 2003. A hypothesis of logarithm normal probability distribution of scoring and a weighting system of nine indicators were adopted in this analysis. This rating system creates four levels of awards which are diamond, gold, silver, and bronze, with the scoring probabilities of top 95%, 80%, 60%, 30%. Therefore, the system will become an important index of Green Building Promotion Program of Taiwan in the future.

1　前言

　　"綠色建築"原本是起源於寒帶先進國的設計理念，其中有許多設計技術並不全部適用於熱帶、亞熱帶國家。例如住商耗能比例在中歐寒冷氣候國家約為 50%、在美國約為 37%，在日本約為 26%（1999）、在台灣只佔 18%（2000），其節約能源的重點顯然不一樣。寒帶國家以保溫、蓄熱為主的暖房節能對策根本無法適用於熱濕氣候。為了發展一套亞熱帶氣候的綠建築評估系統，台灣近十年來積極建立 ENVLOAD、Req 節能指標，於 1995 年在建築技術規則中正式納入建築節能設計之法令與技術規範。1999 年部屬建築研究所正式制訂出"綠建築解說與評估手冊"作為綠色建築之評審基準；同年推出"綠建築標章"（圖 1）並成立綠色建築委員會以評定、獎勵綠建築設計。

　　台灣的綠色建築評估系統被稱為 TREND（Taiwan Resources Efficient & Natural Design），在 1999 年首先以綠化量、基地保水、日常節能、CO_2減量、廢棄物減量、水資源、污水垃圾等七大指標為評估系統。到了 2003 年，再次全面檢討綠色建築評估系統，決定在上述七大指標系統之外，加入"生物多樣性指標"與"室內環境指標"，組成如表 1 之九大評估範疇。為了簡化起見，TREND 系統將內容屬性相近的指標統合，歸納為生態 Ecology（含生物多樣性、綠化量、基地保水三指標）、節能 Energy Saving（日常節能指標）、減廢 Waste Reduction（含 CO_2 減量及廢棄物減量二指標）、健康 Health（含室內環境、水資源、污水及垃圾三指標）等四大範疇。TREND 系統中九大指標之內容、命名、排序，乃是考量永續發展議題上的平衡點，尤其注重對於社會大眾之整體地球環保教育而設計的體系。此九大指標只是依據環境尺度由大至小而排列，其間並無輕重緩急之關係。

　　台灣的綠色建築評估系統 TREND，是繼英國 BREAM、美國 LEED、加拿大 GBTool 之後，全世界第四個實行綠色建築綜合評估的先例。自 2001 年起，台灣開始對於公有經費五千萬新台幣以上的公有建築物，強制執行綠色建築標章的評審，這些建築物必須在目前的綠色建築九大指標中取得四項指標之評審合格，才能取得建築執照。到目前為止，已經有 700 件以上的建築案例，已通過綠色建築標章之審查。這種以指標數量來管制的強制型綠色建築評估制度，雖然成效良好，然而由於九大指標為獨立評估，各指標之間有輕重難易之別，同時因為指標得分之間並無換算機制，更無法具體定位合格作品之相對優劣水準，也無法提供科學、合理、信賴的綠色建築獎勵標準，因而無法推動專業酬金、容積率、財稅、融資方面之獎勵辦法。有鑑於此，成功大學建築系受台灣部屬建築研究所之託，針對過去綠色建築數百個合格案例進行分析，期望能建立嶄新的分級評估制度，以便成為推行綠色建築獎勵政策、綠色建築品質認定的必要工具。

表 1　TREND 系統九大評估指標之排序與與地球環境關係

大指標群	指標名稱	與地球環境關係						排序關係		
		氣候	水	土壤	生物	能源	資材	尺度	空間	操作次序
生態	1.生物多樣性指標	*	*	*	*			大	外	先
	2.綠化量指標	*	*	*	*			↑	↑	↑
	3.基地保水指標	*	*	*	*			¦	¦	¦
節能	4.日常節能指標	*				*		¦	¦	¦
減廢	5. CO_2 減量指標			*		*	*	¦	¦	¦
	6.廢棄物減量指標			*			*	¦	¦	¦
健康	7.室內環境指標			*		*	*	¦	¦	¦
	8.水資源指標	*	*					↓	↓	↓
	9.污水垃圾改善指標		*		*		*	小	內	後

圖 1　台灣的綠色建築標章

2　新分級評估制度得分權重說明

　　為了研擬分級評估之依據，本研究所利用 2003 年度開始實施九大評估指標制度時，所通過之候選綠色建築證書之審查案共計 185 案，作為分級評估之統計依據。在 185 案候選綠色建築證書案件中，平

均只通過了 4.3 個指標，其中有 137 案建築物僅通過 4 個指標，佔了總數之 84.6%，而通過 6~9 個指標數，皆只有個位數 4 案件以下，比例佔總案件數的 2.5%以下。由此可見，目前大多數的案件均是在行政部門強制送審下，不得不在“只求過關、不求高分”的心態下，大部分以四項合格指標為滿足，少有積極爭取高標準綠色建築合格水準的設計者。

由於英國的 BREEM、美國的 LEED、日本的 CASBEE 等國際間綠色建築評估系統，有些已採用分級認證之方式，來區分綠色建築設計水準的差異，其中最關鍵之處在於各指標之間的計分權重方式。台灣的綠色建築分級評估系統，對於各指標之加權評估分數，乃是以專家問卷方式，來訂定各指標之綜合計分值及權重比例。其中最重要的權重比例，乃以目前綠色建築評審委員會委員 25 人、綠色建築委員會的評審作業助理 5 人、以及部屬建研所主辦綠色建築業務的專家 4 人，共 34 人為問卷對象，進行加權評分之問卷統計，其結果如表 2 所示。之所以採取少數專家問卷的方式，乃因為綠色建築之加權評估非實際參與評估者無法確實掌握所致。這些專家包含建築、土木、空調之專業教授，也包含行政部門內綠色建築行政與建築師實務之專業背景，因此能避免專業之偏頗，並兼顧專業之多樣性與實務之信賴度。此專家問卷分數再經過建築設計影響權重、營建成本影響權重之調整後，可得到綠色建築分級評估之加權得分。

本分級評估系統之最高滿分為一般習慣之 100 分，各指標合格最低分數為 2 分。經統計後，依生態、節能、減廢、健康四大範疇，每一範疇得分大致均等原則，各指標以 2 分為符合基準值之基本分數，最高分為上述五原則所調整之分數，其得分區間為一連續性的計分方式，最高總分共 100 分。在此要注意的是，依規定某些建築類型，可免除生物多樣化指標、室內環境指標、以及空調、照明、污水項目之評估，其分項得分必須扣除，因此總得分可能變小。

為了化解各指標的評估值變距之差異，新分級評估系統的計分方法，乃建立於原指標得分為常態分佈之假設，以基準合格值為平均值，以 2003 年 185 案例之各指標最高得分為最大 99%值，並以舊系統得分標準差之相對變距來調整得分。如此一來，所有得分均可以依原有計算值與基準值之變距 R_i，以高於平均值的常態分佈概率，來換算新系統之得分。依此理論，求得各指標得分 RS_i 計算式如表 3 所示，分級評估系統新綜合得分 RS 則為各項新得分之總和。

表 2 TREND-2 分級評估九大指標得分權重表（免除評估項目應免除該項所有得分）

四大領域	九大指標		專家問卷得分	新分級評估得分權重配比		
				基準分	最高分	小計
生態	一．生物多樣性指標		23.5 分	2 分	9 分	27 分
	二．綠化量指標			2 分	9 分	
	三．基地保水指標			2 分	9 分	
節能	四．	建築外殼節能 EEV	32.3 分	2 分	12 分	28 分
		空調節能 EAC		2 分	10 分	
		照明節能 EL		2 分	6 分	
減廢	五．CO_2 減量指標		17.6 分	2 分	9 分	18 分
	六．廢棄物減量指標			2 分	9 分	
健康	七．室內環境指標		26.5 分	2 分	12 分	27 分
	八．水資源指標			2 分	9 分	
	九．污水垃圾改善指標			2 分	6 分	

最低總得分：22 分 最高總得分： 100 分

表3 TREND-2 各指標得分計算式

九大指標			設計值	基準值	標準差	分級評估得分 RSi(註)	得分上限
一．生物多樣性指標			BD	BDc	0.184	$RS1 = 9.51 \times R1 + 2.0$	$RS1 \leqslant 9.0$
二．綠化量指標			TCO2	TCO2c	0.408	$RS2 = 4.29 \times R2 + 2.0$	$RS2 \leqslant 9.0$
三．基地保水指標			λ	λc	1.313	$RS3 = 1.41 \times R3 + 2.0$	$RS3 \leqslant 9.0$
四．日常節能指標	外殼節能	辦公類	EEV	0.80	0.084	$RS4_1 = 29.76 \times R41 + 2.0$	$RS41 \leqslant 12.0$
		百貨類	EEV	0.80	0.084	$RS4_1 = 29.76 \times R41 + 2.0$	
		醫院類	EEV	0.80	0.225	$RS4_1 = 11.11 \times R41 + 2.0$	
		旅館類	EEV	0.80	0.225	$RS4_1 = 11.11 \times R41 + 2.0$	
		住宿類	EEV	0.80	0.280	$RS4_1 = 8.93 \times R41 + 2.0$	
		學校及大型空間類	EEV	0.80	0.132	$RS4_1 = 18.94 \times R41 + 2.0$	
		其他類	EEV	0.80	0.258	$RS4_1 = 9.65 \times R41 + 2.0$	
	空調節能		EAC	0.80	0.143	$RS4_2 = 13.99 \times R42 + 2.0$	$RS42 \leqslant 10.0$
	照明節能		EL	0.80	0.121	$RS4_3 = 8.77 \times R43 + 2.0$	$RS43 \leqslant 6.0$
五．CO₂減量指標			CCO_2	0.82	0.087	$RS5 = 20.11 \times R5 + 2.0$	$RS5 \leqslant 9.0$
六．廢棄物減量指標			PI	3.30	0.111	$RS6 = 15.77 \times R6 + 2.0$	$RS6 \leqslant 9.0$
七．室內環境指標			IE	60.0	0.121	$RS7 = 20.66 \times R7 + 2.0$	$RS7 \leqslant 12.0$
八．水資源指標			WI	2.0	——	$RS8 = WI$	$RS8 \leqslant 9.0$
九．污水垃圾指標			GI	10.0	0.233	$RS9 = 4.29 \times R9 + 2.0$	$RS9 \leqslant 6.0$

註：合格變距 R1~R9 為該指標的設計值與基準值的絕對值差與基準值之比，
即依（｜設計值－基準值｜÷基準值）之公式計算。

3 新分級評估系統之建構

新分級評估系統以不改變原有九大指標的評估習慣為原則，因此其計分法乃援用各指標原有得分來換算。為了化解各指標的評估值變距之差異，分級評估系統的計分方法必須以標準差之相對變距來調整得分。其新計分法乃建立於各指標得分為常態分佈之假設，亦即以基準合格值為平均值，以 2003 年的 185 案例之各指標最高得分為倍標準差 4σ 之常態分佈，同時假定該指標合格樣本為市面建築總樣本之半，最小合格得分為分佈之平均值，而超出基準值四倍標準差得分的樣本概率幾乎為零。如此一來，所有得分均可以依原有計算值與基準值之變距來換算新系統之得分。

依據此新評分法，對於任何經過舊有九大指標評估的樣本，均可換算成新評估系統的總得分。由於新分級評估必須有好壞次序排列的母集團樣本分佈，才能有所比較而斷其優劣，因此本研究必須再以新得分的概率分佈理論，建立理新分級評估系統之依據。依據上述新評分方法，過去 185 綠色建築評估案例的得分分佈如圖 2 所示。由該圖之組距分佈情形得知，其圖形為右偏分佈，顯出"低得分容易，而高得分難"之特質。經統計分析後發現，該分佈並非不符合一般常態分佈的特徵，而是更接近於"對數常態分佈"之特性。

有鑑於此，本研究遂以"對數常態分佈"之理論，建立新分級評估系統如圖 3 所示。此系統以自然對數常態分佈圖之概率比例，劃定五個概率區間為分級獎勵之標準，亦即以得分概率 95% 以上為鑽石級、80%～95% 為黃金級、60%～80% 為銀級、30%～60% 為銅級、30% 以下則為合格級之五等級評估系統。此分級理論並不是建立在任何實際樣本分佈之上，而是以過去綠色建築標章最低四指標合格門檻

12分之自然對數值為"負三個標準差3σ"，以185案在九大指標最高得分之總分82分之自然對數值為"正三倍標準差3σ"之理想自然對數概率分佈。它可以排除原有樣本"只求過關、不求高分"與得分偏低的缺失，並重塑正常綠色建築評估理想的分佈模型，亦即建立所有案件均在九大指標評分下之理想分佈，以作為分級獎勵之依據，如此才能成為推動理想綠色建築政策之基礎。

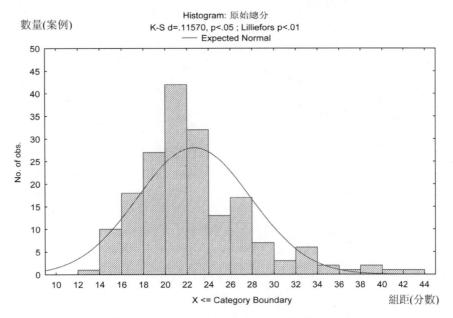

圖2　所有樣本以新評分法所得之組距分佈圖

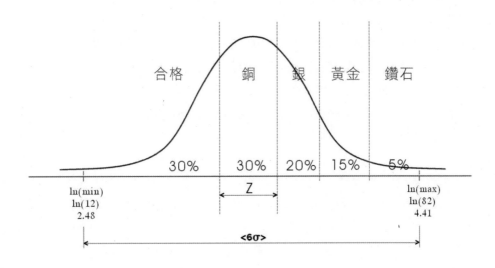

圖3　台灣綠色建築分級評估系統

4　檢討

最後，我們以上述185案例來檢討此分級評估法之適用性，此185案例之新分級評估總得分之組距分佈如圖4所示。我們可發現，在此185案例中，符合合格級資格者有139案，佔全部之76.0%；得到銅級者有34案，佔全部之18.6%；得到銀級者有9案，佔全部之4.9%；得到黃金級者有1案，佔全部之0.5%。此結果為一令人相當滿意之現象，因為現有185案例在普遍"不求高分、只求過關"之情形下，有24.0%可以得到銅、銀、金級之肯定是可以接受的。大家都知道，台灣目前尚在綠色建築政策推廣之初，大部分案例得分向左偏低乃是預料中之事實，希望未來的綠色建築政策能導引綠色建築案例得

分，能正常地往右偏之高分移動。

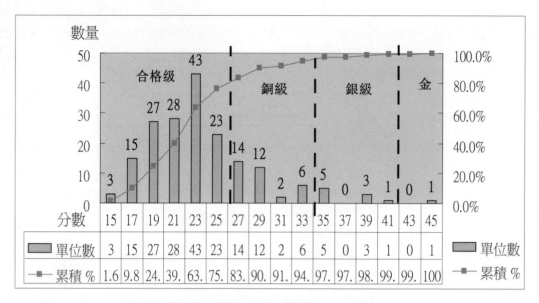

圖4 現有案例利用分級評分法後之分佈情形

上述 185 案例雖無鑽石級之案例，但卻是理所當然之事，因為在 LEED、CASBEE 系統中取得最高等級的案例均為少數難得之佳例，因此在執行之初，最高等級（鑽石級）之綠色建築作品暫時從缺，才是應該之事，這是設下未來努力的成長空間，也是台灣綠色建築政策應該努力的目標。尤其，上述這些黃金、銀、銅等級之作品，在結構輕量化、再生建材、耐久設計上尚有很大的改善空間，尚有很大取得鑽石級獎勵的潛力。

採用新分級評估制度的 TREND，將稱為 TREND-2。綜合上述，台灣目前實施的綠色建築九大評估指標系統，雖然已達到"淘汰不良設計，彰顯優良設計"之功能，大致已能發揮綠建築政策之目的，但是為了推動積極的綠色建築獎勵制度，希望能公布最新 TREND-2 系統。由於台灣推行綠建築標章制度已經邁入第六年，因此才能有龐大的綠色建築案例作為本分級評估的統計基礎。此新制度參考美日綠建築分級評估系統、專家問卷法而建立的科學、合理、實用的分級評估制度，確實為一套"寬嚴適中、精益求精"的優良綠色建築分級獎勵系統，以此作為綠色建築獎勵政策的依據，當能發揮最大功效。

台灣推行綠色建築政策不過數年，但卻有輝煌的成果，此乃歸因於 TREND 系統十分平易近人並且簡單實用，因此得以採用強制法令執行綠色建築設計之管制。如今接受綠色建築標章評審通過的案例已高達七百多件，在綠色建築行政上發揮極大的功能。921 震災以後，台灣更對災區復建工程要求採取綠色建築設計，民間與行政部門所舉辦的建築競圖莫不以綠色建築規劃作為基本訴求。甚至自 2002 年起，台灣行政部門更將綠色建築政策提升為"挑戰 2008 年"之六年台灣重點發展計畫，並以"綠色廳色改造計畫"編列大量預算，進行舊有辦公建築物之綠色改造運動。近年來，更透過行政部門與民間不斷舉行綠色建築宣導教育、綠色建築實例參觀、"優良綠色建築作品選拔"等活動，幾乎已經形成一股綠色建築的風潮。如今在 TREND-2 新分級評估制度成立之後，希望未來能更積極推動專業酬金、容積率、財稅、融資方面之獎勵辦法，以提升建築專業者之職業環境，並有效提昇建築之生態環境品質。

參考文獻

林憲德．2005．綠建築解說與評估手冊．台灣部屬建築研究所，2005

第五屆中國城市住宅研討会论文集，中国香港，2005 年 11 月
Proceedings of the Fifth China Urban Housing Conference, H.K.S.A.R. CHINA. (November 2005)

台灣都市住區可持續發展之探討

A Study on the Sustainable Development of Taiwan Urban Residential Areas

張世典[1]　黃國樑[2]

CHANG Shyh-Dean[1] and HUANG Kuo-Liang[2]

文化大學建築及都市計畫研究所
Graduate Institute of Architecture & Urban Planning, Chinese Culture University, Taipei

關鍵詞：　都市住區、可持續發展、土地使用分區管制、台灣

摘　要：　台灣近三十年來在經濟開發導向的成長過程中，匆匆擬定了約四百多個都市住區細部計畫及土地使用分區管制規定。這些計畫雖加速了台灣的經濟發展與都市建設，卻也忽略了環境的可居性與品質。因此，在開始注重環境議題的今日，融入可持續發展理念於都市規劃內容之探討，遂為本文之要旨。本文依照發展時程、地域特色等因素，選擇 20 個都市住區細部計畫。以可持續發展的概念檢視現行都市住區細部計畫與土地使用分區管制內容所指導下的環境，是否具有可居性及可持續發展之課題與對策。探討的內容可以作為目前正快速發展地區，擬定永續都市住區環境規劃時之參考。

Keywords: urban residential, sustainable development, land use zoning control, Taiwan

Abstract: Over 400 city detail plans and the regulations on land use and zoning control have been drafted along with Taiwan's economic-led development in the past 30 years. Although these plans enhanced Taiwan's economic development and urban construction, they gave little concern to the livability and quality of the living environments. The article aims to take a broad view by taking the concept of sustainability into consideration while drawing up city plans for urban residential areas. Based on the development schedule and the characteristics of every region, 20 areas in the city detail plans have been chosen for our study. The living environments developed by following the city detail plans and the regulations on land use and zoning control are examined based on the concept of sustainability to see if they are places with livability and sustainability and, if necessary, to come up with strategy to resolve the existing problems or to improve the present living quality. This article, based on the concept of sustainability, also explores Taiwan's experience. The results of the article will be kept for reference on developing regions to create sustainable urban living environments.

1　引言

　　台灣近 2300 萬人口約有 77% 居住在全島面積 12% 的都市化土地上，而其中 52% 在台灣北、中、南三大都會區，25% 在其他大小的都市裏。過去的都市發展都是以獲取最大之經濟利益為主要的著眼點，規劃了 400 多個都市的細部計畫及土地使用管制，而忽略了都市住區發展的環境議題，使台灣的住區環境品質未能提升而逐漸惡化。因此，拋棄以往掠奪式的經濟發展手段，改為謀求"環境"與"發展"並重的發展政策導向；並將這些政策反應在住區發展上，創造可持續的居住環境。本文探討台灣都市之細部計畫，藉由蒐集相關的可持續發展理論，以可持續發展觀點，經由都市住區細部計畫案例之驗證，綜理建構可持續發展土地使用分區管制之策略。

2　可持續發展的理念

　　可持續發展（Sustainable Development）理念始於 20 世紀 70 年代，因環境問題浮現引起注目。其間經歷"人類環境會議"、"世界環境與發展委員會"成立、"地球高峰會"、"二十一世紀議程

（Agenda 21）"、"氣候變化綱要公約"以及 1996 年 APEC 可持續部長會議中承諾推動"居所議程"及進行"生態循環住區示範"，整個可持續發展的理念趨於成熟（張世典，1997）。所以，如何將可持續發展的規劃理念落實到我們的都市環境當中，為一重要的課題。"可持續發展"是隱含對都市化居住環境的反思。它是一個以居民生活的安全為基礎，重視經濟效益、社會效益與環境品質、生態效益的規劃設計概念，更強調環境保護優先的發展策略。安全、健康的都市環境是人類居住生活環境品質的基本要求；效率、舒適的環境則是開發中國家追求的環境品質；而可持續發展的境界，則為已開發中國家追求的居住環境品質。這種可持續發展的概念，更是台灣在經濟持續穩定成長、都市化之後，追求的目標。

可持續的住區應該能滿足現有的和未來的居民、他們的小孩和不同的使用者，在生活上的各種需求；並有助於創造高的生活品質、提供機會和選擇。其並應能有效率地使用自然資源、美化環境、促進社會的凝聚力及增進經濟的繁榮(John Egan, 2004)。一個好的、具有寧適性的居住環境，能夠讓住民們體驗到它其實就像是自己住家的延伸一般。居住的環境應具有安全、友善親切和吸引人的品質。在其中人們能夠放心的遊玩、移行、閒逛、聊天及討論每天的議題，至少應給住民有安全感和愉悅感（Barton，2003）。因此，一方面強調以安全、健康的生活環境為基礎；推動建設便利、舒適的都市住區規劃，兼具人造環境與自然環境均衡發展。本研究據此觀點，以可持續發展建築為基礎，推進至住區層級，定義"可持續發展住區"為："建構安全、健康、效率、舒適、可持續的都市住區，以防範環境災害，建立住居安全的住區；形塑生態多樣化，健康適居的集居環境；提升居住者利用環境資源的效率；優美景觀、服務設施及適宜居住的環境；兼融再循環、再利用、再生、減量的資源利用策略進行管理"（張世典、張效通，2002）。

因此，本文參考相關理論，以及世界衛生組織（WHO）對環境品質所提必要條件：安全、健康、效率性、舒適等四大基本理念為基礎，加上可持續的觀念，建構"可持續發展"之發展目標與願景為：（1）安全性（Safety）：防範環境災害、建立安全的住區。（2）健康性（Healthy）：防止都市公害、創造健康適居的集居環境。（3）效率性（Efficiency）：提升居住者利用環境設施資源的效率。（4）舒適性（Amenity）：優美景觀、服務設施及適宜居住的環境。（5）可持續性（Sustainable）：兼融再循環(recycle)、再利用(reuse)、再生(regeneration)、減量(reduce)的資源管理。

3 台灣都市住區土地使用分區管制之可持續發展課題與評估模式

台灣土地使用管制所衍生問題之疙結，在於土地使用"過度"與"不當"管制，像是公共建設推動不易；保育部門遭遇強大開發阻力，資源被破壞之威脅與日俱增;都市一片混亂，擁擠，違規行業充斥、生活與工作環境品質低落；鄉村生活環境品質低落等都因此而引發。以下整理前述的問題點，綜理出七項課題，詳如表 1。針對其課題，就目前台灣相關研究中對於現行土地使用管制所提出之建議進行彙整：

表 1 都市住區土地使用分區管制之可持續發展課題研析

課題	說明
缺乏總量管制及整體計畫指導	無整體發展目標訂定總量管制，易造成都市膨脹；都市(細部計畫)缺乏整體計畫(主要計畫)引導，易造成發展分散以及都市的蔓延。
制度僵化缺乏彈性	目前並未依地方特色因地制宜加以管制，而是用通則性的管制方式，經常造成管制內容跟不上都市活動的產生，間接妨礙都市發展。
無法直接管制外部環境的負面效果	以空間分區來隔離不相容的使用組別與項目，如此的管制方式無法真正解決不相容使用組別相互間的衝突，亦無法直接管制外部環境的負面效果。

課題	說明
密度管制的缺失	就理論而言，容積率愈高人口愈密集，對於法定空地與開放空間之面積需求應更大。因此，現有管制規劃中允許高容積者建蔽率亦高，此規定對於環境品質並無實質之幫助。
管制之使用組別類型過於模糊	對於管制的使用組別與項目的分類缺乏相關合理數據，因此在分類上趨於模糊，相同使用組別中許多的使用項目的相容程度為何？而各組別及項目的定義為何？
缺乏民眾參與的管道	一切規則均由行政部門全權決定，土地的使用內容及強度、規劃與執行過程中，民眾極少有直接參與的機會。此外，計畫之擬訂及審議皆屬黑箱過程，並無公開形式。
缺乏對生態環境衝擊的考量	對於土地使用並無考量環境之承載力，以及自然生態的保育，以致於都市中之生態系統失去平衡。

總之，傳統分區管制其內容多為剛性及無法有效利用土地資源，並保育賴以生存的自然環境以防止公害產生，而本文著重於從土地使用分區管制的探討，希望能從環境管理的角度探討出與可持續發展相關的課題，以作為可持續發展理念檢核都市住區細部計畫的基礎。

3.1 可持續發展住區與土地使用分區管制之發展

目前國外已有相當多關於住區可持續性議題的探討，可持續西雅圖、德國 Kassal 之生態住區已提出有關住區的可持續性指標，可以看出住區環境的控制與塑造，已經成為為整體都市可持續發展相當重要的一環；而台灣有關住區可持續性議題的探討，則有：可持續發展指標之建構（林憲德，1997，黃書禮，1998 等）、綠建築指標之研究（張世典，1999，2000，建研所，1999）等，本研究題目係以"可持續發展住區"作為探討的重點，其用意係因台灣近年來積極推動綠建築指標之建構，而目前也已有相當的推廣效果，亦建立了本土性的九大評估指標，故本研究欲以此為基礎，從建築群的觀點來探討土地使用分區管制的相關內容，試圖由建築物、建築基地間等關係進行使用分區管制的研究；並從環境保育、居住品質的觀點對於其環境影響因子進行評估，篩選適當之評估指標，藉以能對不同機能分區進行環境管制，創造優質的生活、生產、及生態保育的環境。

3.2 可持續發展住區與土地使用分區管制檢核方法

都市住區細部計畫以計畫圖、說明書及土地使用分區管制等架構出發展藍圖。土地使用分區管制與可持續發展住區理念之間，呈現某種程度的關聯，進而塑造出住區環境品質。住區的可持續發展，可以依性質檢核方式，瞭解發展趨向與課題。

3.2.1 可持續發展住區與土地使用分區管制之關聯性

可持續發展住區深受土地使用分區管制之影響，其明訂了使用分區、性質、使用強度等規劃原則。若將"土地使用分區管制"的管制項目與"可持續發展住區"的規劃理念並列，建構出兩向度的關係，如圖 1。

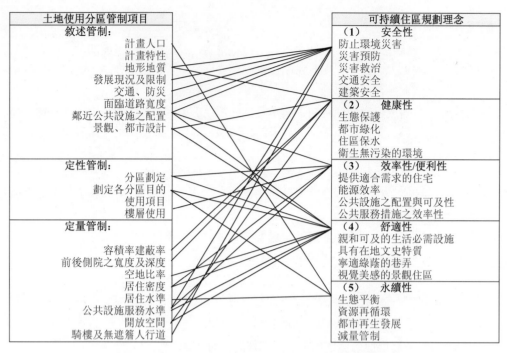

圖 1　可持續發展住區理念與土地使用分區管制關聯圖

　　"安全性"的影響層面，大都是敘述管制及部份定量管制，包括：地形地質、發展現況及限制、交通、防災、面臨道路寬度、鄰近公共設施之配置、公共設施服務水準、騎樓及無遮簷人行道等。**"健康性"**以定量管制為主少部份敘述管制，內含：發展現況及限制、景觀、都市設計、容積率、建蔽率、前後側院之深度及寬度、居住水準、開放空間等。影響**"效率性"**及**"舒適性"**者，主要是定性管制及定量管制，涉及：分區劃定、劃定各分區目的、使用項目、居住密度、居住水準、鄰近公共設施之配置、公共設施服務水準等。**"可持續性"**則以敘述管制及定性管制為主，涵蓋：計畫特性、使用項目、居住水準等項目。

3.2.2　檢核方法

　　檢核計畫區的環境品質發展趨向，得採取可持續發展規劃目標與檢核指標為基礎，探討各計畫的發展程度，檢核以下述基準分析：

+1：計畫區已規劃，並朝向檢核項之發展趨勢。

　0：計畫區環境無此項目之影響、計畫區未提及。

-1：計畫區未規劃，規劃背離檢核項之發展趨勢。

3.3　以住區細部計畫進行實際操作模擬

　　檢核內容分為三部份：(1)可持續發展趨向—以檢核總積分，探討各計畫區的發展趨向；(2)計畫目標檢核—分析計畫目標對環境品質的願景；(3)檢討各項可持續發展規劃目標之課題。抽樣選擇台灣北、中、南不同都市共二十個住區細部計畫案例進行分析。案例選擇的原則：均佈都會層級與都市及鄉街層級；兼顧北中南東四區；縱跨 70 年 80 年及 90 年等三時段擬定之案例。藉此廣泛地觀察計畫區對於可持續發展之趨向及發展課題與對策。案例約有幾項特性為：(1)愈近期計畫愈重視環境品質，亦將部份可持續之規劃理念融入計畫；(2)鄉街地區或發展中的都市，較缺乏考量可持續規劃措施，如礁溪、楊梅富岡、龍壽迴龍等；(3)新訂計畫較通檢案更趨向可持續發展。

4 研究發現

4.1 缺乏擬訂具地方性特質的計畫目標

檢視各案例的計畫內容，僅九個案例訂定計畫目標。可見未擬計畫目標下，各計畫也缺乏發展方針。依據九個案例中的計畫目標，可歸納出 10 項主要的目標內容，基本上包含：平衡促進整體都市及地區發展；促進土地及建築物利用、提高整體效益；塑造優良居住環境品質；提高公共設施之服務水準等項目，皆為擬定細部計畫的一般通則。除了"中寮案"因配合 921 震災重建需要而訂定"實施重建並協助地籍整理"、"塑造防災安全、住區活動需求的生活環境"等兩項之外，其他並無具地方性特質的目標內容。

4.2 未重視環境因素的計畫目標

觀察計畫目標，僅有"北投區奇岩"案中有提及"生態保育之規劃概念"，較為符合規劃趨勢，其餘案例則缺乏重視環境因素的計畫目標。

4.3 住區可持續發展的規劃課題與策略

經檢核 20 件住區細部計畫案例，現行計畫反映在住區可持續發展規劃之相關課題為：

(1) 未對潛在環境災害地，劃設分區限制開發：約 55%案例未提及或劃設分區以避免緊鄰的河川洪氾；95%的案例未提及地質斷層的分析與劃設分區來避免災害，甚至連 921 震災重建的"中寮都市計畫"也未提及潛在地震危害區的影響。因此，計畫管制應對潛在環境災害地，劃設分區予以限制開發。

(2) 缺乏防止延燒之綠帶或街道：雖然近期的計畫已將防災避難規劃納入，但是災害預防措施與災害救治空間規劃仍然不足。避難空間以公園為主，收容空間以學校為主；檢視計畫案大部份都可達成。計畫區內鄰里單元的週圍，應規劃綠帶或 15m 寬以上的街道來防止延燒，現有計劃都以道路或農地來區隔，但約有 35%計畫案未達此目的。災害救治空間規劃，應避免消防活動困難之地區，其中 6m 寬以下道路地區，救災較困難，但每個案例都有約 10%~30%左右的住區，屬於救災困難區，擬應改善防範災害。

(3) 行人道與綠廊之綠色交通規劃不足：在永續運輸的觀點下，應鼓勵大眾運輸及人行道系統。計畫區規劃大眾運輸系統，已有約 55%案件納入計畫；但 75%案件未規劃行人道系統，90%未規劃綠廊網絡連接系統。故而，未能提供舒適通行的步行環境，僅能依賴車行因而惡化環境品質。

(4) 缺乏生態保護的管理計畫：現行計畫案，對於生態保育的分區劃設與管理計畫，形同闕如。95%個案未規劃相關措施，僅有"北投奇岩"一個計畫案有規劃相關措施，並列為計畫目標來執行。

(5) 水土保持不當：可持續發展住區規劃對於水循環系統主張：降低計畫區內不透水表面積，並提升保水功能以促進雨水自然循環。但是約 80%案例未規劃相關管制措施。依各計畫頒訂的管制內容分析不透水面積率約在 55%-75%間，平均為 67%；若考量隨著開發後硬鋪面的激增，不透水面積率可能達到 95%以上，易產生都市排水困難與洪氾災害。

(6) 居住密度層級過少：現行計畫案例過於輕忽人性尺度的居住密度規劃，未權衡環境品質來引入計畫人口及密度。計畫區的粗密度平均約 210 人／hm²，較其所在都市的粗密度多出約 115 人／hm²；淨密度平均約 513 人／hm²，較其所在都市的粗密度多出約 413 人／hm²。密度最高的"民族西路案"粗密度為 607 人／hm²為台北市的 6.26 倍，淨密度達 1745 人／hm²為台北市的 2.64 倍。另外，密度亦過於均質，未區劃低中高居住密度層級。每個計畫區皆僅規劃單一種密度的，未依都市環境而區

分特質；容積率也偏高，從 160%至 450%。對住宅環境品質形成妨礙，擬應由低中高密度，以 80%至 300%的容積率區劃十種以上的層級，以調適計畫區土地使用強度。

(7) 未規劃適合需求的住區住宅： 檢討的住區細部計畫案例，對於住區內的經濟與住居環境，皆未考量。所有計畫案都沒有規劃適於當地資源特色及地方發展的產業策略。對於住居環境應提供不同階層需求的住區型態，不僅未提供居民一個適居的多樣化住宅類型及適居的住宅價格，亦未規劃低收入戶住宅需求。因此，計畫區未衡量規劃可負擔的住宅需求，造成住區開發率偏低，形成資源浪費。

(8) 未考慮節能及生態能源利用之規劃： 節能規劃，首先反映在計畫區以節省能源耗損之建築配置。利用南北向為主的街廓規劃降低耗能；僅此，尚有 55%案例未予以考量。衡量各計畫中，南北向的面積占住區總面積的比例，平均僅約 70%，甚至如"龍壽迴龍案"僅約 10%住區面積為南北座向。顯見節省能源之效率不彰。另外，大部份計畫案都沒規劃生態自然能源的利用，僅"北投奇岩案"規劃以太陽能提供公共照明用電。故而，宜考慮節能及生態能源利用之規劃措施。

(9) 未規劃綠色都市排水系統： 可持續發展住區強調生態的雨水排水系統，主張以地表自然排水、地表透水、地下水渠流、雨水貯留、住區保水、污水管道及處理設施等手法，構成綠色都市排水系統。檢視 20 個案例，完全沒有任何一案例有此規劃；而且僅有 2 個案規劃污水處理設施。因此，非常容易造成計畫區的排水失衡，及污水排放污染情形，顯見綠色都市排水的規劃實應納入管制。

(10) 欠缺地區性永續發展之策略： 普遍缺乏目標之觀念，對於計畫區內資源、土地或建物再循環利用的策略皆未規劃。對於舊市區的再生發展，土地權屬日漸零細，如何利用分區管制措施，建構行政部門與地主的夥伴關係以改善舊住區發展，減緩不斷擴增計畫範圍之資源浪費。對於新開發區，更應擬訂景觀環境設計之管制策略，確保住區的永續發展。

經檢核 20 件住區細部計畫案例，建議可持續發展住區之策略如下：

策略一：進行住區規劃時，以環境單元、"生活共同體"的方式來考量，藉由生態住區的概念創造具有小尺度的野生動物棲息地；自然植栽及野生棲息鳥兒都有助於住區品質的開創。

策略二：新訂或通盤檢討都市住區細部計畫，應明訂並將環境品質——水、空氣、日照、能源、垃圾等的管制納入計畫目標。

策略三：都市住區細部計畫應調查分析環境敏感地區及進行土地適宜性分析，並分區劃設限定敏感地區的開發。

策略四：將防災救災計畫，納入敘述性土地使用管制及規劃圖說。

策略五：以定量土地使用管制，調整住區保水及生態保護的管理計畫，並收集雨水及建築物"中水"以補注地下水。

策略六：住區規劃密度層級及造型採取多樣化策略；住區的密度亦需達到一定的基準，才能有助於住區的經濟（工作、辦公、購物、街角便利超商、市場）、社會交誼（社區中心、圖書館、廟宇、教堂、公園、住屋旁戶外空間）及在地人文歷史的保存。

策略七：規範計畫區考量住宅的大小、品質和形式，提供適合需求的住宅，以利住區的可持續經營。

策略八：規範綠色都市住區給排水系統，增加雨水及中水的利用度；地表水、廢污水則在原地處理。

策略九：綠色交通計畫，應鼓勵大眾運輸及人行道系統，並應經由街道的佈局，提供適當的停車場地及降低住區內車輛的速度。

策略十：強化計畫區經營管理機制，以達住區永續發展。

5 結論與建議

　　台灣由於地狹人稠，又缺乏具前瞻性的國土資源規劃，過去一味追求經濟成長的結果，造成區域發展失衡，土地資源利用失調，而且人口過度集中於都市化地區，因而造成空氣污染、河川污染、綠地空間不足、噪聲干擾、廢棄物污染等嚴重的環境問題。其中尤以土地使用種類、使用強度等對環境品質之影響最為深遠。因此，土地使用型態應因地制宜，設定明確的目標，研提可行之策略。本文經抽樣檢視20個住區細部計畫案例，普遍呈現待改善及背離可持續發展住區之發展趨向。同時也存在著：缺乏計畫目標、潛在災害地未限制開發、防止延燒帶及救災空間不足、綠色交通規劃不足、缺乏生態管理計畫、住區保水不足、居住密度層級過少無法提供適合大多數住民需求的住宅、節能及生態能源利用規劃不足、缺乏綠色都市排水系統、欠缺地區性永續發展策略等課題。研究亦研提：強化計畫目標，利用敘述管制改善安全性目標課題，以定量管制改善健康性目標之課題，引用定性管制改善效率性與舒適性目標之課題，再加強永續性目標的管理措施等分區管制策略之雛形。

　　另外，從生命週期的觀點檢討住區可持續發展，除了本文從住區規劃的角度探討之外，為達到兼具生態、社會及經濟等要項的可持續發展住區，亦應該考量住區在施工時的安全管制、環境及生態的保護；使用管理更是不可忽視，台灣雖然已實施"公寓大廈管理條例"，可以參考其規定，然而討論公共設施及外部空間之使用管理，仍然缺乏明確的管理機制。如何建立完善的"管理規範"及有效管理機制是今後要努力的重要課題。

參考文獻

李永展. 建構永續住區的技能. 台北：五南出版社，2005

張世典. 台灣城鄉永續發展之凝思－芻議居住環境設計之研究（Ⅱ）. 台灣都市計畫學會學術研討會論文集. 台灣都市計畫學會，2002

張世典. 建構永續發展的綠建築環境－以台灣之實踐為例. 海峽兩岸城市建設發展（大連）研討會. 大連市人民政府台灣事務辦公室，2000

張世典. 永續安居環境議題與展望. 邁向21世紀永續建築環境國際研討會論文集. 中華建築學會，部屬建築研究所，2000

張世典. 綠建築與永續發展. 兩岸人口社會永續發展學術研討會，1999

張世典. 綠建築技術現況調查與未來發展規劃. 部屬建築研究所，1997

簡吟純，黃書禮. 都市永續性指標系統之建立與評估—以台北市為例，永續生態城鄉發展理念與策略研討會論文集，1997

Beatley, Timothy, (1998), "The Vision of Sustainable Communities.", In: Burby, R. J. (ed.): *Cooperating with Nature*, Washington, D.C.: Joseph Henry Press, p.233.

Barton, Hugh et al,(2003), *Shaping neighbourhoods: a guide for health, sustainability and vitality*. Spon Press, London

Chis Maser, (1997), *Sustainable Community Development-principles and Concept*. St. Lucie Press, FL..

Graham Haughton and Colin Hunter. (1994), *Sustainable Cities*. Jessica Kingsley Publishers Ltd.

Moughtin, Cliff, (1996), *Urban Design: Green Dimensions*. Butterworth Architecture, Oxford. 224pp.

Paul Selman, (1996), *Local Sustainability-Managing & Planning Ecologically Sound Places*. St. Martin's Press.

Schmid, W.A, (1994), "The concept of sustainablility and land use planning". In *Sustainable land use planning*. Edited by Vanlier, H.N. et al.pp.15-30. Elsevier.

http://www.odpm.gov.uk/stellent/groups/odpm_control/documents/homepage/odpm_home_page.hcsp

住宅专题
Housing Session

可持续城市住宅
Sustainable Urban Housing

第五届中国城市住宅研讨会论文集，中国香港，2005 年 11 月
Proceedings of the Fifth China Urban Housing Conference, H.K.S.A.R. CHINA. (November 2005)

夏热冬冷地区城市高层生态住宅设计研究

The Study of the Ecological Design of City High-Story Residence Housing in the Hot-Summer and Cold-Winter District

王　璐

WANG Lu

华中科技大学建筑与城市规划学院

School of Architecture & Urban Planning, Huazhong University of Science and Technology, Wuhan

关键词： 城市高层生态住宅、气候缓冲空间、"双层皮"玻璃幕墙系统、新型光电系统

摘　要： 高层住宅作为大都市人居环境的发展趋势，同时又是生态技术应用和更新的薄弱环节。本文除了通过探讨创造气候缓冲空间和加强自然通风等常规设计手段来强化高层住宅的低技术生态设计，还从高技术层面，引入以利用太阳能为基础的 "双层皮" 玻璃幕墙系统和光电系统等新技术。

Keywords: urban high residential ecological building, climate buffer space, glass curtain wall system of "double-skin cover", new photoelectric system

Abstract: The high residential building is regarded as the development trend of the metropolitan human settlements environment, at the same time it is the weak link of the newer ecological technical application. This article introduces issues such as reating the climate buffer space and strengthening ventilation from the high-tech aspect, as well as the new technologies such as glass curtain wall system of "double-skin cover" and photoelectric system, etc., in the purpose of solar energy utilization.

1　引言

在中国，随着经济发展、人口膨胀和城市进程的加快，对建筑的需求量尤其是居住建筑需求量也越来越大。位于城市中心区的住宅建筑，因人多地狭，寸土寸金，其高度与跨度不可避免地向着巨型化发展。而我国大部分地区的气候属于夏热冬冷的地理气候，两种极端的气候特征导致住宅运营过程中不可避免地使用空调技术来保证建筑室内环境的舒适性，大量的能源被浪费了。尽管目前生态技术在住宅中的应用日趋成熟，如英国的 "零能耗住宅" 和德国的 "低能耗住宅" 等，但都仅限于低层和多层住宅的层面。城市高层住宅所受气候变化和太阳辐射的影响比低层和多层住宅严重的多。因此，研究在高层住宅建筑中如何应用生态技术，使其对气候条件做出更灵敏的反应，对降低能耗和增加居住者的舒适度有重要意义。

2　高层生态住宅中气候缓冲空间的利用设计

气候缓冲空间是指通过建筑群体之间的组合关系、建筑实体的组织和建筑各种细部设计等的处理，在建筑与周围环境之间建立一个缓冲区域，既可在一定程度上防止极端的气候条件变化对室内的影响，也可以强化使用者需要的各种微气候调节手段的效果尽量满足使用者的各种舒适要求，就具体的设计而言,气候缓冲空间可以是大到诸如街道、广场等空间，也可以是建筑的外部维护结构，也可以是建筑的

中庭等空间,还可以小到建筑的细部构造等。下面介绍当今一些流行的高层住宅"气候缓冲空间"处理方法。

2.1 花园阳台

在现代高层住宅中嵌入花园阳台,一方面打破高层住宅统一封闭的室内外环境和外观并减少对其后建筑的光照和通风的影响,另一方面通过住宅建筑自身的设计,创造生态气候缓冲空间,减少室内外温差。

以柯里亚设计的位于孟买的干城章嘉高层公寓大楼为例。各住宅单元朝向西面(印度的最好朝向),但是不可避免地将受到午后烈日的曝晒和季风暴雨的侵淋。为了处理这个两难问题,柯里亚在居住单元和外部环境之间创造性地设置一个"缓冲区"——一个跨越两层高的阳台花园成为在白天的某些特定时段的主要起居空间(图1)。

在剖面设计上,各个户型相互连接,贯穿了建筑的东西立面(图2)。这不仅保证了穿堂风,而且还便于观看东西向良好的城市景观。跨越两层高的平台花园形成了每一户单元的视觉中心,为各家提供了绝佳的视角来俯瞰孟买城,其上部设置遮阳设施,让微风吹进畅通无阻(图3)。

 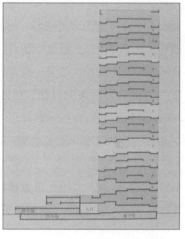 

图1　跨越两层高的阳台花园细部　　图2　贯穿东西向的建筑户型剖视图　　图3　高层公寓的西部景观

但是柯里亚的做法是适应热带气候的一种设计手段,对于夏热冬冷的中国大陆性气候不能完全的照搬。我们试用他提出的用辅助性用房和内阳台来包围起居室和卧室来创造气候缓冲空间的做法,更适合将内阳台封闭使用,并在封闭式阳台外设遮阳板。因为跨越两层高的平台花园在冬季会是巨大的进风口,而且对于高层建筑,6层以上风压就已经很强,直接利用自然通风会引起人体不适和室内热量的散失。而封闭的内阳台就好像低层住宅设置的阳光间(图4),冬季吸收热量采暖,夏季通过遮阳板和窗帘将热量阻隔在室外。

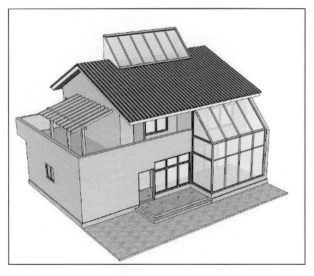

图 4　笔者自绘带阳光间的低层独立式住宅

2.2 "双层皮"玻璃幕墙系统的应用

"双层皮"玻璃幕墙是当今生态建筑中普遍采用的一项先进技术，被誉为"可呼吸的表皮"或"智能玻璃幕墙"。它主要针对以往玻璃幕墙耗能高、室内空气质量差等问题，用双层体系（一般为玻璃）作围护结构，提供自然通风和采光、增加室内空间舒适度和降低能耗，从而较好地解决了自然采光和节能之间的矛盾。（李宝峰，2001）"双层皮"幕墙品类繁多，但其实质是在建筑外墙和玻璃幕墙之间留有 250mm~750mm 的空气间层，同时设有一定数量的进出风口，此空气间层被竖向或横向的挡板以不同方式分隔而形成一系列温度缓冲空间（图5）。

以空气环流式"双层皮"幕墙系统为例，在"双层皮"之间每两层高设置一个横向的金属挡板水平分隔层，这样在每两层之间便形成一个水平向贯通的夹层走廊，走廊"外皮"的上、下部分别设有可调节的进、出风口。整个建筑四周则在竖向上分配出多个空气环流层（图6）。冬天，建筑外墙和玻璃幕墙之间出风口关闭后，空气间层即充当了"缓冲空间"的功用，在室外阳光辐射之下，由于玻璃幕墙的"温室效应"，间层内空气温度会逐渐升高，对空气间层的预热使其成为介于室内外之间的一个缓冲过渡层，形成从内至外的温度梯度，自然减少了室内与室外的温度差，从而有效地降低建筑的热损失。而且南侧受阳光辐射的热空气可以流向北侧，使得建筑的各个朝向都有一个温度接近的缓冲圈；夏天，北侧温度较低的空气环流流向南侧，可使该处温度低于无空气环流时的温度。这种水平向空气环流在空气间层中预热后，从出风口排出，还可以与竖向的自由对流同时起作用，在冬天或夏天，只需开启"外皮"南侧或北侧相应的气流进、出调节板即可加强这种温度缓冲圈的效果。

通常这种"双层皮"玻璃幕墙系统适用于平面以板式高层形式为主的住宅，高层住宅塔楼因为其平面形式的复杂，且朝向东西两面面积过大，不适合应用这种包裹式的幕墙系统。在建筑立面大面积的铺设"双层皮"玻璃幕墙多适用于连续且大面积的办公楼空间，就空间各自独立的住宅而言，可以改良为仅对部分的住宅外窗应用"双层皮"结构，并将热量由建筑烟道中排出的方式（图7）。

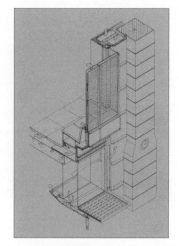

图5　带有这样百叶和廊道的"双层　　　图6　空气环流式"双层皮"幕墙　　　图7　部分建筑立面应用"双层皮"
　　　皮"玻璃幕墙系统　　　　　　　　　　　　　　　　　　　　　　　　　　　　　　玻璃幕墙

3　新型的光电系统在高层生态住宅中的利用

　　和必须使用高度集中电力的电脑不同，家用能耗（如暖气、冷气、热水器等所需的能量）的一大半都属于低级热能。同时，暖气的温度一般在20℃左右；制冷降温的场合，一般只要比室外温度低5℃左右，就可达到体感舒适的温度，而沐浴用的热水温度多在40℃左右即可。

　　但在现实生活中，为了使室内温度保持在20℃左右，人们却消耗着数十倍能量级之高的能源。这无疑是巨大的浪费。如果一味地依赖高级能源，随着信息时代的到来，人类社会所需要的能量将不断增加，能源危机也将深化。

　　作为"耗能大户"的高层住宅由于其高度，所受气候变化和太阳辐射的影响比低层和多层住宅更加严重，所以，单纯的低技术的气候适应性设计手段是不够的，应该更积极地善用自然所给予的一点一滴能量。每天，每1m²的地面所接受的太阳辐射能量约为1kW。不用从遥远的地方输送，也无须依靠庞大的机械装置，在我们的屋顶之上就有一个巨大的能量宝库——太阳能。新型的光电系统就是将光电板与传统玻璃幕墙、遮阳板、部分南向墙面或者屋顶结合起来一体化设计，并利用太阳能来发电的一种新型的绿色能源技术。（图8）在需要的地方直接产生能量，输送损失也降到最小。即使是高密度的高层住宅建筑，虽然不可能全部能量自给，也可以极大的减少能量的输入。

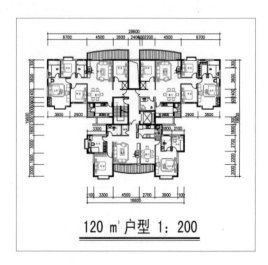

图8　光电板与建筑遮阳板的结合设计　　　　　图9　每户120m²，一梯三户的10层住宅平面

让我以一个普通的高层住宅平面（图 9）为例来说明这种光电系统的优越性：

假定这是栋位于北京，一梯三户的 10 层住宅，平均每户住宅日耗电量为 6kWh（也就是通常意义上的 6° 电），全楼全年（一年按 280 天计算）耗电总量为 6000×30×280×3600J/a，北京地区全年每平方米太阳能总辐射能约为 50MJ/m²·a，若采用效率最高的单晶硅光电板（效率为 12%），并考虑其修正系数 K=0.355，也就是每年每平方米光电板大概能产生 5000×106×0.12*0.355J/m²·a，所以满足全部住户所需的电能，所需要光电板的面积约为 851.8m²，而屋顶平面的面积约为 360m²，若建筑的南面墙除窗户和阳台以外也全部设置光电板，考虑到住宅底层可能有阴影遮挡，从第四层开始计算，大概可以应用的面积有 430m²。而且，遮阳板的面积还没有考虑在内，基本上可以满足全部用户的用电需求。同时，随着光电板的价格的逐年降低和光电转化率（实验室里单晶硅光电板的转化率是 30%）的提高，未来，将新型的光电系统和高层住宅一体化设计有极大的应用前景和潜力。

4 总结

综上，处于夏热冬冷地区的高层住宅一向是生态技术应用和更新的薄弱环节，除了我们所采用的一些常规的低技术的设计手法，如通过建筑自身功能布置和形体设计设置气体缓冲层和增加自然通风来避免气候的不利因素，我们应该将眼光放得更远，将以利用太阳能为基础的"双层皮"玻璃幕墙系统和光电系统等新技术大胆的融入高层住宅的立面设计、功能构件和造型元素中，通过低技术与高技术设计结合在一起的设计方式，来实现夏热冬冷地区的高层住宅低能耗的生态目标。

参考文献

（法）勒·柯布西耶. 走向新建筑. 陈志华译. 天津科学技术出版社

雷春浓. 现代高层建筑设计. 中国建筑工业出版社

吴景祥. 高层建筑设计. 中国建筑工业出版社

美国高层建筑与城市环境协会. 高层建筑设计. 中国建筑工业出版社

建设部勘察设计司. 全国优秀住宅设计作品集. 中国建材工业出版社

贾倍思. 长效住宅——现代建宅新思维. 东南大学出版社

贾倍思. 居住空间适应性设计. 东南大学出版社

上海住宅国际交流组委会. 上海住宅设计国际竞赛获奖作品集. 中国建筑工业出版社

世界建筑杂志社. 国外新住宅 100 例. 天津科学技术出版社

章洪，胡菲菲. 空间维渡的转移——"大同杯"上海最佳住宅房型汇编. 同济大学出版社

郑杰. 住宅、公寓设计实例集. 重庆大学出版社

贺耀才. 新住宅平面设计. 中国建筑工业出版社

汪铮，李保峰，白雪. 可呼吸的表皮——积极适应气候的"双层皮"幕墙解析. 华中建筑

夏热冬冷地区的生态住宅设计浅析

A Study of Ecological Housing Design in Hot-Summer-Cold-Winter Region

潘雨红　黄君华　许智文

PAN Yuhong, Francis K. W. WONG and Eddie C. M. HUI

香港理工大学建筑及房地产学系

Department of Building & Real Estate, The Hong Kong Polytechnic University, Hong Kong

关键词： 夏热冬冷地区、生态住宅、节能、住宅设计

摘　要： 本文通过对重庆地区住宅建设项目的规划和设计的分析，归纳和总结了一些生态住宅设计手法：建筑的总体布局与室外环境设计，平面布置和内部空间组织；立体绿化与节能；自然通风与节能；自然采光与日照；在施工中提高预制构件比例；以及地方材料的选用。这些手法大多简便易行，并且重点以设计图说和构造大样等进行分析和说明，总结一些符合湿热地区气候特征的设计方法，以起到抛砖引玉的作用，以便在未来的设计工作中，供业内同行们参考、应用、更新和发展，使得生态住宅的开发和建设能够在该地区逐渐得到运用和普及。

Keywords: Hot-Summer-Cold-Winter Region, ecological housing, energy conservation, housing design

Abstract: This paper presents some alternative design methods for ecological housing by analyzing the layout of housing projects in Chongqing. The design methods include: general layout of building and design of exterior space; plane layout and arrangement of interior space; tridimensional landscape and energy conservation; natural ventilation and energy conservation; natural lighting and sunlight; enlargement of the use of prefabricated components, and the use of indigenous materials. This paper illustrates the alternative design methods by considering detailed drawings. These methods, which meet the requirement of characteristics of the hot-summer-cold-winter region, can be applied easily and extended widely. This paper provides a good reference and application for designers' consideration in terms of design for ecological housing, and it drives the development of ecological housing in the region.

1　引言

近年来，可持续性发展的生态建筑观愈来愈受到人们的理解和重视。生态建筑也被称为"绿色建筑"、"可持续建筑"。生态建筑涉及的面很广，是多学科、多门类、多工种的交叉，可以说是一门综合性的系统工程，它代表了 21 世纪建筑设计的方向，是建筑师应该为之奋斗的目标。其生态建筑主要表现为：利用太阳能等可再生能源，注重自然通风、自然采光与遮阳，结合气候的设计，为改善小气候采用多种绿化手段，为增强空间适应性采用大跨度轻型结构，水的循环、利用，垃圾分类处理以及充分利用建筑废弃物，等等。

生态住宅作品也随之在世界各地陆续出现。发达国家的生态住宅的建造技术，如复合墙体保温技术、屋面保温技术、太阳能装置技术、屋面植被技术、渗水池修建技术等等都可成笼配套，实现技术集成化。这些集成化技术，由于技术成熟，构造简便，十分有利于施工和生产。德国建筑界对住宅中各种节能措施所达到的节能效果进行量化研究后得出：采用紧凑整齐的建筑外形每年可节约 $8\sim15$ kWh/m² 的能耗，改善外墙保温性能每年可节约 $11\sim19$ kWh/m² 的能耗，加大南窗面积减小北窗面积每年可节约 $0\sim12$ kWh/m² 能耗，建筑争取最好朝向，每年可节约 $6\sim15$ kWh/m² 的能耗等（Yuan，2002）。这些措

施也是生态住宅规划设计中主要采用的节能措施。在我国生态住宅设计还处在一个试验、探索的过程，生态住宅作品的总量还是很少的，普及程度非常低。建筑师们逐渐归纳、总结了很多不同的生态设计手法。但总体来说，建筑师们还没有一套较为完整、方便、可行的设计手法可利用，远没有达到广泛运用的程度。

重庆地区所在的长江流域属于夏热冬冷的湿热地区，该地区最热月平均温度25~30℃，平均相对湿度80%左右，湿热是夏季的基本气候特征，最冷月平均气温0-10℃，阴冷潮湿是该地区冬季的基本气候特征.夏热冬冷的湿热地区无论夏季还是冬季，其热环境的条件是十分恶劣的。正因为这种特殊的气候条件，长江流域地区不仅在夏季需要降温隔热，而且在冬季也需要保温采暖。由于国家规定在该地区不实行集中采暖，而随着社会经济的发展和人民生活水平的提高，城镇住户在冬季大都采用空调器、取暖器来改善居住热环境，造成能源的大量消耗与巨大浪费。

因此，通过有效的生态设计方法，以改变人们的居住环境是十分必要的，也是十分有益的。马来西亚著名建筑师杨经文先生受启发于地域技术而建构一套适用于当前的构造设计学，并成为一种节能节地的重要途径，在面对地域特质中获得了建筑艺术自然真实的源泉。构造设计学（Yang，2000）的基本思想是：不依赖耗能设备，而在建筑形式、空间、布局和构造上采取措施，以改善建筑环境，实现微气候建构。本文介绍的案例的设计理念就是得益于构造设计学的理论精髓。

2　重庆"人和天地"设计实践

重庆的"人和天地"住宅项目荣获2004年重庆市健康住宅奖。该设计注重自然通风、自然采光，在建筑形式、空间、布局和构造上采取一定的改革措施；结合气候的设计，为改善小气候和小区环境采用的多种绿化手段；为增强空间灵活性采用大跨度轻型结构；为丰富室内空间而探索变层高的设计等；归纳总结出一些适合湿热地区的住宅生态设计手法。"人和天地"位于重庆市渝北区核心地段，项目总建筑用地17,000m²，总建筑面积50,000m²，容积率2.5，建筑密度35%，绿化覆盖率35%。采用钢筋混凝土框架结构。由于地处重庆市，属亚热带季风气候，夏季高温高湿、冬季阴冷潮湿，是典型的夏热冬冷地区，气候条件恶劣。因此，"人和天地"作为夏热冬冷地区的生态设计具有典型的意义。"人和天地"，以在建筑形式、布局和构造上采取的生态设计措施和蝶型空间住宅的形式，推向竞争激烈的重庆房地产市场，立即成为市场追逐的热点，此项目的实施将为夏热冬冷地区生态建筑的设计积累有益的经验并产生较大的影响。

2.1　结合当地气候的总体建筑布局

在规划设计中，合理、高效利用自然通风是节能的一个重要手段。在夏热冬冷地区尤其如此。重庆地区常年和夏季主导风向为北偏西15°，为减少夏季空调运行时间和保证春、秋季不使用空调时的室内热舒适性，在总体布局上，采用以南北向为主，呈板式布局的方式(如图1)。在各种点式(包括圆形、蝶形、井形)高层住宅方案与板式高层住宅方案的比较中，板式优于其他形式（谯华芬、余庄，2001）。这种优越性不但体现在建筑能耗较少的方面上，而且还体现于，板式住宅由于其朝向佳、形体舒展，能给人们创造一种舒适、生态的居住环境，没有点式住宅带来的局促感。

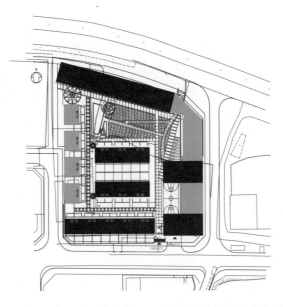

图 1　总平面　（资料来源：重庆惠庭建筑设计事务所）

2.2 建筑平面布局和空间组织

2.2.1 平面布局

在平面布局中，借鉴了传统的建筑节能设计手法。首先，人和天地的住宅单元采用传统的一梯两户设计，并保护适度的进深(控制在 14m 以内，见图 2)，即可保证合适的体形系数，又能满足自然通风、采光的要求。建筑布置的舒朗开敞，窗洞开口相互对应，避免了气流的转折和缩颈，保证水平通风的通畅和均匀。在室内开辟"风道"以组织起穿堂风。"风道"应有足够的宽度以保证空气流通，一般有 2~3m 即可。"风道"两端还可设置雨篷或门廊以起到导风、遮雨、遮阳的作用。在垂直通风方面，利用空气的风压和热压作用，借鉴传统风塔原理，通过楼梯间和通风竖井来组织气流。

图 2　平面布局　（资料来源：重庆惠庭建筑事务所）

2.2.2 内部空间组织

适应湿热气候条件的传统建筑有一个共同的特点，即开敞的平面形式(open plan)。它类似于现代建筑中的"流动空间"，但功能更加综合。较为理想的建筑布局形式是，所有房间都有直接的通风采光，所有房间都有阳台、百叶遮阳板或外廊。加大阳台(露台)的空间尺度，通过"敞"的传统方式，有利于

房间的遮荫、通风和散热，此外也为居住者提供纳凉、交往的户外空间。这样的布局可以保证建筑内部有足够的穿堂风，避免过多日照。这样的确可以有效地遮挡直射阳光，但它对避免同样严重的环境漫射热就不是十分有效。而后者正是湿热气候地区现代住宅设计难点所在，这一点在设计中应注意合理搭配。传统建筑中有许多这种形式的实例，但在大量多层或高层单元式住宅中，很难照搬传统的空间处理方式。由于对密度及容积率的要求，现代住宅往往有较大的进深，因而就必须保证使一套住房内不同方位的房屋之间有流畅的气流，形成穿堂风。

2.3 灵活的可变空间

随着家庭规模和结构的变化，生活水平和科学技术的不断提高，因此住宅的可改性是客观的需要，也符合可持续性发展的原则。可改性首先需要有大空间的结构体系来保证；其次应有可拆装的分隔墙和可灵活布置的设备与管线。"人和天地"采用大空间的结构体系是大柱网的框架结构（大开间的剪力墙结构），其特点是室内空间不显柱，房间的分割可根据家庭的规模和结构而进行划分。厨房卫生间集中布置在固定位置，这样使得设备管道集中。不同层面之间的关系，主要通过户内楼梯连接。从空间分析，下行楼梯不但具有交通功能，而且是分层结构，所以，我们将其设计成钢筋混凝土结构，而上行楼梯不但是交通元素，同时又是客厅内一个可见的景观构件，所以将其设计成钢木楼梯，轻巧美观（详见图3）。

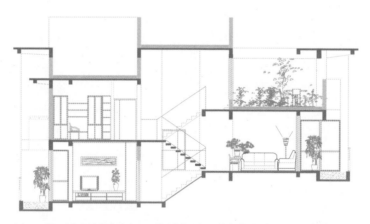

图3　蝶型空间剖面示意　（资料来源：重庆惠庭建筑设计事务所）

3　表皮节能技术

生态住宅节能设计包括建筑朝向、外墙面积、墙体热工性能、窗户的密闭性能、南窗面积大小等方面。"表皮"概念的物质实体同建筑围护体系是一致的，但它赋予了建筑物的有机生命的内容，为围护体系的设计开拓了新的视野。表皮节能技术是当前国外建筑节能技术研究的重点之一，目前应用最广泛的还是在建筑外墙的内侧加设保温层的做法。

3.1 墙体节能

在自然通风的情况下，要想在白天明显地降低室内气温是不现实的，因为白天的气流会很快将室内外温度基本拉平。要使室内气温低于室外气温的有效方法是适当加强外墙的隔热性能。"人和天地"的墙体采用地方材料240mm厚KP-1页岩空心砖做墙体主材，在外墙内表面及构造柱内外表面设置90mm水泥聚苯内保温层，留10mm厚空气层，其传热系数为1.5W/℃，可保证夏季外墙内表面温度小于34℃（详见图4）。

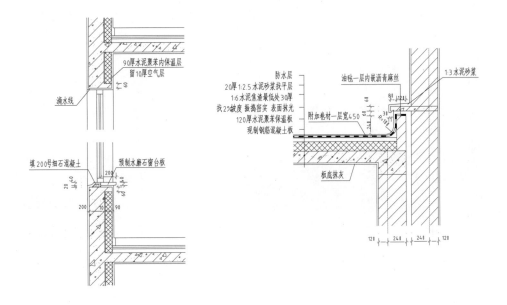

图4　外墙隔热详图　　图5　屋面隔热详图
（资料来源：重庆惠庭建筑设计事务所）

3.2 屋面的隔热性能

屋面构造由结构层，120mm 厚水泥聚苯保温板、找平层、防水层和面层组成。这种隔热材料性能稳定，隔热效果较其他产品好，该材料生产工艺简单，施工方便，价格适中，较易推广运用。屋面隔热采用 120mm 水泥聚苯保温板，构造大样详见图5。

3.3 外窗节能

门窗是建筑表皮的重要组成部分，是通风气流的出入口，是建筑的采光口，也是表皮中能耗最大的部分，因此它是节能设计的重点之一。对建筑的空间体量和外墙开窗状况而言，主要体现在体形系数和窗墙面积比两项指标上。《重庆市民用建筑热环境与节能设计标准(居住建筑部分)》规定建筑物体形系数不宜超过 0.4。重庆地区窗墙面积比以不大于 0.3 为宜，当大于 0.3 时，应对外门窗采取措施，降低其传热系数值（周铁钧、王雪松，2001）。因此，"人和天地"的外窗采用了中空双层玻璃节能型塑钢窗，取得了较好的节能效果。并设有高侧窗通风以加强室内空气流动，通风换气，改善空气质量。

4　立体绿化设计

绿化设计是改善生态环境的重要手段，绿色植物有释放氧，净化空气，杀菌，调节空气温度和湿度，防噪防风，保持水土作用，还具有一定的心理功能。要提高环境的绿化覆盖率，增加绿地面积以外，还可以向立体发展，向空中拓宽，采取屋顶绿化、窗、墙绿化等手段。

在"人和天地"的绿化设计中，具体措施有：a.增加绿化种植面积，考虑地面绿化、屋顶绿化、阳台绿化与阳光间的整体结合，可有效调节环境温度。b.减少硬质铺地，采用生态铺地设计，使场地具有可"呼吸"的特性。c.采用高大落叶乔木遮挡阳光辐射和疏导通风。绿化的重要技术措施就是实现屋顶的绿化（植被化）。屋顶植被化，不仅扩大绿化面积，而且改善了建筑物的热工性能，起到建筑节能的作用。阳台绿化是立体绿化系统中的重要一环，相对墙面绿化而言，它的实现和管理都较为容易（图6）。阳光间是北方日照充足地区住宅利用太阳能的主要手段之一。然而，重庆地区的冬季平均日照率只有13%（周铁钧、王雪松，2001），理论上讲阳光间用于冬季采暖的效果并不明显。所以，我们将阳

光间和阳台绿化结合起来（图7），依靠植物生命的周期变化来适应地球气候的季节变化，以保证冬季最大程度的日光利用。

图6   图7

5   结语

国外的先进经验对我们有很大的启示，其一是生态住宅的建造技术，如复合墙体保温技术、屋面保温技术、太阳能装置技术、屋面植被技术等等都可实现技术集成化，而这些集成化技术，由于技术成熟，构造简便，十分有利于施工和生产。其次是生态住宅的各种节能措施，如紧凑整齐的建筑外形、合理的开窗面积、良好的朝向等，这些建造技术和节能措施对我国的生态住宅设计很有指导意义。作为重庆市健康住宅小区，重庆"人和天地"的设计针对重庆的现状并吸取构造设计学的理念，不依赖耗能设备，而在建筑形式、空间、布局和构造上采取措施，以改善建筑环境，实现微气候建构；在适应地方气候、结合地方经济和地方材料方面都进行了大胆的尝试，采取以传统技术更新为主的技术线路，为夏热冬冷地区生态设计的开展拓宽了视野，进行了有益的实践。总结这些符合湿热地区气候特征的设计方法,供业内同行们参考，使得生态住宅的开发和建设能够在该地区逐渐得到运用和普及。

面向未来，以自然环境为特性的生态住宅，正在以最大的速度发展和崛起。生态住宅除了利用建筑技术热、声、光，建筑气候等基本原理，回归自然，创造出一种田园般的自然环境外；还应尽量采用现代科学技术手段、新材料、新工艺，设计出更为理想的、值得人们赞赏的空间环境。如今生态学原理已广泛地渗透到建筑设计中的许多方面，相信我国的建筑设计师们，有勇气、有能力、有水平面对未来，创造出一种"回归自然"的优秀作品,并将遵循建筑与自然相协调的原则，真正让自然、人、社会融为一体，从而走出一条可持续发展的未来之路。

参考文献

重庆市民用建筑热环境与节能设计标准（居住建筑部分）

周铁钧，王雪松. 面向生态的住宅绿化设计. 世界建筑，2001(4)

谯华芬，余庄. 高层住宅的节能适应性模拟分析. 建筑学报，2001(6)

袁镔. 注重技术、讲究实效、崇尚自然——德国生态村建设的启示，世界建筑 2002(12)

YANG, J.W. (1999). *Bioclimatic Skyscrapers*

第五届中国城市住宅研讨会论文集，中国香港，2005 年 11 月
Proceedings of the Fifth China Urban Housing Conference, H.K.S.A.R. CHINA. (November 2005)

可持续性住宅设计研究

The Study on Sustainable House Design

罗 佩

LUO Pei

中山大学地理科学与城市规划学院

广州市城市建设开发有限公司房地产开发中心

School of Geography and Planning, Sun Yat-sen University, Guangzhou

Center for Real Estate Development, Guangzhou City Construction & Development Holdings Ltd. , Guangzhou

关键词： 可持续性住宅、绿色生态住宅、住区规划设计、住宅单体设计

摘　要： 房地产开发的节能环保要求和人们对住宅消费健康舒适的要求是发展可持续性住宅的根本出发点。本文提出发展绿色生态型住宅小区是实现住宅可持续的关键，并从住区规划设计与住宅单体设计两方面举例阐述。

Keywords: sustainable house, green and ecotypic house, residential district planning, single house design

Abstract: The requirement of both energy saving and environment protecting of real estate and healthy and comfortable inhabitation is the fundamental reason of developing sustainable house. The paper shows developing green and ecotypic residential district is the key of realizing sustainable housing. With several examples, the paper expound how to plan residential district and how to design single house.

1　引言

以住宅建筑为代表的中国建筑业十多年来持续高速的发展，不仅承担了解决城市居住问题的职责，而且对推动国民经济的发展和增长做出了重要贡献。近年来，我国房地产业高速增长，成为国民经济的新的增长点，但同时也造成了对生态环境的严重破坏。当我们以可持续发展观来审视整个住宅建筑业在建造和使用过程中的消费方式和其生态意义时，必须抛弃高能耗、高污染的传统生产模式，而把具有节约资源、降低能耗、减少污染、提高居住室内环境质量等性能的生态型绿色住宅作为住宅建设的方向。另外，住宅的可持续性还体现在满足人们不断增长的需求上。住房从分配机制转为市场消费机制后，消费者对住的概念已不仅仅是能满足栖身之用即可，而更多的是要提供一种健康环保、舒适安全的生活空间。纵观现在的住宅，无论是消费者、发展商、设计师还是政府主管部门，对环境的追求都达到了前所未有的高度，可以说，营造具有良好生态环境的绿色环保型住宅已成为房地产界的共识。

从以上两方面出发，我们可以找到可持续发展的住宅设计的根本出发点，即"需求第一、环境第一"，依靠科技进步实现住宅的低能耗高舒适度，提高住宅设计水平，满足生活新需要。而代表健康、节能的绿色生态住宅正是实现可持续发展的必由之路。下面，本文将通过对若干实例的分析，重点从住区地规划设计与住宅建筑设计的角度对住宅可持续性进行研究。

2　规划设计方面

规划设计是工程建设的先导。建设可持续住宅小区，必须首先在规划设计阶段树立绿色生态住区的

概念，充分利用和节约资源（包括自然资源和社会资源），合理安排功能结构布局，利用现时最先进的科学技术手段，对规划设计结果和全过程进行检验和指导。

2.1 强化规划设计理念，坚持绿色生态发展道路

在规划设计阶段，要强调以人为本、生态优先原则，坚持走可持续发展道路，这些观念已得到普遍认可，无需赘述。但需要指出的是，随着时代的进步、人类认知能力的提高和认知广度、深度的发展变化，所有这些理论和观念并不是一成不变的。另外需要强调的是，绿色生态住区的规划和建设离不开公众的参与。在目前中国房地产市场情况下，公众参与可以通过社会调查、市场反馈及市场杠杆等形式表现出来；同时，开发商还应在绿色生态住区理念指导下，有意识地引导社会消费意识，实现经济、社会、环境效益的统一。

2.2 充分利用和保护资源

规划设计前期首先必须对建设条件中的资源进行分析，研究资源的潜在价值，对诸如土地、景观、人文等特定因素和资源进行充分利用或保护，评估工程建设对该区域自然环境及社会因素所带来的影响。对土地的利用和评估的基本目的是要在规划前期阶段寻找到一个适合的定位，使土地资源得到充分而非过度的利用。对环境、社会人文资源的分析、评估主要包括评估项目建设对周边环境的破坏及影响，对周边自然景观和人文环境的影响，以及该地域社会各因子的影响，如人口容量的增加带来的社会配套，环境容量、城市总体交通格局的变化等。

2.3 优化整体布局，强调规划布局的生态性内容

强调规划布局与自然环境的融合，减少对自然的破坏，建设生态平衡。在某别墅区的规划设计当中，我们充分利用这一理念，强调建筑生态性布局，取得了良好效果（图1）。主要通过以下几个途径：a.整体布局的生态性特征。强调与外界的沟通，而非自我封闭。该方案中弧形的建筑布局使建筑与自然界很好地融合；b.建立区域内的生态平衡体系。建立阳光—水体—植被、自然—建筑—人等不同层面的梯度关系，形成良好的生态平衡；c.在整体布局的基础上，将生态理念贯彻到建筑单体的设计当中。

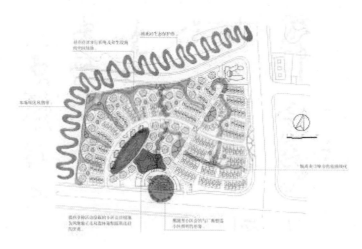

图1　生态性布局

2.4 形成合理道路结构，构建完善的交通系统

道路结构是住区规划与设计的骨架，住区的道路及交通系统设计必须做到结构合理，分级明确，区

内可达性良好。具体来说，有以下几个方面：a.道路结构合理。良好的结构体系是住区规划建设的基本骨架，对于形成区内良好的建筑景观和空间体系具有决定性作用。曾有人将城市道路结构与自然界中的植物的脉络作出比较，结果得出惊人的结论：仿生态型结构体系容易形成良好的效果；b.明确的人车分流交通系统。应从人的要求出发，组织交通体系，构建居民居住、交往的空间。在广州可逸名庭住宅小区的规划设计当中，规划设计结合地形特点和用地条件，将车流导入半地下车库，而人流则引入上升半层的平台。同时，半地下车库又设楼梯与平台花园相连。小区人行出入口则靠近主要道路，方便了居民出入，而上升平台也为居民交往、休息提供了良好空间环境（图2）。c.可达性。良好的可达性是居民生活、起居、出行、以及安全的保证。住区的可达性包括外部与内部两个方面，内部的可达性为居民居住、交往、休息等活动提供了方便，而外部的可达性则是居民出行安全的保障。

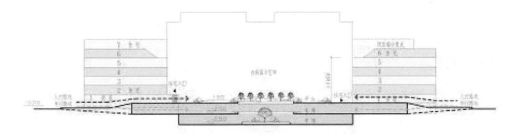

图2　人车分流的交通系统

2.5 组织区内空间和景观系统，突出地域文化特点

住区的空间和景观系统，首先必须符合住区功能特性，同时要突出地域文化特点。空间设计、苗木搭配，都应与当地文化特点、气候特征相适应。

空间和景观的规划设计，应从居民行为出发，研究居民行为特性，再把这些活动溶入到景观体系的设计中来。物质空间是一切活动的载体，但没有人的活动，再美丽的景观也只能是一种摆设；当有了人的参与后，才会展现出生机与活力。此外，空间和景观体系设计是体现地域文化特征的有效方法和手段。应研究当地文化特点，从传统的空间组织和景观设计中汲取文化精髓，体现本土化的设计要求。

2.6 利用先进技术手段，规划建设区内物理环境。

区内物理环境是住区舒适度的重要保证，包括光环境、声环境、热环境、风环境等。充分利用物理现象，形成区内良好局部小气候，能很好地实现节能、环保的目的。

在广州江南新苑商住楼规划设计中，利用计算机仿真模拟技术，对规划总平面、建筑单体平面进行风环境模拟（图3），根据当地年基本风向和风速，推算出不同高度、不同点的平均风速，结合热环境等其他物理环境，推断人的居住、休息行为的舒适度等。在初步设计方案中，有局部的风速为涡流，而有的地方风速过高，易引起不舒适感。所以，在规划修改过程中，对这些因素进行了调整，使其达到舒适度的要求。

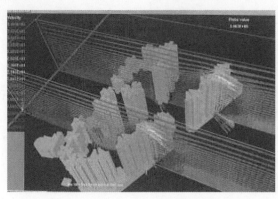

图3　江南新苑的风环境计算机模拟分析图

3　建筑单体设计

3.1　满足人们生活的新需求

人们生活水平的不断提高，生活方式的不断改变，对住宅提出了新的需求。SRAS引发了人们对居住环境的思考，极大提高了对住宅健康性的关注。住宅设计应不断满足居住的新需求，除了考虑住户的生理健康，还应关注心理健康。研究表明造成心里健康障碍的原因与建筑的高度、规模、住户的密闭性、邻里的噪声有关；而良好的社区组织和社区空间设计可以鼓励邻里间的交往，是居住环境中减轻压抑感的有效方法之一。因此要将居住空间环境、邻里关系对人的精神影响纳入设计需要考虑的因素加以研究。另外，房地产商和设计师应对新现象、新文化、新经济引起的居住方式的改变给予更多的关注。比如小汽车的普及、丁克家庭增多、社会老年化、网络空间、新都市主义、郊区化、再城市化都极大地冲击着传统的生活方式，对住宅设计提出了新的要求，也为房地产开发指出了发展方向，值得我们进一步研究。

3.2　满足改造性和对今后发展的适应性

首先，住宅平面设计要既能适应不同消费者的需要，又能适应住户需求的变化，为不同顾客提供可改变再设计创造条件；其次，楼宇配置应具备可扩容性、可升级换代性。比如，有利于进行智能化配置，前瞻性、预计性地为各个系统预留出接口和结点，满足业主未来家庭生活的变化发展之需要，信息时代居家生活之需；第三，重视室内的空间组织和室内外景观组织的渗透。引入空中天台花园或扩大阳台，为住户提供室外活动空间和绿化空间，为城市景观增添立体绿化。如广州汇景新城跃层式户型设置大露台，住户先经过一个两层楼高的空中花园再进客厅，是户型创新的一次大胆的尝试（图4）。由于该设计能使住户在户内亲近大自然，且空中花园面积只算一半，所以深受市场青睐。如今，空中花园的设计手法在广州、深圳等地楼盘中得到了广泛的运用（图5）。

此外，为适应今后发展的需要，要合理增加住宅功能，如洗衣房、工作间、储藏室、家庭厅等，以及增加特殊功能房间，如老人住宅、残疾人住宅等。

3.3　使用环保健康、节能型材料

建筑节能是贯彻可持续发展战略的重要组成部分，也是世界建筑发展的大趋势，使用环保节能的建筑材料是其中的重点。在设计中应采用清洁卫生生产技术，少用天然资源和能源，使用无毒害、无污染、无放射性、有利于环境保护和人体健康的绿色建材。随着科技不断进步，绿色节能的建材品种也越来越多，限于篇幅，这里不再详述。

3.4 提倡住宅一次性装修到位，减少施工过程的能耗

住宅作为一种特殊的商品，提供给市场前应该是一种完整的产品。毛坯房的做法既不适应社会化大生产发展趋势，二次装修造成质量隐患、资源浪费和环境污染。因此，提供成品住宅，推广住宅产业化和建筑部品运用，实现住宅装修一次到位，是符合可持续发展要求的。目前，北京市已采取措施逐步取消新建住宅毛坯房的做法，出台了《关于加强新建商品住宅家庭居室装饰装修管理若干规定》，规定了开发企业开发商品住宅应做到一体化设计、施工、安装到位，不允许甩项验收等。

做好住宅装修一次到位，一是准确确定住宅性能定位，把握市场发展态势，提供适销对路的装修品位。二是为满足不同层次消费者的需求，应提供几种不同档次、不同风格的装修标准。如广州保利花园按照适度超前的原则制定了标准、舒适、豪华三个档次的交楼标准，而且各种档次有几种装饰款式供灵活选择，使产品具有多层次和多样性，它还实行了整体设计、整体施工，使土建、水电各工种协调配合，避免返工，减少浪费。

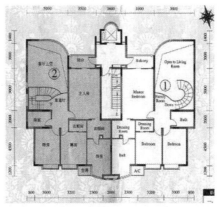

图 4 汇景新城跃层式户型

图 5 深圳楼盘实例

3.5 重视细部设计

上述细部设计是指满足建筑特定功能而存在的细部，着重于方案与设计的构思，以及设计手法、构造、技术等的创新。比如，在立面上可采取一些构造设施（如遮阳板），遮挡阳光对周边区域的直射，同时形成独特的建筑特色（图6）。另外，高层住宅可把绿化概念扩充到空间中去，充分利用屋顶、阳台布置立体绿化。应避免使用大面积玻璃幕墙，保持外部光热环境的平衡。

图6　遮阳构件在住宅中的使用

4　总结

为了营造安全、健康、舒适、环保的生活环境，人们在住宅方面的消费，将会在讲求舒适的同时，更加崇尚自然、追求健康。同时，房地产作为国民经济发展的支柱型产业，也必须以绿色 GDP 和可持续发展的科学发展观指导，发展绿色生态的住宅小区。本文以可持续发展为出发点，对绿色生态住宅区的规划设计和建筑单体设计进行了探讨。希望该报告能为进一步研究可持续住宅提供帮助。

参考文献

李湘洲．21 世纪建筑．中国建材工业出版社，2002

林其标．住宅人居环境设计．华南理工大学出版社，2000

中国建筑承包公司．中国绿色建筑／可持续发展国际研讨会论文集．中国建筑工业出版社，2001

第五屆中国城市住宅研讨会论文集，中国香港，2005 年 11 月
Proceedings of the Fifth China Urban Housing Conference, H.K.S.A.R. CHINA. (November 2005)

智慧住宅的涵構覺察應用探討：以智慧皮層為例

Exploration of Smart Home Context-Aware Applications: Smart-Skin as an Example

邱茂林　　陳上元

CHIU Mao-Lin and CHEN Shang-Yuan

成功大學建築系

Department of Architecture, National Cheng Kung University, Tainan

關鍵詞：　智慧住宅、智慧皮層、涵構察覺、智慧代理者、人機界面

摘　要：　建築物作為提供人居住的遮蔽外殼，必需同時滿足使用者的健康舒適並且兼顧保護環境生態的需求。然而，使用者的需求與環境的變化並非總是一致，因此建築物必需具備智慧的推理能力，並能活用外殼構件或智慧的材料，來因應環境變化和使用的需求。本文提出智慧住宅的三個主要功能包括：(1) 智慧皮層；(2) 智慧生活；(3)智慧看護。因為感測技術、運算與資訊通訊技術的應用，使得智慧住宅可以主動的推論與偵測一般或甚至異常狀況，做最佳化的選擇。基於上述的假設，本文主要探討智慧皮層，提出三項主要概念，智慧型代理者、涵構察覺、與類神經系統，來建構雛型並進行示範和討論。

Keywords: smart house, smart skin, context-aware, intelligent agents, human computer interface

Abstract: Buildings as a shelter providing people to live within should not only contribute to its occupants' comfortableness and health but also the improvement of the sustainable environment. However, the interests of human and the goals of environmental sustainability are not always the same, therefore, it should be configured intelligently. With the assistances of its adaptive components or smart materials, the "smart skin" reacts to satisfy both the variations of environment and the need of its occupants. With the applications of sensor technology, computing device and information communication technology, a smart house can reason and detect usual or even unusual situations to make an optimum decision. The three potential applications of a smart house includes: (1) Smart skin, (2) Smart life, and (3) Smart care. Based on the hypothesis above, this paper introduces primarily the functions of smart skin and suggests three concepts: intelligent agents, context-aware and artificial neural networks, to build a prototype for demo and later discussion.

1　引言

在地球環境永續發展的共識下，建築物作為提供人們居住的遮蔽物，應該提升建築物的效能與減少耗用地球資源的原則下，同時帶給居住者舒適與健康，但是人類的利益和環境永續的目標並非一致。在居住環境中選擇適當的科技與如何面對的態度，一直是設計者甚至是使用者的抉擇。因此，建築應該被賦與智能與技術來協調居住者與空間的關係。智慧化的房屋可類比於人類的形體與思維。具有"知覺"(sense)是維持人體或建築物的維生基礎。智慧住宅的溝通系統如果採用人工智慧的類神經網絡(neural networks)技術，就猶如人體的神經系統，最後傳輸到控制系統的中樞，即房屋的中央控制室或管理中心。因此，一個"智慧住宅"可被定義是"一個住家裝設了電腦與資訊科技，能夠預知與反映居住者的需要，透過住宅內的科技管理與對外溝通來提昇他們的舒適、方便、安全、與娛樂"。簡言之，智慧住宅包含了智慧物件，藉以得到更佳的生活機能。

智慧住宅結合了智慧型材料、技術與設計等三個主要元素，可以是一個設計概念、產品、或是一個具有各種生活科技介面的平台，其具體功能包括智慧皮層、智慧生活、智慧管家（邱茂林，2004）。在探索智慧皮層之前，我們已經研究數個智慧住宅的案例。房子在早期的二十世紀被視為居住的機器。雖

然近年來資訊與通訊技術已被開發、測試、應用到房屋自動化工業，然而大部份的報導則焦點在技術的創新。例如，與智慧住宅相關的 GE Intelligent House、MIT 的 House_n、Aware House、Adaptive House、TRON House、Toyota Intelligent House PAPI 等二十多個著名案例。在多數計劃案，研究者在其中探索數位新科技。但是也強調感測技術硬體與軟體的整合必須符合使用者的需要，例如可調適的住宅（Adaptive house）是一個裝載感測器與類神經網路機制的住宅。

如果這些科技與裝置真的浮現在我們的住宅，那麼問題即將產生，這些裝置為何和如何與使用者和環境產生互動？如何去架構它們的互動模式？我們如何使用與調適它們以符合我們所需？什麼是下一步未來的發展？這些問題的關鍵掌握在機器的心智：那是推理的機制；資料擷取、處理、控制並且啟動的核心。這個領域相關於人工智慧的演化，在這篇文章中，我們將架構智慧物件、使用者、環境互動行為的模式，並且使用智慧皮層作為範例，示範以代理者為基礎的可行性。

2　代理者的理論與智慧皮層的架構

智慧型代理者(intelligent agent) 是人工智慧研究的一個領域，其定義是一種簡單的運算系統，在特定的環境中能夠執行自主性的行動以符合它們的設計目標。它們一般都能感知它們的環境，並且能夠執行一序列的行動以修正環境，但是環境也可能造成執行的行動無法決斷的反應(Wooldridge, 2002)。以下提供了環境的代理者的定義以及智慧皮層研究的架構。

2.1 環境代理者的定義

就涵構察覺(context-aware)的觀點，物件具備"智慧"的定義，在於能否分析涵構資訊(包括環境與其使用者等)，並且推論它們的意涵整合於應用(Mari, 2000)。而"智慧的等級"，將決定於智慧的物件能夠透過分析、推論涵構資訊，並且啟動作用器調適環境，將環境涵構與使用者的需求做出最佳化的對應。為了因應可能無法決議的複雜環境，一個具備環境察覺的"智慧型"代理者將具備"可調適"的自主性行為，以符合它的設計目標。而"可調適性"意謂以下三種可能性：反應(reaction)、主動(Pro-action)、互動(interaction) (Wooldridge, 1999)。Russell 與 Norvig (2003)進一步定義出構成代理者的架構和元件 (圖 1)，包括軟體或硬體的，並且定義了合理的評估衡量。除此之外，他們提出 PEAS（P：績效衡量，E：環境，A：作用器，S：感測器）作為代理者描述的架構。環境代理者是任何可以透過感測器感知環境，並且運用作用器作用於環境，績效評量則具體化代理者行為成功與否的標準。於是依循著類似的情境，我們得以設計環境代理者或者程式化那些作用與感知使用者與環境的情境。

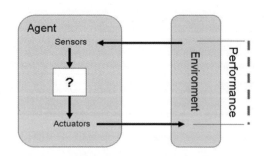

圖 1　代理者模型 (Russel and Norvig, 2003)

2.2 智慧皮層的架構

機能、行為和結構（Function, Behavior, Structure, 簡稱 FBS)是建築系統建構與評估的基本要素，Gero (1990)發展以 FBS 作為描述原型的架構。我們得以推論出代理者的 FBS 模型，以及提議智慧皮層

的基本原型。

2.2.1 機能

一個典型的建築外殼必需處理外部環境（日照、風、音與雨等），以及內部環境（例如溫度、濕度、人工照明等）(圖2)。基於地球環境永續發展的前提，智慧皮層，作為使用者與環境溝通的界面，必需同時能夠感測人類生理與心理的需求以及外在環境的變化，並且能夠推理去執行，去啟動或者停止建築皮層或它的部份構件的行動，以便能夠修正情境，以同時滿足使用者的舒適、健康以及環境的永續發展。

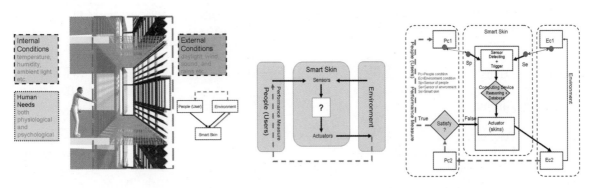

圖2　建築外殼的機能　　　　　　　　　　　圖3　智慧皮層的模型

2.2.2 行為

智慧皮層作為環境感知的代理人，必需能夠產生可調適的自主性行動，包括反應、主動與互動能力。因為實質環境的複雜和使用者的需求有可能造成無法判斷或做出最佳決定的情形，因此需要智慧代理者協助使用者作出判斷或決定，這種情形也有可能發生在績效評量的階段。智慧皮層的行為模式和它們的邏輯運算將討論如下：

Pc=使用者狀態，例如 Pc 1=使用者狀態1， Pc 2=使用者狀態2

Ec =環境的狀態，例如 Ec 1=環境的狀態1， Ec 2=環境的狀態2

Sp= 使用者的感測器， Se= 環境的感測器

在條件輸入與輸出的模式下，感測器為輸入端提供環境值或使用者參數，針對輸出端的作用器即為那些建築物外殼的元件或者材料，諸如窗、遮陽板、開口等。(圖3) 這裡會根據邏輯運算式產生三種作用：

(1) **被動式反應**：這種情形發生在兩個輸入端（Sp and Se）的輸入值一致時，或者只剩下一個感測器(Sp or Se)。它們輸出的結果就如同邏輯運算式 EQU。在這個模式，作用器即皮層的行動，智慧皮層將根據輸入的訊號作出即時的回應。

(2) **主動式反應**：當輸入的兩端，訊號值並非總是相同，意謂衝突可能產生，但是如果衝突在特定的時機，可以獲致妥協，則無法決議的情形可以獲得解脫。我們可以將邏輯運算的 OR 視作寬容的妥協，AND 則為嚴格的妥協。智慧皮層根據選定的模式主動排除可獲致妥協的衝突。

(3) **互動式反應**：智慧皮層存在兩種可能的情境代理者必需與人溝通，一種發生於推理的階段，不可妥協的衝突發生時，另一種可能發生在績效評量的階段，需要藉助使用者評估。因此我們建議代理者在這些時刻作為進一步的溝通與互動。除此之外，邏輯運算式 XOR 意謂輸入的訊息總是相斥，它代表著不可妥協的衝突，代理者會發生無法決議的情形。

2.2.3　支架與填充元件

　　基於前述 PEAS (績效衡量、環境、作用器、感測器)作為代理者描述的架構，我們為了更容易規劃與觀察不同智能皮層元件間的組合，改進成為 PE-SCAP (績效衡量：Performance，環境：Environment，感測器：Sensors，運算裝置：Computing Device，作用器：Actuators，軟體程式：Program)描述，元件同時包括了硬體與軟體(表1)。

表1 智慧皮層的 PE-SCAP 描述

原型	Performance Measure	Environment	Sensors	Computing Device	Actuators	Program
SkinI	Daylight , Lighting Amenity	Outdoor, Interior	Photo X2	Data-logger (Cr510)+ Computer	Solar panel Shading Device Light fixture	EDLOG
SkinII	Daylight , Lighting Amenity	Outdoor, Interior	Photo X2	Data-logger (Cr510)+ Computer	Solar panel Shading Device Light fixture	EDLOG VB.
SkinIII	Daylight, Lighting, Temperature Amenity	Outdoor, Interior	Photo X2, Air Temperature	Data-logger (Cr510)+ Computer	Solar panel Shading Device Light fixture	EDLOG Dreamweaver + Asp+Access

3　原型測試：代理者基礎的智慧皮層

　　在初期的階段，以基本的環境條件與建築外牆條件來測試。我們建構智慧皮層(Smart Skin I)雛型包含了遮陽板、太陽能板、感測器與作用器，處理日照與室內照度的問題(圖 4)。基於輸入端來自照度感測器，資料擷取器搜集資料，並且啟動所有可能的行動，顯示日照狀態；旋轉遮陽板；將室內照明熄滅或者開啟。限制輸入端的模式，行動發生，直到下一個狀況被偵測。代理者被視為像是監視器或者告知器這樣被動的角色。為了增加它的智慧與機能，我們執行了一個界面代理者報導皮層的狀態，在第二階段，我們修正"PE-SCAP"描述，採用 FBS 模型發展智慧皮層(Smart Skin II)。智慧皮層類型的區分主要取決於它們行為的可調適性、被動反應、主動與互動能力。我們歷經實驗不僅修正"PEAS"成"PE-SCAP"，也修正代理者－環境的模型(圖1)，成為可行的智慧皮層模型(圖3)。這個模型能夠說明皮層、使用者與環境的關係，並且根據使用者類別、與智慧皮層互動情形、環境狀態的歷程。

　　以代理者基礎的智慧皮層，需要三部份的主要元件：感測器、運算裝置和作用器。其中一種可行的運算裝置，稱之為資料擷取機(CR510)，它是資料擷取的中心，能夠量測大部分的感測器與進行程式設計(圖5)。量測的啟始與機能控制奠基於時間或者是事件，它並且能夠驅動外週的裝置，諸如幫浦、發動機、警報器、冷凍機、控制閥等。支援資料擷取機的程式軟體稱之為 EDLOG，它可以被分為四個處理單元，輸入與輸出；處理；程式控制；輸出的處理(圖6)。除了核心的程式軟體，我們還需要 VB 程式執行檔，用以啟動介面代理者。另外用到資料庫套裝程式(Dreamweaver+ ASP+ ACCESS)作為人機介面的設計以及資料庫的建立。資料庫的建立將儲存使用者類別的資料；環境改變的歷程以及智慧皮層互動情形的記錄。

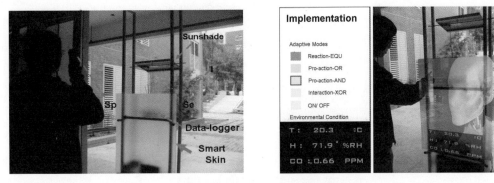

图 4　智慧皮層的實作模型

感測器輸入訊號<–>Data-logger<–>電腦網路主機<–>作用器

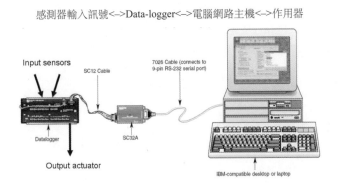

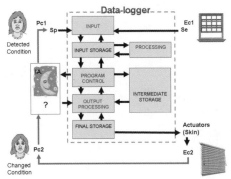

图 5　資料擷取機 CR510 (Campbell 產品)　　　　图 6　EDLOG 的四個處理單元與處理流程

4　案例測試：智慧住宅的智慧皮層

我們在進一步的階段，以一實際住宅案例的環境條件與建築外牆條件來測試。分析基本住宅條件除了包括環境與建築條件，進一步增加使用者與活動的條件 (圖 7)。以南向開窗的起居室為例，評估各種可能性，但針對其可能條件與衝突性分析。例如南向開窗面臨日照，白天上午與下午對於水平遮陽與景觀效果的處理方式不同。

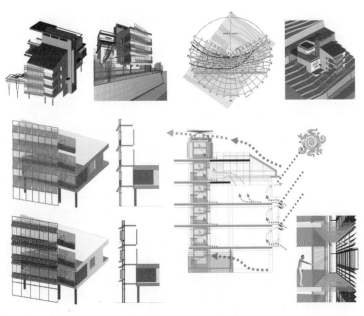

图 7　智慧住宅的皮層分析

這個研究初期只使用日照與遮陽作為兩個環境的狀況的可行性分析，到目前為止，我們只有考慮兩個參數(Sp, Se)以及兩個邏輯因子(1, 0)去推論我們的操作。但如果感測器超過兩個，在只有一個智慧代理者(窗戶)下，根據感測器判斷來窗戶開關可能會出現衝突，即誤判或無法判斷的現象。相對而言，加入多個代理者(如室內照明或內部隔間等)，則必須區分 Sp1、Sp 2；與 Se1、Se 2 等外，尚需增加一組空間中的協調代理者來裁判。因此加入適當的權重，可以平均加權值來控制最後的結果。

輸入必要的背景資料固可作為智慧代理者推理的基礎。另一方面，涵構察覺的內容除了環境的條件以及使用者的背景外，使用者的位置與其活動性質等皆可作為判斷的基礎。例如，使用者的年齡為老年，位於南向臥房時，系統可根據季節、室外氣候狀況與使用者是否在房間內來推理外牆條件例如自動地開關窗戶、窗簾與遮陽板。除外可在顯著的地方提示目前環境狀態如溫度與日照，甚至警示使用者天氣之變化。從研究中發現適當的區分區域與針對使用者的特性分類，可以有效的處理環境的條件。智慧代理者也可進一步依據使用者的習慣性或過去模式(patterns)來建議其選擇。

上述獲得的經驗可歸納以可調適的與可擴展的網路基礎來監控房屋的解決方案。支援個人化控制的發展策略，遍及個人的工作場所環境，將能夠增進工作環境的品質，提昇使用者的健康安全與舒適，自動化診療的能力將允許房屋失誤的早期偵測，將降低運作的問題以及連帶的成本。

5　結論

上述的研究藉由智慧皮層的課題提供了以下討論的基礎：

- 問題的複雜度：涵構察覺的內容這個研究使用日照與遮陽作為兩個環境的狀況示範可行性，到目前為止，我們只有考慮基本參數以及邏輯因子去推論我們的操作。但如果感測器數目增加，情境將明顯顯得複雜，也一定會增加運算的複雜度，限制適當的規模，加以層級分類，與加上權重皆是必要的方式。

- 智慧的等級：智慧在於涵構察覺的能力，能否考慮使用者類型，使得環境調適與使用者需求最佳化對應。細心的記錄使用者類別（年齡、性別、工作），與對環境的偏好（冷、熱、乾、濕），將能夠更佳化的比對與增進智慧。

- 系統整合：智慧皮層系統，並不限於單純窗與開口的組合，也同時是室內與室外的元件，是機械和電子的裝置與設備，在實務上，需要跨領域的整合。

- 限制與改進：到目前為止，智慧皮層只有有限的推理能力，因此難以處理複雜的情境，並且因為規則基礎的程式語言所以無法學習。這樣的缺點，有可能運用類神經網路(ANN) (Haykin, 1999)加以改進，其學習能力與效果正在測試中。

這個進行中的研究提供了代理者基礎的智慧皮層可行性的理論，智慧皮層的發展過程給予我們架構智慧皮層在實際住宅的基礎，它們的機能、行為、結構模式可以進一步評估。除了住宅規模或其他類型以外，未來的工作將包括：(1)多重智慧代理者的協調機制；(2) 智慧皮層在室內條件的應用；(3)探索類神經網路的演算法。

參考文獻

Adaptive House, Boulder, Colorado (1999), at http://www.cs.colorado.edu/~mozer/house/

Campbell Scientific Canada corp. (2004), at http://www.campbellsci.ca/CampbellScientific/Index.html

Campbell scientific (2003), *CR510 Datalogger operator's manual*, revision: 2/2003, Campbell scientific, USA

Chiu, M. L., (2004), *Measuring the Pulses of Green Architecture*, Taiwan Architecture, Dec. 2004

Gero, J.S., (1990), Design prototypes: A knowledge representation schema for design. *AI Magazine* 11(4): 26~36

Haykin, S., (1999), *Neural Networks: A comprehensive foundation*, 2nd ed., Prentice-Hall.

House_n research group, (2005), Department of architecture, Massachusetts Institute of Technology, at http://architecture.mit.edu/house_n/intro.html

Maher, M. L., Balachandran, M. B., & Zhang, D. M., (1995), *Case-Based Reasoning in Design*, Lawrence Erlbaum Associates, Inc.

Mari Korkea-aho, (2000), *Context-Aware Applications Survey*, Department of Computer Science Helsinki University of Technology

Minsky, M., (1988), *The Society of Mind*, Simon & Schuster, Inc., pp.17~37

Russell, S., & Norving, P., (2003), *Artificial Intelligence A modern Approach* (2nd ed.), Pearson Education, Inc.

Wooldridge, M. J., (2002), *An introduction to Multi-Agent Systems*, John Wiley & Sons

夏热冬冷地区多层住宅被动式太阳能设计策略研究

Design Strategies for the Passive-solar Energy Design (PSED) used in Multi-storied House in Summer-hot and Winter-cold Area in China

孙　喆

SUN Zhe

华东建筑设计研究院有限公司

East China Architectural Design & Research Institute Co. Ltd, Shanghai

关键词： 夏热冬冷地区、多层住宅、被动式太阳能、设计策略

摘　要： 中国夏热冬冷地区是经济发达，人口众多的地区，针对这一地区住宅的节能设计对国民经济具有十分重要的意义。由于该地区气候变化极端，简单使用北方寒冷地区或南方炎热地区的设计策略将陷入"顾此失彼、难以两全"的境地。

作者通过对中国典型夏热冬冷地区（武汉地区）的节能住宅调研以及现存问题的分析，发现"保温瓶"式的节能住宅的设计存在误区。追根寻源，由于人们对被动式太阳能设计概念的不了解，以及还没有适应于该地区特殊矛盾气候的有效策略的提出，是被动式太阳能设计策略未能发展的根本原因所在。面对夏热冬冷地区高能耗的问题，被动式太阳能设计策略作为一种有效的节能方式在住宅设计的应用是势在必行，探索夏热冬冷地区的被动式太阳能设计策略是本论文的思路与重点。

Keywords: summer-hot and winter-cold area, multi-storied house, passive solar energy, design strategies, integrated Design

Abstract: Hot-summer and cold-winter zone in China is a booming area with large population. It is self-evident that the improvement of the thermal environment of residential buildings in this area is of great importance. Simply applying the strategies practiced in cold north or blazing south will inevitably be trapped in a dilemma and fail to solve the opposite requirements properly.

The wrong way of low-energy house design was discovered by the writer through a mass of investigations and analysis of existing problems. It is the misunderstanding of the concept of passive solar energy and the undiscovered proper strategies for the extreme climate area that are the radical reasons. So to explore the suitable design strategies for the multi-storied house design in summer-hot & winter-cold area is the key point of this thesis.

1　研究背景

1973 年，第一次全球石油危机对人类社会发展的负面冲击，使人们开始警觉到能源储存量与供需方面的问题。因此，在提升发展速度与稳定居住生活能源供应等议题上，太阳能这种丰富、健康、无污染的能源自然成为人们的首选。

作者通过对武汉地区（中国典型的夏热冬冷地区）十个节能试范小区的 128 户住户节能住宅关于采用被动式太阳能设计现状的问卷调查，对 100 名建筑师关于"被动式太阳能"问卷调查，对 36 名开发商访谈，以及对被动式太阳能设计技术在节能住宅中应用的分析，对相应规范的剖析，发现：一是由于节能技术的不成熟，建筑节能设计存在误区，导致节能住宅成本提升，而效果不明显。二是由于购房者对节能效果不认可，无购买节能住宅的愿望；开发商顺应市场求卖点，无建造节能住宅的要求；而因甲方市场的需求束缚着设计者的手脚，建筑师无设计节能住宅的条件。三是被动式太阳能在该区的应用还

处于探讨、研究阶段，宣传力度不够，法规滞后、公众对经济效益的顾虑等。这些直接妨碍了节能住宅的推行。追根寻源，住宅节能技术的不成熟是被动式太阳能设计策略在住宅中的运用迟迟未能发展的根本原因所在。

2　夏热冬冷地区太阳能利用潜力与问题同在

2.1　夏热冬冷地区运用太阳能的可能性

我国幅员广大，有着十分丰富的太阳能资源。据估算，我国陆地面积每年接收的太阳辐射总量在 $3.3×10^3$—$8.4×10^6$ kJ/m^2 之间,属太阳能资源丰富的国家之一。全国总面积 2/3 以上地区年日照时数大于 2000h，日照在 $5×10^6$ kJ/m^2 以上。

通过对比我国北方地区以及夏热冬冷地区与欧洲和北美的一些典型城市在冬季的平均日照时数和日照百分率（图1），我们可以发现，在冬季太阳能辐射资源方面，我国西北地区有得天独厚的优势。我国夏热冬冷地区的太阳能资源远远超过欧洲，并与北美洲基本持平，北美洲以及我国夏热冬冷地区的各城市日照时数和日照百分率，分别都在 115 小时和 39% 左右；在被动式太阳能应用十分广泛的欧洲，太阳能辐射资源相对贫乏，分别只占到我国西北地区太阳能辐射资源的 35.7% 和我国夏热冬冷地区太阳辐射资源的 50%。

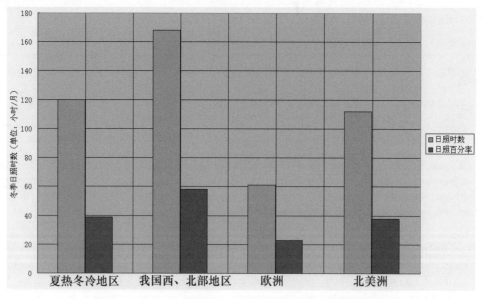

图1　各地区冬季平均日照时数及日照百分率对比图

根据对夏热冬冷地区太阳能资源的分析和与我国北方、西部地区以及欧洲、北美洲的太阳能资源进行对比，可以得出这样的结论：在太阳能资源方面，被动式太阳能在夏热冬冷地区应用是具有明显潜力的。

然而，潜力与问题同在，夏热冬冷地区的被动式太阳能设计也面临不少的难题。

2.2　夏热冬冷地区被动式太阳能运用所面临的难题

2.2.1　夏冬两季太阳辐射量与人的热舒适需求的矛盾

从我国夏热冬冷地区几个典型城市的冬夏两季的太阳能资源的对比关系图（图 2）中，我们可以发现，夏季的太阳能资源普遍高于冬季，这就给被动式太阳能在夏热冬冷地区的应用带来了难题：夏季我

们需要最大限度的将太阳辐射隔绝在室外，而这个季节的太阳辐射能却相对丰富；冬季我们需要最大限度的将太阳辐射引入室内，而这个季节的太阳辐射能却相对贫乏。

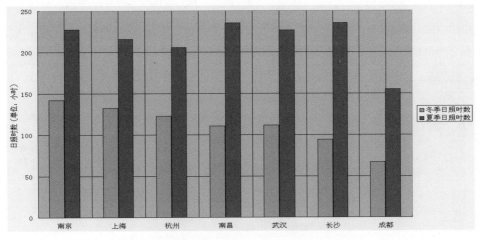

图2　夏热冬冷地区7城市冬夏两季太阳能资源对比图

2.2.2　建筑单体要同时兼顾冬季采暖和夏季防热的矛盾

在夏热冬冷地区，同一建筑面对冬、夏两种极端气候，因此在该地区不能单一考虑被动式采暖或是被动式降温，而是应最大限度的探求两者的平衡。这是夏热冬冷地区的被动式太阳能设计策略研究的难点所在。

华中科技大学生态设计课题组在近两年的研究中认为，由于武汉地区的夏天"火炉"特色，所以把夏热当作是该地区的主要矛盾，对建筑的屋顶、窗户、阳台的遮阳设计进行了系列试验和计算机模拟的量化研究。而把冬天的太阳能利用问题仅仅作为次要矛盾，没有做过多的研究和论述。作者认为，基于下述原因，夏热冬冷地区的冬冷矛盾不可忽视。

一方面对住户的主观感受问卷调查表明，冬、夏两季居室不舒适的室内自然热环境状况普遍存在。其中认为居室夏季闷热的住户占55%，认为居室过热的住户占27%，只有18%的住户觉得舒适。由于冬冷延迟时间段较长，这使得冬冷问题比较突出。认为冬季居室过冷的住户占25%，认为居室冷的住户占71%，只有4%的住户觉得舒适。两相比较，也反映出住户对冬冷问题的重视。更加觉得冬天的太阳"难能可贵"。人们的主观感受与实际气候特点相吻合，即武汉夏季酷热，相对持续时间短，高于35℃的高温天气15~25天。冬季湿冷，但相对持续时间长，低于5℃低温天气多达83天。因此，对于冬季采暖保温需求一直被忽视的武汉而言，解决好采暖节能问题具有特别重要的现实意义。

另一方面对住宅温度实测表明，冬季的太阳能采暖利用，使室内有良好的卫生条件，消灭细菌和干燥潮湿房间，以及在冬季能使房间获得太阳辐射热而提高室温。笔者对华中科技大学西二区住宅的一楼、二楼住宅进行温度测试结果表明：有日光照射的房间（五楼）室内温度明显高于没有阳光照射的房间（一楼），相差最大达到3.77℃，即使对于同一户型，有阳光照射的卧室温度明显高于没有阳光照射的客厅，其差值最高达到3.45℃。这对于夏热冬冷地区寒冷潮湿的冬季来说是个很大的数值，它意味着有阳光照射的房间比没有阳光照射的房间冬季热舒适度大大提高，用于采暖的能源也大为节约（图3，4）。

由此可见，夏热、冬冷这对不可调和的矛盾在被动式太阳能设计中同等重要。所以，在夏热冬冷地区实现在不同时段对利用阳光和遮阳的要求，实现"防阳光设计"以及"阳光设计"的整合，需要新的被动式太阳能设计策略。

2.2.3 "以变应变"结合"以不变应万变"是对策

综上所述，要想同时解决夏季隔热制冷和冬季采暖矛盾，"以变应变"才是解决这两种截然相反的需求的上上策。但由于经济因素、结构、功能、场地所限，有些情况我们无法采用"可变化"的应对措施，因此有时我们不得不采用"以不变应万变"的权宜之计。我们应该从上述两个方面来考虑被动式太阳能在夏热冬冷地区的住宅设计策略。

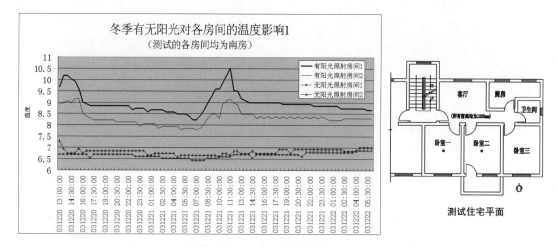

图3 华中科技大学西二区一楼、五楼住宅冬季温度测量

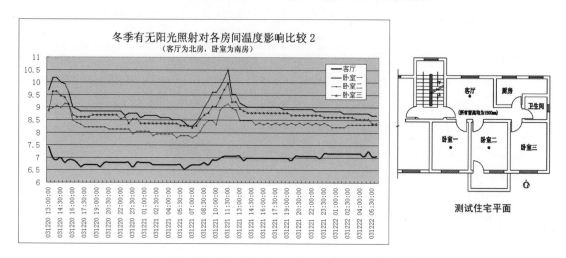

图4 华中科技大学西二区五楼住宅冬季温度测量

3 夏热冬冷地区多层住宅被动式太阳能设计策略研究

3.1 以不变应万变的策略——以不变的住宅朝向、体型、空间的设计应对变化的夏热冬冷气候

(1) 南向垂直表面冬季日辐射量最大，而夏季反而变小。从而住宅要尽可能地争取南向日照。

(2) 东西向垂直表面夏季日辐射量最大，因此夏天热冬冷地区尤其是夏季要防止东西向日晒。

(3) 住宅朝向的选择还应该同时兼顾与夏季主导风向形成夹角，且避开冬季主导风向的要求。

(4) 尽量减少不必要的、小尺度的凸凹不齐，以利于减小体形系数，降低热量损失。

(5) 做到各单元的有机组合，尽量使外墙面重叠，以减少外墙面积。尤其注意山墙面积的有效控制，减少西晒。

(6) 将控制体形系数量化的极限范围内，在满足必要的平面功能布局的要求的同时，尽量的增加南向表面的面宽，减小进深。并为防止夏季过热，应采取适当的遮阳措施。

(7) 将控制体形系数量化的极限范围内，适宜做建筑底层架空处理。结合底层环境景观进行设计，起到夏季不挡风，甚至导风，并且冬季防风的作用。

(8) 平面空间布局应尽量将重要房间放南面，次要或者辅助房间以及楼梯间放北面或东、西面。

(9) 另外，水平空间设计还应该为空调、太阳能热水器等设备管道应该预留，以免后期安装，管道外露造成视觉污染。

(10) 采用封闭楼梯间设计，楼梯间应该高出出屋面，且上部涂深色涂料或其他措施提高楼梯间顶部温度,加强夏季通风。冬天应关闭风口，做好防风处理。

(11) 楼梯间入口为了防止冬季主导风向——北风倒灌入楼梯间，加强防风作用，所以宜设置门斗，使入口转朝东、西向，与冬季主导风向相背。

3.2 以变应变的设计策略——以变化的墙体、窗户、阳台、屋顶的设计手法，应对变化的夏热冬冷气候

(1) 西墙和南墙面可设置可调节遮阳装置。夏季通风口打开，加强通风，不使热滞留在室内就可以改善室内环境；冬季，通风口关闭，隔栅与墙体之间的空气层减缓热量的散失。

(2) 西墙和南面墙利用栽种落叶攀缘植物，如爬山虎、葡萄、五味子、紫藤等。夏季，枝叶茂盛，可以遮挡太阳辐射、冷却空气。冬季，叶子落下后，只剩下枝条，白天可以使墙体直接接受太阳辐射。

(3) 可调节外百叶系统作为一种可调节百叶外遮阳保温系统，完全能起到夏天阻挡太阳辐射热、冬季提高保温性能的作用，且不会遮挡视线，具有其他活动遮阳方式不可替代的优点，是适应夏热冬冷地区气候的窗的设计手法。当百叶与窗户之间的距离为300mm时，系统效率最高；当百叶开启45°遮阳效果最好。

(4) 窗外设置可整体折叠收起的活动式遮阳板，水平折叠、向上折叠或者顶部收纳式折叠也有较好的气候适应性。

(5) 窗外设置可滑动的整体遮阳，在夏季整体遮阳板滑动到玻璃上方以阻挡太阳的直接辐射，在冬季则滑开，使太阳辐射能透过玻璃射入室内，改善室内的光热环境。

(6) 可在窗户玻璃外设置钢丝网种植爬藤植物，利用植物的生长周期，达到夏季枝叶繁茂，遮挡太阳直射，且降低通风温度；冬季叶子凋谢，不阻挡阳光射入室内的作用。

(7) 双层皮构造窗户是双层皮构造在住宅中的运用。空腔厚度为500m且遮阳百叶距离内层玻璃300mm；且内层使用双层玻璃，经济条件允许的话可以在外Low-E镀膜，外层用钢化玻璃，保护内部遮阳百叶；内部的百叶也可以用卷帘、窗帘等可以调节的遮阳措施代替，但是百叶的效果最好。

(8) 有南向开敞阳台的房间，水平遮阳方式并不能有效减少其得热问题，同窗的遮阳一样，应该使用可变化的遮阳设计。

(9) 北向阳台虽然几乎难以接受到太阳直射阳光，夏季北向天空的漫射光同样强烈，尤其是在建筑密集的城市环境中还存在强烈的环境反射。建筑北向的防热也不容忽视。北向开敞阳台也需要进行可变化的遮阳设计。

(10) 南向玻璃封闭凸阳台实质上形成了一个附加阳光间。可仅有一层高的空间所产生烟囱效应远不敌温室效应。在夏季带来过热的严重问题。因此，跟窗户设计一样，要为南向封闭阳台进行可调节的遮阳设计。

(11) 屋顶可设置蓄水池。夏季可以利用水体表面对阳光的反射性减少屋顶获得的太阳辐射量，到了冬季需要充分利用阳光，把屋顶表面可见的水体排空，屋顶又可以直接接受太阳的照射。

(12) 采用可变动的屋顶遮阳方式。将屋顶的遮阳设施设计成为可以转动的百叶，在冬季需要进行大量进

行阳光加热的时候运用调整百叶角度的方法使阳光透过，而夏季则可以将百叶全部合上以避免阳光对屋顶的直射。

(13) 如果没有条件设计可移动遮阳，则应该根据各地不同的太阳高度角来确定遮阳设施的高度和栅格的角度，以利于夏季遮挡最多的阳光照射，而冬季可以使较多的阳光透射进来。

(14) 屋顶绿化要求植物需具备阳性、浅根系、耐旱以及抗风能力强等特点，体量也不能太大。植物品种的选择因栽种方式不同而不同。若直接覆土种植，当覆土厚度小于20cm时，不适宜栽种大灌木、乔木等，植物品种的选择受局限时可以采取盆植的方式。

(15) 屋顶考虑在架空空气层的导风口设计可调节的开闭装置，夏季开启，冬季关闭，则可达到夏季隔热冬季保温的双重目的，使通风屋顶更加灵活地适应夏热冬冷地区的气候。

(16) 若屋顶能结合天窗设计，则接受太阳辐射热的效果更好，但是一定要考虑到变化的遮阳措施。突出屋面的天窗，可以在不增加建筑面积的情况下在空间的最高处增加空间容积，形成"蓄热仓"，这种"蓄热仓"有利于减缓使用部分空气的升温。

4　总结

总之，由于夏热冬冷地区的气候极端性，"以变应变"的设计思路是首选，我们可以为建筑设计可以调节的构件来满足气候变化的需求，也可以借助植物的变化生长规律赋予建筑以变化的外衣。但是，当碰到建筑朝向，空间，体型无法变化的时候，我们仍需要平衡矛盾，寻求"以不变应外变"的权宜之计。适应夏热冬冷地区的被动式太阳能设计策略，不是简单的1＋1的问题，建筑必须同时解决夏热和冬冷的矛盾。当然，设计不是标准构件的杂烩，也不是各中策略的累加，理应针对具体问题具体分析，让各种策略能够合力最大，而非相互制约，从而达到真正的节能目的。

5　参考文献

（德）英格伯格.佛拉格等编，托马斯.赫尔佐格．建筑＋技术．李保峰译．北京：中国建筑工业出版社，2003

付祥钊编，夏热冬冷地区建筑节能技术．北京：中国建筑工业出版社，2002

夏云．生态与可持续建筑．北京:中国建筑工业出版社，2001（6）

Peter Buchanan, Renzo Piano (2002). *Building Workshop Complete Works*, Volum 4, Phaidon Pres, Inc. New York. USA.

Photo:Nicolas Borel (2002). *Archipress International Architecture Yearbook*. The Images Publishing Group.

Michael Wiggintono and Jude Harris..2002.Intelligent Skins. Reed Educational and Professional Publishing Ltd.

中国能源网／新能源／太阳能资源应加速开发．http://www.china5e.com/news/newpower/200209/200209100020.html

通用設計：香港公營房屋住宅單位的可持續發展

Universal Design: Sustainable Design of the Hong Kong Public Housing Domestic Flats

衞翠芷

WAI Chui-Chi

香港特別行政區房屋署

Housing Department, Hong Kong

關鍵詞： 可持續發展、通用設計、住宅單位設計

摘　要： 由於香港人口急劇老齡化，長者普遍喜歡於原來居住地方安享晚年，加上社會上對殘疾人士平等待遇的關注，一般住宅單位的設計未必能滿足這些人士的需求。過去，我們已為他們提供長者住屋、殘疾人士住屋等。由於住宅單位的設計針對個別住戶的需要，故在戶主遷出後再分配或出售這些單位時，均會欠缺靈活性，非屬可持續的發展。所以，最理想的設計，是令一般的住宅單位既能照顧這些有不同需要的人士，同時亦適合普通住戶居住。這樣的設計概念，我們稱為"通用設計"。"通用設計"可以適應用於由城市規劃以乃至一般日用產品上。本論文集中在建築設計上作詳細分析。由於香港房屋委員會已於 2002 年，在新建的屋邨內引入"通用設計"，作者會透過論文和大家分享，如何利用通用設計加強住宅單位的可持續發展，並會撮述實施"通用設計"方面的心得。

1 引言

香港房屋署在過去半個世紀為香港提供了近百萬個住宅單位，為超過三分之一香港總人口、兩至三代居民提供的了一個不僅是棲身之所，而且是令他們生活改善、安居樂業的家。香港公營房屋的發展，從為解決 1953 年聖誕夜在石硤尾大火中痛失家園的災民的住屋，到今天在"量"和"質"方面都能關兼顧居民所需，。每年建屋量更超過其他地區。

公營房屋的持續發展，在香港歷史上有着舉足輕重的地位。能令公營房屋在過去 50 多年來成功發展，當然和整個社會環境、房屋署的內部營運、屋邨設計和管理等息息相關。由於這個課題的範疇廣泛，本文只集中探討其中一個和居民有着最密切關係，而又可能受到忽略的因素——住宅單位的設計。住宅單位的設計，其實在對於整個房屋的可持續發展上是功不可沒是至關重要的。

2 可持續發展

什麼是可持續發展？隨著人們對環境資源短缺的醒覺，在第二次世界大戰結束後，可持續發展在各領域上漸漸得到不同程度的重視，很多學者都為"可持續發展"下定義。

眾多不同的定義，都主要是從社會、經濟及環保方面探討。1987 年，布倫特蘭委員會（Brundtland Report Commission）的報告中，提出可持續發展的定義是：

"在滿足當代需要的同時，無損於後代滿足其本身需要的能力能滿足這一代需要的同時，亦不會減低將來人類滿足他們需要的能力。"（譯文）

"... development that meets the needs of the present without compromising the ability of future generations to meet their own needs." (World Commission on Environment and Development 1987, 43)

簡單地說，可持續發展是能為人類的現在及將來提供最佳的環境。把這個理念套用在住宅單位的設計上，我會把可持續發展理解為：單位的設計不僅能滿足當時居民的需要，並能切合居民在未來不斷改變的要求。

讓我們從這個角度回顧一下香港公營房屋的單位設計。

3　公營房屋住宅單位的可持續發展

雖然"可持續發展"這個名詞在 20 世紀 80 年代才開始流行，但反觀在最早期為提供石硤尾災民而興建的第一、第二型大廈的住宅單位設計模式，即單房設計概念，沿用至 1970 年代末期，經歷了四分之一個世紀。雖然在設計上很可能沒有積極考慮可持續發展，但在應付需要時，已不覺察自覺地實現了可持續發展的原則。

單房的設計是以矩形的空間，不設任何間隔，可提供三至四人家庭的起居空間，在有需要加大空間給予來滿足較大的家庭的需要時，可以拆掉兩個相鄰房間的部分牆壁以互通(圖1)。早期的設計，廁所位於室外，是公用的。，而廚房則利用走廊的空間。在 1960 年代及 1970 年代興建的長型大廈、H-型大廈、雙塔式、Y-型大廈等，由於滿足居民對獨立廚廁的要求，每戶獨立的廚廁緊貼在矩形的起居間前端。單房的設計非常簡單而靈活，因而可以滿足從 1950 年代至 1970 年代末期的不同居住需要，從小家庭到大家庭均能適用。由於平面設計簡單、興建方便、建築成本減低，亦可確保經濟方面的可持續性，增強提高成本效益。

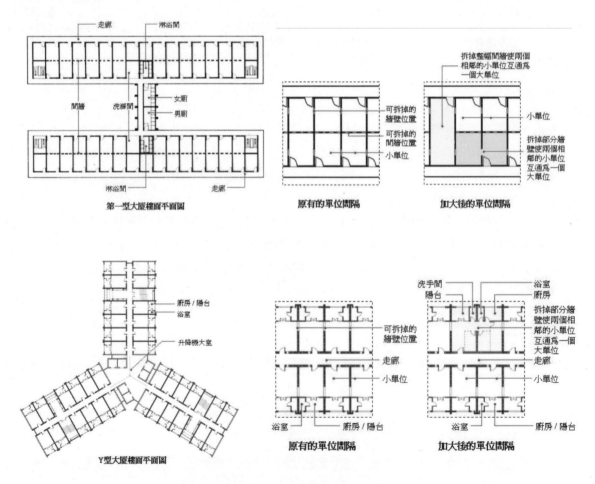

圖1　兩個相鄰的小單位互通為一個大單位

到了 1980 年代初期，香港的經濟已發展相當成熟。公營房屋的設計亦已從臨時棲身之所，經歷徙

置區、廉租屋以至可媲美私人樓宇的公營房屋等演進。從簡陋的居所演變為設備齊全的小社區。在單位設計方面，從原來的單房設計改為多房式的設計，以滿足居民對隱私性的素訴求。由於要符合《建築物條例》的要求，平面的設計從簡單的矩形設計變為多個凹凸形狀，以達到採光及空氣流通等要求。可是，這樣在的單位的可轉易性上，其在靈活性上是卻相對地減低。

在 1980 年代末期，為了提高建屋的質素，以及在環境保護方面的考慮，"和諧式"單位以單元式的設計，方便機械式的工地操作及預製組件的使用。平面設計保留多房式的設計，以營合迎合不同大小家庭的需要。

在 1990 年代中期，香港房屋面對新的挑戰，除了核心小家庭的湧現外，還有要解決積壓的長者輪候公屋申請，以及需要面對香港人口前所未有的老齡化，加上社會上對殘疾人士平等待遇的關注，房屋署特別為這些有需要的人士提供專為他們設計的小家庭單位，長者住屋包括院舍式及和獨立小單位，以及專為殘疾人士設計的單位。

這些特別設計的單位的確能針對個別種類人士生活起居的需要，有效地提供讓他們獨立生活的空間。由於設計的特殊性，當戶主遷出後，在再分配或出售該單位時，相對地欠缺靈活性，在以可持續發展的角度下來看，並非盡善盡美。

所以，最理想的設計是能令一般的住宅單位既能照顧這些有不同需要的人士，同時亦適合一般住戶居住，。故此，房屋委員會於 2002 年，在新建的屋邨內引入"通用設計"的概念。

4 通用設計的原則

什麼是"通用設計"？通用設計本身是一個設計概念，可以應用於市區規劃以至消費品設計等各項目上。學者對通用設計的概念有多種不同詮釋，例如共融設計、全人設計、終生設計、跨代設計、大部分人適用的設計、非一般人適用的設計、殘障人士適用的設計和體胖人士適用的設計等等。在某程度上，這些設計各自含有通用設計的若干特點，而通用設計與這些設計的分別，是在於其著重社會因素，並非單是一個暢道通行的設計。

要為通用設計下定義大概並非易事。設計要符合所有人的需要，是幾乎難以實現的夢想。美國北卡州立大學通用設計中心（The Centre for Universal Design, North Carolina State University）在 1997 年發表的通用設計原則，或許能夠為我們帶來啟發。他們把通用設計歸納為七大原則，同時以住宅設計的例子加以闡釋，現簡述如下：

(1) 均等使用（Equitable Use）： 設計可讓不同能力的人士有均等的權利享用該產品，而不會令他們感到受歧視。

例如：把查詢櫃枱的高度降低，一方面可方便小童和輪椅使用者能面對面，另一方面仍能為一般大眾接受，不會做成造成不便；以升降機代替自動扶梯或樓梯，除了方便輪椅使用者外，亦可兼顧嬰兒手推車或貨物搬運。

(2) 靈活運用（Flexibility in Use）： 設計能提供多個方法使用，可以迎合不同人士的喜好，滿足不同能力人士的需求。

例如：把淋浴噴頭安裝於垂直滑桿上，可方便不同高度的人士使用；出入門口等的透視嵌板以垂直式設計代替水平式設計，方便身材矮小的人士。

(3) 簡單直接（Simple and Initiative Use）： 使用方法容易為人明白，無需經驗，小不論知識、語言及專注的程度也可使用。

例如：推桿式門把手的功用顯而易見；較大的船形電力開關等均容易操作。

(4) 訊息清楚訊息訊息訊息明瞭（Perceptible Information）： 可向感官健全或不健全的使用者清楚傳

遞所需訊息。設計亦應兼有不同的訊息輸入及輸出方法。

例如：簡單清晰的指示牌，或輔以圖形符號和摸讀標誌，可指引各式类頁訪客前往樓宇各處。

(5) 兼容犯錯預防意外（Tolerance for Error）：盡量避免令使用者因意外或無意中過勞而遇上危險。

例如：樓梯級面和梯級邊緣選用對比顏色，有助視力欠佳人士安全地上落下樓梯。

(6) 減少低耗體力（Low Physical Effort）：可供使用者舒適有效地使用，避免疲累。

例如：把電插座安裝於離竣工樓面 900 毫米以上的位置，使用者就無須彎腰；把電力開關、門口對講機和門鈴按鈕等裝置安裝在離竣工樓面 1100 毫米的位置，可方便幼童或輪椅使用者使用這些裝置。

(7) 暢達通行（Size and Space for Approach and Use）：不論使用者的身型、姿勢和活動能力如何，通道、面積和空間都能切合使用者的需要。

例如：設置較低門檻和斜路，並確保門戶和走廊的寬度充裕，方便各式類人士，包括使用輪椅和步行輔助器的人士的進出。

5　"通用設計"——香港公營房屋新里程

房屋署把以上通用設計的原則應用在香港的公營房屋上，目標是使房屋設計配合住戶在不同人生階段上的需要，即使步入老年、行動不便、或身體出現殘疾，仍不會因環境或屋宇間隔的問題，而要遷離原居單位。亦即是說，我們在設計中已包含了能方便老齡退化或身體殘疾，以及各種不同能力的原元素，而這些設施亦不會為一般居民帶來不便，才能使家庭融洽相處。現簡述有關設計如下（圖 2、圖 3）。

無障礙通道

從大廈入口到升降機、住宅單位、睡房、廚房和浴室各處的入口和通道，必須全無障礙，即使使用步行輔助器或輪椅時，仍能使用；所有地面若有不同高度，必須加設斜道；門檻的設計，亦要以輪椅通過時不會翻側為原則。

確保家居安全

能確保家居安全，才可使各種類能力的居民，不須時刻讓由別人照顧，而可可以無憂地生活。

所有地面，尤其是濕滑的浴室地面，均使用防滑地磚，以防不慎跌倒。浴室是長者或殘疾人士家居意外容易發生的地方，故此，扶手杆的設置是必需的，可以幫助他們在如廁或洗澡時，支撐身體。

廚房的門，我們亦要求上下必須安裝透視窗，即使手上拿着熱騰騰的餸菜或湯飯，仍能看到門後的情況，然後才打開廚房門，從而避免因碰撞而打翻食物的危險。

在老齡人口密度較高的長者住屋中，出口樓梯附近亦設有庇護間，遇上火警時，可以在庇護間停留，以等待救援。在該等情況下，長者們從樓梯逃生，亦是很危險的事。公共走廊沿途亦應設有扶手杆，可使長者在有需要時扶着，稍作休息。

方便使用

除了必要的無障礙通道及家居安全外，方便使用亦是在通用設計中不可忽略的。我們必須考慮不同能力人士在設計上的需要，使他們能舒適地生活。例如在浴室方面，設有推杆式的冷熱水龍頭、滑動式的淋浴噴頭和淋浴座椅等。

在電器配件方面，特大的輕觸式電燈開關、門鈴按鈕，除了是時尚外，亦方便使用。提高電源插座及降低電燈開關、門口對講機、防盜眼等，都可以方便長者們不用俯身或攀高，便能舒適地操作這些電器配件。

推杆式的門把手亦可以方便長者們即使在風濕病發作或手拿重物時，仍可輕鬆地使用。

在公用地方，所有層數指示牌、信箱入口、對講機等，應用大字體及比較強烈的顏色對比，使視力較差的人士們都能看到；樓梯的梯級邊緣更應以鮮亮的顏色，清楚地提示梯級高度的轉變。

從2002年開始，所有新設計的屋邨必須符合通用設計的要求。以上的考慮因素都是一些看似微不足道的設計，但對於有需要人士的日常生活卻帶來無窮裨益。而正由於這些單位能適合所有不同能力人士的需要，故無須一如以往，興建不同類別的住宅單位，以來應付不同的需要，這些都能從而確保資源更有效地運用，而更能持續發展。

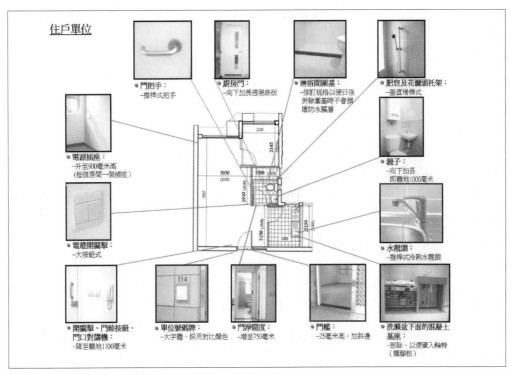

圖2　住戶單位的通用設計設施

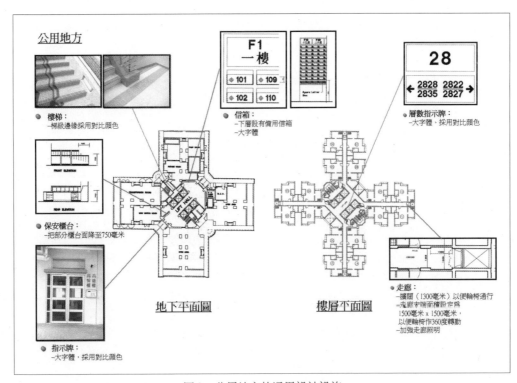

圖3　公用地方的通用設計設施

6　未來新挑戰

香港地少人多，是不爭的事實。要在這些狹少小的樓宇空間內應用通用設計，實在是很大的挑戰。為實踐通用設計，浴室和廚房必須有較大的面積。在房屋署的標準設計中，一人或二人住宅單位的面積為 17.9m^2，而二人至三人住宅單位則為 22m^2。在這樣小型的住宅單位中，浴室和廚房越大，便越佔用原來已經相當細小的居住面積。這樣的平衡實在需要令建築師大動傷腦筋。

可是，房屋署現正面臨另一項新的挑戰，是近年公屋輪候冊上的一人申請者數目大增。為了更有效地運用資源，單身人士的人居面積有必要重新考慮。倘若需要從現時的 17.9m^2 下調，在實踐通用設計的困難度上亦相應倍增。我們可能需要考慮開敞式的廚房，以減少間隔上不能利用的空間；密封式的廁所，以求更靈活處理室內空間的設計；淋浴間與廁所合併，或將部份浴室配件家具，如洗衣機及廚房的電冰箱搬至起居室中，以增加實用面積的運用，均屬可考慮的範圍。

7　總結

雖然我們要面對各種各樣的挑戰，但作為負責任的政府部門，房屋署仍會努力貫徹可持續發展及健康生活的方向，為找我們的現在及未來建造更美好的環境。

參考文獻

Hong Kong Housing Authority (2002). *Design Guidelines for Universal Design Approach*, Hong Kong: Housing Department. (Internal document, unpublished)

Preiser, Wolfgang F.E. (ed) (2001). *Universal Design Handbook*, New York: McGraw-Hill.

World Commission on Environment and Development (1987). *Our Common Future*, Oxford: Oxford University Press.

Yeung, Y.M. and Wong, Timothy (2003). *Fifty Years of Public Housing in Hong Kong*, Hong Kong: The Chinese University Press.

第五届中国城市住宅研讨会论文集，中国香港，2005 年 11 月
Proceedings of the Fifth China Urban Housing Conference, H.K.S.A.R. CHINA. (November 2005)

Transferable Development Rights:
A Solution to the Problems of Building Dilapidation?

可轉移發展權益：解決樓宇殘破問題的方案？

YAU Yung[1], WONG Siu-kei[1], LUNG Ping-yee David[1], HO Chi-wing Daniel[2], CHAU Kwong-wing[1] and CHEUNG King-chung Alex[1]

邱勇[1]　黃紹基[1]　龍炳頤[1]　何志榮[2]　鄒廣榮[1]　張勁松[1]

[1] *Department of Real Estate and Construction, The University of Hong Kong, Hong Kong*

[2] *Department of Architecture, The University of Hong Kong, Hong Kong*

[1] *香港大學房地產及建設系*

[2] *香港大學建築系*

Keywords: building dilapidation, building rehabilitation, sustainability, transferable development rights, Hong Kong

Abstract: In view of Hong Kong's growing problems of building dilapidation, building rehabilitation has been a matter of great urgency. For old buildings, however, the loan-to-value ratio is low and mortgage terms are generally less favourable. Interwoven with the financial inability of the owners, the illiquidity of such old properties hinder the rehabilitation process. Given the enormous building stock in Hong Kong, the public pocket is not able to cover the huge cost of rehabilitation, not to mention the equity of using public funding to restore private properties. Based on the user pays principle, this paper suggests the establishment of a maintenance reserve in each multi-ownership building, be it newly built or existing. Through regular contributions to the reserve, a sustainable source of money is then available for planned and unplanned maintenance. For new developments, a clause requiring the establishment of maintenance reserves can be incorporated into land leases. For existing dilapidated buildings, we will examine the possibility of adopting the concept of transferable development rights (TDR) to ease the cash flow problem. The TDR can help finance building repair and rehabilitation projects using part of the unused development potential. Through the setup of a market for trading development rights, more financing channels and investment opportunities will be available for building owners, property developers, and investors.

關鍵詞： 樓宇失修、樓宇復修、可持續發展、可轉移發展權益、香港

摘　要： 鑑於香港樓宇失修的問題日益嚴重，樓宇復修已是刻不容緩。但是，由於較舊的樓宇比較難獲得按揭，加上其業主一般經濟能力有限，樓宇復修受到一定阻礙。面對全港眾多的樓宇，單靠政府去承擔樓宇復修的費用，除了對其他業主不公外，其財政壓力亦不能承受。本文基於用者自付的原則，認為多戶式大廈不論新舊，業主應為其大廈成立維修基金，業主透過定期供款，讓大廈有一筆持續的資金去進行維修。政府亦要在新批出的地契內加入成立維修基金的條款。就一些失修殘破的現存樓宇，本文探討用可轉移發展權益的概念去解決資金缺乏問題的可行性，這個概念可協助業主透過出售部分大廈發展權益，為大廈維修及復修工程融資。而建立一個發展權益的自由市場，可以為大廈業主、發展商及投資者等的參與帶來更多的融資渠道和投資機會。

1　BACKGROUND

One of the most spectacular features of Hong Kong is its high-density high-rise building developments. There are now around 42,000 private buildings territory-wide (Housing, Planning and Lands Bureau 2004), the majority of which are high-rise apartment buildings. In this highly compact living environment, building conditions should be a great concern to society because a dilapidated building does not only jeopardize its occupants, but also passersby. Ironically, the public was not fully aware of the importance of building safety

until the Albert House court case (Aberdeen Winner Investment Co. Ltd. v The Incorporated Owners of Albert House and Another, 2004, CACV No.236), in which the owners were required to compensate for the collapse of a canopy that killed and injured a number of people. This revealed the lack of a building care culture in Hong Kong.

The problems of building dilapidation are becoming increasingly apparent as buildings age (Wong, et al. 2005). Nowadays, about one quarter of the stock are 20 to 40 years old, and, particularly those without proper management, are more susceptible to dilapidation. Half of the residential building stock falls within this age group. Owing to the inadequacy of existing law enforcement, mandatory building inspections, building classification etc. were proposed for the public consultation in early 2004. These suggestions helped reveal more building quality information to the market and gave incentives to owners to maintain and/or improve their buildings. Yet, even if owners know that their buildings are under-maintained, many of them lack the financial resources to carry out maintenance or refurbishment. The loan or subsidy schemes offered by the government (e.g. Building Safety Loan Scheme by Buildings Department) and the other quasi-government organizations (e.g. Building Maintenance Incentive Scheme by Urban Renewal Authority) help alleviate some, but not all, problems. In the long run, building owners should shoulder their responsibility (including financial costs) to maintain their properties. In this paper, we will examine the possibility of establishing maintenance reserves for all multi-ownership buildings to finance building repairs and maintenance. This can be done relatively easily for new buildings by incorporating such a requirement into the land lease. For existing buildings, the way the concept of transferable development rights can be used to solve the cash flow problem will be discussed.

2　MAINTENANCE RESERVES FOR BUILDINGS

The need for the establishment of a maintenance reserve for all buildings originated from two beliefs. First, unlimited financial support cannot be provided by any government to rehabilitate all privately owned buildings. Such costs are too huge and would become a big burden to taxpayers in the long run. Second, building owners are responsible for their own buildings. According to the Buildings Ordinance, the responsibility for keeping buildings in good condition rests with their owners. In addition, it is the contractual obligation of building owners, who are also lessees of the land granted by the government, to maintain and repair the buildings erected on the land under most leases. Needless to say, building owners risk being sued by tort if someone gets hurt or dies from accidents as result of their neglect of the buildings.

Nonetheless, raising money for maintenance and rehabilitation works is a notoriously difficult task for multi-ownership buildings. Thus, a sustainable reserve of money for planned and unplanned building maintenance is more advisable than raising money each time. As one can envisage, the needs as well as the costs of repair and maintenance increase with a building's age. It should be a good practice for owners to contribute a small sum of money regularly to a maintenance reserve (sinking fund) so that a sufficient amount of money is available for future maintenance and refurbishment. This resembles the current arrangement of Mandatory Provident Fund (MPF) for retirement protection in Hong Kong. The MPF requires the working population to contribute part of their monthly salaries to their retirement funds. These sums of money will be released to contributors in installments upon their retirement. The same principle can be applied to buildings. Building owners should make contributions on a regular basis to a reserve so their buildings will have funds reserved to cover repairs and maintenance works when the need arises. The arrangement for a financial reserve for people and buildings follows the traditional Chinese practice of repairing the roof before it rains.

The call for the establishment of building maintenance reserves is actually not new in other countries. Statutes are in place around the world to require building owners to set up and maintain building maintenance reserves (Task Force on Building Safety and Preventive Maintenance 2001). For example, in the United States, a reserve fund for repairing and renewing common areas and services is required for each building by law. In Australia, other than the administrative fund for day-to-day management and maintenance expenditure, it is mandatory for building owners to establish a sinking fund to meet the capital expenditures of building repair and replacement.

In Singapore, developers have to establish maintenance reserves for their completed buildings for day-to-day management and maintenance expenditures. Buyers of these properties have to contribute to maintenance reserves through monthly charges. Furthermore, the management committee of every building has to establish a sinking fund for large-scale maintenance and improvement works.

It is relatively easy to require new buildings to establish maintenance reserves. The government can incorporate a condition in all newly granted land leases requiring the establishment of maintenance reserves for new developments. After delineating the lot, individual owners should undertake to make regular contributions to the reserve under the Deed of Mutual Covenant (DMC). However, for existing buildings, it is difficult to require owners to establish maintenance reserves without relevant legislations in place. Even if such legislations exist, those owners with more limited means will still have difficulty making periodic contributions. Is there any solution that can help these owners with minimal, if not without any, financial commitment from the government?

3   TRANSFERABLE DEVELOPMENT RIGHTS AS A SOLUTION

Although the establishment of a building maintenance reserve is conducive to proper building upkeep, some building owners will run into financial difficulties. These owners may lack money to contribute to the reserves because they are in the low-income group. In addition, their properties are old and in poor condition, so they cannot even raise the money through mortgage facilities. To help these owners establish a building maintenance reserve, we shall examine the concept of transferable development rights (TDR).

3.1 History and operation of transferable development rights

TDR is a concept of severing land development rights from a physical piece of land. In general, the maximum development potential of a piece of land is prescribed by statutes and leases. The TDR mechanism allows landowners to sell part of the development potential (not the physical floor space) to another party. The use of TDR in property started in England (Danner 1997). It was used to separate use rights from the underlying real estate as per the English Town and Country Planning Act of 1947, which was essentially a development right acquisition act. However, TDR has been more extensively used in the North America. During the past 30 years or so, TDR has been applied to environmental planning, open space preservation, historic landmark preservation, etc. (Chavooshian et al. 1973; Tustian 1983; Pruetz 1997)

The basic elements of a TDR scheme are: 1) sending areas, 2) receiving areas, 3) the definition and specification of parcels' severable development rights, and 4) a process by which development rights may be transferred (Machemer and Kaplowitz 2002). Development rights, or potential, are transferred from the sending area to the receiving areas for development. TDR transfers may take place between adjacent parcels or between non-contiguous sites. Typically, landowners in the sending areas receive payment in exchange for the sale or transfer of their properties' development rights. After selling their parcels' development rights, landowners may continue permitted land uses on their properties, as defined in the easement or deed restrictions. The buyer of development rights is entitled to use the purchased rights for development in the receiving areas.

The ways to transfer development rights vary. However, they run on the same principle. To demonstrate the operation of a TDR scheme, we have created a fictional situation with three buildings in a region. At first, as shown in Panel (a) of Figure 1, the three buildings are subject to the same statutory development limit (say building height). There is unused development potential in one of the buildings. For some reason, now the owners of this building would like to raise money for preserving the building. By a deed, the owners sell the unused development rights to the market, which is administrated by the government or a TDR bank.

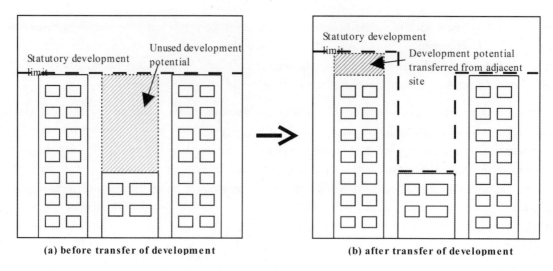

Figure 1　Illustration of the operation of a TDR scheme

The severance of development rights goes along with a decrease in the statutory development limit of the sending site, as shown in Panel (b) of Figure 1. If the adjacent building is within a designated receiving region and the owners of the building want to vertically extend the building, they can purchase the development rights in the form of a TDR certificate from the market. The use of the TDR certificate allows building owners to build beyond the statutory development limit (but the increase is still subject to a maximum bound, say 20%, of the original development limit). So under the TDR scheme, once the development rights are severed from a tract of land and transferred for use in conjunction with another site, a restriction is placed on the future uses of the transferring site.

3.2　The tdr for urban rehabilitation in hong kong

Although the TDR concept has been widely used to preserve properties of natural or cultural significance, its application in building rehabilitation has attracted far less attention. In fact, the TDR scheme is applicable to the maintenance and rehabilitation of buildings, in particular old buildings in urban areas, of which the development potential has often not yet been fully utilized. Without affecting the enjoyment of their current tenements, building owners can sell the unused development potential of their sites using the TDR mechanism. All proceeds from the sale will be deposited into the maintenance reserve. No owners can share the money unless the subject buildings are demolished or redeveloped. In this way, the owners of old dilapidated buildings can sell their unused development potential in exchange for money to establish building maintenance reserves and finance repair and maintenance works. In effect, the maintenance reserve is financed by the redevelopment potential of the lot (a kind of owners' equity). This arrangement will be useful if owners lack cash flow to perform remedial work (e.g. due to statutory orders). Once the development potential of the old dilapidated building is sold, a TDR certificate with a face value equal to the value of development potential sacrificed is created. Developers, investors, land trusts, and others can purchase the certificate for their own uses.

As Woodbury (1975) pointed out, successful TDR schemes must ensure that a TDR market exists and that TDR have value so that there is adequate incentive for their transfer and use. This point is supported as the TDR scheme separates development rights from the bundle of property rights that could be transferred through a market. To assist the development of the TDR market, the government can act as the clearing house of the TDR. Alternatively, a TDR bank can be set up to serve as a buyer of the last resort to strengthen scheme's credibility and as a facilitator. The existence of a bank creates creditability because if developers and landowners see that a bank is actually purchasing and selling the TDR, they can be confident that the TDR has value and there really is a TDR market (Machemer, *et al.* 1999).

Theoretically, the TDR scheme is a voluntary scheme, and building owners decide whether or not to sell the development rights to their buildings and to whom. However, for those buildings that are poorly maintained, the

court may order the owners to sell the development rights and the proceeds from the sale have to be used to upgrade the buildings and establish the maintenance reserves. This provides more options for the authorities to deal with dilapidated buildings.

4   BENEFITS AND LIMITATIONS OF TDR

4.1 Benefits

4.1.1   Private funding for building rehabilitation

Finding public funds to rehabilitate buildings is increasingly difficult, as most governments carefully watch their bottom lines. Adoption of the TDR in most cases poses less financial burden on the government which may have been discouraged from engaging in urban rehabilitation due to economic constraints. Ideally, if a TDR scheme runs in its first principle (i.e., transferring development rights from the sending site to the receiving site without direct cash outlays from the government), it is able to leverage market monies to achieve the goals of building rehabilitation. The government no longer needs to pay for private properties' rehabilitation. Payers for these works will ultimately be building owners who have sold their unused development rights and the buyers of these rights. Although one may argue that the development rights of the receiving parcels are costs paid by society to developers, the improved built environment is indeed a social capital generated by the TDR scheme.

4.1.2   More flexibility in property investment

In a community with a TDR scheme in place, the development rights become the currency of development. The TDR certificate should be standardized so as to facilitate trading. The TDR certificates can be bought and sold at any time, not just when a particular development in the receiving site is pending. Also, the TDR certificates can be traded as a listed trust so that they become a general investment available to anyone, not just developers. Local residents, land trusts, and investors may participate in the development rights market, hence opening more channels for property investment.

4.1.3   Platform serving other purposes

The TDR scheme for building rehabilitation can be adapted to serve other purposes such as natural and heritage conservation. Also, the supporting elements of the TDR scheme, such as the TDR bank, can be shared by different TDR schemes. Therefore, the establishment of the TDR scheme can provide a multi-purpose platform that facilitates the wider use of similar schemes in Hong Kong after taking into account the public's well-being.

4.2 Limitations

4.2.1   A lack of understanding

The TDR is a brand new concept to most Hong Kong people. If a TDR scheme is too complex, TDR sellers and buyers may not understand this new product and refuse to join the scheme. Overseas experience has suggested that the government needs to take a leading role in establishing and promoting the market for development rights. Besides, it has to oversee the market, track and defend deed restrictions, and assist in the proper preparation of the documents. Therefore, the initiation and administration of a TDR market can be costly.

The general public, real estate professionals and planners, and lawyers all need to be educated in the TDR process. Public education is essential for everyone to understand the goals and operation of the TDR scheme. Since a successful scheme requires community participation, local governments must promote the scheme, using advertisements, building owner meetings, and other means.

4.2.2   Objections from owners in receiving regions

The TDR scheme unavoidably increases the development density in the receiving regions. The residents or

other stakeholders in these regions may be aggrieved by the high development density so objections may be raised. In order to lessen the tension among different parties, comprehensive public consultations must be conducted to gather views of the public towards the maximum enhancement in development potential allowed. Also, the government should carry out study on the effects of the TDR scheme on the existing infrastructures and public utilities. Ideally, the receiving areas should be new towns pending for development.

5　LETTER B – A PRECEDENT OF TDR IN HONG KONG

Strictly speaking, there is a forerunner to the TDR in Hong Kong: the Letter B system adopted by the colonial government in the early 1960s for land exchanges. The system worked in a TDR-like manner to turn agricultural land in the New Territories into land for infrastructural and building development to cope with the increasing housing demand. Owners of the agricultural land (mostly villages and farmers) that had been zoned for the said purposes on statutory plans surrendered their land and received Letters B for future re-grants of building land in an agreed ratio of five units of agricultural land to two units of building land. In other words, development rights were transferred from rural agricultural land to urban building land through the Letter B system (Nissim 1998). The Letters B are, by their nature, certificates for the redemption of tracts of land with the sizes specified in the letters. As the Letters B could be assigned freely without the payment of a stamp duty and used for tendering government land, property developers were keen on buying them from villagers. The Letter B system ceased to work after the handover in 1997.

Historical records show that the number of Letter B transactions in a free market was high enough to make the system effective in terms of putting agricultural land under government administration, and that land owners and developers generally welcomed the system (Cody 1999). As a successful precedent of a TDR scheme in Hong Kong, the Letter B system illustrated that as long as incentives provided in such a scheme are attractive enough, a similar system should be able to run efficiently.

6　CONCLUDING REMARKS

We cannot afford to neglect the prolonged problems of building dilapidation in Hong Kong. It is necessary now to take a bold step to tackle the problems. As suggested by Lai, *et al.* (2003), buildings require planned maintenance to defer dilapidation just like exercises are needed by people to keep themselves healthy. This paper went one step further by suggesting financial reserves are essential to the well-being of people as well as buildings. A building maintenance reserve provides a sustainable source of funding for repairs and maintenance, and contributes to a safe and healthy built environment in Hong Kong. The TDR aims to reach several goals at once. First, the TDR scheme can be an effective and equitable governing tool that makes building rehabilitation more politically and financially feasible. An improved built environment can eventually be enjoyed by the general public. Second, the scheme utilizes the property market to pay for the rehabilitation of buildings. The problems of building dilapidation can also be alleviated without utilizing public money. Third, the TDR scheme provides more opportunities for investment to developers and investors. However, the lack of understanding of this new product and potential objections from owners in receiving regions could be a problem during the implementation of TDR, especially during the early stage. Nevertheless, it is worthwhile for policymakers to further study the feasibility of using the TDR as a means to solve the problems of building dilapidation.

REFERENCES

Chavooshian, B., T.N. Budd and G.H. Nieswand (1973). Transfer of development rights: a new concept in land-use management, *Urban Land*, 32(11) pp.11-16.

Cody, J.W. (1999). Transfer of development rights as an incentive for historic preservation: the Hong Kong case, *The Hong Kong Surveyor*, 13, pp.4-11.

Danner, J.C. (1997). TDRs – Great idea but questionable value, *The Appraisal Journal*, 65(2), pp.133-142.

Housing, Planning and Lands Bureau (2004). *Public Consultation on Building Management and Maintenance*, Hong Kong: Housing, Planning and Lands Bureau.

Johnson, R.A. and M.E. Madison (1997). From landmarks to landscapes, *Journal of the America Planning Association*, 63(3), pp.365-369.

Lai, R.P., C.S. Wang, H.J. Hsien and K.S. Ho (2003). A study on the health-checking of residential equipment, *Proceedings of the Third China Urban Housing Conference - Sustainable Environments: Quality Urban Living*, Hong Kong, 3-5 July 2003, pp.409-416.

Lung, D.P.Y. (1998). Is there room for heritage conservation in Hong Kong, a city of high land cost and rapid redevelopment? *Traditional Dwelling and Settlements Working Paper Series*, 119, pp.43-60.

Machemer, P.L. and M.D. Kaplowitz (2002). A framework for evaluating transferable development rights programmes, *Journal of Environmental Planning and Management*, 45(6), pp.773-795.

Machemer, P.L., M.D. Kaplowitz and T.C. Edens (1999). *Managing Growth and Addressing Urban Sprawl: the Transfer of Development Rights*, Research Report 563, Michigan: Michigan State University.

Nissim, R. (1998). *Land Administration and Practice in Hong Kong*, Hong Kong, Hong Kong University Press.

Pruetz, R. (1997). *Saved by Development: Preserving Environmental Areas, Farmland and Historic Landmarks with Transfer of Development Rights*, Burbank: Arje Press.

Tustian, R.E. (1983). Preserving farming through transferable development rights: a case study of Montgomery County, Maryland, *American Land Forum*, 4(3), pp.63-76.

Wong, S.K., A.K.C. Cheung, Y. Yau, K.W. Chau and D.C.W. Ho (2005). Distinguishing the Decrepit from the Old: Is Building Age a Good Proxy for Building Performance? *The 6th International Conference on Tall Buildings*, Hong Kong, 30 November 2005.

Woodbury, S.R. (1975). Transfer of development rights: a new tool for planners, *Journal of American Institute of Planners*, 41, pp.3-14.

Task Force on Building Safety and Preventive Maintenance, 2001. From www.hplb.gov.hk/taskforce/eng.

第五届中国城市住宅研讨会论文集，中国香港，2005 年 11 月
Proceedings of the Fifth China Urban Housing Conference, H.K.S.A.R. CHINA. (November 2005)

Designing Environmentally Adapted Buildings using a Generative Evolutionary Approach

JANSSEN Patrick Hubert Theodoor

School of Design, Hong Kong Polytechnic University

Keywords: generative evolutionary design, design methods, evolution, genetic algorithm, sustainability

Abstract: This paper describes a comprehensive framework for generative evolutionary design. The key problem that is identified is generating alternative designs with an appropriate level of variability. Within the proposed framework, the design process is split into two phases: in the first phase, the design team develops and encodes the essential and identifiable character of the designs to be generated and evolved; in the second phase, the design team uses an evolutionary system to generate and evolve designs that incorporate this character. This approach allows design variability to be carefully controlled. In order to verify the feasibility of the proposed framework, a generative process capable of generating controlled variability is implemented and demonstrated.

1 INTRODUCTION

In the developed world, the construction and operation of buildings represents almost half of total energy consumption. For the designers of buildings, one of the main ways of reducing energy consumption is by designing buildings that are well adapted to their environment, thereby reducing the energy consumed in their operation.

In order to design environmentally adapted buildings, new design approaches are required. This paper proposes a design approach that uses evolutionary software to evolve alternative designs. Genetic and evolutionary algorithms and software systems (Holland 1975, Rechenberg 1973, Fogel 1995, Koza 1992) attempt to harness some of power displayed by natural evolution and are loosely based on the neo-Darwinian model of evolution through natural selection. Such systems are inherently parallel in their mode of operation and are able to explore vast numbers of designs. The process of evolution ensures that the population will gradually adapt to the environment in which designs are being evaluated.

A population of individuals is maintained and an iterative process applies a number of evolution steps that create, transform, and delete individuals in the population. Each individual has a genotype representation and a phenotype representation. The genotype representation encodes information that can be used to create a model of the design, while the phenotype representation is the actual design model. The individuals in the population are evaluated relative to one another, and on the basis of these evaluations, new individuals are created using 'genetic operators' such as crossover and mutation. The process is continued through a number of generations so as to ensure that the population as a whole evolves and adapts.

Two types of evolutionary design may be broadly identified: parametric evolutionary design and generative evolutionary design. Parametric evolutionary design is the more common approach. A design is predefined and parts that require improvement are parameterised. The evolutionary system is then used to evolve these parameters. Examples of parametric evolutionary design systems include Rasheed (1998), Monks et al. (2000), and Caldas (2001). The generative approach, although more complex, can also be much more powerful. This approach may be used early on in the design process and focuses on the discovery of inspiring or challenging design alternatives for ill-defined design tasks. This approach typically results in a divergent set of alternative

designs being evolved, with convergence on a single design often being undesirable or even impossible. Examples of generative evolutionary design systems include Frazer and Connor. (1979), Graham et al. (1993), Frazer (1995), Bentley (1996), Rosenmann (1996), Shea (1997), Coates et al. (1999), Funes and Pollack (1999), and Sun (2001).

With the generative approach, a developmental step generates designs that vary significantly from one another. A generative process applies a set of generative rules to some starting condition. The same set of rules will be used to generate each design. The genotypes then encode variations in the starting condition and in how the rules are applied.

2　THE VARIABILITY PROBLEM

In order for a generative evolutionary system to challenge the designers, the generative process must generate designs that are complex, intelligible and unpredictable. This brings to light a fundamental problem: given a certain level of complexity, it is very difficult to create a generative process that generates designs that are both intelligible and unpredictable. If unpredictability is required, then the generative process tends to become under-restricted, resulting in forms that are chaotic and unintelligible. If intelligibility is required, then the generative process tends to become over-restricted, resulting in designs that are all very similar and predictable. This conflict is referred to as the variability problem.

In order to overcome the variability problem, a generative process is required where the variability of designs is carefully controlled in order to ensure that designs are both intelligible and unpredictable. This is referred to as controlled variability. Developing such rules requires the identification of a set of characteristics common to all the designs to be generated. Rules can then be created based on these shared characteristics.

In the domain of architecture, it is difficult to identify any significant shared characteristics. Buildings simply vary too much for this to be possible. As a result, some sub-set of designs needs to be considered that includes designs that are similar in some way, but that nevertheless vary significantly in overall organisation and configuration. Since the included designs will share certain characteristics, they may be described as a family of designs. The question then becomes, on what basis should such a family of designs be defined and demarcated?

One possible approach is to focus on conventional designs. With this approach, characteristics common to a large number of conventional buildings may be used to define a generic family of designs. However, this generic approach is problematic since it fundamentally limits the creativity of the designer. The aim of the generative evolutionary design approach is to enhance the creative process by allowing designers to explore populations of alternative designs. If the designs being generated are required to be conventional, then the creative process will be hindered rather than enhanced.

An alternative approach is to develop an evolutionary system that is highly customisable and that allows a design team to define their own families of designs. In such a case, the focus would naturally tend to gravitate towards the design team's own body of work or oeuvre, which will typically incorporate sequences of designs that share a similar design character. This character can then become the basis for defining families of designs that are specific to that design team. By customising the system in an appropriate way, the design team could then generate and evolve design alternatives that incorporate their personal and idiosyncratic character.

3　GENERATIVE EVOLUTIONARY DESIGN METHOD

A design method that overcomes the variability problem has been developed. For a more detailed discussion, see Janssen (2004).

The core concept within this method is the notion of a design entity that captures the essential and identifiable character of a varied family of designs by one designer or design team. This conceptualisation is defined as a *design schema*. It encompasses those characteristics common to all members of the family, possibly including issues of aesthetics, space, structure, materials and construction. Although members of the family of designs

share these characteristics, they may differ considerably from one another in overall organisation and configuration. Design schemas are seen as formative design generators; their intention is synthetic rather than analytic. When a design schema is codified in a form that can be used by a generative evolutionary system, it provides a way of overcoming the variability problem. The encoded schema allows complex designs to be generated that are both intelligible and predictable. This approach is based on the work of Frazer and Connor (1979); Frazer (1995); Sun (2001).

The design method, shown in Figure 1., breaks the design process down into two sequential phases. In the *schema development phase*, the design team develops a new design schema that may be used in a range of different projects. The two main stages are creating the design schema and then encoding the design schema. The first stage is a form of conceptual design, where the design team develops an integrated set of design ideas applicable to certain types of projects. The second stage involves codifying the schema as a set of small programs – called *routines* – that will be executed by the generative evolutionary system.

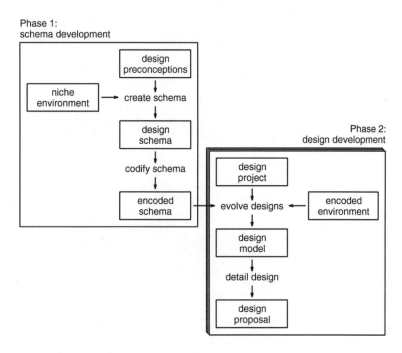

Figure 1   The schema-based generative evolutionary design method.

In the *design development phase*, the design team develops a detailed design for a specific design project. The two main stages are evolving a set of alternative design models and developing one of the designs into a detailed proposal. The first stage requires a generative evolutionary design system. This system uses the encoded schema to evolve and adapt designs in response to the encoded design environment. The second stage involves developing a detailed design proposal as in a conventional design process.

Each design project has a specific environment, encompassing both design constraints and design context. Examples of design constraints may include the budget, the number of spaces, floor areas, performance targets and so forth. The design context may include site dimensions, site orientation, neighbouring structure, seasonal weather variations, and so forth. The schema developed in the first phase is not specific to one design environment. Instead, the design team develops it with a certain type of environment in mind, referred to as the *niche environment*. This niche environment encompasses a range of possible constraints and contexts. The schema can be used in any project whose design environment falls in the niche environment for which the schema was designed.

4 DEMONSTRATION

In order to verify the feasibility of the schema-based approach, the process of encoding a design schema has been demonstrated. An example design schema has been created for a family of multi-story residential buildings. The overall building form, the organisation of spaces, and the treatments of facades may all vary significantly. Some additional complications such as sloping walls have been included, but not curved walls.

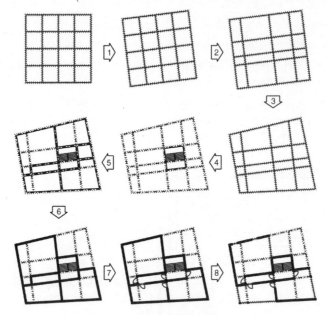

Figure 2   The eight step generative process

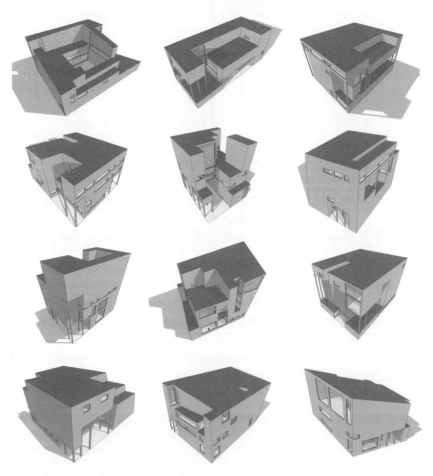

Figure 3   A set of generated (but not evolved) designs

When encoding the design schema, one of the most important routines is the developmental routine. This routine consists of a generative process that uses a set of rules to generate designs. For the example schema, a generative process has been created for generating designs. This process consists of a sequence of eight generative transformations that gradually change an orthogonal grid into a 3-dimensional building model. Figure 2 shows (diagrammatically in two-dimensions) the eight generative transformations: positioning of the grid in the site, translation of the grid-faces, inclination of outer grid-faces, insertion of the staircase, creation of spaces, selection of outside spaces, insertion of doors, and insertion of windows.

Figure 3 shows a selection of generated designs.

5 GENERATIVE EVOLUTIONARY DESIGN SYSTEM

A generative evolutionary design system is currently under development. For a detailed description of this system, see Janssen (2004).

One of the key requirements for this system is *customisability*. The design team must be able to encode both the design schema and the design environment and then to link these with the system. In addition, the design team is also likely to want to make use of existing software applications for modelling, analysing and simulating design models.

In order to support customisability, the evolutionary system is broken down into two parts: a generic core and a set of specialised components. The generic core defines the main structure of the evolutionary system and can be used as unmodified by any design team, on any project. This core consists of underlying program modules that communicate and interact with one another. In order to be functional, these modules must be linked to the specialised components that are defined by the design team. Three types of specialised components can be defined: *routines*, *data-files*, and *applications*.

- Routines are small programs that are executed by the generative evolutionary system. The design team must create a set of such routines that together constitute the encoded schema. The generative process described above is an example of one such routine. The routines that perform the fundamental evolution steps are the *reproduction*, *developmental*, *evaluation* and *survival* routines. The reproduction routine uses 'genetic operators' such as crossover and mutation to create new genotypes; the developmental routine uses a generative process to generate designs; the evaluation routine evaluates designs relative to one another; and the survival routine deletes weak designs from the population.

- Data-files encapsulate information about the design environment, which may be used by the developmental and evaluation routines. The environmental data may be related to both design constraints and design context. For example, one set of constraints may specify the number and types of spaces that are required. This data may be used by the developmental routine to ensure that all design have the correct number and types of spaces, or it may be used by the evaluation routine to ensure that any designs with the wrong number of types of spaces will be assigned a low evaluation score. The same applies to the context. The context data may specify the site boundary and any height limits. A developmental routine may then be devised that ensures that no design ever trespasses these boundaries, or an evaluation routine may be devised that favours designs that stay within the site boundaries.

- Applications are existing software applications whose functionality may be required by the developmental and evaluation routines. For the developmental routine, modelling functionality is likely to be the most useful. For example, applications such as AutoCAD and Microstation include programming interfaces that allow solid and surface modelling functions to be called. For the evaluation routine, a wide range of applications exist that can analyse and simulate the performance of a design, in areas such as lighting, energy consumption, natural ventilation, smoke movement, user comfort, building cost, occupant evacuation, and so forth. Some commonly used analyses and simulation applications include Virtual Environment, Ecotect, Radiance, EnergyPlus, ESP-r, and DOE2.

These three levels of customisability – routines, data-files, and applications – are essential to the success of the schema approach. First, by allowing for the customisation of the evolution routines, the generative evolutionary design system may be used to evolve designs that embody the personalised and idiosyncratic ideas of the design team. In particular, the design team will be able to evolve a family of designs that all share an essential and identifiable character.

Second, by allowing the developmental and evaluation routines to access data relating to the environmental constraints and context, the system will be able to evolve designs that are adapted to the environment. Designs that are well adapted to the environment will perform better than those that are poorly adapted, and as a result they will survive longer and their genetic information will be more likely to proliferate within the population. This is particularly relevant when there are multiple conflicting evaluation criteria that are influenced by environmental factors.

Third, allowing the developmental and evaluation routines to access the functionality of existing applications is likely to result in significant practical benefits, in particular in terms of effort, time, and accuracy of results. In addition, the use of standard building information modelling (BIM) representations, such as the latest Industry Foundation Classes (IFC) model format, will further simplify the integration of such applications with the generative evolutionary system.

6　CONCLUSIONS

The demonstration has shown that it is possible to create a generative process that generates complex three-dimensional models of building designs that are both intelligible and unpredictable. Controlled variability has therefore been achieved. The next stage of the research will focus on developing the complete evolutionary system. This will allow designs to evolve and adapt in response to the environmental constraints and context.

REFERENCES

Bentley, P. J. (1996). *Generic Evolutionary Design of Solid Objects using a Genetic Algorithm*. Doctoral dissertation, Division of Computing and Control Systems, Department of Engineering, University of Huddersfield.

Caldas, L. (2001). *An Evolution-Based Generative Design System: Using Adaptation to Shape Architectural Form*. Doctoral dissertation, Massachusetts Institute of Technology.

Coates, P., Broughton, T., and Jackson, H. (1999). Exploring three-dimensional design worlds using Lindenmayer Systems and Genetic Programming. In Bentley, P. J., editor, *Evolutionary Design by Computers*, Morgan Kaufmann Publishers, San Francisco, CA., pages 323–341.

Fogel, D. B. (1995). *Evolutionary computation: Towards a new philosophy of machine intelligence*. IEEE Press.

Frazer, J. H. (1995). *An Evolutionary Architecture*. AA Publications, London, UK.

Frazer, J. H. and Connor, J. (1979). A conceptual seeding technique for architectural design. In *Proceedings of International Conference on the Application of Computers in Architectural Design and Urban Planning* (PArC79), pages 425–434, Berlin. AMK.

Funes, P. and Pollack, J. (1999). Computer evolution of buildable objects. In Bentley, P. J., editor, *Evolutionary Design by Computers*, Morgan Kaufmann Publishers, San Francisco, CA., pages 387–403.

Graham, P. C., Frazer, J. H., and Hull, M. C. (1993). The application of genetic algorithms to design problems with ill-defined or conflicting criteria. In Glanville, R. and de Zeeuw, G., editors, *Proceedings of Conference on Values and, (In) Variants*, pages 61–75.

Holland, J. H. (1975). *Adaptation in Natural and Artificial Systems*. University of Michigan Press, Ann Arbor.

Janssen, P. H. T. (2004). *A design method and a computational architecture for generating and evolving building designs*. Doctoral dissertation, School of Design Hong Kong Polytechnic University (submitted October 2004).

Koza, J. R. (1992). *Genetic Programming: On the Programming of Computers by Means of Natural Selection*. MIT Press, Cambridge, MA.

Monks, M., Oh, B. M. and Dorsey, J., (2000). Audioptimization: Goal-Based Acoustic Design, *IEEE Computer Graphics and Applications*, May/June 2000, 20(3), 76–91.

Rasheed, K. M. (1998). *GADO: A Genetic Algorithm for Continuous Design Optimization*. Doctoral dissertation, Department of Computer Science, Rutgers University, New Brunswick, NJ. Technical Report DCS-TR-352.

Rechenberg, I. (1973). *Evolutionstrategie: Optimierung Technisher Systeme nach Prinzipien der Biologischen Evolution*. Frommann-Holzboog Verlag, Stuttgart, Germany.

Rosenman, M. A. (1996). An exploration into evolutionary models for non-routine design. In *AID'96 Workshop on Evolutionary Systems in Design*, pages 33–38.

Sun, J. (2001). *Application of Genetic Algorithms to Generative Product Design Support Systems*. Doctoral dissertation, School of Design, Hong Kong Polytechnic University.

Design, Use and Social Significance of Public Space in Public Housing: A Comparative Study of Singapore and Hong Kong

Limin HEE[1], TSOU Jin-Yeu [2] and Giok-ling OOI[3]

[1] Department of Architecture, National University of Singapore, Singapore

[2] Department of Architecture, The Chinese University of Hong Kong, Hong Kong

[3] Institute of Policy Studies, Singapore

Keywords: public space, public housing, design

Abstract: The paper is an excerpt from the research project "Public Space in Public Housing: Case Studies of Singapore and Hong Kong," and was funded by the School of Design and Environment, National University of Singapore and the Department of Architecture, The Chinese University Hong Kong.

1   INTRODUCTION

This project arose from a fundamental curiosity from the point of view of the researchers regarding the question of how the itineraries of use and meanings occurring in public spaces are supported by the architectures of these spaces. The proliferation of structured public environments especially in the landscape of public housing, the significant bulk of housing types in both Singapore and Hong Kong, further fired this effort to find out more about the relationship between spatial structures and how people use them, or develop spatial practice.

The comparative mode of the study, which employs both techniques of social science as well as urban design investigations, is intended to develop a more comprehensive tool for documenting public spaces. Through the use of activity mapping, interviews, identification of space-types through use and then identifying some patterns of spatial practice have enabled the researchers to compare the public spaces in housing in both contexts, which, as we shall see, share many similarities as well as differences.

2   OBJECTIVES, CONTEXT AND METHODOLOGY

The objective of this module of study is to focus on the actual usage patterns of spaces in public housing, and to find out the perceived meanings of these spaces on the ground. Data gathered from activity mapping exercises and interviews with respondents conducted in selected precincts and estates in Hong Kong and Singapore are documented and analyzed *qualitatively*.

The spaces in-between high-rise flats form the horizontal datum, the continuum of open spaces within a housing estate. Residents of these "vertical-cities" are by nature of these structures, segregated, and the spaces on the ground, with the right conditions, are enablers for the creation of social spaces, a role previously played by streets and alleys in older parts of both urban Singapore and Hong Kong. A question that is pertinent to this study will be: how do we make sense of "use-data" – the observation of how people use spaces in the context of public housing? Is it possible to assemble "social structures" or at least the nature of social relations within the housing environment, through understanding how spaces are used?

Site Planning and Singapore Precincts:

The sites of investigation in Singapore are the precinct spaces in public housing - the most immediate public

spaces in the public housing environment in Singapore. Four precincts are selected, on the bases of these cutting diachronically across the different stages of public housing development: The Ang Mo Kio St 31 precinct represents space of the first new town based on a planning prototype of the 1970s and the neighborhood concept, but having gone through an upgrading exercise to be converted to a "precinct"; the Bishan St 23 precinct marks a consolidated stage of precinct planning in the 1980s; the precinct at Choa Chu Kang North 6 - Street 64 represents precinct space executed under the Design and Build scheme of the 1990s, in which private consultants design public housing; Rivervale Walk at Seng Kang represents space implemented under the new Estate Model of public housing, touted as the new town model of the 21st century.

The public housing program in Singapore had been in place since self-rule, in 1960, with the setting up of the Housing and Development Board (HDB). A new town building program was already being implemented by then, and a "structural model" for new town planning developed for all future new towns by the 1970s. As such, all new towns were modeled on a template, largely premised on a comprehensive system of transport infrastructure and planning of housing based on neighborhood principles. The arrangement of housing clusters was further broken down to use the concept of precincts as the basic planning unit by the late 1970s. By then, the basic problem of housing shortages was already deemed to be resolved, and the public housing of the 1980s and 1990s catered mainly to the largely middle-class population, as a form of economic and political stakeholding for the population (Chua 1997). The concern with creating basic housing provision had turned to meeting qualitative aspirations of better community interactions as well as moving away from the previously standardized and monotonous spaces of the earlier generation of public housing.

Early spaces in public housing areas reflected planning to achieve desired densities, building spacing, solar orientation and set-back requirements. However, distinct emphases in space planning concepts punctuate the later phases of public housing. New town development in the late 70s saw the New Town Structural Model making its first appearance. The precinct was adopted as a basic unit of planning, which repeated itself in clusters of 4 ha (or sometimes half the size), serving 400-800 families housed in 4 to 8 blocks of flats. Each precinct had a precinct center, which might include small games courts, children's playgrounds or landscaped gardens.[5]

Precincts, several of which made up a neighborhood, eventually replaced the neighborhood as the basic unit of planning. A neighborhood, consisting of 4000 to 6000 dwelling units, was considered too large for residents to develop a sense of belonging. Although the facilities within the precinct are designed to develop community interaction among neighbors, there was no apparent relationship with the daily routine or activities characterizing public housing residents' need for public spaces. Nevertheless, some effort at the scaling and provision of public spaces had been introduced because of the housing authority's recognition of the need for negotiation in the use of public spaces as well as the aim of developing a sense of belonging among residents. Much of the effort focused on the precinct. Each of these spatial clusters would be designed around a focal point that would be an estate facility such as a playground or an open space.

Site Planning and Hong Kong Estates:

The 4 public housing estates selected for the study are from Shatin, one of the earliest new towns in Hong Kong, developed from the mid-1960s. At the point of the study, the new town is almost completed in its entirety, and houses a population of about 600,000 residents, the distribution of which 50% live in public housing, and a quarter each in Housing Society (HOS) housing and private housing. The 4 estates, Wo Che Estate (1977), Mei Lam Estate (1981), Heng On Estate (1987) and Lee On Estate (1993) are built in 3 decades. Plot ratios for these developments range from 1:2.84 to 1: 5.28, and house populations ranging from 14,000 to 27,000 persons.

The developments of estates in Hong Kong new towns are largely customized to each site based primarily on meeting tight plot ratio requirements, and embody experiments with different housing prototypes. Public housing estates are developed as self-supporting neighborhoods, complete with commercial amenities, educational buildings, transportation nodes and recreational facilities. While the structural forms of private high-

rise housing in Hong Kong usually take the form of a podium and tower development, for which there is a vertical layering of commercial and residential activities to maximize mixed-use development within the allocated sites, public housing development have independent residential and commercial buildings. The residential blocks are not developed particularly to any estate but follow the development of prototypes devised by the housing authority based on efficiency of layout, structural loading and environmental considerations. Integrated service buildings for housing, wet markets, retail outlets for local shopping, restaurants, child-care and activity-centers for the elderly are located centrally to each estate so that residents can meet most of their daily needs within the estate.

Space planning requirements are largely incidental to each site, and observe the Hong Kong Planning and Standard Guidelines (HKPSG) requirements for 1 square meter per person minimum, with no specific requirements as to the actual provisions for the spaces. Building blocks are spaced out from each other, and the forms of the particular prototype used in each development pose a further challenge to meet the tight planning parameters. Open spaces within these estates are normally in the form of small pockets, which may contain games courts and play equipment, though it is common to have a larger central area, which tends to be landscaped

The site layout of estates in general has the taller buildings located more centrally than the lower buildings, which are usually on the periphery. Clusters of smaller local "neighborhoods" can be discerned from the larger estates and these usually contain some smaller communal open spaces. There are usually no physical boundaries to delineate estates, but edges are often bounded by major roads, building edges or vegetation. Vehicular access routes are often provided within each estate, though car- park buildings are often found at the edges. Transportations nodes often are bus stations for mini-buses, which bring residents to the MTR (Mass Transit Rail) station at Shatin. Entrances to these estates are often not well-defined, and consist of numerous pedestrian routes leading to spaces within the estate. In some estates, there may be a clear separation between pedestrian and vehicular circulation, through the use of podium gardens, covered walkways and bridges, while vehicles are confined to ground level.

Although not defined by guidelines, the communal open spaces located more centrally are usually landscaped spaces with less defined usages, while peripheral open spaces may have built-in amenities like games courts and children's play equipment. Landscaping within public housing estates is usually simple and used to soften hardscapes and provide visual relief. Visual accessibility of the external spaces is limited both from housing units and from within the open spaces at the expense of the significant achievement to build higher and maximize more air-space. The narrow sight lines across the site due to the proximity of the building blocks, and the visual distance of ground level spaces from the high-rise apartments limit visual accessibility within the estate. Environmentally, open spaces are well-shaded by the closely placed blocks, and often, the problem is to ensure adequate light and the feeling of spaciousness against the claustrophobic arrangement of blocks, rather than to ensure adequate shading from the sub-tropical sun.

2.1 Methodologies and Scope

Observation and documentation of modes of space use in these spaces have been adopted as an important source of information on "space-use cultures". As mentioned earlier, these documentations are analyzed subsequently for patterns of use, and how these relate to the forms of the spaces in question.

Activity Mapping:

Activity mapping of the spaces were carried out (between the months of June – August) to document pedestrian flow as well as use of space. The mappings were carried out in three time-block periods, in the morning, mid-afternoon and evenings and out in generally good weather on weekdays and weekends to establish a pattern of usage.[1]

---

[1] Factors that were taken into account in analysing the mapping will include fluctuations in weather and of the season in the year. The demands of work and school do exact their share of the time of residents and the assumption was that the

The Questionnaire Survey:

The study documents the observations of what people did in the public spaces of housing and combines these with information gathered through interviews with residents. The findings from these interviews are used as supplementary information to what has been observed, as notions related to "feelings" and "values" attached to these spaces are hard to deduce by observation - these indications are useful in building larger picture of spatial practice within a situated context. While what people say may not always be reflective of actual ambient sentiments, it is indicative of what they perceive, or how they think about certain things, or post-rationalize about what they do, and as such, provide interesting material for discussion.[1]

3 SUMMARY OF FINDINGS

3.1 The Singapore Cases

The current practice of designing "one size fits all" precinct spaces which have prescribed dimensions (catchment and size), standardized amenities, and supra-normative guidelines in how these should be laid-out - directs the development of precinct space design to cater for an "imagined community" – the intrinsic agenda being put to precinct space to foster a "sense of community". However, the assumption of just what this "community" constitutes and what the normative values assigned to its needs are, did not arise from evaluation of needs but were based on prescribed guidelines drawn up by planners at the HDB.

The desirable traits of the spaces include some form of visual contact of the flats to the precinct spaces, a distinctive space identity, greenery and shade, and lots of informal seating. Spaces with some degree of flexibility of use, which can have different overlays of program, tend to be better used than dedicated facilities like Senior Citizens' Corners, Amphitheatres, etc. Different user groups, depending on age, gender, flat-types, ethnicity, outbound/estate-bound, etc, have different needs and perceptions of what are desired – the *demographics* of these groups matter. The current provision of typically one large space with some dedicated amenities within for the different groups does not seem to generate the expected usage of these facilities or the spaces, much less in fostering a sense of community. There has been very little evidence of any spontaneous social appropriation of spaces, or any group activities like mass exercising, which seem to be typical of the Hong Kong cases. There is also a lack of variety in the spaces that currently are provided, in terms of shape, size, locations and types of amenities in these spaces.

The current allocation of the precinct space in its current form, shape and size do not seem to match the *time-space budget* that different groups in the community may respond to – currently, there are few spaces for elderly people to spend time at – if they do group, it will be at very limited seating areas at the void decks. The need to move upward within the hierarchy of new town spaces devised by the HDB tend to draw people out of their precinct spaces more than keep them within, as daily amenities are located outside of the precinct spaces. It has been found in this study that most meetings with neighbors do occur during the carrying out of the pragmatic

---

use of public spaces was largely determined by such demands. The age groups, gender and types of activities engaged in were noted in the mappings, as well as the rate of pedestrian traffic through the space, and the preferred paths taken by them. The changing shade patterns provided by the surrounding buildings for the space are also represented graphically in the mapping. The contextual information regarding the precincts and estates in terms of their location in relation to transport amenities, neighbourhood centres, parks and other features were also documented in separate maps for each precinct. Photographic documentations of the use of space, and QTVR movies were made to try to capture the spatial qualities of each precinct.

[1] The questionnaire survey was conducted in four precincts in Singapore. Some 594 interviews were conducted, that is, about 150 interviews in each precinct. Residents who were interviewed were those found in the public spaces of precincts as well as at home in the flats in the apartment blocks in near proximity to these public spaces. The survey questionnaire is divided into 3 main sections to gather response on the perceptions of the design, the actual usage and the perceived meanings of these spaces for the respondents. The sample that was drawn from the resident population in each of the precincts represented a cross-section with quotas comprising representation of both gender, the range of flat types, older and younger residents and the different racial groupings. In Hong Kong, a more limited survey was carried out - questionnaires were mailed randomly to residents in the 4 public housing estates at Shatin, and some face-to-face interviews were carried out. An average of 25 questionnaires was returned from each of the 4 estates. The limited survey serves as supplementary information to the activity mapping exercises that were carried out.

routines of the day, but these are outside of the supposed "community" space of the precinct. The current uses of the precinct spaces are restricted to *recreational use*s vs. the social use that these spaces were intended for. Most adults who use the space are actually keeping an eye on children using the play equipment.

From the study, current precinct spaces seem to be appreciated for its *aesthetic functions* rather than use functions in general; they serve as *space markers* rather than as social spaces. There are, however, differences in how each user group perceives of these functions. It is also observed that the chances for meeting neighbors within the precinct spaces increase with the degree of enclosure of the precinct, but the meeting of friends from outside decreases with enclosure. The sense of safety increases with level of visual focus on the spaces; the sense of identifying with the spaces, and belonging_in these spaces increases with enclosure, but the sense of ownership and feelings of hominess increase with less standardization of design.

It is clear that for many residents, the spaces currently do not form part of their social lives. The speculative reasons for these may range from simply the lack of places that encourage "hanging out" – that the current precinct spaces seem like transitional spaces to the home rather than social environments, to how these spaces fell short of expectations of, for example, the needs of elderly folks, who do express that the spaces do form part of their social lives, and some preference for "village square" type spaces, and the needs of younger users, who have expressed preferences for spaces with some form of "distinctive identity and sense of belonging".

Design, it appears, is important in encouraging the use of public spaces by residents. Yet the design process has been exclusively limited to professionals working for the state. Instances of citizen's participation in the design of new towns have been few and far between. Not surprisingly, public spaces do not necessarily serve as the spaces for gatherings among the residents but predominantly as 'through' spaces that are used to get from one place to another, usually the home to places outside of the precincts. Certainly in the 4 precincts surveyed, the public space is seen less as the space for civic forms of engaging with other residents than as design provision for aesthetic purposes. In other words, the precinct public spaces have generally met their design purposes of surveillance and aesthetics. They are not however, the civic spaces with which residents strongly identify and which have served to bring them together.

3.2 The Hong Kong Cases

The Hong Kong estate planning of cramming in housing to meet plot ratio requirements, and the development of efficient housing block prototypes supercedes efforts to create a tidy system of spaces, and tend to produce a large variety of small scaled spaces with varying forms, shapes and relationship to buildings. The self-contained nature of the estate, with built-in and centrally located facilities for shopping, food, educational and communal amenities means that residents move within the estate for most requirements, except for work and transportation. People simply have to move form one space to another to get to any other point in the estate. The necessarily high connectivity of the spaces generates a lot of intra-estate human traffic of people moving around meeting their daily needs. The downside of the layouts is that some spaces tend to be on the far-flung corners of the estate and are perceived as dangerous, as they fall out of the "eyes on the street" type of casual surveillance from the flats and from human traffic. The self-contained nature of the estate also means that the next estate is quite far away, and there are virtually few interactions between estates, and residents have to hop onto public transport to get to the new town center.

Desirable characteristics of spaces are generally similar to those mentioned by Singapore respondents: visual contact from the flats with the spaces, good connectivity between spaces, greenery and shade, quiet, perceptively uncrowded environments, and lots of seating, preferably in the shade. The spaces which are most well-used tend to be located on parts of the daily routes of residents. It is also evident from activity mapping that spaces are appropriated by groups on a temporal basis – as part of the structure of everyday life. We may speculate that the temporal structures of the everyday life of residents include the spatial element, which enables social relations to take place within the social structures organized around spaces in the estate – constituting a form of recurring spatial practice. These spatial practices, structured around social structures in space, form a

spatial culture over time.

Residents feel a strong sense of ownership of the spaces, but due to the wide variety of spaces available, different groups as well as non-residents are not excluded from the use of these spaces. The use culture of the Hong Kong spaces implicate the *self-organizing* nature of "community", rather than a prescribed version, as exemplified in the Singapore cases.

4   THE ROLE OF PUBLIC SPACE IN HOUSING

In many ways, the public housing process has had an impact on the provision of public spaces in the two cities of Hong Kong and Singapore. Allocation remains a process of social contestation and change in Hong Kong compared to Singapore basically because private living space and adequate housing provision remains an issue in the former whereas it has basically been deemed to be resolved in the latter. While there has been some convergence in the realization by urban planners and designers that there is a public demand for public spaces in both cities, and the process of providing for these spaces remains different.

In Hong Kong, the pressing constraints of meeting the required density in the public-housing led planning of new towns has been such that "planners are basically solving a jigsaw puzzle of locating differing housing types and sizes within a fixed space, in order to meet target populations at the site densities within the current planning standards and guidelines set centrally. Only then is the complementary network of services and facilities designed in to meet the resident's requirements and to fill in the spaces between the housing blocks." (Bristow, 1989, p. 259) However, more recently, new advances in building technologies have enabled higher and more sophisticated block design, and in so doing free up more space on the ground for more imaginative layouts, as is the case of the Tung Chung New Town.

The public spaces for the residents of neighborhoods or estates in Hong Kong, compared to the smaller precinct spaces of Singapore, may be deemed larger than the size of a perceivable community. However, such an arrangement in Hong Kong provides a larger variety of spaces within the home community, as well as more varied scales of activities through the commercial and other amenities available. The precincts in Singapore, although more intimate in scale, are limited in the variety of possible uses, and are often very specifically tailored for the uses standardized as precinct provisions. The strong hierarchical arrangement of spaces within the new towns of Singapore culminates with the precinct, which has been observed to become increasingly enclosed and cut-off from the other spaces of the new town (Hee, 2001).

The small size of the precinct also does not allow any spatial 'sub-cultures' to thrive, as had been observed through activity-mapping exercises carried out in Hong Kong and Singapore. In Hong Kong, the wider variety of spaces allow more choices, and groups of similar interests, such as old ladies chatting, and old men gambling in more in congruous spaces within the estate, have been observed. In Singapore's precincts, the good-surveillance of the space, ironically one of the basis for designing such spaces, are not conducive to the formation of such 'sub-cultures' in these spaces, which are instead defined for specific uses through the placement of play equipment, landscaping and fixed seating.

In the case of Hong Kong, the opposite seems to have occurred. Housing has been devolved to a few different organizations, instead of a central body, although the Housing Authority develops most of the public housing today. Public spaces are generally inserted within the spaces left over after fulfilling the density requirements of housing plots. The cramped situation of housing with the result of constant scrutiny by others living in the same flat or by neighbors, is relieved through the open spaces provided in the estates, which offer some semblance of privacy through its variety and choice.

Like-minded individuals can seek out others for shared pastimes, or engage in the variety of activities offered by the shopping centers, restaurants and eating-houses in the estate. As such, the level of activity within the public space in the estate is at a much higher level than in the precincts of Singapore. The provision of these spaces arose more out of pragmatic and economic consideration rather than through political will (especially from a

colonial government aware of its lease of Hong Kong up to 1997). The feeling of being 'in control' by individuals is higher in these spaces than within the confines of the home.

The Singapore precinct space, being the visual focal point of the enclosing blocks, becomes the site of surveillance of public behavior. Here, 'control' is exercised by the individual through remaining within the comfort of the generously provided home and not partaking in the community-life prescribed by the state through the precinct public spaces. The result is a general lack of usage and engagement with the public space outside of the home. The distribution of the public housing population within the precinct clusters, demographically corrected and sized as ideal communities, and served with a prescribed space for community interaction has not worked out according to the blueprint. Such spaces that have relatively low usage, and being increasingly isolated from other spaces of the new towns, do not seem to be improving in levels of usage.

Although the planning histories of Hong Kong and Singapore have many common threads, the examination of the provision of public space in the mediating realm of the public and private, i.e. within the housing environment, have yielded important differences as to how public space has been perceived by the providers of such, and by the users of these spaces. It is hoped that understanding the differences through such a comparison will highlight important lessons for planners with regard to the provision of public space. In this case, the loss of control of the individual, in terms of spatial choices, and how time can be spent in such spaces, seem to be an important component which determines how successful the provision of public spaces have been.

REFERENCES

Bristow, Roger (1989), *Hong Kong's New Towns: A Selective Review*. Hong Kong: Oxford University Press.

Chua, Beng Huat (1997), *Political Legitimacy and Housing: Stakeholding in Singapore*. London: Routledge.

Hee, L. (2001) *Public Space in Public Housing*. Unpublished Masters of Arts (Architecture) thesis. Singapore: National University of Singapore.

住宅专题
Housing Session

绿色住宅与设计
Green Housing Design

第五届中国城市住宅研讨会论文集，中国香港，2005 年 11 月

Proceedings of the Fifth China Urban Housing Conference, H.K.S.A.R. CHINA. (November 2005)

Pattern Analytical Evaluation of Plan Types of Detached House in Sudan —Case Study: Evaluation and Improvement of Detached Houses in Khartoum

关于苏丹国独立式住宅平面型的模式分析评价的研究
——专题研究：苏丹首都喀土穆的独立式住宅平面型的评价和改善

MOHAMED Ahmed A. and KUROSAWA Kazutaka

穆罕默德·阿罕默德　黑泽和隆

Department of Civil Engineering and Architecture, Muroran Institute of Technology, Hokkaido, Japan
日本室兰工业大学建设工学系

Keywords: Sudanese detached house, adjacency diagram, privacy, zonings for users, culture of religion

Abstract: The purpose of this paper is to evaluate plan types in the capital city of Sudan, Khartoum, relative to circulation and privacy characteristics with illustrating diagrammatically unit requirements and spaces. The paper also tends to illustrate how those features can relate to a certain life style. The use of diagrammatic representation such as adjacency diagrams is quite unique and valuable here because plan types of detached houses in Sudan vary drastically according to several factors such as religious beliefs, understanding of privacy and indeed housing related issues, including land area, location and housing affordability. Therefore, the process of classifying those plans became a necessity. It is concluded that in the Sudanese detached house, the most dominant factor in the space arrangement, the use of space, the circulation and the life style is the culture of the religion and its understanding.

1 INTRODUCTION

This paper is an attempt to evaluate plan types of the detached house in the major culture in Sudan represented by Muslims. As the diversity of plan types of detached house in Sudan makes it very difficult to analyze, this study will classify plan types and describe them in certain terms and factors such as privacy and comfort.

Sudan is the biggest country in Africa, located in the mid-east of the continent, with a population of 39,148,162 (estimated in July, 2004) and a multi-national culture of a majority of Muslims (70%) and minority of African tribal religious (25%) and Christians (5%). Therefore the Islamic culture affects life styles according to the adherence and understanding of each individual. The capital city, Khartoum, is a very rich example of this diversity, as the population of this city (around 7million) has gathered from different tribes since the Turkish era (1822-1885). Accordingly, the city is facing a major problem of migrants from all over the country that have caused housing to suffer from various complications. The diversity of plan types in this city could be described as chaos, referring to the number of inhabitants who tend to buy the land to build their houses according to their own visions and requirements (social housing has not yet been established in a proper way). Despite the fact that there are some real estate companies, including the National Housing Fund (a department of the Local Ministry of Housing and Engineering Affairs) struggling to create a possibility of living in apartment houses. The city is facing the problem of horizontal expansion because most of the citizens prefer to live in detached houses. Although the diversity of plan types is hard to describe, the social order beyond this diversity is not only a very interesting topic, but it also reflects the influence of religion, traditions and community culture upon building the place called "home".

2　PURPOSE OF THE STUDY

This study suggests a method of evaluation for patterns relative to certain factors such as privacy, circulation and space arrangement, using a diagrammatical method introduced to simplify the process. The evaluation tends to elaborate the home requirements in the Sudanese detached house, circulation and types of privacy in different spaces. As the community in Sudan is socially rich and communally active, the study also tries to explain how this social richness can affect the location of the space and its use. The study also aims to explain the meaning of privacy in the Sudanese detached house in a graphical methodology (how the residents and guests can use the space and the conflictions in that use). The exercise of evaluation here aims to find out what type of plans the detached house in Sudan has, and to look for popular plans in certain modern periods. The study is also an attempt to explore types of patterns and create a method of revising house plans in their design concept and spatial solutions in terms of the above-mentioned factors.

3　REQUIREMENTS IN THE SUDANESE DETACHED HOUSE

The yard space: The yard space is considered as a valuable part of the Sudanese house. It can be configured as a social space since families use it for their meetings. The yard space functions climatically in the Sudanese house like any other Arabian house. It represents the void for the heat to transfer to and from the outside, and for the wind to flow through the solid elements of the house. It is also the closest space to the entrance of the house.

The living area: The living area in the Sudanese detached house functions like any other house, except it is mostly used during the day time, as the family uses the yard in evenings and at nights. Most of the Sudanese houses do not have a dining area; they normally use the living area to eat in as well. It can be also the space where the family receives their female guests.

The guest area: The According to the Islamic culture that was gained by the 6th century, most of the Sudanese receive their guests in what can be called the guest area. This space might not be designed in every detached house in Sudan.

The rest of the requirements in the detached house exist in any standard houses such as the kitchen (mostly used by female residents), the sanitary area that includes bathrooms, toilets and washing area, and the bedrooms. So we can conclude here with listing the requirements in the Sudanese detached house and referring to them with as follows to use in the adjacency diagram:

1. The yard space: in most of the samples, there are two yards spaces, we will refer to the front yard as (Y1) and to the back yard as (Y2) 2. The living area as (LA)　3. The guest area as (GA) 4.　The　kitchen　as　(K)　5. Sanitary areas as (S) 6. The bedroom as (B).

There might exist some different spaces, but not in every house, such as women reception (WR) or entrance hall (H). To avoid confusion, there are also spaces like verandahs (considered as living areas).

4　INTRODUCING THE USE OF THE ADJACENCY DIAGRAM

To simplify the process of evaluation, the diagrammatic representation is introduced. The adjacency diagram is a product of analyzing the circulation and the space arrangement in the plans. Since plans are not quite similar, the adjacency diagram will help to find out similarities and differences and assist in grouping them. This very same diagram can be drawn for patterns for different countries. Prof. Kurosawa has developed this diagram to analyze house plans in Japan (Look references 1, 2, 3), but the diagram introduced here is more developed to include the outdoor spaces (yard spaces). Moreover, for the Sudanese detached house, the adjacency diagram is quite functional not only to analyze the patterns but also to apply zonings for uses of space relative to users (male and female residents or male and female guests). This zoning process helps to visualize how the detached house is affected by the culture of religion and its understanding from one individual to another. The diagram will also help to figure out the defects in the design concept of the layout of some plans.

4.1 How to draw an adjacency diagram for patterns

The process of drawing the diagram starts by elaborating the circulation in the pattern as can be drawn in fig.2A and fig.2B. We can set the spaces in the grid in fig.2C, according to their adjacency to the outside walls of the house. From the grid diagram, we can draw a circulation grid diagram (fig.2D) to simplify the lines. The final adjacency diagram can be drawn by omitting the open corridors connecting the yard spaces (Y1) and (Y2), and put the spaces in one circumference of a circle. Fig.2E represents the final product that is used to evaluate the plans.

4.2 Classification of plans according to the adjacency diagram

Assuming that there are the basic five types of spaces (yard spaces (Y1 and Y2), living area (LA), guest area (GA), kitchen (K), and sanitary areas (S)) and two bedrooms (one for male residents and female residents) as an ideal number of spaces for a middle class family. As we have drawn from the samples collected for the rest of the analysis, the living area is the central space in most of the samples. In fact, there are always odd cases where the plans are different such as having more than two bedrooms or less than the five basic spaces mentioned above (less than 10% of the samples). Basically, there are six types and by adding the bedrooms they form 90 types of plans. In fig.3, we can see the basic six types. As it is a systematic diagram, we use the same type to represent the mirrored plans. The types are named alphabetically from (A to F) and the spaces between the five basic requirements (Y1, Y2, GA, K, and S) in the circumference of the circle are numbered from 1 to 5 (clockwise) to name the types when we add the bedrooms. There should be 12 basic types for the Sudanese detached house, but since (GA) has access mostly from (Y1), (GA) should be always adjacent to (Y1) in the adjacency diagram. Hence, the other six basic types are not considered here (we found no samples for those six types). Fig.3 shows the popular types as a result of analyzing the collected samples using the adjacency diagram.

4.3 Findings of classifying patterns of the Sudanese detached house

After using the adjacency diagram to represent the samples collected in June/July, 2003, we attempted to find the existence of each type in certain periods as shown in fig.4. We realized that in each period there was a favorable type of plans that existed more than other types.

(1) Looking at fig.4, we can clearly see that type (B) was used more than other types in the period of 1975-1984 for following reasons:

- Gender separation was positively adhered by residents; so they preferred to build the kitchen (K) away from the guest area (GA), since they would not like for the guests to see their women (religious beliefs).

- For the first reason they preferred to have the sanitary area (S) close to the guest area (especially in the case of houses with one toilet) to avoid the intersection of circulation.

(2) Looking again at fig.4, type (C) was the dominant type in the period of 1985-1994 for the reason of the change in culture of the Sudanese people, because educated individuals brought back part of the western culture. That is why it was reflected in the layout. For example, the layout of type (C) can apply for modern apartment houses with terraces.

(3) For the period of 1995-2003, type (A) was dominant, so that it took different properties: for instance, the kitchen (K) became closer to the guest area (GA) for better service. But, as, in most of houses in this period, the guest area (GA) had its own toilet; the sanitary area (S) of the house could be built far from the guest area (GA).

(4) For real estate houses (built after 1998), they follow the houses of the period of 1995-2003, so the most dominant type is (A).

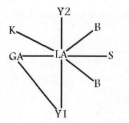

Lines here represent the access from one space to another.

Figure 2B　Circulation Diagram

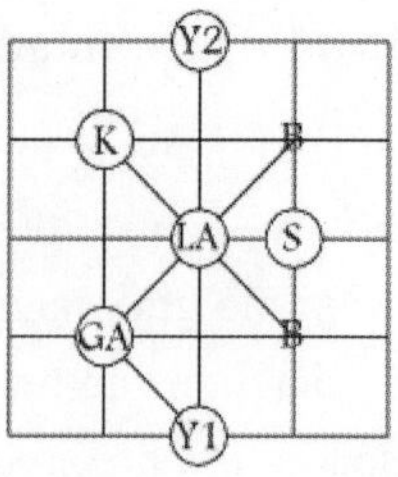

Lines in the gird represent the possibility of access from one space to another.

Figure 2C　Grid diagram

(Land area = 450m², Built area =175 m²)

Y1 = front yard, Y2 = back yard, LA = living area (the staircase is leading to a roof terrace)

GA=guest area, GS= guest sanitary area (considered part of the guest area), K=kitchen, B=bedroom,

T.B.= bathroom for the master bedroom (considered part of the bedroom), S=sanitary area, ENT.= entrance

Figure 2A　An example of a Sudanese detached house (ground floor plan)

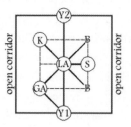

Bold lines represent the direct access from one space to another

Dashed lines represent the possibility of access from one space to another.

Figure 2D　Circulation grid diagram

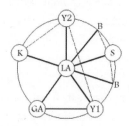

Open corridors are replaced by the dashed line between (Y1) and (Y2).

Spaces on the circumference of the circle are adjacent in the drawn sequence. The living area (LA) is the central space of the house that has possible access to all the other spaces.

Figure 2E　The adjacency diagram

4.4　Using the adjacency diagram to analyze the privacy and comfort ability in the space

To explore the comfort ability of the use of space, we have to define users according to the followings:

1. Male residents　　　2. Female residents　　　3. Male guests　　　4. Female guests

Zonings of spaces can be used in the adjacency diagram to define the areas which can be used by each type of users. We will use the example in fig.2A to elaborate the concept of zoning the spaces in the detached house and to explore problems relative to the culture of the religion as shown in fig.5. The problems will rise in these two situations depending on the culture of the users:

(1)　Female residents would feel uncomfortable using the spaces which male guests have access to.

(2)　Male residents would feel uncomfortable using the spaces which female guests have access to.

Looking at fig.5, we can clearly notice that female residents use the front yard (Y1) to access the house uncomfortably if a male guest is received in (Y1). We may explain that in the plan of the house in fig.6. Female residents could use a different entrance to the house through (Y1) and (Y2) to (LA). It would be also uncomfortable if there is a gathering of male guests in (Y1) as shown in fig.6. On the other hand, we can clearly see in fig.5 that male residents would not be comfortable accessing the front yard or their private room (bedroom) if a female guest is accessing the house through (Y1) or sitting in the living area (LA). We can also illustrate it in the plan of the house in fig.7. From the figure above we can see that type (A1-2) has many conflicts in the use of space, but if we reverse the process by designing type (A1-2) from adjacency diagram,

then we will have a better example as shown in fig.8. In fig. 9, we have chosen some of the popular patterns shown in fig.3 to elaborate more about the use of zonings. There will be a systematic analysis of all the 90 patterns in the next research.

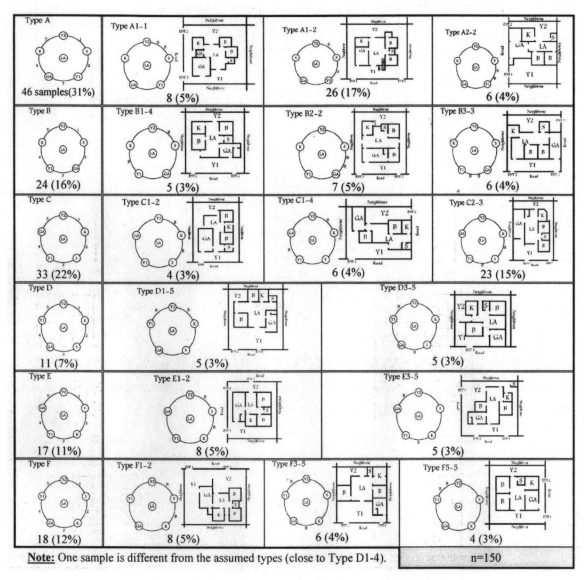

Figure 3   The popular types named using the adjacency diagram

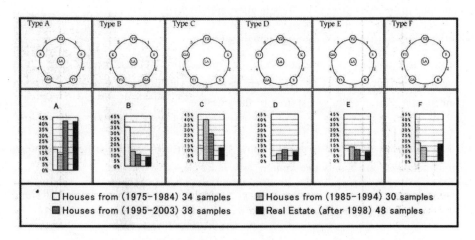

Figure 4   Types and their availability in the samples (collected June/July, 2003)

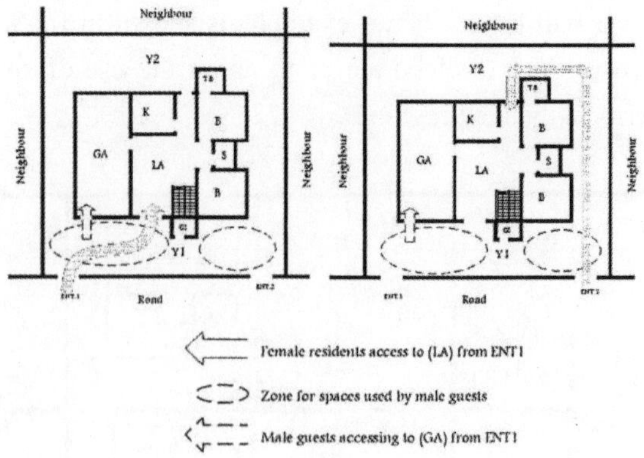

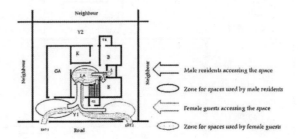

Figure 6　Uncomfortable use of Y1 for female residents

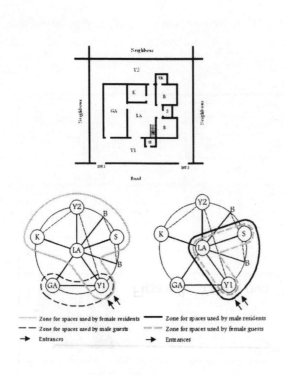

Figure 5　Simple zonings in the adjacency diagram

Figure 7　Uncomfortable use of spaces for male residents

5　RESULTS OF STUDYING SAMPLES FOR DETACHED HOUSES IN SUDAN

After using the adjacency diagram to study random samples of detached houses built in different periods in Khartoum, collected in June, 2003, the findings are as follows in notes with a reminder that all the houses are inhabited up to date.

(1)　In 48% of the samples, we have found that the female guests use (or pass) the backyard (Y2), the living area (LA) and the sanitary area (S). Therefore, the following consequences are noticed.

- The living area (LA) becomes uncomfortably accessible to male residents if a female guest is received in (LA).

- If there is only one sanitary area (S) in the house, it would not be comfortably accessible to male residents or male guests.

- The living area (LA) acquires a new different function as reception for female guests (can be seem in all adjacency diagram as there is no female guest area in the typical detached house in Sudan).

(2)　In 67% of the samples, (Y1) is accessible to female guests.

(3)　In 84% of samples, male guests have access to the front yard (Y 1) and the guest area (GA), but in our samples we found different results of 16% where they can access other spaces due to some defects in the design concept; for example, the guest area or the guest sanitary area was designed to be accessed only from living area.

(4)　In 20% of the samples, male guests use the same sanitary area (S) with the house residents and female guests simply because there is only one sanitary area in house.

Findings are based on the comparison between adjacency diagrams drawn from the samples and re-checking house plans.

6   CONCLUSIONS

The following conclusions should be considered when conceiving the design for detached houses (Look fig.9):

(1)   The house should always have a second entrance for female residents and female guests through (Y2) to the living area or the female guest area (to avoid passing the front yard by male residents or guests).

(2)   It is also recommended for male residents' bedrooms not to be accessed only from the living area (in the cases when the living area is used as the female guest reception).

(3)   It is recommended to have a space for female guest reception instead of using the living area for that function. As a result male residents can use the living area if a female guest is received in the house.

(4)   (In this research we considered patterns without female guest area and tried to develop better compact layouts for them).

(5)   The male guest area should not be accessible from the living area. If so, the female residents can use the living area comfortably.

(6)   The house should always have a guest sanitary area for the use of male guests (could be used by male residents if a female guest is received in the living area).

Using the diagram here, has made it the analysis more systematic and logical. Moreover the use of the diagram increases the prospects of simplifying the analysis process from data to simple calculations for the types of the diagram (accordingly types of plans), then deriving the conclusions of type popularity and comfort ability. These factors should be reflected in the design concept and the layout of spaces.

This research also concludes with the fact that the concept of designing the detached house in Sudan has remarkably changed since 1970s because the religious understanding has differed in the last three decades. The concept of privacy in the house unit is realized within the limits of the belief of each individual. We have to remember the effect of the Islamic lifestyle has influenced the use of the space in detached house in Sudan (the emphasis on male and female culture and the sacredness of women). Since the traditions of the Sudanese people are originated from principles of Islam, they also follow the culture and lifestyles brought by Islam itself.

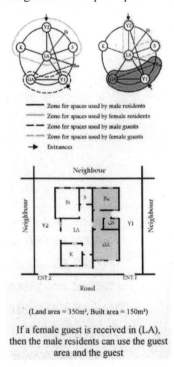

Figure 8   Example of a better layout for Type (A1-2)

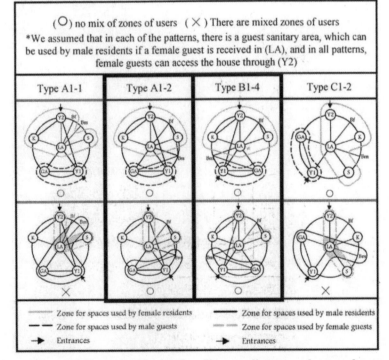

Figure 9   Examples of using the adjacency diagram and zones of users

REFERENCES

KAZUTAKA KUROSAWA, (1987), "A study on the applicability of a pattern-analytical approach for house planning", *Journal of Architecture, Planning and Environmental Engineering* (Transactions of AIJ), 1987(10).

KAZUTAKA KUROSAWA, (1988), "A diagrammatic procedure of pattern analysis for house plan types by use of their constituent patterns derived from the circulation requirements", *Journal of Architecture, Planning and Environmental Engineering* (Transactions of AIJ), 1988(10).

KAZUTAKA KUROSAWA (1989), "Analysis for pattern transition of house plan types and for house planning procedure using constituent plan patterns, case study on dwelling houses in Hokkaido", *Journal of Architecture, Planning and Environmental Engineering* (Transactions of AIJ) , 1989(11).

AHMED A. MOHAMED (2000), *Earth architecture in Sudan, materials and approaches*, supervised by Han Verschure, University of Leuven, Belgium

NORBERT SCHOENAUER (2000), *6000 Years of Housing*, Nortom&Company, Inc.

Project on the Podium: Design Guidelines for Hong Kong's Infrastructural Housing Pedestal

School of Architecture, The University of Florida, Gainesville, FL USA

Keywords: podium housing design and planning, sustainable urban environments, Hong Kong housing, high-rise / high density housing, open-building

Abstract: Through case-study analysis, this paper illustrates, discusses and critiques the urban phenomenon of the podium - a big-box, multi-level housing base typical to Hong Kong and influencing housing development throughout Asia. The research arrives at design guidelines - with corresponding examples from recent developments in Hong Kong - for attaining more sustainable and humanistic podium-city environments. The podium type, evolving from economies of maximizing large sites for profit, is a creative response to programming, bringing every amenity from fresh food markets to cinemas right to the doorstep of high-rise tower dwellers. Left unchecked, however, the unprecedented scale of these developments produces a type of high-rise sprawl that abandons the ground plane and threatens the quality of life at street level.

This paper illustrates the disparity between over-inflated podium forms and the more humanizing scale of Hong Kong's traditional urban fabric, and provides guidelines for achieving a sustainable balance between the two. While aiming to amplify the promise of the podium as a dynamic and functional response to changing lifestyles, the research also aims to bridge the disparities between a life conducted indoors in one developer's hyper-mall and a life conducted in the organic and free space of street and square.

1 INTRODUCTION

The following research was conducted by the University of Florida School of Architecture Hong Kong-China Program between May 2004 and June 2005. Teams conducted on-site analysis of five proto-typical housing developments in Hong Kong, four of which are discussed here: Park Central in Tseung Kwan-O, Bayshore Towers and Sunshine City in Ma On Shan, and Grand Promenade on Hong Kong Island. The *podium* - a big-box, multi-level housing base that incorporates a broad program of urban amenities, evolving from economies of maximizing large sites for profit, remains an unfinished project of urbanism and place making. Spanning the space of several blocks, the podiums of Hong Kong are monumental, overbearing, and unapologetic to existing urban fabric. In clusters of 8 or more towers rising over 40 stories, a single development such as Sunshine City 10,240 inhabitants (fig.1) while Park Central is even larger, housing 20,000 inhabitants. The diagrams below illustrate the scale of the podium- and the scale of the problem - in both urban and human terms.

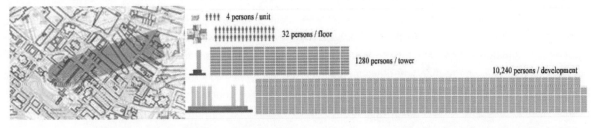

Figure 1   Accurate scalar superimposition of Sheung Wan area of Hong Kong with Sunshine City housing development (left) Population of podium development-broken down by tower, floor, unit (right) (C. Flass)

Unchecked, these developments produce high-rise sprawl conditions that threaten the quality of life both at street level and within the podium (fig.2 left). The artificial and heavily commercialized interior environments of the podium currently offer a poor substitution for neighborhood and community. As podia become larger and larger, they tend to become designed from an internal and self-encompassing point of view. Often, podia duplicate one another rather than work as programmatic complements in the construction of an urban realm. Also, as they span large blocks - and even consume multiple blocks. Super-podia become random and out of control in their associations with context. Swallowing large tracts of fabric or land and disrupting existing urban form or traditional patterns of settlement, super-podia create an acute urban discontinuity (fig. 2 right).

Urban families seek an understandable degree of security and seclusion in their residences, but this is difficult if not antithetical to the magnitude of population housed in a single development. Typically, large areas within the podium are devoted to public and commercial space while other areas are cordoned-off as highly marketable private facilities for residents. As a hybrid public/private building type, the podium is challenged with conflicting circulation needs for residents and the general non-resident public within the podium, as well as a crisis of identity. Is the podium a living city-in-a-box or is it a secluded island of escape from the city? Instead of harnessing this simultaneity to construct a new model of contemporary housing, we see abrupt discontinuities within the podium, a lack of spatial and programmatic imagination in the design of a hybrid building and a breakdown of the city as an organic urban continuum.

Figure 2   Typical desolate sidewalk and elevated walkway(left); Photo on the right, which is not spliced, illustrates architectural disparity between developments

As we document the disparity between the humanly scaled streets and squares of traditional urban fabric and over-inflated, inward-looking podium forms, we attempt to offer design guidelines that operate between the scalar extremes, as it is within this forgotten middle-ground of the podium-city that people make their place and conduct their daily lives. While aiming to amplify, rather than diminish, the promise of the podium as a dynamic and functional response to changing lifestyles, the work aims to illuminate the disparities between a life conducted indoors in one developer's hyper-mall and a life conducted in the organic and free space of street and square, and to propose solutions that stem directly from the inherent potentials of the mega-podium.

2   PODIUM HOUSING: FROM SINGLE-ROOM GALLERY SLABS TO 50-STORY MOCK PALACES

Hong Kong's housing context, predominantly high-rise towers set on multi-story podia, has evolved out of a successful combination of speculation on the podium economic model; proliferation of the podium as a typological model due to codes of practice; and relentless advertising campaigns relating to the podium-city lifestyle. The phenomenon of Hong Kong's super-speculation on housing stems from policies of land sales and development and has, more than any other factor, been the defining force behind the physical attributes of the tower itself: the extruded modified cruciform. Extruded fifty or more stories into the air, podium blocks instantly concretize into built form a planning logic of minimized building cost and maximized real estate potential and house a growing population with extensive natural land area preserved.

In a span of only a few decades, the tower blocks have provided improvements over the cramped living conditions of the 1960's with a single door and window connecting a typical unit to the breezeway (fig.3). In

comparison, today's monolithic super-podia are representative of high standards of living and achievement. Today, both low income public housing and high-end developments share the podium block model, and many of Hong Kong residents know no other mode of living. They are simply called *home* by millions of people and offer them amenities, conveniences and access to light, fresh air and open views.

Figure 3   1960's single room housing (left- from Roger Sherwood Housing Prototypes) vs. today's podium/tower housing (center); podium views – a sought-after release from dense urbanism (right).

3   CASE STUDY: BAYSHORE TOWERS AND SUNSHINE CITY (MA ON SHAN, NEW TERRITORIES, HK)

The streets of Ma On Shan are empty and under-used. At any given moment, there are 10,000 people within the air-conditioned interiors of the developments, but pedestrians at street level are few. A newly completed light rail running between the two developments further compromises the streetscape. Bayshore is the middle section of a 3-part development forming a super block, bordered on the north by a public park and harbor-front promenade and on the south by the rail station. Sunshine City, typical of podium housing built in the 1990s, is an island super-block unto itself. High-rise housing built within the last fifteen years, dominates the landscape for miles in all directions. Elevated corridors puncture the podia and form a web of above-ground circulation linking various blocks. Parks, schools, libraries and other public institutions are not integrated into the elevated world of podium urbanism and thus are disenfranchised and difficult to access (fig. 4).

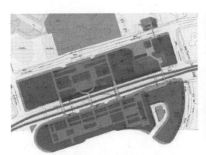

Figure 4   Site plan showing rail, parks (left J. Jordan); pedestrian link to public park (center); the heart of this urban area is this poorly-planned pedestrian wasteland where commuters queue for buses (right)

3.1 Bayshore Towers Alternative Podium Proposals: Folding / Stitching

Proposal I shows a folded fluid landscape from existing public park to the 'green blanket' of the podium roofscape. 3-D views illustrate small pocket garden formations and landscape ramps, which offer alternatives to the inhospitable elevated bridges presently connecting podium and park. Model below shows L-shaped tower blocks and their more engaged relationship to the podium spaces and structure (fig.5). In proposal II, a rhythm of spatial permeations link front and rear, allowing pedestrians and breezes to flow more easily between harbor, park and podium. Podium roofscape alternates between semi-private and public realms. Sky pavilions, overlooking the park, house private amenities such as gym and reading rooms. Lower right photograph illustrates programmatic linkages from sidewalk to roofscape (fig. 6).

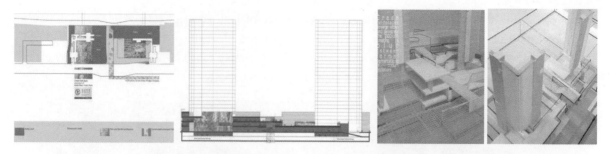

Figure 5　Bayshore Towers design proposal 1 (J.Jordan)

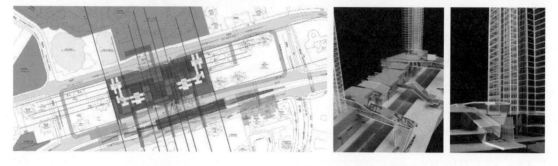

Figure 6　Bayshore Towers design proposal II (S. Matuk)

3.2　Sunshine City Alternative Podium Proposal I and II: Weaving and Carving

A healthy city contains parks and easy to reach urban space. The intention in proposal I is to create a building structure with large urban gestures and a highly programmed exterior, giving people a reason to go outside. A string of recreational parks organize the block and contain markets and open-air theaters, providing an opportunity for people to meet in a variety of communal spaces (fig. 7 left). Proposal II addresses the potential of localized courtyards and public space-making through itineraries of light and shadow within the super-block. Landscape connections to the train station and extensions of existing public plaza to the south are emphasized. Models illustrate the erosion of the original podium box, bringing light and figure-ground conditions to define public space and activate currently under-used streets (fig. 7 right).

Figure 7　Sunshine City design proposal I (left, Z. Mass); proposal II (right, A. Pino)

4　CASE STUDY: PARK CENTRAL (TSEUNG KWAN-O, NEW TERRITORIES, HK)

The Park Central podium is a massive 4-story box, supporting twelve closely spaced 49-story towers, covering 3,637 square meters of site area (fig. 8 left). MTR station, schools and other residential podium development are nearby, but also act as isolated urban islands separated by inhospitable streets. The result is an evacuated ground plane, a lack of continuity of public space and an excess of inward-looking shopping malls. In-between the parallel rows of towers, an opportunity exists to carve out public space and bring natural light into the podium, and more importantly, to create vital urban linkages between podia. "Carving into," bisecting, or otherwise

eroding the massive solidity of the podium to allow open-air public space to flow through it requires a fundamental shift in thinking about the podium roofscape.

As a large outdoor space in a city with little private access to gardens other than the rare balcony, the notion of a 'private' and 'exclusive' roofscape resort (fig. 8 right) is a powerful marketing devise. Blanketing the entire podium, the roof is held in high-demand as a psychological refuge for marketable images of leisure. Trevor Boddy (1997) discusses today's phenomenon of "easily accessible narratives and quickly consumable symbols" replacing architectural design principles in every manner of building type. "No longer limited to amusement parks and the nether regions of commercial construction, theming is now an issue for virtually all of contemporary architecture and urbanism...no aspect of the built environment is safe from easy symbolism and appliqué narrative because to 'delight your customer' is a 'sound business decision'. Those other two legs of the ancient Vitruvian triad – commodity and firmness –evidently got chopped off to make a pedestal dedicated to thematic delight, or more likely, these other two also succumb to the universal impulse towards theming. What is even more depressing, the shift to thematic architecture is not even primarily the work of designers, but is firmly established in the minds and manifestos of owners and developers..." The podium roof, as a blank slate stripped of architectural considerations, acts as a catch-all for themed leisure events aimed at buyers. The Park Central podium locates virtually all of its ammonites – listed in the Central Heights sales brochures as "outdoor swimming pool, family pool, Jacuzzi, barbeque area, massage area, children's play area, indoor swimming pool, gymnasium, aerobic room, reading room, internet café, bowling alley, snooker/billiard room, air hockey room, video game center, multi-purpose indoor sports hall, squash court, table tennis room, tennis court, family spa/steam and sauna center, massage room, children's game room, model cars play area, toys library, TV game room, computer room, chess room, music room, lounge, and functions room" (2004) – on the podium roof plane. The result is a complete spatial and programmatic disparity between the realm of the roof and the 400,000 square feet of sunlight-starved shopping areas on the floor plates below. This creates conditions where internal and publicly accessible spaces are repressive, crowded and dark while the roof garden is too open and too bright, and not integrated into any continuous architectural whole that might render a sense of community and shared territory.

Figure 8   Plan/photo shows tightly spaced towers (left); developer model and as-built podium rooftop (right).

Adding to the problem—and marking a trend—Park Central has more problems with natural light and street desolation than earlier generation podia. In addition to problems associated with the blanket-syndrome created by the rooftop refuge, the outermost perimeters of the podium are given over to poorly planned egress corridors and parking garages. The building's sides, the only other source for natural light and openness, are blocked and thus the podium has no potential to make vital connections to the street and surrounding context (fig. 9).

Podium problems:

isolated corridors block light
and connections to the street

podium perimeter:
decorated, but uninhabited

Figure 9

4.1 Park Central Alternative Podium Proposal: Layering

The driving concepts for rethinking Park Central come from comparative analysis of podium and Hong Kong's street markets. In this alternative proposal for Park Central, the podium is inverted, bringing interior shopping spaces outside. Layering and folding of public space throughout the block allows for adaptation over time and furthers the sense of community and interdependency with context. A central open space serves as site datum. Private and public programs interweave in plan and section. Below the central public space, shopping and other marketplace programs are penetrated by light. The twelve towers, varied in their relationship to ground, make spatial connections with the public spaces of the podium. As in traditional street markets, the perimeter of the podium contracts and expands to create humanly scaled pedestrian environments (fig. 10).

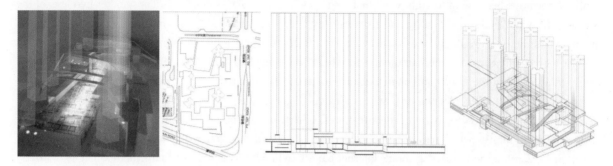

Figure 10   Carved out public plaza, diagram of public space allocations, section, isometric (S. Iordanova)

5　DESIGN GUIDELINES

The following guidelines concern the podium as a physical extension of the city - with a focus on its edges, open spaces at grade and roof level, and on its internal circulation and interface with external context. One design firm that is challenging the design of the podium is ARK, headed by architect William Liu. The firm's recently completed design for Grand Promenade at Sai Wan Ho ferry concourse for Henderson Land (fig.11 left) innovates on the programming and formal articulation of the podium. Design details from the Sai Wan Ho project are used here as real-life applications to illustrate the guidelines.

5.1 Mediating the Edge: Reduce Massive Solidity and Impenetrability of the Block

In accommodating parking garages, taxi stands, and bus stations to serve the tens of thousands living above, the design of the ground plane poses challenges for negotiation of traffic and pedestrians. Based on careful analysis of surrounding and internal conditions, spaces dedicated to the human scale should be carved out of the podium perimeter to offer recess and escape from busy traffic streets. Habitable - and hospitable - edge spaces should mediate between inside and outside and incorporate plaza-scaping, water features, and public art (fig 11 center). In most of Hong Kong's podia, we see ninety percent of landscaping given over to the roof alone (fig. 11 right), making the perimeter streetscape barren, hot and inhospitable to walking, waiting for buses and taxis, etc. Landscape design should extend continuously between podium roof, intermediate open-air internal space, and ground level. Flexible, adaptable externally-oriented commercial space should be incorporated in a manner consistent with existing urban street life, and as an extension of the internal experience of the podium. Shops and restaurants near grade (these need not always be at grade, and in fact, a shift in ground level can be a strategy for mediating between inside and outside and between pedestrian and vehicular realms) should be designed with a mind to continuity and connectivity to surrounding developments.

Figure 11   View of Grand Promenade from harbor (left); breaking up the base of the podium (center); graphic illustration of podium, garden, tower inter-relationship (right) (by William Liu, ARK ltd.)

5.2 Carving out Light: Incorporate Volumetric Light wells and Open-air Atria Between Roof and Lower Levels by Applying 'Open Building' Strategies

Openness to air, light, and views on the podium roof-scape (and from within generously spaced towers) is an understandable need in a noisy, dense urban context. The podium block will continue to proliferate because of its satisfaction of this need. However, the architectural mastery and balance of light, view, and openness within the spatial and material design of the podium is yet to be achieved. Much like in a mega-mall, the deep interior space of the super-podium is not penetrated by natural light and air. Although massive transfer slabs between tower and base make it difficult to incorporate atria, skylights or open-air apertures, the two-dimensional design mentality of separating the privatized roof plane from the public territory of the shopping arcades below is the primary cause for the acute disparity that creates too much light on top of the podium and too little light within.

Uniformity of tower structure at such a massive scale limits possibilities to puncture the roof plane and create light wells and volumetric connections between podium roofscape and internal spaces. Varying tower footprints and their interface with the podium creates opportunities for spatial variations suitable for dynamic open-space programming and design (fig. 12 left). Allowing some towers to penetrate the podium and land on open void space while others remain elevated on the transfer slab allows adequate parking and bus/taxi stations at grade or on low podium levels. Designing the roofscape as a sectional territory integrated with towers above and spaces podium below is the first step toward an open and adaptable building (fig. 12 center). The incorporation of sky gardens is important not only to give tower dwellers additional access to light and fresh air, but also to free-up portions of the roof to be cut away (fig. 12 right).

Figure 12   Concept model showing variation of tower relationship to ground and podium (left S. Iordanova); elevated pool and running track begin to introduce a layered and sectional podium (center); sky gardens at Sai Wan Ho (right) (by William Liu, ARK ltd.)

5.3 Mediation: Construct More Coherent Interface Between Public and Private Realms

The interface of public and private in the podium block is complex and challenging. However, the potential exists for symbiosis: residents, who view the podium block as their immediate neighborhood maintain a strong

sense of concern and connection to the development; while the non-resident user, who relies on a cluster of several blocks as they conduct their lives in and out of the podium-city, extends a vital connectedness to the larger surrounding context. The present-day scenario sees private residential access points defined only by signage and door-code keypads in the case of secondary entries within the mall, and by uninventive marketing images in the case of grandiose "private" drop-off entries that mimic luxury hotels. The interface between public and private is inherent, unavoidable, and essential in the podium, as it is in all sustainable urban environments. Such moments of interface can be designed as coherent and articulated urban thresholds, incorporated fluidly into the space-planning and programming logic of the podium, rather than as afterthoughts or as non-architectural images of luxury. Although secure access is essential by today's standard of living, well-designed thresholds between public and private define boundaries spatially and programmatically and give residents a sense of arrival – and a sense of home – well-before reaching secured lift lobbies.

5.4 Hybridity: Expand and Increase Public Programs within the Podium

Ultimately, the podium (with its emphasis on shopping and leisure) is connected to the precedent of the urban marketplace with potential to serve as a typological construct, contributing to a meaningful definition of contemporary life in Hong Kong. Living above a marketplace is a deeply traditional mode of life in Hong Kong, and in the podium it means having fresh food markets, cinemas and shopping malls at one's doorstep. However, non-commercial, free public amenities including multifunction spaces for performance and gathering, sports and play spaces, small libraries, post offices, etc. are critical components of the podium micro-community and play vital roles in the long-term success of shops and markets. In the Sai Wan Ho project, a recreational jogging path hovers over the street (fig. 13 right), promoting a programmatically integrated and collective notion of recreation and health.

5.5 Anchoring: Localize the Podium by Engaging Existing Fabric

The podium has become the dominant definer of place in the New Territories. The high populations housed in podium-cities preserves large amounts of natural land. However, the preservation of smaller-scale development patterns remains critical to collective culture and identity. As podium developments turn their back on older areas in favor of inward-looking mall environments, they hasten the disappearance of traces and imprints of time. Podium developments can embody concepts that transcend commercial considerations to create specificity of place. Reduce the podium's interiority, gatedness, and disconnection from context; acknowledge pre-existing topographical or urban patterns through a heightened awareness of scale (fig. 13 left); consider traditional patterns of living in the programming of collective space within the podium; and construct physical connections to nearby natural features, villages, or monuments. The elevations of the Sai Wan Ho podium by ARK are broken down and scaled to the surrounding fabric while the façade is cantilevered and articulated with a delicate canopy to define the pedestrian realm of the street (fig. 13 center).

Figure 13   design for a podium in Kowloon w/ split block (left, A. Casey); pedestrian-scaled elevation (center); running track and spatial articulation of podium edge (right) (by William Liu, ARK ltd.)

5.6 Inside-Outside: Design Podium Elevations in Response to Internal and External Programs

Most of the podium developments we see in Hong Kong do not make an attempt to express internal programs

142

on the exterior of the building. Shops, parking, health clubs, etc. - instead of being visible from the street - are clad in decorative, formal elevations with little relationship to the program within (fig.14 left). In order to mature as an urban form, architects must find ways to construct a sense of belonging and of "address" within the podium without blanketing an entire development in superficial aesthetic styles. Rather, a sense of place should be imparted through programmed, architectural episodes that mediate between inside and outside and between the residential territory of towers and infrastructural realms of podium and context (fig.14 right).

Figure 14   Podium façade as billboard (Park Central) does not express internal programs (left); **model of Sai Wan Ho development showing attention given to the urban edge** (right) (by William Liu, ARK ltd.)

5.7 Sustain and Maintain Transport Interface, Commuter Convenience, and Walkability within the Podium-city Environment

Peter G. Rowe (2005) discusses the relationship between demographic transitions and Hong Kong's mass-transport dependent housing model: "One effect (of the Hong Kong New towns) has been to shift the center of gravity of Hong Kong's population substantially, with 21 percent residing on Hong Kong Island, 41 percent in Kowloon and 38 percent in the New Territories, where there were once only small market towns and villages." Some 55% of residents in the New Territories now commute to work on Hong Kong Island or Kowloon (Hong Kong Census and Statistics Dept.; 2002). As evidenced by the intense proximity of mass transit interface and the preponderance of elevated bridges and subway passages, many of which deposit commuters directly beneath and within their tower block, the podium is increasingly understood less as an insulated building per se, and more as an architectural extension of transportation infrastructure. Where above and below grade linkages extend as infrastructure away from the podium and into the surrounding context, they should operate as architectural and landscape continuums, not merely as corridors linking 'point A' and 'point B'. Designing linkages as infrastructural continuums and architectural experiences - with kiosks, public art, resting places, natural light and carefully designed signage systems- is essential to the long-term viability of the podium-city as a walkable and sustainable urban environment.

6   CONCLUSION

The podium model remains a persistently expanding phenomenon. Yet, as a type to be fully explored architecturally and urbanistically, it is in its infancy. While tower economics in Hong Kong are fully evolved and leave some room for improvement in the way of sky gardens, the podium beneath the towers offers unimaginable possibilities for transformation. Yet, architects, planners, and developers have few precedents to follow with the rapidly expanding type. It is our challenge to reconsider the concept of podium housing not just as an insulated building or compound, but as an adaptable urban condition. The implications of working within such an immeasurably large and common building type under constant evolution, but not widely understood, in order to enhance quality of life and connection to place in Hong Kong, are broad-based and significant. We have approached the podium more as *a template* than as a building, in order to uncover a new kind of urban space and propose design guidelines for "opening up" the podium box and preventing it from swallowing the block and erasing a sense of neighborhood. It is hoped that the underpinnings of the project will be understood as having applications at multiple scales and will lead to further investigations on the transformation of housing infrastructure in Hong Kong.

The podium is the programmatic life-support of the residential development, but the enemy of the streetscape around it. Anchoring public space solely to the podium (itself adrift from the urban fabric) or solely to the ground plane (primarily leftover space), will not suffice. It is essentially in the relationship *between* the podium and the ground plane that public space must originate. This is clearly a joint responsibility requiring greater design communication between government and private developers. It is hoped that this work will contribute, and add direction, to the ongoing dialogue surrounding the urban considerations of Hong Kong's unique podium building typology and ultimately encourage a richer, more experiential, and less alienating urbanism in the greater Hong Kong/New Territories continuum.

ACKNOWLEDGEMENTS

Professor Robert M. MacLeod, University of Florida School of Architecture, was a collaborator on this work. Design team for Grand Promenade, ARK Ltd: William Liu, Director; Jimmy Luk and Eric Tse.

REFERENCES

Hong Kong Census and Statistics Dept. (2002)
Central Heights: Defining Luxury Living. (2004)
Boddy, Trevor (1997)."Thoughts on Themes." *Azure*. May/Jun 1997. p.22
Rowe, Peter G. May (2005). "Nuovi Territori Nuove Citta", *Abitare*. p.124
Sherwood, Roger (2002). From http://www.housingprototypes.org/projectFileNo=HK001

The Environmental House in Hot Dry Regions

Khalil RASHWAN

Architecture and City Planning College, Chongqing University, Chongqing
重庆大学建筑城规学院

Keywords: architecture, design, urban planning, hHouse, residence, environment, climate, hot dry regions

Abstract: This paper aims to represent the rules which can provide an everlasting residence to be inherited by generation after generation, and focuses on the necessity to apply the environmental architecture concepts to our houses. One of the important methods which lead to these concepts is the diversion of our building's principles to be more compatible with the surrounding environment and to avoid clashing with it. The concept of the environmental architecture shifts us to adopt the green city design and the healthy atmosphere by creating houses can respect the peripheral natural factors, induce the future, react with the present and more able to resist the climatic factors and the changes which lead at last to save our environment and our fortunes as well. Architecture must embrace a more urgent and far reaching purpose and responsibility, with a direct relationship to the evolution and quality of life on Earth. Architecture must be synonymous with Environmental Design, as the integrated beneficial interrelationship, between all external conditions and things that affect the existence and development of the organism, individual, or group. The organism in this sense must be understood to mean our entire living universe, and the definition of environment to include the food we consume, the clothing we wear, the shelters we inhabit, and the biosphere we live in; Thus environment is both the primary means and the end by which we may hope to influence our collective destiny. We are in an era when the esoteric ecologically negligent monuments to human ego of our past, no longer have meaning, or can be condoned in our future. Indeed, our future survival itself may well be determined by the environmental/ architectural quality and opportunity we provide. Environmental space-forms, both geophysical and built, in a sense, determine our fate; Different spatial geometries directly affect the quality and types of interactions, relationships, and organizations which may take place.

1   INTRODUCTION

Housing will remain the basic need for both human beings and communities as well, because it reflects of the age's soul through representing its technologies and adaptation to the peripheral environment factors. Here, it is inevitable for the architect to perform his full turn, through study, precise analysis for all the outer factors and the climatic elements that may affect the house; this could lead to a design respects the environment and reacts with it and takes benefits from its properties.

There are numerous lessons and good architectural solutions through old and modern history of architecture that were able to make acclimatization with the surrounding environment; and we could say that the architectural design that treats the specifications of climatic elements and reacts with them is one of the most active methods to realize the proper thermal rest which could in turn assist to economize the power consumption.

2   CLIMATE AS A START FOR ENVIRONMENTAL DESIGN

2.1 The main climate elements

There is no doubt that the climatic elements represented in solar radiation, temperature, wind, humidity, and rain (which are related to geographical site) have various effects on the house, since those elements contribute directly in the transmission of temperature and air from and to the house, which means that those elements have

a great role in identifying the required conditioning level and the usage of the thermal insulation materials.

2.2 The general properties of the hot dry climate

2.2.1 The general properties of the hot dry climate

The hot dry regions are located in the area extended between the latitude 15th till 30th of the globe; the hot dry climate is distinguished by two main seasons which are the hot season and the moderate one. It is characterized by dryness and rarity of rain as the relative humidity is varies between 10% and 50%. The air temperatures in these areas is too high, since the temperature in summer averages 45 degrees (and it may reach 50 degrees in shade) during day hours, while the lower temperature during night will be no less than 20 degrees. Summer is considered the longest seasons in these areas, as it lasts for six months. The difference in temperature between night and day will be relatively high which may reach 20 degrees, and the climate is generally distinct in its severe dryness and the rainfall average ranges from 55 to 155 mm/year.

2.3 Climate and human beings

2.3.1 The thermal balance for human being

The expression of "Thermal Rest" could be defined as "The temperature's range that makes the human being feel satisfaction with the surrounding environment"; and the rest's temperature consists of a set of air temperature and relative humidity degrees with a certain speed of air which can make people relaxed without feeling of hotness or coldness (Ashare, 1966). That means it is that feeling which makes the human being unable to identify whether the climate is cold a bit or hot a bit. This range extends from 22 till 26.5 centigrade degrees with the humidity's rate of 20% till 80%.

The specifications of local climate in addition to the temperatures that may exceed the rest's temperature should be identified, for taking the suitable architectural decisions by using an external walls of the house with high thermal capacity to assist in retardation of the temperature flow from outside to inside and so it is possible to make use of natural ventilation at night for minimizing temperature.

3　THE STANDARDS OF ENVIRONMENTAL DESIGN

3.1 The definition of environmental design

The nature of architecture as science firstly and as an art secondly, and its role in providing the requirements of human beings, so it doesn't follow the effects of natural environment only, but also the effects of social environment as well, this lead us to an architectural dialectic which should fulfill of natural and social requirements without neglecting any of them. The adaptation with the environment starts from applying an urban planning and architectural system which imposes integration among its items, and creating a balance among their performances and be compatible with the principles of environmental planning. This must be accompanied with a proper choice of building materials, and an optimum using of environmental elements. The consideration of the previous issues during the design stage called the "Environmental Design" (Fathi, 1988).

3.1.1 The environment and site

3.1.1.1 THE ENVIRONMENT

The environment is considered the basic factor in the cultural and architectural development for any area. It is an important element when proposing the architectural solutions or evaluation of architectural elements. The concept of environment is an inclusive one, that is not limited to a certain dimension only, but it includes each of:

- The natural environment: climate, wind, rain, sun and the other climate factors.

- The architectural environment: The currently surrounding buildings.

- The Human environment: people, neighbors and general site.

3.1.1.2 THE SITE

The assignment of choosing the site is the most important step for the project's success. Choosing suitable site should be considered all futuristic aspects. This process should be done carefully and accurately. If the project's site is available, then the designer will start the second step which is the site's analysis which includes studying the private and general climate of the area, the movement of the sun, directions, wind's speed, land's topography, soil's type, surrounding architectural environment.

3.2 Building Materials

The thermal performance of the building materials differs according to their physical properties. Studying of these materials and analyzing their properties assists in selecting the proper ones, and identifying the usage methodology to perform its turn by utilization the positive items of the climate elements and neglecting the negative ones.

3.2.1 Thermal Insulation

Thermal insulation is known as a method which is able to resist heat transmission through the various building parts (Fanger, 1972). The right thermal insulation in the buildings has a great importance because its direct effects on the thermal balance of the building. The advantages of the thermal insulation will be as following:

- Keeps the building's interior cool and resists thermal transmission outwards.

- Achieves the comfort thermal level for the building's users, and makes the temperature fairly acceptable inside the building without using industrial heating and conditioning.

- Protects the materials and building elements from thermal changes which cause such thermal stresses such as expansion or shrinkage which can create cracks and fractures in the building.

- Minimizes the capacity of current air-conditioners in the building and makes them highly efficient, decreases the costs of their maintenance, and extends their longevity.

- Reduces contamination and pollution resulting from high usage of conditioning sets which is harmful to public health and environment.

3.2.2 Glass and Transparent Materials

The use of transparent materials such as glass and plastics and the spread them in buildings, has added a new dimension to current architecture. Glass & plastics usually protect the building from harmful climate elements such as the hot wind, cold wind, frost, snow and soils. At the same time they assist in making use of the natural light with the possible optical connection between the internal space and the external one.

3.3 Shade and shading

Shade is very important environmental factor which affects the urban planning and the architectural design as well. Its benefits include various scopes: economical, social, health, aesthetic, and functional one.

3.3.1 Sun refractors

The "solar refractors" mean the architectural, constructional, and aesthetic elements which are used for screening the sun from the openings during the times when the temperature is too high in comparison with the thermal rest rates of human beings.

There are some important points that should be considered and realized before designing the sun refractors, as

following:

- The suitable choice of the volume and the direction of windows that suits the movement of the sun and the requirements of natural ventilation and other elements such as vision and privacy.

- The identifying the hot time duration that requires screening the sun's radiation from penetrating into the internal spaces of the building.

- The identification of the horizontal and vertical angles during the hot period.

- The identification of the horizontal and vertical shade angles during the hot period.

3.3.1.1　THE TYPES OF SUN REFRACTORS

Basically, there are two basic types of sun refractors, the first one is the fixed sun refractor, which is considered the most used, and the second one is the movable sun refractor; The reason for the spread of fixed sun refractors is related to their simplicity of form and composition with a low cost and easy maintenance in comparison with the movable refractors which are more expensive and complicated but more effective (Ben & Saeed, 1994).

3.4　Natural Ventilation

3.4.1　Importance of the natural ventilation

"The natural ventilation" it is the process of supplying a pure air from outside and replacing the internal air with pure one naturally. Providing the minimum rate of natural ventilation in the buildings is considered very necessary for the human beings life for their comfort and health. Natural ventilation has an important function in realizing the thermal balance human beings, because it affects the speed and the temperature of internal air, and affects the temperature of internal spaces items such as ceilings, walls, and floors. Increasing of air speed in the internal spaces leads to increase the rate of evaporation average of human being's sweating and assists in getting rid of high humidity, therefore the speed of air is considered more important from the average of changing air especially in hot dry areas.

3.4.2　The movement of Natural Air

Air movement arises from the low-pressure areas that attract air from high-pressure ones. The air available in the high pressure areas has more density than the air which is available in the low-pressure areas, therefore the air moves from the high-pressure area to the low-pressure area until a between these two areas have an equal air-pressure.

Selecting the right orientation of the building is considered very important to create natural ventilation by adoption of alternating action of wind and sun; the good lighted wide and alternating areas with the narrow and shaded ones makes a difference in pressures leads to create local air movements.

3.4.3　The elements of natural ventilation

Availing of good ventilation is necessary during day and night by allowing cold air to pass through the various parts of the building to absorb the stored temperature in the walls, ceilings and floors. During day, the windows and vents should be closed to prevent escape of cold air abroad and the entry of hot air inward. There are a lot of factors assist to create the natural ventilation, but the most important ones are:

- **The general plan of site and its relationship with ventilation:**

    The movement of air within the cities is affected with the urban planning of site, topography and the reaction of air friction with the buildings, moreover, the general form of the building plays a fundamental role turn in creating and forming the movement of air around the building and reacts with the direction of wind to identify the high pressure areas and low pressure areas around.

- **The vertical location of windows:**

Identifying the suitable vertical location of air entry windows assists to control the air route and distribution through and towards the inner space.

4 THE ARCHITECTURE IN THE HOT DRY REGIONS

4.1 Identification of the current architectural types

4.1.1 The vertical architecture type

Vertical architecture means the upward expansion of the buildings. Vertical expansion is the most commonly used, its advantages are represented in the optimum investment of land and economical construction costs of buildings and public utilities, but it creates at the same time a high demographic density that may cause in its turn an environmental and social problems for the residents.

4.1.2 The horizontal architecture type

The buildings in this type, spread on the horizontal level, and the heights of buildings is low. In this type of construction there is no necessity for huge quantities of construction materials which usually accompany the vertical type. Horizontal architecture can be therefore executed by relatively low costs, and in this type we can discriminate between two types of this design: (Al & Mohammad, 1977).

The open-to-outward architectural type and the closed-to-inward architectural type.

- **Open-to-outward architecture**

In this type the demographic density is low and it doesn't fit the climatic condition for the hot dry regions; and the crossed roads are usually straight and wide which may be suitable to the traffic and pedestrians activities, but it cause some problems regarding to the hot wind loaded with soils which are popular in these areas.

- **Close-to-inward architecture**

This type creates a good social atmosphere and high demographic density that suits the climatic circumstances, and provides coherent joint and independent demographic groups at the same time (to make an organic composition which provides privacy and coherence). This type allows narrow and zigzag streets that can be easily protected against wind and soil. It assists creating suitable squares for social activities. Accordingly the closed-to-inward type is considered the most suitable for the hot dry areas, as it assists in raising the demographic density by use a compact planning style, and it assists in shortening the lengths of streets and minimizing the costs of constructing utilities and services.

4.2 The suitable urban and architectural composition for the hot dry climate areas

4.2.1 The architectural textile

The compact architectural textile is considered suitable for the hot dry areas where all the buildings will be close to courtyards, (These assist in keeping the cold air from night to make the internal atmosphere mild during the day). In addition to create a self-shading of the buildings and consequently providing a protection to these buildings from solar radiation and wind, this coherent textile helps to shorten the street lengths, thus, protecting them from the sun radiation.

4.2.2 The public spaces and yards

Closed spaces are considered suitable for hot dry climates because they have high thermal balance. It is important to notice that the partition of big spaces into small ones is preferable, because the big the space's area

can absorb large quantity of the solar radiation.

4.2.3 Streets and pedestrian paths

Shading the streets and pedestrian paths are considered an important standard to adapt of climate in the hot dry regions performance, the shading efficiency depends on the width of the street comparing with the neighboring buildings heights, and depends also to the direction of streets and pathways.

4.2.3.1 PEDESTRIAN PATHWAYS

The most important points that should be considered during the making the plans and designing studies for the pedestrian pathways are:

• Protecting the pedestrians from solar radiation by providing a parasol of trees over the pathways.

• The streets preferably should not be straight for long distances to minimize the effect of undesirable winds.

• Separate streets from the pedestrian pathways, which provide security and encourage the usage of the shaded pedestrian pathways.

4.2.3.2 AUTOMOBILE STREETS

Streets should be planned to face the east-west direction which allows the favorite western wind to penetrate most of the areas and allows the buildings to get benefits from it. It is preferable also for these streets to be wide enough to provide the required traffic density.

5 CONCLUSIONS

• Identifying the natural and social environment assists the designer to find out the solutions for all the problems which may confront him. Consequently it is necessary to have architectural concepts for the whole social, economical and architectural aspects and create environment can offer safety, comfort and stability to all the inhabitants. This can not be realized in the absence of targets and planning standards that control the environmental, natural and economical factors.

• It is necessary to comply with demographic standards for all residential buildings, and the identifying the living conditions which should be done, in addition to have population density standards.

• The climatic factors are considered one of the most important elements that affect the design of a project, therefore it should be considered carefully through using designs appropriate the local climatic condition.

• Using compact and closed architectural textiles can help to adapt with the hot dry climate and protect the buildings from solar radiation, and hot winds.

• The closed areas, spaces, yards, and voids can reserve the thermal balance and to protect them from the undesirable wind.

• Separating the automobile streets from pedestrian ones, as well as using short streets with optimal direction is quite important. In addition to pay attention to protect the pedestrian paths and streets form the solar radiation by shading them.

• The rectangular shape of the building with a longitudinal axis faces be east-west direction can get the best natural ventilation and solar benefits.

• Concerning on the importance of shade, shading, and their thermal performance for the building, and their direct effect to realize the optimal thermal balance of human beings.

• Using internal courtyards helps to realize natural ventilation, achieve organic coherence, create an adaptation with the climatic factors, and fulfill of the social requirements of the inhabitants.

- Walls of high thermal capacity should be used because they can maintain the temperature of the internal spaces.

- Using green zones, areas can be helpful to create shaded areas, lower the temperature, purify atmosphere, and block the undesirable wind.

REFERENCES

Ashare. (1966). *Thermal Comfort Conditions*, New York

Abdul Aziz, Saleh (1990). *Step to the Arabic Modern House.*

Abdul Jawad, Tawfiq Ahmad (1969). *The History of Islamic Architecture*. Al Riyadh: The Artistic Modern Press.

Al Khowli, Mohammad Badr Al Dein (1977). *The Climatic and The Arabic Architecture*, Cairo: Dar Al Ma'aref.

Ben Aof, Saeed Abdul Raheem Saeed (1994). *The Climatic Elements and the Architectural Design*, Al Riyadh: The King So'od UP.

Fanger, P. O. (1972). *Thermal Comfort,* New York: McGraw.

Fathi, Hassan. (1988). *The Natural Energies and Traditional Architecture*. Beirut: The Arabic Association for Studies and Publishing.

住宅专题　　　　旧居更新
Housing Session　　Housing Renovation

城市住区更新策略研究：论武汉汉正街居住形态的变迁

Research on Strategies of Urban Revitalization in Residence Areas: the Transformation of Residential Conformation of Hanzheng Jie in Wuhan

刘　莹

LIU Ying

华中科技大学建筑与城市规划学院

School of Architecture & Urban Planning, Huazhong University of Science and Technology, Wuhan

关键词： 可持续性住宅、绿色生态住宅、住区规划设计、住宅单体设计

摘　要： 房地产开发的节能环保要求和人们对住宅消费健康舒适的要求是发展可持续性住宅的根本出发点。本文提出发展绿色生态型住宅小区是实现住宅可持续的关键，并从住区规划设计与住宅单体设计两方面举例阐述。

Keywords: residential conformation, urban revitalization, diversification, sustainable development

Abstract: The cause of urbanization is no more than a pursuing of profit, new methods for producing,exchanging and living, which is pushed by an "unseen" hand.The object of this research is the transformation of conformation of residence, in which studied the history status of the conformation of residence in the Han Zhengjie district, and tried to discuss the future of it. The purpose is to find out how the unique living culture and commercial culture in the Han Zhengjie district could develop sustainably during the new round of urban revitalization.

1　引言

汉正街地区的居住活动可以追溯到明成化年间汉水改道前期，现在"汉口"形成之初，"居住"也许始终算不上是汉正街发展的"主角"，但在汉正街 500 多年的发展和城市化进程之中，却始终伴随着汉正街的商业发展而发展，直至今日。

2　研究概述

2.1　问题的提出

武汉市汉正街地区在大部分人的印象中是繁华喧闹的小商品批发市场，街上充斥着各色商品和人群；但这仅仅只是冰山的一角，汉正街地区更是人们的居住之地，至今仍有 9 万余人聚居于此。那么在汉正街地区繁华的商业表皮之后，隐藏着怎样的汉正街居住环境，汉正街居民怎样在"商品批发市场"之中生活？在最新一轮的汉正街旧城改造项目——"汉正街第一大道"中，笔者发现其基本剔除了居住的功能，而发展纯粹的商业功能，汉正街地区的居住功能还能延续多久？怎样延续？

2.2　研究对象

本文以武汉著名的汉正街地段的居住形态的演变历史，现状和未来为研究对象，其中居住形态现状是考察重点。本文所指的汉正街地区是汉正街商业地段聚集的东汉正街地区，选择这片区域作为研究范

围的原因是这里被商业利益所驱动成为旧城改造的重点地段，地域内居住形态较西汉正街更具代表性与多样性，更能反映城市化的进程对居住环境的影响。

2.3 研究的目的与意义

如何使汉正街地段的独特的商业文化和居住文化在新一轮的城市更新的城市化进程中得到可持续发展，是本文的写作目的；探究的意义则在于汉正街这一特殊地段的发展可以看作是城市产生和发展的缩影，对于解读武汉这座城市特别是汉口地段旧城的发展、城市化进程有着重要的意义。

3 汉口居住历史溯源与汉正街旧时居住形态

3.1 汉口居住历史溯源

今天的汉口只有 500 多年历史，始于明成化年间汉水改道，使汉口与汉阳分离开来。形成汉水惟一入江口；从此，汉水以南为汉阳，汉水以北为汉口。汉口居民始于明英宗天顺年间(1457 年~1464 年)，时值汉水改道之前。汉水改道后，各处居民渐渐在汉水两侧建房造屋，商船也来此停泊，市场开始出现。当时，人们之所以不在长江边，而在汉江边定居，是因为长江边风大浪急，难以存身，而汉江边则因河道弯曲，水势较小，成为天然的避风港。所以汉口一旦形成后，船帆陆续集结，百姓纷纷迁居。从明朝嘉靖到清朝嘉庆，大约 200 余年的时间里，汉口镇人口数增加了 17 倍。居民的聚居地最为集中的地段便是在现在的汉江至汉正街至长堤街之间，这里也成为汉口早期兴盛的代表。

3.2 汉正街旧时居住形态

明嘉靖七年（1528 年），汉口沿岸渡口、码头集舟为市，汉正街（原名正街）市场初具雏形。到明万历年间（1573 年~1620 年），正街一带便形成市镇，成为万商云集，商品争流之地。沿汉水逐渐形成了汉口最早的街道。汉口之正街——汉正街的名字由此而来。清康熙二十年（1681 年），正街已成为"十里帆墙依市立，万家灯火彻宵明"的闹市。同治四年（1864 年），因发展需要，又加修了两个沿河码头：新码头、万家码头，至此整条汉正街上起硚口，下接花楼街，已是"廿里长街八码头，陆多车轿水多舟"的全汉口镇最大一条商业街，外来人口也纷纷涌入。清代末年，汉水的水岸线逐渐向后退，形成东起集稼嘴，西至硚口，全长约十余华里，北边与小夹街、大夹街、汉中路平行，南边与汉水街平行的规模。1926 年后正街改名为汉正街。

许多当时的文字为后人留下了当时汉正街繁华密集的居住及生活景象：当时的汉正街一带街市、巷里、商铺、人口密集，虽然没有什么大街面，但却有风格各异、气势恢宏的寺庙、会馆，而大面积的则是商店、农舍和简陋的工人、下层苦力和市民的住宅、棚房。[1]

住宅：市民住宅遍布市区，在汉正街的两侧或后面形成密集的居民区。大大小小的巷子像画眉笼般，七拐八弯，横竖穿插。既有官商巨贾的洋楼，也有殷实之户独门独栋的砖木建筑，有里弄中成排的出租房屋。更有大量的不规则、矮小的木板房，还有用芦扦、竹席搭盖的窝棚以及沿河的吊脚楼，形成"瓦屋竹楼千万户"的市井风貌。就普通民宅言，房屋紧密相连，门面小，进深大，缺乏窗户，多设天井采光，房内严重潮湿。

生活场景：街上有操着不同乡音的人无休止地谈论生意经；通宵的夜市也传出提着拨浪鼓或小锣，或者用锅铲击订铁锅的叫卖声。麻将桌、鸦片馆、酒店、茶馆散布在横街小巷。茶馆的主顾主要有二：一是中、小工商业者或来往船民．他们利用茶馆这个场所进行交易；另一些是工厂、码头、手工业作坊

---

[1]　汉正街旧时居住形态参考《武汉文史资料》和《近代武汉城市史》。

工人、老年居民以及社会上各色人等，闲暇之余驻足茶馆，听书看戏、抹牌赌博、品茗聊天。

4 汉正街地区居住形态之现状

4.1 汉正街发展概况

在 1861 年开埠后，汉口的商贸中心逐步由汉江北岸的汉正街地区，移向长江北岸的租界地区，汉正街地区开始走向没落。直至 1979 年改革开放后，汉正街地区才逐步成为享誉中国的"小商品批发市场"，商品交易额曾一度名列全国十大批发市场之首。今天的汉正街地区形成服装、文化用品、日用化工等十大批发市场。汉正街地区在经历了近五百年的发展后，从原有的一条正街发展为以汉正街为中心，南临汉江，北接中山大道，西起江汉一桥，东靠友谊大道面积约 1.67km²，由 460 余条街巷构成的整片街区，从东到西穿越利济南路、多福路（汉正街至沿河大道段正在施工中）；从南到北穿越汉正街和长堤街。汉正街地区现有 26 个居住社区，隶属汉正街街道办事处，常驻人口 92051 人。

4.2 汉正街地区居住形态的演变及其形成的动因分析

如前文所述，由于特殊的自然环境，汉正街早期发展并无严密规划，是在商业、运输的经济驱动下，结合防水填土的实际能力，一步步形成和延伸街市的，由沿河码头而河街，后来由河街而正街，由正街、内街，而夹街，而里巷，形成的是东西向平行于汉水的街和南北向垂直于汉水的巷的有机的街巷肌理和与之共生的居住建筑。居住文化和商业文化均随着历史的发展沉淀在汉正街独特的街巷、建筑和居民的日常生活之中。

近 20 年以来，随着一轮轮简单化、大规模推倒重建的旧城改造的进行，汉正街地段传统街巷肌理和与之共生的建筑被一幢幢大体量的商住楼侵袭，这些大体量的建筑实体不仅破坏了原本有机的街巷肌理，切断了街巷与建筑之间共生的关系，冲击了汉正街原生的商业活动方式，还改变着这里的居民原本丰富多彩的街巷生活，销蚀着汉正街的活力和独特性。

表 1 将汉正街曾经存在或仍然存在的所有居住建筑，其产生时期、形成的动因和建筑对基地的考虑与适用方式列出，并以对居住建筑的分类作为下文对现存居住形态分析的出发点。

表1 居住形态的演变

居住建筑		产生时期	现存与否	形成的动因	建筑对基地的考虑与适应方式
低层联排住宅		19 世纪末~20 世纪初	现存	居住的需求	尊重街巷肌理
还建商住楼		20 世纪 80 年代~90 年代初	现存	商业发展的需求 用最少的资金解决更多人的居住问题	彻底破坏街巷肌理 早期旧城改造按面积还建的产物
商品商住楼		20 世纪 90 年代~今	现存	商业利益的驱使 房地产开发	彻底破坏街巷肌理 新一轮旧城改造货币还建的产物
自建住宅		500 年前~今	现存	基地状况和自身需要	自然条件和自我更新
其他	吊脚楼	汉口形成之初~？	消失	居住的需求	临水而居
	船屋	？~今	现存	部分人群的居住需求 船运业萧条	趸船再利用

下面对现存的几种居住形态作重点描述与分析，上表所列吊脚楼由于没有现存痕迹、船屋由于过于

特殊将不再对其进行重点讨论。

4.3 现存的几种居住形态

4.3.1 联排住宅

建筑格局

街巷整体上将地块划分为一种较整齐的竖格栅形状，同时含有与汉水对话的意义。建筑东西向布局表达出与巷道的整体关系：建筑朝向大多是东西向以顺应街巷走向。以大泉隆巷中的联排住宅为例：坡屋顶，层高以2层为主，砖木结构，设有东、西天井，有些室内还保留着较完好的木雕装饰。此类住宅拥有丰富的私密——房间；半私密——走廊、内天井；半公共空间——外天井；公共空间——巷道。明晰的可进入程度，为邻里交往提供了有利的条件。

居住现状

此类住宅由于年久失修，导致居住条件恶化，屋顶漏雨、结构老化现象严重，居住质量正在恶化；户内通常没有独立厨房和厕所，每幢住宅由原来的一户居住变为多户同住，导致居住空间紧张，居民为了增加自身的居住面积，肆意加建和搭建现象普遍，使得原来的室内走道和天井遭到挤占，室内正常的通风和采光无法保证。居民大多是汉正街地区老居民，也不乏外来人口；居民经济水平有限很难以自己的力量修葺和维护住宅；部分住宅的一层被出租作为仓库或商业，经常有搬运工等非居住人口进出。居住社区大多只适宜步行，内部商业设施便捷。

生活方式

联排住宅门前的街巷是居民户外活动的主要场所，这些街巷也仍然承担了原始的而极具汉正街商业文化和码头文化的搬运通道的职能。街巷尺度小，只适宜步行加上南北向通往汉江，夏季有凉爽的小气候环境，居民户外活动丰富，独坐、聊天、打麻将、下棋，邻里关系和睦。

4.3.2 还建商住楼

多层或高层还建商住楼以其巨大的尺度对旧的街巷格局造成了破坏，也改变了居民原有的生活方式。

建筑格局

还建商住楼的裙房多为大空间，出租给批发商用作店面；裙房屋顶设有绿化小品和健身设施，平台以上大多为纯居住部分。居民需通过底层独立的楼梯通向裙楼屋顶平台，再由平台进入各居住单元楼。

居住现状

有不同的户型选择，户内有独立卫生间和厨房，较联排住宅在室内居住条件上有了较大改善；但由于是早期按面积还建的旧城改造的产物，多数居民住宅户型面积较小。居民以汉正街老居民为主，也有少数外来人口。这类较早建成的还建居民楼没有物业管理，居住环境基本由居民自己维系。建筑密度过大，造成楼道通风不畅；由于建设年代较早，通常设有垃圾通道，没有相关管理人员及时清理，造成周边环境卫生脏乱；有的住宅被用作服装生产和餐馆，对居住环境造成一定的污染。顶层平台的加建、搭建现象严重，造成屋顶平台的私人化，挤占了本就稀少的户外空间。

生活方式

裙房的屋顶平台取代街巷成为这里居民户外活动的主要场所：裙房屋顶平台成为商业与居住交接面，成为多栋单元住宅共同的户外平台，有的平台纯粹为居民服务，设有小型的副食商铺、健身器材和绿化小品，部分平台上还设有托儿所和幼儿园，常有居民在平台上健身、聊天，充满生活气息；有的则因为裙房中商业的顽强生命力使得平台生活表现出与街道一般，商业余居住混合的热闹场景。这些平台

通常给人"别有洞天"的感觉及生活在地面一般的错觉，这也正是汉正街地段现代住宅的特色之一。大多数居民是汉正街原地段拆迁人员，原地还建在一定程度上保护了居民原有的社会网络；再者，居民需通过平台进入各自楼栋，这个平台成为居民交往和活动的基础；邻里之间仍保持了良好的联系，但与周边巷道中老街坊的联系减弱。

4.3.3 高层商品商住楼

商品商住楼以其巨大的尺度对旧的街巷格局造成了破坏，也使很多汉正街的原有居民搬出了汉正街，更多的外地人成为了汉正街现在的居民。

建筑格局

商品商住楼是商业开发的商住楼盘：裙房多为大空间，出租给批发商用作店面；底层设有居民专用的电梯间，裙房屋顶通常被设为屋顶花园，平台以上为纯居住部分。

居住现状

有不同的户型选择，户内有独立卫生间和厨房；楼栋卫生环境因物业管理得力而良好；平台虽然有较好的环境。设有物业管理部门，在电梯、楼梯等入口处设有保安看管。室内为居民提供了完备卫生设施、管道煤气、网络通讯等。

生活方式

商品商住楼居民是商品房的购买者，购买者大多是中年的生意人，互不相识，邻里交往淡漠；由于电梯可以直接到住户居住层，其户外活动空间——屋顶花园甚少有人使用。

4.3.4 自建住宅

建筑格局

分布于早期汉正街一片水塘较多的区域由于需要而渐渐居住密集，但受水塘限制而呈现混乱的状态，混乱中也有秩序，连接汉正街和汉水的主要巷道如：大水巷、汉正上下河街是自建区域内部主要的巷道。这种混乱的居民自建的建筑群随着汉正街的发展而不断密度变大，新盖的达到6~7层，也有木板、塑料布搭建的临时住宅。

居住现状

居民不断改建加建，建筑密度极高，其内功能和形式多样。外来流动人口大多寄居于此，汉正街的服装加工作坊在此也较为集中；住宅物质条件较差：部分住宅室内没有厕所，厨房，在门口搭建的棚子里做饭；有的房间被设为生产作坊，打工人员长期住在临时搭建的阁楼之中。这里，人们居住，生产混合在一起。

生活方式

自建住宅形成众多街巷，复杂如同迷宫，街巷空间丰富，街巷中搬运人流往来不断，室内服装生产机器嗡鸣，居民则在门前的巷道中吃饭、聊天、打牌；街巷成为居民生活的重要场所，室内生活室外化现象十分普遍，整个街区的人都非常熟识，邻里熟络。

5 反思与更新策略

5.1 反思

汉正街地区现存的居住形态中众多的合理与不合理混合在一起，但这也成为汉正街活力的源泉，这种多样化的并存正是其最大特色之所在。在进一步的城市化进程中，汉正街地区的居住形态将如何发

展？是单一单调的与其他地区毫无二致的居住模式——严密规划的小区，还是保持其现有的多样化的居住特色？后者似乎符合和适合"汉正街"地区。

5.2 更新策略

今后对于汉正街的更新改造，应从原有的基地特征出发，尊重其有机的街巷肌理，采用多样化、多层面对症下药的更新方式：保护部分反映汉正街居住历史的有价值的低层联排住宅，进行有效的保护，积极修缮，配备必要的室内卫生设施，拆除部分影响采光通风的建筑、构筑物，采取措施预防建筑的进一步老化；更多的采用小规模局部的改造；仅对部分居住环境恶劣、没有改造价值的建筑考虑推倒重建，改造和重建以低层高密度的方式为主。无论采用维护修缮，小规模局部改造还是推倒重建的方式在新的城市更新中的前提条件是保证被更新地段居民的利益，不是把经济水平有限的他们赶走让更有钱的人住进来，不是让他们丧失自己的家园和原有的社会网络。唯有如此，汉正街地区居住功能才能在和谐的多样并存中，适应现代的居住要求，在不丧失其所承载的居住和商业文化中得到可持续发展。

6 总结

本文重点放在了对汉正街现有居住形态的描述与对比，探讨其各自的优劣得失，以此作为基础进行反思和提出更新策略。假若能对汉正街地区今后的更新改造起到些许帮助，也就达到了本文写作的目的。

参考文献

龙元. 武汉市汉正街形态学研究. 21 世纪城市论坛，2004(11)

（美）亚历山大. 城市并非树形. 建筑师，24

（丹）杨·盖扬·盖尔，何人可译. 交往与空间. 北京：中国建筑工业出版社，2002

方可. 当代北京旧城更新——调查·研究·探索. 北京：中国建筑工业出版社，2000

阳建强，吴明伟. 现代城市更新. 南京：东南大学出版社，1999

王彦辉. 走向新社区. 城市居住社区整体营造理论与方法. 南京：东南大学出版社，2003

Jacobs，Jane (1961). *The Death and Life of Great American Cities*. New York: Random

台北市整建住宅更新之研究

Research of The Resettled Tenement renewal in Taipei city

廖乙勇[1]　　陳錦賜[2]

LIAO Yi-Yung[1] and CHEN Ching-Tzu[2]

[1] 文化大學建築及都市計畫系所
[2] 文化大學環境設計學院

[1] Architecture &City Planning, Chinese Culture University, Taipei

[2] College of Environmental Design, Chinese Culture University, Taipei

關鍵詞：　台北市、整建住宅、都市更新、再生

摘　要：　台北市整建住宅是 1962 年~1975 年開闢公共設施而興建安置拆遷戶的住宅型態，為減輕負擔僅規劃 8~15 坪。隨著社會、經濟環境的變遷，整建住宅已呈現老舊窳陋、公共設施不足、室內空間狹小、戶外空間缺乏，公安、消安、治安的死角多，已成為台北市"衰敗"的地區，正面臨著"廢棄"的危機或"再生"的轉機？

文獻分析發現，台北市整宅類似國外低收入住宅，正面臨著"衰敗環境亟需更新"、"經濟弱勢無力更新"及"社區紋理不能被更新"等課題，本研究從環境品質認知、財產價值認知及社區自明性認知三個面向分析台北市整宅更新的課題，提出更新評估指標與策略作為整建住宅更新政策之參考。

Keywords: Taipei, resettled tenement, urban renewal, regeneration

Abstract:　The Taipei Resettled Tenement is a type of residence aiming to develop public constructions and settle down local residents in year 1962 to 1975. In order to mitigate burdens of low-income local residents, only 26.4 to 49.6m²of level grounds were planned. However, following transitions of city, society and economy, most Resettled Tenement communities now appear old with insufficient public facilities, narrow spaces, inferior environment quality and deficient public exercising spaces, and these places had become a dark corner of public order. They have become a declining area of Taipei and are now facing a "cavity" crisis or a "regeneration" turning point?

The Resettled Tenements in Taipei city, are facing some complicated problems, including that the surrounding is declining and extremely needs for renewal, that the economically disadvantaged minority has no power to renew their houses, and that the network of the community cannot be renewed. The documents discussion topic of low income housing renewal include residents' recognitions of environment quality, property value and community identity . Therefore, based on recognitions of environment quality, property value and community identity, this research analyzes the topic of Resettled Tenement, also provide some useful strategies for Taipei Resettled Tenement renewal policy.

1　前言

　　台北市在第二次世界大戰後發生兩波移民潮，第一波是 1949 年隨國民黨當局撤退來台的大量政治移民，另一波是 1960 年代鄉村人口大量湧入都市的城鄉移民（許坤榮，1988）。在政府部門無力解決大量移民的住宅需求下，舊台北城邊緣的萬華區及中正區的河邊低窪區及公共設施預定地，大量興建臨時性住宅及違建住宅（周素卿，2000）。1962 年四年經建計畫實施，台北市積極興建公共建設（道路、自來水及下水道工程、淡水河防洪堤防工程），為了安置公共設施預定地的違建拆遷戶並減輕其負擔，興建了 8~15 坪的整建住宅（當時稱之為徙住住宅），一直到 1975 年配合"萬大計畫"興建的蘭州

國宅及南機場整建住宅，共興建了 24 處 11,012 戶整建住宅（以下簡稱整宅），共約安置了五萬六千名拆遷戶居民（周素卿，2000）。1970 年代，台北市整宅是當時國家住宅的 櫥窗，但是，在都市型態及社經環境的變遷下，現已成為邊緣化的住民及失序的社會環境，且被視為台北市的貧民窟（周素卿 2000）。整宅社區目前已呈現老舊窳陋、公共設施不足、使用空間狹小、環境品質低落、缺乏戶外活動空間，且公安、消安、治安死角多，正屬於台北市發展的"衰敗"地區，面臨著"廢棄"的危機。因此，如何使整宅社區得以"再生"，是台北市都市更新的重大課題，也引發了本研究的動機。本研究分析整宅發展的背景及更新面臨的課題，提出更新評估指標及對策供整宅更新策略參考。

台北市整宅型態類似國外的貧民窟（slums）、違建住宅區（squatter）或是低收入住宅區（shantytowns），已然成為都市環境"邊緣化"及經濟環境"弱勢化"的地區，社區紋理正面臨著被瓦解的危機（Ha Seong-Kyu, 2004）；這些社區經常被視為"都市之瘤"或"都市之癌"，例如：印度貧民區對外部環境的衝擊（Vinit Mukhi ja, 2001）、漢城都會低收入住宅區的邊緣化（Ha Seong-Kyu, 2004）、土耳其安哥拉市非正式住宅區的轉換（Dündar, 2001）、北京城老舊窳陋住宅區的更新（Junhua Lü, 1997），都是討論低收入住宅區"環境品質"的課題。有關低收入住宅區"財產價值與產權轉變"的課題，例如：孟買貧民區更新的產權轉變、財產價值與外部環境的特性（Vinit Mukhi ja, 2002）、東柏林經濟體制改變與住宅產權的轉換（Bettina Reimann, 1997）、上海市場經濟導向的住宅更新及產權轉換的結果是驅逐低收入原住戶（Wu Fulong, 2004）。因此，低收入住宅區的更新也涉及"社區紋理延續性"的課題，例如漢城再發展計畫的低收入住宅區更新破壞社會網絡並逐出原住戶（Ha Seong-Kyu, 2001；2004）。

從上述相關文獻發現，台北市整宅類似國外的貧民窟（slums）、違建住宅區（squatter）或是低收入住宅區（shantytowns），面臨著"環境品質的改善"、"財產價值的提升"、"產權的轉變"及"社區紋理的延續性"等方面的課題。

2　台北市整建住宅發展的背景與更新課題

如引言所述，台北市整宅型態的發展有其特殊的政治、社會背景，現在正面臨著"廢棄或再生"的轉機。為助於更新策略的研擬，就整宅的發展背景及更新面臨課題敘述分析如下：

2.1 整建住宅發展背景

台北市整宅形成的歷史背景與各階段的住宅型態，可分成五個階段，分期敘述如下：

(1) 1949 年~1960 年，臨時性住宅及違建住宅時期（squatter）：

1949 年國民黨當局，遷移來台，政治移民潮大量湧入台北市的邊緣地區，大量興建"臨時性住宅及違建住宅"。

(2) 1960 年~1970 年，整建住宅時期（Resettled Tenement）：

台灣農業社會轉型為工商業社會，鄉村人口大量集中於都市，台北市配合四年經建計畫及升格為直轄快速發展都市公共建設，為安置違建拆遷戶，1962 年開始興建"整建住宅"。

(3) 1970 年~1980 年，國民住宅政策時期（Public Housing）：

為了符合孫中山"住者有其屋"的理想並照顧中低收入家庭，政府開啟了興建"國民住宅"的政策。

(4) 1980 年~1990 年，民間私有住宅興盛時期（Private Housing）：

1980 年代，房屋市場景氣佳，民間"私有住宅"大量興建。

(5) 1990 年迄今，都市更新策略時期（Urban renewal）：

市區老舊住宅社區環境老舊窳陋、公共設施缺乏、權屬複雜，開啟了"都市更新"策略的時代。

1960 年代，台北市正值改制為直轄市的轉變時期，各項公共建設積極展開，經濟起飛，都市人口快速增加，社會結構大幅轉變。整宅是當時市政府推動公共建設安置拆遷戶的住宅政策，平均面積每戶 46.96m²，每人 8.7m²，較當時一般住宅平均面積每人 9.99m²，相差不大。隨著市民家庭所得及居住空間需求的增加，至 2002 年，一般住宅每人居住的平均面積已增至 30.04m²，每戶住宅平均面積為 102.38m²，約為整宅的 3.45 倍。

整宅是台北市政府國宅處前身國民住宅興建委員會於公有土地上興建，以 1970 年代當時的經濟環境及台北市民的所得水準而言，已符合當時居住的品質及空間需求；為減輕低收入拆遷戶的負擔，採用售屋租地方式辦理。1988 年，因房地產景氣及住戶陳請，整宅社區內的市有土地開始讓售予住戶，至今仍有少數住戶尚未價購市有土地或未向國宅處辦理產權過戶，並私下轉售多次造成產權不清的問題。

台北市政府國宅處自 1975 年度起開始興建一般國民住宅，配售給中低收入的市民。從 1975 年至 2002 年共興建 51328 戶國宅，總樓地板面積計 5467319m²；每戶平均面積從 75.99m²（1975 年~1981 年）到 97.26m²（1982 年~1986 年）到 107.8m²（1987 年~1991 年）到 119.21m²（1992 年~1996 年）到 137.8m²（1997 年~2001 年），依各階段市民的經濟所得不同調整住宅空間的大小。相較之下，整宅戶數雖佔市府興建住宅總戶數的 16.8%，總樓地板面積佔 8.2%，但是每戶平均面積僅為國宅的 44.1%。

1961 年~1975 年興建完成 11012 戶整宅，安置 56000 名違建居民，佔當時台北市總人口的 3.5%；到了 2002 年底約僅佔全市人口的 2.12%。興建之初整宅住戶均為低收入戶，居民屬性相差不多；經過 40 多年社會結構的改變，整宅社區時空上產生了結構性的改變，也形成整宅問題的根源，敘述如下：

(1) **時間軸上的問題：**整宅社區年久失修，缺乏有效維護呈現衰敗現象，社區居民經濟能力改善者大多遷居他處，留住社區者多為中低收入戶、獨居老人、弱勢住戶及租屋房客。居民屬性的演變大致分成三個階段：（1）1961 年~1971 年，整宅社區屬於安置拆遷戶的住宅社區；（2）1971 年~1981 年，整宅社區屬於低收入戶及勞工階層居住的社區；（3）1981 年~2004 年，整宅社區屬於低收入戶及臨時居住戶（出租戶）的社區（周素卿，2000）。現已成為台北市經濟弱勢的住宅區，無力更新。

(2) **空間軸上的問題：**整宅社區大多位於舊台北城邊緣的萬華、中正及大同區一帶，屬於台北市早期發展的地區之一。由於台北市改制後，都市建設由西往東發展，以開發新興地區為主（如新生南路以東地區、信義計畫區、內湖南港重劃地區），整宅社區現在已屬於台北市衰敗的地區，亟需更新。

因此，台北市整宅社區在時空環境的變遷中，現已面臨著"經濟弱勢住戶"的無力更新、"窳陋衰敗環境"的亟需更新、"社區紋理"不能被更新等複雜矛盾的課題。

2.2 整建住宅更新課題

經整宅發展背景的分析，其更新課題可分為環境面的"環境品質"、經濟面的"財產價值"及社會面的"社區自明性"三大面向，概念如圖 1：

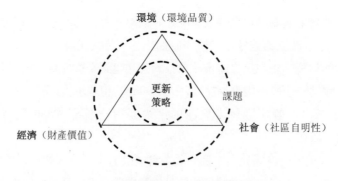

圖1　整建住宅更新課題概念圖

　　就整宅更新課題的概念分析，環境品質面向可分為"外部環境"、"內部環境"及"空間質量"的課題；財產價值面向可分為"財產價值"、"產權轉變"及"經濟效益"的課題；社區自明性面向可分為"社區紋理"、"社區自主性"及"社區認同度"的課題，分析如下：

(1) 環境品質面向的課題： （1）外部環境屬於都市邊緣化地區且環境窳陋衰敗；（2）社區內部環境公共設施不足及戶外活動空間缺乏；（3）建築物室內使用空間狹小、安全及衛生的維生設備不足。

(2) 財產價值面向的課題： （1）建物老舊破敗，房地產價值低於區位市場行情；（2）公私有產權持分複雜及部分住戶產權不清；（3）不符現代都市住宅應有的機能及經濟效益。

(3) 社區自明性（identity）面向的課題： （1）缺乏自主性的社區組織與溝通管道；（2）社區紋理屬於經濟弱勢化的社區族群；（3）社區戶數多，缺乏認同度及共識，整合困難。

3　整建住宅更新評估指標

　　經整宅發展背景及更新課題的分析，從"環境品質、財產價值、社區自明性"等面向建構整宅更新的評估指標共計27項，評估指標內容經問卷調查後可以因子分析方法量化，作為整宅更新策略研擬的參考，現就其各面向更新評估指標內容分述如下，其中關係如表1所示：

(1) 環境品質認知面向的評估指標：

- 外部環境評估指標：a.整建住宅的區位、面積與戶數；b.整建住宅建築物的構造與興建年代；c.整建住宅的違章建築面積與戶數。

- 內部環境評估指標：a.整建住宅戶外活動空間的面積與比例；b.整建住宅是否設置日常生活機能的設施；c.整建住宅是否設置居民的交誼空間。

- 空間質量評估指標：a.整建住宅每戶平均使用的室內面積；b.整建住宅公共安全的設施標準；c.整建住宅的衛生設備標準。

(2) 財產價值認知面向的評估指標：

- 財產價值評估指標：a.整建住宅的房地產市場行情；b.整建住宅的房地產交易狀況；c.整建住宅的房地產漲跌幅度。

- 產權轉換評估指標：a.整建住宅的合法戶數及違建戶數；b.整建住宅公私有產權的比例；c.整建住宅產權不清的戶數。

- 經濟效益評估指標：a.整建住宅每戶的平均人口；b.整建住宅每戶平均的年所得；c.整建住宅更新後每戶的平均面積。

(3) 社區自明性認知面向的評估指標：

- 社區自主評估指標：a.整建住宅是否有鄰里辦公室；b.整建住宅是否設置社區工作站；c.整建住宅是否組成更新促進會或籌備會。

- 社區紋理評估指標：a.整建住宅的居民屬性；b.整建住宅的社區網絡與結構；c.整建住宅弱勢居民

的政府補助狀況。

- 社區認同評估指標：a.整建住宅的更新宣導機制；b.整建住宅更新改建的同意比例；c.整建住宅更新過程的公開透明度。

表1　台北市整建住宅更新評估指標分析表

課題面向		課題陳述	更新評估指標	策略
環境品質	外部環境	都市邊緣化地區、環境窳陋衰敗	社區的規模、建物的年限、違建戶數及面積	改造
	內部環境	公共設施不足、開放空間缺乏	戶外空間比例、生活機能設施、交誼空間	
	空間質量	室內空間狹小、維生設備不足	每戶使用空間量、公共安全設施、衛生設備	
財產價值	財產價值	建物老舊、房地產價值低	房地產的市場價值、交易狀況、漲跌幅度	創造
	產權轉變	產權不清、公私有產權持分複雜	合法戶數、公私有比例、產權不清戶數	
	經濟效益	不符現代都市住宅的機能與效益	平均每戶人口、平均年所得、更新後面積	
社區自明性	社區自主	缺乏自主性的社區組織及運作	鄰里辦公室、社區工作站、更新促進會	營造
	社區紋理	屬於經濟弱勢化的社區族群	居民的組成屬性、社區網絡與結構、政府的補助	
	社區認同	缺乏社區共識及熱誠，整合困難	更新宣導機制、更新同意比例、公開透明操作	

4　整建住宅更新策略

4.1　整宅更新政策回顧

　　1990年代，台北市政府為加速推動整宅社區的更新，並在"老舊地區都市更新"、"空間再造計畫"及"都市再生及產業活化"的整體都市更新策略下，制定了整建住宅的更新策略如下：（1）進行公共環境及設備維修改善實質環境；（2）成立專案小組協助住戶解決產權過戶登記等問題；（3）舉辦整建住宅更新說明會，並配合地方需求到當地說明；（4）成立地方更新工作室，協助住戶諮詢及辦理更新相關事宜；（5）劃定整建住宅地區為都市更新地區；（6）協助整建住宅低收入戶貸款利息補貼及擬定都市更新規劃補助辦法；（7）舉辦整建住宅都市更新種子營，提供社區領導人對都市更新相關課題的解析，進而透過鄰里關係的拓展，共同推動整宅更新改建。市府基於推動整宅更新的具體成效與協助居民的自力更新，更新策略較著重於實務操作的宣導、補助及協助，缺乏整宅社區更新再發展的目標及上位指導方針。

　　2000年代，台北市整宅更新的政策大致可歸納為五個方向，敘述如下：（1）協助自主更新，由社區居民自組更新團體辦理更新重建，並給予適當的規劃費用補助；（2）台北市更新自治條例修法通過整宅更新給予50%容積獎勵，期望滿足更新後每戶住宅面積可達到台北市平均每戶的面積93.9m^2，例如：水源一期整宅更新後平均每戶面積為102m^2，水源二、三期整宅更新後平均每戶面積為96m^2；（3）以公平的權利變換機制操作更新，依據現住戶的經濟狀況規劃設計多樣性的分配單元，盡量使所有住戶更新後均能現地安置，延續社區既有的人際網絡及紋理，並確保不參與者的權利價值；（4）建立更新基金協助機制，協助弱勢住戶的更新重建貸款，必要時可作為銀行貸款連帶擔保的功能；（5）研擬以信託方式辦理都市更新，建立銀行貸款給整宅更新重建的機制，作為整宅更新籌措資金的管道。

4.2 整建住宅更新策略建議

台北市政府於 1990 年代及 2000 年代積極推動整宅更新，迄今，僅有捷運工程損壞的水源一期整宅（林口社區）更新完成。整宅社區產權複雜、居民共識不足、缺乏溝通管道派系對立、經濟能力弱勢過於依賴政府的獎助及介入，更新問題困難重重不易推動。本研究有鑑於此，經前述更新課題的分析及評估指標的建構後，初步建議整宅更新的策略應包括：環境品質的"改造"、財產價值的"創造"、社區自明性的"營造"，分別敘述如下：

(1) 環境品質"改造"策略：
- 外部環境：整宅社區外部環境的更新必須符合都市機能的定位，配合地區環境發展的特色，與鄰近地區建物量體、材料質感及色彩融合。
- 內部環境：整宅社區內部環境的更新必須兼顧社區紋理、產業、歷史文化及風俗習慣的延續性。
- 空間質量：除現代住宅應有的機能及品質外，應兼顧居民的負擔能力，規劃多樣性的需求坪數。

(2) 財產價值"創造"策略：
- 財產價值：建立公平、公信、公正的估價機制，透過公開的權利變換計畫確保居民的財產價值。
- 產權轉換：釐清產權不清的原因，設置專責單位協助居民合法移轉產權，降低更新的阻力。
- 經濟效益：宣導正確權利變換的觀念，提升居民更新後的財產效益，創造社區整體的經濟效益。

(3) 社區自明性"營造"策略：
- 社區自主性：由居民自組更新團體辦理更新，凝聚居民的熱誠與共識，營造社區的自明性。
- 社區的紋理：考慮現有居民的結構與負擔能力，規劃多元性與彈性的更新單元，提供現有居民最有利的選擇與分配，延續社區原有的紋理。
- 社區認同度：更新過程應公開、公平及公正，定期召開說明會、座談會與公聽會，增加居民參與更新的認同度。

5　結論

整建住宅社區屬於台北市邊緣化且衰敗窳陋的地區，正面臨著環境品質亟需更新、弱勢居民無力更新與社區紋理不容更新的課題。因此，台北市整建住宅更新政策不能僅以補助或改善外部環境為目標，必須由居民自發性改善"環境品質"的**認知**開始，進而**認識**"財產價值"的創造權利，才能改變主觀意識，**認真**營造"社區自明性"的共識，自主推動更新。

整建住宅更新課題複雜繁瑣，建議從"環境品質、財產價值、社區自明性"三個面向評估指標的問卷調查，並以因子分析方法量化出重要的因子作為整宅更新政策的具體參考。本研究初步建議整建住宅更新策略方向為環境品質的"改造"、財產價值的"創造"、社區自明性的"營造"。

首先，**"改造"**環境品質的更新策略，不能僅考慮外部環境的改善，應兼顧居民對內部環境及空間質量的需求性；其次，**"創造"**財產價值的更新策略，應教育居民認知財產價值的個別效益、產權轉變的加成效益與社區整體更新的聯合效益；最後，**"營造"**社區自明性的更新策略，從改變居民主觀意識到凝聚社區共識到自組更新團體推動更新，兼顧弱勢居民權益，延續社區紋理、強化社區自主性及認同度。

參考文獻

營建署. 都市更新條例及相關法令彙編輯. 營建雜誌社，2000
台北市政府都市發展局. 翻轉軸線、再造西區. 都市更新專刊. 台北市政府都市發展局，2001
台北市政府都市發展局. 台北市都市更新自治條例. 台北市政府都市發展局，2005

米復國. 台灣的公共住宅政策. 台灣社會研究季刊第一卷, 1988

周素卿. 台北市南機場社區貧民窟特性的形構. 地理學報第 28 期, 2000

許坤榮. 台北邊緣地區住宅市場之社會學分析. 台灣社會研究季刊. 1(2-3), 1988

廖乙勇建築師事務所. 中正區水源路二至五期整建住宅暨附近地區都市更新計畫案總結報告書, 台北市政府都市發展局委託, 2002

廖乙勇, 陳錦賜. 台北市整建住宅更新的課題與對策之研究（以水源二、三期整建住宅為例）. 2005 年全國土地管理與開發學術研討會－新世紀國土計畫與土地利用的展望與變遷. 長榮大學, 2005

Bettina Reimann (1997), "The transition from people's property to private property: Consequences of the restitution principle for urban development and urban renewal in East Berlin's inner-city residential areas", *Applied Gegraphy* 17(4), pp.301-314.

Ha, Seong-Kyu (2004), "New shantytowns and the urban marginalized in Seoul Metropolitan Region", *Subscribed Journal of Habitat International* 28(1).

Ha, Seong-Kyu (2004), Housing renewal and neighborhood change as a gentrification process in Seoul, *Subscribed Journal of Cities* 21(5), October.

Junhua Lü (1997), "Beijing's old and dilapidated housing renewal", *Cities* 14(2), p59-69.

Vinit Mukhija (2002), "An analytical framework for urban upgrading: property rights property values and physical attributes", *Habitat International* 26, p553-570.

舊城更新過程中的居住適應性初探

The Primary Research of Residential Adaptability in Urban Renewal

胡曉芳　楊鳴

HU Xiaofang and YANG Ming

華中科技大學建築與城市規劃學院

School of Architecture & Urban Planning, Huazhong University of Science and Technology, Wuhan

關鍵詞： 舊城更新、適應性、居住形態、介面

摘 要： 漢口"漢正街"經過 500 年發展，從一條依河而市的老街轉變為了包括 26 個社區的南北延伸的整片街區。和香港灣仔地區相似，這裏共存著原生的居民自建區域、新舊建築交雜的繁華老街、和大規模開發的現代化商住空間；商業、生產、居住等功能混雜，人口組成繁複。在長期和大量的實地調研基礎上，本文以漢正街地區多樣的居住空間環境為研究樣本，通過對不同區域的住宅成因、人員組成和居住形態等方面的探尋，分析居民的居住適應性狀況，希望為舊城區住宅更新的推進提供反思和探討。

Keywords: Urban renewal, adaptability, residential conformation, interface

Abstract: After 500-year evolution, Hanzheng Street, the most famous urban quarter of Hankou, has become a trading district consisting of 26 urban blocks, which was an old city market along the Han River in the past. Similar to the Wanchai area in Hong Kong, the original residential blocks, the traditional busy markets and numerous modern dwellings coexist in the same district. In this circumstance, the urban functions such as commercial, industrial and residential, and the population components are complex. Based on the elaborated investigation and practice, this thesis will study the case of Hanzheng Street urban quarter on the cause of residential formation of different areas, population components and housing conformation, analyse the characters of residential adaptability, and finally table the appropriate proposals and suggestions to the traditional urban quarter renewal.

1 引言

大量的城市建築中，居住建築是一個城市的母體和基因，居住形態很大程度上影響著城市形態和居民的生活方式，而社會、經濟等因素的發展變化又會引起基因的變異和重組，舊城更新研究就如同研究一個城市的 DNA 鏈條，有時需要修復它，有時需要改變它，為的是適應其所處的複雜環境。那麼城市更新過程中保留下來的、新創造的、和部分保留並有所改變的居住建築，是否真正適應了它們各自的環境，是否滿足了當地居民在基礎生活、安全保障、交往互通和文化生活等方面的需求呢？究竟是建築適應了人的生活，還是人在適應發生巨變的建築環境呢？在毫不喘息的建設過程中，我們也需要暫時停下來，以一種負責的態度來總結經驗，研究當前的居住狀況，聽取居民的反饋意見，以期在今天的舊城改造中繼承、發揚和創造，讓舊城展現出和諧的空間形態、深厚的文化底蘊和充沛的現代化活力。

2 研究背景

"漢正街"可以稱得上是武漢的"母親街"，她從一條沿河成集、依河而市的老街，到如今已經超越街的範圍而轉變為面積約 1.69km²，由 460 餘條街巷構成，以漢正街為中心南北延伸的整片街區，常住人口近 13 萬，其中外來人口約占 60%，本地人口約占 40%。漢正街是一個具有 530 多年歷史的水陸

商埠，是"漢派"商業文化的發祥地，近百年來，一直是舊漢口鎮的商業精華之所在。1979年改革開放後，漢正街小商品批發市場又以其不凡的商業競爭力贏得了中國之最——"天下第一街"的美譽。

作為一個典型的城市更新樣本，漢正街涵蓋了居於此處的人們生活的方方面面，也承載著武漢這個城市的歷史文化和公共記憶。和香港的灣仔地區很相似，在這裏共生著完全處於原生狀態的居民自建區域、新舊建築交雜的繁華老街、和大規模開發的現代化商住空間，商業、生產、居住等功能混雜，人口組成繁複。有人說，"混雜"加"活力"是漢正街的同義詞。但是"混雜"從某種角度來說又限制了她的活力，制約了當地居民生活質量的改善。

由於流動人口比重大、組織鬆散、居民中文化水平普遍偏低等原因，公眾參與在漢正街地區的更新過程中始終處於缺位狀態，設計者與居民間的資訊交流不暢，使得真正需求與預期設想存在較大差異，規劃設計人員用各種方式繪製的他們自己心中的漢正街藍圖，但卻不一定是屬於漢正街居民的。大規模的推倒重建海嘯般的吞噬了舊有的街巷傳統生活，但是它帶來的生活、衛生、安全等質量的大幅提高又似乎證明這一舉措的勢不可擋。在這些充滿爭議的更新舉措實施及日後使用的過程中，我們通過調查其使用狀況發現了人和建築空間驚人的適應性，就像許多事物需要磨合過程一樣，人和建築也需要磨合適應，我們可以在這樣的過程中挖掘潛在的需要，總結以前的經驗，為今後的更新改造提供依據。

3　建築空間類型及居住狀況的調研與分析

本文的研究範圍限定在東漢正街地區，即中山大道與漢水之間，西起武勝路東止友誼南路的一塊不規則形的區域（圖1）。選擇此區域的原因是：（1）迄今為止這裏一直是商業最繁華、最具活力的地區。（2）這一地區是當前舊城更新的重要地段，也是建築空間類型最為豐富的地區，具備樣本的多樣性。（3）人口組成相對複雜，更新的矛盾也相對突出，對於居住環境的需求也具有特殊性，居民在居住過程中體現出自發的適應行為。

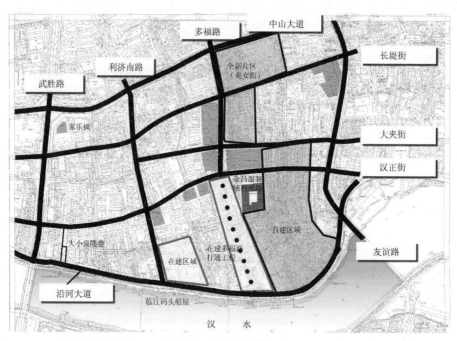

圖1　研究物件範圍

本研究進行了大量的歷史文獻搜集，多次的管理監督部門走訪，和長期的實證考察訪問。根據居住建築的空間形態和更新狀況，該地區主要存在自建區域、臨江碼頭船屋、新舊建築混雜區域和大型開發區域等四種區域類型，下面將就不同區域的居住建築成因、人員組成和居住形態等方面，對居民的居住

適應性狀況進行分析。

3.1 自建區域

自建區域主要分佈在研究地域的東南部，靠近漢江，這裏原為低窪地和水塘，早期的發展儘量避開這一因素而集中在該部分以北。後來由於人口增加對土地需求增大，這裏成為湖南人來漢口謀生的聚集地。他們順應地形，自建民房，於是在建築之間便構成了極不規則的道路系統，可識別性很差，建築占地面積較小，由居民隨時自行加建和改建，樓層由開始的2~3層逐漸增加到4~5層（圖2）。

該區域現在主要以居住、小型作坊式生產為主，有少量的服務性商業設施（如菜場、餐飲、旅館等），基本衛生條件較差，戶內多沒有單獨的廚衛設施。居民以出租房屋的原住民（一般以出租房屋為主要收入的低收入人群，很少從事生產）和從事生產活動的外來人員（即作坊中的打工者，規模稍大的作坊老闆一般另外在別處租住房屋）為主，外來人員許多都來自湖北仙桃和鍾祥，形成一定的聚合效應。

此處的生產活動集中在生產服裝輔料和服裝加工行業，包括電腦繡花、盤花、縫紉、壓棉、印花、手工串珠等工序。這些活動對空間面積要求不高，再加上臨金昌服裝輔料大市場和沿河大道近的便利，因此儘管對建築和街巷空間的利用已幾盡極致，加工業還是相當發達。由於作坊的生產能力有限而產品需求量很大，這裏的生產活動基本沒有時間限制，工人們三班倒，樓下生產、樓上睡覺、門口吃飯，建築通過夾層和加層方式，形成極端的"下廠上宅"、"前廠後宅"模式，居住環境相當惡劣（圖3）。生產活動對周邊的居民生活影響很大，由於街巷大多都只有3~4m寬，白天街道上的餐飲、生活用品、菜場等攤點當街擺放，相當繁華，而生產原料和產品的運進運出經常成為交通瓶頸，給居民出行帶來不便，而且完全沒有戶外活動場所；晚上機器生產的雜訊往往又成為擾民的罪魁禍首，居民雖然怨言不少，但是以房屋租金為主要收入的人們還是只能發發牢騷而已，尋求不到解決的辦法。

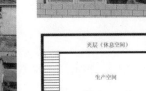

圖2　自建區域鳥瞰　　　　　　　圖3　極端的"下廠上宅"和"前廠後宅"模式

在這一地區基礎設施的缺乏、建築空間的狹小、以及私人改造能力有限等原因，使得居民表現出一種被動的適應，這種適應是以生存為前提的，而非以改善為目的。儘管如此，這其中還是蘊涵了現代建築無法比擬的優勢：

(1) 住宅與居民息息相關。因為都是私房，居民有充分的權利根據自己的需要改變自己的住宅，充分體現了使用者的利益。

(2) 不規則的佈局，不規則的空間，使得這塊區域有著很大的改造餘地，有較大的彈性空間，能夠適應漢正街長時間以來的變化發展。

(3) 改造居住條件，居民有著自己的一套方法，包括對於結構的掌握，材料的選擇。這些方法造價低

廉，又比較實用。

(4) 混雜的居住，卻留出了豐富的街巷空間。在這樣的空間中，沒有絕對的公共和私密，反而體現出一種極至的公共，居民在這裏交談，打牌，整個街區的人都非常熟識，與現代大型住宅樓冷漠的鄰里關係形成了強烈的對比。

3.2 臨江碼頭船屋

這是一個特殊的區域，由於與漢正街地區的活動息息相關，本研究還是將其納入進來。漢正街因水而興，因商而盛，這一地區主要的街巷早先都以南端漢水碼頭的名字來命名，這也再次證明了街巷與水的一體化關係的存在。漢江北面沿河存在17個碼頭，原有的碼頭在歷史上由於水運發達而非常繁華。即位于現在的江漢一橋和江漢三橋之間，以及江漢一橋的西面。但是近年來由於水運萎縮，碼頭漸漸成為漢正街商品的物流中心，客運，貨運混雜。而漢江上原有的躉船被私人出租，成為旅館、住宅和餐廳等。船屋的出現，可以說是漢正街發展變化的縮影（圖4，圖5）。

图4　漢江沿岸的船屋　　　　　　　　　　图5　碼頭和傳統街巷

船屋主要分為兩種，一種是與漢正街密切相關的、用作搬運工的住處，打貨人的旅館以及倉庫或餐廳的船隻。另外一種是漁民的船隻，主要功能是漁民的居住。

(1) 用作搬運工的住處，打貨人的旅館以及倉庫或餐廳的船屋

有1~3層，形成了退臺式，主要依靠較長的跳板和岸邊聯繫。大部分用作漢正街的倉庫，其餘都改造為旅館，住宅，餐廳，小部分為碼頭物流的工作人員用房。內部房間一字排開，有內廊式和外廊式。包括單人間和雙人間，面積均在6m²左右，使用公共廁所。由於室內空間較小，船的邊緣空地，船頭以及中間過道就成為公共活動的場地，擇菜、做飯、晾衣、聊天、打牌等等都發生在這裏。

(2) 漁民生產和居住的船屋

整體上是十幾條漁船一字排開，漁船之間通過跳板聯繫在一起，其間布下漁網，成為天然的貨艙，同時，互相交叉的跳板又將水面空間分割，形成了一種有趣的水上庭院。和漁船在空間上相對的是岸上的賣魚的碼頭以及岸上的大泉隆巷和小泉隆巷，保持了歷史上碼頭和街巷的對應關係。實際上，漁船就是一個漁行。通常主人一家都居住在上面，和相鄰的船隻的交往就在船邊緣進行，並且可以幾艘船來回走動。小小的漁船成為做生意，居住，交往，休閒的綜合體。

船隻由貨運轉化為供居住的旅館、住宅，這種變化反應的漢正街和漢水關係的轉化，是漢正街特有的。可以保留這種特點並加以開發運用，豐富船屋的功能和空間組合類型，並且將碼頭景觀與相關的街巷空間聯繫起來，將能夠為漢正街居民的文化和物質生活提供更大的選擇空間。

3.3 新舊建築混雜區域

新舊建築混雜區域以20世紀70、80年代建造的多層住宅和見縫插針的自建低層住宅為主，保持了自建區域的靈活街巷形態，生活條件較之完全自建區域有所改善，主要分佈在本研究區域的東北部，靠近中山大道（武漢的主要城市幹道之一），以全新街精品服裝市場為核心，專營女士精品服裝、鞋帽及配飾，在當地俗稱為"美女街"。

這是一個令人驚喜的區域，商業活力的形成完全是來自於市場自身的生長，吸引了本地及周邊地區的許多進貨商和年輕消費者。隨著地區行業協會的形成和部分民間資產的注入，連片住宅的一層被連通改造為商鋪，統一進行店鋪外立面裝飾，主營服裝和相關商品的零售和批發；樓上仍為居住空間，商業活動的時段性對居民生活也沒有生產活動那麼大，許多居民本身也在其中從事商業活動，同時還帶動了周邊餐飲、美容美髮等服務行業的發展。市場的壯大對於經營環境的要求日漸提高，經濟狀況的改善也使得當地的居民有能力自發的更新住宅和街巷的環境（圖6），最近"老鼠街"和"財喜街"（圖7）的開街讓我們看到了這種街巷中"老鼠打洞式"的發展模式給居民和商戶帶來的財富和喜悅。

圖6　居民自主更新後的民宅

圖7　全新開街的"財喜街"

3.4 大型開發區域

大型開發區域則是和國內許多城市的開發一樣完全的推倒重建的，下面三到五層是大型商業和倉儲空間，上面則是通過一個共用平臺的轉換形成隔離的高密度多層點式住宅，試圖從垂直界面上減小商業對居住的影響。

高層住宅中的居民多為拆遷還建的原住民，也有許多外地來漢口經商的外來人口，單元式住宅獨門獨戶的內聚性，使得居於其中的人們很少交往的機會，而人員構成的複雜也使人們加強了戒備心，相互交流的可能只限于老鄰居、老街坊，或者業務上有來往的朋友。這裏完全沒有了傳統街巷的空間尺度和環境感受，但我們不能否認新建住宅對於生活基礎設施、衛生條件等方面的改善，我們也同樣折服於人們超強的適應性——改造單一的建築功能，來適應多樣的生活需求。當我們看到一些舊的生活形態在新的界面上呈現出來時，才意識到傳統不是那麼容易被拋棄的，人們也在用自己的方式延續傳統，並適應新的生活。

我們選取了金昌服裝輔料大市場的三層共用平臺為例來進行觀察和分析。這個市場周邊都是同類型的大型商業市場，缺乏必要的生活輔助設施。自三層共用平臺以上的建築原本全是住宅，但在使用的過程中，平臺層的住宅逐漸置換功能，成為了住宅建築群的生活服務平臺。日用品商店、餐飲店、洗衣店、美髮店、幼稚園、社區居委會、醫療室等一應俱全，還在開闊的地方設置了健身器材、休息座椅和少量的綠化，共用平臺的利用率相當高，也成了鄰里交往的主要場所（圖7）。

| 餐饮、邻里交往 | 健身器材、休息场所 | 晾晒、邻里交往、休息 | 小卖部、对弈、诊所 |

圖8　共用平臺層的居民活動

4　研究結論

經過以上對既成居住空間的分析可以看到，處於不同區域的居住狀況面臨著許多相同的困難：

(1) 缺乏針對居民的公共活動空間，個別已存在的有限活動空間大都被擠佔和作為他用，通過訪談我們還瞭解到許多居民對於文化教育活動及設施的渴望。

(2) 商業和生產活動在不同程度上對居住構成影響，各方利益產生的衝突難以調和。

(3) 某些區域內的建築及街巷功能或過於混雜（如自建區域）或過於單一（如船屋），功能過於混雜將使各方利益難以顧全，並且對居住造成較大壓力；而過於單一又無法滿足生活、生產以及經營活動等的需求，難以刺激地區發展的。因此需要在其中謀求平衡發展和良性循環。

漢正街的居住，因漢正街而生，又改變著漢正街。居民在不斷適應變化的環境過程中，對居住空間進行著許多合理或不合理的改造，其眾多合理或不合理的混合，成為漢正街活力的源泉。改變和適應都是一種永續的過程，從建築角度來說，舊城區的改造和更新也要充分考慮其對適應性的適應。"人類歷史始終是前進的，但又從來不是一切從頭來起的。"大而統的徹底重建絕不是最合適的選擇。就今後的發展來說，我們並不是在探尋一次就能包治百病的仙丹，而是希望城市獲得一種良性更新和持續發展的能力。

參考文獻

龍元. 武漢市漢正街形態學研究. "21世紀城市發展"國際會議論文集, 2004

張欽楠. 閱讀城市. 北京：生活·讀書·新知三聯書店, 2004

陸地. 建築的生與死——歷史性建築再利用研究. 南京：東南大學出版社, 2004

範文兵. 上海里弄的保護與更新. 上海：上海科學技術出版社, 2004

揚·蓋爾著. 交往與空間（第四版）. 何人可譯. 北京：中國建築工業出版社, 2002

劉亞玲，張靜梅. 漢正街商貿旅遊區文化定位. 學習與實踐, 2004

肖銘，王暉. 武漢漢水濱江區空間環境質量調查報告. 華中建築, 2005(3)

http://www.ihzj.com/（漢正街商情網）

J. Jacbus (1961).The Death And Life Of Great American Cities:Random House.

Lewis Mumford (1961).The City in history:Its Origins, Its Transformation and Its Prospects, Harcourt, Brace & World, New York.

第五届中国城市住宅研讨会论文集，中国香港，2005 年 11 月
Proceedings of the Fifth China Urban Housing Conference, H.K.S.A.R. CHINA. (November 2005)

在"商"与"住"的取舍之间：
试论武汉汉正街的商业活动对其居住环境的影响

Alternative between TRADING and LIVING:
Impact of Commercial Activities on Living Environment of Hanzheng Jie in Wuhan

刘君怡

LIU Junyi

华中科技大学建筑与城市规划学院

School of Architecture & Urban Planning, Huazhong University of Science and Technology, Wuhan

关键词： 汉正街、小商品批发、旧城居住区、商业、居住

摘 要： 武汉汉正街是汉口城市的原点，因为商业的发展而扩大为以汉正街为中心南北延伸的整片街区。于此同时它又是位于城市中心区的、人口密度极高的旧城居住区。通过对比分析，文章首先指出汉正街旧城区与一般旧城区的重要区别：1) 以规模化的小商品批发为主的商业业态；2) 商业强度极高。作者用经济学的观点分析了汉正街的商业需求和居住需求之间的矛盾，指出：20 世纪末汉正街以小商品批销为主要业态的商业活动加剧了其人居环境的恶化。然后，作者选取某块有代表性的街区展开社会调查，通过对调查结果的分析，从建筑形态、经济状况、社会结构三个层面综述了汉正街的商业活动对其人居环境的影响。最后，本文探讨了对汉正街人居环境可能的改善方式，提出不能简单地采用"头痛医头、脚痛医脚"的办法对原有居住环境进行"治标"性质的修缮和整治，而应当充分考虑经济发展对该地区的重要性，对汉正街的居住范围、居住规模、居住方式进行重新思考，以期达到"商业"和"居住"和谐地、可持续发展的目的，从根本上改善该地区的人居环境点。

Keywords: Hanzhengjie, wholesale market for small commodities, old city, commerce, residence

Abstract: Hanzhengjie, which is the earliest central street of the Old Hankou Town before, is the initial point of Hankou now. With the development of commerce, it expanded into a large district of 1.67 square kilometers. Nowadays, Hanzhengjie becomes a famous trading market in China, which runs for wholesale of small commodities. Firstly, comparing with other typical cases, this paper points out that the important difference between Hanzhengjie and common old cities: 1) large-scale commercial activities based mainly on wholesale, 2) Trading in high intensity. Author analyzes the conflict between commerce and residence in economic point of view, and then considers that Hanzhengjie's commercial activities for wholesale of small commodities in the late twentieth century worsen its living environment seriously. Secondly, based on social surveys of a typical area, this paper concludes that the commercial activities impacts on Hanzhengjie's living environment in three aspects: 1) Physical environment, 2) Economic condition, and 3) Social structure. Finally, the possible ways to improve Hangzhengjie's living environment has been discussed. In author's opinion, rather than taking partial remedy and repair as temporary solution, the great importance of commercial activities there should be taken into account primarily, and then, the living scope, living scale and living style should be reconsidered, so as to achieve the harmonious and sustainable development of commerce and resident in Hanzhengjie.

1 汉正街的商业发展背景

"十里帆墙依市立，万家灯火彻宵明"，这说的是汉正街在明清时的繁华景象。汉正街位于长江与汉水交汇的北岸，依水而兴，名取"汉口之正街"之意，已有 500 多年的商埠史（图 1）。

1979 年，汉正街借改革开放之风，在全国率先恢复小商品市场、发展个体私营经济，逐渐成为全国有名的小商品批发集散市场。1982 年，《人民日报》一篇《汉正街小商品市场的经验值得重视》的社论，将汉正街誉为"中国小商品市场改革开放的排头兵"。

经过了20世纪80年代的高速发展和20世纪90年代中前期的极度辉煌后，汉正街开始走下坡路。到2000年，据中国市场学会调查，汉正街市场在全国小商品市场排名已降至第八位。而据汉正街管委会的工作人员介绍，目前汉正街市场可能已经跌出排名的前十之外。

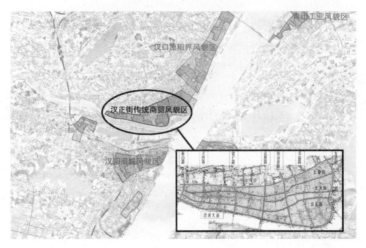

图1　汉正街区位及范围

2　汉正街的商业活动对其居住环境的影响

2.1　商业活动对街巷空间的影响

2.1.1　传统街巷肌理适应传统商业发展的要求

由于地理位置优越，发达的水运为古汉正街兴商之本。明末清初时，汉口便是两湖淮盐分销、漕粮转运及农副土特产的贩运中心。汉口的船码头与无锡的银码头、沙市的布码头并称为长江流域的三大码头。有俗语说"货到汉口活"。而汉正街作为汉口城市发展的原点，其传统街道作为大量人流、物流通行的载体，从功能上正满足了这种"活货"的要求，其空间结构也反映出与水唇齿相依的关系，是商业运输和销售功能的逻辑体现。

解放前，汉正街的路网主要由数百条南北走向、与汉水垂直的"巷"和数条东西走向、平行于汉水的"街"构成。龙元教授曾将汉正街的传统街巷系统划分为两类：竖栅格形和自然网络形。

(1) 竖栅格形系统是汉正街主要的街巷系统，一般长130～250m，宽20m有余，由于南北向布局，具有清晰的可识别性。

(2) 自然网络系统分布在研究地域的东南部，产生较之竖栅格系统晚。原为洼地和水塘，后成为湖南人来汉口谋生的聚集地。他们顺依地形，自建民房，在建筑之间形成了极不规则的道路系统。路幅、线型复杂多变，可识别性差。但值得注意的是，其中几条南北走向的巷道却十分畅通。

从几何特征来看，汉正街的"巷道"大都短、窄而直挺，而"街道"则长、宽而曲折多变。前者可以满足货物快速运送的需要，而后者除了运输，更有销售的职能，成为铺面林立，人头攒动的主要商业街。而直到今天，这几条长街——汉正街、大夹街、长堤街等仍然是区域内的主要商业街，尽管其街道尺度已发生了变化。

2.1.2　现代商业扩张使汉正街传统街巷面临分崩离析

当改革开放的契机使得汉正街成为"对内搞活的成功范例"后，汉正街的交通涌堵问题逐渐浮出水面。物流的飞速发展必然要求挣脱传统街巷的尺度限制，于是自1988年开始，汉正街拉开了旧城改造

的序幕，汉正街的传统街巷结构和"小街小巷"的城市面貌也随之发生变化，原有的竖栅格系统和自然网络系统开始不断被现代规则网络系统取代（图2）。

汉正街2005年现状图的图底关系显示，旧城改造对传统汉正街街巷结构的改变主要表现在两个方面：

(1) 部分商业街和主干道被大大拓宽，例如：汉正街、大夹街、多福路、利济路和武胜路。而按当地政府新一轮的规划，将建成"五纵四横"的交通网络，而九条道路均为路宽20~30m的主干道。

(2) 巨型地块（Superblock）出现。竖格栅形地块的大小通常为0.4~0.6hm²，而旧城改造中采用的集约式开发方式催生了1~4hm²的巨型地块，同时出现规则网络系统，传统的城市形态被破坏。

如今，以汉正街"二次创业"为旗帜的新一轮大规模改造正如火如荼的进行，力图扭转其竞争力减弱的颓势。而振兴商业的代价之一，很可能就是将使汉正街的传统街巷从汉水之滨永远消失。

2.2 商业活动对建筑的影响

据史料记载，明清汉正街，寓所、商铺、作坊、会馆、庙宇、茶社、餐馆、戏院云集，建筑类型丰富多样。除居住建筑和商业建筑外，文化和休闲娱乐建筑也占了相当比重，形成了"因商而居，以居兴商"的动态平衡。那时的汉正街虽商居混杂，但杂而不乱，是一个有机生长的完整的系统，人居环境十分健康，充满浓郁的生活气息。然而到了今天，除一座教堂外，汉正街几乎找不到一座文化类公共建筑。而就在文化类公共建筑消失殆尽，传统住宅年久失修、毁损严重的时候，一座座现代商城拔地而起。中心城区的潜在商业价值导致以商品批发为主的商业活动的极端化，致使居民生活需求受到挤压，生活内容单一和贫乏，此时的商混模式已变成失衡的系统。

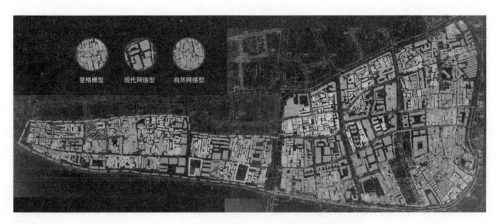

图2 三种街巷网络结构的图底关系分析

2.2.1 历史上的典型建筑类型

会馆：会馆曾是汉正街的重要公共建筑。《夏口县志》统计，明末清初，汉口各会馆、公所约200处。会馆大多为商业会馆，由各地商人兴建。老汉口会馆是商业制度文化的见证。这一时期的会馆是在中国传统社会变迁中既保存旧的传统又容纳社会变迁，含有行业性质的封建商人社会组织。从会馆的功能来看，主要是联络乡谊、聚会公议、共守成规、设立商市、公议行规、祭祀神灵、聚岁演戏、帮助同乡。会馆多系砖木结构，房高两至三层。如山陕会馆，其规模为汉口会馆之最。

商铺：汉口开埠前，因居住在汉口老城区的居民相当多数为商户，所以住宅亦多被用来作店铺，有的还是前商店后作坊，自产自销。这种典型民居一般为二层楼，有独特的晒台，以立帖式木构架为主体，砌以砖墙，冠以青瓦，在一二楼之间架一粗大横梁，并雕饰龙凤图案，涂以红漆；门柱、楼板和顶架为木结构，层顶辅以瓦片；朝街门面多以店铺的形式用多块木板拼成，店门可全部卸下；也有外窄内敞

式，即朝街面只开一扇大门，上面布以铁皮、圆钉。大门两侧开窗户，进门后店堂内两侧设柜台。

成片的里弄建筑(联排式住宅)：汉口开埠后，汉正街人口激增，许多房地产商为追求高额利润，适应各阶层人士住房的需要，将大量的板屋、草棚成片改造为毗邻式二至三层全木结构和砖木结构的楼宇，并由原来分散自建单幢住宅过渡到多幢联列集居的里弄街巷式住宅。在建筑风格上，为适应商业市场的发展和市民生活的需要，在保留传统建筑的基础上，大量吸收了欧洲联排式房屋的布局而形成一种新的建筑风格。

2.2.2 居住建筑的现状

目前汉正街的主要建筑类型是住宅。汉正街的住宅不仅满足着日常居住的需要，还兼有商业、加工和储存等多种功能，尽管经过数百年的沧桑，其建筑风貌已发生了改变，但其商住一体化的特点一直传承至今。所不同的是，其中"商"的功能被不断加强，而"住"的功能被大大削弱，由此加速了传统住宅建筑的衰败。商业功能的不断加强体现在两个方面。

(1) 临街住宅被改造成现代门面。改革开发后，主要商业街如汉正街、大夹街两侧的老住宅成为最先被改造的对象，由现代多层、高层住宅取而代之。这些现代住宅的底层或为连续的铺面，或为3～4层的商业裙房，"传统的沿街巷展开的零售业布局模式开始向大型商场里集中"。按照当地政府新的规划设想，至少三座大型商贸城（全新片商贸城、春江既济商贸城、罗马国际商贸城，占地分别为34亩、72亩、204亩）即将启动，且集中在商业最繁华的地段。

(2) 居民人口的激增加速住宅的老化。由于汉正街小商品市场的经营项目对产品技术含量要求不高，并且其生产（以小作坊为主）、运输（以"扁担"、手推车、微型车为主要运输工具）、销售（以"马路市场"主要形式）等各个环节都处于发展的初级阶段，对从业人员的素质没有太高要求，致使大量低收入人口不断涌入。因为需求过剩，房主通过分隔房间的办法来增加受益，这样就造成住宅严重超负荷，加之入住人口以务工为目的，疏于对房屋的维护和修缮，导致住房质量不断恶化，整体面貌十分破败（图3）。

图3 汉正街部分居住建筑现状

2.3 商业活动对居民生活的影响

商居混杂的旧城区不在少数，例如武汉的租界区、上海的里弄、江南水乡等历史风貌区，它们往往不仅具有居住功能，还拥有商业、休闲、文化娱乐、交通等多种功能，居民生活和谐而充满活力。Jacobs也曾说过，"对城市的理解，主要的不是城市各类功能作用的分类，而是进行各种功能的相互结合混杂，城市的特色来自于丰富的混合使用。"

但是，汉正街极为特殊，即汉正街的商业职能较之一般旧城区远为发达，甚至出现商业极端化倾向，使得"商"、"居"严重失衡，"商居混杂"不再是活力之源，而是戏剧性的成为同时阻碍商业发展和居民生活质量提高两方面的阻力。从商业经营的角度看，汉正街与一般旧城区的不同在于：1) 其商业模式主要是区域性的集中的小商品批发而非零星分散的或集中于一条商业街的日用品、旅游文化用品零售。2) 商业规模不同。20多年来，汉正街已从一条1623m长的街市发展成为2.56km²的商贸区，

营业面积超过 60 万平方米，市场从业人员 10 万余人，市场日均流量 16 万人次，旺季达 20 万，日均吞吐货物 400 余吨（据 2000 年统计）。这样的业绩虽然在当年全国小商品批发市场排名中仅列第八，但在全国旧城居住区中却鲜有比肩者。

正是"小商品批发市场"这一商业职能的影响，使得汉正街旧城区的居住职能建设长期以来被忽视，居民居住环境较差，其中又以东汉正街为最，而这里正是商业最密集区。目前，在 1.67km² 的范围内有 26 个社区，常住人口 9 万，暂住人口也有 9 万余人，人口密度之高，在全国的批发市场中十分罕见，这个密度甚至还高于上海旧城区（上海旧城区范围主要指 1949 年以前所形成的市区范围，占地约 82.4km²，目前人口为 821.3 万人）。由于面临高商业强度和高人口密度的双重压力，造成汉正街旧城迅速衰败，人居环境不断恶化。

除一般旧城区普遍存在的住房质量差、基础设施匮乏、环境卫生脏乱等问题外，汉正街的公共空间被挤占现象和绿地缺乏问题相当突出：

(1) 公共空间被严重挤占

如前文所述，由于汉正街自身的形态特点，即以竖栅格网络和自然网络为主的街巷肌理，以及布局紧凑的联排住宅，于是大大小小的街巷就成为居民活动的公共空间，而在大部分地区，商业几乎成了这些空间中的全部活动。

以东汉正街为例，其大街小巷几乎没有一处不流动着资本，整个街区几乎成了为商业而生的机器。与主要商业街联系较紧密、人流量多的街巷都充斥着各类铺面或被摆上地摊，而各个商户都尽可能的占用道路来扩大"领地"；位置稍偏、人流较少的街道或少量空地中央则被用来作临时停车场或货物堆场。不少社区都在辖区内配备了 5m² 左右的运动区，安装了一些固定器械供居民使用，但经过调查我们发现，这些休闲运动场地若不是处于"人迹罕至"的地方（如立交桥的引桥下），就极有可能被占用，比如成为露天菜市场的一部分，或堆上货物。只要与商业街相连，就连最幽闭的小巷（如大泉隆巷，宽不足 2m，宽高比接近 1/3），也时常看到手提肩扛或用小推车转运货物的工人（图 4）。

图 4　公共空间被挤占的状况

(2) 绿地、植被严重缺乏

一般来说，各地的老街韵味总和树木有着不解情缘。在恰当的地方，一棵树也许就能营造出宜人的场所。但令人痛心的是，在这里，在今天的汉正街，整个区域内已几乎看不到树木，而大约在 15 年前，汉正街的大小街巷和院落里还是绿树成荫的（图 5）。另外，整个区域内几乎没有公共绿地，居民的户外休闲活动几乎无法开展。

(3) 消防隐患大

几年来，汉正街火灾事故频发，一方面，由于历史上形成的巷道十分狭窄，汉正街的相当一部分居住区消防车无法通行，一旦发生火情，消防人员极难施救；另一方面，为了争取更多的使用面积，商户往往尽可能私搭乱盖，使宽度有限的道路更加拥堵，而随之而来的照明及生活用电线路随意乱拉乱接现象，更是埋下了许多消防隐患。

图5　拍摄于20世纪80年代末的汉正街鸟瞰

3　结语

"从一般旧城居住区衰败的过程来看，普遍要经历两个阶段。第一个阶段，由于历史上旧居住区一般在建造的时候居住条件就比较拥挤、基本设施匮乏，随着时间的推移，房屋的维修费用不断增加而租金标准则不断下降，房主为了维持房租总量，只能用分隔房间的办法来增加房屋单元的数量，过高的密度使居住环境不断恶化。在第二个阶段，随着城市的扩建和住房资源的增加，在这里成长的第二代迁出，引起该地区人口密度的下降，房租减少，留下的多是低收入居民和老弱病残，房屋更加破旧难以维修，环境更加衰败，每当城市发展需要用地时，即我们这里所说的城市更新时，就会把这种旧居住区作为改造对象。

从居住职能看，汉正街旧城区的衰败过程具备以上分析的一般性特点，但其特殊性却在于，"居住职能"衰败的过程恰恰是"商业职能"——即汉正街作为小商品批发市场——崛起并逐步走向繁荣的阶段，而商业的发展客观上加速了汉正街居住环境的恶化。

如何改善汉正街旧城区的居住环境？首先应认识到汉正街的居住问题只是汉正街的全面发展（包括经济、社会、文化等诸多方面）这一总系统的子系统之一，所以不能简单地采用"头痛医头、脚痛医脚"的办法对原有居住环境进行"治标"性质的修缮和整治，代价巨大却不一定能达到预期效果。笔者认为目前汉正街面临的主要问题是如何发展经济、扭转竞争力下降的局面。按照近期的发展规划，汉正街被定位成商贸旅游区，大规模的旧房拆迁正在进行中，各类大型商城的建设如火如荼，可以预见在不久的将来汉正街的城市格局必将发生重大变化。以此为契机，我们应当对汉正街的居住范围、居住规模、居住方式进行重新思考，通过新的布局解决其高密度、商居混杂严重等根本性问题，这样才有可能使汉正街的居住环境发生质的改善。

参考文献

陈秉钊．当代城市规划导论．北京：中国建筑工业出版社，2003

刘富道．天下第一街——武汉汉正街．北京：解放军文艺出版社，2001

范文兵．上海里弄的保护与更新．上海：上海科学技术出版社，2004

龙元．武汉市汉正街形态学研究．21世纪城市发展国际会议论文集．武汉：华中科技大学，2004

刘亚玲，张敬梅．汉正街商贸旅游区的文化定位．学习与实践．2004(11)

武汉市硚口区人大常委会汉正街市场发展问题调研组．加快改善汉正街市场环境的几点建议．长江论坛，2004(5)

注：感谢导师李保峰教授对本文的悉心指导。本文属国家自然科学基金项目（项目号：50278038）。

传统商业居住混合区的保护与更新——以武汉汉正街为例

Conservation and Renovation of Traditional Hybrid Areas of Commerce and Residence: Taking Hanzheng Jie as an Example

王毅　邓晓明

WANG Yi and DENG Xiaoming

华中科技大学建筑与城市规划学院

School of Architecture & Urban Planning, Huazhong University of Science and Technology, Wuhan

关键词： 汉正街、商住混杂、保护、城市更新、社会生态系统

摘　要： 汉正街是武汉市一个商业和居住混杂的区域。随着商业模式的变化及商业强度的加大，原有的建筑形态和街巷空间已不能满足当前现代化的居住和商业经营的要求，为进一步求得发展，汉正街面临着城市更新问题。本文探讨了在这一蕴涵当地城市文化的地区如何进行合理的保护和更新的方法和途径。从而达到确保社会生态系统的稳定，使汉正街可持续的健康的发展的目的。

Keywords: Hanzheng Jie, hybrid, urban conservation, urban renovation, social ecological system

Abstract: Hanzheng Jie is hybrid area of commerce and residence in wuhan. The traditional style of buildings and streets has no longer being suitable for modern residence and commerce with the change of its commercial mode .At the same time, Hanzheng Jie is facing its renovation for further development. This article discusses the reasonable method for the conservation and renovation of Hanzhengjie, so as to keeping the stabilization of its social ecological system and making the sustainable development for its area.

1 引言

汉正街原是古汉口镇上最主要的一条街市。因其南临汉水，东接长江，得水独厚而商贸发达（图1）。早在 500 多年以前，这里便呈现出"十里帆墙依市立，万家灯火彻宵明"的繁荣景象。中国的改革开放后，汉正街率先恢复发展个体私营经济，20 多年以前的小街市，如今发展成为华中地区最大的小商品批发市场。

2 汉正街居住形态现状分析研究

汉正街的住宅建筑，它在满足居民日常居住需要的同时，同时兼有商业、加工和储存等多种功能，产生了"前店后厂"或"下店上宅"等模式。这种商住一体化的住宅在汉正街的发展中扮演着重要角色。汉正街的商业活动一直主导着人们的生活方式，也决定着这里的居住形态。商住混合于一体的建筑形式，在中国城市的形成和发展中有着悠久的历史，从宋代画作中就可看到这种融商业和居住于一体的"前店后宅"的形制。汉正街的部分地区至今仍保留着这种传统的商住形式，街道纵横交错，店铺鳞次栉比，沿街摆摊设点，前为店后为宅。尽管原有的商业坏境及建筑形式已呈落后之态势，但是市民对这里传统的商品经营方式依然情有独钟，这里总是熙熙攘攘。在调查中发现，当地居民群众尽管期望尽快改善老街区拥挤衰败的商住环境，但同时对传统的居住形态怀有深厚的眷恋之情。

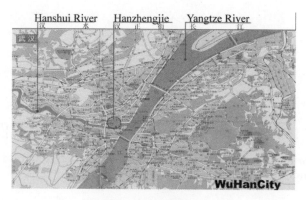

图1　汉正街区位图

2.1 居住形态分类

近百年以来，汉正街具体的居住建筑形式也不断在变化。时至今日，汉正街居住建筑的类型可以分为：联排式低层住宅，自建住宅，多层、高层点式商住楼以及船屋四种类型。每种类型几乎都是商业、居住、仓储、生产的混合体，其在汉正街的分布如图2所示。详细介绍如下：

旧建筑　　　　新建筑　　　已拆建筑

图2　建筑类型分布图

2.1.1 联排式低层住宅

分布区域：相对集中于友谊南路的西面和武胜路的东面。其中友谊南路部分的住宅大部分建于20世纪80年代。而武胜路东面的一片为清代建造的传统湖北民居。

建筑特点：建筑的朝向都是东西向，形成了南北向、垂直于沿河大道和汉正街的街巷，整体上将地块划分为一种较为整齐的竖格栅形状。其功能为仓库住宅混合。

2.1.2 独立自建住宅

分布区域：北起汉正街，南止沿河大道，西起武胜路，东止友谊南路。目前已有部分被拆迁，有些已经被大型商场和住宅楼所代替。

历史发展：历史上该地有众多水塘，因而建筑受水塘限制而建造得方向大小不一，呈现出混杂的状态。之后在汉正街逐渐繁华发展的过程中，这块区域的建筑密度逐渐增高，而随着改革开放，恢复了汉正街小商品市场后，其商业发展不断扩大规模、经营方式不断多样化。商业的发展使大量外来人口流入，从而对汉正街的商业，生产，仓储，居住的空间需求大大增加。这片布局混乱的区域相对于其他的规整区域来说有着较大的扩建改建余地，因而居民加建改建迅速膨胀。大部分的本地人都将房子出租给

外来打工者（包括生意人、搬运工等），而自己则离开汉正街居住。如此发展至今，这块区域外地人口多于本地人口；功能上是居住、商业、生产、公共服务、教育设施的混合，以私人经营为主；街巷空间也因为不断地加建改建而变得复杂。这样的混杂状态使得该区域成为难以管理的地段，也正因为较少地受到人工管理或规划的介入，该区域保持了应汉正街发展需求而变化的自然状态，成为汉正街发展的真实写照。

整体布局特点：历史上汉正街和汉水连接紧密，由于运输的方便形成了在汉正街和汉水之间并且垂直两者的巷道，该巷道与码头对应。在此基础上衍生出次巷道，一直到今天这样的布局还保留着。比如，大水巷、汉正街、上下河街、宝庆正街，这几条就是正对码头直通汉正街的主巷道，至今还承担着将码头货物用人工或车辆运至汉正街的主要交通。

居住现状——混合

- **居住与生产的混合**：汉正街历史上就有"前店后坊，自产自销"的经营特点。改革开放以后，由于该经营方式运输成本低，投放市场快，能及时了解市场流行产品，边生产、边销售、边进料，把库存减少到了最低限度。及时生产，销售。周期短，风险小，因而成为政府鼓励的方式。但是由于该区域空间小，无法进行大型的生产流水线，因此各个工序被分离，形成一个一个的小作坊。作坊分布在大街小巷，数量极多。作坊工人也大部分都是居住工作都在一个空间。

- **居住与商业的混合**：这种混合包括对外商业和居住的混合以及对内商业和居住的混合。对外商业主要集中在主巷道，分布有大量餐厅、超市等；对内的分布在次巷道，主要是菜场、小卖部、理发、诊所等，与居民生活密切相关。居住与商业的混合显示出一定的空间层次关系。

建筑空间特点：由于历史上该地有众多水塘，建筑受水塘限制而建造得方向大小不一，同时都是居民自建，并不断地被加建改建，因此总体上，这类居住建筑在空间上呈现混乱的特点。

周边物质环境

街巷空间丰富，居住建筑形成众多街巷，复杂如同迷宫。除了担当基本的交通功能以外，也承载了居民的日常生活：聊天，吃饭，打牌，儿童嬉戏等功能，成为居民生活的重要场所。街区内基本没有社区中心，缺乏较大面积的公共空间和公共活动设施。固定健身器械见缝插针地安置在街巷中，环境中缺乏绿化。除了其中的一所中学和一所小学，几乎没有任何绿化。建筑密度极高，缺乏消防设施，没有消防通道，再加上很多临时搭建的住宅都是由可燃，易燃的材料组成，且居民自己随意拉电线，极易发生火灾。

周边社会环境

(1) 外来人口占绝大多数。主要是来自湖北省的天门、洪湖、监利、仙桃，还有部分来自外省，比如浙江。各种地方人与本地居民混合居住，且不断地流入流出，各种文化和习惯既矛盾又和谐地存在着。

(2) 大量的无证经营的服装生产小作坊集中在这里，人们居住、生产混合在一起。

(3) 无业游民较多，加上街巷复杂，滋生了一些抢劫、偷窃等不法行为。

2.1.3 现代多层、高层住宅

汉正街的大面积大尺度的商住混合大楼，都是在 20 世纪 80 年代以后规划建造的，新旧不一。新的商住楼有较好的物业管理。底卜 1~3 层为大空间，分割为大小　致的小的批发店面，并且有单独的楼梯。3 楼顶通常是平台，平台上环境较好，有幼儿园，商铺等设施，平台以上部分为居民楼。通往平台以及楼上住宅有单独的电梯，电梯间有保安管理。年代较早的商住楼，情况有所不同。以金昌布匹市场为代表。该大楼与新的商住楼的区别在于没有物业管理，且住宅的户型面积紧凑，通风采光不好。同时，大量的服装作坊也进入大楼，大楼混合了居住、商业、生产的多种功能。

2.1.4　船屋

汉江北面沿河存在十七个码头，原有的码头在历史上由于水运发达而非常繁华。但是近年来由于水运萎缩，码头渐渐成为汉正街商品的物流中心，客运、货运混杂。而汉江上原有的趸船被出租改成为旅馆、住宅、餐厅。其中，住宅全部是出租给汉正街内的搬运工。住宅面积狭小，通常只有 6m² 左右，无自带厕所厨房，如厕使用船上仅有的公厕，做饭在甲板上就地进行。人口密度高，人均使用面积小。

2.2　保持现有居住形态特色的必要性

通过以上对汉正街的居住现状的调查，我们可以总结出目前汉正街地区居住形态的两大特点：

(1)　多元化的居住形态；

(2)　居住与商业功能的高度混合。

以上两大特点是汉正街的保护与更新过程中必须保持的。理由如下：

(1)　类型丰富的居住形态能够保证汉正街这片城市中心区多样的人口居住，各种各样的人群从汉正街城市生活的不自觉的广泛合作中总能找到某种机会，因为这里包含了各种可能性。一座城市有了丰富的机会，人们才会因为利益和生命本能的驱使停留其间，城市因此才有活力。正如 L·芒福德所指出的，"中心区新旧住宅的混杂存在提供了一种更为多样化的生活和生活复杂性的可能，是防止城市空心化现象、维持人口的多样性、保持城市运作活力的基础"（L·芒福德1989）。

(2)　目前汉正街地区正如火如荼地展开物质性整治建设，这种大规模拆建式的城市更新试图用新的发展新的地区代替"老的衰败的"地区，要在"一张白纸上画一幅最美的画"。这种简单的单向思维方式加上自上而下的城市规划和管理体制，主宰着我们的城市建设。这种建设的后果能使一些商业企业获得经济利益外，对于绝大部分社会群体是得不偿失的，公正的社会没有理由付出代价补偿富有的公司和少部分的高收入人群，却要牺牲大部分市民的日常生活环境和文化遗产。

(3)　保持城市的多样性：各种社会层次的多样化居民混合居住在城市中心区，构成一个个丰富多彩的"街区"，它与现代城市规划体制中设计出的功能分区明确、彼此戒备森严的"小区"有着本质的区别，它是保持城市多样性的根本基础。而城市的多样性是一种类似于有机森林的模式，在一个复杂的生态系统内新老共存相互依赖。城市多样性可以提高城市的生活质量，符合可持续发展的方向。"多元形态的混合是汉正街的特色，也是汉正街的历史记忆。正是这一混合使它古老而又生机勃勃，但是，正在推行的大规模的城市开发正在残酷地吞噬着这种独特的活力。失去了混合性的汉正街就退化成无印的城市"（龙元，2004）

2.2.1　商业活动和居住之间的关系及其相互影响

然而，正是因为汉正街地区商业职能的影响，使得汉正街旧城区的居住职能建设长期以来被忽视，居民居住环境较差，由于而高商业强度和高人口密度的双重压力，加速汉正街旧城的老化衰败和人居环境的恶化。

(1)　公共空间被严重挤占。部分街道完全被商业活动侵占，与主要商业街联系较紧密、人流量多的街巷都充斥着各类铺面，各个商户都尽可能地占用道路来增加营业面积；部分街道或民宅空地中也会出现被用来做临时停车场或货物堆场的现象。不少社区的固定运动器材区被占用，或成为露天菜市场的一部分，或被堆上货物。

(2)　消防隐患大。汉正街的相当一部分居住区内巷道十分狭窄，消防车根本无法通行，发生火情，消防人员极难施救；此外，商户往往尽可能私搭乱盖以争取更多的使用面积，使宽度有限的道路更加拥堵，而照明及生活用电线路随意乱拉乱接现象，更是埋下了许多消防隐患。

(3) 地、植被严重缺乏。整个区域内已几乎看不到树木和公共绿地，居民的户外休闲活动几乎无法开展。

3 发达国家旧城居住区改造理论和实践的借鉴

3.1 德国的旧城居住区更新

20 世纪 80 年代以前由于大量城市人口外迁，德国城市中心开始出现空心化现象，人口结构也以低收入和外国劳工为主，这造成了城市中心的衰退，住宅长期缺乏有效的修缮，居住条件日益恶化，于是人口进一步外迁……这样形成了恶性循环，其结果是一方面城市逐渐沦为不适合居住的场所，另一方面交通，能源等方面的压力越来越大。这些都与目前汉正街面临的问题极其相似。

德国对旧住宅区所采取的更新方法是一方面改善住宅区的交通和停车问题，另一方面增设服务性设施和公共设施，重新利用具有自身历史特点的文化设施，通过改善居住条件，把人口吸引回城市中心来。

在这一过程中有一种现象值得我们特别注意：功能混合区域的大量使用，这种功能混合区域主要指居住、办公、购物等不同功能的建筑个体紧密地组合在一起，在同一区域中共存的现象。而这种现象正是汉正街地区的最常见的建筑功能组合方式。

在现代功能主义的思想指导下，居住区域和工作完全隔离布置的现象有两个严重问题。第一个问题是城市间歇性死亡现象，即由于功能区域的绝对分置造成了白天工作区是活的，居住区是死的；晚上反之居住区是活的，工作区是死的。第二个问题是不合理的交通组织和环保问题，正是因为功能分置产生了连接两地之间的交通流，而这种交通流在一天的不同时段内是有很大差别的。为了满足峰值时交通量城市必须修建更宽的马路，否则就会产生堵车现象，但这种马路的宽度在一天的大多数时间内是供大于求的，不经济的；同时大量的交通流也加剧了城市污染并耗费了大量的能源。功能混合区域的特点能很好地解决这两个问题，这正是这种组织方式出现的原因。汉正街不应放弃其功能混合的特点，以避免以上出现的问题。住宅更新是建筑的一种自我完善、新陈代谢的过程，是一种对使用质量和生活质量不断提高的自然反映。汉正街地区实现住宅更新的手段应是多样化的。

3.2 美国亚特兰大复兴计划

1991 年成为美国城市更新榜样的亚特兰大复兴计划，将人权人文思想深入渗透在计划中，它不是通过拆建等物质手段，而是通过社会救助使城市得以复兴，更多的是社会精力的投入，更注重社会效益，而不是停留在物质形态变化的层面。

该计划通过"城市企业化"，让当地公司作为赞助者，提供资金和专职的行政人员与志愿人士通过各种方法解决社区问题。教成年人读写，提高居民的整体道德素质和文化素质，取得了明显的社会效益，有效地促进城市复兴。

汉正街的城市更新应借鉴亚特兰大的成功经验，更多地考虑到社会人文效益问题，而不应仅以经济效益作为单一目标，目前在汉正街正在进行的大规模推土机式的清除重建运动，其背后的基础思想无疑是一种"现代主义"的机械化思维方式，认为通过一种新的、好的建筑形式和功能替代旧的、差的建筑形式和功能（从本质上说是一种物质手段）就能解决城市中出现的诸如住宅环境恶劣、居住水平低下等问题。但事实上并非如此，复杂的城市问题不可能用单一的物质手段解决。

4　目前汉正街改造过程中对居民的负面影响

目前汉正街改造中大型建筑的兴建，清除掉了原有的建筑多样化和功能混合的区域，迫使在这里生活和工作的居民离开这里。人们在看到漂亮的新型大楼拔地而起的同时不应忽略掉由这种改造方式带来的种种负面影响。对于居民来说：

(1)由于远离劳动力市场，减少了就业或从事第二职业的机会；(2)上下班交通费用和时间增加;(3)为获得必要的服务和各种公共设施所需支付的交通费用和时间增加；(4)得到的文化和服务设施的质量下降；(5)原来的社会支持网络难以维持，人们搬家后都要花一些力气重建对他们来说是"普通"的关系网络，但是对离开了由亲友组成的亲密的支持网络的人们来说重建地方网络相当困难，对原有地方化的社会支持网络难以恢复的破坏是搬迁对居民造成的致命打击；(6)占汉正街人口大多数的外来人口失去了在这里的廉租房，同时也失去了他们在城市中的生存空间。

4.1　对进城务工农民社会关系网络的破坏

中国是"人情"社会，中国社会的人际交往主要是由"人情"维系的，人情是一种与实际生活紧密相连，并贯穿于人们社会交往实际动作的社会情感和精神共鸣，人情在中国社会中实质上是一种关于人们日常交往的社会理念，指导着人们社会交往的实际运作。在汉正街居住和工作的外来务工者大都是通过亲戚和同乡的帮助来到这里从事工作。他们在来到汉正街之前一直生活在传统农村社区，深受"人情文化"、"人情观念"的影响。在城市社区中，他们和城里人是浅层次、表面的互动；在闲暇时间里，他们很少甚全几乎没有参与周边居民小区的活动，他们在血缘、地缘关系中可以感受到熟悉的人文关怀，从而弥补了他们在陌生地方对情感、帮助的需求，某种程度上消除了他们紧张、惶恐的心理，一定程度上帮助他们适应城市的生活，获取心理上的平衡和满足，以及得到人际交往满意感。大规模的拆除民宅的行为不仅破坏了进城务工农民的物质生存环境和安身立命之所，更严重的是破坏了居住在这里的人们历经多年建立起来的庞大社会"人情"关系网络，造成难以弥合的创伤。

5　汉正街商住混合区保护与更新的两大实现目标

汉正街商住混合区的保护与更新的两大实现目标可以用"保护和发扬汉正街风貌特色"与"维护汉正街居民切身利益"来简单概括。它们都是以满足汉正街居民的精神和物质等多方面的需求为最终目的。这两个目标主要涉及到的是环境效益和社会效益。

6　更合理开发的基本策略

在汉正街的改造过程中应采用小规模、渐进式、有弹性、动态的以社区为基础的里弄改造方式。当改造范围与实际生活形态——即原有的社区结构相互契合的时候，这种小规模的改造就能独立展开。优点如下：

(1) 保持城市的多样性。小规模改造不仅对原有的功能混合特征影响不大，还会加强这种关系;小规模改造意味着街区的发展始终是新老建筑并存，总有少量小尺度的新建筑在大量的老房子中出现；小规模改造能够避免大规模居民外迁。

(2) 改造方式具有社会上的灵活性。体现在能够为汉正街中不同的居民解决不同的问题，满足不同的需求。

(3) 高效性、小规模开发投资的综合效益明显高于一般的大规模开发。

7　小结

对待汉正街的传统的商住混合区，不应简单地拆旧建新，城市面貌改善背后的代价是社会资本的损失。损失的社会资本就是居住在旧城区的人们历经多年建立起来的庞大社会关系网络，以及居民之间深厚的感情和友谊。而且这种居住的空间形式是建立在最节俭原则之上，从而保证了其经营及生产成本最小化。

旧城区的改造是一个城市对其进行**逐步吸纳、逐步改造**的过程，世界上很多国家都经历了这样的过程。武汉若想人为地避免这个缓慢的过程，以快刀斩乱麻的方式在几年的时间内迅速改变一种城市生活空间的存在模式，是有悖于事物发展的内在规律的。

尽管这种做法对于武汉高速发展的城市建设而言或许是消极的，但我们仍然有理由相信"缓慢"之于当下的意义。当我们城市的建设者还没有找到一个正确的工作方式时，一个缓和的时间对于城市建设是必要的。这种做法并不是要把今天的矛盾拖到明天或后天去解决，而是强调改造过程的逐步推进，逐步拆迁，逐步改建的做法为可能出现的不良后果保留了一种变化的可能。

参考文献

龙元. 武汉市汉正街形态学研究，"21世纪城市发展"国际会议论文集. 武汉：中国城市规划学会，华中科技大学，武汉大学（人居系统工程研究中心），2004

汤桦. 极限生存与未来憧憬. "Asian Mega-Projects"国际会议论文集. 上海：同济大学，2005

L·芒福德. 城市发展史. 倪文彦，宋峻岭译. 北京：中国建筑工业出版社，1989

范文兵. 上海里弄的保护与更新. 上海：上海科学技术出版社，2004

何崴. 从城市的角度看德国住宅更新. 住区，2002(01)：6~9

住宅专题
Housing Session

城乡住宅的可持续发展
Sustainable Development of Urban & Township Housing

探讨生态住宅设计方法的可操作性

Study on Ecological House's Designing Methods of Practice

王波[1]　周振伦[2]　周波[1]

WANG Bo[1], ZHOU Zhenlun[2] and ZHOU Bo[1]

[1] 四川大学建筑与环境学院
[2] 贵州工业大学土木建筑工程学院

[1]College of Architecture and Environment, Sichuan Univeristy, Chengdu
[2]School of Civil Engineering and Architecture, Guizhou Universty of Technology, Guiyang

关键词： 生态住宅、建筑与环境、主动式节能、被动式节能、人性化设计

摘　要： 本文论述了生态住宅的发展由来、概念特征、设计原则及标准，并具体探讨了生态住宅的设计要点和技术措施的可操作性。

1　引言

随着经济水平的不断提高，以住宅为代表的建筑业实现了持续的高速发展，目前城市住房紧缺的问题得到基本解决，城乡居民对居住质量的要求也日益提高，需要有更为舒适、高效的新型住宅来满足这一要求。与此同时，建筑业的高速发展所带来的对生态环境的破坏也逐渐成为一个不容忽视的问题。其中包括建筑材料在生产过程中以及建筑在建造过程中对资源、能源所造成的消耗，对环境所造成的污染；人在使用建筑的过程中为实现保温隔热而进行的能源消耗，以及日常生活所产生的污染等。据统计，每年因建材生产所消耗的能源约占全国能源生产的 13%，由于建材保温不良所造成的能源消耗约占全国能源生产的 11%，与建筑相关的污染约占全部污染的 34%。这种形式在中国这样一个环境问题突出、资源短缺、经济还不发达的国家就显得十分严峻，急需建筑业提出切实可行的解决措施，改变传统高能耗、高污染的生产模式，把具有节约资源，降低能耗，减少污染等性能的生态型住宅作为新型住宅发展的方向。也就是说未来的住宅在提供良好居住质量的同时还应具有较高的生态环保性，因此，建设生态住宅必将成为住宅建筑发展的必由之路。

生态住宅是在生态学原理指导下，结合自然生态环境并利用现代科学技术手段建设的与自然生态环境和谐、有机的住宅类型，可用生态环保、舒适健康、高效美观来概括其要点和特征。生态住宅作为一种新兴的住宅设计概念，要求建筑师在住宅设计中体现生态环保的思想，从生态学的角度整体看待环境、建筑与人的关系。一方面注意建筑与环境的协调，因地制宜的进行建筑设计，充分利用自然条件来满足人的需求，减少能耗和污染；另一方面，适当地采用现代的新技术、新材料和高科技措施来达到环保节能的目的。将人、建筑与环境和谐、共生，进而达到整体的生态美作为设计的最高标准。目前，生态住宅的设计和建设日益受到重视，各国都相继出台了许多生态住宅的评估标准。近年来我国出台了《绿色生态住宅小区建设要点与技术导则》、《健康住宅建设技术要点》、《中国生态住宅技术评估手册》等一系列关于生态住宅的设计和建设标准。在住区规划、住宅内外环境、能源使用、水资源利用、

建筑材料等各方面对住宅的设计和建设提出了具体的要求和量化指标。这些标准的出台使得我们在生态住宅的设计中有章可循，便于针对本国的具体情况来进行可操作性的设计。

2　建筑与环境的关系

(1) 生态住宅的选址要合理，应尽量保护原来的生态系统以及地表原貌，减少对周边环境的影响，尽可能地保护原有植被、考虑野生动物的生活和迁移要求；注意与现有地形相结合；调和地域文化资源，保持区域景观的连续性、地域特性与历史文脉。

(2) 住宅用地应该合理规划，通过对容积率、建筑密度、建筑物高度的控制，一方面节省土地，另一方面与周边环境取得良好关系。

(3) 通过平面布局获得较好的自然通风、天然采光和景观效果；通过调整建筑物的位置与朝向，使建筑物在冬天能得到较多的热量、在夏天能减少日晒；采用有机式的规划格局增加室内外空间的过渡层次以及空间的丰富性；设置合理的人、车流关系，为居民提供舒适、安全、有趣味的室外空间。

(4) 保持较高的绿化率，通过景观设置调整住区的微气候。在住宅的南侧广植落叶乔木，夏季起遮荫作用，冬季又不阻挡阳光的入射，在住宅的北侧种植常青树种，起到冬季挡风、引导风流的作用。采用屋顶绿化、阳台绿化和垂直绿化相结合的多级绿化系统。

(5) 使建筑物的外形利于收集太阳能，使南侧有较为宽广的立面，北侧体型应使表面积减至最小程度。建筑物外形还应利于通风和视线景观的需求。

以美国明尼苏达州杰克逊湿地社区为例，此社区是一个从生态保护角度进行规划设计的良好范例（图1、2）。社区位于美国具有悠久历史的明尼苏达州圣克洛克斯河谷地区，规划考虑到在240英亩的开放空间范围内对原有的湿地环境和生物资源的保护，并延续了该地区传统村落的格局。

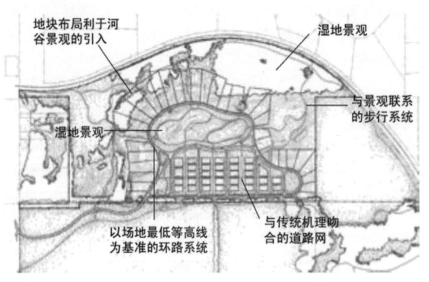

图1　杰可逊湿地社区规划

图2　杰可逊湿地社区景观

3　节约能源和资源

3.1　节约能源

通过技术和设计手段节省能耗、对现有能源利用方式进行改善，充分利用可再生能源。

(1)　被动节能方式：提高外墙、地板和屋顶的保温层厚度和性能；采用卷帘百叶减少夜间热量流失；改善门窗密闭性，对空气流通进行有效控制；加强对暖炉和导热管的保温；加大南窗的面积，以便更多地接受太阳能；使建筑体型尽量紧凑，采用浅色外墙饰面。

(2)　主动节能方式：采用太阳能收集器，利用热泵从空气、地热中获得热能；改善现有的空气和水加热装置；家电余热再利用；从制暖装置产生的废气中回收余热再利用；通过智能化设备对暖气进行合理的制造、分配和管理；采用带热回收再利用装置的机械空气通风更新系统；采用节电的家电用品。英国牛津太阳能住宅雨水循环就是这样一个例子（图3）。

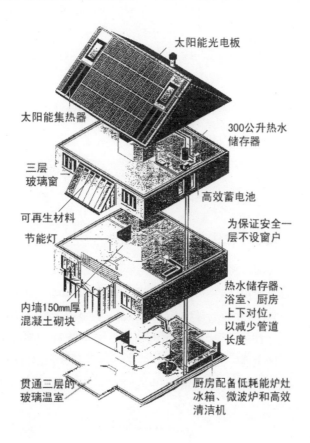

图3　牛津太阳能住宅节能分析

3.2 节约水资源

(1) 尽量采用节水设备。通过雨水再利用减少水的消耗量（图4）。

(2) 通过中水处理实现水的循环使用（图5）。

(3) 饮用水、生活用水以及园林绿化用水等采用不同洁净度的水，便于水体重复循环使用。

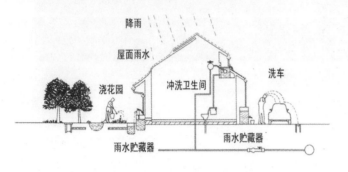

图 4　环系统示意　　　　　　　图 5　生物法中水处理示意

4　"以人为本"的住宅设计

4.1　舒适健康的人性化设计

(1) 保证充足的日照以实现杀菌消毒，注意防止光污染；保证良好的自然通风，卫生间具备通风换气设施，厨房具有烟气集中排放系统；设计中采用隔音降噪措施使室内声环境系统满足噪声控制标准。

(2) 选用可重复使用、可循环使用、可再生使用的建筑材料，所选用的建材还应满足无毒气散发、无刺激性、低二氧化碳排放的要求。

(3) 注意废弃物的管理与处置，设置生活垃圾分类回收处理系统，实现生活垃圾袋装、密闭存放和集中处理。可采用焚烧技术处理生活垃圾，并结合热能回收利用考虑，或可采用微生物技术处理，通过垃圾回收发酵降解产生沼气作为能源，残渣作为废料。

4.2　充分做到"以人为本"的设计

一方面考虑到家庭生活的安全性、私密性;另一方面还要满足邻里交往、人与自然交往等要求。设计应符合人的身体尺度和心理尺度的需求，并做到无障碍设计。

4.3　住宅设计中要形成多元化、个性化并具有地方特色

营造整个住区的文化生态环境，将文化、艺术的内容引入住区的设计中，丰富住区的精神内涵。设计中可以通过引入共享的概念来满足这些需要。以苏格兰的 Findhorn 生态村为例（图6），这个拥有67户人家，占地35英亩的生态村是一个整合了生态技术措施、生态生产生态理念为一体的综合性生态社区。生态村在生态住宅的建造中使用了太阳能、风能利用系统（图7）生物法污水净化系统、中水循环系统和无毒害的建筑材料。社区生活中倡导使用可再生的生活用品，食用自产的有机食品。生态村还投资生态产品生产并开发生态旅游。可以说 Findhorn 生态村实现了以生态文化为特色的可持续共享社区的梦想（图8）。

图6　Findhorn 生态村街景

图7　Findhorn 生态村风能发电设备

图8　Findhorn 生态村社区生活

5　结　语

总之，生态住宅设计是具体的、可操作的行为，而并非只是美好的愿望；是综合系统效益的结果；是责任感与综合性整体设计的基本出发点之一。设计中必须结合气候、文化、经济等诸多因素进行综合分析，根据不同地区的具体情况因地制宜地进行设计。它在新世纪中能带来深远意义，其应用前景十分广阔，包括整个人居环境水平的提高，将毫不逊色于历史中的任何建筑的革新。目前，对生态住宅设计方法的研究虽已起步，但不论深度和广度仍然任重道远，有待于进一步发展。我们将不断总结经验，力求在今后的住宅设计中，设计出更多更好的作品。

参考文献

世界建筑，1998(1)，2000(4)，2001(4)，2002(5)

蔡君馥．住宅节能设计．北京：中国建筑工业出版社，1991

张鲁山．住宅建设和可持续发展．住宅科技，1999(6)

绿色生态住宅小区建设要点与技术导则

中国生态住宅技术评估手册

庄惟敏．建筑的可持续发展与伪可持续发展．建筑学报，1998(11)

（马）杨经文．设计的绿色方法．北京：国际建协大会，1999

Jackson Meadow, *Integrated Land Use Strategies*, U.S. Department of Energy.

冀中南城镇住宅建筑设计绿色化研究

Study on the Greening Architectural Design of Urban Residential Buildings in Middle and South of Hebei Province

肖文静[1]　郑晓亮[1]　马笑棣[2]

XIAO Wenjing[1], ZHENG Xiaoliang[1] and MA Xiaodi[2]

[1] 河北北方绿野建筑设计有限公司

[2] 核工业部第四设计研究院

[1] Hebei Ngreen Architecture Design Co., Ltd, Shijiazhuang

[2] The Fourth Institute of Nuclear Engineering of CNNC, Shijiazhuang

关键词：　冀中南、城镇住宅、建筑设计、绿色化

摘　要：　本文旨在探讨如何在河北省中南部地区大量的一般性城镇住宅建筑工程实践中逐步实现建筑设计的绿色化。针对冀中南城镇住宅建设的环境特征及设计现状，依据目前住宅建设的相关规定及建筑物理原理，从可持续的角度对传统设计过程——住区规划、住宅单体方案设计、住宅单体施工设计作一些修正和整合，在有限的经济条件下，尽可能解决好室内空气质量、声、光、热等基本要求，从建筑设计的层次上逐步提高住宅的绿色化水平。

Keywords: middle and south of Hebei Province, urban residential buildings, architectural design, greening

Abstract: The paper is a study of urban residential buildings in middle and south of Hebei Province obliged to sustainability of architecture design in the region in order to improve the green level for mass popularly urban dwellings. Close attention to the exterior environment of the district, on the basis of codes & standards relative, according to the architectural physical principles, from the view of green, the conventional design model including planning, sole object design, and structure design, is modified and conformed, to provide a more natural environment satisfying the basic requirements for indoor air quality, acoustics, optics and thermal environment to the best, then improving the green level of urban residential buildings from the point of architecture design.

1　引言

绿色住宅以可持续发展思想为指导，意在寻求自然、建筑和人之间的和谐。绿色住宅除具有一般住宅的共性外，还具备其绿色特性：(1)生态环保；(2)健康舒适；(3)节约资源，即节地、节水、节材、节能。其中，建筑节能是资源节约的重要组成部分，也是住宅建筑绿色化设计的重点。

联合国 1996 年在伊斯坦布尔《人居宣言》中提出了全球住区目标："人人享有适当的住房和城市化进程中人类住区的可持续发展。"在城市化进程中，从我国基本的社会经济情况出发，对大量性城镇住宅建筑进行有关可持续性的整体探讨，是我国可持续发展建筑实践亟待发展的一个方面。我国幅员辽阔，各地生态因素不尽相同，绿色建筑的设计理论研究及实践必须结合具体的地域特点进行。河北省多数城市处于北方干旱和半干旱地区，降水小，风沙大，绿化覆盖率低，大气环境容量相对较小，多数城市的大气污染物排放水平已远远超过自身环境容量。另外，河北省大部分城市的能源消耗以煤炭为主，所占比例达 80% 以上，污染呈煤烟型，因此，控制燃煤污染是改善城市大气环境质量的关键环节。2004年，全省城镇现有建筑 6.8 亿平方米，其中住宅 4.4 亿平方米，而节能住宅为 3865 万平方米，约占住宅

建筑面积的 7%。因此，提高城镇住宅建筑的绿色化水平，把建筑采暖和空调能耗降低下来，节约能源、削减高峰负荷、提高建筑热舒适性，已经成为关系河北经济社会持久永续发展的关键问题。而目前该地区的绿色住宅技术多集中在水的回用、垃圾处理、集中供热、高绿地率等方面，而对城镇住宅建筑设计进行务实的研究和实践则基本还处在探索阶段。

本文依据河北省中南部地区城镇住宅的环境特征，在笔者住宅建筑设计实践及社会调查的基础上，从建筑设计的角度探讨河北省中南部地区城镇住宅可持续发展的设计方法，以期能供正在从事该地区住宅建筑设计的人士作为参考，推动该地区城镇住宅建设的绿色化进程。

2　冀中南城镇住宅建筑设计绿色化的依据

住宅建筑设计绿色化的关键在于关注地区特点，利用自然气候资源，涉及的范围十分广泛，在设计中需要认真研究的制约因素很多。由于针对不同的设计任务会有不同的设计要求，本章只讨论影响冀中南地区城镇住宅建筑设计的共性因素，这也是该地区城镇住宅建筑设计绿色化策略和手段的依据。

2.1　区域位置及气候特征

河北省地处东经 113°27′~119°50′，北纬 36°03′~42°40′之间，以位于黄河以北得名，因古为冀州地，故简称冀。全省面积 19 万平方千米，人口 6769.4 万（其中汉族占 96%），主要城市分布见图 1，省会石家庄。冀中南部城镇包括石家庄、邯郸、邢台、衡水、沧州、保定、廊坊等地，位于河北平原，京津以南，属平原气候区。其特点是春季少雨、干旱，夏季炎热潮湿，秋、冬季多雾。夏冬季长，春秋季短。冀中平原热量丰富，降水适中，但降水变率高，易生旱涝灾害，最多风向为西南风。冀南平原是热量最丰富地区，夏季天气酷热，雨水少，干热风强度大，最多风向为南风。冬季一般多西北风，日照时数在 2000~3000 小时之间。

图 1　河北省主要城市位置

2.2　建筑设计现状

随着人们对全球环境问题的关注和建筑节能工作的普及，建筑师已逐渐意识到住宅建筑设计绿色化的重要性，规划与建筑设计的绿色化水平有了很大提高。由于河北省居住建筑施工图设计审查要求居住建筑施工图设计说明中必须单列出一项"节能设计说明"，大多数建筑师对节能的了解比较多。下面

是石家庄市休门城中村改造工程的"节能设计说明"：本工程按 DB13(J)24-2000《民用建筑节能设计标准》进行设计。建筑体形系数为 0.29。墙体采用外墙外保温，钢筋混凝土墙或砌体填充墙外贴 40 厚 ZL 聚苯颗粒保温砂浆，平均传热系数为 1.08W/m²·K。外门窗采用中空钢化玻璃(6+12+6)断热桥的铝合金节能保温门窗，户门采用钢木保温防火防盗三合一门，平均传热系数为 2.20 W/m²·K。住宅屋面保温采用 40 厚硬挤塑聚苯板启口拼接，底层住宅底板下皮做 50 厚硬挤塑聚苯板。

可以看出，在建筑工程实践中，节能设计往往只是围护结构热工性能的限定，独立于建筑设计的过程之外，设计过程中没有整体绿色化的考虑。绿色住宅是一项系统工程，强调的是住宅整体性能的绿色化，单一地讲围护结构节能，或是如何利用自然采光，并不意味着整体可持续性的提升。绿色住宅建筑设计需要把建筑作为整体的系统来对待，要全方位，多层次，综合考虑。

2.3 相关标准规范

冀中南地区采暖期室外平均温度在 0.1～2.0℃之间，根据《民用建筑热工设计规范 GB 50176－93》，热工分区为寒冷地区，设计要求满足冬季保温要求，兼顾夏季防热。按河北省工程建设标准《民用建筑节能设计规程 DB13（J）24-2000》分类，属于河北省一、二类地区。按《建筑采光设计标准 GB/T 5033-2001》光气候分区属于 III 类。

现行国家、河北省的标准、规范等对居住建筑的规定，是住宅建筑设计绿色化的基本要求，而《中国生态住宅技术评估手册》中则给出了住宅建筑设计的绿色要求。这些规定、要求是我们进行住宅建筑设计绿色化的基本依据。

2.4 建筑物理原理

住宅采暖、制冷耗能巨大，不可再生的化石燃料不仅储量有限，而且在使用中还会产生大量的有害气体排放，导致空气污染、土壤酸化、气温上升等等。鉴于此，住宅建筑的绿色化，以建筑设计为着眼点，就是要使住宅建筑积极地适应气候，运用建筑设计的手段，即通过建筑平面布局、空间组织、合理构造、恰当选材等"被动式"手段，解决好室内声、光、热、空气质量等基本要求，在满足生理要求的前提下，使居住空间尽可能处在自然状态而非人造环境，这样既有利于健康，又可最大限度地减少建筑物的资源消耗，更重要的是，通过放缓温差的变化，减少机械设备的噪声和空气污染，提供更自然的照明，居住在里面的人们能够得到最大程度的舒适和方便，从而有助于把人与自然的关系放在更和谐的位置。建筑物理原理是住宅建筑设计绿色化的理论基础。

3　冀中南城镇住宅绿色化建筑设计

本章将在前述基础上，根据河北省中南部地区城镇住宅的环境特征，结合当地的技术经济条件，基于绿色住宅绿色特性的考虑，从可持续的角度对传统的住宅建筑设计过程修正并整合，提出发展和改进措施，有效地防护或利用室内外环境作用，以创造良好的室内环境，减少夏季空调开启和冬季供暖的时间，从而降低常规资源消耗，减少环境污染。

3.1 住区规划

3.1.1 建筑朝向

综合日照及通风要求，《建筑设计资料集（第二版）》指出石家庄市住宅建筑适宜朝向为南至南偏东 15°。在建筑朝向确定之后，为了降低噪声的影响，机动车主干道应避免面对建筑朝向。

3.1.2　建筑间距

对于成排布置的住宅,日照要求通常是确定房屋间距的主要因素。不同城市根据纬度、土地资源及经济发展水平等条件,分别制定了当地的日照间距系数(房屋间距与遮挡房屋檐高的比值),在工程审批中各城市基本都以此作为衡量标准。石家庄市目前控制新建住宅日照间距系数为 1.5。但笔者计算得出,若要保证住宅首层居民大寒日有效日照两小时的要求,则日照间距系数应为 1.58;若要保证住宅首层居民冬至日有效日照两小时的要求,则日照间距系数应为 1.81。也就是说,按现行采用的间距系数建房,则首层居民的日照权不能保证。

住宅建筑设计的绿色化,不应以牺牲居民的日照利益作代价来节地。目前,石家庄的一类土地地价每亩已超过 200 万元,开发商只能通过建高层,使土地成本尽量分摊,资金才能实现平衡。从居住的层次上讲,中高层住宅可以降低城市的建筑密度,提高城市绿地率。发展中高层住宅是大中城市在保证住宅日照间距前提下节地的重要措施。建筑师利用棒影日照图进行日照分析,合理布局,可以在保证有效日照时间的前提下,最大限度地缩小建筑间距。

本例为某 32 层住宅楼工程,由于拟建住宅须满足基地北侧原有干休所住宅楼冬至日有效日照不少于两小时的要求,所以方案一把拟建住宅置于基地最南端,以尽量加大建筑间距(图 2)。但由于拟建住宅为 32 层,无论其在什么位置,原有住宅正午时都不可能得到日照,日照时间只能通过合理布置拟建住宅位置以减少对其遮挡来实现,而加大的建筑间距对增加原有住宅日照时间并无多大影响。利用棒影日照图分析调整后的布置方案见图 3。方案二在保证原有干休所住宅楼冬至日有效日照不小于两小时要求的前提下,不但增加建筑面积 2752m²,而且有一部分南向庭院可以利用。

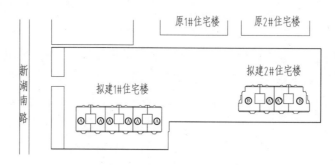

图 2　规划平面方案一

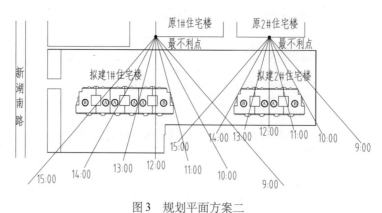

图 3　规划平面方案二

3.2　住宅单体方案设计

住区规划确定以后,就基本确定了建筑自身所处的外部微气候环境。因此,在进行建筑的本体设计

时，就主要通过对建筑各部位的结构构造设计，建筑内部空间的合理分隔设计，以及一些新型建筑材料和设备的设计与选择等来更好地利用既有的建筑外部气候环境条件，以达到改善建筑室内微气候环境的效果。合理的建筑设计可以用建筑空间组合办法和常规技术手段即可达到，既节约资金又能充分利用自然，属于不大花钱的"建筑语言"，是提高住宅建筑绿色水平最经济的途径。

3.2.1 建筑遮阳

近 10 年来，华北逐渐成为全国的又一个高温中心。从天气的干热程度和极端高温来看，石家庄与几个"火炉"——重庆、南京、武汉相比持平甚至高出许多，只不过石家庄主要受大陆性气团影响，气候相对干燥，日夜温差大，还不至于让人夜不成眠。所以，在争取冬季建筑日照时间的同时利用建筑遮阳这一有效的隔热方法做好建筑本身的夏季防热，有效降低空调高峰负荷，应是冀中南城镇住宅建筑设计中绿色化的有效途径之一。

如今，国内外的遮阳产品品种繁多，但其造价较昂贵，对于大多数普通住宅，最简单经济的有效方式是通过建筑本身出挑来遮阳。遮阳的方式有多种多样，实际设计中，可以结合建筑构件的处理来解决，如利用外廊、挑檐、空调室外机搁板等，或采用专门的遮阳板设施。低层建筑亦可以利用绿化来遮阳。遮阳的基本形式可分为四种：水平式、垂直式、综合式和挡板式。水平式遮阳能够有效遮挡高度角较大的、从窗口上方投射下来的阳光，故适用于接近南向的窗口。

冀中南地区虽夏季室外温度高，辐射强度大，但早晚温差较大，需要遮挡的是中午时高度角较大的阳光，因此，对于大多数朝向为南或接近南向的住宅建筑，水平式遮阳较为适用。由计算可知，在石家庄市住宅中，南向窗口水平遮阳板的尺寸取为 0.39~0.52m 比较适宜。当前常见的凸窗设计中，由于考虑窗台放置花盆或居民小坐以及窗台下放置空调室外机的要求，外伸尺寸大多为 0.45~0.50m，从遮阳的角度考虑也是比较适宜的。

3.2.2 太阳能利用与建筑一体化

在建筑领域使用可再生能源，首先使用太阳能资源。冀中南地区太阳能资源丰富，太阳能热水器是住宅太阳能利用中应用最广泛也是简单有效的一种手段。由于太阳能热水器体量较大，玻璃真空管易受损破坏，因而大多安放于屋顶。为避免出现热水器与建筑美学不协调问题，影响城市的景观和环境，设计时应充分考虑太阳能热水器与建筑结合的因素，把它作为一个组成部分，预留给水及排水接口，像近年逐渐普及的空调室外机那样，在设计时统一考虑搁置位置，在立面进行统一处理，达到有序美观的效果。只有这样才可根本上解决使用太阳能热水器所产生的各种问题，既方便人们生活，提高生活质量，又节约常规能源。

3.3 住宅单体施工设计

3.3.1 建筑体系与材料选择

建筑体系与材料的合理选择是实现住宅绿色化的关键。河北省已禁止在城镇建筑中使用实心黏土砖，积极推广采用新型建筑结构体系及与之相配套的新型墙体材料。河北省近年发展的建筑体系有混凝土小型空心砌块砌体建筑体系、钢筋混凝土异型柱框轻体系、钢筋混凝土剪力墙体系、CL 建筑体系、轻钢结构住宅体系等，省建设厅均已颁布了相应的技术规程。

建筑材料的选择应遵循健康、高效、经济、节能的原则。随着科技的发展，大量的新型高效的材料不断被研制并应用到建筑设计中去，在这种情况下，设计师需要学会判别新旧建筑材料，了解它们有什么优点和缺点。在了解了材料相关性能之后，设计时就要综合考虑其热工性能、光学性质、隔声性能

等，优先采用节约环保型建筑材料，并尽量就地取材，节约资源，提高资源的使用效率。

3.3.2　围护结构

建筑围护结构的节能设计无疑是住宅建筑绿色化的重点，也是目前研究最多的领域。除了适应气候条件做好保温、防潮、隔热等措施以外，围护结构还要满足采光和隔声的要求。

笔者对廊坊市广阳公寓住宅楼外围护结构耗热量进行计算，得出围护结构传热量分配表（表1）。由表可见，外墙和外窗所占份额较大，是节能的重点部位。窗墙热工性能可通过不同匹配达到同样的节能率，但节能投资相差很大。另外，窗还担负着调节建筑室内的通风、采光及空气质量等功能，在改变建筑室内微气候环境中起着重要作用。有关研究表明，在建筑围护结构诸方面，窗的节能投资效益最显著；改善、加强窗的隔声性能，也是保证住宅室内声环境的重要措施。在资金比较紧张的情况下，应首先投到窗的绿色改造上。

表1　围护结构传热量分配表

项目	$\varepsilon_i k_i F_i$ (W/ K)	比例 （%）
屋顶	334.75	9
外墙	1469.11	41
外窗	1429.82	39
不采暖楼梯间	187.87	5
不采暖地下室上部地板	212.23	6
Σ	3633.78	100

绿色住宅是作为一个整体在起着作用，设计师不能指望改变一种功能而不对别的功能产生影响，任何一个因素的变化都将引起其他因素不同程度的变化与作用。建筑师在建筑设计中不仅需要了解和掌握具体的绿色化技术措施，更应将这些技术手段巧妙地运用到方案构思中，推动住宅建筑设计的绿色化进程。

4　结论及建议

综上所述，得出如下结论：对于河北省中南部地区城镇住宅建筑设计，依托当地的环境特征及技术经济水平，修正并整合传统的设计过程——住区规划、住宅单体方案设计、住宅单体施工设计，通过被动式设计策略，把绿色建筑技术措施真正与建筑设计相结合，在创造健康舒适的室内气候的同时，可以从总体上降低建筑的运行负荷以及峰值负荷，从而节省资源，减少污染，是逐步推进冀中南城镇住宅建筑设计绿色化的基本途径。

在建筑设计中，建议从以下几个方面来考虑：

(1) 对于成排布置的住宅，石家庄市目前的日照间距系数（1.5H）不能满足后排住宅首层居民大寒日有效日照两小时的要求，建议提高为1.58。而以棒影图作日照分析来确定合理的建筑布局，可以在满足日照要求的前提下有效缩小建筑间距，提高住区容积率，节省用地。

(2) 根据近年来的冀中南城镇的气候特点，建筑的热工性能设计应由仅重视冬季采暖逐渐转移到全年气候条件下的热性能分析，以冬季采暖为主，兼顾夏季空调制冷的节能。南向窗口遮阳是建筑设计中夏季空调制冷节能一个非常重要的措施。其中石家庄地区住宅遮阳板挑出0.39~0.52m比较适宜。

(3) 外墙和外窗所占围护结构传热量份额较大，是节能的重点部位。提高窗户的保温隔热性能，节能投资效益最显著；改善、加强窗的隔声性能，也是保证住宅室内声环境的重要措施。

参考文献

刘加平编．建筑物理（第三版）．北京：中国建筑工业出版社

杨善勤．民用建筑节能设计手册，北京：中国建筑工业出版社

聂梅生，秦佑国，江亿等．中国生态住宅技术评估手册．北京：中国建筑工业出版社，2003

《建筑设计资料集》编委会．建筑设计资料集（第二版）．北京：中国建筑工业出版社

肖文静．冀中南城镇住宅建筑设计绿色化研究．西安：西安建筑科技大学硕士学位论文，2005

赵群．寒冷地区住宅环境的绿色设计因子．西安：西安建筑科技大学硕士学位论文，2001

杨柳．建筑气候分析与设计策略研究．西安：西安建筑科技大学博士学位论文，2003

董海荣，刘加平，杨柳．多层住宅围护结构整体性保温的节能效应研究．工业建筑，2003(10)

http://www.cin.gov.cn（住宅性能评定技术标准（征求意见稿））

http://www.topenergy.org （绿色建筑论坛）

"四节—环保" 在中国城镇普通住宅设计中大有可为

"Four Savings-Environmental Protection" Has Great Future in the Design of Ordinary Residences in China

胡荣国　修龙

HU Rongguo and XIU Long

中国建筑科学研究院

China Academy of Building Research, Beijing

关键词：　"四节—环保"、可持续发展、普通住宅、务实

摘　要：　文章以中国城镇量大面广的普通住宅为对象，从推广意义、设计思路到工程实例等方面剖析"四节—环保"在中国城镇普通住宅设计中的应用前景。

Keywords: four savings-environmental protection, sustainable developments, ordinary residences, reality in the design

Abstract: The essay will discuss the large quantities of ordinary residences in towns and villages as our objectives and from the point view of popularization, imput the design idea to engineering real examples to analyze the "Four Savings-Environmental Protections" in the future idea of common residential design aspects.

1　"四节—环保" 在中国城镇普通住宅建设中的意义

随着我国城市化进程的高速发展和城镇居民居住条件地不断改善，新建城镇普通住宅的需求量在持续增长，建设速度惊人！据统计近年来全国城镇住宅每年竣工面积达到了 6 至 7 亿平方米，其中普通住宅的建设量超过了总量的一半以上。在这一建设过程中，耗用的能源达到了总能耗的 20%以上，耗用的水量占城市用水量的 30%，耗用的钢材占全国用钢量的 20%，耗用的水泥占全国总用量的 17.6%，城市用地中有 30%为住宅用地。然而，在如此巨大的物耗和能耗的同时，我国住宅建设的物耗水平和建筑能耗产生的污染对环境的影响与发达国家相比，钢材消耗高出 10%至 25%，卫生洁具的耗水高出 30%以上，污水处理后的回用率为发达国家的近四分之一，建筑能耗产生的温室气体约占气体排放总量的 25%，北方城市的煤烟型污染指数是世界卫生组织推荐值上限的 2 至 5 倍。与此同时，建筑物的能效水平与气候条件相近的发达国家相比，目前我国单位建筑面积的采暖空调耗能量，外墙是发达国家的 4 至 5 倍，屋顶是 2.5 至 5.5 倍，外窗户是 1.5 至 2.2 倍。而我国约 330 亿平方米的既有城乡住宅中，节能型住宅还不足 2%。就总体情况来看，我国单位建筑面积的采暖空调负荷约为同纬度气候相近国家的 2 至 3 倍。以上数据不难看出，我国城镇住宅建设中 "节能、节地、节水、节材和环保" 等方面的水平大大落后于发达国家。另一方面，目前，我国人口总量已达到 13 亿，而资源的人均占有量仅为世界平均水平的四分之一。预计到 21 世纪 30 年代，我国人口总量将达到 15 亿之多，届时资源的人均占有量将会更低。由此可见，贯彻和推广 "四节—环保" 方针，对于超过一半以上的我国城镇普通住宅的可持续发展，意义重大而深远。以 "四节—环保" 作为建设我国可持续发展的城镇普通住宅的基本方针，毋庸置疑。

2　"四节—环保"在中国城镇普通住宅设计中的思路

2.1　科学、理智的思路

众所周知，中国是一个地域辽阔的国家。资源分布和经济发展不平衡，气候条件差异大，即使在同一区域的不同档次的楼盘，所遇到的问题也各不相同。因而，机械的照搬和采用单一模式去解决"四节—环保"中的复杂问题既不现实也不客观，而竞相攀比更是捉襟见肘。因此，因地制宜、因盘制宜地在我国城镇普通住宅设计中，贯彻和推广"四节—环保"的方针是科学、理智的设计思路。

2.2　符合国情的思路

"适用、经济、在可能条件下注意美观"是新中国建国初期大规模经济建设时期提出的，符合当时国情的建筑方针。时至今日，该方针的精神对于在中国城镇普通住宅设计中贯彻和推广"四节—环保"，依然有着现实意义。在贯彻和推广"四节—环保"方针的过程中，我们要继续坚持"适用、经济、在可能条件下注意美观"这一方针的精神，以实事求是的态度去研究和解决问题，杜绝由于盲目追风、好大喜功产生的更大浪费，走符合现实和未来中国国情的"四节—环保"道路。

2.3　从基础层面展开的思路

在我国城镇普通住宅设计中贯彻和推广"四节—环保"的方针，首先要从基础的层面展开。扎实的基础才能使"四节—环保"的方针不断地贯彻和推广，而不是仅仅停留在高档楼盘竞相展示概念的阶段。基础的层面例如以下几个方面：更加科学的选址和规划布局；更加合理精细的单体和细部设计；更加充分、科学、合理的设计地下空间以解决停车、辅助用房的布置以及地上空间向地下拓展等问题；更加有效地延长建筑的使用寿命、减少重复建设；合理布置建筑朝向，降低建筑体形系数；提高建筑外围护结构的保温和隔热性能；推广应用节水器具，全面落实生活废水的回收、处理和再利用；推广应用高性能、低耗材的建筑材料（如高强混凝土、高强钢筋等）；推广应用再生和可以循环利用的建筑材料和产品；推广一次装修到位，减少耗材、耗能和环境的污染等等。然而，另一方面，在我国城镇量大面广的普通住宅设计及建设中，充分重视以上基础层面问题的贯彻和推广，也是"四节—环保"方针全面展开的广泛社会基础。

2.4　务实的思路

目前，社会上一提到"节能、环保"就会联想到高价位、高成本、高科技。而市场上出现的一些以高价位支撑的、高舒适度的楼盘往往使人们误认为"节能、环保"就意味着高投入。当然，不能否认更高的投入和更高档次的设备配置会进一步提高舒适度和节能、节水、环保的水平。但是，今日的中国和未来的中国更需要经济有效的解决办法。市场更需要在价格上适合于广大消费者、达到"四节—环保"要求、有效降低房屋全寿命周期内生活成本的普通住宅。因此，设计兼顾现实和未来的、符合中国国情的、达到"四节—环保"要求的普通住宅，应坚持适用、经济、有效、务实的思路。

3　以工程实例剖析"四节—环保"在中国城镇普通住宅设计中的应用

3.1　选址与规划

"西府景园"项目占地 4.6 万平方米，总建筑面积 14.7 万平方米，户数 1140 户，每平方米售价 3860 元人民币，是一个经济适用房项目。该楼盘选址于北京邻近西四环中路的城区范围，距离四环路

仅 300 米，公共交通便利，市政配套设施相对完善。由此，相对于城市远郊和城乡结合部等偏远地区的住宅更适合于中低收入的居民生活。该项目开盘仅三个月便达到 95% 销售率的实例说明，其定位和选址深受广大中低收入消费者的认同，而其科学合理的选址也为社区的可持续发展奠定了良好的基础。另一方面，该项目的规划设计采用了围合式的大院落布局。总平面建筑的布置，东南角相对开敞，从而可以将夏季主导风引入社区的室外空间，为室外花园空气的流动和空气质量的改善提供了必要的条件。同时，此布局也为住户室内的自然通风创造了良好的外部风环境（图 1，2，3）。

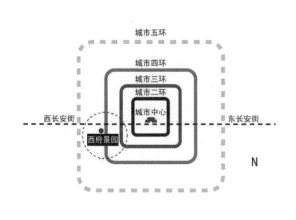
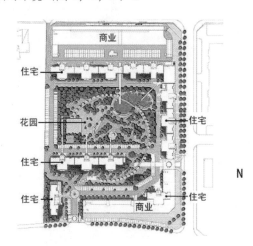

图 1　楼盘位置示意图　　　　　　图 2　楼盘总平面图

图 3　楼盘风环境鸟瞰示意图

3.2 户型设计与日照和通风

该项目的单元设计采用了两部电梯与三户或四户的"品字形"组合。其中后部的户型是前后开窗的通透设计，日照、自然通风良好。前端的户型是正面和侧面双向开窗的双采光设计，日照充足，同时，户内可以形成转角的自然通风。而此种单元平面设计，其关键的问题在于解决好日照和自然通风的均好性。特别是当多个单元拼接时，把握好两个前端户型形成的凹空间的尺度。本项目两个前端户型形成的凹空间的宽度与进深的比例为 2.5:1。工程回访证实，夏季各户的自然通风良好，可适当减少空调使用时间；冬季各户日照充足（图 4）。

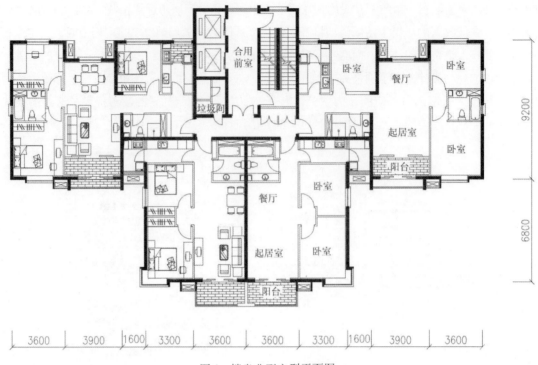

图4 楼盘典型户型平面图

3.3 细部设计与设备和设施

3.3.1 消防楼梯间与合用前室

本项目的消防楼梯间、合用前室均采用了有外窗户的设计，无需设置消防正压送风系统，从而节省了相应的正压送风道的材料和送风设备。与此同时，也减少了合用前室的照明时间。公共区域的照明开关采用了声控系统以达到节电目的。

3.3.2 外墙涂料颜色与户门

本项目的外墙装饰采用了浅色涂料，以加强夏季外墙外表面的热反射性能，"户门"采用了保温隔热性能良好的"四防门"以解决通过"户门"的冷、热损失。

3.3.3 生活供水设备与垃圾收集设施

本项目生活供水系统采用了变频泵供水，取消了高位生活水箱，在减少生活用水二次污染的同时，合理控制水压，以达到节水目的。垃圾收集方面，每层设置了垃圾暂时存放间，其中布置了分类垃圾收集桶，目的是在源头做到垃圾分类收集。

3.3.4 外窗户与外窗外遮阳

本项目在外窗的隔热、隔声、气密以及保温性能等设计方面，原设想是以中空玻璃和塑钢窗框组合的外窗户与垂直外遮阳系统搭配使用的方案，来综合解决外窗户的隔热、隔声、气密以及保温性能等问题。遗憾的是，由于成本等原因，外遮阳系统最终没有实现。但值得一提的是，垂直遮阳系统是综合提高外窗户的隔热、隔声、气密以及保温性能的有效方法。据统计，我国住宅外窗户的总面积一般占到外围护墙总面积的25%左右，而其隔热、隔声、气密以及保温的性能远低于设置保温的外围护墙，是外围护结构保温、隔热、隔声、气密性能等方面的薄弱环节。在隔热、保温方面，即使以我国"50%的建筑

节能设计标准"推算，采用隔热、保温性能良好的带隔热断桥的三玻璃两中空的外窗户，其传热系数也是外墙传热系数的2两倍以上。如果进一步提高外窗户的隔热和保温性能，一般要采用Low-E等更高性能的玻璃，但其玻璃成本也将大幅提高，同时也必须设置遮阳系统解决夏季遮阳问题。因而，推广和应用遮阳系统对于综合提高外窗户的隔热、隔声、气密以及保温性能等方面有很大潜力。然而，推广和应用遮阳系统的关键，一方面，在于通过其产品的国产化以降低成本。另一方面，在于打破外窗遮阳系统不美观的传统观念以及养成良好的生活习惯。目前，许多发达国家的住宅已经普遍使用外遮阳系统，但在我国的住宅中还很少使用。相信随着住宅外窗遮阳系统成本的降低和观念的改变，其将会得到广泛的应用（图5，6）。

图5　国外住宅外遮阳外观实景照片

图6　国外住宅外遮阳室内实景照片

4　在中国城镇普通住宅设计中"四节—环保"发展前景的展望

我国人均资源占有率低与发展经济改善人民生活水平需要巨大的资源支撑之间的矛盾，将会长期存在。因此，在中国建立节约型和循环型经济以及在中国量大面广的城镇普通住宅中长期贯彻和推广"四节—环保"的方针，将是保持我国城镇普通住宅可持续发展的长期任务。在这一过程中，相关政策、法规、产业的发展以及形成健康的生活理念等方面将是一个有机和互动的整体。

政策是长期有效贯彻和推广"四节—环保"方针的动力。制定和综合运用相关的财务、税务、投资、信贷、价格、收费、土地等方面的激励政策，将有效推动这一方针的切实展开，而法规是贯彻和推广"四节—环保"方针的保障。严格的施工验收、强制性条文的强制执行以及科学的验收、检测标准和手段的运用，将对"方针"的落实起到有力的监督作用。

健康的生活理念是"四节—环保"的市场基础。节约型社会的建立，首先是人们观念的转变和健康生活理念的形成，它需要加大教育和舆论引导的力度以及文化的进步。具有健康生活理念的消费者将使"四节—环保"的住宅，长期立足于市场。然而，随着"四节—环保"的住宅在市场上的大量涌现，相关的建筑材料、设备和产品的需求量将会逐步放大。同时，会带动相关产业和企业的蓬勃发展。

5　总结

"四节—环保"的方针在我国城镇住宅中贯彻和推广，需要全社会的努力和支持。高度重视"四节—环保"的方针在普通住宅中的落实，将为其全面的展开奠定广泛的社会基础。在我国建设符合"四节—环保"要求的住宅是建立节约型和循环型经济的重要部分，所产生的效果在短时间内可能不会全部显

现出来，但是，其影响及意义重大且深远，它将造福于子孙后代。

参考文献

汪光焘部长．大力发展节能省地型住宅——贯彻中央经济工作会议精神的思考．中国住宅与地产信息
　　　　网，2005

宋春华部长．观念·技术·政策——关于发展"节能省地型"住宅的思考．中国建筑学会学术年会论
　　　　文集，2005

郁聪主任．"我国节能形式和政策措施"．新能源技术与房地产开发论坛论文集，2005

中华人民共和国行业标准．民用建筑节能设计标准 JGJ26-95．北京：中国建筑工业出版社，1996

注：　"四节－环保"的含义是节能、节地、节水、节材、环保。

城市化进程下的西北地区农村住宅发展研究

A Study on Rural-house Development in Northwest China Under Urbanization Process

靳亦冰　李钰

JIN Yibing and LI Yu

西安建筑科技大学建筑学院

School of Architecture, Xi'an University of Architecture & Technology, Xi'an

关键词：　城市化进程、西北地区、后发优势、可持续发展

摘　要：　本文以西北地区城市化进程为宏观背景，通过分析当今农村住宅建设中产生的问题，我们探索了城市化进程对该地区农村住宅建设的影响及合理的对策，以避免出现发达地区（例如中国东部地区）曾经出现的问题。通过调查研究，我们在城市化进程中主张：第一，将地方技术与现代技术相结合，才是建设西北地区农村住宅的适宜之路；第二，乡村建设与城市化进程相协调，使这一广大地区农村人居环境走上可持续发展之路。

Keywords: urbanization process, potential advantages, northwest China, sustainable development

Abstract: Based on the macro-background of northwest urbanization process, the paper has analyzed the problems of rural housing today. The author have been going to find the urbanization process affection upon rural housing in this region and the reasonable countermeasures, to avoid the problems which have taken place in developed region such as east china. Under the urbanization process, through investigation, we suggest that: 1.Using the combination of local technology and the modern technology which is available way for the rural housing; 2. The rural housing, urbanization process and the region development harmonize growing together. Then, we believe the rural environment can go on the road of sustainable development.

1　引言

城市化是衡量一个国家或城区经济发达和文明程度的重要标志。它是指"乡村人口向城市人口转化，以及人类的生产、生活方式由乡村型向城市型转化的一种普遍的社会现象"。

由于地理位置、发展基础、历史机遇等方面的诸多不同，使得包括陕西、甘肃、青海、宁夏和新疆五省区在内的广大西北地区城市化进程明显落后于我国东部。然而，随着西北地区经济的逐步繁荣和交通、通讯、信息、人员交流等基础设施的改善，城市化在深度、广度方面都得到了长足的发展。但是，正如事物普遍具有的两面性一样，这些变革、发展在带来众多物质繁荣的同时，也给广大西部农村地区带来了一些不稳定、不和谐的因素，原有封闭、内向的社会、文化结构受到了重大影响，农村居住模式、居住生活理念更受到了强烈的冲击，出现了农村住宅建设中资源利用、环境保护等一系列新问题。

2　城市化与农村乡土住宅

作为传统农耕文明发源地和众多少数民族聚居地之一，西北地区有着悠久而深厚的乡土文化积淀。农村住宅、聚落体系作为其中不可分割的一部分，由于城镇网络稀疏、地域广袤加之经济、交通条件落后，一直以来保持着相对封闭内向的状态，极少受到外来文化影响、冲击。千百年来，西北地区农民在这片广大土地上创造了陕西窑洞、甘南藏族土坯房、北疆游牧毡房、南疆维族阿以旺等众多住宅形式，

这些没有建筑师的建筑，外表朴素而内蕴无穷，在不同地域环境条件的严酷制约下，灵活巧妙地运用生态规律，因地制宜地将建筑与自然气候、资源环境、风俗人情融为一体，因而具有旺盛的生命力，受到农民的喜爱并且得以长久的传承，形成了稳定、独立的乡土建筑系统。

图1　以天然黄土为材料的居住建筑——陕西窑洞、新疆喀什民居

然而，随着交通、信息、人员交流条件的改善以及城市化广度、深度的不断拓展，西北地区农村原有封闭内向的空间地理格局逐渐被打破，发达地区城市、农村不断变幻的物质生活和文化享受形式如潮水般涌入，对尚不富裕的西部农民构成了一种强大的、近乎不可抗拒的前景诱惑，新鲜时髦的现代农村建筑形式、居住模式更是通过各种途径对原有乡土住宅发起了巨大的挑战，对农村建筑形态、居住格局产生了深远影响。

一方面，东部发达地区的建筑文化在城市化大潮包裹中，以出身富裕地区的优越姿态频频影响着整个西部农村地区，其建筑形式、聚落形态乃至建筑细部都吸引了西部农民的无限憧憬，成为农村住宅的最新技术摹本与审美标准，被大量不加选择的加以复制；另一方面，在外来建筑文化形态的冲击下，原生的传统乡土民居体系遭到了全盘否定与舍弃。传统乡土建筑是构筑在落后、被动的生产技术、经济条件之上的，这种条件决定建筑活动只能就地取材、以简化繁的方式建造建筑，而现代化的交通条件、施工水平、经济条件则轻易地抹平了这道鸿沟，使之对建筑营建影响越来越小，加之原有建筑在使用中存在或多或少的缺陷以及简单、粗糙的建筑形象，都使得原有建筑形式、建筑营造观念在农民眼中，成为落后、贫穷的典型象征，遭到彻底的遗弃。

在"外部侵袭"和"内部解构"的双重趋势影响下，今天，在西北地区率先富裕起来的农村中掀起了弃旧建新的建房热潮。白瓷片外墙、蓝色镀膜玻璃、铝合金门窗作为新式民居的标准语汇，正以惊人的速度泛滥开来。建筑形象的趋同使得西北建筑与其他地区建筑如出一辙，毫无特色可言。更为严重的是新式农居作为一种大量的建设活动，其营建浪费了大量不可再生资源。

图2　陕西永寿御驾宫村废弃的下沉式窑居

首先，新建筑大量采用黏土砖作为建筑材料，而黏土砖的烧制需要消耗大量的不可再生资源，大量

取土更破坏了地表植物覆盖，增加了水土流失程度；其次，黏土砖不可降解，由它作为材料建成的住宅建筑废弃时，无疑对土地形成了二次固态污染；第三，新住宅普遍选址于位置、地势较好的平地、甚至不惜侵占耕地建房，对本已稀少的耕地资源造成了很大浪费。

千百年来由农民创造，表达农民对爱和美生活追求与表达的乡土建筑文化形式在"城市化"的建筑文化冲击中失去了昔日价值的光辉。民居建筑由与生存环境、发展资源相协调统一走向了相抗衡、对立的反面，使西北地区原本恶劣的资源、生态环境雪上加霜。

3 地区城市化与可持续发展

当我们从更深层次审视城市化对西北地区农村住宅发展的影响时，不难看出农村住宅的发展更多仅局限在对东部地区建筑形式的简单抄袭，是一种不加选择的简单的程序化复制，更是一种脱离实际、盲目崇拜的具体表现。

东部发达地区的现代城市化始于20世纪70年代末，它的发展过程实际上一直伴随着以高能耗、低产出为特征的初始阶段工业化，农村居住建筑作为生产、生活的必需品也毫无例外，深深打上了粗放型发展的时代烙印。住宅随农民经济收入的增长而大拆大建，建筑形象上追求新奇、奢华，建筑成为了财富的象征，形成了家家"欧式花园洋房"的所谓现代化农村居住景观。这种粗放型的农村建筑发展道路埋下了环境污染严重、文化与社会发展相脱节的苦果，至今也无法完全消解，更加注定无法与地广人稀的西部地区及其生态环境、自然气候、经济技术、知识文化相适应。这种大量盲目、浮躁建设，大肆侵占良田，浪费了大量物力人力，造成了对千百年漫长演化发展形成的文化的粗暴破坏，破坏了原来广泛存在的农村建筑体系、结构，使得今天周庄、同里等少数村镇成为仅存的南方传统建筑遗留标本而孤立地存在，供人缅怀。

西北地区属于内陆地区，具有典型的大陆性季风气候特征，冬季寒冷干燥，夏季温暖湿润，雨热同步，地区光照充足，大部分地区降水量稀少，容易发生旱灾。千百年以来由于生产方式低下，不合理的垦殖，土地资源大面积退化，森林与草原面积减少，生态不平衡，水土流失，抵御自然灾害的能力下降。加之这一地区人口无节制地增长，很多地区已经超过了农业自然资源和环境的承受能力。人口、粮食、资源和环境间的矛盾日益尖锐，已经形成了一种恶性循环的被动局面。此外，人们乱砍滥伐、乱垦滥挖，加上不合理的水土资源开发利用，以及筑路修桥开矿等项目不重视水土保持，更加剧了这一广大地区严峻生态环境形势。在这样一个综合环境较为恶劣的广大区域，西部不可能也根本无法适应东部历史上的粗放型建筑发展建设模式，需要从自身实际情况出发，寻找发展的良策。

资源的有限性和建筑、村落发展的现代化需求之间的矛盾实际上是制约西部村落发展的主要和长期的因素，如何合理有效地利用现有资源实现建筑、村落的可持续发展已成为当今西部农村发展中首当其冲的问题，具有严峻的生态和现实意义。农村建筑的发展，更应当研究建筑如何与环境、资源相协调，如何与经济、社会的可持续发展相结合，使建筑、环境、人、资源得以良好的协调，即在城市化的宏观社会背景中，实现建筑的可持续发展。

同时，由于西部农村的城市化程度低下，因此相当大部分农村地区建筑尚处在一种原生状态，建筑体系还未受到大规模破坏，传统建筑还有改造、发展的潜力可以深挖。西北地区农村的发展可以充分发挥后发优势，汲取东部地区发展过程中的经验教训，立足于自身，实行优势互补，走出适应发展实情的道路。

4 西北农村住宅的可持续发展

要真正解决农村住宅发展中面临的问题与困惑，就必须将其置身于人居环境的宏观场景中，以可持

续发展观为指导，通过对这一广大区域的传统建筑作本质上的概括，总结出千百年来建筑所传承的优秀"生存基因"，并在继承的基础上，积极探索其与现代生活需求、生态技术相结合，籍此寻找西北地区建筑发展问题的长久解决之道，实现建筑、资源、环境新的可持续协调发展。

4.1 与资源、技术相适应的民居建筑

传统民居建筑特色中尤为突出的就是最大限度地挖掘自然资源的潜力，创造与资源相匹配的建筑形式，进而形成特定的区域建筑营造体系。由于地域广袤，西北各地的民居建筑材料因此有着很大不同，但土坯或夯土还是最为常见的建筑材料，分布在这一广大领域中的各个省区之中，形成面目各异的生土建筑。生土建筑的最大优点是其技术成熟、施工简便、材料可塑、形式多样、能源节约、造价低廉。不仅如此，生土还可循环使用，一旦房屋拆除，墙土便可转化为土壤，不会对环境产生污染，符合生态系统的多级循环原则。以黄土高原生土建筑形式之一的窑洞为例，不但冬暖夏凉，可以节省建房所需木材，更因为黄土良好的蓄热、隔热物理性能，在冬季可以节省取暖所必须的却又十分短缺的燃料。

今天，这些传统的生土、覆土建筑，完全可以通过现代技术的改造，达到既满足现代农村人生活需要，又具有生态环保特征的双重目标，具有很大的挖掘潜力和现实意义。

4.2 与气候、环境相协调的民居建筑

气候与地域是紧密联系在一起的两个概念。利用有限的建筑材料、简便的建造技术和灵活多变的建筑手法，力争与所在地气候相适应，是传统建筑中所普遍蕴含的建筑原则之一。

例如，黄土高原地区冬季干冷，室内取暖是主要需要解决的问题。而窑洞建筑由于被周围稳定的地热包围着，在-20℃左右的气候条件下，其室内仍能保持15℃左右的舒适温度，同时由于布局多为坐北朝南，建于阳坡之上，避开主导风向，同时南向既可获得充足的阳光用以采光，又可直接获得太阳热能，解决了冬季寒冷的问题。

又如，新疆和田民居紧邻塔克拉玛干沙漠，境内气候干热少雨，年大风日数多，历年沙尘暴、扬尘总日数在25~52天之间。维族阿以旺民居正是适应这种恶劣气候的产物，以中央明亮、宽敞的阿以旺厅组织各功能部分，形成完全封闭、内向的住宅建筑空间，提供了一个较为舒适理想的人工居住环境。在夏季，阿以旺中厅还能发挥烟筒效应，加快室内空气对流速度，有效降低室内温度。

新型农村住宅形式应当充分借鉴传统建筑适应气候的方式方法，结合新技术手段的运用，使建筑更好地与其所处的地域环境和气候相适应。

4.3 合理的农村土地利用原则

西北地区人均耕地比例小，合理利用土地是一种寻求最大限度地发挥土地潜力，并减少其生态限制的土地利用方式。建筑，作为一种对土地的具体开发措施，不仅要考虑自身功能、经济上的合理性，更要考虑与此相关的社会效益和环境效益。

一方面，农村建房应当进行合理的土地使用分区，统一规划，既发挥规模效益又充分改变以往各自为政的自发现象，走高效节能节地的发展道路；另一方面，提倡利用荒地废地，采取多种建筑方式，尽可能减少对耕地的破坏。

4.4 建筑与绿色生态技术、生态农业相整合

西北地区的光热资源普遍丰富，太阳辐射总量、日照时数在全国都名列前茅，一些地区还有着优越的地热、风能资源。传统民居建筑对其他并未加以充分利用，不能说不是一件遗憾。新型民居建筑在继

承原有建筑对气候、环境的适宜性营造技术、设计优点的同时，必须积极引入现代生态技术，以新手段、新视点改善建筑环境，并将对太阳能、地热、沼气利用等多种资源一并纳入到建筑设计考虑范畴，使民居建筑与当地生态农业建设、当代生活模式相结合，建立一种建筑、生活、生产相协调的良性互动关系，促使农村建筑走上健康稳定的可持续发展道路。

5 新型西北地区农村住宅探索——以窑洞为例

窑洞民居是广泛存在于西北地区的一种建筑形态，是以"低成本、低能耗、低污染"为显着特征的生态建筑。它充分利用了黄土的特性，凿崖挖窑、取土垫院，利用自然、融于自然，在中国民居建筑中独树一帜。

新型生土住宅以黄土窑洞为原型，将窑洞的原有优点与现代生活需要相结合，衍生出改造类窑洞及覆土小住宅等多个方案，对黄土高原地区新型民居建设具有强烈的示范意义和实际操作性。

方案A、B是在传统靠山窑居基础上进行改造，增设厨房和卫生间，其中A户型三开间，B户型五开间，可满足不同成员结构家庭选择。建筑中充分采用阳光间、通风井等绿色建筑技术手段，克服了原有窑洞潮湿、通风不畅的缺点。建筑外观保持原有窑居形象，既简朴大方又富有地域特色。

方案C、D为覆土住宅设计，意在探索以现代建筑技术创造出新型生态覆土建筑。方案中充分发挥生土物理特性，在屋顶和建筑墙面周围配以种植、绿化，不仅达到节能节地的目的，还创造了独特的景观特色。

建筑单体方案设计中多处采用了多种绿色建筑技术（如屋顶种植、太阳能集热系统、自然空调系统及沼气池）。例如，在窑顶上方一米处每隔50cm加一到两层5~10cm的细砂，不仅有效地解决了原有生土类建筑防潮湿抗渗透问题，还可以用作屋面种植。建筑墙面亦使用藤类植物加以绿化，在夏季可以调节墙面温度和遮荫。冬季落叶后，非但不影响墙体吸收太阳幅射热能，而且附在墙面的枝茎形成了一层保温层，更可以削弱晚间建筑墙体的热量损耗。

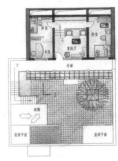

图3　A户型平面图、立面图

图4　B户型平面图、立面图

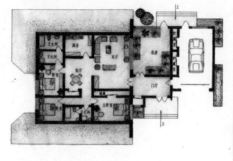

图5　C户型平面图、剖面图、立面图

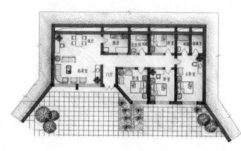

图6　D户型平面图、立面图

6　总结

　　西北地区农村建筑是我国民族建筑体系中的宝贵财富，它历经千百年来自然与人文的双重雕琢，源于自然而又超于自然，形成了独具特色的建筑风貌与文化内涵，因地制宜、以简化繁的建设原则更是其中蕴含的宝贵基因，突出实现了人、环境、资源和谐发展的可持续精神，具有深刻而长远的启示意义。今天，在城市化进程的大背景下，西北地区只有将可持续发展理念与城市化相结合，将这些宝贵"生存基因"在新的历史条件下创造性地加以发展，才能解决西北地区的实际问题，传统西北地区建筑文化才能够得以生存、发展、光大，最终建设出更加和谐理想的农村人居环境。这既是传统建筑发展的必由之路，更是传统地域建筑研究的当代使命和基本态度。

参考文献

吴良镛．广义建筑学．清华大学出版社，1998

张胜仪．新疆传统建筑艺术．新疆科技卫生出版社，1999

夏云，夏葵，施燕．生态与可持续建筑．中国建工出版社，2001

西峰小崆峒生态窑居示范村规划与设计方案．西安建筑科技大学建筑与环境研究所，2003

面向二十一世纪的建筑学．UIA CONGRESS，BEIJING，1999

注：文中图片均为作者自摄或自绘。

有中国特色的地区性生态建筑

Chinese Characteristic Regional Arcology

周春妮

ZHOU Chunni

合肥工业大学建筑与艺术学院

School of Architecture and Arts, Hefei University of Technology, Hefei

关键词： 生态建筑学、民居、地区性

摘　要： 本文综述了生态建筑学的发展状况，结合中国传统建筑中的生态建筑经验和目前中国生态建筑的发展状况，提出当代中国地区性生态建筑设计观念要运用和普及到实践之中的方法和途径。

1 引言——生态建筑学发展状况概述

科学技术飞速发展，物质文明急速膨胀，然而人类在今天却要面对比前人多得多的生存困境：自然气候变化无常、全球变暖的温室效应让人感到忧虑，我们几乎要用光大自然赋予我们的"取之不尽、用之不竭"的资源和能源……产业革命给人类带来巨大的物质繁荣和人口的空前膨胀，我们有限的资源和能源突然显得那样的微不足道。

全人类共同关注地球生态失衡、环境恶化的情况下，生态建筑学应运而生。它产生于 20 世纪 60 年代，确立于 20 世纪 70 年代，所谓生态建筑学，概括地说是在人与自然协调发展的基本原则下，运用生态学原理和方法，协调人、建筑与自然环境间的关系，寻求创造生态建筑环境的途径和设计方法，体现人、建筑环境与自然生态在"功能"方面的关系，即生态平衡与生态建筑环境设计和"美学"方面的关系，即人工美与自然美的结合。

生态建筑设计中强调 5R 原则：Revalue，Renew，Reduce，Reuse，Recycle。再认识（Revalue）：人们长期以来已经习惯对自然的索取，不惜牺牲地球有限的资源，破坏地球生态环境为代价，疯狂地进行各种人类活动，最终威胁到人类自身的生存安全，人们不得不重新审视自身过去的恶行，重新评价传统的价值观念。更新改造（Renew），减少降低（Reduce）：引申含义为大大减低能源消耗，减少对环境的破坏和降低对人体的不良影响。再利用（Reuse）：重新利用一切可以利用的旧材料、旧设备等等，做到物尽其用，维护生态环境。循环利用（Recycle）：将建筑和环境设施中的各种资源加以回收循环使用，可以节约资源，大大减少环境污染。

对生态建筑的探讨，就是倡导人类健康文明的生存模式和建造方式。那么拥有五千年灿烂文化和悠久历史的中国在生态建筑上又曾有何作为呢？

2 中国生态建筑的昨天

我们的祖先留给我们的形式多样的民居与聚落，就是一本生动的生态建筑的教科书。这些民居与聚落体现了用地与气候、环境等的有机结合，都是人们通过对自然环境的感受，以理性分析的所得。随着

时间的推移，这些人类建筑理论与实践得以充实和沉淀。这样说来，"生态建筑"只能算是一个迟到的结论。

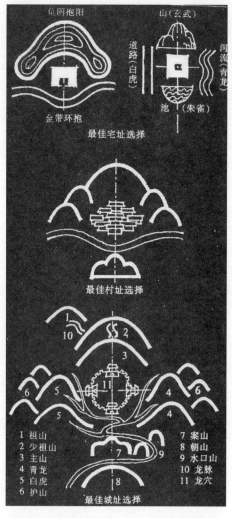

图1 风水理论中宅、村、城的理想选址

2.1 城市 聚落——风水学说

风水学说是中国古代与建筑环境规划有关的一门学问，主要内容是为选择建造地点而对地形、地貌、景观、气候、生态等各环境要素进行综合评价，提出建筑规划和设计的一些指导性意见，说明哪些是应该追求的、哪些是应该禁忌的。"风水"一词来源于郭璞《葬经》中所说"气乘风则散，界水则止"，即与地脉、地形有关的"生气"，与风和水的关系最大——忌风喜水，故风要藏，水要聚，只有"藏风得水"，生气才能旺盛。良好的建筑环境用地被称为"风水宝地"，认为这样的地方必定生气旺盛。

从现代城市建设的角度上看，也需要考虑整个地域的自然地理条件与生态系统。每一地域都有它特定的岩性、构造、气候、土质、植被及水文状况。只有当该区域各种综合自然地理要素相互协调、彼此补益时，才会使整个环境内的"气"顺畅活泼，充满生机活力，从而造就理想的"风水宝地"——一个非常良好的生活环境。对于中国常见的背山面水的城市、村落而言，本身就是一个具有生态学意义的典型环境。其科学的价值是：背后的靠山，有利于抵挡冬季北来的寒风；面朝流水，既能接纳夏日南来的凉风，又能享有灌溉、舟楫、养殖之利；朝阳之势，便于得到良好的日照；缓坡阶地，则可避免淹涝之灾；周围植被郁郁，既可涵养水源，保持水土，又能调节小气候，获得一些薪柴。这些不同特征的环境

因素综合在一起，便造就了一个有机的生态环境。这个富有生态意象、充满生机活力的城市或村镇，也就是古代建筑风水学中始终追求的风水宝地。

图2　四合院

2.2 建筑——民居

使用低技术的原生态建筑是人类祖先对于建筑与自然关系的诠释，随着经济和文化的变迁，人们将从自然界获取的真知日复一日地堆砌建造。院落和檐廊是中国传统民居惯用的空间形式。院子种植树种净化室外空气、调节温度；廊是半室外活动的理想场所，也是室内外的过渡空间，同样起到调节室温的功效。皖南民居中的天井就是院落空间在南方的表现形式，南方湿热多雨、日照较长，院落南北向相对较短，空间较窄小，建筑阴影投射在院落中，造成惬意的阴凉。

窑洞民居作为黄土地区的一种建筑形式，既符合当地的自然气候条件，又体现了独特的地质特点，在黄土高坡上挖掘的窑洞，既不占耕地，还可以防止水土流失，在处理人与自然的关系方面具有强烈的地域性特征和"冬暖夏凉"的热环境特征，是典型的与环境共生的乡土建筑。

2.3 景观——造园

明朝著名的造园专家计成的《园冶》详细地记述了如何相地、立基、铺地、掇山、选石。其中单就相地来说，又分为山林地、城市地、村庄地、郊野地、傍宅地、江湖地等。"园林惟山林最胜，有高有凹，有曲有深，有峻有悬，有平有坦，自成天然之趣，不烦人事之工。入奥疏源，就低凿水，搜土开其穴麓，培山接以房廊。"可见古人早已有因地制宜、省工节地的生态造园观念。"新筑易乎开基，只可栽杨移竹；旧园妙于翻造，自然古木繁花。"符合生态建筑学提倡更新改造、利于环境的价值观。

中国园林中用细砖和鹅卵石等组成丰富多变的铺地图案，其透水透气的特性，既便于雨水渗透，又利于植物生长。用于铺设室内地坪的青砖，其边角料还可以用于拼砌花漏窗，破损严重的砖也能敲碎了作为三合土用作地基材料。

图3　中国园林中的卵石铺地

3 中国生态建筑的今天

目前，中国在生态建筑学领域的设计水平和技术能力大大落后于西方国家，只是处于将国外先进的理论与技术引进国门的阶段，还未具备独立研究和运用生态建筑学的能力。国内第一座通过美国绿色建筑认证标准的北京某办公大楼耗资 1 亿多人民币，中国大张旗鼓展开的生态建筑产业是建立在高技术、高建设成本基础之上的。如果仅仅只是照搬、照抄国外的理论和技术，而不从国情和基地实际情况出发，我们终将只是得到一个机械性技术制造的昂贵产品。

面向未来的生态建筑不能忽视中国目前的低生产力、低技术水平，节约能耗、保护环境并不是单单只盖上几栋生态建筑，面对十多亿发展中国家的芸芸众生，搞高建设成本的生态建筑、绿色建筑、节能建筑不具备普遍性、适应性。在中国发展数年的生态建筑学终于开始迎来"飞入寻常百姓家"的时刻。今年，由中国太阳能学会、中国建筑学会主办的农村太阳能住宅设计竞赛就提供给我们很好的启示。基地位于北京市平谷区东北部，村庄四面环山，海拔高度约 500 米。年平均气温 8℃ 左右，夏季炎热多雨，冬季寒冷干燥。村内道路形态自然曲折，房屋随地势错落有致，可以在村内的任意宅基地上选建。

图4 北京平谷区农宅现状

设计的困难并不在于住宅本身，优秀的太阳能住宅设计案例比比皆是，矛盾来源于取舍技术成份的比例。平谷属于山区，村庄依山势而建，每家每户的住宅与南北方向都有 20°~45° 的夹角，这对于选用太阳能技术条件来说并不是最有利的朝向。如果只是纯粹的太阳能生态建筑，北京地区正南北向，无论是采暖、照明和太阳能板集热、发电都是最佳朝向。但是，必须考虑到现有村庄的地形肌理和村民们的生活习惯。技术从来都是为人服务的。综合最大信息量得出的结论是，根据该地区平均家庭的能源消耗量和耗能种类，得出所需要的太阳能集热管面积（热水）和太阳能板（发电）的面积，将老人房和主卧室设计正南北向，屋顶坡度为当地纬度，或者根据太阳高度角的变化适时调整，来满足能耗的需求。其他用房还是随地形而建，村民喜爱的起居室——堂屋仍然采用宽面阔，层高大的样式，这在北方地区不是节能的形式，但是在窗墙比和窗墙材料的选择上做足功夫，以及和南向房屋能量获得综合比对，还是能达到比较让人满意的效果的。材料尽量选用农村地区丰富的木材、稻草、麦秆等等植物，可以吸收大气中的二氧化碳，部分墙体构造用木材、稻草、麦秆等加黏土搅拌制作，保温隔热效果良好。将先进能源技术材料物尽其用，让地区性建材大展拳脚，优化房屋建设成本。

1993 年，国际建协第 18 次大会发表的《芝加哥宣言》，指出"建筑及其建成环境在人类对自然环境的影响方面扮演着重要的角色；符合可持续发展原理的设计需要在对资源和能源的使用效率、对健康的影响、对材料的选择方面进行综合思考"，同时提出"以探求自然生态作为设计的依据"。由此可见，树立具有综合内涵的整体设计生态建筑具有深刻的地区性：认识和理解地区自然生态的特征和运行机制，针对当地的气候特征，尽量采用被动式能源技术，注重开发和利用可再生能源，提倡使用地区性

建筑材料，继承保护相应的建造技术和工艺传统。

　　普及生态建筑学不仅要立足本地区气候环境分析和传统建筑技术与工艺研究，吸收国内外先进技术和成功经验，还应尊重当地人文环境和生活习俗，技术服从于人性，才能走出有中国特色的地区性生态建筑学成功之道。

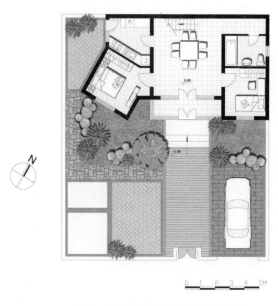

图5　北京平谷区太阳能住宅设计

参考文献

周浩明，张晓东等．生态建筑——面向未来的建筑．东南大学出版社，2002

李远国．中国古代建筑风水学在现代建筑中的影响与运用

计成．园冶图说．赵农注释．山东画报出版社，2003

李大夏．"可持续发展的纪念碑"——关于生态建筑的疑问．新建筑，2003(1)

刘加平．传统民居生态建筑经验的科学化和再生．中国科学基金，2003(4)

仇保兴．谈中国节能与绿色建筑，2005-02-23

张彤．整体地区建筑．东南大学出版社，2003

注：另有部分能源技术资料源于网络

住宅专题　　　　　　　城乡住区规划
Housing Session　　**Planning of Urban & Township Residential Zone**

第五届中国城市住宅研讨会论文集，中国香港，2005 年 11 月
Proceedings of the Fifth China Urban Housing Conference, H.K.S.A.R. CHINA. (November 2005)

城市化进程中的城郊新农居建设：杭州市转塘镇双流地块农居规划设计

The Construction of New Suburb Rural Dwellings in the Urbanization: the Planning Design of the Shuangliu Rural Dwellings in Zhuantang, Hangzhou

赵小龙[1] 高辉[2] 应四爱[1]

ZHAO Xiaolong[1], GAO Hui[2] and YING Si'ai[1]

[1] 浙江工业大学建筑工程学院

[2] 浙江工业大学经贸管理学院

[1] College of Civil Engineering and Architecture, Zhejiang University of Technology, Hangzhou

[2] College of Business and Administration, Zhejiang University of Technology, Hangzhou

关键词： 城郊农居、城市化、家园归属感、聚落形态、江南民居

摘　要： 长期以来，中国城郊农居由于缺乏科学的规划设计指导，存在着土地资源浪费严重、外形简单、质量低劣等问题，几千年沉积下来的中国传统民居的精髓也正在消失，随着城市化进程的加快，城郊新农居建设成为一急需研究的课题。论文结合杭州市转塘镇双流地块农居点的规划设计实践，对城市化进程中的城郊新农居建设进行了深入分析，表述了要尊重自然环境，继承和发扬传统家园归属感，从而提升人居质量的设计理念，同时对具有哲理和个性的聚落空间形态，现代江南特色民居做出一点新的探索。

Keywords: Suburb rural dwellings, urbanization, the ascription of home town, forms of human settlements, Jiangnan traditional residence

Abstract: Without the scientific planning and design, the suburb rural dwellings has shown the waste of the land resources, the simple form of architecture and the bad quality in the long-term, and the essence of the traditional residence disappeared. It is an important topic for researcher of the construction of new suburb rural dwellings in the urbanization. Combinated with the planning design of the Shuangliu rural dwellings in Zhuantang Hangzhou, the construction of new suburb rural dwellings in the urbanization is analyzed. It is important for designers to respect the nature, to inherit and to promote the traditional ascription of home town. The author tried to creat a form of human settlements which is not only of philosophy but also personalities. and the paper supplise a new idea for the design of the traditional residence with the Jiangnan character.

1 引言

　　改革开放后，中国的城郊结合区由于受城区的辐射影响，其经济、社会等各方面呈现飞速发展，城郊农民的生活水平也得到了大幅度提高。加上农民自身对住房建设的重视和各级地方政府的政策支持，从而推动了农居建设的热潮。但长期以来，在城市规划中较少涉及城郊结合区，仅考虑副食品、蔬菜基地的布局，贫乏的内容使城郊结合区成为规划管理的"真空"地带，由于农民建房缺乏科学的规划设计指导，农居建设呈现出强烈的自主性特点，有着相当普遍的盲目性和无序性。人们可以看到，在农民居住状况大为改善的同时，出现了农村住宅分布散乱、占地面积大、土地资源浪费严重、建筑外形简单且互相攀比、质量低劣、环境恶化等问题，造成了整个城郊结合区空间结构的不合理，几千年沉积下来的我国传统民居的精髓也正在消失。随着中国城市化进程步伐的加快，城郊新农居建设已是一急需研究的课题。

2 城市化进程中城郊结合区的主要特征

城郊结合区是城市区域和乡村区域相互影响的产物，处于城市向乡村过渡的地带，其最大特点是空间结构不稳定，是城乡区域中变化最快的地带。随着城市化进程的加快，城市迅速向外扩展，城郊结合区呈现了一些新的特征。

2.1 高新技术企业和第三产业迅速发展

20世纪80年代以来，由于工业的推动，城郊结合区得到了较快发展。但近几年来，许多设立在城郊结合区的国企纷纷倒闭，使城郊结合区的发展转向高新技术产业，出现了许多新技术开发区和科技园区，同时也带动了第三产业的迅速发展。例如，杭州市在新的城市总体规划中提出将一些高科技产业、现代加工制造业、经济技术开发区和高教园区设置在城郊结合区，促使城郊结合区的发展，以建成城市的副中心，缓解中心城市的压力，实现区域共同发展。

2.2 生态环境系统进一步脆弱

随着城郊结合区开发范围的扩大和大量农田的消失，使得这一地域的环境承载力日益减小，加上土地乱征、乱用现象十分严重，而城区的污染排放情况严重，促使城郊结合区生态环境系统进一步脆弱化，这些对整个区域的协调发展和农民居住质量的提高是极为不利的。

2.3 经济结构复杂多样化

城郊结合区利用靠近城市而农业资源又比较丰富的区位优势，分享城市市场。农民以私营和家庭工业的形式参加城市经济活动，在城郊结合区形成很多为大企业服务的小型加工业和商业服务业。城郊结合区经济包括城市经济、乡村经济、城乡混合经济和部分外来经济，产业结构中第一、第二、第三产业并存发展。

2.4 人口职业构成多样化

"城市型"和"城市关联型"人口迅速增加，非农业人口比例逐年增大。同时随着城市功能的向外扩散，外来人口比例比较高，由此带来的流动人口比例很大，人户分离现象严重（华晨等，2003）。

2.5 农村生产要素的集聚化

中国传统村镇的特点是规模小而且分散。但是随着城市化进程的加快，郊区农村的生产要素从分散走向集聚，由单一小农经济转而向第一、第二、第三产业合理配置，人口资源等生产要素集聚与重新组合转变。这种转变带来人口向镇区集中，工业向园区集中，围绕城镇组团式布局，或者采取撤村并点、撤乡建镇等措施，进行规模和结构调整。既节约用地、促进土地复垦、保护环境，又利于基础设施的建设和农民生活质量的提高，保证居住环境的可持续发展（单德启、赵之枫，1999）。杭州市转塘镇新农居规划建设就是采取撤村并点的措施，增强土地集聚化的一个范例。

3 转塘镇新农居规划设计探索

3.1 地理人文环境概貌

转塘镇因唐朝诗人崔国辅的诗句"路绕定山转，塘连范浦横"而出名，它地处江南水乡，位于杭州市近郊，距离市中心武林广场仅约15km。其东和北与之江国家旅游度假区相接，西至杭州与富阳的市

界,南与袁浦、周浦和灵山风景区接壤。它是"三江两湖"黄金旅游线的必经之地,位于杭州核心景区与远郊景区结合部,是历史上上泗地区的中心,具有得天独厚的优越地理位置,区位优势十分显著(杭州市规划局,2002)。镇内山地平原交错组合,水网密集,植被茂盛,构成了转塘镇新农居建设的自然物质基础。

3.2 规划建设背景

《杭州城市西部地区保护与发展规划》确定了"一个中心城镇,四个旅游城镇,一个科技园区,六个风景旅游区的格局"。确定转塘镇是西部地区,尤其是上泗地区的中心城镇和城市西部地区的旅游服务基地,作为推进城市西部地区城市化进程和实施"旅游西进"战略的突破口。在《杭州市转塘镇区控制性详细规划》中,未来镇区将形成"一心、三轴、五区"的地域布局结构。整个功能分区由北部的生活和旅游配套功能区,中部的文化休闲和商业功能区,南部的居住和社区服务功能区,东部的农居集中安置功能区,西部的高级住宅功能区组成,总建设范围达 8.17km²。本论文中的双流地块农居规划设计就位于南部的居住和社区服务功能区内(图1)。

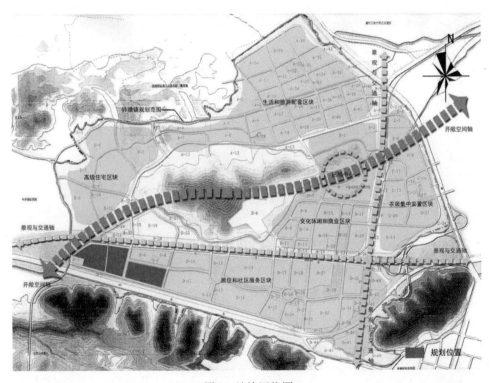

图1 地块区位图

3.3 基地现状解析与总体布局

3.3.1 现状分析

转塘镇双流地块农居点北临镇中路,西靠灵龙路,南接镇南路,东抵村口路,总用地面积 17.59hm²顷。规划用地被石龙路和环山路分割为三个独立地块,需要安置户数 2634 户,共 7902 人。通过对基地的充分考察后,我们发现双流地块用地以现有农居和荒废杂地为主,农居建筑基本上以 2~3 层的低层独立式农村住宅为主,分布散乱,设计质量较差,公共生活配套服务设施缺乏,整体居住环境不佳。但同时我们也发现基地内部有一些大小不等的水塘零星分布,水塘两边杂草丛生,很有一派江南田园风光景象,这很快触发了我们对基地的理解和设计灵感。

3.3.2　总体布局

　　根据基地环境的特征，我们在对新农居住宅区的整体布局中，首先要考虑的是尊重原有的自然环境，注重建筑与环境的充分融合，在对空间的整体驾驭中，理顺原有水系，实现空间的转换与过渡，形成小桥流水、步移景异的江南山水意境。具体做法是利用基地西边团结浦水系，引入一条东西向生态水系景观带，并与住宅区交通主线串联起来，使左、中、右原本三个被镇区道路割裂的地块有空间、景观上的呼应关系，从而有机地结合为一整体（图2）。适当保留和修整内部树木、植被，维持原有田园风貌特征。通过技术手段，使住宅区内湖泊、溪流、小瀑布等水体形成一循环系统，定时控制用水、定时换水。

　　其次，考虑到集镇建设所面临的产业结构调整的问题，结合旅游休闲功能，使商业服务用房沿街成排布置，形成特色"商业街"形态，中心会所和配套公建与中心绿地、出入口结合。另外，在郊区城市化的过程中，虽然住宅及其配套设施都向城镇化迈进，但农民依然保留着传统的居住方式和风俗习惯。因此在总体设计中，我们考虑在地块西南侧靠近镇南路设置社会停车场，可停放每家每户的大型农业机械设施，而一些小型的、零碎的农业设备则放置于住宅的低层，以方便使用；在中间地块靠近环山路设置了服务于整个住宅区的综合楼，内部能提供宴会厅、客房等服务，满足了同村农民需要就地举办喜宴、丧事的风俗要求。

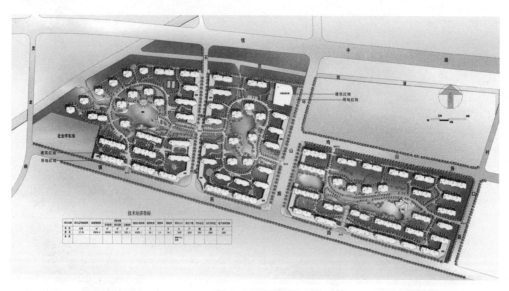

图2　规划总平面

图3　商业街效果图

不同的建筑布局，可带给人们不同的空间感受。因此，总体布局中我们在考虑布置建筑单体的时候，使用了两种不同的排列组合方式：一是各居住组团的多层住宅，呈条理有序地分排，使人们感受到有次序的建筑空间组合；二是中心轴附近的建筑，则有机地随"绿轴"走势点状地，较自由地分布，而且是集中了小高层住宅，都是有较大的间距和活动场地的单体，使中心绿化能很好地向四周扩散。这样，不仅让有限的土地资源得到集聚化利用，而且使居住区的空间环境丰富多变。

小桥、流水、休闲道、绿地等等是描述传统中国"流水曲觞"空间的设计元素。在这里，我们突出尊重自然环境，通过大手笔的方式表达一种自由的构架和与环境的融合，营造出一个自然、和谐、健康、舒适的农居聚居区，真正体现出富有江南特色的现代生活理念。

图4　内庭院效果一

图5　内庭院效果二

3.4 传统家园归属感的继承和发扬

城郊新农居建设不仅要解决物质层面的农民居住问题，还要关注精神层面的新农居社区的建设。原来分属不同自然村的农民集中聚居，在新社区仍要保持原有村落文化的延续性，包括邻里关系、风俗习惯、凝聚力、认同感与归属感等，以促进新社区的持续发展。

中国传统总是把"家"和"园"并提，有家必有园。对于住宅而言，与人关系最密切的莫过于住宅的室内外空间设计，"园"——外部空间环境，是作为室内空间的延伸和补充。在这里，我们借大与小，封闭与开敞，疏与密等建筑围合处理手法，创造空间序列，力求体现区域空间的层次感，利用空间的"穿插"、"流动"、"悬念"来增加空间趣味性，使此居住区域内空间更富人情味和个性，从而提

供一个具有哲理和个性的高素质聚落空间形态。"家"是指室内空间，舒适的内部设计直接影响人对居住功能的需要，在"绿色和环保"成为世界性潮流的今天，住宅与自然的沟通，反映出住户对阳光、空气、水面、绿地、景观等的人性化的需要和更强的亲和力。本项目以多层住宅和小高层为主，面积在70~150m²之间，适应不同人口、不同家庭结构的需要。

"风过有声皆花韵，月明无处不花香"。自然的符号能描摹物体的具体形象，诗能在欣赏者中唤起一种意象，一种逼真的幻觉。这种意象往往高于实景，将人引入更高的境界，恍若置身于真山真水之中，"象外之象"、"景外之景"给人以更丰富的美感。在规划设计中，我们利用集中绿地、健身步道、拼花地面、喷泉、雕塑、景观长廊等，形成一个丰富的绿化体系，提升社区整体形象。主要道路两边均植行道树，以本地树种为主，适当引进其他特色花木，宅间采用植草砖铺地。绿化点面结合，宅间绿化与山体绿化相呼应，绿化与小品相结合。有序的庭院步行小径，环境小品和休闲性游乐设施等细部处理，提供了温馨的邻里交往空间和更多的交往机会，使住宅区内的居民真正体会到"家"的归属感与认同感，增强社区的吸引力和凝聚力。使有共同心理认同和共同文化规范的群体形成一种社会关系——它是特定居住地域内的居民产生凝聚力的基础，使居住其内的居民由于共同的社区归属感而形成和谐的生活气氛。

3.5　江南民居建筑形态的再创造

设计中采用的空间及立面构成手法均充满现代气息，结合传统江南特色，以全新的思维及手法创造一种既隐喻中国传统建筑元素又兼具现代建筑特色，拥有"现代"建筑美感，令人耳目一新的建筑形态。形成了清新而鲜明的个性，其朝气蓬勃、别具一格的整体形象，给居民以强烈的感染，使人真正感受到"祥和安宁"的社区氛围。在造型元素运用上有选择性的使用了转角和出挑阳台，以及人性化的大面积坡屋顶和露台，并且使用了具有田园特色的烟囱等构筑物。在阳台部位，使用简洁的造型元素，方形和直线形的栏杆并结合穿孔彩钢板来营造简洁明朗的视觉形象。在材质上主要使用彩色涂料和面砖，来表现单体建筑的亲切感，增加整个园区的人性化气氛。

4　结论与展望

转塘镇双流地块农居规划设计是在深入进行现状调研的基础上完成的，回顾此次农居规划设计的全过程，我们深深感到，随着城市化进程的加快，城郊新农居建设是一项十分迫切的任务，同时也是一项非常艰难的工作。城郊新农居建设不仅要涉及到经济政策方面的户籍制度、土地制度、资金投入和产权，物质建设方面的基础设施建设，而且还要深入考虑由于农民搬迁而带来的移风易俗、社区场所精神的重建等精神层面上的因素，它是一项十分复杂的系统工程。实践证明，在城郊新农居建设中，尊重自然环境，继承和发扬传统家园归属感，从而提升人居质量的设计理念应是我们所倡导的；同时，对现代江南民居的探索，并进而寻求一种比较理想的现代家园模式，需要建筑师不断的努力、思索，也需要建设方、住户等多方面的共同参与、配合。

参考文献

沈克宁，马震平．人居相依——应当怎样设计我们的居住环境．上海：上海科技教育出版社，2000-01

华晨，张磊等．杭州市边缘区发展与城市总体规划的矛盾．规划师，2003(12)

单德启，赵之枫．城郊视野中的乡村——芜湖市鲁港镇龙华中心村规划设计．建筑学报，1999(11)

杭州市规划局．杭州市转塘镇概念规划．2002-05

浙江省城乡规划设计院．杭州市转塘镇区控制性详细规划．2002-09

第五届中国城市住宅研讨会论文集，中国香港，2005 年 11 月
Proceedings of the Fifth China Urban Housing Conference, H.K.S.A.R. CHINA. (November 2005)

从环境心理学探讨居住小区景观空间的塑造

Using the Environment Psychology Concept to Explore the Landscape Design in Residential District

莫妮娜　傅红　罗谦

MO Nina, FU Hong and LUO Qian

四川大学建筑与环境学院

College of Architecture and Environment, Sichuan University, Chengdu

关键词：　居住区景观、人文环境、环境心理学

摘　要：　居住小区景观的单一模式使得景观的创造限于单纯的形式化，文章通过对居住小区景观设计的误区进行分析，从居住者对居住区景观空间的需要入手，引入环境心理学的观点，结合现代居住小区景观空间设计理念，提出如何构筑居住区人文景观环境的思考。

Keyword:　residential district landscape, human environment, environment psychology

Summary:　The unified landscape programming of residential district makes the landscape creation be limited by pure formalization. According to the analysis in misfit of residential district landscape, we deal with residential space to meet resident demands. By introducing the characteristics of the environment psychology and combining the modern design principles, we bring it forward that how to construct residential district landscapes .

1　引言

居住小区作为最能接近人们生活的区域环境，备受设计师与居住者的关注，在探讨居住区的景观环境时，我们通常都是单纯地从设计手法及设计意图着手。但是，随着人们对生活环境要求的不断提高，现代居住小区的设计发展趋势已经不再是简单地讨论对环境景观的处理，而是需要面对复杂的人类居住环境、生态与可持续发展以及人文价值取向等诸多问题，如果仅仅从分析设计手法及意图入手并不能真正地满足居住者对居住空间的需求。因此我们试着扩大研究的领域，从直接影响人们行为的环境心理学的角度对现代居住小区景观空间的塑造进行探讨。

2　居住小区景观空间的建设背景

我国的现代人居环境景观设计经历了从解放初期到 21 世纪初整整 60 个年头。最初的居住区规划多采用美国建筑师西萨·佩里提出的"邻里单位"的设计理论；进入 20 世纪 50 年代，受苏联规划理论的影响，居住区采用了以住宅为主，周边封闭的街坊式的规划模式；而 20 世纪 60 年代的一条街的形式，虽然方便了居民的生活，却因为沿街的商业文化设施过多对居住环境产生了负面影响；20 世纪 70 年代后期，随着居住建筑规模的扩大，住宅组团结构的形成，加上人们对生活条件的要求随之增高，居住区规划中开始涉及居住区环境景观设计；而 20 世纪 80 年代的改革开放又使居住小区的景观环境设计受"欧陆风格"的影响而进入了景观模仿阶段；进入 20 世纪 90 年代，我们更关注"天人合一"的居住方式，人居环境也开始强调人的居住生活、行为规律以及心理感受，并且在向可持续的生态化方向发展。

从传统的居住方式到当今不断发展起来的居住小区来看，居住小区是城市集中布置居住建筑、配套

公建、小区公共绿地、交通道路以及各项服务设施的集中场所，是城镇的基本元素，可为居民提供集中、完善而便捷的服务。进入 21 世纪，随着社会经济的发展和生活方式的不断改变，以及物质生活水平的提高，人们对生态环境认识的进一步加深，人们对居住环境质量的要求也不断增高，景观环境空间的设计在小区设计中越来越显示出它的重要性。在很大程度上，它是评价小区生态环境的重要指标，也是吸引投资的关键。

3　从环境心理学的角度探讨现代居住小区景观空间的塑造

现代居住小区设计的重点已经从单纯地注重提供居住使用的建筑实体的设计逐渐转移到对整个居住区的整体设计，这包括环境景观设计，力图通过利用植物、水景、山石等园林要素建立各种景观绿化带，构建一个生态化、园林化的景观空间，这就为居住小区景观规划设计开创了新的局面，但是这种景观设计还未充仍考虑人的行为心理，还未真正认识到环境心理对人的行为的影响，从而指导对居住区景观空间进行的创造。

3.1　环境心理学的基本理念的提出

人们对居住的认识，从过去的自然状态逐渐转移到现在有秩序有目的地进行人工设计；在过去，我们的设计很少考虑到什么样的环境才能使人们的居住感到舒适，但是随着现代社会的不断发展，人们对环境的关注度日益提高，生态与可持续发展的观念深入到每个角落，人们开始把注意力转移到人工环境创造的问题上来，尽管设计者不断强调他们创造出的环境如何之适宜人居，但是实际上真正能满足使用者需要的却微乎其微。我们试图从生态、人文甚至风水的角度去提起人们对居住环境的关注，但因注意力只是放在对生存现象的解释上，所以对环境的理想状态的探讨被忽视了。在人工环境显著增加的今天，对于人——环境问题的关注将涉及到更多的科学领域，而在心理学、社会学、人类学、风俗学、生态学以及人文地理学等人文学科中，可能更加明显。那么，把对自然环境、人工环境以及由创造环境的人给其他人带来的影响和以上各学科体系综合起来，便从某种程度上发展成为目前的"环境心理学"。

3.2　从环境心理学看现代居住小区景观空间塑造的误区

环境心理学提出：当人是从环境的刺激中收集包括视觉、嗅觉、触觉等各种信息，并运用这些第一感官信息来评价人类的行为的时候，人的行为与环境之间彼此影响，相互关联的关系显得更加重要。感官事物对人的视觉产生刺激，从而对人的心理产生影响进而指导人的行为以接近环境，并通过对环境的再次感知，得到行为意义的信息，以此决定人的二次行为方式，进入到环境中，实施与环境之间的关系。既然环境对人的心理的暗示可以指导人的行为方式从而影响着环境的创造，那么从环境心理学的角度我们可以反思现代居住小区景观设计中存在的问题。

3.2.1　对视觉空间的认知不明确

人们最开始对环境的认知是受到环境的刺激而产生的，这种刺激首先来源于我们的视觉，通过对环境的感知，再对视觉环境作出评价或者是对应该采取哪种行为作出判断。因此，居住区的景观设计，首先要考虑视觉空间上的感受，从而使感觉器官与大脑共同工作指导人的行为。

目前，不少的居住小区的规划设计已经意识到需要建立一个生态化、园林化的景观空间，但是这种景观设计往往是建立在对已有建筑外部空间的利用上，即便是从生态的角度引入了利用自然条件、结合自然构建生态化、园林化的居住环境的设计理念，也是停留在对二维平面空间的塑造上，没有从整体规划设计入手（图 1），通过分析人的行为的初期特征，从视野感受、三维空间的角度，体会对景观的认

知，从而创造符合人居行为特征的景观空间。

图1 成都某居住小区草地

3.2.2 空间印象的模糊

所谓"空间印象"就是指空间的可识别性，有明确的景观空间指向性，能够使人在行进过程中对过往的途径形成印象，根据印象识别各式各样的场所，进而引导人的行动方向。而现代居住区的规划中，由"规模化"与"形式化"而产生的小区景观环境设计最常用的手法便是"中心绿地＋水景＋草坪"，通过草坪、绿色植物、建筑小品的结合，试图创造出自由、活泼、富有诗情画意的绿色景观环境，希望给人以别致、幽静的感受。但这种脱离人的心理行为习惯、盲目追求堆石叠绿效果的景观设计，在空间塑造上缺少场所的标志性，使在环境中的活动者没有明确的视觉印象，不能有效地提供清楚的场所导向，指导人的行为方式，因此使人的活动空间受到限制。正如当人们力图尽量迅速、方便的到达自己的目的地时，人们在草地上踏出的坚实的道路就是最简朴的行为方式。

3.2.3 地域文化的混淆

环境包括许多方面：人与自然、人与城市、人与文化。当我们在研究环境心理学的时候，我们同时也是在研究文化的延续对我们的心理产生的影响。尤其是地域文化，这个最本土化的生活的体现，本身就来自于传统的人的心理与行为方式，它承载着一个地区特有的人文价值，也满足着生活在这片土地上的人们的心理感受，人们在生活、工作、学习上对文化的依赖是亘古不变的，它能使人们的心灵产生强烈的归属感。我们探讨不断建设中的居住小区就会发现，从南方到北方，从四季如春的昆明到冰雪皑皑的哈尔滨，设计者在最初的设计理念中都会提出"以人为本——建立本土特色的居住环境"，但是实际我们看到的依然是模式化下的景观空间，同样的草坪，同样的水体，同样的景观形态，而不同地域的文化特色却并没有体现在居住区的景观设计中。如果说，20世纪80年代的居住区景观设计是"欧陆风"盛行，试图通过寻求外来文化的心理暗示来改变传统的居住方式，那么当今的小区景观设计则存在着利用异地文化来填补本土文化的现象，使得景观设计在地域文化性上产生了混淆，从而影响着居住者的文化心理、缺少特征性的景观空间也对居住者失去了吸引力，不能有效地引导人们和环境之间产生交流。

3.2.4 居住环境缺少与人之间的交流

"现代化、生态化、园林化"已经成为现代居住区规划中最突出的建设目标，这也造成了小区景观规划的模式化与形式化，而最常见的便是利用"绿化斑块"在外观上表现不同于周围环境的地表区域，

通过"景观节点"、"大面积的绿地基质"去烘托建筑的表征。当设计者通过这种模式化的景观设计手法去表现居住小区的现代化与生态园林化的时候，却忽视了这样一个事实：我们生存的环境是因为人的出现而发生了改变，人们是在通过打破自然的方式来建立适应人的需要的环境，并且最终是要建立人与环境和谐的关系。人的行为是在心理指导下完成的，而环境会直接影响着人的心理意识。在很多的居住小区中虽然有不少公共空间，但是真正能为小区居民提供交流的并不多，居民之间已经没有了交融的邻里关系，以交往为目的行为方式几乎很少出现，而大量的公共空间的景观设计在很大程度上是完成了对空间的充实，却忽略了融合"人"这个最具有活力的景观元素来创造人与人、人与环境交流的景观空间环境。

4 对 21 世纪居住小区景观空间塑造的思考

4.1 环境心理学对居住小区景观设计的影响

探讨环境心理学对 21 世纪居住小区景观设计的影响的问题，主要是讨论怎样进行环境认知。对环境的认知随时间和地点的发展阶段不同而不同，并且还会与人的行为意识有关系，或者由于环境的创造方法不同而相异。在这种情况下，唯有作为前提条件的"人"的感觉属性是不可忽视的因素，这是以意识认知为前提，并加以心理因素而形成的。

环境会对人的行为产生影响，但是人的行为在很大程度上也要受到人工环境的限制，然而重要的问题是人的行为是如何在这种人工环境中进行的。要设计一个景观空间，首先要认识到这个空间能和人之间产生什么样的联系，而怎样感觉环境或是将哪一种环境认作是优良的意识问题，关键在于怎样认识现在的环境，毕竟人的行为是经过生活实践而得的判断。对环境的评价、判断往往是采取与周围的环境对比的形式掌握意识的结果而得以实现的，同时也是根据人们长期的行为习惯的引导而实现的，我们很难预料它还可能随着社会形势的变化而发生的变化，但是这一点一定要考虑好，因为其中包含了关于人工环境的方案及符合人的心愿的环境。

4.2 对居住小区景观设计的思考

进入 21 世纪，人们对居住环境更加重视，对居住建筑的节能要求的日益加强，生态化与可持续性发展是人居环境建设的主题，然而我们同样不能忽视对环境的主体"人"的关注。"主体和环境的关系是，如果考虑到主体'行为'的结果，那么就可以想像主体的'行为'可使围绕着它的外界事物产生某些变化，而这些变化又反过来会对主体产生影响"（相马一郎、佐古顺彦，1988）。作为居住小区的景观设计，要考虑的不仅是满足居住者视觉上的感受，同时要考虑的是人的行为和感受，在长期不断积累的人的行为和感觉中挖掘能有效地指导设计的元素。

4.2.1 建立区域性的小区景观

一个区域的自然因素是源自天成，但是一个区域的人文因素的形成是来源于人的行为，从而对环境产生影响。在自然因素和人的意识行为下形成的人文因素的共同影响下，每个区域便形成了丰富多彩、风格迥异的地域文化，如"山水清佳、风气朴茂"的吴越文化，"地域辽阔、热情奔放"的草原文化等。每一个区域都蕴含着有别于其他地方的自然地理风貌和社会民俗风情，直接构成了本土的地域文化特色。正如中国的传统园林的发展，经历了从皇家狩猎园囿到私家园林的过程，由于不同的历史时期人们的心理与行为方式的不同造就了传统园林不同的地域风格，进而形成了北方园林、江南园林、岭南园林等不同风格的区域景观，而每个地区的发展都有自己的区域性，在对居住小区进行规划设计时，要以小区所在的整体自然地理环境和社会民俗风情为背景，突出并强化居住区景观的地域文化特色；这是符合该地

区居住者行为心理的，同时也能满足现代人对居住小区景观空间的需要（图2）。

图2　成都一具有地域文化特色的居住区景观

4.2.2　塑造人文空间环境

任何地区和城市的发展都离不开文化这个大背景，尤其是进入21世纪，当我们不断地强调构筑生态化、可持续发展的人居环境的时候，我们更应该重视对人文价值的创造，毕竟，"文化"是人们共行的生活行为的方式，是知识、理念、价值以及技术、设施、设备等的总体，它能够更好地统领人们的意识，从而有效地指导人的行为，因此文化的侧面影响也是不应忽略的。当居住小区的外部空间具有了明确的功能性时，便可以为居住者提供更多的不同尺度的空间以满足各种规模的活动，也只有当环境能够满足了使用者——居住区居民的需要的时候，环境才具有价值和意义，否则，通过植物与各种小品表达出来的，只是其本身的特征，而与景观空间毫无关系。要使景观空间环境能满足居住者的需要，那么它就应该从居住者的角度挖掘主题，表达出它所能满足的功能意向和不同层次的心理需要，引导居住者发现和利用它，从而建立人性化的景观空间（图3）。

图3　某居住小区的公共活动空间

5　结语

研究21世纪居住小区景观空间的塑造，仅仅从设计的角度入手是不够的，毕竟空间是由事物与感

知它的人之间的相互活动中产生的，环境的产生是人的行为引起的，"人的行为和人的反应可以说是根据心理学的环境做出的，而它则是根据在外界存在的物理的环境形成的"（相马一郎、佐古顺彦，1988）。现代居住小区景观规划设计不仅仅是单纯的追求自然化和生态化，而应该挖掘人本文化性，借鉴"环境心理学"对行为的认识，渗入精神的内涵，创造具有现代居住特点的居住小区景观空间。

参考文献

吴良镛．人居环境科学导论．北京：中国建筑工业出版社，2001

彭一刚．中国古典园林分析．北京：中国建筑工业出版社，2005

李道增．环境行为学概论．北京：清华大学出版社，1999

（日）芦原义信．外部空间的设计．尹培桐译．北京：中国建筑工业出版社，1985

（美）克莱尔·库珀·马库斯，卡罗林·弗朗西斯．人性场所——城市开放空间设计导则．俞孔坚等译．北京：中国建筑工业出版社，2001

（日）相马一郎，左古顺彦．环境心理学．周畅、李曼曼译．北京：中国建筑工业出版社，1988

（丹）杨·盖尔著．交往与空间．何人可译．北京：中国建筑工业出版社，1992

方咸孚，李海涛．居住区的绿化模式．天津：天津大学出版社，2001

于阿金，王科．居住小区环境设计探讨．城市开发，2003

刘晓丽，王发曾．人本、文化、生态、超前、务实．小城镇建设，2004

第五届中国城市住宅研讨会论文集，中国香港，2005 年 11 月
Proceedings of the Fifth China Urban Housing Conference, H.K.S.A.R. CHINA. (November 2005)

人居社区设计中的"反人居"现象

Inverse Phenomena in the Designs of Human Habitat Environment Communities

陈帆　傅红　张鲲
CHEN Fan, FU Hong and ZHANG Kun

四川大学建筑与环境学院
College of Architecture and Environment, Sichuan University, Chengdu

关键词：　人居环境、生态加法、经济性、可持续发展

摘　要：　在居住品质不断提升的过程中，许多社区的设计由于缺乏科学理论指导和科学态度、以及对相关概念的正确认识，出现了许多"人居社区"设计的盲点与误区。在许多看似合理的"人居"表象背后潜藏着与之相反的问题和症结，本文就此进行了深入的专业分析，提出了相应的解决思路。

Keywords: human habitat environment, addition of ecosystem, economy, sustainable development

Abstract: With progressive improvement of habitat quality, some blind spots and misconstruction lie in many designs of human habitat environment communities for poverty of scientific guidance and attitude and the exactly understanding of involved conceptions. Behind some phenomena which seem to be reasonable, there are inverse substances and sticking points, so this paper does many profound and specialty analyses in hope of finding some idea about solution to the involved problem.

1　引言

随着人们物质与精神生活的不断提高，对居住环境的要求也随之发生了翻天覆地的变化。继而，各种社区孕育而生，有些社区建设虽然较之以往要精雕细琢得多，其实质还是只停留于概念的炒作，违反了人居性的正确表达。人居环境的创造不能狭隘地着眼于城市细胞空间的优劣，如果缺少了和外界的良性互动，孤立于大环境下试图改善居住空间生态环境，人居环境的可持续发展期望只是一纸空谈。

2　社区内建筑

"建筑物要提出的第一个问题就是它的目的和使命以及由它所建立的环境。要使建筑结构适合这种环境，要注意到气候、地理位置和四周的自然风景，在结合目的来考察这一切因素之后，创造出一个自由的统一的整体。"（黑格尔）借由此，达到建筑与自然、建筑与社会、建筑与人、建筑与建筑区域内的协调平衡。而今的一些社区建筑不但是孤立于区域，有时甚至是孤立于社区，就建筑而建筑。

2.1　忽视社区所在地的历史文脉和地域特征——"文化生态"和"生态文化"的破坏

复古风潮、欧陆风来势汹汹，一时之间，社区的建设跟时下"城市美化运动"中的各大、中、小城市建设出现了相同的问题——千城一面。人们基本已不能以建筑式样去判定该地区的大致地理方位，更不用说当地特有的生活气息与风土人情。北方、南方，新城、老镇出现了惊人的相似，令人不禁想到，这样一些不顾本地历史文化传承、地域特征的社区建设到底还能走多远（图 1）？

图1　不要怀疑这是绝对的"中国造"

2.1.1　文化多元性与可持续发展

社区建筑风格是指居住环境的空间组织和住宅建筑的造型、立面、细部处理的总和。它和所在地的地域特征和历史文脉发生着密切的关系，好的社区建筑设计能将优秀的传统意识和文化习俗保存、并以社区内建筑为载体传递给社区居民，让居民在原生的土地上获得自身文化习俗独特性的肯定与尊重，并对本土文化更加珍视、并代代相传，借以达到文化多元性的可持续发展。相反的，建筑设计如果脱离了原生土壤的根基，一味地盲从或跟风，必然会误导社区居民对自身文化背景的不自信或是否定，造成某些审美取向与价值取向的扭曲，这样不仅局限了自身，也不利于整个民族多元文化的可持续发展。

2.1.2　社区建筑的高能耗与高维护

在尊重当地的自然、人文的前提下，居住建筑风格的创造是社会进步的一种表现，适量的开发确实可以丰富社区居民生活、拓宽社区居民的视野，但如果仅仅是为了在民众审美取向尚未成熟之时，单纯的"拿来"或"抄袭"、哗众取宠，其实就是"人居"旗帜下的"反人居"现象，是经济和生态上的浪费，直接导致了社区内建筑的高能耗与高维护。由于对社区所在地的历史文脉和地域特征的忽视，设计者们醉心于立面样式与建筑造型研究，却很少有人仔细斟酌建筑材料在不同地域环境之下的能效差别、耐久与防腐的差别和适宜度研究，建筑构造与空间分隔匹配性研究，地区气候与房间通风的有效组织，朝向选择，最优的自然采光和太阳能的采集，防晒、遮阳的处理，管道的最合理布置，雨水收集，生活污水的过滤和中水处理，以及生活垃圾的分类回收等等设计过程中最不能激动人心的基础工作。

很多设计者可能还有采用所谓的"高科技"弥补缺憾的侥幸，可是，在建筑技术相对落后的中国，这样"高科技"仅仅意味着建筑大量的能耗浪费与高昂的物管维护吗？就现在的条件而言，那些在炎热地区，大面积的玻璃窗就等同于室内空调的过度使用；在日照相对稀少的地区，敦厚石墙的视觉冲击和大进深建筑的气势恢弘依赖的不过是大量人工照明。要知道"北方"、"南方"，"东部"、"西部"，"中国"、"欧美"，"民族"、"国际"等标识都需要设计者们有足够的敏感度去探求最合理优化设计，以避免社区内建筑的高能耗与高维护，减少不必要的建筑后续投资，实现可持续发展的期望。

2.2　忽视与自然的和谐共生——向民居学习，构建"生态加法"体系

中国传统民居通常被认为是最"入画"的建筑，讲究"天人合一""相生相融"，这其实与现代建筑前沿中的生态建筑与绿色建筑的某些设计思想不谋而合，是世界文明向东方文化的回归。在中国的民居建筑中，自然环境始终被定义为是最重要的因素，分布在全国各地的大量民居聚落是最有利的证明。

古代建筑师不同寻常之处在于他们决不违背壮丽的自然环境，尊重自然法则。中国传统的思想中"道法自然"并回归于自然，指的是将自己的创造物以最"自然的形态"添加到生态环境中去，强调"融"，这就是最雏形的"生态加法体系"。

"我"是自然的，而非自然是"我"的。

2.2.1 民居建筑的选址——"褐色"土地的回收，其意义远远大于"绿色"土地的开发

在农耕经济时代，对自然的敬畏，平坦、肥沃的土地往往留做耕地之用，而民居的选址则放在或土地贫瘠、或地势崎岖、或相对隐蔽等不易耕作的地方，依山而建、顺水而折，并借由伟大的民间智慧求得与自然的和谐共生，将那些原本荒芜、贫乏的土地改造得适宜人居，形成一个更大的良性生态体系，这就是环境质量的"加法运作"在民居选址上的体现。遗憾的是，现在社区建设却在与此相反的道路上渐行渐远。在许多社区的设计说明中，我们不乏看到 "环境优美""地理位置优越" 等这样的词句。为了吸引住户，开发商们一般都会征用那些生态环境良好的"绿色"土地修建居住社区。建成后，由于大量人工因素的介入，那些"绿色"土地的生态效益肯定会大不如前。 相较于环境质量"加法运作"——选择不利区域进行建造、改善该区域的环境，这无疑就是环境质量"减法运作"——不能有效维护生态环境现有的状态，反而使其大打折扣。

在人居社区的建造中， "褐色"土地的回收利用绝对比"绿色"土地的开发有着更加深远的意义。在城市中，这样一些"褐色"土地大量存在，它们包括：由于城市发展所废弃的码头、火车站；在竞争中败落的钢铁厂、造船厂、机械厂；对环境不利、迁出市区的火电厂、煤气厂；不符合现代人居住标准的老旧住宅区；还有就是开发商们避而远之的矿山、地窖、垃圾填埋厂等等。虽然"褐色"土地的回收利用对世界资源的保存和生态环境的可持续发展都有着积极的意义，但也充满了种种技术上的问题：首先是大量的调查和研究工作；接下来就是用相应的污染控制手段和土地修复手段——生物、化学、物理凝固、热处理过程相结合——来抵消原先遗留下来环境问题，使其由"不可居"或"不适宜居"到"可居"再到"人居"。这个过程艰难却不乏成功范例：在爱丁堡克雷莱特新建塞恩斯伯里商店，就修在采石场上，这个采石场在19世纪为城市提供了许多建筑石料，并从此成为填埋垃圾的场所。它通过排除沼气和用自然方法分解污染物质相结合的方法，重新利用了这块被污染的城市土地。并且得到了塞恩斯伯里制定的《环境政策报告》的肯定，称它是"从零售到环境方面都被看作是有价值的社区财富"。（图2）

图2 贴有"绿色标签"的社区财富——塞恩斯伯里商店

2.2.2 民居建筑的选材——降低成本，减少维护

"虽为人作，宛自天成"是中国传统艺术中最受推崇的境界，所以民居建筑的选材往往是最廉价与最生态的，讲究就地取材与因地制宜，决不会因使用和废弃而产生有害物，而且同时传统民居建材就算

是在废弃之后也可以再利用或重新溶于自然循环的系统当中。

现在在社区建设可以选用的材料繁多，但确实从材料的运输、生产或是原料的采集以及潜在的生态后果等角度做了深刻分析的，却少之又少，而这些都是社区"人居性"所涵盖的范围，直接影响到人居环境的健康状况。所以在社区建筑材料的选择上应当首先考虑其无危害性、本地可获得性和可循环使用性等方面的内容，而在视觉冲击力等风格与形式的方面的内容不应当太过苛求。减少初始投资的同时，又不必为其可能潜在的危害性做追加的后续投资，这也是"生态加法"的运作。

2.3　忽视了对人的关怀

2.3.1　社区户型结构的单一性，住户的"专属性"——破坏了"平衡的人群结构，完整的生命周期"

社区建设在策划之初就瞄准的是住户的购买力问题，其住宅户型的设计常常是为社会某一阶层"专属打造"，不仅具有很强的"排他性"，而且还错误地将这种社区人群结构的"单一性"解释为住户彼此间的"认同感"和对社区的"归属感"，这其实又是"反人居"现象编造的另一个谎言。人的一生要经历若干的时期，幼年到老年，而且每个时期都是分立的，各有特定的优势和困惑、以及自身所处时期的特殊经验。处于生命的每一时期的人都有某种不可取代的东西给予社区或从社区索取。所以平衡的人群结构，完整的生命周期，对于住户们的良好的精神心理状态、促成潜能的开发和高智能素质的培育都是必不可少的。所以社区住宅建筑的设计应该考虑到不同人群的需求，设计多元化的户型单位，以吸引各种阶层的入住，达到互补有无的交流、平衡的人群结构和完整的生命周期。

2.3.2　"适度性"原则下的节约型社区——引导积极、健康、环保、节约的生活风尚

德国著名的被动建筑（The passive house）专家路德维希·隆恩在阐述其被动式住宅的供热系统时，这样解释到：住宅供热来源于对洗澡间和厨房废水、废气的热能收集以及日常照明散热。但这之后还是存在一个与人体舒适度的小差值，这不是计算时的误差，而是我们忘了人类自身是可以产生热量的，这就是建筑设计中的"适度性"原则——不是面面俱到的满足，而是以适当的参与和互动实现良好的人体舒适环境。仅仅依靠社区设施的完善和大量区外物资补给，被动地满足住户各种需求，只能助长享乐型生活态度，违背"人居性"的正确表达，使社区没有负责地履行其社会与经济职责，引导积极、健康、环保、节约的生活风尚。

3　社区景观的设计："生态加法"为指导思想，经济性与生态性的双重建构标准

社区景观设计是社区建构的重点，是社区开发的一部分，应该从社区设计之初便参与其中，而不应成住宅修建的善后补充。社区景观设计应该以"生态加法"为指导思想进行设计，着眼于更大区域范围内对城市生态系统的贡献。

3.1　社区水景设置

人们都有亲近水的特性，优秀的水体景观为人们提供了文化、娱乐、休闲及健身、聚会的场所和空间，并可营造和改善局部的小气候，所以备受设计者与社区居民的青睐。开发商看准了这一市场需求，以致水景楼盘售价一般都较普通楼盘高出5%~10%。但由于缺乏正确的科学态度和必要的生态技术，水体景观的盲目建设带来了相应的问题。比如在设计之初太过于看重平面形式而忽略景观内涵、过于人工雕琢而致使水景的呆板与生硬；开发商在急切的商业利益驱使下，太过于看重社区开发的一次性投资和资金快速回笼，而忽略了大量的后续维护、清洁和管理费用，造成生态与经济上的浪费(图3)。

图3　某社区的保洁人员正在清洁污浊不堪的"水景"

3.1.1　社区水景的生态评价体系和合理水景面积的确定

社区水景生态评价体系包括自然度、自净度、景观度、亲水度和节水度五个方面的内容。优秀人居社区内的水体景观应该由这样来定义：有近自然驳岸，岸坡植被种类丰富、结构完整，水生动植物多样性高；水体有完善的生态系统结构和功能，水质良好；水景与区内建筑风格相协调，水体形态多样；可进行水上活动；自然水系补水，形成自循环系统。

据专家估算合理的水景面积，在长江流域及以南(即多水区与丰水区)，一般可达到住区面积的4%~6%，黄河流域中下游(即过渡区) 则为2%~4% 。

3.1.2　反例一：硬质池底的静态水体景观

这样的水体景观因为它们风格简洁，确有烘托意境的效果；且设计修建的技术含量不高，而在社区景观设计中大量运用。但是由于这样的静态水面多半为浅水水体、相对封闭、自我独立、缺乏生物的多样性；并且在水体下面往往采用硬质衬底，而不是自然的泥土衬底，无法与地下水进行交换，为水体后期的维护和治理工作带来了一定的困难。这样的水景补充更新水体一般都采用的是自来水，而水体维护更是一个长期行为，因而耗水量大，经常性费用高。如若长期不予维护，在旱季，由于没有自然水体、或区内中水系统的补给导致水体景观的干涸停用；在雨季，又因生活废水、植物营养液的渗入，逐渐被污染或富营养化，导致水质变坏，失去观赏、亲水等价值，甚至成为蚊虫滋生的场所，只得耗资重新治理，加大了物业管理费用和业主负担。

3.1.3　反例二：不结合环境设计的跌水景观

跌水景观可能是环境设计者们最爱的景观要素了，因为它的确能活跃景观环境设计。但是在实际的操作过程当中，由于刻意地强调跌水效果，脱离客观实际，不考虑地形本身是否有提供造景的可能性和适宜度，不考虑该基地的地形地貌等自然特质，硬为"无米炊"、强行造景就会带来经济和生态上的负面效应，违背可持续发展性原则。所以在考虑最佳的景观效果时，要坚持"适用、经济、美观"的建筑创作原则，鼓励自然、质朴、亲切、怡人，反对铺张、奢华，特别要摒弃那种高耗水、高耗能的水景设计。

中国是水资源短缺的国家，我们的人均水资源量只有世界人均的1/4，全国660座城市当中有400多座缺水，100多个城市是严重缺水。在这样的大形势下，那些缺乏生态科学态度和必要的科学技术（如雨水的收集、自然给水的系统、循环水使用系统以及中水处理系统）的水体景观，最后只能造成了水景建造的得不偿失——水资源的浪费与生态系统的沉重负担，同时还导致社区居民的高昂物管费用，是对社会和民众不负责的"反人居"表现。

3.2 社区植被设置

社区的植被设置不只是增加绿色空间、美化居住环境，而应该侧重于利用这样一些绿地系统改善社区内小气候，并且能与社区所处更大范围区域内的其他绿地系统，联结成为稳定的网络体系，具有一定的规模和生态效应。社区绿地系统内的植被结构应该是复合性的——以乔木为骨架，灌木与草坪相结合的"立体化"合理设置。

绿化景观如果不能形成一个完整的生态系统，对社区内部所产生的废水、废气，废物等垃圾就不具备自我代谢能力，反而十分依赖外部给养，这就违反了人居环境中的"生态"和"经济"原则。一般来说：外来植被和不稳定绿地系统就会形成**"消费型"**绿地，需要大量外部给养；而原生态的植被和"网络——立体化"绿地系统就会形成**"生产型"**绿地，不仅使社区生态环境自我代谢，其生态效应还能贡献于社区之外的其他地区。

3.2.1 反例一：乔木的移植

社区的建成并交付使用一般周期很短，所以社区内高大的乔木一般都不是在区内培育的，往往是从遥远的经济相对欠发达的地区移植而来的。这也就带来了两个方面的问题：

生态效益的降低： 在原生地的多年乔木对易地后生态环境的突然改变适应力较差，加上移植后损失了部分根系，即使存活也要经过相当长的"缓苗"期，存活后树势减弱，生态效益大打折扣。就是说，在树木移植后的相当一段时间内，它只是环境的消费者而不是贡献者，它十分依赖于外部给养，其维护费用可想而知。这样看来，乔木的移植除了带来微乎其微的生态效应，还有附加于社区居民的高昂物管费用。

生态殖民和生态减法： 发达城市的社区以"大树移植"的做法为其"人居"的卖点，被移植的高大乔木一般都来自生态系统良好的、未开发的、欠发达地区。这样一种对落后地区的"掠夺性"行为长此以往就会形成"生态殖民"，不但直接导致了落后地区生态功能的彻底衰竭，城市环境的恶化程度也没有因为"大树进城"这一行为得到缓解，形成新一轮的生态空缺，真正具有生态意义的地区逐一消亡，是拆了"东墙"，却没有能补上"西墙"，无疑形成了"生态减法"。"人居社区"的建构是要从大的着眼点出发，大的生态环境出发，需要的是对社会的关怀，"自扫门前雪"的做法永远是在生态效益前面划上"负号"。

3.2.2 反例二：忽视植被的原生态与本土化

在强调居住品质的今天，本地的原生态植物由于观赏性不高或是太过普及，被视为低品味或是廉价的象征，追求高档次社区居住环境的人们引进了许多奇花异草和珍贵植物，以到达园林景观设计的新奇视觉效果。但是错误的指导思想使人们忽视了经过长期自然选择存活下来的原生植物和当地生态环境的良好互动关系。相对的，那些价格不菲外来植物由于对当地的土壤、气候、日照、降水等等条件的不适宜，造成了植被景观的难以维护、额外的经济负担，并且对生态环境质量的优化作用根本不能与原生态植物媲美。无形中，人们又做了生态的减法，降低了社区内环境质量。

3.2.3 反例三：对生态体系贡献甚微的草坪的大量种植

整个生态系统中，草坪无疑是贡献最小的植被。它们根系较浅，对于净污降噪等生态效用十分有限，是生态系统中最不稳定的组成。正常维护的情况下，草坪的使用年限只有 5~6 年，就必须进行必要的草皮更替；而不加维护的草坪在两年内就会全部变成杂草。此外草坪的灌溉和病虫害的防治都带来了不菲的维护费用。而且草坪的种植必须和其他植被合理的结合起来，才能具有一定的生态效应。但是在

社区绿地景观的建设当中，为了追求大面积草坪在视觉上的独特的效果，往往忽视其合理的植被结构体系建构。何况大面积的无庇护草坪设置，不论是夏日炎炎还是寒冬腊月，都不是人们喜于接近的场所。

4　结语

人居社区建设的过程当中，存在这许多貌似合理、却是与真实背道而驰的"反人居"现象。我们只有在正确认识人居环境的评价标准后，以"人"为本、以"生态"为本，建构完整的社区生态体系，保证"生态加法"的良性运作，才能将社区"人居性"表达清晰。21世纪的时代特征是政治、经济、社会的积极改革，技术迅速发展和思想文化的高度活跃，伴之而兴起的信息化和高科技化对人类社会、工作和生活的巨大影响，将刺激住宅建筑和人居环境的建设向更大纵深方向迈进。为此，我们的社区建设就需要有更清晰、更明确的设计原则和更成熟的科学理论作为指导；同时也需要相关制度与政策为"人居小区"建设保驾护航；以及开发商对地产业持续、长期经济效应的正确认识，实现"生态文化"和"文化生态"的双行并举，经济与社会的协调发展，迎接新背景下向人类居住环境提出的挑战。而那些旧有的本身就违反人居原则的设计思路应该尽快地加以更正。

参考文献

黑格尔. 美学

吴良镛. 人居环境科学导论. 北京：中国建筑工业出版社，2003-06

俞孔坚，李迪华. 城市景观之路. 北京：中国建筑工业出版社，2003-01

克里斯托弗·亚历山大，S·伊希卡瓦，M·西尔佛斯坦等. 建筑模式语言. 知识产权出版社，2002

布赖恩·爱德华兹. 可持续性建筑. 北京：中国建筑工业出版社，2003

居住区边界"软化"设计与城市街道、广场绿化设计的结合

The Integration Of the Borderline Intenerate of Dwell Site and the Greenbelt Design of Urban Streets and Squares

刘钒颖　吴雪婷　牟江

LIU Fanying, WU Xueting and MOU Jiang

四川大学建筑与环境学院

College of Architecture and Environment, Sichuan University, Chengdu

关键词：　软化设计、绿化设计

摘　要：　居住区边界"软化"设计是居住区绿化设计的一个革新，将打破以往居住区中心大面积绿地的传统格局，使居住区绿化与城市街道、广场绿化设计的结合成为可能。将城市内部绿化形成一个统一的体系。居住区边界"软化"设计对居住区的噪声控制、安全管理等提出了一定的挑战，这就要求居住区管理系统要与现代先进科学技术相结合，形成高智能、高效率的居住区管理系统。这与人们渴望从钢筋骨架的森林重回大自然的怀抱的强烈愿望相适应。

Keyword：　Intenerate design, greenbelt design

Abstract：　The borderline intenerate design of dwell site is a reformation of dwell site greenbelt design. It will break the traditional system of large area greenbelt in the middle of the site. It enables the integration of greenbelt in Urban streets and squares. The city will form a whole internal greenbelt system. This method will challenge the noise control and save management. It acquires the manage system keeping touch with the latest since technology and forms a high aptitude, efficiency manage system. This current adapts people's aspiration of escaping from the forest of steel to the great nature.

1　引言

近来有越来越多的设计师提出了城市居住区以往的"刚性"界线：围墙及铁栅栏等形式使居民孤立于城市及城市景观，使人们的交流受限并且从心理上产生了"冷漠""孤立""防卫"等反应。基于此，居住区边界的"软化"设计逐渐进入了人们的视线。近来越来越多的开发商和设计师们注意了现代民众的心理需求。在居住区的设计中充分重视了绿化绿廊设计，让人与自然更为亲近。因居住区大多成片建设，若将绿化设计边界化就更能增强各不同小区居民的交往。在临街的片区建小区则可以将小区绿化与城市街道绿化结合，也能形成效果较好的市民交往空间。在交通中枢纽地带的小区绿化则可以与中心广场绿化结合，不仅节约了资源还可以更好地解决交往的需求。这也与现在各大城市出现的各功能区边界模糊化相吻合。

1.1 居住区边界的"软化"设计概念简述

以绿化及水体等软性材料代替围墙及铁栏等刚性材料作为城市居住区与城市的隔离。由于树木及水流是组成自然的基本因素，所以在情感上更易于使人产生亲近感。不似刚性材料所传达的"冷漠"感。自古以来人们的生活、劳动都被绿化、水体和土地所包围，人们能够进入到绿地和水流中嬉戏、游憩。中国的古代园林就很好地体现了"游园"的情趣，现在很多的居住区或道路及广场的绿化设计都脱离了人们的活动和生活，仅仅成了漂亮的摆设，孤立与人的活动。

将居住区绿化边界化，无疑打破了以往的居住区绿化设计的中心集中论，在居住区内部用绿廊即良好的道路绿化组织人行与车行交通，将人行交通终止点与外围的绿地结合，把人流向外部的开敞空间引导。并将其与街道和广场的绿化相结合，形成更多更广泛的交往空间，在居住区内部组织一些较小型静谧的绿化环境。

1.2 现有的居住区绿化系统

现在的居住区多为中心成片集中绿地，或组团分散绿地，整个小区绿化系统散乱，毫无节奏感，完全形成一种很冷漠的"隐形"景观。刚性的小区边界材料完全将小区孤立并且对街道来说也形成了一堵冷漠的墙界，使人行走其中毫无留恋以及舒心的感觉。在本文所论述的居住区边界"软化"设计中提倡一种打破中心成片集中绿地，将绿化系统性地由居住区道路边界向各组团流动并最终汇集在居住区边界与城市道路、广场绿化合二为一，使居住区绿化承担一部分城市绿化功能，这样能有效地利用居住区有限的绿化资源。

在佩里的"邻里单位"模型里，居住区中心职能由学校或教堂承担，而并没有建大片的绿地。现在很多居民倾向于走出居住区，在大众活动小广场等公共场所活动，而小区内的中心绿地利用率是比较低的。

1.3 居住区边界的"软化"设计与城市街道、广场绿化的结合

居住区边界的"软化"设计与城市绿化设计相联系的第一步即与城市街道、广场绿化设计的结合。这样就产生了"一区多功能"的情况，即：此绿地既是居住区绿化的一部分又兼有街道绿化，广场绿化的功能。

这种做法不仅实现了"一区多功能"的效果，而且还丰富了民众的交往内容，使街道不再只是单调乏味的人行场所，现在我们周围所能接触到的街道有部分完全是纯粹行走功能的，根本不能让人产生驻足、交谈的念头。街道是一个公共空间，人们及货物通过本身及载体（汽车、火车、飞机等）流通，交流。由于街道的性质不同所运用的绿化设计手法也不尽相同。例如：

快速车行干道：由于主要用于快速交通运输方面，这种道路要限制人的活动，尽量疏散能吸引人流的各项设施，所以道路绿化主要是道路分隔带绿化的设计，由于车流量很大，绿化还要考虑不要遮挡司机的视线。

人车混行街道：城市主干道、城市次干道、城市支路、小区路、组团路。它们的绿化设计就要更多地留心人行道的绿化设计，要处处体现设计的概念，形成亲人的环境，在国外的很多城市除了在道路的铺设上注意了无障碍设计，在绿化上也充分考虑了残疾人的欣赏、游憩活动的适宜尺度。

商业步行街：商业步行街的绿化与人行道的绿化很类似。借用中国古代园林著作《园冶》的一句名言："巧于因借，精在体宜"。

广场从场所意义上讲也具有一定的特性：城市广场其实很像城市某区域的开敞性公共大客厅。其来源应该是小城、小镇中的空地兼市场。

首先，城市广场应该是一片开敞的空地，周边有建筑进行围合。由于这块空地是市民在此散步、交流、讨论的场所，且带有城市客厅的性质，因此周边建筑里应有让市民在此坐歇的茶室、酒吧、咖啡馆、棋牌房、小餐厅、小商铺以及不花钱的休息廊等。成都市神仙树广场就是一个很好的例子（图1，2）。

图1　神仙树广场绿化与小区绿化的结合

图2　公共交往空间的集聚力

现代城市由于土地大量被建筑、快速交通干道、停车场等占用，公共交往空间严重不足，而且这一趋势还在继续，所以城市绿化可以采用"大量分散；少量集中"的形式，大量分散意为：街道、居住区外围的普遍的较匀质的带状、廊状绿带，这里的"大量分散"其中包含了实际工程的相对性的"小型"，即街道、小型广场绿化并不是以种植树木多而好而是要求一种亲人性、舒适性以及交往性。少量集中是指在城市少量的复杂绿化系统中应该辟出一块集中绿地，所以包含了在实施工程中相对性的"大型"，一般多为大型广场绿化及公园绿化。而像中央公园之类的在城中心辟出一大块公共绿地是很有创造性及预见性的。更多的是将大型公园布置在郊外。

1.4 居住区边界的"软化"设计应使居住区的界线达到"有界似无界"的状态

边界的"软化"并不代表产生"无边界"居住区的混乱模式，并不是将居住区的界线彻底打破，而是用绿化、水体等软性物质将其模糊化，使其达到"有界似无界"的状态。用绿廊、绿篱还有水体形成一定的阻隔。

这些组成景观的基本元素"石，水，植物（花卉）"传统的作用是聚集人流，但也可用作阻隔人流，使人在亲近时又尽量控制人流穿行，效果最佳的为密植绿篱。现在的居住小区内大量的使用绿篱。更多的居住区采用的是将刚性的围墙隐藏在柔性的树木及藤蔓植物内。但为了不使人们产生封闭的感觉，常用手法是：使用隔窗、玻璃、栅栏等。

2　城市居住区边界"软化"设计所带来的挑战

2.1　对噪声控制的挑战

近年来，有关噪声干扰和由于住宅隔声不好而引发的投诉和民事诉讼案件日渐增多，许多人感到似乎整日生活在一个被噪声包围着的世界里，人们要求改善住宅声环境的意愿十分强烈。在各种环境噪声中，交通噪声居首位。居住区绿化的边界设计对于交通噪声的防治有着积极的作用。但将人的活动的引入又出现了新的噪声管制的问题。

我们知道有人的活动就存在不同程度的噪声问题，如何在设计上尽量弱化噪声产生就需要在设计上采取一些特殊的处理。

2.1.1　在景观营造方面

为了解决城市居住区边界"软化"设计中所带来的噪声问题，可以在设计上将叠石、小型瀑布等小品元素尽量布置在靠近住宅建筑的边缘以阻碍人的进入；可以适当加大绿化的宽度以增加距离从而减弱噪声对住宅的影响；还可以设计一种多层次的景观营造模式即由公共空间绿化模式——半公共空间绿化模式——私密空间绿化模式，逐渐向住宅建筑推近，对于这三种景观营造模式个人简述如下：

公共空间绿化模式：以地被植物和矮小灌木为主，空间感觉比较空旷，绿化用地与活动用地的比值（以下简称绿空比）很小，不会阻碍行人行走。通常可用作稍大型活动场地。灯光设置为照明灯形式，密度较大。

半公共空间绿化模式：以小乔木和小型盆景花卉等为主，设置一些小型小品供行（游）人相聚小坐。绿空比比较小。灯光设置为较弱照明灯形式，密度较大。

私密空间绿化模式：以大乔木密林和藤蔓植物等为主，设置叠石、小瀑布等小品，活动用地通常较隐蔽，绿空比较大。灯光设置为弱照明灯形式，密度较小。这种设计通常也不会聚集大量行（游）人，能较有效控制活动噪声。

2.1.2　在材料选择方面

由于新材料的不断涌现使我们使用起来选择更多，在地面及建筑表面的材料选择上最好选择具有很好吸声功能的材料，例如：离心玻璃棉、纸面穿孔石膏板等。

2.1.3　在居住区住宅建筑的布局方面

在居住区住宅建筑的布局方面：建筑物的摆放形式也能减缓噪声污染。尽量不要将建筑的主立面朝向街道，最好布置山墙或将住宅中的厨房、厕所、储藏室等非起居、办公房间的正面朝向街道。

2.2　对交通流线组织的挑战

在居住区边界的"软化"处理中应尽量使居住区内部的道路形成绿廊，让身临其中的人们有散步其中的欲望，创造出宜人，静谧的漫步环境，并将绿廊与边界的绿地相结合，把人的步行路径引入绿地系统。达到静——动的完美结合。但这种将居住区绿化引入城市街道、广场绿化体系中，即将城市人群运

动流线引入居住区内部的可能性，及如何避免城市外部人口运动流线进入居住区也是亟待解决的问题。

2.2.1 对于林、石、水流等自然阻隔的元素的使用

与减缓噪声的第一种方式类似，也可以运用限制人的活动范围的方法。使用这一方法可以将市民的活动路线阻隔在小区私密性空间以外。以及有将车行交通阻断的功能。运用自然元素的阻隔作用能够很好地组织小区内的人车分流交通系统。其作用就与在商业步行街上经常看到的小型石制小品阻隔车流交通类似。但其美观效果较之前者更佳。

2.2.2 运用自然因素隔断过境车辆的穿越

在设计中将居住区内部的车行道设置为内环式和尽端式，避免过境流线的形成以阻断城市过境车辆的穿越。

2.3 对于居住区安全防护性的挑战

由于"软化"设计只能阻碍城市外部人口的穿越但不能完全隔断，这与混凝土以及玻璃等的隔界材料全隔断性不同，这就使小区的安全性问题突显出来。但随着智能小区的发展和小区物业管理质量的提升，这一问题正在逐渐得到解决。

3　总结

关于居住区边界的"软化"有其可行性但是在之前还有很多的工作要做，上面所提到的一系列问题都需要经过缜密的安排和设计。还有很长的路要走，作为小区边界"软化"的同源，最近各种不同的理论如：城市干道"软化"处理、建筑外围"软化"处理等，都异曲同工地表达了人们想同大自然更加亲近的心理。这一系列的"软化"措施的实现是发展的必然结果。

居住区边界绿化与城市道路、广场绿化的结合其实质是建构一整套城市绿化系统，形成现代景观生态模式上所谓的缀块（城市公园、广场绿化、居住区绿化）——绿廊（道路绿化）——基质（城市郊区绿化）的有机生态系统。以往对各单项设计都有充分的研究，尤其是在景观设计较发达的国家，而将各项单项设计结合起来又将是一个复杂的课题由此推而广之，全球的绿化体的构建已不远矣。

参考文献

刘亚波．得道的建筑学．江西科学技术出版社，2004

http://www.abcd.edu.cn　（住宅隔声）

苏宝炜、李薇薇．"深度服务"——创建未来物管品牌的法宝．中国房地信息．中国人民共和国建设部，2005(3)，225

徐炉青．规模经营：物业管理企业的新生之路．中国房产信息 中华人民共和国建设部，2005(4)，226

http://www.21csp.com.cn/21cspym/fwxw/cycjzx/cylt/cylt049.asp　（任涛．智能化住宅小区的发展概述）

走向明天的中国中小城镇住宅建设

Housing Development Trend in Small-and-Medium-Sized Towns of China

孙克放

SUN Kefang

建设部住宅产业化促进中心

The Center for Housing Industrialization, Ministry of Construction, P.R.C.

关键词： 城市空间形态、空间尺度、生态环境、跨越式发展

摘　要： 本文对中国中小城镇的住宅建设发展趋向，对这些地区的住宅设计应摆脱什么，追求什么提出了探索性的论点；论述了小城镇住宅适度扩展和有序分布；地方特色和文化气息；住宅与城市空间尺度，及生态环境相互协调等现实和未来发展问题。

Keywords: urban space shape, space dimensions, ecological environment, leap-forward development

Abstract: This article explores the housing development trend in small-and-medium-sized towns of China, including the pros and cons for the housing design, the appropriate expansion and orderly distribution; local and cultural characteristics of housing construction; the urban space dimensions, ecological concerns, etc.

1　中国的城市化与城镇建设

城镇生态空间是人类生活空间的一部分。随着工业化程度的提高和经济的发展，城镇生态空间规模在不断扩大，城镇在国家经济中的地位越来越突出。我国工业总产值是 50%，国内产值是 70%，税收的80% 来自城市。2001 年城市建设的固定资产投资完成 2352 亿元，村镇建设也随之进入高潮，固定资产投资总额也达到 3119.70 亿元。城镇建设得到了前所未有的发展。据统计，到 2001 年底，中国城市达663 个（特大城市 40 个，大城市 54 个，中等城市 217 个，小城市 352 个），建制镇达 18090 个，集镇23507 个。

中国的城市化步伐在加快，无疑会带动经济的增长，但也会遇到城市与乡村，城市与区域，短期效益与长期发展，资源与环境，工业与农业，居住与就业等诸多的新课题需要我们去解决。面对"城市化"的热流，面对城镇经济结构和社会结构的调整，许多小城镇注重本地区的实际，制定出切实可行的规划，走出了符合国情的城镇协调发展之路，取得了令人欣慰的成绩，老百姓从城市化的进程中体验到现代生活的巨大变迁。然而，不是所有的城镇建设都能保持良好的发展势态，有些甚至走入误区，归纳起来有三点十分突出：

第一，求快。城镇建设与人口流、物资流、资金流、技术流和信息流有着密切关系，或者说与经济、社会、资源和环境相协调，城市化不是一蹴而就的事情。然而，一些地方的领导对"城市经营"不甚了解，也不去研究城镇空间形成的内在原理，以为城镇化就是"逐级合并"，"圈地扩张"，于是盲目地撤村建镇，撤县建市，有的地方为早出成绩，大搞造城运动，造成财力和物力的透支，为今后可持续发展设下了绊脚石。这种倾向表现在住宅建设上，就是不合理的规划利用土地、超量开发建设、甚至造成大量的空置。

第二，求大。城镇是一个具有中心和边界的地理空间。在这个区域内搞任何建设，都要考虑中心的塑造和中心向边界扩展的形态，也就是说，一定要考虑中心的承受能力和空间尺度，一味追求"建大广场，修大马路，盖大高楼"，势必会破坏城镇的和谐和城市的形态。浙江某县"在全县财政收入不超过1.9亿的情况下，投资上亿元兴建了30万平方米的政府大楼，在县中心投入1.2亿建面积相当于天安门广场3/5大的'生态广场'，令人费解"。这种倾向表现在住宅建设上就是牺牲生态环境，大建豪宅，在居住小区内大搞宫庭式花园和广场。

第三，求洋。城镇的形成具有明显的地域特征和文化特征，这正是城镇建设的差异所在。然而随着城市化的"提速"，想去精心塑造和规划城镇的时间被压缩了，于是省时省力的抄袭照搬之风开始盛行，小城镇照搬大中城市的建筑较为普遍。有的地方竟然"弃土求洋"，一反城镇故有的风土人情和建筑风格，追求所谓的"欧陆经典"，大煞风景。这种倾向表现在住宅建设上就是设计雷同，空间造型缺乏小城镇特色和盲目的模仿国外建筑。

中国的小城镇将如何规划？中国小城镇应采取什么样的开发和建设模式？这些问题必然引起我们的深层思考。尤其是今天，全国范围内都处在住宅消费的高潮中，中小城镇的住宅建设趋向何方，这些地区的住宅设计应摆脱什么，追求什么，正是需要我们探索和回答的。

2　科学规划城市构架，让小城镇住宅适度的扩展和有序的分布

城镇规划在城市建设中，一直处于龙头的地位，它不仅关系到城镇的今天，而且涉及到将来的长远发展，在发达国家城市规划具有法律的概念，以保持城市的空间形态的完整性，延续本土的生活特色和文脉。德国的布莱梅市早在20世纪就在中心区规划出了一条"拐了三道湾"的人工河，形成了城市构架的"基点"，百年过去，即使是经过二次大战的破坏，这个城市仍然在围绕着这个"基点"在建设，而且又增添了许多现代化的建筑。古朴与现代形成了该城市新的肌理。然而在20世纪50年代末的北京，居然为修地铁，而拆除了世界上惟一保留完好的北京城墙。保持旧北京城的屏障也随之荡然无存。城市的构架被大幅度地更改，古都风貌也就无法保护了，如果当时采纳了梁思成先生的构思，北京的城市构架会比今天更为合理。这样历史的教训是值得我们引以为诫。

小城镇的规划首先要把"构架"搭好，这个构架涉及到诸多的社会问题和经济问题，不能一一赘述。但有一个与住宅建设有关的问题必须加以强调，就是住宅的有效扩展和分布。人是住宅的使用者和占有者，所以"人群"在城市空间中是如何聚集和扩散是规划城市构架的重要依据之一。在一个城市有的地方适于居住，有的地点就相对的不适于居住，这就应在规划中加以调整，扬长避短。特别是在城乡结合部，经常会出现"先无序乱建住宅，后再补充规划"的现象，这既不能保证将来居住很好的形成，也不能保证城市构架合理。我们这样做是不是限制了"商品经济下的自然发展"吗？其实，恰恰相反，小城镇的建设更要注重城市的自然发展规律，不能用计划经济的观点去看待当今小城镇的城市建设。比如，有的小城镇学大中城市搞与本地经济发展程度不相称的"开发区"，让许多开发商在这些区建住宅，结果造成交通不便，人们生活质量下降，住宅空置房增加，资金被大量地沉淀下来。因此，中小城市的住宅建设一定要在把握"适度"和"有序"上下功夫，即适度的扩散和有序的分布。

3　精心塑造空间形态，让小城镇住宅具有地方特色和文化气息

英国著名的建筑师和城市规划家F.吉伯德认为："城市设计主要是研究空间的构成和特征"。现在我们讨论小城镇的开发模式时，也不能脱离对城市空间的研究，开发模式不是单纯由经济和需求来决定的，也与空间构成和特征有关。如城镇的中心区、工业区、商业区、居住区的开发模式就有许多不同，都离不开城市的成长形态。城市成长形态可有三种：1、原有城市部分的改造或增建；2、在原有城市基

础上扩大；3、建设新城。住宅建设会普遍布于上述三种"成长形态"中，并会形成与之相适应的不同居住特点。它会反映出地域的历史、文脉、生活，甚至是人文的情感。

像浙江的同里、乌镇、周庄都充满着本土的江南的乡土气息。山东的曲阜市，由于十分注重与孔府建筑群的协调，整个城镇规划和建设都保持着一种古雅的风格，令人感到新鲜而又不失文化的底蕴。住宅是组成城市空间形态的重要部分，由于面大量广，其影响往往超过广场、商业街和办公建筑。然而许多小城镇不重视住宅的设计和建筑，建造了许多面貌雷同，毫无地方特色的住宅，破坏了小城镇故有的形态，留下诸多的遗憾。与此形成鲜明对照的浙江湖州市，以住宅建设带动城市建设，改变了一个城市的空间形态。湖州市近25万人口，原来的城市文化特色没能充分反映出来。自1996年因改造市中心的河流建设的军巷小区，极具徽派民居特色，一举成为湖州的代表建筑，以后又相继建成了具有水乡风格的东白鱼潭和碧浪湖小区，大大提高了城市的知名度，整个城市变得更美。湖州住宅小区的建筑经验提供给我们最宝贵的经验就是：中小城镇的建筑一定要"服水土"，才具有生命力，才能形成城市和住宅自有的个性。城镇个性是城市最有价值的特性。

4　高度重视生态环境，让小城镇住宅舒适优雅

目前，中国小城镇的生态环境优于大中城市，比如道路不拥挤、交通噪声不大、热岛效应小、绿地覆盖率高、许多湖河没有被污染等。这些优势一定要保持住。保住小城镇的生态环境，就是保住了小城镇最宝贵的财富。尤其是那些有山有水有林的小城镇，决不能采取急功近利的开发建设方式，"见好就占，见好就开"。以破坏生态环境为代价的开发建设，将会抑制城市的成长，将会给城市带来更为沉重的负担。

20世纪80年代中，中国许多城镇兴起了一阵"硬化城市地面"运动，说是可防止地面扬尘，防止水沟出味。于是填沟或改明河为暗河，结果影响了地下自然水系和地面水的自然渗透。20世纪50年代填埋的北京护城河，今天有人提出要恢复，谈何容易？在广州和中山市的郊区，经常会看到许多被绿葱葱荔枝林覆盖的山头被开挖得光秃秃一片，取而代之的是呆板的高层住宅。小城镇的开发建设要有超前观念，也要因地制宜，量力而行。眼下的经济实力不够，就不要去开发那些祖辈留下的越来越少的"原始环境"，等有条件、有优化处理方案时再去开发也为时不晚。在欧洲和美国有许多小城镇优美，空气清新，人们居住条件宽敞，比在大城市好得多，大都是因为生态环境得以保护的原因。中国的小城镇虽然人口密度高于欧美发达国家，但让人们的住所能依山傍水，绿荫环抱应是我们不断努力追求的目标。为了达到这一目标，合理有效地控制人口密度是首要的。现在大中城市已经出现因高容积率建造住宅而恶化城市环境和的情况，很多开发企业在改善居住条件的同时，又在破坏居住环境。当然，也有许多开发企业看到了其中的弊病，开始主动降低容积率，而是通过提高环境质量来取胜。小城镇的土地因与乡村土地有着更为直接的联系，土地不像大中城市那么"稀缺"，因此，就可能把容积率控制在合适的泛围内，让人们生活得更为舒适。如采光日照间距可以大一些，绿化率可以提高一些等等。其实，最为有效的方式，就是充分利用小城镇特有的山川河流，树木古迹等"价值景观"来获得开发利润是最上算的，最明智的。小城镇的住宅开发绝不能打"高容积率"这张牌，应该打"自然生态保护"这张牌。要借助大量的自然资源，来美化城市建设住宅，达到环境收益双赢利。单从利用自然资源和环境这个角度来分析，大中城市是望尘莫及的。

5　合理控制空间尺度，让小城镇住宅景观与城市相协调

在城市构架的规划和形成中，空间尺度控制是否合理直接关系着城镇的"体量"。大中城市有大中城市的"体量"，小城镇如果按大中城市的"体量"裁剪，显然是不合适的。如小城镇的马路宽度就不

应像大中城市那样宽大，步行街的宽度就不应像走车的马路那样宽大。但许多小城镇的领导热衷于开大马路，不去研究马路两侧的建筑与马路的比例关系，造成城市街道尺度失调。我们本应利用尺度关系使城市与它的各个部分之间彼此和谐，与人保持和谐，但是在很多场合，非但没有很好地利用尺度，反而任意去破坏尺度。实际是破坏城镇的和谐之美。目前最典型的事例是建造大体量的所谓文化广场，全部采用硬铺装，人站在其中，除了感到空旷渺小外不会感到亲切。街道是城市交通网络，也是城市最主要的景观。城市形象在某种程度上都集中在街区里，而组成街区的大量建筑是住宅。美国旧金山为了保持城区的风貌，对城市街坊的街区空间比例有明确的规定，限制街道两侧的房屋高度。我国的泉州市近几年新建的城市街道，注重控制两侧的住宅和商业建筑高度和地方特色，形成了代表城市的新街区，给人们留下了深刻印象。小城镇在建设住宅的同时，一定要考虑住宅在城区和街道中的位置，把住宅当成城市的景观来设计。最重要的是控制住宅群体形成的天际线，也是城市天际线的一部分。小城镇应该形成特有的丰富的天际线，这样的城市才可"独树一帜"。

6　坚持理念创新，让小城镇住宅完成跨越式的发展

谈到城镇建设，一定会涉及到目前最热门话题：城市经营。实际是对城市资源最优配置的一项系统集成管理的研究，对房地产来说就是能通过扩大城市的建设规模和提高城市环境质量，来吸引产业要素的集聚，创造更高的社会效益和经济效益。因此，小城镇的快速发展，依赖于科学的管理。需全面树立城市经营的新理念。其中包括：增强城市的功能，带动城镇本身和周边的产业发展；打造城市品牌，提高知名度和整体竞争力；创造城市优越条件，吸收外部资金和人才的流入等，具备了这些理念，小城镇建设就会在市场经济的条件下充满活力。比如嘉兴市政府请进杭州的地产品牌——金都房地产公司，在该市成功建设"金都景苑"小区，大幅度提高了该市的住宅水平。嘉善引进竞争机制，让具有实力的证大房地产公司在该市开发了"证大东方名嘉小区"，此小区以新颖别致并具民族特色的造型吸引了当地居民来购买，一举成为嘉善地区的经典楼盘，也带动了周围地产的繁荣。事实证明，城镇想要谋求发展，封闭自守是行不通的，只有引进竞争机制和先进的开发理念，技术才能获得更大的发展空间。小城镇住宅的建设，不一定要追随大中城市的步伐，一步一步地跟着走，完全可以依据经济实力的增强和地域环境优势，进行跨越式的发展。上面提到嘉兴"金都景苑"和嘉善"东方名嘉"小区都是国家康居示范工程，其建设水准与大中城市的现有住宅相比也毫不逊色。并且这两个小区全都采用太阳能热水器和中空玻璃，这在江浙一带的住宅小区中也是不多见的，有效地带动了浙江省太阳能的普及应用。

小城镇的空间形态随着时间的推移而发生变化，但是已形成的传统元素不会丧失，用先进的科技去建造未来城市和住宅的这一主流是不会改变的。我们是在传统的基础上，运用现代化的理念和技术去建设新一代的城镇和住宅，走向明天的小城镇住宅会更加精彩。

住宅专题　　　住宅设计
Housing Session　　　Housing Design

基于 BIM 的住宅设计实践

BIM Based Housing Design Practice

王　朔

WANG Shuo

华南理工大学建筑学院建筑学系

The Department of Architecture, School of Architecture & Civil Engineering, South China University Of Technology, Guangzhou

关键词：　CAD、BIM、住宅设计

摘　要：　本文讨论了 BIM 建筑信息模型的概念，并结合住宅设计过程中的一些实际问题讨论了 BIM 方法与传统 CAAD 的异同，以及在设计初期，在 BIM 模型基础上对住宅建筑进行能耗指标进行初步的分析以指导住宅设计等相关问题。

Keywords:　CAD, BIM, housing design

Abstract:　This paper presents the concept of BIM (Building Information Modeling), and discusses some difference between the BIM and the tranditional CAAD approach in housing design prosess. The energy costing analysis of the building based on BIM is issued also.

1　建筑信息模型

建筑信息模型(Building Information Modeling, BIM)是近年来在计算机辅助建筑设计领域中出现的新技术，其目的在于建立完整的、高度集成的建筑工程项目信息化模型，从而在建筑工程从设计、施工以及使用管理整个生命期内，提高建筑工程的信息化和集成化程度，乃至有效的提高工程的质量和效率，降低风险。

在计算机辅助建筑设计领域，技术人员一直在研究如何在计算机上进行三维建模并用以辅助建筑设计，以及如何将模型应用于整个设计及施工管理周期。早期的方法是采用三维线框模型，这类模型过于简化，仅仅是满足了几何形状和尺寸相似的要求。基于面模型及体模型的几何建模方法，可以给建筑物表面赋予不同的颜色及纹理以代表不同材质，再加上光照效果，可以生成照片级的渲染图纸。但是这种计算机三维模型，仅仅是几何意义上的模型，不能包含更广泛意义上的工程数据；以墙体为例，设计人员除了需要确定墙体的几何尺寸、材料特性等，可能还需要考虑墙体具体构造特性、热工特性等以进行进一步的如概预算、建筑性能分析等工作，而这部分工作在传统的基于几何模型的系统中是难以实现的。

单纯采用三维建模方法的局限性使得人们开始探讨如何在计算机模型中描述和存储完整可用的建筑信息并进而支持在多种应用之间以及建筑全生命周期内共享信息。为了实现这一目标，"建筑信息模型 BIM"的概念被提出并被逐渐应用。

建筑信息模型，是以三维数字技术为基础，集成了建筑工程项目各种相关信息的工程数据模型，是对该工程项目相关信息的详尽表达，BIM 建筑信息模型将建设工程项目中的建筑构件作为基本元素，

将描述基本元素的几何数据、物理特性、施工要求、价格资料等相关信息有机地组织起来，形成一个数据化的建筑模型，作为整个建设工程项目的数据资料库或信息集合。同时，这些围绕建筑物构件或物体组织起来的数据相互之间还保持着作为建筑整体一部分的空间关系和逻辑关系，从而形成一个完整的、有层次的信息系统，使得在建筑物全生命周期内各阶段应用的不同软件得以共享数据，如建立在该模型基础上的结构分析，建筑能耗分析，建筑光环境分析、材料统计等。

目前建筑信息模型的概念已经在学术界和软件开发商中获得共识，Graphisoft 公司的 ArchiCAD、Bentley 公司的 TriForma 以及 Autodesk 公司的 Revit 等建筑设计软件系统，都应用了建筑信息模型概念并支持建立不同程度建筑信息模型应用。

2　在住宅项目设计过程中引入建筑信息模型方法

大量性的住宅建设在当今建筑业中占有很大的比重，已成为国民经济重要的支柱产业之一，大量性住宅建设中的节能、资源可持续利用等策略也日益被重视，而在住宅的设计阶段，对住宅的使用性能及能耗等因素进行有效的分析及评估以及优化设计则尤为重要。

以往我们的住宅设计工作主要采用 Autocad®软件，首先是进行平面图设计，往往要花费大量的时间进行布局和面积的调整，在这个过程中若关注建筑能耗等因素，考虑较多的则是建筑的朝向及通风方面的因素，而墙体等维护结构的热工性能则在下一阶段考虑，然而这往往依赖于建筑师自身的知识和认识。当然在平面设计的过程中，建筑的形体及立面等美学要素也是要综合考虑的，然而总的来说，设计的整个过程中基本上是完全依赖于建筑师自身的，计算机只是作为辅助的绘图工具。

初步的设计完成之后，往往会进行能耗分析以及建筑物理环境的模拟（主要是日照及风环境模拟），采用的是 DeST 及 CFD 分析软件(Phoenics)，然而整个过程基本上是由专业的相关技术人员来完成的，分析工作之初是建立相关的计算机模型，而建立模型的工作对设计本身的工作来说是额外的，也就是说，对同一个建筑来说，针对不同的应用，必须对进行多次其描述，即建筑师绘制图纸，分析人员建立计算模型。分析工作的目的在于优化和调整建筑设计，一旦设计作出调整，必须重新建立环境分析模型，对于一般的建筑设计而言，整个工作是耗时而且是高成本的。

现在，在设计的初期就引入了 BIM，在住宅设计的一开始，整个工作采用了 Revit®软件，Autodesk 的 BIM 解决方案。

与传统的基于二维或三维几何图形来描述建筑的计算机辅助绘图(Computer Aided Drafting)系统相比，采用 Revit 进行设计类似于创建与实际的建筑相对应的数字化建筑模型，大多数情况下，创建的数字化的建筑模型过程类似于挑选并添加不同的建筑构件，如墙体、门窗、屋顶、楼梯等来搭建建筑本身的过程，添加的建筑构件对象是某种特定构件类型的实例，这些建筑构件类型可以在系统提供的构件类型中选取或是由使用者自行定义。

虽然大多数情况下，BIM 构件模型完整地保留了建筑构件完整的三维几何信息，但是其与三维几何造型系统还是有着本质的不同，BIM 构件模型还增加了很多必要的反映实际建筑的编码信息，比如墙体在 Revit 模型中被定义为主体类型，门、窗构件被安放在墙体时，墙体会自动地开出洞口，当窗户被移动时，墙体会自动调整洞口的大小和位置来适应窗户的修改，墙体的调整和变化似乎是主动和智能的。

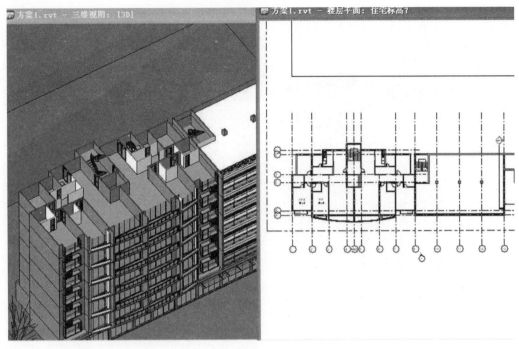

图 1   在 Revit 中建立 BIM 模型

同时，BIM 构件模型比单纯的三维几何模型富含更多的可用信息且更符合实际的使用情况，基于 BIM 的构件模型是包含建筑构件的三维描述在内的包含更广泛的建筑信息的描述和编码。比如对一个门来讲，在三维视图中，门有其特定的三维形式，而在二维视图中，表示一个门不单单是三维图形的剖切视图表现，还需要表示门的开启方向等信息，平开门和推拉门也有不同的表示方式，Revit 构件对象能够智能地在不同视图中采用不同的方式显示自身。实际上，Revit 采用了单一建筑模型的概念，完整的、可用的建筑信息被集成在一个单一的建筑信息模型中，而其他图纸文档、构件明细表等只是模型的某种表现形式或是某种视图。由于所有的视图均来自同一个数据模型，在任意视图中的修改都会直接修改到模型本身，同时修改会再动传播到每个视图中，这种高度自动化的修改机制最大化地保证了修改的一致性及减少了出错的机会。

采用了基于 BIM 的设计方法，可以使设计者将更大的注意力投入到设计本身，而图纸文档则是模型本身的视图表现而无须在重复绘制。

采用 BIM 模型和采用传统的 CAD 方法相比的另一个优势在于可以方便地建立更多的直接建立在 BIM 构件模型上的额外应用，由于构件的几何及属性信息都是高度集成的，在住宅设计的实践中，当模型被建立好以后，关于建筑的材料，几何尺寸，门窗属性等详细的数据列表也被自动地建立了，可以方便地将其定制输出到电子表格或数据库中，在此基础上做建筑的概预算，或是很具体的分类统计如窗墙面积比、不同墙体构造、热工特性的墙体面积等，从而作出建筑空调采暖耗电指数等的简化计算等指标，以及对建筑节能设计作出初步的综合评价。

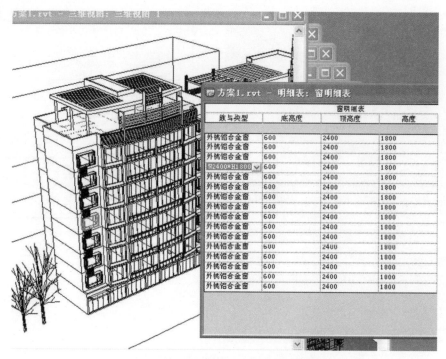

图2 根据BIM模型直接生成门窗明细表

在住宅设计中引入 BIM 的一个重要应用是，在设计的早期阶段就可以方便地进行建筑材料用量及能耗分析来加强建筑前期规划及优化和调整方案，在设计的过程中，我们将 BIM 模型导出为 gbXML 文档（gbXML 是专为绿色建筑设计与评估而定义的一种 XML 应用），而 gbXML 结构中描述和定义了建筑的空间和维护结构等要素，可以被如 GeoPraxis 的 Green Building Studio 在线服务所使用，这样，一旦在设计过程中建立了 BIM 模型，可将其导出并通过网络提交到在线服务站点，通过其反馈的能耗及负荷数据来修改设计。

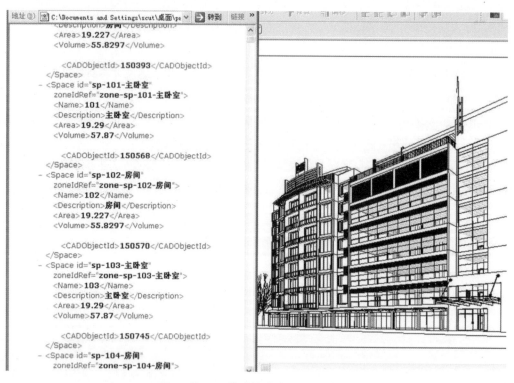

图3 将 BIM 模型导出为 gbXML 文档

在项目被导出的开始阶段，项目信息设置中要求被填写项目所在地区的邮政编码，该编码在 Green Building Studio 的数据库中被用来索引项目所在地区的环境气候等建筑节能相关的指标，用于评估计算的出始条件。

3 结论

BIM 高度集成的数据模型为不同的专业应用提供了一致的数据应用接口，使得设计中不同专业可以在一致的界面和平台上工作。尤其在住宅设计日益要求建筑师考虑其节能等综合效益因素时，BIM 无疑在技术上为建筑师提供了更强大的技术支持。同时使得建筑设计者可以把更多的精力关注于设计本身，为设计提供了一种新的方法和途径。

参考文献

丁士昭，马继伟，陈建国等．建筑工程信息化导论．北京：中国建筑工业出版社，2005-10

赵红红，李建成，王朔等．信息化建筑设计．北京：中国建筑工业出版社，2005-10

张凯等．城市生态住宅区建设研究．科学出版社，2004-01

Autodesk 公司．Autodesk Revit 5．清华大学出版社，2004

Building Information Modeling in Practice. From http://www.autodesk.com/

Greenbuilding, The Pursuit of NOW! From http://www.greenbuildingstudio.com/

第五届中国城市住宅研讨会论文集，中国香港，2005 年 11 月
Proceedings of the Fifth China Urban Housing Conference, H.K.S.A.R. CHINA. (November 2005)

武汉市厅室型集合住宅家庭起居室实际使用功能调查与研究

Study on Actual Function of Living Room of nLDK Pattern in the Congregated Houses in Wuhan

彭 雷

PENG Lei

华中科技大学建筑与城市规划学院

School of Architecture & Urban Planning, Huazhong Univeristy of Science and Technology, Wuhan

关键词： 厅室型住宅、起居室、实际使用功能

摘 要： nLDK（厅室型）平面模式在很长一段时间内都将是我国集合住宅的主要形式。但这种平面形式自身存在的局限性，也导致了居住者的生活方式受到固定空间的限定。笔者以问卷调查和入户访谈的形式调查研究了当前武汉市厅室型集合住宅中起居室的实际使用功能，针对存在的问题提出在户型平面设计中的一些改进建议。

Keywords: nLDK, living room, actual function

Abstract: The nLDK pattern will be the main form of the congregated houses in China for long time. This pattern has its own limitation , which will restrict the dweller's lifestyle. The author made use of questionnaire research and visit research to study the actual function of living room of nLDK pattern in the congregated houses in Wuhan, then proposed some meliorated projects.

1 引言

高密度的集合住宅是我国当前甚至将来很长一段时间内的主要住宅形式，nLDK（厅室型）的模式又是现在的主流平面。厅室型平面形式的普遍使用，使得家庭拥有独立的厨房、卫生间，同时做到将起居与睡眠两项功能有效分离。这也使中国人脱离了以前共用厨厕或者睡眠与起居共用的居住时代。随着各地旧城改造的持续进行，旧城人口大量搬入新区以及数以万计的新生儿在新区里降生，越来越多的中国人已经习惯于生活在"两室一厅"、"三室两厅"的单元楼里了。但我们也注意到这种厅室型平面的一些局限性：由于平面形式趋同使得居住者的生活方式受到限定，缺乏选择余地；平面形式缺乏个性也使得生活方式缺乏个性，造成时下全中国人民的居住行为、居住语言"大统一"现象。

在家庭居室中卧室地位虽然重要（人一生中 1/3 的时间都是在床上度过的），但起居室却是一家人团聚在一起进行交流的、动态的、开放的空间。从起居室的使用更能反映一个家庭的生活方式、趣味取向。应该说起居室的定义是满足家人休闲、娱乐、交流，以及接待客人等多种需要的空间。

笔者以家庭起居室实际使用功能为切入点，于 2005 年 1~2 月份在武汉市大型居住社区"南湖花园城"发放调查问卷，同时做一些入户访谈，以期研究在平面趋同的家庭起居室中武汉市家庭当前的生活方式以及起居室的实际使用功能，并在此基础上提出一些户型设计的改进措施。调查限定的对象为居住在武汉市高密度集合住宅里的已婚家庭。

2 问卷调查综述

此次调查共发放问卷 181 份，回收 152 份，有效问卷 135 份。主要有以下几方面的问题。

（1）家庭团聚时间少。当代人工作时间加长，大城市的居民通勤时间长，这在此次调查中都得到印证。在问卷中有38%的人每天工作8小时，38%的人每天工作8小时以上（图1）。每天用于通勤的时间有35%的人需要1~2小时，11%的人甚至在2小时以上（图2）。与此同时，工作时间延长势必挤压与家人团聚的时间，有31%的人每天（工作日）与家人同在起居室的时间不超过1小时（图3）。

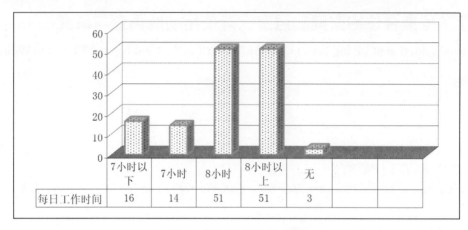

	7小时以下	7小时	8小时	8小时以上	无		
每日工作时间	16	14	51	51	3		

图1　受访者每日工作时间

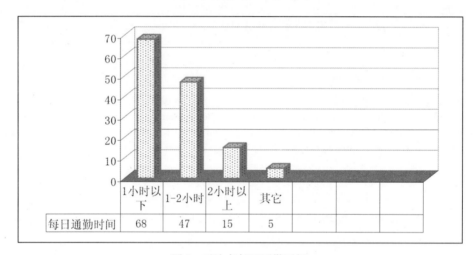

	1小时以下	1-2小时	2小时以上	其它		
每日通勤时间	68	47	15	5		

图2　受访者每日通勤时间

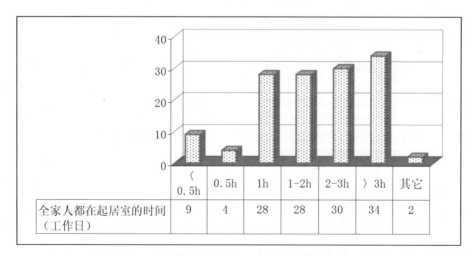

	< 0.5h	0.5h	1h	1-2h	2-3h	> 3h	其它
全家人都在起居室的时间（工作日）	9	4	28	28	30	34	2

图3　受访者全家都在起居室的时间（工作日）

（2）起居室以电视为中心。问卷结果显示：82%的家庭起居室是以电视为中心，起居室家具形成"电视－沙发"单一模式。现在起居室通常被设计成一个简单的长方形空间，平面尺寸在3.9m×4.5m到

4.2m×5.4m 之间，这种空间也就是摆放一套沙发和一组电视音响的尺寸。简单化的起居室设计已经事实上造成了当代家庭生活方式的模式化。电视作为有声的视觉媒体，逐渐成为家庭的中心，这在当今信息化时代确也无可厚非，但电视对人的生理、心理造成的负面影响亦被科学家反复论证。在问卷中当被问到全家人都在家的情况下，有59%的人选择在起居室看电视，13%的人在起居室各干各的，还有22%的人则在各自的房间各干各的（图4），可以看出这种以电视为中心的起居室里，家人虽然团聚在一起，但交流的时间被看电视的时间压缩了。

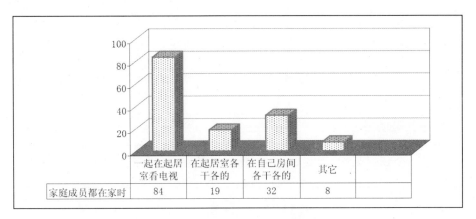

图4　家庭成员都在家时做什么

（3）家庭核心聚会空间。大多数家庭仍然认为起居室是家庭核心空间，占到61.5%；28%的人认为餐厅是全家的核心聚会空间，还有些家庭里书房起到核心聚会空间的作用（图5）。在访谈中了解到，平时大家各忙各的，唯有晚餐时全家人有机会坐在一起边吃饭边聊天，交换一下各人一天的见闻、感受，这对于现代人稀缺的交流时间来说已弥足珍贵，因此餐厅实际上起到了家庭团聚和交流的作用。

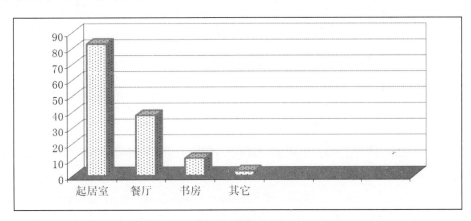

图5　受访者家庭的聚会（核心）空间

（4）儿童游戏空间。在有学龄前儿童的家庭中，67%的家庭中孩子们在起居室里玩耍（图6），40%的家庭里孩子们通常把玩具堆放在起居室里，42%的孩子把玩具堆放在自己房间（图7）。这表明起居室已经兼作儿童游戏室，其与城市家庭绝大多数是独生子女有关，他们没有玩伴，就要找大人去玩；这也与孩子"爱凑热闹"的天性有关，亚历山大在《模式语言》中就曾谈到"即使孩子们有自己的房间，但并不喜欢整天呆在那儿……他喜欢和渴望别人的关怀……他对大人的活动感兴趣，而且总想插一手"（克里斯托弗·亚历山大等，2002）。但是在以电视为中心的起居室里玩耍，无形中增加了儿童每天看电视的时间。访谈中很多家庭都表示出对此的忧虑，孩子们在电视的环境下成长，还没学会走路或说话就已经养成了看电视的习惯。

（5）当孩子们上学读书以后，起居室的功能又发生了变化。在应试教育的指挥棒下，中小学生的

课业负担很重。问卷中有**36%**的孩子每天在起居室逗留的时间不超过 1 小时，**28%**的孩子逗留的时间在 1－2 小时之间。起居室重新只剩下看电视和会客的单一功能。孩子们放学回家就回自己的房间做作业，起居室基本起不到联系全家人纽带的作用。

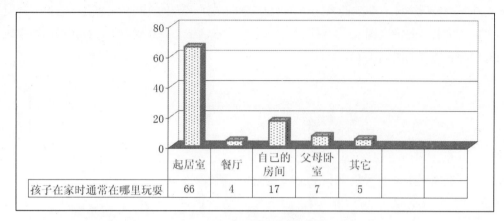

	起居室	餐厅	自己的房间	父母卧室	其它		
孩子在家时通常在哪里玩耍	66	4	17	7	5		

图 6　孩子在家里的玩耍空间

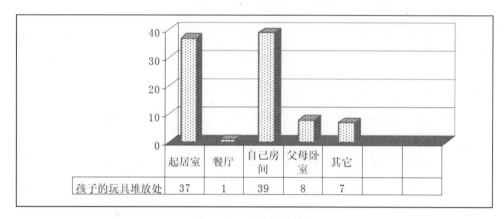

	起居室	餐厅	自己房间	父母卧室	其它		
孩子的玩具堆放处	37	1	39	8	7		

图 7　孩子玩具的堆放处

3　对策

现代社会，生活节奏加快、工作谋生的压力巨大、人与人之间关系淡漠……我们就更应该维护家庭作为各成员间团聚、交流的积极作用，而起居室在其中承担着这种空间功能，建筑师也应该在设计中重视这一问题。笔者就上述问题有针对性地提出一些户型设计的改进意见。

（1）在起居室增加凹室空间。"在同一时间和同一空间既想独自呆着又不想离开大家这种相互矛盾的需要几乎在每个家庭都会出现"（克里斯托弗·亚历山大等，2002）。凹室可以帮助解决这一矛盾，使家庭成员更有效地利用起居室，并在其中增强家人之间的交流。凹室可以帮助在起居室中增加书房的一部分功能，或者儿童的游戏空间，弱化电视机的主导作用。凹室可以是靠窗的阳光室，可以是起居室旁的一个花园，也可以是"和室"空间……4~5m² 大小，与起居室有良好的视线沟通，而不是简单地放大起居室的开间或进深（图 8，9）。

（2）减少起居室面积，相应增加餐厅面积。有相当一部分家庭的交流机会在餐厅里发生，起居室承担的是娱乐、会客作用。建议将起居室的一部分面积增加到餐厅中，强化家庭的聚会交流空间的重要性（图 10）。

图 8   图 9

图 10

4　结语

家庭是爱和温暖的源泉，是维系家庭成员的纽带。起居室作为家人聚集、交流的物质空间在家庭生活中扮演着重要角色。"功能主义"曾经将城市简单化，将生活简单化，将居住简单化，但生活的本来面目是复杂、微妙的。恢复起居室空间功能的多重性也将改变我们当前生活方式的程式化。当现有条件限制中国人还将在相当长一段时间内居住在"几室几厅"的集合住宅的情况下，起居室物质空间的多义性将有助于每个家庭创造属于自己的个性。

参考文献

克里斯托弗·亚力山大等. 建筑模式语言. 北京：知识产权出版社，2002

21 世纪中国城市住宅建设－内地香港 21 世纪中国城市住宅建设研讨论文集. 北京：中国建筑工业出版
　　　社，2003

住宅室内填充体与家装的质量管理

A Feasible System of Infill Supply for the Urban Housing in China

刘范悦[1]   安藤正雄[2]

LIU Fanyue[1] and ANDO Masao[2]

[1] 大连理工大学建筑与艺术学院
[2] 千叶大学建筑系

[1]School of Architecture and Fine Arts, Dalian University of Technology, Dalian

[2]Department of Design and Architecture, Faculty of Engineering, Chiba University, Chiba, Japan

关键词：   中国住宅、填充体体系、检查、第三者预托(委托管理业务)

摘　要：   近年中国的商品房市场规模宏大。在土地国有制政策的基础上，住宅建设形成了独特的两阶段生产模式，第二阶段由住户自行完成室内装修。此方式在为大众所接受的同时，也给生产过程的不同环节，比如行政、开发、装修和消费者等带来了风险。本研究通过实地调查中国大城市的家装生产过程，将上述各主体和环节的风险结构化。同时分析比较，认为中国的住宅生产模式比起日本等其他国家的集合住宅更接近于小住宅的生产模式，从而提出了解决问题的方案——即伴随着质量检查的第三者预托方式，此方式已在日本的个性化小住宅市场应用。

Keywords: housing in China, infill supply, inspection, escrow service

Abstract: Recent years, the Chinese house production has reached to the vast scale of ten millions units per year, many of which are being commercialized. China has gradually developed a unique form of two-stage unit realization where the unit owner, the long-term lessee, oneself endeavors to procure fitting out. This causes various risks on each part of the stakeholders, such as the authority, the developer, the infill supplier and especially the owner. The authors have investigated the state-of-the-art of the fitting out practice for multi-family housing in Chinese metropolises, and structured the risks imposed on the stakeholders. Having found the similarity in the supply pattern with single family detached housing rather than multi-family housing in other countries, a viable means to avoid the risks was sought. Proposed in this paper is the system which combines incremental inspection with escrow service, a type of which has already been introduced to custom-built single family housing market in Japan.

1　前言

目前中国的住宅供应规模已经达到日本的 10 倍，其市场化进程发展迅速。近年来，人口不断向大城市集中，需要大量的集合住宅，再加上考虑到土地国有、资金快速回笼等因素，在中国普遍采用的做法是，直接出售未装修的房屋，之后由居住者自行装修，即所谓的两阶段生产方式。可以说，在日本及其他国家正处于探索试行阶段的 SI（支撑体-填充体/Skeleton-infill）分离方式，在中国正以独特的形式得以应用，当然其中也存在各种各样的问题。本论文试图通过资料分析及 2003 年秋的实地调查结果，探讨说明两阶段生产方式在中国的现状和存在的问题。另外，被称为"家装"的中国装修市场，其性质属于个别的、分散的订单型市场，更接近于日本的小住宅市场。基于此种认识，为了规避住宅质量、支付等方面的风险，更适宜采用日本的新型住宅供应方式——这种方式包括中间验收检查和第三方委托管理，本论文对此也做了探讨。

2　中国的集合住宅建设与家装

2.1　集合住宅建设规模

近几年来，中国的住宅建设发展令人瞩目，据国家统计信息每年有 4.4 亿平方米的新建住宅竣工，如果按每户 40~50m² 的规模来计算，房屋建设数量年均接近 1 千万套。同样，2001 年房屋出售面积也迅速扩大至 1.8 亿平方米，是 1991 年的 6 倍多，其中个人购房占全部的 9 成以上，市场化发展迅猛。

以发展最为显著的上海市为例，根据同济大学来增祥教授提示的信息，1998 年以来，新建住宅面积每年平均为 1500 万平方米（2002 年为 1700 万平方米），假设每套面积平均为 100m²，则每年新建住宅 15 万套。以市区人口 1300 万人（在籍人口为 800~900 万人）推算，每千人的年住宅开工率为 11.5 套，高于日本的同一指标。

2.2　SI 分离和全装修

在中国将住宅装修称为"家装[1]"。现在，集合住宅普遍采用的方式是，房屋建好后不装修而直接出售，之后由居住者自行进行装修。即在中国，按户出售的住宅，主要采用 SI（Skeleton-infill）分离方式。另外，拿到房后重新改造也很盛行，有报道说在中国，约 12000 万城市用户中，每年约有 10% 进行家装施工[2]。最近，以上海为代表，出现了一种新的趋势，即将房屋装修完成后再提供给住户，这种所谓的"全装修"方式正引起市场的广泛关注。

2.3　上海的全装修

在普遍采用 SI 分离方式的中国，虽然还不占主流，但是最近出现了新的趋势，即将房屋装修完成后再提供给用户，称之为"全装修"。相关政策是 2002 年 5 月建设部住宅产业化促进中心提出的"商品房装修一次到位实施计划"。上海市欲全面执行此计划，正在制定"全装修导则"。上海市与此相关的行政指导和推进工作，主要由上海房屋土地资源管理局（原上海住宅发展局）负责，该局提出的目标是 2004 年新建 10 万套全装修房（约占新建住宅的一半），2005 年新建住宅全部采用全装修方式。

3　现场调查概要

3.1　上海的全装修

3.1.1　概要[3]

在上海，近年的新建住宅占地面积供给量达到 1,800 万平方米／年，二手房住宅市场也基本上具有同等规模。住宅价格呈上升趋势，最近 3 年价格增长了一倍。2001 年，上海市政府共向社会投放了 3000 户整体装修住宅（100～120m²），以此为开端，2003 年已经达到了 10 万户（占上海市新建住宅约半数）。　住宅价格和家装工程单价如表 1 所示（同济大学来教授提供）。家装工程包括地板、墙壁、天棚的装饰装修，以及配套设备的安装。其特征表现为针对住宅价格，家装工程比率的相对偏低。住房购买者主要关心的是个性、价格、品质。从整体装修的视角看，虽然现在正在计划实施住宅的产业化、工业化以及规格化，然而，现在的工业化率仅占 1/10 左右。

---

[1]　公共建筑的装修施工称为公装，住宅的装修施工称为家装。
[2]　根据"第一届中国装饰业论坛"的调查结果。
[3]　同济大学来增祥教授团队提供。

表1 上海市住宅价格及家装工程价格（单位：元／m²）

	经济适用房[4]	普通住宅	高级住宅
住宅价格	3500	6000	15000
家装工程价格	500～800	800～1000	1200～1500

3.1.2 Z公司情况

Z公司共有员工200人，其中从事"室内设计师"工作的员工亲自参与家装工作，他们的工作虽然也包括一部分的设计和施工工作，但主要工作是面向开发商，向开发商提供设计提案、设备设计、施工图设计、施工部件及建材的选择和筹备等服务。

现在从事的50%的项目是全装修住宅，在这种情况下，是在设计单位的主体设计的基础上进行内部装修设计。针对于一种形式的主体设计，家装设计的种类上也只提供一种选择。也就是说，在现阶段，很难做到个性化和多样化的家装设计。

以下为调研的浦东地区正在建设中的33层超高层住宅工程的情况。这项工程是由新加坡资本招标，由上海市四建 整体投标的工程项目。130m²的4LDK住户的住宅价格为12000元／m²，其中家装工程价格为2000元／m²。

3.2 南京的F公司情况

南京的住宅仍以SI分离为主流。此公司于2002年开设了展示内部装修部件及其组装方法的"家装文化博览馆"，是一家以追求使用者CS（用户满意）为宗旨的"装饰工程有限公司"。

F公司的经营者为了得到顾客的信任，通过在WEB上公开产品价格表等手段尽心致力于彻底的信息公开。此外，对那些与顾客有2个月以上接触的设计师，进行频繁的研修培训，旨在提高其设计水平、交流能力以及职业伦理。从这件事上来看，一般情况下，大多数人仍然对家装工程行业抱有不信任感。

50人的设计师，30人的工程管理者，20人的事务部门管理员工之外，总计1000名员工，每月进行50个、200万元的施工项目。专归工程部所属的专业施工组织和人员（年签合同）分成19个项目部门。严禁承揽其他公司的工程项目。此外，另设材料部，向19个项目部提供施工材料。在这之外，还设置了完工后客户服务部等部门，以彻底地完成对顾客的服务。

F公司还承接针对家装工程的融资（家装金融服务网）的中介、手续代办等业务。家装工程贷款的融资期限为3~5年。

4 中国内装工程供给上的问题点

4.1 SI分离方式的特点与问题点

在以SI分离方式为主流的现今中国住宅，其填充体的供给与主体的施工和出售相分离，而由零散的小型组织以个别和分散的方式来实现。从这一点上来看，具有与日本的独户住宅相近的特点。正因为如此，用户、施工单位、行政管理者等从各自立场出发，承担一定的风险。接下来，以SI分离为中心，让我们来考察一下究竟存在怎样的风险。

---

[4] 面向低收入人员的福利住宅。

4.2 用户所承担的风险

4.2.1 为填充体工程所准备的设计信息的不完备

没有得到建筑物和准备入住的住宅的详细设计以及电气、设备等设计信息。由此会产生重新测量、设计／预算、工程返工、错误施工等各种各样的不合理的状况。建筑物（支撑体）设计的意图和性能指标不能很好地传达给从事家装设计的人员。因此，大多数家装设计所依据的电气、设备信息基本上属于主体系统图程度。

4.2.2 不良家装企业

承揽家装工程的室内装修企业其中大多数人员同时从事室内设计的工作。虽然对这些人员，也要求具有相当的设计和工程施工能力，然而，对用户来说，选择设计施工人员的标准是不明确的，存在很多的风险。首先，虽然也有与营业许可和资格相关的地方标准，行政审核却不够严格。另外，从事家装行业的企业大多规模很小，在实际运作中，往往无法承担内装工程结束后所发现的瑕疵担保责任。而且，在用户已经付过工程款的工程中，装修公司中途破产的例子屡见不鲜。基于以上原因，用户虽然费尽心思选择家装施工业者，然而，仍然经常发生用户与以追求利润为目的的家装业者之间的矛盾冲突。

4.2.3 用户购置家装材料的风险

在设计和估算工程进度的过程中，家装业者往往使用一些与房屋使用者所期待的质量、性能、品牌、价格不相符的建筑装修材料，因此，家装业者往往无法得到业主的信任，所以，在很大范围内，用户（业主）有自己购买建筑装修材料的习惯。

4.2.4 检查体制的不完备

由于不存在第三者工程检查的环节，业主由于无法看到走线、走管以及细部构法等工程是否得以妥当完成而感到十分不安。实际上，不仅仅是亲自购买建筑材料，业主还要亲自担负起对工程的监督工作。由此而出现临时改变原有设计以及工程延迟的现象。

4.3 家装企业的风险

4.3.1 以业主为主导的设计、品质、工期的风险

室内装修企业所得到的建筑主体设计信息来源于业主，基本上信息不充分。通过这样不充分的信息传递，施工结果与业主所期待的情形不符时，存在业主不付款的风险。特别是在现今，卖方市场正向买方市场转换，对于品质的要求以及业者间的竞争更加严酷和激烈。收款的风险与矛盾摩擦有增无减。此外，业主如果亲自购买装修材料，有可能会对工程质量产生影响，由于业主对设计要求变更，还会造成工程调度的麻烦，工程进度的变更以及工程进度的延迟等损失。

4.3.2 与业主支付能力相关的风险

建筑主体的 70 年使用权被分开出售，家装说起来也有与之相关的问题出现。与家装工程相对应的融资还没有形成充分的制度化。因此，经常存在与业主支付能力相关的风险。

4.4 行政风险

4.4.1 住宅行政管理上的风险

对行政管理而言，基于监督住宅建成、管理之上的现行 SI 分离方式存在许多问题。政府管理部门很难保证合同的公正性、工程质量以及工程安全。此外，在家装市场的质量提高、成本的合理化利用以及与之相关的产业培育和行政服务等方面也存在很多问题。另外，由于关于建筑物公有还是私有的相关法律规定的暧昧化现状，围绕室内部分的改造和公有部分的使用，也存在许多矛盾摩擦。

4.4.2 城市、建筑行政上的风险

正由于无法控制内部装修业已完成的建筑物（住宅）的最终形态，所以，采用 SI 分离方式时，在城市管理和建筑行业管理上，存在以防灾为始的诸多风险。

4.5 开发商、物业管理的风险

开发商主要进行建筑物的策划、设计、施工、出售，基本上对建筑物的主体部分负有(设计、质量等)责任。虽然家装部分的矛盾冲突主要通过物业管理这方面和业主进行解决，然而，由于管理体制的不明晰，会导致超出主体设计范围的结构与设备的改变。

5 使用施工结果检查与第三者预托方式的中国版家装供给系统的提案

5.1 家装工程与日本的改建工程的相似性

不包括建筑结构主体的施工，一个承担从设计提案到施工的填充体工程的家装施工队，其行业形态与日本的改建工程业者或者是独户住宅的施工业者的行业形态有相近之处。

顺便提一下，在这里，虽然我们把现今在中国所实行的住宅供给方式简单地称作 SI 方式，然而，从其设计思想和技术水平来看，将其称为主体部分和内装部分的两阶段供给方式也许更为正确一些。

与日本相同，选择家装工程业者主要看以下方面：

(1) 设计能力

(2) 施工技术能力

(3) 资金能力

我们在实际调查中也发现家装工程业者确实在这些方面投入很大。

如前所述，如果 2 阶段供给方式的各阶段没有进行整合，房屋使用者（业主）、业者、行政主管部门就会存在各自的风险。所以，进行施工结果检查和第三者预托的家装供给方式是行之有效的。施工结果检查是以设计图的事先确定及其实现为前提的，此外，第三者预托可以保证施工费在检查的同时支付。这种方式，在日本的独户住宅新住房的建筑市场上已经取得了初步成效。

5.2 在中国进行第三者预托的可能性

日本的第三者预托是从独户住宅新住房开始发端的，还没有面向改建建筑领域。因此，在这次提案中，有必要留意在这方面进行改善的必要性。

具体地说，在确定填充体部分中的需要检查的各要素的定义时，有关 1 个月左右这样一个相对短的工期中计件付酬的必要性、与设计施工相关要件的整理、合同书中各条款定义以及与第三者检查机构的定义等一系列手续都需要完备。

此外，从金融角度来看，日本与中国就住房贷款的理解上也存在很大分歧。日本的住宅金融是在对

土地价值实施担保之后进行评价的，如果是只对填充体部分进行资金投入的改造工程的话，即便融资也无法得到贷款金的担保。即便如此，如果对土地具有所有权，融资机构会采取对相对于贷款总额的土地的担保能力进行评估，继而进行融资等的判断方法。在中国，业主对土地有使用权，填充体成为业主的私有财产。基于此点，能够对家装部分进行融资担保的只能是完成后的填充体。土地使用权随着时间的流逝，如果不断贬值的话，也会危及填充体自身价值的存续，所以，融资的担保能力是非常低下的。

关于中国的住宅贷款，以英国为例进行推测的话，为使用权买入或与之几乎同等意义的建筑主体（支撑体）部分买入所进行的贷款，如果以30年长期还款为前提的话，是可行的。另一方面，在英国，填充体和建筑主体部分作为一体称为贷款对象，针对这点，中国的填充体的贷款，与中国的住宅供给体制相对应，与建筑主体部分和土地使用权相分离，具有以3~5年的短期还款期限为前提的资金贷款的强烈色彩。关于这部分的贷款如前所述，像日本的改建贷款一样，不进行抵押权设定，而是以短期间内回收贷款，并以贷款人的还款能力为前提，进行融资。

以上述内容为前提，让我们从消费者角度考察一下在中国是否存在着第三者检查施工质量以及确认施工费支付的妥当与否。

这次调查的两家业者都是拥有有能力的经营者和优秀设计人员、施工人员的集团企业。即便如此，其运营过程中仍然存在诸多问题，比如说：

- 在施工中对于结构体贯通部分的处理以及位置选择等处，结构上或防水上存在考虑不周的问题；
- 无论是设计还是施工，保温性以及与冷暖设备相关的考虑不够；
- 给排水、电气的配管配线的处理，没有就各自性能特点采取具有长远性的设计。

以上这些问题，通过第三者的评价、检查，我们会发现更多提高工程质量的余地。

此外，在现今这个时代，针对建筑改造(reform)施工过程中所产生的零配件的处理以及建筑废弃材料的处理，需要认真的研究和处理。在实际的家装施工中，业主负责购入建筑材料，而施工者只负责施工的情形是很多的，问题是，如果出现了施工质量问题，就更需要判断其责任来源于材料还是来源于施工。

另外，就现状来说，即便中国处于经济高速发展、产品销售旺盛时期，这样一个势头也不会总持续下去，总会受到自由经济的影响而引发经济走向的变动。如果时期一旦变化，直至今日并不明显的资金筹措以及回收等难题就会变得显著起来，到那时，更加需要将正确的施工与正确的支付方法一体化组合起来。从家装工程的工期来考虑的话，正确的付款方式不是施工结束后一次付清，而是将各工种加以区别，直接支付给各工种专业人员其正确的应付金额。这项业务，如果从第三者介入支付业务的正确化这一视角加以考虑的话，建设工程分别订约方式的业务会离我们更加接近了。

从客观上来看，用于改善以上问题并以第三者检查为先发的中国方式的第三者预托存在消费者需求。

此外，正如南京的例子中所看到的，建筑领域急需明确地公开正确的单价。在确认其是否贴切时，置第三者预托者于家装施工与招标人之间，其意义很大。在日本，这部分的效果也受到极高的评价。

综上所述，有必要组织建立以下制度和体系：

(1) 家装中填充体检测项目的选定；

(2) 从保证质量的视点出发，将检查合格作为支付条件，进行工程费用的第三者预托；

(3) 在家装贷款成立之前，实现工程款的可支付化(购买住宅贷款债权的贷款保收等)；

(4) 建立式样及价格体系标准，整备检查机构；

(5) 以材工分离为前提的保证制度；

(6) 统一能够正确表述此业务的范围和正当型的称呼（第三者预托，CM 等）。

此外，建筑商应该有义务向住宅的购入者提供建筑主体的建筑、设备详细图纸。如果不将与内部装

修工程相关的所有基本空间详细图纸交给相关人员，以上议论便只是空论。

6　结束语

以上的论述明确了在市场化进程中的中国，由于住宅供给与家装工程相分离，而中国形成了2阶段供给方式的主流。这种方式确实给房屋使用者、开发商、家装业者、行政主管部门带来了各自的风险。为了规避这些风险，介绍了既可以让房屋使用者参与设计，又能将施工款的审核以及第三者预托相结合，保证工程质量和工程款支付的、面向新建的独户建筑的日本供给方式的有效性。然而，必须论及的是，家装工程较之改造工程更加接近大众生活，对于工期等家装工程所特有的问题，还有许多需要解决。此外，还需要看到，对物业法及对金融等制度的灵活把握也是十分必要的。

第五届中国城市住宅研讨会论文集，中国香港，2005 年 11 月
Proceedings of the Fifth China Urban Housing Conference, H.K.S.A.R. CHINA. (November 2005)

住宅平面设计中的灵活性、可变性设计探讨

A Discussion of Flexibility and Changeability in Residential Plan Design

戴晓华

DAI Xiaohua

美国龙安规划建筑设计顾问有限公司

J.A.O.Design International Architects & Planners Limited

关键词： 住宅设计、灵活性、可变性、平面布局

摘　要： 住宅平面设计中的灵活性、可变性，即住宅的适应性，是衡量住宅的舒适度和满意度的重要方面，也是住宅可持续发展的重要方面。主要依靠建筑师在住宅平面设计中的精心、细致的工作态度，对住宅平面中的房间布局和某些隔墙、门的位置提供多种使用可能性，在基本不增加建设费用情况下，提高了住宅的使用价值。在这方面已经有很多的研究和应用成果。本文是笔者关于住宅平面设计中的灵活性、可变性探讨的一部分成果，介绍了几个住宅平面设计中对于灵活性、可变性的考虑。与常规的设计方法不同，较大户型中主卧室相对独立，靠近住宅入口，可以较独立使用或对外出租。

Keywords: residential design, flexibility, changeability, plane layout

Abstract: The flexibility and changeability in residential plane design, that is, the adaptability of dwellings, are the important criterions to measure the comfort, satisfyingness, and the sustainable development of the dwelling house. It depends mainly on architects'serious attitudes and professional responsibilities in their work, for instance, providing diverse possibilities for the plane layouts and positions of some partitions and doors within a dwelling unit, to enhance the useful value of dwellings, as well as keep the construction expense on the standard level. Actually, many studies and practices have been taken in this field.

1　引言

住宅平面设计中的灵活可变性，即住宅的适应性，是衡量住宅的舒适度和满意度的重要方面，也是住宅可持续发展的重要方面。主要依靠建筑师在住宅平面设计中的精心、细致的工作态度，在不增加或很少增加建设费用情况下，提高住宅的使用价值。

在人们生活中，对于住宅平面的灵活性、可变性的需求，在此不多叙述。这方面已经有很多的研究和应用成果。笔者在这方面的研究探讨，主要针对住宅平面中的房间布局和某些隔墙、门的位置的多种使用可能性，提出了一些设计中应考虑的原则及新的平面布局方案。具体来说包括以下几个方面：

- 多户住宅边界的可变性：板楼的一个单元或塔楼的一个楼层中，多户住宅的边界可以调整，根据用户需要调整户数、每户面积等，主要方便分房或售房。

- 大户型的可分隔性及小户型的可合并性：一个较大面积的户型内部可分隔为两个中小面积且舒适度较高的户型，适应不同时期家庭人口变化；两个中小面积的户型也可合并为一个大户型。

- 部分自住与部分出租的可能性：住宅中的一部分用于出租，一方面可以充分利用住宅空间，增加住户的经济收益，另一方面住户生活需要某些照顾时可以选择合适的租房者兼顾。其户型平面与上一种有一定的相似性，但是也有自身的特点。

- 客厅、起居厅、餐厅与卧室、书房等的可转化性：用户自己可调整客厅起居厅的朝向、面积，餐厅

可转化为卧室、书房，卧室的面积、数量的灵活调整。

- 厨房、卫生间隔墙的灵活可变性：将上下水等设备管道尽量沿承重墙体布置，使隔墙尽量与设备管道脱开，住户可自己选择隔墙材料，确定厨房、卫生间的面积、尺寸、开敞与封闭的位置等。

本文是笔者关于住宅平面设计中的灵活性、可变性研究探讨成果中的一部分，介绍了几个多层住宅平面设计中对于灵活性、可变性的考虑，打破了常规的设计方法，如动与静、公与私的严格分区，较大面积的多卧室户型中，主卧室相对独立，靠近住宅入口，可以较独立使用，或对外出租。有的平面方案已经被业主接受和实施，有的仍然是与实施的缺少灵活可变性的方案的比较方案，它们实施起来从设计和建造上说很容易，关键是观念上是否能够重视这个问题。

2　几个具有灵活性、可变性的住宅平面方案

这几个住宅平面方案，都是面积较大的户型，主要是三室两厅两卫，100m² 以上，楼梯两边基本对称。常规的设计中，一般将客厅与餐厅厨房等放在靠近住宅入口的地方，卧室和主卧室集中放在远离住宅入口的地方，形成较严格的动与静、公与私的分区，父母与孩子组成的简单核心家庭居住比较合适，如果有老人、亲友长期居住，且生活习惯不太一致，或者由于种种原因需要部分房间出租，则会带来一些不便。住宅平面中的灵活性、可变性就是为了解决这些问题的。

这几个住宅方案都是标准层示意性平面，图中表示了房间名称和面积、门的位置，未表示窗户。承重结构为钢筋混凝土剪力墙，房间开间可以较大。住宅位于北方，卫生间可不开窗，设于住宅内部。

2.1　住宅平面方案一

住宅平面见图 1。这是一梯四户的多层点式住宅，多年前设计并实施。南面两户为四室两厅两卫，北面两户为三室两厅两卫。当时对于住宅的灵活可变性的考虑还比较简单，每户的带有卫生间的主卧室放在住宅入口旁边，住宅的入口进去后有一个小门厅，主卧室与其他部分相对独立。可以简单地称为"一分为二"型。不包含主卧室的其他部分仍然是较完整的两室和三室户型，足够一般核心家庭居住。

主卧室成为较完整的小户，可供老人、亲友或租房者居住，有独立卫生间，也可在室内或阳台用电炊具简单做些食品，其面积不比一些楼盘中的小户型小。南面的小卧室，可以留两个门洞，可以属于住宅的主要部分，如左面户型，也可以属于主卧室，作为小卧室或厨房加餐厅，如右面户型。不用的门洞用轻质隔墙堵上；或做与门框尺寸适合的隔墙式柜子家具，更充分利用了不需要的隔墙面积和空间。

2.2　住宅平面方案二

住宅平面见图 2。这是一梯二户的多层板式住宅，四室两厅两卫。左面 A 户型的主卧室与餐厅客厅直接连在一起，客厅面积较大。部分户型略作如右面的修改，成为 B 户型，主卧室外面加个小过厅，同时隔出较完整的门厅，主卧室可从门厅直接进入，不经过餐厅客厅，可以简单地称为"主卧独立"型。主卧室外隔墙也可作为非承重墙。

厨房留两个门洞，使用哪个由住户决定。南面两个卧室之间、北面的卧室厨房卫生间之间的都是隔墙，位置也是方便移动的，承重墙的布置也考虑到了住宅的灵活性、可变性。

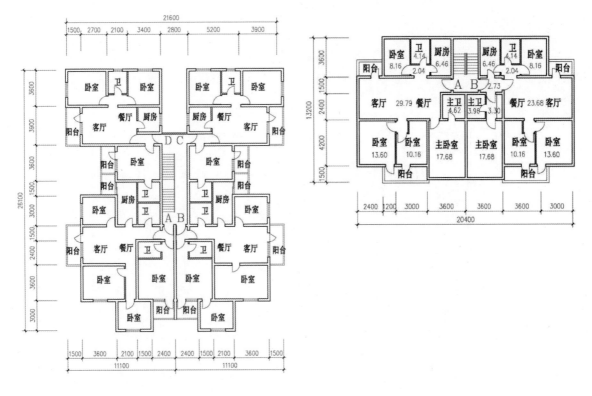

图1　住宅平面方案一　　　　　　　　　　　　图2　住宅平面方案二

2.3　住宅平面方案三

住宅平面见图3。这是一梯二户的多层板式住宅，四室两厅两卫，外加一个南向的小多功能室。多功能室可作为书房、儿童房、健身房、小卧室、茶室、花房、阳光卫生间等，设上下水管道。多功能室设两个门洞，可从两边进入。从左至右灵活性的考虑逐渐增多。

A户型主要是比较常规的平面布局，主卧室从客厅进入，主卫生间旁边可做小更衣室。次卫生间、厨房和小卧室之间隔墙可变化位置，卫生间和厨房的固定设备主要布置在承重墙一侧，隔墙一侧不布置设备。B户型主卧室与门厅之间开门。C户型北面两个卧室相邻，隔墙方便变动，厨房设于侧边，且围出独立的餐厅。B、C型主卧室只开一个门即可。D户型主卫生间位置有变化，主卧室开两个门，其中一个可直接对外，北部布置也可同C型。B、C、D型的主卫生间，面积不一定要4m²多，布置紧凑一些3m²即可，将走道扩大成小过厅，布置开敞型电炊具，不少小户型住宅和酒店式公寓即是如此布置，适合作为小户型长期独立使用。住宅其他部分为三室两厅两卫。

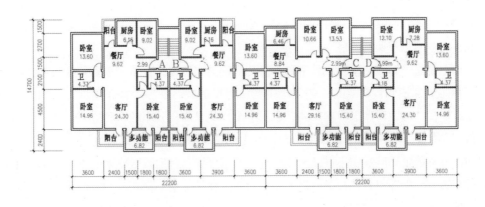

图3　住宅平面方案三

2.4 住宅平面方案四

住宅平面见图4。这是一梯二户的多层板式住宅，三室两厅两卫，外加一个南向的小卧室，此小卧室也可作为多功能室，作为书房、儿童房、健身房、小卧室、茶室、花房、阳光卫生间等，设上下水管道，设两个门洞，可从两边进入。

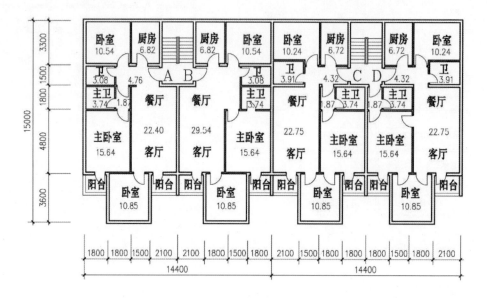

图4　住宅平面方案四

A户型为常规的布置，主卧室设在住宅的深部，外设过道，其实在这种情况下这个过道用处不大，同时还分出门厅的过道，占用了不少面积，除了交通也难有别的用处，餐厅客厅形状完整，但是面积少了。简单的改变是取消主卧室外过道，如B户型，门厅与餐厅客厅连为一体，门厅较大也可作为餐厅，主卫生间门的位置需改变，可留两个门洞，如图这两个门洞的位置本来就难以布置洁具。

C、D户型将主卧室调到住宅的外面，其特点可参考住宅平面方案三的C、D户型。住宅其他部分为两室两厅两卫。

2.5 住宅平面方案五

住宅标准层平面见图5，其承重墙的结构平面见图6，设有较多的门洞及扩大的墙洞。这是对于灵活性、可变性考虑较多的住宅平面方案，仍为一梯二户的多层板式住宅，基本户型建筑面积约130m²，相当于常规的三室两厅两卫，此户型中，设两个较固定的卧室，另外在两厅的前提下可再布置最多四个卧室（其中南部的多功能房面积可适当加大）。主卧室及多功能室独立性强，整个大户型相当于90m²的中等面积户型加40m²的小面积户型的组合，购买时作为一套住宅，使用时可作为两套住宅，孩子长大了要结婚成家可以不急于买新的住宅。

A户型与C户型是一套大户型，主卧室和小多功能房的布置考虑基本同前面住宅方案三、四，另外两个卧室和厨房卫生间面积同常规型住宅，最主要特色是门厅、餐厅、客厅用承重墙围合成一个大空间，南、北都有门窗通透，可做很多种分隔，右面三个户型是仅仅分隔的三种方式，无需用隔墙分隔时就保持大空间，用家具适当分隔。B户型和D户型是一套大户型，大空间分隔出餐厅、客厅，面积不小，大空间的南部分隔出小卧室和小过厅。此小过厅并不仅仅是过道，其宽度达2米，除了中间的交通宽度，两边可布置桌、柜等家具，具备一定的使用功能，也是一个小使用空间。分隔出的小卧室的门也可开向过厅，保持客厅的空间完整性。

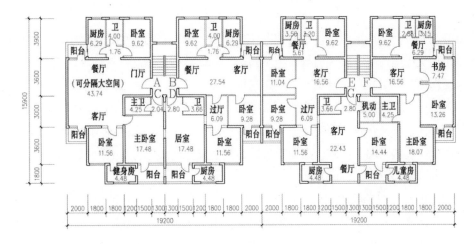

圖5　住宅平面方案五

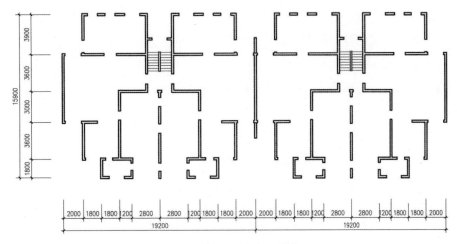

圖6　住宅平面方案五结构

E、F户型大空间北面可再分隔出一个卧室或书房，适合居住人数较多时使用，也可作为单独的餐厅。门厅与客厅结合，面积及尺寸不小，住宅入口处可布置一组沙发，另两面墙可布置柜子。厨房和卫生间适当缩小，其实绝对面积也不小，冰箱可放外面，洗衣机可放阳台，外面分隔出一小餐厅。客厅可通过小餐厅间接采光，在90m²面积内可分隔出4个大小不同的独立使用空间的前提下，采光是可以忽略的问题。单元平面的中间部分，可与左面单元一样作为两个主卧室或小户型，也可组合成一套75m²左右的G户型，两室两厅一卫，再加一个机动的小空间，使用功能相当不错。E户型四室两厅一卫，90m²。中间的另一个卫生间归F户型，F户型95m²，四室两厅两卫，主卧室和次主卧室面积不小，一般商品住宅是做不出来的。

此住宅方案标准层平面的其他优点还有空间利用率高，进深大节约用地，在大进深的前提下采光通风好等。每单元是分两套、三套或四套户型，可以在建筑结构完成之后，销售时由客户确定，而且每层的套数和布置可以相同或不同。配合若干种房间分隔的施工图即可，避免住宅户型太多太乱，施工图工作量太大。前面几个方案也不同程度地具有这些特点。

此住宅方案的底层与上部还有特别的处理，也有带电梯的多层或小高层布置，是一套完整而新颖的灵活性、可变性考虑较多的住宅方案，限于篇幅和本文的侧重点，这些特点的介绍从略。

3　小结

本文提出的几个具有平面灵活性、可变性的住宅平面，与已有的一些考虑灵活性、可变性的住宅方案或住宅体系，如支撑体住宅、框架结构住宅不同，一方面结构仍然是常规的墙体承重体系，设计上考虑灵活性、可变性后对于结构布置基本无影响，造价也不会提高；另一方面灵活性、可变性的考虑是比较适度的，不要过分的强调灵活性、可变性，某些房间还是可以固定不变的，这样对于结构也有利。

这几个住宅平面，其灵活性、可变性主要通过较多设置门洞及扩大的墙洞来完成，不需要的门洞和墙洞，简单处理可用隔墙封堵，细致一点处理可配合门洞尺寸做成定型家具进行填充，更充分利用了面积与空间，也比隔墙封堵方便门洞的转换。

我国住宅用地的使用权期限为 70 年，到期可以延长，住宅的使用期可达数十年甚至百年。在这么长的时间里，一个家庭的人口情况和住宅使用需求会发生多次重大的变化。具有灵活性、可变性的住宅可以方便地适应这些变化，以适合家庭里不同时期的使用需要，家庭不需要使用的部分则可以提供给社会使用。这种具有灵活性、可变性的住宅也就具有更好的可持续发展的特点。因此住宅设计中需要多多考虑的主要是平面上的灵活性、可变性。

这几个住宅平面对于灵活性、可变性的考虑越来越多，特色越来越强，优点越来越多。笔者重点介绍和推荐住宅平面方案五，它的优点还有空间利用率高、进深大节约用地、在大进深的前提下采光通风好等。每单元是分两套、三套或四套户型，可以在建筑结构完成之后，销售时由客户确定，而且每层可以相同或不同，能较好地适应当前住宅开发建设和销售的需要。

第五届中国城市住宅研讨会论文集，中国香港，2005 年 11 月
Proceedings of the Fifth China Urban Housing Conference, H.K.S.A.R. CHINA. (November 2005)

城市住宅发展和配套设计模式研究

张宝才　张志鹏
ZHANG Baocai and ZHANG Zhipeng

国家林业局大兴安岭林业勘察设计院
Daxing'anling Forestry Survey and Design Institute, State Forestry Administration, Beijing

住宅建筑是一门科学，是建筑艺术的一种表现形式，是人们生活认识的一种反映，是人们生活方式的体现，所以人们要追求设计优美无污染的生活环境，它能给人们在日常生活中以美的享受。

如果说住宅建筑功能是人类建筑生活环境的综合艺术的话，那么创造人类数年生存的良性居住环境的住房设计具有极其深远的重要意义。

我国是个地大物博、国土辽阔、人口众多的国家，从地域发展的角度上来说，各个地域城市各有特色，特别是在人们的需求和生活上都有不同的习惯和喜好。由于地理位置、气候与环境的差异，住宅建设既要有一个统一标准、又要有地方特色。

改革开放和我国加入 WTO 以后，人们生活环境的改善，生活水平的提高，给设计人员提出了新的标准和更高的要求，我国城市住宅建设发生着日新月异的变化，城镇居民的居住条件有了明显的改善。但是对改善居民住宅功能与质量的问题上还缺少系统的研究，住宅的设计建设要与居民的物质文化和生活习惯相结合，住宅在文化、环境配套设计中要综合系统发展。据调查，城市居民对居住条件的不满意除了涉及住宅功能、质量外，还集中在建筑环境差，生活不方便，外部造型单一，形式呆板，以及缺少室外活动交往空间等方面。

乡镇住宅的发展趋势有着明显的地域性，总体来讲是南方比北方快、沿海地区比内地快。江浙一带以及沿海地区乡镇的居民住宅多数为 2~3 层，并有院落围墙，即使是一层的建筑也 80%~90%是砖瓦结构。而因南北气候条件的不同，结构和相关节点也有很大不同，如墙体的厚度就不同，更因经济条件的制约，北方的乡镇还有大量的土坯房和板夹泥房屋，还谈不上组合空间和配套设计。由此可见，尽管建设部早就提出了城镇住宅建设要提高环境质量，乡镇建筑及规划要求标准，但时至今日问题仍很普遍，改善城乡住宅环境发展及配套设计模式的研究提到日程上来了。

笔者借这次建设部组织"城市化进程中的人居环境和住宅建设"论文征集之际，对城乡住宅发展和配套设计模式进行探讨并提出以下看法。

1　城乡住宅设计观念要更新

回顾我国建国至今五十多年来的住宅建设，大体上分成"住得下"、"分得开"、"舒适方便"这样几个阶段。20 世纪 80 年代以前的住宅是按类型、面积控制并以居民按人口能够住得下为原则考虑设计的，一般住宅房间大，容纳的人也较多，存在着几世同堂的人员结构和不合理的分配居住的现象；在很多设计中厨房合用，卫生间合用，给居民生活上造成了很多的不方便。在 20 世纪 80 年代后期 90 年

代初，我国的国民经济有了提高，居住的条件也有了改善，在住宅设计上的人口结构也有了合理的改善，独用小面积的组合单元成为住宅的主要形式。但那对居民生活仍然考虑不足，还不能适应改革开放人们日益提高的生活要求。现已经进入 21 世纪，当今生活，不论是经济基础还是人们的文化生活水准，都有了很大的提高，人们自然要求提高到"小康"生活标准，所以我国从现在起要研究设计 "小康"住宅。

在现实生活中，不论是主管部门，还是设计者都存在着观念更新的需要，我们不能再受解决"有无"，"住得下"、"分得开"的低标准束缚，要从我们国情出发，研究并设计舒适方便的 "小康"配套住宅。

2 平面配套设计组合:

2.1 空间及庭院环境设计

创造良好的生活空间及居住环境，除了需要富有变化的住宅群体设计，还需要有良好的绿化及娱乐休闲场地等配套设计，供居民空闲时聚会娱乐，使居民有亲切感、归属感。

庭院环境主要是对乡镇居民而言，我国农村大部分农民还没有达到砖瓦化标准，所以楼房就更谈不上了。当然也有部分农村乡镇的人民生活水平有了很大的提高、发展，有的也在按城市的模式建造住宅，甚至有部分住宅水平高于城镇。在 21 世纪发展的今天，我们不但要提高住宅水平，还要满足人们的生产生活要求。

(1) 合理布置院落、住宅、道路、设备以及生活必要的构筑物，防止噪声干扰。

(2) 规格尺寸、建筑体量、庭院大小要与人、设备及生活的尺度相适应，使人有领域感，达到心理上的亲和效应，例如三面实体一面是半通透围合的院落，要比传统的行列式住宅四通八达的户外空间更能给人安全、亲切的感觉。

(3) 小区绿化率一般不低于30%并应根据环境、地域、功能、气候来选择绿化植栽品种，形成丰富的季节环境。

2.2 住宅设计

住宅是整个家庭的中心，人们每一天有一半的时间是在自己的住宅里度过的，所以设计上要使人在这一生时间内居住的舒适、生活得惬意是很重要的，这就需要有一套超前而完整的系列化城乡住宅设计标准。

(1) 客厅设计

客厅是家庭活动的中心，也是通向各有关房间的交通枢纽，成为入户后到各居室之间的缓冲区，不管是南方还是北方，客厅也是家庭用餐的的空间。另外入户后，更衣、换鞋，现行设计标准对这样的生活行为空间没有考虑，所以客厅要有足够的面积，一般设计 20m² 左右为宜。就客厅来说，南北方有本质上的区别，南方需要遮阳、通风而北方需要采光、保温。这就需要采取不同的措施，尽量给居住者以宽敞明亮舒适的感觉。

(2) 卧室设计

建国以来，住宅的户型，依据我国不同时期的经济发展速度，随着人们生活水平的不断提高，住宅面积的控制有了几次不同程度的修改。本着适用、经济、舒适、的原则，通过了解小于 7m² 的卧室是不受欢迎的，双人卧室的使用面积不应该小于11m²。

(3) 厨房设计

厨房已经成为社会文明和生活品质的标志，是家庭生活的中心，越来越受到居民的重视，据调查，

现有的厨房有相当一部分偏小，而且平面构成和尺寸不当，没有充分考虑足够的设备空间。

一般的厨房设计应尽可能满足现代生活行为的要求，特别是厨房操作，从原料的加工到成品的调配上桌，这几道程序需要提供相应的操作空间，如准备阶段有清洗台、加工台（案板）、面食案板，进行阶段有炉灶、烤箱、微波炉等，还需要有备餐台，综上所述，每一个使用空间长约 50~60cm，并且一部分台面还要稍长一些，因此满足使用的尺寸应该在 3.0~3.6m 之间，这就需要有一个合适的开间尺寸。

另应指出的是现在的北方厨房所毗邻的阳台，其绝大部分是北阳台，存在着冬季利用率低的问题，约 7 个月的时间除了放冷冻食品外，只能放粮食及杂物，因此北侧服务阳台不具备保温作用是个弱点。而且在漫长的冬季由于厨房内的热空气遇到阳台内的冷空气产生冷凝，结露、结冰、结冻产生冻胀，影响阳台的使用，人们只能用利器除冰，不仅给日常生活带来不便，而且还对建筑构件造成了一定程度的损害，同时也加快了建筑内部的热量损失，对节约能源极为不利。这种天然冰柜的现象多年来在北方一直普遍存在，所以建议北方阳台采取保温设计，并且厨房的短边尺寸应该在 2.1~2.4m 为宜。

(4) 卫生间设计

卫生间是社会文明进步的标志，是一个家庭文化品位的象征，随着社会的进步经济的发展。

日常住宅设计的卫生间一是面积过小，二是功能单一，用户很不满意，现今人们对卫生间的使用和环境的要求也提出了更高的标准，如淋浴器、浴盆、洗衣机、洗手台、坐便器等，可见提供满足现代生活所需的卫生器具摆放的空间是设计者需要考虑的。尤其是要考虑冷热水的位置布置，同时卫生间的通风、防臭、防渗漏、防潮都是要格外注意的。

综上所述，依据生活实效性，卫生间的面积应该适当增大，并且干湿分区为宜，外间为洗漱间，里间为卫生间，这样在解决了卫生间的使用问题的同时，也解决了卫生间的通风、防臭、防渗漏、防潮的问题，为家庭的使用带来方便。

(5) 储藏间设计

在储藏间的需求上，由于地域的不同习惯的不同，有着地域上的差异，以北方为例，由于季节气候的关系，北方的家庭要备有不同季节的多套衣物和日常用品，一个三口之家来说，比如四个季节每人每个季节两套衣服两套日用品（有的还不止），那么大量的生活物品的堆放，以及保管就成了问题，这些问题迫使所有家庭购置衣柜，有的还私自在室内悬挂壁柜，更有的私自拆除室内隔墙造成建筑隐患，可见储藏间是必不可少的，它的出现更能体现建筑以人为本的人文理念，并给家庭的日常生活带来便利。

(6) 绿化

家庭绿化不仅能够缓解一天工作的疲劳，而且还能够放松神经、净化空气，以北方为例，一年当中有七个月的时间处在寒冷的季节里，不能够开窗通风，室内的空气得不到改善，以至于室内空气质量不高，适当的家庭绿化不仅能改善室内的空气质量，而且还能给一个家庭带来生机、温馨和春意盎然的感觉，人们在钢筋水泥的灰色世界里还能保留一点点原始的回归自然的感觉。

为了改善我们室内空气的质量，保留这一点点的归属感，在家庭中适当的位置，设计绿化是必要的，为了满足人们的需求，并且不影响其它使用功能的前提下，建议把窗台适当加宽，并加以安全设计，如从窗框外皮挑出 30cm，突出墙体外侧设防护栏 30cm 高，这样既保证空间的美化又保证了室内窗台摆放植物的尺寸需求。

总之城乡住宅的发展要注重配套和地方民俗习惯的设计，标准是要满足人们日常生活、生产和新的居住生活水平的需求，城乡住宅的建设也要注重规划先行，要立足实际突出发展，要牢固的树立科学发展观，加快城乡建设进程，勘察设计部门要在深化改革、优化环境的同时，坚持科学技术是第一生产力，在围绕城乡住宅建设协调全面发展的原则指导下，充分发挥广大工程设计人员的重要作用，聚精会神搞建设，一心一意谋发展。真正的把我国城乡居民的住宅及小区建设建造成为蓝天碧水的生态型住宅环境。使我国城乡居民的居住水平有逐步、提高。

住宅专题　　住区的可持续发展
Housing Session　　Sustainable Habitation

21 世纪居住小区生态与可持续发展研究

A Study of Econological and Sustainable Development of Residentical Quarter of 21 Century

刘宏梅　　傅红　　周波

LIU Hongmei, FU Hong and ZHOU Bo

四川大学建筑与环境学院

College of Architecture and Environment, Sichuan University, Chengdu

关键词：　　居住小区、生态、生态与可持续发展、生态与文化

摘　要：　　本文针对当前人们对居住环境质量提高的迫切需要，分析了当今中国的生态居住小区发展面临的各种问题，提出以"生态与文化共生"概念为基础的生态设计理念。探讨和研究了如何营造居住小区景观的生态文化氛围的设计手法，以期对未来居住小区的生态与可持续发展研究和实践工作起到一定的推动作用。

Keywords: residential quarter, ecology, ecological and sustainable development, ecosystem and culture

Abstract: Auther aims at the urgent demand of people of advancing environment quality of the residence, analyzes the main problems that community planning is facing nowadays in China. Auther also puts forward the ecological design principle, which basis on the concept of "symbiosis of ecosystem and culture". Inquiring and studying how to construct the ecological and cultural atmosphere in order to promote the ecological and sustainable development of the future residential quarter.

1　引言

工业革命以来，工业化及城市化进程的大力推进，促使整个社会以前所未有的速度迅猛地发展着，但城市却变成了寄居于自然生态环境中的纯消费实体。人类不断掠夺自然资源，造成城市环境与人居条件的恶化。随着社会的不断发展，人们越来越渴望找到一个田园化的良好的居住环境。因此尊重自然、关注环境、追求健康的生活与消费方式成了人们精神需求和社会需求的主题。居住小区生态与可持续发展的理念就是在这样一种背景下产生的。但随着生态居住小区的出现，各种问题也随之而来。因此重新思考居住小区的生态化塑造是当代城市可持续发展的重要一环。

2　生态居住小区发展存在的问题

近几年，随着我国房地产市场竞争的加剧，特别是 SARS 肆虐过后，一些房地产商打出"生态"、"绿色"的标牌，以此来吸引消费者。但大多数这类小区把"绿色"等同于"绿化"，住宅的类型基本上延续千篇一律的组团模式；草坪平板，毫无遮掩；水景废置无用；公共建筑、广场和雕塑与社区环境不协调，这些造成很多小区景观出现模仿和炒作的迹象，它们缺乏人居系统的和谐性和文化感。这些景观有的是由于耗资巨大，得不到回报而弃置不用，是非"生态"的。因为这些人工雕琢的东西很多没有从"舒适"和"亲切"的角度,对庭院空间进行"宜人尺度"的量化研究。造园面积只图形式上的大，形成缺乏人性的、旷散的、奢侈的消极空间。它们一方面不能为居住者营造健康的生活环境，另一方面还增加了原材料和能源的消耗，从而也提高了成本和售价。加上在我国当前阶段，有的开发商过分追求

所谓的"生态"，使生态住宅变成富人住宅，使得生态住区的定位不当。因此，涉及"生态、绿色、健康"的深层次的多角度的科学内涵，才是真正意义上的生态小区。

3　对生态与文化共生理念的重新认识

居住小区的生态设计就是要在居住环境（包括建筑实体与景观）设计上遵循生态与可持续发展的原则。随着社会的发展，现代居住环境生态设计的概念不只涉及自然生态要素问题，同时也反映在人与自然、人与人之间的关系问题上。这一观念的建立已经从自然资源环境拓展到人文资源环境方面。居住环境的生态设计应从美学和社会发展的角度出发，把人对生态环境的需求转化到空间形体中，塑造一个有意义的居住空间。居住环境中空间、建筑实体与自然环境的关系，是探索某种舒适宜人的"物质家园"，它为人们提供与自然十分贴近的生活和工作环境，是指物理的生态性，即自然生态；而居住空间中重视人们居住生活的社会性内容，关怀居住者的心理体验和状态，则是偏重于建立一种具有文化内涵的"精神家园"，是指精神的生态性，即社会人文生态。这两者之和就是所谓的"景观生态文化"。它不但是居住小区建设发展趋势的要求，也是对传统风水学"天人合一"思想的延续，即所谓的"生态与文化共生"的理念。

4　居住小区外环境——景观生态文化氛围的营造

居住小区外环境就是指室外环境。其景观生态文化氛围的营造就是要融合"天人合一"的理念，为居住者提供健康生态的生存条件和可持续发展的生活空间。所以21世纪的生态住区环境绝不仅仅是"绿化"这么简单，而应该是尊重自然、节约能源、减少污染的，具有地方特色的高质量、高性能、高品位及文化意韵的住区环境空间场所。

4.1　自然环境的生态营造

尊重自然是生态设计的根本，是与环境"共生"意识的体现。设计者应尽可能利用自然元素营造小区生态景观，使之成为联系使用者与自然环境的桥梁。

(1) 对原有地形的尊重——生态小区在规划布局时"要充分利用自然地形和现状条件"，尽量利用劣地、坡地、洼地及水面作为绿化用地，以节约用地。对原有树木特别是古树名木要加以保护和利用，充分尊重生态与可持续发展的原则。

(2) 适宜的绿化系统——在规划设计生态居住小区时，绿化应遵循因地制宜的原则，贯彻以绿地网络作为景观生态基质的思想。以植物造景为主，使居住区内外的绿色植物系统交融在一起连接成网络。既扩大了绿色范围，又丰富和补充了建筑等硬质景观的平立面效果，使之具有生命力和柔和的亲切感。

(3) 对水资源的节约——由于小区的生态化发展还包括节约资源和能源，所以我们在水方面可发展纯净水入户、分质供水、中水回用等，将处理过的生活小区污水转化为人造水景或灌溉用水。

(4) 自然通风和自然采光——SARS的肆虐，使得人们更大地关注了居住区内空气和阳光的纯净和无污染。居住小区住宅之间的距离必须满足日照间距，防止阳光污染。另外，住宅的走向、布局必须与当地风向相适应，并有效地组织通风，净化居住空气。我们应对通风和采光问题保持特别的关注，不能忽视"有堂无风"和"有风不净"的现象。

4.2　人文环境的生态营造

小区的人文环境是指形式上的内涵性，这种富有内涵的"以人为本"的景观环境可以促进人们的愉

悦感，从而达到一个良性循环。再好的小区，若缺乏一定的文化内涵或人文环境的支撑，都是没有生命力的，在设计中要结合人的心理需求来进行创造性的营造，包括景观的色彩、造型和肌理。其一，环境的色彩直接影响到人的情绪。科学的用色有利于人们的工作、生活和健康，还能在室外环境中加强视觉的空间感，从而达到扩大或缩小视野的作用。其二，室外环境的造型生态设计主要是指小区内景观小品造型的自然化。如花型的坐凳、生物造型的垃圾桶等。另外，在景观设计中强调自然材质肌理的应用，也能让使用者感知回归原始的自然。如着意显示素材肌理的本来面目，原封不动地表露水泥表面、仿木质的桌椅等，使得室外环境更具有自然情趣。

社会发展造成家庭结构的变化，形成的居住模式使得人和人之间的交往越来越少。因此，创造人与人的接触环境——交往共享空间也是营造居住小区人文环境的一个重要内容。其中包括居住区广场、庭院、步行道和娱乐场所等服务机构。这些公共空间的设计要依据小区内居民的兴趣、审美能力、文化水平、心态等方面，做到尺度适宜，富有人情味。良好的人际交往空间，可进一步促进邻里活动，增进与融合邻里文化，形成优化的生态人文环境。

4.3 实例分析

4.3.1 成都市"河滨印象"生态住宅小区

"河滨印象"是一个低密度住宅生态小区，绿色植物繁多且搭配美观，被评为"绿色生态住宅——亚太村"。它的规划设计着重强调了小区内部环境和外部环境的整体连贯性，充分把握周边丰富的文化、环境资源。它采用围合式组团院落布局，创造性地沿用了"街坊邻里——小区组团——居住社区"的传统居住区规划结构模式。联排别墅式的住宅，实现了对土地资源的优化利用，且较好地考虑了间距、日照和朝向，保证了小区景观的均好性。每户屋后是机动车车行道，屋前是有利于形成和睦的邻里关系的开放式的私家花园和步行景观小道，步行小道连通蜿蜒的中央景观带，开阔的草坪广场和各色水景，令人心旷神怡。"河滨印象"在景观设计上采用私家绿化与组团绿化、集中绿化相结合的方式，为住户提供了"人在坊中游"的境界，突出 TOWNHOUSE 应有的"环境私有"概念，营造出一个尺度宜人、环境优美的邻里交往空间，中国传统"邻里守望而相顾"的和睦亲情和寄情花鸟山水的优雅情怀，在这里得到了淋漓尽致的体现（图1）。

图1　"河滨印象"生态住宅小区（资料来源：作者自摄）

成都虽然被称为"天府之国"，内有府南河，外有都江堰，但成都已被列入全国400个缺水城市之列，如果再不珍惜，发生在其他城市的限量供水也将出现在成都。"河滨印象"地处府南河旁，如何保护水资源、合理利用水资源就显得尤为重要。小区具有完善的雨水回收系统，它在地面的草坪下铺设了排水管道，草地上不会汲水，渗下的雨水顺着管道排到储水系统，经过处理再用于景观浇灌和厕所用水。但是在去"河滨印象"调研的时候，小区中心的人工河道正在进行清洗，据工作人员说明，清洗用水是普通自来水。显而易见，这将造成巨大的水资源浪费。像这样的"非生态"现象并不是鲜见的，生

态小区尚且如此，不难想像其他的居住小区更是存在着各式各样的资源浪费。如何杜绝这种不必要的浪费，需要开发商、管理层和每一个住户的努力，做到真正的"举手环保"。

4.3.2 成都市"万科城市花园"

成都万科城市花园保持着与中心城市若即若离的依傍关系，既有距离，又相对独立；既可以享受风景，又可以享受都市资源；既不同于都市中的高楼大厦，又是区别于郊区住宅的一种新兴社区。整个成都，地势大都平坦无起伏，在这个平面上居住惯了的市民，总是有一种登高望远的渴望。而万科城市花园最大的特色就是建在坡地上，它把最自然的生态呈现给业主,体现了对自然地貌的尊重和对人文环境的生态营造。珍视和善待原有地形、地貌、植被、水文等自然条件，成为了城市花园在规划设计上的至上法则，这让所有的成都人眼前为之一亮。小区采用组团式的绿化，让每个组团、每家每户充分享有绿色，每幢住宅的底层住户都拥有私家花园，因地制宜的退台式设计，让住户享有充分接触阳光和空气的露台。又因为保留了原生态植被，使建筑与树木相呼应，使生活在自然中的人们有了更舒适的环境。加上坡地起伏的韵律和错落的美感，体现了生态与可持续发展的概念。这种生长型的住户环境，形成富有韵律感的浅丘坡地低层住宅社区，使居住更加有了热情。社区分成若干小院落，通过步行空间的组织来形成邻里空间。但经实地调研，感觉有些低层院落之间的步行道过宽，在人的心理上难以形成回归感和亲密的邻里关系，削弱了整个社区的凝聚力。不过，社区中心的大型谷底公园却营造得极富人情味，使景观与健康休闲设施融为一体，在私密与开放、传统与现代之间找到完美的平衡点（如图2）。小区的景观设计注重了对住户的关怀：谷底公园和沿水渠的步行道是茶余饭后的绝佳去处，社区中心的"阳光广场"更为住户的集体活动提供了便利。可以说，若"河滨印象"是以水取胜，"万科城市花园"则是以山见长。

图2 万科城市花园（资料来源：作者自摄）

5 居住小区住宅的生态与可持续发展

生态居住小区的生态化不仅仅是单纯的环境问题，而是关系到住宅建设方向和创新的问题。住宅生态化的思想就是如何实现"以人为本、天人合一"，求得人文环境与自然生态环境的和谐、统一。

5.1 使用绿色建材

建造住宅或室内装修的材料必须符合生态无污染的标准。尤其是室内设计用材大部分是通过现代化的人工合成因素造成的，即使在装修完毕，其材料的余剂挥发仍然要持续一定的时间。故在装饰材料上应避免使用那些在不同程度上散发着有害物质的材料，消除对人体有害的污染性、放射性等。当前的室内环境设计应是一种"绿色设计"，这是当前世界建筑设计发展的主流，限制有污染源的材料在室内空间的使用，代之以无害材料以及对那些不可再生材料的回收利用是时代发展的必然趋势。另外，我们还可以利用当地的技术、材料，将具有地方特点的自然生态要素融入建筑室内设计之中，表现"地方生

态"，还可以降低生产成本。例如威斯敏斯特小屋（如图 3），它是用木材下脚料——当地林业生产中的副产品建造的。它作为木业改良的范例，为更好地开发利用木材的结构特性提供了良好基础条件，体现了生态住宅的发展趋势与方法。

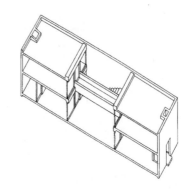

图 3　威斯敏斯特小屋
（资料来源：《生态建筑》）

图 4　住吉的长屋
（资料来源：《安藤忠雄论建筑》）

5.2 室内绿色设计

室内材质自然化是室内环境生态化的设计手法之一，我们可以把小型盆景、鱼缸甚至天然山石等具有生命的造型艺术经过设计融入室内环境设计中。另外，用绿色植物布置环境也是创造室内生态环境的重要手段。在城市中就有许多餐饮、商业、服务的内部空间利用造园手法追求田园风味，营造出农家田园的舒适气氛。在现代办公空间的设计中，也经常引入自然形成"景观办公室"。它不但改善了办公室的局部小气候，还缓解了办公人员的压抑感和紧张气氛，令人愉悦舒心，减少疲劳，大大提高了工作效率。

我们还可以通过建筑设计或改造设计的手法使室内外一体化，创造出开敞的流动空间，让居住者更多地获得温馨的阳光、新鲜的空气和美丽的景色。例如安藤忠雄（日）设计的住吉的长屋，在室内设置了一个露天庭院来联系前后居住空间。阳光、新鲜的空气甚至是雨点，毫无遮挡地进入室内空间，它唤起了人们内心深处对生活的原始感受和激情（如图 4）。

5.3 建筑注重节能和环保

合理利用自然常规能源，如自然采光、自然通风、太阳能、风能等现代化科学技术的最新成果，采用综合节能措施，是解决现代住宅设计中能源问题的重要手段。首先应尽可能采用自然光照明，减少照明用电的能耗。在住宅窗户的设计中计算窗墙比，最大限度地达到节能的目的。其次，由于人的一生在室内的时间很长，所以空气质量至关重要。目前，室内空气调节主要通过空调来取得，但是人们对空调的过分依赖和不加限制的滥用，是造成当今环境和能源问题的重要原因。因此，室内应尽量采用自然通风，在不消耗能源的情况下达到对室内温度的调节。另外，太阳能、风能都是无污染、可再生的能源，它们对未来的住宅设计必然会产生很大的影响。它们不但可以给室内增加洁净和舒适的环境氛围，而且不会对室内环境产生危害，从而间接地实现节能和营造室内环境两者之间的良性互动关系。例如，LOG ID 事物所设计的比尔的公寓楼（图 5），这是一个绿色太阳能建筑。建筑中设置了有特色的"玻璃暖房"，它们可以最大程度地利用来自于太阳的能源，夏天用作温室，冬天也无需供热，仅作为缓冲空间。玻璃房内还种有亚热带植物，吸收 CO_2，减少空气中有害物质，在夏天还可以起降温效果，充分体现了将自然引入室内的绿色设计。

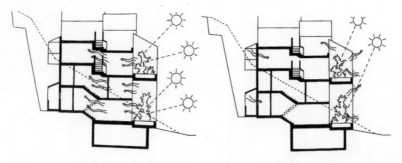

图5　比尔的公寓楼（资料来源：《生态建筑》）

5.4 建设可持续发展的老年公寓

到目前为止，家庭养老仍是我国主要的养老方式。但随着人口老龄化的发展和社会的进步，人们的养老思想观念将发生转变，家庭养老向社会养老转化是必然趋势。因此，住宅业与房地产业应关注老年公寓的建设，把房地产业务向老年消费市场拓展，建立完善的社会服务网络，在居住小区中建设老年公寓具有可持续发展的意义，这也是是老龄化发展的必然。老年公寓是居家养老与社区服务的结合，既是传统养老的新发展，又与国际新型养老模式相接轨。开发商应在一种良性的市场机制的引导下，开发老年公寓。在居住小区老年公寓的建设中不仅应在楼层、交通方面要符合老人的身体特点，而且还应在社区服务设施方面，如医院、娱乐、交往等方面充分考虑老人的心理需要。同时在开发的过程中，还应不断地逐步改善设计与功能使之成为老年人安度晚年的理想场所。因此，住宅业与房地产业只有充分考虑到社会的发展趋势，才能真正开发具有可持续发展的居住小区。基于我国的国情和基本现状，要成功建设可持续发展的老年公寓，还需要政府、社会和房地产业的大力协作与关注。

6　结束语

种种迹象表明：整个世界正面临着工业文明向生态文明的过渡，人类社会也将从工业社会转向生态社会，从工业化发展模式转向生态化发展模式。未来的住区环境是与生态息息相关的，人类的取向与选择也必然是生态化与可持续发展。生态居住小区的生态化研究在我国正处于方兴未艾的发展时期，由于我国幅员辽阔，东西南北差异较大，加上各地生态因素也不尽相同。对于生态小区的建设，我们不能一味照搬国外的生态设计手法，应该结合地域特色来研究生态小区的设计理念，以实现人、建筑、环境的有机融合和与良性发展，真正实现城市居住小区的生态与可持续发展。

参考文献

周浩明，张晓东．生态建筑——面向未来的建筑．东南大学出版社，2002

苏勇，李胜才．住宅园林的时空转化．中国园林，2004

吴良镛．人居环境科学导论．中国建筑工业出版社，2001

董卫，王建国．可持续发展的城市与建筑设计．东南大学出版社，1999

（日）安藤忠雄．安藤忠雄论建筑．白林译．中国建筑工业出版社，2003

第五届中国城市住宅研讨会论文集，中国香港，2005 年 11 月
Proceedings of the Fifth China Urban Housing Conference, H.K.S.A.R. CHINA. (November 2005)

生态住区规划设计的渐进策略与适用技术

The Gradualist Strategy and Applicable Technologies in Planning & Design for Ecological Housing Area

黄天其　　黄瑶　　林仲煜

HUANG Tianqi, HUANG Yao and LIN Zhongyu

重庆大学建筑城规学院

Architecture and City Planning College, Chongqing University, Chongqing

关键字：　城市住区、渐进策略、生态法规、准生态设计、生态设计语言

摘要：　进入新世纪不久，从资源到环境，上个世纪遗留的各种生态问题突然地、日复一日地向我们袭来，情势紧迫。遗憾的是直到最近，建筑和城市的生态设计在国内远未形成主流。这里至少可以归纳出三大原因：追逐利润、谋求虚假政绩和生态知识及技术的欠缺。在生态建筑和城市设计方面要实现推动社会良性发展的抱负，我们应当采取积极的渐进策略，即在深刻理解地球与地域生态的基础上，发展动态进展的、与我国国情和地区特点相结合的实用的生态规划与设计体系，确立生态设计的基本原则，推进生态立法; 在城市住区建设方面，应制定和实行生态化住区规划设计规范。作者介绍了本人 10 年前在海南一个住区项目中的准生态设计概念及其技术要点。

Keywords: urban housing, gradualist policy, ecological law and regulations, sub-eco technology, eco-design language.

Abstract: The first years of the new century have seen the burst of ecological problems (covering resource and environment) the last century left off and the situation is getting worse. There are three factors that prevent the ecological design to popularize in architecture and urban construction: seeking for profit, for political merits, and ecological ignorance. To propel the process of establishing and adopting advanced ecological design system based on native and local affordability, a positive and dynamic gradualist policy is proposed. In addition, ecological legislation and working out of eco-design regulations must be put on the agenda. The authors introduce their design practice in the city of Haikou for example, under the concept of "sub-eco design", where its technological points were successfully applied to a housing development.

　　20 世纪 70 年代爆发全球第一次能源危机以来，主要是对这一威胁特别敏感的发达国家中有责任感的规划建筑师们对建筑与城市，特别是最大量的住宅建筑和城市住区的节能问题展开了极富创造性的科学的探索。如果重温 70~80 年代的欧美建筑书刊，就会在眼前再现那么多丰富多彩，甚至是千奇百怪、使人大开眼界的方案。例如美国五花八门的掩土建筑，欧洲设想能源耗尽后的"步行城市"。耐人寻味的是，当年我国由于经济发展和消费水平极低，是能源（石油和煤炭）的净出口国；每户住宅的面积很小，没有空调设备，黄河以南地区的建筑物基本上不安装采暖设备，节能方面的要求主要是缘于计划经济下社会的普遍贫困。因此那一次能源危机我们仅是旁观富国的灾难。到 80 年代后期，尽管世界性的石油危机得到缓解，全球范围内更加广泛而深刻的生态环境危机却已降临，从而催生了可持续发展的人类共识。对我国来说，邓小平南巡后和世界环发大会的 1992 年是经济与社会发展战略的双重转折点：市场经济的号角和生态觉醒的钟声齐鸣。但前者显然更为响亮和诱人，它将中国人引上了致富的快车道。此后的十年，空调和 100m² 以上的大面积住宅来到千家万户，越来越多的中国人可以不在乎能耗费用的多少来追求居住的宽松、舒适乃至气派了。甚至公共建设项目中暴发户似的财大气粗的心态的表现

也屡见不鲜，反映出这一时期决策者们乃至老百姓们的观念扭曲。进入新世纪不久，从资源到环境，各种生态问题突然地、日复一日地向我们袭来，情势紧迫。

或许可以说，在我国能在 90 年代初以前就提出生态设计概念并进行实践的规划建筑师，就应当属于先驱或者先进者了。当然，更重要的是能够坚持下去，并且后继者的队伍不断壮大。遗憾的是直到最近，建筑和城市的生态设计远未形成主流。这里至少可以归纳出三大原因：

- 出于追逐利润而违反生态设计的原则，或者假名炒作（某些开发商）；
- 出于谋求自认为是政绩的目的而不顾破坏生态的后果（某些政府官员）；
- 出于对生态学知识的缺乏，不掌握生态式开发的技术，或者为金钱而屈从上两种（某些建筑／规划师）。

由此可以分解出在建筑与城市设计上三个层面的问题：知识、道德和法律。在知识方面，落后于这个必须迎接生态挑战的时代无疑是可悲的，但另一方面也有生态技术的成熟程度、适宜条件和社会接受程度问题。因此，从设计的生态化技术的发展、开拓、把握和推广来说，规划师／建筑师的行业职责和社会运行的脉搏息息相关，不能脱离它而陷入乌托邦破灭的尴尬处境。在生态建筑和城市设计方面要实现推动社会良性发展的抱负，我们的观念以及技术策略和准备是什么呢？

通过观察、思考与设计实践我们认识到，在我国目前的社会经济条件下，应当采取积极的渐进策略，即在深刻理解地球与地域生态的基础上，发展动态进展的、与全国与区域特点相结合的实用的生态规划与设计体系。其许多思想和技术细节实际上已经体现在不断发展的国内外设计作品以及产品目录上，但还需要结合具体项目的时间、地点及种种条件选择、补充和新开发一套实用的、可操作的技术规程和评价标准。就居住问题而言，"渐进"的意思是结合我国及国内各个具体地区的实际条件，逐步从低级向更高级的生态式住区规划设计演进。我们还没有像 Paolo Soleri 的 Arcosanti 那样革命性的实验基地。

众所周知，生态规划设计的总体目标和最高境界是生态建筑（包括生态住宅等）和生态城市（包括生态住区等），使人们建立舒适居住环境的建设活动对生态环境的负面影响减到最低，实现全面的 3R 可持续生态系统。由此就必须发展出一套先进而实用的生态化的技术系统。但是这一系统不可能立即达到完美的程度，而只能是与时俱进，脚踏实地向理想的目标趋进。我们所提倡的就是这种从实际出发的积极的渐进的系统。

比列出生态规划与设计技术系统的"完整"清单更为重要的是认识问题。今天仍是我国生态住区建设的初级阶段。首先，必须确立建设生态住区和生态城市这个坚定不移的大目标，这是全人类可持续发展的唯一选择，在这个大原则前提下来审视我们的系统，找出突破口。这就进一步要求在总结我国近年来向市场转轨以后的住区建设的经验教训的基础上，确立全社会关于城市居住开发的若干共同的生态原则。以下的几项原则应当是普遍接受的：

- 节能的原则　不但在北方，在南方同样重要。
- 节地的原则　但这不是简单的紧缩居住空间的问题。
- 康居的原则　为保证居民住上健康、体面的房子和社区，制定和执行更严格的规范。
- 均好的原则　在同一住宅楼和住区中居住环境应基本上各户均好。
- 多样的原则　维护住区内原有生物和文化的多样性。
- 补偿的原则　自然生态补偿：对大自然生态系统实行开发后的等值补偿或复原。

　　　　　　　社会生态补偿：防止住区开发对原住居民的权益侵犯，对原有社会文化价值的维护和重建等。

国家和地方权力机关应根据这些社会普遍接受的技术、经济、环境、社会和文化五个层面的原则实行生态立法，进而在各个领域建立并实行相应的初步的生态技术规范。下一步就是对住区开发实行依据

法规的生态检验。这种科学的检验可以揭露住区开发规划设计中违反生态法规的现象，从而强制其修正。目前我国住宅楼盘开发商的利润率与发达国家相比高出数倍至十数倍（据资料介绍我国达15%~30%，有的甚至达到80%~90%，而外国控制在6%~8%；1983年作者被西德下萨克森州住房开发公司NILEX告知其利润率为3%）。除了偏高的房价以外，城市主管部门牺牲居民的正常居住环境批准给开发商过高的容积率也是主要原因。以重庆为例，这个缺乏日照的城市从90年代引进了广东式的毗连高层一梯4~6户南北布局住宅，致使北向住宅终年不见阳光，没有穿堂风，明显地违反住宅设计规范。高能耗的建筑群造成生态脆弱的城市。人均$1m^2$的小区绿地标准也得不到坚持。当前在各类市场化的开发行为中K生态混乱和生态恶行几乎处处皆是，可悲的是往往这种恶行竟来自谋求私利的各个权力部门。缺乏生态法治的时代应当结束，否则我国城市进而区域性的生态灾难，包括能源和环境危机乃至社会危机，难免可怕地爆发。应当在生态法规的严格管理下，使近年来在城市住区开发中出现的破坏生态的行为得到遏制。

我们在2005年完成了针对一座重庆近郊农场向城市用地转换（其中一部分用作住区）规划建设模式的生态评估与研究工作。建立模型计算出当地原有植被的总绿量作为开发前的初始生态指数的一个重要的分量，继而对开发规划方案提出总绿量及其合理分布的要求，以对未来的开发强度、绿地率等状态进行有效的控制。一套复杂但易于操作的评价指标体系能够较为全面地反映住区的生态环境质量。将单体建筑和环境设计结合起来考虑做到住区总能耗的节约、住区声环境的优化等，对于生态住区的建设具有重要的意义。

在生态化的住区建设技术方面，"渐进"的意义更能得到体现。如果说昂贵的TIM(透明隔热材料)等还不能大量采用，一系列节能的绿色建筑材料和构件可以通过价格／效益的比较来取舍。花钱少而环境生态效益高的规划和设计措施应当努力掌握和推广。

作为"渐进"策略的实例，作者1993年在海口的上丹花园住区开发设计中，提出了"准生态设计"的概念，即采用的设计技术做不到是全方位的生态化技术，但尽量采用有利于住区生态环境的实用技术。发达国家的一些先进的节能装置和材料造价比一般高达十倍，我国的中档住区是无法承受的。1987年我们访问过德国一位创立试验生态住区的建筑师Bookhof先生，他的作品可说是采用实用技术创新的一个范例，体现了一种返璞归真的居住哲理。但由于其与我国气候条件和开发强度的巨大差异，却不能照搬。在海口项目中我们确定了准生态设计的五要素：

- 南北向布置(避免西晒)
- 防热屋顶花园
- 防热西墙
- 树阴式和半地下花园停车场
- 保证穿堂风的平面

在热带住区规划设计中，我们还观察到日照产生的温差动力是改善住宅通风条件的天然能源，大有利用价值。小间距产生的阴影区对防热和通风反而有利，如此等等。往往只有应用生态学的原理才能解答当代住区规划设计中的问题，包括揭露某些开发项目的伪生态炒作。同时我们也发现基于温带条件的住区规划和建筑设计惯例，在这里很大一部分不适用。针对不同地区乃至不同居住群体条件采取不同的技术对策，在这方面Charles Corea和杨经文先生无疑是发展中国家建筑师的典范。在海口的创作实践中，我们还产生了"生态的设计语言"的概念。在这里，建筑师不能只管采用硬质材料，而将植被完全推给园林师去处理。植被更不是建筑的配景，而是建筑环境的构造因子，是生态建筑语言中的常用"语汇"。由此得出以下若干项技术原理：

- 住区规划设计力求四个季节（尤重冬夏）的优化小气候条件。例如夏季中建筑阴影区和树阴区的等价温度场利用；冬季公共阳光区的考虑等；

- 针对每个户（室）的环境公平要求来规划设计整个住区；
- 应用生态补偿原则实现住区内居住条件的均好性；
- 重点保证住区内儿童和老人在居住活动环境中和行动路线上的身心健康；
- 把植被与建筑物当作等同重要的生态环境要素，形成广谱的生态设计语言，从而创造真正宜人的和可持续的居住环境。

我们把前面在 90 年代提出的五点称为"老五条"，以上五点戏称为"新五条"。

我国高速增长的经济结构中以住区开发为主干的房地产业占有越来越大的比重。而住区建设和运行中的高能耗、强污染反映出一种低阶文明的顽劣特征，与人类危机时代急需警醒的大趋势格格不入。我国建设部系统在推广建筑节能、普及先进环保材料技术方面做出了很大的努力，但无疑要确立一个全民自觉采用的生态技术体系的目标依然任重道远。现在是各级地方政府应当在本地的发展计划中突出生态的策略，积极而渐进地改造现有的产业体系，其中建筑业、房地产业以及城市建设的广泛领域在实现生态化的目标方面更是有着广阔的天地。我们所做的真诚努力从属于当今全球面临的严峻挑战下的全民族、全人类总体对策。

参考文献

黄光宇，黄天其，黄耀志. 山地人居环境可持续发展国际研讨会论文集. 北京：科学出版社，1997

清华大学建筑学院，清华大学建筑设计研究院. 建筑设计的生态策略. 北京：中国计划出版社，2001

周洁明，张晓东. 生态建筑——面向未来的建筑. 南京：东南大学出版社，2002

张凯等. 城市生态住宅区建设研究. 北京：科学出版社，2004

Energiesparhaeuser Berlin und Kassel, Bau und Wohnforschung (1982), "Schriftenreiche des Bundesminissters fuer Raumordnung", *Bauwessenund Staetbau*, 04.075.

Rolf Ridky (1991) *Handbuch Siedlungsoekologische Eckwerte zum Bebaungsplan*. Dortmunder Vertrieb fuer Bau-und Planungsliteratur.

Brenda and Robert Vale (1991), *Green Architecture: design for an energy-conscious future*. Bulfinch Press.

Michael J. Crosbie (1994), *Green Architecture: a guide to sustainable design*. Rockport Publishers.

K. Yeang (1995), *Designing with Nature: the ecological basis for architectural design*. McGraw-Hill.

万科东丽湖生态实践

The Ecological Practices in Dongli Lake Project of Vanke

周成辉　苏志刚　时宇

ZHOU Chenghui, SU Zhigang and SHI Yu

万科企业股份有限公司

China VANKE Co., Ltd., Shenzhen

关键词：　生态住区、东丽湖项目、节能、水环境

摘　要：　天津东丽湖项目是万科企业股份有限公司目前在国内开发的最大项目。东丽湖项目在生态住区的建设上从小区环境规划设计、能源与环境、室内环境质量、小区水环境、材料与资源五个方面着手，结合项目重点在于水环境、环境质量及节能等方面进行了二十余项技术实施。 2004 年底建设部提出建设"节能省地型"住宅，万科东丽湖项目的生态实践与国家政策不谋而合。

Keywords:　ecological residence, Dongli Lake project, economizing energy, aquatic environment

Abstract:　Tianjin Dongli Lake project is now the largest project of Vanke Company Ltd. in China. The construction of ecological residence of Dongli Lake is stressed on five aspects as conceptual design, energy & environment, quality of indoor climate, subzone aquatic environment, and material and resources. More than twenty techniques are applied to this project, which are aiming at aquatic environment design, environment quality improvement and energy economization. At the end of 2004, Ministry of Construction issued the policy of building house in terms of "land and energy saving". The ecological practice in Dongli Lake project by Vanke happened to have the same idea with the government.

1　关于天津东丽湖项目

东丽湖是天津市七个自然生态保护区之一，湖面面积为 7.3km²，是天津市周围最大的淡水水域，水面辽阔，水草丰美，属于典型的湿地生态系统。天津万科东丽湖项目占地 4000 多亩，位于东丽湖北侧，东丽湖旅游度假区内。东丽湖区域的空气质量远远好于东丽区的总体水平，同时也是天津市空气质量最好的区域之一。建设地块大部分为闲置荒地，土壤肥力低，盐碱含量高。

作为一个有着社会责任感及使命感的房地产开发企业，也由于东丽湖项目有众多资源需要进行保护和利用，万科将其作为集团第一个全方位的生态实践项目，并整合集团资源进行技术支持，创建一个生态住区。

东丽湖项目整体规划尊重了生态环保的原则，对现状土地进行了研究分析，在规划中最大限度地保留了原状地貌，将项目内的原生湿地和原状水渠作为保护的重点（图 1）。俗话说：一方水土养一方人。在这样一个区域开发住宅项目里，一方面通过统筹规划，合理布局，注重区域环境的保护，并创造良好的人文环境；另一方面，通过人工湖湿地环境的营造、雨水收集利用、东丽湖原状渗水渠的改造、改良盐碱地并形成较高的绿地率，对现有环境进行修复；构建出良好的生态环境。

具体而言，从小区环境规划设计、能源与环境、室内环境质量、小区水环境、材料与资源五个方面着手，结合项目拟定的技术措施多达 200 余项，经过合并归纳，最终整理出 20 余项应用技术进行实施，重点在于水环境、环境质量及节能。

东丽湖项目一期于 2003 年开始设计并在年底动工，目前已有一些生态技术得以"见庐山面目"（图 2）。

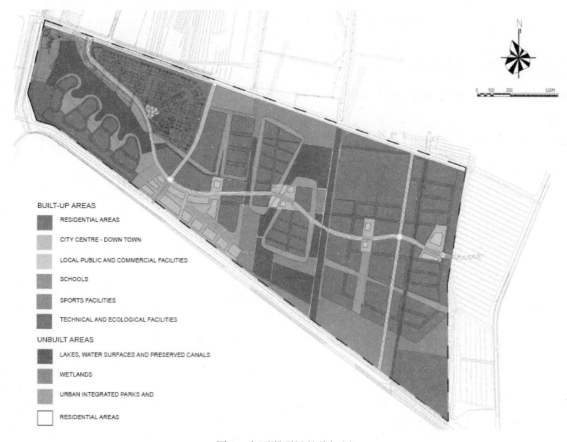

图 1　东丽湖项目整体规划

2　建造生态住区

2.1 水环境系统

我们对水环境的理解是将住区作为一个整体来进行系统的考虑。水环境系统包括景观水环境、雨水利用、中水利用、给排水管网等。排水及给水系统在管网设计中属于常规内容，中水利用也比较成熟；但如何保障景观水环境的水质是一项疑难问题，而同时将雨水利用、中水利用、给排水等与景观水环境纳入到一个整体进行规划设计确是业界的新课题。

在实际的操作中，首先通过改造东丽湖北岸的原状渗水渠，形成循环通路，从而让景观湖循环起来，也为居住区营造了一条护城河；然后首次在北方引入高效垂直流人工湿地水质净化技术对景观湖水质进行处理，从投入运行以来半年的水质监测数据显示水质一直保持地表三类水标准，符合设计目标要求；能够满足将在今年 8 月份举行的"2005 年世界滑水锦标赛"的水质要求。目前景观湖的水量超过 20 万立方米，没有采用一个立方米的自来水，第一次注水采用的是邻近的地表。

根据掌握的东丽湖地区的降雨量及蒸发量数据，对景观湖水的全年水位变化进行分析，并量化补水频率及补水量。补水的主要来源为雨水。合理利用自然资源，减少对生态的破坏是东丽湖项目建设的基本原则之一，东丽湖项目采用了较为合理的雨水利用措施。小区一期公建、住宅屋面及地面的雨水（图 3、4）通过渗透、排水系统收集基本上都得到了利用。

对于一期的污水，将全部收集起来，通过中水处理系统后用于绿化浇灌及道路喷洒，实现污水零排放。为了形成均衡的水生态链系统，还在景观湖内放养鱼类、人工养殖水禽、在岸边种植挺水植物等。

期望通过以上的措施逐渐营造出一个水生态环境圈（图5），并与周边环境和谐统一。良好的生态水环境系统为小区亲水环境的形成创造了条件（图6）。

图2 景观湖鸟瞰

图3 情景大道雨水明渠

图4 公建区雨水收集系统

图5 生态水环境

图6 亲水环境

2.2 环境质量

东丽湖项目地处市郊，住区空气环境优良，为了提高室内环境舒适度，在别墅及公寓内均设置了外墙式通风系统（图7），使得业主尤其在冬季不必开窗也能呼吸到新鲜的室外空气；同时通过控制进出

风量还能起到节约能源的作用。

营造健康舒适的生活环境，声环境也是重要的衡量指标。东丽湖项目远离闹市区，附近没有明显的噪声源，为了更好的维护区内声环境，在住区与东丽之光市政道路之间，建设了生态景观防护林带，由堆坡、原生植物、草坪、围墙等共同构成（图8）。

为了事先全面了解小区在建设之后的小区环境状况，委托清华大学对规划设计进行了模拟评估。其中，对于风场环境的评价：小区内的风环境令人满意，小区内基本没有气流死角，容易形成良好的自然通风；对于"日照与采光"部分评述如下："由于整个小区分布的均匀性和高度的一致性，冬季采暖日满足冬至日每户至少一小时日照要求，符合国家规范"。

东丽湖项目地处天津滨海地区，属于轻中度盐碱土，仅适合芦苇、香蒲等耐盐碱植物（图9），而不利于常规景观植物生长。东丽湖项目采用了盐碱地改造的专利技术，合理改造当地土壤资源，最大限度地减少了对当地自然环境的破坏，保证了住区内绿化环境的良好生长（图10）。

东丽湖项目盐碱地的改造符合"用进废退"原则；由于项目开发持续时间较长，需要有一个长期的观念。为了避免后期地块的土壤盐碱化，同时也为了提供后期绿化树木，在项目后期用地内建设了人工苗圃（图11）。一期苗圃利用的是项目内土质较好的区域进行人工苗木的培育；苗圃还将逐步扩大。

减少废弃物排放量是减少对自然环境破坏、保持环境质量的方式之一。东丽湖项目提倡垃圾分类收集处理，设计了垃圾分类收集箱，将有机垃圾、无机垃圾、有害垃圾分类收集；同时还将采用有机垃圾生化处理设备，对分类收集的有机垃圾进行处理，有效减少对外的清运量、减轻城市负担。

图7　外墙式通风系统　　　　图8　防风减噪林　　　　图9　盐碱地

图10　滨湖公园　　　　　　　　图11　苗圃

2.3 节能

一期由于容积率较低，大都为独体别墅以及低层连排公寓；在设计中严格控制围护结构的传热系数，提高墙体、屋面及窗的保温性能；特别是对于窗，由于设计的需要，在临院落、临湖部位开窗面积较大，所以通过综合控制各朝向的窗墙比以及采用性能更高的铝合金中空玻璃窗来实现节能（图

12）。

佛甲草种植屋面在万科集团南方的项目中应用较多，经过了在天津水晶城项目的小规模试点成功之后；这次正式在公建平屋面上进行较大规模的实践，并成功越冬。佛甲草种植屋面具有施工简便、少维护的特点，不但能够丰富建筑的第五立面，而且对建筑节能能够做出贡献。

除建筑节能采用各种技术手段实现之外，东丽湖项目一期还尝试在一些公共区域设置太阳能灯。太阳能属于清洁能源，将太阳能转换为电能并用于夜间照明，是有效利用自然能源的一大手段。

图 12　建筑外观

图 13　佛甲草种植屋面

3　万科生态研发与实践

从发达国家可持续发展的历程来看，20 世纪 60 年代由于工业社会的高度发展引起了地方性的污染问题，这时发达国家采用的"废物稀释"的处理手段，处于无意识发展状态；70 年代随着区域性的共性问题的出现，有部分科学家和环保主义者首先觉醒，这个阶段重点关注的是"节能和末端治理"方面的工作；80 年代经济发展带来的环境问题得到了越来越多的专业人士的重视，从单纯的"末端治理"发展到"废物循环和清洁生产"；90 年代以来随着经济全球化的迅猛发展，环境问题成为全球性问题，发达国家逐步建立国家标准，鼓励绿色消费，环境问题成为上至国家元首下至普通市民共同关心的问题，可持续发展的观念渗透到发达国家发展的各个层面。万科在仔细研究了发达国家可持续发展的历程后认为中国目前正处于处理"节能和末端治理"问题的阶段，同时由于国家快速发展的原因也要兼顾可持续循环发展的问题。因此自 1999 年万科集团成立建筑研究中心开始，就致力于研究与住宅建造和使用的全生命周期过程中的环境问题，如节能、水环境等。

作为发展商，万科并没有仅停留在基础研究层面，更注重实际应用；因此，选择从单项技术层面进

行系统实践作为突破口。以南京金色家园二期三滑道推拉百叶遮阳技术为例，从 2001 年底开始课题研发、到 2002 年落实到施工图设计、2003 年初与厂家共同研发产品成功、最后在施工完毕之后的 2004 年 6 月份间进行了实地检测，前后 3 年时间，数据显示课题研发阶段的模拟评估与实测结果基本吻合；类似的还有高效垂直流人工湿地技术在国内小区中的首次实践、在国内首次提出复合式厨房的概念，并将研发成果在多个项目进行实践、佛甲草种植屋面技术在住宅及公建平屋面上的应用等。单项技术的成功研发及实践，为东丽湖项目生态实践打下了坚实的基础。

在实践的过程中，逐步形成了万科的技术观：应用低技术，达到住宅的高舒适性。换言之，就是采用生态技术，从传统的"三高一低"（高消耗、高排放、高投入、低效益）转化为"三低一高"（低消耗、低排放、低投入、高效益）。

技术观对东丽湖项目的生态实践起到了较好的指导作用。不难发现，在东丽湖项目一期的生态实践中，采用的都是生态技术。从万科的技术观出发，实际上，东丽湖项目的生态住区实践主要围绕三个主题：一是创造健康、舒适的居住环境；二是与自然环境相融合；三是减少对地球资源与环境的负荷和影响。这也是万科在生态住区实践中秉承的理念，既有为业主的考虑，也有万科的社会责任感使然。

建设部部长汪光焘在《大力发展节能省地型住宅——贯彻中央经济工作会议精神的思考》一文中指出："在住宅建设工作中，按照减量化、再利用、资源化的原则，搞好资源综合利用，大力抓好节能、节地、节水、节材工作，建设'节能省地型'住宅"。而在此指导思想下，建设部副部长仇保兴提出了"绿色建筑"的概念：指为人们提供健康、舒适、安全的居住、工作和活动的空间，同时在建筑全生命周期中实现高效率的利用资源（能源、水资源、土地、材料）、最低限度地影响环境的建筑物。

对比绿色建筑的概念与东丽湖项目生态住区实践围绕的三个主题，可以发现，两者不谋而合了。

第五届中国城市住宅研讨会论文集，中国香港，2005 年 11 月
Proceedings of the Fifth China Urban Housing Conference, H.K.S.A.R. CHINA. (November 2005)

炎热气候下山地住宅自然通风模式探索

The Influence of Natural Ventilation Upon Overall Arrangement of House in Mountainous and Hot Climate Regions

宋智　吴若斌　王华淳

SONG Zhi, WU Ruobin and WANG Huachun

重庆大学建筑城规学院

Architecture and City Planning College, Chongqing University, Chongqing

关键词：　炎热地区、山地住宅、自然通风、住宅区规划

摘　要：　本文通过对以重庆为代表的炎热地区山地风气候的分析和建筑风气流模型测试，对炎热气候条件下影响山地住宅通风的因素进行了探讨与分析。文章认为在这种地形和气候下，以季风为主的大气候风向并不一定成为住宅通风的主要考虑因素，而由于地形影响所造成的局部小气候风以及风向投射角和住宅长宽高之间的关系可能在更大程度上影响了住宅朝向和通风间距标准。文章对这些因素进行了分析，并对由此确定的住宅通风模式进行了总结。

Keywords: hot climate regions, house in mountainous regions, natural ventilation, settlement planning

Abstract: By investigating the ventilation effect of inhabitancy blocks and testing wind model perforating building, in Chongqing regions, the paper analyzes all the factors which affect housing ventilation. This paper take the point that season wind cannot become the major factor for housing ventilation, while the region wind and the connection between spacing and length, height, breadth, maybe affect housing frontage and spacing criterion. The paper summarizes these factors and ventilation pattern.

1　引言

我国山地面积约占全国总面积的三分之二，山地住宅是城市建设开发中经常遇到的研究课题之一。根据中国地形图和建筑气候区划图，我国川、渝、滇、黔、粤地区的部分城市地形变化较大，夏季气候炎热，顺应地理条件合理组织自然通风对于居住的舒适性有较大影响。本文主要以对重庆地区的调查为例，对山地区域自然通风的规律进行探索。

实测资料表明：一般当风速在 0.4~0.5m/s 以上时，风对人体散热才起作用。据四川、重庆、贵州的七个山地城市的调查资料，我们发现其夏季平均风速大多在 2m/s 以下，而绝对最高温度可达 40℃ 上下。因此住宅群体布局的出发点应是通过选择合理的住宅朝向、相对位置和通风间距，充分利用地形变化和风速风向来提高自然通风效果。

2　山地风气候分析

山地区域的风气候类型，主要有以季风为主的大气候风和地形及温差影响所形成的局部小气候风。在一定条件下，地方小气候风可起到主要的通风作用。对于山地风气候的分析，可从两个方面进行：一是风气候的构成要素，二是局部小气候风的类型和特点。

2.1 风气候的构成要素

风气候主要包括风向、风速和风质三个方面。从通风角度考虑住宅朝向时,风向频率是重要因素之一,以重庆为例,其北风与南风叠加起来频率是 14.28%,西风与东南风的叠加频率达 12.66%,所以重庆地区住宅布置,从一般意义上讲,南北向与东南向布局均为好朝向。除风向外,住宅朝向同时应考虑风速的变化,在有些情况下,虽然某一方向的风向频率最大,但该方向的风速很小,对散热作用不大,那么此时宁可选择风向频率较小而风速较大的朝向,以获得更好的通风效果。此外,风质的变化同样影响到朝向的选择,例如重庆位于四川盆地的较低点,夏季季风越过大巴山到达盆地时因"焚风效应"而产生热风,此时如以季风作为主要风源则起不到良好的散热作用。而具有良好散热效果的局部小气候风,如山阴风、山谷风以及江风等,在此情况下则可以成为住宅的主要散热风源。在特定地点,以这种局部小气候风作为决定住宅朝向的主要参考因素,往往更可能满足夏季居住舒适性的需要。

2.2 局部小气候风

局部小气候风按照形成原因的不同,可分成山阴风、山谷风、顺坡风、越山风、山垭风等几类。其中越山风和山垭风由山体间的压力差形成,山阴风、山谷风、顺坡风则主要由温差造成。越山风是当风遇到山峰阻挡时形成上升气流,上升气流过山后形成绕流和涡流。越山风的特点是坡度越大,山越高时则涡流越大。在越山风影响区,山坡的两面分别形成迎风坡和背风坡,在迎风坡住宅宜平行或斜交等高线布置,以利于获得较大的风向投射角(即风向与住宅主要墙面间的夹角)。而背风坡因可能产生绕风和涡风,住宅间距宜适当加大。越山风区涵盖范围较大,夏季可接纳较多凉风,利于住宅散热,但冬季也易暴露于寒风之下,应采取一定的防风措施;山垭风是山垭口由于特定地形造成风压加大,风速因而也随之增强。在垭口两侧布置住宅有利于争取山垭风,但在垭口当中不宜布局高大建筑,否则易阻塞风道。山阴风是指山坡两面分别向阳和背阳,山阳面热气流上升,山阴侧冷气流顺坡流向山阳,从而形成山阴风。对山阴风而言,山南面形成背风区,山北则为迎风区,这与大多数风气流在山南形成迎风面的情况刚好相反,对于改善山北面住宅的通风效果有利,由于山阴风来自于山体阴影区,其风质较为凉爽,对山地住宅可起到明显的散热效果。对山谷风而言,白天山谷上部受太阳加热快,而谷底温度较低,因此形成出谷风,夜晚山谷散热较慢,底部温度高,坡上温度低,从而形成进谷风。在谷口平行等高线布置住宅,有利于截获山谷风。顺坡风起因于地势高差所形成的暖坡和冷坡,气流顺山坡运动形成顺坡风。在顺坡风区住宅选择合适的朝向,得到适宜的风向投射角,有利于减小住宅通风间距。

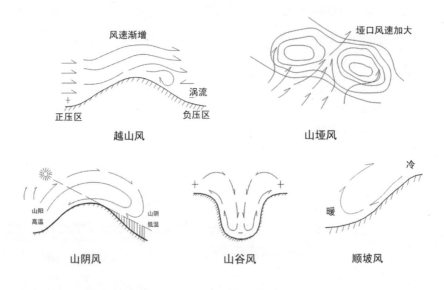

图 1　局部小气候风类型图

3 山地住宅通风间距的确定

住宅通风效果的好坏主要与两个因素有关，一是风向投射角，二是住宅间距与住宅长宽高之间的比例关系。

3.1 风向投射角与住宅通风间距的关系

据重庆大学建筑城规学院建筑设计研究院进行的五层行列式住宅布置模型试验，在相同布置形式和间距下，由于风向投射角的不同，后排被前排建筑遮挡所产生的风压、风速以及风的流向有显著不同，具体结果如下：

(1) 当住宅间距相同（间距在1~2H之间），而风向投射角在30°时，风速综合平均值最大，风向投射角在45°和60°时，风速综合值次之，90°时其值最小。

(2) 当风向投射角相同而间距不同时，大间距的通风效果总是较小间距为好。但当风向投射角达到90°（即风向垂直于住宅主墙面）时，有时小间距的通风效果反而较大间距为好，其原因是小间距可以阻挡或减少涡流回风压力的缘故。

(3) 当风向投射角为45°以下时，前后各排住宅均为正风压区，当风向投射角在45°至60°之间时，二排住宅大部分为正压区，三四排建筑风压不稳定，当风向投射角为90°时，二排建筑为负风压区，而三四排建筑则变为正压区。

从以上结果来看，住宅呈行列式布置时，风向投射角以30°至45°左右最为有利，在此角度下风气流可较顺利的斜向插入住宅之间，前排和后排住宅均能够获得良好的风力，而垂直于墙面的风向投射角对整体通风最不利。这一实验结果为我们在改善通风效果的同时节约用地提供了有效途径，即根据地形和小气候条件，运用住宅朝向与风向的关系，争取最有利的风向投射角来改善通风效果，而不必一味地加大间距。

3.2 住宅的长宽高与通风间距的关系

对于住宅的长宽高与通风间距的关系，有人认为行列式住宅的通风间距的确定应以前排住宅的高度来决定，但实验证明，通风间距更多的是与住宅长宽高以及间距之间的比例有关。住宅由于长度和高度不同所引起的涡流长度的变化如图2所示。当风向投射角垂直于住宅正面时，从平面图上看，涡流长度随住宅长度的增加而加大，但在实际中，涡流长度是随着住宅高度与长度的比例而变化的。在一定风速风向下，当住宅高度与长度之比适当时，如果住宅高度不变，适当延长住宅长度，或住宅长度较短，而住宅高度较高时，通风间距都可不必加大，因为此时风气流仍可通过前排房屋顶或房屋两侧吹到后排房屋。但如果前排住宅房高较高而住宅长度又较长时，则间距需要适当加大。

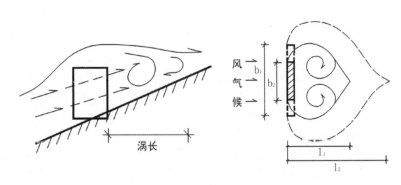

图2　住宅长高与涡流长度关系图

综上所述，当住宅呈行列式布置时，无论平地或山地住宅，对于通风间距与住宅进深、长度和层数的关系可以得出如下关系：

(1) 住宅较短时，增加住宅层数对通风效果影响不大，间距不必按正比加大，对节约用地有利。

(2) 当住宅高度不高时，风气流可从前排住宅屋顶穿过渗入后排建筑，此时延长住宅长度对于通风效果影响也不大。

(3) 加大进深不但对于节约用地十分有利，而且对于提高通风效果也很有好处。

4　山地住宅群体布局与通风效果

炎热地区的山地城市，一方面夏季闷热，要求有良好的通风条件，另一方面由于可用平地较少，用地紧张，不适宜采用过分加大住宅间距的办法来增强通风效果。从山地区域的风气候特征和建筑布局适应气流流动的规律来看，改善住宅群体通风效果的途径主要有两个：一是充分利用地方小气候风，如山谷风、垭口风等，使住宅布局与风向形成适当的风向投射角，最大限度地利用山地区域特有的风环境，提高住宅通风能力。二是根据风压、风向、风速的变化情况，利用错列、斜列、长短组合体、高低层住宅交错等手法，灵活处理住宅群体布局形式，改善通风效果。

下面以重庆地区（北纬30°）修建于25%坡地上的行列式长条形单元住宅为例，说明住宅布局形式与通风效果的关系。例中地面坡向为南向，住宅间距约为房高的1.3倍。

根据重庆地区的太阳高度角，考虑冬季日照及夏季避热要求，一般住宅方位以南偏东20°到南偏西约15°左右为宜，即有约35°的灵活性。重庆夏季风向以南北叠加为最高，西北和东南风向频率也比较多，从平面来看，风向投射角取45°左右时，可保证前排及后排诸栋住宅均能有良好的风力穿过。因此住宅方位取南偏东或南偏西45°对住宅群体的通风效果最为有利，结合日照条件，可以认为住宅朝向取南偏东20°左右是综合日照与通风的最佳朝向。

由于重庆地区的主导风向为北风，所以对重庆而言，风向与日照要求基本没有矛盾。但在主导风向为东西向的其他一些炎热地区，由于此时风向与夏季热轴一致，则通风与避热在住宅方位选择上就有一定的矛盾，在这种情况下，住宅方位选择可以采用以下办法进行：

(1) 当地面坡向为南向时，住宅方位可取南偏东30°左右，这样一方面可以迎取风向投射角为30°的东西向风，而东西晒也不算太严重。

(2) 当地面坡为东西向时，住宅方位可以在南偏东30°到45°范围内选择，使风向投射角结合地形经济性以及日照要求等基本上都比较好。不过当南偏东达到45°时，住宅背面居室夏季有一定的西晒，但仍能比较容易地通过采取垂直遮阳措施给予解决。

(3) 当地面坡度为北向时，住宅仍以南偏东30°至45°之间朝向为好，具体偏转多少度，则必须结合地面坡度考虑经济性的要求。

(4) 当地面坡度为东南向或西南向时，住宅方位以南偏东30°及南偏西30°之间比较有利。

5　结论

综合以上对于山地区域风气候构成要素和住宅通风间距的分析，我们可以得出以下一些结论：

(1) 迎风坡地通风效果较好，住宅布局可相对紧凑，利用通风间距随着坡度增大而缩小的有利条件节约用地。

(2) 背风坡地容易产生绕风和涡风，通风间距随着坡度增大而增大，应尽可能采用条、点式住宅相结合的方式，交错布局，以利于风气流插入住宅中，提高通风效果。

(3) 涡风区是不利于住宅通风的死角，宜利用地形及布置形式，使风因压力差不同造成流线转向到需要

通风的地方，提高通风效果。

(4) 采用交错行列式或斜列式布置可以有效提高通风效果。在主采光面间距相同的情况下，采用错列式布局，依据风向投射角不同，后排建筑的风压比正列式布局时可提高 1 倍以上。

(5) 当有山阴风、山谷风以及江风等局部小气候风可资利用时，住宅布局应综合考虑大气候风和局部风所起到的散热效果，决定住宅的最佳朝向和方位。

(6) 应充分利用住宅的受光面和阴影面之间温差所形成的局部小气候风来改善底层住户家中空气流通较为滞塞的现象：当住宅向阳面有强烈阳光照射，而背阳面空间基本处于阴影遮蔽下时，住宅两面即形成微弱的温差，这种温差在一定程度上促成了室内外对流的形成。这种对流是一种和大范围的自然风流动相反的情况。在大范围的自然风压下，一般而言，底层住户家中空气较为滞塞。然而在这种局部温差的作用下，底层住户家中的空气流动却更为频繁，它有利于弥补自然风的不足，对改善底层住户的室内通风条件起了积极的作用。

参考文献

国家技术监督局，中华人民共和国建设部．城市居住区规划设计规范．北京：中国建筑工业出版社，1993

同济大学．城市规划原理．北京：中国建筑工业出版社，1995

唐璞．山地住宅建筑．科学出版社，1995 年

卢济威，王海松．山地建筑设计．中国建筑工业出版社，2001

傅抱璞．山地气候．科学出版社，1983

住宅专题
Housing Session

住宅产业改革
Housing Industry Reform

城市化背景下的住宅业发展

The Development of Housing Industry on Condition of Urbanization

郑荣跃　蒋建林　王琨

ZHENG Rongyue, JIANG Jianlin and WANG Kun

宁波大学建筑工程与环境学院

Faculty of Architecture, Civil Engineering and Environment, Ningbo University, Ningbo

关键词：　城市化、市民化、住宅业、居住问题

摘　要：　居住问题是影响城市化、进城农民市民化的一大阻碍。住宅业和城市化关系密切，相互促进。现阶段，住宅业的发展不适应城市化的要求。城市化对于住宅业而言既是一种挑战，也是一次发展的机遇。城市化将给住宅业带来巨大的发展空间，同时也给住宅业的发展提出了更高的要求。住宅业要为城市化服务，积极配合城市化的发展。

Keywords: urbanization, to convert into citizen, the housing industry, the problem of habitation

Abstract: The problem of habitation is a big hindrance to urbanization and converting peasants in cities into citizens. There is a tight relationship between urbanization and housing industry. And they promote mutually. The development of housing industry does not suit urbanization's needs at present. The urbanization is not only a challenge, but also an opportunity of development to the housing industry. The urbanization will bring a huge development space for the housing industry, and also put forward a greater desire to the development of housing industry. The housing industry would serve for urbanization, and actively cooperate with the development of urbanization.

1　引言

城市化又称城镇化或都市化，是指农村人口向城市人口转变的过程，或人口由农村区域向城市区域集中的过程，以及由此带来的各种变化。城市化是我国社会经济发展的必然趋势，是传统社会向现代社会的嬗变。进城农民接受现代城市文明的熏陶，带来生活质量及人口素质的提升。城市化同时也是城市的思想、城市的观念、城市的意识、城市的生活方式的传播和扩散过程。

城市化将成为中国经济的主要增长点和主要推动力。加速城市化发展，是实现经济发展从量的扩张向质的提高转变的有效途径，是经济社会新一轮发展的突破口，是实现现代化的必由之路。

加速城市化发展也是我国现阶段的客观要求。它是解决"城乡二元结构"，缩小城乡差距的现实需要；是解决"三农"问题的根本出路；是扩大内需，实现国民经济持续、健康、快速发展的有效途径；是全面建设和谐社会、实现现代化的必然要求。

图 1　外来人口城市化模型

农村人口向城市转移不仅指农民获得作为城市居民的身份和权利，表现为居住地域的变化和身份的变迁，更重要的是由此而引发的农民思想观念、生产方式、行为方式及其社会组织形态等方面的变迁。这种从外在表征到内在理念的深刻变迁就是所谓的农民市民化（裘涵等，2004）。外来人口在居住、就业等城市生活各个方面融入城市社会、向城市居民转变的程度，称为外来人口的社会融合度。总体来讲，目前中国农村人口的城市化基本上仍处于集中化和常住化的形式－过渡城市化阶段，远未发展到市民化的实质城市化阶段（王桂新，2005）。

当前城市化的重要任务是大力促进"进城农民市民化"，让农民工融入城市生活，使其成为城市的真正一员。然而有关调查发现，农民工定居城市、成为真正城市市民的意愿并不十分强烈。据"浙江省210户未进城农民、182户近几年进城而还未农转非的居民户以及146户已进城并农转非的居民户问卷调查"结果显示：在被调查者中，只有46.2%的农民希望居住在城镇，有50%的农民愿意继续居住在农村（黄祖辉、毛迎春，2004）。

城市较高的收入预期是吸引农民工流入城市的直接动因，但"进城农民市民化"还面临着诸多的障碍，例如受到政策、制度、观念、自身素质等方面的制约。城市化需要大量的农村人口在城里扎根，但目前进城农民从农村拔根、在城市扎根的愿望却还难以实现。城市对农民进城存在着一定的外推力。在浙江省范围内进行了一次"农民进城心态"的问卷抽样调查，经过对首选答案进行统计，有22.9%的人把各种管理收费作为所遇到的最不满意或最痛苦的经历，有14.1%的人认为工资太低是其在城市中遇到的最不满意的事，有12.4%人选择了租房或购房困难，选择子女上学困难、工种受限制、遭劫及被盗或上当受骗、受到城里人辱骂甚至挨打的人分别占7.9%、5.0%、4.9%和2.8%（李金昌、杨松2004）。选择租房或购房困难的人占12.4%，仅次于对各种管理收费、工资太低的不满意，居第3位。由此可见，进城农民的居住问题是影响农民工定居城市、市民化的一大阻碍。

2　城市化带给住宅业的挑战

房地产是城市化的载体。城市化的实现有赖于住宅业的协调发展，住宅业发展要与城市化的要求相适应。随着现阶段城市化进程的加速，迫切需要发展住宅产业，解决进城农民的居住问题，以满足城市化发展的需要，实现进城农民市民化。

2.1　目前进城农民的居住现状及问题

进城农民可分为两类：一类是被动进城，由于城市扩容、工业化园区建设、专业市场建设等原因，农民失去土地成为城市人口；另一类是主动进城，农村富余劳动力向非农产业和城镇转移，一般是不失去土地的农民进城务工。前一类进城农民在政府拆迁安置政策的安排下，居住问题可以得到较好的解决。后一类进城农民占主体地位，根据国家统计局的数据显示，2003年农村外出务工人员已经达到了1.14亿。

大量农村人口涌入城市，他们首要考虑的是居住问题。在我国，政府无明确的政策条文对进城农民提供住房保障。国务院发布的《关于进一步深化城镇住房改革，加快住房建设的通知》提出了建立住房供应体系，逐步实现住房货币化的房改目标，即对不同收入的家庭实行不同的住房供应政策，高收入家庭购买和租赁市场价商品住房；中低收入家庭购买经济适用房；最低收入家庭租赁政府和单位提供的廉租住房。新的住房供应体系，保障的对象仅限于城市户籍人口，而进城民工作为非城市户籍人口，不在保障之列。

由于进城农民收入有限，总体而言对住房房价、租金的承受能力较低。他们一般成群居住在工棚，或在相对便宜的城中村租房暂住。居住环境较恶劣，居无定所，并带来诸多的社会问题。他

们的居住状况呈现以下特点：

一、大分散、小集中，主要聚居在"城中村"或"城乡结合部"。由于正常市场供应渠道不能满足进城农民的住房需求，各种非正常的、包括非法的住房供应就找到了市场，由此引发了"城中村"及其他违章建筑泛滥的问题。在深圳，有300多万流动人口居住在城中村及其他各种违章建筑中。在北京，城市流动人口主要居住在城乡结合部，北京人口普查抽样数据表明，1996年~2000年5年内外来流动人口有61.9%居住在近郊区，28.8%居住在远郊区县。

二、以租赁居住为主。由于地域不同、产业不同，流动人口的居住形式也不同，但流动人员的住房方式还是以租房为主。据调查，有95%以上的流动人口租房居住。在上海，外来人口约有73.5%租赁房屋居住，其次为居住宿舍、工棚（18.7%），二者合计约占92.2%。

三、住房面积小。从住房面积上看，城市流动人口住房面积普遍较小，远低于城市户籍人口的住房面积水平。据对上海和北京流动人口的住房专项调查，多数流动人口人均住房面积不到城市居民人均住房面积的1/3。在深圳，许多外来工人均居住面积只有 $5m^2$，在工厂宿舍居住的流动人口平均是 7.5 人共用一间住房，非常拥挤。根据对武汉市民工住房的调查资料显示，民工人均住房面积平均只有 $2.5m^2$，其中最小的只有 $2.15m^2$，最大的也才 $3.45m^2$，90%的民工住房没有自己单独的厨房和卫生间。

四、居住条件很差。北京市流动人口家庭住房内无厨房的占 59.4%，炊事燃料使用煤炭的占38.1%，无洗澡设备的占 82.3%，无厕所的占 66.8%。流动人口住房大多房屋建筑密度大、容积率高、通风采光条件不理想、户型设计落后。长沙市35%的农民工的住房是违章建筑和危房，18%农民工的住房则是简易的临时工棚。2001 年统计，我国城镇尚有各类危旧房 1.5 亿平方米，有300多万户家庭居住在危旧房中，这 300 多万户中78%是进城民工。这些房屋大多建于 20 世纪60、70年代，房屋旧、环境差、光线暗，甚至一部分整天不见阳光的地下室和临时搭起的棚房也被用做民工住房。这些危房，对民工的人生安全造成隐患，也为城市的发展造成障碍。在居住环境方面，配套设施少，绿化面积小，公共卫生状况令人担忧，"脏、乱、差"现象突出，有的住房外观与现代城市发展不协调，并存在消防隐患，环境质量堪忧。

2.2 住宅业要在城市化、进城农民市民化中发挥积极作用

住宅业在城市化过程中起着重要作用，有利于实现进城农民市民化。住宅既是城市的功能要素，同时又是城市市民必不可少的、最昂贵的生活资料。解决进城农民的居住问题，使他们拥有一个良好的居住空间，有利于建立进城农民对城市的心理认同感和归属感，改变城市边缘人的心态。解决进城农民的居住问题，使他们在城市安居，有利于他们安心工作，更好地在城市生活。"有恒产者有恒心"，进城农民在城市买了房子，结束居无定所的生活后，有利于他们在城市安定生活，实现农民到市民的转变。"家"是住宅的另一种说法，进城农民在城市"安家"，有利于他们融入城市生活，成为城市的真正一员，实现进城农民市民化。

再则，从另一层的意义上讲，城市化是从农村集居模式向城市集居模式转变，城市的生活方式代替乡村生活方式。建筑业是第二产业，产品是房子。房子只是一种载体，是表象的东西。而房地产是第三产业，本质上与建筑业不同。在某种意义上，房地产的产品是一种生活方式；住宅业的本质是生活方式的营造。进城农民在城市"安居"，生活在城市中，接受城市的思想、城市的观念、城市的意识、城市的生活方式熏陶和影响，有利于实现其思想观念、生产方式、行为方式等方面变换，使其融入城市社会，完成从进城农民向城市市民转变的过程。因此，住宅业与城市化、进城农民市民化息息相关，并发挥着重要作用。

目前而言，住宅业的发展与城市化的要求脱节，难以满足进城农民"安居"需要，客观上阻碍了城

市化、进城农民市民化的进程。进城农民居无定所、居住状况恶劣。居住问题影响农民工定居城市，使他们难以在城市扎根，大部分进城农民生活方式、价值观念并没有多少变化，无法实现进城农民市民化。进城农民由于在城市没有适当的住房，不能在城市"安居乐业"，仍然很依赖农村，因而像候鸟一样往返于城市与农村之间。每年春节的民工潮，给公安、民政、运输等机构造成很大压力。数量巨大的"进城民工"难以有效地融入城市社区，成为摆动在城乡之间的边缘人群。近年来，流动人口犯罪已成为一个严重的社会问题。

城市化的实现有赖于住宅业的协调发展。解决进城农民的居住问题也是城市化的内在要求。只有使进城农民能够在城市"安居"，融入城市生活，才能达到进城农民市民化的目标。城市化进程中，需要住宅业提供大量的适合进城农民居住的住宅和城市生活配套设施。住宅业与城市化发展相协调，有利于加快城市化进程。住宅被认为是现阶段首选消费品，由于其产业关联度较大，被我国政府选择为国民经济新增长点产业。住宅业的发展，促进了城市经济繁荣，产生更多的就业机会，有助于提高城市化水平。

现阶段，要改变住宅业不适应城市化发展的状态，开发足够的满足城市化、进城农民市民化要求的住宅。住宅业要积极应对城市化的挑战，在城市化、进城农民市民化中发挥积极作用，促进城市化的发展。

3　城市化带给住宅业的发展机遇

城市化、进城农民市民化带来的住房需求，将成为今后住宅业发展的机遇。住宅产业在未来几十年的一项重要功能是为城市化服务，为进城农民市民化服务。

3.1　宏观上城市化给住宅业带来的需求

城市化将带动中国经济持续、快速、健康发展。城市化过程中，与城市人口增加相辅相成的是城市地域的扩张、城市数量的增加以及城市规模的扩大。城市建设质量逐渐提高，城市空间结构和形态不断优化；城市体系的形成和逐步完善，以及城乡关系的协调。同时，城市的管理水平、组织运行能力不断提升。

城市化的发展，必然导致大量的人口由农村进入城市，城市活力不断增强，城市的规模不断扩大、数量不断增加。城市化，不仅要进行大规模的城市基础设施建设，而最终会给住宅产业带来巨大的商机。随着城市化进程的加速，住宅小区大批营造、商业用房成片崛起、城市集群功能设施大规模兴建，这些无疑给住宅开发带来千载难逢之良机。

另外，从城市化对住宅业所产生的扩散效应、带动效应来看。在城市化过程中，每年大约新增2000万左右人口进入城市，这一部分人口将消化原来进城农民租赁的住房；原来进城的农民可以租赁更大更好的城市居民的房子；原来租房子的城市居民可以买面积稍小的住宅；住房面积较小的城市居民可以卖掉原来的房子买更大更好的房子……根据国外相应发展水平的经验，以及我国过去城镇居民住房改善的速度和我国城市化进程等多方面因素和目前的统计资料初步测算，我国 2020 年城镇居民的人均住房面积可能要达 35m²。农民进城、进城农民市民化所产生的对住房的新增需求，可以带动和促进城镇居民住宅的更新换代，使城镇居民居住水平和人居环境进一步提高和改善，最终达到小康社会的住房标准，即到 2020 年，住房从满足生存需要，实现向舒适型转变，基本达到"户均一套房，人均一间房，功能配套，设施齐全"。

3.2 城市化给住宅业带来的远期需求

随着城市化的发展，进城农民开始在城市定居，一部分进城农民开始向城市市民转变。国务院发展研究中心"十五"计划研究课题组认为，中国的城市化率2010年将达到45%左右，在未来的30~40年内可能达到70%左右。我国已进入城市化的加速时期，每年将会有越来越多的农民进入城市工作生活，也将会有越来越多的进城农民完成市民化的转变，融入到城市生活中去。

从城市化的最终要求来看，进城农民要完成向城市市民的转变，成为城市的一部分。建设部《2004年城镇房屋概况统计公报》显示，2004年底全国城镇住宅建筑面积96.16亿平方米，人均住宅建筑面积24.97m²。据国家统计局数据，2003年城镇新建住宅面积5.50亿平方米，农村外出务工人员已经达到了1.14亿。按照2004年的人均住宅建筑面积24.97m²简单测算，农村外出务工人员所需住宅建筑面积为28.47亿平方米，相当于2004年底全国城镇住宅建筑面积的29.6%，是2003年全国城镇新建住宅面积的5.18倍。此外，再加上以后每年新增的进城人口市民化过程中所产生的住房需求，以及考虑以后人均住宅面积增加等因素，城市化、进城农民市民化所产生的对住宅的最终需求将是十分惊人的。当然，这是一个远期的潜在的需求，以后若干年能否转化成对住宅业的有效需求还受到诸如住宅业能否适应城市化发展等诸多因素的制约。由上可见，城市化给住宅业带来的远期需求是相当可观的。

3.3 城市化给住宅业带来的近期需求

每年由农村进入城市的人口，有不少一部分是农村的私营企业主。他们到城里购房定居，既圆了自己做城里人的梦，又可以使自己的孩子从小受到良好的教育。由于自身具有较高的经济实力，他们一般会选择高档住宅。

城市化也增加了商品住宅市场的需求。近几年流动人口在城市购买商品住宅的数量越来越多。调查数据显示，北京市流动人口家庭户中，购房的比例2001年为2.4%，2002年为3.1%，2003年达到4.2%，购房人数不断攀升。另外还有9.5万户流动人口家庭有5年内在京购买住房的打算。

但大部分进城农民，收入不高，家庭积累的财富不多，对住房的消费能力有限。庞大的城市暂住人口群体，已成为城市房屋租赁市场的消费主体，给房屋租赁市场带来巨大的需求。2003年北京市有66万户流动人口居住在本市居民或农民出租的房屋中，其中租住农民房屋的占70%。从租住费用看，租住居民房屋的月平均租住费用500元，租住农民房屋的月平均租住费用为300元。按每个流动人口户在北京租住房屋一年计算，平均每个出租房屋的北京市居民户一年房租收入至少为6000元，平均每个出租房屋的本市农民户一年房租收入至少3600元。

简单的测算一下，根据2003年农村外出务工人员数量，按2004年城镇居民人均住宅面积的1/3左右即人均住宅租赁（或购买）面积8m²计算，农村外出务工人员对住宅租赁（或销售）市场需求为9.12亿平方米，相当于2004年底全国城镇住宅建筑面积9.5%，是2003年全国城镇新建住宅面积的1.66倍。此外，随着现阶段城市化的加速，按每年城市化率提高1.5个百分点计算，每年新增进城人口大约1950万左右，按同样的标准计算，这一部分人员所产生的租赁（或购买）需求约为1.56亿平方米，相当于2004年底全国城镇住宅建筑面积的1.62%，是2003年全国城镇新建住宅面积28.4%。也就是说，目前全国城镇住宅建筑面积9.5%左右，要用来满足城市化过程中已进城农民对住宅的租赁（或购买）要求，而且以后每年要增加2004年全国城镇住宅建筑面积的1.62%左右或2003年全国城镇新建住宅面积的28.4%左右，用以满足新增的进城农民的住宅需求。

4 住宅业服务于城市化

城市化、进城农民市民化对于住宅业而言既是一种挑战，也是一次发展的机遇。城市化将给住宅业

带来了巨大的发展空间，同时也给住宅业的发展提出了更高的要求。

4.1 各地解决进城农民居住问题的实践探索

目前，全国各地在解决进城农民居住问题方面做了不少的工作，也取得了不少经验和教训。为解决进城农民居住问题，北京、上海、杭州、重庆、武汉、长沙、无锡等城市开始了建设"民工公寓"的尝试。

民工"公寓式"集中居住，10 年前起源于珠江三角洲的"外工村"。建立"外工村"的初衷，是乡镇企业、民营企业吸纳了大量民工，当地没有这么多民房可以出租，少量出租屋挤住大量民工，生活环境相当差。企业管理者和政府协调，建立了"外工村"。

据报道，北京市政府在 1999 年曾经建设过一批专门提供给外来人口的住房，在丰台区大红门、朝阳区十八里店、海淀区四季青和石景山区古城开展外来人口居住小区建设试点。但现在仅剩石景山区古城地区的安和外来人口居住小区保留下来，小区房屋只租不售，每月的房租大约在 450 元至 650 元之间，目前已可以确保微利经营。

作为上海最大的"民工公寓"的第一期，永盛公寓共有 10 栋住房，附有商铺、超市、食堂、绿化带、医务站、健身场所等配套，公寓房以 6 人一套的集体宿舍为主，另有少数家庭住房。公寓建成后，由附近公司、工厂整体包租给工人居住，房费平均每人每月 70 元。目前，已经有多家公司预租，到 2 月底，首批 400 多位民工将搬迁进公寓中。

在重庆，首个农民工免费公寓在沙坪坝区亮相，该民工公寓由沙区政府和中建五局三公司共同出资修建，并承担入住农民工的所有费用。到目前为止，已有 200 余农民工搬进刚刚修好的新"家"。

与之相反的是，在长沙兴建的"农民工公寓"（江南公寓）在竣工 7 个月后仍然空空荡荡，没有一名农民工前来入住。民工公寓的冷冷清清，症结在于民工公寓不符合民工的居住愿望，和民工的现实居住设想相悖。

4.2 住宅业面对城市化带来的挑战和机遇

面对城市化带来的挑战和机遇，住宅业要摆正位子，积极应对，做好服务工作。本文认为应做好以下几方面的工作：

城市化是个庞大的系统工程，和诸多因素相互联系、作用。住宅业和城市化联系紧密，相互促进，协同发展。应从系统的整体角度看待城市化和住宅业，逐步消除阻碍城市化发展的不利因素，如改革户籍制度、解决进城农民子女就学问题等等，促进城市化和住宅业的发展。

住宅业要在城市化、进城农民市民化过程中发挥积极作用，改变不适应城市化要求的状态，促进城市化的发展。

第一，努力建立和完善进城农民住宅供应体系，切实解决进城农民居住问题。建立和完善主要针对进城农民的住宅租赁市场。支持和鼓励以进城农民为目标对象的房地产中介服务机构的发展，建立行之有效的住宅中介服务网络。搞活二手房市场，大力发展中低档次和小户型的住宅。积极争取将当前针对城市居民的住房保障体系扩大覆盖到进城农民群体，建立进城农民居住保障体系。

第二，政府、开发商、企业等主体协调运作，保障进城农民的居住权利。政府要制定政策，确保进城农民的基本居住权利，如对企业打工人员、建筑务工人员的居住条件进行规定，改善进城农民的居住水平。建立政府、务工企业、务工人员，三方共同分担的进城农民住房保障机制。政府要实施优惠政策，减免税收，提供贴息，鼓励开发商建造满足进城农民需求的民工住宅、民工公寓，或对危旧房进行改造和维修，为进城农民提供较低房租的住房，保障他们有一个安全、卫生的居住环境。

第三，政府要统筹规划，充分预估城市化对住宅业的要求和影响。在制定城市规划，发展住宅建设，改造和整治城中村时，要充分考虑进城农民群体的利益，着眼于解决进城农民的居住问题，创造一个适合城市化要求的居住环境。

住宅业要抓住城市化、进城农民市民化带来的发展机遇。政府制定政策，引导、鼓励住宅开发商开发适合城市化以及进城农民市民化要求的住宅，满足进城农民的居住要求。住宅开发商要充分预估未来住宅业的发展空间，转变思路，大力开发适合进城农民的住宅，为城市化、进城农民市民化服务。住宅开发商要做大做强，降低成本，推进住宅产业化，租售并举，为进城农民提供大量质优价廉的房子。另外，要充分考虑城市化带来的深远影响，使住宅业的发展与城市化相协调。

5　总结

当前城市化的重要任务是大力促进"进城农民市民化"。居住问题是影响进城农民定居城市、市民化的一大阻碍。住宅业和城市化关系密切，相互促进。现阶段，住宅行业的发展与城市化的要求脱节，难以满足进城农民的"安居"需要。城市化、进城农民市民化对于住宅业而言既是一种挑战，也是一次发展的机遇。城市化将给住宅业带来巨大的发展空间，同时也给住宅业的发展提出了更高的要求。住宅业要适应城市化、进城农民市民化的需要，做好服务工作。同时，住宅业要抓住城市化带来的发展机遇。

参考文献

王宁. 铁打的住房 流动的民工，城乡建设，2005-03

王桂新. 上海外来人口生存状态与社会融合研究，上海：上海苏河艺术馆，2005-07-09

陈淮. 关于房地产业"十大真实的谎言"，国际技术经济研究，2004(10)

蒋建林，金维兴，何云峰. 城市化与中国房地产业，西安建筑科技大学学报自然科学版，2003(4)

http://www.gmw.cn/（光明网. 民工公寓，失败的关怀样本，2005-08-17）

http://www.people.com.cn/（人民网. 郭松海. 尽早出台《住宅法》切实保障公民的居住权利，全国政协
　　　十届二次会议提案第 0156 号）

第五届中国城市住宅研讨会论文集，中国香港，2005 年 11 月
Proceedings of the Fifth China Urban Housing Conference, H.K.S.A.R. CHINA. (November 2005)

住宅建设产业可持续发展研究

Study on the Sustainability of Housing Construction Industry

廖俊平　赵洪伟

LIAO Junping and ZHAO Hongwei

中山大学岭南学院

Lingnan College, Sun Yat-sen University, Guangzhou

关键词：　住宅建设产业、可持续发展

摘　要：　住宅建设产业作为整个国民经济和社会体系中的重要组成部分，在考虑它的可持续发展时，应当将它放在整个国民经济和社会体系的大框架中考虑。从这样考虑问题的角度出发，住宅建设产业的可持续发展应该包含以下几方面的内容：保持住宅建设产业与国民经济和社会协调发展；保持住宅建设产业自身发展的可持续性；提供与社会经济发展水平和人民生活水平相适应的住宅产品；提高住宅建设产业的资源节约能力和创新能力；利用科技进步，促进住宅建设产业的增长。由此我们提出了反映住宅建设与国民经济和社会协调发展状况的指标、反映住宅建设产业自身发展的可持续性的指标、反映住宅产品经济适用性的指标、衡量住宅产业的科技进步和创新能力的指标、反映住宅建设企业可持续发展的指标等 5 大类 24 小类的评价指标，初步形成住宅建设产业可持续发展评价的指标体系。

Keywords:　housing construction industry, sustainable development

Abstract:　Housing construction should be considered as an important component of national economy and society when we discuss its sustainable development. From this start point, we suggest that the sustainability of the housing construction industry should consist of the next five parts: coordination with national economy and society, the sustainability of its own development of the housing construction industry, supplying with adequate housing products that are suitable to the economy development and living standard of the residents, promoting the industry's abilities of saving resources and innovation, developing by utilizing science and technology. Based on these opinions, we have designed the indicators system for appraising the sustainability of the housing construction development.

1　引言

住宅建设产业作为整个国民经济体系中的重要组成部分，在考虑它的可持续发展时，应当将它放在整个国民经济体系的大框架中考虑。

从这样考虑问题的角度出发，住宅建设产业的可持续发展应该包含以下几方面的内容：

- 保持住宅建设产业与国民经济和社会协调发展；
- 保持住宅建设产业自身发展的可持续性；
- 提供与社会经济发展水平和人民生活水平相适应的住宅产品；
- 提高住宅建设产业的资源节约能力和创新能力；
- 利用科技进步，促进住宅建设产业的增长。

2　保持住宅建设产业与国民经济和社会协调发展

住宅建设产业同国民经济和社会发展相协调，这实际上是住宅产业可持续发展的总体目标，因此后

面几部分评价指标实际上也是这个总体目标的分解。

2.1 住宅建设投资在固定资产投资中所占的比重

作为住宅建设与国民经济协调发展的宏观总体指标，我们考虑了住宅建设投资在固定资产投资中所占的比重。要使住宅建设投资在固定资产投资中所占的比重，或者在生产总值中的比重，保持一个合理的水平。或者从另一个角度说：住宅建设产业投资的增长速度要同生产总值相协调。每年开发的商品住宅面积既要能满足人们生活的需要，又不能给社会生产力带来破坏，阻碍国民经济的良性发展。

一方面，住宅是人民生活的必需品，改善人民的居住状况是经济社会发展的题中应有之义；另一方面，住宅建设投资属于非生产性投资，不能为社会直接积累生产能力。因此住宅建设的投资总量和增速必须保持在一个适当的水平。

2.2 住宅建设产业为社会提供的就业岗位

在中国这样一个发展中国家，保障就业始终是各级政府的一个重要任务，这就要求我们在评价住宅建设产业的可持续发展时，也要考虑到产业在吸纳社会劳动力、提供就业岗位方面为社会做出的贡献。

3 保持住宅建设产业自身发展的可持续性

3.1 保持住宅建设的连续性和稳定性

产业可持续发展的一个基本前提是产业发展的连续性和稳定性。

住宅生产有一定的周期，在生产周期内，要保持新开工项目、在建项目、竣工项目的合理规模比例，使得生产得以保持连续和稳定。

3.2 实现住宅建设的规模效益

任何产业都存在规模效益的问题，住宅产业也不例外。规模效益来自产业集中程度，住宅建设的产业集中程度可以从住宅小区的建设规模和开发企业的生产规模两方面来衡量。

4 提供经济适用的住宅产品

产业提供的是产品，产品是产业发展的结果。社会对一个产业的认识实际上是对其产品的认识。产业可持续发展的前提是看它是否能为社会提供适用而有效的产品。

具体到住宅产业，应该能够为社会提供与社会经济发展水平和人民生活水平相适应的住宅产品，这可以从以下几方面来考察。

4.1 提高住宅产品的适用性

住宅产品的适用性是指住宅要适应经济社会和人民生活发展的水平。

在每户住房面积上，随着人民生活水平的提高，平均每户家庭对住宅面积的要求也会不断提高。

在户型上，随着生活水平的提高，人们对居室的数量的要求在提高，对功能房间的需求也在增加。

住宅产品的适用性还反映在房价上。

住宅产品的适用性在目前的统计指标体系下比较难反映出来，我们考虑用一个宏观性的指标来表现，即住宅产品的空置情况。住宅大量空置，说明住宅产品的生产与销售脱节，供应与需求不平衡，其根本原因就在于住宅产品的适用性不好。

4.2 调控住宅价格水平同社会购买力相协调

前面说过，住宅适应性的另一个指标是房价。同时，住宅价格也是影响住宅需求的重要方面。住宅价格和居民家庭可支配收入之比是决定居民购房能力的重要指标。

4.3 保持各种类型的住宅的供应结构

住宅从档次来分有豪华住宅、高级住宅、普通住宅、经济适用房以及廉租房，从空间地域的分布来看有城区住宅和郊区住宅。我们现在面对一个严重的事实是高档住宅供给过剩，而中低收入的人们又没有房住。空置的商品住宅浪费了资源，平价房供给不足又给人们的生活带来困难。因此住宅的可持续发展一定要保持商品住宅供给结构平衡。

住宅在地域空间的分布也要同城市的发展相协调，新增住宅应该保持旧城区和郊区住宅的合理比例。

4.4 提高住宅产品的经济性

衡量住宅产品经济性的主要指标是住宅的建造成本和住宅产品的经济寿命周期。

4.4.1 住宅建造成本的控制

住宅的造价由地价、建筑物的价格、开发商利润和应交纳税金四部分构成。在这四部分当中，政府可以加以调控的有地价和税金两个部分。城市的发展过程中，城市土地越来越稀缺，所以城市需要向外扩张，占用耕地、林地等其他用地。为了城市的可持续发展，也为了住宅的可持续发展，我们应该最有效的使用土地，提高土地利用效率。因而提高地价是一项有效的措施，但提高地价将会带来一系列的负面影响，中、低收入的居住环境会进一步恶化是其中之一，这也是违背可持续发展代内公平原则的。在这里，政府还可以通过税收加以调控，对于经济适用房、廉租房采用减税、免税的方式降低房价。

4.4.2 保持住宅的合理经济寿命周期

住宅产品的经济性还体现在保持住宅的合理经济寿命周期上。

住宅产品的经济性受市场寿命、土地使用年限、建筑物耐用年限的限制。住宅产品的经济寿命期必须同市场寿命相协调。土地作为住宅产品的不可分割的一部分，住宅产品的经济寿命期应不短于土地使用权出让期限，同时也不应超过土地使用权期限。

4.5 提供健康住宅

健康住宅是在满足住宅建设基本要素的基础上，提升健康要素，以可持续发展的理念，保障居住者生理、心理和社会等多层次的健康需求，进一步完善和提高住宅质量与生活质量，营造出舒适、安全、卫生、健康的居住环境。

5 住宅产业的科技进步和创新能力

经济增长理论认为，经济增长的动力在于科技进步和创新。因此我们在考察住宅产业的可持续发展时，必然要把住宅产业的科技进步状况和创新能力考虑进去。

就住宅产业而言，科技进步和创新能力应该包括这样几个方面的内容：产业化生产状况，资源和能源节约状况，采用新工艺、新技术、新工艺状况，科技队伍状况。

5.1　产业化生产状况

国家近年来大力推广住宅产业化进程，要求在住宅建设中坚持高起点规划、高水平设计、高质量施工和高标准管理，注重住宅小区的生态建设、环境建设和住宅内部功能设计，加快住宅产业化的发展。国家通过制定和完善住宅产业的经济、技术政策，健全推进机制，鼓励企业研发和推广先进适用的建筑成套技术、产品和材料，促进住宅产业现代化。

产业化状况可以部分地通过"四高"小区竣工面积和全部住宅竣工面积之比来反映。

5.2　资源和能源节约状况

建筑是耗能大户，不仅生产建材要耗能，更大量的是每年经常性地使用能耗，随着生活水平的不断提高，对居住条件舒适性的要求也越来越高，必然带来能耗更大的增加。我国目前房屋单位面积的采暖能耗是同等条件下发达国家的 3 倍，能耗较高的原因，除了我国能源利用效益较低以外，主要是因为建筑外围护结构的保温性能较差。这不仅会长期大量地浪费珍贵的能源，而且还要造成严重的环境污染。

5.3　采用新工艺、新技术、新工艺状况

相对其他行业而言，住宅建设行业历来是技术较为落后的行业，在住宅建设行业大力推广新工艺、新技术、新工艺更显得尤为必要。

这方面的指标可以采用住宅建设行业每年获得各级科技进步奖的数量来衡量。

5.4　科技队伍状况

科技进步和创新能力的关键在于科技人才队伍的建设，这方面的指标可以采用建设行业各类科技人才的数量来衡量。

6　住宅建设企业的可持续发展

住宅建设企业是住宅建设行业的重要组成部分，行业的可持续发展离不开企业的健康发展。住宅建设企业运行健康状况的评价，可以从以下几个方面来考察：财务状况，资金状况，产品销售状况，人员状况，装备状况。

住宅建设企业的考察需要对建筑企业和开发企业分别进行考察。

6.1　住宅建设企业财务状况

这可以从住宅建设企业的财务报表分析得到。

6.2　住宅建设企业的资金状况

住宅建设需要大量投资，住宅建设企业的资金结构和融资问题一直是困扰住宅建设行业的大问题，这个问题如果解决不当，不仅影响住宅建设行业，而且可能引发整个金融体系出现严重问题。

衡量住宅建设企业资金状况可以从企业的自有资金比例、银行贷款比例等指标来衡量，如果能够从金融部门得到住宅建设企业的坏帐比例，就能更准确地反映企业的资金状况。

6.3　住宅建设企业产品销售状况

前面提到过住宅建设产业的产品销售状况，住宅建设企业的产品销售状况既是整个行业产品销售状况的组成部分，又直接反映了企业运行的健康状况。

住宅建设企业的产品销售状况可以用当年竣工产品销售率和资金回收率来衡量。

6.4 企业人员状况

这里主要考察住宅建设企业的中高级管理人员的水平和企业的技术人才数量。中高级管理人员的水平主要通过其学历状况来反映。企业技术人员的数量主要通过具有中高级技术职称的人员占企业职工总人数的比例来反映。

7 总结

根据前面所做的分析,提出住宅建设可持续发展的评价指标体系,如文末所附框图所示。

我们认识到,研究得出的结论是理想状态的结果,或者说是我们今后在管理工作中应该追求的目标。但在实际管理工作中必须考虑到现有条件的制约和可操作性的要求,同时还要让研究的结果能够尽早用于指导实际工作。因此我们在第一阶段研究的基础上提出了初步的实施方案,即根据现有统计数据筛选出部分评价指标用于初步的评价和管理工作。

参考文献

联合国环境与发展大会. 21 世纪议程. 北京:中国环境科学出版社,1993

国家环保局. 中国环境保护21世纪议程. 北京中国环境科学出版社,1995

滕藤,郑玉歆. 可持续发展的理念、制度与政策. 北京:社会科学文献出版社,1994

王军. 可持续发展. 北京:科学出版社,1994

甘师俊,陈玉祥. 可持续发展——跨世纪的抉择. 广州:广东科技出版社,1997

罗龙昌. 城市化过程中住宅产业可持续发展研究,2002

甘师俊. 生态住宅和可持续发展之路. 中国住宅,2004(4)

杨军. 中国住宅产业化与可持续发展研究,2000

陈秉钊等. 中国人居环境研究丛书:可持续发展中国人居环境. 北京:科学出版社,2003

Mohan Munasingle and Jeffret Mcneely (1996), Key Concepts and Terminology of Sustainable Development. *Defining and Measuring Sustainability*. New York: The Biogeochemical Foundations.

Goldman, Benjamin A., Shapiro, Judith (1995), Sustainable America: new public policy for the 21st century. *Mass: Jobs & Environment Campaign*.

Burke, Gill. (1981), *Housing and social justice: the role of policy in British housing*. New York: Longman.

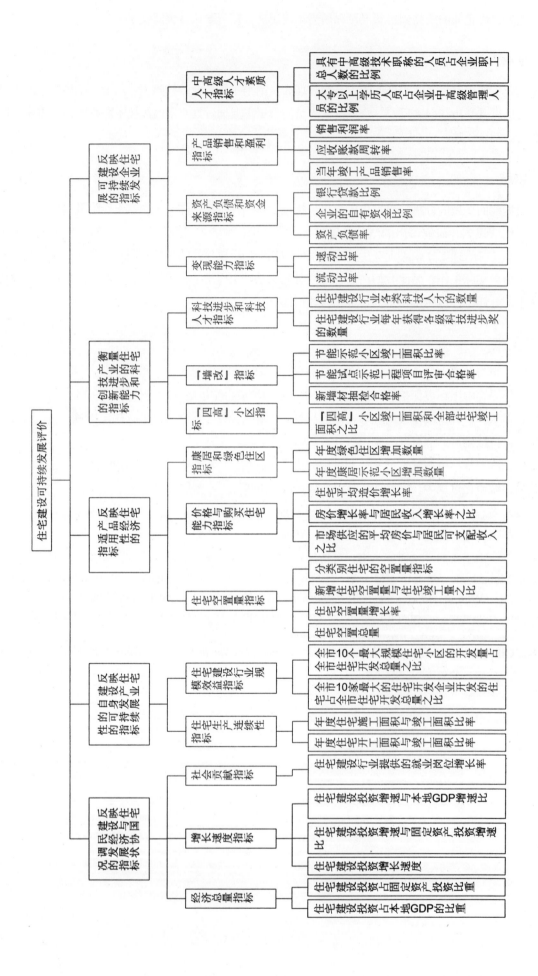

从城中村到城中城：城市化过程中失地农民安居问题

Resettlement of the Urbanized Peasants in Urbanization Process

张路峰

ZHANG Lufeng

北京建筑工程学院

Beijing Institute of Civil Engineering and Architecture, Beijing

关键词： 城市化、城中村、农民安置、城市住宅

摘　要： 城中村是中国快速城市化过程中出现的一个特有现象。如何保障农民利益、生活来源以及经济可持续发展，是城中村改造中必须要回答的问题。本文针对城市新农民的生活状态和处境，提出了适合当地农民生活习惯的、适应当地经济形态特征的新的城市农居——商住街坊的方案，并对城市化与城市规划的理论与方法进行了反思。本文的目的并非试图提出一个普遍适用的改造模式，而是通过一个案例的具体实践，在规划设计的层面上揭示一些在改造建设过程中可能遇到的普遍性问题。

Keywords: urbanization, village within the city, peasant resettlement, urban housing

Abstract: The Village within the City is a special by-product in the process of high-speed urbanization in China. How to ensure the profit of the peasants, to provide them living resource, to promote their economic development sustainable, and all these questions has to be answered in the process of the resettlement of urbanized peasants. In accordance with the local life style and current situation, a new type of housing, the commercial-residential urban block structure, has been generated. The theory and methodology of high-speed urbanization are discussed as well. Instead of proposing a general applicable model of the reconstruction of the village within the city, this paper tries to argue some possibilities of planning and design, with a case study.

1 引言：城市化与城中村

改革开放的二十多年以来，城市化的进程异常迅速，我国城镇化水平已从 1978 年的 17.9%提高到 2002 年末的 39.1%。城市建成区的面积也由 3.6 万平方公里扩大到 9 万多平方公里（李俊夫，2004）。城市的快速发展需要征收周边农村的耕地以获得扩展的空间。耕地被征收了，这些土地的使用者，当地的农民，却仍然留在原居住地，并且保留着一部分供他们建造房屋的宅基地。这些村庄宅地随着周围耕地的被征用而被容纳到城市之中，形成"城市包围农村"的局面，这就是所谓"城中村"现象。

作为中国快速城市化过程中伴生的"特产"，城中村普遍存在于全国各地的城市之中。城中村可以看作是"城"与"村"的复合体，但它既不是城——缺乏城市基础设施，也不是村——村民不再从事农业生产。一方面，城中村内低成本的生存条件吸引了大量的城市流动人口，使之成为"脏、乱、差"的代名词，"黄、赌、毒"的聚集地；另一方面，城中村过低的土地利用效率，也构成了对城市空间资源的极大浪费。

由于城中村存在的各种问题严重地影响了城市的发展，它也就自然成为了被改造、整治甚至消灭的对象。如北京计划在 2007 年以前整治 171 个城中村，深圳、西安、天津等地也纷纷把城中村改造列为政府为百姓所做的实实在在的工作。尽管如此，目前国内城中村改造与建设仍处于探索尝试阶段。各地情况不同、需要解决的问题不同，相应的理论研究也不成熟。但是毫无疑问，如何保障农民的利益，如

何使他们能够在城市中安居乐业，在经济上可持续发展，是城中村改造中的实质与核心问题。本文试图结合一个实际案例，在规划设计的层面上对这一问题进行探讨。

2　案例：浙江台州城中村问题

2.1　社会经济变迁与农宅的演变

浙江沿海地区是我国经济发展速度较快的地区，也是城市化程度较高的地区。台州这座新兴城市的建立正是这场快速城市化运动的结果。在这里，非国有经济（个体经济、集体经济）在当地经济结构中已占主导地位。在向市场经济的转轨中，农民逐渐脱离了农业生产，转变成为小商品生产者和经营者。随着当地社会、经济的变迁，农民祖祖辈辈居住的住房模式也随之发生了转变。传统的以"粉墙黛瓦"为典型特征的民居正在以不可逆转的趋势迅速消失。上世纪60-70年代，随着土地制度的改革，浙江农民开始逐渐"上楼"，居住空间在有限的宅基地范围内垂直向上发展，形成所谓"一间到顶"的新农宅类型（图1）。

图1　"一间到顶"式农宅

在台州地区，每个宅基地的尺寸通常为3.6m×12m，称为"间"。"间"在当地人的观念中成为根深蒂固的空间计量单位，甚至在地方政府制订的农民房拆迁安置补偿政策中，也把"间"作为基本利益单元。以"间"为单位、"通天接地"的住宅类型清晰地反映了土地使用的权属关系，是当地特有的个体经济为主导的经济模式的必然产物，在农民中被广泛接受。

2.2　城中村及其改造

随着城市的扩张，农村被逐步蚕食，几千年来相安无事的城乡关系在空间上发生了碰撞和重叠，农村被城市包围，形成城中村（当地人称之为农民城）。由于农民城的建设未能与城市基础设施建设同步进行，形成了一个城市中的异质区域：区内地面标高低于周边城市道路，区内市政配套设施不足，使之在排水、卫生、消防、抗台风等方面存在着极大的隐患；区内很少见到成片绿化，缺乏公共活动空间和

设施；农宅直接搬用在农民城中，各户底层的店铺经营内容完全由住户自定，各自为政，形不成规模；"进城"后的村民还没有形成居住在城市中的意识，仍认为在自己的土地上就有权利按自己的意愿去建设，建筑形态杂乱无章，对城市风貌有消极影响；村民对于公共环境设施也缺乏自觉维护的意识。

通常，农民城在城市中被当作消极因素对待，被视为落后的象征，被当作见不得人的、有损城市形象的"包袱"和需要遮盖的"疮疤"来对待。农民城的规划设计普遍缺乏理论和方法的支持，一般都是简单化地套用城市住宅小区的做法，将农民房集中到一定的用地范围内，用地临城市道路周边进行商业开发，将农民房包围在中间（图2）。

图2 浙江台州的农民城

3 方案：从农民城到商城

3.1 项目背景

2001年春，受台州开发区委托，我们与当地设计院合作，承担了一个农民城（后命名为"新世纪商城"）的规划设计工作。由于这类项目尚处在实践探索之中，没有可靠的理论与指标作为设计依据，这是规划设计过程中面临的最大挑战。我们的工作从对已有实践的总结与研究入手，经过实地调研和多轮方案研讨，我们认识到农民城建设的误区，在于对农村住宅的建筑类型和城市住宅小区的规划结构的误用。为此，探索一种与农民城特殊情况相适宜的、有说服力的新住宅类型和新规划结构，就成了规划设计中的关键与核心内容。本项目的运作模式是政府启动并提供土地资源，通过房地产开发使土地升值，以开发的收益来平衡拆迁安置的成本。因此处理好开发与安置的关系、控制好开发量与安置量的比例、测算好开发收益与安置成本的平衡是本项目成败的关键。

3.2 用地现状

项目用地位于台州市椒江区台州经济开发区南部（图3）。总用地面积约74.2hm²，用地形状大致呈长方形，东西长约625m，南北长约1050m。用地东临一号路，西临十一号路，南临纬五路，北临二十二号路。用地中一条东西走向的城市干道三台门路从用地中部横穿而过，将整个用地分割为南北两部分，其中北部用地中部一条宽约15m河道——永宁河东西向穿过，将北部用地分割为两部分。用地范围内土地较为平整，有自然村两座（尚澄村和董家洋村），其余为农田和果林用地，并有部分水塘点缀其间。沿河岸现有绿化状况良好，永宁河北岸现有一座年久失修的寺庙——"安定寺"，经维修后有一定保留、利用价值。

3.3　设计概念

3.3.1　用地模式与规划结构

常见的农民城的规划结构是商业和居住分区明确，用地周边布置商业，形成围合的界面，用地中部按最小允许日照间距排列住宅，最大限度的争取南向；在本方案中，采用了方格网状道路结构，将用地进一步划分为约 60m×80m 的小块。此举一方面增加了用地的可达性，另一方面增加了周边用地的长度，使得户户都有临街的铺面，连续的铺面不但有利于形成繁华的商业气氛，同时也使用地商业价值得以提升。

为了平衡开发与安置的利益关系，方案在用地中心部分和东侧沿城市主干道部分，划定了商业开发用地。同时，沿永宁河两岸集中设置了带状公共绿地，使水边现有的良好植被环境得以保留。这样就形成了相互垂直的一虚一实、一柔一刚两条轴线，有力地控制了整个用地，使匀质化的空间肌理中间穿插进了非匀质的元素，从结构上使空间认知的标识性得以加强。

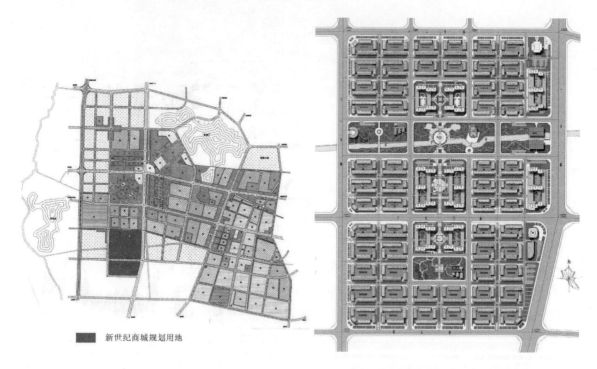

新世纪商城规划用地

图 3　新世纪商城区位图　　　　　　　　图 4　新世纪商城规划总平面图

3.3.2　商住街坊

方案中最核心的设计策略是采用街院空间组合模式解决商住矛盾，即以"一间到顶"式商住楼围合成商住街坊，形成上下有别、内外有别——底商上住、外商内住的空间关系（图 5）。这种空间关系不但协调了商业与居住的矛盾，还有效的解决了人流与车流、停车与绿化的矛盾。商住街坊内院首层用于停车，车库屋顶形成步行绿化活动平台；屋顶绿化采用盆栽和浅根系植物（当地的竹子），树冠较高的高大乔木可植于为车库提供自然采光通风的天井的自然地面之上，绿化之中设铺地、儿童游戏场、休息座椅等，形成尺度宜人、安全舒适的户外活动空间。

图 5　商住街坊模型

3.3.3　交通组织

就一条街道而言，对于商业行为来说，步行环境最为理想。但对于一个街道的网络，在如此之大的区域内全部或局部实现步行化是很不现实的。为此，在本方案中，商业街道采用"人车混行，人行优先"的策略，对车辆施行限速、限时，以减少对行人的干扰同时又不以牺牲商业街所需的可达性为代价，同时，顾客车辆与住户／店主的车辆分离（顾客在街心临时停车，住户／店主可在内院车库内停车）亦可在很大程度上减少商业街上机动车的数量。

3.4　实施中的问题

3.4.1　标准化与多样化

追求用地最大化的结果是形成了大量重复出现的商住街坊，而这些标准化的商住街坊在短时间内集中建成，势必造成视觉识别的困难。解决标准化与多样化的矛盾通常的办法是将设计决策分散化，即在统一的规划下，由不同的建筑师按一定的规则、在一定的制约下分别进行设计，最大限度地发挥个体设计者的个性和创造性，以有差别的个体形成统一而又丰富的整体。然而遗憾的是在实施的过程中，为了赶工期，这种将规划和设计分阶段进行的比较复杂的操作模式没有得到采纳。

尽管如此，在方案中我们仍然在色彩与环境设计的层次上采取了一定的措施来弥补这个遗憾：在街坊外立面采用统一的涂料色彩，而在街坊内立面和山墙面采用有差别的涂料色彩。山墙的色彩透露出内院的个性化标识，又因其面积较小不致影响整体的统一；街道环境的设计上考虑个性化标识，通过采用不同的树种、铺地材质及色彩、街道家具风格等形成视觉差异性。

3.4.2　农民安置与城市开发

在本项目中，为了给进城的农民一个持续的收入来源，在提供住所的同时也为他们提供了一定面积的工作空间——店铺，使他们在城市中本项目的运作模式是政府启动并提供土地资源，通过房地产开发使土地升值，以开发的收益来平衡拆迁安置的成本。因此处理好开发与安置的关系、控制好开发量与安置量的比例、测算好开发收益与安置成本的平衡是本项目成败的关键。然而不能确定的是，这种对进城农民的集中安置会使大量相同社会阶层的人聚居在一起，由此产生怎样的社会问题。另外，为每户农民提供一个店铺空间就等于提供了就业的机会，但大量的商业机会集聚在一起是否能聚合人气，形成繁荣的商业气氛，激发城市活力，仍然是有待时间检验的问题。

4 结语

什么样的城市是好的城市？简单地说，好的城市是一个能给人的生存与发展提供机会的城市，一个能给人的梦想提供空间的城市，一个能藏污纳垢的城市，一个贫富美丑兼容的城市。一个过于"卫生"的城市是没有机会、没有活力的。城中村可以被看作是某种形式的贫民窟，而各个城市消除贫民窟的行动从来就没有成功过，因为只要贫困阶层存在，他们的栖身之所就会以各种形式存在。从这个意义上说，城中村容留了城市中新的贫困阶层，对城中村的改造可以消除脏乱差的城市环境，却消除不了居住在城中村的贫困阶层。

城中村改造工作往往以改善城市环境、提升城市品质、美化城市形象为目标，在重视城市利益的同时，要警惕对农民利益的忽视。在城市化的大潮中，城乡二元格局被打破，城和乡以非常仓促的方式碰撞到一起，形成城非城、乡非乡、农非农的状态，失去了土地的农民所扮演的角色是悲剧性的：他们被动地进入了城市，却无法当上城市的主人，甚至连客人都当不上，而只能当仆人和下人。村庄成了他们永远无法回归的家园，他们的归宿是被城市吞没，最终消失在城市之中。

参考文献

陈孟平．农民城市化与农地非农化．城市问题，2002(4)

代堂平．关注城中村问题．社会，2002(5)

郭艳华．论改造城中村的现实途径．探求，2002(4)

胡莹．城中村的文化冲融——以广州市石牌村为例．城市问题，2002(2)

李俊夫．城中村的改造．科学出版社，2004

李晴，常青．城中村改造实验——以珠海吉大村为例．城市规划，2002(11)

罗赤．透视城中村．读书，2001(9)

邱友良，陈良．外来人口聚集区土地利用特征与形成机制研究．城市规划，1999(4)

张建明，许学强．从城乡边缘带的土地利用看城市可持续发展——以广州市为例．城市规划汇刊，
　　　　1999(3)

注：北京市属市管高等学校"学术创新团队计划"资助项目。

人文专题
Humanities Session

住宅与社会环境
Housing & Society

台北市社區居民屬性及參與環境規劃態度之關係調查研究：
以信義區五分埔商圈為例

The Relationships Between Residents' Characteristics and Attitudes Toward Participatory Environment Planning

賴玲玲[1]　　陳錦賜[1,2]

LAI Ling-Ling[1] and CHEN Ching-Tzu[1,2]

[1] 文化大學建築及都市計畫研究所
[2] 文化大學環境設計學院
[1]Graduate Institute of Architecture & Urban Planning, Chinese Culture University, Taipei
[2]College of Environmental Design, Chinese Culture University, Taipei

關鍵詞：　參與式環境規劃、社區意識、居住型態

摘　要：　台北市在 1996 年開始實施參與式環境規劃作業。本研究從台北市"住商混合使用"社區，調查社區中不同居住型態居民，關於參與環境規劃態度的差異，及進一步探討社區意識及參與式環境規劃進行策略相關議題。本研究以台北市信義區五分埔商圈為調查對象，調查人口分為傳統住商共同使用、樓下營業店家、樓上住家、及單純住家四種類型。經過實證研究分析，同一社區範圍居民，不同的居住行為與目的，將影響社區意識及參與環境規劃態度。並進而提出對於具有不同背景及居住目的的社區居民，進行參與式環境規劃應別於單一質性社區運用方法，需要擬定更有效應的策略運用。

Keywords: Participatory Environment Planning, Sense of Community, Living style

Abstract: This research investigated a "Mixed Using" community in Taipei City to study the residents' characteristics and attitudes toward "Participatory Environment Planning". Moreover, this research explored the related issues about the conscious of community as well as the effective strategy to pursue a participatory environment-planning project. This research investigated Yun-Chi Li of Shin-Yi District in Taipei, as hypothesized, the results showed that different living styles in same community have different senses of community and attitudes toward participatory environment planning. As pursuing a participatory environment-planning project in a community with different living styles, the procedure should different from single living style community and needs more effective strategies.

1　引言

　　"參與式規劃"在 1960 年左右於歐美掀起，地方政府紛紛制定相關配套作業，建構民眾參與式的環境規劃機制，掀起了一連串的相關理論研究。這種嶄新的規劃設計方法，環境空間的營造不再只是專業設計者單獨的規劃能力表現，而是政府計畫部門、社區民眾、社區規劃師及專家學者共同營造環境的過程；這種漸進式社會運動，從團體共同行為的程序，進行社區意識重組與塑造。1996 年台北市開始推進"社區規劃師"（以下簡稱社規師）制度，進行"地區環境改造計畫"工作（以下簡稱地改計畫），推動民眾參與式"由下而上"的規劃作業。地改計畫幾乎在台北市各鄰里社區實施，而每個社區有不同的紋理結構與社區組織特質，同一社區居民對於環境理念，也可能陳現明顯的差異，民眾參與環境規劃需要社規師運用有效的"辯護式"規劃作業，以能達成民眾參與式環境規劃的效應。

　　台北市五分埔商圈起源自 20 世紀 80 年代，因為居民特質與移入目的特殊，成為重要的服飾商圈；

也因為發展歷史的特性及限制，而住商使用屬性的不同，屢屢發生在環境使用方式上的衝突。面對於這種住商混合使用社區特性，本研究透過問卷調查及訪談方式，分析其居民社區意識及民眾參與環境規劃傾向，並與鄰近住宅居民作比對分析，解析在社區特質與居住屬性差異上，進行民眾參與式環境規劃時，可預見的困難點及建議可能的辯護規劃方法。

2 文獻回顧

2.1 參與式環境規劃理論的興起

20 世紀 60~70 年代社區建築運動，興起民眾參與環境規劃潮流（Nick Wates，1993），而美國興起的辯護式規劃（Advocacy planning）運動，表現專業規劃師為窮人擔任辯護者的工作，整合公共部門計畫及負責環境全體改造規劃。Krumholz 提出辯護式規劃方法打破規劃與政治無關的觀念；Clavel 則提出辯護式規劃優點在於：調和階級的差異與衝突創造社區的認同破除全盤理性規劃的迷思改善只從事實環境規劃的視野（譚鴻仁，2002）。辯護式規劃過程，已不再是規劃師獨自的規劃能力表現，而是經過社區探索、社區動員、共同討論、凝聚共識、或許還有處理衝突的規劃過程；而進行規劃作業之前，規劃師應該先行在社區耕耘，了解社區環境紋理，才能掌握以有效的辯護規劃進行。民眾參與環境規劃還是民眾"賦權"（empowerment）的一種過程。社區民眾的參與提供一種機會，創造了新的方式來鬆動既存的社會關係。經由社區賦權的過程營造社區（夏鑄九，1999）。這種"賦權"的內涵表現在作業進行的過程中，由民眾實際參與決策的權力與義務分配的方式，社區民眾彼此溝通與了解的過程，進而凝聚社區意識，共同營造及維護社區環境。對於可預見的不同居住屬性的環境利用與維護的差異性，應先行研擬妥善的辯護式規劃方法及賦權形式，以有效的達到居民社區意識的重塑。

台北市自 1996 年開始實施地改計畫，實踐民眾參與環境改造運動，透過這種參與過程，推動社區環境自制運動。在市政府各單位共同合作努力，完成業務整合與分工、社規師訓練、加強社區大學教育課程等等。台北市"參與式規劃"制度逐漸成形，但運作機制不彰、及民眾動員不易現象一一浮現（黃麗玲，2004）。而不同的社區有不同的紋理結構，即使同一社區內居民屬性及生活形式也可能差異很大，成功的民眾動員需要先了解居民社區意識內涵及環境面臨的問題，掌握有效的參與式規劃作業，方可達成有效的社區意識重塑。

2.2 五分埔社區發展與現況

1958 年台北市為了安置因為八七水災流離失所的退役軍人，在五分埔興建 1200 間坪數在 6~8 坪不等的"一樓半"房屋（矮厝仔）。1970 年後，一些台灣南部彰化芳苑人為了台北賺錢容易，移至該社區居住，樓上作住家，一樓作成衣加工（國立台灣師範大學地理學系地友期刊）。之後居民開始向市政府購地購屋，也將建築物增建至四至五樓，街廓四周很多新建為四樓公寓房屋，服飾加工業漸漸演變為批發兼零售業，五分埔住商混合使用社區逐步形成。至今已發展成為服飾集散中心，也是國內與國際的零售觀光點。

當五分埔變成服飾集散中心後，它成為青年創業成功的出發點，社區居住人口開始改變；有些原有住戶在房屋購價高漲後，出售房屋，或搬出社區將整棟建築物出租。以每日停留在社區 10h 以上的居住人口為社區居民，則目前五分埔社區居民由以下三部分組成：住宅兼商業使用的屋主或租戶，純住宅使用的屋主或租戶，純商業使用的屋主或租戶，他們是社區環境主要的使用人及維護者。在商業性質重於住宅使用需求下，五分埔社區環境以營業使用為主要發展目的，而居民屬性因為居住目的不同，產生環境使用行為與觀點上很大的落差。

3 研究結果

3.1 研究方法

3.1.1 研究問題

台北市住商混合使用社區占絕大部分的土地面積，本次研究以五分埔社區為例，研究每日在社區停留超過 10h 的居民，分析比較其社區意識及對於參與環境規劃認同程度，同時也調查周圍住宅使用居民，與五分埔社區作對比分析。研究的主要向度有：
(1) 不同的居民屬性對於社區意識調查分析。
(2) 不同的居民屬性對於參與環境規劃意向調查分析。
(3) 居民的屬性特徵與社區意識及參與環境規劃意向顯著性差異分析比對。

3.1.2 資料收集方法

本研究以訪談及問卷方法，進行社區調查，結合質性與計量分析，解析五分埔社區社區意識及參與環境規劃意向差異。調查項目選定參考相關社區意識與參與式環境規劃文獻，訪談對象有里長及部分居住在社區長達十年以上居民，了解五分埔發展的過程及現前環境面對的困境。
(1) 文獻回顧：收集參與式環境規劃與社區意識相關文獻，歸納整理社區調查項目；社區意識分為社區認同、事務參與、社區關懷、鄰里親和等向度；參與環境規劃分為參與態度、參與價值觀等向度。
(2) 社區居民訪談與問卷調查：五分埔社區面積約 68395m^2，為一個完整街廓，一樓全部為商業使用，約 1000 家店面，調查範圍還包括五分埔社區外周圍住宅使用居民。回收有效問卷五分埔純住宅使用 9 份、住宅兼營業 15 份、住宅兼出租營業 6 份、純營業 32 份，共計 62 份；周圍住宅使用居民有效問卷 33 份。

3.1.3 分析方法

社區意識調查共計 19 個問項，參與環境規劃意向有 15 個問項，由非常同意（5分）、有點同意（4分）、無意見（3分）、有點不同意（2分）及非常不同意（1分），計算每項認同分數。調查結果分析主要陳述：
(1) 敘述統計：不同社區及不同居住屬性對於社區意識及參與環境規劃的意向狀況。
(2) 顯著性分析：檢定問卷中母體某一特定屬性間，以 ANOVA 變異數分析檢視有無顯著性關係存在。例如居民是否因為教育程度、姓別、居住社區時間長短不同等，對於社區意識及參與環境規劃向度的明顯差異程度。

3.1.4 研究假設

(1) 五分埔社區居民，因為居住屬性不同，其社區意識及參與環境規劃的意向不同。
(2) 五分埔社區居民，因為居民本身特質不同，其社區意識及參與環境規劃的意向不同。

3.2 研究結果

3.2.1 社區訪談

五分埔緊臨松山火車站，便利的交通服務可提供店家服飾批發南北運送，是促成服飾商圈形成的原因之一。商圈內計畫道路分別為 5、6 及 8m，內部有一個社區公園，地下室設有二層的停車空間。為了

一樓店面營業使用，在原有每戶面積不大的情況下，將一樓外牆外推占用道路，形成全區佈滿一樓違建，原有道路僅剩3、4及6m。再加上部分道路上加蓋透明頂蓋及雨遮，門口又放置展示架，五分埔店面營業時間長，街道上彷彿無室內及室外空間分別。歸納訪談五分埔社區居民結果，環境使用產生的問題有：

(1)　一樓店家為擴展營業店面，外牆往道路外推違建，及街道上加建頂蓋，導致消防車無法進出。

(2)　貨運車為了爭取裝卸時間，運送服裝貨物時，直接在店家門口卸貨，影響行人及車道通行。

(3)　店家展示商品時占用紅磚人行道及騎樓，影響行人行走便利性。

(4)　店家停止營業后，街道殘留遊客隨地丟棄的垃圾。

(5)　店家營業時間播放音樂，從中午到半夜一、二點，影響住家居住安寧。

(6)　因為營業競爭激烈複雜，五分埔居民不論是住家或店家，都認為安全性是社區面臨的問題。

　　本次訪談對象包括社區里長、原有自台灣南部彰化芳苑移入的老居民、受僱的店員及店家老闆。調查中發現，五分埔社區居民比周圍住家更關心社區發展，70%店家關心及願意配合社區環境使用維護，另外30%只認定五分埔為上班賺錢的場所，缺乏社區整體意識。外來店家很多是年輕人為創業而進駐五分埔，年齡平均30歲，因為經營不善而退出社區的狀況頻繁，社區意識亦較薄弱。對於社區環境，造成純居住及營業店家居民的紛爭，全體居民亦認為這些現象構成環境問題，應該要有妥善的處理方式，但在五分埔營業興盛，建築物產權有部分尚未獲得合法登記等影響下，至今仍無法有效地解決社區環境問題。

圖1　台北市信義區五分埔服飾商圈特定專用區範圍示意圖

3.2.2　調查結果分析

　　本研究以隨機取樣訪談及問卷方式進行，但由於五分埔的許多店面為租賃店面，店面的老闆或僱用店員很多拒絕調查；五分埔社區外周圍住家以居住永吉路及松山路公寓大樓為抽樣樣本，而社區外圍店家因為只有6件取樣，樣本數太少不列入分析參考。研究的統計方法，除了基本統計分析外，包含ANOVA變異數分析，針對五分埔居民屬性作顯著性差異比較。

　　調查結果表1顯示，五分埔整體社區意識（3.64）高於周圍住宅使用居民（3.52），參與環境規劃意向（3.70）低於周圍住宅使用居民（4.35）。採取五分埔居住超過五年樣本分析結果，社區意識（3.70）略為提昇，參與環境規劃意向（3.72）亦稍為提高。

表1 五分埔社區及周圍住宅使用社區意識及參與環境規劃意向調查分析表

項目		社區意識				參與環境規劃意向			
居民類型		樣本數	中位數	平均數	標準差	樣本數	中位數	平均數	標準差
五分埔社區	純住宅使用	9	4	3.94	1.05	9	4	4.20	1.24
	住宅兼營業	15	4	3.51	1.37	9	4	3.85	1.43
	住宅兼出租營業	6	3	3.26	0.98	6	4	3.49	1.10
	純營業	32	4	3.63	1.24	32	4	3.95	1.26
	整體	62	4	3.64	1.28	62	4	3.70	1.28
	居住超過五年	37	4	3.70	1.21	37	4	3.72	1.32
周圍住宅使用		33	4	3.52	1.12	33	4	4.35	1.17

資料來源：本研究整理

表2 五分埔社區及周圍住宅使用社區意識調查分析表

項目		社區意識	
居民類型			
五分埔社區	純住宅使用	最高	4.36 我會主動維護鄰近生活空間衛生及舒適品質
		最低	3.55 對社區有認同或歸屬感
			3.55 樂於告訴別人居住在本社區
	住宅兼營業	最高	4.13 對於社區生活環境非常了解
		最低	1.93 我經常參與社區內各團體或社團活動
	住宅兼出租營業	最高	4.17 我關心社區未來發展計畫
		最低	2.50 我樂於參與社區自願性活動
			2.50 我經常在社區公園、書店或圖書館活動
	純營業	最高	4.50 我經常與親友在社區消費、逛行或用餐
		最低	2.75 我了解社區內各團體或社團工作性質
外圍住宅使用		最高	4.06 我關心社區未來發展計畫
		最低	3.12 我了解社區內各團體或社團工作性質

資料來源：本研究整理

表3 五分埔社區及周圍住宅使用參與環境規劃向度調查分析表

項目		參與環境規劃	
居民類型			
五分埔社區	純住宅使用	最高	4.50 民眾在參與環境中可以給於很大的幫助
		最低	3.00 社區環境不只是政府作業還需居民參與配合
	住宅兼營業	最高	4.64 社區環境規劃作業社區內店家應該共同參與
			4.64 社區環境規劃經營需要店家共同管理維護參與
		最低	2.64 我願意參與社區環境規劃相關工作
	住宅兼出租營業	最高	4.00 社區環境規劃作業社區內店家應該共同參與
			4.00 民眾在參與環境中可以給於很大的幫助
		最低	2.33 社區環境不只是政府作業還需居民參與配合
	純營業	最高	4.43 民眾參與環境規劃可以讓政府及規劃單位更深入了解社區環境議題
		最低	2.63 社區環境不只是政府作業還需居民參與配合
外圍住宅使用		最高	4.71 社區環境規劃經營需要店家共同管理維護參與
		最低	2.29 社區環境不只是政府作業還需居民參與配合

資料來源：本研究整理

　　統計分析社區意識最高及最低認同程度（表2）：五分埔純住宅使用居民最低分（3.55）在於"對社區有認同或歸屬感"及"樂於告訴別人居住在本社區"二項，證實純住宅住戶對於環境的諸多狀況不滿，影響其對社區的認同度。重複得分最高項目為"我關心社區未來發展計畫"，重複最低項目為"我了解社區內各團體或社團工作性質"，呼應民眾訪談內容，平時因為工作忙錄剩餘時間不多，無暇關心或參與社區團體活動。分析參與環境規劃向度，五分埔社區及周圍住宅使用居民對於"社區環境不只是政府作業還需居民參與配合"認同程度最低，顯示居民參與規劃意願低落，這從訪談意見也可見一斑，究其原因，很多是因為工作忙錄剩餘時間不多，或對於民眾參與環境規劃可發揮功能質疑；而五分埔有些居民認為環境整體品質維護，關鍵在於政府必需貫徹法制力量，才能整合所有居民共同改善環境問題及居住品質。

3.2.3　假設檢定

(1) 五分埔社區居民依居住時間長短與社區意識差異關係的顯著性比較，19 項檢測中有"我關心社區的未來發展計畫"（F=4.05，p<0.006）及"我願意鼓勵家人參與社區環境規劃工作"（F=3.62，p<0.011）二項達到顯著性差異。居住時間長短與參與環境規劃關係的顯著性比較，15 項檢測有"我願意鼓勵家人參與社區環境規劃工作"（F=3.83，p<0.008）達到顯著性不同。

(2) 因為居民本身特質不同，比較教育程度與社區意識差異關係的顯著性后發現，19 項檢測中只有"我樂於告訴別人生活在本社區"（F=3.06，p<0.035）達到顯著性水準；比較年齡與參與環境規劃關係的顯著性后發現，15 項檢測僅有"我認為民眾參與環境規劃可以讓政府及規劃單位更深入了解社區環境議題"（F=2.64，p<0.043）達到顯著性水準；比較性別與社區意識差異關係的顯著性后發現，19 項檢測中只有"我關心社區未來發展計畫"（t=4.14，p<0.046）達到顯著性水準；比較性別與參與環境規劃關係的顯著性后發現，15 項檢測僅有"我會主動反應社區發生的問題給相關單位"（t=6.01，p,0.017）達到顯著性水準。

4　結論

　　從調查資料顯示，五分埔同為服飾店家的生活型式居多，雖然在有限的環境品質條件，及住、商不同居住目的的矛盾下，統計分析的社區意識卻比周圍的純住宅居民高；而五分埔外圍住宅使用居民部分，普遍對於居住環境較為滿意，環境問題也較少，但在社區意識上卻較五分埔社區低，涉及社區居民生活型式與社區意識的關係程度，還有待進一步研究。

　　以五分埔社區為例，因一個社區居住的成員複雜，為促進有效的環境參與行為，針對不同居住特質的居民，參與民眾"賦權"的型式及意義應有所不同。例如長時間在社區營業的店家居民，是直接形塑環境使用行為者，雖然其身份可能是租賃者，但對於環境規劃過程，其適當的參與行為是有其必要的；而不在社區居住的房屋所有權人，因為具有房屋權屬關係，可透過參與的過程凝聚其社區意識，並由其約束租賃營業店家的使用行為，達到共同營造社區環境的目的。

　　由五分埔社區調查結果可知，居民對於民眾參與環境規劃向度並不高，主要是因爲對於參與的實質意義存疑，此即考驗政府實踐民眾"賦權"的實質內涵。參與式環境規劃目的在於透過參與的過程，了解社區環境問題，及喚起民眾環境自治自理的社區意識；面對五分埔這類環境使用需求及形式不同的社區，規劃師實應運用有效的民眾參與規劃方法，進行社區意識重組及凝聚，達到社區環境使用與維護自治。

參考文獻

夏鑄九．市民參與和地方自主性：台灣的社區營造．城市與設計學報，1999

黃麗玲．一個規劃範型的轉移——1990年代台北市的參與式規劃與歷史保存取向的初步描繪．建築師，2004

賴美蓉．居民對921災後社住宅重建之意願調查分析．都市與計畫(29)，2002

譚鴻仁．規劃制度的轉向？對社區規劃師制度的探討．台北市政府都市發展局委託研究案，2002

專業者都市改革組織．台北市社區規劃師制度運作策略及機制評估研究案》，台北市政府都市發展局委託研究案，1999

都市設計學會．地區環境改造計畫八十五年度至八十九年度個案成果檢討評估與法制化研究．台北市都市發展局委託研究案，2000

都市設計學會．台北市九十一年度社區規劃論壇．台北市都市發展局，2002

台灣師範大學地理學系．地理教學資料-松山慈祐宮成衣加工區鄉土地理調查．地友期刊．http://www.geo.ntnu.edu.tw/research_publish/magazine/vol37/vol373.html

台北市政府都市發展局社區規劃資訊網．http://www.communityplanner.taipei.gov.tw

Nick Wates．社區建築——人民如何創造自我的環境．謝慶達，林賢卿譯．創興出版社，1993

住区可持续发展不可忽视的方面——弱势群体的精神生活

An Important Field of Sustainable Development of Human Settlement:the Psychology of Weak Population

贾　中

JIA Zhong

重庆大学建筑城规学院

Architecture and City Planning College, Chongqing University, Chongqing

关键词： 住区、可持续发展、弱势群体、精神

摘　要： 住区精神生活健康状况，是决定其能否实现可持续发展的基本因素之一。为弱势群体构建健康的精神生态环境，须建立在弱势群体与其他人、弱势群体与文化、弱势群体与自然和谐基础之上：住区中人与人的共生；住区文化人性化、多元化；住区保障弱势群体的绿色自然环境。

Keywords: human settlement, sustainable development, weak population, psychology

Abstract: The psychological health of human settlement is an essential factor of its sustainable development. To form a healthy environment of weak population's psychology, we must pay attention to such harmony relations: weak population and others, weak population and culture, weak population and nature. So human settlement should be an environment where different people could live peacefully together , where different culture had their own position, where weak population could enjoy their green environment.

1　引言

住区精神生活健康状况，是决定其能否实现可持续发展的基本因素之一。弱势群体作为各方面承受能力较差的人群，其精神生活尤其需要关注。忽视弱势群体精神状况的住区，轻则社会文化不和谐，导致整体生活幸福水平下降；重则社会问题成堆而使住区瘫痪，极端的例子是 1972 年美国圣路易斯市普鲁特-伊戈居住区一些住宅因环境恶化且暴力多发而被炸毁的事件。

"弱势群体"在本文中泛指人生某些状况不佳而且承受能力较差的群体，也就是"弱者"，不但包括现在较受社会关注的物质贫困或生理能力差的人们，如下岗工人、老弱病残、妇女儿童，他们往往在精神上也处于"弱势"；还包括物质生活、身体状况正常而精神上长期不堪重负的"潜在的弱者"，如负担的责任接近承受极限的单位骨干、家庭"支柱"，性格、习惯与众不同而深感压力者，还包括全身心投入特殊职业（如哲学、前卫艺术、尖端科学等远离日常生活的领域）而被过分边缘化的人们。

对于弱势群体精神状况，纯物质资助作用有限，因为人的精神是人与自然环境、社会环境特别是社会文化互动的复杂产物。为弱势群体构建健康的精神生态环境，须建立在弱势群体与其他人、弱势群体与文化、弱势群体与自然和谐基础之上，对于住区有多角度、多层次的要求。

2　住区中人与人的共生

2.1　现代社会弊端：住区中人与人的分离

商业社会以贫富分待遇、等级，工业社会以共性区别人群、强化角色以及以"人-物"关系代替"人-人"关系，都不利于人的共生。前者产生贫民区与市民区、贵族区的分化，后果较易被认识；后者使人类生存的文化、社会环境失衡，导致人格分裂，具有潜在的危害性。

(1)　我国城市有形成"贫民区"的危险：

在我国城市中，"贫民区"雏形正在空间、文化上形成，例如有些农村进城务工人员集中的住区居住条件恶劣、文化资源贫乏、治安混乱，相对于城市一般住区，明显属于人居环境质量低劣的"另类"。

现在的房地产业在促进贫富分隔。在工作机会好、文化资源丰富的市中心以及自然条件优越、交通又方便的郊区，城市贫民买不起房子。一轮轮的房地产开发如同大浪淘沙，把穷人逐渐集中在消费较低、资源较差的地方。

文化因素也是"弱者"、"强者"分离的原因。例如有些家长为了孩子在主流文化中成长，发扬"孟母三迁"的精神，从城郊结合部搬进文教区。而弱势群体也不愿总遭"白眼"，宁愿集中到受认可的地方。

(2)　僵化的人群分隔人为制造精神弱势群体

我国传统文化有建立在宗法、伦理之上的严格角色规定，管理者与被管理者、老与幼、男与女等。近现代接受国外理性主义文化，角色规定以与社会化大生产相联的新面目出现，如"自动装配机"（工人）、"知识传输机"（教师）、"知识接收器"（学生）等，达到"闻职业即知其人"的状况，忽视人的丰富内涵，抑制人性的舒展。

2.2　对策：住区中人与人的共生

规划、设计与其他措施配合，进行人道主义干预，使贫富共享资源，在空间、文化上有机结合，促进交往、融合。密切人与人之间的关系，重视人群互补的一面，如老年人的慈爱、经验与儿童的幼弱、成长。最近，美国芝加哥加布里尼-格林区改造，吸取圣路易斯市普鲁特-伊戈居住区教训，明确提出把穷人吸收到主要是中产阶级的居民区中，重视人与人的互动对于防止精神异化的作用。

需要改变"弱势群体的存在只会使住区环境质量下降"的误解。弱势群体是社区不可缺少的组成部分，例如使人扶助弱者的善良本性得到释放。在美国许多地方人们反对驱赶乞丐，因为施舍使他们经常意识到爱心、人性优点的存在。老幼、贫富人群的共生，有助于商品社会"等级人"、工业社会"标准人"恢复人性，社会回归人文。

住区中人与人的共生，除了使文化产生健康的活力，也符合经济发展的要求。经济是人与人关系的一种体现，不同人群之间有机、合理、密切的关系可带来多样、丰富的就业机会。穷人适合于从事的小商业、服务业依附性强，在贫富分割或功能分区严格的情况下难以生存。

3　住区文化人性化、多元化

3.1　弱势群体对住区的需求具有层次性

弱势群体的需求并不局限于温饱等低层次，他们普遍希望拥有丰富而幸福的人生感受、受到尊重，能够爱与被爱，主动把握人生。对于不同的弱势群体，从身体状况严重缺陷到只是精神状况较差者，其

精神环境需求重点具有从低到高的层次性：物质保障感、安全感为主的基本需求；被认同、被尊重，精神生活丰富多彩；创造性精神活动，自我实现。

由于社会福利的发展，城市贫民已经摆脱了饥寒交迫、居无定所的状况，但健康需求是个问题：城市、住区为其服务的卫生资源短缺。对此，需要在住区发展生态文化、健康的生活方式基础上进行卫生机构社区化、公益化的转变，而不仅仅依赖增加高科技医疗资源。

高级精神需求中，城市贫民对教育资源的需要是基础性的：提高素质、完善自我是自主生存、进入主流文化的基础。住区应合理安排下岗者、民工等弱势群体的文化教育设施（如技能培训机构、民工图书室、子弟学校等），为他们提供摆脱弱势、持续发展、自我实现的可能性。而对于因性格、责任等形成的精神上"潜在弱势群体"，社区也应在充分理解他们的基础上，创造综合的支撑、引导体系，为之提供适宜的精神环境。

由于老年人、较严重病人、残疾人等不在工作岗位的弱势群体发挥自身价值的呼声越来越高，其生活环境不应只是居住场所，而应也是信息渠道通畅、知识密集、有创新氛围的复合空间，使其能借助信息技术、社区工作网络为知识社会做出自己的贡献。

3.2 住区文化多元化、宽容

住区文化"博爱"、"平等"、以人为本，是弱势群体精神安宁、情感生活丰富多彩、思想富有创新活力的基础。

(1) "现代文化"排斥弱势群体精神文化

"现代社会"价值观以交换价值为基础，符合商业化交换需求的，就是有价值的、值得肯定的。弱势群体中，无论工作上、生理上"无用"的人，还是精神上陷入困境者，其心理、思想难以为主流文化所认可，被打上"消极"、"性格有问题"、"情感脆弱"等标签，只好通过"反主流"来争取精神生存空间，对文化和谐、社会安定形成威胁。

(2) 住区文化弘扬传统、地方文化

以家庭为基础的文化，每个成员有其血缘、感情上不可替代的位置，如"天伦之乐"，老人受尊重，弱者受爱护；传统、地方文化往往以经验为基础，对参与者要求低，展开空间范围不大，贴近人生，弱势群体易于参与其中，并体会到社会的温暖；传统文化大多具有较原始、朴素的人文主义思想基础，重视弱势群体精神，宗教虽"以神为本"，却常常以救助贫弱为己任，在保护弱势群体上起到了难以替代的作用。

传统、地方文化不但在思想、基本生活保障方面肯定弱势群体的存在，而且在社会、环境等各个细微环节提供了成熟的弱势群体精神空间。例如古代弱势群体可以去寺庙、教堂倾诉心愿，也可以在村头凉亭歇息疲惫的身心。这些都是现代住区文化应当学习、弘扬的。

在飞速发展的社会中，几十年前的文化已成"传统文化"。而对于老年人，这些文化包涵着自己大半生的酸甜苦辣、奋斗与收获、人生的光芒，其情境性是"当代文化"无法比拟的。

住区复兴传统、地方文化，是对历史过程中被反复检验的文化精华的尊重，更是对绵延其中的基本人性观的肯定、对弱势群体精神生态环境一般规律的肯定。

(3) 住区文化重视世俗文化

"高雅文化"源自世俗文化，是在对后者进行伦理化、理性化、科学化，并与人类理想结合的基础上形成的。人类理想、伦理都追求完美，而弱势群体却是"不完美"的代表。理性、经典科学在解释"生命"、"世界"、"人生"这些非线性复杂巨系统时作用有限，而这些却是弱势群体最经常面对的。

弱势群体的产生不只是因果关系，自然选择、"随机淘汰"起很大作用。对他们来说，"高雅文化"中理性、秩序感、纯净、和谐等都是似是而非的，反不如关注生老病死、平庸现实的世俗文化有意义。

世俗文化来自民间，贴近百姓生活，体现普通人情感、本能、潜意识，抒情直接、真切；互动性强。住区文化应反对"今必胜夕"的庸俗进化论以及雅俗文化等级制，提倡"和而不同"。

3.3 住区文化尊重弱势群体主体性

弱势群体对环境、住区的弊端、优点相当敏感。我们在住区总体发展战略、具体规划、环境及建筑设计以及住区文化建构中，应尊重弱势群体主体性，使他们参与、指导社区向贴近每一个居民的方向发展，成为社区的主人。

4 住区中弱势群体的绿色自然环境

绿色自然环境在当今城市已日益成为紧缺资源。当市民为之努力竞争的时候，住区尤其要为弱势群体提供绿色自然环境，这对弱势群体的精神有着特殊意义。

(1) 人是自然动物，其身体构造、心理活动首先是对绿色自然的适应，所以在绿色自然环境中人的病态应激性降低、竞争社会造成的精神压力缓解，感官、神经系统、运动系统等被广泛动员，人体生物钟与自然节奏产生共鸣，身体作为整体得到锻炼，有助于弱势群体病体康复、精神回归平和愉悦，走向新生。

(2) 绿色自然环境也是人的高级精神活动的重要来源，特别是在无神论的今天。见山之高，思心灵之崇高；见水之广，思胸怀之宽阔。自然环境天生是和谐的，身处其中可以怡养情操，抵制邪恶风气侵蚀；大自然生生不息，令人感悟到生命的美丽、人的本真，这对于弱势群体热爱生命、坚定意志、产生信心尤为可贵。

借助于一些生活设施，老人等弱势群体在一般绿色自然环境（不是凶险的）中可以有尊严、有能力地自由活动，这是人作为高级生物的优越性体现。而在一般"现代社区"中，他们感受到的是陌生、自卑、无助。

5 小结

黑格尔、马克思都指出，历史不是个别能力突出的人造成，主要是广大普通人的功绩。我们也可以看到，弱势群体为人类历史的发展作出了巨大贡献，其潜力在现代社会不可忽视。从某种意义上说，对弱势群体前途的乐观，就是对人类、基本人生的乐观。

弱势群体是多种矛盾共存的产物、适应能力差的人群。在强者社会里，住区若单纯依靠自组织形成，弱势群体的状况会很被动。我们在住区空间规划设计、文化建构中应深刻反思：有没有弱势群体的合适位置，在其中他们具有怎样的生活状态、精神状态。

对弱势群体精神的关怀，是住区人性化最典型的体现，应成为住区走向高度文明、可持续发展的一个关键支柱。

参考文献

布莱尔·卡明. 公共住宅能改造吗？——芝加哥一住宅区史的最新篇章. 建设评论

姚纳斯. 社会精神保障体制研究. 学术论坛, 2002(6)

易成栋. 制度安排、社会排斥与城市常住人口的居住分异. 南方人口, 2004(3)

人的住宅与住宅里的人——对当前住宅可持续发展模式的深层思考

House of Human & Human in House:
A Deep Thought on Present Housing Sustainable Development Pattern

熊小萌

XIONG Xiaomeng

华中科技大学建筑与城市规划学院生态建筑研究室

Ecological Design Studio, School of Architecture & Urban Planning, Huazhong University of Science and Technology, Wuhan

关键词： 住宅、人、可持续发展、物质欲求、自律

摘 要： 当前，生态危机席卷全球。在住宅发展上，被首先想到的解决策略仍是物质技术的发展；而人性在当前住宅发展问题中扮演的角色却被忽略：正是"人"过度膨胀的物质欲求严重误导了住宅的发展趋势。因此，作为人的住宅，重视技术之余，当务之急是体现人的精神、伦理的可持续发展；作为住宅主体的人，需要的是在保证健康与可持续发展观念的前提下对自己的物质欲求进行一种责任感的约束与自律。

Keywords: housing, mankind, sustainable development, material demand, self-discipline

Abstract: currently, there is an eco-crisis throughout the world. Material and technical development is in the first place in solving housing development, however, the role human nature performs in the present housing development is left in the basket. Human demand-material inflation mislead housing development greatly. So, on one hand the actual urgent affairs is to bring up the sustainable development in the humanity spirit of "house of human", on the other hand it needs to restrict human's material demand with the responsibility and self-discipline on the premise of ensuring healthy and sustainable development in the spirit of "human in house".

1 引言

现代社会的科技发展一日千里，住宅所能提供的物质享受日新月异；但是作为承载"人"这一智慧种群起居的容器，现代住宅是否在追求完美功能之余体现出与"巢穴"的本质区别？而作为万物之灵的"人"，对自身栖息场所是否真正存在一个理性的可持续发展心态和由此而来的责任感呢？

长久以来，可持续发展被我们狭义的理解为一种环境与资源的物质层面定义，当生态环境开始变得恶劣而脆弱时，我们首先想到的是依靠物质和技术手段来控制局面，这方面我们大量的实验与实践已经做得很好了；但是"人"的定义在技术发展的光环下被掩盖，生态的难以为继来自于人类的活动，解决危机的技术更新源于人的精神发展，本原的东西被忽视，可持续发展就难以持续。

2 人的住宅

当人类开始当仁不让的成为掌握地球命运的种族、并依据自己的意志开始改造自己的生存环境的时候，生态危机的种子就已经埋植于人类的历史中了。住宅，人类最原始、最隐秘的生存空间，在面对全球严峻的生态危机时，也被推向了可持续发展大潮的最前沿；毕竟，住宅是人类最普遍、数量最大、与人类生活关系最密切、最能反映人类的潜意识的建筑物；可以说，住宅的发展方向才是人类发展观的真实体现。

2.1 住宅认识观念的变迁

21世纪，人类社会全面迈向可持续发展的生态时代，在此之前人类的住宅观念大体经历了四个阶段的发展，这个发展历程也正好见证了人类对自然与自身需求的认知过程，需要强调的是，这四个阶段并不是以时间发展为轴线的，而是互相重叠共存的。

2.1.1 实用阶段

特征：将住宅作为谋生存的原始物质条件，遮风蔽雨、防野兽侵袭。原始质朴和满足最基本的生存需求是该阶段的实质，需要明示的是，这一切的构筑活动都是在敬畏自然的背景下实施的，该阶段中，最为匮乏的是技术手段与物质条件，如"穴居"等。

2.1.2 符号阶段

特征：将住宅视为表现、区别、炫耀性质的符号。物质的富足促使了该阶段的发展，住宅成为一种财富多寡的象征；此刻，大自然开始成为人类意识中一个可以供强者随意消费的的私有财富，最缺乏的似乎是人的"想像力"。如中国封建时代等级制度下的住宅发展与当前部分豪华住宅。

2.1.3 功能阶段

特征：将住宅理解为满足人类各种欲求的私密自我空间。工业化带来的物质极大丰富促进了住宅功能与规模的井喷，一般的普通民众也可以纯粹按照自己的意志制造满足自己的个性化需求的住宅，大自然在其中扮演着表演舞台与原材料采集地的双重身份；百花齐放与千奇百怪是两个不同视点对该时代的不同描述。如勒·柯布西耶"住人的机器"观点。

2.1.4 生态阶段

开始真正认识到住宅是环境的科学和艺术，将可持续发展视为与环境融合的最高境界。人类是在生态危机的压力上被迫走上这条路，因此目前住宅表现出的生态观念往往不是太纯粹，多年以来"被满足"的惯性在相当时间内还将存在，起始阶段一直是"雷声大，雨点小"。

很显然，住宅只是承载人类生活的一个容器，因此其发展轨迹折射出的是人类对自身居住环境改造的心理变迁。自然地位的日益降低，从被敬畏到被奴役是建立在人类生产力的发展将人类从自卑转化到自负这一过程之下的。可持续发展的实现在于人是否能正确面对自己与自然之间的关系。

2.2 中国住宅的可持续发展现状

目前，中国现有建筑的总面积约400亿平方米，预计到2020年还将新增建筑面积约300亿平方米，这其中超过一半是住宅。更值得注意的是，与发达国家相比，我国住宅建造和使用过程中，存在严重的资源浪费现象。住宅使用能耗为相同气候条件下发达国家的2～3倍；卫生洁具的耗水量比发达国

家高出 30% 以上，污水回用率是发达国家的 25%；采暖地区能耗为相同条件下发达国家的 3 倍左右；比发达国家钢材消耗高 10%～25%，每立方米混凝土多消耗 80kg 水泥；每年仍因使用黏土砖毁田 12 万亩（王铁宏，2005 年）。

中国目前正处在经济转型过程中，发展社会生产已成为当前的中心工作，同时生态危机又迫使我们还必须打起可持续发展的大旗。在调研中我们发现住宅建设中还存在以下一些情况：

事例一：某大型住宅区废水处理厂废水处理达标后排放至河流中，但为节省费用，废水处理后产生的污泥也被偷偷排放到了同一条河流中，最终废水还是与转移到污泥中的污染物在河流中汇合。被发现整改后，将淤泥处理后免费提供给周边农民作肥料，并按重量付给运费，结果农民每次拿到运费后，就将污泥倒在附近路边。

事例二：某生态小区投入巨资建立了中水循环使用系统，每户拥有两套给水系统，可是居民认为中水不卫生以及差价不多而拒绝使用，甚至一般洗涤浇花及洗车等继续使用自来水。

事例三：某小区使用了 LOW-E 玻璃以提高能源利用率，但因为价格过高，大量用户拒绝付款，最后多数由户主重新换为普通玻璃。

很显然，上面事例可以看出，中国也有国际流行科技的生态节能技术和系统引进，因此不能说是仅仅因为经济原因而导致当前住宅行业的生态化与世界前沿差距巨大；即便是可持续发展的技术能节约大量的资源，使住宅的开发与使用成本不断下降。原因也是在于"人"在社会责任意识、价值观、生态观、自我约束上存在问题；因此，中国的住宅问题需要关注的还有"人"的因素。

3　住宅中的人

住宅如果没有人的参与，那么我们就很难界定它与巢穴的本质区别，就更没有必要提可持续发展。从某一个层面上来说，是人破坏了自然平衡，引起了生态危机，这便是动物和人在自然面前的最本质差别；而人与动物在行为方面最本质的差别在于，人的欲望和需求是不断膨胀的，并且人在自然面前长久的绝对权威导致人类对自己的索求越来越放纵和缺乏理性思考。以人类利益为中心和出发点的发展最终形成了对人类生存和发展上的严重威胁。

3.1　现代文明下人的住宅非可持续性消费特征

毫无疑问，工业化是推动城市化发展的强大动力，然而在工业化浪潮引领的功能住宅阶段中的现代住宅消费者，进行的往往是一种典型的与实际需求脱节的、以资源挥霍为特征的消费：

3.1.1　消费肤浅时尚化

当前的住宅消费显示出强烈的潮流性，建筑风格与功能也出现了以往在服装等时尚用品上才会有的流行时髦风气，主要表现在注重外观、装饰与风格而忽略了实际使用功能。善变的时尚风向标开始指挥使用年限为 50~70 年的耐用品——住宅。往往因为市场上出现功能更多、风格更新颖的新住宅类型，未在新潮流来到前销售完的旧的住宅类型很快就会被市场抛弃，产生大量闲置的现状，甚至重新开发。这种消费风气迫使仍具有使用价值的消费对象退出消费过程，其结果大大增加了资源消耗，也污染了环境。

3.1.2　开发利润最大化

住宅消费在经济利益的驱使下产生异化。在市场操作中，房地产开发商所追求的并不是消费者要求的使用价值而是利润，因此通过刺激挥霍性超豪华住宅、商业炒作相关概念，模糊住宅的真正需求，使

用经济成本而非生态成本低廉的物资、技术，增加不必要的环节来产生新的消费需求，维持和扩大开发规模，以产生更大利润。但是，更大利润的产生并不是以住宅居住合理品质的提升为前提的，相反，更多的物质资源消费在无用的地方。

3.1.3 使用功利符号化

住宅消费表现出强烈功利性而非实际需求。大量可供选择的楼盘以及无处不在的刺激性广告宣传，人们对住宅的消费欲望不断地被调动起来，潜在的消费欲望成为现实的消费需求，而从未有过的消费意识和需求也被创造了出来。大量实际上不必要的住宅开发活动造成了资源浪费。另一方面，城市人之间的拜金主义的盛行导致了城市人的势利和世故。城市人之间的交往常常凭"印象"，也就是说，城市居民住宅的地理位置、数量与大小、住宅风格与豪华程度往往是一个人社会地位与成功的象征符号；利用生态技术手段进行反生态目的住宅建造，标新立异与实力张显有愈演愈烈之势，住宅消费严重偏离其实际需求。

3.2 住宅生态观念的丧失机制

从住宅演化的进程看，其实是人工环境逐步代替自然环境的过程，而身处城市中的现代住宅就是一个彻底的人工聚居环境。早期的城市住宅并未显示出这种彻底性，只是由于人类对住宅不断集中和增加为了自身的享受与对抗生态环境恶化的欲求，最终使住宅产生了新的质变，成为彻头彻尾的人工环境：为了躲避空气污染、城市噪声、化学粉尘、热岛效应、光污染等和保护生活私密性，住宅变的越来越封闭。人工开始替代了自然，一切好像天衣无缝。

城市人只有在这种住宅中可以长期的生存，而且由于这种人工环境是根据城市人的需要建造的，因此在既存的生态环境中有着其他聚居形式不具备的舒适性和方便性。人工环境越是完善，越使居住在城市的人们与自然环境相隔阂，人们似乎在超越了自然的环境，他们对自然环境的变化变得麻木和迟钝，并固执的相信技术与物质可以抵抗一切自然环境的恶劣条件（这恶劣的条件正是人类自己造成的）。因此，自然环境对城市人的影响也就不断消减，城市人对自然环境的认知能力也就相对受到影响。城市人对自然环境缺乏应有的尊重，更重视人工环境，认为自然环境总是可以改造的，而且技术进步是无止境的。因而，城市人对自然生物环境的生态平衡往往采取漠不关心的态度（张宝义，2005）。

3.3 人性与可持续发展观

曾有个形象的比喻：如果把环境比作是笼子的话，人就是笼中之鸟，笼子的形状、大小和特点决定着鸟的存在方式。传统发展观坚持"人类中心主义"观点，仅仅把社会发展归结为单纯的经济发展水平的提高和物质财富的增长。人类从自然界中独立出来，而自然界演变为人类"征服"和"改造"的附属对象；自然界对人类活动的限制和人类对自然界的依赖被技术发展的表象掩盖，人在自然界中的主体地位被科技发展夸大和扭曲。

今天生态危机的全面爆发，本质上在于人性没有得到全面健康的伸展，人性中物质欲望的无限放纵与社会理性的缺失是造成生态危机的罪魁祸首。技术越发展，人类的自我意识越膨胀，而社会理性的一面越消磨，由此进入一个恶性循环，在这个层面上，技术的发展是毫无意义的；因此人类只有通过人性的自我完善才能最终解决人与自然的矛盾冲突。如同经验主义哲学家休谟在《人性论》中曾提到："在善恶面前，以理性为特征、以客观事实为对象的科学是无能为力的，人只有从自身出发，从追问灵魂出发，才能找到善恶的标准。"作为与人联系最紧密的建筑空间，住宅的可持续发展与其他一切社会问题一样，与人的本性密切相关。生态危机产生于人性的扭曲，也将终止于人性的健康全面的舒展。

具体来说，生态危机的原始起因在于人的自然属性和社会属性发展失衡的结果。

3.3.1　人的自然属性的失衡

人的物质需求是满足生存的第一属性，其直接和自然发生作用，即人的自然属性。自然属性即物质欲求的大小及是否合理直接关系着人对自然的影响程度（陈利红，高懿德，2005）。

随着人类对自然的深入了解以及科学技术的不断改进，人的生存欲变为占有欲和控制欲，物质主义原则一直在社会中占主导地位。住宅也从实用阶段发展到功能阶段：过度的物质欲求使住宅消费产生异化，人性表现出的是贪婪，贪婪地创造着需要，又以各种手段贪婪地满足着需要。只求欲望满足，不问手段善恶。就住宅发展中的各个环节都表现出这样的特点：政府职能部门因为房地产的经济拉动力而积极供应土地；房地产开发商不负责误导性的前期商业炒作无孔不入（甚至生态概念本身都已经成为当前炒作热点）、开发阶段唯利是图；住宅消费者的投资性消费与跟进潮流等消费异化形成了一整条反生态链，在这中间，人类物质欲求下的技术发展起到的是产生更多利润的作用，从实际后果来说是给生态环境带来更沉重的压力；因此某种程度上，当前生态危机也源于生产技术监督机制的缺陷和科技的盲目发展。

3.3.2　人的社会属性失衡

自然属性的异化使人类个体的理性消退，同时使社会理性这一由人类个体理性集中表现构成的集合体同时失去平衡，人类社会属性的失衡反过来进一步加快人类个体自然属性的倾覆，一个拥有加速度的恶性循环又形成了。个人理性的缺乏使个体行为随心所欲，而社会理性的倾覆则会导致整个社会大环境的非理性运行：一方面住宅开发上利用这种非理性牟取暴利；一方面人们也有用物质来填补精神空虚的需求；表现在生态上就是在人类中心主义下对自然过度盲目性掠夺。表现在现实生活中就是整体浮躁的社会风气、大众行为的社会监督减弱、价值观方向模糊、大量先进生态解决方案流于形式等等。

3.3.3　人性修正与科技发展

由以上两点可以看出，当前住宅发展上，最迫切的任务是可持续发展观念下人性的修正——在自觉维护社会整体价值观和促进自然进化的基础上实现自身素质的全面提升。对于科技的发展，它可能增强人们的某些感知力，但无法全面提高人的素质，也无法左右人的消费观念，因此必须将科技发展纳入到人—自然—社会综合系统中考虑，否则科技越发展，给人类带来的只能是越来越多的灾难，而不是福音。

4　人性的生态回归

目前生态危机中，重新修正人性是我们的首要任务，那么就需要重新塑造一个符合可持续发展观的人性模型："生态意识和生态伦理学所反映的价值观将实现对人的重新塑造"，我们将这种"人"称为"理性生态人"（徐嵩龄，1999）。

我们设想，一个"理性生态人"应具有双重素质：作为"生态人"，他既具有充分的生态伦理学素养；他又是"理性的"，他具备与其职业活动及生活方式相应的生态环境知识。这样，第一，他能对一切与环境有关的事物做出符合生态学的评价；第二，他会有充分的道德、智慧和知识制定符合生态学的策略（徐嵩龄，1999）。

作为"理性生态人"，可以由如下原则加以规范：

4.1 生态道德观

生态道德观是在确认自然价值与自然权利的基础上，将伦理学中人的"德性"（爱、节制、和谐）等理念扩展到整个自然界，将人与人之间的关系延伸到人与自然之间的关系，以扩大人类的责任范围，承担自然的责任和义务。它在理论上要求当代人要牢固树立生态意识和长远利益，强调可持续性；在实践上，提倡人们用对自然的"道德良知"与"生态良知"来进行服从生态规律的科学生活、绿色消费；在承认人的主体地位的前提下，通过充分发挥人的道德主体性，依靠人的能动的实践活动"自觉地"实现"人与自然"的和谐。

4.2 利益的生态最大化

生态危机的社会表象就在于在单纯追求经济利益的最大化而对自然资源无节制开发和利用导致的，其结果是破坏并恶化了地球上包括人类在内的所有生命的生存状态。因此，可以这样说，可持续发展当前面临最现实的问题是如何有效解决各个利益集团之间的利益分配问题。很显然，维持可持续发展是需要付出一定成本与代价的，大多数时候可持续发展观都受到人们拥戴，可一旦个人利益受到侵害，维护自身利益就成为人们行事的首选，这就是当前可持续发展机制无法畅通运行的根本原因。普遍的个体现象上升到社会及国家的层面，就是为了快速提高自身的经济水平进而提升生活水平与国际威望而不愿立刻进行成本更高的可持续式发展。

因此，利益的追求应该在生态的可持续发展层次下进行。这并不是否定物质利益的追求，而是要正视物欲尺度的存在，重视物欲的尺度的作用，坚持物欲的尺度的目的性、前提性和根本性。人的物质需求与自然的发展和谐统一；社会生产对自然进行征服改造，以不破坏生态环境为限度，可使之再生回复；已获得资源要最大限度地提高其利用率。仅顾人，生产力不可能持续发展，仅顾自然，则保护本身就没有任何意义。人对自然的开发利用是为了满足现实的要求，更是为了长远的发展，是未来发展的基础，为了满足人们眼前的利益而牺牲长远根本利益是短视的，因而我们追求的是人类利益与生态发展的双赢竞争机制。

4.3 公平与正义

一个人在社会中的"权利、责任、义务"三者是统一的，没有独立于责任与义务的权利，如果说权利包含着利己动机，那么责任和义务则反映着公平与正义。公平与正义不仅要使权利享有者承担起与其权利相应的社会责任，而且应当承担这一权利所影响的自然界的责任，承担起这一受影响的自然界所引起的社会事务的责任。这种责任可以是个人之间的，地区性的，以及国际性的。

人类社会由很多国家和地域组成，而国家又由大量人的个体组成，每个个体都拥有自己的利益与权力；但是由于生态系统只有一个，所以我们必须强调公平与正义来协调各个不同利益集团之间的矛盾，避免"各扫门前雪"的情况发生，否则有可能多数人的努力会因为少部分人的放弃而毫无意义。无论是在个体还是国家层面上，公平与正义还应该包含互助与互谅的内涵才能具有现实意义。

5　总结

住宅在当今社会扮演着比历史上以往任何时候都多的角色，其作用与功能日益重要与复杂。首先，住宅必须继续满足人们新生活的新要求，但种种为追求高物质享受的标新立异以及完全建立在技术与物质堆积的空中楼阁也在源源不断产生；其次，当前单纯靠技术来弥补人对生态产生的影响目前已经略显吃力，技术的发展能否跟得上人类快速发展的物质欲求更是个未知数，这种边补边漏的被动式策略终究有应付不了局面的一天；最后，生态支离破碎的始作俑者是人类，其后果的承受者也是人类；因此弥补

重建生态秩序更要依靠人类自身的发展。重视人性在当前住宅发展问题中扮演的角色，以人、自然、社会共生共荣作为人类认知决策、行为实践的基础，从自身对生态上应该承担的责任与义务上入手，以人对自然的自觉关怀和生态道德观、公平正义的使命感为其自律机制，以合理先进的社会引导机制作为其坚强有力的物质、制度保障，找到一个住宅在满足人类欲求与持续发展之间的平衡点，是从根本上解决住宅可持续发展的良方。

参考文献

徐嵩龄. 环境伦理学进展：评论与阐释. 北京：社会科学文献出版社，1999

王雅林. 人类生活方式的前景. 北京：中国科学出版社，1997

余谋昌. 生态学哲学. 昆明：云南人民出版社，1991

王铁宏. 城镇化建设中，应当努力建设节约型城镇. 建设节约型社会国际研讨会. 北京：国家发展和改革委员会、国务院发展研究中心，2005

崔凯. 可持续发展——一种再思考. 中共济南市委党校学报，2005(3)

张宝义. 论城市人的主体性缺陷. 理论与现代化，2005(3)

陈利红，高懿德. 论生态伦理得以可能的人性论基础. 济南大学学报，15(2)，2005

多元价值：城市化进程中广东低密度住宅的居住价值组合

Multiple Values: A Combination of Inhabitation Values of The Low-Density Residential Estate Under Urbanization Process in Guangzhou Province

高武洲

GAO Wuzhou

华南理工大学建筑学院建筑学系

The Department of Architecture, School of Architecture & Civil Engineering, South China University Of Technology, Guangzhou

关键词： 多元价值、低密度、价值组合

摘　要： 本文结合广东城市化进程的情况，以住宅使用人、住宅发展商、政府管理职能部门为主体的研究视角，分析都市化进程中低密度住宅居住价值组合。通过比较广东与中国大陆的其他重点城市的发展情况，以及多元价值与人的需求的互动关系，以建筑学为本，采用一些经济学、哲学的观点进行分析。文章提出低密度住宅的可持续发展必须深入研究居住价值的复合属性。城市化进程对低密度住宅的多元价值本身的差异、变化起到深远的影响。文章力图辩明实现居住多元价值的因素，为提炼符合现今发展大潮的低密度住宅价值量化系统和指标作前期铺垫，并为设计师进行可持续发展居住建筑设计、开发商进行优良房地产开发、政府进行产业调控提供理论探讨的思路。

Keywords: multiple values, low Density, combination of value

Abstract: This paper studies the combination of the values in low-density housing inhabitation during the process of urbanization, with the study subjects as user, developer and government. The local cultural characteristics are also considered in the study. The paper compares the development of Guangdong, Hong Kong/Macau, and the other metropolises in China. It also studies the interactive relationship between multiple values and the need of human being. Some methodologies in economics and management are referred to.This paper raises the point that sustainable development of low-density housing necessitates a thorough study of the multiple attributes of inhabitation values. The process of urbanization has a deep impact on the variation of multiple values of low-density housing inhabitation. The paper then identifies the factors of how to achieve inhabitation values. It also carries out preparation research on a quantitative ranking system of the inhabitation values of low-density housing. The paper can be referred by architects in designing sustainably developable low-density housing, by developers in building quality real estates, and by government agencies in public management of the housing industry.

1　引言

随着城市化的进程的加快、汽车进入家庭，低密度住宅生活正在成为另一种发展势头强劲的新兴的居住模式。部分高收入人群，开始选择社区环境较好、生活条件舒适的低密度住宅区。然而，根据国土资源部发布的 2004 年度全国土地利用变更调查结果显示：中国人均耕地面积已从上一年的 1.59 亩减少到 1.41 亩，不足世界人均数 3.7 亩的 43%，是美国人均耕地面积 10.9 亩的 15%。低密度住宅能存在和发展下去吗？国家建筑大师赵冠谦指出："低密度住宅的出现有以下的原因：多元社会结构的出现，使不同的人群对居住有着不同的需求；城市郊区化以后土地资源利用的需要；交通发达使得在离开城市有一定距离的地方建造这样的住宅成为可能。（2003）"广东地区与中国其他大中城市一样，低密度住宅客观地存在着。只有认清低密度住宅居住价值的本质，才能有效把握低密度住宅的发展的脉搏，并为日

后进一步获得低密度住宅的量化系统打基础。

2　居住价值辨析

2.1　居住价值概念的起源

近年，居住价值的讨论随着居住市场化而越来越浮现出来。居住建筑要往哪里去？居住价值包含了什么？价值的源泉究竟是单纯的，还是多元的？我们如何确定居住价值？这里提出的是：居住价值源于价值，而同时具有多重组合的属性。居住价值需要通过量化，用建筑学的语言"形体和空间"反映出来。

我国建筑学领域没有对居住价值明确定义。《辞海》则将价值定义为"事物的用途或积极作用"，将价值与使用价值等同起来。从经济学角度来考察，价值是商品经济的基本范畴之一。在西方，最早在著作中使用"价值"这个术语的学者，古希腊奴隶主阶级杰出思想家，色诺芬，在公元前 3 世纪所著《经济论》一书中指出："耕种好的土地代价最大，而且不能再改进了"，"最大的改进无过于使一片荒野变成肥沃的田地"。亚里士多德在《尼科马赫伦理学》中，最早分析了价值形式，但是此时，亚里士多德只是产生了价值概念的最初萌芽，并没有建立起真正科学的价值概念。

政治经济学作为科学出现的时候，它的首要任务是确立价格运动规律是如何决定的。经过长时间的研究和探索，发现价格总是围绕一个波动的中心或重心发生变化，当时经济学家们称之为"自然价格"，或"正常价格"，或者"自然价值"，更多的场合则简单地称其为"价值"。

2.2　用效用价值论解释居住价值

效用价值论解释了劳动价值论没有提到的人的主观愿望。"边际效用"一词，由维塞尔首创，它是指不断增加某一消费品所取得的一系列递减的效用中最后一个单位所带来的效用。边际效用论主要观点是:⑴价值起源于效用，效用是形成价值的必要条件又以物品的稀缺性为条件，效用和稀缺性是价值得以出现的充分条件。因为只有在物品相对于人的欲望来说稀缺的时候，才构成人（甚至生命）的不可缺少的条件，从而引起人的评价即价值。(2)价值取决于边际效用量，即满足人的最后的亦即最小欲望的那一单位商品的效用，价值纯粹为一种主观心理现象，"价值就是经济人对于财货所具有的意义所下的判断"。(3)边际效用递减和边际效用均等，所谓的边际效用递减规律是指人们对某种物品的欲望程度随着享用的该物品数量的不断增加而递减;边际效用均等也称边际效用均衡定律，它是指不管几种欲望最初绝对量如何，最终使各种欲望满足的程度彼此相同，才能使人们从中获得的总效用达到最大。(4)效用量是由供给和需求之间的状况决定的，其大小与需求强度成正比例关系，物品的价值最终由效用性和稀缺性共同决定的。

居住价值是由"生产费用"论和"边际效用"两个原理共同构成的，二者缺一不可。也就是说，住宅商品的边际效用可以用买主愿意支付的货币数量即价格加以衡量。在此基础上，马歇尔提出了"消费者剩余"的概念，并引用"需求弹性"概念来衡量价格的变化引起需求的变化。他认为供给的数量随着价格的提高而增多，随着价格的下降而减少，利润就是商品的边际费用。瑞点学派之一卡赛尔认为，价格就是价值，价格由供给和需求决定的。他说："购买货物必须要付价格，是因为人民所需的各种物品的'稀少'，价格的功用，就是在此种稀少的程度内，限制消费的需求，可见整个价格决定的程序，完全是稀少原则。""土地之地租，根本上必须以土地稀少性解释，因土地稀少性，故使用土地必须有一特殊价格，以限制其需求。"实际上，解决价值大小的量化问题，必须对效用大小或高低进行计量，这是不能回避的关键。从现在的住宅商品看，效用价值论可以解释低密度住宅在生产结束后，价格仍然不断上升的现象。

2.3 居住价值的"客观属性"与"效用"

居住价值的研究主体是"人"，而载体是容纳人的居住建筑。居住建筑在市场经济下成为了商品。关于住宅的使用价值，不同的学者有不同的定义。古典学派把使用价值定义为物品满足人类需要的客观属性。那么也就是说，住宅的使用价值就是住宅所固有的可使用属性。边际主义者把使用价值称为效用，并把效用定义为人们消费物品时的主观感受。现代西方主流派经济学家大都承袭了边际主义者的这个定义。那么，住宅作为商品在这两个定义中，一个把住宅使用价值或效用看作住宅的固有的可使用属性，另一个把住宅使用价值或效用看作人们对住宅的主观判定，分歧不可谓不大。但是如果仔细考察这两个定义，就不难发现，两者有一个重要的共同点，即都把居住价值或效用看作人与居住建筑之间的关系。因为不论是居住建筑满足人的需要的客观属性，还是人对居住建筑的主观判定，都只存在于人与居住建筑这一消费物品的关系之中，离开了这种关系就毫无意义。而且，人们消费居住产品时的主观感受并不是凭空产生的，而是由居住产品能满足人的需要这一客观属性产生的，尽管它在形式上是主观的，但在内容上却是客观的。因此，上述两个定义的差别，只在于观察问题的角度有所不同。而我们现在研究的就是基于以人为研究主体，对居住产生价值的组合因素的研究。

2.4 居住价值采用哲学价值论的解释

从哲学的角度解释低密度住宅的价值，可以为我们开阔一个新视野。哲学中的价值概念，是各门具体科学和各个具体生活领域所说的价值高度概括，可以表述为："价值这个概念所肯定的内容，是指客体的存在、作用以及它们的变化对于一定主体需要及其发展的某种适合、接近或一致（李德顺，1987）。"进一步明确而言，居住价值是指客体（低密度住宅建筑）的属性和功能能够满足主体（可拟定为：使用人、开发商、政府）需要的一种功效或效用价值，即客体对主体的意义或者说客体（低密度住宅建筑）对主体生存和发展的意义。从这种表述中我们不难看出，居住价值的内容主要是表达人类生活中一种普遍的主客体关系，即客体的存在、属性和变化同主体需要之间的关系，它的本质在于能够使主体更加完善，能够推动人类的进步，主体的需要，推动主体作用于客体，能够满足主体需要就有价值，而主体需要的满足就是客体价值的实现。为满足不同的主体，同一客体会包含不同的效用价值。文章确立的主体为住宅使用人、住宅发展商、政府职能部门。

2.5 低密度住宅只是占较少比例的一种住宅类型

聂兰生曾经指出（2003）："我国是一个土地稀缺的国家，低密度住宅的出现有其社会基础：决策的分异。我们的住宅建设主要是针对90%的中低收入人群的，但10%先富起来的也需要得到满足。所以，低密度住宅的研究开发是很有价值的，同时也需要政府管理部门相应的土地政策控制。"

低密度，是相对于大量性的高密度和中密度而言，不是越低越好，更不是提倡大量地建设占用土地资源多的住宅。根据《中国低密度住宅规划设计要点》，低密度住宅，是指建筑套密度不大于3.5套／1000m²的住区住宅。本文涉及的低密度住宅包括：独栋低层住宅（别墅）；联体低层住宅（联体别墅）；多层高密度住宅；高层低密度住宅。国家正利用土地"稀少原则"，限制消费需求。低密度住宅是占较少比例的一种住宅类型。

3 从使用人效用价值看，居住价值为多层次效用的组合

3.1 国民居住心理需要

根据马思洛的需要层次理论，人的需要分五个层次：第一层次，生理需要（饥饿、口渴）；第二层

次，安全需要（安全、保障）；第三层次，社会需要（归属、关爱）；第四层次，尊重需要（赏识、地位）；第五层次，自我实现需要（自我发展、自我实现）。第一层次为最基本、最广泛的需要，第五层次为最上层、最终的需要，由多到少以三角形向上分布。而人在居住上的需要恰恰就体现这五个层次：生理上需要清新的空气、充足的阳光、洁净的水；安全上需要牢固的防护设施、全面的监控；在社会上需要家居家社区的情感；尊重上需要得到别人对自己所住的地方认同；自我实现上需要通过自我努力令所居住行为达到个人的目标。

低密度居住价值的体现，反应在第三层次以上，表现为一种对更高品质生活的追求。因此可以说居住价值体现的并不是一种纯物质上的需要，而以上升为一种精神上的需要。

3.2 符合"城里工作郊区居住"的生活模式

由于汽车进入家庭，人们的居住观念发生了变化。白天开车到城市里上班，夜里住在空气清新的郊区，已经成为一部分人的生活时尚。更值得关注的是，由于实际已经形成了以广州为中心的"一小时经济生活圈"，住在广州郊区楼盘而到珠三角周边城市上班，更是路宽车快便捷无比。顺德许多企业的高级管理人员或者白领人士，往往就住在广州的郊区楼盘里。他们并不认为交通上花费的时间会降低低密度住宅的价值。在深圳，关外楼盘以空气清新、环境美好和车位充足，吸引了不少市区的居民。按照"边际效用"理论，人的所有快感，第一二次最为强烈，以后逐步下降。可以看到，广州周边大型低密度区的热度，就算空置不住也要买的根源，出自对拥有汽车和低密度住宅的快感。

3.3 智能化设备带来的科技价值

21世纪初广东低密度居住小区将面临崭新的局面。人们对小区居住环境又有"个性化"、"休闲化"、"多功能化"的要求；且要求较高的通信与物业服务、较高的娱乐和消费需要以及较高的性能价格比倾向。此外，随着计算机技术、现代通信技术和自动控制技术的迅速发展，智能化建筑在发达国家应运而生，随后在各国相继形成热潮，我国也引进了这一新技术，使智能小区的节能效能符合低密度住宅区的效用需要。

3.4 健康价值

低密度住宅最关注的是健康生活。"生态住宅"又是健康住宅中比例最重的一种。有关专家认为，"生态住宅是运用生态学原理和遵循生态平衡及可持续发展的原则，设计、组织建筑内外空间中的各种物质因素，使物质、能源在建筑系统内有秩序地循环转换，获得一种高效、低耗、能源在建筑系统内有秩序地循环转换、无废无污染、生态平衡的建筑环境"。另外，具体设计上，注重绿化布局的层次、风格与建筑物要相互辉映；注重不同植物各方面的相互补充融合；同时注重发挥绿化在整个小区生态中其他更深层次的作用。而在房屋的建造上，则要考虑自然生态和社会生态的需要，广州市帝景山庄注重生态环境，注重居住者对自然空间的需求，采用环保材料，使居住者获得了健康生活。

3.5 资产运营价值

人们都十分乐意看到自己资产增值。资产运营价值是居住价值组合的新内容。受泛珠三角经济共同体越来越广泛的影响，近年来外地人在广东购置低密度住宅正成为一种趋势。人们把购置第二住宅视为休闲投资。度假住宅的位置一般选在距城市不远的郊外或海滨。这种住宅已不只限于某个人所有，而是发展成几个人投资，共同所有，然后分批去度假。在广州华南碧桂园、凤凰城、南国奥林匹克花园、从化逸泉山庄都有不少人另外拥有一套以上供出租或出售盈利住房的案例。

4 从发展商效用价值看，低密度住宅能获取更大的"消费者剩余"

4.1 低密度住宅的成本效益

不可否认，商品经济下，追求利润是住宅发展商生存和发展的动力和目标。但不应把住宅发展商理解为只求利益，不择手段的奸商。合法经营的发展商是制造住宅商品，承担着把住宅商品与住宅消费者需求关联起来的角色。一个低密度住宅开发项目的价格，大致包含了四方面：(1)建筑成本；(2)地价；(3)房地产税费及管理成本；(4)利润。2002 年广东的房屋营造成本平均为：标准多层（七层以下）住宅楼：约 650 元／m²（框架结构）；高层建筑（十层以上、有电梯），约 1200 元／m²。

其实，广东各经济较活跃地区，地价才是成本的首要因素。为了房地产行业的规范化，土地使用走向透明，国家颁令，2005 年 8 月 31 日前停止一切土地的协议转让，改为以公开招投标方式转让，出价最高者中标。在广东惠州，帝景湾项目通过投标，以 5 亿元购入的地块，建 12 层一梯二户的低密度塔楼，建筑面积分摊的地价大约是 2500 元／m²，比建筑成本高一倍。

至于利润，则是体现在附加于居住价值组合中的效用价值，它与成本没有对应关系。只要消费群购买力越强，发展商可获取"消费者剩余"的容量空间就越大。由此明白，广州东部低密度住宅售价达 14000 元／m²，为什么仍然受欢迎。

4.2 混合型居住区是大型低密度住宅开发的优良组合

混合型居住区是指区内不同类型住宅（如别墅、Townhouse 等）之间的混合布置和不同功能建筑(如住宅、商业、娱乐、服务等)之间的混合。广州合生创展根据大量住宅项目开发经验，总结出舒适性规划密度为 20%为宜（住宅净密度），并根据目前需求及住宅发展趋势，对低密度住宅进行了开发模式划分。对于 18（19）层以下住宅主要选用一梯二户及一梯三户户型，一梯四户以上户型仅在 18 层以上高层住宅考虑使用。这将成为效益最优化的发展模式之一。

表1　合生创展低密度住宅容积率类型表

住宅容积率	< 0.3	0.3~0.7	0.7~1.2	1.2~1.5	1.5~2.0
建议选用住宅类型	独立别墅	独立＋双拼＋联排	多层＋联排	12层＋联排	18层＋多层

4.3 提高各方面技术含量，以达到使用者需求

结构体系、建筑材料及设备技术等只是影响建筑本身，而生态技术则影响到外部环境，对理想人居环境的创造具有更深远的意义。生态建筑技术的采用是改善居住环境和提高住宅内部舒适宜人的有效手段。发展商对生态建筑技术的系统应用能够有效地控制和减少建设活动对环境所造成的负面影响，降低建筑的能耗和日常开销，以达到成本最低化，效益最大化。

5 从政府效用价值看，低密度住宅位于产业边缘

5.1 控制低密度住宅土地供应，充分利用土地价值

国家政策并不提倡大量建造低密度住宅。中国一方面土地资源严重不足；另一方面浪费土地资源严重。广东省耕地面积逐年减少，据 2004 年土地变更调查统计，全省人均耕地面积只有 0.55 亩，不及全国人均水平的一半，也远低于联合国粮农组织划定的 0.8 亩的警戒线。同期我省 GDP 每增长 1 个百分点，就要消耗土地 5.09 万亩；全省不少地方已面临有项目、无地可用的严重困境。因此，我省转变经济增长方式和土地利用方式迫在眉睫，节约集约用地是大势所趋，也是惟一的选择。节约集约用地的理

念提高土地价值含金量。政府通过控制土地供给来调节需求。

5.2 吸取西方都市化进程中"城市病"的经验，避免整体价值流失

欧美国家在都市化过程中出现了日益严重的"城市病"问题，诸如：交通拥挤、住房紧张、社会秩序、治安状况不良、城市环境污染严重、环境质量快速下降等。在此背景下，以富裕人群和中产阶级为主体的部分城市居民选择到城市的近郊乃至远郊居住，从而出现住宅郊区化和城市"空心化"的现象。城市中心和市内出现一定程度的衰败，甚至成为"贫民窟"。吸取西方的经验，避免或减轻"城市病""城市空心化"已经是政府职能部门重要任务了。这里列举美国四个阶段的郊区化情况，以获得一些启示：

第一阶段：城市居住功能郊区化（1940 年~1960 年）；广东现在正处于这一阶段；

第二阶段：郊区购物中心大规模化阶段（1960 年~1970 年）；广州、深圳等开始出现郊区购物中心；

第三阶段："边缘城市"阶段（1970 年~1990 年）；"边缘城市"从城市中心带走了大批的中产阶级；

第四阶段：目前状况（1990 年以来）；美国的传统城市中心及它的郊区"边缘城市"共同构成的多中心的大都市圈，同时有向其外围拓展的趋势。

广东可以结合自己的特点，吸收西方都市化进程的经验，以满足现今居住价值的要求。

5.3 政府注重生态价值，立法保持环境价值的良性循环

生态环境是构成居住产业的重要因素，大的生态环境直接影响到居住建筑开发的小环境。政府正着手立法，保护自然环境在使用过程中的自然生态、地表呼吸，确保环境效用价值不受损失。低密度住宅对自然环境的破坏相对少些，更有易于保护水体和湿地。目前，保护生态的主要技术还包括外墙保温隔热、建筑隔声、降噪、太阳能及地冷、地热的应用，环保健康建筑材料的采用等。各种生态、环保、节能技术系统的整合与搭配，将是高品质低密度住宅应具有的技术配置。

5.4 政府落实进行住宅性能认定

建设部从 1999 年 7 月在全国试行商品住宅性能认定制度以来，各地作了大量工作，取得了不少成果。由于我国住宅发展凡事离不开政府，而地方政府相关部门又忙于房屋拆迁、旧城改造、公积金管理、物业管理、房地产市场管理等热点问题，对性能认定往往无力和无暇顾及；另外，珠三角区域目前住房市场上充斥着花样繁多的评比活动，鱼龙混杂，使开发商和消费者难辨真伪，客观上冲击了性能认定这一严肃的工作。直到 2004 年终于第一次进行了商品住宅 A 级性能认定。建立一个公正严明的住宅性能平台，有赖政府职能部门加强工作力度，切实搞好住宅性能认定工作。

6　结语

文章尽管通过经济学、哲学理论中的一些观点，分析人与低密度住宅价值。但这只是形成研究主体的铺垫，尚不能用来诠释广东低密度住宅发展的所有现实问题。中国低密度住宅需要既具有普遍科学意义又符合自身特点的量化体系。而要构建中国的低密度住宅研究体系，还需要深入研究低密度住宅价值的具体案例和数据。以后将按照居住价值框架进行研究，以获得系统的量化指标，为设计师进行可持续发展的居住建筑设计、开发商进行优良房地产开发、政府进行产业调控提供理论探讨的思路。

参考文献

崔世昌．关于地产文化的系统分析．2003

冯仑．住房私有化影响重大 让居住改变中国．经济观察报，2003

叶光前．业界博鳌论说居住改变中国．中国房地产报，2003

罗高波．美国住宅郊区化对中国城市空间发展的启示．中国房地产信息网，2003

秦佑国．SARS 后对居住密度的一些思考．2003

王珏林．住宅产业论坛之政策分析．2003

陈文．生态住宅初露端倪．中国房地产报，2004

林少培．绿色智能居住小区初探．工程设计 CAD 与智能建筑，2003

刘小怡．马克思价值论的继承和发展．2003

刘小怡．挑起居住价值复兴的大旗．新浪房产，2003

卢诗华．从居住建筑体系看低层、联排别墅、低密度住宅的概念．搜房网暨大中华别墅网，2003

李妍，郭文姬．广州人进入后小康居住时代．广州日报，2001

江文籁．水资源价值论．2004

（加）弗朗西斯·赫瑞比．使命和价值观的定义．郑晓明等译．2003

http://www.tianyaclub.com/（朱中卿．什么才是硬道理？2005）

http://www.gdfdc.com/（李运章．广东住宅产业的发展及主要政策，2004）

http://www.zbzzfdc.gov.cn/（曲波．节约集约用地是房地产开发永恒的主题，2005）

第五届中国城市住宅研讨会论文集，中国香港，2005 年 11 月
Proceedings of the Fifth China Urban Housing Conference, H.K.S.A.R. CHINA. (November 2005)

天津市流动人口中弱势群体居住状态研究

The Dwelling State Research of the Disadvantaged Groups in Floating Population in Tianjin

孙雯雯　　夏青

SUN Wenwen and XIA Qing

天津大学建筑学院

School of Architecture, Tianjin University, Tianjin

关键词：　　流动人口、弱势群体、居住形态、城市化进程

摘　要：　　文章以天津市外来流动人口中的弱势群体为研究对象，在界定相关概念的基础上，通过现状调查和资料搜集、分析和研究了这部分人群在城市中的居住状态，提出流动人口弱势群体居住状态存在的问题，针对问题探讨解决的方法。

Keywords: floating population, the disadvantaged groups, the surplus rural labor force, Urbanization process

Abstract: The article regards the disadvantaged groups of the floating population in Tianjin as the research object. Through investigations of current situation and collections of abundant materials, the article analyses those people's inhabiting state in city on the basis of defining the relevant concepts. It raises the problems existing in those people's inhibiting state and proposes a set of solutions to the problems.

1　引言

改革开放以来，随着我国城市化进程和城市发展速度的加快，城市中的农民工、外来工、流动人口已经成为城市中一个不可或缺的群体。他们在城市建设、城市制造业、城市服务业中承担着重要的角色，却是被排除在城市市民外的边缘群体，城市社会保障体系等一系列对城市弱势群体的补偿措施都没有将流动人口考虑在内。文章从居住状态的角度，对天津市流动人口中弱势群体进行了调研分析，希望能借此引起社会更广泛的关注。

2　流动人口中弱势群体居住状态的相关概念

2.1　流动人口

流动人口，指"暂时离开常住地的短期迁移人口"，是"短期的，往复的，不导致当事人常住地的改变"[1]。国外一般从更广泛的意义上理解人口流动，称为社会流动（social mobility），指"个人、家庭或集团在空间上的流动（物理的或地理的流动）或者在一个社会等级或分层制度中的流动"[2]。

在我国行政区辖属管理中，一般将没有本地常住户籍的暂住人员和短期停留或过往人员归纳到流动人口的定义之中。

我们可以把流动人口理解为长期性暂住人口、临时性暂住人口和差旅过往人口三类。本文所提流动人口指暂住人口。

---

[1]　中国大百科全书．社会学 Ⅱ．1988
[2]　不列颠百科全书．国际中文版．1999

2.2 流动人口中的弱势群体

目前，在我国大城市中的暂住人群组成非常广泛，其社会结构、社会地位和职业特征差异很大。依据其社会和职业特点，我们将其归纳为学生族群、白领打工族群、蓝领打工族群和家庭打工族群。

在诸多暂住族群中，由于学生族群和白领打工族群或者享受国家一系列优惠政策，或者有足够的物力财力满足自己居住和生活要求，其居住状态良好，不在本文关注之列。

蓝领打工族群主要指进城的务工人员，其从事的职业主要是建筑施工，工厂操作工种、商业服务和其他零散工种等。由于蓝领打工族群的主要来源是农民，因此多以"外来民工"或是"农民工"的身份和面目出现，并已演化成为了城市中的一种新生社会群体。家庭打工族群主要指农民举家到城市打工，无季节性的城乡迁徙的流动人口。这一流动群体在迁居的城市中长期暂住，从事职业杂乱，存在家庭生活和子女教育等问题。由于蓝领打工族群和家庭打工族群一般来自农村，从事收入低且不稳定的职业，没有舒适稳定的居住环境，无法享受城市的社会福利和优惠政策，使得他们在城市中的生活非常艰辛，因此可以说他们是流动人口中的弱势群体。

2.3 流动人口聚居区

"根据流动人口构成情况的差异，大城市流动人口聚居区可分为同质型聚居区和异质型聚居区两种类型。同质型聚居区是指以地缘、亲缘、业缘等关系为纽带而自发形成的流动人口聚居区。区内人员多来自同村、同乡、同族。语言相通，习惯相似，从事相同或相关的产业，区内联系交流广泛，表现出很强的内聚性。异质型聚居区则是由来自不同地域，从事不同职业的外来人口自发集聚所组成的聚居区。区内人员和产业联系交流少，环境更为开放。"（千庆兰、陈颖彪，2003）天津市流动人口聚居区多为异质型聚居区。

3 天津市流动人口居住状态分析

3.1 天津市流动人口的基本情况

天津市暂住人口在各区县均有分布（表1），自2003年以来，出现规模、数量持续增长，区域分布不均衡，暂住地点相对集中，暂住时间不断增长和从业范围不断扩大的趋势。2004年天津市暂住人口办证已增至121万人次，占天津市常住人口总数的13.2%（天津日报，2004）。

表1 2000年天津市登记户籍在外省人口列表（单位：人）

和平区	河东区	河西区	南开区	河北区	红桥区	塘沽区	汉沽区	大港区
30173	47352	70880	70548	45903	46243	92952	11755	83548
东丽区	西青区	津南区	北辰区	武清区	宁河县	静海县	宝坻县	蓟县
81790	67587	49833	50016	35201	10921	46655	11680	20373

（资料来源于2000年天津市人口统计年鉴）

天津社会科学院社会学所和天津市人民政府流动人口办公室对天津市和平区、南开区、河西区、东丽区、西青区、大港区6区联合进行的一次较大规模的城市流动人口调查所获得的基础资料发现：被调查的1211人来自全国26个省市，多集中在河北、山东、河南三省，安徽、辽宁、吉林、四川等省也较多。其中来自外省农村的占86.9%；男性占60.4%；40岁以下的占87.1%；初中文化程度的占62.8%；来本市以前从事农业的占61.6%。来津后，集中在工人（占37.9%）、小商贩（占15.9%）、服务员（15.1%）、勤杂工（5.8%）、美容美发师（6.8%）、厨师（3.6%）等职业，只有极少数人还务农

（0.2%）。

3.2 天津流动人口中弱势群体居住状态

流动人群进入天津后，要在城市中立足，就必须解决居住问题。调查表明流动人口中弱势群体的居住情况如下：企业单位内部统一安置于宿舍、闲置房等或施工现场；租赁民用房；搭建临时棚户；借居在亲戚朋友家中。根据天津流动人口中弱势群体的当前居住状态，按照房屋所有者的不同，将天津市流动人口中弱势群体的居住模式分为流动聚落和廉租聚点两类。

流动聚落的住房和搭建物的所有者就是居住者，但所有权是暂时的，是狭义的，这些住房和搭建物只是临时的免费落脚点和休憩地，在城市中随时间和空间转换而随时可能变迁。廉租聚点的住房，顾名思义，房屋所有者跟居住者之间是租赁关系。廉租住房具有相对的固定性。

从制约关系来看，流动人口中弱势群体的居住模式与从事职业、经济收入、迁移时间和天津市的居民住房情况等诸多因素有密切联系。蓝领打工族群一般居住在企业单位统一安置住房内或施工现场，也有部分小型单位企业职工是自己在单位附近租闲置民房居住，还有一部分零散务工人员由于经济原因只能自己在城市街头临时搭建棚户甚至风餐露宿；家庭打工族群的居住情况也相当复杂，因家庭类型和所从事职业不同而不同，可能是一个家庭租房共同居住，也可能是分散租房居住，但其居住模式基本上包括在流动聚落和廉租聚点两种类型内。

从分布区位来看，天津市流动人口大多分布于城乡结合部和市区内车站、市场、商业步行街等人流密集处的周边地区，一部分招聘外来打工者的企业附近也多有分布。其中建筑工地的民工随建设项目的上马竣工而出现消失，是流动的聚居点。

3.2.1 流动聚落

流动聚落，指在城市中有一定存在时间的，无租金，自行搭建的非固定居住场所。建筑工地的民工集体工棚和外来人口自行散搭于城市角落的违章搭建物是流动聚落的主要居住模式。它们是居住者为了满足当前的工作和生活要求而建设的居住点，这些居住点随城市建设要求或管理限制而变迁。

3.2.1.1 建筑工地工棚

图1　西安道建筑工棚　　图2　建筑工人居所　　图3　卫津路建筑工棚室外　图4　卫津路建筑工棚室内

各大城市几乎每天都有施工现场，天津市建设领域从业农民工达25万之多（天津之窗，2005），约占外来人口总数的1/4。天津市2005年仅西青区共开工面积就达40多万平方米，参加建设的工人5000多人，农民工在建筑施工现场多数从事重体力劳动，建筑工地工棚是这些辛苦劳作的农民工约定俗成的居所。这些流动的聚落，或者是即将拆除的临时住宅，或者是临时搭建的简易居所，居住和生活条件因建筑单位的不同而不同。大的建筑公司可以给工人提供较好的居住条件，甚至可以提供淋浴，让辛苦了一天的工人收工后可以冲个热水澡，但目前大多数施工单位提供的住宿条件还是相当艰苦的。

例一、2005年3月，位于天津市西安道和山西路交汇口的施工现场，建筑工人住的是用轻质合金材料搭建的临时性住宅，居住条件相对较好，但建材的隔音、隔热、防潮性能令人担忧（图1）。

例二、2005 年 3 月，位于友谊路金河购物广场一侧的工地上，建筑工人的临时居所是一幢危陋二层条式住宅，门窗两侧到处是裸露的墙砖，斑驳的墙皮，与周围建筑华丽的装修，高耸的轮廓形成了鲜明的对照（图 2）。

例三、2005 年 8 月，卫津路旁一处施工现场，工棚刚刚搭建好还没有入住。用以搭建工棚的建材相当简陋，墙体很薄，其保温性能让人置疑，而工人可能要在这里度过整个冬天。在城市各个施工现场这样的工棚占绝大多数（图 3，4）。

3.2.1.2　临时搭建物

在天津的街头，在社会控制和管理薄弱松散的地段，零星存在着一些流动人口自行搭建的棚户，这是真正意义上的临时棚，简陋到只有一块帆布和几根木棍就建构了这个临时的居住点，没有任何生存保障设施。这部分流动人口徘徊在生存的边缘，他们在城市规章制度的夹缝中生存，没钱租房，违章搭建，随时可能被管理人员遣散，而后不久又在城市另一个角落出现（图 5）。这部分人多数是自由职业，或者从事个体修理工作，或者捡拾城市垃圾，从事个体废品回收等城市中无人愿意从事的工作。

   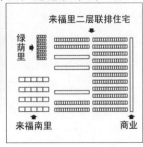

图 5　陈塘庄境内棚户　　　图 6　来福里廉租房一　　　图 7　来福里廉租房二　　　图 8　来福里廉租房区平面

3.2.2　廉租聚点

租房是天津市目前流动人口在城市中拥有住所的最佳选择，由于经济收入、从事职业、市民住房情况等一系列条件的制约，这些廉租民用房居住条件也参差不齐。单位提供给职工的集体住所，外来人口自己租赁的民用房，或多或少的都要由打工者支付一定租住费用，都属于廉租聚点的范畴。

廉租聚点多数分布在城乡结合部和企业周边，这种区位分布"是外来人口和当地居民双项选择的结果"（唐灿、冯小双，2003），一方面这里所带来的种种资源和人文环境，为外来人口提供生存条件和发展空间，这包括：可供租用的房屋和低廉的租金，便捷的交通条件，相对农村或郊区较多的就业机会，较为薄弱和松散的社会控制和管理体系，可接纳外来人口的意识形态。另一方面外来人口租赁住房，给这一地区并不富裕的市民带来了较为可观的经济收入和新的市场商机。

3.2.2.1　散租民用房

用于出租的零散民房部分为市民闲置的普通住房，部分为搭建的简易房。租金因居住条件不同而不同。来福里在天津市南开区天塔旁边，是一片天津市 20 世纪 80 年代建设的公房住区。有 14 幢两层联排住宅，每幢 17 户，3 幢两层单元式住宅，旁边还有绿荫里 7 幢一层简陋临时房，每幢 5 户（图 8）。这片住区容纳了为数不少的外来人口，大部分外来人口租住住区内的闲置房，同时也有一部分外来人口租住在当地居民搭建的简易房内。如图 6 所示的不足 10m^2 的简易房每月租金 230 元。房内住有山东来的祖孙二人，儿子、儿媳在天津某餐馆打工。图 7 所示是一个四面透风更为简陋的居所，里面居住的是在天津天塔附近以卖小商品为生的零散打工人员。

3.2.2.2 集体租住房

公司集体为前来打工人员提供宿舍，这些宿舍可能是工厂的职工宿舍、公寓，厂内闲置用房，也可能是单位集体在附近租的公寓或闲置房。一部分大公司企业为外来务工人员提供的居住条件和配套服务设施相对较好，如天津市大港区新建设的外来务工人员公寓；但大数外来务工人员宿舍和廉租民用房的居住条件依旧十分简陋。

渤海无线电厂是河西区面向外来人口招工的一家企业，厂内打工妹居多，厂内外来人口职工多数散租微山东里居住小区内及附近的闲置住房(如图9)。有一处是单位集体租赁的小区内的一处原打算用做养老院的闲置用房。这是一个二层简易楼房围合的小院。单排房间，无阳台，房间面积12平米左右，多数摆有四张上下层双人床。宿舍租金厂方支付一部分，另一部分每月从职工工资内扣除（图10~12）

图9　微山东里居住小区　　图10　电厂宿舍外观　　图11　电厂宿舍小院　　图12　电厂宿舍房间内部

3.2.2.3 营业居住混用房

有些外来人口个体经营者的居住场所又是营业场所，使得本来面积很小的房屋更加拥挤不堪 。

每个流动人口聚居区并不一定只存在一种居住模式，天津市南开区金福南里聚居了一部分外来人口，这个外来人口聚居区靠近天津"体育中心蔬菜市场"。 聚居区的一部分外来人口多数以废品回收为生，租住居民闲置的仓储用房。蔬菜市场左侧是一条营业街，小吃店、理发店、照相馆、家电维修全部集中在这一排平房内，这里集中的外来人口，营业居住都在不足十平米的狭小空间内进行，店面简单到简陋，商品和服务价格低廉。廉租房的西端有一片建筑工棚。于是一个有趣的关系网形成了，外来人口是营业街的主要消费群体，建筑工人会在营业街上消费，会把废品卖给廉租房内的回收者；废品回收者也会在营业街上消费，营业街的店主会把废品卖给回收者（图13~16）。

图13　金福南里廉租房平面　　图14　金福南里廉租房　　图15　金福南里廉租营业房　　图16　金福南里建筑工棚

来福里也存在类似的现象，这里有的外来人口在租来的简易住宅里开办针对外来人口的餐饮业。

无疑，这些自发产生的简单而直接的经济关系对外来人口的生活是必要的，它在很大程度上满足了外来人口这部分低收入群体的需要。然而从城市的角度说，这些关系网络的架构又是无序的，如果不加以正确的引导有可能打乱城市良好的管理秩序，破坏城市的环境。

4 问题及措施

4.1 天津市流动人口居住状态所带来的问题

对流动人口本身而言，大部分工地工棚和宿舍，是临时搭建或改建，无论是通风、采光还是建筑的保温隔热性能都不符合标准，人均居住面积过低，居住环境拥挤、简陋、卫生状况差，长期居住在这样的住宅里对身体和精神健康有不利影响。

对城市而言，流动人口中弱势群体现有的居住状态对城市环境、城市管理、城市基础设施完善等造成很大的压力，而且容易成为藏污纳垢之地。此外现有混乱的缺乏管理的租赁居住模式也不利于房屋租赁市场的健康发展。据有关部门透露，天津目前一年内私有住房出租约有3.6万笔，其中按规定到有关部门缴纳房屋出租税费的只有1000笔左右。也就是说现有房屋租赁市场处在隐蔽发展状态，税费总量在流失。

4.2 天津市针对流动人口的整治措施

天津市针对流动人口已经作了一系列工作。

在城市建设方面，在1996年~2010年天津市城市总体规划中对2010年城市规模的预测为全市常住人口1100万人，流动人口250万人左右，即在城市公共基础设施建设中考虑到流动人口的入住。

在社会文化方面，2004年天津市开展了"千百万工程"，2005年五月又组织各有关职能部门和各区县开展了"五个百活动"。

在物质形态方面，2004年初夏，天津市天津保税区由管委会出资，首先为外来务工人员相对集中的8家企业安装了电视卫星接收天线，购买电视机、DVD机及乒乓球台等，之后，又收购了一座1300m²的办公楼，并出资500万元改造成一座能容纳1600人居住的集体住宿公寓，内设食堂、浴室、电视室、活动室、购物中心等生活娱乐设施。

但作为一个社会问题，如何从根本上解决流动人口居住问题，仍值得我们思考。

5 探讨解决问题的方法

在我国城市化发展中，进城务工是社会发展过程中的必然现象。随着我国户籍制度的逐渐开放，城市中的这部分流动人口必然成为城市居民中的重要组成部分，城市不应再将解决这部分人的居住问题排除在城市居民之外，而应从城市长远发展的角度，积极慎重并切实有效地通过各种途径解决其居住问题。

(1) 从本质上改善从事建筑施工等具有群体化、密集型行业务工人员的居住条件，建设环境良好，文化活动和服务设施相对完善的蓝领公寓化管理居住区。租金交纳主要由受聘单位支付，务工者个人可采取零租金或低租金的方式获得居住权。近年来，北京、天津等大城市在这方面已经取得好的经验。

(2) 将在城市中从事合法职业、遵纪守法、临时居住已达五年以上的家庭化进城务工人员的居住问题纳入到解决城市低收入家庭居住问题的行列之中。通过城市的社会福利和社会保障系统为这部分人群提供环境良好、租金和价位低廉的城市住宅。

(3) 在城市边缘待开发用地统一建设开发具有半临时性的廉租居住区。其半临时性体现在住宅等建筑选用易建易拆性材料，但基础设施健全和服务设施应配套齐全，租金价位低廉，在满足各类务工人员需要的同时便于城市对该区域的统一管理。

(4) 正确疏导和规范城市私人租房行为，加强对务工人员自发居住区的管理和改造。

6　总结

　　随着我国和谐社会的建设，农民工问题已经受到越来越多的关注。文章以居住为切入点，关注了流动人口在城市中生活的一个侧面，希望随着问题的解决，外来打工族在挥撒了他们青春和汗水的城市中，能有一个真正属于自己的美好家园。

参考文献

卢海元．走进城市：农民工的社会保障．北京：经济管理出版社，2004

李培林．农民工：中国进城农民工的经济社会分析．北京：社会科学文献出版社，2003

武少俊．"民工潮"与城市化，首都经济，2001(9)，

殷京生．城市、城市发展与城市流动人口．江苏统计·社会广角，2002(9)

张立建，李小银，陈忠暖．城市流动人口与城市化最低经济门槛作用机制之探讨．城市发展研究　(10)，2003-06

郭虹．从"外来人口"到"流动人口"——城市化中一个亟待转变的观念．经济体制改革，2000(5)

吴维平，王汉生．寄居大都市：京沪两地流动人口住房现状分析．社会学研究，2002(3)

千庆兰，陈颖彪．我国大城市流动人口聚居区初步研究——以北京"浙江村"和广州石牌地区为例．城市人口，2003(11)

吴晓．"边缘社区"探察——我国流动人口聚居区的现状特征透析．规划研究，2003(7)

石忆邵．城市规模与"城市病"思辨．城市规划汇刊，1998(5)

吴晓，吴明伟．国内外流动人口聚居区之比较．规划师，2003(12)

赵民，朱志军．论城市化与流动人口．城市规划汇刊，1998(1)

鞠德东，吴明伟．宁、苏、锡廉租住宅组织建设初探．规划师，2004(6)

吴晓，吴明伟．物质性手段：作为我国流动人口聚居区一种整合思路的探析，城市规划汇刊，2002(2)

朱宝树．中国城市化进程中的人口社会重构——以上海为例的研究．华东师范大学学报（哲学社会科学版），2003(7)

张立建，陈忠暖．中国城市化滞后根源新论，城市科学，2003(5)

顾朝林，蔡建明，张伟等．中国大中城市流动人口迁移规律研究．地理学报，1999(5)

李志，杜宁睿，宋菊芳．对武汉市流动人口就业状况的调查分析与思考．规划师，2000(3)

宁欣．由唐入宋城关区的经济功能及其变迁——兼论都市流动人口，经济史 2003(1)

徐红．宋代经济型流动人口探析，湘潭师范学院学报（社会科学版），2003(11)

杨贵庆．大城市周边地区小城镇人居环境的可持续发展，城市规划汇刊，1997(2)

马丹丹，曹建云．对城市农民工的经济学思考．西北人口，2004(3)

张绪培．关注弱势群体促进基础教育均衡发展．人发教育，2003(8)

吴维平，王汉生．寄居大都市：京沪两地流动人口住房现状分析．社会学研究，2002(3)

http://www.tianjin.gov.cn/（在他乡——聚焦农民工问题，2005-01）

http://www.tjrb.com.cn/（楼房在高温下"长"高，2005-08）

http://www.tjrb.com.cn/（本市流动人口 121 万，2004-07）

人文专题
Humanities Session

乡土住宅
Vernacular Housing

徽州地区住宅地域特色营建策略研究

A Study of Vernacular Housing Development Strategy in Huizhou

单德启　李汶

SHAN Deqi and LI Wen

北京清华大学建筑学院

School of Architecture, Tsinghua University, Beijing

关键词：　地域特色、徽州民居、营建策略

摘　要：　徽州传统民居有着鲜明的地域文化背景，但是由于社会组织结构、文化模式、生活习俗，尤其是社会经济与技术发生了改变，原有居住形态不适应现实的生活，必须要有发展的眼光，这就体现在建造有传统特色的小城镇住宅必须采用扬弃的方法和态度，在充分调研徽州传统民居的基础上，研究徽州地区传统民居的特色，将其特色与现代住宅建造相结合。有助于强化城镇和建筑的地区特色，延续历史文脉，增强凝聚力。

key words: regional characteristics, tranditional houses in Huizhou, development strategy

Abstract:　Huizhou tranditional house is of clear regional culture background. But with the change of society structure, culture model,living custom, and especially of economy and technology,the original living form does not fit morden life, and it needs development foresight. Based on our investigation, we research the feature of tranditional house in huizhou, and combine it with the morden building method. Thus it can enhance the egional feature of town and buildings, continue historical context, andimprove strength of agglomeration.

1　引言

徽州有着悠久的历史和灿烂的文化。徽州传统民居有着鲜明的地域文化背景，位于徽州地区黟县的宏村、西递村是世界文化遗产保护地，民居数量多、质量精、保存完好。歙县的棠模、棠樾、呈坎、渔梁、潜口、许村等，也集中了大量的保存完好的古民居。这些古村落像是镶嵌在山水之间的一颗颗明珠，是中国建筑文化的瑰宝。

但是由于社会组织结构、文化模式、生活习俗，尤其是社会经济与技术发生了改变，原有居住形态不适应现实的生活，必须要有发展的眼光，对不适合发展的物质构成要素进行否定，对不合理物质构成形态改革和更新；对相对稳定要素的肯定，使其延续，这就体现在研究有传统特色的小城镇住宅必须采用扬弃的方法和态度。

我们做了大量的调研，对相关资料进行分析，在透彻研究徽州民居形成机制、建造模式、空间特征、构造结构等的基础上，并通过已有的相关实践，提出了传统民居与现代生活模式结合的策略，希望对徽州地区住宅的营建起到启发和促进作用。我们的研究方法和过程如下：

2　对传统徽州民居特色的研究

徽州民居在中国传统住宅中特点突出、用料精良、装饰华美，是中国民居中有代表性的一种住宅形式。我们概括归纳了以下几个特点：

2.1 聚落、建筑与山水打成一片

徽州地区传统民居聚落选址、建设强调天人合一的理想境界和对自然环境的充分尊重。聚落的形态多沿山势、水势，布局灵活多样，整个聚落的整体轮廓与所在的地形、地貌、山水等自然风光和谐统一。如西递村依山而建，同自然融为一体。沿前边溪、后边溪、金溪跨三溪带状布置，住宅大多临水而建，具有很强的亲水特征（图1）。

图1　西递村全景（资料来源：地区建筑与聚落工作室）

2.2 适宜的建筑与聚落空间的体量、尺度

聚落内街道的布置，大型宗祠以位于村镇边缘地点的居多，较小的宗祠、社交及其他公共性质的建筑则位于村内。住宅多面临街巷，相互毗连。在群体组合上，一般以一家一宅为单位，以"四水归堂"式住宅为构成单元，通过纵向串联和横向并联，层层相抱组成群体，群体间再组合，形成村落总体，整个聚落整体有序，体量适宜，适合居住和交往。

2.3 适当的聚居规模，节约土地

由于地狭人多，房屋周围很少有一般农村常见的晾晒衣服和堆积草料的场地，但村外宗祠前部多半有空地，通常被公众利用做上述各种用途。村外的住宅则四面临空，位置比较自由，但也有数家聚集一处的，密度较大，充分利用用地，节约土地（图2，3）。

图2　宏村村落密集的聚集形态　　　　　　　　　　图3　西递村村落密集的聚集形态
　　（资料来源：李汶摄）　　　　　　　　　　　　　　（资料来源：袁牧摄）

3　亲切宜人的街巷等交往空间

徽州聚落建筑群体多以曲折幽深的巷道分隔或相通，巷道的宽度一般仅达建筑层高的五分之一左右，少数还不到，因此形成了别具特色的深街幽巷，显得宁静、安详、生活气息浓厚（图4）。街巷两边的建筑，有大小繁简不同的门楼，高低马头山墙，曲折的墙面和形态各异的石雕漏窗，以及街头巷尾的石条凳、水井凳，亲切宜人，适合交往。街巷因密集建设，建设密度很高，宅院之间以狭小的窄巷隔

离，街巷布局灵活自由，特别是以水为核心的村落更因理水的灵活多变而呈现出徽州民居聚落特有的水街巷空间格局（图4）。

宏村有方格网状的街巷系统，用花岗石铺地，穿过家家户户的人工水系形成独特的水街巷空间，在村落中心以半月形公共水塘——月沼为中心，周边围以住宅和祠堂，内聚性很强，最能体现宏村景观和艺术价值的是月沼（图5）和南湖水面（图6）映衬着古朴的建筑。

图4　街巷空间和水圳　　　　图5　宏村月沼　　　　　图6　宏村南湖
（资料来源：李汶摄）　　　（资料来源：袁牧摄）　　　（资料来源：李汶摄）

3.1 清新淡雅的建筑色彩

徽州地区建筑色彩以清新淡雅为基本风格，黑、白、灰的色调是徽州地区传统民居中最为常见的主要色调。墙面刷石灰墙顶蝴蝶瓦，门窗多为木料本色，所以在色调方面多以白色为主，深灰色为辅，给人清新淡雅的印象。传统民居的色彩布局重视点、线、面的有机构成，以白色墙面为基调，黑色屋面、檐口和马头墙为构图要素进行组合，疏密有致，有机而随机（图5）。

3.2 精美的装修与装饰

传统徽州民居外观淡雅朴素，轮廓丰富。住宅普遍以高大外墙封闭，采用硬山做法，山墙高出屋面，循屋顶坡度跌落呈水平阶级形，称为封火墙或屏风墙，即马头墙。住宅侧面屏风墙层层叠叠，或平行起伏，或垂直交错，水平构图中穿插折线变化，形成连续的韵律和运动趋势，外观生动活泼。（图5）民居在装饰上更是精工细镂，重要部位通常点缀以精美的木雕、砖雕、石雕（三雕）。大门内外齐整的青石铺地，石阶层层。门罩饰砖刻、石雕图案，内部楼层栏板和拱柱之间画版美观大方，顶棚上绘有装饰图案，楼层栏板边沿设栏杆，下有雀替相衬，上有楼厅窗扇，构造规整明快。室内家具装饰典雅，设有书案、茶几、木椅，板壁上挂有楹联、字画。

3.3 高超建筑艺术的平面布局与结构

"四水归堂"式住宅是徽州民居的主要类型。所谓"四水归堂"，即住宅屋面雨水集于天井，"堂"谓阶前。它保留了干阑式建筑的楼居特点，平面承袭受封建宗法制度强烈影响的合院布局，合院中的庭院根据徽州当地多雨湿热的气候、狭窄的用地地形特点，被改造成了天井，以满足采光和通风的需要（图7，8）。

图 7　传统徽州民居中的天井　　　　　图 8　"四水归堂"式传统徽州民居屋面图
（资料来源：地区建筑与聚落工作室）

4　传统民居与现代生活模式结合的策略

4.1　继承与创新

　　传统特色极其鲜明的徽州地区小城镇，保留很多形态较为完整的古村落、极具价值的传统历史街区。所以在小城镇住宅建设中应区别对待。在历史保护街区，要严格控制新建住区住宅的尺度和色彩，尽可能按照传统形式处理建筑外观以取得环境上的协调；而在城镇旧区的其他地段，则可以从整体上考虑城市风貌，将新旧融合在一起，控制新建住宅的高度和形式，并在建筑造型上借鉴徽州传统民居的建筑特色。在设计中运用一些传统建筑符号并进行适当简化，加入一些现代元素，既体现了徽州地区特色，又有时代特征。在新建住宅小区中，现代住宅设计中仍需考虑城镇传统的特色，传统特色的提炼可以较为简洁和抽象。

4.2　造型与细部

　　徽州民居传统的建筑装饰和装修非常精美，体现了当时建筑技术和艺术的水平，是构成传统徽州民居形象的重要组成部分，在住宅建设中应该是重点突出的部分。由于传统民居装饰和装修极为丰富，我们只能在收集大量资料的前提下，对原型进行分析归纳，提炼出既有徽州地方特色又适合现代建筑结构功能的典型部分，在设计中加以简化、提炼、变形、改造并作为一种创新的建筑语言使用到新民居中。

　　马头墙是徽州民居最具象征形的建筑造型了。传统马头墙是一种防火墙，在最初的功能化的前提下，人们为了美观，为马头墙点缀了各种装饰。现在的徽派新建筑马头墙成为了一种纯粹的装饰符号。目前徽州地区小城镇建设中，比较重视马头墙的装饰作用，甚至有的城镇明确规定新建建筑必须带有马头墙的装饰，由于地方设计和建设水平参差不齐，马头墙符号过滥、比例尺度失调问题比较突出。我们收集了大量的马头墙做法和组合方式，其中有比较成功的简化马头墙做法，供设计人员参考，在具体设计中宜精心推敲马头墙的比例尺度，尤其在楼层超过 3 层的住宅上，既要保持鲜明的地方特色又要比较美观（图 9）。

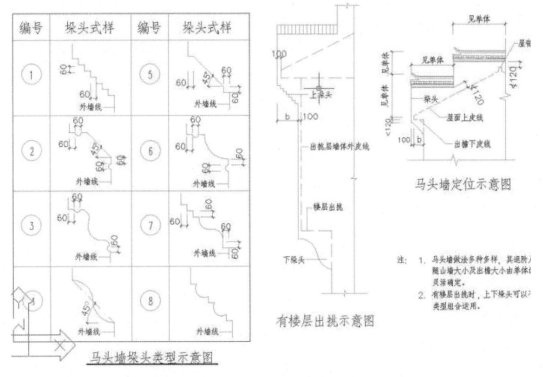

图9　新马头墙的做法（资料来源：陈丽绘）

4.3 体现传统徽州民居的空间特点

传统徽州民居空间的精华——天井：徽州民居平面虽方整而不呆板、虽紧凑而不局促、虽格局统一而仍多变化，天井起了相当关键的作用，天井又是宅内重点装饰的地方。天井适应徽州地区的地理气候特点。独户型住宅、联排型住宅适宜设计成带天井，利用天井组织自然通风，还可以减少面宽，增加进深，节约土地。

4.4 控制占地面积，节约土地

徽州地区自古以来"地稠人狭"，无论是聚落规划还是民居建造，均以节约土地而著称。现在徽州地区小城镇住宅建设中更应严格控制占地面积，保护耕地（表1）。

表1

安徽省实施《土地管理法》办法（第二次修正）（2003 年）
第三十九条　宅基地面积标准：（一）城郊、农村集镇和圩区，每户不得超过一百六十平方米；（二）淮北平原地区，每户不得超过二百二十平方米；（三）山区和丘陵地区，利用荒山、荒地建房，每户不得超过三百平方米；占用耕地每户不得超过一百六十平方米；（四）城镇居民宅基地面积标准和用地管理具体办法由省人民政府本着节约用地的原则另行规定。村民建房应尽量使用原有的宅基地、村内空闲地和其他非耕地。每户只能有一处住宅。出租、出卖房屋的不再批给宅基地。

4.5 适应不同需求的户型设计

适应城镇不同生活模式、不同职业、不同人口构成和邻里交往特点，满足广大城镇居民多元的物质文化生活发展变化的需求，提供适应不同需求的多种户型。在住宅设计中应设计不同种类、数量、标准的住宅套型系列，能分能合"多代同堂"居住模式，以及与户类型、户结构和户规模相应类型。优化住宅功能布局、基本功能空间和附加功能空间，并且根据不同户类型、户结构的不同要求控制户面积标准和宅基地面积，节约土地。

4.6 提倡使用新材料、新技术

目前很多材料尚处于更新、优选期，其结构构造做法并不成熟。传统徽派建筑中大量使用木材与黏土烧制的砖瓦，特别是黏土砖，在现在的徽州地区住宅建筑中仍旧被广泛使用，是较普遍的、适宜的建筑材料。为了保护林地和耕地，木材和黏土砖已经不可能继续作为现代徽州地区建筑的主要建材了，如何利用新的建材体现传统风格，也是一个需要深入研究的内容。

装饰和装修是传统徽州民居的重要特色，体现传统装饰和装修特色的一个很重要的方面是用建筑构配件塑造建筑的造型和形象。建筑构配件是不同技术、不同材料制作而成的，逐步代替旧有材料、更替原有的做法，建筑构配件必然不断地变革。现在建筑工程中一些花格、栏杆等构件，用配筋细石混凝土代替木结构已为常见，传统木挂落和花牙子，应用方钢管或铁管制作，采用焊接或模压成型将取得精细的成品，达到以假乱真的效果。马头墙的博风瓦等有凹凸纹图案的构建采用 GRC 玻璃纤维水泥制作，减少黏土制作的烧制程序；一些仿青砖仿石材料的出现，使传统建筑的木作和瓦作工程发生质的变化。新材料、新技术以传统形式制作的构件已成为大势所趋。

4.7 大力提倡工业化生产的情况下追求个性化生产

徽州地区很多小型建筑特别是居住建筑，仍以手工操作为主。目前一些"徽派"做法大多数也不需要施工图。对于农民而言，只要告诉工匠盖几间房子、楼梯在哪里即可，没有施工图。很多传统做法仅靠言传身授，没有定规。建筑比较粗糙。

要改变小城镇住宅目前落后的现状，应切实提高施工质量、大力提倡工业化，尤其是提倡建筑构配件的工业化。建筑构配件的生产只有定型化、工业化才能保证质量，降低造价、批量生产，满足建设需要。建筑构配件组合成系列化、多类型，利于集中成批制作，大量供应市场，由业主选用。在建设过程中，因人的生活情趣不同，经济条件不一，对建筑的个性化要求必然存在。业主有特殊需要的特殊构件或建筑造型，宜个别生产或设计。

5　当代徽州地区住宅开发营建式的探讨

5.1 分散自建

居民自建房屋是在我国广大农村和小城镇中普遍存在的一种建筑形式。自建房屋的方式有很多优点，在中国乃至世界的居住史上，这都是沿用最久的一种住宅建造模式，这种传统的建造方式创造了丰富多变的村镇聚落空间；其次，居民都是在有实际需要的时候才会建房，因此它可以充分满足居民的需求与经济状况，避免了空置房的大量出现；再次，自建房屋可以充分反映主人的爱好、品位与需求，能给住宅建筑的设计与开发带来令人惊喜的创意。

但是同时，居民自建房屋的方式也有其不可避免的种种缺点。我国实行土地公有制，因此居民是没有自己的土地来盖房的，居民拥有的只是土地的使用权，这使得很多居民建房往往只是满足眼前的需求，因而也就不追求达到很高的建筑质量了。另外很多居民比较贫困，或者急于住房又没有足够的资金来盖房，导致很多自建房屋质量很差，对于城镇景观也是一种破坏。虽然对于居民个体来说，自建房屋是较为经济实惠的，但是就整个城镇的发展而言，要考虑到城市交通系统、基础设施建设、物业管理经营等诸多问题，有一定规模的开发才能更有效地利用公共资源，达到对于社会财富的充分、合理利用。

5.2 "地皮＋管网式"

在一些小城镇当中，采取了这样的做法：即根据路网结构先划定各家各户的宅基地，统一打好地基

并提供参考图纸，指定或者推荐施工队，但是房屋最终由住户自己决定如何来盖。这种做法如果操作得当，不失为一种很好的开发操作模式。

这种开发方式有以下的优点：（1）它能够确保路网和居住区其他配套设施规划的合理性；（2）可以统一购进建材原料，提供设计图纸和范例，为居民提供很多便利；（3）施工时间较为统一，避免各家各户单独施工造成相互之间的影响；（4）居民可根据自己的经济实力来选择不同的房型、层数、建材和装饰方案；（6）在建筑风格上能够体现出居民自己的独特需求与创造性，为居住小区建立统一而富有变化的景观环境。

当然，这种开发方式在操作上也存在很多困难。首先就是施工过程中的管理事务要复杂得多，包括建材购置、管道敷设等工作都需要去考虑一些居民的特别情况，因此加大了管理的难度。此外，在这种操作方式中，开发单位获利的余地相对要小一些。

目前有一些地区的乡民形成了自治，搞建房合作社以集体为单位进行这种形式的开发，成效不错。另外在一些拆迁安置的项目当中，也可以运用这种方式来安置居民，这样开发部门还可以通过卖掉打好地基的宅基地来较快地回收资金，避免拆迁工作对开发造成过重的负担。中黔县林翠路拆迁安置小区就属于"地皮＋管网式"开发。每户建筑面积 170~180m²，宅基地面积 70m²、80m²、90m²。均为独立式楼房住宅。每家的户型设计不同，建筑风格也呈现多样统一。

5.3 商业行为的房地产开发

房地产商运作是最为市场化的一种经营模式。房地产商在项目运作中是以追求经济利益为第一目的的，这就使得他们必须透彻地研究市场需求与消费能力，因而最能适应市场经济的变化与需求，能够有效的推动住宅产业化。市场是最好的老师，能够适应市场才能够继续生存发展。但是，也正是由于当前房地产商在经营操作当中的惟一目标就是经济利益，所以如果管理不力，这种运作方式有时也会给城镇发展带来一些后患。

5.4 政府或集体"集资代建"

由政府或者集体单位操办的小城镇开发一般规模较大，比较典型的如移民建镇、土地置换的拆迁等项目。这种操作方式的最大特点就是比较容易根据城镇需求来进行统一控制。可以通过规划的手段来对项目进行约束，从而使得居住区在路网结构、基础设施、建筑风格等方面都能与城镇整体相协调适应。

以上几种开发方式各有特色，能够适应不同的情况，每个小城镇都有自己特殊的地理环境与政治、经济环境，应当因地制宜，探索属于自己的有特色的开发方式。

6 结语

对小城镇住宅演变进行整理分析，探讨地域特色的小城镇住宅规划和设计理念、技术路线和技术措施，为小城镇住宅建设提供参考性的依据。

(1) 社会效益：具有地域特色住宅设计，在高速城镇化发展的背景下，有助于增加人际交流和地域认同感，强化建筑的地域和文化的特色，以延续、更新、发展民族的、科学的、大众的建筑文化，增强小城镇建设的文化品味。

(2) 经济效益：对徽州地区地方传统民居建筑的全面的分析、提炼和总结，深入研究与现代社会、环境、经济、技术的结合，并将研究成果转化为应用技术，实现典型传统特色住宅的标准化设计。推进住宅建设的产业化，节约土地、合理利用用材，转移农村剩余劳动力，逐步形成农房建设队伍，具有较高的社会经济效益。

(3) 环境效益：传统特色住宅设计，本着表达地域特色和文化的观念，使人们通过一定的参与和情感的介入，使自身的行为与环境有机结合，提高环境的吸引力，创造出适宜居住的、并可持续发展的小城镇环境。

参考文献

孙大章. 中国民居. 北京：中国建筑工业出版社，2005

段晓莉. 徽州地区小城镇住区建筑标准化的调研与思考. 清华大学建筑学硕士专业学位论文，2004-05

单德启. 村溪、天井、马头墙. 建筑学报，1996(1)

单德启. 融水目楼寨干栏民居的改建. 广西融水民居房改建现场汇报会文件汇集，1992

民居的未来：鄂东南民居的保护与更新初探

The Future of Traditional Dwellings: The Conservation & Renew of the Traditional Dwellings in the East of Hubei

章莉娜

ZHANG Lina

华中科技大学建筑与城市规划学院

School of Architecture & Urban Planning, Huazhong University of Science and Technology, Wuhan

关键词： 传统民居、保护、更新、数字化

摘　要： 笔者通过对部分湖北民居的实地调查研究，结合理论分析，试图开辟一条民居文化遗产保护和更新的新思路。本文以笔者曾调查的一处较为完整的鄂东地区的民居单体为例，尝试提出一套对其进行保护与更新的完整方案，以作为实践的依据。

随着经济的发展，传统民居的风采已经不再。如何使它在危机中生存下来并延年益寿是一个亟待解决的问题。既要保护它的风貌，也要对它进行更新，实现它的可持续的发展。保护和更新是一对矛盾体，对于传统民居这种建筑来说这个矛盾表现得尤其突出。研究者把它们作为建筑文化遗产，呼吁尽最大可能保护它们，发挥其文化遗产的历史价值。然而对于居民来说，生活方式的改变使他们迫切地要求对居住环境进行更新。解决好保护和更新的矛盾，也就基本上实现了传统民居的可持续发展。

本文试图阐述一种解决保护与更新的矛盾的模式。对于传统民居的保护，本文试图采用数字化的手段对其历史信息采集和用数字手段重构，保存民居的历史信息；对于其更新，本文建议提取其经典的空间组织方式，典型的建筑形式元素，而后结合现代的技术手段对现存传统民居及其聚落进行更新，满足现代居民的现代生活需求。

Keywords: traditional dwelling, conservation, renew, digital

Abstract: After explored a part of the traditional dwellings in the east of Hubei, combining with theory analysis, the author wants to break a new path to conservation and renew the traditional dwellings. Take a rather integrated traditional dwelling as an example. The paper attempts to get a project of conservation and renew the traditional dwellings, so as to give a frame to the after practice.

Following with the development of economic, the traditional dwelling is not as shining as before. How to survive it in the crisis and prolong its life is an urgent problem to resolve. It means to keep its style and feature, and renew it, realizing its continual development.The words conservation and renew are paradox, for it present much more extrude in the traditional dwellings. Studies take them as the historic place, and appeal us to try our best to conservation them for their historic value. However, the residents are eager to improve their living environment. If the paradox of the conservation and renew can be resolved perfectly, the continual development will also be come true.

This paper tries to give a mode to resolve the problem. For the conservation of the traditional dwellings, we could use the digital measure to get the informational of the houses, rebuild it in virtual reality technology, and take the data of them when needed, and in this way, we could conserve its historic information. This paper proposes to distill the classical mode of space organization and typical form element, combining them with the modern technology, and then we can renew the traditional dwellings and the villages to satisfy the residents' modern life.

1　现状简介

目前，鄂东地区还保留有一些明清时期修建的民居建筑，它们其中的极少部分已得到人们的关注并

被列为文物保护单位，如通山县吴田村的大夫第。但是，当这座老宅被政府列为文物保护单位时，世代居住在其中的居民就得从其中迁出来。但是，民居就是居住的建筑，当没有了居住者的日常的生活活动，它也随之死亡了，失去了它原先的价值和初次被发掘时给人情感深处的震撼。

大多数的历史遗留民居仍在继续被村民使用着，但是现代经济的发展导致的生活方式的变化对这些历史民居的生存造成了较为严重的威胁。如通山县岭下村狮子畈的熊家老屋，现居住在里面的大多都是老年人，或者经济状况不太好的中青年，除了老人们对老屋有深厚的感情不愿离去以外，大凡经济条件允许，人们都选择在附近另建新居。

以大府第为例，该府邸位于通山县下铺镇大路乡吴田村，建于咸丰年间，至今已有约 200 年历史。是王明番兄弟二人的府邸。当年两人均在江西为官，解甲归田后，回乡建起这么一个大房子，光宗耀祖，泽被后世。而后，房子由王氏后人继承，目前，被列为文物保护单位，王氏后人迁出。

整个府邸坐北朝南，东西对称布局，中间为祠堂，两侧为居住部分，居住用房亦以天井为中心对称布置（图1）。祠堂放在北端正中，连接两家上房，从大门外由长长的通道走到尽端即是。兄弟两家各有独立的大门向外,这种布局既保证了大家庭之间的交流又保证了小家庭相对的私密性和独立性。

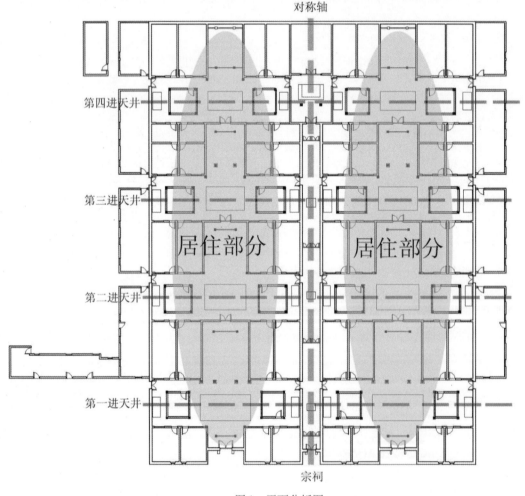

图 1　平面分析图

该府邸的居住部分总共有八个大天井，十六个小天井，大天井布置在每个房子的中轴线上（图2）。另外，宗祠南端亦有一个大天井。大天井用于主要的活动和交通，东西两侧的居住部分中轴线上的四个大天井没有区别，大小和形式基本相同，这是先人为了使后辈能平分财产有意为之的结果。小天井则是布置在需要采光的地方。房间依靠天井采光和自然通风。每个天井地面比屋内地面均低 200mm 左右，以收集雨水，天井下的地面有地漏排水，因此，整座建筑内部并不潮湿，经历 100 多年，屋架依

然完好。

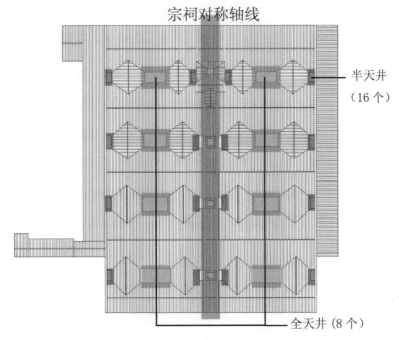

图 2　屋顶平面分析图
注：图中注明的天井仅为居住部分的天井，未计宗祠的 4 个天井

2　目前保护和更新方式存在的问题

大府第目前已被列为文物保护单位，居于其中的王氏后人均已迁出，于附近择地另建房屋。由于无人居住，日渐荒芜。

目前，民居聚落的保护和更新的方式主要有两种：一种是作为文物保护下来，展示古老纯朴的文明；另一种是作为商业用途，提供一个怀旧的场景。这种民居聚落保护的方法有它相应的优点，其中最重要的一点就是经济效益，有了经济效益，居民的生活质量得到了提高，居民在其中看到了"祖产"的现实利益，民居也有了用来保护的资金，使得民居得以保存；同时，开发为旅游景点也对宣传文化有一定的作用，民居建筑是当地文化的载体，"传统"、"文化"是通过这种方式得到了传播。

但是这种保护的更新的方式因为忽视了一些问题，而对传统的民居聚落造成了一些不良的影响，甚至是破坏。

第一，是"假古董"的问题。改建和修整的不当，带来的后果其实也是一种破坏，严重的破坏了建筑历史的可读性，把"真古董"变成了"假古董"，可能形式还是以前的形式，但是组成这种形式的材料就不见得了。陈志华先生在"谈文物建筑的保护"一文中早已指出："历史的可读性是很重要的原则……现代的东西就是现在的风格，不可作假，不可失去历史的具体型和准确性。"

第二，是"名存实亡"的问题。或者因为民居年久失修，卫生条件比较恶劣，居民不愿意再住在其中，导致民居渐成荒废破旧的老屋；或者因为被列为文物保护单位失去了居住的可能性。不论是哪一种原因，其结果都是直接导致了民居的"死亡"。

民居是"民"用以"居住"的建筑，如果没有了居于其中的"民"，没有了"居住"的行为，这座建筑已不成其为"民居"了。民居的价值也正是在于"居"其中的"民"赋予它的文化，我们依据她的空间形态、陈设装饰来解读这种文化，因此，我们定义了民居的价值。

"建筑是石头的史书"，反映的是时间的痕迹。民居类型的建筑反映的是世世代代人民生活的痕迹。我们不能也不需要让新建的部分也模仿旧建筑的样式和格局。否则，若干年后，当我们的后代回头

研究起我们这个时代的时候看不到这一代人生存的痕迹和这一代人的创造力。

对于传统民居的处理方案中，保护和更新的矛盾表现得尤其突出。研究者把它们作为建筑文化遗产，呼吁尽最大可能保护它们，发挥其文化遗产的历史价值。然而对于居民来说，生活方式的改变使他们迫切地要求对居住环境进行更新。大多数时候调解这个矛盾的结果就是造出了"假古董"和"名存实亡"的"传统民居"。

3　保护和更新方案

3.1　数字化保护

为了在不影响居民的正常生活的前提下，实现历史信息的最大量保存，数字化是可以利用的有效手段。数字化主要指利用先进的计算机、网络及人工智能等相关技术，对于人类社会和自然界各类信息进行处理的过程，包括信息收集、整理、加工、保存、利用和传播等等。数字化成果可以以图形、图像以及相关文档等电子形式，通过多媒体或网络形式展现。

浏览早稻田大学建筑学系网页，可看到该系近年编纂的从 1996 年到 2002 年对埃及 Pyramids of Dahshur 的 8 次考古发掘报告，其中就包括用 VRML 技术制作的虚拟现实墓室结构以及用 Quick Time VR Panorama 全景摄影技术制作的金字塔外部环境。

对于传统民居的保护，主要采用数字化复原手段，主要包括以下阶段：(1)信息采集与处理，建立复原对象信息库；(2)虚拟模型建构；(3)信息集成与多维展现。当然，上述步骤中，适时反馈和修正是不可或缺的，贯穿研究的全过程。

3.1.1　信息采集与处理

资料数字化是文物建筑虚拟复原研究的基本前提。在大府第的信息采集过程中，出于多种原因，现场作业阶段所使用的大多仍是传统的信息采集手段，拍摄数字化照片、现场手工测绘、现场采访等以获取尽可能丰富的信息。就大府第来说，将整座府邸分为 5 部分，分别由 4 个信息采集小组测绘。

现场作业完成之后即进行信息的整理，最后将所收集的资料数字化，数字化成果主要分为 3 部分，第一部分是实景的数字照片，分别对应平面图中各视点；第二部分是数字化的测绘图以及在测绘图上整理得到的各种分析图（图1，2），这些数字化的测绘图将成为虚拟模型建构的基本依据；第三部分为数字化访谈记录，作为对于数字复原后的文化背景补充。

3.1.2　虚拟模型建构

虚拟模型方法就是应用计算机数字测图技术、多媒体信息技术、虚拟现实技术等，通过对研究对象的数据采集、数据处理，建立研究对象的三维数字模型，以便利用计算机在各种载体上进行多方位、多层面、客观、形象地再现。

图3　虚拟漫游场景片断剪辑

在大府第的虚拟模型建构中用 3D max studio 5.0 建构虚拟模型，并利用数字照片进行贴图处理，用以再现真实场景。再利用 3D max 自带的 VRML 插件对漫游的步距和视点高度进行设置，随鼠标在数字

场景中的移动可以看到位于鼠标所在点可观察到的建筑中的各个部分（图 3）。虚拟模型的建构是实现可视化的基础。在浏览虚拟场景时也可以使用数据头盔和数据手套，使人们置身于一个计算机产生的虚拟世界中，完整再现了至现阶段该府邸所保留的可视历史信息。

3.1.3 信息集成与多维展现

实现信息集成和共享是数字化的一个基本目的。常用的信息集成和实现多以 VRML 模型为核心，集成对象包括图像、文档、声音、动画、视频等各种数字媒体。目前既可以采用如 CORBA（Common Object Request Broker Architecture）、DCOM（Distributed Component Object Model）等之类的较复杂专门技术，也可以采用如 Internet/Intranet 这种成熟的"大众化"集成技术。

对于该府邸的复原，采用 Internet/Intranet 集成技术是最为恰当的选择。该技术开发成本低，技术难度小，对软硬件环境要求不高，且传播范围广。无论对于专家还是一般社会公众，都容易掌握，这样就有利于复原后的数字信息得到最大的传播的同时，得到动态的更新，不断地扩充数字信息，不断地对其中的各种不确定信息借助计算机和网络进行协同的纠错工作。最终实现数字化复原的真实性、准确性和完整性。

3.2 传统民居的可持续发展

实现传统民居的可持续发展就是要在保留民居的风貌的同时对其进行更新，以满足居民的生活需求。

在大府第的现场信息采集过程中，我们发现虽然大府第已被列为文物保护单位，居民均已迁出，但是正值盛夏，许多原住居民依然喜在其中逗留。他们告诉我们这里曾经发生的故事，关于他们的父辈、祖辈，或是从他们父辈、祖辈口中得知的多少年以前；他们告诉我们这所老宅的好处，冬暖夏凉；他们也告诉我们他们所向往的现代生活模式；他们告诉我们选择老宅或者"洋房"的矛盾。

从这些交流中可以了解居民对老宅的"情结"以及对现代生活方式向往之间的矛盾。作为建筑师，笔者认为我们在其中的作用应该是一个"顾问"，调解居民生活中的这个矛盾，保留他们的"情结"，满足他们的现代生活需求。传统民居中潜藏着很多原始的"生态建筑"手法，作为延续了上百年的居住建筑，居住在其中的一代又一代人用他们的智慧解决了居住中的许多问题。正如居民所说除了采光以外，她与"洋房"相比有太多适合居住的优点。作为建筑师，我们需要发现并总结出这些优势，对于盲目崇拜"洋房"的居民，使其理解他们所居住的民居的价值；对于"不愿离开"的居民，建筑师需要充分发挥在技术上而不是审美上的优势，发挥"顾问"的作用，协助居民解决居住中光线、卫生等方面的问题。

在传统民居的可持续发展中，需要尤其注意的是以居民为主体，这样才有利于使民居反映当地的风俗、审美风尚等等，才有利于延续民居的价值。

大府第被定为文物保护单位，王氏后人也已迁出，他们已无法对其进行修缮，这也是我们的遗憾所在。但是，从其他建筑的修缮情况来看，也有值得一提之处。居民干脆将老旧褪色的窗式墙拆掉，重砌较矮的清水砖墙，装上大面积的玻璃窗，有效地解决了室内采光需求。从建成效果来看，并不影响建筑的整体美观，而且还加强了建筑的可读性。屋主也津津乐道地给我们讲述他的老宅哪个部分是他祖父那一代改的或加的，哪一部分是它的父亲那一代改建过的，也无不自豪地告诉我们哪一部分是他想了多少办法花了多少时间改的。

这就是传统民居的历史可读性，如果民居的更新实现了这种可读性，就实现了传统民居的可持续发展。

4　结语

随着经济的发展，传统民居的风采已经不再。如何使它在危机中生存下来并延年益寿是一个亟待解决的问题。既要保护它的风貌，又要对它进行更新，实现它的可持续的发展。

保护和更新是一对矛盾体，对于传统民居这种建筑来说这个矛盾表现得尤其突出。研究者把它们作为建筑文化遗产，呼吁尽最大可能保护它们，发挥其文化遗产的历史价值。然而对于居民来说，生活方式的改变使他们迫切地要求对居住环境进行更新。解决好保护和更新的矛盾，也就基本上实现了传统民居的可持续发展。

采用数字化的手段对民居的历史信息进行采集和重构，可以有效地保存民居的历史信息，而且方便了信息的提取；对于其更新，以满足现代居民的现代生活需求为目标，在这个过程中建筑师作为"顾问"而不能作为决策者，这样才有可能有效地延续民居价值，保证传统民居的历史可读性，使传统民居生生不息。

最后，感谢湖北通山县政府及村民对现场信息采集工作的支持，感谢李晓峰教授在信息采集过程中给予的指导，感谢黄涛教授在信息数字化过程中的技术指导和建议。

参考文献

李晓峰，黄涛．武当山遇真宫大殿数字化虚拟复原研究．建筑学报，2004(12)

杜嵘．虚拟遗产研究初探．新建筑，2001(6)

未来的村落应用 SAR 理论——以皖南民居人居环境的承继为例

Future Village Application Theory of SAR: Example of Dwelling Environment of Inherit of Wannan

汪　喆

WANG Zhe

浙江万里学院建筑系

Department of Architecture, Zhejiang Wanli University, Ningbo

关键词：　皖南民居、SAR 理论、主体空间、意趣空间

摘　要：　本文以皖南民居为例分析其居住环境，将其聚居空间提炼为主体空间和情趣空间，此两种空间的组合创造了皖南古民居丰富多彩居住环境，探讨主体空间和情趣空间与 SAR 理论中的支撑体与可分体对应模式，可否为未来的村落建设带来更适宜人居住的环境。

Keywords: vernacular dwelling of Wannan, theory of SAR, space of main, space of interest

Abstract: The paper analyzes dwelling environment of vernacular dwelling of Wannan which of dwelling space refines space of main and interest. The thesis studies a kind of mode which contrast theory of SAR of "support" and "detachable units" to spatial of main and interest, and hopes to establish convenient dwelling environment for future village.

　　皖南古民居由于其独特的历史、文化、地理区位的原因，派生出多彩而又富有个性的聚落居住形态。现在的皖南新村落建设中，多数的居住空间和村落公共空间失去了那曾有的、让人着迷的丰富与神秘。日本建筑师安藤忠雄曾说过，普遍性就是以量的观点看待人，将有感情和欲望的人看作群体，无视他们各自的个性，他们被沦为可以度量的单位，建筑中的普遍性就是响应功能主义和经济理性主义。把居住环境编注成人均需要的量化来衡量是现在村落建设中的倒退。以下希望通过对传统皖南民居人居环境的分析，为新建村落找回失去的铅华。

1　分析传统皖南民居空间组合

　　韩冬青先生在他的《类型与乡土建筑环境——谈皖南村落的环境理解》一文中，认为皖南民居的类型特征表现为：以天井为核心，外围封闭，内部开敞，秩序井然的三合院模式(图1)。不同的背景和意趣所形成的雅、俗、穷和富的三合院成为传统皖南民居中的不可或缺的主体空间。我们把那种由相似集合而成的抽象的原始类型称之为原型。这个主体空间的原型我们暂时将它定名为一堂两厢制(图2)。

　　原型是具体形态的源泉，当原型在不同的环境文脉中生根时，必然受到不同的人，不同的具体条件的制约而呈现出不同的形态，对于这种变化后的形态，我们称之为原型的变体。变体是营造者对原型的重新阐释，大量的变体有效地承传了环境和历史双向文脉的连续。在皖南古村落中，每一个一堂两厢实际上象征着一个家族单元的存在。附设于主体的院落、厨房、绣楼、天井等充当补充体角色，丰富的变体使它的原型以各种变换的姿态适应于地形环境和使用功能的多样化，同时产生了各不相同的意趣空间

的塑造。

以庭院空间为例，皖南由于地处丘陵地带，耕地缺少，所以聚居密度较大，但由于住宅对外采取封闭的形式，每户均有庭院可供室内采光通风之用。皖南民宅中的庭院都不太大，但庭不在大，只要"台痕上阶绿"，也会"草色入帘青"，有趣有景，空间自然充满情趣，庭院创意于自然，不拘于形式，方正狭长，或因依街而筑而出现不规则形状，方寸之地，经不凡创意也能使之有趣有景。

王其钧先生在其《中国传统城镇与民居美学》中所言："中国传统城镇的韵致是缱绻、温馨，具有肃穆静谧、隽逸疏朗的特点，其意蕴的淳厚，是值得我们揣摩研究的。"在皖南的古村落中，王先生文章 所言的缱绻、温馨、肃穆静谧、隽逸疏朗的特点体现在古村落的**基地选址、街巷**和**公共开敞空间**的自发组织行进中随时间脚步推移中渗透在我们的视线中。

基地选址，皖南古村落的形成是经数百年经营的结果，它们在基地选址上特别重视"风水"之说。所谓符合"风水"的背山面水的基址成为皖南村落的最基本格局。聚落选址中注意水在其中的作用，水在皖南村落中理所当然地成为活跃元，村落中的街巷与水发生着千丝万缕的联系，也是村落形态变化的重要原因之一，这种依山就势，临溪而筑的聚落形态，体现了管子的"城市不必规矩，道路不必中准绳"的随机发展的规划思想。

街巷，村落的形成又不是完全受制于自然、地理、气候诸因素的影响，它是一个生成的过程，这种生成过程是在一定意念的指导下，这种意念大多是期盼村落长盛不衰，后继有人。

街巷在皖南古村落中起到宅与宅，宅与自然之间联系沟通的媒介作用。它是宅居的外界面与村落的内界面，他反映村落中居民一致承认和自觉接受的文化模式，巷道的立面基本就是一个家族的主题的变奏，户与户的分界是巷道中最生动的所在。皖南村镇曲折的巷道给人的一种诗意，一种气息是与它所存纳的生存在此处的人们的精神不可分离的。

公共开敞空间，在空间上进入村中起到引导作用的水口园林、整个村落序列的开端村口标志的牌坊群、称为"社场"的宗祠附近的开阔处等是古村落幽雅文章中的序曲和高潮，使得聚居组合空间在无序中透露有序，统一与差异并存的结构特征。

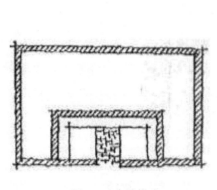
图1 三合院模式

图2 一堂两厢制

2 现代新民居空间组合状况

皖南古村落由于交通的不便利，当地经济相对滞后，有很多村落整体环境并未受到现代化进程的"干扰"，但随着当地发展经济支柱产业之一——旅游业的开发，村内人口的增长，房屋年久失修的毁损，要想让古村落所包容和沉淀的内容得以保存，另选基地，再建新村是每一个有保护价值的古村落必须面对的现实。

从现在已建新村的聚居环境考察来看，多数居室是单元式的、户间组合以行列式为主形成横平竖直

的街道空间，村落也出现以绿化中心为主导的活动广场，从规划图纸到现场考察，总觉得似乎缺少什么，整体有序的排列组合是别人的安排，缺少原来聚居空间自我创建的意趣空间和迷人的街巷组合。

然而，在考察新村或自己建造的新居中，我们发现新居的主要空间仍然是一堂两厢，这样的主体空间与传统皖南民居变化不大，只是在建构过程中的构筑材料、细节构造上有着差异，如原来以木构架为主现在只是砖混结构，原来各家各户根据自己的财力、欣赏格调不同所有的配件均有差异，现在的门窗模式更符合工业化的要求而趋于整齐统一。

3　SAR 理论与民居改造的结合点

SAR 理论是由哈布瑞根（J. N. Habraken）教授在 20 世纪 60 年代初提出了一个住宅建设的新概念，他称之为"骨架支撑体"的理论。1961 年出版了一本阐述这个理论的书，名为《Support——An Alternative To Mass Housing》，不久，荷兰的几位建筑师筹集资金，开办了一个建筑师研究会（Stiching Architecture Research），全名简称为 SAR，开始专门从事"支撑体"设想的研究。1965 年哈布瑞根教授在荷兰建筑师协会上首次提出了将住宅设计和建造分为两部分——"支撑体"（Support）和"可分体"（Detachable units）的设想。

住宅是大量性的建筑，他既有工程问题，也有经济问题，从现在的角度来看，设计者和投资商更关注的是这两方面问题，SAR 理论的提出，将住宅设计和建造中如何考虑居住者——人的生活方式及其对住宅空间、环境变化的要求提到建筑师面前，"支撑体"设计的方法是采用动态设计的方法，村落的形式也是一个动态过程。将"支撑体"与皖南古村落中的"主体空间"、"可分体"与皖南古村落中的"意趣空间"结合起来，在未来村落的建设中是我们可以尝试的一种方案。

参考文献

王建国，张彤．安藤忠雄．北京：中国建筑工业出版社，1999

吴良镛．开拓面向新世纪的人居环境学——"人居环境与 21 世纪华夏建筑学术讨论会"上的总结发言．建筑学报，1995(3)

朱光亚，黄滋．古村落的保护与发展问题．建筑学报，1999(4)

王澍．皖南村镇巷道的内结构解析．建筑师(28)

韩冬青．类型与乡土建筑环境——谈皖南村落的环境理解．建筑学报，1993(8)

王其钧．传统城镇与民居美学．中国传统民居与文化(三)

以民居風土特色為基礎探討住宅之可持續性：以澎湖推動計畫經驗為例

Developing the Sustainability of Housing from the Characteristics of Vernacular Dwelling: A Study on the Impetus Experience in Penghu

吳金鏞　黃舒楣　吳令恬

WU Jin-Yung, HUANG Shu-Mei and WU Ling-Tien

財團法人台大建築與城鄉研究發展基金會

National Taiwan University Building & Planning Research Foundation, Taipei

關鍵詞：　民居風土特色、澎湖、可持續性、住宅、綠建築

摘　要：　本文欲藉由澎湖案例之操作經驗分析，作為各地方推動可持續性住宅之制度化過程中，於內涵及操作方法上的借鏡。希望在目前以科學量化為主的可持續性建築評估指標建立趨勢下，更細緻地發展出合乎地方生態之聚落、住宅形態的操作經驗與理論，以地域性民居文化、風土特色作為理論與實務操作的反省起點，以補足單一評估體系下所失去的豐富多元差異，創造住宅設計地方專業的內涵，實踐可持續性建築之地方發展。

Keywords: vernacular dwelling characteristics, Peng-hu, sustainability, housing, green architecture.

Abstract: The purpose of this essay is to share the experience of the sustainable housing development in Penghu, of which the content and method taken may be an example for the locally institutionalizing of sustainable housing. Though the mainstream of sustainable architecture dedicates to developing metrology science -based assessment system, this essay approaches on the base of vernacular dwelling culture instead, with the hope to build up another research method, which conforms to the local environment and dwelling state better. By this approach, we look forward to bring in the richness of diversities which lost by the single top-down assessment, to improve the local housing professions, and to develop the sustainable architecture locally.

1　引言

澎湖縣東距台灣本島最近處約 45km，西距福建省最近處約 140km，北回歸線經過，是台灣最大且重要的離島縣。澎湖縣由 64 個大小島嶼組成，人口約九萬多人，都市化的進程較台灣緩慢，除馬公市之外，澎湖各地民居住宅仍維持著強烈的集村性格。然而澎湖民居空間形式在歷經移民社會歷史變遷、農漁產業轉型、特殊自然氣候條件、離島經濟發展等因素影響下，已經有重大的改變；隨著營建技術、人民經濟、價值觀之改變，傳統的四欅頭合院形式已逐漸消失，逐漸被現代化 RC 造樓房所取代。現代化 RC 造樓房多半失去了傳統民居風土特色對應當地氣候、環境、人文、社會等特質累積而成的整體質地與脈絡，導致今日澎湖自然環境遭受破壞而地方風貌逐漸消逝，此為地方政府亟欲解決的課題。

澎湖縣政府是稟於地方群島的惟一最高機構，又為建築管理的主管機關，援引行政部門 91、5、31 院臺經字第〇九一〇〇二七〇九七號函核定挑戰 2008：國家發展重點：水與綠建築計畫，特訂定"澎湖縣政府推展鄉土特色綠建築計畫"，結合《建築技術規則建築設計施工編》增訂第十七章綠建築及相關"綠建築"設計技術規範，以具風土特色之可持續性住宅的概念，擬定計畫目標。

因參與 2003 年 11 月~2004 年 4 月年澎湖縣政府所委託之推動地方特色可持續性住宅計畫時，我們認識到澎湖地方居住行為蘊藏著具永續價值的地方智慧，形塑了民居聚落形式與生活方式，是發展可持續性住宅的重要基礎。本研究欲由該經驗中探討結合民居風土特色與可持續性住宅的操作可能，讓新技

術的發展更緊密地接合於更替演變中的地方生活脈絡。我們由以下幾個方面重新釐清可行的地方操作基礎：第一，由於地方風土特色是民居形式發展的根源，必須在地方營建行為與技術可達成的基礎上，來整合民居特色與可持續性建築技術；第二，因地制宜的多變住宅樣貌是民居的重要特色，因此以建築模式為取向的設計準則來取代公共部門的單一住宅標準圖思維，同時也作為發展設計與環境溝通的主要工具；第三，結合相關住宅法規尋求地方可持續性住宅制度化的可行性。

2　推展可持續性建築計畫的澎湖經驗

2.1　澎湖風土特色可持續性建築設計準則組成與架構

澎湖經驗中，計畫成果以訂定澎湖風土特色可持續性建築設計準則為主要內容，針對不同環境與居住課題來，擬定對策，共整理歸納出十二種類別之設計準則，其組成架構如圖1。

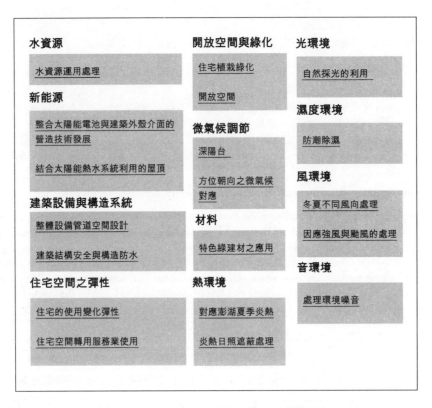

圖1　澎湖風土特色可持續性建築設計準則架構

2.2　設計準則研擬方式及過程

規劃研究試圖依據地方特殊現況問題，建立地方化的綠建築分類架構，在每項分類下，再分析該課題在澎湖特殊自然及社會環境下所面臨的問題與限制，並研究地方處理該項問題的傳統做法和現代方法。

透過綜合性的課題分析及對策案例研究，提出各項設計準則以對應課題。每項設計準則都企圖處理澎湖的特殊問題，進而產生具澎湖特有地方文化的空間形式或設計作法。所發展出的設計準則並非各自獨立，彼此之間是有所關聯的。有時同一個設計準則，可同時處理不同問題。

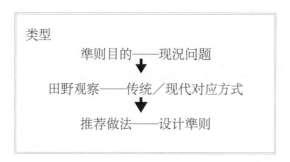

圖2　設計準則研擬方式說明

2.3 操作與取向擬定

　　澎湖之規劃研究經驗乃首先藉由田野調查，以觀察、深入訪談等方式，目標在於認識地方環境特質、在地居住生活方式。所記錄關注的面向廣泛包括地景變化、自然及人文環境特質乃至於微觀層次的人居生活細節，避免專業者以過於單一之標準生活方式簡化、甚至錯置了地方民居機能需求。

　　同時，規劃團隊亦嘗試在既有研究基礎之上，對照田野經驗以釐清當前澎湖住宅涵構力量，以尋找可能干預住宅形構的規劃取向和方式。規劃初期研究以王唯仁（1987）之研究為主要基礎，延續其探討澎湖住宅形式及形式背後涵構力量的消長關係。澎湖住宅在形式、生產機制及規模、配置上都有不小變化，尤其以住宅用地提供[1]、商品化住宅營建發展之重要性和特殊性，進一步決定了基地整體規劃、營建行為及生產體系作為規劃研究重點內容。

　　為使規劃內容有效影響民居形式，因而設定規劃與地方營建體系結合之目標。操作過程中，團隊有意識地透過個別或集體式的訪談、討論，企圖讓營建作用者參與其中，甚至藉由地方專業者的真實經驗，增加研究之豐富性和可行性，也期待藉由訊息的釋放、互動，促進地方營建作用者對規劃的理解和接受。

　　由本規劃研究經驗，發現所需研究基礎和一般側重於技術發展的住宅可持續性建築計畫不同，不僅需要一般自然環境、能源及資源利用等資料，針對地方營建相關政策、地方公私部門經濟發展、土地使用政策、住宅供給市場、營建系統及技術發展等都需要作質化與量化的分析。

3　以民居風土特色為基礎之可持續性住宅操作策略

　　我們認為風土特色不僅是視覺上可清楚辨識、具有差異性的地方民居風格形式，而是營建行為整體過程的地方性考慮和對應，風土特色和可持續性建築並不是兩件事，對應風土環境特質的營建行為整體囊括了可持續性建築的思考，而可持續性建築也都該對應於地方風土環境特質。

3.1 將民居風土特色引入可持續住宅

　　引入民居風土特色以作為可持續性建築發展基礎之概念，能於澎湖推動經驗中持續發展，乃因地方政府認定風土形式為城鄉風貌改造的靈藥，反而造成了團隊擴充民居風土特色之可持續性內涵的機會，以下說明將民居風土特色引入可持續性建築操作之真實意義與必要性。

3.1.1　因應地域風土特色、挖掘地方智慧

　　地方風土往往蘊育極有特色的居住行為，其中蘊藏著具有永續價值的住民生活文化和傳統地方智慧，是發展可持續性建築設計的重要基礎，讓新技術的發展更緊密地接合於隨時間更替演變的地方生活脈絡，在未來推廣特色綠建築時，更能因其符合於地方居民生活方式而推動順利。

---

[1]　澎湖素来有住宅用地短少及过分细分问题，近年住宅多利用农地转用建地兴建。

3.1.2　持續地方脈絡的整合性住居環境對策研擬

　　可持續性住宅設計要處理的是綜合性的整體問題，甚至潛藏著一種地方生活價值觀修正重建的可能性。以澎湖地處離島，新技術和材料的引進不易，營建技術與知識的提升仍倚賴傳承封閉的工匠系統，變化速度緩慢，技術水準均齊不一。需要特殊材料、新穎技術的營造工法在地方不易被實踐，且難以達到原有效能；又因地方居民對營造的認識和價值觀較保守，昂貴而少見的新技術不易被信賴採用。再者高科技技術本身往往是另一耗能的生產過程，而解決問題的過程成本也必須一起被考慮。

　　因而處理可持續性建築時應基於地域特質，選擇可行的解決方式，嘗試在延續地方脈絡中力求改善原有營建方式，以達到目的機能，而非迅速落入新技術迷思。在澎湖經驗中，基於地方社經脈絡，規劃以非依賴高技術、非高成本作為篩選、判斷的評估原則是相當重要的關鍵。

3.1.3　民居風土特色關照多面向居住環境整體的涵容特質

　　具有風土特色的營造行為，是地方居民長期地基於特定環境、氣候、人文、社會等質地脈絡，斟酌出之住居營建對應方式和策略。其策略和選擇綜合性地關照居住環境整體，動態地與地方真實的環境變化及生活內容相結合。此涵容特質恰為當下可持續性建築技術發展所缺乏。當評估系統與知識架構分工漸細，整體性的考量反被忽略且不易進行，點對點式的政策體系發展至執行末端，往往是以量化評估操作之"及格制指標"（江哲銘，2004），即便具有一定程度評估把關的功能，卻缺乏了整合性的價值判斷，以作為住居環境相關計畫擬定初期的指導參考。民居風土的整合性特質，應在發展可持續性住居環境之規劃設計階段即充分運用之。

3.2　設計準則作為空間溝通形式的操作方式

　　以往公共部門單一住宅標準圖的操作方式雖可快速地複製與大量生產住宅，但單調僵化的住宅形式並無法因應多變的生活樣貌。為了維持因地制宜的多變民居住宅風貌與持續發展創新，在規劃設計上需要既可以保持一定風貌又能夠擁有自主創新彈性的設計與溝通工具。同時，民眾在理解住宅設計過程中，需要可以深度溝通討論環境設計的工具，既可讓民眾完全理解設計內容，又可以與設計者對話溝通，甚至能夠自行設計住宅。

　　模式語言（A Pattern Language）式的設計準則既能準確而細緻地描述出空間的品質與形式組成，又能夠以淺顯的文字與圖繪表達，易於理解溝通。因此，採取設計準則式的設計表達方式來作為思考與設計的主要工具。

3.2.1　取代標準圖說，因應多變民居風貌

　　澎湖民居經歷長久演變，不斷變化調適每個時期居民的特殊生活樣態，展現出豐富多元的建築樣式。這樣多變的住宅特色，緊密扣連著居民生活過程與社會文化活動，形成動人的空間品質。設計準則能夠將這樣民居空間的好品質描述清楚。並透過設計準則的組合串連，以數目有限的設計準則創造出變化無窮無盡的民居空間。

　　透過實地的田野調查與案例研究，尋找出澎湖生活樣貌中具有風土適應環境特色的空間設計準則，以文字與圖繪清楚地指明這類準則的實質內涵。利用設計準則來取代標準圖說，以空間品質的整合性描述來將風土特色與住宅設計構成不可分割的整體環境形式。

3.2.2　環境溝通參與主要工具

　　由於住宅與居民生活關係密切，以往住宅的設計營造過程往往過於封閉，專業設計者與營建人員所

使用的辭彙語言過於艱澀，一般居民很難介入住宅生產過程。然而，民居營造必須與居民緊密相關，甚至於居民主動積極參與民居的創造是營造出良好的民居環境不可或缺的關鍵。

設計準則的創造是開放的過程，運用簡明的文字和圖繪，讓居民都能夠參與其中，並且藉由設計準則來與專業設計者與營建人員溝通彼此對於環境的觀點。以設計準則來描述與組成可持續性建築，鼓勵民眾參與開放的環境設計與創造過程。

3.2.3 設計準則逐漸累積落實成為地方法規

為了使風土特色可持續性建築能夠長期持續發展推動，除了現行建築法規內容之外，仍需要將可持續性建築設計準則進一步地正式化，設計準則也提供了由下而上的法規產生過程，透過合宜的公共討論與共同修正的過程，取得居民集體的認同，逐步制度化，建構具有地方特色且能夠因應地方特殊需求的建築法規制度。

這個正式化與制度化的過程，讓設計準則在廣大民眾意見與法規制度之間，形成開放的中間層。因為設計準則能夠將豐富多變的各種民居樣貌以清楚的設計準則呈現，不斷累積修正，用來設計與營造住宅；同時又逐漸將某些共同的重要設計準則，逐漸落實變成法規制度的一部分。

3.3 結合相關住宅法規制度化地方可持續性建築

台灣可持續性建築法規目前多管制公有及大規模開發之建築，評估標準以可科學量化的項目為準，暫不涉社會人文方面的價值評估（林憲德，2005）。已累積的經驗成果多以技術彙編或優良作品案例為主，實有難以關照地區差異、應用於不同地方脈絡的問題。從設計準則中，以中央評估指標為基礎，配合澎湖目前住宅興建之特殊性，篩選出對澎湖地方環境資源來說有急迫及特殊重要性的項目，經實驗討論過程後，納入地方相關住宅法規，有助於地方推動綠建築政策時，擬定更順應地方狀態的準確目標與方向。

3.3.1 實驗修正設計準則，示範推廣可持續性建築觀念

以試辦示範住宅作為先行案例，提供風土特色可持續性建築設計準則的實務基礎。並在實驗過程中修正、討論準則，將某些容易執行與對澎湖地方重要性高的項目在共識下轉化成可執行的法規制度。

由於許多無法量化的設計準則常會因規範執行不易而無法制度化，示範住宅可增進建築專業者及地方居民對風土特色可持續性建築內涵的認識，引發地方的討論與想像，影響興建住宅的價值與觀念，進而提升整體住居品質。

3.3.2 將設計準則納入法規，以特定住宅類型初期試辦

在澎湖縣現有的管理相關辦法中，《澎湖縣非都市土地農牧用地或養殖用地興建住宅計畫申請變更作業要點》以及《澎湖縣特色民宿審查作業要點》為涉及住宅營建之管理、特色營造之重要機制。計畫以中央評估指標為基礎，納入風土特色可持續性建築設計準則，增修原有要點中條文，並設立審查機制，將此類型住宅作為初期試辦對象。

依《澎湖縣非都市土地農牧用地或養殖用地興建住宅計畫申請變更作業要點》興建的住宅佔當地每年興建住宅總數之比例甚高，並影響了澎湖鄉野自然地貌，因此類型住宅訂定規範對澎湖整體地景風貌而言有一定影響力，亦可根據設計準則累積不同變化的地方形式，成為澎湖地方風土特色可持續性建築的資料庫。

3.3.3　整體規劃統整相關制度

單一指標評估體系下，不同地域生活方式衍生的社會關係及社區、聚落所蘊藏的生態智慧常被忽略。企圖營造地方特色的風貌政策，常落入過於重視外觀、美學的形式管制或補助手段，而僅保留了符號式的語彙，簡化了民居風土脈絡。法令規範的本身，應該有綜合關連性，可持續性建築的內涵和地方風貌應是相輔相成的，不應切割片面處理。

住宅和地方生活文化有著最密切的關連，除了可持續性建築技術及風貌形式之外，土地使用規劃、公共建設、社會人口組成及產業轉型等因素都在不同層面影響住宅生產。可持續性建築是一整體性的思考，應將生態概念由個體住宅推展於社區、聚落以至整體區域。長遠政策的擬定應先釐清現況問題及發展目標和方向，擬定以永續發展為主軸的綜合性計畫，將資源利用、土地政策、產業發展等方針到聚落風貌、市鎮空間之規劃以至單戶住宅設計施工條件等大小層級，統整組架地方整體策略，讓制度能由點而面操作，周延輔助地方發展。

4　結論

4.1　民居風土特色應為地方化可持續性建築知識系統中的必要一環

在世界各國發展之評估指標中，僅加拿大 GB-Tools 體系於評估流程初期列入"都市、鄰里及基地脈絡"，以及日本 CASBEE 評估體系"建築環境綜合評估指標"（Comprehensive assessment system for building environment efficiency）中，於"基地室外環境指標"中明確地列入了城市景觀及地景、地區文化及獨特性，然以上仍屬於評估層次之操作。如欲將民居風土特色引入地方化可持續建築的發展，應藉由其特質調整此領域發展的操作方法、認識基礎，以及發展目標。尤其住宅領域與人居行為密切相關，最需借重風土特色中的人文資產，使全球環境問題所引領的可持續性發展方向，更精準地與人居行為尺度接和，釐清應為的方向和目標。

民居風土建築研究往往被視為建築歷史與文化範疇，目前與可持續性建築之發展仍未於學院內研究領域或國家政策上進行整合性的研究，從住宅相關課題的經驗逐漸朝此方向努力，或可推進可持續性知識系統架構調整之可能性。

4.2　運用設計準則作為開放而彈性的設計與溝通工具

以設計準則作為可持續建築空間的呈現形式，避免了以往僵化的標準圖作業，而能掌握民居空間多變又具有特色的空間品質。讓民居營造是一個開放的過程，避免過於艱澀的專業語言，以清楚明晰的說明方式傳達風土特色可持續性建築要素，居民可以藉由設計準則來理解與溝通。透過地方居民的深度參與，利用開放的設計準則來描述民居的主要樣貌，同時，在設計準則交織運用下，風土特色才能得到實質持續成長，而避免形式上的操弄。透過共同設計準則的討論，讓具有風土特色的建築樣貌可以經由開放公眾參與的過程而持續發展，逐步正式制度化。

4.3　整體架構可持續性住宅政策，制度地方化過程中應設參與機制

地方建築之可持續發展的實踐需將相關政策制度化，有效管制在快速都市化進程中，因大量新興住宅而遭受破壞的自然環境及急速變遷的地景風貌，保護地域原有的生態與文化，作為區域永續發展的防線。住宅為整體生態之一環，無法獨立於周圍環境，不論是資源使用規劃到建材的取得，都與地方發展互相牽連。故應由地方政府做一統整性思考，擬定以永續發展為主軸的綜合性計畫，提供更高層級的人居環境對策。

　　由行政部門所推行的建築政策是跨地域的大型計畫，無法完全貼合地方需求，應以台灣綠建築評估指標為本，針對地方特殊性修正增添相關綠建築規範項目，將法規制度地方化。地方化過程中應設計適當方式，提供專業者及民眾參與法規制度擬定過程，從中累積民眾對風土特色可持續性建築的認同與了解，將住宅之永續概念深化至日常生活中，並修正要點的合宜性，才不致使政策脫離於地方的生活文化、生產體系，成為公共部門挹注資金後的補助特例，或是高收入所得者才能享有的昂貴生活品質。

參考文獻

王唯仁．澎湖合、院住宅形式及其空間結構轉化．國立臺灣大學建築與城鄉研究學報，1987，3(1)：87~118

台灣大學建築與城鄉研究發展基金會．澎湖縣政府推展鄉土特色綠建築計畫報告書，2003

江哲銘．永續建築導論．台北：建築情報，2004

林憲德．綠建築解說與評估手冊．台北：部屬建築研究所，2005-01

http://www.ibec.or.jp/CASBEE/english/index.htm．(CASBEE 建築物綜合環境性能評估體系)

作者索引
Index of Authors

（以英文姓序）

(by English last names)

机构索引

Index of Institutes

（以英文名称序）

(by English names)

河北北方绿野建筑设计有限公司	Hebei Ngreen Architecture Design Co., Ltd, Shijiazhuang	197
河北工业大学	Hebei University of Technology, Tianjin	783, 805, 819
合肥工业大学	Hefei University of Technology, Hefei	217
	Hokkaido University, Japan	633
香港特别行政区房屋署	Housing Department, Hong Kong	95
香港房屋署	Housing Department, Hong Kong	27
深圳华森建筑与工程设计顾问有限公司	Huasen Architecture & Engineering Design Consultants Ltd., Shenzhen	753
华中科技大学	Huazhong University of Science and Technology, Wuhan	63, 155, 169, 175, 181, 263, 347, 381, 549, 737, 797, 825
中国科学院地理科学与资源研究所	Institute of Geographic Sciences and Natural Resources Research, the Chinese Academy of Sciences, Beijing	427, 671
	Institute of Policy Studies, Singapore	117
	Islamic University of Gaza, Palestine	633
美国龙安规划建筑设计顾问有限公司	J.A.O.Design International Architects & Planners Limited	277
荷兰高柏伙伴规划园林建筑顾问公司	KuiperCompagnons, Office for Urban Planning, Landscape and Architectural Consultancy, Rotterdam, The Netherlands	541
中华人民共和国建设部	Ministry of Construction, P.R.C.	3, 9
日本室兰工业大学	Muroran Institute of Technology, Hokkaido, Japan	127
成功大學	National Cheng Kung University, Tainan	47, 81
台湾大学	National Taiwan University	391
新加坡国立大学	National University of Singapore, Singapore	117, 475, 627, 711
宁波大学	Ningbo University, Ningbo	313
华北水利水电学院	North China Institutes of Conservancy and Hydroelectric Power	435
华侨大学建筑学院	School of Architecture, Huaqiao University, Quanzhou	769
上海现代建筑设计（集团）有限公司	Shanghai Xian Dai Architectural Design (Group) Co., Ltd., Shanghai	531
深圳市建筑科学研究院	Shenzhen Institute of Building Research, Shenzhen	581, 665, 761
中国城市规划设计研究院深圳分院	Shenzhen Institute, China Academy of Urban Planning & Design, Shenzhen	645
四川大学	Sichuan University, Chengdu	191, 231, 237, 245, 289
华南理工大学	South China University Of Technology, Guangzhou	257, 355, 563
东南大学	Southeast University, Nanjing	723, 747
中山大学	Sun Yat-sen University, Guangzhou	75, 321

第五届
Proceedings of the Fifth

中国城市住宅研讨会论文集 下卷

China Urban Housing Conference Volume Two

城市化进程中的人居环境和住宅建设：可持续发展和建筑节能
Human Settlement and Housing Development under Urbanization Process:
Sustainable Development and Energy Conservation

中国香港　香港中文大学
The Chinese University of Hong Kong, H.K.S.A.R. CHINA

2005 年 11 月 24 ~ 26 日
24 ~ 26 November 2005

主编　　　邹经宇　许溶烈　金德钧
Chief Editor　TSOU Jin-Yeu, XU Ronglie, JIN Dejun
编辑　　　李文景
Editor　　LI Wenjing

香港中文大学　中国城市住宅研究中心
Center for Housing Innovations, The Chinese University of Hong Kong

 中国建筑工业出版社
CHINA ARCHITECTURE & BUILDING PRESS

论文评审委员会

（排名不分先后，以拼音或英文姓之首字母序）

Review Panels

(Ordered by English last names)

卢济威 LU Jiwei	教授 Prof.	同济大学建筑城规学院 College of Architecture and Urban Planning, Tongji University
马国馨 MA Guoxing	教授 Prof.	北京市建筑设计研究院 Beijing Institute of Architectural Design & Research
聂兰生 NIE Lansheng	教授 Prof.	天津大学建筑学院 Department of Architecture, Tianjin University
欧文生 OU Wen-Sheng	博士 Dr.	嘉南药理科技大学生态工程技术研发中心 Research & Development Center of Ecological Engineering and Technology, Chia Nan University of Pharmacy & Science
任爱珠 REN Aizhu	教授 Prof.	北京清华大学土木工程系 Department of Civil Engineering, Tsinghua University (Beijing)
孙骅声 SUN Huasheng	教授 Prof.	中国城市规划设计研究院深圳分院 Shenzhen Branch, China Academy of Urban Planning and Design
唐恢一 TANG Huiyi	教授 Prof.	哈尔滨工业大学建筑学院 School of Architecture, Harbin Institute of Technology
童悦仲 TONG Yuezhong	先生 Mr.	中华人民共和国建设部住宅产业化促进中心 The Center for Housing Industrialization, Ministry of Construction, P.R.China
涂英时 TU Yingshi	教授 Prof.	中国城市规划设计研究院居住区规划设计研究中心 Center for Human Settlement, China Academy of Urban Planning and Design
王静霞 WANG Jingxia	教授 Prof.	中国城市规划设计研究院 China Academy of Urban Planning and Design
黄君华 WONG, Francis	教授 Prof.	香港理工大学建筑及房地产学系 Department of Building & Real Estate, The Hong Kong Polytechnic University
吴光庭 WU Kwang-Tyng	教授 Prof.	淡江大学建筑系 Department of Architecture, Tam Kang University
邢同和 XING Tong He	教授 Prof.	上海现代建筑设计(集团)有限公司 Shanghai Xian Dai Architectural Design (Group) Co., Ltd.
许溶烈 XU Ronglie	教授 Prof.	中华人民共和国建设部科学技术委员会 Committee of Science and Technology, Ministry of Construction, P.R. China
叶嘉安 YEH, Anthony G. O.	教授 Prof.	香港大学城市规划及环境管理研究中心 The Centre of Urban Planning & Environmental Management, The University of Hong Kong
杨汝万 YEUNG Yue Man	教授 Prof.	香港中文大学亚太研究所 Hong Kong Institute of Asia-Pacific Studies, The Chinese University of Hong Kong
严汝洲 YIM, Stephen	先生 Mr.	香港房屋署发展及建筑处、工务分处(二)、建筑设计组(三) Development and Construction Division, Project Sub-division 2, Architectural Section 3, Housing Department, GHKSAR
张 颀 ZHANG Qi	教授 Prof.	天津大学建筑学院 School of Architecture, Tianjin University
赵冠谦 ZHAO Guanqian	教授 Prof.	中国建筑设计研究院 China Architecture Design & Research Group
邹德慈 ZHOU Deci	教授 Prof.	中国城市规划设计研究院 China Academy of Urban Planning and Design
朱昌廉 ZHU Changlian	教授 Prof.	重庆大学建筑城规学院住宅及人居环境研究所 Institute for Housing & Human Settlements Studies Faculty of Architecture & Urban Planning, Chongqing University
朱竞翔 ZHU Jingxiang	教授 Prof.	香港中文大学建筑学系 Department of Architecture, The Chinese University of Hong Kong
朱子瑜 ZHU Ziyu	教授 Prof.	中国城市规划设计研究院城市规划设计所 Urban Planning & Design Institute, China Academy of Urban Planning and Design

序 言
Preface

  自首届中国城市住宅研讨会于 1998 年 12 月 18 日在北京召开以来，至今已经快有 7 个年头了，其间又先后陆续举办过三届研讨会。可以说这四届研讨会的内容一届比一届丰富而深入，研讨会的议题和参与者一届比一届广泛和增加，因此历届研讨会都受到了与会人士的普遍欢迎和好评。其实上述研讨会的发起与召开系源起于 20 世纪 90 年代中叶以来，香港中文大学建筑系与建设部科学技术委员会之间多年交往与合作的结果，从而试图在更大程度上为学人、同行间创建起广泛而且实际的交流合作平台作出的尝试。基于早先的多年交往和了解，香港中文大学中国城市住宅研究中心，在建设部科学技术委员会支持下，于 1998 年 12 月 18 日成立，并同时在北京召开了首届中国城市住宅研讨会。随后几届研讨会有了更多的单位团体参与联合主办、协办或给予了不同方式的有力支持。早在一年之前就开始着手筹备且已取得良好进展而当前筹备工作进入倒计时阶段的第五届中国城市住宅研讨会，其主题为："城市化进程中的人居环境和住宅建设；可持续发展和建筑节能，"由建设部科学技术委员会和香港中文大学中国城市住宅研究中心联合主办，香港特区政府房屋署、中国城市规划设计研究院和建设部住宅产业化促进中心协办，此外作为研讨会的支持单位尚有：中国建筑学会、香港特区政府规划署、屋宇署、澳门特区政府房屋局、香港建筑师学会、香港工程师学会，以及台湾成功大学等两岸四地的相关部门、学术团体、研究设计机构及高等学校等诸多机构。至当前为止，研讨会筹委会已经收到交流论文 180 篇，经研讨会学术委员会有关成员评阅，由于研讨会规模和条件所限，只能推荐其中的 120 篇论文入选本届研讨会论文集中，鉴于这些论文内容相当丰富，水准相对较高，经有关专家和出版人士评估，认为这本论文集，值得公开出版发行，以利于更广泛地提供交流。承蒙中国建筑工业出版社的大力支持，接受了此论文集的出版发行任务。凡入选论文集的论文，组委会和学委会将尽量安排在研讨会大会和分会上进行演讲和交流，此外，论文评审委员会将尽其所能地在广泛听取意见的基础上，评选出优秀论文 10 篇，并将在研讨会大会上颁发优秀论文证书。

  住宅是关系人人、人人关心的大问题，而且是随着经济、科技、社会的发展而不断发展，并与人文、天时、地理等关系十分密切，因此，住宅问题是一项需要始终给予极大重视和需要不断发展、不断研究的至关重大的任务。中国是发展中的大国，中国实行改革、开放政策 20 多年来，各方面取得了巨大的成就，但中国原有的底子差，问题多，而城市化的进程要比预期的又快得多。因此，反映在中国城市住宅建设上需要研究解决的问题特别复杂和特别繁多。虽然近几年来，中国政府和有关部门组织研究解决了许多相关问题，但新的问题和新的需求又相继层出不穷。正是如此缘由，凡是有关住宅问题的重大举措和重大政策（包括经济政策和技术政策）的研究和建议都会受到众人和有关部门的关注。中国城市住宅研究中心正是在这种大后台下，由以香港中文大学建筑系邹经宇教授为首的一批学人在自己专业上所做的贡献和对事业上的奋力追求，得到了校方领导的重视和认可，自然也受到了建设部科学技术委员会的支持而成立的。作为支持者和见证人我认为中国城市住宅研究中心，自成立起至今，一直得到了建设部科技委前主任储传亨直至现任常务副主任金德钧的大力支持；建设部前部长俞正声和现任部长汪光焘都专门接见过中心的负责人，对此都足见建设部对中国城市住宅研究中心的支持和重视。自成立以来，中国城市住宅研究中心开展了大量的工作，取得了颇有影响的成就。即将于今年 11 月 24 日至 26

日在香港召开的第五届中国城市住宅研讨会全过程中，在展示整个研讨会交流成果的同时，也将展示中国城市住宅研究中心所取得的最新研究成果，而且也将充分显示以邹经宇教授为首的中国城市住宅研究中心团队科研实力和组织能力。根据本人此次对筹备工作的了解和多年与中国城市住宅研究中心交往的经验，本人对此深信不疑，并且预祝第五届中国城市住宅研讨会圆满成功，中国城市住宅研究中心不断取得新的成就！我乐此而特为之序。

许溶烈
2005 年 10 月 22 日于北京

目 录
Table of Contents

住宅专题　城乡住宅的可持续发展
Housing Session　Sustainable Development of Urban & Township Housing

住宅专题　城乡住区规划
Housing Session　Planning of Urban & Township Residential Zone

住宅专题　住宅设计
Housing Session　Housing Design

住宅专题　　住区的可持续发展
Housing Session　　Sustainable Habitation

住宅专题　　住宅产业改革
Housing Session　　Housing Industry Reform

人文专题　住宅与社会环境
Humanities Session　Housing & Society

人文专题　乡土住宅
Humanities Session　Vernacular Housing

xiv

技术专题　营造技术
Technical Session　Building Technologies

技术专题　评估系统
Technical Session　Evaluation Systems

技术专题　节能技术与设备
Technical Session　Energy Saving: Technologies & Equipments

规划专题
Planning Session

人居模式
Human Settelments

城市人口密集下高容积率居住模式研究

The Study of High Plot Ratio Residential Model under Urban Dense Population

王志涛[1]　凌世德[2]

WANG Zhitao[1] and LIN Shide[2]

[1] 厦门市建筑设计院有限公司

[2] 厦门大学建筑与土木工程学院

[1] Xiamen Institute of Architectural Desigh Co., Ltd., Xiamen

[2] School of Architecture & Civil Engineering, Xiamen University

关键词：　人口密集、高容积率、居住模式

摘　要：　本文分别分析了高层高密度和高层低密度这两种高容积率居住模式各自的构成要素、空间营造、形态特征，并提出了在城市规划建设过程中，应综合考虑高容积率居住模式与城市设计、城市交通和城市空间的关系，注重与城市规划建设协调发展。同时，着重提出了在高容积率带来高人口密度的情况下，为提高高容积率住区居民的生活质量，实现"以人为本"、满足人们的情感需求所应采取的策略。

Keywords:　dense population, high plot ratio, residential model

Abstract:　This article analyzes the composition factors, space construction and shape characteristics of two high plot ratio residential models. The two models are high-rise/high density and high-rise/low density. The author thinks the relationship between high plot ratio residential model with urban design, city traffic and city space should be considered while planning and building. High plot ratio residential model should be developed with urban planning and construction in harmony. Meanwhile, the author emphatically puts forward the tactics of improving life quality of resident, realizing "people first", and meeting people's demand of emotion when facing the situation of high plot ratio bringing about high density of population.

1　引言

容积率是建筑经济技术指标之一，在我国大陆城市表示的含义是某地块的建筑总面积与总用地面积的比值。比值越大即容积率越高，意味着在一定的用地面积里将容纳更多的建筑面积。那么，高容积率的住区意味着在一定的用地面积里可以容纳更多的套型户数，从而在相同的用地面积下会比低容积率的住区容纳更多的居住人口。因此，高容积的居住模式是为了节约用地而提出来的。而当前，节约国土资源对我们国家来说有着重要的战略意义，采取高容积率居住模式对我国具有现实性和必要性。

我们通过公式推导的方式，从建筑的角度对容积率进行讨论，以得出在住区规划设计中影响容积率数值的建筑方面的因素。如果用 R 代表容积率，D 代表建筑密度，$S_{底}$ 代表建筑底层总面积，$S_{总}$ 代表总建筑面积，F 代表建筑平均层数，$S_{用地}$ 代表用地面积。那么，按照我国（不包括港澳台地区）现行的建筑经济技术指标的运算规定，我们可以得出以下的公式：

$$R = S_{总}/S_{用地} \qquad D = S_{底}/S_{用地} \qquad S_{总} = S_{底}\times F$$

$$R = (S_{底}\times F)/S_{用地} = (D\times S_{用地}\times F)/S_{用地} = D\times F \qquad (1)$$

即从建筑角度考虑，容积（R）与建筑密度（D）、建筑平均层数（F）呈正比例关系，建筑密度和

建筑平均层数都增加的情况下，容积率也就越大。因此，高容积率居住模式可以大致分为低层高密度、多层高密度、高层高密度、高层低密度、（多层＋高层）高密度等模式。本文拟对高层高密度和高层低密度这两种模式展开讨论，并且把容积率最小值规定在大于 1.5，上限则由于受到经济学中边际效益规律、建筑技术水平、安全性、日照间距等多方面因素的影响，而没有对上限数值作出具体划定。

2 高层高密度模式

这种居住模式的形态特点是由水平方向的裙房和垂直方向的高层构成，水平方向的裙房占据了大部分的用地面积，而具有相当高的建筑密度（图 1）。它既可以是单栋高层与其裙房构成住区，如作者曾参与设计的位于罗湖区贝丽北路和田贝四路交汇处的盈晖翠苑，采用核心梯间式高层住宅，并以联体的方式矗立在水平裙房上（图 2）；也可以是若干栋或成片高层与裙房构成一定规模的居住区，对于这样一定规模的居住区，裙房的概念已经不再仅仅限定在特定高层住宅主体下部周围的功能性用房，而是可以连接成片，成为可以同时为多个高层单体提供多种功能于一体的整体性的大盒子。所有的高层单体就落在这个大盒子上，位于底层的住宅地平面整体升高，以裙房屋顶为地面标高，而大片的裙房是所有高层住宅联系的纽带，同时成为高层住户与城市公共空间的过渡性连接。如香港将军澳新都城，21 座的高层住宅集中坐落在 4 层高的裙房上，所有高层与裙房成为一体（图 3）。

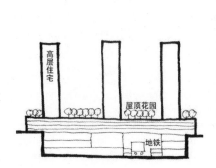  

图 1 高层高密度示意　　　　图 2 深圳盈晖翠苑　　　　图 3 香港将军澳新都城[1]

2.1 与城市区位的关系和住区配套设施布置方式

高层高密度的居住模式，主要是位于土地开发强度大的城市中心区、副中心区、城市功能区块的结合部、或者是处于城市公共交通（地铁、轻轨等）沿线的枢纽地段等城市中各种功能高度集聚的高密度地段。

居住区的配套设施由裙房来承担，内部可以承载包括餐饮、娱乐、购物等多种功能，同时也承担住区与城市交通的连接体作用；在裙房屋顶则设置供居民交往、健身的休闲空间，如游泳池、花园水池、网球场、会所等设施。总之，通过裙房把交通、商业和娱乐等功能组织连成一片，突破传统的在地面配置公共配套设施和外部空间环境的方式，从而更高效更方便地给居民提供各种服务设施，保证了在如此高容积率的居住区中协调组织好空间和功能的关系。需要指出的是由于人流量大，特别是交通中心、商业中心和娱乐中心一体化布局后，人流复杂，流动规模也更大。因此，在交通流线组织中，需要和交通枢纽建立多层次衔接、实现立体换乘、各种交通流线互不干扰。另外，其他机动车的路线和存放标志要

---

[1]　图片来源：《21 世纪中国城市住宅建设》第 28 页，中国建筑工业出版社

明显，能及时有效疏导其他交通工具，确保交通枢纽流线的顺畅和紧凑。

2.2 室外空间环境场所的营造

由于居住用地的建筑密度很大，所剩下的空地很少，如果要从地面上营造室外空间环境就受到很大的限制，这样裙房屋顶成为了营造室外空间环境的最好的场所选择。而近年随着裙房屋顶在承重、排水、防水等技术上的日趋成熟，为在裙房屋顶上营造室外空间环境创造了有利的条件。如深圳万科俊园，在裙房屋顶上构筑游泳池、人行步道、绿化，并和同楼层室内会所连为一体，为高层住宅营造出较为适宜的外部空间环境（图4）。另外，深圳东方雅苑住宅区在二层裙房屋顶平台上布置了优美的音乐广场，使得高层住区的外部空间活动场所得到很大改善（图5）。还有一种方式是在裙房上再做架空层的方式，这样不但可以减少处于屋顶平台活动的人们对相接层间住户的干扰，而且可以使屋顶平台空间视野开阔、增强通风效果、增加屋顶平台空间的舒适性（图6）。

图4 深圳万科俊园屋顶[1]　　　图5 深圳东方雅苑屋顶[2]　　　图6 香港大屿山某高层住宅下面的整体裙房[3]

3 高层低密度模式

高层低密度的模式可以由于高层住宅类型排列组合方式的变化和居住区的规模不等，而形成不同的形态特征，如有街坊型、中心型、行列型、围合型、带状型、混合型等形态。

这种模式容易形成一定规模的居住区，居住区内有较大的绿地面积，可以形成较为舒适的外部空间环境。同时，在市场开发中房地产开发商常常在外部空间营造中引入主题花园，形成独具特色的居住环境氛围。另外，在南方地区，常常把高层底层架空，利于小区内形成良好的通风质量和通透的视野，并在架空层营造活动场所，形成内外交融的空间活动场所。

3.1 形态特征与外部空间环境营造特点

3.1.1 街坊型

街坊型的住宅在节地方面具有较大的优势，例如德国伯林的比斯塔广场采用街坊型住宅，在 $1km^2$ 左右的街区以4~5层的住宅可以实现2.0的容积率。也就是说，街坊型的住宅如果采用高层可以很大程度上提高容积率，使得节约土地的效果更为显著。其形态类型，可以由于点式高层、板式高层围合方式不同，而大致可以分为规整形街坊型和不规整形街坊型。这种布局可以形成街景，与城市联系紧密。缺点是：由于是周边布置住宅，会产生相当部分的住宅单元朝向较差；同时，由于需要采用转角住宅单元，使得结构施工比较复杂，如果在地形起伏较大的区域会增加土方量和造价，而不大适宜采用。

---

[1]　图片来源：《深圳特色楼盘叁》第176页，中国广播电视出版社
[2]　图片来源：《建筑学报》2005（4），第33页
[3]　图片来源：同图5

3.1.2 行列型

行列式的布局方式，虽然没有比街坊式更具用地节约有效性。但行列式布置可以满足每幢住宅的日照要求，具有良好的朝向及合理的间距，同时可以有利于管网和道路的布置等优点，得以广泛应用。特别是板式高层住宅的出现，很大程度的提高了行列式布局在节地性能上的潜力，使得行列式在追求节约用地的同时又要保证最佳居住物理环境，在房地产市场受到追捧。行列式结合道路、朝向、风向可以衍生出平直行列式、错列式、斜列式等。错列式和斜列式由于加大了前、后栋房子之间的距离，而使得这两种布局方式的通风质量比平直行列式更为理想。

3.1.3 中心型

在小区规划中，以小区道路将用地均衡划分成多个组团，几个组团合成一个公共绿地，这种结构就是经典的"中心型"。这种形态构成为"小区－组团"二级结构模式，相应的管理方式也是按照组团为基本单元。近年来，随着对小区管理转向科学化和专业化，原有的组团基本单元不再按照用地的均衡划分，而是根据如何使基本单元更有效的组织和丰富居民的邻里交往和生活活动内容来划分，组团划分更为多样。同时，在中心绿地处由于有更大的绿地面积和空间间距，可以满足更高高层住宅的间距要求，因此往往在住区中心绿地处布置最高层住宅。根据中心绿地的位置和数量以及由中心区而衍生的小区组团布局形态，可以把中心型大致分为中心内聚型、中心发散型和多中心型。

3.1.4 围合型

围合型的居住小区在形态上和街坊型有些类似，但围合型最大的特点在于直接以这种形态构成整体小区。这种规划结构的特点就是充分利用建筑用地，将绿地、休闲空间全部集中，形成较低的建筑密度，从而具有较为舒适的居住环境。但在这种规划中，处理不当会对城市空间造成屏蔽，外围住户和内围住户景观差异悬殊。这就需要对建筑单体进行细心处理，使每户景观具有均好性，同时和城市空间互相渗透。因此，围合型住区应采用"围而不堵"的方式与周围城市空间互相渗透，同时每个户型都采用凸窗和观景阳台，最大限度地让每户居民都可以享受到中心庭园景观。

围合型可以大致分为单核心围合、双核心围合和多核心围合。针对单个围合方式，又可以分为点状围合、线状围合和点线结合围合。

3.1.5 带状型

这种规划结构特点是把小区入口、绿地、住区配套设施、景观小品等连成一片，以住宅为界面形成带状空间。这种布局方式容易形成连续的景观轴线，使每户住户都可以直接欣赏到小区内的景观，同时提升住区整体形象。根据建筑布局和地形的结合，带状型可以分为单带状型、平行带状型和交叉带状型。

3.1.6 混合型

高层高密度模式的布局形态，在用地规模较大、地形条件较为复杂的时候，或是在居住区分期开发中，往往会出现混合型布置，从而营造出更为丰富的空间层次。混合型可以是上述几种布局形态的混合布置，不受到单一布局形态的限制，如可以是行列型＋街坊型、带状型＋行列型、围合型＋中心型、围合型＋带状型等等。或是多种反映地形、风向、地区气候、建筑空间特色营造等因素而布局的混合布局形态。

3.2 与城市区位的关系和住区配套设施的布置方式

这种模式的土地开发强度和高层高密度相比，明显要弱些，但可以具有更好的地面环境场所，满足人们的亲地性，在市场开发中有更多的市场接受度和城市区位可供选择。但它同样需要较高的土地开发强度，在区位选择上需要土地的价值得到体现，如城市副中心、大城市郊区等区位。

居住区的配套设施除了可以采取传统的地面配置的方式外，也可以采取高层架空层的方式布置居住配套设施，以空出更多的地面，降低建筑密度。

4 有庭院文化特色的户型空间

在高容积率的居住模式中，高层住宅是高容积率居住模式的必然反映。借鉴具有我国传统文化内涵的合院式空间形态特征，在高层住宅的户型空间里营造合院式空间，是在高容积率居住模式中构筑文化内涵空间的重要途径之一。

根据传统合院式的不同围合形式，可以在高层住宅户型单元中营造出具有二合院式、L院式、三合院式或四合院式的带有庭院的户型空间来。这些不同户型单元可以互相组合，围绕垂直交通核心筒进行布置，从而形成高层住宅。

4.1 二合院式

这种布局方式比较适合于高层住宅的转角处，并处于景观朝向较好的位置。在高层住宅应用当中，一种可以通过交叉阳台的方式出现，即户型为三开间，中间为起居室，左右两间为卧室。从起居室伸出的露台以交错的方式和其中一间卧室连接，这样就形成了挑高两层的庭院空间（图7）。值得一提的是，由于露台面积较大，户型面积也应该考虑更大些为 $120\sim130m^2$ 较为合适。近年流行的入户花园，其凹入的方式虽然不在转角处，但所形成的庭院空间处于户型空间的一角，因此也可以说是二合院式空间（图8）。另外一种方式，则是在转角处的户型单元采用跃层的方式，在转角处形成两层高的庭院空间，起居室、厨房、卧室围绕着庭院布置，两层的挑高使得阳光更容易照射到凹入的底层空间，形成复式住宅，面积可以控制在 $110m^2$ 左右，适合小户型需求的居民（图9，10）。

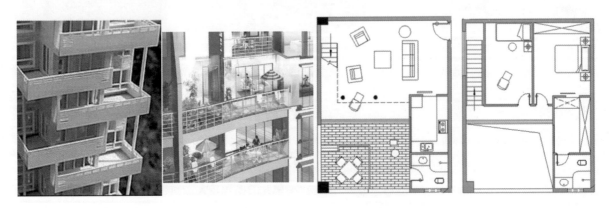

图7 二合院特征的露台[1]　　图8 入户花园[2]　　图9 二合院式户型单元一 图10 二合院式户型单元二
　　　　　　　　　　　　　　　　　　　　　　　　　　　层平面　　　　　　　　层平面

4.2 L院式

这种布局可在高层住宅转角处布置，和二合院式不同的是在转角处设置有一个功能用房，具有较强

1　图片来源：http://www.gom.com.cn
2　图片来源：http://www.gom.com.cn/lw/kongzhonghuayuan.htm

的内向性，当景观朝向不佳时可以考虑这种布局。不过这样的布局方式同样需要采用复式户型，考虑到市场的接受程度，这样的户型面积控制在120m²左右，可以采用小户型的夹层房的形式，比较适合年轻人居住（图11，12，13）。

 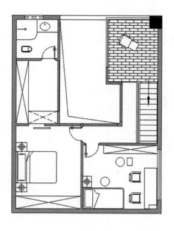 

图11　L院式户型单元一层平面　　　图12　L院式户型单元二层平面　　　图13　L院式户型透视

4.3　三合院式

这种是标准的院落单元形式，围合感强，庭院空间比较完整，可以适合于对户型要求较大的用户，户型面积可以在130m²～180m²（图14，15）。

图14　三合院平面示意　　　图15　三合院式户型透视　　　图16　四合院平面示意

4.4　四合院式

在高层住宅组合中，四合院围合感最强，以跃层方式在高层户型单元中出现（图16）。一层以客厅、餐厅、厨房、客房围绕庭院布置，二层布置私密性较强的卧室。客厅靠窗并挑高二层，由此形成二层高的玻璃窗使阳光透进庭院（图17，18）。这种户型单元的面积较大，面积在180m²～200m²。

需要指出的是，以上具有庭院文化特色的户型空间代表的是户型单元体。如果把高层住宅楼比喻成母体，那么这些户型单元体则是子体。在高层住宅的实际建设中，可以通过柱网的安排，把这些户型单元体有机组合，从而构成整栋高层住宅。这种子体组成母体的营造方式，只是作为在高容积率居住模式中营造居住文化空间的尝试方式之一，而在高容积率居住模式中引入庭院文化空间内涵，则是我们在追求美好生活空间过程中经久不息的话题。

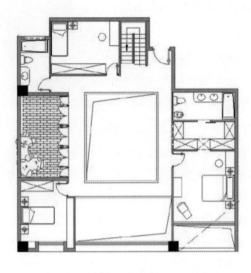

图17　四合院式户型单元一层平面　　　　　　　图18　四合院式户型单元二层平面

5　交往空间的营造

交往是居民的基本需求，交往场所作为都市居住社区文化建设的重要内容之一日益受到各界人士的重视。去充分、全面、深入地思考并关怀高层住宅居民基本的物质和精神需求，为居民切实的营造贴切的交往场所，从而充分体现城市空间对居住者的关怀，这对人类居住文化的建设和发展有很积极的意义。

5.1　通廊式高层住宅交往空间的营造

对于通过公共走廊组织交通流线的高层住宅，应在设计中对公共走廊空间进行着重处理。如进行少许的拓宽，并配上绿化、座椅或者提供可供人聊天、打牌的棋牌桌，使邻里既能享受到户外的轻松惬意又能互相交流。早期的通廊式高层住宅，走廊往往冗长无味，人们在走道上也不愿意过多停留，匆匆而过，人们交往的热情下降也是情理之中的。建于20世纪80年代的日本东京葛西绿城4~9号楼为提高走廊空间的交往空间质量，进行了有益的探索。葛西绿城为跃层式的通廊住宅，由于采用的是跃层，走廊有两层高而显得开放明亮。同时，设计者把起居室朝向走廊，起居室的窗台设置花池，同时把走廊的标高比室内降低600mm，这样做既保证了室内活动的隐私性而不受走廊行人的干扰，也给走廊提供了绿化，改善了走廊的交往空间质量（图19，20）。

图19　通廊式高层住宅公共走廊改造示意　　　图20　日本东京葛西绿城跃层式通廊[1]

---

[1]　图片来源：《高层·超高层集合住宅》第108页，中国建筑工业出版社

5.2 高层住宅电梯间的改造

西方著名的人类学家爱德华•霍尔（Edward T. Hall）在《隐匿的尺度》中，霍尔根据西欧及美国文化圈中不同的交往形式的习惯距离，定义了一系列的社会距离。亲密的距离是 0~45cm；个人距离是 0.45~1.30m，这样的距离是亲近朋友或家庭成员之间谈话的距离；社会距离是 1.30m~3.75m，这个距离是朋友、熟人、邻居、同事等之间的日常交谈的距离；公共距离是 >3.75m，一般在单向交流的集会、演讲等活动场合的距离。这样的距离定义，有助于我们理解各种空间当中的交往状态。如在高层住宅的电梯中，由于电梯间过于狭窄，接近亲近朋友或家庭成员之间的谈话距离，邻里间就有可能存在尴尬的局面而不利于交往。正因为如此，电梯间外的公共空间更应该精心处理，弥补电梯间不利交往的缺憾。我国高层住宅电梯间的常规做法，常常是由户型单元所包围，其空间是狭窄封闭的，人们只是把它作为等候电梯的逗留空间，而作短暂的停留，无法有效组织楼层内居民进行交流。在设计中，如果把电梯间由户型单元所包围的状态中解放出来，从而扩大电梯间范围，同时引入阳光、绿化，那将成为人们乐于停留和交往的场所（图 21）。

5.3 高层住宅中"竖向组团式交往空间"的营造

高层住宅内的住户比多层住宅显著增加会给人的交往带来影响。根据调查表明：邻里间的相识范围在 8~12 户时，彼此交往的积极性最高，邻里了解的程度也越深；当相识范围扩大到 50~100 户时，相互间交往的积极性降低，邻里间大多只是知道彼此的名字而很少交往；当户数扩大到 100 户以上时，由于面临过多的交往对象，居民处于"超负荷"的状态中，居民就容易失去交往的兴趣和积极性了。由此，在对高层住宅的交往空间进行处理时，特别是 18 层以上的高层住宅，还需要考虑到交往空间和住户数量的恰当关系。在充分考虑经济因素的前提下，结合考虑到住户数量与公共空间的合理分配，在高层住户内营造出"组团"的概念出来，以解决住户过多给邻里交往带来的消极影响。这方面，日本宫城县仙台市尾之社住宅可供我们借鉴（图 22）。它通过对某一楼层户型单元的调整，使部分楼层空间打通，并结合走廊和楼梯间，使这楼层成为了充满阳光和新鲜空气的积极的交往、游戏空间。这样给我们的启示是，在高层住宅中，把某一楼层的户型单元调小或空出，留出更大的楼层空间，并和电梯间或楼梯间联系起来，一起构成空中回廊或是公共场地作为半公共的活动空间，这层空间既是居民闲暇时间的交流场所，又是老人和儿童的游玩嬉戏场所。

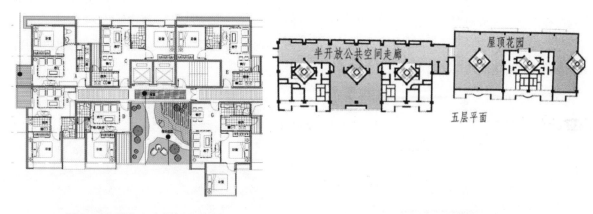

图 21　高层住宅电梯间改造　　　　　　　图 22　日本宫城县仙台市尾之社住宅

图片来源：《建筑学报》2004(4)，第 27 页

6　总结

从亚洲国家和地区的城市居住策略来看，住宅建设为解决巨大的居住需求和紧张的土地资源的矛

盾，都采取了加强土地开发强度，提高住宅层数从而提高住区建筑容积率的做法。这些措施的采用，从实践中来看并没有引起社会消极因素，相反住区实行紧凑布局、合理规划后，节约了土地资源，促进了社会经济的健康发展，而这些国家和地区的城市居住生活质量也在显著提高，较好地解决了在人多地少情况下城市居住建设的可持续性发展。从近几年的我国城市住宅建设来看，由于土地采用市场化运作，土地经济价值得以体现，房地产开发商为了争取更多的住宅建筑面积而有意识地建设高层住宅以提高住区容积率。特别是在北京、上海、广州、深圳等大城市，从城市居住区来看，具有高容积率特征的高层住宅已经具有相当大的规模，而城市的人们也已经开始接受并习惯于这种居住形式。

因此，综合国外和国内的住宅发展背景，高容积率居住模式在我国具有可行性。同时需要指出的是，本论文提出的高容积率居住模式只是我国在人多地少国情下的策略之一，并不是全盘采取的方式，只是作为一种模式对城市居住模式的补充，而不影响到城市居住的多样性和丰富性。

参考文献

杨贵庆．安得高厦千万间，大庇都市居民进欢颜——上海城市高层住宅居住环境和社会心理调查分析与启示．城市规划汇刊．上海：同济大学出版社，1999(4)

聂兰生，邹颖，舒平．21 世纪中国大城市居住形态解析．天津：天津大学出版社，2004

（美）斯蒂芬·贝斯特，道格拉斯·科尔纳．后现代转向．南京：南京大学出版社，2002

（丹）杨·盖尔．交往与空间．何人可译．北京：中国建筑工业出版社，1992

齐康．城市环境规划设计与方法．北京：中国建筑工业出版社，1997

李振宇．城市·住宅·城市．南京：东南大学出版社，2004

日本公有集合住宅的更新与团地再生的方向性研究

Study on Renovation and Regeneration Directions of Japanese Public Apartment Housing Complexes

刘彤彤

LIU Tongtong

天津大学建筑学院

School of Architecture, Tianjin University, Tianjin

关键词： 日本公有集合住宅、立地特性、评价、数量化理论

摘　要： 现有集合住宅今后的出路及其改造再生，以及包括环境问题在内的都市复兴、再开发等，是城市可持续发展的重要课题。论文首先介绍了日本住宅更新活用和团地再生方面的相关课题研究和实践探索；继而作为住宅研究、改造等决策的基础资料和理论依据，论文以日本公有集合住宅团地的有关立地特性研究为例，运用数量化理论对团地的诸多要素进行分析评价，阐述了城市住宅团地再生的新思路和立地特性评价的具体内容与方法。

Keywords: Japanese public apartment houses, location conditions, evaluation, theory of quantification

Abstract: Under the background of sustainable development, it is pointed that problems on housing stock, residential environment, city recovery and development are becoming the principal topics of big city. This research shows the experiences of Japanese housing research, mainly focusing upon the contents and mathods of evaluating location conditions by the theory of quantification, in public rental apartment housing complexes. Other topics are also introduced on studies and construction experiences, such as housing stock reform, use-conversion, long life design, and universal design and so on.

1　引言

经过 20 多年的努力，日本在 20 世纪 60 年代末期已基本解决了二战后的住宅短缺问题。20 世纪 90 年代以后，随着社会经济形势的巨变，日本公有住宅事业的重点转向了现有住宅的更新改造、高龄者对策以及包括环境问题在内的都市复兴、再开发等问题。

首先，现有住宅长期供大于求的结果导致大量空家发生，空家率的上升不仅造成资产的闲置浪费，也导致资金回收运作的恶性循环。同时现有既存住宅的老朽化问题也日益突出，尤其是 20 世纪 60 年代大量供给时期建造的公有集合住宅，大多数套型设计陈旧、面积狭小、设备老化等，越来越不适应当今的生活需要，对其进行改造已成当务之急。但是由于住宅数量巨大，在当前日本经济形势不景气的情况下，短时间内将所有既存住宅进行重建是不现实的。那么对现有既存住宅是重建还是改修，如何改修，对大量的空家又如何处置等，已成为当今公团和地方公社事业发展的社会性课题。

其次，近年来日本社会的少子高龄化倾向日益严重。户均人口由 1955 年的 5.0 人减少至 2000 年的 2.67 人；人口出生率由 1950 年的 3.65 降至 2000 年的 1.36。与此相反，2000 年全国总人口中 65 岁以上的高龄人口比率已高达 1.73%，照此发展速度推测，2035 年前后日本的高龄人口比率将超过 30%，大大超过所有欧美发达国家（刘彤彤等，2003）。少子高龄化问题导致高龄者、单身家庭的比率大量增加，因此未来的住宅建设必须考虑到几十年后人口构成比例的变化而采取相应对策。然而大量现存的住宅团地，尤其是建成 30 年以上的公有住宅，其居住者中高龄者家庭的比率有的已达 30%以上，对这些住宅

进行改造时，如何与高龄者的特殊生活需要相对应等，是当今日本公有住宅事业不得不面临的课题。

2　日本公有集合住宅更新的研究思路

2.1　当前住宅及居住环境的研究动向

日本建筑学会大会每年举行一次，分别在不同的地区（城市），由学会的各个支部轮流主办。大会集研究论文的发表会、设计竞赛的公开评选表彰、专题演讲、作品展示、课题的发展探讨、建筑的参观学习等诸多内容于一体，是日本全国该年度建筑界最新成果的集中汇报展示会。因此从大会的学术演讲梗概集，就可以了解当前日本国内最新的研究动向。笔者将近几年住宅及居住环境方面的主要议题收集整理，略作比较之后即可窥见近年住宅研究动向的微妙变化（表1）。

表1　近四年日本建筑学会大会学术讲演会的议题之比较

分类	2001 年（关东）	2002 年（北陆）	2003 年（东海）	2004 年（北海道）
住环境、生活样式	住环境的心理与行动 家族像 居住方式与平面构成 住户内环境评价 集合住宅的外部空间 集合住宅的地域社区 都市居住、高层居住 集住环境的变容过程 环境共生	住空间的心理与行动 参加型居住与住环境 街区计划、集合住宅的公共空间 集住环境的形成、变容过程 环境共生	参加型居住 生活样式的多样化 住户的变容、可变性 住宅方案（平面）与外部空间 都市高密度居住 都心居住行动 环境共生、绿色建筑（green building）	集合住宅的外部空间 都市居住、现代化生活方式 集合住宅的设计手法 集合住宅的内部空间设计 集合住宅的共用空间 住环境的形成 环境共生 住意识、住要求
高龄者等	高龄者的生活特性 住宅介护、地域与高龄者 痴呆性高龄者、障害者 高龄者与集合住宅 grouphome、特别养护	高龄者与家族、居住形态 高龄者、障害者（生活行动、地域生活、地域交流、住宅改修） 利用公共支援制度的住宅改修	集合住宅中高龄者的居住方式 高龄者与家族、近邻社区的关系 高龄者与地域 介护与在宅环境 高龄者设施的居住	在宅高龄者的居住方式 高龄期住宅 grouphome 高龄者的地域环境
住宅改善、再生	住宅改善 集合住宅的改建（rebuild） 住宅的改良、改装	改建（rebuild）、既存住宅改善 团地、住宅地再生 开放型建筑（open building） 用途转换（use-conversion）	住宅的再生、改建（rebuild）与生活样式 住宅的IT化、SOHO 无障碍住宅 住宅改善、住宅改修（reform） 住宅地、住宅团地的运营 公营住宅的再生计划 既存住宅改善 开放型建筑（open building） 用途转换（use-conversion）	无障碍设计、万能设计 住宅改修（reform） 住宅更新（renewal） 团地再生的居民意识 团地再生手法 用途转换（use-conversion） 住宅性能 住宅市场与既存住宅 公有住宅的住户改善 公团、公社住宅的改建（rebuild） 公寓住宅的改建（rebuild） 住宅改修专家 修缮费用 费用与风险评估

由表1可以看出，首先，"住宅改善、再生"部分的议题急速增加，既存住宅改善、团地再生、开

放型建筑、用途转换、SOHO、无障碍设计、万能设计[1]等新概念、新议题的出现令人瞩目。其次，建筑的课题越来越贴近当前的社会形势与需求，诸如建筑的长寿命化等问题受到普遍关注；住宅的老朽化之类建筑问题的解决，不应只停留于建筑的硬件本身，应考虑社会的高龄化、信息化和生活方式的多样化等诸多需求，来探讨综合的解决对策；通过建筑问题的改善，使相应的社会问题也能得到妥善的解决或缓解。另外，议题越来越向多样化、细致化、深入化发展。如住宅的改造问题由单体的改良、改修和单纯的重建，过渡到团地、既存住宅的改善及多种再生手法的探讨研究。

另外，日本"团地再生研究会"的有关研究、建筑用途转换方面的研究；都市基盘整备公团综合研究所技术中心的 KSI 住宅；多层住宅的增筑和两户合一化；高优赁住宅与现存租赁住宅的改装；多层住宅的电梯和轮椅用坡道的增设等，都是有益的实践和探索。有关详细内容可参考笔者收入《中外住宅产业对比》的论文《从日本公有住宅供给事业的研究动向看今后中国住宅产业的发展》（童悦仲等，2005）。

2.2 本研究的目的、方法与步骤

针对日本公有住宅面临的问题，本研究另辟蹊径，从住宅团地的立地特性这一独特视角，以大阪府住宅供给公社的租赁住宅团地为研究对象，探讨既存集合住宅团地的改善方向，从而为住宅决策提供基础资料和理论依据。

建筑的立地是指与生产设施、商业设施、住宅等建筑用地的位置相关的资源、市场、交通、气候、劳动力等外部条件，一般来说不仅包括用地本身，而且包含周边的自然和社会条件。本研究中将住宅团地的立地特性限定为团地周围的公共设施、到达城市中心的时间距离[2]、公园绿化、停车场以及生活便利程度等要素的量化指标；这些条件与住宅的建造年代、住宅质量、团地内部环境等客观条件一同构成吸引居民入住的魅力要素。

研究方法主要采用数量化理论对住宅团地的人气指数进行分析和预测，探究空家率的发生要因，并对各团地的立地特性做出评价（图1）。研究过程主要有以下步骤：对所有调查对象团地的客观环境进行数理统计分析；通过立地特性分析建立团地的数理模型；以应募倍率和空家率作为人气指数指标，运用数量化理论中的数量化 I 类方法分析空家率的发生要因；以团地数理模型为基础进行空家率的理论值预测；考察、评价各团地的立地特性对空家率的影响，并从中发现改善和提升团地人气指数的可能性。

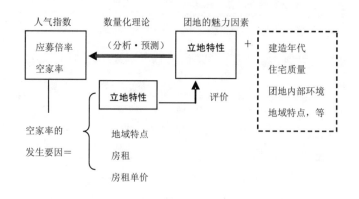

图 1　研究的方法

---

[1]　万能设计（universal design）：或以为普遍性设计、通用设计，这位包括残障者、高龄者在内的所有使用人群提供的安全、方便和易于操作的设计，其中涵盖了传统意义上的无障碍设计（barrier-free），但是对象、内容和范围更为广泛、涉及范围包括建筑在内的所有涉及领域。

[2]　时间距离：根据从团地中心出发到达最近的城市中心大型交通枢纽途中，乘坐电车、地铁、巴士以及步行和换乘所需时间的总和折算而成，是表示团地交通条件优劣的量化指标。

3　团地的立地特性分析

3.1　对象团地客观环境指标的量化分析

本研究的130多个对象住宅团地分布于大阪府的60多个市、区、郡、町，按所在位置和所利用的主要铁道交通线路分为6个区域。自1950年至今累计建设户数已达2.2万户，其中1969年~1972年是建设的高峰期，约40%的住宅建于这一时期；1975年以后新建住宅数开始急剧下降。住宅的平均建筑面积集中在30~80m²左右，平均月房租约2万~17万日元。目前大阪市内部分较早的团地由于住宅标准低和老朽化严重，正在进行或已经完成拆迁改造。而除部分年代较新的团地外，大量高峰时期建造的团地却如前所述处于尴尬的两难境地。本研究旨在保留现有住宅的前提下，为这些团地的改善提供可能的途径。

首先，各对象团地的地域分布、建造年代、住宅户数、平均面积、平均房租等，是团地客观环境的基本指标。通过对各类指标的量化及不同指标之间的相关性分析，可以发现对象团地发展演变的内在规律性，是研究分析的基础。

其次，考察团地各项立地特性要素的分布情况。通过电子地图和纸质地图，统计各团地周围1km步行距离内的公共设施数量和类别（图2）。考虑便利店、医疗诊所和牙科诊所使用上的特殊性，将其统计范围设定为500m。然后将所有设施按商业、医疗、教育、福祉、运动、文化、邮政金融等进行统计分类，得到各团地的设施指数。

同样，分别按照一定分级标准，核算出各团地的时间距离、公园绿化及停车场指数。其中时间距离最短为8分钟，最长61分钟，平均约30分钟。公园绿地指标根据公园的规模进行加权计算。停车场指数则以户均停车位数0.3辆／户和0.8辆／户为限分为低、中、高三段。

另外，以周围的设施种类数和到最近的便利店的距离为衡量标准，测算团地的生活便利程度指数。

通过以上统计量化得到了各团地的设施、时间距离、公园、停车场和生活便利程度五组立地特性指标，为下一步团地类型化和建立数理模型提供了基础数据。

图2　团地周围的设施分布示例

图例：①超市　　②便利店　　③保育院　　④幼儿园　　⑤图书馆　　⑥牙科诊所
　　　　⑦医疗诊所　⑧公民馆　　⑨体育馆　　⑩银行　　　文 学校　　〒 邮局

3.2 团地类型化与数理模型的建立

运用克拉斯塔分类法（cluster）对上述立地特性指标加以分析，经过了反复的试验、测算，终于建立了对象团地的数理模型（表2）。其中各项数值的多少，分别代表了不同团地类型在该项目的平均指数；不同的团地类型反映着不同的立地特点、居住环境质量及所在地域的生活便利程度（图3）。从模型来看，位于城市中心和近郊的团地，其公共设施、时间距离和便利程度指数较高。但城市型立地的团地由于建造年代早，公园绿化和停车场等居住环境质量相对偏低；相反，郊区型立地的团地虽然居住环境较好，但在生活便利性方面则差强人意。

表2　各团地类型的构成要素及其特征

	团地类型	设施指数	时间距离指数	公园指数	停车场指数	便利程度指数	团地数
E1	都心·公园型	1.79	2.79	4.07	1.64	3.86	12
E2	都心型	2.88	3.12	1.08	1.81	5.19	26
E3	近郊·良环境型	2.31	3.85	6.38	2.15	4.62	13
E4	近郊·不便型	1.41	4.18	2.12	2.29	2.88	16
E5	郊外型	1.13	5.13	4.13	2.38	3.63	8
E6	都市·便利型	3.27	3.20	4.27	1.80	5.33	13
E7	郊外·不便型	1.00	4.50	5.00	3.00	0.50	4
	平　均	2.23	3.59	3.31	2.01	4.22	

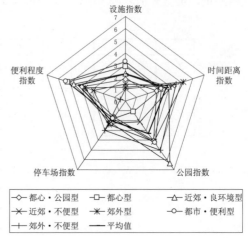

图3　团地类型分布图

4　团地的人气指数分析与立地特性评价

日本公有租赁住宅具有很大流动性，每个团地大多有一定比例的空家，因此每年定期向社会招募入住居民，并依照应募人数的多少进行抽选。每种户型的应募人数与备选户数的比值即为应募倍率。应募倍率的高低直接反映该当团地对居民的吸引力大小；空家率即空家总数在团地总户数中所占的比例，则代表了居民入住和迁出的比率，一定程度上反映着居民对团地住宅的满意度。因此本案中选定各团地近期一定时期内的平均应募倍率和平均空家率作为团地的人气指数指标。

4.1 人气指数测算

通过对应募倍率和空家率的考察，分别以1.0的应募倍率和4%、15%的空家率为界限，将对象团地依人气指数高低分为四组：最具人气的"高倍低空型"，中间领域的"高倍高空型"，吸引力较低的"低倍高空型"，以及最不受欢迎的"低倍超高空型"。将这一结果与前面（3.2）的团地数理模型进行比较，可以发现人气指数低的团地较多地集中在"都心型"、"郊外·不便型"和"近郊·不便型"等团地类型。其中"都心型"团地大多因建造较早而面积狭小、年久失修；而"郊外·不便型"和"近郊·不便型"团地的立地条件则明显低于其他类型，这说明团地的人气指数是与立地特性密切相关的。

4.2 空家率发生要因分析及理论值计算

空家率的高低受许多客观和主观因素影响，如工作调动、家庭人口变化、经济条件改善后由租房转而买房等；另外对团地条件不满占很大比重，如房租、住宅建造年代、面积和房型、住宅设备、团地内的居住环境、团地位置、交通条件及周围设施的便利程度等等。综合对团地的全面考察和统计分析得

出，平均房租、单方租金、地域·交通线路及立地条件等，是对空家率的发生最具影响力的因素[1]。

在这一环节，主要通过运用数量化Ⅰ类的相关理论和分析方法，对对象团地的空家率进行理论值计算，从而发现空家率的发生要因。

分析过程中空家率为目的变数；平均房租、单方租金、地域·交通线路及立地条件为说明变数。立地条件直接采用前面（3.2）的数理模型结果；房租按照团地平均值的分布情况划分为5级；单方租金参考团地的人气指数分类，以1000日元／m²为界一分为二；地域则按所处地区的铁道线路量化为11项。数量化Ⅰ类的分析结果是得到了各对象团地空家率的理论预测值和空家率的算定式（图4），其中数字的正、负值分别表示该项目对增加或降低空家率的影响系数。

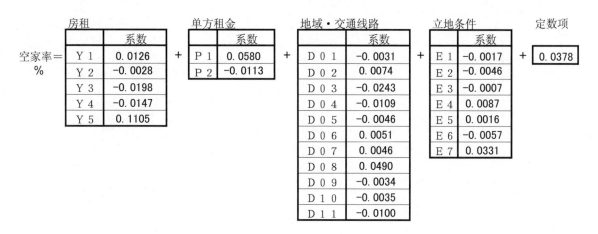

图4　空家率的算定式

4.3 立地特性评价与团地再生的整备手法

在四项说明变数中，能够人为改变的是房租和立地条件。调低房租可以兼顾降低单方租金，这一研究成果已经转化并通过行政渠道得以实施。而通过改善某些人气较弱团地的立地条件，同样可以达到降低空家率、提升人气指数的目的，从而重现团地的魅力，实现团地的更新再生。

以E7"郊外·不便型"和E4"近郊·不便型"的团地为例，假设通过修建完善各类公共设施、提高生活便利性、增设直通巴士缩短时间距离等手段，可以使其立地条件分别提升至相对便利的"郊外型"和均衡发展的"近郊·良环境型"，其空家率的理论预测值可比实测值下降2%~6%；如果再加上降租等措施，可使空家率大幅降低，可谓团地再生的有效手段。

5　总结与展望

城市集合住宅（区）的改造更新是一项复杂的系统工程。运用数量化理论对团地的立地特性进行评价，是一种崭新的研究思路，不仅可以将复杂的因素归纳简化为数理模型进行分析计算，具有严密的科学性，而且分析过程和预测结果直观明确，极有说服力。同时，这一思路不仅是既存住宅改造决策的基础资料和参考依据，而且对新建住区的选址、规划设计、配套设施建设、房租政策的制定等诸多方面都具有重要的指导意义。

同样，作为一种科学有效的研究手段，数量化理论、立地特性评价的分析方法也可应用于我国的建筑设计规划、尤其住宅建设的相关领域。目前可持续发展已成为世界性的课题；坚持科学发展观，建设

---

[1] 团地平均房租的高低一般与建造年代有关，年代越新租金越高；单方租金是租金与户均建筑面积的比值，可以更准确地反映住宅租金的高低水平；地域·交通线路与居民居住意识中的地区性取向和嗜好相关；立地条件则全面反映团地的周边环境质量和生活便利程度。这4项指标基本涵盖了各方面的要素，因此选取为空家率的说明变数。

社会主义和谐社会已成为我国新时期的奋斗目标。综观日中两国住宅产业的发展历程不难发现，两国的发展轨迹虽不完全吻合，但中国可以说是日本的加速度版；日本经历的发展阶段，如住宅不足、大量建设、由量向质的转变等，中国几乎都经历过。因此，从日本的今天可以预想我们明天将会面临的问题。诚然，中国至今依然处于大批建设的高速发展阶段，但改革开放前后建成的集合住宅区现在处于什么状况？是否也像日本一样陆续面临更新改造的问题？面对数量如此巨大的既存住宅，应采取什么对策进行改善、如何实施、对城市有何影响？现有的住宅如何与高龄化社会对应？如何对应家庭汽车的发展？现今正在建设或即将建设的住宅，是否能够保证几十年后依然适应当时的社会需要？……等等大量问题已经摆在了我们面前。

从长远来看，既存住宅的再生对策也就是如何延长住宅的使用寿命问题，不仅直接关系到广大居民的切身利益，而且涉及环境保护及国有固定资产的有效利用，是城市可持续发展的重要议题。因此借鉴日本住宅建设的经验和研究思路，结合中国国情对既存住宅进行基础性的调查研究，探讨其更新再生的途径，已经成为我们亟待解决的课题和义不容辞的责任。

参考文献

刘彤彤，柏原士郎，吉村英祐，横田隆司，飯田匡．空家率からみた公的賃貸集合住宅団地の立地環境とその評価．东京：日本建築学会計画系論文集，2003

刘彤彤．立地特性及び住環境評価からみた公的賃貸集合住宅団地の再生の方向性に関する研究．日本：大阪大学博士学位论文，2004

童悦仲，娄乃琳，刘美霞等．中外住宅产业对比，北京：中国建筑工业出版社，2005

第五届中国城市住宅研讨会论文集，中国香港，2005 年 11 月
Proceedings of the Fifth China Urban Housing Conference, H.K.S.A.R. CHINA. (November 2005)

宜居城市与北京城市居住适宜性评价

Amenity City and Evaluation on Beijing City

尹卫红[1,2]　张景秋[2]　张文忠[3]

YIN Weihong[1,2], ZHANG Jingqiu[2] and ZHANG Wenzhong[3]

[1] 北京联合大学燕京房地产研究所

[2] 北京联合大学应用文理学院城市科学系

[3] 中国科学院地理科学与资源研究所

[1]Yenching Real Estate Institute, Beijing Union University, Beijing

[2]Department of Urban Sciences, College of Art and Sciences, Beijing Union University, Beijing

[3]Institute of Geographic Sciences and Natural Resources Research, the Chinese Academy of Sciences, Beijing

关键词： 宜居城市、城市居住适宜性、评价

摘　要： 本文基于北京城市性质定位为宜居城市这一背景，提出居住适宜性评价的必要性与紧迫性。概要介绍针对北京所作的居住适宜性评价工作路线、方法，重点介绍如何从居民主观认识方面进行相关分析和研究。一是如何建立主观评价指标体系，并设计相关调查问卷；二是评价单元与调查区域划分问题；三是确定抽样调查样本量的问题；四是调查数据取得问题；五是适宜性综合结果评价问题。最后结合实际的适宜性评价结果，从宜居城市建设角度对北京城市的发展提出对策建议。

Keywords: amenity city, urban residential suitability, evaluation

Abstract: With the context of Beijing city's features as the amenity city, the authors point out the necessary and urgency for evaluating the urban residential suitability. From research paths to approaches, outlining the framework of Beijing urban residential suitability. The authors stress on the analyses of residences positive knowledge, and there are about five aspects: (1) set up positive evaluation index system and design the questionnaire; (2) assess the division of research areas; (3) determine the quantities of per research areas should be investigated; (4) gain the data and analysis; and (5) integrate the whole investigational results. Finally, the authors give some suggestions for the construction of Beijing amenity city

1　引言

2005 年 1 月 12 日国务院常务会议原则通过的《北京城市总体规划（2004 年—2020 年）》，将北京城市发展目标确定为"国家首都、世界城市、文化名城和宜居城市"，其中宜居城市的提出尤其引发关注。宜居城市的内涵究竟是什么？如何进行宜居城市指标的量化，通过具体研究指导宜居城市的建设、构建和谐社会是亟待解决的现实问题。

与现实的紧迫性不对应的，是理论尤其是理论方法的滞后性。联合国从 1989 年开始创立"联合国人居奖"，吴良镛先生于 20 世纪 90 年代初开始在国内进行人居环境之探索研究，然而至今，关于评价标准、指标体系的理论研究依然相对缺乏。"人居环境评价标准的建立，目前仍是一项艰巨工作，需漫长过程"（吴良镛，2004）。迫切需要切实的人居环境评价理论研究工作，以指导快速发展的中国城市社会。

本文基于北京城市性质定位为宜居城市这一发展背景，在篇幅有限的情况下，略去相关理论与他人

相关工作介绍,主要介绍近期针对北京所作的具体调查与居住适宜性定量评价工作,其中主要是从居民主观认识方面进行相关分析和研究。最后结合实际的适宜性评价结果,从宜居城市建设角度对北京城市的发展提出切实的对策建议。

2　北京居住适宜性评价工作路线与方法

城市居住适宜性评价,本质上是居住空间的比较评价。从空间尺度来分,包括不同城市间的比较评价以及同一城市内部的区域比较评价。本次所进行的研究,是针对北京城市内部居住环境的适宜性进行研究评价。同一城市内部的区域尺度,可以划分为微观的居住小区(社区、住宅区)、中观的街区(街道)、中宏观的行政区等。不同区域尺度,评价指标体系的繁简与侧重会有不同,但基本原则是相同的。

城市居住适宜性评价,从内容上看包括主观评价和客观评价。本文重点介绍针对北京城市内部居住环境适宜性的主观评价进行的研究工作与研究结果。

具体工作路线与工作方法见图1。

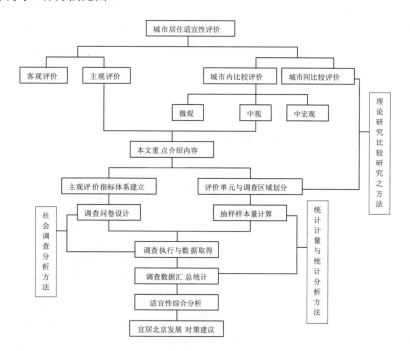

图1　城市居住适应性评价路线与方法

3　北京居住适宜性评价工作内容与调查数据评价结果

3.1　主观评价指标体系建立与调查问卷设计

在理论研究、比较研究基础上,广泛征求国内外相关专家学者意见,最终确定居民对于居住环境适宜性的主观评价指标应该包括生活方便性、安全性、自然环境舒适度、人文环境舒适度、出行便捷度和健康性六个方面。每一方面又含有若干子指标(具体指标参见附录)。

在居住评价的调查量表设计中,根据主观评价的特点,设计了非常满意、比较满意、一般、比较不满意、非常不满意的选项,同时考虑到居民的可知性,设计了"不了解"选项,从统计分析看,该选项十分必要。

为了充分反映调查背景,问卷还对居民居住现状、住房需求状况及个人情况进行了调查设计。

由于篇幅所限,本文摘选调查问卷最主要的部分作为附录,请见篇后。

3.2 评价单元与调查区域划分

在综合考虑研究深度、精度与准确度、可行度之后，本次研究选择北京城八区（包含城市建成区及大部分规划区）范围内中观层次的街区（街道）作为评价的基本单元与调查区域尺度。同时，考虑北京城市居住区的迅速扩展，选择靠近城八区的通州镇、大兴镇、亦庄、天通苑、回龙观五个主要边缘居住地区亦进行调查评价。

在北京居住适宜性评价的总体研究中，客观评价与主观评价同时进行。因此在评价单元与调查区域划分中，首先就考虑到区域范围应与客观评价单元（根据北京市1：10000的数字化地图，划分为500m×500m的格网）相结合。

然而考虑到统计分析数据的取得与调查执行的难易，最终确定以行政街道为基本的主观评价单元与调查区域，具体执行的调查区域再详细到社区范围。表1为评价单元与调查区域的汇总示意。

表1 评价单元与调查区域的汇总示意

行政区域汇总	评价单元与调查区域（街道）数量：名称	社区数量*
东城	10：交道口、景山、北新桥、朝阳门、东华门、东四、东直门、和平里、建国门、安定门	137
西城	7：展览路、德胜、金融街、什刹海、西长安街、新街口、月坛	195
崇文	7：前门、崇文门外、东花市、龙潭、体育馆路、天坛、永定门外	78
宣武	8：大栅栏、椿树、天桥、陶然亭、广安门内、牛街、白纸坊、广安门外	111
朝阳	42：安贞、八里庄、朝阳门外、垡头、和平街、呼家楼、建外、六里屯、麦子店等	359
海淀	30：万寿路、羊坊店、甘家口、永定路、田村路、八里庄、紫竹院、曙光、北下关等	597
丰台	16：长辛店、大红门、东高地、方庄、南苑、右安门、西罗园、太平桥、和义等	249
石景山	9：八宝山、老山、八角街、古城、苹果园、金顶街、广宁、五里坨、鲁谷	128
通州	4：北苑、玉桥、中仓、新华	38
大兴	4：兴丰、清源、林校、黄村镇	52
亦庄	1：亦庄镇	4
天通苑	2：东小口镇（部分）、北七家镇（部分）	7
回龙观	1：回龙观镇	16

*由于调查社区数量太大，这里不一一注明名称

数据来源：北京市民政局等. 北京市行政区划地图集. 湖南：湖南地图出版社，2005

　　　　　http://www.96156.gov.cn/（北京市社区公共服务信息网）

3.3 抽样方法与调查样本量确定

调查对象是城八区以及远郊五个代表性居住区的常住居民。

调查单位是以141个街道（地区、镇、乡）为基本抽样单位。

调查方法采用分层抽样、交叉控制配额（性别、年龄）抽样、等距随机抽样、方便抽样（社区拦截）。

抽样样本总量确定采用不重复抽样公式：

$$n = t^2 * \delta^2 * N / (N * \triangle x^2 + t^2 * \delta^2) \tag{1}$$

n为抽样样本量；t为概率度；δ^2为总体方差；N为总体的数量；△x为平均数的抽样极限误差

调查单位样本量的确定以人口比例分摊为主要原则，兼顾主要居住社区原则（照顾到主要居住社区的样本量）、区域发展面积原则（照顾到面积较大的调查区域）和特殊地域原则（远郊五个代表性居住区再结合地域特点特殊处理）。

取t=1（置信度68%），以北京市城八区2004年户籍人口707.2万人计算，得到城八区抽样样本量应为7093个；按具体区域样本量确定原则，远郊五个代表性居住区应抽取样本700个，总计此次调查应抽取样本7793个。

3.4 调查执行与数据取得

调查的具体执行由北京联合大学燕京房地产研究所、北京联合大学应用文理学院城市科学系负责，中国科学院地理科学与资源研究所提供了实地调查的费用。

为了完成此次大规模的调查，除了主要负责人员外，有10名高级督导、37名督导和近120名调查员投入了此次工作，主要阶段进程与工作内容如下：

2005年6月16日~7月15日：为设计与试调查阶段。主要工作内容是调查区域边界核定、问卷初稿、试调查、问卷定稿。

2005年7月16日~8月31日：为调查实施与资料初步整理阶段，包括市调员培训、实地问卷调查、问卷审核、回访与补充调查、资料初步整理与录入；

2005年9月1日~9月30日：为统计分析与调查报告撰写阶段。

考虑到问卷的回收率和有效率，本次调查共发放问卷约11000份，回收问卷9112份，回收率83%；合格问卷7743份，回收合格率85%，总合格率70%。

对调查数据主体的性别、年龄等分析表明符合样本控制要求。

合格问卷数量和分布结构满足抽样设计要求。

3.5 适宜性指标评价与宜居分析

3.5.1 满意度量化

居民对现有居住环境的评价采用的是从非常满意到非常不满意的五级量表，分析时先对其量化。为了清晰表示数据间的差异，将非常满意定为100分，非常不满意定为0分，中间依次为75、50、25分，按频次加权得出每个评价指标的满意度分值，参见图2。

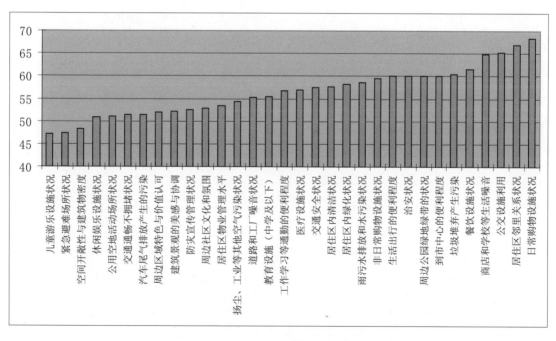

图2 适宜性指标评价分值图

3.5.2 适宜性指标评价

儿童游乐设施状况、紧急避难场所状况、空间开敞性与建筑物密度三项指标总体评价最低，低于50分，日常购物设施状况、居住区邻里关系状况、公交设施利用、商店和学校等生活噪声四项指标总体评

价最高，等于或超过65分。

各大类内部指标都有高有低。例如对居住区和周边地区生活方便性的评价中，儿童游乐设施状况被评为总体最低，而日常购物设施状况被评为总体最高。

3.5.3 宜居分析

以调查的各大类因素比例为权重，综合得出北京城市宜居指数为56，代表居民对北京居住适宜性总体评价属于一般。

4 宜居北京发展对策建议

4.1 总体评价不高，宜居城市建设任重道远

计算的北京城市宜居指数为56，代表居民对北京居住适宜性总体评价一般，宜居城市建设任重道远。

4.2 不同指标有差距，针对不足抓重点

日常购物设施状况、居住区邻里关系状况指标满意程度能够高达68、67分，儿童游乐设施状况、紧急避难场所状况、空间开敞性与建筑物密度指标满意程度低至47、48分，宜居建设需要找到相应的重点。

4.3 不同区域有差异，区域对策有不同

虽然区域差异方面还未形成系统数据，但个别看差别也是非常明显的，宜居建设在不同区域同样需要不同的侧重。

4.4 不同人群有差异，制定政策宜分群

目前分析的不同人群，对同一区域认为居住适宜的人士也不尽相同，宜居城市建设同样要考虑到不同人群的要求。

5 总结

截稿之时，感到最大的不足是未完成深入全面的分析，尤其对区域差异、空间差异特征未总结提炼，这将在今后工作中尽快加以完成。

随着全面研究的进展，主观评价与客观评价的对比研究将会为北京宜居城市建设提供更多的参考建议。

参考文献

吴良镛. 中国建设报. 北京：中国建设报社，2004-01-16

http://www.bjstats.gov.cn/lhzl/cbtj-2004/200501060011.htm

附录：北京城市居住环境适宜性评价抽样调查问卷（摘选）

第二部分 居民对现有居住环境的评价

Q5 对居住区和周边地区**生活方便性**的评价（选择√）

	非常满意	比较满意	一般	比较不满意	非常不满意	不了解
日常购物设施状况						
非日常购物设施状况						
餐饮设施状况						
医疗设施状况						
休闲娱乐设施状况						
儿童游乐设施状况						
教育设施(中学及以下)						

Q6 对居住区和周边地区**安全性**的评价（选择√）

	非常满意	比较满意	一般	比较不满意	非常不满意	不了解
治安状况						
交通安全状况						
防灾宣传管理状况						
紧急避难场所状况						

Q7 对居住区及周边地区自然环境**舒适度**的评价

	非常满意	比较满意	一般	比较不满意	非常不满意	不了解
周边公园绿地绿带的状况						
居住区内绿化状况						
居住区内清洁状况						
公用空地活动场所状况						
空间开敞性与建筑物密度						

Q8 对居住区及周边地区人文环境**舒适度**的评价

	非常满意	比较满意	一般	比较不满意	非常不满意	不了解
居住区邻里关系状况						
居住区物业管理水平						
建筑景观的美感与协调						
周边社区文化和氛围						
周边区域特色与价值认可						

Q9 对居住区**出行便捷度**的评价（选择√）

	非常满意	比较满意	一般	比较不满意	非常不满意	不了解
公交设施的利用						
交通通畅不拥堵状况						
工作学习等通勤的便利程度						
生活出行的便利程度						
到市中心的便利程度						

Q10 周围环境对居环境**健康性**影响的评价（选择√）

	很轻	比较轻	一般	比较严重	很严重	不了解
汽车尾气排放产生的污染						
扬尘、工业等其他空气污染状况						
雨污水排放和水污染状况						
道路和工厂噪声状况						
商店和学校等生活噪声						
垃圾堆弃产生污染						

Q11 请按照影响您居住环境的重要程度对以下要素进行排序：＿＿＿＿＿＿
①生活方便性 ②安全性 ③自然环境舒适度 ④人文环境舒适度 ⑤出行便捷度 ⑥健康性

中国城市公共交往空间的构成分类和效用分析
——从已有的城镇公共交往活动空间的三种类型入手

Classifying and Analyzing on Public Contact Realms of Cities and Towns in Mainland China

李红光[1,2]　刘宇清[2]

LI Hongguang[1,2] and LIU Yuqing[2]

[1] 西安建筑科技大学

[2] 华北水利水电学院

[1] Xi'an University of Architecture and Technology, Xi'an

[2] North China Institutes of Conservancy and Hydroelectric Power

关键词： 城镇公共交往活动空间（PCR）、分类、评价、系统化、人性化

摘　要： 通过调研，本文提出城镇公共交往活动空间（PCR）的概念，并将现存主要类型按时间和产生根源分为三大类，分别简述其特征，对其效用进行评价，最后为未来理想的中国城镇 PCR 系统给出预期。

Keywords: Public Contact Realms, classify, evaluation, systematic, humanity

Abstract: Through initial investigating, we would like to put forward the concept of Public Contact Realms (PCR). According to it's existing age and source of generating, our paper classifies them to three main types, namely: Chinese Traditional PCR, Chinese Modern PCR, and Chinese Contemporary PCR. Furthermore, this paper studies it's characteristics, and evaluates it's function and uses, and tries to predict some to ideal PCR system in Chinese cities and towns for the future.

1　引言

在讨论城市公共交往活动空间（public contact realms 以下简称为 PCR）之前，我们想先界定一下它的内容、对象和侧重点。PCR 的定义为：城市灰空间中及户外的（可以有花架、天幕等覆盖物，但不宜隔断与外界及其他公共空间联系），可自由随意进行公共交流、公共活动的空间地点和场所。它具有明显的参与性、交互性、自在活动等特点。PCR 不应包括特定活动场所，如餐馆（但街头临时排档除外）、舞厅、会场、宗教设施本身、单位和机构特定所属空间（如单位大院或学校操场）、露天电影院，固定户外集市等。因为它们的功能或活动时间比较固定和单一，目的太过于明确，公共性有限。

研究目标：和单纯研究建筑不同，PCR 的研究与对建筑之间的空间研究近似，它类似于城市设计，但建筑的手段更多一些，更具体一些。研究的内容在于地点、地域的构成方式、效用及活动进行情况，而不能专注于建筑空间或其他如室内复杂系统。形成 PCR 的手段可以有建筑手段和非建筑手段。

2　序论

现代社会的发展给人们带来了极其显著的高效、便利和进步。中国城镇的面貌在快速更替中也发生着巨大的变革。随着人们对物质、文化和精神需求的不断提高，他们对于所生存的城市提出了越来越高的要求，越来越关注城市在公共活动、交往需求需要的环境及设施的提供和满足上是否有更周全、更细

致的安排和作为。我们常常可从各种信息渠道了解到：不少人抱怨都市中物欲横流、人情冷漠，难与他人交流和接近。不少人并不乏热心和友善，但却很难找到合适的机会、地点和氛围来彼此沟通，城市大多没有安排这样的场所和条件。人们在日渐庞大、越来越富足、越来越物质化的大小都市中却形单势孤，找不到信任、理解和友情，物质与精神发展的反差渐渐凸现。人们期待相互信赖、互相关爱，却被种种因素隔膜开来，很难彼此接近。在这样的状态下，就算个人和城市在经济上和事业上都很成功，人们在精神和文化上的需求和愿望也没有得到正常的满足，人与他人、与社会的相互关系也很难称得上健康，所以对生活本身、对所处的城市也很难产生认同感和积极的评价。对比一下过去：人们可能生活在并不富足的城镇，却对自己的故乡或生活的环境有着何等强烈的亲切感和自豪感！人们往往可以舍弃掉所有的东西，却难以割舍浓浓的邻里情愫及那些怎么也忘不掉的亲切的生活环境。在这里，我们不禁会发出疑问：现在的城市不是比过去现代化多了吗，怎么却出现了这么多问题？它是不是丢弃或忽略了对它所拥有的人们而言非常重要的一些东西？

城市由于人的聚集而产生，它不仅给人们提供了实现价值、抱负和理想的舞台，而且要给其以物质和精神的满足，让他们享受生活，享受情感，并以他们的生活过程构筑自己和城市的历史。简单地讲，人们对城市有很多要求，也希望能够为它做点什么。人们渴望与他人交流、相识，友好相处，建立情谊，并从彼此那里得到对应的反映。精神、情感和文化以及由此产生的亲切感、归依感、认同感和道义感是现代社会物质性因素相对容易满足时，人们对城市产生的普遍的、增长中的、复杂的、深层次的需求。情感、文化和精神的维系力对于一个城市、生活其中的民众生命过程的重要作用，已被无数事例所证明，并将越来越受到关注和珍视。施爱与被爱，付出与获取，关心与被关心、尊重与被尊重已成为生活在都市中微小的一个单体居住者最真切的呼唤。

从中国历史良好的传统来看，由爱邻、爱乡而爱人、爱国，已形成良性的心理指向。地域文化、民族精神乃至国家认同都是建立在对周边人和环境坚实的依存之上的。当然，形成这些存在是相当复杂的社会机制，但建筑环境作为最直接、最完整、无时无处不在的客观氛围，其作用机制和影响怎么估量都不过分！回过头来，反观我们的现代城市，在这些地方它们在做些什么，又在丢弃着什么？它是否为人们的深层需要提供着场景和机会？它们到底又有多大效用？

我们经常慨叹于传统城市的衰落，但又实际上无所作为；我们常常羡慕于西方都会的繁华，但又欣欣然模仿之；我们也常抱怨现代社会的文明病、城市病，但又漠然听之任之；我们也不怎么在意中国城镇近代化中留下的痕迹，随其自生自灭。

在本文中，我们试图归结出中国传统、中国近代以及在西方影响主导下的当代城市公共活动交流空间在模式特性、功用及尺度上的分类，初步探讨其成败、效能及适用范围，并以系统的观点完善、深化、调整和整合，希望能对未来中国城市人性化公共空间和活动交流系统的构建，提出设想、建议，原则和策略。

3　类型一：中国传统城镇的公共交往活动空间

尽管经过岁月的磨蚀和社会变迁的冲击，我们虽然已经进入了 21 世纪，但城市中仍然有传统城镇公共交往空间的保存和痕迹。这一方面得益于中国传统社会文化和生活的强大惯性，另一方面也是经济、社会长期缓慢演变的副产品（图 1~6）。

图1　　　　　　　　　　　图2　　　　　　　　　　　图3

图4　　　　　　　　　　　图5　　　　　　　　　　　图6

　　由于还没有进行深入研究，我们还无法完全具体、系统地描述其结构和价值，但我们可以从中发现如下特征：（1）规模小：从占地范围、空间范围、容纳量，活动人群都可以证实，面积一般从数平方米至数十平方米。像祠堂内院，看戏活动区等规模最大，但至多一、二百平方米。（2）尺度亲切：本身及周围的围护都是近人的尺度，由于参与者来自有限的范围，PCR本身并不显太局促，相反容易聚集人气，少量人群活动就能营造出气氛，因此人气很旺。（3）种类多样，有多种形态，即使同一类型，也会有不同表现形式。（4）环境复杂，甚至有些杂乱，但不简单化，富有特征和变化的趣味。（5）有一定主题功能，但不完全排斥其他功能。（6）归属和边界既清晰又模糊：谁家也不属有，谁家也不能独占，有一种君子协定的默契，其表现如图5所示。边界的划分多样化，如高差、绿化、覆盖物、材质变化等，虽然可能简陋，但效果仍很明显。（7）专有和开放的统一。这类PCR的使用者，就是周围的居民。别人无法占据，也不可能占据：它们往往都是周围居民领地圈占以后形成的边边角角，它们本身可能就是进出的空间，尺度范围又不大，他人如要占据，会产生必然的矛盾和冲突，所以虽然没有设立标牌、围墙和大门确定它的所有者，但它的主人是不言而喻的，这是权益严明的一面。但另一方面，它又是友善的，如果你想参与其公共交流活动，是不加限制的，你可以随时加入，比西方教堂前为望道者安排的敞廊进出还要方便。如果你要问路，它里边活动的人群多是你的热情帮助者。甚至，还会有友好的居民主动邀请你歇息或饮茶。这种权益的严明和友善的界面共存一体的奇妙景象令人着迷。（8）平面、剖面、绿化、周围建筑围合生动、自然、多样化。（9）与更大性质公共空间（如街道、广场、公共建筑）联系密切。既是其活动主体对外交流、展示的窗口，也是外界介入其活动方式及空间领域的窗口，具有双向导引功能。特别需要指出的是：实现这些功能异常方便、自主和随意，这也促成交流更加亲切、生活和有机。因此，我们这里不讨论庭院空间，因为其公共性和交流的频度无法与这些相比。

从表面和有限的观察看，这类传统的类型具有以下优点：（1）使用方便，距离使用者近，使用者的主体较固定，使用率高，且维护机制明显。（2）使用方式灵活：既有固定内容和活动空间，也兼容其他时间、内容的活动，对于使用者而言，唾手可得且无法回避。（3）容量弹性：活动人数多少不会根本影响其内容的展开和气氛的形成。（4）促进使用主体之间和其他人的积极交流，培养较密切的邻里关系和亲切感，有助于形成归属感和互帮互助的关系。（5）有较浓厚的文化气息和历史感，更具有一定的教化功能。（6）气氛、节奏和环境亲切、自然、怡人。

存在以下问题：（1）规模多为小型、容量少。（2）较适应缓慢生活节奏主体，如老年人、孩童，但年轻人、上班族使用的类型偏少。（3）设施简陋，对恶劣天气适应性差。（4）缺乏市政管理当局的肯定和财力支持。（5）对当今社会的变化及新增需求的适应性不强，魅力和作用在减弱。（6）私密性不高。

需要说明的是：这些类型在我们快速现代化的城镇开发和建设浪潮前是极其脆弱的。它们今天可能还在，后天就可能踪影皆无，这些形态是传统社会长期演化形成的，其价值难以估量。对当前而言，应当首先把它们记录下来，为以后的分析和科学研究提供第一手教材。

这种形态在各地或多或少会有保留，在各种材料中也有过一些反映。以电影"自娱自乐"为代表。如果要用一个词来概括这种形态的特点，我们称其为"宁静的小天地"。

4　类型二：中国近代城镇的公共交往活动空间

由于中国近代社会半封建、半殖民地的特点，城镇面貌呈现出其复杂的拼贴和折衷风格，但不可忽视的是：公共活动种类和规模的增加，尺度的扩大，建筑手段的增强和表现形式的复杂化（图7~9）。

图7　　　　　　　　　　图8　　　　　　　　　　图9

从表面来看，这种类型具有如下特征：（1）规模较大：占地空间至少从几十到几百平方米，活动人群以几十至几百不等。（2）尺度较大，建筑一般为两层，即便一层，体积也较大（见图9）。图7虽建于20世纪50年代，但俄式建筑的影响与近代建筑外来的影响类似。发达地区为多层，建筑高度多在10m以上，适合较多人的集聚。（3）类型较多：多与商业、集合式住宅、娱乐活动相合，商业意识和氛围明显。（4）环境较规整，由于体量和规模的改变，以及强化实力和商业竞争力的需要，处理手段较规则、气派，但手法上还有中西、乡土多元混杂的意味，更有拼贴、布景式的处理以吸引注意力，渲染气氛（图8）。（5）功能较明确，对其他活动兼容性有限。（6）归属和边界较明显，投资和管理者的主体和宣传意识明显，边界的划分比较丰富，且有大规模和整齐划一的倾向。（7）专有时段性强：在某些时间（如白天或夜生活时）使用者和管理者很具体，其余时间则多不加干涉。（8）平面、剖面变化、规模因所处城市地段和不同发展程度而有差异，建筑等硬质手段多，绿化、灯饰、标志物等

软质手段较少，功利和实用性逐渐凸现。（9）与其他更大范围的公共空间关系复杂，既有较便利的，也有完全独立的。

这类近代的形态有以下优点：（1）使用较方便，与居民生活范围较近，规模也适当，容易形成积极的气氛，使用者的目的性较强，对其他公共活动也不完全排斥。（2）使用方式较灵活：在非主体使用期间，其他使用者和方式不会受到过度排斥。使用者到达，进入的方式比较方便，时间上也较宽裕，不太受交通工具的阻碍和限制。（3）容量适中，由于其总数量有限，且经常是城镇中最重要的地方，容易形成聚集活动。（4）较方便、随意，目的性强，人员可能来自不同邻里，熟识程度、亲切感、共有感一般。（5）较适合商业社会。（6）气氛热闹，交流较容易实现。

存在以下问题：（1）规模多为中型，无法满足大活动场面的需求。（3）邻里交往渐弱，其他类型增加，私密性有所强化。（3）商业、功利性主导，弥散着买东西和赚钱的气味。（4）投资者和市政管理的意识逐渐体现。（5）对当今社会有一定的适应性，但在功能、规模、类型、新需求满足、吸引力上还有问题。

以前由于左的思想的影响，近代城市和建筑多被打上殖民主义的烙印，被视为西方势力入侵的象征，统统列入批判和革除的对象。近十几年来，学术界正在逐步认识其带给中国社会近代化的正面意义的部分，研究的范围和内容正在加深。近代化水平高的城市和地段也受到了一定的保护，但由于这类建筑寿命也已相当长，并且当时采用的结构、材料、功用、外观较难适应当今社会的复杂需要，其生存状况也不容乐观。

这种类型仍有一些遗存，如天津、上海、广州原租界或近代化水平高的街区。居住类型的 PCR 在电影"功夫"里有反映，尽管其破坏性场景为计算机虚拟技术创造，但其仍有生活原型：即广东侨乡的近代多层公共租屋。我们用一个名词来描绘这种类型，称之为"喧闹的大集市"。

5 类型三：当代城镇的公共交往活动空间

该类型以现代主义理论指导下的城市创造和建设为主线，还有一些受其他理论影响下的变体。但它们仍有共同特征（图10~15）。

图 10

图 11

图 12

图 13

图 14

图 15

这种类型具有如下特征。（1）规模巨大，占地以亩或公顷为基本单位。容纳估计可以几百、上千人计算。（2）建筑多为几十米高，多层至数十层，哪怕给人印象的单层建筑，实际尺度也很巨大（图14），适合巨大的人流活动，如集会、大型活动、节假日、旅游黄金周等。（3）类型多样，与建筑、道路、立交、市政环境联系密切。（4）环境非常规整，管理严格。多属城市门面、严管区。几何关系明确，手法纯粹。（5）功能纯粹，或有其他功能兼顾但也很弱，理性极强。（6）归属和边界极明确，甚至到了苛刻的地步。高差、隔断、栏杆对人的活动限制和导向极强，个别突出的，非常不便于对环境不熟的过路者、老人、年幼者、特定人群的使用：找不着出入口，很难接近或到达，可望而不可及。（7）绝大多数情况下，管理严格，管理者的权力和形象突出，对非规定活动的内容及时间限制明显。（8）平面、剖面很规则，人工设计感极强，常有明确的轴线、几何形状、颜色，材质类型常采用大规模手段，空间开阔、通透、整齐。建筑、铺地等硬质手段为主流，绿化、灯饰、标志物等软质手段为辅助。功能纯化及管理的便利非常明显。（9）与其他更大范围的公共空间有一定的联系，但更多的是强调形式和属权的划分和隔离，还常出现画地为牢、互相隔绝的不衔接现象。由于规模过大，常有内容遗漏或考虑不足，适应变化的能力弱。

这类现代的类型有以下优点：（1）规模宏大，气势不凡，容易成为城市的亮点和中心。（2）容量巨大，与高大建筑、大型设施常常形成具有影响力的现代化、高效率的城市形象和标志物。（3）与现代城市的整体规模、容量、尺度、需要、景观等相适应。（4）建筑、空间、环境、绿化、水景、灯光综合效果强烈，有很大的吸引力。（5）适应商业社会和巨型公共活动的需要。（6）气氛开放、恢宏、通透、时尚，与现代审美情趣吻合。

存在问题如下：（1）数量有限。对大部分居民而言，过于遥远或不方便到达，偶尔去去尚可，要经常去则不方便。（2）经济性差。本身的建设及使用维护费用高昂，管理难度较大，适应变化能力不足。（3）过于空旷：尺度巨大，绿化有限，易产生空荡、寂廖的印象，使用者主体产生自我失落与卑小感，界面冷漠，可接近性差。（4）市政部门管理意识强烈，使用者往往成为被管理者而产生矛盾和隔膜。名义上其属于公众全体，但民众个人却无权也没有具体办法参与管理和维护。PCR的好坏与使用者无关，使用者也无法像关心自己、关心自家事一样，充满热情和责任地关注着PCR的一切。（5）流动性强、驻留性差。巨大的容量和广漠的空间，使活动者彼此既保持距离也难以熟识，往往是匆匆而过，形同陌路，对促进人际交流作用有限。（6）可观性强、可用性差。过于强调观景，忽视人的相互活动和参与性。景观过于通透、直白、缺乏空间、景物变化，夏日酷暑而冬日严寒，微环境很差。大型PCR规模再大，东西再多，也多是一览无余的。更适合看，走马观花的看，缺乏活动场所及其他形式对人的活动的安置和容留。空间和场地的导向性促使人匆匆而过，难以停留，也不太容易形成固定的活动人群和活动内容。（7）由于数量有限而规模巨大，特定时节（如节庆时）人员过度拥挤而平时大多数时间门可罗雀，利用度不高，使用效率及时段分配不均。

这种大型PCR我们已屡见不鲜，且越来越多，并成为我们许多城市追求的目标。已现代化的西方城市可能会给我们一些深层次的启发，让我们领略其魅力的同时，看清一些误区和过失。在电影《偷天换日》等西方大片中对其都有明显的评价和表现，在这里我们倾向于将第三种类型的PCR称为"直白的功利场"。

由于大型PCR的复杂性、巨大规模、周边的复杂关系，因而在设计和管理上产生必须的很多规定和约束，所以，就出现了**重物而轻人**的不良后果：

使用者（人的活动）受到明显的规定和限制，人的活动的主体性和灵活性受到有形无形的否定，相互的视觉、情感和活动交流几乎化为乌有。

我们需要指出的是：从城市管理者、投资建设方向、设计人员乃至城市居民在当前对大型PCR是偏爱的。在实际上，也把其当作城市公共交流活动空间的最重要，甚至是惟一的元素。中国城市由于以

前发展的失误和不足，使得不少地方在恶补大型 PCR 的课，但要真正培育满足当今及潜在复杂需要的、系统化的 PCR，只有大块头元素的强壮，这个系统必将是畸形和无能的。

虽然现代社会在工作方式、交往方式、生活方式等已形成独立、惜时、快捷的需要，这些由于与现代社会的本质相关而很难改变，但我们认为城市还必须为人们的交流、情感的产生、关系的和谐提供丰富场景、氛围和机会。

这时有一张有趣照片图 10，就位于图 1 的街道另一侧，它是刚建成的。你发现同一街的两侧有两个截然不同的效果，图 1 生机盎然，图 10 寂寞无趣，到底什么因素使它们同处一地段，形式也都为街侧步行空间，也都为商业设施服务，却呈出如此差异的效果呢？我们现在还难以完全确认，但从表面看它与步行道尺度、绿化和小品的复杂程度、周围居民、商业与空地的活动和归属关系等方面都有一定的关系。

6 观点

到这里，我们对三种类型的 PCR 的状态进行了初步的评价，并不是简单地想肯定一种或否定另一种，实际上它们都在各自发挥作用，它们的特点和分类也就是大、中、小三种类型和尺度的 PCR。从它们主流的类型和功用分类如下：（1）中国传统 PCR≈理想 PCR 中的小型单元（怡人尺度单元）；（2）中国近代 PCR≈理想 PCR 中的中型单元（适宜尺度单元）；（3）当代流行 PCR(以现代主义为主导)≈理想 PCR 中的大型单元（超人尺度单元）。从发展结果来看，第 3 种类型出现较多。

还有一个有趣的现象，西方社会现存最丰富、最具人文意义的 PCR 往往是旧城区中的 PCR，如图 16 所示。其功能、尺度和规模接近于中国近代 PCR，即中型单元。这也从另一方面例证了中国近代 PCR 仍然具有的价值和适用性。从某种意义上讲，中型单元比大型、小型单元更具普遍的价值和功用复杂性，规模容量和适应性都具有突出的优势。

图 16

我们认为：对于已经得到确认、有特征、有价值的城市公共交流活动的地点、区域和系统，应该列入政府法律保护的范围，确保其价值和作用。可以得以保护和发挥。对其的改造和替补，应在专家和相关学科人员的参与下审慎地进行。不能由于短期和局部的利益而随意处置。在 PCR 成功的理论和设计模式尚未建立之前，对古今中外城镇有效的 PCR 的保护记录和维护就显得尤为必要。

关于对 PCR 的研究和应用，我们建议分两阶段进行。阶段 1——探索阶段：搞清现有的 PCR 资源和类型，分析其构成方式、表现形式、特征、功用、存在问题及改进方向，搞好基础工作。阶段 2——塑造阶段：充分整理，运用前段的成果，并进而调动多学科的技巧、深入的建筑设计和城市设计及管理经验，促进形成完善的、适应当前社会需求及潜在发展的、人性的城市公共交流活动空间体系。

在阶段 1，我们建议：将建筑学科的创造型思维和其他学科缜密客观的科学方法结合起来，研究出评价分析的体系、指标和评价方法。尽量使分析成果客观、具体、详实准确，比如可以从以下方面建立各级各类的评价因子：如坐落地点、方位、气候特征、面积、归属、形成年代、现状评价、经常使用者组成及人数，使用者行走距离、进入方式及所花时间、费用、有无特征及特征表述、与周边（建筑、道路、其他空间、门等）关系、功能及主题、包含物及构成方式、植被状况、地面铺装、使用者满意及愿望、其他人评价、政府及其他力量介入程度、自身所处状态（初成、兴盛、衰退）、形态指向评价（积极、中间、消极）、平面形状尺寸、边界条件、剖面、覆盖物、周边重要影响因素等等。

7 对未来中国城镇理想的 PCR 系统的预期

理想的中国城市公共活动交流空间现在还不能给出完整的系统论述和出色的应用事例，但我们认为应该具有以下的方向特征：（1）效率、物质满足和个体（群体）精神关怀并重，而且更应强调对不容易实现的最后一个方面的达成。（2）满足现代社会的通行原则，如开放式形态，可持续存在和发展，有效管理，自觉自愿的公共参与机制等。（3）具有积极（而非消极）的文化、价值、情感的引导力，使积极、共享、参与、交流成为公共空间和交流活动的主导潮流，从而限制和缩小消极意识及生活方式的作用；（4）类型多样，因地而异。由于整个 PCR 系统中各元素的差异性，也不能采用单一的方针和策略：从注重效率为主的干道型空间乃至极富小群体口味的娱乐型空间，均应分别研究出指导方向和具体策略。如果把前两者视为色调中的白与黑两个极端，那么 PCR 系统的完善和复杂效用，则取决于从白到黑的各种 PCR 元素灰度梯级的丰富和精细；（5）经济上可行：既不豪华过度，也不简陋难用，只有这样才能保证 PCR 分布的合理和效用的长久；（7）形态和形式可以根据多数使用者的要求而改造、调整和提升；（7）一定的归属制度和有效的管理：它们不能流于形式也不能过于繁琐而难以执行。
（8）若 PCR 系统各元素对社会阶层满足面越广越普及，则其对社会的积极作用越大。应包含对特殊、弱势边缘群体的关心和包容：如球迷、单身家庭、民工、街头艺人、无家可归者等群体（图17）。（9）多样化的形式和表达。即使同一主题也要有不同的表现手段，以形成特色、趣味和地域文化：比如个人饮茶闲聊空间在南北不同地域，同一地域的不同地段都应有不同的形式。某些特殊的形式对其他人而言可能无所谓，但对其使用者而言却是最合宜的方式。

图 17

理想的中国城市公共活动交流空间还应具有以下属性和要素：

- 认同感、亲切感，归属感和责任感（它们是递进关系，以责任感为最佳）；
- 状态友善的界面（可选择观望、了解、浅触、深交或撤离）；
- 窗口特性（展示、吸引、激发交流意识和机会）；

- 隐约、灵活的边界（前者提示其属性和领域感，后者给予他人接近的便利性）。

8 结论

最后，我们试图用三个问题来归结本文的核心内容：第一：传统城镇公共交流活动空间在人性化、形成地域特征、促进邻里关系等方面的价值是什么？第二：近代城镇公共活动空间在适宜尺度、多义性、适应性上能否继续发挥和拓展作用？第三：现代 PCR 在注重效率和科学性的同时，怎样在满足人性化需求、多样式选择、增加文化和地域特性、扩展活动覆盖面、形成亲和力归属感方面表现出更实际的成效？我们的研究目的在于充分探索已有的三大类模式和手段，发现其经验、功效、特长以及局限、缺点和失误，建议未来可从城市规划、城市设计、环境设计、建筑设计等学科的结合和协调上对城市公共交流活动空间（PCR）进行改良、结合、探索和发展，使其形成人性的、良性发展的积极的系统，真正让城市满足人们复杂的、不可或缺的、身心有益的公共交往和活动需求，从而实现城市的**真正价值：让人们愉快地、有价值地、有尊严地、有归属感地生活在城市里。让绝大多数居住者都能分享这一成果，并得以延续。**

注：图 2、图 17，选自网络，作者及版权不详。其余图片均为作者拍摄。

中国城市社区体育设施的指标体系

Index system for sports facilities in urban communities in China

张播　陈振羽　王玮华　涂英时　赵文凯

ZHANG Bo, CHEN Zhenyu, WANG Weihua, TU Yingshi and ZHAO Wenkai

中国城市规划设计研究院居住区规划设计研究中心

Reseach Center for Residential Planning & Design, China Academy of Urban Planning & Design, Beijing

关键词：　社区体育、用地、指标体系

摘　要：　2003 年颁布实施的《公共文化体育设施条例》中规定"居民住宅区应当按照国家有关规定规划和建设相应的文化体育设施"，但是配套的有关规定没有同时出台。2003 年的 SARS 疫情以后，中国政府更加重视群众体育活动的开展，因此着手对社区配套体育设施的建设制订一系列指标和标准。为了满足城市居民基本的体育需求，社区体育设施需要的用地是最基本的物质条件，为此，建设部、国土资源部和国家体育总局首先组织编制了《城市社区体育设施用地指标》，本文着重讨论了该指标编制过程中的研究内容、确定指标的技术方法：通过对城市社区居民体育活动现状的调查以及国外社区体育配套设施标准及服务方式的研究，该指标在国内首先提出了 19 个社区体育的"基本项目"，并根据竞赛规则和社区体育活动的特点，确定了其相应的场地面积指标。该指标在《城市居住区规划设计规范》的基础上，确定了分级规模和人均用地指标双重控制的指标控制体系，并就用地的统计计算规则、用地类别的归属以及指标的适应性问题进行了研究。本文还介绍了建国以来有关社区体育设施的政策法规，回顾了其指标体系的演变过程。同时，对有关的其他标准规范和指标体系提出了衔接、修订等进一步设想，并根据当前城市居住区建设、社区管理的特点，对该指标实施后可能存在的问题进行了分析。

1　我国城市社区体育的发展与历史

群众体育和竞技体育一样，一直是我国体育行业多年以来发展的重点。在 20 世纪 80 年代以前，我国的群众体育发展主要以行业和单位为基础开展。随着市场经济体制的建立，群众体育等社会服务职能逐渐转向社会，经过多年的自发发展，近年来逐步进入社区建设的范畴，成为一种新的群众体育组织方式——社区体育。

我国的《体育法》和《全民健身计划纲要》中都曾经涉及到社区体育的开展方式与组织机构，《全民健身计划纲要》中明确提出："城市体育以社区体育作为工作重点。要充分发挥城市街道办事处的领导作用，积极发展社区体育这一新的社会体育组织形式。"

多年来，我国的体育工作者和社会工作者分别从不同的角度研究了社区体育的理论范畴、现状问题与发展趋势。但是对于社区体育开展的物质基础——体育设施和用地，却缺乏深入定量的研究，这方面的政策建议与技术规定也几乎一直是空白。社区体育设施长期停留在"一场一馆"、"健身路径"的水平上。

表1 体育人口状况

	传统街坊社区			单位社区			新型综合社区			边缘社区			合计	
	数量	类%	总%	数量	类%	总%	数量	类%	总%	数量	类%	总%	数量	总%
体育人口	565	29.0	10.6	480	31.1	9.0	393	31.0	7.4	124	21.6	2.3	1562	29.3
非体育人口	1380	71.0	25.9	1064	68.9	20.0	876	69.0	16.4	451	78.4	8.5	3771	70.7
合 计	1945	100	36.5	1544	100	29.0	1269	100	23.8	575	100	10.8	5333	100

摘自《中国群众体育现状调查》

表2 居民体育活动场所分布（总5426人）

体育活动场所	参与人数	%	排序
公共体育场所	1172	21.6	1
公园或广场	1044	19.2	2
单位体育场地	872	16.2	3
住宅小区空地	742	13.7	4
自家庭院或室内	586	10.8	5
公路或街道	588	10.8	6
收费体育场所	395	7.3	7
树林、堤岸、草原	264	4.9	8
场院	151	2.8	9

摘自《中国群众体育现状调查》

2003 年，国务院颁布实施了《公共文化体育设施条例》，其中规定"居民住宅区应当按照国家有关规定规划和建设相应的文化体育设施"，但是配套的有关规定没同时出台。2003 年的 SARS 疫情以后，中国政府更加重视群众体育活动的开展，因此着手对社区配套体育设施的建设制订一系列指标和标准。城市规划工作者带着新的视角进入到这一领域中。

2 城市社区体育用地指标的编制

城市规划和社区体育在过去从未有过直接的联系，因此在常用概念、标准体系上需要磨合与衔接，而我国社区体育所需要的设施种类、数量、面积、分级配套等内容，不管是对于体育学科还是城市规划学科来说，也都是全新的内容。因此在编制指标的过程中，不可避免的要解决以下这些问题。

2.1 确定指标在标准体系中的位置

在我们国家工程建设标准的发展过程中，关于体育设施的用地和建设标准与指标几乎一直是空白。因此，社区体育用地指标作为有关体育设施一系列标准中的一部分，不能只考虑到自身的要求，还应当在整个标准体系中寻找到合适的位置。

目前，体育总局有关体育设施建设的标准体系仍然在编制当中。根据体育总局的设想，有关城市社区体育、综合体育场馆和单项体育场馆的用地指标能够形成一个完整体系，因此社区体育用地指标对于社区以外的体育场馆没有涉及，留待今后的工作解决。

建设部现行工程建设标准体系是由工程建设项目建设用地指标、工程项目建设标准和有关国家标准和行业标准共同构成。因此社区体育用地指标以土地的利用和指标为核心，有关建设要求、安全和卫生的要求，则应当在其他系列的标准规范中做出具体规定。

2.2 社区的概念和范畴

"社区"在社会学中最为普遍接受的定义，是指聚居在一定地域范围内的人们所组成的社会生活共同体。对于"社区体育"中"社区"这个词的含义及其涵盖的范围，体育学和社会学的很多学者都有自己的见解，并且仍然在持续的讨论之中。虽然这个概念仍不明确，但是并不妨碍在城市规划中配套必须的设施。当然，指标的编制不能以这样一个广义的概念来作为指导，必须把其具体化。

按照城市规划学科的理解，需要根据人口规模编制规划进行配套建设的情况仅出现在城市中，而村庄和集镇的情况比较复杂，经济发展水平、人口聚集程度、土地资源等不确定因素很多，没有必要编制统一的用地指标，因此社区体育用地指标的适用范围应为城市。经过主管部门及主编部门同意，《社区体育设施建设用地指标》更名为《城市社区体育设施建设用地指标》，从而明确了这一任务所涉及的范围，使其可以在城市规划的专业领域里进行操作。

2000年11月19日中共中央办公厅、国务院办公厅转发《民政部关于在全国推进城市社区建设的意见》中关于社区和城市社区的定义为："社区是指聚居在一定地域范围内的人们所组成的社会生活共同体。目前城市社区的范围，一般是指经过社区体制改革后作了规模调整的居民委员会辖区。"虽然"城市社区"还有各种各样的理解和分类方法，如单位社区等等，但是目前在我国的各类政策性文件中更强调其是一个基层政权的形式。因此社区体育指标中把"城市社区"作为基层政权来理解，从而进一步为指标的配套设置找到了依据。

2.3 城市社区和城市居住区的关系

我们把"城市社区"作为一个基本概念使用，强调其作为基层政权的形式，主要是为了便于体育设施管理和体育活动的组织。但是由于其人口规模并不确定，不能作为指标编制的直接依据。城市社区体育设施是一项公益性设施，有关内容需要考虑人口规模分级，实际操作中也必须明确划分出一个人口片区，确定其服务人口的范围，而不能简单地和行政范围或是商业开发结合。

因此，社区体育用地指标套用城市居住区的规模分级在规划中落实，进而和城市社区衔接投入使用和管理，这两个概念是相辅相成的。根据国家标准《城市居住区规划设计规范》的术语解释：城市居住区是"泛指不同人口规模的居住生活聚居地（包括居住区、居住小区和居住组团），并与居住人口规模相对应，配建有一整套较完整的、能满足该区居民物质与文化生活所需的公共服务设施的居住生活聚居地"。

"城市居住区"与"城市社区"是既相关又有区别的两个概念。"城市居住区"主要强调按人口规模"分级、配套"的基本要求，特点是既有人数限定，也有用地要求。"城市社区"虽然也与人口相关，但既无人数限定，也无固定的用地，更无配套要求，与"城市居住区"有明显的区别。

2.4 基本项目的确定

"基本项目"是社区体育用地指标中专门做出的一个重要而且是前提性的规定。一方面由于社区体育和竞技体育区别比较大，体育部门对城市社区体育应开展的项目有一定要求；另一方面，城市社区体育的活动内容丰富多彩，社区体育用地指标不能对所有的项目都作出规定，只能保证最基本项目的开展。所以在确定用地指标时，必须首先确定开展城市社区体育的基本项目。

关于城市社区体育需要开展的基本项目，在其他国家如美国、德国、日本、英国、香港都有类似的规定，只不过每个国家根据国情所确定的项目类型不同，但数量一般是在十几项左右。

根据《中国群众体育现状调查与研究》的数据，网络调查及一些城市社区体育调研资料的分析比较，确定将"篮球、排球、足球、门球、乒乓球、羽毛球、网球、游泳、轮滑、滑冰、武术、体育舞

蹈、体操、儿童游戏、棋牌、台球、器械健身、长走、跑步"共19个项目做为基本项目。当然，这19个基本项目包含的并不仅仅是19项体育活动，而是根据我国正式开展的竞技项目以及场地要求对城市社区体育项目做了适当的简化和归类。

表3　全国社区体育运动项目选取综合调研一览表

运动项目	城市或地区社区体育运动项目选取排序							
	全国调查	网络调查	香港地区	澳门地区	浙东地区	广州市	嘉兴市	得分
散跑步	1	1、2	14	1	1、4	1	1	7
羽毛球	2	3	1	4	2	2	3	7
乒乓球	3	5	3	7	3	3	4	7
篮球	4		8	2	6	5		6
足球		6	10	6		8		5
排球		8	9	10		12		5
体操	5		5	11			8	4
游泳	6	5	6	3		4	5	6
登山	7							1
台球	8	8		16				3
保龄球						9		2
器械健身	9	4			10			3
跳绳	10							1
气功	11			14				2
太极拳				13	5	10		4
民间舞蹈	12							1
网球	13	7	7		9		7	5
武术	14			12		11	2	4
门球	15	8		15				3
地掷球								1
其他	16			5				2
冰雪运动	17							1
踢毽		5						1
棋类						8	6	2
健身、健美舞蹈			4	8		7	6	4
交谊舞					7			1
田径			12	9				2
壁球			2					1
橄榄、棒球、木球			11					1
滚轴溜冰			13					1
儿童游戏			15					1

注：①表内1、2、3……为群众运动选取排序；
　　②表内粗体类项目，一般设有专用场地；
　　③得分的计算：按调查城市或地区含有该项目获1分的总计。

2.5　指标控制体系的确定

在确定指标前，首先需要考虑用何种方式控制指标，这涉及到两方面的问题：一是采用什么样的分

级方式；二是各种级别的用地指标通过什么来确定。

通过比较研究发现，其他国家在社区体育用地标准方面一般按照一定的人口规模来规定社区体育设施的类型、功能和规模，社区体育中心是西方发达国家社区体育设施的基本内涵。调查也显示：集中与分散相结合，以集中为主的布局更受欢迎。另外，从社区体育设施管理的需要以及体育活动开展的基本特点来看，相对集中的布局也更加有利。因此，人口规模是一种合理的分级方式。

以调查数据为依据进一步作为标准规范确定下来是一种常用的确定指标的方法。但是我们的调查发现，社区体育比较集中而严重的问题就是设施和用地不足，远远不能满足要求，因此调查所得的现状用地数据不能作为编制本指标的依据。根据这一情况，社区体育用地指标决定以群众的实际需求为主导确定各个级别的用地面积指标。

综合以上情况，我们确定了以满足社区居民的基本体育需求为主导，根据不同人口规模决定场地数量和配套设施，从而控制用地的指标体系。同时根据配套设施计算出相应的人均用地面积，为实际工作提供直观和方便的指标。

表4　中国香港地区与中国内地相关设施设置要求比较

序号	设施	香港康乐设施配置规定（个／服务人口）	内地指标配置要求（个／服务人口）
1	网球	2／30000	1／10000~16700
2	篮球	1／10000	1／10000~16700
3	排球	1／20000	1／30000~50000
4	5人制足球	1／30000	1／10000~16700
5	7人制足球	1／30000	
6	11人制足球	1／100000	1／30000~50000
7	羽毛球场	1／8000	1／5000~8300
8	壁球场	1／15000	-
9	乒乓球场	1／7500	1／500~2700
10	滚轴溜冰	1／30000	1／30000~50000
11	缓跑径	1／30000	-
12	健身跑道	-	1／10000~15000（60m）
			1／30000~50000（60m）
13	儿童游乐场	1／500	1／1000~3000
14	游泳池嬉水池	1／每区	1／10000~25000
			1／30000~50000
15	门球	-	1／10000~16700
16	台球	-	1／5000~8300
17	健身房	-	1／10000~25000
			1／30000~50000
18	体操场地	1／每区	-
19	揽球／棒球／木球场	1／每区	-

2.6　分级规模与面积指标

社区体育用地指标采用了《城市居住区规划设计规范》的分级规模，能够适应城市社区体育设施建

设的需要。一方面，与该标准相同的分级规模有利于在城市规划中落实；另一方面，能与现行的城市行政管理体制相协调。即组团级居住人口规模与居（里）委会的管辖规模 1000~3000 人一致，居住区级居住人口规模与街道办事处一般的管辖规模 30000~50000 人一致，有利于城市社区体育的配套设置和组织管理，小区级人口规模（10000 人~15000 人）虽然没有对应的行政管辖机构，但是参考国外社区体育设施的服务人口数量，也是很多社区体育项目设置和经营的一个合理规模。

不同规模的人口对城市社区体育设施的需求也不同，这在其他国家社区体育的发展过程中有很多经验可以借鉴。在组团中，只要有便于开展的小型项目，考虑到儿童和老年人就近活动的需求就可以了。而小区是很多项目能够开展的最小合理规模，基本具备一套完整的设施。居住区一级的设施则更加集中多样，并且具备了一些对活动场地要求更高的项目，进一步提高设施的使用效率。以这些需求为基础，我们推算出各自所需的面积指标如下：

表5 城市社区体育设施分级面积指标

指标名称	1000~3000 人	10000~15000 人	30000~50000 人
室外设施用地面积（m²）	650~900	4300~6650	18860~26830
室内设施建筑面积（m²）	170~280	2050~2900	7700~10650
社区体育设施用地指标（m²）	室外设施用地面积 + 室内设施折算用地面积		

注：较大人口规模的指标均包含较小人口规模的指标。

根据这种配套水平计算出来的人均室外用地面积为 0.30~0.65m²，人均室内建筑面积 0.10~0.26 m²。

我们把本指标和《城市居住区规划设计规范》GB50180-93 以及原城乡建设部和国家体委在 1986 年联合发布的《城市公共体育运动设施用地定额指标暂行规定》中的有关规定进行一下比较：

在《城市公共体育运动设施用地定额指标暂行规定》中，对居住区和小区两级体育设施用地的规定均为 200~300m²/千人，合计为 400~600m²/千人。

在《城市居住区规划设计规范》的公共服务设施控制指标中，对文化体育设施用地的控制指标分别为居住区 225~645m²/千人，小区 65~105m²/千人，组团 40~60m²/千人（居住区级指标包含小区和组团指标，小区指标包含组团指标）。这个指标没有对文化和体育设施分开规定。

可以看到，本指标在现行规定的基础上有一定的提高，一方面是为了满足建设全面小康社会过程中人民群众的基本需要，另一方面也是根据服务不同规模人口的基本项目综合确定的，因此应当更加符合实际需求。

2.7 用地指标的统计与计算

在有关配套设施建设的标准规范中，有人均用地面积、千人指标、总用地面积等几种不同的统计方法。根据城市社区体育设施的特点，指标提供了按照分级规模控制总用地面积和人均用地面积两种办法。因为大部分体育设施对场地的面积有严格的要求，如果按照人均面积和千人指标来控制的话，有可能出现面积指标符合而场地设施不足的情况。这就违背了应当提供更多项目设施而不是更大用地的原则。

当然，这种严格的规模分级控制可能会带来另一个问题，那就是会有一些社区人口和指标的控制规模不一致，会在使用中带来一些不便。但是我们要看到，在其他以市场经济为主导的国家也是以人口规模来设置社区体育设施的。其中英国、日本和香港的规定最为明确，明确要求在安排社区体育设施时"应划出一个人口片区，必须为明确可区分的人口服务"。因此，我们国家在建设这样的公益性设施时也应当是可以做到的。

为了鼓励节约土地资源，加强可操作性，本指标还根据实际建设情况对室内建筑面积和室外用地面积区别计算，相应的对室内外场地比例，配套的绿化、停车、通道都作出了规定，对旧区改建进行了一定的折减。另外还对坡地、首层架空等容易引起争议的土地使用方式作出了详细的计算与统计规定。

2.8 用地类别的归属

在城市建设用地分类中，没有关于社区体育设施的专门用地类别，社区体育设施有可能出现在体育用地、居住用地或者公共绿地中。根据《城市用地分类与规划建设用地标准》和《城市居住区规划设计规范》的规定，社区体育设施在居住区一级集中建设时是单独的体育用地，其他情况一般属于居住用地中的公共服务设施用地。

公共绿地中设置体育设施，是其他国家开展社区体育的重要手段之一，在我国各地也都比较普遍，但是一直没有成文的规定，都是体育行政主管部门和绿化行政主管部门协商的结果。为鼓励节约和合理的使用土地，社区体育用地指标对此做出原则性规定，具体的设置规定与比例由各城市根据具体情况确定。为了避免在统计中出现混乱，指标中的社区体育设施与公共绿地的结合仅仅是布局问题，在用地指标上不能混用，这在计算规定中有明确规定。

2.9 增强指标的适应性

根据我们国家地区差异大，城市社区体育设施建设基础薄弱的特点，社区体育用地指标既要适应集中的布局，又要满足相对分散乃至零星建设的需要，还要适应不同地区社区体育项目的开展特点，因此只有严格的规定是不够的，还需要留有一定的余地以增强其适应性。为此，指标把项目的设置作为推荐性规定，在面积指标上有较大的浮动，同时对基本项目的单项用地指标作出了详细的规定。这样各地在操作过程中就可以用本指标作为可行性论证、用地选址和总平面设计的依据，根据自身的情况建设合理而高效的城市社区体育设施，合理利用土地资源。

同时，指标中还考虑到南北方气候差异，不同经济发展地区，少数民族地区的社区体育特点，对此均作出了规定。

3 有待解决的其他问题

3.1 与《城市居住区规划设计规范》的协调问题

关于文化体育设施的配套建设方面在国家标准《城市居住区规划设计规范》中考虑得并不周到，建议有关部门在近期组织对该标准进行局部修编，以协调两者之间的技术内容，并在修编工作完成以前以文件的形式明确目前各地应执行的技术规定。

3.2 开展其他配套标准规范的编制工作，调整有关标准体系

对于城市社区体育设施的建设工作，仅仅有用地指标是不够的，很多问题如场地建设标准、安全和卫生要求等问题都需要在其他标准规范中来规定，而服务半径等问题则需要在规划设计工作中来解决。建议有关部门把其他标准规范也列入编制计划。

有关城市社区体育设施的建设标准在其他国家都是以完整的技术文件出现，其内容涵盖体育设施数量、规划建设和服务方式，往往是由体育部门主导，以中央政府立法的形式确立下来，由地方政府具体落实的。我国现在的标准体系则不利于各部门之间的沟通与协调，也不利于各个标准规范之间技术内容的协调，应考虑作出适当的调整。

另外，本指标作为用地管理的技术标准，并不能准确衡量城市社区体育的设施条件，建议体育行政主管部门另行制订城市社区体育活动场地的统计方法，把对外开放的学校体育设施和公共绿地中的体育设施考虑进去，作为行业内统计的标准。

3.3 加强政策扶持与管理力度，落实社区体育设施的建设

在其他国家，公益性设施一般都在政府指导下建设，除了向社区体育中心提供财政补助以外，政府还通过免税、转让土地、底价出租土地等政策手段对其提供财政帮助，或者引入竞争机制，政府制定一定的标准，通过公开招标的方法对达到标准的社区体育中心进行资助。

而我国目前主要是采用房地产开发商配套建设的方式，由于有效的监管不够，经常造成该类设施的滞后，而且其投入使用后的封闭管理也不利于对配套人口提供服务，因此建议公益性设施的建设尽量不要和房地产开发结合起来，以免出现无法落实或者开发商针对指标讨价还价的情况。

3.4 如何在社区体育设施建设、城市规划、土地审批等管理工作中使用指标

社区体育用地指标主要是作为各级土地行政主管部门审批及核定用地面积使用的技术文件，体育行政主管部门在编制项目可行性研究报告及初步设计文件中也会用到，另外，如果城市规划不预先考虑这些用地，也无法顺利建设实施，在使用中涉及的部门较多。

从目前来看，由于城市社区体育的工作基础过去比较薄弱，因此极少有单独的社区体育设施建设项目存在。但是这并不意味着将来不会出现这样的项目，随着《公共文化体育设施条例》的实施以及国家对全民健身的重视，在体育部门的推动下，城市社区体育设施的建设会逐渐增加，主要表现为两种形式：一种是独立的社区体育中心，便于经营、管理和使用，在土地审批中可以直接使用本指标，根据国外经验这也是发展的主流；一种是结合居住区规划而布置的体育设施（虽然如前文所述居住区开发管理水平与公益性社区体育设施存在着管理和使用上的矛盾，但是这种形式在一定时期内仍会存在），这种情况下居住区规划的审批主要由城市规划部门管理，土地部门有可能会出现"有指标，没项目"的情况，然而用于社区体育设施建设的土地与住宅开发的土地在获得途径、用途、价格上有很大不同，规划管理和土地管理部门需要建立一个协调机制对居住区中的社区体育设施建设用地专门审批，共同落实本指标。

当然，社区体育设施建设项目的形式与体育部门的相关配套政策以及推行力度直接相关，目前还难以准确判定其未来的发展，因此本指标只能尽量兼顾现状与发展的需要。考虑到这种特殊情况，建议体育部门尽快出台配套文件以促进该项工作，城市规划部门也要同时贯彻落实指标，土地管理部门才能有的放矢的使用指标。

3.5 全面推进城市社区体育设施的技术法规工作

凡是和人民群众利益密切相关的技术规范，在实施后都会造成重大而深远的社会影响，我国政府在行政过程中也把公开、透明作为主要目标，因此，社区体育用地指标作为内部发行的技术文件和其地位作用是很不相称的。建议在条件成熟时结合上文中有关标准体系的调整，把公益性社区体育设施的所有标准规范统一整合，作为国家标准或《公共文化体育设施条例》的配套法规向社会公开，这也有利于这项工作的开展、监督和社会参与。

4　中国特色的城市社区设施体育用地指标

城市社区体育设施用地指标作为落实《公共文化体育设施条例》的首个技术文件，也是首次将城市

社区体育设施用地纳入国家技术法规的轨道，它是在建设部、国土资源部和国家体育总局三个部门的共同努力下出台的，在实施发布后将有利于土地管理、城市规划和管理以及城市社区体育设施的建设管理，既可基本保证城市土地的合理有效利用和社区体育设施在城市规划中的一席之地，也能基本满足"发展大众体育，增强人民体质"的要求，在社会效益、经济效益和环境效益三方面均能起到良好的作用。

该指标吸取了英国、德国、日本等国家类似技术文件的特点，同时根据中国的实际情况和用地指标的技术要求增加了有中国特色的内容，主要有以下几点：

(1) 首次提出了中国城市社区体育开展的基本项目；

(2) 根据城市规划工作的特点，规定了按人口规模提供的各类设施数量；

(3) 根据土地管理工作的特点，通过用地指标来反映社区体育设施的数量；

(4) 在社区体育、城市规划、土地管理等工作中找到结合点，成为一个可以共同遵守的技术文件；

(5) 指标内容可以和其他国家横向对比，衡量我国社区体育设施的发展指标。

这些主要特点，既有国际通行的做法，又有中国自己的国情需要，也许指标本身还可以进行修改调整，但是指标最大的意义是提出了这些有中国特色的技术内容，初步建立了中国城市社区体育设施用地指标的体系，为社区体育工作者和城市规划工作者的深入研究提供了基本的技术平台和讨论的基础。

规划专题
Planning Session

城市规划与设计
Urban Planning & Design

Hybrid Development: A Case Study in Academic and Professional Exchange

新舊綜合開發：一個學術與專業交流的個案研究

Sharon HAAR

哈雪倫

School of Architecture, University of Illinois at Chicago, Chicago, IL USA
美國伊力諾州州立大學芝加哥分校建築系

Keywords: sustainability,housing, urbanization, preservation, landscape

Abstract: This paper derives from a seminar and studio taught in Fall 2004, a collaboration between the School of Architecture and the Department of Urban Planning at the University of Illinois at Chicago for a "pilot city" in southern China. It raises a number of questions regarding continuing communication and technology gaps between China and the U.S., the specific roles of the planning and design professions, the role of advanced technologies in design and building, and ways to model educational exchange to the advantage of both cultures and societies.

1   INTRODUCTION

Chinese citizens, professionals, and academicians are seeking greater indigenous participation and expressing concern for the "internationalization of Chinese cities and the loss of Chinese character."[1] Chinese design is caught in a cultural dilemma. Having jumped from an imperial/colonial past to a global present through a period that rejected many historical traditions, material culture exists on shaky ground. Educational exchanges between China and the U.S. are capable of researching and critiquing——rather than unwittingly advancing——the condition that Wang Minyxian refers to as "a kind of conscious, sober schizophrenia indicative of the cultural logic of the contemporary world as it is articulated on Chinese terrain."[2] This can lead to powerful exchanges between the academy and the profession in the creation of future global practices.

The research and proposals presented in this paper originated through the auspices of Tingwei Zhang, an associate professor in UIC's Department of Urban Planning at the University of Illinois at Chicago. Professors Haar and Zhang jointly taught the studio, and Professor Haar taught the seminar. In the Fall of 2004 the New Town Development Center of Shunde District, Foshan City, China sponsored students and faculty of The School of Architecture and the Department of Urban Planning at the University to work with them on an urban design project to include new commercial and residential components for their expanding new urban districts. The planners and developers expressed concern for the "price" of contemporary development: the loss of local culture (Linlang traditions of building and water-based agriculture). They stressed a desire for more balanced development focusing on three issues:

- Improvements to and expansion of the New Administrative Center toward the Gui Pan Hai waterfront, suggesting ways to mitigate the formality and vehicular structure of the new city while taking into

---

[1]   Zhang, Tingwei., "Challenges Facing Chinese Planners in Transitional China," Journal of Planning Education and Research 22 (2002), 64-76. Also http://www.bjreview.com.cn/200435/viewpoint.htm.

[2]   Mingxian,Wang. "Notes on Architecture and Postmodernism in China," translated by Zhang Xudong, Boundary 2 24 (Fall 1997),163-175.

consideration the exigencies of contemporary development patterns and planning regulations.

Figure 1　Shunde New Administrative Center (photo: Palmowski)

· Introduction of new commercial and residential areas, integrating them into existing cultural and recreational facilities.

· Development of the Gui Pan Hai waterfront, particularly through new connections to the north bank, the next space for expansion of the city.

Figure 2　Gui Pan Hai Waterfront (photo: Palmowski)

Shunde, established as a county during the Ming Dynasty (1452), was chosen as a "Pilot City" for the Pearl River Delta region in the 1980s and vast influxes of private and public capital have combined with strong pre-existing industries and agriculture that demonstrate——in microcosm——the globalizing forces at work in the region as a whole. The historical resources of the area are clearly demonstrated through its network of water towns, well-established cities, land and water-based agriculture, and historical gardens and temples of both local and national acclaim. These are situated within a vast global geography demonstrated by expanding malls, highways, residential developments, government facilities, cultural and entertainment attractions, and restoration projects. It is a center for flower and plant industries, appliance manufacturing, and furniture manufacturing and wholesaling. The changing nature of water-based living, which exemplifies a delta ecosystem, is now giving way to a hybrid overlap of agricultural and urban life, land-based infrastructures including new highway and railroad networks, airports, industrial and technology parks, skyscrapers, and golf courses.

2　FIELDWORK

The students and faculty spent three weeks during September doing fieldwork in Shunde and returned to Chicago to put together a planning and design proposal for the city. The students prepared for their research in China through readings by Asian and Western architects, historians, economists, sociologists, and urban designers and planners, familiarizing themselves with historical and vernacular buildings and urban traditions. They also explored the impact of modernization and westernization after "open door" policies sparked rapid development of the region. While in Shunde the students broke into mixed teams of architects and planners to analyze the city: regional and local statistics; residential and commercial typologies; vernacular, historical, and contemporary urban patterns; transportation patterns and infrastructures; and waterfront and water-oriented activities.

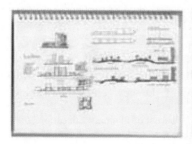 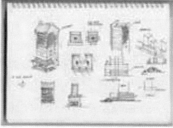 

Figure 3　Student Sketchbooks (Palmowski)

Planners from Shunde's Office of City Planning and New Town Development Center escorted the UIC students and faculty through tours of historic sites in Shunde and Foshan, existing water towns and gardens, new industrial centers, wholesale and retail malls for furniture and flowers, new high-rise and villa-style housing developments, and along river embankments and new highways. They extended their hospitality, which allowed the American students to engage with the daily lives of their hosts. During their time in the Pearl River Delta and its cities, the students were able to witness the phenomenal speed of development and growth and their effects on the ecology and economy of the region.

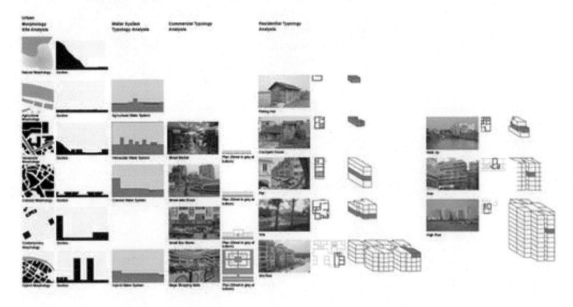

Figure 4   Urban Morphology & Building Typology (Brady, Wang, Wiebenson)

In their initial research in Shunde, the students mapped key elements of the region including: topography and sectional characteristics; the role of water; and natural and human-made landmarks. They also considered the scale and timeframe of urban development and its relationship to vernacular agricultural patterns, paying particular attention to opportunities for sustainable initiatives.

3   SUSTAINABILITY

The students were immediately drawn to the vernacular traditions of the region, particularly housing typologies and agricultural methodologies. They sought to preserve these as more than trace images or decoration. Like the Chinese planners and developers with whom they worked, they were concerned for balance and in the end used many local conditions as the base for a sustainable growth proposal that allowed for a more hybrid state of old and new, landscape and building.

It was difficult for students to discern the often-conflicting histories and hierarchies that they encountered. This was particularly the case with determinations of what constituted "traditional" culture: enduring "monuments" of imperial and religious history, the vernacular landscape organized around extended families and communities, the remnants of the region's hand-manufacturing, or what appeared to be still-functioning mid-rise, mid-century housing. These concerns came to the fore when trying to understand the role of preservation and tourism, sustainability and modernization, which have many different criteria than in the United States or Europe. Historical elements such as pagodas were often relocated to form centerpieces for new cultural parks organized around man-made neo-traditional landscapes and at the same time natural hillsides were disappearing as their soil was removed to fill in the Delta for new building.

One student project, in particular, developed strategies for the sustainable development of the north side of the River, looking at possibilities for uniting the research of the adjacent Polytechnic University of Shunde to the development of hybrid agricultural/housing projects on the site. As stated by Andrew Dribin: "To encourage

adaptable growth of the developing zones, the site strategy suggests intensive remediation and research of the existing landscape while encouraging developer driven projects.

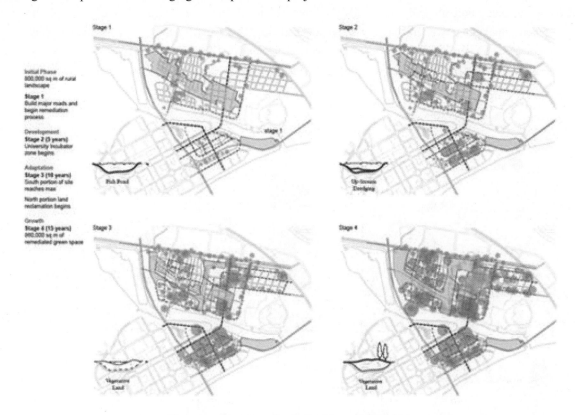

Figure 5　Long Term Ecological Research (Dribin)

4　URBAN DESIGN DEVELOPMENT

The primary focus of the studio was the extension of the New Administrative Center into an area of High Density Mixed Development, a new transportation link across the Gui Pan Hai, and the design of new uses along the river to spur activity and economic growth. Of particular concern was the scale of new developments, typically organized within large 300m X 300m blocks that create single use districts that encourage automobile rather than shared transit and make pedestrian and bicycle transportation difficult. To mitigate these conditions the students suggested a smaller 150m X 150m grid that would allow for more cross-fertilization of residential, commercial, and recreational activities. Student Lan Wang developed the zoning in keeping with existing requirements for relationships among residential, commercial, and service activities.

This new grid was organized around two commercially zoned boulevards, one running north-south and the other running east-west that would extend the administrative center to the river. Two students, Carl Wohlt and Sarah Wiebenson developed design guidelines for the principle streets. Student Stacey Meekins developed the design for the transportation components.

In keeping with the water-based nature of the landscape, the students mapped the pre-existing canal system of the site and where possible proposed renovating these canals to serve as a landscape feature running through the housing blocks. This third layer was intended to serve as a pedestrian-scaled space, allowing recreational linkages throughout the grid.

In the urban design architecture and planning students had to work closely, a situation common in practice, but rare in academia. Future cross-collaborations along these lines are critical for the future of design in a global milieu that can only occur through direct contact and exchange.

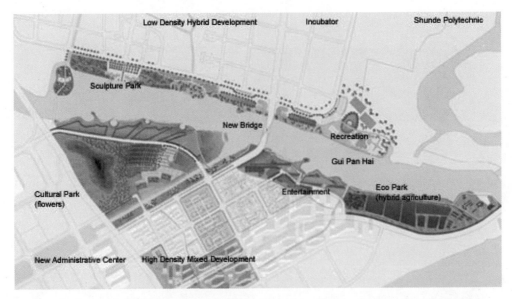

Figure 6   Urban Design Development; focus on Waterfront (Dribin, Garbutt, Gasparino, Gullo)

5 HOUSING

A major component of the proposal was the development of housing typologies for the increasing population of the city. With the residential developments in particular, cultural and social issues came to the fore. By American standards Chinese building and zoning requirements appear strict and regimented. At the same time, they insure features such as cross-ventilation and day-lighting that are rare in many of our own cities.

For the Low-rise typologies student Sarah Brady worked with ideas of adaptation: "The proposal utilizes elements of traditional Chinese design, such as orientation, circulation, and enclosure and adapts them to contemporary design guidelines…. Both the site strategy and the unit aggregate are adaptations of historical Chinese typologies: the courtyard plan and the Ling Nan water town house, adapted to meet the needs of contemporary Chinese citizens." For the High-rise typologies student Wojciech Palmowski developed mixed-use pedestals to create a variety of pedestrian experiences, varied the massing and scale of buildings, and used color variation and landscape features to differentiate individual buildings and building clusters: "The buildings sit adjacent to natural features such as canals to create a series of well-defined and highly-trafficked exterior public "rooms" that flow into the private interior spaces of the residential buildings."

6 CONCLUSION

The studio was a collaborative process, bridging Chinese and American cultures of architecture and planning and, equally important, the different cultures of architecture and planning within the United States today. In this sense, it is a departure from traditional methods of academic research and production, requiring a high degree of engagement with and occasionally concessions to the complex and sometimes contradictory conditions of global development. Nonetheless, it suggests ways to further productive relationships and high quality research, building, and planning proposals and introduces students to conditions of global practice.

Figure 7　Low & High Rise Strategies

Figure 8　Low & High Rise Detail (Brady & Palmowski)

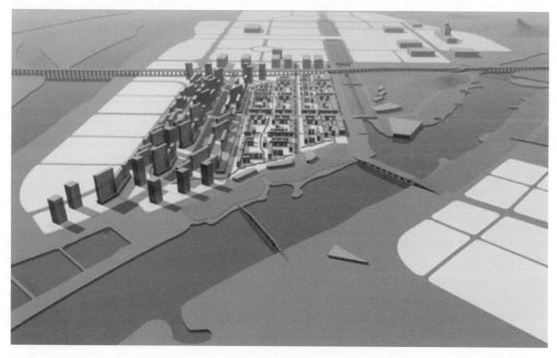

Figure 9　Complete Urban Design Proposal (Team)

Notes on an Attitude Toward Sustainable Urban Development

Donald GENASCI

Department of Architecture, University of Oregon, Eugene, OR USA

Keywords: sustainable, urban development, transformational attitude

Abstract: Today we find ourselves rebuilding portions of our cities and developing housing at an unprecedented rate. The regeneration of large tracts of urban land makes it imperative to examine values underlying this activity for impacts on sustainability of resources and cultures. Sustainable solutions must consider not only resources but supporting cultures. Sustainability is not simply a technical problem to be solved but must nurture societies be effective in the long-term. I would argue that much of this current development activity is grounded in an outdated value system that is intrinsically harmful to our environment and to the preservation of culture. To be truly effective we must reexamine presuppositions about how to develop and paradigms currently in use for development.

Modernist thinking assumes technical paradigms and solutions that favor replacing what exists with what is new, without regard for the value of traditional solutions that have developed over time. Modernist assumptions of the intrinsic validity of technical solutions often have resulted in the destruction of traditional urban forms or housing and the nearly limitless consumption of resources and pollution in the middle of the twentieth century. We continue to use the modernist paradigms of singular technical solutions to complex problems and replacement instead of transformation that has the capacity to unify cultural and technical solutions.

A Transformational structure assumes that the traditional environment has value and that necessary changes can be accommodated without obliterating the essential qualities of what exists. What is there will remain with sufficient interventions that upgrade standards to currently acceptable levels. It does not wipe the slate clean, but works with existing organizations and structures and transforms only what is necessary to change, retaining complexity and necessary meaning for cultural continuity.

1   INTRODUCTION

The word 'sustainable' in use within the current ecological movement has largely been defined as related to issues of natural resources. However, urban development to be truly sustainable needs also to account for the sociopolitical activity and understanding of the place in which we dwell.

Sustainability is not simply the conservation of resources. One needs to consider how to improve the urban physical and sociopolitical environment, its vitality and quality as we plan for the future. How to make a sustainable city is a considerably more complex question than the efficient use of natural resources. Sustainable urban development includes the upholding or supporting (OED pg. 3181) of what is urban. This is designing for civil (OED pg.3570) human interaction. Such a design includes conserving natural resources, working toward improving human interaction and retaining meaning through knowledge of place. These essential elements of urban development are often split apart in an attempt to reduce the inherent complexity of development in cities.

The history of modern urban development is littered with failed attempts to reduce "improvements" to technical, social, economic or quantitative issues. Building a freeway system in the United States was a substantial technical accomplishment and a boon to interstate commerce, but it was a disaster for the cities which had to cope with their destructive presence. Their singularity of realization, for example, using the same form in open country and in the city, is the root of the problem. Had freeways been transformed into a more urban form, e.g. a boulevard when they entered the city, they would have been significantly more sustainable and more supportive

for the urban environment. Many American cities have been faced with the huge cost of removing freeways in order to bring back social and physical qualities so important to the urban environment. San Francisco and Portland are two examples where the intrusive freeway in the city has been partly removed and several other removals are under review.

The argument here is for the importance of an urban sociopolitical and visual framework for urban development. It is important too to retain and transform elements of development to accommodate the unique social and historical characteristics of cities. In Aldo Rossi's terms (The architecture of the City) these form the "permanences" or continuity of a particular urban place; the unique elements and forms that give a city its particular character and meaning. This idea is counter to the modernist program of clearing the slate and making the most "efficient" urban form as a general type, which can be applied anywhere. This implicit, undiscussed attitude (way of thinking about a problem) toward most current urban development is responsible for much of the lack of cultural continuity and meaning in our cities.

2 FACILITATING PUBLIC DISCOURSE ABOUT DEVELOPMENT

We are beginning to learn that decisions taking place without substantive public debate are not sustainable. In the long term what often appears to be effective action carried out as a result of a single point of view, is unsustainable because of unintended or unconsidered consequences. The speed with which technology is able to effect change is seductive and difficult to control. Suburban development since the end of WWII brought huge costs in terms of infrastructure that nearly caused the demise of the city and substantially affected its quality before people realized the consequences of building at low densities around the city.

That public review is essential is hardly a new idea. Pericles, in his funeral speech to the relatives of the Athenians who had died in battle defending their city and their culture, states that: "…we decide or debate, carefully and in person, all matters of policy, holding, not that words and deeds go ill together, but that acts are foredoomed to failure when undertaken un-discussed…" The Greeks understood that sustainable development needed to be subject to public review and that to be effective, the public needed sufficient professional resources in order to evaluate future urban development.

Sustainability is therefore as much a sociopolitical and a design problem as it is a technical problem. The city depends on discourse for its sustainable form and existence as a place. As we have developed efficient techniques to effect change, we have come to view discussion of the quality of this change as an encumbrance rather than an essential element of change. Today we find ourselves rebuilding portions of our cities and developing housing at an unprecedented rate. The regeneration of large tracts of urban land makes it imperative to examine values underlying the decision making process for sustainability of resources and cultures. Truly sustainable solutions must consider local resources and cultures. Sustainability is not simply a technical problem, but must nurture our cultures as well as our resources to be effective in the long-term.

And yet these are difficult times for reflection because of pressure to solve problems quickly and efficiently and get things done. But reflection is necessary before we use up our resources and our urban land or break down the social and formal structures of our cities. I would argue that much of current urban development is grounded in outdated value systems that are intrinsically harmful to our environment and to the preservation of our culture. To be truly effective we must reexamine presuppositions about how we develop and the paradigms currently in use for development.

At this moment concerned people are adopting attitudes and techniques that will set the groundwork to enable future generations to expect a sustainable future. They have accepted the need to keep future communities from failing - to maintain the shared use of our planet. To be successful in this endeavor we must adopt a critical analysis of our own assumptions and methods of operation. The majority of examples of redevelopment over the last fifty years demonstrate that it is not sufficient to develop technological solutions to sustain ourselves. We must develop critical paradigms for both technical and cultural solutions.

It has taken decades of hard work by people, like Joseph Rykwert in his books The Idea Of A Town, The First Moderns and Seduction Of Place, and Richard Sennett in The Conscience Of The Eye, to clarify the differences between inclusive paradigms and those which eliminate many of the necessary variables of truly sustainable development.

Sustainable use of our resources requires that we change modernist attitudes based on wholly technical solutions. These solutions have little regard for culturally derived ideas or forms. Modernist thinking assumes technical paradigms and solutions that favor replacing what exists with what is new, without regard for the value of traditional urban elements and solutions developed over time. Modernist assumptions of the intrinsic value of technical solutions often resulted in the destruction of traditional urban forms and housing and the nearly limitless consumption of resources and pollution in the middle of the twentieth century.

Are we free of the underlying ideas of consumption now that sustainability is more widely accepted? I think not. We are still placing a high value on solutions that are technically innovative, while discarding out of hand traditional ways of solving problems. We continue to use the modernist paradigms of simpler, technical replacement solutions to complex problems rather than transformation which has a goal of making existing solutions more focused or precise with its capacity to unify cultural and technical solutions.

3 CRITIQUE OF MODERNIST ATTITUDES OF REDUCTION AND SIMPLICITY VERSUS HISTORICAL ANALYSIS

To make sustainability a basis of our thought requires a critical examination of the concepts of modernity and the development of a new paradigm of transformation versus substitution. What is needed is a critique of modern attitudes that still form the silent, unexamined basis of much decision-making and a proposal for sustainable urban development through transformation rather than replacement.

Modernity is based on the eighteenth century notion of rejecting tradition - a clean slate - and starting anew, a substitution of new for old. This has been much of the mindset and success of engineering. But it is also the basis of cultural disenfranchisement, consumption and waste. Transformation, the opposite of substitution, is based on retaining as much as possible of our cities and housing and replacing only what must be replaced to effect solutions. Transformational solutions learn from and build upon tradition, carrying forward cultural ideas that improve the city and its elements.

The role of transformation (the action of changing in form, shape or appearance toward a more precise meaning: metamorphosis) is far more effective as a sustainable decision making paradigm. This alternative proposes valuing what can be used (supported or maintained) in what exists in order to facilitate understanding. This is urban sustainability in technical and cultural terms. These are urban technical and sociopolitical forms (organizations) specific to a culture that are transformed by contemporary needs rather than replaced.

Transformation is opposed to current modernist thought and to international modernism, which mostly eliminated physical differences between cultures in making cities. The Ville Contemporaine by Le Corbusier was reproduced all over the world to the detriment of the rich cultural diversity of the historic city. Modernism accepts a simplified, untested experimental attitude toward the problem of the modern city. It examines all urban problems from a technical point of view, rather than solving problems in a more complex historical and cultural context. The Ville Contemporaine explicitly intended to replace the historic city. Ironically, the place in which it was proposed, Paris, rejected it but that did not stop many other cities from London to Moscow, trying the experiment to their universal detriment.

Replacement, which still predominates as a paradigm, inherently sponsors consumption. One only has to look at similarities between contemporary housing in China and in the USA. How can Chinese urban development and housing be similar to U.S. housing and urban development, with their different climates, values and cultures? Apparently it is more important to appear modern than to retain selected cultural ideas. Another example would be council housing built in London in the 1960's in high blocks that replaced the old neighborhoods, only to become modern slums with displaced communities.

4 TRANSFORMATION OF THE PHYSICAL ENVIRONMENT RATHER THAN REPLACEMENT

Transformational thinking is quite different. It assumes that the traditional environment has value and that often the necessary changes can be accommodated without obliterating the qualities of what exists. What is currently there remains with sufficient interventions to upgrade standards and meet currently acceptable levels. It does not wipe the slate clean, but works with existing organizations and structures to transform only what is necessary to change, retaining complexity and necessary meaning for cultural continuity.

This type of development, while not based on first cost, is based on the value of what exists, doing minimal harm to physical environments and maintaining a sense of belonging for residents. This is not the neat solution but the continuance of the complexities necessary to human well-being. This attitude toward building leads to the retention of social units, cultural traditions, collective meaning and that which has been learned over time - cultural knowledge. This attitude ultimately leads to saving physical materials and reducing landfills.

Transformational development will be possible once we consciously change modernist paradigms. The change requires an examination of the lure and basis of modernism as a frame for solving problems. It values a complex understanding that leads to non polluting, resource saving solutions. It also values human concerns more than expediency. During this time of frenetic development we recognize our responsibility to build consciously for our cultural survival and for the survival of future diverse generations.

However, survival is not simply existence, but the complex sense of ourselves our history, our values and ideas, as well as our natural resources. Urban development that removes our knowledge of ourselves is just as destructive as that which removes our natural resources. It is important is to accept and discover the value of the physical place, to hold public discourse on the urban development of place and work toward making place development transformational, in order to ensure the continuance of meaning in our urban environments.

第五届中国城市住宅研讨会论文集，中国香港，2005 年 11 月

Proceedings of the Fifth China Urban Housing Conference, H.K.S.A.R. CHINA. (November 2005)

New Urbanism on the Edge

Mark L. GILLEM

University of Oregon, OR USA

Keywords: New Urbanism, sustainable development, urban regeneration, suburbs, town planning

Abstract: The economies of China and the United States are inextricably linked. These ties are barometers of the broader corporate linkages that connect these two superpowers. Major U.S. corporations have substantial operations in China and Chinese companies are increasingly visible in the U.S. economy. As economic systems merge, so does social expectations. China's growing middle class increasingly demands a middle class lifestyle, replete with sprawling subdivisions, strip malls, and backyard barbecues. Townships on the edge of major metropolitan areas in China are now home to suburbs with American names like Central Park and Napa Valley. While the American consumer is importing Chinese products, Chinese homebuyers are importing American sprawl. Countering this trend is an emerging interest in China in developments that model New Urbanist communities in the United States, with their compact, pedestrian-oriented morphological patterns. Chinese architects, many of whom were educated in the U.S., see New Urbanism as an antidote to the placeless sprawl now under construction outside of Beijing, Shanghai, and Tianjin. But before adopting the New Urbanist model, architects and planners in China should be aware of the successes and failures of the movement in the United States. In this paper, I place the development of Chinese suburbs within the context of the American experience with New Urbanism. I present the three leading examples of New Urbanism built in the U.S. with the goal of creating cohesive and sustainable communities. Using U.S. Census data, I demonstrate that in each case, socioeconomic forces have undermined any prospect of shaping diverse communities or reducing the reliance on the automobile. This lesson is relevant today as planners, architects, and their public and private patrons in the U.S. and China continue to seek to address suburbia's problems through physical design.

New thinking, and much more emphasis on sustainable approaches to urban regeneration, are now needed, if the new urban China is to avoid creating unhealthy cities with the kinds of social divisions that scar many cities in the west.

Robin Hambleton

Dean of the College of Urban Planning and Public Affairs, University of Illinois at Chicago

1 NEW URBANISM'S PROMISE

After World War II, in the United States, Rosie the Riveter (the women who remained stateside and built the weapons of war) welcomed GI Joe (the men shipped overseas who used those weapons) back to the homefront and with the help of government loans, the emerging Interstate highway system, and other government incentives, the happy couple moved into suburbia. These loans financed countless Levittowns, with their endless rows of identical homes built in open fields on the metropolitan edge. Since then, similar suburbs have multiplied across the North American continent and have spawned malcontents aplenty who take issue with the profligate ways of suburban development. One group, operating under the auspices of the Congress for New Urbanism, has developed a manifesto that calls for the end of the suburbs. While LeCorbusier's Charter of Athens was a reaction to the squalor of the nineteenth century industrial city, the Charter of New Urbanism is a reaction to the sprawl of the twentieth century American suburb. Their planning model, coined New Urbanism, seeks to create an alternative to low density, auto-oriented suburban development based on precedents from pre-

World War II developments. From Italian hill towns to New England villages, these older communities supported pedestrians first and automobiles second, if at all. The mainstream media has even entered the debate and has found that more Americans are indeed flocking to small towns, primarily for their greater sense of "community" and more affordable housing. Numerous architects have long advocated for this type of small town development. In 1904, Raymond Unwin and Barry Parker developed Letchworth in England in response to the suffocating industrial landscapes of the time. In 1915, Ebeneezer Howard developed his Garden City model that merged town and country into an idyllic small town setting. Today's new urbanists borrow heavily from this earlier time and have created design principles to support of their ideas. Their ideal towns are compact, mixed, gridded, dense, and walkable. New towns following these principles have been developed across the United States and represent one of the few alternatives to standard suburban sprawl. But do these new towns foster an increased sense of community as some of their advocates claim? Are they more ecologically appropriate? Can they allow for a greater social and cultural diversity? These are just some of the questions that critics of the new urbanism continue to ask.

2 NEW URBANISM'S REALITY

New urbanism is not new. In fact, new urbanist developments follow morphological patterns that shaped most American cities and suburbs in the nineteenth and early twentieth centuries. New England villages had shops, apartments, and small lots encircling organically shaped town greens. Midwestern towns grew up around heavily landscaped squares that may have incorporated large gazebos, elaborate fountains, or imposing courthouses. Out west, in California and Arizona the model was the Laws of the Indies that specified a central plaza around which would be built homes, shops, and public buildings. In each case, these developments had a center, a defined edge, a mix of uses, and a focus on pedestrian accessibility. Today, over 600 new urbanist developments have been built or are under construction in the United States that attempt to follow these earlier models. While most are "greenfield" developments, a few are infill projects located in the heart of urban areas. It is the former that has generated the most interest in and the most criticism of today's new urbanism. Hence, this paper will focus on these types of developments, places built at the metropolitan edge on virgin land. I will discuss the three preeminent cases of new urbanism built in the United States: Seaside, Florida; Laguna West, California, and Celebration, Florida.

2.1 Vacations at the Beach: Seaside, Florida

Made infamous by Jim Carrey in *The Truman Show*, Seaside (ca 1981) represents the idyllic small town life where neighbors know one another, pass each other on their way to work, meet for drinks at the neighborhood bar, and shop at the corner store. The irony in *The Truman Show* and in reality is that Seaside is less a small town and more a stage set for the wealthy to act out their dreams. In the movie, it is the producer who wants to control every aspect of Truman's life then broadcast that life across the globe. In reality, it is the development team that wants to manage all aspects of life at Seaside so the experience is not marred by reality. Paint colors, fence types, yard ornaments, and political signs all fall under the watchful eye of the Seaside code. This control is about more than ensuring aesthetic harmony. It is also about enhancing property values. In its first decade, the 80-acre community saw a tenfold increase in property values when some neighboring properties saw declines (Katz, 1994). As a result, nightly rentals of homes in Seaside can exceed $500. Nevertheless, Seaside has been co-opted by the New Urbanists as the prototype new urbanist community. However, Seaside was not intended to be a fully functioning town. Rather, the developer, Robert Davis, wanted to build an alternative to the beachside resorts found along Florida's west coast. The drab condominiums that block access to the gulf's pristine beaches did not thrill Davis, who inherited the property from his family. Rather, after taking an extended drive where Davis, his wife, and architect Andres Duany explored southern towns, the developer decided to build a small town rather than a condominium complex. Clearly, the resort of Seaside has been a commercial success. Property values continue to rise and wait lists for rental units are the norm. Seaside has also arguably been a planning success. Its town code has become the basis for hundreds of new urbanist developments worldwide.

The careful mix of uses, walkable scale, charming "town center," and interconnected network of streets, are the fundamental attributes of most new urbanist projects. What is less clear is whether the designers' overriding goal of fostering a strong sense of community has been achieved. While an admirable goal in light of the isolating and alienating environments typical of American suburbs, the claim that environments can foster community has little empirical support. Environmental determinism has consistently been discredited. Yet, even though environments cannot determine behavior – after all, friendships and communal bonds can form in the most austere settings – many designers argue that environments can facilitate behavior (see discussion below).

2.2 Another Subdivision: Laguna West, California

Designed by Peter Calthorpe and built nearly a decade after Seaside, Laguna West (ca 1990) is developer Phil Angelides' antidote to the sprawling tracts of nearly identical homes found throughout California' central valley. The 1,045-acre site is in a rapidly growing area south of California's state capitol of Sacramento. Originally designed as a transit-oriented development, the hope was to have the residents of the 3,400 homes and users of the commercial services rely as much as possible on mass transit. However, except for a few busses that occasionally make their way into the development, the transit focus remains a distant dream. While admirable in that it includes centralized public parks, and some civic and commercial uses at its core, the result is largely indistinguishable from other tract developments in the area. In fact, 15 years after its inception, the town center is mostly vacant – interstate-loving franchises (i.e. Kentucky Fried Chicken, A&W, and Chevron) have located at the fringe nearer to the highway than the town center. While at least one survey has shown that most Laguna West's residents prefer the pedestrian-oriented nature of the development over conventional sprawl, the reality on the ground belies this sentiment as multiple car garages and wide roads are the norm. In a few areas, Hollywood drives and alleys conceal the ubiquitous automobile but these helpful planning touches are the rare exception.

2.3 Disney's New Town: Celebration, Florida

The third example of new urbanist development is the Disney Company's new town of Celebration, Florida (ca. 1996), which sprang out of central Florida's swampland. Celebration has in roots in the 1960s when Walt Disney dreamt up the urban utopia of ur-EPCOT {Experimental Prototype Community of Tomorrow}: a model company town to have been built for 20,000 designed to address the urban ills of the day. Like other functionally-oriented company towns, from Saltair in England to Pullman, Illinois, ur-EPCOT also took lessons from nineteenth century utopian theorists like Robert Owen, Charles Fourier, and Jean Baptiste Godin. And like company towns of the last century, Disney representatives would struggle with issues of control and identity. Even though the ur-EPCOT vision died with Disney, traces of it remained to influence Celebration. Above all, control would be essential. Like most nineteenth and early twentieth century company towns, life in Celebration would be managed by a company agent whose role was enforcement of the rules and regulations written by the developer for the presumed benefit of the community. In *The Celebration Chronicles: Life, Liberty, and the Pursuit of Property Value in Disney's New Town*, Andrew Ross, a Professor of Comparative Literature at New York University, found that the draw at Celebration was a desire for "community" in the face of the "cheerless isolation of suburbia" that many Celebration residents so recently called home (Ross, 1999, 64). At Celebration, Disney's agents enforced a seventy page pattern book that regulated nearly every aspect of the built environment: no screens on porches, no dead or dying plants on balcony or porch railings, no colored window coverings visible from the street, no more than two people per bedroom, no chain link fences, no, no, no. In setting up a privately designed, privately managed, and privately governed community, Disney created what McKenzie labels privatopia (1994). The reason for all of this control was simple: the pursuit of property values. According to Ross, residents "…understood that the basis for the town's restrictions, perhaps even its 'sense of community,' lay in the bedrock desire to maintain and promote the value of property investments" (Ross, 1999, 227). Also, in a twist on ecological theory, Disney designers were filling a need, responding to a market demand: their own drive for increased return from their Florida swamp. Space is indeed a commodity. For

Disney, it was a commodity with a 20 percent return and Celebration was the site for spatial reproduction of spatial consumption. The star architects called in to design many of Celebration's public buildings (e.g. Michael Graves, Charles Moore, Philip Johnson, Robert Venturi and Denise Scott Brown, Cesar Pelli, and Robert Stern) were contributing to Disney's bottom line as well by generating cultural capital for the number one company in the business of commodifying culture. In its own way, Celebration has been a smashing success. In 2000, property values were more than double in the Magic Kingdom's enclave than in the rest of Orlando ($232,700 vs $103,200). Likewise, in 2000, median family income in Celebration was nearly double that of Orlando ($70,448 vs $35,732).

Celebrationites have recognized the exchange value of "community" and have been busy building it in their air-conditioned great rooms, and on their exquisitely manicured lawns. But as Ross notes, "'Community' is one of the most emotionally ubiquitous and versatile touchstones of American life" (Ross, 199, 218). Two other authors who, like Ross, spent a year living in Celebration working on their own book link "community" to new urbanist or neo-traditional design: "While there are many variations on and interpretations of neotraditionalism, the principles are designed to foster a sense of community and an opportunity for social engagement" (Frantz and Collins 1999: 43). But architect Denise Hall deals a severe blow to the new urbanists' appropriation of this problematic term:

> *Part of the New Urbanism's widespread appeal has been its invocation of "community;" a term which provides little actual practical or ideological direction, yet which is vague enough to embody everybody's hopes.... Through the use of such value-laden expressions and criticism of rational planning, proponents of the New Urbanism have implied that social and economic integration will result from their projects. However, the movement's attachment to these terms is largely aesthetic and self-serving; New Urbanist designs are neither communally conceived, traditionally constructed, nor urban.... New Urbanism's use of the term community to imply social and economic plurality is largely symbolic, disguising continued advocacy of conventional real estate development practices (Hall, 1998, 23).*

Even if a greater sense of "community" is not a byproduct of new urbanist developments, Ross found that Celebrationites appreciated the benefits of the walkability of the town. And he even considered the possibility that the compact development pattern may reinforce family bonds by making life easier. And new urbanists actually highlight the fact that their designs address the problem of today's bored teenagers (Duany, Speck, and Plater-Zyberk 2000). What new urbanists won't highlight, however, is the exclusionary nature of their developments. Racial, ethnic, and class diversity is rare in these places (Upton 1998; Hall 1998; Harvey 2000). Ross concludes that the new physical environment had little effect on community life. Any "sense of community" that formed at Celebration has likely been more a function of dealing with the collective trials and tribulations than the physical design.

3　TESTING THE CLAIMS

3.1 Environments and Behaviors

Given the new urbanist penchant to claim that their environments can foster a greater sense of community, it is worth investigating the link between environments and behavior in some detail. The studies that have been done have helped shape the interdisciplinary field often called environment and behavior studies. The field traces its beginning to environmental psychology in the 1950s and has grown to include disciplines as diverse as social geography and urban design research. Although scholars that participate in environment and behavior studies have not settled on a unified approach, and much of the resulting research has focused on the individual or small groups rather than larger urban communities, there are two threads worth analyzing here.

First is the position taken by a minority of scholars that views the environment as determinative of human behavior. Walmsley (1988) argues that rather than being neutral containers for human behavior, environments

actually force certain actions. This more deterministic view is supported by research on classroom behavior by Barker (1968) and similar research by Herz (1982) and Amato (1981) who found a direct connection between a new pedestrian mall and improved social interaction between people on the street. Also, Porteous (1977) reports on a study that found a direct connection between family activities and the acoustic insulation of party walls in English duplex housing. Where acoustic insulation was low, families reduced their desired level of activities. Perhaps the most vocal advocate of the power of place over human behavior is Oscar Newman. Newman (1972) hypothesized that the shape of public space and the orientation of dwellings could actually promote social interaction among residents resulting in a greater willingness to exercise social control. In studies of crime and vandalism in housing developments, Newman produced empirical evidence in support of this hypothesis. While not without its critics, the findings suggest that public spaces will be defended if they are within view of residents, if those residents have a clear understanding between public and private realms, and if a common ethos develops that encourages social control over public areas. In a study of Greenwich Village, Jacobs (1961) found similar processes at work. One of Jacobs' significant contributions to the growing scholarship that falls under the rubric of 'crime prevention through environmental design' is the catch phrase "eyes on the street." Like Newman, Jacobs found that physical environments where residents could watch over the street experienced fewer problems with crime and delinquency. And like Newman's findings, scholars have attacked Jacobs' views as being nothing more than architectural determinism (Weinberg, 1962). Nevertheless, the views and research findings of these advocates of environmental determinism cannot be easily dismissed.

While not discounting the possibility of environments shaping behavior, many notable scholars insist that there is a middle ground. Rather than simply determining behavior, environments play a role in facilitating behaviors just as word processors facilitate writing. Without word processors, papers would still be written. And without specific physical environments, humans would still behave in certain ways. Gans (1968) suggests that built form is only a potential environment and does not affect behavior unless converted into an effective environment through the actions, beliefs, and customs of its users. While not denying the possibility that the physical environment affects behavior, Gans inserts the socio-cultural milieu as a mediating structure. A similar view is adopted by Porteous (1977). While admitting that the environment determines behavior only in extreme cases, Porteous considers the physical environment as facilitative not determinative. The critical distinction is that the environment offers choices that permit or facilitate a range of behaviors.

Other studies that have been done suggest the materiality of place contributes to urban life in a number of arenas. First, the shape of cities can either facilitate or hinder social interaction. Ray Oldenburg (1997) argues that the lack of places in today's urban areas supportive of informal interaction has created deficits in public life. By his estimates, the United States has lost half of the informal gathering places that existed in the 1950s. The disappearance of cafés, taverns, and corner stores has implications for urban life. "Experiences occur in places conducive to them, or they do not occur at all. When certain kinds of places disappear, certain experiences also disappear" (Oldenburg, 1997: 295). Von Eckardt (1978: 15) argues that, "What ails us – most of us anyway – is not that we are incapable of living a satisfactory and creative life in harmony with ourselves, but that our habitat does not offer sufficient opportunities. It hems us in. It isolates us. It irritates us." Mackensen (1986) concludes that the physical environment is both a consequence that is shaped by patterns of social relations and a condition that allows for or discourages social contact. Appleyard's (1981) study of the frequency of neighbor interaction and traffic density along residential streets in San Francisco shows a clear relationship between streets and urban life. On light traffic streets residents counted 3.0 "friends" per person and 6.3 "acquaintances" along the street. On heavy traffic streets, each resident had 0.9 friends and just 3.1 acquaintances along the street. A study that has direct implications for neighborhood cohesion and social control found that the provision of common spaces and facilities in a Baltimore public housing project lead to an increase in the amount of neighboring and mutual aid among new residents (Porteous, 1977). In another study, Gehl (1987) found a direct connection between outdoor activities and frequency of social interactions.

3.2 Environments and Demographics

Based on the above findings, one can argue that the public spaces, neighborhood parks, front porches, and walkable layouts in new urbanist developments may encourage social interactions that are a precursor to the formation of community. However, no definitive studies have been done that show a greater sense of community in new urbanist communities as compared to traditional suburban developments. But, we can at least test the claim that these areas contribute to greater socio-cultural diversity, reduced reliance on the automobile, and enhanced rates of home ownership given the variety of housing types found within new urbanist developments – all articulated goals of proponents of new urbanism (see Fishman, 2005). For this, we can look to the 2000 U.S. Census data, reproduced below for Celebration and the U.S. average. For comparison purposes, I have included statistics for Berkeley, California, a streetcar suburb largely built-out between 1900 and 1930 and what can arguably be considered a model for new urbanist development. What emerges is set of contradictions where the hope of new urbanism fails to live up to the reality.

	Celebration	Berkeley	US Average
Population	2,736	102,743	281,421,906
Commuting to work			
Car, truck or van drove alone	69.3%	43.2%	75.7%
Walk	5.6%	14.9%	2.9%
Public transit	0	18.6%	4.7%
Mean travel time to work	19.9 minutes	27.8 minutes	25.5 minutes
Worked at home	15.9%	6.8%	3.3%
Median Household Income	$74,231	$44,485	$41,994
Vehicles Available			
0	0	17%	10.3%
1	36.8%	45.1%	34.2%
2	38.9%	29.1%	38.4%
3 or more	24.3%	8.8%	17.1%
Families below poverty level	4.3%	8.3%	9.2%
Bachelors degree or higher (over 25)	57.4%	64.3%	24.4%
Race			
White	93.6%	59.2%	75.1%
African American	1.7%	13.6%	12.3%
Asian American	2.4%	16.4%	3.6%
Hispanic	7.6%	9.7%	12.5%
Housing Tenure			
Owner Occupied	62.7%	42.7%	66.2%
Rental	37.3%	52.3%	33.8%

Source: 2000 Census

4　CONCLUSION

What the above data reveals is that in Celebration, residents still get to work primarily by car, they have more cars per household than the U.S. average, and they live in a predominately white and wealthy enclave. Data for Laguna West reveals similar trends and underscores the disconnect between the rhetoric and reality of new urbanism. The Berkeley data, while perhaps skewed in that it is a college town, reveals that new urbanists have a long way to go if they are to live up to the standard of what is arguably one of their prototypes – the streetcar suburb. What lessons does this study offer for urbanism both in the United States and in China? As both nations experience unprecedented housing booms, where the former is busily constructing new suburbs and the latter is preoccupied with building new cities, advocates for new urbanism in both places should proceed with caution. Building new towns at the edge of metropolitan areas will do little to reduce dependence on the automobile. As Elsea (2005) notes, in China, these developments "are directly modeled on the tract homes that have defined American suburban growth in the past 30 years." The result is increasing levels of car ownership and a greater preference in China for residents to commute in their own automobiles (Elsea, 2005). Moreover, these developments will likely become places of even greater exclusion despite the rhetoric of inclusion promulgated by their designers. In fact, owning a detached home in China has "become an important issue of class and status among the wealthy in China" (Elsea, 2005). The less well off are relegated to endless rows of apartment blocks found in China's metropolitan areas. And hopes of building "community" in new urbanist developments through physical form may be misplaced. At its best, new urbanism at the edge represents perhaps a better way to build a more aesthetically pleasing subdivision, replete with street trees, quaint porches, and cute town centers. At its worst, new urbanism represents a new way to control the landscape and its residents. While the

codes and pattern books that dictate development leave little room for individual freedom, these same rules may guarantee enhanced property values, which may be the most cherished goal in increasingly mobile and placeless societies.

REFERENCES

Amato, P. R. (1981), "The Impact of the Built Environment on Prosocial and Affiliative Behavior: A Field Study of the Townsville City Mall. *Australian Journal of Psychology.* 33: 297-303.

Appleyard, Donald (1981), *Livable Streets.* Berkeley: University of California Press.

Barker, Roger G. (1968), *Ecological Psychology.* Stanford, California: Stanford University Press.

Duany, Andres, Jeff Speck, and Elizabeth Plater-Zyberk (2000), *Suburban Nation: The Rise of Sprawl and the Decline of the American Dream.* 1st ed. New York: North Point Press.

Elsea, Daniel (2005), "China's chichi suburbs: American-style sprawl all the rage in Beijing." *San Francisco Chronicle.* 24 April.

Fishman, Robert (ed.) (2005). *New Urbanism: Peter Calthorpe vs Lars Lerup.* Ann Arbor: University of Michigan Press.

Frantz, Douglas, and Catherine Collins (1999), *Celebration, U.S.A.: Living in Disney's Brave New Town.* 1st ed. New York: Henry Holt & Co.

Gans, Herbert J. (1968), *People and Plans: Essays on Urban Problems and Solutions.* New York: Basic Books.

Gehl, Jan. (1987), *Life Between Buildings: Using Public Space.* New York: Van Nostrand Reinhold Company.

Hall, Denise (1998), "Community in New Urbanism." *Traditional Dwelling and Settlements Review* IX (II): 21-36.

Harvey, David (2000), *Spaces of Hope.* Berkeley: University of California Press.

Herz, R. (1982), "The Influence of Environmental Factors on Daily Behavior." *Environment and Planning A.* 14: 1175-1193.

Jacobs, Jane (1961), *The Death and Life of Great American Cities.* New York: Vintage Books.

Katz, Peter (1994), *The New Urbanism: Towards an Architecture of Community.* San Francisco: McGraw Hill.

Mackensen, Rainer (1986) "Social Networks." In Dieter Frick (ed.) *The Quality of Urban Life: Social, Psychological, and Physical Conditions.* Berlin: Walter de Gruyter.

McKenzie, Evan (1994) *Privatopia: Homeowner Associations and the Rise of Residential Private Government.* New Haven: Yale University Press.

Newman, Oscar (1972), *Defensible Space – Crime Prevention through Urban Design.* New York: Collier.

Oldenburg, Ray (1997), *The Great Good Place.* 2nd edition. New York: Marlow and Company.

Porteous, J. Douglas (1977), *Environment and Behavior: Planning and Everyday Urban Life.* Reading, Massachusetts: Addison-Wesley Publishing Company.

Ross, Andrew (1999), *The Celebration Chronicles: Life, Liberty and the Pursuit of Property Values in Disney's New Town.* 1st ed. New York: Ballantine Books.

Upton, Dell. 1998. *Architecture in the United States.* Oxford: Oxford University Press.

Von Eckardt, Wolf (1978), *Back to the drawing board! : Planning Livable Cities.* New York: Simon and Schuster.

Walmsley, D. J. (1988), *Urban Living: The Individual in the City.* Essex, England: Longman Group.

Weinberg, Robert. March, (1962), "Review of The Death and Life of Great American Cities", *Journal of the American Institute of Architects.* 37(3): 71-75.

Ecological Design in High-Density Urban Living Environment: Urban Ecological Thinking of Kaohsiung Zou-Zai Wetland Park

高密度城市居住環境的生態設計：高雄洲仔溼地的都市生態思考

Perry Pei-Ju YANG

楊沛儒

Department of Architecture, National University of Singapore, Singapore

新加坡國立大學建築系

Keywords: wetland restoration, ecological design, landscape ecology, urban ecology

Abstract: An approach to ecological design of urban wetland was proposed based on the hybrid landscape of nature, city and infrastructure in an intensive urban living environment. Compared with the wetlands in the remote areas with low accessibility, the restoration process of Zou-Zai neighbourhood's wetland showcases a new paradigm of "bringing nature back to the city". We observe a rich biodiversity of wildlife and ecological flow across the specific geographic location adjacent to Kaohsiung high-speed rail terminal and surrounding residential development. From the perspective of landscape ecology, the Zou-Zai urban wetland is a typical "stepping stone" in the context of regional-landscape ecological network. It brings the ecological flows and quality into a high-density urban living environment. The experience contained the debates over what constitute ecologically sustainable design and showed how an ecological design approach was executed in an intensive urban environment through some theoretical propositions. Three urban ecological scenarios were proposed for addressing three urban ecological issues, the conflict between nature and human activity, the wildlife habitat and urban park as well as nature and urban infrastructure. The three scenarios redefine the human-nature relationship and provide the proposition of design as an ecological intervention in a high-density urban living environment.

1   INTRODUCTION

As documented in many literature, wetlands provide numerous functions and benefits to human beings. For instance, wetlands can purify and improve water quality, regulate water flow and flood, serve as wildlife habitats and provide good opportunities for research and education. However, most wetlands are located in remote areas with low accessibility. Therefore, new urban ecological principles for mediating the urban development and natural conservation deserve the priority in landscape and urban design. The Zou-Zai Wetland Park represents this new paradigm of urban park in Taiwan as well as a challenge to the urban park designer.

The site of Zou-Zai Wetland Park is located at one of the designated park zones of Kaohsiung City, the second largest city in Taiwan. This 10-hectare land is surrounded by complicated hybrid landscapes, terrain, expressways, the rail system, green and vegetation areas, water body and channels, residential districts, parking lots, tourist districts and other intensive land uses (Figure 1). Based on the City's original urban plan, this 10-hectare parkland was designated as a theme park for the exhibition of Taiwanese folk arts. Kaohsiung City Government executed the acquisition of the land in 2002 and the previous agricultural related uses were soon converted to a new vacant land by landfill and earthwork for the future construction projects in this new park. However, the conversion works of the park land promptly raised the concerns of the Wetlands Taiwan, a non-governmental organization (NGO), which called for a more sustainable way of land use. Through a half-year negotiation and collaboration with the Public Work Bureau of Kaohsiung City Government, the Wetlands

Taiwan contracted with the Bureau and started initiating a radical transformation of the landscape. A new urban wetland habitat was created in early 2003 through a series of actions on wetland restoration and environmental management. It is observed that a rich biodiversity of wildlife and ecological flow appear in the specific geographic location, which showcases an exceptional typology of "bringing nature back to the city".

The Kaohsiung terminal of Taiwan's high-speed rail system is a few hundred meters away from the urban wetland site, where the district around the station area is facing radical transformation in the near future. The compression of time and space and the new mobility brought in by the high-speed train station is envisioned to be the major force driving the landscape change of the area. The adjacent Zou-Zai urban wetland park, an ecological hot spot is to be redefined by all kinds of "spatial flows", the traffic flow, pedestrian flow, informational flow and ecological flow after the high-speed rail system is completed in 2005. It becomes the new challenge for rethinking the future spatial form and providing opportunities for innovation in architectural, landscape and urban design and the shaping of a new locality. Through a series of workshops, three urban ecological scenarios of Zou-Zai urban wetland park were proposed for the future extension of park development. The exercise of scenario planning provides the theoretical propositions on the new definition of "nature" and the human-nature relationship as well as illustrates how an ecological design approach can be applied to an intensive urban environment.

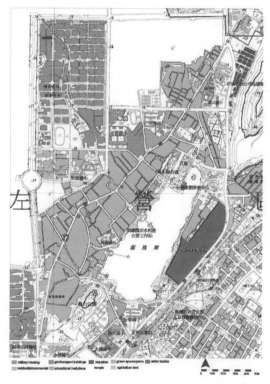

Figure 1　Site context of Kaohsiung's Zou-Zai wetland park

2　THE CONTEMPORARY MYTH OF NATURE AND THE IDEA OF "SECOND NATURE"

The experience of the restoration of Zou-Zai urban wetland significantly represents a new dimension of nature. When we stand or walk along the edge of the wetland park, an incredibly wild landscape can be seen through certain viewpoints and rich species of wildlife and vegetation can be observed around the wetland pond. Although it is an unusual setting in such an intensive urban environment, it can be regarded as a typical example of "bringing nature back to the city", a utopian-like vision for many ecologists, planners and architects.

The experiences of the Zou-Zai Wetland Park stimulate alternative thinking of the relationship between humans and nature through a series of questions:

- What constitutes "nature in city" and what are the meanings of "bringing nature back to the city"?

- Nature and city seem contradictory in terminology. In the case of Zou-Zai wetland, why and how can nature and city coexist in one setting?

- Is nature a wealth of resources for human uses and purposes? Or are human beings simply one kind of living creatures, where human beings enjoy the equal rights with all other species and do not or should not have privileged power over them?

- If nature is defined as a sacred entity with its originality, in which human beings should leave nature as it is and untouched, it seems that the definition is not applicable to the Zou-Zai wetland park, where human intervention is the key force of the creation of "nature". In this case, how do we redefine the meaning of nature?

These questions lead to recent arguments of sustainable development, urban sustainability and the new spatial reality "second nature". The globally urban sprawls, including the extensive suburbanization in North America and Europe and the rapid urban growth in other regions such as East Asia are radically changing the large-scale land features around the world. The regional and landscape fragmentations create enormous "hybrid" landscape or mosaic like environmental spaces. In the context of urban sprawl in global scale, we can argue that the "original" nature, "pure" nature or the "first" nature seldom exists. We no longer (maybe never) live in the so-called purely "first" nature or absolutely human-made city environment. The environment we are living in is a hybrid, where nature and city can not be clear cut or differentiated from landscape.

Therefore, all forms of nature can be taken as human made, human planned or human managed in urban, rural or even a remote landscape such as the national park. Since the human beings has been and never stops intervening nature, it has never been an issue whether human beings should or should not intervene nature. The real issue goes to the "ways of intervention". It seems too naïve if we keep advocating the conservation action to keep nature as it is or untouched by human beings. The experiences of Zou-Zai wetland show that human intervention is essential and can be positive or even creative to the environment through the so-called restoration action. A wildlife refuge in an intensive urban environment requires careful human protection, planning and management. The traditional thinking of nature-city divide or human-nature dualism will be inappropriate to be the guidance or for the understanding of the situation we are facing today. The current urbanization will require active and positive human intervention through restoration action and ecological design.

3 ZOU ZAI WETLAND AS A CONSTRUCTED NATURE

The process of Zou-Zai wetland restoration also has its cultural implications. It provides the reflection and thinking that the ecosystem is dynamic rather than the steady-state balance of nature. The success of the wetland restoration action implies the existence of the historical (or original?) terrain, landscape feature, hydrological system and species at Zou-Zai area before urbanization. However, we will never go back to the predetermined "climax" state of the ecosystem or the historically original landscape. In fact, even if the "original" or "climax" state of the ecosystem does exist, there is no need to go back to the status before we can "restore" the system to a good quality of wetland and habitat environment. We may argue that nature always fluctuates and continually changes over time. The "restoration" action will never take the Zou-Zai wetland ecosystem back to the historical landscape four hundred years ago, but ways of preserving valuable ecological elements and ways of embedding them to modern urbanized landscape functionally must be studied (Antrop, 2005).

If this argument is valid, what is the meaning of the restoration action at Zou-Zai wetland, especially when the current nature we observe at Zou-Zai is not possible to be the "original nature" or the predetermined climax state of the system? In other words, what we have achieved is a constructed nature and "new nature". The evidences in Zou-Zai new habitats provide a critique to the traditional concept of the "balance" in ecosystem.

Furthermore, nature is regarded as a "constructed environment", which is related to human needs, culture and politics (Wilson, 1992). Nature has its cultural dimension. It has various forms, functions and meanings and is

always situated within conflicting relationships. e.g. nature as habitats, nature as resources, nature as the wildlife refuge, nature as a place of inspiration, nature as the human playground, nature as the laboratory or even nature as the profit center. The meanings of Zou-Zai wetland are interpreted differently by different users and stakeholders in different historical moments. Could Zou-Zai wetland be maintained as a habitat and wildlife refuge? From the institutional or regulatory perspective, Zou-Zai as the urban park with the series number "park no. 1", indicates that the meaning and function of Zou-Zai as the urban park may be in conflict with Zou-Zai as the habitat and wildlife refuge. Did the reform of Zou-Zai Wetland Park provide more recreational opportunities and environmental amenity for the local community or tourists and outsiders, when the new high speed rail terminal may bring in an unpredictable number of passengers to the site from other cities and counties? Zou-Zai wetland as a constructed nature has multiple dimensions. It shows that there are various cultural values, interests and interpretations behind the creation of nature. In this sense, we can argue that nature is not timeless and has its own history. The restoration of Zou-Zai wetland as the production of nature is a social construct.

4　DESIGN AS AN ECOLOGICAL INTERVENTION

The process of Zou-Zai wetland restoration action implies a new attitude toward ecology and redefines the nature-human relationship. The thinking of new ecology informs the ecological design decisions as well as the ways we could conduct ecological design in intensive urban environment.

Within the design professionals, including architecture, landscape architecture and urban design, the myth of nature, nature-human dualism and the traditional ecological thinking is still influential. "Ecology" or "nature" is usually taken as the authority in design decisions. In the practices of landscape architecture, some advocate the exclusive use of native plants, while others advocate "naturalistic" plantings regardless of species composition or ecological function. The first position urges the eradication of "exotic species" or "invaders", while the other proposes certain aesthetics in nature and landscape. There are certain ecological design principles behind the selection and exclusion of specific materials and plants for arranging them in particular patterns. For both positions, designers and planners who refer to their work as "natural" or "ecological" make the idea of nature central and explicit, citing nature as authority to justify design decisions.

The ideas above contain the debates over "what constitutes an ecologically sustainable design". The idea of keeping native plants and natural-like landscape may be important in certain context but is not sufficient for dealing with the dominant form of contemporary environment, the hybrid landscape or mosaic like environmental spaces with the mixture of nature, city and infrastructure, in which Zou-Zai wetland and its surroundings appears to be one of the typical examples (Figure 2).

How could we conduct ecological design in such a hybrid landscape or intensive urban environment? We need to learn from the concept of new ecology. The limitation of traditional ecological thinking in applying to contemporary environment has raised theoretical debates and the expectation of new paradigms. In the past decades, ecology-related disciplines, including landscape ecology, restoration ecology, ecological engineering, industrial ecology and eco-revelatory design, all seek to use ecological science as a foundation for solving landscape and environmental problems (Forman, 1995; Brown, Harkness & Johnson eds., 1998; Campbell & Ogeden, 1999; Lyle, 1994; Naveh, 1994; Yang & Ong, 2004), although we understand that no single discipline possesses sufficient knowledge or skills to address the combined complexities of ecological issues in hybrid natural and urban landscape across diverse scales and contexts.

There are a few new ecological principles informing us how design can play a critical role as ecological intervention through regenerating both ecological and hydrological processes of the site. From landscape ecology, we learn that the landscape patterns and spatial form of vegetations, water bodies and terrain will affect the quality of habitat for specific species. It is applicable to all spatial scales from site, landscape to region and will affect their ecological quality in terms of biodiversity, ecological flows and species distribution (Forman, 1995). Behind the mosaic-like landscape, we can observe that there exists dynamic relationships among landscape structure, landscape function and landscape change in the setting of Zou-Zai wetland and

surroundings during the restoration process. The physical landscape structure strongly determines the landscape functions, the ways of ecological flow and movement; On the other hand, the structure, the physical form of landscape, is constantly shaped by the function or ecological flow and processes (Forman, 2001). The evidences during the Zou-Zai wetland restoration process showed that there exists very sensitive relationship between the landscape pattern and species distribution around the wetland park. Imposing a new landscape structure through buildings, a line of tree or hedgerow, pond or road changed the landscape functions: the route and directions of water flow, soil erosion or species movement. At the same time, the hydrological change, e.g. wet and dry season or the vegetation dynamics affected the landscape and environmental form. Natural forces as well as human forces change landscape form and function dynamically.

The landscape ecological principles provide basis for supporting our proposition that design can be an ecological intervention, in which the landscape function and structure or the ecological and hydrological processes can be shaped, generated or regenerated through design. According to landscape ecological principles, there are some landscape patterns which were identified as "indispensable" for the ecological integrity of environment, including: a few large natural-vegetation patches, connectivity among the patches, major vegetated stream or corridors and "bits of nature" scattered over a more built-up matrix as stepping stone systems. These spatial patterns are regarded indispensable because there is no technologically feasible alternative, which can provide the same ecological benefits. (Forman, 2001)

In the case of Zou-Zai wetland, those principles explain why we can observe a rich biodiversity of wildlife and ecological flow across the wetland landscape. It is because of its strategic geographic location in the context of the regional and landscape ecological network, which is the essential ecological framework behind the phenomenon "bringing nature back to the city". The evidence can be further verified through the landscape ecological investigation on site. From the macro-scale perspective of landscape ecology, the Zou-Zai wetland is a typical "stepping stone" surrounded by Ban-Pin Mountain, Kuay Hill and Shou Mountain. It brings in the ecological flows and quality into intensive urban environment. From the micro-scale perspective, we also observe that the landscape function, e.g. size, shape and orientation of the wetland habitat, terrain and related building structure, also matter in the shaping of various landscape functions for different species during the process of restoration work. It indicates that the strategies of spatial organization in architecture and landscape design will create different ecological effects and quality of the environment.

Figure 2   Hybrid landscape of the Zou-Zai area

5   THREE URBAN ECOLOGICAL SCENARIOS: ECOLOGICAL DESIGN PROPOSITIONS OF ZOU-ZAI WETLAND PARK

Landscape and urban design plans are taken as hypotheses of how a proposed spatial configuration influences

social, ecological or landscape processes (Ahern, 1999). The thinking of new ecology influences the ways we conduct ecological design in the Zou-Zai urban wetland park and surroundings, an intensive urban environment with the hybrid landscape of nature, city and infrastructure. Through a series of workshops organized by the Public Work Bureau of Kaohsiung City Government, the Wetlands Taiwan and the Architecture and Urban Design Studio of the National University of Singapore, an exercise of scenario planning of Zou-Zai urban wetland was tested for the future possibilities of park development. There are three urban ecological issues raised and undertaken during the workshop: the potential conflict between nature and human activity, between wildlife habitat and urban park and between nature and infrastructure. The three issues were taken as driving forces for generating three urban ecological scenarios of the future development of Zou-Zai Wetland Park: eco-center as the park connector, eco-center as the community center and eco-center as the city gateway (Figure 3). The urban ecological scenarios provide the design propositions on the redefinition of "nature" and human-nature relationship and how an ecological design approach intervenes in an intensive urban environment through conceptual propositions of the future spatial form.

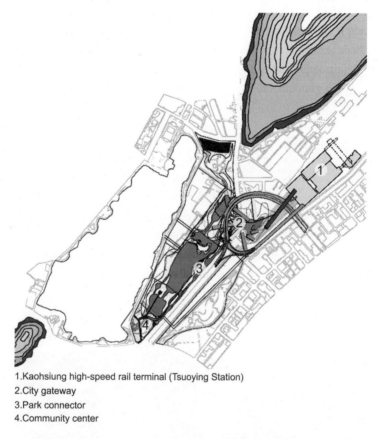

1. Kaohsiung high-speed rail terminal (Tsuoying Station)
2. City gateway
3. Park connector
4. Community center

Figure 3   Overall site plan of the Zou-Zai wetland park development

5.1 Nature and human interface: eco center as the park connector

The first issue is how wild nature and the human activities can coexist. From the survey with the Wetlands Taiwan, we found that there is a very sensitive spatial relationship between the locations of bird species and the intensity of human activities and disturbances on the first-stage restored wetland pond. If we allow more observers and visitors to come in the wetland park, how could we provide the access and minimize the human disturbance simultaneously? The first design proposition argues that the appropriate human-nature interface is a critical design issue and will resolve the problem significantly. It explores the physical form of the human-nature interface and investigates various typologies of wetland habitat with the engagement of building structure.

A design intervention was placed at the eastern edge of the wetland park, where the major road, railway line and

underground infrastructure run through the site boundary. Based on the program of eco-center, a series of linear structures was proposed and camouflaged with the terrain, plants and vegetation adjacent to the wetland pond. The linear structures, terrain and vegetation formed a physical barrier in between the wetland park and the major traffic thoroughfare. At the same time, it formulated an architectural space as the park connector for pedestrians to observe the wildlife and the wetland habitat when they pass through the wetland park without disturbing or entering it (Figure 4). Some ecological design issues were considered, such as the construction strategies of adapting the building footprint to the sensitive edge of wetland pond, the potential reflection and glare of western sunlight to the wetland habitat and the noise reduction from the major traffic thoroughfare through the façade and structural design of the park connector.

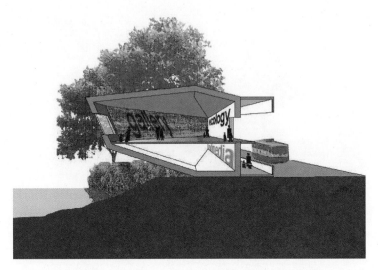

Figure 4   Scenario 1: eco-center as the park connector

5.2 Wildlife habitat v.s. neighborhood park: eco center as the community center

The second issue is the potential conflict between the wildlife habitat and the traditional concept of urban park. The evidence shows that the recently restored wetland park at Zou-Zai has become a wildlife refuge for both local and migration birds. Based on the experiences of the Wetlands Taiwan, the sensitivity of the wetland habitat requires careful management. To certain degrees, the wetland park has to maintain its exclusivity and prevent the disturbance from outside visitors during the restoration process. An alternative park-like design proposal was drafted in the workshop for testing the issue. Through designing a smaller-scale pond system connected by a few cutting-through paths, a new urban park scenario was proposed for opening the park to the neighborhood and citizens. However, the urban park proposal was turned down because the quality of openness may not coexist with the quality of wilderness of the wetland habitat, in which the exclusivity is essential to the new wildlife refuge of local and migration birds. The issue of openness versus wilderness implies the potential conflict between the interests of wetland environmental activists and the local neighborhood, with the latter wishing to open the park for public access and uses.

The issue was taken as a design proposition through developing a community based eco-center. A site at the south was chosen because of its adjacency to the current neighborhood activity area. A smaller wetland pond was designed and constructed for accommodating those species with less sensitivity to human activities. The smaller constructed wetland pond provided a buffer zone between the major wetland habitat and the neighborhood activities as well as tolerating more tangible and intensive uses. The principle guided the architectural design of the eco-center. A community-based eco-learning center was proposed at the neighborhood side, where an observation tower located at the edge of the major wetland habitat was designed through a linkage of a timber-made board walk around the constructed wetland with limited access (Figure 5). The critical ecological issue addressed here is the terrain, in which the architectural space is integrated in the operation of the terrain system. The distribution of architecture masses on different facets of the terrain is

affected and generated by the orientation and solar conditions. The climatic conditions are taken as the key factors for determining the material selection and the strategies of façade treatment. When the development approaches the wetland edge, the disturbance of building footprint is minimized.

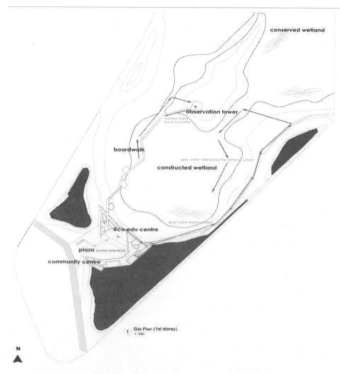

Figure 5　Scenario 2: eco-center as the community center

5.3　Nature confronting infrastructure: eco center as the city gate

The third issue was raised based on the contemporary spatial issue of hybrid landscape of nature, city and infrastructure. In the intensive urban environment, we usually observe that the dominant landscape of urban infrastructure creates enormous left over spaces and derelict area in the city. The Zou-Zai Wetland Park appears to be a typical example, in which the site is dramatically surrounded by complicated infrastructure systems. A 200 meter diameter ring-shape viaduct of the expressway system flies over the northern part of the Zou-Zai park, which is an interchange of the adjacent Kaohsiung high-speed rail terminal. In this context, the actively growing wildlife habitat confronts a functionally and visually dominant urban infrastructure, which creates a large-scale left-over marginal space underneath and inside the ring-shape viaduct. The situation of nature confronting infrastructure provides a fundamental question to the potentially ecological approach in dealing with such an intensive urban setting: How do we tackle the dominant urban geometry, material and formal appearance of infrastructure such as expressway, which may block the horizontally ecological flow and public access across the landscape? At the same time, the expressway ring-shape interchange provides "the view from the road" and the easy accessibility from the whole city. It is taken as a design opportunity of creating urban activity nodes and public spaces through liberating the constraints of the engineering-based functional space.

The Tsuoying Station, Kaohsiung's terminal of Taiwan's high-speed rail system is connected to the ring-shape viaduct and a few hundred meters away from the core area of Zou-Zai wetland. The terminal is expected to induce environmental impact and initiate radical transformation of the site. The compression of time and space and the new type of mobility brought in by the high-speed rail terminal is envisioned to be the major force driving the landscape change of the area. The adjacent Zou-Zai Wetland Park is to be redefined by all kinds of "spatial flow", including the current ecological flow and the new traffic flow, pedestrian flow and informational flow. The new impact provides new challenge for rethinking the future spatial form of Zou-Zai wetland and the surrounding area of high speed rail terminal.

The proposition of design as an ecological intervention was taken as the driving force for dealing with the nature-infrastructure confrontation through converting the existing left-over ring-shape space to an urban retention pond and a water plaza as a city gateway in front of the high-speed rail terminal. Various spatial strategies toward different orientations around the ring-shape viaduct were proposed. A regional water system was redesigned carefully through the investigation of the existing terrain and drainage system. It makes the local hydrological process visible and experiential, in which the water plaza functions as an urban retention pond and is linked to the adjacent wetland pond (Figure 6). In this proposal, the eco-center is to be capitalized under an ambitious urban project of Kaohsiung city gateway. A development mechanism is proposed based on a joint venture among the central government, Kaohsiung City Government and Taiwan High-Speed Rail Company. The architecture of the eco-center acts as an essential component of the city gateway development and is guided by the principles of urban design guidelines. As a linkage between the urban retention pond and the wetland park, the architectural design of eco-center considers the landscape and terrain design strategies and addresses the issues of noise and vibration generated by the ring-shape viaduct. It provides transitional experiences for pedestrian walking from the urban retention pond and water plaza to the wetland park through the eco-center thoroughfare.

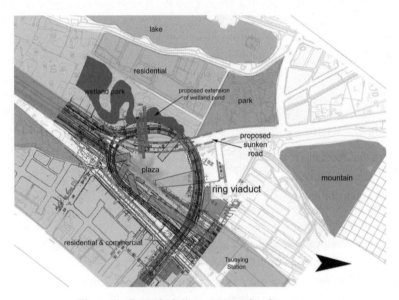

Figure 6   Scenario 3: eco center as the city gateway

6 CONCLUSION

The complexity of contemporary ecology has provided insights that ecology is not about the remote nature only. We have to learn how to face the new spatial reality "second nature", a hybrid landscape of nature, city and infrastructure. During the restoration process of Zou-Zai wetland, we observe a rich biodiversity of wildlife coming back to the city. The ecological and hydrological flow and processes across the hybrid landscape are regenerated and certain ecological quality has been achieved. The experiences of "bringing nature back to the city" in Zou-Zai Wetland Park inspire the thinking and approaches of ecological design in an intensive urban environment. The three urban ecological scenarios address the issues of the conflict between the nature and human activity, the wildlife habitat and urban park as well as the nature and urban infrastructure. It shows that the rethinking of new ecology and the proposition of design as an ecological intervention may help shape a new locality through providing opportunities of innovative architectural, landscape and urban design for future spatial form.

REFERENCE

Ahern, J. (1999). "Spatial concepts, planning strategies, and future scenarios: a framework method for integrating landscape ecology and landscape planning", In: *Landscape Ecological Analysis: Issues and Applications*, J. Klopatek and R. Gardner (Editors), Springer Press.

Antrop, M. (2005). "Why landscapes of the past are important for the future". *Landscape and Urban Planning* 70: 21-34.

Antrop, M. (1998). "Landscape change: plan or chaos?" *Landscape and Urban Planning* 41: 155-161.

Brown, B., Harkness, T., Johnson, D. (Editors) (1998). "Special Issue: Eco-Revelatory Design: Nature Constructed/ Nature Revealed". *Landscape Journal*, The University of Wisconsin Press.

Campbell, C. S., Ogeden, M. (1999). *Constructed Wetlands in the Sustainable Landscape*. John Wiley, New York.

Czerniak, J eds. (2001). *Case: Downsview Park Toronto, Prestel*. Harvard Design School, Munich, London, New York.

Daniels, K. (1994). *The Technology of Ecological Building: Basic Principles and Measures, Examples and Ideas*. Birkhauser.

Dramstad, W. E., Olson, J. D., Forman, R. T. T. (1996). *Landscape Ecology Principles in Landscape Architecture and Land-Use Planning*. Harvard GSD & American Society of Landscape Architects, Island Press.

Forman, R. T. T. (2001). The missing catalyst: design and planning with ecology roots. In: *Ecology and Design: Frameworks for Learning*, B. Johnson and K. Hill (Editors). Island Press, Washington, D.C.

Forman, R. T. T. (1995). *Land Mosaics: The Ecology of Landscapes and Regions*. Cambridge University Press.

France, R. L. (2002). *Handbook of Water Sensitive Planning and Design*. Lewis Publishers, Boca Raton, FL.

Hough, M. (1995). *Cities and Natural Process*. Routledge, New York and London.

Lyle, J. T. (1994). *Regenerative Design for Sustainable Development*, John Wiley & Sons, Inc., New York.

Marcucci, D. (2000). "Landscape history as a planning tool". *Landscape and Urban Planning* 49: 67-81.

Naveh, Z. (1994). "From biodiversity to ecodiversity: a landscape ecology approach to conservation and restoration", in *Restoration Ecology*, 2(3): 180-189.

Parker, V. T., Pickett, 1997. Restoration as an ecosystem process: implications of the modern ecological paradigms. In: *Restoration Ecology and Sustainable Development*, K. M. Urbanska, N. R.Webb and P. J. Edwards (Editors), Cambridge University Press.

Wang, H. K., Yang, P. P. J., 1999. *Planning for an Eco-city: A Comprehensive Review of Taipei's Master Plan* (in Chinese). Urban Development Bureau, Taipei Municipal Government, Taipei.

Wetlands Taiwan, 2003a. "Adoption plan of the 'Return of Jacana Project'". In: *Wetlands in Hope* (in Chinese), 40: 11-14. March, Tainan, Taiwan.

Wetlands Taiwan, 2003b. "Major events of the 'Return of Jacana Project'". In: *Wetlands in Hope* (in Chinese), 40: 9-10, March, Tainan, Taiwan.

Wilson, A., 1992. *The Culture of Nature: North American Landscape from Disney to the Exxon Valdez*. Blackwell, Cambridge.

Yang, P. P. J., Ong, B. L., 2004. "Applying ecosystem concepts to the planning of industrial areas: a case study of Singapore's Jurong Island". *Journal of Cleaner Production*, Special Issue on Applications of Industrial Ecology, 12: 8-10.

Noise Mapping: A Planning Tool for a Sustainable Urban Fabric

噪聲地圖——可持續都市佈局的規劃工具

LAM Kin-Che[1], MA Wei Chun[2], HUI Wing Chi[1] and CHAN Pak Kin[1]

林健枝[1]　馬蔚純[2]　許榮枝[1]　陳栢健[1]

[1]Department of Geography and Resource Management, The Chinese University of Hong Kong, Hong Kong

[2]Department of Environmental Science and Engineering, Fudan University, Shanghai

[1] 香港中文大學地理與資源管理學系

[2] 復旦大學環境科學與工程學系

關鍵詞：　都市聲景、都市佈局、都市噪聲、可持續城市、交通噪聲、噪聲地圖

摘　要：　交通噪聲是最嚴重的都市環境問題之一。締造一個舒適的城市生境，紓緩噪聲問題，是政府、環境管理人士和規劃師的當前急務。本研究採用噪聲地圖工具，針對 49 個不同的都市佈局和住宅建築模式，勾劃出居民在住宅單位、鄰舍環境以及社區環境所暴露的聲音環境及噪聲水平，作出一個全面的評價。結果顯示，社區環境的交通噪聲水平往往反映了噪聲源的能量強度，都市佈局和住宅建築模式對住宅單位和鄰舍環境這兩個層面的噪聲水平是有著的影響。在鄰舍環境的層面上，屋宇的平台能有效地紓緩由交通造成的噪聲；但是建築物的高度對減少交通噪聲並沒有顯著的功效。故此，要建設可持續發展的城市，避免交通噪聲的滋擾，我們應該加入城市景觀與建築設計的原素。

Keywords: Urban soundscape, urban fabric, urban noise pollution, sustainable city, transportation noise, noise mapping

Abstract: Transportation noise is a significant environmental problem confronting many cities, undermining the quality of life. It is also an issue very difficult to resolve. In order to manage the noise problem to make cities more livable, it is important to obtain a comprehensive picture of the variations in the transportation noise exposure of the urban inhabitants. This paper attempts to determine the acoustic environment and noise exposure of the urban population in Hong Kong with respect to different urban fabrics and building forms employing the noise mapping technique. The assessment is undertaken at 3 levels, namely the dwelling, neighborhood and community level. Noise mapping was applied to 49 housing estates in areas of different urban fabric and with different building forms. The results showed that differences in urban fabric and building form do not translate to differences in noise exposure at the community level, which is probably dictated by the strength of the noise sources. However, they can affect noise exposure at the dwelling and neighbourhood levels and the relationship between the two varies with building forms. Podium reduces the noise exposure at the neighbourhood level while building height does not have any noticeable effect. To build a sustainable city with minimum noise disturbance, it is essential to incorporate urban landscaping and architectural design into the town planning. .

1   INTRODUCTION

As a result of rapid urbanization, about 55% of the world's population will live in cities by 2010 (UN Population Fund, 1999). Managing the urban environment to make cities more livable is a great challenge for environmental managers and town planners. Among many environmental problems confronting cities, transportation noise pollution is one which can significantly undermine the quality of life and is difficult to resolve. Studies have shown that 10 to 35% of the population in various cities is already exposed to excessive transportation noise (Kihlman, 1999). The situation will only worsen as urbanization continues worldwide.

While attempts have been made to quantify the noise levels in individual cities and the noise exposure of their populations, most findings refer to the city-wide conditions with little information on the spatial variation of the acoustic environment and its relation to urban form and structure. Yet, urban inhabitants are influenced by not

only noise exposure at their dwellings but also the entire environscape (Schulte-Fortkamp, 2000). Klæboe *et al.* (2004) stated that the noise level in the neighbourhood is important in shaping human response to transportation noise at the dwellings. Thus, consideration of the acoustical environment in the dwellings, neighbourhood and community levels will give a more comprehensive picture of our urban acoustical environment.

This paper attempts to determine the acoustic environment and noise exposure of the urban population in Hong Kong with respect to different urban fabrics and building forms by employing the noise mapping technique, incorporating the latest developments in noise prediction methodology and information technology. Since overseas studies have shown that people's annoyance with transportation noise is affected by the entire environscape, this study focuses on mapping noise exposures at three spatial levels (dwelling, neighbourhood and community).

2　METHODOLOGY

Forty-nine buildings/housing estates were chosen from eight urban districts in Hong Kong for this study. They could be classified into six groups (Figure 1): 1) Small Houses (SH); 2) Old development with Squares (OS); 3) Old development and small housing estates with No podium (ON); 4) Compact Massive housing estates (CM); 5) Large housing estates with No podium (LN); and 6) Large housing estates with Podium (LP).

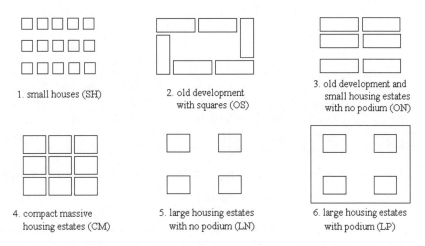

1. small houses (SH)

2. old development with squares (OS)

3. old development and small housing estates with no podium (ON)

4. compact massive housing estates (CM)

5. large housing estates with no podium (LN)

6. large housing estates with podium (LP)

Figure 1　Illustration of the six housing types with different urban fabrics and building forms

OS and ON are buildings of no more than ten storeys constructed before 1960s. They are commonly found in old urban areas like Yau Mai Tei, Mong Kok, and Tsuen Wan. The only difference between them is that in OS, buildings were arranged along the four sides of a square which was used as sit-out area or playground, while in ON, no space was left for such purpose or those areas were sited on roadside. In the late-1960s, due to increasing demand for residence, housing estates with fifteen-to-twenty-storey buildings closely packed together started to take over. This is referred to as the CM type. In the late-1980s, LP appeared because people started to demand for better quality in their living environment. Unlike CM, buildings in LP are very tall, usually more than thirty storey, and they are more widely spaced. The use of podium, usually around three-storey high, as a private sit-out area or playground for the 10,000 to 20,000 residents of the housing estate, is another unique feature of this group. LP still dominates the private residential housing nowadays. SH is a unique group. In a dense city like Hong Kong, living in a house is a luxury. SH is therefore uncommon and affordable only by households with high income. In contrast, LN is also distinct, but it represents the other end of the spectrum. This group is composed of mostly public housing for low income families. Buildings are tall with hundreds, or even thousands of dwelling units but without podium.

Since urban fabric and building form may affect the acoustical environment in cities, their effects could be considered when the noise exposure at the dwelling, neighbourhood and community levels are quantified. Road traffic noise was modelled at these three spatial levels using the noise mapping software LIMA. Noise exposure

at the dwelling level refers to the noise levels 1m away from the façade of dwellings, following the planning standards and guidelines in Hong Kong (Planning Department, 2004). The definition of neighbourhood varies with building form. For housing estates built on a podium, the podium, which serves the function of a private garden or recreational ground, is defined as the neighbourhood; for buildings without a podium, the neighbourhood is defined as the street block where the target building is located; for housing estates where buildings are located across several street blocks, the boundary of the neighbourhood is defined by the estate boundary. At the neighbourhood level, noise level was sampled by a 5m x 5m grid system 1.5m above ground. The community is defined as the area within 600m from the neighbourhood. In Hong Kong, this area usually includes many community facilities for the residents such as markets, shopping centres, clinics, schools, parks, bus termini and train stations etc.. Noise levels at receptor points placed every 5m along the kerbside at the height of 1.5m were collected for assessing the acoustical environment at the community level.

3 FINDINGS

Mean L_{Aeq} for the six housing types at the dwelling, neighbourhood and community levels is presented in Figure 2. Noise exposure at the community level is very similar (~70dBA) for all groups except for SH where community noise is only 55.6dBA. Noise exposure of SH at the dwelling and neighbourhood levels are also much lower (>5dBA) than those of other groups. Noise exposure is lower in the neighbourhood than at the dwellings only in LP. OS and CM are very similar in terms of noise exposure at all three levels, and so are ON and LN.

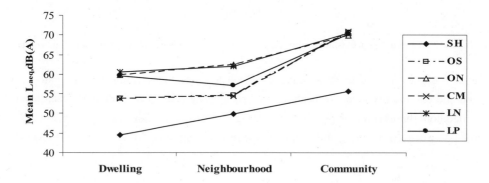

Figure 2   Mean L_{Aeq} of all housing types at the dwelling, neighbourhood and community levels

Figures 3 to 5 show the cumulative frequencies of noise exposure for all housing types at the dwelling, neighbourhood and community levels respectively. They confirm the observations from Figure 2.

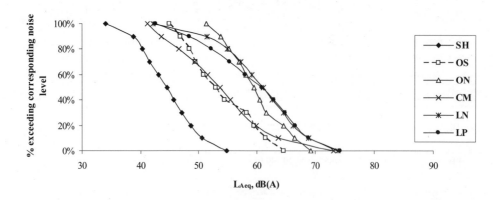

Figure 3   Cumulative frequencies of noise exposure for all housing types at the dwelling level

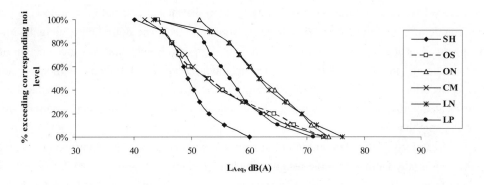

Figure 4　Cumulative frequencies of noise exposure for all housing types at the neighbourhood level

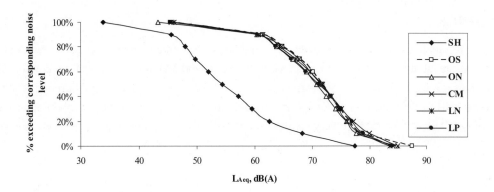

Figure 5　Cumulative frequencies of noise exposure for all housing types at the community level

Figures 6 and 7 show the linear regressions of mean L_{Aeq} at the dwelling level against those at the neighbourhood and community levels respectively for all housing types. Correlation between mean L_{Aeq} at the dwelling and neighbourhood levels is positive and strong ($r^2 > 0.70$) in all housing types except LN and LP, but such correlation between the dwelling and community levels is weak ($r^2 < 0.50$) except for SH and CM.

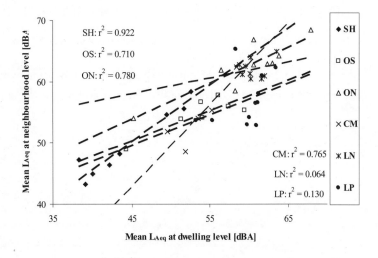

Figure 6　Linear regressions between mean L_{Aeq} at the dwelling and neighbourhood levels

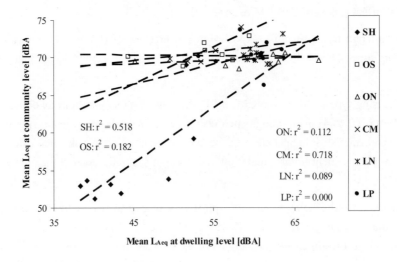

Figure 7   Linear regressions between mean L_{Aeq} at the dwelling and community levels

Figure 8a shows the results of Canonical Discriminant Function Analysis with all housing types included. SH is clearly a distinct group. To better display other groups, the analysis was repeated with SH excluded and the results are shown in Figure 8b. The remaining five groups are quite distinct with little overlap except OS and CM which cluster together.

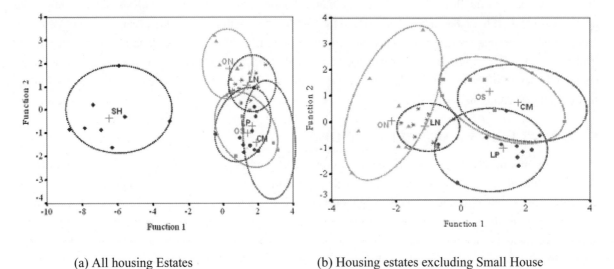

(a) All housing Estates   (b) Housing estates excluding Small House

Figure 8   Diagram showing results of Canonical Discriminant Function Analysis

4   DISCUSSION

At the community level, noise exposure is very similar for all housing types except for SH (Figures 2 to 5). This implies that the effect of urban fabric and building form on outdoor noise at the community level is negligible. SH is unique probably because the housing design limits the population density and hence traffic flow in these areas, which in return limits the traffic noise at all three levels.

In LP, which is the only group with podium, noise exposure is lower at the neighbourhood than at the dwelling level (Figure 2). This shows that podium can create a quiet neighbourhood environment because of at the shielding effect of the acoustic shadow.

OS and CM share similarly low noise exposure at the dwelling and neighbourhood levels (Figures 2 to 4). This is expected because in OS, buildings surrounding the square act as noise barriers and create a relatively quiet neighbourhood. The façade of the buildings facing the square can also share the low noise exposure. In CM, the buildings are very close to one another. This leaves not much room for vehicles to run between the buildings.

Therefore, a similar effect is observed in CM as in OS.

ON and LN are similar in terms of noise exposure at all three levels (Figures 2 to 5) probably due to their similarity in building form. Their difference in building height does not seem to have much effect on their noise exposure.

As the dominant housing type shifted from CM to LP, the noise exposure at both dwelling and neighbourhood levels increased (Figures 2 to 4) even though such change in housing design was a response to the demand for better living environment. This happened because the adverse effect on the acoustical environment was compensated by the improvement in air circulation, the sense of spaciousness and the views from the apartment building.

Noise exposure at the dwelling level is generally positively related to that at the neighbourhood level for all housing types, but the slopes of the regression lines vary (Figure 6). This suggests that the relationship between the noise exposure at the dwelling and the neighbourhood levels may be affected by the housing type. The correlations for all housing types are strong except for LN and LP (Figure 6). The weak correlation in LP is expected as the podium greatly reduces the noise exposure at the neighbourhood level. In the case of LN, the weak correlation is probably a result of biased samples with very similar noise exposure. Including housing estates exposed to a wider range of noise levels may result in a stronger relationship.

Correlation between noise exposure at the dwelling and community levels is not clearly observable (Figure 7). This reconfirms that noise exposure at the community is unrelated to that at the dwelling level, but probably dictated by road traffic flow. The results of Canonical Discriminant Function Analysis again confirm the uniqueness of SH (Figure 8a). The other five groups form clusters with little overlap except OS and CM which seem indistinguishable (Figure 98b). This supports the notion that different urban fabrics and building forms tend to affect noise exposure at the dwelling and neighbourhood levels, and to a much lesser extent, the community level, differently. OS and CM are very similar probably because the effect of these two urban fabrics on noise exposure is very similar.

5　CONCLUSION AND IMPLICATIONS

In summary, the results show that differences in urban fabric and building form do not translate to a different noise exposure at the community level, which is dominated by the strength of the noise sources. However, they affect noise exposure at the dwelling and neighbourhood levels and the relationship between the two varies with housing types. Building form affects noise exposure mainly at the neighbourhood level. Podium reduces the noise exposure at the neighbourhood level even though building height does not have noticeable effect. Urban fabric also plays a part in determining noise exposure at the dwelling and neighbourhood levels. The building arrangement in both OS and CM can lower the noise exposure at both dwelling and neighbourhood levels. SH is a unique group. Noise exposure at all three levels are probably dictated by traffic flow, and hence they are all positively related to one another. For the other groups, correlation is observed only between noise exposure at the dwelling and neighbourhood levels.

As seen in the case of SH, where low traffic flow causes noise exposure at all three levels to be low, reducing the intensity of the noise sources is the most effective way to control noise. However, this is very difficult, if not impossible, in a very dense city like Hong Kong. This research shows that incorporating urban landscaping and architectural design into the town planning process is one practical way to minimize noise exposure of urban inhabitants. Techniques such as erecting buildings on podiums (in LP) and arranging buildings in certain patterns (in OS and CM) are effective. To improve livability of cities, town planners, architects and engineers should therefore apply such techniques in the initial stage of town planning. This is particularly relevant to cities that have to deal with rapid population growth. In addition, when setting noise standards, policy makers should take into account noise exposure at the neighbourhood level because dwellings with the same noise exposure at their façade may have very different noise levels at the neighbourhood level depending on the urban fabric and building form.

ACKNOWLEDGEMENT

The authors would like to acknowledge the Research Grants Council of Hong Kong (Project number: 4248/03H) for providing funding for this project.

REFERENCES

Planning Department (2004). *Hong Kong Planning Standards and Guidelines.* Planning Department, Government of the Hong Kong Special Administrative Region.

Schulte-Fortkamp, B. (2000). "Exploring the Impact of Soundscapes on Noise Annoyance". *Proc.29th Internoise, Nice,* France.

Klæboe, R., E. Engelien and M. Steinnes (2004). "Mapping Neighbourhood Soundscape Quality". *Proc.33rd Internoise,* Prague, Czech Republic.

Kihlman, T. (1999). "City traffic noise – a local or global problem". *Internoise 99.*

United Nations Population Fund (1999). *The Status of World Population.* United Nations

第五届中国城市住宅研讨会论文集，中国香港，2005 年 11 月
Proceedings of the Fifth China Urban Housing Conference, H.K.S.A.R. CHINA. (November 2005)

Reinventing Sanshui: Emergence vs. Erasure in the Design of China's New Town Neighborhoods

Nancy Margaret SANDERS[1], Albertus S.L WANG[2] and Robert M. MACLEOD[1]

[1] School of Architecture, University of Florida, Gainesville, FL USA

[2] Sanders Wang MacLeod International Consortium for Architecture & Urbanism, Jakarta, Indonesia

Keywords: urban design, Sanshui District, traditional settlement patterns, low vs. high-density housing, historic identity, genius loci, sustainable community

Abstract: In the fall of 2004, the Regional Government of the Foshan District in southern China commissioned an urban design competition for a 5.2 square kilometer area of the Sanshui District. This proposal, developed by SWiMcau (Sanders Wang MacLeod international consortium for architecture & urbanism) of Jakarta, Beijing and Florida, USA and PLT Planners of Hong Kong received a first place award. The proposal investigates the issue of working within a complex contextual tapestry while anticipating a significant pattern of growth driven by a flourishing manufacturing, cultural, political, transportation (Guangzhou-Foshan municipal belt) and tourism base. This paper outlines the strategies for resistance and emergence employed in the urban design scheme; resisting erasure of the history of the site (and the all too common tendency in planning of new towns to superimpose an idealized formal order), and emergence in the subtle celebration of the genius loci of the site, inscribed in the programs of village, landscape, institution and infrastructure. Emergence permits a means of place-making that draws from the history and physicality of the immediate place. It allows for a deepened grounding of the city as it anticipates profound socio-economic change.

1 INTRODUCTION

In the fall of 2004, the Regional Government of the Foshan District commissioned an urban design competition for a 5.2 kilometer area of the Sanshui District. This proposal, developed by SWiMcau (Sanders Wang MacLeod international consortium for architecture & urbanism) of Jakarta, Beijing and Florida, USA and PLT Planners of Hong Kong received a first place award.

The Sanshui District lies within Foshan City, China. The study area is the Central Area in Southwestern District of Sanshui and is bounded by the Beijiang River to the south, Yun Dong Hai Tourism Economic Zone to the north and existing city roads to the east and west. The site is trisected with various pieces of infrastructure: a limited access freeway, an active railroad line and various artery roads. The site is largely industrial in character but includes commercial and residential uses, generally in poor repair, and institutional functions including educational facilities, police station and hospital buildings. Moreover, there exist villages and agricultural settlements whose patterns and imprints are of historic significance. These are the most fragile, and unfortunately always the most expendable, imprints on a site slated for rapid transformation due to the necessity for greater density in the residential footprint of the site. This project posits that newly planned mid-to-high-density residential districts need not be in conflict with adjacent low-density village settlements, and that traces and echoes of indigenous patterns of dwelling can inform the landscape, spatial patterns and orientation of new housing blocks, and imbue them with a sense of topographic and historic identity.

The proposal investigates the issue of working within a complex contextual tapestry while anticipating a significant pattern of growth driven by a flourishing manufacturing, cultural, political, transportation (Guangzhou-Foshan municipal belt) and tourism base. This paper outlines the strategies for resistance and

emergence employed in the urban design scheme; resisting erasure of the history of the site (and the all too common tendency in planning of new towns to superimpose an idealized formal order), and *emergence* in the subtle celebration of the genius loci of the site, inscribed in the programs of village, landscape, institution and infrastructure. Emergence permits a means of place-making that draws from the history and physicality of the immediate place. It allows for a deepened grounding of the city as it anticipates profound socio-economic change.

Through resisting utopic super-impositions of formal patterns, derived from a dissociated time and place, new townships can instead induce an order that emerges from the history and character of the place as a more authentic means with which to critically respond to growth and change. This project addresses how desires on the part of city leaders to develop "garden-city" style neighborhoods of international appeal can be reconciled with the planning and design profession's urgent responsibility for sustaining and deepening connections to history and nature through a more conscious stewardship of site as place, and how strategies of *emergence* over erasure can be applied within the context of China's large-scale urban transformations.

Figure 1 Aerial view of the competition area in Sanshui (image from competition organizer)

2 CENTRAL AREA MACRO ORGANIZATION AND URBAN DESIGN CONCEPTS

2.1 The Green Ribbon

The proposed master plan for the Central Study Area is defined by a bold continuous *ribbon of green space and public plazas* that define the north to south order of the site. To the west, it is marked by the elevated highway and to the east by the proposed southern extension of an existing surface road. *Four territorial bands* embody the east-west relationships across the central green ribbon. The bands are interwoven with the existing transportation infrastructure, significant institutional buildings, and the natural landscape to form a complex and elegant matrix of spaces and places that support the movement of the pedestrian, allow for efficient vehicular circulation and give identity to the city through the development of a public space infrastructure of linked parks and plazas.

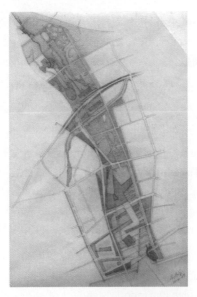

Figure 2   The overall plan showing the continuous ribbon of green space and public plazas

All of the fourteen public parks and plazas are fluid, interconnected and continuous, structured by humanly scaled spatial links across, beneath and within the elements of the green ribbon, binding the varied functions into a cohesive and continuous pedestrian experience. The final result is a gentle tapestry – a seamless patchwork of tree-filled parks, grand public plazas and striking contemporary buildings, all emerging from the pre-existing natural topography.

2.2 Memory, Traces and Echoes

Our design proposal aims to preserve important hills, streams, and lakes - as well as pockets of village life and scenery - evoking the traces and echoes of a tranquil and agricultural past, as the basis of a contemporary garden city. The project rejects the sweeping arm of formal, 'cookie-cutter' patterns blanketed across a site, which erase history and character from a people and a place. Our proposal is not based on monotonous 2-dimensional grids or alienating radial forms, superficially and simplistically ordered and arranged. Instead, we present an organic synthesis of natural landscape and urban form, retaining and taking advantage of natural and constructed sectional shifts, transcending simplistic 2-dimensional planning, to achieve a rich and varied urbanism that respects the increasingly rare three-dimensional art of constructing cities and gardens.

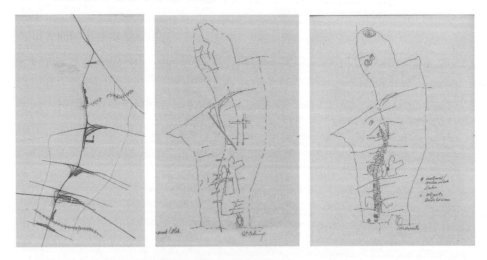

Figure 3   Diagrams explain the strategy of stitching the site through the existing infrastructure

The following laudable and meaningful assets of the existing site are to be preserved and upgraded to a standard consistent with a contemporary garden city that respects values and expresses its origins:

Natural hills are to be retained as tree-covered terrain with minimal development including eco-trails and lookout pavilions. This also serves to reduce the high cost of cut and fill activities. The natural rolling landscape is also retained in new residential areas, creating a more picturesque context for outdoor family life.

Natural lakes and streams are to retained, widened or re-shaped, and upgraded ecologically. Areas surrounding lakes and streams are to be upgraded as open space systems, bike and pedestrian trails, and landscaped accordingly.

Cities today are increasingly recognizing the value and appeal that traditional urban fabric with character and the patina of time brings to a place. The old city fabric extending eastward from the southeast corner of the site will be retained, serving as an intimate and humanly-scaled guide to development of casual walking and dining streets near the heart of the city and the waterfront. Storefronts and interiors with traditionally crafted materials and detailing can be retained and upgraded as a template for new infill shops, tea houses, cafes, and galleries to follow.

Showing sensitivity to the character of existing village contexts and recognition of their delicate scale, proportion, and layers of time establishes a symbolic standard of care and love for a place that echoes through every aspect of its maintenance and sustainability over time. Two village contexts shall also be preserved and upgraded, while several fish farms are retained in the northeast of the site, supporting birds and butterflies and echoing a traditional way of life that can coexist and complement a contemporary garden environment.

2.3 Plateaus, Sightlines, Vistas and Views

Building orientations in the residential and commercial strands reflect the predominantly favored southward view toward the river. However, excellent secondary oblique views toward landscape and water features of the central ribbon, and a consideration of quality of light, are made possible through innovative stepped and terraced building forms. The result is a highly marketable system of open views in the residential and commercial strands.

Rolling terrain and hilltop plateaus with distant mountain views characterize the Sanshui central area. Our scheme not only preserves Sanshui's unique constellation of hilltops and plateaus, but also enhances their accessibility in relation to key open spaces. In so doing, we aim to enhance the sense of connected between the city and the larger mountainous context of the region and offer inhabitants and visitors the pleasure of convenient natural vantage points from which to survey and reflect upon their place in the world. Roofscapes and roof gardens, picturesque traces of village fabric, and dense pockets of vegetation form the layers of a gentle tapestry visible from serene outlooks and belonging to all.

Several axial and framed views are established in relation to the major public buildings and spaces, elongating view corridors and reinforcing a sense of openness and continuity. These are outlined further in the Core Area Micro Planning section of the book.

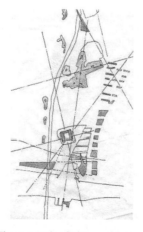

Figure 4　The network of views, vistas and sightlines

3 THREE NORTH-SOUTH STRANDS

Three north-south organizational strands, each consisting of a series of adjoining blocks, organize the most basic diagram of the site.

3.1 Car-Free North-South Pedestrian Corridor

The central strand, the "green ribbon" that forms the spatial and conceptual heart of the project, consists of fourteen parks and plazas forming a continuous pedestrian and vehicular experience from the northern-most observatory, linking earth and universe, to the southern-most cultural plaza and terraced water garden, linking the site to the powerful and symbolic moving waters of the Beijiang River. By ferry, the car-free corridor continues across the river to the marina park on the north shore of the island.

3.2 Residential Neighborhood Strands

Secondary linear zones to its east and west flank the *central green ribbon*. These combine vibrant and diverse residential communities with important commercial and institutional programs. These side strands serve both as bookends, defining and enlivening the important central green ribbon, and as expandable urban fabric, binding the study area to neighboring districts to the east and west.

The residential districts offer a density that meets all competition expectations and creates a rich sense of place. The preponderance of residences face south yet take advantage of desirable and highly marketable open views, especially that of the central green ribbon's natural parks. Schools, kindergartens, shops, parks, playgrounds, and leisure spaces are interwoven with existing, gently rolling landscape to create unique, humanizing neighborhoods.

The Sanshui project supports a range of housing types, each tied to its place in the overall scheme and emerging from the circumstances of site and program.

Figure 5   New Courtyard Housing in a stepped landscape

Figure 6   Mid-rise housing blocks with adjacent green space

Figure 7   High-density residential towers with hybrid programs

3.2.1   Individual Identity / Villages and Courtyard Housing

In recognition of the individual and the traditions of village life, and despite the directive from the competition brief that they be destroyed, the existing village houses are preserved and, indeed, enhanced by the addition of low-rise housing that further promotes the intimacy and scale of the village. (Figure 5)

3.2.2   Street Identity / Figural Space and Mid-rise Housing

Other housing forms include mid-rise blocks with primary southerly orientation. This housing constructs figural public spaces that are programmed with ground level institutional and commercial functions offering support to residents (schools, shopping, specialty stores). These public spaces form an interlocking network of urban courts that offer refuge from the busy streets while giving identity to particular buildings. The street is defined as a spatial, pedestrian realm by the mid-rise blocks. (Figure 6)

3.2.3 Urban Identity / Hybrid Towers and High-rise Housing

A contemporary urban identity is forged through the development of high-density residential units interwoven with commercial functions in hybrid towers. These towers define an urbanism of greater density and physical presence. The abstraction of the tower is grounded by the proximity of large-scale public parks and plazas, supported by the inherent density of a residential hi-rise typology. By way of their complex mixed-use programs, these structures further serve to animate the ground plane with pedestrian traffic throughout the day and evening. (Figure 7)

3.3 Auto-Scape

Berming and buffering along highways has long been a strategy for mitigating noise, pollution, and the psychological effects of fast-moving cars on the pedestrian environment, including adjacent residential areas. However, recent times have seen these strategies evolve much further into the innovative and sculptural art of "auto-scaping" that celebrates the experience of driving, creates a sense of arrival to a special place, creates pedestrian-friendly linkages, and fully integrates the highway into the garden city aesthetic.

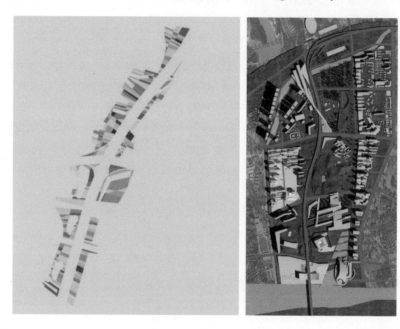

Figure 8   The Auto-scape landscape plan buffers the highway within the city and an aerial view of the city shows the highway crossing the Gateway Arts Center and slicing through the auto-scape

The Sanshui auto-scape experience begins with the arrival at the southern threshold to the city upon crossing the suspension bridge. Motorists will catch a view of the civic plaza and then cross over the sloped, planted roof of the arts center, designed as a gateway to the city. Undulating sculptural berms negotiate changes in level between the elevated highway and the adjacent park ribbon landscape and also help create buffered pedestrian-friendly cross-stitching in the form of bright and airy subway passages and generous, sheltered foot-bridges at strategic locations. The sculptural berms work on multiple levels, enhancing the quality of light and overall garden-city atmosphere at the ground roads as well as at the elevated road.

In addition to the Gateway Arts Center, several other institutional buildings within the green ribbon serve as landmarks and create a sense of place for the motorist: the station square complex at the light rail line, the visitors information center within the auto-park, the bridging mega-mall marking the eastward turn of the toll road, and the sports stadium in the north.

Figure 9   Gateway Arts Center as symbolic entry to the city from the highway.

After passing the most important existing natural landmark, the small but steep mountain landscape, motorists are welcomed to the city at the visitors information center, set within a relaxing green auto-park. The innovative architectural style of the visitors center is designed to negotiate the engineering aesthetic of the highway with the organic nature of the green ribbon.

Emerging from the seam between the shopping malls and turning eastward, motorists are presented with the iconic form of the sports stadium as the anchor to the forward-looking and dignified buildings of the sports and science complex in the north, leaving them with a strong impression of a visionary and venturesome people and place.

4   THE FOUR TERRITORIAL BANDS

Each of the four territorial bands that divide the Central Area offers a discreet set of thematically linked programs, building upon existing themes and giving specific identity to Sanshui Center as a contemporary green garden city. The bands span from the west residential strand - through the central ribbon zones of public parks, civic institutions and special amenities - to the east residential strand.

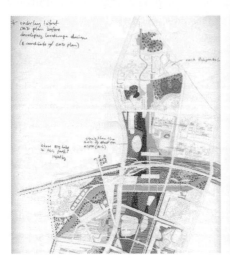

Figure 10   Plan of Band I (left) and aerial view of Band II (right) looking toward the civic area.

4.1 Band I: Knowledge and Fitness

The Knowledge and Fitness Band is the northern most territory comprised of the following public spaces: the space park and observatory, the athletes' and scholars' gardens, the adult education and training park, and the World Sports Park. This territory emphasizes programs that celebrate the mind and the body, bringing together education, sports, and science. Anchored to the north by an expanded public observatory (the space park), this area suggests a conceptual and experiential link between the ground and the sky; between body and mind. This

is a territory of extremes and challenges; a place of aspirations and competitive excellence; a place where science and the art of athleticism reside in tandem.

4.2 Band II: Leisure and Shopping

The second territorial band is that of Leisure and Shopping. This area is characterized by retail and recreational functions such as the mega-mall, movie theatres, factory outlet stores, marketplace, the retail and restaurant boulevard and related programs. It also accommodates the science museum as an anchor at its northern edge, attracting families, school groups, and tourists to the area. The accompanying open spaces are the Tumbling Creek and the Central Leisure Park elevated above a one-story market zone. In the Leisure and Shopping territory we celebrate the simple pleasures of daily living: walking, browsing, relaxing, seeing friends and neighbors, shopping and dining. Shopping has emerged as an undeniable form of casual leisure, and this area celebrates this simple pleasure and constructs a public realm in the process.

4.3 Band IIIA: Tourism Health Nature

The core area consists of two thematic bands: the Tourism Health Nature zone and the Civic Cultural Commercial zone. The two zones are distinct in character, function, and landscape, yet together offer a rich and varied urban-core experience for residents and visitors.

The northern half of the core area, anchored and enhanced by the important existing mountain landmark, binds tourism with programs of health and nature. This area includes the existing hospital and important transportation elements. Indeed, the hospital is as much a place to maintain health as it is a place to cure illness. Fitness, wellness and exercise for all ages typify this zone.

The public spaces include the Visitor's Auto Park, a place to welcome tourists to the garden city; the Botanical Health Garden and Amphitheatre, sheltered by the nook of the mountain and within walking distance from the hospital, serving its staff and visitors as a place of wellness and rejuvenation by day and marked by pleasant music and performances by night; the Playground Plateau, a place for families and energetic kids, linking the civic square to the residential areas to the west; and finally the Station Square and scenographic rail-scape, offering a sense of arrival and orientation for visitors and commuters to the downtown

4.4 Band IIIB: Civic Cultural Commercial

The southern and most important half of the core area creates a dynamic intersection of the primary Civic, Cultural and Commercial entities. This territory includes and defines the waterfront and creates the most important public functions in the core.

This zone serves as the gateway to the central district for northbound traffic crossing the Beijiang River. The public space network consists of the Civic Square, the Gateway Arts Plaza, the river inlet and terraced waterscape, the Commerce Park and the Waterfront Promenade.

The powerful feature of the terraced waterscape, coupled with multiple paths that encourage varied pedestrian interaction, binds the trio of Civic, Cultural and Commercial functions. The cultural center interacts with the bridge/highway, creating a gateway to the city. The civic building, orientated on a precise north-south axis, sits atop the highest elevation within the core, creating a visual focal point for the area and defining the primary civic gathering space. The convention center, celebrating the enterprising spirit of the region, resides adjacent to the water and, forming the third point of the civic-cultural-commercial triangle gives identity to the adjoining financial district. As a horizontally dynamic building form, it also serves as an extension of a multi-leveled riverfront promenade. The commercial zone also consists of a well-defined area of delicately upgraded historic urban fabric dramatically juxtaposed against the tall, contemporary, glass buildings creating a diverse and historic urban fabric within the core.

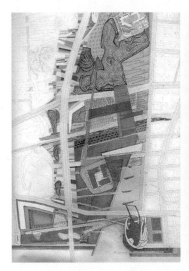

Figure 11   Plan (left) and model (right) of the Civic, Cultural and Commercial area along the river.

5   CONCLUSION

Through resisting an urban design strategy of super-imposing a formal order, imported from another time and place, and instead inducing an order that emerges from the history and character of the place, we hope to find an authentic means with which to critically respond to the extraordinary growth so typical of Chinese cities at this moment in time. This project addresses the rigorous technical requirements of the competition program and acknowledges the desire on the part of the city leaders to develop a "garden city", while reconciling the desire for aggressive growth with a conscious stewardship of site that honors it's history and nature with a formal humility.

规划专题
Planning Session

城乡规划
Urban & Township Planning

城市中边缘地带村庄的社区改造及发展

Reconstruction and Improvement of Urban Village on Periphery

杨　旭

YANG Xu

杨旭建筑工作室

X.Y Architecture Workshop

关键词： 都市边缘村庄、不同阶层的混合社区、架空的混合社区、手工业的延续、节能策略、文脉延续

摘　要： 在上海，以环线圈地的城市化进程迅速扩张蔓延至郊区农业结构的村镇，失去耕地的"都市村民"以通过出租空余房屋维持生活的经济平衡，逐渐成为"都市村庄"。然而最终将来临的拆迁之后，缺乏城市生活技能的"新市民"，如何融入高成本城市生活？城市边缘的村庄是否能继续生存？

Keywords: "Urban Village" on Periphery, mixed community of a Variety stratified society, an aerial mixed community, continuing handicraft industry, strategy on minimizing comsume, contextual sustainability

Abstract: Driven by the rapid development of economy, the urbanism process of China is taking on a vibrant overlay with high strength. In Shanghai, the influence of urbanism is rapidly spreading out to the suburban villages and towns with agricultural structure by using land within beltways. The original villagers who lost their infields become the "Urban Villagers", and they have to make a living by renting their spare houses to keep the balance of their income and expanses. So these villages are gradually becoming the "Urban Villages" in a city. But how can these "new citizens" who even don't master the basic skills to live in a city merge into urban life that need the high cost when they are facing the final remove?

1　背景

　　城市发展过程中正在清洗大量的"一般特征"。这种清除使我们感觉到新的社区是一种不留痕迹的崭新美好事物。"一般特征"是指平民百姓普遍生活区构成的基本构架。我们城市的新区大都是国际大牌建筑师的作品。在这些新建筑体内曾经会是许多居民住宅或小巷；具有使命感的专家学者一直呼吁旧建筑的"历史文脉"。可一不小心又成了一种时尚，整个城市各区域都在挖"文脉"。历史性的建筑群或文物建筑得以保留了，但被换以"商业标签"的厄运。此时城市中似乎只有两种动态：一是面向未来，二是深挖"历史文脉"。某种地区已成为这个城市的盲点（外环线一带的平民住宅村落，20 世纪70、80 年代的公房住宅）。他们不是老城区中的里弄住宅，不是高尚地段的新式花园里弄，更不是老的白领公寓住宅，而是近 40 年来一般的平民百姓住宅，是"非典型"性的城市建筑群。但恰恰是这些平民住宅构成了城市最具有"一般特征"的元素。上海的城市特征中有强烈的"半殖民半封建主义"的烙印。这种烙印的价值正在以"历史文脉"的方式传承与发扬。这使得我们忽视了 20 世纪 60~80 年代建造的平民住宅。

2　探讨平民住宅的必要性

　　上海城市文脉正在不断地被挖掘。北面的杨树浦传统工业区，苏州河的 SOHO 区，多伦路、泰康路的文化艺术街，衡山路老洋房，外滩优秀保护性历史建筑等等，历史性的建筑或街区正以新的商业功能

在不断地运转。但是在上述的几个区域之间普遍地存在着"非历史性"的社区式建筑群。它们是构成城市特征的一种细胞单元。由于这些区域既不是我们憧憬的未来，也不是值得深挖的"历史文脉"，它正成为城市中的盲点。它代表了我们的今天，从更广泛意义来看，我们的城市发展应该基于这种骨架上滋生出来的发展才是真正的"可持续发展"。由于迅速发展，这些平民区域主要集中在外环线一带（内环线带也有少部分）。这些社区的路段都不长，以往（20世纪80年代前）是郊县的某个村或某个"队"。居民以前多为非城市户籍。20世纪90年代后，这些村、乡逐渐演变成新型的住居区，工业园区。虽然村里居住的基本格局延续至今，但原住民的户口已是城市户籍（见图1右）。他们的农田不存在了。这些"都市里最后的村庄"往往是我们所指的"城乡结合部"，它们在行政隶属上已划为某个区，但这些区里的各个职能部分却很难管理它们。村民们在习惯上还虚设了"村长"，以至于这些村有潜意识的"自治权"。这些外环线一带的村庄可能在城市规划蓝图中已有美好的明天，但这种未来是建立以土地批租形式上的。那么，他们将搬迁到何处呢？能不能再继续维系他们的村庄基础上发展呢？这一系列问题是价值在城市发展过程中探讨的。

图1　村民们根据自家功能需要而建起的违章建筑　现有村庄沿袭着80年代至90年代初的景象

3　态度

城市特征是多元化的，上海除了欧式旧建筑及本地中西合璧的石库门等建筑，还有大量的"本土"平房建筑群。从单体建筑来看，很近似于儿童画中的"房子"。简单的砖墙，"人"字形屋顶。我们不应该因为它们没有多余的"审美"价值或"历史"价值就忽视它。从城市再生的角度来看，它们和石库门里弄建筑是等值的。因为其明显地代表了一代平民阶级住宅构架。当这些近似儿童画地"房子"排列成若干小巷时，便具有一种生动社区景象。这种生动是来自于"原创原发"性。它们没有"里"和"弄"，只有巷与"非功能"性的自由"留白"。房子与房子之间平面布置几乎都是成角度的，没有一条直线的巷。它与里弄住宅最大的不同是：石库门里弄是历史时期内房地产和本地居住习惯的产物，是理性住宅设计的最高体现;而这些城市里的村庄是自由建造的结果（虽然在20世纪70、80年代村里也有几款标准图集），但每户在建造中根据自己的需要"篡改图纸";其二，里弄住宅是由营造社设计规划（尤其是新式里弄），并由专业营造公司施工，在里弄里是没有任何商铺的，相反这些平民村落是自己建造，且小巷里由各种功能杂铺（烟杂店、理发店、浴室等），它是既封闭又外向的小巷。其三，平民村落与里弄在形式上很大不同，它们没"半殖民半封建"建筑的烙印，它们是在江南大地理环境中最简单的细胞元素。最具有本土特征，白墙黑瓦虽不像江浙水乡村落那么考究，没有附加其外延部分的审美趣味，但它的骨架却很相似（砌筑房子基木形制及方法与江南一带的方法很像）。由于它们是城市中的"村庄"这一特征，使得他们很尴尬——既不能有效地传承江南大户人家的建筑风格，又不能以城市中讲究的审美来砌筑他们的生活空间，它们仿佛在经济条件的制约与城市发展压迫下找到了一条有效的缝隙。促使他们用最简单的方法来自我建设着有限的居所——达到了最原本的统一（功能与形式最简化的统一）。

城市里的村庄是上海外环一带最具有生动格局的部分。我们的城市特征某种意义上应该保留这些村庄。使得它们成为外环一带的"原创"性风景线。它们是"劳动人民"的一种基本城市生活方式。它们像一道不规则的"城墙"沿外环线展开，如果将内环线周边的高层建筑与外环线周围的村庄相比较，这些村庄在城市外围充当了环境艺术与建筑相混合的角色。

4 思考

排除这些村庄的脏、乱、差等管理因素，就这些村庄的构架来看还是有价值的。1、这些村的房子80%以上是居民自己盖的。当时（20世纪70~80年代）村里虽有统一的几款房型图纸，但每户人家在建造中根据不同的人口，建造了许多"违章建筑"，但却没有整体的不协调。为什么我们今天精心设计的楼盘有时反而显得单调？其实很简单，现在住宅设计是产业化条件下的设计，不会过多考虑住宅的空间变化，将其与都市村庄相比较有相同及更多的不同。例如，虹六村的民宅从单体建筑来看也很单调，当时村民的房屋是在标准图集下的几种选择，图集是一种产业化的设计，它与当今住宅房型套用本质是一样的。但随着时间推移加之人口增多等因素，村民们在自己的宅基地内对原有房屋进行了"再创造"，有的将内楼梯外置，有的搭建违章建筑，改变主入口（图1左）。抛开违章搭建这一层意义，这些村民的"再创造"改变了原先从图集而建成的房屋的单调，它们使得虹六村里的每家住宅都不相同。"再创造"的搭建暗示着住宅需要一种更活泼生动的空间，它超越于产业化的户型设计。2、每个村落的自然而有机地组合形成了若干小巷，小巷里有适量的社区服务（理发店、杂货店、酱油店、洗浴店等），这些小店离开每户人家都很便捷，但不重复过多。不是像我们新型住宅小区里的裙楼或商业配套的建筑体内反复出现同一种类的商店（美容中心、健身房、餐馆等），原因是小巷里的店铺大多是原住民开的，自己经营。而住宅区内的商业用房以店铺购买再以出租的形式经营，这其是一种房地产的经营模式。谁交了钱谁就来开店。这与"原始性"按需开店有着本质不同。小巷中的商铺是内向型的服务，遵从内部村民需求而进行调节。而新型小区内的商业用房则容易导致盲目重复开店。3、村庄内部的能源节能及再利用是值得学习的，我在虹中路上虹六村的曹家角及王家浜两个村落内发现设有浴室及开水间（老虎灶）。由于村民们都是低收入家庭，所以很注重节约水、电、煤费用。其实他们每户都有淋浴器，但小巷里的锅灶浴室生意还挺好。居民们认为既然有了一个浴室就不愿意花费自己的水电费洗浴；同时锅灶房又将热水加温成开水，以老虎灶形式的低廉价格提供给居民，其实这种方式是一种典型的节能循环利用，再者在这个村落内我竟然发现了居民们自觉的垃圾分类。原因很简单，他们是低收入人群，玻璃瓶，旧报纸等可再利用的垃圾他们都集中起来，可以卖钱。可见生活中的水准（节约、环保）与收入并不一定成正比。在有限的低收入情况下，村民们很懂得社区的公共资源。

5 问题

以虹中路虹六村举例：

(1) "脏、乱、差"是表面最大问题，究其原因是人口剧增，新增人口并非原住民，而是外来租房人员。拿曹家角为例，原住民只有60户。70~80年代曹家角是个"生产队"，属于虹六村，虹六村隶属虹桥乡后来虹桥乡属长宁区虹桥发展区管理。在此过程中农田已不存在，村民的收入大部分是靠出租自己的房子，原本村民一幢房子在150~220m²之间，现在分隔成以10m²为一间的若干空间租给外来人员，这样一幢房屋便多出十几个人，整个村庄人口便急剧上升，环境污染加重。

(2) 原住民对自己生活价值的彻底否定及失落。由于20世纪90年代虹桥乡的农田都改变为土地批租，整块的土地建成了星级商务大楼或高尚住宅小区。土地中多余的"边角料"便是我们看见的"都市里的村庄"——他们的村落骨架还在，是因为发展商很难利用这些零落的村庄土地变成商业用途，

与现在的"规模效应"建设不符合，于是便产生了一种风景，一边是上星级的大厦，一边是奄奄一息的村庄，两者只差几十米。这种对比，促使村民们对自身生活价值的彻底丧失。

(3) 治安问题：由于众多居民把房屋分割成若干间出租给外来人口，这就给当地的治安带来很难的管理。

(4) 就业问题：大多中年以上的原住民都认为他们已被时代淘汰，被周围的大楼所包围，这种心理态度，再加之没有一技之长很难找到工作。

(5) 居住问题：原住民本来的居住面积指标是远远大于市中心的人均面积的，但为了更多的收房租，自己却只住10~15m²的小房间。其次他们潜意识地认识到这里总有一天要拆迁，于是只能消极地等待"谈判"（拆迁费用），有许多房屋已破旧不堪，多处漏雨，也不维修，有的甚至是危房他们也不管。事实证明别的村庄里的村民拿到动迁费后购了新居，反而使他们更穷，因为新型住宅小区的生活成本要比他们原来村庄里要高得多。

6　对未来都市村庄的设想（以虹中路上的虹六村为具体案例）

在初步探讨了平民住宅的必要性及存在的问题后，应充分挖掘都市村庄的价值，发挥其潜能（主要指村庄里节约行为及建筑的多样性），在保留虹六村现有三个村庄（曹家角、王家浜、程家桥）的框架上作"可持续发展"的改造和适当的新建。这种可持续发展的建设包含四个方面因素：1、社会意义上的可持续发展；2、文脉及邻里关系的可持续发展；3、经济上的可持续发展；4、生态环境及节能的可持续发展。

社会意义上的可持续发展：它含盖了三个概念，社会的混合性，新产业（手工艺业）的注入，政府管理及支持。

社会的混合性：城市边缘地区的混合性似乎是与生俱来的。20世纪80年代末，这种混合主要表现为两种形式：（1）建筑物的混合，当时的建筑及小区级规划虽然不像现在呈现出各种风格，但由于民宅、商品住宅、村办企业楼房或合资厂房在体量尺度及功能不同形成了一种原始的变化，而今的住宅设计各种风格并存，但似乎难以避免几种房型套用的单调。前者是功能混合而导致不自觉的变化；后者是机械的功能主义前提下的单调设计。像虹中路地处边缘地带的村落是丰富多彩的有机物，无法用简单的粗黑线划分出不同的功能分区，因为居住、工作、劳动、商业等功能都是交叠面，若将其逐一分割并列的话，又会变成缺乏生动的"新社区"。（2）人群的混合，同样从20世纪90年代起，城市边缘的人群也呈立体交错的状态，原住民、新居民（置业者）、外来打工者、乡镇企业家等等，我们似乎永远无法将不同阶层的人在城市中彻底定位。如果说市中心已形成一定阶层居住区的"各就各位"，那么城市边缘地区应更趋向各阶层的组合，这种组合是各阶层间的交流。交流是涵盖了不同教育背景、不同职业的。其实它是社区安定的一种潜力。早在1870年，法国建筑师Jean-Baptiste andre godin就设计了一座集体宿舍，这一宿舍名叫Le Familistere，可供近千人居住，入住者主要是工人，当时遭到中产阶级反对，他们认为工人的集中地区将是不安定因素。后来随着时间推移，不同职业不同收入的社会阶层竟然都和谐地生活在一起，他们中有工人、演员、画家、医生等，这栋楼便成为著名的"乌托邦"住宅。

在本案中我们提倡不同阶层适当的混合。由于在整个社区的设计上保留了原有村庄的构架，这样便产生了村庄与村庄之间的空间，这些空间目前是少数的农田及垃圾堆放场或是些不明确场所，如图3。在此空地上将建立新的住宅区，同时在原村落的上空以"高架社区"的方式新建"架空住宅层"，这样在平面及垂直方向都形成了原住民与新居民（置物者）的参差，成为一种立体的社区，而非现行的"封闭式小区"。原村里的村民与新置业者的空间关系决定了他们之间相互交融，这种在原村庄构架上的"架空住宅层"消除了"新"与"旧"，"贫民"与"置业者"一墙之隔，从空间构架上给不同阶层人

群的共融提供了新的可能性。其次，这种"上层"与"下层"的关系并不是在形而上的意识形态模式，而是生动具体的新生事物——村民们保留着下部原住宅的使用产权，而他们也可以购买架空的新住宅，同时新居民（置业者）也可以租用下部村庄的民宅开店，原住民照样可以收到租金。提倡功能的适当混合，在虹中路将没有所谓"居住区"、"集中购物区"等硬划分，而是主张"生活——劳动／工作"一体化（在新产业注入详细说明）（图2，3，4）。

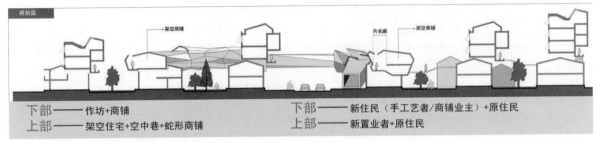

图2 村庄的纵向剖面

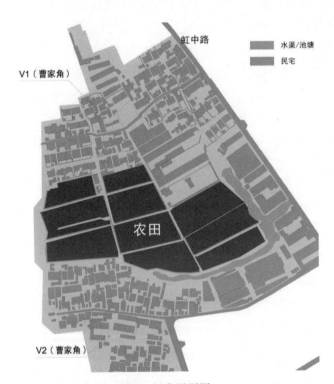

图3 村庄平面图

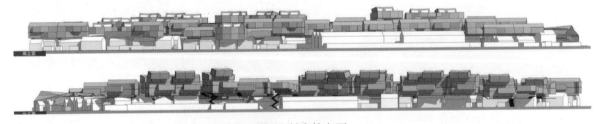

图4 村庄的立面

新产业（手工艺业）的注入：如上所述，虹六村作为一个社区并不是以"居住"为主线条，以"配套"为副线条那么简单，社区的生动性是在于不同功能的有机混合。对于奄奄一息的都市村庄来说更需要有新的血液注入。这种新血液不光是在规划层面上的新社区，它必须给这一区域带来新的生活，新的价值，新的工作。手工艺业似乎在整个城市产业中面临着同样与都市村庄一样的消极命运，不像20世

纪60、70年代，手工业在当今人们的生活中越来越疏远，逐渐被大专场或高档商厦中的名牌所代替。日用生活产品中极其缺乏以个体手工劳动的产品。比如在20世纪70年代人们还能从鞋匠铺里买到人工制做的鞋，从金属加工铺里买到手艺加工的金属制品，如今这种情况似乎已经不可能了。我们的消费能力消费质量确实提高了，但从另一个角度来看，我们的消费品种和我们的城市建设一样正在越来越趋于"非个性"，生产品与城市建筑一样变得缺乏地域特征，试想在意大利一些小商铺可以买到纯手工业的产品（如皮鞋、服装或玻璃制品等），他们的手工作坊没有消失，反而完全不同于大品牌产品，成为一种文化上的传承，有些手工艺已被纳入世界非物质文化遗产（如意大利穆拉诺岛上的手工玻璃制作）。上海在日趋国际化大都市的同时，好像缺乏了一些这类的手工产品。江南地区的手工艺业原本就很发达，如刺绣、陶艺、编织、古琴制作等，那么在当今有没有新的空间策略来让它继续存活呢？有，虹中路地段的虹六村（或外环线带中的村庄）很适合做这类手工艺者的小作坊，因为个体的手工劳动作坊对空间的要求并不大。在新建架空层内原有房屋会形成"阴影区"（太阳射不到的区域）可以改造成不住人的小作坊（无环境污染的手工业）或小型展示馆（介绍手工业）。在南北两个村庄之间的农田东侧，见图5，有一条蛇形连接体，它建立在现有仓库上方，现有仓库跨距都在6m以上，且进深较大，适宜作工坊。蛇形连接体将这些仓库从空中联系起来。由于仓库屋脊标高不同，使蛇形体在南北向产生了坡度。下部现有仓库以作坊形式出租给手工艺人，上方新架空的蛇形连接体是将各个种类手工艺连接起来，且下部的作坊都有上方蛇形体内相对应的展示空间（图5）。蛇形体内的长廊是到达每个展位的通道，它减少了人行道的人流；顾客也可以通过每个展位内的楼梯到达下部的工坊进行参观，形成劳动——展示——销售的空间过程。它与传统商店不同，顾客可以从成品展示一直参观到下部作坊内工艺过程，加强人们对手工艺的兴趣及了解。在这一区域还考虑到手工艺者的居住空间（图6）。它们嵌入现有仓库的屋脊，呈南北向。生活、劳动、展示、销售这一功能性过程形成了空间性的围合庭院，而不是距离式的生活区、工作区。它们更符合手工作坊特性。由于下部是单元性的作坊空间，上方是连接作用的展示空间，以及南北向的居住空间，这一构架在整体社区内形成了新的活体，它既可以成为社区的文化，又可以链接到更广泛的层面——面向国内一些优秀手工艺者或组织；同时村民们也能通过政府或手工业协会的支持培训，聘请到各地的高技艺师傅，以师傅带徒弟的传承方式带动原住民学手艺，恢复村民们对自身劳动价值的信心，比如在引进师傅的同时，村民们已可参与开设以手工业为主的作坊（鞋店、裁缝店，泥匠店，木制品店甚至包括某些失传的手工技艺），村民们也可以将自己的房屋或村里的仓库租给这些手工艺者开设店铺，边学习，边收取租金，这带给了村民们新的就业机会和经济循环，也可满足周边新居民日常生活需求。使社区内形成自身劳动生产的消费链带；同时也吸引各地具有高技艺的手工匠人，促进手工业的复苏，使得某些具有传统文化的手工艺得以保留。

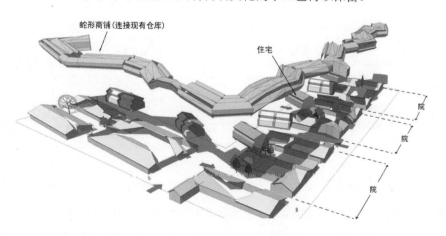

图5　架空在原村落仓库上方的蛇形建筑体
（将手工艺的制作、展示、销售通过上下连接，使之融合在固有的村落内）

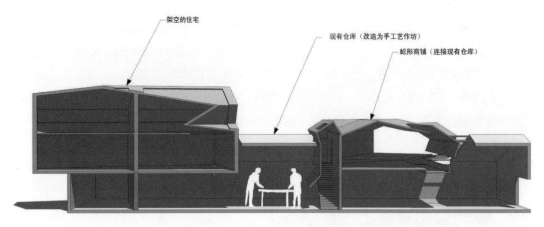

图6 手工作坊空间示意图

政府管理及支持：都市村庄的复兴很大程度上是依靠政府的支持及管理，这种模式不同于一般的土地批租，并没有成熟的经验或相应的政策，如：在原村落上新建的架空建筑是否符合现行的房产管理法规，它们脱离了地面。村庄的原房屋的产权是否归村民，他们的房屋使用权是否可以卖买，开发商若要求按此模式开发，土地批租的成本又该如何等等。其次由于原住民，新居民（置业者），手工艺者共同融合在同一社区（图7），现行的物业管理法规又该如何适用。发展商在对都市村庄投入之前，是否有优惠的政策等等。如果没有政府的管理支持，这一系列问题都导致都市村庄不可行。

图7 一个新型的不同阶层的混合社区（原住民、置业者、手工艺者）

文脉及邻里方面的可持续发展：虹中路虹六村，或城市的边缘地带往往呈现出一种与"文脉"不相干的状况，它们看上去既不是做工考究的老民宅，也不是历史上有"文化"典故的地区，那么何为"文脉"呢？在这里我所理解的"文脉"是特指具有普遍意义上的地域特征。它包括特定的地理环境，生活习惯、人情关系。例如，虹六村庄的骨架本质上是沿承了江南地理背景下的村庄构架，但它特殊地嫁接在上海的城市里，表面它们没有周庄、朱家角等周围小镇那么明显的建筑特征，当我们分析这些村庄的房子与小巷的骨架关系时，就会发现它们与江浙一带的小村落很相似。曹家角、王家浜这两个村庄内的小巷宽度与朱家角等水乡小镇几乎一样（图8）。原先这些村庄周边的水网很像水乡的格局，但由于它们处于上海，在建设的过程中这些水网在不同历史时期被埋没，显得毫无"江南特征"。然而恰恰是这些平凡的都市村落沿袭了"江南文脉"的普遍意义。"文脉"不应是金字塔的顶部，而是包括了支持精华部分的广大下部地域。若在城市发展中，这些都市村庄被认为是毫无价值的话，那么我们将丧失了具有金字塔下部的基础特征，使得位于顶部的某些被立法保护的村庄漂浮在空中，形成一种断层。基于这一考虑，以虹中路虹六村为例，在南北两个村落现有的基础上，进行上部架空社区的更新。"架空社区"是原有村落滋生的产物。它们是由"空中的巷"连接，与下部村庄里的小巷是一种垂直的映像关

系，且上部的"巷"可供人观赏四周或作短暂停留；"空中的巷"之间的关系与下部村庄的巷很相同，"空中住宅"的构架仿佛是新版的村庄，但比原来的村庄更有生命力，所以居民们的生活空间是沿用及发展了现有村庄格局的，从中滋生出来的新空间本质上沿用了江南地区院落住宅的方式，只不过它是"浮"在空中的新建筑，更趋向自由。其次"空中楼阁"虽说是一连体建筑，但它们在南北方向又能形成不同进深的"空中院落"，而每个"院落"的单体住宅内又与下部村庄有垂直向的关系。这样便产生了一种直观的上下沿继。

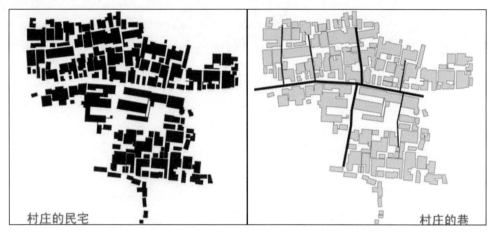

图8　村庄民居与巷的关系

由于这种沿继使得新住民及原住民都不会产生陌生的场所消失感，尤其对原住民来说，他们依旧维持了原来的邻里关系，不会像他们拿到动迁费后奔赴到一个陌生的场地，这一点对村里的老年人尤为重要。下部的村庄虽然保留，但同时很多房屋都进行了改善加固，使用产权仍然归村民所有，这使得他们有长期的安定感，加强了村民对自己家园的共识。这些村民与城市中心的家庭不同，他们以往是一家住在同一幢房，他们本质里其实是不愿意以"家庭分裂"的方式去购买不同地段的公寓住宅，例如：在曹家角村庄中，有许多家庭不愿意分开居住，即便是青年人，他们也是想与父辈住在同一房檐下，但他们很愿意被动迁，因为可以拿到不错的动迁费。然而习惯于三代同住一幢房屋的家庭毕竟还是不愿意"分家"。所以他们继续有可能过着大家庭的生活。也可以将自己的房屋出租给手工艺作为作坊，自己购买"架空的住宅"。无论哪种方式都会抑制现代社会中日趋严重的"家庭分裂"，邻里疏远的"公寓病"。"新架空的住宅"及新建的住宅区提供了新的自由。新建在原有农田上的住宅建筑之骨架是由传统的民间手工木质玩具"八卦锁"演化而来（图9）。八卦锁外形简单，但它的内部构件变化万千，它们通过"凹"与"凸"咬合产生意想不到的组合。我把各种凹凸的构件设想成住宅单元，并让它们像搭积木似地组合在一起，结果产生两种东西：（1）在整体建筑上产生了"凹"的空间或称之"虚"的空间，它作为公共性的非功能区域，可用于邻里交流、休息场所。（2）在每个单元住户内又形成了小型的"凹"空间，它是每户人家自己的非功能空间，用作内庭院，每一户型内庭院在住宅空间所处位置都不同。若我们把房间比作"实"，把内庭院比作"虚"（图10），那么这种"实"与"虚"相互转换变化和八卦锁的"凹"与"凸"相类似。"虚"代表非功能性或象征着交流，我把这一公共的非功能区称之为"空中站"，它是一种连接单元住户的过渡空间，邻里们常在此相遇。为了减少地面硬地面积，把更多区域让给农田，我们提倡"空中长廊"。在通常住宅区里，邻里们无法在空中交流，他们大多乘电梯到地面前往小区内的会所。邻里间的交流其实很简单，它只需要一种朴素而方便的空间即可。在本案设计中没有地面上所谓的会所，而是把一些茶室、娱乐等功能分散在各层面的"空中站"里。"空中站"又是各个"空中长廊"的交汇处，它可以减少电梯数量。同时长廊本身是江南园林特有的语言，将它与北侧冰梅纹墙结合在一起时，人们在其间行走可能会消除步行的单调风景（图11）。

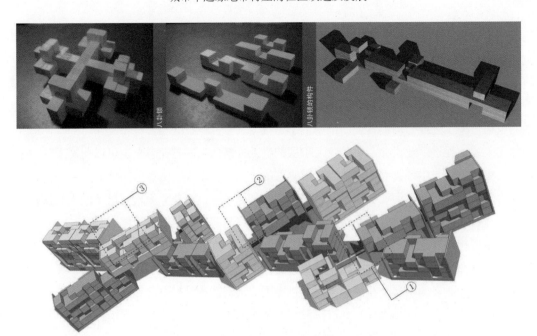

图9 八卦锁的演变到新建住宅建筑的骨架

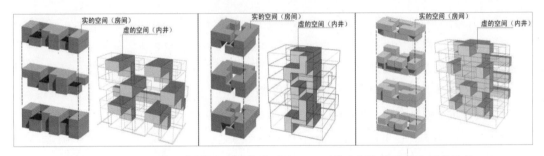

图10 三种不同房型"虚"与"实"的对比——功能空间与非功能空间的比较

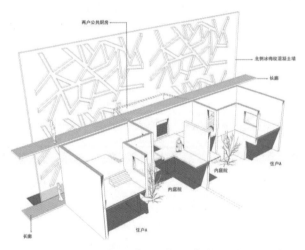

图11 "内院"与"长廊"的关系

综上所述，新建住宅的空间结构试图更具有本土地域特征，它不是怀旧或守旧，而是具有沿承关系的新事物。总体上来看，南北两个村庄的架空社区及建立在农田上的新住宅建筑，目的都是建立一个"非陌生感"场所，原住民与新居民在心里上不会产生对抗。这一场所是他们记忆中的空间感，并在此可延续一种和谐的邻里关系。

经济层面的可持续发展

目前村里是资源缺乏（人才缺乏、资金缺乏、失业率高），这一社区的村民不像中等收入家庭或有

技术能力的人群那样，具有最底线的抗风险能力。他们惟一的收入是把自己的房屋隔成若干小间出租或到周边地区的新建筑里做门卫、保洁等工作，他们惟一的技能也停留在发廊，自行车修理等服务上，而上述的手工艺业的注入将带动这里村民们。首先村民们仍然拥有自己房屋的使用产权，他们可以整幢出租给手工业者做为作坊使用（可按店铺租金出租），自己能以产权作为资本或靠收租金作为流动资金。同时他们可通过手工艺业的培训，或向师傅们学习技术，掌握一技之长，与手工作坊的师傅既是邻里关系又是师徒关系，促进就业机会。中等收入阶层的进入（新住宅的置业者）也可以购买下部村里手工作坊的产品，更主要的是中等收入阶层或高收入阶层的进入，可以改变贫民区的特征。手工艺业的稳固发展可以使得这一地区成为上海又一风景线，房价也可持续上涨，而非并像泡沫房价的人为操作。即便在房地产市场有所回落时，由于这种社区模式的独立性也将具有一定的抗风险能力。

生态环境可持续发展

水： 雨水的利用，虹六村的曹家角、王家浜这两个村庄地势都较低，以前是农田，硬地后来随之增多，一到降水量多时，大多数小巷都积水，且村庄里的排水管道是村里自己排的。不像市区排放雨水那么有效。村民们的房客（外来人员）有时将泔水或洗碗洗菜的污水直接倒入雨水井。这样便产生了两个方面的问题：雨水的浪费及雨水排放受阻导致雨季积水，若有效地收集雨水，可用于卫生间的马桶冲刷，或用于浇灌，同时也解决了雨季积水的问题。雨水收集包括两个内容，一是在整个场地内设计敞开式的雨水收集沟，它们主要有组织地收集地面及建筑物所流径的雨水，再流入雨水池（经过简单的非化学性的过滤）供居民冲洗马桶用，开敞的明沟可与环境艺术设计相结合，为了保证一定的水质，明沟与明沟之间与雨水收集池之间必须是一种流动循环状态，且开敞的明沟上可种水生植物，这样便自然而然地构成了社区内的环境艺术，而不是目前某些小区的所谓"人性化"的喷水池；第二方面内容是住宅内具有一定空间容量来收集雨水，我在两个村庄之间的新建公寓住宅内设计了一些"非功能"的内院，在这些内院里可以种植物，也可以收集雨水。内院的构造是从"石库门"的"内井"沿续而来的。住宅内部的雨水收集可以减少地面雨水收集靠水泵输送的压力，上述收集雨水的方法既是节水，也是减少积水的方法之一。雨水的利用（冲刷马桶及浇灌）与循环水系统都是基本的节水方法，而前者更趋于环境艺术的结合（图12）。

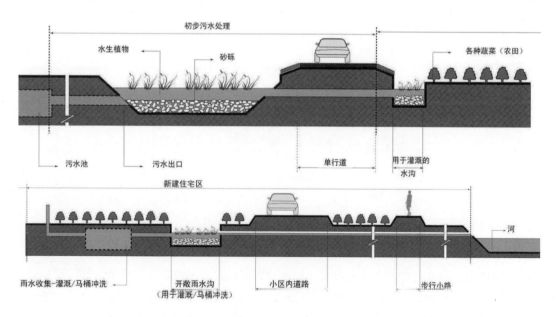

图12 水的循环利用与环境艺术相结合

生活污水： 目前虹六村西面某些被荒废的农田可改造成人工湿地，人造湿地也许是一种自然状态下简单的初步净化方法之一，从污水池流出的污水经过一定容量的人造湿地后，某些细菌在湿地的上部被

治理，而污水中另一部分细菌被沉积在湿地底部，续而再流向一个过滤池，这是初级阶段"讨氧"作用下的污水处理，可以用于浇灌，它与生物过滤池一样，是一种无污染的环保过滤处理方法。同时人造湿地又是社区内的生态有氧空调，它比水泥硬质地面对温度的反映迟钝，当环境温度急剧变化时，它能通过吸收和释放热量来维持周围气温相对稳定。

虹六村现在有几处零星的"半死不活"的田农及池塘，这些池塘以前都与"蒲汇塘"（河名）相连，若将它们整合成片状的人造湿地（或农田），是既有环境审美又具有功能意义的做法。

垃圾问题： 在以上章节（4）中谈到目前村民们很自觉地对垃圾进行分类，是因为分类后的垃圾可以买钱，在此基础上可继续将垃圾细分为五种：纸、金属罐、玻璃、塑料及有机废物，每一类都设有专用的垃圾箱，这样可以改变村民们从一大垃圾桶里经过挑捡分类的作法，也使得村民更有效更卫生地从不同种类的垃圾箱中获得他们需要买钱的垃圾。

沼气池的可能性： 虹六村的"曹家角"、"王家浜"这两个村庄都以液化气罐为主要燃料能源（除了沿街面的好几处人家外）。对于他们来说无论是液化气罐还是天然气，都很节省，通常表现在尽量不在家中洗澡或对烧饭时间的控制等等，同时他们部分人家仍保留使用化粪池的传统作法（每二三户一个）。若在村庄内把污水池或化粪池与沼气相结合，是否可以把沼气作为一种补充性的燃烧能源呢？这样既可以使每户家庭节省了燃料费用，又可以减少地下管道的敷设。

以上相关的节能方式是以自然状况下"低技术"的土方法，它们趋向于自然化，都可以有效地与环境艺术相嫁接，自然而然地形成都市村庄的"节能性"景观艺术。对于虹六村的村民来说也是较为简便的初步节能方法。通过对虹中路虹六村的设计，旨在探讨未来"都市村庄"的一种新的可能性，它不是一个孤立的图解式的设计，而是综合上述多种因素的系统设计，需要各学科的专家达成某种共识。

结束语： 上海的城市发展应呈现出多元化，它是在"江南大地理环境"背景下，深刻地烙下西方文化的烙印，使得两种文化在城市各个区域中呈现丰富的形态。外环线一带的"都市村庄"更表达出一种独特的地域性，它们应该是与市区的"高技术"繁华区互相平行的两种同等价值的社区，它们代表着平民住宅的一般特征，市区某些建筑群落往往会越来越"国际化"，逐渐丧失地域性；而"都市村庄"正相反，它们具有面向未来可持续发展的空间潜力，使上海的外环线一带表达出一种既有历史的骨架又有新发展的环城"地域风景带"。尤其在今天城市发展已更多地被认为是"城市再生"时，那么我们就要清楚地看见从何"再生"，"再生"之"本"又在何处，这种"本"应该在更广泛层面上的探讨。

基于和谐社会思想的新型农村社区规划模式探讨

A Study on the Planning Pattern of New Rural Community Based on Social Harmony

刘峘　夏青　崔楠

LIU Huan, XIA Qing and CUI Nan

天津大学建筑学院

School of Architecture, Tianjin University, Tianjin

关键词：　和谐社会、合作化、农村社区、整体开发

摘　要：　农村的建设与发展不仅关系到亿万农民的切身利益，而且对促进我国城镇化健康发展、解决"三农"问题、构建和谐社会都起着重要作用。但目前我国的村庄建设由于缺乏科学的规划指导，对提升村庄整体环境进而带动村镇经济的发展所起的作用并不明显。基于此，本文以河南省新乡县龙泉村的整体改造规划为例，以合作化思想为借鉴，提出了农村社区合作化开发模式，作为一种适合我国农村社会的农民社区整体开发模式的探讨。

Keywords: Social harmony, cooperative, rural community, overall development

Abstract: The construction and development of rural area is not only of concern to billions of peasantry, but also affect on the healthy development of the urbanization of our country. It's also very important to the salvation of the "three rural problems" and the construction of social harmony. But the present situation is, the constructions of rural area in our country are not based on guidance overall planning, and thus have not obvious effect improving the rural environment and pushing the rural economic forward. Therefore, based on the study of Longquan village, Xinxiang county as example, we drew on the experience of the rural cooperative thought, and have posed a cooperative develop pattern of rural area to make an inquiry into an overall develop pattern of rural area suited to domestic conditions.

1　问题的提出

中国是发展中的农业大国，近 70% 的人口生活在农村。村镇的建设与发展不仅关系到亿万农民的切身利益，而且对促进我国城镇化的健康发展、解决"三农"问题、构建和谐社会都起着重要作用，因此，对村庄规划与建设问题的研究越来越受到有关各方的高度关注。在此背景下，农村社区规划建设的适宜性模式研究尤其具有现实意义。

1.1　缺乏规划指导的农村自建热潮

近年来，随着国家"三农"政策的不断落实以及农村经济的不断发展，农民致富后自主性建房的热情大为增长，热潮持续不断。据中国统计年鉴数据显示，近十年来的农村住宅年建设量一直保持在 6 亿平方米以上。在 1999~2004 年这五年当中，中国农村个人投资新建住宅 36.1 亿平方米，平均每年 7.21 亿平方米，农村居民消费支出中居住消费支出占总支出的比例达 16%。用于居住的消费成为仅次于食品消费的第二大支出项（数据来源：中国统计年鉴，2004）。2003 年，农村居民居住支出人均 308 元，比上年增加 8 元，增长 2.7%。在居住支出中，购建房屋支出增速加快。其中，建房支出 131 元，增加 13 元，增长 11%；购买住房支出 25 元，增加 4 元，增长 19.3%，住房装修支出 21 元，增加 11 元，增长一倍（数据来源：国家统计局农村社会经济调查总队，2004）。

但就目前的建设情况来看，大多属于农民自发的住宅建设和小规模改造行为，缺乏政府有关部门的必要监督和指导，存在相当普遍的盲目性，往往导致农村聚落的无序发展。而且，这种缺乏统一规划指导的自发建设，没有改善目前农村基础设施落后、环境混乱、乱占耕地的普遍情况，对完善村落功能布局、合理利用土地几乎毫无益处。虽然也有少数村庄进行大规模改造，但大多缺乏科学的规划指导，且普遍存在村庄建设管理薄弱的问题。因此对提升村庄整体环境进而带动村镇经济的发展所起的作用并不明显。对将来的开发建设而言，重新调整的代价必然昂贵。

1.2 村镇建设研究概况

目前，建筑学界的村镇研究多从传统文化的保护与继承发扬角度入手，侧重于传统村落的物质形态、景观特点、场景氛围、单体造型与传统文化的影响等方面的分析；也有从节能、生态等方面进行的村居建筑研究，主要以单体住宅为对象，着重探讨传统村居建造手段与新科技的结合。

就城市规划学界而言，则一直存在着较为明显的"城市中心"偏向，对农村地区关注不够，较少涉及农村腹地。长期的理论与实践方面的忽视使得我们在 1980 年代初农村经济迅速发展时期，没有及时针对农村的建房热潮提出相应的规划部署，以致错过了对农村进行空间调整和改造的最佳时机，对农村建设的长期发展造成了一定的不利影响。近年来，随着国家对"三农"问题的日益重视以及对城乡矛盾认识的不断深入，规划界的研究范围逐渐开始涉及农村建设领域。但是，由于我们对农村地域发生的重大变化仍缺乏足够的理论准备和实践经验，因此，在规划编制中，常依照以往经验，或将大城市的规划理论、方法缩小套用，或将编制城市某居住区规划的程序、模式放大套用，难以形成有针对性和可操作性的乡村建设指导，更难以得到农村居民的文化认同。实践上的就村论村、就方案论方案，没有将问题提升到更高的社会经济层次来考虑，缺乏与制度层面的紧密结合，导致乡村建设理论方面至今也没有形成普遍适用于更广泛区域的农村住区开发模式。

2 新型农村社区规划模式构想

在农民建房热潮持续不断而农村规划理论准备不够充分的情况下，零散开发显然已经不适应时代的发展需要。上述问题需要我们做出相应工作，探讨一种适合我国农村社会发展情况的农村开发模式，用以指导更为广泛区域的农村居住建设。

2.1 蕴含和谐社会思想的合作化思想

农村建设思想是毛泽东思想体系的重要组成部分，其中的农业合作化探索与实践，成为我国 20 世纪后半期推进农业现代化的主题。从"劳动互助社"到"人民公社"，建立社会主义农业组织成为当时共产主义农业改造观发展和实践的主线。其实质是把农民统一在集体经济组织内走共同富裕的道路，以此解决个体经济与规模经济的矛盾。在一定意义上，人民公社是一个高效率的组织，解决了历史上长期没有被解决的一些问题（如农田水利、农村教育、农村医疗），从而大幅度提高了农业生产率。

但是，在人民公社时期，推行工作的过度强硬使合作化思想的原始初衷没有得以有效发挥。1980年代初，"中国农民以'18 个血手印'式的决心冒死冲垮了人民公社"（秦晖，2004）。其后，政府推行了以提高生产效率为中心的家庭联产承包责任制改革，大大促进了农村生产力的发展。

家庭联产承包责任制虽在农村经济发展中起到重要作用，但在一定程度上也削弱了农村组织化的程度，导致农民凝聚力丧失。这种分散状态限制了生产的进一步发展、降低了农村的自我公共管理能力，致使农村公共设施、医疗卫生、技术服务、文化生活等公共服务丧失，还导致了如前文所述的村庄无序发展建设等被动情况。随着市场经济体制的逐渐完善，经济主体的竞争也愈发激烈，个体农民往往因单

打独斗而处于竞争的劣势，逐渐被排挤到边缘，沦为社会的弱势群体，合法权益得不到保障，诸多矛盾凸现，亟待解决。

在这种情况下，尤其是在当前我国政府提出的构建社会主义和谐社会战略构想大背景下，当我们重新审视农业合作化思想以及人民公社这一高效的组织时，不难发现，合作化思想有许多地方与和谐社会思想若合符节：构建社会主义和谐社会，实质上是构建一个民主法治、公平正义、诚信友爱、充满活力、安定有序、人与自然和谐相处的社会，而合作化思想的基础就是平等合作、和谐互助、团结致富；和谐社会应当是一个各方面利益关系得到有效协调的社会，运筹得当，社会管理体制不断创新和健全，各类社会资源互相促进而又互相制衡，用尽可能低的社会成本，最大限度地发挥社会资源的作用，而合作化组织恰恰是基于互助的协调高效、节约社会成本的组织系统。可以说，去除了消极因素的合作化思想蕴含了朴素的和谐社会思想。

基于此，越来越多的人认识到，合作化思想才是一条解决"三农"问题、构建和谐社会的可行途径，个体农民平等互助地组织起来，既适应市场经济的发展需要，又有助于农民规避风险、实现共同富裕。随着促进农民的精神自立、提高农民组织化程度的呼声渐高，中央正在酝酿出台推动发展新型合作社的法律政策，也有不少有识之士已经开始在农村开展推广合作社、建设新乡村的志愿工作。

上述基于和谐社会思想的合作化模式对城市规划工作也有相当大的启发，如将合作化模式引伸至城市规划领域，则许多目前存在的农村建设问题或可得到合理、有效的解决。

2.2 合作化思想在和谐社会框架下的"复兴"——农村合作化整体开发模式

实际上，我国目前也不乏沿袭农业合作社和人民公社思想，走集体化道路致富的村镇，如河南省临颍县南街村、江苏省江阴县华西村、天津市大邱庄等等。这其中，河南省新乡县的公社发展历史尤为悠久，是我国社会主义新农村的典范。新乡县的第一个合作化专区七里营（也是全国第一个合作化专区，1958年毛主席在视察七里营后赞扬"人民公社好"）及下辖的刘庄村、"乡村都市"小冀镇东街村（京华实业公司）、朗公庙镇大泉村、凤泉区耿庄村等，皆以走合作化道路集体致富而闻名遐迩，成为构建社会主义和谐社会的典型范例。而上述村镇的规划建设，也基本都是由全村集体统一出资兴建、统一规划、集体运作、共通建设的。整体开发建设后的村庄布局井然有序，生态环境良好，基础设施完善，不仅与无序建设的普通村庄相比较优势明显，更堪与诸多城市住区比肩。

南街村面貌　　　　　华西村风情　　　　　大邱庄农居　　　　　刘庄村鸟瞰

图1　集体致富的农村风貌

2.2.1 "农村合作化整体开发模式"的雏形

溯本穷源，我们在人民公社时期的文献中就能看到合作化建设的优越性了。如1958年《七里营人民公社》中提出的"四十化"标准，对公社的规划建设就有着如下要求：

"住宅新式化——根据群众收入水平的提高，新建房屋进行统一规划，全部建成新式房子；

房屋公有化——为了适应统一规划和生产的需要，经过群众大辩论、宣布房屋公有化，农民可以根据需要进行必要的调整和规划；

公共建筑规划化——从 1958 年开始，所有公共建设，如工厂、学校、文娱场所等，必须经过规划后进行建设，力求正规；

农村城市化——1958 年建成社员文化宫、食堂、电影院、浴池、商店、理发部、公园、图书馆……使广大社员劳动之余暇可以尽情地休息、娱乐，使七里营逐步变成新型的农庄。"（徐占奇、王玉堂，1958）

2.2.2 "农村合作化整体开发模式"的意义

虽然文献对公社的规划建设所述内容言辞不多亦不甚精准，但我们仍可看出合作化思想对村庄建设的指导作用以及村镇整体开发所拥有的其他模式不可比拟的优越性：

首先，虽然个体农民自建住宅在功能上符合实际生活之需。但当前我国农民的整体素质及能力决定了其个体投资建房的水平较低，与周边的协调能力较差。合作化的整体开发模式，有利于村庄的合理布局，也便于明确功能分区，以符合生产、生活的需要。在形体设计方面，也可保持传统地方特色与村庄整体环境的和谐一致。

其次，目前我国村镇规模较小，布局分散，大多数村镇普遍存在着基础设施不足、道路系统分工不清、给排水设施不齐全、公共设施标准较低等问题。整体开发模式则是解决这一问题的有效途径。统一规划、集体投资有利于公共建筑的有效配置，有助于对交通和通信等基础设施采取更大的投资倾斜，不仅方便村民享受现代文明建设的成果，更能以基础设施和道路建设为突破口，带动整个村镇建设的全面发展。

第三，这种模式便于村级政府的统一管理和指挥，有利于统筹安排，使土地资源能够得到合理的配置，高效节约土地、水资源和能源，并能集中使用城市公共设施。这对于我们建立"节约型社会"、走"资源节约型"的城市化道路是非常有益的一种探索。

第四，在目前村镇建设已成为农村经济新的增长点的背景下，农村社区合作化建设有利于解决投资风险问题，从而提高村庄整体的竞争实力。

3 案例研究：河南省新乡市龙泉村社区开发规划

3.1 龙泉村概况

河南省新乡市七里营镇龙泉村位于河南省新乡市区西南 10km 处，地处豫北平原黄河故道。紧靠京广铁路，东临京珠高速公路和 107 国道，新修的青龙路沿村境而过，人民胜利渠和东三干渠从东、西、北三面环绕。区位优势明显，交通便利，水利条件优越。截至 2004 年底，全村占地 600 亩，共有村民 756 户，人口 3456 人。

该村一直延承人民公社制度，是走集体化道路致富的典范，工业发达，经济水平快速上升，教育、医疗、公益等各项事业蓬勃发展。精神文明建设更成为龙泉的特色和标志，村内的"好媳妇"、"好婆婆"等评选活动更成为该村民风塑造的一大特色活动，整体上提升了社会文明程度。全村民风纯正，社会长期稳定，实现了集体由贫穷变为富裕、由富裕变为文明的历史飞跃。先后被省、市、文明委授予小康示范村、明星村、"国家级文明村"等光荣称号，可谓名副其实的文明富裕村。由于龙泉村走集体化道路，物质、精神文明建设成绩卓越，因而引起党和国家领导人关注，温家宝总理和胡锦涛总书记先后于 2004 年和 2005 年视察了龙泉村，并且高度评价了龙泉村为构建和谐社会所作的努力。

伴随经济富裕及人口的增长，龙泉村的村庄建设也在不断地进行改造，20世纪70年代和80年代，曾先后进行了两次村庄整体改造，创造了整齐、卫生的村居环境，大大改善了村民的居住条件。目前，龙泉村已经具备集体富裕的社会主义新农村雏形，但是，囿于当时的认识水平，1980年代的整体改造缺少环境绿化的建设和社区活动场所的配套，住宅形式也比较单一、呆板，住宅功能和标准也已经不能满足村民需要。为了适应农民现代化生活的需求，村庄的再次改造成为龙泉村农民的集体愿望和切实需要。2005年初，第三次整体改造项目规划开始启动。

3.2 龙泉村农村社区整体改造规划

3.2.1 "合作化"整体改造规划要点

3.2.1.1 村民参与和规划指导

农村居民的参与有利于居民主体地位的实现及社区整体空间环境的可持续发展，因此，在规划工作伊始，便在全村建立了"广泛参与"的社区营造机制。这里所谓的"广泛参与"包括两层含义：其一是社区营造参与主体的广泛性；其二是参与活动内容的广泛性及参与过程的持续性。在这里，合作公社的优势初步显现，在规划工作进行中，村民意见由村委会有效地组织征集，普及性广，村民热情参与，反馈准确迅速。基于这种快速有效的反馈机制，我们得以较为全面地了解村民需求，并有针对性地进行单体设计和整体规划。

根据村民对现状问题的反映及改造要求，规划采纳其中合理意见，以此为基础进行科学的方案设计与规划指导。把握农村社区整体空间形态与开发时序安排，并针对龙泉村缺少绿化及公共活动场所、布局呆板、建筑形式单一等现状问题，制定出反映村庄实际情况、解决村庄具体问题的规划设计方案。在规划中，引入社区的概念，引导、协调村民创建新型农村居住社区。

3.2.1.2 基址扩充

龙泉村原址宅基地占地约40hm²（640亩），考虑到新村建设的日照、交通、户型等方面的要求以及全村人口增长的实际需求，本次规划用地适当扩充至50hm²（800亩）左右，并将扩大的用地处理为一个较为独立的组团，以便分期建设。

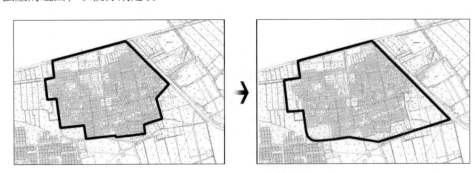

图2　基址扩充示意

3.2.1.3 和谐邻里关系的社区营造

规划坚持节约用地、合理布局、有利生产、方便生活的原则，采用低层高密度的规划手法，保护现有的生态系统和城市肌理，尽量保护现有树木与水系，遵循原有的街道尺度和空间体量关系，并充分考虑村民的交往需求，力求依照村民意愿，创造亲切、熟悉的邻里环境，营造和谐的邻里关系。

以现有的大型毛主席塑像作为社区的标志性景观，并以此为核心，围绕中心广场设置村委会、集团

办公楼、幼儿园、社区综合活动中心和社区商业服务中心等公共建筑，形成村庄文化中心，解决现状公共活动场所缺失的问题，以适应龙泉村经常性的村集体活动需要。

依托原有乡间道路网架，依地势变化随弯就直地规划村庄道路。考虑高压线走向、水渠的位置以及建设的可操作性，将龙泉村划分为8个组团。社区结构清晰活泼，既有助于增强社区的凝聚力，又便于分期开发实施。根据用地特点，吸收传统村庄街巷空间特色，创建尺度宜人的住宅组团空间，促进新农村社区家园归属感的营造和田园特色的继承和发扬。

各组团均以中心公建组团为核心，组团内部空间组织与居民交往相结合，避免简单的正南北向排列。按照乡村生活特点，强化街巷空间的交往作用，与院落出入口相结合，形成可驻足闲聊的交往空间，促进邻里关系的建立，增强村民认同感与归属感。

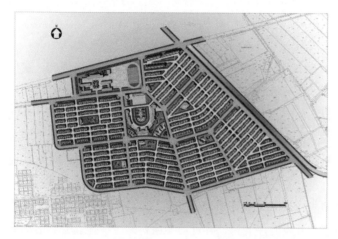
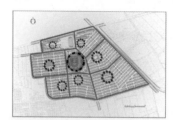

图3　规划总平面

3.2.1.4　发扬田园特色的绿化系统

针对龙泉村1980年代第二次改建遗留的绿化缺失问题，规划结合用地内已有的树木、水体等自然环境，以中心广场为景观核心，展开了由点、线、面构成的绿化和景观系统。特别是每个组团均设置一定规模的集中绿地，使得每个组团的绿化景观也能够自成系统。绿地系统建设充分尊重地段现有生态环境，力求保持与发扬农村的田园特色。

3.2.1.5　体现村居特色的住宅设计

在城市住宅建设中，由于住宅建造前住户对象不易明确，住户参与设计不易实施。而在龙泉村，合作化的建设模式使得住户参与设计成为可能。同时，通过居民在设计过程中的参与，也可提高其对住区环境和居住质量的认识水平，有利于新村建设工作的顺利实施，以达到长远的村落环境的改善与发展。

住宅设计以现代村镇居民居住行为和生活需求为依据，根据村委集中的村民意见，延续传统民居建筑空间亲切宜人的尺度，确定以二层联排别墅为主的建筑形式。造型以坡顶为主，平、坡结合，高低错落，生动活泼，便于多样组合。几种户型外观既统一又有区别，有利于形成村庄的整体和谐特色。各个院落占地宽绰，南向布置，前、后均设置出入口，充分满足村民交往需求和园艺种植的需要。

规划住宅建筑面积21.25万平方米，包括公寓1.73万平方米，别墅19.52万平方米，可容纳850户村民，户均建筑面积203.93m²。充分考虑村民的居住功能空间关系，满足村民多代同堂居住需要以及各功能空间的不同使用要求，减少相互干扰，实现公私分离、食寝分离和洁污分离；并考虑当地的生活文化特征、传统和居住习惯，力求设计出具有龙泉村特色、满足当地居民使用的新型农村住宅建筑。

A户型：建筑面积205.74平方米　　　　　　　　B户型：建筑面积250.92平方米

图4　部分户型示意

3.2.2 "合作化"的整体改造开发模式

龙泉村新型农村社区的开发不同于其他非集体经济村落农民自筹资金的方式，全部由集体集资，统一委托规划，共同建设实施。全村迁、建等环节的各个程序均由集体统一安排，村民除在初期参与方案意见及其后的监督之外，无须个人资金投入。新建住宅由集体按劳、需分配，老、弱、病、残优先配给。

在开发建设中，从实际出发，以有利生产、方便生活为原则，进行分片、分阶段局部推移性开发模式，滚动发展。首先启动基址扩充用地的新组团建设，建成后迁入部分村民，并对这部分村民腾出的旧村用地进行改造，以此类推，逐步实施，使新社区建设与旧村改造融为一体，形成良性循环。由于低层住宅的建造速度快，建设周期较短，因而通过合理的时序安排，用两年左右时间即可完成全村的整体改造。这种开发模式是建立在合作化制度基础上的，具有较强的灵活性和良好的可操作性，充分体现了集体互助开发的优越性。

4　结语

通过龙泉村整体改造规划实践，笔者认为与农民自发性的零散开发相比较，对村庄实施整体开发、集体运作、共建家园应是适合我国国情及农村发展实际的一种模式。这种运作模式有利于体现和维护社会公平、保护农民合法权益、保持农村社会稳定，也更符合当前我国构建社会主义和谐社会的主旨，也许可以成为未来农民社区开发的一种发展方向。

参考文献

中华人民共和国国家统计局．中国统计年鉴2004．北京：中国统计出版社，2004

中国社会科学院农村发展研究所，国家统计局农村社会经济调查总队．2003~2004年：中国农村经济形势分析与预测．北京：社会科学文献出版社，2004

宋连生．总路线、大跃进、人民公社化运动始末．昆明：云南人民出版社，2002

张乐天．告别理想——人民公社制度研究．上海：东方出版中心，1998

张遂，马慧琴．中国三农问题研究．北京：中国财政经济出版社，2003

席佳铭，王晓靖，戴红梅．社会主义和谐社会的内涵．理论前沿，2005(8)

邓伟志．论"和谐社会"．新华文摘，2005(6)

新乡县史志编纂委员会．新乡县志，北京：生活·读书·新知三联书店出版，1991

杨风超等．坚定地走共同富裕的社会主义道路——论河南省新乡市刘庄的历史巨变．纪念中国共产党成立七十周年学术讨论会，1991

牛建国．新乡农村之星．北京：中国工人出版社，1991

徐占奇，王玉堂．七里营人民公社．北京：轻工业出版社，1958

赵秀玲，剧义文．中国乡村城市化概论．开封：河南大学出版社，1997

http://www.snzg.net/（三农中国网）

http://news.3nong.org/（大学生支农调研网）

城镇化进程中旧住区改造的模式与相关问题

Modes and Related Issues of Old Housing Area Renovation during Urbanization Course

孙骅声

SUN Huasheng

中国城市规划设计研究院

China Academy of Urban Planning & Design, Beijing

关键词： 城镇化、旧住区改造

摘　要： 本论文作者认为，当前中国的城镇化特点，已引发出旧住区改造的不同模式。由于城镇中两种土地所有制的并存，更增加不同模式的多样性。在回顾数十年城镇旧住区改造的实践之后，作者归纳出旧住区改造的若干模式及相关问题，并提出面对这些复杂问题在改造的可持续性、控制、处理、策划与规划以及实施管理等方面的对策与建议。

Keywords: urbanization, old Housing Area Renovation

Abstract: The author reckons that the various renovation modes of old housing area in cities and towns have already been produced. They were caused, infuenced even pushed during the process of urbanization and particularly, by the new features of current urbanization course in China. Since the co-existence of two systems of land ownership in cities and towns, the variety of renovation mode has to be more increased. By viewing back to the practice of renovation in past decades, the author sums up the different modes with their related issues, countermeasures and recommendations in renovation sustainability, control ways, management options, programming and planning, as well as administration for implementing plans and measures.

1　当前中国城镇化的特点及其对旧住区改造模式的作用

当前中国城镇化的特点有如下几方面：

第一，城镇化的发展开始加速，显然是由于经济的发展而引起的，然而，城镇化的速率却赶不上工业化发展的速率（图 1）。由于过去常年对城镇户口的严格控制，尽管近年来大量农民进城打工，但仍然极少出现城镇化速率超过工业化速率的城镇。

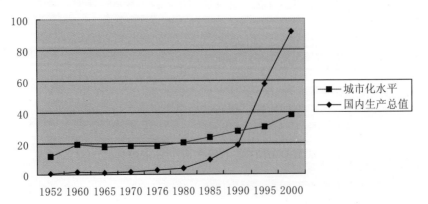

图 1　中国国民经济发展与城市化水平的关系（引自靳东晓编《城市规划原理》）

第二，城镇化现象的产生，不仅是由于农民进城打工，形成所谓"第三元"的暂住族群，而且还有相当比例的其他移民进入城镇，加上原住民一起从事非农产业，提高了城镇中第二、第三产业的比重，也增加了城镇中从事二、三产业的人口比例。

第三，第三元的暂住族群几乎都来自农村。他们进城打工，虽然居住条件非常低下，但在农村还保留土地住房和宅基地，还可以分享集体所有制土地上产生的效益，尽管很低。在城市里对部分国有土地上的住宅、公共设施以及城市公有设施，也有合理的使用需求。

第四，城镇化发展的水平，不仅在全国的东南部、中部、西部、东北等大区域之间存在差异，在一个省内不同区域之间的差异也很明显，而且差异有加大的趋势。例如珠江三角洲区域的城镇化水平已超过80%，深圳市已达100%。而内陆有的省份与城市尚在26%~47%之间（据不完全统计）。

第五，按传统的概念，城镇化过程主要表现为农民自农村迁入城镇从事非农产业，这部分第三元族群有较强的流动性和暂住性，而某些发达地区的当地农民，早已不再从事农业生产而改行做非农产业，于是出现当地村镇的原住民就地农转非的现象。加上政府的引导与安排，在经过"五转"（农村户口转为城市户口，集体所有制土地转为国有，村镇建制改为街道办事处与居民委员会组织，集体福利转为市民多项保障，村委会经营转为股份公司经营）之后，就正式形成原村镇的就地城市化了。

第六，由于城镇化的发展已步入快速起步期（1998年全国城市化水平达30.4%，2000年达36.09%，2004年接近40%），加之前述所列一些特点，就不仅促使一些大中城市的城市化水平快速提高，而且更促进了小城镇的发展。在一些经济发达的省份，如浙江省，由于进一步推行改革开放的措施，尤其是民营企业的蓬勃发展。更增加了小城镇成长的动力。广东省的东莞市下属的许多镇，国内生产总值早已超过百亿，主要从外资投入"三来一补"生产开始起步，促使各镇兴旺发达，城镇化水平快速提高。

第七，中国的城镇化对解决"三农"问题至关重要。这一点被越来越深刻地认同，而且已取得初步的成效。

以上几点，反映出城镇化发展在中国的特色。它们不同于西方发达国家和南美、非洲国家的城市化，也不能百分百地套用Northam、Davis等学者的理论。

那么，城镇化的发展与旧住区改造模式是什么关系呢？如何起作用？笔者认为，二者的连接点不是直接的，而是间接的。现阶段旧住区改造的实质是基于城镇化的快速发展。其间，城镇内产业结构的调正，第二、第三产业比重的增加，一方面增加了对劳动力的需求，也为打工一族进入城市谋生提供了就业空间；另一方面也必然引起土地使用的转换，造成原有城区和住区的改造，而住区改造的不同地段和不同的人口必然产生不同的改造模式。这一链条的衔接，展示了城镇化过程中工业化发展和城镇整体经济水平的提高，如城市人口数量上的增长和对居住起码条件或高端生活水准的需求，乡镇原住民经济收入的转化和从业门类的变化，城中村的存在和它在城镇化过程中在居住功能上的角色等等。所有这些可以说是宏观层面的相互关联。

在微观层面上，旧住区改造的动力除上述外，还包括城市政府对整体环境包括投资环境改善所做的一切，以及城市房地产业发展带来对土地空间的需求等等。这些也都会产生旧住区改造的不同模式。

从以上几点可以看出，被卷入城镇化过程的人群和他们的居住状况，可归纳为以下几类：

(1) 由农村进入城镇的打工一族，他们当中大部分租住廉租屋和城中村内的出租屋，其余住工厂集体宿舍及其他；

(2) 外省市非农业人口进入城镇参加第二或第三产业领域工作的工薪人群，开始时大部分租住廉租房或旧福利住房，有些住在单位提供的宿舍中，待收入积累足够时再买小套商品房或二手福利房；

(3) 东南沿海城市的城中村中原农民，绝大部分已从事商业服务业，仍住在分配到的集体所有制土地（宅基地）上自建的私有住房内，其中大部分面积对外出租；

(4) 城郊和乡镇原农村住民，其中少部分已不再从事农业生产，但仍住在被分配到的集体所有制土地（宅基地）上自建的私有住房；

(5) 城镇内原城市居民户口的住户，其中部分仍住在经过房改后的旧福利住房内，部分已购买商品房居住，极少量已二次置业（购买多套住房以求升值利润的不在此例）。

以上这五类不同人口的住区，都不同程度地存在着改造的任务，因而自然也出现多种改造的模式。

2 城镇化过程中旧住区改造模式中的原点与基点

改造的原点须立足于中国土地的国有和集体所有制并存，因而在多种改造模式中产生多样化。这一载入《宪法》规定的国情，在改造过程中，无论对改造政策与办法的制定和实施，还是规划与设计的构思与实体，这一原点都是不可回避的。多种改造模式中或多或少都牵涉乃至必须遵照"两制并存"的现实。当然在城镇化过程中，政府可以而且允许经过土地价值的补偿，将集体转化为国有，但一定有相当严格的前提条件和相当艰苦的协调过程，不能也不会"一蹴而就"。

结合上述五种人口类型和居住类别，可将其住房用地的土地所有制状况补充进去，形成表1：

表1 城镇人口类型、居住类别及住房用地所有制

顺序	城镇人口类别	居住状况类别	住房用地所有制类别
①	由农村进入城市的打工者	廉租屋、城中村旧出租屋或工厂宿舍等	大部分集体所有，少部分国有
②	其他省市进入城镇参加产业工作者	廉租屋（或宿舍）→购二手福利房或商品房	少部分集体所有→大部分国有
③	城中村中原农民	自建私有住宅	集体所有
④	城郊和乡镇原农村住民	自建私有住宅	集体所有
⑤	原城市户口居民	福利住房→商品住房	国有

注：除表中所列外，城镇中还有危房、棚户区需要改造，或为了提高城市环境品质而需要改造，这些改造绝大部分都位于国有土地的旧城内。

通过上表也可以看出，旧住区改造的原点必须立足于两种土地所有制。这是因为，国家对不同所有制的土地有相应的不同政策和规定，对集体转换为国有也有严格的政策规定，各省市还制定了相应的实施办法。这些都是必须认真执行的。

旧住区土地所有制和土地使用权的保留与转化，是旧住区改造的基点。有了这个基点，改造的目标、政策与措施、适应的人群等才可能有可持续的意义。

从目前的现状和可持续发展的预期来看，全国也好，一个城镇也好，城乡二元结构（甚至三元结构）的继续存在与变化是长期的现实。如何按照可持续发展的原则处理好二元或三元结构及其土地性质的特征，其中就涉及各类人口的居住问题。因而旧住区改造的思路，也应当纳入上述原点与基点，而不宜就事论事，这也是为了使改造的多样化适应国情和市情。

3 城镇国有土地上的旧住区改造模式与相关问题

模式一，旧住宅街坊的改造，相关问题有：

(1) 是否要先建近郊的新住区，以迁出旧区的居民和工业。这在北京、上海、西安、苏州等城市在20世纪50~60年代已实践过，按当时的经济条件和政策，事实说明是必要的；

(2) 按国家规范鉴定危房和棚户，以确定拆改的规模，并拟定与改造后新建住房的迁建比，以此估量和确定改造的决策；

(3) 按拆迁补偿的政策规定，按原住户逐户予以落实；

(4) 确定改造后居住水平提高的标准，改造后的土地利用强度与空间容量；

(5) 补充商业、服务业与市政配套和停车设施，以及能源供应增加的项目与数量；

(6) 改善公共环境，如增加绿化，清除乱搭建，增加与城市交通的连接等；

(7) 部分原有社会结构的改变，部分原有居民迁出的安置；

(8) 是否全部或部分拆除质量较差的住宅建筑，须从社会、经济、居民利益与意愿等因素全面慎重的考虑，一般应禁止全拆新建；

模式二，城镇职工福利性住区的改善，相关问题有：

(1) 对福利住房进行货币化改革以后，这类旧房的维护责任单位应予落实，维修以及维护安全、防火和卫生等改由物业管理公司负责（部分城市仍由房管所负责）；

(2) 提高早期建成的福利性住房的质量和水平，如整体增补抗振构造、提高电表容量，增加管道煤气供应和增设有线电视线路、补充 ADSL 或宽带网络等；

(3) 住户自行内部装修和拆改的规定和装修安全与卫生标准必须制定；

(4) 城市干道两旁出于改善面貌的目的而改变住宅外貌，应由城市政府负责，事先应有统一的规划与设计；

(5) 须增加绿化，扩大公共空间和停车场地，拆除乱搭建建筑，制订公共安全与卫生的措施和居民守则。

模式三，因城镇内部地段的改造和扩建引起的旧住区改造，相关问题有：

(1) 由于扩展道路、广场、环路和重要建筑的新建而引起所占旧住区的改造，应把拆除原有住宅及配套建筑的数量减少到最低程度，在项目的策划时以及随后的规划中，都应非常慎重；

(2) 在没有确实必要的理由之下，对城镇政府借口改造，把国有土地上的住区拆迁补偿后，转手又以高出 10 倍或以上的价格把土地租赁出去，以获得的收益纳入城市 GDP 作为政绩，这种做法，应予禁止。

模式四，城镇中传统民居聚集区的改造，相关问题有：

(1) 对传统民居的建筑历史与人文历史的价值是否需要保护，应先从历史文物研究的角度，充分地调查研究。需要保护的，如果是历史性街区，则应先划定保护范围与保护内容，再据之进行保护规划与设计；

(2) 保护的规划与设计有多种方式，如原有多进院落式民居的修复和加固（安徽民居）、按多进院落式改建为单元组合新住宅（苏州桐芳苑），保护外观为主而内容改为其他用途（上海新天地）、里弄式住宅的维修而保持原貌（天津胡同与 Townhouse，上海新、旧里弄）、危房拆后新建，按照原民居式样（成都宽、窄巷子），原有住宅不变而内部改作它用（丽江民居改为小旅店和餐厅）等。均应以保护为主，适当改造。

4　城镇与村镇集体所有制土地上的旧住区改造模式与相关问题

模式五，城郊的村镇原住民（或农民）住宅的改造，相关问题有：

(1) 宅基地的所有权和使用权不变，因家庭人口增加或子女结婚在原基地上加建，实际上增加了住区村落内的人口密度；

(2) 在新划给年青人（大部分省份以 20 岁男性为起点）的宅基地上建新房，引起原有住区的扩大或变

化，以及改造。这实际上增加了土地使用量和居住密度，应防止占耕地建房和违章建房；

(3) 在城市近郊或城乡接合部的原住民，从农民改为城市户口（深圳除二线外的全部，其他省份局部试点），其住区土地权属或不变，或转化为国有。后者应经过土地资产估价——确定补偿金额——出租屋收入的清理与维持——宗地地籍手续的办理等，完成"转地"手续，并据之发放补偿。原以村为单位与开发商签署的土地租用合同，经过检验为合法后，继续有效。改造后的住宅仍归原住民所有；

(4) 当集体转为国有土地时，原村委转为居委会的建制，应参照城市社区组织进行改组。

模式六，城镇中的"城中村"内原住民的旧住区改造，相关问题有：

(1) 当集体所有制土地不变时，不存在"转地"问题，当集体所有制土地转为国有时，按转地程序办理。一般情况下，原住民基本仍在改造后的住区内居住。另外，因租金便宜，尚有大批外省市来打工的暂住人口租住其中大部分住房。城中村改造的方式，应以旧区内部的消防、安全、卫生整治为主。拆旧房建新房在必需时只能少量，且在村办资金有足够能力时方为现实；

(2) 不论何种改造，都要能够继续维持村民的收入与经营，如出租厂房和住宅，经营小商店等；

(3) 由于村民早已不再务农，并在城镇化过程中已按城市生活的模式生活，大部分愿意迁入楼房，因而改造建楼房时按不同情况提高容积率以节约土地，还是可行的；

(4) 在城镇化的过程中，原村委已改为股份公司，村民可以在该公司组织的集体经营中入股分红，该公司也是基层管理的组织单位，故改造过程中应充分发挥股份公司的作用，尽可能保留由其负责经营的集体所有制经济。

5　小结

(1) 在城镇化过程中的旧住区改造，是一项非常复杂而且多样的系统工程，影响的因子及改造的因素也很多，因而必须从政策的全面，策划与观念的科学，充分的调研分析，措施与管理的到位等方面，慎重而认真地研究，再做决策。一般来说，改造的策略应以原区整治为主，拆除后新建为辅，尽量不要大拆大建。

(2) 城镇化过程中旧住区改造的可持续性不只是原则性的，而要在改造的政治效果、经济与社会效益、环境改善等主要方面，分别予以落实。其中，如何保证原住民的经济收入，如何解决外来人口的居住需求（通过廉租房、工厂宿舍、经济适用房、个人合作建房等），土地所有制的转换，土地价值的公平分配，原住民的搬迁与补偿，住区的社区发展和组织管理，改造资金的筹措，改造模式与实施的比选，改造采用政府与市场结合，历史性保护，居民参与，规划与设计等等，都是不可回避的。

(3) 城镇化过程中应当按照土地所有制的不同和改造意图的区别，将各类居民分解，经过充分研究，采取不同的改造模式。由于任何一种改造模式都有很强的地方性，因而不可不顾条件地照搬照抄。此外，一旦模式确定后，政策与措施要紧紧跟上，并辅之以严格和公平公正的管理，才能取得正面的效果。

(4) 城镇化过程中对旧住区的改造，是使城镇成为宜居的和可持续发展的复兴之城的重要手段之一，因而如何使衰败的社区恢复活力，是规划中首先要关注的目标。此外，不同模式的旧区改造之后，一定会不同程度地带来人口的迁移和在地理范围内的重新分布，从而带动经济活动的空间分布，这也是规划的责任所在。

参考文献

仇保兴. 中国城市化进程中的城市规划变革. 北京: 中国建筑工业出版社, 2005

滕藤主. 中国可持续发展研究. 经济管理出版社, 2001

邹经慈. 城市规划导论. 北京: 中国建筑工业出版社, 2002

孙施文. 中国的城市化之路怎么走? 城市规划学刊, 2005(3)

聂梅生. 风雨里的中国住宅. 中国住宅, 2003(9)

国务院. 国务院关于房地产市场持续健康发展的通知（18 号文）, 2003

赵燕菁. 廉租房建设与国家宏观经济, 城市发展研究 12 卷, 2005(3)

魏立华, 闫小培. "城中村"：存续前提下的转型. 城市规划, 2005, 29(7)

龚慧娴. 小城镇："第三元社会"的偏好. 城市问题, 2005(124)

建设部城乡规划司, 中国城市规划设计研究院. 国外城镇化模式及其得失. 城乡建设, 2005(7)

《城市规划通讯》记者. 研究城乡一体化协调发展. 关注城市化中农民迁移问题, 城市规划通讯,
    2003(23)

华中, 牛慧恩. 城市化水平测度方法与实证研究. 城市规划, 2003, 27(11)

中国科学院可持续发展研究组. 中国可持续发展战略报告（2001）. 科学出版社, 2001

甘满堂. 城市农民工与转型期中国社会的三元结构. 福州大学学报（哲学社会科学版）, 2001(4)

孙骅声, 龚秋霞, 杨旭东, 罗赤. 历史文化名城旧住宅区改造——以苏州市为例. 中国城市规划设计研
    究院, 1996

孙骅声, 龚秋霞. 苏州古城桐芳巷（苑）改造规划. 中国城市规划设计研究院, 1996

国家建设部. 旧住宅建筑质量鉴定标准

吴良镛. 北京旧城与菊儿胡同. 中国建筑工业出版社, 1994

朱自煊. 屯溪老街保护整治规划. 建筑学报, 1996(9)

上海市建管会, 规划局, 房屋土地资源局, 住宅局. 印发《关于鼓励动迁居民回搬推进新一轮旧区改造
    的试行办法》的通知（沪建城[2001]第 0068 号）, 2001

中共深圳市委, 深圳市人民政府. 关于加快宝安、龙岗两区城市化进程的意见（深发[2003]15 号）,
    2003-10

深圳市政府. 深圳市宝安龙岗两区城市化土地管理办法（深府[2004]102 号）, 2004

深圳市宝安、龙岗两区城市化转地办公室. 转地工作动态, 2005

陈荣. 深圳市客家民居改造规划. 深圳市城市规划设计研究院, 2001

UN Centre for Human Settlements. An Urbanizing World: Global Report 1996. 沈建国等译. 中国建筑工
业出版社, 1999

Alterman, Rachelle & Cars, Goran (1991). *Neighbourhood Regeneration*, Mansell Publishing Ltd.

Davis, Kingsley (2000). "The Urbanization of the Human Population", *The City Reader*, Routledge

Jacobs, Jane (1961). *The Live and Death of American Cities*

城市让生活更美好：上海世博会浦江镇定向安置基地规划设计

Better City, Better Life: Habitation Planning of Pujiang Immigration Site for Shanghai World Expo

邢同和　刘恩芳　朱望伟　钱栋

XIN Tonghe, LIU Enfang, ZHU Wangwei and QIAN Dong

上海现代建筑设计（集团）有限公司

Shanghai Xian Dai Architectural Design (Group) Co., Ltd., Shanghai

关键词：　世博会、居住区、浦江镇、动迁、可持续发展

摘　要：　中国的城市住宅建设已处于一个新的历史转折点，在城市化进程中的人居环境和住宅建设，特别是关系到可持续发展的这一核心已成为人们关注的焦点，也成为规划设计中的重点考虑问题。上海 2010 年世博会是中国与上海的一次机遇，是"城市·让生活更美好"的主题演绎。本文试图以正在建设中的上海"浦江世博家园"规划为例，论述新城市人居规划设计中如何营造能体现 2010 年世博会精神、体现新城市生活的空间环境品质和符合时代要求的经济平价房的新社区；并探讨了城市化进程中人居环境可持续发展的问题，特别是在如何传承与发展传统居住文化方面。方案无论在总体规划上、景观设计上、住宅户型上都体现"超前性、先进性、整体性、示范性"，而且要融合可持续发展理念来创造"浦江世博家园"的持续生命活力。

Keywords: World Expo, residential district, Pujiang town, immigration, sustainable development

Abstract: It is a new historical turning point for China's urban residential construction. In the progress of urbanization, habitation environment and residential construction, which is closely related to sustainable development, has become a focus of people's attention, and a key point in urban planning. Shanghai 2010 World Expo, with the theme "better city, better life", is an opportunity and also a challenge for China, as well as for Shanghai. Taking Shanghai Word Expo Residential Garden as an example, which is still in construction, this article discusses how to embody 2010 World Expo' spirit in new urban habitation planning, and spatial environment quality in new city life, how to build economical houses and thus form new communities, which comply with the requirements of social needs. It also discusses the problem of sustainable development of new habitation environment in urbanization, and our efforts in carrying on and developing traditional living culture in planning. Schemes should exhibit the characteristics of time-leading, advancement, integrity and demonstration in overall planning, landscape design and dwelling size, and to create the ever-lasting vigor of Word Expo Residential Garden only when the conception of sustainable development is deeply embedded in them.

1　规划设计背景分析及总体介绍

1.1　全国城市化大背景

随着我国城市化进程的快速推进，中国的城市住宅建设已处于一个新的历史转折点，在城市化进程中的人居环境和住宅建设，特别是关系到可持续发展的这一核心已成为人们关注的焦点，也是规划设计中的重点和关键。全国城市化进程中，各地都碰到了城市迅速扩张蔓延所带来的资源浪费严重；文化被忽视甚至缺失的问题。因此无论在新城区规划还是在老城区保护及改造过程中，该如何提高城市生活质量、延续原有地域文化特质成为不容忽视和回避的重要课题。

1.2 上海城市建设发展的迫切需求

随着上海经济文化的发展，人民生活水平不断提高，虽然经过近十年的上海旧城改造的实施，已有相当一部分区域完成了不同层次的改造。但是，世博会园区内大部分未被列入保护的原有的一些老城区、老街区由于市政基础设施落后、居住环境恶劣、改造成本大等原因，已经越来越不能适应现代人对生活的需求，街区内逐渐呈现人口老龄化现象，老城区居住环境亟待改善。

1.3 上海世博会举办契机

2010 年上海世博会将是举世瞩目的国际盛会，也是一项影响深远的宏伟工程。随着世博园区土地动迁工作的启动，筹办世博会的帷幕正式拉开了。对于世博会址内的居民的异地动迁安置，新居住区的规划就成了重要的一步。世博会举办的成功与否，不仅仅要看展会是否能成功举办，更要看随着世博会的举办，上海人民生活水平质量是否能够得到实质性提高。居住改变生活、生活关系住宅品质，世博会安置工程将成为提高市民居住质量的重要环节。

1.4 项目总体介绍

为了配合世博会园区的规划建设，世博会定向安置基地选址位于闵行区浦江镇东南面，基地东临浦星公路和地铁 M8 延伸线，北接环南河，南依沈庄塘，地理位置优越，交通便捷（图 1）。动迁安置基地规划总用地面积 1.5km²，拟建总建筑面积约 123.7 万平方米，规划人口 2.76 万人，其中住宅面积 89 万平方米，公建面积 25 万平方米。

由于本项目自身的特殊性：它是把原有老城区整体一次性动迁，是在一个新基地中、一定的时间段内、大规模的一次性快速建造一个新城，这个"新"城中的居民也是一次性整体迁入。如何在新城区建设中营造和传承原来的社区文化及生活体验，成为我们在上海世博会浦江镇定向安置基地规划设计中探索和实践的重要课题。

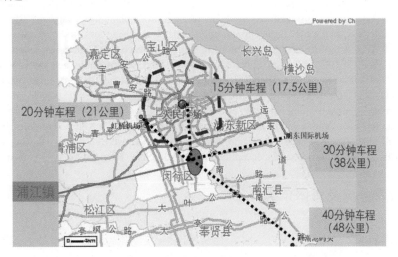

图 1 浦江镇动迁基地区位图

2 规划目标及设计理念

2.1 规划目标

方案本着"超前性、先进性、整体性、示范性"的原则，强调在功能布局上符合总体规划和地域环境，强化资源共享及可持续发展。为世博会动迁居民提供一个功能配套完善，生活和谐的"新城"。

2.2 规划设计理念

确立理想的"新城市生活"，构建"和谐社会"的居住模式的规划设计理念。新城市生活是在动迁居民原有生活方式基础上的发展和继承，它强调人与自然的和谐，邻里住区的和谐，设施配套和居民便利使用的和谐，商业文化和环境的和谐，建筑与环境的和谐，力求创造出多样化生活方式的"花园城市"居住区。新城市生活的社区模式是：紧凑的、功能混合的、适宜步行的邻里；位置和特征适宜的分区；能将自然环境和人造社区结合成一个可持续的有机整体。同时创造具有归属感和安全感，充满人情味的社区。

2.3 规划设计理念解析

本规划设计遵循创造理想的"新城市生活"的中心理念，并基于此积极探索和研究有利于"和谐社会"发展的新城市生活居住模式的构建。

"新城市生活"的理念以"以人为本"和"可持续发展"作为规划设计的基本原则，其核心思想是：从区域规划整体的高度来看待和解决城市问题；以人为中心，强调建成环境的宜人性以及对人类社会生活的支持性；尊重历史与自然，强调规划设计与自然、人文、历史环境的和谐性。

在这一新的理念指导下形成的"新城市生活"社区模式势必将具有自身鲜明的特征，它既不同于传统的邻里居住模式，又与旧城居住模式具有较大差异。

具体来说，"新城市生活"社区模式主要具有以下特征：

首先，倡导有机集中的居住模式。"新城市生活"社区模式强调发展紧凑型、高密度的居住方式和步行距离的传统邻里住区，住区内有良好的绿化生态环境，住区外围则由大面积的绿地进行隔离，同时通过便利的公共交通系统紧密联系，从而形成一个自然环境和人造社区完美结合的可持续的有机整体；

其次，强调发展社区功能的混合性。"新城市生活"社区模式反对过去的建设理念中过分注重功能分区的做法，强调城市特色和活力来自对丰富的资源的混合使用，使居民、工作单位、商业活动等融入邻里和社区的生活中，并避免由于功能过于分散而导致的社区缺乏活力和不必要的交通流；

第三，尊重传统历史文化。在城市新社区建设中应注意传承上海地域居住特色，维持上海文化与传统，形成具有认同感、归属感和安全感的新型社区；

第四，提倡社区主体的多样性和社区互动。"新城市生活"社区模式主张通过提供不同类型、层次的住房以在社区内吸引多元化的居住主体，并通过创造多样性的社会生活环境以增加居民活动的机会和场所，引导居民的交流与联系，形成充满人情味的新邻里社区，从而促进社会的和谐发展和良性循环。

3 规划设计方法剖析（图2）

图2 上海世博会浦江镇定向安置基地规划设计总平面图及交通分析

3.1 遵循城市总体规划结构，寻求与城市肌理的和谐统一

由于本动迁项目的特殊性，在规划过程中，不仅要考虑在规划中保留原有动迁老城区的优点与特色，同时还要使动迁基地融入到浦江镇的总体规划中去。因此方案遵循了原规划中规整几何形的结构布局和小规模尺度的街坊划分模式，形成了宜人的步行尺度空间，十分便于人们日常生活的交往与出行，而这种布局模式又是恰好与原来老城区的布局空间有一定的相似与联系。

另外规划中的生态绿带、水系、道路、快速公共交通等系统有机地结合成网络可以大大地提升居住区的整体环境品质。这个正是我们提出的"新城市生活"特征之一，也是满足原来老城区居民渴望改善居住条件而愿意离开市中心动迁到此的原因之一。

3.2 有机、便捷的交通网络

本方案考虑了多种交通运转系统：不仅有大运量的、快速的、节约能源消耗的公共交通系统，如地铁M8线可直通上海人民广场，以及线路覆盖面广的公交汽车系统，而且更有无须消耗能源的、宜人的步行系统、自行车系统等，以满足人和社会的多种需求。方案的车行系统体现出对公共交通系统、步行系统、自行车系统的充分尊重，并且各交通系统之间考虑了便捷的衔接和转换，共同构成有机的、便捷的交通网络。

3.3 空间形态规划设计

邻里、分区和走廊是地区的发展和再发展的基本元素，这三者的有机组合共同形成的空间形态就是市民认可的、具有归属感和安全感的充满人情味的生态社区，并且促使居民形成对保持社区活力、促进社区发展与进步所必需的责任感。

3.3.1 传统空间的延展

原有老城区撇开配套设施落后的因素外，它的建筑空间形式，特别是传统里弄还是很具上海地方特色的。它一般是一条里弄形成一个社区空间，对外是相对封闭的，领域感很强，而里弄内部则是一个相对开放的空间，形成了住户的归属感。因此，方案秉承了里弄易于形成安全、安静、和睦邻里氛围的特

点，每个组团以 2~3 排住宅形成一个邻里空间，在地面标高和景观配置上有别于外部（图 3，4）。车行在邻里外解决，邻里间通过底层架空、外部围廊等空间设计手法及绿化景观的引入创造光影丰富、层次多样、具有亲和力的空间，构建和谐的人居环境。而在同时，新的空间也跟随时代发展以及人民生活水平的不断提高有所发展，特别是克服了原来老城区里弄中的住户缺乏隐私感的缺点。

图 3　典型五街坊平面图　　　　　　　　　　图 4　典型五街坊效果图

　　传统的、地方的历史文化是地方城市特色和可识别性的要素，也是营造具有归属感、安全感的社区的必要因素。它不仅增强了社区、社会的凝聚力，而且加强了个人的社会认同感。另一方面，社会的认可既可发挥个体的能动性和责任感（公众参与城市规划与发展），也无形中增加了城市的发展活力。它在体现了对人充分关心的同时，保持了高度的灵活性——这正是现在城市所欠缺的。

3.3.2　人文空间的营造

　　通过对动迁居民生活现状的调查发现，人们对于住宅设施环境的硬件要求是一个方面，另一方面则是表现在相对抽象的人文空间的营造上，这对于一部分老年动迁户来说，重要性甚至超过了对于房子硬件的要求。为此，我们对方案还更多考虑了怎样保持这些动迁户平时的生活方式，以使他们在动迁后更快地适应新的生活。

　　根据旧有生活区的公共活动围绕着一条多功能街道空间展开这个特点，方案在规划设计中沿浦驰路引入了社区生活服务一条街，为居民提供商业、休闲、交往等多种活动的可能，这种复合功能空间引入，既缩短了社区生活的服务半径，也将大大增加社区活力。另外开发商准备引入原来老城区的一些百年老店、特色商号等等，可以更加具象地使人们把新的居住区与原来老城区联系起来，更加方便居民的生活，也是人文空间在具体形式上的体现。

　　另一方面就是在居住区街坊内结合组团中心设置了绿化轴线，通过地形高差、底层架空过街楼等分隔空间，形成了不同层次的活动交往空间，并相应设置了老年人活动场所、儿童游戏场地等（图 5，6），充分体现了人性化的设计手法，表达了对社会和人的充分关心，也继承了传统的人文空间。

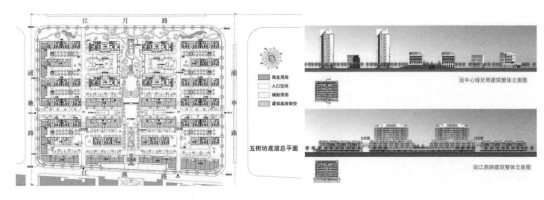

图5 五街坊底层总平面局部   图6 五街坊整体立面图

3.4 保持"多样性"——维持城市生态系统的稳定

个体的多样性是生态系统维持生态平衡的基本因素，因为"多样性可以增加其稳定性"。城市、社区主体与功能的多样性是其持续发展的基础，这一点也是我们的新城市生活所强调的。

3.4.1 人的需求的多样性

在这一点上，我们通过对被迁离老城区的居民作调查发现，原来的老城区由于落后于整个城市的现代化发展（如其中的民居大多还没有配套的卫生设施）而失去了吸引力，因此老龄化现象有越来越严重的趋势。因此我们从社会多样性的角度，寻求一种解决社区老龄化问题的方法，在方案中作了具有多种类型的房屋，以满足不同年龄和收入水平的阶层的需求，从而达到保持主体人多样性的目的，而这正是一个有活力的地区所必需的。而这一切也借上海举办世博会的契机得以实施。

3.4.2 功能的多样性

我们传承了原来老城区富有活力的混合型功能布局，将社区看作一个有机的整体，使不同的使用功能组织在一起，以促进社区生活多元化的形成和社区生命力的增长。

沿江月路设置大型商业中心和商务中心，形成了沿浦星路入口处的标志性建筑形象。沿浦锦路景观带布置商店、服务设施、绿地、中小学、活动中心、老年公寓等。这些都在邻里街坊或公交站点为中心的步行距离为半径的范围内，以便支持以步行和公交为主导的生活方式。

为了进一步增强社区活力，方案在浦驰路布置了特色商业铺面，就近居民生活区，并在道路交汇口处形成商业副中心，沿友谊河也布置了文化休闲设施，这样既方便居民生活，又形成了居住区内具有各种活动支持的特色空间。通过这些有机联系的街道网络及室外环境共同构成居民邻里生活的舞台。

3.4.3 环境的多样性

重视环境建设：当初人们愿意配合世博工程从市中心迁到郊区，很大程度上就是因为可以改善市区居住环境的恶劣和压抑，因此优美的居住环境必不可少，我们的方案对环境的建设不但体现在建造优美的自然环境上，而且强调在开发建设中结合世博会主题创造人文环境。

另外，我们除了保持动迁老城区传统与现存，实现与传统的和谐和有机联系的同时，也考虑了保持浦江镇地方特色的延续和维持城市物质环境最大限度的多样性，使之适应人对城镇功能的综合要求，尽力实现城市文明的持续发展。

4 居住区的科技应用和节能

户型的可持续发展和建筑节能。单体设计充分考虑实用性和经济性，户型平面以人为本，考虑上海

的气候特征及住户的生活模式，以起居室为中心，动静分离，居寝分离，污洁分离，尽量考虑户型的采光通风，并且考虑了将来小户型改大户型，房型转换的可能（图7）。增加住宅设计的科技含量，是单体设计中的重点之一。在节能方面，采用外墙外保温系统和双层玻璃，老年公寓采用太阳能供热。为了达到环保的功效，各街坊拥有完善的垃圾收集管理系统，并集中设有垃圾生化处理站。另外在沿浦星公路的绿化带中设置了雨水收集系统，可用于绿化用水及车辆清洗等。

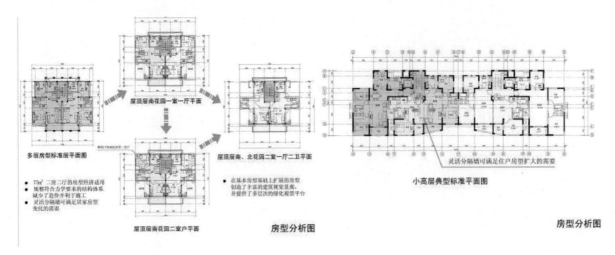

图7　房型设计

5　结语

当前，中国正进入快速城市化阶段，新城建设、旧城更新等城市建设工程量巨大。一方面，不仅要解决大规模的小城镇的建设问题，也要面对大城市的无序蔓延和郊区化的必然趋势；另一方面，由于我国资源短缺、自然生态环境问题比较严重，寻求一条可持续发展的城市化道路是当务之急。

"世博家园"是一项挑战性的在建项目，是上海人民十分关注的项目。它的成功与影响不仅直接关系到"世博会"，而且还会关系到动迁房、平价房以及城市化进程中的诸多方面，也值得我们给予总结、思考。

参考文献

Lejeune F.(1993). Charter of The New Urbanism. *The New City*, 1993 (3):123-131

Katz P. (1994). *The New Urbanism Toward an Architecture of Community*. New York: McGraw-Hill.

Jacobs J. (1961). *The Death and Life of Great American Cities.Penguin Books.*

刘易斯·芒福德. 城市发展史——起源、演变和前景. 倪文彦，宋俊岭译. 北京：中国建筑工业出版
　　　社，1989

沈克宁. 当代美国建筑设计理论综述.建筑师,1998,(2):83-86

桂丹，毛其智. 美国新城市主义思潮的发展及其对中国城市设计的借鉴.世界建筑,2000,(10):26-28

邹兵. "新城市主义"与美国社区设计的新动向. 国外城市规划，2000(2)：36-38

胡四晓. Duany & Platerzyberk 与"新城市主义". 建筑学报，1999(1)：59-64

规划专题
Planning Session

资源与城市开发
Resource & Urban Development

有限的土地，无限的景观：
荷兰住区规划中的土地多维利用与可持续发展

Unlimited Landscape on Limited Land:
Multi-Dimensionally Planning and Sustainable Development of Residential Planning in the Netherlands

邬　峻

WU Jun

荷兰高柏伙伴规划园林建筑顾问公司

KuiperCompagnons, Office for Urban Planning, Landscape and Architectural Consultancy, Rotterdam, The Netherlands

关键词： 有限的土地、可持续发展、居住区规划、多维土地利用规划、无限的景观

摘　要： 土地是居住区规划中的最基本要素，地球上稀有的资源。在居住区规划中如何多维地规划我们手中稀有的土地将是可持续发展的关键。荷兰是世界上人口密度最高的国度之一，荷兰设计师关注并成功解决的多维利用开发居住区土地的问题对中国的住房建设和可持续发展有着直接的现实意义。本文通过分析荷兰卡腾布鲁克 (Kattenbroek) 新型居住城区规划的案例来说明如何在有限的居住土地上创造出无限的居住景观，并归纳出一些住区土地多维利用的途径与设计要点。

Keywords: limited land, sustainable development, residential planning, multi-dimensionally planning, unlimited landscape

Abstract: Land is the basic element and rare resource on our earth. How to multi-dimensionally plan our rare land is crucial for sustainable development. The Netherlands is one of the countries with the highest density in the world. Dutch experiences in multi-dimensionally planning of residential area are instructive for the booming of Chinese housing and sustainable development. By analyzing the design case of Kattenbroek, this paper finally summarizes some basic design guidelines of multi-dimensionally planning.

1 引言

通常意义上的居住区规划可持续发展集中在能源与环保等层面，而往往忽略了另一个重要层面：土地。土地是居住区规划中的基本要素，土地是最根本的人类资源。

人类只有一个地球，地球表面约 70.8% 是水，只有 29.2% 是陆地，而在这有限的陆地中，分布着广漠的沙漠、戈壁、沼泽和湿地。在剩下的为数不多的适宜于人类居住的土地上分布着我们众多的城市和乡村，供养着超过 50 亿的庞大而日益增长的人口。土地因而是十分稀有的，居住区规划中的可利用土地更是十分有限。在住区规划中如何多维地规划和利用我们手中稀有的土地将是可持续发展的关键。

土地短缺的问题在荷兰由来已久。"荷兰"日尔曼语意即低地，该国一半以上的土地低于海平面，1/3 的面积仅高出海平面 1m。自古以来以排水、筑堤与海水搏斗而著称的荷兰，靠着围海造田来增加土地面积。从 13 世纪开始，荷兰全国建成的用于拦海造田的堤坝总长度已达 1800 多公里，如今荷兰国土的 20% 是人工填海造出来的。41526km² 土地上居住着 1610 万（2002 年 1 月）人口，密度为 388 人／km²，是世界上人口居住密度最高的国度之一。荷兰在长期与水争地的过程中积累了许多土地高效利用的知识和经验。依靠科技和设计师的智慧在有限而贫瘠的国土上创造出了无限的利用价值，使荷兰保持经济、环境、科技和社会的可持续发展，始终处于西方十大经济强国之列。荷兰设计师关注并成功解

决的高密度下可持续地利用开发居住区土地的问题，也是世界和中国迟早要面对或正要解决的问题。

在中国这个当今世界最大的工地上正进行着史无前例的住房建设高潮。一方面大规模的城市建设急需大面积的居住用地，土地，特别是居住用地是十分短缺的；而另一方面也存在土地浪费和利用不足。土地的纯功利驱动和短期行为也成为不可持续发展的根源之一。在这样的情况下，荷兰住区多维土地利用的经验对中国的住房建设和可持续发展有着更直接的现实意义。

2 案例分析

卡腾布鲁克(Kattenbroek)居住型新城区位于荷兰阿墨斯福特市（Amersfoort），规划于阿墨斯福特市住房政策的转折时期。荷兰政府将该市作为一个城市发展的重要地区，预期在未来建设 15,000 套住宅。Zielhorst 是该市发展计划的第一部分，受当时主导荷兰规划的纯理性主义影响，它的规划停留在传统物质层面，住房差异和设施都由算术模型得出，缺乏人性化和吸引力，导致住区的衰退和不可持续发展。卡腾布鲁克区是该城市北部主要扩展方案的第二部分，荷兰政府希望新区的规划能作出可持续发展住区的新探索。该区计划容纳 4500 多套住宅，与邻近的树林中和山丘上别墅区的发展相平衡。卡腾布鲁克城区从最初的规划方案到最终实施，都由当时阿墨斯福特市主管社会住宅的副市长阿瑟尔伯格斯（Fons Asselbergs）领导的项目工作小组来领导，该项目小组由政府和各项专业人士、房产商、投资商和高柏伙伴规划园林建筑顾问公司（KuiperCompagnons）的总设计师阿烁克•巴罗特拉(Ashok Bhalotra)组成。

阿烁克•巴罗特拉与当时主导荷兰的纯理性主义和加尔文主义相斗争，他反对简单地将原有的自然景观城市化，反对单纯考虑功能等物质层面，而是在居住区设计中综合运用了新的方式、定义、要素、规范、逻辑和诗情等多维设计层面，集约地利用稀有土地的同时，避免了现代城市设计中的纯理性功能主义，使美学的原则和自由的想像力在城市设计中得到充分运用，并在卡腾布鲁克设计了一个形式优美、构思新颖、个性鲜明、充满生机的多维居住型城区。卡腾布鲁克住宅区的出现为居住型新城区个性和形象的塑造提供了新的路子，引起了荷兰规划界的广泛兴趣和争议，从此使荷兰城市居住区规划走上一条更富人性的可持续发展的道路。

2.1 一重土地，多重的城市形态

阿烁克•巴罗特拉是印裔荷兰人，在故乡印度学习了建筑设计和城市规划后，他先后在科威特、法国巴黎等地工作，后来到荷兰。他以独特的眼光体验城市生活，主持设计的大量规划和建筑作品从人性化的、诗意的角度创造出多样化的城市空间；他善于根据地域与环境，将自己的设计哲学与其他文化以创造性的表达方式予以融合，给人耳目一新的神奇感受。他的设计工作反映出世界各地的城市形态和城市生活，吸取了历史上城市设计的经验，并保持了浪漫抒情的品质。他尤其喜爱借鉴花园城市的先例。在众多的城市设计项目中，荷兰著名城市设计师伯尔拉赫（Berlage）为阿姆斯特丹南部城区所做的规划对他来说是"多样性统一"的一个不朽之作，而伯尔拉赫为海牙的扩展规划中将城市片断融入风景的方式更接近理想城市在巴罗特拉心目中的形象。巴罗特拉遵循的是一种"巴洛克式"的城市化。他的几何学夸张而温和，充分利用场地的特征和其他自然和人为的现有形态。对他来说城市规划和建筑类型提供了丰富的对立模式：乐趣和用途、功能和仪规、传统和现代、卓越和平凡、有序和杂乱、现实和梦想。在居家和出行中隐藏着生活内涵的双重性：要找到一个真正的家，你必须首先接受疏远。通过摒弃功能主义的陈规，你可以在旅行中重新感受到城市的诗情画意。

由于巴罗特拉心目中丰富多彩的世界城市形态，卡腾布鲁克住区规划的城市形态表达是多重的。它融汇了人类历史上的一些优秀城市形态，经过综合和再创造，一重的土地上创造出多重的城市形态，而

形成全新的城市形态（图1）。在其中，你能体会到古典城市中的一些基本要素，例如环行围城、堡垒、农式房屋、广场、小路、街道和冬季花园；也能感受到现代都市的浓郁气氛，例如大道、运河、桥梁和房屋。既有花园城市的田园情调，又有"巴洛克式"的城市情怀。既有现代主义城市的几何形式；功能明朗；又有后现代城市的隐寓和多重含义。既有丰富多样的城市生活，又能体会安详的田园风光。

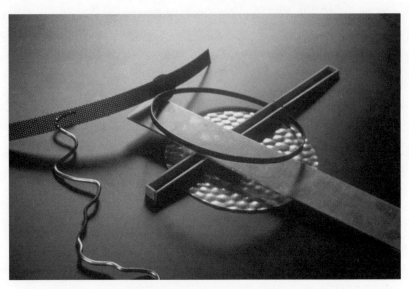

图1　卡腾布鲁克居住型新城区总体规划概念构思工作模型

在结构模式方面，规划更多地与花园城市的传统相结合。因为阿墨斯福特市在商业房和社会住宅建设方面都有花园城区的先例（分别为 Berg 和 Soester 区）。但是卡腾布鲁克区的构思完善了传统的花园城市思想，克服了其中非城市化的倾向。它吸收了历史上中心城市的精髓，通过城市的改造再次展现其品质。另外，Randenbroek 和 Schothorst 等历史性的乡村遗迹和乡村别墅，也为居住区提供了优秀的城市形态典范。由于丰富的城市形态和文化象征，卡腾布鲁克区的建成，使阿墨斯福特市人口在 1994 年增加到 114 000。阿墨斯福特市还在继续发展，并带动了周边区域的长期可持续发展。如西北部 Nieuwland 新区和东北部 Vathorst 新区的投资建设，其发展是针对区域范围的住房需求，并由卡腾布鲁克区带动而产生。卡腾布鲁克区则因其独特的城市形象一直是阿墨斯福特市及其周边的发展热点。

2.2　一重土地，物质与非物质的交融

卡腾布鲁克居住型新城区的规划对主导荷兰的纯理性主义提出了挑战，但并没有忽视住区规划的物质层面，而是规划的客观物质层面与主观非物质层面并重。设计的出发点仍然是尊重现存环境和严密的功能分析，但并不拘泥于物质层面，而是向非物质层面大大地跨越了一步，并将前后两者有机地结合在一起，居住区土地从而得到了双重的表达和双倍的价值。

作为国家城市发展政策的规划产物，卡腾布鲁克区的建设符合当前的财政标准。该规划还为工业和商业提供相分离的区域，并拆除旧军营和工厂使得一大批新住宅得以兴建。这种功能的分开是按照国家的计划指令的，其目的在于刺激经济增长，保留开放的空间和大自然，并通过提供良好的公共交通服务来缓解机动车辆的增加。计划建造一个火车站和相应的人行道和自行车道系统。为创造愉悦的'旅行'环境，汽车尽量安排在人们视线之外，人行道成为优先考虑的要素。

在物质层面上，现存环境要素、功能、交通、框架结构等理性因素都被精心研究。而在形态学表达时，僵硬的理性物质层面通过丰富的个人世界观、浪漫的想象力、个性化的城市体验、数字式的描述获

得了最自由的非物质表达。

五个主要的构成元素是过滤带、圆环路、庭院道、隐蔽区和溪流带。这些元素又与不同尺度和周围环境交织重叠在一起。有五个景观元素：流水、树林、田野、沼泽和山丘；五个城市元素：大道、运河、广场、小路和街道；五个建筑元素：围城、堡垒、农式房屋、桥梁房屋和冬季花园。元素中重复出现的数字"五"是设计者的特意安排（巴罗特拉年轻时研读过数学，1968 年，他在巴黎 Shadrach Woods 手下工作，致力于"增长的数字"'The Growing Number'的研究）。巴罗特拉说这是城市的"脚手架"。而当整个方案最终完成时，没有人会愿意拆去这些脚手架。街道名称将保留他们的记忆。有象征性含义的结构使新城市与现存的景观相互融合，在这数字化的乌托邦中，能体会到一种东方式的对间架性概念设计的迷恋和浪漫主义情节。

由阿瑟尔伯格领导，并由专业项目领导人员、两家房产公司、一家投资商和巴罗特拉本人组成的这个规划小组同意该构想后，以其实施的热情为依据来选择开发商。此后，由巴罗特拉提议的建筑师们开始进入角色，通过讨论会的方式来熟悉设计思想。城市设计的技术操作是在一部城市诗歌的指导下进行的，由巴罗特拉以隐喻的方式口头地、形象化地表达给设计者们。以这样的方式，将想像和激情与规范和标准融合在一起。

2.3　一重土地，自然与人工的交融

卡腾布鲁克住区规划在充分研究现状的基础上，保留了一些有价值的自然景观肌理。在这些现存自然景观肌理的基础上创造出基于功能的明晰的几何框架和丰富变化的城市空间。这样，人工与自然在一重土地上得以双重表现，土地的价值得到充分地利用。

多维利用土地不仅体现以人为本，也体现了以自然为本。在尊重原有自然要素的基础上来安排和构成新的自然元素本身也是高效节约利用土地的有效途径。规划方案对于当地环境的认识十分透彻。在新规划的景观结构中，原有的自然景观特征得到了保留和演变：条形的农田肌理和树行，附近的乡间别墅和住宅等。特别是自然田园的开敞空间品质得到了充分保留。利用从西部山丘和东部高地流入阿墨斯福特市的两条河流，新区的景观设计充分利用了从高到低和由干到湿的环境变化，在现有水系的的基础上挖掘了一个大型的人工湖，为居民们提供自然休闲场所，并为蓄水所用，完善了居住区的地表水系统，实现新旧水系的完美结合。

整个方案的平面无疑是极具标志性的。动态的环形营造了内向的空间。另外，隐蔽区和庭院道的非正交十字交叉也显得自然贴切。平面上几何穿插构图的手法并不旨在运用传统的工作方式，而在客观上形成了丰富多样的公共空间（图 2）。据调查显示，当地居民们不仅对他们自己的房屋兴致勃勃，他们对邻近地区和整个周围环境都充满好奇。他们喜欢散步，并有自己最喜爱的路线，与来访的亲戚朋友们共同漫步卡腾布鲁克区。在当代全球化和个体化的大背景中，这种空间组织策略不以功能出发去适应个性化的群体，而超然的提供个性化的栖居空间来促进选择性交往，从而有效的挽救了正在消失中的"社群"，恢复了传统城市中的社区感。

图2　卡腾布鲁克居住型新城区总体鸟瞰图

2.4　一重土地，功能与象征的交融

一般而言，传统城镇需要较长时间的延续发展，才逐渐形成其独有的特征和魅力。而在当今城市高速发展和各方文化相碰撞的时代背景下，涌现了大量新城镇和居住区，它们的形成时间被浓缩了，传统城镇的特征正在遗失。在新的环境中，如何协调各个因素和部分，形成丰富多样、人性化的、传统与自然共生的生活场所？卡腾布鲁克区的规划成功地解决了这些困扰着我们当今城市的问题。它提供的一个独特的思路是：传统城市中通过常年积累形成的丰富城市内涵是可能通过多元的象征性表达得以在短期内重塑的。

卡腾布鲁克的基本框架由圆环路、过滤带、庭院道、隐蔽区和小溪流等五个主要构成元素有机穿插形成。作为中心元素的圆形隐喻"家园"，其封闭的形状暗示居住的私密性，而动态的园环创造出一个人们交流和汇集的地点。这些元素又与形态各异的建筑和景观环境交织在一起，塑造出一个符合生态的、充满人性的居住型城区。有象征性含义的结构使新城市与现存的景观相互融合，各个不同面貌的街道将保留在人们的记忆中。

凭借其丰富的城市设计经验和对世界各地城市形态的独特体验，阿烁克·巴罗特拉在设计程序上和象征意义上融合了设计的方方面面。他以极大的热情将住宅的个性特征与居者的"生活风格"结合起来。将其丰富的想像力用于住宅区的空间构成。在规划进程中，巴罗特拉从第一幅草图开始，对环境整体和组成部分都进行了检查：土壤、水管理、风景遗迹、入口、住宅区划、设施、种植、路线等。几个主要的构成元素（过滤带、圆环路、庭院道、隐蔽区和小溪流）兼具明显的象征性含义和特定的功能范畴。有象征性含义的结构使新城市与现存的景观相互融合，而最重要的是，使功能、理念与象征性含义浑然一体，本身就节约了土地。动态的环形创造出一个汇集之地。另外，隐蔽区和庭院道的非正交十字交叉也显得自然贴切。加上小溪流和过滤带，这样的基本构成无论是从内还是向外看，都顺理成章、独具个性，并适应区域的整体发展。卡腾布鲁克居住城区的这些独特品质正是人们在今天飞速而狂热的城市化进程中所苦苦寻求的。

2.5　一重土地，居住空间与城市空间的交融

卡腾布鲁克居住区规划设计将住宅的概念引伸到房门以外的城市空间中，各种路径起到将日常生活环境与公共设施连接起来的作用，寻求具有地方风格的城市感和诗意及片段间层次分明的景观和城市之间的和谐。不同价位，不同层高的住宅有机地多样化的城市空间相互融合，多维地利用了稀有土地以维持社会和谐与可持续发展。这种想法尤其适合荷兰这样一个人口稠密的国家。按照新思路建设的卡腾布鲁克区中大部分为中低层房屋，其中约一半是布置紧凑的社会住房，与半补贴住房和商品房融合在一起，许多户型是为老人设计的。节约用地并不等同于简陋拥挤和丑陋。多维利用土地不仅创造出多维的土地功能，更提倡多维的美学价值。通过将不同类型、面貌和购买层次的住宅进行有机混合，居住区把不同层次和爱好的居住者都吸引过来了。

公共设施的多维利用也是土地多维利用的一个侧面。为数不多的高楼在这儿非常引人注目，相当多的房屋有额外的空间可用作商店、营业所或办公室。有三所小学和一座大楼，该楼在现阶段为学校中的许多儿童提供食宿，以后则可用于其他目的，例如住宅等；此外还有一个"四重奏"的多功能公共中心（即社区中心、青年中心、医疗中心和一个大型购物中心）。

同时，卡腾布鲁克居住区中浓郁的城市生活气氛要归功于居住区中明晰的公共空间和景观布置。房屋功能设计的丰富变化，使得一些小型工作室、理发室和公共活动室成为特殊亮点。这里的环境使每天的过路人都产生好奇，更不用提首次来访者。在整体形象上，卡腾布鲁克区是一个成功之作。他们熟悉设计者对构成元素的隐喻，而且往往还可能进一步有个人的见解。虽然城市规划建筑遵从巴罗特拉所指定的原则，规划设计中的诗意动因使建筑师们能以不同的方式诠释该规划：自然而然的、小心慎重或生气勃勃的。巴罗特拉激励他们将创造力发挥到了极至，使住宅从外观到布局精彩纷呈。正如那些热衷于该区的房产公司所预计的那样，实现了有限土地上居住空间与城市空间的最大交融。

2.6　一重土地，多样化的居住空间

在一重的土地上，针对多样化的人群、多样化的创造极大地节约了土地，并创造出多样化的空间与生活。卡腾布鲁克居住区的规划设计中，多样化的设计思路体现在规划的方方面面。由于荷兰人多地少的国情，规划方案体现了多重使用土地的原则。在荷兰，滨水住宅比普通住宅在价位上通常要高出2~3倍。因此规划在旧有土地结构和水系基础上充分利用土地，在不同的地段安排不同价位的住宅。与此同时，并不是将高级住宅和廉价住宅绝然分开，而是实现有机结合并形成整体和谐、多样化的社区感。利用运河划分公共和私人领域，一方面节约了土地，美化了景观，另一方面使得运河成为两者的共享领域。有的住宅设计在运河之上，形成"桥屋"，既是运河空间又是居住空间。商业娱乐和教育等多功能辅助设施也与居住区有机结合，实现居住与休闲的结合，高效利用土地。环境空间小品也与建筑有机结合起来考虑。在住宅的设计上，以不同颜色、材质、屋顶、造型等组合成丰富而整体立面效果。充分考虑老人、儿童和残疾人等多样人群的不同需求，为老人住宅设计了一年四季都能让阳光穿越的温暖中厅。不同的居住区安排不同的设计主题，以多样化避免住宅区形式的千篇一律。同时多样化的设计思路并不将使用者排除在设计之外，而是发挥他们的主观能动性和创造性，在总体布局的基础上为使用者的参与创造留有余地，使他们自己改造的花园为运河景观锦上添花。

为避免公共空间通常会产生的孤立感，在"隐蔽区"安排了一个总体布局，放置了十二位艺术家的公共小品，成为散步者的一种特殊享受。而通过一个国际研讨会，艺术家们在方案早期就加入了此项目，同心协力完成了创作。无论是作为单体还是群体，无论是建筑外观还是路面铺设，艺术作品都真正成为了环境的一部分。

3 小结

土地是十分稀有的，多维的规划和利用我们手中稀有的土地是可持续发展的关键。本文通过荷兰卡腾布鲁克居住区的规划设计案例介绍了荷兰在多维利用土地方面的成功经验。荷兰的住区土地多维利用可以总结为如下的系统图式（图3），该系统由一些对立的元素组成，它们共同作用形成了土地利用的多维模式，创造出无限的景观，促进住区的可持续发展。

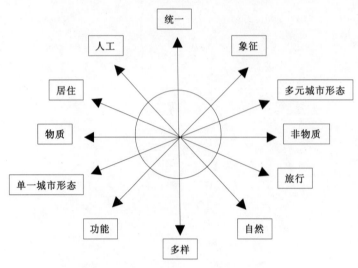

图3　居住区规划土地多维利用系统

荷兰土地多维利用并不单纯局限于功能的多维开发，而是同时关注于多样化、人性化、文化延续、可持续发展、水滨休闲、人工与自然的和谐等多维层面，从而最终达到住区和整个社会的可持续发展。

参考文献

邬峻. 从平凡到非凡——荷兰高柏伙伴公司设计哲学. 新建筑，2002

邬峻. 有限土地无限景观——荷兰高柏伙伴公司多维景观规划. 中国园林，2005

英國住區混合開發模式與可持續發展

Mixed Use Housing Developments in UK and the Sustainable Development

林 丹

LIN Dan

華中科技大學建築與城市規劃學院

School of Architecture & Urban Planning, Huazhong Univeristy of Science and Technology, Wuhan

關鍵詞： 混合住區、城市開發、英國實踐、可持續發展

摘　要： 本文引介了英國住區混合開發的概念，從混合住區的定義、設計目標、發展的核心要素、開發的組成部分以及混合住區開發對土地價值的影響等幾個方面對這一住區實踐進行了系統的介紹．同時在充分考慮了基於社會與社區以及基於市場兩個層面的需求之後，提出混合度的確定依據及住區發展中實施、管理的具體方法。實踐于英國的混合住區開發模式為我國目前正面臨的新一輪城市住區開發提供了一種可借鑒的方式。

Keywords: mixed used housing development, urban development, British practice, sustainable development

Abstract: This paper introduced the concept of mix used housing development in UK and explained systematically from aspects of the definition, function introduction, design objects, the key factors, parts of development and the Impact of mixed use on property and land values. Fully considered the requirements of social and market demands, it put forward ways of defining mix degree and methods of implementing and managing in living area. Mix used housing development practiced in UK offered a kind of development way for China's new round of housing development and urban construction.

1　引言

　　自從雅典憲章提出對城市進行功能分區，我國的居住空間在發展過程中也逐步形成了三級組織結構(小區、組團、院落)。然而這種功能至上的鄰裏單位住區模式經歷了一段時間的輝煌之後，在新的時代背景下開始顯現出許多弊端，如：“過分追求住區的標準化，忽略或捨棄了居住生活應有的含混複雜性”；“忽視了人們精神與物質生活的多元性”；趨同現象嚴重,缺乏地方特色，是單調的、失去活力的、不平衡的、非有機的、不可持續的住區模式。人們對生活內容多樣化的訴求對新住區開發和舊有住區更新改造提出新的要求。

2　混合住區的引入

　　從可持續發展的角度來看，單一居住功能的開發顯然是無法滿足人們對其他功能高可達的需求，因而英國在實踐中注意到複合性對於住區開發的重要意義，引入了混合使用這一概念。

2.1　混合住區的定義

　　對住區的混合使用定義繁多，但基本包含於以下的描述：

　　　　“將居住、地方零售、服務設施、雇傭機會相整合，以創造充滿活力的社區，在這裏人們無須長

途奔波便可獲取所需" **(Prescott in Forward to Making Better Places, EP/Urban Villages Forum)**

"將基本的土地利用、多種多樣的住屋形制、居住工作一體化的利用方式與其他的相關服務在步行可達的區域內相整合。" *(Murrain，1993)*

"混合使用開發是一個含糊的多義性術語，其中包含了多個方面，不同的尺度、區位元、不同的使用方式引導的不同活動內容、不同的租戶及所有者以及不同的時間維度" *(Rowley 1998 5)*

混合開發方式是一種技術工具，它是在實現可持續發展這一目標的前提下以混合開發的方式確保對城市土地的最佳利用。

2.2 混合住區開發的設計目標

混合住區的開發應以目標爲導向，利於整體可持續性的形成。總體設計目標由以下幾部分構成：

- 增加社會包容力：通過將混合使用的方式引入大型住區開發，吸納更多的人群，不同年齡、不同健康狀況、不同的富有程度以及不同階級與種族。

- 增加社會互動與公衆參與：通過多種非居住用途公共領域開發，爲地方居民與外來遊客之間的互動創造各種各樣的機會。

- 設施、空間及建築的有效使用：一天的不同時段，不同居民對不同街道空間相異的利用模式是一種相對有效的設施利用方式；同樣，如果住區建築能夠實現最小的資金、能源消耗以及建築毀損，那麼，環境及社會目標的可持續性就有可能實現。

- 增加公共交通，儘量減少私人交通需求：通過在住區中引入大量與居民日常生活息息相關的複合使用方式，使步行成爲最有用且有效的交通方式，以此減小私人小轎車的使用。

- 最大限度地增加住區安全性及防護措施：安全性的獲得可以通過公共領域的多樣性尤其是使居住與其他功能之間形成互動來實現。

- 支援後工業經濟的發展：在社會設施及住宅的附近引入多種就業機會（小型商業與家族企業），使更多的人能夠適應新生活與新經濟所帶來的變化。

- 弱化矛盾衝突：衝突問題在混合住區中表現得相對敏感。凱文林奇對"在衝突發生之前出現好的功能混雜"這一問題進行了敏銳的觀察，並指出繁多的非居住用途從本質上而言不會帶來噪声，過量的交通也不會帶來過多的與社會衝突的使用時間。非居住功能中的大多數都可以與居住相比鄰而對其產生微弱的影響，倫敦自治區高速公路附近便是如此，在其周邊地區的交通管制絲毫不會減弱傳統街道系統自身的適應性。只有當可能產生噪聲的各家住戶之間相距太近才有可能導致衝突的產生，而這樣的衝突完全可以通過有力的管理與相關設計進行弱化。

2.3 實現良好混合住區開發的核心要素

2.3.1 開發的核心要素

要實現混合住區的合理開發，考慮的核心要素就是區位、可達性、地方文脈及特色。

- **區位與可達性：**有關區位及可達性的研究表明，公共交通的高度可達可以帶來高密度及高混合的使用方式。開發應當儘量在城市中心或者是交通節點地區進行，因爲高度的可達性往往能夠帶來較高的密度與多樣化的功能。

- **文脈及特色：**不同的城市文脈與歷史背景決定了某一區域開發過程中可能產生的不同的使用方式。

如果開發區域具有某種歷史特徵且環境敏感，應該在進行混合開發的同時認清對周圍地區可能存在的影響並採取相應的處理方法，以確保新開發區域與城市背景相融合，同時使本地社區從地區的積極改變中獲益。

2.3.2 其他要素

另外的要素在決定混合住區發展中也起到了決定性的作用，它們是：

- **滲透性，街道佈局及發展狀況**：在大型混合住區的開發中，應當鼓勵公共可達的街道及空間網路的開發；在所有場地佈局中，也儘量創造相互聯繫且可滲透的街道網路來鼓勵步行、減少機動車出行。

- **開發密度**：選擇合適的密度範圍、優化地塊潛力，使之具備高水準的服務設施及公交可達性。提供每公頃 150~1100 個住宅單元的居住淨密度（該幅度考慮公交及服務設施的步行可達性及不同特徵地區的敏感性）。

- **建築與地塊的可變性**：在大型混合住區的開發中應當注意建築的可變更性，以適應社會、經濟及市場條件的改變。

- **使用與活動的相容性**：1995 年澳大利亞的一項研究表明，大約有75%的工作活動能與居住相共融，而潔淨技術與服務功能提升又使得更多小型工業的發展成爲可能。在進行混合住區開發時，應考慮如下幾個方面：在整個開發中確定合適的規模及區位；注意噪聲及廢氣；交通的影響；運營時間；非居住用途的長期累積性影響。

- **功能混雜與使用權屬**：對於混合住區開發中，以推廣不同類型、規模及綜合使用權的住宅來滿足當地的住房需求。同時政府在開發過程中應建立具有指導性的經濟適用房指標。

- **可持續建造方法**：在大型混合住區的開發，鼓勵可持續的設計及建造方法：適應性建築；可持續材料；低水耗；低能耗；可持續的建造方法。

- **室外空間的提供**：開敞空間應該于多數居民和其他使用者易達的位置；由四周建築物立面所界定；從四周建築物都可俯瞰；具有多種使用功能；與周圍區域有安全、亮化的交通聯繫；有公交設施（如果等級較高）。

2.4 混合住區開發的組成部分

一個良好的混合住區開發由三個部分組成：地區發展框架（ADFs）；相應的實施機制；良好的管理及持續的發展計劃。

2.4.1 地區發展框架

地區發展框架作爲一種政策工具，在區域開發中充當了規劃政策的載體，同時爲開發區制定出一套綜合的設計原則，成爲宏觀策略與實際目標之間的聯繫橋梁，爲開發提供了相應的控制導則。

建立一個好的區域發展框架包括以下內容：

- 爲內城開發地塊編制城市設計框架，明確存在的挑戰與機遇；
- 建立整合的公共交通網絡；
- 在高密度住區與公共交通之間建立更多聯繫；
- 以各種等級的道路聯繫公共空間與交通要道；
- 將市政及社區建築置於主要道路及主要空間；
- 提高沿街開發及商業主街開發的效率；
- 建立極具包容性且圍合的地方街道及街區的空間模式；

- 爲相關問題譬如尺度（高度和體積）和公共領域提供設計導則。

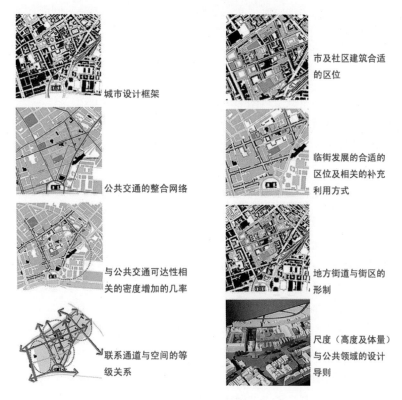

市及社区建筑合适
的区位

城市设计框架

公共交通的整合网络

临街发展的合适的
区位及相关的补充
利用方式

与公共交通可达性相
关的密度增加的几率

地方街道与街区的
形制

联系通道与空间的等
级关系

尺度（高度及体量）
与公共领域的设计
导则

圖1　地區發展框架

2.4.2　相應的實施機制

　　融多種功能於一體的大型住區的實施機制較之單一用途的住區而言要相對複雜，其技巧還有待進一步發展。目前已有措施包括：以私人爲導向發展，以公共爲導向發展以及公私合作（如：合作公司建立或協作的風險投資）。

　　第一，對於商業用途的設施，應根據市場需求狀況首選由私營部門單獨提供，這要求開發的投資收益要大於支出。

　　第二，對於公共領域的設施（如學校、醫療保健等等）由法律所規定的服務提供者提供津貼或支付費用，選擇讓公共部門來承擔，主要限於低風險的投資部分。

　　第三，選擇公共部門和私營部門之間的合作。在有限的資源制約下，在更複雜的社會經濟環境中，應該在城市政府、鄰裏組織和私營部門之間形成合作關係，有策略地促進住區的投資與建設。

　　第四，由政府部門進行用地再開發，隨後賣給私營部門經營管理。

2.4.3　良好的管理及持續的發展計劃

　　大型居住地產公共領域的管理好壞與其成功與否密切相關。沒有整體開發策略，必然導致矛盾產生，同時專案質量也會急劇下降。因此，針對大型住區的發展所做出的各種提案中，應當融入一個可變的管理計劃以形成一個長期的可持續的開發計劃。

2.5　混合住區開發對土地價值的影響

　　混合開發的真正意義並不在於通過多種用途的引入直接提升開發價值，而在於通過功能的適當混合增加開發專案對使用者的吸引力。混合使用本身對於某一地塊價值的影響有正有負，突出表現在對地塊

價值的平衡：優勢區位的純居住開發往往具有較高的價值，如果引入低價值的其他功能，就可能降低這一地塊的整體價值；反之，低價的居住開發也可能因爲高價值非居住功能（如商業）引入而得到土地價值的整體提升。

3 開發中值得關注的問題

可以看出，在英國實踐中提出的混合住區的開發實際上是一種開放的、持續增長的模式，是對現有城市土地較爲有效的存量優化。在開發過程中我們應當注意以下問題：

3.1 混合功能的引入

混合使用的開發模式在傳統城市中其實並不少見，只是因爲城市功能性的一度強化而致使人們忽略了這一本已存在的開發方式。那麼，"如何在住區開發中引入不同的功能"，"應當引入哪些功能"以及"應當在整個開發的哪一階段落實這些內容"？

(1) 從引入的功能來看，不同的開發主體對應於不同的開發規模，存在不同需求：

- 基於社會及社區層面需要引入：社區公共服務設施；保健及教育設施；可支付住房；少量零售；交通設施；公園及開敞空間。

- 從市場需求而言需要引入：不同尺度上的就業機會；休閒、旅館、辦公；大需求零售業。

前者滿足居民的日常需求，後者旨在從整體上提升開發區的活力、效益與就業率，甚至對單個住戶而言，此層面各類功能的引入還有可能造成潛在的衝突。

(2) 從引入的具體內容來看：

混合住區應當引入非居住的使用方式——商業與非商業——在適當的區位服務新增居民，以實現可持續發展的目標。此類非居住功能包括：學校；醫療設施；社區中心；辦公場所；零售場所；娛樂場所；開敞空間。

在開發過程中，我們應當根據開發規模、開發階段在不同層面的功能引入之間進行適當的取捨，使開發與城市規劃的系統間形成良好的銜接。

3.2 混合度的確定

混合住區的開發所涉及影響因素繁多，不可能對其混合度進行絕對精准的測度，但可以借助上文提及的要素進行相關分析。

混合住區的開發分爲兩個部分：

(1) 新開發住區

(2) 對原有住區的更新與再開發

- 對於新開發住區，我們可以根據開發規模、所處區位、投資收益等限制因素確定住區中非居住功能引入的具體內容、規模、強度大小。混合度的確定因案例不同而各異。

- 對於原有住區的更新與再開發，我們首先應當對現存服務設施的容量與存量建築進行評估。開發應充分考慮需求評價與容量評價的結果，以確保在住區發展中適當層面上融入適量的非居住功能，使之既能滿足當前住區發展又能迎合長期的市場需求。

評估中需要考慮的服務設施包括：教育設施；社區；圖書及資訊資源服務；基本的健康保障；社區醫療服務；健身及休閒娛樂設施；公共開敞空間；一些義務的服務。

無庸置疑，一個新開發混合住區是否可持續，對於當地而言會産生相當大的影響。在高密度的城市地區，混合住區的開發與周邊用地功能及城市組織之間應存在更密切的聯繫，功能混合程度可能比較

大；如果地塊位於低密度開發區旁，如一個新建的火車站或是新的公交設施，那麼土地使用方式的選擇就應當反映出這種新的功能及可達性的影響，同時意識到這種可達性的發展最終可能導致對周圍結構產生影響，並且在一段時間內將之改變。如果是城市擴張，就有可能形成次區域，需要新的設施。因此，在上述情況下，多種尺度的物理規劃就顯得非常重要。開發過程中必須明確，什麼時候是單純的"開發基地"，什麼時候這些基地已經形成"城鎮發展的一部分"。

3.3　實施與管理

混合開發中不同功能的引入增加了不同主體參與住區建設管理的機會。開發的各類主體（社區組織、居民、以及外來的參與者，如政府、開發商、各類基金等）間可以進行平等的協商合作對住區進行經濟、社會、環境綜合的可持續發展計劃：當地居民形成能代表居民整體利益的團體，參與整個更新改造的全過程；規劃師、建築師提供技術等方面的支援；開發商可提供財政和服務等方面的支援；政府作爲整個開發計劃的組織與協調者，則可提供政策、管理等方面的支援。多層次廣泛的開發合作取代了由政府與房地產開發商單一層次進行決策的做法，將會更大限度地平衡多方利益尤其是提升本地居民在開發中的利益訴求。

4　小結

目前我國的城市開發在追求高速度的背景下，往往採取新區大規模推進、內城大拆大建的方式。這種粗糙的方式最終導致新舊之間空間結構不協調、原有城市肌理遭到徹底破壞；同時，原有城市自發形成的多種功能混合的土地利用也被單一功能開發所代替。而且由於對經濟效益的追逐，這種開發往往由政府與房地產開發商單一層次進行決策，因此在開發中將居民排除在外，從而引發出一系列與居住相關的社會問題。

混合住區的開發在充分考慮了基於社會與社區以及基於市場兩個層面的功能需求之後，提出了一系列混合住區開發的目標、開發的影響因素、以及住區發展中實施與管理的具體方法。其開發模式多數出現在已有建成區範圍之內，爲我國目前正面臨的新一輪城市開發提供了一個可借鑒的方式。

參考文獻

SDS Technical Report Eighteen (2002). *Investigating the Potential of Large Mixed Use Housing Developments- A report commissioned by the Greater London Authority with financial support from the Government Office for London*, August 2002.

蔣黎. 我國城市住區發展新模式——開放型住區研究

（美）克萊爾·庫珀·馬庫斯，卡羅琳·法蘭西斯. 人性場所—— 城市開放空間設計導則. 俞孔堅譯. 北京: 中國建築工業出版社，2001

绿色地产理念与实践

Green Development Concepts & Practice

胡建新　　李年长

Jason HU and LI Nianchang

招商局地产控股股份有限公司

China Merchants Property Development Co., Ltd., Shenzhen

关键词： 绿色地产、可持续发展、绿色 GDP、房地产开发、节能

摘　要： 本文从分析全人类自然资源紧缺与社会发展的矛盾出发，从介绍中国科学发展观和绿色 GDP 的可持续发展国家战略出发，全面阐述了近年来在房地产行业中兴起的一种新的可持续开发理念——绿色地产理念，并介绍了该理念在深圳泰格公寓的实践情况。

1　绿色地产时不我待

2003 年春，一个人类史上新的恶魔——sars，在全球猖獗作孽，危及人类的生命安全。2004 年春，又一个魔鬼——禽流感，给人类造成巨大的经济损失。

人类的物质文明在高度发展，自然的资源也正在无限度地被消耗，人类自身的生存环境正在被破坏：水土流失、灾害频繁、空气污染、沙尘漫天——全球的生态日益恶化，自然已经开始惩罚人类。

全球可持续发展联盟（AGS）的 2002 年 3 月年会，为人类提供了这样一组数据：

- 人口：在过去的 50 年中，世界上所增加的人口，等于自从人类直立行走以来前 400 万年的人口总量。
- 水：目前全球 11 亿人缺水，24 亿人饮水不卫生。世界上 25% 的人口生活在严重缺水地区。地球表面上 40% 的地区为干旱地区。
- 生物：在过去的 10 年中，地球上哺乳动物中的 25%，鸟类的 11%，鱼类的 20% 濒临灭绝。
- 森林：在过去的 10 年中，地球上 1.4 亿公顷的森林消失了，总面积相当于法国、德国、意大利、荷兰、奥地利、比利时国土的总和。

在今天，如何保护人类自身赖以生存的自然生态，已经成为全人类面临的重要课题。人类迫切呼唤绿色，人类迫切呼唤可持续发展。

2　可持续发展

1972 年，在斯德哥尔摩召开了人类历史上第一次以环境为主题的会议。1987 年，联合国世界环境与发展委员会在《我们共同的未来》报告中第一次明确提出了"可持续发展"的观念。报告指出：可持续发展是"既满足当代人的需要，又不对后代人满足其需要的能力构成危害的发展"。1992 年在《里约热内卢环境与发展》报告中，大会制定了 21 世纪议程。至此，可持续发展被明确为全人类共同的发展目标。

可持续发展意味着：既要生存，又要发展，为后人着想；最大限度降低对自然资源的索取；控制污染排放，维持生态平衡。可持续发展更意味着环境、经济、社会三位一体的发展，这是可持续发展的最高境界：环境的可持续发展，要求人类保护资源，控制污染；经济的可持续发展要求人类更注重经济发展的质量，清洁生产，文明消费；社会的可持续发展则要求人类创建自由、安全、健康、舒适的生活环境。

科学发展观——国家新时期发展战略：

2004 年春天，一个科学发展观——以人为本、全面协调可持续的发展观被明确提出，成为国策。

科学发展观要求的是可持续发展，要把工作的重点放在注重经济增长的质量和效益上来；在经济发展的同时，充分考虑环境、资源和生态的承受力，保持人和自然的和谐，实现自然资源的持久利用，实现社会的持久发展。

改革开放 25 年来，我国的 GDP 年均增长 9.4%，同时，我国也成为世界上单位 GDP 能耗最高的国家之一。以这种高消耗、高污染为代价的增长方式，会对国家的发展造成大的影响。中国在 1994 年作为全世界第一个国家率先制定了《中国 21 世纪议程》，把可持续发展作为我们的发展战略。现在中央组织部和国家环保总局正在制定对地方政府政绩考核的绿色 GDP。由此，而有了"绿色 GDP"的讨论以及实践的开展。

传统以 GDP 为核心的国民经济核算，只反映经济发展最表层的数字增长，而没有反映其对资源环境的消耗。这些本来是经济价值的"亏损"，却以"增长"的形式体现于 GDP 中，扭曲了真相。绿色GDP 则是把自然资源与环境价格化纳入市场机制，建立起一套绿色国民经济核算体系，将传统意义GDP 中不属于真正财富积累的部分扣除，成为有质量、有效益的"真实的 GDP"。

科学发展观与绿色 GDP 将为我们明天的发展带来更好的可持续性。

3　绿色地产开发

绿色，是生命的状态。绿色，是社会的生态。绿色，象征着可持续发展。

绿色建筑意味着：以人为本，呵护健康舒适的建筑；对自然资源低消耗、低污染低排放，可再利用的建筑；与自然生态环境协调与融合的建筑。

改革开放以来，我国的房地产建筑业持续高速发展，但同时，对自然生态的破坏也日益显露。严峻的现实呼唤绿色建筑，呼唤绿色地产。绿色建筑与绿色地产已经成为未来发展的必然趋势。

我国古老的传统哲学，一直有着浓厚的天人合一的生态观。人类文明发展到今天，东方哲学再次显示出价值。

招商地产的"绿色地产"，正是在这样的背景下形成一个具有可持续发展理念与实践的地产体系。

招商地产在其二十年的发展历程中，逐步摸索出了一套具有强烈个性魅力的绿色地产理念体系；招商人以"家在·情在"的历史使命感、社会责任感及人性关怀为执着信念，走出了一条独特的"绿色地产之路"。

招商地产 20 年来，动态的持续开发，将蛇口由昔日的荒滩野岭，建设为今天的山海间绿色家园，形成具有良好的环境生态、经济生态和社会生态。

这些，代表着绿色地产体系的物质内涵和精神内涵。在物质层面，招商人扮演着两种不同的角色："园区开发商"与"绿色地产商"。

"园区开发商"体现于一级土地开发上，以产业、居住互动为核心的社区综合开发模式，形成了功能丰富又相互支持，具有高度自我调节能力的社会生态系统。在这一系统中，人们得以就近居住、就业、购物、休闲、享受医疗、教育。这一系统高效率、低能耗、低排放，提供了经济层面可持续发展的

活力。

"绿色地产商"体现于土地二级开发上，招商地产以保护环境生态，降低资源消耗，降低污染排放为目标，绿色生态开发的理念与实践贯穿项目中。

绿色生态开发，体现于对自然原生态的尊重，体现于对老建筑的再生，体现于对生态庭院的营造，体现于对社区归属感的建立，等等；更体现于由可持续发展的材料、能源、设备乃至植被等构成的绿色生态技术体系。

招商地产20年，将"以人为本，以客为先"的企业信念，融入社区文化建设，为人们提供安全、健康、便利、舒适的生活环境，保证人们的生活质量；倡导"家在·情在"的精神主题，情系服务，情系关怀，使社区处处弥漫着温馨和谐的人性关怀，形成了招商社区的文化价值，这是社会层面可持续发展的价值。

这一切，代表着绿色地产体系的精神内涵。

招商人的绿色地产体系，追求着环境、经济、社会三位一体的可持续发展，理念与实践相结合，物质与精神相结合。招商地产在绿色地产开发中已取得了成效：花园城一期住宅区成为深圳最早通过建设部1A住宅性能认定的项目，也是深圳第一个广东省绿色住区；阳光带海滨城一期已通过绿色住区评审；泰格公寓已申请美国绿色建筑委员会LEED认证。

多年来，我们不断进取，努力创造，在于让人的脸上绽现笑容，在于让人的关系更加亲近，在于让人更热爱生活；用心付出，筑造温馨的家，建设更温情和谐的社会，以成就人的将来，因为没有什么比人更重要！

20年弹指一挥间，招商人一直实践着招商局蛇口工业区创办人袁庚老先生倡导的"将蛇口建设成最适合人类生活的地方"理念。在今天，可持续发展的理念已溶入招商人的血脉。在走出蛇口，走向全国的新阶段，招商人将进一步拓展"绿色地产"，并将之视为永恒的信念与使命！

4 绿色地产案例——深圳泰格公寓

泰格公寓建设用地位于滨海小镇——深圳蛇口，地处工业大道南端西侧，已建鲸山别墅区北侧，该项目将建设为高档涉外服务式公寓。此区域将与鲸山别墅区共同管理组成一个国际化高档涉外居住区，为来深投资的中外知名企业的高级雇员及家属提供一站式生活服务。本工程由七栋建筑组成，其中A~E栋为四层建筑，F栋为6层，G栋为25层（图1）。

土地面积17247.69m²；总建筑面积42528.613m²，其中A~D栋共5778.49m²，E栋2424.77m²，F栋4817.073m²，G栋21926.37m²，地下室7581.91m²；容积率2.0；总户数：232户；建筑覆盖率：26.47%；绿化率：45.8%。

目前泰格公寓正在申请美国绿色建筑委员会的LEED（Leadership in Energy & Environmental Design）认证，也是国内首个参加LEED认证的项目，我们正在努力达到"银级"标准。

图1 图2

4.1 建筑场地及规划

泰格公寓的规划符合深圳市总体规划要求，与周边环境关系协调，原地为荒弃坡地（图2），开发后对水土流失有控制作用。用地不包含敏感的场地因素和限制用地类型，如：耕地、湿地、文物保护用地、濒危物种栖息地、自然灾害危及区等。周边也没有有害污染源。

在规划建设中，尽量不改变场地及周边原有绿地的功能和形态，切实做好原有树木、植被的保护工作。不随意砍伐场地内及周边成材树木，尽可能不破坏原有植被的生存条件。

小区绿化率达到45.8%，并通过屋顶绿化和每户的平台绿化和出挑花槽形成立体绿化，减少热岛效应，有效改善局部生态环境。在非屋顶不渗透表面栽植竹子、灌木或者乔木进行遮阳。

根据鲸山别墅多年的经验（178户实际经常性用车数量为28辆），分析租户的性质，泰格公寓提供100个地下停车位，节约国家有限的土地资源，同时小区的停车场向社会开放，实现资源共享。车流不干扰小区人流，实现人车分离。泰格公寓地处交通便利的工业大道和工业二路，周围200m范围内有8个公共汽车站，22条公交线，最近的公交站离小区入口80m，能够方便的通达深圳的各个地区，有效减少私车的使用。泰格公寓提供104个自行车位，同时提供自行车租借业务满足租户需要。泰格公寓充分利用蛇口大社区的优势，在鲸山别墅、半山别墅、半山花园等小区之间提供新型电瓶车，部分解决大社区内的交通问题，缓解环境压力。泰格公寓与蛇口中央商务区的距离在300m左右，租户可以步行或者骑车上下班。

泰格公寓在施工过程中采取了很多措施保持水土和控制地表沉积，譬如：施工现场道路硬化，现场配备洒水降尘设施并专人负责，现场出入口处设置洗车池，使用密闭式车辆运输土方、渣土和施工垃圾，现场设置废水沉淀池，现场山体采用土钉（锚索）面喷100mm厚细石混凝土进行支护，等等。泰格公寓曾获深圳市"文明工地"称号。

4.2 水系统

减少用水量

泰格公寓户内用水点均采用节水洁具和龙头，公共区域采用无水小便池，使小区用水量减少20%以上。

	卫生间(L/s)			厨房(L/s)	公共区域(L/s)		
	淋浴	洗手盆	抽水马桶	洗手盆	洗手盆	抽水马桶	小便池
水量	0.1	0.17	3/6 每次	0.18	0.17	3/6 每次	无水

分质供水

按照高质高用、低质低用的用水原则多目标梯级利用，分质供水。有资料表明，洗浴用水对人健康的影响不亚于饮用水，通过皮肤吸收的有害物质占64%，而从口腔摄入的仅占36%。根据国际人士的用水习惯，泰格公寓决定采用全直饮水系统，与人体有直接接触的水全部采用直饮水，包括洗漱、淋浴、洗菜等，冲厕所、景观用水则用处理直饮水产生的废水。直饮水的成本约为10元／吨。

雨水管理

景观设计中尽量减少硬质铺地面积，采用植草砖在增加绿地面积的同时提高渗透面积，设置植被过滤带进行雨水过滤，降低径流流速，促使泥沙沉淀，提高就地渗透率，去除污物。绿化屋顶可以承接雨水并将部分雨水以蒸发的方式返还到大气中。处理直饮水产生的废水作为景观灌溉用水，因此不再设置雨水回收系统。

控制景观用水

进行土壤和气候分析，小区种植本地植物和耐旱植物，并通过选用渗透性的地面材料达到水份保持的目的。屋顶绿化全部采用耐旱植物，依靠雨水生长，人工进行少量保养。如下表所示，为了减少灌溉用水尽量选择树种因子小的植被和密度因子低的种植方式。由处理直饮水产生的废水作为景观灌溉用水，泰格公寓100%不使用饮用水灌溉。

植被类型	树种因子			密度因子		
	低	中	高	低	中	高
树木	0.2	0.5	0.9	0.5	1.0	1.3
灌木	0.2	0.5	0.7	0.5	1.0	1.1
地被植物	0.2	0.5	0.7	0.5	1.0	1.1
混合	0.2	0.5	0.9	0.6	1.1	1.3
草皮	0.6	0.7	0.8	0.6	1.0	1.0

4.3 能源利用

节能围护结构

为降低建筑能耗，G栋南面设计了1200mm进深的阳台横向遮阳，在无阳台的东南、南向增加挑宽750mm的遮阳板。为了降低夏季建筑冷负荷，外窗全部选用Low-E中空玻璃，Low-E与普通白玻的性能及能耗比较如下：

	普通白玻	热反射镀膜玻璃	Low-E中空玻璃
G栋全楼总冷负荷（kW）	3134.0	2107.2	1442.1
F栋全楼总冷负荷（kW）	610.0	410.0	129.3
总冷负荷（kW）	3744	2517.2	1571.4

热水系统

泰格公寓采用全天候的热泵热水系统，24小时提供热水，综合能源利用率是普通燃气热水炉的两倍。下表比较了泰格公寓低区（A~F栋及G栋6层以下）三种方案的初投资和生命周期成本。

项目	太阳能系统一		热泵系统	太阳能系统二	
	285天太阳能	80天电辅助		285天太阳能	80天热泵辅助
初投资	53.2万元	0.9万元	31.0万元	53.2万元	28.2万元
使用寿命	20年	10年	20年	20年	20年
热效率		90%	400%		400%
年运行费	无	5.1万	5.2万	无	1.1万
20年总运行费	无	102万	104万	无	22万
20年设备总额	53.2万	1.8万	31.0万	53.2万	28.2万
20年总费用	157万		135万	103.4万	

太阳能系统二较热泵系统增加投资50万元，每年节约运行费4.1万元，静态投资回收期为12年，动态投资回收期为22.5年（内部收益率按6%计），超过设备寿命。且以上分析，还未计入20年内太阳能系统的管理维护费用，从经济性考虑，太阳能系统二不如热泵系统。另外，在A~E栋白色飘板上铺深色太阳能玻璃板，对建筑外观会有一定影响。

中央空调

为了满足高档住宅的需要，泰格公寓采用高舒适度的中央空调系统，并且分户计量，比普通家用空调系统节能20%以上。冷机采用对臭氧层无破坏的134a环保冷媒。下表是三种方案的比较。

方案	峰值电负荷(KW)	装机冷负荷(KW)	年度总用电量(KWH)
户式中央空调	1549	2705	3311039
水环式中央空调 COP=4.2	791	2160	2382744
水冷螺杆机 COP=5.5(最终方案)	791	2160	1927856

无机房节能电梯

泰格公寓采用某品牌无机房节能电梯。下表是三种投标方案的比较：

序号	内容	品牌A	品牌B	无机房节能电梯
1	年电费	7.0万元	10.7万元	5.2万元
2	假设I=4%，N=30，保修期为2年，30年费用小计	120.8万元	185.6万元	89.6万元

无机房节能电梯比品牌A年电费低1.8万元，按年利率4%，30年总费用比品牌A低31.2万元。

此外泰格公寓全部采用节能照明灯具，使用太阳能灯进行庭院夜间照明。

4.4 材料与资源

在建筑施工过程中，对施工产生的垃圾、废弃物进行分类处理和回收利用。现场钢筋用量4000吨，废钢筋头42吨，损耗率1.05%；现场木板用量10000方，木方200方，损耗木板、木方分别为200方、2.5方，损耗率分别为2%、1.25%；收集现场水泥袋15000个。损耗部分回收利用或者卖给废旧品公司。现场加砌砖用量5000方，混凝土空心砖4000方，实际用量共8800方，损耗率2.2%，损耗部分全部用于阳台、室外回填。

泰格公寓施工过程中尽量采用本地制造的建筑材料，本项目的水泥、玻璃、砌块等材料均为广东本地产品，减少运输引起的环境影响，促进本地经济的发展。泰格公寓部分地板、家具、饰品采用藤、竹、草等可以迅速更新的材料。泰格公寓在建造过程中没有使用一块黏土砖。为了保护我国奇缺的森林资源，泰格公寓尽量减少木材的使用，有需要用到木材的地方从森林资源已成良性循环的芬兰、美国等国家进口。

4.5 室内环境质量

深圳主导风向为东南向，设计之初通过合理的平面布局，在门窗开启时每个户型 90%的空间可形成自然通风。泰格公寓集中送新风，解决以往住宅没有新风的问题，结合厨房的变压式风道及排气扇有组织排风。在回风区安装二氧化碳感应仪，保证室内有足够的氧气。采用中空玻璃控制噪声。

泰格公寓施工和装修过程中全部采用满足 LEED 环保要求的粘合剂、密封剂、涂料、油漆、地毯、合成木材等，减少甲醛、VOC 等室内有害物质。

4.6 绿色体验

在泰格公寓中把新材料、新技术、节能技术、节水技术等展示出来，让租户和参观人员能够切身体验，通过现场测量、读数和比较，直观感受这些措施对提高生活品质、节约运行成本和保护环境的贡献，起到示范和社会教育的目的。

广州居住密度现状及其应对策略

The Present Residence Density in Guangzhou and Corresponding Tactics

陈昌勇

CHEN Changyong

华南理工大学建筑学院建筑学系

The Department of Architecture, School of Architecture & Civil Engineering, South China University Of Technology, Guangzhou

关键词： 居住密度、紧缩、应对策略

摘　要： 本文研究广州居住密度的现状，通过对广州 128 个小区调研、统计，分析了广州居住密度、用地规模等方面的问题。数据分析表明：随着用地规模增加，住区的居住密度减低，两者变化关系呈"L"曲线状；随着居住小区离城市中心的距离增大，居住密度出现递减的趋势。本文借鉴"紧缩"理念，分析了我国紧凑住区和居住密度的关系，提出适合广州的居住密度策略建议。

Keywords: residential density, compact, corresponding tactics

Abstract: This article analyzes the present residential density in Guangzhou. With the research and statistics of 128 residential zones in Guangzhou, it analyzes its residential density and land using scales. The statistics show that with the scales increases, the density decreases. The relationship between the density and scale shows an "L" line. The farther the residence zones are from the city center, the less incompact the residence density is. Using "compact" as a reference, the article analyzes the relationship between the compactness and residential density. Also it puts forward corresponding tactics for Guangzhou.

1 引言

我国城市郊区化起于 20 世纪 80 年代中期，20 世纪 90 年代后郊区化已经成为热点的城市问题。我国目前处于城市化和郊区化初级阶段，基于可持续发展原则，推行集约化、节地型的住宅建设方针。因此，关于城市的居住密度问题的研究尤为关键。

2 广州居住密度以及用地规模现状

2.1 居住密度的定义

居住密度指的是居住密集程度，包含三方面的含义：人口密度、人均用地面积、容积率。考虑到统计和调研的便利，本文以容积率作为居住密度的量化标准。

2.2 居住郊区密度现状调查

本文采用广州的居住小区为样本，主要分郊区和内城区两大部分，并且侧重分析同一个区域内用地规模和居住密度的相关性，同时涉及不同区域之间的宏观关系。主要的调研范围以一定板块或条件类似为标准，调查的郊区住宅有番禺区、天河东圃、白云南湖三区域。城市中心区有越秀（含东山）、荔

湾。边缘结合区（含中心区和郊区）有海珠区（工业大道板块）、芳村区。[1]

2.3 用地规模与居住密度相关性的回归分析

通过对内城区和郊区调研和数据的回归分析表明，用地规模和容积率存在一定的相关性，随着用地规模的减少，容积率随之增大，变化呈"L"曲线状（图1，2，5，6）。总体郊区回归分析的 R^2 数值为6.2（图6），两者具有较强的相关性。内城各区住宅数据回归分析 R^2 数值在 0.2~0.3，两者相关性较弱（表1）。结合区含有郊区住宅同时靠近城市中心区，本身条件复杂，居住密度和用地规模没有很强的规律性，如芳村区域基本可以确定两者不存在相关性（表1）。

郊区密度数据研究表面，在同一个条件较为均等的郊区区域内，番禺（华南板快）、天河东圃、白云南湖，由于受到其他因素的干扰比较少，用地规模对居住密度的影响较为显著（图1，2、表1）。内城住宅建设则受到区位、交通、基础设施和周边影响条件比较大，存在很多不确定的因素，两者相关性不如郊区明显。具体情况见郊区的总体居住密度统计回归分析（表1）。

分析的结论为：在各种条件比较单一的郊区住宅，居住密度和用地规模表现较强的相关性。而随着条件和影响因素的复杂，两者的相关性随之削弱。

表1　分析结果

区域		统计小区数目	R^2 数值	相关性评价
郊区	番禺（华南板快）	17	0.4622	具有一定的相关性，整体郊区的相关系数 R^2 数值为0.6。
	天河东圃	33	0.417	
	白云南湖	9	0.6369	
	郊区总体密度	59	0.6193	
旧城区	越秀（含东山）	25	0.2273	相关性弱
	荔湾	14	0.3408	
	旧城总体密度	39	0.2325	
结合区	海珠区	19	0.2635	无相关性
	芳村	11	0.076	
总计		128	0.4333	

2.4 居住密度的分布特征

居住密度由多重因素所决定，其中级差地租和密度分区规划管理是主要的因素。广州对密度的控制管理，如《城市规划管理办法实施细则》分为四个控制区，也是目前城市居住密度分布产生的一个重要原因。同时，按城市经济学的研究，地租随着离城市核心区的距离递增而递减，从而造成居住密度的减少。根据分析表明，广州城市居住密度的分布符合1979年美国学者提出的同心圆的城市居住空间结构，随着离城市中心的距离的增大居住密度随之递减，城市核心区的居住密度平均容积率达5.5，如东山、越秀等区域的密度较高，不少楼盘容积率可以达到12以上。边缘区在3.5左右，如海珠区、芳村等区域，在城市郊区递减到1.3左右（图4）。

2.5 广州居住密度和用地规模存在的问题及原因分析

广州居住密度总体来说符合城市发展的一般规律。但产生两极分化导致密度分布失衡的现象值得我

---

[1]　部分数据来源于 http://www.sofun.com

们思考。其表现在以下几个方面：

(1) 郊区居住密度过低，用地规模过大，整体效率不高，具有城市蔓延的部分特征。

通过对广州郊区番禺（华南板块）的小区分析表明，部分小区的用地规模在 30-100hm² 之间，一些居住区达到 300~450hm²，存在规模过大的问题（图1，3）。郊区平均容积率在 1.3~1.5 左右，相对于市区平均容积率 5.0~6.0，密集程度较低（图4）。这表面广州郊区居住区密度具有大规模、低密度的特点，具有城市蔓延的初步特征，表现在居住密度层面的问题有：

- 郊区住宅以低密度开发为主，存在土地浪费、侵蚀农田的问题。
- 用地规模过大往往造成低密度开发，住区的组织以松散的结构为主，存在重复建设、封闭建设、缺乏共享等问题，达不到紧凑高效的要求。
- 各住区独立封闭，具有自己的交通体系和配套设施，缺乏有效的整合。
- 住区密度过低，缺乏功能混合，过分依赖内城区。小汽车居住方式初步出现，郊区和城市之间出现了由于通勤引起的交通堵塞，如广州大道等城市干道。
- 住区密度过低，住区活力不足、人气欠佳，生活缺乏便利性。

(2) 内城区居住密度过高、用地狭小、环境质量下降。

城市中心区的一些内城改造的居住项目用地较小，部分项目用地在 3000m² 到 8000m² 之间，由于成本和经济等方面的原因，容积率几乎都超过 5.0，为数不少的小区超过 8.0。内城区出现居住密度过高的现象，过多采用 1 梯 8 户，甚至采用 10 户、12 户以上的户型，部分北向住户终年没有日照，同时存在通风不良的问题。住宅建设没有考虑对周边住宅的日照影响，部分住宅采用过小的日照间距，造成生活在楼层比较低的居民满足不了日照需求。同时过高的密度带来城市开阔空间不足，住区环境狭小等问题。

(3) 房产经济的"双刃"作用。

采用高密集的方式和旧城区改造的复杂性有关，如成本、用地偏小等因素,但也和过度追逐经济利润有密切关系。房产的利润追逐对于改善住宅的质量起到十分重要的作用，这个值得我们肯定，但过分的利润追逐也使得城市整体密度失衡以至走向混乱。郊区的过低密度发展源于地价的低廉，城市中心过度拥挤则和投资高回报紧密联系在一起。更为明显的是珠江两岸，包括洛溪桥附近价值高的用地盖起高层高密度的住宅区，使得有限的、优质的河流景观被"混凝土森林"所围蔽，仅为少数居民所享用。这些做法在短期内可以获得可观利润，但从长远来说，直接破坏了城市的景观系统，使一些本身属于城市公众的空间再也难以复原。目前，从广州的密度分布来看，房产市场的影响力过于强大，因此有必要对居住密度进行一定的规划调控，以促使城市居住密度的分布实现有序、均衡的形态。

3 西方部分国家郊区化的教训与启示

3.1 现状和面临的问题

大多数西方发达城市都经历过由集中到分散的发展过程。18~19 世纪的经济大规模发展和工业的迅速扩张促使人口不断向城市集中；20 世纪 20 年代后，城市开始出现郊区化的现象；20 世纪 50~60 年代后，郊区住宅已发展为部分西方国家的主要居住方式；20 世纪 80 年代后，城市过分蔓延引发诸多城市问题，主要体现在以下几个方面：

(1) 资源和环境问题： 过低密度的居住方式造成土地的大量浪费和农田的破坏，道路和市政管道的铺设过长、利用率低下，电能和水资源的损耗随之增加。私人汽车的泛滥，排出的有害气体增加，造成城市大气的污染。

(2) 城市交通和城市效率问题： 郊区住宅功能单一，城市交通过分依赖小汽车，造成交通堵塞和通勤时

间过长的不良现象，降低了整个城市的效率。

(3)　社区活力问题： 低密度居住区普遍存在活力不足的问题，如邻里关系的冷淡，公共设施使用效率低下，居住人群构成单一等。

(4)　内城出现空洞化现象。

3.2 初步解决方法

于是很多研究提出"紧缩城市"和"紧凑社区"理念。20世纪80年代由纽曼（NEWMAN）和肯沃西（KENWORTH）的一项研究发现人口密度和人均的石油消耗存在着密切的关系:随着人口密度的提高,人均能耗呈下降趋势(迈克·詹克斯等，2004);在环境方面，香港特区政府规划署《二十一世纪可持续发展的研究》表明：1995年，香港人均CO_2的排放量为6.5t。而美国的为20.7t，德国为10.3t,日本为9.0t(邹经宇，2004)。这从实际数据上说明紧凑城市可以减少大气环境污染；另外对交通的调查研究表面：随着密度的增加，人均驾车出行的距离减少，并且对公交系统的依赖性加大，而选择私家车的几率变少(迈克.詹克斯等，2004)。

对"紧缩"的研究取得一定的成果，但仍有很多的研究者对城市的紧凑能产生什么效果表示质疑，通过不断的争论和分析，"紧缩"城市形成以下的理念：可持续的发展原则，主张分散走向集中，提高住区的居住密度和紧凑性。通过提高密度，维系公交车和公共设施的运行，提高城市的整体效率。关注社会公平和社区价值。通过紧凑社区的建设，不同阶层的人群混合居住，提高社区活力。新城市主义设计原则：TOD模式，倡导以步行和公交系统为主要框架的人性化社区建设思想；TND模式，倡导以"邻里单位"为基础的开发模式。

西方国家应对于郊区化带来的负面影响而提倡的"紧缩城市"和"紧凑社区"，理论多于实践，是否可成为一种可持续的城市形态还存在争议。但是，在土地缺乏，城市化加快的今天，借鉴西方国家郊区化经验和教训，并对"紧缩城市"理念进行辨证思考，对我国住宅建设具有积极的意义。

4　紧凑型居住方式——我国大城市住宅的可持续道路

我国人口多土地少，资源有限，土地资源稀缺对居住的高密度的推动力较大。我国人口大约13亿，城市人口占1/3，在今后十年人口城市化到达70%以上，城市需为新增城市的居住人口提供大量住宅，造成现阶段住宅建设以刚性满足为主。同时住宅建设时间周期短，数量大，高密度是一种不可避免的居住模式。

我国大城市土地资源粗放发展，北京市发改委提供的2005年北京土地背景资料显示，1999年以来，土地资源消耗平均增长速度高达73.4%，远远超出同期经济增长的速度，其中有37%用于住宅建设。按目前占地量和增长速度计算，北京未利用的18万公顷土地，不到30年基本上就将被耗尽。而深圳的城市规划部门预测余下的土地只够10年开发。土地资源的短缺已成为我国大城市土地利用的重要特征。因此在对待居住密度上，我国不能照搬西方郊区化模式，顺应国情，必须走和自己资源条件相应的集约化道路。

5 广州城市居住密度的思考与建议

5.1 注重内城、郊区的居住密度均衡发展

我国的住宅建设有自身的特殊性，我国城市不可能进行大规模的低密度的郊区住宅建设。紧缩的理念证明了密度和能源的密切关系，因此适当提高郊区的居住密度，对于节约能源，促进可持续发展具有积极的意义。居住的紧缩化应该成为我们住宅建设的一个目标。

郊区住宅建设需要考虑老城区的居住密度和人口疏散问题，在郊区化同时更应注重内城的更新，郊区不能先低密度发展，造成内城中心被遗弃，然后再考虑对内城区进行改造，重复部分西方国家发展的道路。因此,内城区改造和郊区新区建设应同时进行，均衡发展。

5.2 认识居住密度的关键性作用，对居住密度实施合理监控和协调

无论"新城市主义"、"紧缩城市"、"紧缩社区"等概念还是更宏观层面上的"精明增长"都关注居住密度问题，主张通过提高居住密度来矫正郊区化带来的负面影响，居住密度在城市建设中是关键性问题。

紧凑的、可持续的居住形态，不仅在于合理的高密度，更在于其密度分布的合理性。调查显示，广州的 128 个居住区的总体平均容积率为 1.8,明显偏低，大多数的区域还没达到紧凑的目的，从城市整体来看还存在提高密度的空间。提高整体的居住密度并不意味着在内城区容纳更多的人口，相反，要严厉、有力地控制中心区居住密度，防止密度过高。城市整体的居住密度提高只能依赖于广阔的郊区的居住密度的提高。一方面，在合理的范围内提高郊区住区的密度对城市周边环境保护有利，可促进郊区住区活力和文化形成；另外一方面，提高郊区的密度可以达到疏散内城人口的目的，对于缓解公共资源过于集中、内城拥挤具有重要的作用。

以广州为例，内城区和郊区的密度相差较大，内城区平均密度约为郊区的 4 倍多。因此，内城区可减少居住密度，作为一种数量上的平衡，郊区住宅应适当提高居住密度，加强土地的利用。实际上，部分郊区住宅的容积率接近或超过 2.5，仍能实现比较高的环境质量，这为提高居住密度提供一定的实践依据。

现在的密度分布，更多的反映了当前经济活动作用下的形态分布结果，是符合当前经济利润最大化的，但并不一定符合城市的长远利益。减少内城区的密度，提高郊区的居住密度和当前的经济活动存在一定相左的地方，这就需要部分管理部门从更长远的目光来评价产生的总体效益，建立一种有效、合理、长期的监控机制。

5.3 郊区发展——减小用地规模，提高居住密度，形成丰富多样的社区活力

郊区住宅普遍规模过大，造成小区密度过低及形态单一，进而产生封闭管理、界面断裂等城市问题。番禺（华南板快）的用地平均规模约为 91hm²，为老城区的 77 倍，郊区需要大幅减小住宅的用地规模（图 3）。通过数据分析可知，在条件单一的郊区，用地规模的减少可直接导致居住密度的提高。因此，可减少郊区住宅的用地规模，采用较小的路网和街区，提高居住密度，形成丰富居住形态。

广州郊区住宅普遍存在人气、活力不足、过于依赖内城区的问题。紧缩城市和紧凑社区的研究表明，适当提高居住密度、通过要素整合，可改善这样问题：

- 通过提高居住密度来提高社区活力。密集程度的增加可提高人群的多样性，避免人群构成过于单一，形成文化多样的活力社区。
- 通过增加居住密度提高公共设施的使用频率。广州郊区的小区公交车和其他公共设施的运营费用一

直是住户的重要负担，随着密度增加意味着公交车的始发频率增加，可降低运行成本，从而提高小区的交通便利性。

- 增加居住密度，提高商业娱乐选择的多样性，为社区添加"人气"。比如，可在住宅区沿街增加商店，延续传统的骑楼、街道生活，对营造活力的社区也十分有利。

5.4 内城发展——减少居住密度，加强整合的力度，提供更多的公共城市空间

紧缩的城市要注意紧缩的"度"的问题，并不是居住密度越高就越好。对于目前内城区住宅建设，不能单以经济利益为目标，必须结合郊区住宅的建设，通过减少内城区的居住密度，改善高密集的环境压力，提供更多开阔的城市空间。内城的小区用地规模较小，可利用联合的方法加强同一区域住宅区的整合，通过平台连接，绿化的一体化建设，实现资源共享，改善环境空间狭小的缺点。

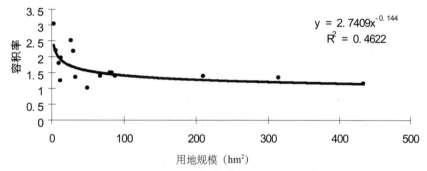

图1　番禺(华南)区域居住密度回归分析

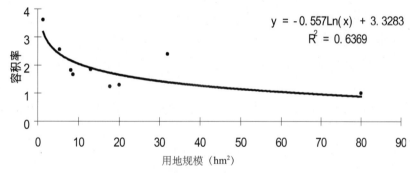

图2　白云南湖区域居住密度回归分析

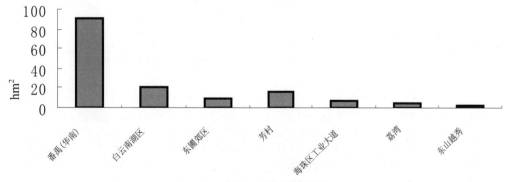

图3　平均用地规模

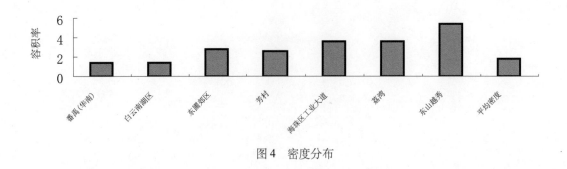

图4 密度分布

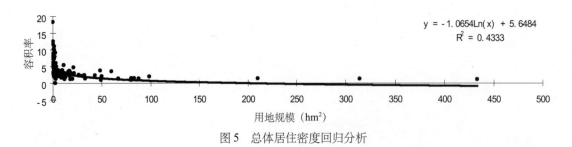

$$y = -1.0654Ln(x) + 5.6484$$
$$R^2 = 0.4333$$

图5 总体居住密度回归分析

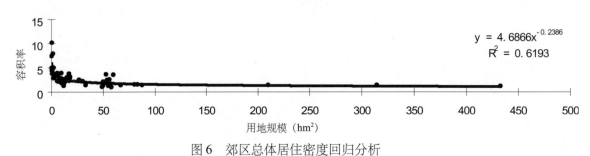

$$y = 4.6866x^{-0.2386}$$
$$R^2 = 0.6193$$

图6 郊区总体居住密度回归分析

参考文献

迈克.詹克斯等. 紧缩城市——一种可持续发展的城市形态. 周玉鹏等译. 北京：中国建筑工业出版社，
　　2004

大卫.路德林. 营造21世纪的家园—可持续的城市邻里社区. 王健等译. 北京：中国建筑工业出版社，
　　2005

邹经宇. 适合高人口密度的城市生态住区研究—关于香港模式的思考. 新建筑，2004(4)

王彦辉. 走向新社区. 东南大学出版社，2003

聂兰生，舒平等. 21世纪中国大城市居住形态解析. 天津大学出版社，2004

规划专题   **信息与创新科技**
Planning Session   **Information & Technical Innovations**

城市住宅可持续发展系统工程——从宏观建筑学的视角看我国城市住宅的可持续发展

System Engineering for Sustainable Development of Urban Residential Buildings—From a Point of View of Macro-Architecture

唐恢一

TANG Huiyi

哈尔滨工业大学建筑学院

School of Architecture, Harbin Institute of Technology, Harbin

关键词： 城市住宅的可持续发展、系统工程、宏观建筑学、房地产市场系统及其子系统、福利住房政策、系统动力学模型

摘　要： 本文认为，为促进城市住宅的可持续发展，在宏观环境方面主要从三方面着手：一是实行利农惠农式新概念城市化模式，减轻城市人口压力；二是合理解决收入分配不公问题，减轻购房压力；三是完善城乡土地管理的科学化和民主化，消除土地投机。在微观环境方面主要是管理好城市的低端、中端与高端房地产市场;并在政府行为中采取适当的福利住房政策，做好廉租房和公营住房工作。本文提供了一个系统动力学计算机模型来探讨协助做好房地产市场管理。

Keywords: sustainable development of urban residential buildings, system engineering, macro-architecture, system and subsystem of real-estate market, housing welfare policy, system dynamic modeling.

Abstract: This paper suggests that for the end of sustainable development of urban residential buildings, on the macro-environmental aspect, it is necessary to tackle mainly in three aspects, i.e., firstly, implement a new mode and concept of urbanization which will benefit the farmers, to ease the urban demographic pressure; secondly, rationally solve the problem of unfair income distribution, to ease the pressure of house purchasing; and thirdly, improve the land management in a scientific and democratic way, to eliminate the land speculation. While on the micro-environmental aspect, we should mainly improve the management of real-estate market at the lower, middle and higher end; furthermore, in the governmental behavior, we should adopt appropriate housing welfare policies, to do the work of low-rent housing and public managing housing well. We also provide a System Dynamic modeling approach trying to help the management of real-estate market.

1　引言

要解决我国城市住宅的可持续发展问题，即长久而稳定地满足广大城市人民的住房需求，就要从宏观的全方位的视角，取得大环境的优化入手，才可望逐步地实现我们的目标。因此，它不是局部的短期行为可以奏效的；也不像为防止出现房地产经济泡沫那样，主要采取适时的经济调控措施来应付。

从我国目前的经济、社会发展大环境来看，人均 GDP 刚刚超过 1200 美元，开始进入了一个发展的关键时期：社会贫富与城乡两极分化相当严重，基尼系数超过了警戒水准（0.4），达到了 0.5；而且收入分配的结构，基本上呈洋葱头形（尖端和底部都很小，中部不足，下层大），不利于社会稳定。城乡收入差距达到 3.4：1，若计入城市人口享受的福利保障，则达到 6：1，成为世界之最。按照世界银行的标准，日均收入低于 1 美元的贫困人口还占人口总数的 24.5%。社会财富分配不公的现象比较严重。这种趋势如果不及时扭转，就有可能滑落到拉丁美洲的恶化状况的危险。后者的基尼系数为 0.6，贫困人口在总人口中所占的比例平均达到 45%。目前我国中产阶级人数还较少（不到人口总数的四分之

一），如果能争取中产阶级人数占大多数，并努力提高中、低收入阶层的收入，使收入分配结构呈橄榄型，才比较有利于社会稳定。我国目前的经济发展还难以得到内需的充分支持（主要依靠外贸、引进外资和固定资产投资等）；尽管作了巨大努力，投入了巨资，但环境污染和生态恶化的趋势仍未得到根本扭转；能源和资源的利用率还很低；农村剩余劳动力和城市失业人口的压力都还相当大。

因此党和国家领导人提出了一系列新的治国理念，如"两个务必，全面小康"，"三农问题，重中之重"，要实行科学发展观，构建和谐社会；要实行"五个统筹"（统筹城乡发展，统筹区域发展，统筹经济社会发展，统筹人与自然和谐发展，统筹国内发展与对外开放的要求）；进行宏观调控；以及工业反哺农业，城市支援农村等。

2 宏观环境的优化

为了解决城市住宅的可持续发展问题，首先要求得城市环境的优化。这主要有三个方面的目标：一是减轻城市的人口压力；二是合理解决收入分配不公问题；三是城乡土地管理的科学化与民主化，消除土地投机现象。

2.1 减轻城市流动人口的压力

我国目前各主要城市中，流动人口占很大的比重，给城市的基础设施和服务系统带来了沉重的压力，也存在着许多的贫民窟。合理减轻城市人口的压力，要从优化城市化模式入手。我国建国以来，伴随着工业化的进程，城市化在其初级阶段一直是对农业、农村和农民施加压力的。从第一个五年计划时期的粮食统购统销，农村劳动力的大规模调动，到历次"圈地运动"，都是农村支持工业化和城市化。而在计划经济向市场经济转型、土地公有制向有偿使用制转型的过程中，在20世纪90年代初和21世纪初发生的两次大规模"圈地运动"中，则还伴随着巨额土地增值收益被地方政府和少数食利者获取的存量资产再分配过程。这也是造成财富分配不公的重要原因之一；并导致4000多万失地农民被迫流入城市，基本人权受到损害。

自从18世纪产业革命以来，传统模式的工业化和城市化都是具有剥夺农村和农民的性质。我国新一届党和政府提出要全面建设小康社会，构建和谐社会，实行科学发展观，统筹城乡发展，以及工业反哺农业、城市支援农村等治国理念和方针。根据这些原则，我们应该摒弃传统的城市化观念和模式，推行新的扶农与惠农式城市化的观念和模式。

我国的杰出科学家钱学森资深院士提出了人类历次产业革命和城乡发展的理论。他指出，我们目前正面临着第六次产业革命（以生物技术为基础的大农业革命），即将生物工程等一系列高新科技应用于发展大农业（包括农业、林业、沙业、草业和海业）和改造大自然。他并且提出了社会主义中国率先开展第六次产业革命的想法。

基于这种理论，如果我们充分发挥中心城市和都市圈的辐射作用，支援周围的小城镇（全国约有20000个），以之作为推动第六次产业革命的基地，在那里发展相关的教育、科研、生产资料等各种产业和生态产业链，从而促进农业的产业化，如钱学森院士所说，使古老的第一产业变成第二产业，那么农村也就会转化集中成为小城镇了。

这种新的城市化概念和模式，与传统城市化的伤农性质相反，是扶农和惠农的。在改革开放初期自发形成的小城镇，经过这种自上而下的国家力量的支援，成为富有活力和现代化气息的小城镇。它可以吸纳大量农村富余劳动力，减少农村人口转移的社会成本。这是对党中央"小城镇，大战略"方针和解决"三农"问题的一系列方针政策的最佳体现和理论论证。

我国目前有许多城市规划的城市化速度高达1.5%～2%，这意味着中心城市的发展要快速占用农村

土地，这种发展模式没有摆脱传统的城市化概念。如果我们中心城市的规划包括周围小城镇的惠农式规划，并把总的城镇化速度（在目前快速发展阶段）控制在 1%左右，使之符合土地节约集约化使用的国家政策，并符合惠农式城市化的新概念和新模式；而且对于中心城市政府官员的政绩考核，不仅限于中心城市本身的发展，且也将推动周围小城镇的新产业革命发展（不是搞形象工程）的业绩列为重要指标之一，那将使我国的城乡大环境得到优化的发展。在中心城市里，也有助于减少以至消除贫民窟，使城市住宅走上优化发展的途径。

2.2 扭转贫富两极分化的趋势，合理解决社会财富分配不公问题

要使城市房地产市场健康地发展起来，一个基本条件是要提高内需的支撑，即提高广大人民的支付能力。因为按照一般工业化国家的经验，一套标准住房的平均售价，应在用户平均年收入的 3~5 倍之间才有可能借助于按揭贷款等办法，为用户所承受。比如对于一个中产阶级用户，如果他们夫妇的年收入之和为 20 万元，那么贷款买一套 100 万元的住房，才是可能承受的。但是目前对于大多数中、低收入阶层来说，一套即使是经济适用房，也是难以承受的。

据统计（根据新浪网发布的数字），目前全国机关、企、事业单位职工的人均年工资，约为 1.4~1.6 万元，大行业可能超过 6 万元。企业的经营职位和一般职位间的收入差距普遍在 20 倍以上。城市财富的分布两极分化：人口高端 10%的富人占有全部城市财富的 45%，人口低端 10%的穷人只占全部城市财富的 1.4%（相差 32 倍）。从 2000 年到 2004 年，国家财政收入从 1.3 万亿元增长到 2.6 万亿元，而工资占 GDP 的比例却从 1989 年的 16%下降到 2003 年的 12%。我国目前的收入分配情况，实际上已经偏离了宪法第六条关于"坚持按劳分配为主体、多种分配方式并存的分配制度"的规定，而变成"重资轻劳"了。由此可见，对于人口收入分配不公，目前确是亟需解决的问题。这对于城市住宅的可持续发展目标来说，也同样是一个必要的前提。党的十六届五中全会的召开和十一五规划的制定，将对解决此等问题作出系统明确的安排。

先进的工业化国家经过两个多世纪的发展，摸索出了一些缓解社会不公平问题的办法，可资我们参考借鉴。总的来说，对社会财富要通过多次分配，以使社会矛盾得到某种程度的缓解。如通过按收入高低征收累进所得税，以及相关的各种税收系统，将税收用于教育普及、职业培训、社会医疗卫生和福利保障事业、公益事业、慈善事业、扶贫济困，并不断提高中、低收入阶层的工资待遇等。在住房供应方面，政府有责任保障中、低收入阶层的住房需求得到满足，为此应给予相应的补贴、优惠（如在地价、税收、贷款等方面），及建立廉价住房信托基金等；还可以为特困人群提供廉租住房；并对住房分配的各环节由政府全面负责掌控。

2.3 土地管理科学化、民主化，消除土地投机现象

早在一个多世纪以前（1898 年），英国学者埃比尼泽·霍华德所建立的"田园城市"理论，就针对土地投机和城市的无限制扩张，提出要建立城市土地管理委员会，使城市的土地增值收益为公众利益和"田园城市"的发展服务。社会主义国家不应当允许土地投机现象的存在。可是我国在经济体制与土地制度转型期间，由于法制不健全，却在这方面被少数人钻了空子。在这个土地资源增值收益的再分配过程中，流失的公有资产数额巨大。

目前全国城市规划区内闲置土地接近 400 万亩，其中有些是属于囤积土地等待升值的行为（政府所收取的闲置税费微不足道）。这种行为影响了房地产市场的正常供求关系，使房地产的升值并非反映真正的供不应求，而是包含了人为炒作的因素。对此，应坚决执行"国八条"的有关规定予以制止。

城市土地管理既要体现国家和城市的整体利益，又要体现公众的利益。要做到科学化、民主化、透

明化。土地管理机构要有公众代表参加，使土地产权制度真正得到落实。城市土地的储备、规划、交易和使用都要公开和透明。

3 优化城市住房市场环境

自从 20 世纪 80 年代初，我国城市的规划与建设逐步纳入轨道，房地产业也开始发展起来。自 20 世纪 90 年代初到现在，随着土地制度的改革和"圈地运动"的盛行，加以 1998 年开始启动住房制度改革，即由福利性计划分配到商品化的转变，促使房地产业有了迅猛的发展。

我国的房地产业发展的时间并不长，其实至今并没有实现完全的市场化。实际上，土地资源的大盘操控权还在政府手中。另外，政府有责任保障中、低收入阶层的住房需求，所以也不能放任房地产的开发供应完全由市场来导向。

3.1 房地产低端市场的优化

房地产低端市场主要是面向中、低收入阶层的人口，利润率较低，对开发商的吸引力较差，如果任由市场导向就不能满足广大人民的需求，因此需要政府给予政策倾斜，如给予优惠条件或补贴等。其途径是降低地价、降低税收、给予贷款优惠，或建立廉价住房信托基金等；但是不应追求短期效果，例如为了降低建房成本而降低建筑节能标准，或降低质量，而导致长期损失或埋下后患等。

土地的支配和信贷等权力是由政府掌握的，在行政过程不透明的情况下，曾经导致了权力寻租（官员腐败）的屡见不鲜。经过行政制度的改革和法制的健全，应当解决这种问题。在政府对市场干预的过程中，尤应注意防止这类问题的发生。

要杜绝投机性购房炒作。它制造虚假的市场需求，哄抬售房价格，占据住房供应资源，导致房地产泡沫经济的形成。其作用就像抢购商品囤积居奇的投机商人。特别是经济适用房的开发，本来利润率比较微薄，开发供应量严重短缺（目前有些城市经济适用房的开发比例有所降低），需要国家补贴资助等优惠条件的扶持，但被投机炒房者抢购后，优惠条件都被他们侵占，而广大的中、低收入需房者却得不到实惠，而房价反被他们哄抬起来。所以经济适用房的购买市场一定要受到严格的监控管理。特别是住房尚未建成就炒作期房，更应严格禁止。

经济适用房的分配也存在问题。若由开发商主导分配，有的从牟利出发，故意制造紧张气氛，使购房者几天几夜排队取号，黄牛卖号牟利，企业内部人员也排号，并把好套型先分掉。所以国家应迅速出台经济适用房管理、建设和分配指导办法，地方政府则应迅速出台细则。

3.2 适当发展高端房地产市场，保持房地产经济的活力和引擎作用

由于高端用户（包括国内外和港、澳、台的富有用户）的需求、开发商和城市政府三方面的利益驱使，适当发展高端房地产市场可保持房地产市场的活力和引擎作用。城市政府根据需要和可能，规划适当的用地，通过招投标确定开发商，充分发挥他们的开发创意和竞争力，可以开发出高标准的和豪华的宅邸，以满足相应方面的需求。开发商可以从中赚取高额的利润；城市政府则可通过竞标收取较高的地价和税收。

但是房地产高端市场的开发，要防止损害国家和公众的利益，例如占用耕地、侵占风景区等。

3.3 发展中端房地产市场

中端房地产市场，主要是面向日益增长的中产阶级人口，一般指工薪阶层中年收入约在 6～50 万之间的那部分人口。他们要求较高质量的住房，例如类别墅和公寓式住房中较高档的那种，有较优美的环

境、现代化的设备和方便高雅的服务设施，多数都需有私人汽车的库位。他们通过按揭贷款等办法购买此类住房还是可以承受的。城市规划应根据需求，规划出适当的用地以供这类住房开发之用。随着我国经济的发展和中产阶级人口比例的不断增长，这类市场也将表现出蓬勃的生气。

但是不论对于哪一类房地产市场，投机性的炒作都是应当严格禁止的。因为它只是肥了少数投机商人和炒家，造成虚假的需求和经济泡沫，而使广大用户的住房需求受到压抑。一旦这种虚假的繁荣得不到实际需求的支持，住房空置率过高，房价下跌，泡沫破裂，就可能导致房地产经济的崩盘。

4 扶危济困的廉租房和公营房屋政策

保证城市居民"居者有其屋"是政府的责任。在目前我国城市居民大多数还属于中、低收入阶层和弱势群体的情况下，政府要承担更重的责任。如何通过财政预算和优惠贷款等措施来兴建足够数量的以扶危济困为目标的廉租房和低价住房，以帮助城市中的各种困难户解决住房问题，使人们都能安居乐业，使城市具有更大的凝聚力，是当前迫切的任务。

根据香港比较成功的经验，廉租屋不能通过购买取得产权，而完全是提供廉价出租、扶危济困的房源。对此城市规划中应有明确的指标和措施。

公营房屋不完全是商品性质，而是带有一定的福利性质。政府通过补贴、优惠等政策，以解决困难户的住房问题。这也是社会财富再分配的一个重要方面。我国从福利分房制度走向商品房制度，目的本是为了更好地解决人民的住房问题。现在看来，适当地回归某种程度的福利政策还是有必要的。

对扶危济困的住房供应，必须有严格、透明的管理和监督制度和设置。如香港的房委会，是半官方、半民间的组织，以检讨和制定政府的房屋发展计划并监督其执行。其政策及时公开，接受传媒和社会的监督。对接受住房扶助的人群，编有公房轮候册，使之公开透明，防止被人投机炒作。

5 城市房地产市场系统动力学模型

为了模拟某具体城市房地产市场的运作，并便于对其效果进行实验分析，我们用系统动力学的vensim.ple 软件编制了一个系统模型，以供探讨。它有助于了解系统中各元素间的相互关系和影响及其发展趋势，并有一定的定量分析能力。

5.1 系统模型的结构

本系统模型基本上分为三个子系统，即低端市场子系统，中端市场子系统与高端市场子系统。

每个子系统中都有若干状态变量及其他变量，描述住房的供应、价格、成本及相应阶层人口的平均收入等，并根据人口比例等因素计算其住房需求量。并可根据套型平均面积与容积率计算其土地需求量；还可根据平均价格、成本与供应量计算市场的利润额。

各因素间的相互关系，如居民平均年收入与每套住房价格之比，影响需求量；住房需求量与供应量之比影响其价格等。

二手房市场在模型中也有所体现。如中端市场的存量住房中，有一部分可转为低端市场的供应量；高端市场的存量住房中，则有一部分可转为中端市场的供应量。

可根据城市的实际情况确定其初始数据，如总户数、各阶层住户所占比例及其变化，以及住房的供应量、成本、价格、居民收入与住房需求量等。并用表函数确定影响其变化的因素。

模型的运行可展示若干年内市场的变化情况；并可进行调控与实验。

5.2 模型的运行与实验

设某城市的总住户数初始值为 3 万户，并按一定的百分比增长；其中低端（中、低收入阶层）住户初始占 75%，中端住户（中产阶级）初始占 17%，其余为高端（富豪阶层）住户（初始占 8%），并通过表函数表示了其比例在 20 年内的变化情况。

5.2.1 低端住房市场

考虑低端住户的收入水平，及国家节约集约用地的方针，目前低端住房设计可以超小套型为主，如平均每户建筑面积 30m²，且采取高密度布局，容积率为 6；从高容积率和单方售价，开发商可以赢利；而每套基于小面积的低售价，则可以为用户所承担。尔后随着居民生活水平的提高，套型平均建筑面积可适当放大，容积率也可适当降低。超小套型的设计，应具有灵活性，例如经过合并改造后可成为大套型。

若在政府优惠政策条件下，建筑成本控制在 5000 元／m²（平均每套 15 万元）；售价控制在平均 6000 元／m²（平均每套 18 万元）；这些数据都随时间而变化。

设低端住户所占比例，在 20 年内由 75% 逐步降至 30%，并考虑购房比率，则需求量为 11250~4804（套）（表示 20 年内的变化，下同）；开发量为 10000~5244（套）；考虑来自中端市场的二手房，实际供应量为 10140~5300（套）；住房每套成本 15~65.5 万元；每套售价 18~77.9 万元；容积率 6~3；平均每户建筑面积 30～80m²；需占地 5~14.16hm²；市场利润额 3~6.58 亿元。

5.2.2 中端住房市场

设中端住户所占比例的变化为 17%~45%；需求量为 3946~10202 套；实际供应量（考虑了来自高端市场的二手房）2960~9993 套；平均每套成本 68.4～197.4 万元；平均每套售价 84~241.6 万元；平均每套建筑面积 120~160m²；容积率 0.8～0.6；需占地 42～201.5hm²；市场利润额 4.37~33.4 亿元。

5.2.3 高端住房市场

高端住户所占比例为 8%~25%；需求量 1680~8958 套；实际供应量 1200~5863 套；平均每套成本 150~378 万元；平均每套售价 200~402 万元；平均每户建筑面积 200~300m²；容积率 0.4~0.3；需占地 75~837.6hm²；市场利润额 7.5~20 亿元。

以上三方面市场总共需用地 122~1053hm²；市场总利润额 14.9~60.3 亿元。

以上各数值均可根据情况予以修改，从而进行各种试验。由模型的运行可见，随着中、高端住户所占比例的增加，土地的占用也显著增加，蕴含着向城市外围或郊区扩展的趋势。若要节约集约用地，就需控制别墅式住宅及类别墅式住宅的数量，适当采取柯布西耶式的城市集中主义手法。

修改方案 1，将中、高端住宅的容积率作了修改，相应为 2~3 及 3~4，则其占地分别降至 16.8~40.29hm² 及 10~62.82hm²，总占地降至 31.8~117.28hm²。

本模型对于住房的规划、设计、及房地产市场的管理和调控，应能起到一定的参考作用。

6 结论

城市住宅的可持续发展，是一个庞大的系统工程，不仅涉及技术层面，而且涉及经济、社会、政治、管理等层面；不仅涉及微观环境，而且涉及宏观环境。我们从宏观建筑学的视角出发，在此仅提供一个粗略的思考框架，其中在每一个层面，都涉及大量的艰苦细致的工作。我国目前还处在社会主义初级阶段一个发展的关键时期，经济、社会和各方面体制的发展都还只有初步的基础。在党的十六届五中

全会精神和"十一五"规划的总体安排下，我们若能充分运用科学方法进行规划、设计、加强管理，学习如香港等地的先进经验，城市住宅可持续发展的目标是可以实现的。

参考文献

钱学森．鲍世行，顾孟潮，涂元季编．论宏观建筑与微观建筑．杭州：杭州出版社，2001

唐恢一．在钱学森学术思想指导下参与创建《城市学》的一点体会，2005-06-03

李慧．里昂证券中国宏观经济特约报告．中国四次经济低谷备忘．21 世纪研究，2005-05-23

邱元华．苏州地产十年的数字化生存．易通十年，2005(2)

Vensim.ple 系统动力学软件手册

城市规划中的声学设计方法

The Methods of Acoustics Design in Urban Design

谭艳平

TAN Yanping

深圳市建筑科学研究院

Shenzhen Institute of Building Research, Shenzhen

关键词： 交通噪声、城市规划、隔声屏障、总图布置

摘　要： 本文通过分析我国各类城市噪声的特点，及其在城市环境中所造成的污染和影响，根据我国的国情和国力，参照国外先进经验，提出一些城市规划中的噪声防治措施和建议。

Keywords: traffic noise, Urban design, sound barrier, master plan

Abstract: In this paper, the feature of city environment noise in china and it's influence to city environment are analyzed. Based on the situation of china and the advanced overseas experience , some measures to control city environment noise in urban design are taken.

1　引言

噪声污染是四大环境污染（空气污染、水污染、垃圾、噪声）之一。目前，在发达国家空气污染、水污染有了很大的改善，而噪声污染改善不大。噪声污染将会成为未来环境污染控制的主要问题。世界卫生组织（WHO）认为，环境噪声不同程度地影响着人们的精神状态。在一定意义上，是一个影响人们健康的问题。

进入 20 世纪 80 年代以来，我国国民经济持续高速增长，城市化进程进入加速阶段，工业、交通运输和城市建设急剧发展，城市规模和人口急剧增加，城市噪声污染问题日益严重，引起了城市居民的普遍反应。

城市的声环境是城市环境质量评价的重要指标之一，合理的规划布局是减轻与防止噪声污染的一项有效措施，对未来的城市噪声控制具有战略意义。

2　城市噪声的来源

我国的城市噪声包括交通噪声、工业噪声、施工噪声和社会生活噪声等。其中交通噪声是城市噪声的主要来源，其影响最大，范围最广。

2.1　交通噪声

城市交通噪声主要是机动车辆、飞机、火车和船舶的噪声。这些噪声是流动的，影响面广。

城市区域内的交通干道上的机动车辆噪声是城市的主要噪声。近年来，我国高速公路和城市高架道路建设发展很快，城市机动车辆数量急剧增加，车辆噪声问题日益突出。道路交通噪声声级决定于车流量、车辆类型、行驶速度、道路坡度、路面状况、交叉口和干道两侧的建筑物等，随建筑用地与干道的

关系的不同，产生的干扰程度也不同。

当航线不穿越市区上空时，飞机噪声主要是指飞机在机场起飞和降落时对机场周围的影响，它和飞机种类、起降状态、起降架次、气象条件等因素有关。在我国，随着近年来民用航空事业的高速发展和机场建设在全国各地普遍展开，飞机噪声问题日渐凸显。

火车在运行时的噪声在距铁路 100m 处约为 75dB（A）。穿越城市市区的铁路，火车噪声对铁路两侧居民的干扰十分严重。

船舶噪声在港口城市和内河航运城市也是城市噪声的来源之一。

2.2 工业噪声

工业噪声是固定的声源，其频谱、声级和干扰程度的变化都很大，夜班生产对附近的住宅区有严重的干扰。特别是分散在居民区内部的一些工厂影响更为严重。一般情况下工业噪声对周围居住区造成超过 65 dB（A）的影响，就会引起附近居民的强烈反响。

2.3 施工噪声

施工噪声对所在区域的影响虽然是暂时性的，但因为施工噪声声级高、难控制，干扰也是十分严重的。近年来，我国基建规模很大，城市建设和开发更新面广量大，施工噪声扰民相当普遍。

2.4 社会生活噪声

社会生活噪声是指城市中人们生活和社会活动中出现的噪声，如集贸市场、流动商贩、街头宣传、歌厅舞厅、学校操场、住宅楼内住户个人装修等。随着城市人口密度的增加，这类噪声的影响也在增加。

3 合理的城市规划

合理的城市规划，对未来的城市噪声控制具有战略意义。为了控制噪声，在进行城市规划时应考虑以下三方面问题。

3.1 控制城市人口

城市噪声随着人口的增加而增加。现今世界各国城市噪声之所以日益严重，是由于人口的过度集中。美国环保局发表的资料指出，城市噪声与人口密度之间有如下的关系：

$$L_{dn} = 10 \lg \rho + 26 \quad dB \tag{1}$$

式中：ρ 为人口密度（人／km^2）。

因此，控制人口密度对降低城市噪声很重要。为了解决人口过度集中，许多国家正在采取卫星城或带形城市规划的办法。

3.2 合理布置城市噪声源

在规划和建设新城市时，考虑其合理的功能分区，居住用地、工业用地以及交通运输等用地有适宜的相对位置，防止噪声和振动的污染。例如日本东京，将主要工厂都集中在机场附近而远离居民区。由于工业区内本身噪声高，因此对飞机噪声的干扰感觉不明显。

在规划中尽量避免居民区与工业、商业区混合。如图 1 所示，一个合理的城市规划，应将需要安静

环境的居住区、文教区远离机场、铁路、高速公路和工业区，并在之间规划商业区和绿化隔离带。

一个城市规划不合理，居住区、文教区等需要安静环境的区域和产生噪声污染的工业区、商业区混杂和毗邻，并被交通干线穿越，将造成严重的噪声污染，带来难以挽救的后果。因此，搞好城市规划中的合理分区，对控制城市噪声污染是至关重要的。

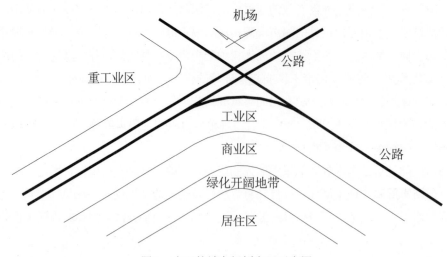

图1　合理的城市规划布局示意图

3.3 建设项目的环境噪声预测和评价

在进行建设项目可行性研究和规划设计时，要对周围环境进行调查，作出环境噪声预测，判断是否符合该建筑的环境噪声要求。对于兴建工业企业、交通运输工程等可能产生噪声污染的建设项目，必须进行噪声污染预评价，预估它们建成后对周围环境的影响以及应采取的措施，并报送环保部门审批。在工程项目竣工后，还应进行环境噪声污染是否达到有关标准的验收。

4　控制城市交通噪声

道路交通噪声，是城市环境噪声的主要来源，是道路两侧居民、文教机关、医院的主要干扰源，是当前城市噪声的主要控制对象。加强交通管理和改善道路设施是控制道路交通噪声的有效方法。

禁止过境车辆穿越城市市区，根据交通流量改善城市道路和交通网。市区行驶车辆限制随意鸣笛，禁止夜间鸣笛。需要安静的地区限制车速，并禁止卡车驶入。在城市中心区域，由于道路上快、慢车辆与行人互相争路，会明显增加机动车鸣笛、变速和刹车的噪声。因此，改善道路设施，使快、慢车辆和行人各行其道，不仅使车辆行驶畅通，也控制了行车附加噪声的干扰，可使道路交通噪声降低约4～10dB左右。

当交通干道必须从城市中心或居住区域穿过时，可考虑采取以下几种措施：（1）将干道转入地下，其上布置街心花园或步行区。（2）将干道设计成半地下式，结合地形将干道下沉布置，以形成路堑式道路，或利用悬臂构筑物来作为防噪构筑物，可结合边坡加固的需要一并考虑。（3）当干道铺设在水平地面上时，可结合地形，利用既有的绿化土堤来作为与居住区的防噪屏障。（4）在干道两侧设置一定宽度的防噪绿化带（一般至少需要至干道中心100m左右），作为和居住用地的隔离地带。

用多孔材料铺设道路面，可有效降低城市快速道和高速公路的噪声达5dB左右。由车辆引起的噪声主要有两个来源：车辆的机件及轮胎与路面的磨擦。当车辆于平路及高速公路以高速行走时，路面与轮胎的磨擦会成为主要的噪声来源。于斜路行走或当车辆以低速行走，则机件噪声会成为主要的噪声来源。大部分道路的路面都有极细小的沟槽，车辆行驶时，轮胎挤压沟槽中的空气产生爆破声。但一种不

同的路面物料会减低这种路面与轮胎摩擦而产生的噪声。以多孔材料铺设道路，材料中的孔洞能排放被轮胎挤压的空气，从而能降低路面与轮胎磨擦所产生的噪声。

5 屏障降噪

利用"屏障"来挡住噪声是非常有效的，这样的"屏障"可以用不怕噪声而本身又不产生噪声的工业用房、商业楼筑成，或由专门设计的隔声屏障构成。隔声屏障可以是绿化带、绿化土堤和实墙。防噪绿化带必须由矮生树、灌木丛与树冠浓密的高大树种配合组成绿林实体，并宜选择常青的或落叶期短的树种，才能起减噪作用。防噪绿化带不仅能起声屏障的作用，而且还可以净化空气。从目前国内外来看，都把绿化作为保护和治理环境一项有力而可行的措施。如果有大量弃土可资利用，则可考虑设置绿化土堤，土堤后声影区可望降低 9dB（A）左右。种植墙也可作为隔声屏障，墙上可种植四时花卉、草皮或小叶黄杨等半常绿灌木或攀援植物。

设置道路声屏障是目前国内外普遍采用的控制交通噪声的一种基本措施，特别是日本、西欧各国广泛采用。现今道路声屏障的理论研究、设计计算方法以及结构造型均较成熟，而且在实施标准、经济造价及道路景观的协调上，均形成可资借鉴的经验。近年来，我国部分铁路和环城道路上也修建了不少声屏障。

声屏障的型式是多种多样的，一般有直立式、反射式、全反射式、全封闭式等四种，根据具体情况因地制宜地选择采用，见表 1。隔声屏障有反射型和吸收型。反射型隔声屏基于噪声从固体表面简单反射的原理，价格较吸收式低廉，吸声型隔声屏是除了具有隔声性能外，其朝向噪声源一侧的表面，加了一层具有吸声性能的多孔矿物纤维板或其他吸声材料。声屏障的降噪效果与道路高度和车道数、声屏障的位置和高度、路边住宅的距离和高度等因素有关。3m 高的声屏障对道路边的高层住宅是没有什么降噪效果的。因此设置声屏障必须认真做好可行性研究和实际降噪效果预测工作。

表 1 不同声屏障结构类型可能衰减噪声级（dB（A））

声屏障结构类型	声屏障结构图式	可衰减噪声级
直立式隔声屏障		5～6
反射式吸声屏障		7～9
全反射式屏障		11～16
全封闭屏障		20 以上

在济南枢纽增建二线工程中，津浦线连接胶济线穿越市区的跨线桥上，在线路前进方向右侧，采用悬挂式直立钢筋混凝土隔声板，效果较好，经监测可降低噪声 7～9dB（A）。

6 居住区内的合理布局

如果已有道路沿线居住区的规划和建筑设计能考虑到对外来噪声的防噪设计，噪声的影响便可大大降低，居住区内便可获得令人满意的声学环境。

在城市道路两侧建住宅小区时，应采用有利于防噪的总平面布置。首先，尽可能把相对不怕噪声的公建布置在靠道路一侧，成为防噪的屏障。沿道路一侧的建筑宜为连续的体形，尽量少开缺口，以防止

噪声进入小区内部。当道路东西走向时，南北两侧住宅小区防噪布置时，可在临路一幢采取建筑防噪措施，并成为保护整个小区的屏障；当道路南北走向时，宜在沿线设置起屏障作用的建筑，以防止噪声影响面扩大。如图 2 所示，沿街商业建筑对交通噪声在小区内的噪声传播有很好的遮挡作用，小区内部绝大部分区域环境噪声都能达标。将住宅设置在沿街的商业裙房的平台上，利用裙房平台的阻挡作用，能有效降低交通噪声对沿街住宅的影响。如图 3 所示，下部商业裙房对高层公寓的防噪作用十分明显，裙房声影区内的环境噪声基本都能满足要求。

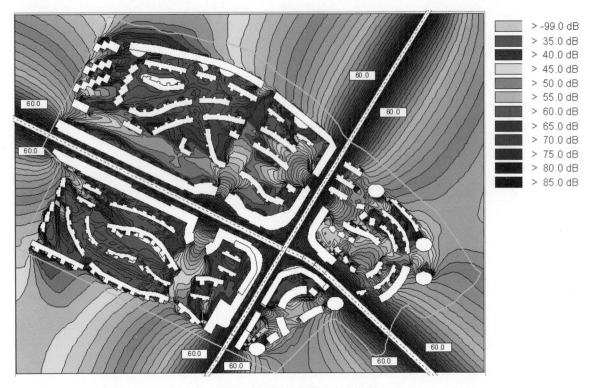

图 2　某小区的交通噪声分布图

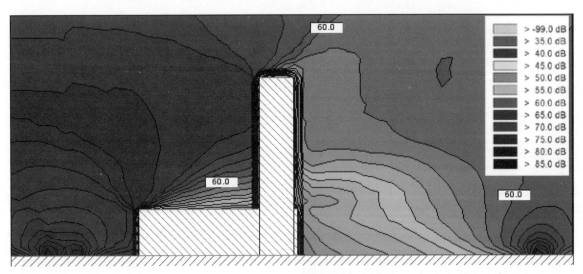

图 3　某高层公寓的交通噪声垂直分布图

居住区内部道路的布局与设计应有助于保持低的车流量和车速，例如采用尽端式并带有终端回路的道路网，并限制这些道路所服务的住宅数，从而减少车流量。终端回路的设置可避免车辆由于停车、倒车和发动所产生的较高的噪声级。对车道的宽度应进行合理的设计，只需保持必要的最小宽度。如有可

能，道路交叉口宜设计成 T 形道口，还可将居住区道路有意识地设计成曲折形。这些措施可迫使驾驶人员用低速并小心地行驶，从而保持较低的噪声级。

7 结束语

降低城市环境噪声，改善城市的生环境，是一项具有战略意义的、极为重要的工作，是一项综合性的工作。虽可从上述几方面来治理，但仍有大量技术工作要做，它既是一项群众性的工作，也是一项科学的管理和宣传组织工作，为此要发动全社会都来关心这项工作。

参考文献

卞国金，王联群. 居住建筑设计中交通噪声的影响及其控制措施. 安徽建筑，2000(2)

张三明，谭艳平. 铁路沿线居住建筑设计中的噪声控制. 华中建筑，2005(2)

吴硕贤，张三明，葛坚. 建筑声学设计原理. 北京：中国建筑工业出版社，2000

秦佑国，王炳麟. 建筑声环境（第二版）. 北京：清华大学出版社，1999

城市空間結構優化設計的研究：基於空間句法之空間設計方法探討

The Research of Optimization Design for Urban Space Configuration: The Design Approach for Space Based on Space Syntax

朱慶　王靜文

ZHU Qing and WANG Jingwen

武漢大學測繪遙感資訊工程國家重點實驗室

State Key Laboratory of Information Engineering in Surveying, Mapping and Remote Sensing, Wuhan University, Wuhan

關鍵詞：　空間句法、城市空間、優化、GIS

摘　要：　若要創造一個吸引人、高品質、可持續的進而人們樂於生活、工作與休閒其中的环境，對城市空間的優化設計至關重要。于此文中提出了一種基於空間句法優化城市空間結構的新方法，作爲城市結構形態分析的理論，空間句法可以從以下四方面系統地檢測城市空間優化與否，包括城市的交通空間、認知空間、土地利用空間及文化空間。在介紹空間句法支援城市空間研究的計算與認知原理後，提出城市空間結構優化研究的框架，並討論了句法與 GIS 集成及其理論本身的三維擴展，最後以浙江省玉環縣坎門鎮的空間規劃爲例，應用句法的分析工具 Axwoman，詳述了句法在空間優化設計中的實際意義。本文的結論表明了空間句法可以具體而正確地揭示空間模型系統的內在運行機制，從而爲城市空間的設計提供科學而可靠的支援。

Keywords: space syntax, urban space, optimization, GIS

Abstract: The optimal design for urban space is essential to produce attractive, high-quality and sustainable place for people to live, work and relax. This paper presents a new method to optimize the urban space configuration based on the space syntax. Space syntax, as a set of theories and tools used for spatial morphological analysis, is used to detect systematically whether on urban space configuration is optimal or not, which is based on four aspects, namely, traffic space, cognition space, land use space and culture space. After introducing the computational and cognitive aspects of space syntax for urban space in the research, a framework for urban space optimization is proposed based on the space syntax. The paper also discusses the integration of space syntax and GIS and space syntax's extension in three-dimensional space. Finally, the paper presents a case study in Kanmen town, Zhejiang Province, where an analytical tool based on space syntax theory called "Axwoman" was used to analyze urban space configuration. The research concluded that space syntax can discover concretely and appropriately how spatial models work by employing a graphical and numerical language, and be proposed to support reliable design for urban space.

1　引言

　　城市空間是我們日常生活中最爲普遍使用的一個概念。建築與規劃設計中首先必須考慮的就是城市空間社會與物理功能的實現，這是因爲人們已逐漸認識到城市空間的設計與規劃決定了城市空間使用的功能與效率。效率則可作爲是空間本身的一種功能，因爲它主要關注的是空間的形式與組織，也就是說人們如何居住與使用空間的；這也表明了對城市空間作爲一個安置空間、居住空間、交流空間與交通空間等複合功能空間的考慮，它強調城市空間功能效率實現的最優。而這都決定於城市空間結構優化與否，因而對城市空間結構優化的研究是規劃設計中最爲本質的要求之一，對規劃與設計師來說進行空間的優化分析也是最爲基本的設計方法之一。

　　基於圖論與 GIS 的空間句法作爲城市空間形態分析的一套理論與工具，自它在城市研究中產生以

來，就爲許多研究與應用領域所關注，它提供了一種可用來定量描述城市模式結構的空間語言，這種語言可以深入解釋建築與城市的空間本質與功能。典型而廣泛的句法應用涉及了城市人流分析與預測、城市犯罪空間分析、交通排放污染控制、複雜環境導航、建築室內設計、考古研究等多方面(Peponis et al.，1998)，許多實例也成功證明瞭句法理論對城市空間理解與類比的正確與重要性(Douglas，2003)。句法這些成功的應用與研究結論也揭示了其在城市空間研究中所具有的強大優勢與潛力，正是源于此，本文提出了基於句法理論對城市空間進行系統優化的研究。

2 空間句法理論

最初的句法思想源於對城市演變與城市流理解的一種嘗試：演變是通過分析建築環境的發展，而流則是通過研究城市中各類社會活動如人群在城市中的分佈與位移，如此而得出其中內在的機制與規律。所有句法的研究都傾向於這樣一種假設，既空間模式或結構對城市環境中人類活動與行爲有著深刻的影響，因而空間句法最爲基本的概念就是空間認知與空間行爲。Hart與Moor(1971)將空間認知定義爲考慮了空間結構、空間要素及其相互關係的認知描述；Burnett(1978)定義關聯於人類與其對周圍環境的感知及認知爲人類行爲與環境一種交互的心理過程。空間認知與認知表述最主要的因素是視覺(Gibson，1996)，所以句法本質的要素即是源於視覺—我們能感受多遠，我們能到達多遠。

既然句法理論是依循空間認知的概念來描述空間，也就是人與環境互動的關係，因而空間句法將空間劃分爲兩部分：自由空間(free space，如街道與開放空間)與空間物體(spatial obstacles，如建築物)，自由空間則是人們可以在其中自由活動與感知的空間，空間句法著眼于自由空間的表示(Jiang 2000)。這些完整的自由空間進而被分成許多小空間，並且每一小空間都可以從單一視覺優勢點所感知，由此描述而建立了句法認知原理的模型參照。由於認知空間是拓撲空間而非傳統的歐氏空間（這更符合人們對空間特性的認知），故句法理論以空間連接特徵（既空間相互的關係）而非空間距離作爲空間結構分析的關鍵因素。

基於軸線對空間結構進行描述是句法理論最早的方法，城市空間形態的許多空間特徵都可以通過軸線的表述而評估(Hillier and Hanson, 1984; 1996; 1998)。這種方法中，以軸線表示二維城市空間中未受遮擋的感知視線與運動線型，然後依據軸線的拓撲關係建立一個圖，軸線爲圖的結點，軸線之間的交叉爲連接邊，進而城市空間被描述爲一個可計算的連接圖（圖論原理）。對於空間形態分析中的經典軸線地圖，句法理論提供了一系列關於空間屬性的參數。

深度值是空間句法定量分析中最爲重要的概念，其涵義是指到達目的地所歷經的最少空間數目，兩個相鄰空間的深度值定義爲1。連接值是系統中一個局部屬性測度的參數，表示了與某一軸線相連的其他軸線總數，它定義爲這樣一種特性，即從每一單元空間中可看到的與其相鄰的其他單元空間數目。控制值則揭示了相鄰單元空間的關係，那就是一個空間對與之相交的其他空間的控制程度，其值越大，控制程度越高。集成度或整體（全局）集成度值大於1意味著單元空間與系統中所有其他空間集聚程度較高，而值若低於1則表示空間相互離散的趨勢，整體集成度考察的範圍是研究物件至城市系統中最遠步距的單元空間的整體集聚或離散程度。對應於整體集成度，局部集成度考慮的則是與研究物件直接相交的單元空間和幾步（常設爲3步）距離遠相連的單元空間的集聚程度。智慧值是描述局部空間與整個系統相互關係的參數，若局部範圍內連接值較高的空間，在整體上集成度也較高，那麼這個空間系統是清晰而易理解的，從而也是智慧的。智慧意味著從局部感受整體，而非智慧則很難有整體的概念。以上的所有參數提供了對城市空間結構整體與局部特性定量化的描述，不同於傳統直覺定性的概述，這是更爲直觀而科學的一種方法。

需要指出的是，空間句法最基本的方法即是將大尺度的城市空間分割爲有限小尺度空間，大小尺度

的概念有助於我們對城市空間結構形態更爲精確的理解。也正是依據這種方式，空間句法提供了對城市空間的多尺度表示，這種多尺度並非傳統意義上的隨比例尺的變化來如何合理表達地理空間事物，而是同一比例尺下對城市空間的不同分割與表示，即空間句法可以表示從建築空間尺度至整個城市空間尺度的任一層面，而這正契合人們對城市作爲一個多層次結構系統的認知（Alexander，1982）。

3 基於句法的城市結構優化方法

城市空間結構可看作爲城市功能組織在地域空間系列上的投影，傳統城市規劃中側重於對城市空間功能的合理組織，從一定角度而言，這也是對城市空間結構優化的考慮，但所憑藉的都是主觀經驗式的定性分析方法，缺少科學的說服力。在規劃日益要求理性定量分析的今天，句法提供給規劃研究的恰是對城市空間形態依據科學的定量分析方法，因而基於句法可以建立客觀而科學的城市空間優化的基本框架，包括如下四方面：交通空間、認知空間、土地利用空間及文化空間的優化。

3.1 交通空間的優化

城市形態中交通空間結構是整個空間結構中相對穩定的系統，交通空間的功能在於其作爲城市空間使用或訖止點運動的渠道，它承載了城市空間中所有的流，包括物流、人流與資訊流，其結構強烈影響空間中的運動與傳輸。作爲整個城市運行的脈絡，交通空間的優化是城市結構優化的關鍵所在。城市設計中交通空間功能效率的考慮不只表現在不同等級層次道路的優化，也表現爲不同等級道路間的聯繫，包括道路可達性的改善、不同道路等級的測度、支路網路的完善、停車空間的選擇及整個城市空間中步行道的疏通與連接等多方面。

城市中交通網絡的"句法模型"，與所有其他系統相似，包含了交通組織程度的相關資訊，每一句法結構所聯結的資訊測度都可用來清晰揭示其結構諸如連接性、可達性、可視性等複雜性的方面。Hillier（1996，1998)曾經用軸線地圖描述倫敦中心某一區域的交通模式，結果顯示其高峰與日中時期沿路的交通流量與整體及局部集成度高度相關，整體及局部集成度越高，車流或人流量則越大。此分析隨後也在其他許多城市中得以試驗，如阿姆斯特丹中心區等(Read, 2002)，並得出與 Hillier 相似的結論，類似的分析也成功應用於對步行人流的預測。從所有這些實驗結果中，可以推斷出這樣一個結論：根據句法結構的類型是能夠確定諸如交通可達性、交通組織效率程度及其他相關特徵的資訊值的。因而，句法理論所提供的這些交通特徵的資訊值可以很好的應用於城市規劃的決策支援，如可以評價城市的交通結構是否是交通需求最適合的類型，可優化車輛的交通迴圈網路，可確立契合人類行爲模式的步行系統，可選擇更爲適宜的停車空間及整個交通網絡體系的改善等等。

3.2 認知空間的優化

城市空間意含的空間資訊對於人們與環境的交互有著本質的作用。許多時候，人們在空間中的決定與行爲是受與其環境認知特性符合的空間結構模式而非切實的目的所驅使(Smith et al.，1982，Mahshid et al.，2003)。Lynch (1960)在其經典著作中(Image of the city 與 Good city form)也指出，具有良好空間形態的城市應該是可理解與可辨認的，這些觀點都強調了城市中認知空間的重要性。認知空間可定義爲這樣一個空間，它支援人們理解超越當前可視域範圍的更爲廣泛的結構空間(Gibson, 1996)。認知空間結構可賦予環境資訊，它源於對環境物理特徵及存在於環境認知中的感受認知過程的一系列編排，不同於傳統歐氏度量空間，認知空間具有自然的拓撲特性。設想可以從歐氏度量的可視地圖中獲取非度量空間，而這結果與軸線地圖所表達的空間非常相似。在結構性的認知視覺中，人們對城市空間的理解是建立在視覺感知基礎上的，視覺是直線的；在視覺引導下人們從一處移至另一處，此中路徑可由許多小路段組

成，這些路段也是直線的；再而爲了從街道運動人流密度中最大受益（即在人流中選擇自己最能夠參與或觀察的空間），人們選擇活動的位置（定位），其定位還是直線。與此類似，空間句法以直線表述城市空間，並且其本質的因素也源於視覺——我們能感受多遠——我們能到達多遠，因而人們理解環境與決定運動行爲的方式很大程度上內含於句法的分析中。

　　也正是基於這些原理基礎，句法相關參數即可揭示空間的可理解性，在同一空間系統中，智慧值高的區域其空間是更爲清晰而易理解的，可以更多地通過局部來感知整體；在可理解度較高的空間系統中，集成度高的區域更易吸引人流，因而此類空間與人們的運動狀況也具有更大關聯性，此類認知空間被認爲是優化的。易於認知的空間也更易於意象，因爲意象是人們通過感知而獲得的對空間的心智想像，城市空間的意象是建立在人的空間體驗之上，並以空間認知作爲背景的，是人們對空間知覺想像的總和。與 Lynch 的訪談等方法相比，空間句法提供了更客觀和高效的城市意象研究方法，而且可進一步揭示城市意象五要素（區域、邊界、結點、地標、道路）之間的關係。心智地圖也是與軸線地圖有所聯繫的，集成度最高的軸線往往在心智地圖中有所表達。筆者對武漢城市意象的研究對此既有證實，城市句法地圖與城市意象地圖是高度疊合的（圖1）。

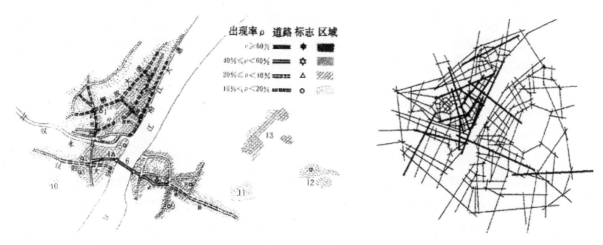

圖1　武漢市城市意象圖（林玉蓮，1999）與其軸線句法地圖（2004，深顏色表示集成度較其他高）

3.3 土地利用空間的優化

　　城市空間由各類功能地塊（不動產）及聯繫它們的街道網路組成，這些地塊可應用於多種目的（用地性質），這決定於土地的使用價值。而街道模式是影響土地使用價值的一個重要因素，因爲街道模式決定了該地塊人流及物流等與外界的交換。本文的研究集中於城市空間設計對土地利用模式的影響，城市空間設計主要考慮的是空間網路的形態，即街道的結構與公共空間；土地利用模式則可概括爲土地利用分佈（用地性質）與利用強度（開發強度）的空間差異，它是與地塊位置緊密聯繫的。

　　城市形態結構的句法分析結果可以用於建立土地利用模式與街道結構的關係，其中街道結構是作爲城市形態主體而考慮。句法相關研究通過對建築和城市空間的大量案例進行結構形態分析（Hillier and Hanson, 1996; 1998; 2003; Peponis et al., 1996; 1998; Desyllas et al., 2000），然後與實際觀察到的活動和功能作比較，在剔除了各種幹擾因素後，發現空間結構與空間中的活動有著明顯的對應關係。即如果沒有特別的吸引目標，且排除了路況等因素的幹擾，則在大多數案例中，集成度和可理解度較高的地方，往往具有較多的人流和車流。而人流和車流與城市用地性質、土地利用強度的分佈緊密相關，人流車流的集聚極易影響零售、商鋪、居住等的設置及土地的高強度開發，從而形成所謂的"生活中心"。城市的形態產生了運動，如此而吸引商店超市等到集成度高的街道，並非商店和超市是產生人流的主要原因。

對土地利用模式及其影響因素關係的研究，一直是經濟學、城市地理學和城市規劃領域所共同關注和持續探討的課題，如 Christaller(1933)的中心地理論、Alonso(1964)的土地利用模型等，然而這些理論都未能描述城市形態對土地利用的影響。句法理論則指出城市的空間結構形態，通過對運動的決定作用而影響到整個城市的運行（Hillier，1998），從而說明瞭土地利用模式的差異。Dessyllas(2000)在其博士論文中(The relationship between urban street configuration and office rent patterns in Berlin)研究證實柏林的中心區域是依照街道模式的改變而變遷，Dessyllas 也發現確實在街道格網的空間結構與土地價值模式間存在一種關聯。他的研究中應用了句法模型測定街道網路的形態，而整體集成度描述了每一街道在整個形態結構中的作用。其結論表明了土地利用的模式不是依賴於地塊位置的當前區域條件，而是關聯於相對整個城市而言該位置所具有的潛力。所有這些都證實了土地利用模式能夠以句法結構模型解釋，也正是這種結構影響了城市的運行模式。因而，很大程度上句法分析說明瞭土地價值依其位置不同而產生的差異，從而科學指導規劃中各類用地的選址及開發強度的確定。

3.4 歷史文脈的延續（傳統空間文化）

城市與建築設計中，空間是設計師關注研究中心，是永恒的主題，作爲承載各種人類社會活動的場所，空間所凝練的是深刻的文化資訊內涵，它表現了不同社會的文化與生活方式或社會組織所經歷的變遷。不同的社會文化特徵即存在於空間系統中，並且通過空間本身或空間的組織而傳承。空間的形式可以看作城市社會的視覺表徵(Lynch 1980，Hillier and Hanson 1996，1998)。事實上，社會特徵以特定的空間形式表現，不同社會間的文化差異也是以特徵性的城市空間結構而爲人所認知。例如，不同建築環境中的各類居住模式其涵構與講述的也正是社會中生活方式的不同故事；中國傳統城市空間以街道爲主，而西方傳統城市空間則強調的是廣場，生活與體驗其中的人們，他們所表現的又是何其巨大的文化差異。

對於城市設計中歷史文脈的把握一直是規劃師與建築師所熱烈探討的問題。除了傳統的主觀定性分析，更需要尋求的是一種集聚文化敏感性的設計方法更好助於延續特定的歷史肌理，從而完成城市文脈的傳承並形成城市特定的可識別性，這種方法著重於研究文化特性所建構空間其組織中的規則與規律。

數學與圖形的語言，如空間句法則可以作爲確定這些特定文化空間規則的適宜工具。作爲研究空間組織與人類社會之間關係的一種理論方法，通過對空間結構的量化表述，句法研究基本的策略之一便是從空間模式中尋求不變式並將其譯解爲特定文化背景的人類交互模式，即一種深層的"基因型"特徵。並且句法分析的一系列關於社會涵義與生活方式的資訊都以一種科學的根據而表達在空間結構模型中，這不同於以前的直覺定性解釋。從而使傳承城市空間中根深蒂固的傳統文化成爲可能，也使發展一種有效的集聚社會文化敏感度的城市空間設計方法成爲可能。在建築設計領域中，Hanson（1986，1996，1998）曾通過對跨文化的大量住宅平面的研究，利用句法並以住宅的物質形態和空間結構爲研究焦點，引出了很多社會文化學維度的討論，諸如在特定條件下家庭的含義等問題，並取得了大量有益的成果。近來的一些研究，如 Douglas (2003)在其博士論文（Spatial integration：a space syntax analysis of the villages of the Homol'ovl cluster）中也證實了空間句法的分析方法（句法本身既以廣域的知識爲支撐）對具體形態中空間結構模式公式量化的表達及對隱含空間中的社會文化揭示所具有的重要意義。這也正是句法對城市及建築空間設計中把握與延續歷史傳統圖式的實質指導意義所在。

4　實例研究

本文所選實例爲位於浙江省玉環縣東南部的坎門鎮，作爲一個海港鎮，它對玉環縣的經濟發展曾起重要作用，但是在快速城市化過程中，其現有的城市系統尤其城市空間結構已成爲城市發展的嚴重阻

礙。爲加快其城市化進程，實現城市的可持續發展，有必要重新制定坎門鎮的發展規劃，如何在這次規劃中通過城市空間的設計優化其空間結構是規劃重點考慮的方面之一。坎門鎮目前建成區爲318.10hm²，居住人口38370人（包括當地流動人口），依照當前快速的城市化進程預測，其人口在將來10年將達到47900人，相應規劃建成區規模爲460.71hm²。

這次研究中，選擇 Axwoman 這一集成了句法理論與 GIS 的分析工具對坎門鎮空間結構進行分析。Axwoman 是基於 ArcView 的擴展，其程式的運行可以計算句法的各參數值，如集成度、連接性、控制值、局部集成度及智慧值等。基於前述的軸線地圖計算原理，可獲取兩幅軸線地圖，分別是現狀軸線地圖與設計方案的軸線地圖（圖 2a、2b），分析過程與結果詳述如下。

城市空間結構的幾何特徵通常是可以從軸線地圖上反映的。從現狀軸線地圖上（圖 2a、表 1a），可以看出坎門鎮的道路網路碎裂分形而不成體系；這現象源於坎門自身發展的無序與其地形的影響，坎門起伏的地形一定程度上限制了其本身發展。整個坎門鎮的句法整體與局部集成度平均值非常低(1.20/2.06)，鎮北釣艚等局部區域(0.98/1.95)尤其突出，反映局部區域與整個鎮關聯關係的智慧值也偏低。這說明瞭整個鎮的可達性之差，許多區域是不易達到的，鎮空間結構不易辨認與理解，結構合理性方面亟待改善。坎門鎮事實上也是交通極爲不便利，而且經常聽說許多對這個鎮不瞭解的人們（包括筆者在實地踏勘）稍不留神便在其中迷了路。相對於整個鎮及其他道路的集成度而言，鎮中心南北走向的振興路卻非常之高(2.54/3.49)，鎮中心週邊的許多道路集成度或控制值偏低。以句法理論分析交通流量在整個交通網絡上的分佈是極不均衡的，振興路應該是作爲坎門鎮最主要的通道，承載了大量的車流與人流；而週邊道路所承擔的交通流量是不足以化解高峰時期振興路的交通堵塞的。這些分析與現場交通調查的結果非常吻合，振興路可以說是整個鎮的交通脊，除承擔大部分境內交通流還包括了幾乎所有的過境交通流，高峰期振興路交通經常是混亂而無序的。對坎門鎮的現狀土地利用分析顯示土地開發強度最高的區域分佈于振興路兩側，而且這兩側也是商業活動高度集聚的區域；相反，集成度低的鎮中心週邊區域，如鎮南釣艚、鎮北等地段土地開發強度卻很低，而且多爲居住用地，缺乏商業或其他公共設施的布設（圖 3a）。此類現象通常會導致土地發展的不平衡，一定程度上造成土地資源的浪費，許多城鎮發展的事例也證明瞭這一點。從文化的視角透析坎門鎮現狀的軸線圖，會發現，坎門鎮局部區域不存在易爲外來人所穿越到達的公共空間，整體空間並不具有明晰的滲透性，也不存在可從週邊區域通過放射式軸線道路強烈彙聚於區域中心某一處的公共空間，這些空間幾何特徵似乎自然地解釋了坎門人傳統而內斂的性格。

在此坎門鎮新一輪規劃中，借助句法理論的思想對空間結構進行了優化設計，以使它更好適應坎門將來的發展。規劃中首先考慮的是如何改善與提高整個鎮的平均集成度，即是優化整個交通網絡體系以改善整個鎮的可達性。基於現狀道路空間網路的主體構架，在鎮週邊新規劃幾條主幹路，如海港路、海城路、雙港隧道等，從而將整個交通路網連接成整體而構架清晰的主幹路網結構體系；同時連通與完善各區域不同層次的支路網，其中應東、釣艚規劃形成環狀支路網與主幹路銜接，並充分保持道路與地形協調及其線形的均衡性與連續性，最終形成各區域內外交通便捷的道路網路體系。通過各級路網的規劃，實現整個道路空間所承載的不只是作爲通道的空間功能，同時也涵構其作爲交流場所的社會功能。

利用 Axwoman 對設計進行分析得出（圖 2b、表 1b），整個鎮集成度的平均值(1.76/2.67)大有提高，而如釣艚應東等局部區域集成度(1.42/2.23)也較之前改善許多。這反映了對鎮空間的設計可提供更多的空間導向與支援以使人們在鎮區中經歷便捷成爲可能。與此同時，振興路的集成度(2.14/3.18)則隨著鎮中心週邊道路集成度(1.38/1.78)的提高而有所降低；如此而使鎮中部分交通壓力得以緩解，相對現狀路網中整個交通集聚於鎮中振興路、解放路等路段，部分交通流將分散至鎮中心週邊，從而改善了整個道路網路上交通流的分佈使之趨於均衡合理。考慮到現狀交通停車空間的匱乏，結合句法參數值的參考，在振興路、海港路等路段地塊內重新布設了公共停車空間以適應社會停車需求。並且規劃在較高集

成度道路（如振興路，海港路、黃坎路等）路側地塊、及其相互交彙處地塊內設立標誌性建築物以強化坎門鎮城市空間意象。參照句法理論所內含的句法變數與土地利用模式的相關關係，規劃重新確定地塊用地性質及開發強度，在降低振興路兩側開發強度的同時，較大幅度提高了鎮中心週邊地塊的開發強度，並調整商業及其他公共設施網點的佈置，以此充分挖掘坎門鎮的土地利用潛力與價值（圖3b）。

爲延續坎門鎮的歷史文脈，對其空間的規劃是基於現狀城市肌理而展開，這可通過軸線地圖的比較而反映。與此同時，規劃中保留了最能反映當地傳統與特色的幾處路段，如鎮南釣艚區域的黃坎路段的石板路等，並將其開闢成爲特色步行街以提供當地人們更多的公共交流空間，這種方式也是對坎門鎮中街道而非廣場作爲傳統公共交流空間功能的強化。坎門鎮新住宅的設計也是借助於句法的分析提煉出當地民居"基因型"，並將其在設計中進行擴展從而創造出形式豐富卻又凝聚當地傳統特色的住宅模式。

表1　現狀與規劃軸線圖句法變數概要

(a) 現狀軸線地圖句法變數概要

	整體集成度	連接值	控制值	局部集成度
整個坎門鎮	1.20	3.5	1.07	2.06
釣艚區域	0.98	2.6	0.68	1.95
振興路	2.54	9	3.20	3.49
週邊路	0.92	2	0.83	1.06

(b)規劃軸線地圖句法變數概要

	整體集成度	連接值	控制值	局部集成度
整個坎門鎮	1.76	5.1	1.91	2.67
釣艚區域	1.42	3.2	0.83	2.23
振興路	2.14	8	2.70	3.18
週邊路	1.38	3	0.96	1.78

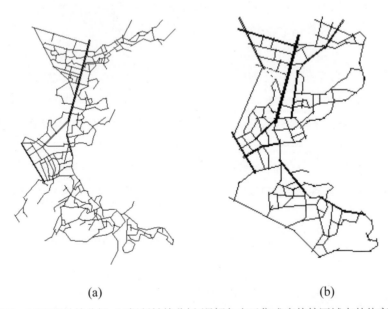

(a)　　　　　　　　　　　　(b)

圖2　(a)現狀軸線分析; (b)規劃軸線分析(深顏色表示集成度值較區域中其他高)

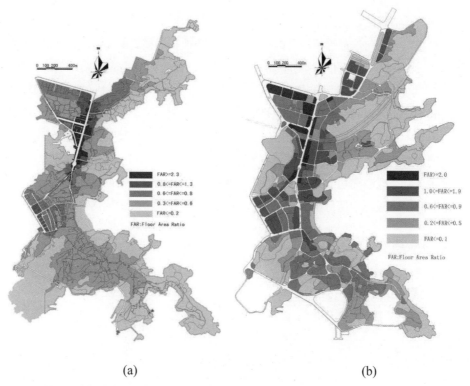

(a)   (b)

圖3   (a)土地開發強度分佈現狀圖 (b)土地開發強度分佈規劃圖 (深顏色表示容積率較區域中其他高)

5 結語

本文提出了基於句法理論對城市空間結構優化的研究，這裏句法是作爲一種表現、描述與評測城市空間結構與模式的方法，從以下四方面系統地檢測城市空間優化與否，包括城市的交通空間、認知空間、土地利用空間及文化空間。本文的研究結論與國外學者結論相類似，都表明了空間句法可以具體而正確地揭示空間模型系統的內在運行機制，作爲理解城市空間的社會邏輯語言，它將人類活動與空間形態有機結合，可利用一系列變數描述城市空間結構的合理與否。也正在於此，空間句法可成爲規劃決策強有力而可靠的支援，它倡導了一種建立在客觀分析和實證研究基礎上的本體的空間研究理論，雖然空間句法不能給出可直接付諸實施的設計成果，但它卻能提供論據充分的空間關係評價，以理性地引導設計方向，或在不同設計方案中作出優選。

當然，空間句法與通常的邏輯分析方法一樣，不可避免地具有一定的方法前提和適用範圍。例如，其分析出發點是空間的形態，對於實體形態的諸多問題以及空間的其他方面問題，不能直接用空間句法來解答。尤其是，目前空間句法的分析主要針對二維平面，但實際的空間體驗應該是三維的。即是說，軸線的提取是基於二維地圖，它不能解釋空間的三維變化，需要在將來的研究中更多關注於發展一種分析城市結構的三維新方法，這對全面理深刻解城市空間資訊尤爲重要。

本文句法是作爲空間分析的一種方法而被介紹，而空間分析是 GIS 一個關鍵性的特徵，此特徵使其與其他各種處理空間資訊的方式有所不同。Jiang(2000)認爲空間句法可在空間認知的層次上作爲構建空間模型的替代方法，並且用於分析城市結構與模式時，作爲一個實務性的計算研究方法。此一看法點出了空間句法與 GIS 整合的互補性，句法是建構空間模型的理論基礎，將此模型與 GIS 整合，可使模型便利的數值化，並保持了空間結構的位元相關係(topology)，運用 GIS 的外挂程式，可迅速處理空間分析的參數，並將分析結果視覺化；而句法集成至 GIS 中則加強了 GIS 技術在微觀空間研究中的分析應用能力，目前 GIS 技術正從靜態的反映現實世界轉向動態的、前瞻性的反映現實世界，對真實微觀環境的類比再現和對變化趨勢的預測已經是 GIS 技術發展的重要方向。GIS 與句法的集成強化了相互的功能，可

使人們更科學、更高效、更直觀的分析現實環境和未來環境，從而對城市研究、規劃設計工作產生深遠影響。

參考文獻

Batty M. (2004). *A new theory of space syntax*. ISSN:1467-1298 CASA, UCL.

Desyllas J. (2000). *The relationship between urban street configuration and office rent patterns in Berlin University College London*. PhD thesis.

Desyllas J and Duxbury E. (2000). *Planning for movement: measuring and modeling pedestrian flows in cities*. From http://www.intelligence.com/news/publications.htm

Douglas W. (2003). *Spatial integration: a space syntax analysis of the villages of the Homol'ovl cluster*. PhD thesis. UMI Number: 3108903.

Gibson. (1996). *The senses considered as perceptual systems*. Houghton Mifflin, Boston: 22–329.

Hillier B and Hanson J. (1984). *The Social Logic of Space*. Cambridge: Cambridge University Press.

Hillier B. (1996). *Space is the Machine: A configuration Theory of Architecture*. Cambridge: Cambridge University Press.

Hillier Bill, T Stonor, M D Major and N Spende (1998). "From Research to Design: Re-engineering the Space of Trafalgar Square", *Urban Design Quarterly*, 68, October.

Hillier B. (2003). *The knowledge that shapes the city: the human city beneath the social city*, http://www.spacesyntax.net/symposia/SSS4/proceedings.htm

Jiang B. and Claramunt C. (2002). Integration of Space Syntax into GIS: New Perspectives for Urban Morphology, *Transactions in GIS*, Blackwell Publishers Ltd, Vol. 6,no. 3, pp 295-309.

Lynch K. (1960). *Image of the City*, Cambridge, Massachusette, MIT Press.

Mahshid Shokouhi (2003). *Legible cities: the role of visual clues and pathway configuration in legibility of cities*. From http://www.spacesyntax.net/symposia/SSS4/proceedings.htm

Penn A, B Hillier, D Banister and J Xu. (1998). "Configurational modelling of urban movement networks". *Environment and Planning B-Planning & Design* 25, no 1:59-84.

S. Read (2002). "The grain of space in time: the spatial functional inheritance of amsterdam's centre". *Urban Design International*, 5(3):209–220, December.

Smith, T. R., et al. (1982). "Computational process modeling of spatial cognition and behavior", *Geographical Analysis*,14(4), p.305-325.

http://www.casa.ucl.ac.uk/spacesyntax/

http://www.casa.ucl.ac.uk/publications/full_list.htm

林玉蓮. 武漢市城市意象研究. 新建築，1999(1)：41-43.

技术专题
Technical Session

绿色建筑——评估与营建
Green Building: Evaluation & Construction

A Comparative Study of Building Performance Assessment Schemes in Hong Kong and Mainland China

香港及中國內地的樓宇性能評定指標體系之比較

CHAU Kwong-wing[1], HO Chi-wing Daniel[1], WONG Siu-kei[1], YAU Yung[1], WANG Songtao[2], CHEUNG King-chung Alex[1]

鄒廣榮[1]　何志榮[1]　黃紹基[1]　邱勇[1]　王松濤[2]　張勁松[1]

[1] *Department of Real Estate and Construction, The University of Hong Kong, Hong Kong*

[2] *Institute for Real Estate Studies, Tsinghua University, Beijing*

[1] *香港大學房地產及建設系*

[2] *北京清華大學房地產研究所*

Keywords:　building labelling, building quality index, health and safety, Hong Kong, Mainland China

Abstract:　Having access to information on building quality is essential when one makes a decision to buy property. Such information also assists owners in determining when renovation, maintenance works, or redevelopment should be carried out. However, some aspects of building quality, such as health and safety performance, are not always known and understood by building owners and prospective buyers. This creates a need for building performance assessments. At present, there are several assessment schemes being developed and used in Hong Kong and Mainland China. This paper aims to compare the key features of three building performance assessment schemes, namely: 1) the Hong Kong Building Environment Assessment Method (HK-BEAM), 2) the Standard of House Performance Appraisal (SHPA), and 3) the Building Quality Index (BQI). Generally, the industry-driven HK-BEAM has positioned itself as a "bonus" for developers to promote their products in Hong Kong, and thus the existing stock of buildings is less emphasized. The government-led SHPA is still green in China and targets only new buildings, but its associated financial incentives and potential statutory backup shall make it jumpstart very quickly. The research-led BQI has positioned itself as a screening tool for the existing stock of residential buildings in Hong Kong and assesses both design and management factors. Given the geographical and cultural proximity between China and Hong Kong, it appears that further exchanges on the assessment details would be useful for all parties in the future.

關鍵詞：　樓宇評級、樓宇性能指數、健康與安全、香港、中國內地

摘　要：　獲取關於樓宇性能的信息不僅對於有意購買房屋者的決策具有非常重要的意義，而且這些信息也可幫助業主實施有效的翻新、整修和重建計劃。然而，樓宇性能中最為基本的方面，尤其是有關健康和安全的性能，卻經常被樓宇的所有者和有意購買房屋者所忽略。為了使得相關群體能夠進行更為明智的決策就產生了對樓宇性能評估體系的巨大需求。現時，在香港和中國內地有不同的樓宇性能評估體系，本文旨在比較研究了在香港和中國內地實施的三種樓宇性能評估體系，即 1) 香港樓宇環境評估法，2) 住宅性能認定系統和 3)樓宇性能指數。綜合而言，香港樓宇環境評估法以為發展商宣傳其產品推銷作定位，重點並不在現存樓宇；而由內地政府推行的住宅性能認定系統剛剛起步及只針對新建樓宇，但它的經濟誘因及法定性質能讓它迅速發展；而以科研作主導的樓宇性能指數主要用作甄別香港的現存樓宇及評估其設計和管理水平。香港和中國內地無論在地理上和文化上相近，在樓宇性能評估體上的交流將有利於各方的人士。

1　INTRODUCTION

Building quality information is essential for making consumption and investment decisions related to real estate. However, some quality attributes such as safety and health are not always adequately known before such decisions are made. This is because many building defects are latent and the cost of obtaining building

information for purposes of comparison shopping can be prohibitively high. Even if information is in place, layman homebuyers may not fully understand the implications of technical reports or advice. As such, there has been a growing interest in the development of methods to assess and certify building performance by a trustworthy party. This helps to convert technical information into a simple label or rating that is easily understandable by laymen. In particular, it is helpful in revealing the quality of a building, hence facilitating the screening process in the pre-transaction stage.

This market niche has attracted different parties to formulate their own versions of building quality assessment schemes. Amongst them, most are developed and operated by the private sector; the rest are either government or research-driven. Each party developed a scheme to suit its own purposes, resulting in the existence of different schemes in the market. The objective of this study is to compare the key features (but not their details) of three schemes originated by the private sector, the government, and the academy. Through this comparative study, we hope to open up discussion and cooperation among different scheme operators.

In this study, we delimited the comparison to three schemes, namely the Hong Kong Environmental Assessment Method (HK-BEAM), the Building Quality Index (BQI), and the Standard of House Performance Appraisal (SHPA). The former two are schemes currently in-use in Hong Kong. They represent the private sector and academic initiated schemes, respectively. As there has yet to be an official government scheme in Hong Kong (except for a recently announced scheme called CEPAS, in which the information is not adequate for us to make a comparison), we added the SHPA, which is fully supported and operated by the Ministry of Construction of the PRC government, to fill the gap. Below is a brief background for each of these schemes.

2 BRIEF INTRODUCTION TO THE SCHEMES

2.1 The Hong Kong Environmental Assessment Method (HK-BEAM)

The HK-BEAM was developed in 1996 by the Centre for Environmental Technology Limited (HK-BEAM Society 2004a, 2004b) as an industry-led scheme to assess the environmental performance of buildings in Hong Kong. The approach and documentation in the HK-BEAM was initially an adaptation of the Building Research Establishment Environmental Assessment Method (BREEAM), which was originated in the U.K. The scheme was then updated and reviewed, the latest version of which was issued in December 2004. As shown in Figure 1, the structure of the HK-BEAM is organized around five environmental 'inputs', namely *Site*, *Materials*, *Energy*, *Water*, and *Indoor Environment Quality* (HK-BEAM Society 2004a, 2004b). Under each category, there is a list of specified factors that can affect the quality of the respective input. For example, the efficient use of materials, sensible material selection, and waste minimization can all contribute to better performance in the *Materials* input to the built environment.

2.2 The Standard of House Performance Appraisal (SHPA)

Under this structure, the performance criteria for a range of sustainability issues related to the planning, design, construction, commissioning, management and operations, and maintenance of a building are defined. Credits are awarded where these defined performance criteria are satisfied, and the credits are combined to give an overall performance grade for the building assessed (HK-BEAM Society 2004a, 2004b). The grades (Platinum, Gold, Silver, and Bronze) are based on the percentage of applicable credits gained for the building. By the end of June 2005, over 100 buildings, covering some 56 million m^2, in Hong Kong had been graded under the HK-BEAM (HK-BEAM Society 2005).

Figure 1   The structure of HK-BEAM
(Source: HK-BEAM Society 2004a, 2004b)

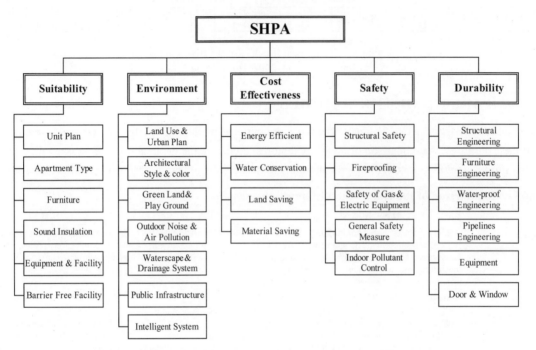

Figure 2   The hierarchy of the SHPA (English translation by the authors)
(Source: 建設部住宅產業化中心 2004)

2.3 The Building Quality Index (BQI)

The outbreak of SARS in early 2003 and frequent fatal building-related accidents have triggered widespread concern over the possible dire consequences of building neglect. The University of Hong Kong developed the BQI as a building assessment tool for the initial screening of problematic buildings, so as to promote proper building maintenance and management through the use of market forces (Chau, *et al.* 2004). The BQI is a research-led scheme for assessing the less observable aspects of building performance. At present, the BQI comprises two indices, namely the Building Health and Hygiene Index (BHHI) (Ho, *et al.* 2004) and the Building Safety and Conditions Index (BSCI) (Ho and Yau 2004). The former focuses on health performance, whereas the latter focuses on safety performance. The BHHI and BSCI assessment frameworks were applied to a sample of multi-storey private residential buildings in Hong Kong during the summers of 2003-2005. Over 200 multi-storey residential buildings have been graded under the BQI assessment scheme.

The hierarchies of the BHHI and BSCI were designed as a result of intensive workshops participated in by expert representatives from government/statutory bodies, professional institutes, and other universities (Ho, *et al.* 2004; Ho and Yau 2004). As presented in Figure 3, the top of the hierarchy is the objective (i.e., a healthy or safe built environment). It is then divided into *Design* and *Management* at the second level. The *Design* aspect of a building represents the 'hardware' of a building, which is usually hard to change technically or economically once a building is put to use. On the other hand, the *Management* aspect of a building represents the 'software', which is dynamic and relatively easy to change even after a building is occupied. The classification of building factors into *Design* and *Management* has the advantage of dividing the factors into

groups that are within and beyond the control of owners, thereby helping them to identify the possible actions that could be taken to improve the health and safety standards of their buildings. After the assessment, the buildings will be assigned grade A (the best), B, C, or U (the worst).

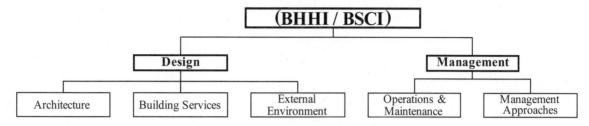

Figure 3　Hierarchical structure of the BHHI and BSCI
(Source: Ho et al. 2004; Ho and Yau 2004)

3　COMPARISON OF THE SCHEMES

As the building performance assessment schemes were initiated by different parties, they have different features to suit their purposes. A comparison of their key features, including the depth and scope of assessment, targeted building groups, factor weighting, implementation, and the benefits of assessment, is summarized in Table 1.

Table 1　Comparison of the features of different schemes

	HK-BEAM	SHPA	BQI
Scope of Assessment	Mainly assesses aspects of building related sustainability. The majority of assessment factors come from the design regime, while a few are related to building management.	Its scope is wider than that of the HK-BEAM, covering health and hygiene and safety and energy efficiency aspects. Only design factors are considered.	The assessment currently only focuses on health and safety issues. Both the design and management aspects are included in the assessment.
Depth of Assessment	Assessment methods vary greatly, ranging from resource-consuming laboratory works (e.g. in calculating energy embodiment) to simple identification (e.g. presence of clothes drying facilities).	Assessment methods vary greatly, ranging from resource-consuming laboratory works (e.g. in estimating sound insulation ability of materials) to simple identification (e.g. presence of refuse collection facility)	As the scheme is a first-tier screening of building quality, assessment are mostly by visual inspections from site visits and desk studies of building layout plans.
Targeted Building Groups	Although the scheme aims to cover all building types in Hong Kong, over 70% of the graded buildings were newly completed non-residential buildings.	The scheme is designed for all types of new housing products in Mainland China. Existing buildings are not in their assessment ambit.	The scheme is tailor-made for the existing stock of multi-storey residential buildings. It can also act as a reference for developers and designers in planning for new buildings.
Weighting of Factors	There are no explicit weightings for the building factors in the HK-BEAM. However, the relative importance of the factors is implicitly determined by the maximum credits attainable for these factors.	The weightings were determined by experts from the MOC and the China Academy of Building Research with different backgrounds using the absolute weighting method. The maximum weight is 70, while the minimal weight is only one.	The weightings were obtained from a group of experts with different backgrounds. Workshops were conducted and the Analytic Hierarchy Process developed by Saaty (1980) was adopted to synthesize the experts' opinions into a set of factor weightings. This allows for more consistent and reliable results regarding the relative importance of the factors. This should increase the public's acceptance of the results of the BQI.
Implementation	It requires building owners to assume the initiative to approach HK-BEAM assessors with their buildings for evaluation. Owners provide detailed information, at their own cost, for assessors to complete the checklist. Assessments rely on the accuracy of information supplied by owners.	All developers certified by the MOC can join the SHPA. They shall provide detailed design, construction, and performance experiment information before, in the due course, and after the completion of the project separately at their own cost. On site inspections will be carried out by assessors appointed by the MOC.	Both the building owners and the BQI administrator can initiate which buildings to assess and share the assessment costs. The building information is gathered by trained assessors through on-site inspections and desk studies. Inputs from building owners are minimal and owners' consent is preferable, though not essential.

	HK-BEAM	SHPA	BQI
Benefits of Assessment	Developers can use the labels obtained as a marketing tool for their developments.	At present, buildings rated A or above are entitled to preferential development loans and the Inherent Defects Insurance (中国建设报 2002). State-owned bank and insurance companies are in full support of the scheme (建設部住宅產業化促進中心). This provides a solid backbone for the assessment scheme.	Owners can use the assessment results to rectify the problems of their buildings. The quality of the information revealed may also produce a differential effect on property prices.
Resource Consumption	The aim of the HK-BEAM is to provide detailed assessment of buildings in respect of a list of building factors. The results of an assessment at the factor level can be obtained at a high level of accuracy. Since complicated assessment methods or more sophisticated information is required, the costs of assessment are relatively high.	The aim of the SHPA is to provide detailed assessments of buildings in respect of a list of building factors. The results of an assessment at the factor level can be obtained at a high level of accuracy. Since complicated assessment methods or more sophisticated information is required, the costs of assessment are relatively high.	The aim of the BQI is to give a general appraisal of all residential buildings in Hong Kong. This cannot be achieved by solely relying on voluntary participation from building owners. Owners' input is viewed as necessary, but should not be the only input in the assessment procedure. Instead, most of the information is obtained from publicly available sources (e.g. approved building plans), and actual building conditions are revealed by on-site inspection for common areas of the building. An appraisal of the performance of the building management agent is also required, but it is limited to the information related to normal building operations such as incident records and post-occupancy surveys. So, the costs to be borne by owners are trifling.

4 CONCLUSIONS

Every nation or city has its unique environmental, ecological, social, cultural, economical, and technological conditions and needs. Given the importance of understanding building performance to a society, it is necessary to devise a building performance assessment scheme that is pertinent to its specific purposes (e.g. sustainability or health and safety of the built environment) and specifically adapted to deal with local conditions. We reviewed and compared three schemes in Hong Kong and China, and found that their objectives, scope, and depth of assessment, target building groups, factor weightings, and benefits of assessment differ.

For an industry-driven scheme to survive, it must be able to meet the needs of the industry. Generally speaking, the industry-driven HK-BEAM has positioned itself as a "bonus" for developers to market or promote their products. A number of famous new buildings have been graded by the scheme. However, new developments only comprise a tiny portion of the total building stock in Hong Kong. Owners of the existing stock are not likely to participate in the scheme because of fragmented ownership, high assessment costs, or even with an anticipation of poor results. This means that the huge quantity of the existing stock, which is often the most problematic, is not able to benefit from the scheme.

The government-led SHPA is still very green in China, and its market position has yet to be established. However, the associated financial incentives of participating in the scheme, such as more favourable mortgage and insurance terms, may help to popularize it quickly in the future. Furthermore, since the scheme is run by the government, it may become even stronger if an SHPA assessment is a statutory requirement. At present, the exclusion of the existing building stock from the scheme may be justified by the fact that China is overwhelmed by new developments. These developments, however, will age. Therefore, in the longer term, it seems necessary for China to have a scheme for existing buildings.

In contrast to the above two schemes, the research-led BQI has positioned itself as an initial screening tool for the existing stock of residential buildings. As such, in addition to design considerations, the BQI also assesses building management performance. Moreover, since it is research-oriented, the buildings assessed are chosen by

the BQI administrator (for example, by stratified random sampling), and not necessary by building owners. This means the sample buildings will not be biased towards "good" buildings, making the BQI fundamentally different from the other two schemes. However, the coverage of the BQI is limited by its research funding. In the longer term, a smooth implementation of the BQI requires participation and support from the government and community stakeholders.

The comparison suggested that these schemes do not directly compete with each other. In fact, each scheme serves for different purposes and positions itself in different market segments. Given the geographical and cultural proximity between China and Hong Kong, we envisage that further exchanges of assessment details will be useful for all parties in the future.

REFERENCES

Chau K.W., D.C.W. Ho, H.F. Leung, S.K. Wong, and A.K.C. Cheung (2004). Improving the Living Environment in Hong Kong through the Use of a Building Classification System," *CIOB (HK) Quarterly Journal*, 4: 14-15.

HK-BEAM Society (2004a). *Hong Kong Building Environmental Assessment Method – New Buildings*, Hong Kong: HK-BEAM Society.

HK-BEAM Society (2004b). *Hong Kong Building Environmental Assessment Method – Existing Buildings*, Hong Kong: HK-BEAM Society.

Ho D.C.W., H.F. Leung, S.K. Wong, A.K.C. Cheung, S.S.Y. Lau, W.S. Wong, D.P.Y. Lung and K.W. Chau. (2004). Assessing the Health and Hygiene Performance of Apartment Buildings, *Facilities*, 23(3/4): 58-69.

Ho D.C.W. and Y. Yau (2004). Building Safety & Condition Index: Benchmarking Tool for Maintenance Managers, *Proceedings of the CIB W70 Facilities Management and Maintenance Symposium 2004*, 7 & 8 December 2004, Hong Kong, 49-155.

Saaty T.L. (1980). *The Analytic Hierarchy Process*, New York: McGraw-Hill.

Wang, Y. (2003). Residential Development in China, *Proceedings of the Third China Urban Housing Conference – Sustainable Environment Quality Urban Living*, 3-5 July 2003, Hong Kong, 23-35.

國務院辦公廳. 轉發建設部等部門關於推進住宅產業現代化提高住宅質量若干意見的通知. 北京: 國務院辦公廳, 1999

建設部住宅產業化中心. 住宅性能評定指標體系. 北京: 建設部住宅產業化中心, 2004

http://www.china-loushi.com/shownews.asp?newsid=1679 （建設部住宅中心與人保公司合作化解住房開發和消費風險 – A 級性能住宅有了十年質量保險單. 中國建築報, 2002-11-6）

http://www.chinahouse.gov.cn/xnrd3/c-2.htm （中華人民共和國建設部與中國工商銀行在推進住宅產業現代化方面進行雙邊合作, 建設部住宅產業化促進中心）

http://www.hk-beam.org.hk/fileLibrary/BEAM-Newsletter-Summer3.pdf （HK-BEAM Society Newsletter, HK-BEAM Society, Summer 2005）

第五届中国城市住宅研讨会论文集，中国香港，2005 年 11 月

Proceedings of the Fifth China Urban Housing Conference, H.K.S.A.R. CHINA. (November 2005)

A Multicriteria Lifespan Energy Efficiency Approach to Intelligent Building Assessment

基于多准则模型的智能建筑能源效率评价

HONG Ju[1], CHEN Zhen[2] and LI Heng[3]

洪桔[1]   陈震[2]   李恒[3]

[1] *Department of Urban Construction, Beijing Institute of Civil Engineering and Architecture, Beijing*

[2] *School of Construction Management & Engineering, The University of Reading, Reading, UK*

[3] *Department of Building & Real Estate, The Hong Kong Polytechnic University, Hong Kong*

[1] *北京建筑工程学院城市研究所*

[2] *瑞丁大学建设管理与工程学院*

[3] *香港理工大學建築及房地产學系*

Keywords: Intelligent building; life cycle assessment; analytic network process; energy efficiency

Abstract: This paper presents a multicriteria decision-making model for lifespan energy efficiency assessment of intelligent buildings (IBs) based on the IB Index by the Asian Institute of Intelligent Buildings (AIIB). The decision-making model called IBAssessor is developed using analytic network process (ANP) method and a set of lifespan performance indicators for IBs. In order to improve the quality of decision-making, the authors of this paper make benefits from previous research achievements including a lifespan sustainable business model, the Asian IB index, and a number of relevant publications. Practitioners can use the IBAssessor ANP model at different stages of an IB lifespan for either engineering or business oriented assessment. Finally, this paper presents a case study to demonstrate how to use IBAssessor ANP model to solve real-world design tasks.

关键词： 智能建筑、生命周期评价、网络分析法、能源效率

摘 要： 本文在讨论现有建筑等级评价方法（包括亚洲智能建筑学会的智能建筑指数方法）的不足的基础上，介绍了一个基于多准则决策支持模型的智能建筑生命周期能源效率评价方法。该模型采用网络分析法建造，并有针对性地采用亚洲智能建筑学会的智能建筑指数作为模型的指标体系原型。在此基础上，通过量化各个指标之间的相关性，本文作者提出了智能建筑的网络分析法模型，并通过案例分析验证了该方法的有效性。本文提出的网络分析法模型弥补了目前通用的建筑等级评价方法的缺陷，为我国智能建筑评价方法体系的建立以及有效降低既有和新建建筑的能源消耗作了有益的尝试。

1   INTRODUCTION

Technological innovation and environmental sustainability for the built environment require contractors to provide advanced solutions for lifecycle benefits to their clients. To achieve innovative construction engineering and management at all stages of the construction lifecycle from the initial architectural design and structural design, environmental consciousness and performanceis are definetly essential in construction, maintenance, control as well as dismantling of buildings and civil infrastructures. Progresses have been made in the promotion of environmental-friendly design and construction. For example, quantitative approaches to reduce or mitigate pollution level in construction planning have been put forward and proved to be efficient in selection of the best construction plan based on distinguishing the degree of its potential adverse environmental impacts (Chen et al., 2000; Li et al, 2002). Moreover, research initiatives focusing on decision-making for different solutions within building lifecycles are becoming a common concern. For example, the Asian Institute of

Intelligent Building (AIIB) developed a practical approach for intelligent buildings (IBs) evaluatation called Asian IB index (AIIB, 2001). However, case studies conducted by the authors of this paper indicate that current calculation method of the Asian IB index is unreliable in terms of decision support. In order to overcome this drawback and provide an alternative method for the Asian IB index, this paper proposes a multicriteria decision-making model using Analytic Network Process (ANP) (Saaty, 1996) to evaluate the sustainable performance of intelligent buildings. To undertake this task, this paper firstly determines problems existed in current Asian IB index. After that, an ANP model named AIBChoice is introduced to demonstrate its effectiveness in intelligent building assessment. A set of indicators is transplanted from the Asian IB index into the AIBChoice model. Experimental study shows that the AIBChoice can be used to evaluate the sustainability of buildings at either design or operation stage, and select the best solution for a proposed building project.

The contributions of this paper include a discussion about the reliability of current Asian IB index method for intelligent building assessment, a multi-criteria decision-making model for sustainability-oriented intelligent building assessment, and a practical alternative process for adopting the Asian IB index into intelligent building assessment. It is expected that practitioners can use the proposed AIBChoice model for sustainability-oriented intelligent building assessment at either design stage or operation stage in order to achieve the best performance level of their buildings.

2 LIMITATIONS OF THE ASIAN IB INDEX METHOD

The Asian IB Index put forward by AIIB (2001) provides a quantitative method for conducting a composite evaluation for intelligent buildings by using 9 series of IB indicators with 315 sub-indicators (refer to Table 1) based on the Cobb-Douglas utility function (AIIB, 2001). In the column of Asian IB Index in Table 1, two experimental building alternatives including Building A and Building B are given with their generic forms of scores in line with modules and elements based on the Asian IB Index. As there are total 315 indicators included in Table 1, this paper only provide generic forms of the modules and their elements of the Asian IB Index, as well as generic forms of scores of indicators for each building alternative in the experimental case study of this paper.

Table 1　A generic form for building assessment using Asian IB Index (AIIB, 2001)

Modules/Clusters	Elements/Nodes (IB indicators)	Asian IB Index scores	
		Building A	Building B
Green Index (GRI)	GRI_i (i=1~67)	$S_{GRI_i}^{(A)}$	$S_{GRI_i}^{(B)}$
Space Index (SPI)	SPI_i (i=1~19)	$S_{SPI_i}^{(A)}$	$S_{SPI_i}^{(B)}$
Comfort Index (CFI)	CFI_i (i=1~50)	$S_{CFI_i}^{(A)}$	$S_{CFI_i}^{(B)}$
Working Efficiency Index (WEI)	WEI_i (i=1~81)	$S_{WEI_i}^{(A)}$	$S_{WEI_i}^{(B)}$
Culture Index (CLI)	CLI_i (i=1~10)	$S_{CLI_i}^{(A)}$	$S_{CLI_i}^{(B)}$
High-tech Image Index (HTI)	HTI_i (i=1~38)	$S_{HTI_i}^{(A)}$	$S_{HTI_i}^{(B)}$
Safety and Security Index (SSI)	SSI_i (i=1~30)	$S_{SSI_i}^{(A)}$	$S_{SSI_i}^{(B)}$
Construction Process and Structure (CPS)	CPS_i (i=1~19)	$S_{CPS_i}^{(A)}$	$S_{CPS_i}^{(B)}$
Cost Effectiveness Index (CEI)	CEI_i (i=1)	$S_{CEI_i}^{(A)}$	$S_{CEI_i}^{(B)}$

However, the recommended method of Asian IB Index is not reliable due to the following reasons:

- First, the calculation method of Asian IB Index is a non sequitur. The AIIB didn't provide a reasonable explanation for adopting the celebrated Cobb-Douglas utility function into Asian IB Index calculation with a 9-dimension IB Index algorithm. Although the Cobb-Douglas utility function is one of the most widely applied utility functions in microeconomics, its major drawbacks such as the limited scope of effective regions and the harsh constraint terms on parameters definitely affect its utility in applications (Arrow, et al,

1961; Cobb and Doughlas, 1928; Heathfield and Wibe, 1986; Yin, 2001; Qi, 2002). Recalling the Asian IB Index method, two equations are recommended by the AIIB (2001):

$$IBI = \prod_{i=1}^{9} M_i^{\frac{w_i}{\sum_{i=1}^{9} w_i}} \tag{1}$$

$$M_i = \prod_{j=1}^{n} x_j^{\frac{w_{x_j}}{\sum_{j=1}^{n} w_{x_j}}} \tag{2}$$

Where *IBI* represents the Asian IB Index, M_i is the score of the ith modules, w_i is the weight to the ith module relevant to other modules ($w_i \in [1, 9]$), x_j is the score of the jth element of the ith module ($x_j \in [1, 100]$), W_{x_j} is the weight to the jth element relevant to other elements of the ith module W_{x_j} ($W_{x_j} \in [1, 9]$), and n is the number of elements in the ith module. It is noticed that it is difficult to define a physical model to describe this 9-dimension IB Index algorithm beyond the Cobb-Douglas utility function. Moreover, according to the second law of thermodynamics which requires any process that takes place at non-zero speed must consume a minimum finite amount of energy, production isoquants cannot be of the Cobb–Douglas type (Islam, 1985). In that case, the necessary and sufficient conditions of applying the Cobb-Douglas utility function to the 9-dimension IB Index algorithm should be thoroughly examined.

• Second, the calculation results from the Asian IB Index method are not unique. Table 2 below recalls an example quoted by the AIIB (2001), i.e. when $w_x:w_y=2:1$, the Asian IB Index method can provide an acceptable sequence of buildings in accordance with intuition. However, the function adopted in IB Index calculation (refer to Equation 3 below) cannot always lead to an apporprate result. For example, let $w_x:w_y=3:1$, the Asian IB Index values to each building are then different from those under $w_x:w_y=2:1$, and the sequence of the IB also changed (refer to Table 2). When the Asian IB Index method cannot provide a unique result, different auditors may give different conclusions, which definitely cause complexity and variance in IB evaluation.

$$IBI = x^{\frac{w_x}{w_x+w_y}} y^{\frac{w_y}{w_x+w_y}} \tag{3}$$

Where x and y represent different modules, w_x and w_y represents the weight of module x and module y.

Table 2   An experimental verification of the Asian IB Index method

Buildings	Module		IB Index	
	x	y	$w_x:w_y=2:1$	$w_x:w_y=3:1$
A. Smart Tower	70	50	63	64
B. Balanced Building	60	60	60	60
C. Mechanical Plant	100	20	59	69
D. Tree House	20	100	34	30

Theoretically speaking, logical defects in the Asian IB Index method may lead to confusions in IB evaluations. It is thus required to provide an alternative method for evaluating the characters of IB under objective or more reality conditions, in which all indicators including their values and interrelations will be taken into acount. For this purpose, this paper presents an alternative measure for intelligent building assessment under a multicriteria decision-making senario using ANP (Saaty, 1996). As the AIIB has provided a compresentive classification for IB indicators, they are then directly used in this study to develop the multi-criteria decision-making model named AIBChoice. To overcome the shortcomings of current Asian IB Index method, the AIBChoice will evaluate intelligent buildings by considering both the values and the interrelations of all indicators.

3 AIBCHOICE APPROACH

The ANP is a general theory of relative measurement used to derive composite priority ratio scales from individual ratio scales that represent relative measurements of the influence of elements that interact with respect to control criteria (Saaty, 1996). An ANP model consists of two parts: one is a control network of criteria and subcriteria that control the interactions including interdependencies and feedback; another is a network of influences among the nodes and clusters. Moreover, the control hierarchy is a hierarchy of criteria and subcriteria for which priorities are derived in the usual way with respect to the goal of the system being considered. The criteria are used to compare the components of a system, and the subcriteria are used to compare the elements of a component. A four-step procedure using AIBChoice for intelligent building assessment is described below.

3.1 Step A: ANP model construction

The objective of Step A is to build an ANP model for evaluation based on determination of the control hierarchies, as well as the corresponding criteria for comparing the clusters and the subclusters of the model and sub-criteria for comparing the nodes inside each cluster and subcluster, together with the determination of clusters and subclusters with nodes for each control criteria or subcriteria. Before finalize an ANP model, a set of indicators for the model construction has to be defined. As the purpose of this paper is to provide an alternative approach for intelligent building assessment based on the Asian IB Index, the group of indicators currently adopted in the Asian IB index is therefore wholely transplanted into the proposed ANP model, i.e. AIBChoice, and the model is outlined in Figure 1.

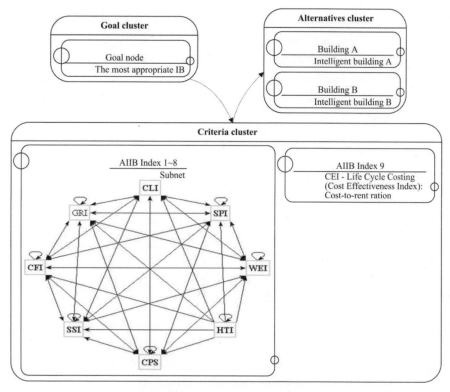

Figure 1　The AIBChoice model

There are three clusters inside the AIBChoice model, one Goal cluster, one Criteria cluster and one Alternatives cluster. The Goal cluster has one node, i.e. Goal node, and is aiming at selecting the most appropriate building alternative under evaluation. In accordance with the Goal cluster, the cluster of Alternatives supposably consists of two nodes in this paper, including Building A and Building B which are two building alternatives to be evaluated by the AIBChoice. The Criteria cluster, on the other hand, contains one Subnet and one node, which constantly adopts the 9 series of IB Indexes recommended by the AIIB (2001). The Subnet inside the Criteria

cluster comprises eight subclusters in accordance with the Asian IB Index 1 to 8, including Green Index, Space Index, Comfort Index, Working Efficiency Index, Culture Index, High-tech Image Index, Safety and Security Index, and Construction Process and Structure Index. As the ninth Asian IB Index, i.e. the Cost Effecticeness Index is a relatively objective item that is obtained through statistic calculation; it is thus a separated node from the Subnet. According to the Asian IB Index, there are 315 nodes inside the Creteria cluster as shown below:

- 67 nodes in the subcluster of Green Index (GRI) (denoted as C_{GRI}),

- 19 nodes in the subcluster of Space Index (SPI) (denoted as C_{SPI}),

- 50 nodes in the subcluster of Comfort Index (CFI) (denoted as C_{CFI}),

- 81 nodes in the subcluster of Working Efficiency Index (WEI) (denoted as C_{WEI}),

- 10 nodes in the subcluster of Culture Index (CLI) (denoted as C_{CLI}),

- 38 nodes in the subcluster of High-tech Image Index (HTI) (denoted as C_{HTI}),

- 30 nodes in the subcluster of Safety and Security Index (SSI) (denoted as C_{SSI}),

- 19 nodes in the subcluster of Construction Process and Structure (CPS) (denoted as C_{CPS}), and

- 1 nodes in the cluster of Cost Effectiveness Index (CEI) (denoted as C_{CEI}).

In accordance with the 9 series of IB Indexes and total 315 indicators listed in Table 1, the AIBChoice model is thus set up with connections to represent interrelations between each two clusters or each two nodes (indicators). Connections among the Alternatives cluster and the Criteria cluster finally generate a network among 10 subclusters (refer to Table 5) including the Alternatives cluster and the the 9 series of IB Indexes, and 318 nodes belonging to the 10 subclusters. The network connections are modelled by one-way or two-way and looped arrows to describe the interdependences existed between each two clusters, each two subclusters and each two nodes (refer to Figure 1).

3.2 Step B: Paired comparisons

The objective of step B is to carry out pairwise comparisons among the 10 subclusters, as well as those between each two from the 318 nodes, because they are more or less interdependent on each other. In order to complete the pairwise comparisons, the relative importance weight, denoted as aij, of interdependence is determined by using a scale of pairwise judgement, where the relative importance weight is valued from 1 to 9 (Saaty, 1996). The fundamental scale of pairwise judgement is given in Table 3.

Table 3   Scale of pairwise judgement (Saaty, 1996)

1 = Equal	2 = Equally to Moderately dominant
3 = Moderately dominant	4 = Moderately to Strongly dominant
5 = Strongly dominant	6 = Strongly to Very Strongly dominant
7 = Very strongly dominant	8 = Very Strongly to Extremely dominant
9 = Extremely dominant	

In fact, the weight of interdependence is generally determined by decision makers who are abreast with professional experience and knowledge. In this study, it is determined by the authors as the objective of the study is mainly to demonstrate the usefulness of the AIBChoice model for intelligent building assessment.

Table 4 gives a general form adopted in this study for pairwise judgement among indicators and building alternatives. Take the node GRI60 for example, which is Environmental friendliness- Use of natural ventilation, in the subcluster Green Index (GRI) (denoted as C_{GRI}), the pairwised judgements are given in Table 4, because the use of natural ventilation in Building A is less than Building B (refer to Table 1). In this regard, quantitative pairwise judgements are thus conducted in order to define priorities of each indicator for each building alternative, and the judgements are based on the quantitative attribute of each indicator from each building

alternative. Besides the pairwise judgement between an indicator and a building alternative, the AIBChoice model contains all other pairwise judgements between each two indicators (Indicator Ii and Indicator Ij as shown in Table 4) and this essential initialization is set up based on the quantitative attribute (as described in Table 1) of indicators from each building alternative.

Table 4 Pairwise judgement of indicator I_i and I_j (GRI_{60})

Pairwise judgement		1	2	3	4	5	6	7	8	9
Indicator I_i	Building A	×	×	×	√	×	×	×	×	×
	Building B	×	×	×	×	×	×	×	√	×
Indicator I_i	Indicator I_j	×	×	×	×	√	×	×	×	×

Note: 1. The fundamental scale of pairwise judgement is given in Table 3. 2. The symbol × denotes item under selection for pairwise judgement, and the symbol ✓ denotes selected pairwise judgement.

3.3 Step C: Supermatrix calculation

This step aims to form a synthesized supermatrix to allow for the resolution for the effects of the interdependences that exists between the elements (including nodes, subclusters and clusters) of the AIBChoice model. The supermatrix is a two-dimensional partitioned matrix consisted of one hundred submatrices (refer to Table 5).

It is necessary to note that pairwise comparisons are necessary for all connections within each node, subcluster and cluster in the AIBChoice model to identify the level of interdependences which are fundamental in the ANP procedure. After finishing the pairwise judgement, from indicator 1 to n, a series of submatrices are then aggregated into a supermatrix which is denoted to supermatrix A in this study (refer to Table 5), and it is then used to derive the initial supermatrix in the later calculation in Step C, and the calculation of the AIBChoice model can thus be conducted following Step C to D.

Weights defined from pairwise judgement for all interdependences for each individual building alternative are then aggregated into a series of submatrices. For example, if the Alternative cluster and its nodes are connected to nodes in the subcluster Green Index (GRI) (denoted as C_{GRI}), pairwise judgements of the cluster thus result in relative weights of importance between each building alternative and each indicator of the GRI subcluster. The aggregation of the determined weights thus forms a 2×67 submatrix located at "W_{12}" and "W_{21}" in Table 5.

In order to obtain useful information for intelligent building assessment, the calculation of supermatrix is to be conducted following three substeps which transform an initial supermatrix to a weighted supermatrix, and then to a synthesized supermatrix.

At first, an initial supermatrix of the AIBChoice model is created. The initial supermatrix consists of local priority vectors obtained from the pairwise comparisons among clusters and nodes. A local priority vector is an array of weight priorities containing a single column (denoted as $w^T = (w_1,..., w_i, ..., w_n)$), whose components (denoted as w_i) are derived from a judgment comparison matrix A and deduced by Equation 4 (Saaty, 1996).

$$w_i\big|_{I,J} = \sum_{i=1}^{I}\left(a_{ij}\bigg/\sum_{j=1}^{J}a_{ij}\right)\bigg/J \tag{4}$$

Where $w_i|_{I,J}$ is the weighted/derived priority of node i at row I and column J; a_{ij} is a matrix value assigned to the interdependence relationship of node i to node j. The initial supermatrix is constructed by substituting the submatrices into the supermatrix as indicated in Table 5. A detailed initial supermatrix is omitted in this paper.

Table 5　Formulation of supermatrix and its submatrix for AIBChoice model

General format of supermatrix A

$$
W =
\begin{bmatrix}
W_{1,1} & W_{1,2} & W_{1,3} & W_{1,4} & W_{1,5} & W_{1,6} & W_{1,7} & W_{1,8} & W_{1,9} & W_{1,10} \\
W_{2,1} & W_{2,2} & W_{2,3} & W_{2,4} & W_{2,5} & W_{2,6} & W_{2,7} & W_{2,8} & W_{2,9} & W_{2,10} \\
W_{3,1} & W_{3,2} & W_{3,3} & W_{3,4} & W_{3,5} & W_{3,6} & W_{3,7} & W_{3,8} & W_{3,9} & W_{3,10} \\
W_{4,1} & W_{4,2} & W_{4,3} & W_{4,4} & W_{4,5} & W_{4,6} & W_{4,7} & W_{4,8} & W_{4,9} & W_{4,10} \\
W_{5,1} & W_{5,2} & W_{5,3} & W_{5,4} & W_{5,5} & W_{5,6} & W_{5,7} & W_{5,8} & W_{5,9} & W_{5,10} \\
W_{6,1} & W_{6,2} & W_{6,3} & W_{6,4} & W_{6,5} & W_{6,6} & W_{6,7} & W_{6,8} & W_{6,9} & W_{6,10} \\
W_{7,1} & W_{7,2} & W_{7,3} & W_{7,4} & W_{7,5} & W_{7,6} & W_{7,7} & W_{7,8} & W_{7,9} & W_{7,10} \\
W_{8,1} & W_{8,2} & W_{8,3} & W_{8,4} & W_{8,5} & W_{8,6} & W_{8,7} & W_{8,8} & W_{8,9} & W_{8,10} \\
W_{9,1} & W_{9,2} & W_{9,3} & W_{9,4} & W_{9,5} & W_{9,6} & W_{9,7} & W_{9,8} & W_{9,9} & W_{9,10} \\
W_{10,1} & W_{10,2} & W_{10,3} & W_{10,4} & W_{10,5} & W_{10,6} & W_{10,7} & W_{10,8} & W_{10,9} & W_{10,10}
\end{bmatrix}
$$

$$C_i = (C_{selection} \quad C_{GRI} \quad C_{SPI} \quad C_{CFI} \quad C_{WEI} \quad C_{CLI} \quad C_{HTI} \quad C_{SSI} \quad C_{CPS} \quad C_{CEI})$$

$$N_i = (N_s^2 \quad N_{GRI}^{67} \quad N_{SPI}^{19} \quad N_{CFI}^{50} \quad N_{WEI}^{81} \quad N_{CLI}^{10} \quad N_{HTI}^{38} \quad N_{SSI}^{30} \quad N_{CPS}^{19} \quad N_{CEI}^{1})$$

General formate of submatrix

$$
W_{IJ} =
\begin{bmatrix}
w_1|_{I,J} & \cdots & w_1|_{I,J} \\
w_2|_{I,J} & \cdots & w_2|_{I,J} \\
\cdots & \cdots & \cdots \\
w_i|_{I,J} & \cdots & w_i|_{I,J} \\
\cdots & \cdots & \cdots \\
w_{N_{I_1}}|_{I,J} & \cdots & w_{N_{I_n}}|_{I,J}
\end{bmatrix}
$$

Note: I is the index number of rows; and J is the index number of columns; both I and J correspond to the number of cluster and their nodes ($I, J \in (1, 2, \ldots, 318)$), N_I is the total number of nodes in cluster I, n is the total number of columns in cluster I. Thus a 318×318 supermatrix is formed.

After the formation of the initial supermatrix, a weighted supermatrix is transformed. This process is to multiply all nodes in a cluster of the initial supermatrix by the weight of the cluster, which has been established by pairwise comparison among the four clusters. In the weighted supermatrix, each column is stochastic, i.e., sum of the column amounts to 1 (Saaty, 1996).

The last substep is to compose a limiting supermatrix, which is to raise the weighted supermatrix to powers until it converges/stabilizes when all the columns in the supermatrix have the same values. Saaty (1996) indicated that as long as the weighted supermatrix is stochastic, a meaningful limiting result can be obtained for prediction. The approach to arrive at a limiting supermatrix is to take repeatedly the power of the matrix, i.e., the original weighted supermatrix, its square, its cube etc, until the limit is attained (converges), in which case where numbers in each row will all become identical. Calculus type algorithm is employed in the software environment of Super Decisions by Bill Adams and the Creative Decision Foundation to facilitate the formation of the limiting supermatrix and the calculation result is omitted in this paper. As the limiting supermatrix is set up, the following step is to select a proper plan alternative using results from the limiting supermatrix.

3.4　Step D: Selection

This step aims to select the most suitable building alternative based on the computation results from the limiting supermatrix of the AIBChoice model. Main results of the ANP model computations are the overall priorities of building alternatives obtained through synthesizing the priorities of individual building alternative against different indicators. The selection of the most suitable building alternative that is of the highest sustainability

priority is conducted by a limiting priority weight, which is defined in Equation 5.

$$W_i = w_{C_{Plan},i} \big/ w_{C_{Plan}} = w_{C_{Plan},i} \big/ (w_{C_{Plan},1} + \cdots + w_{C_{Plan},n}) \tag{5}$$

Where W_i is the synthesized priority weight of building alternative i ($i = 1, \ldots, n$)(n is the total number of building alternatives, $n = 2$ in this study), and $w_{C_{Plan},i}$ is the limited weight of building alternative i in the limiting supermatrix. Because the $w_{C_{Plan},i}$ is transformed from pairwise judgements conducted in Step B, it is reasonable to be regarded as priority of the building alternative i and thus to be used in Equation 2. According to the computation results from the limiting supermatrix, $w_{C_{Plan},i} = (0.403, 0.581)$, so the $W_i = (0.41, 0.59)$, as a result, the best IB is Candidate B (refer to Table 6).

Table 6 Selection of the most appropriate IB

Model	No. of nodes	Synthesized priority weight W_i		Selection
		Building A	**Building B**	
AIBChoice	318	0.41	0.59	Plan B

According to the attributes of each building alternative listed in Table 1, the comparison results using W_i also implies that the most preferable building is the candidate that regulates the building performance with best solutions for building service systems, least energy consumption, lowest ratio of wastage, and lower adverse environmental impacts, etc. This indicates the AIBChoice model provides a quite logical comparison result for the aim of sustainability in IB and thus can be applied into practice.

4　CONCLUSIONS AND RECOMMENDATIONS

This paper presents a multicriteria decision-making model named as AIBChoice for evaluating sustainability in the assessment of intelligent buildings. The AIBChoice model is developed based on the analytic network process containing feedback and self-loops among clusters and subclusters (refer to Figure 1), but no control model. However, there is an implicit control criterion, for which all judgments are made inside this model, i.e. the sustainability of buildings. The supermatrix computations are conducted for the overall priority of building alternatives, and the priorities are obtained by synthesizing the priorities of building alternatives from all subnetworks of the AIBChoice model. Finally, the synthesized priority weight Wi is used to distinguish the degree of sustainability due to the deployment of design and construction plans from each building alternative. The AIBChoice outperforms current calculation model adopted by the Asian IB index becasue it can deal with both values and interrelationships between each two indicators.

In summary, in order to apply the AIBChoice model into practice, it is recommended to follow the following steps:

(1) Original assessment of building alternatives with all indicators using Table 1 and the scoring criteria of the AIIB (2001);

(2) Pairwise comparisons among all indicators using Table 3 and Table 4;

(3) Supermatrix calculation to transform an initial supermatrix to a limiting supermatrix;

(4) Calculation of each limiting priority weight of building alternatives using limiting supermatrix and decision-making on building selection using Table 6.

(5) If none of the building alternatives meets sustainability requirements, adjustments to each building are requested for the re-evaluation of building alternatives by repeating the above procedure starting from the first step.

REFERENCES

ABS Consultanting (2004). *Overall Liking Score (OLS)*. From http://www.absconsulting.uk.com/ols.htm (Dec. 12, 2004).

AIIB (2001). The IBI (IB Index). *Asian Institute of Intelligent Building*. Hong Kong. ISBN 962-86268-2-5.

Alhazmi, T., and McCaffer, R. (2000). "Project procurement system selection model." Journal of Construction *Engineering and Management*, ASCE, 126(3): 176-184.

Arrow, K.J., Chenery, H.B., Minhas, B.S., and Solow, R.M. (1961). "Capital-Labor Substitution and Economic Effciency." *The Review of Economics and Statistics*, 43(3): 225-250.

Brown, D.C., Ashleigh, M.J., Riley, M.J., and Shaw, R.D. (2001). "New project procurement process." *Journal of Management in Engineering*, ASCE, 17(4), 192-201.

Chen, Z., Li, H., and Wong, C.T.C. (2000). "Environmental management of urban construction projects in China." *Journal of Construction Engineering and Management*, ASCE, 126(4): 320-324.

Chen, Z., Li, H., and Wong, C.T.C. (2002). "An application of bar-code system for reducing construction wastes." *Automation in Construction*, 11(5): 521-533.

Chua, D.K.H., and Li, D. (2000). "Key factors in bid reasoning model." *Journal of Construction Engineering and Management*, ASCE, 126(5), 349-357.

Cobb, C.W., and Doughlas, P.H. (1928). "A Theory of Production." *American Economic Review*, 28, 139-165.

Heathfield, D.F., Wibe, S. (1986). *An introduction to cost and production functions*. Macmillan Education, London.

Islam, S. (1985). "Effect of an essential input on isoquants and substitution elasticities." *Energy Economics*, 7(3): 194-196.

NHER (2004). *Home Energy Rating: Introduction. National Energy Services*, UK. http://www.nher.co.uk/home -energy-rating-intro.shtml (Dec. 12, 2004).

Qi, X. (2002). "Effective Utility Function and Its Criterion." *Proceedings of the 2nd China Economics Annual Conference*. 15-16 October 2002, Northwest University, China. (in Chinese). http://www.cenet.org.cn/cn/ReadNews.asp?NewsID=6035 (Dec. 12, 2004).

Roaf, S., Horsley, A., and Gupta, R. (2004). *Closing the Loop: Benchmarks for Suatainable Buildings*. RIBA Enterprises Ltd., London.

Saaty, T.L. (1996). *Decision making with dependence and feedback: the analytic network process*. RWS Publications: Pittsburgh, USA.

Yin, X. (2001). "A tractable alternative to Cobb-Douglas utility for imperfect competition." *Australian Economic Papers*, 40(1), 14-21.

USGBC (2003). *Leadership in Energy and Environmental Design*. U.S. Green Building Council. http://www.usgbc.org/LEED/LEED_main.asp

Wong, J.K.W., Li, H., and Wang, S.W. (2005). "Intelligent building research: a review." *Automation in Construction*, 14(1), 143-159.

第五届中国城市住宅研讨会论文集，中国香港，2005 年 11 月

Proceedings of the Fifth China Urban Housing Conference, H.K.S.A.R. CHINA. (November 2005)

On Existing Problems of Ecological Housing in China

HE Quan[1] and LÜ Xiaohui[2]

何泉[1]   吕小辉[2]

[1] School of Architecture, Xi'an University of Architecture & Technology, Xi'an

[2] School of Arts, Xi'an University of Architecture & Technology, Xi'an

[1] 西安建筑科技大学建筑学院

[2] 西安建筑科技大学艺术学院

Keywords: sustainable development, ecological housing, assessment system, Technological Assessment Manual for Ecological Housing in China, building code

Abstract: China is facing more and more severe environmental and energy crises. The environment-conscious ecological building will be the inevitable choice for sustainable development. Today, lots of "ecological" housing developments are emerging in China. However, most of them misinterpret this concept deliberately or unconsciously. To help housing in our country moving towards true sustainability, some opinions are presented in this paper. Firstly, Assessment System and mandatory codes for Ecological Buildings must be enacted in order to lead to widespread improvements of housing performance. Secondly, localization should be taken into account in housing codes. Thirdly, transparency of enacting a code will encourage participation at all levels including monitoring policy makers. Finally, incentive measures will arouse great enthusiasm in building ecological housing.

1   BACKGROUND OF ECOLOGICAL BUILDINGS

The concept of "ecology" was first defined by the Germany scholar E. H. Haeckel in 1869. The energy and environmental crisis last century has contributed to natural conservation, has provided a stimulus for the environmental movement and continues to influence professions in many fields with its meaning progressively enriched and extended: today there are so many new concepts based on it, e.g. "ecological agriculture", "ecological industry", "ecological tourism", "ecological city" and so on. These phenomena mirror the fact that environmentalism has influenced the global industrial framework as Sustainable Development becomes the focus all over the world.

Undoubtedly, the characteristics of our built environment are responsible for major environmental damage and vital to the achievement of sustainability objectives. It is estimated that building construction and operation consume almost half of energy use. Besides, the fossil fuels we use in building as traditional energy sources destroy vegetation during their excavation and produce harmful gas and waste residue during application.

Accordingly "ecological" or "green" buildings (the two terms are often used interchangeably) bloomed rapidly in response to the serious environmental and energy crises. This is an ideological revolution. Previous building design requires good function, durable construction, affordable cost and pleasant appearance, while ecological building design is required for the environmental conservation.

2   EXISTING PROBLEMS OF ECOLOGICAL HOUSING IN CHINA

Although most Chinese have had some idea of severe environmental problem across the country since the eighties of the last century, there is a low level public awareness of impelling pressure from energy crisis until

the electricity shortage in recent summers. Accordingly a considerable amount of media interest turns to these issues. It is reported that China's energy occupancy rate approximately amounts to only half of worldwide average and one tenth of Americans. Even worse, about two thirds of our energy supply come from coal, a main cause of air pollution, which produces carcinogen and SO_2.

Growing public concern brings greater opportunity for ecological building, but it is still a beginner in practice in China. Some models for the ecological approaches fulfilled by a few universities and research institutions continue to be exceptions to standard practice in building design, construction, and renovation. Contrastively, as one of the pillar industries in China's economy, housing construction has annually arrived at about three hundred million sq.m., while simultaneously more and more "ecological gardens" and "green communities" are emerging in rival housing market to cater to buyers' concern about living quality. All kinds of advertisements seem to declare that housing market in China has stepped into an "Ecological Age". However, it is not the truth. Some developers explain "ecological" simply as exotic trees and lawns in the community that actually expands the cost for watering, fertilizing, and applies herbicides and pesticides, and also deteriorates the living environment. Other developers pretend to be professional and make the concept abstract or chaotic purposely. For instance, in a housing ad, they have used so-called "nature index", "enjoyment index" and "happiness index" to judge their buildings, but nobody knows how to define and measure these indexes.

None of the developers mentioned above makes it clear whether their designs have considered environmental impacts, energy efficiency, recycled materials and residents' health and safety, or how much in fact they fulfill their goals even if the buildings are indeed designed through an ecological approach indeed.

The following reasons may explain why there is a great gap between the developed countries and China that we have to fill up, and even some developing countries exceed us in this field:

a) **Split incentives:** The developers, builders and architects who make decisions about the housing do not pay the operation costs for the building. However, they do have an incentive to minimize first input costs. Thus, a split incentive exists between these decision-makers and the ultimate building owners and tenants.

b) **Information barriers:** Builders and buyers often lack appropriate or reliable information on ecological housing. Many buyers consider only the first input cost in choosing their "best buy" houses.

c) **Difficulty in educating decentralized building practitioners:** Thousands of firms contribute to design, construction, renovation, and equipment installation in buildings across the country. A vast number of companies and individuals need education and trainings about the concepts and techniques of ecological building and make optimized housing the norm.

d) **Limited opportunities for influencing government actions:** Building laws and codes are constituted by a few institutions, while the masses usually are not well-informed, not to mention their participation in it.

3 ECOLOGICAL DESIGN PRINCIPLES

Ecological building strives to minimize the impact on our planet in all phases of the life cycle – from their planning and construction through their use, renovation, to their eventual demolition. Sustainability will be achieved only if it is taken into account at all stages.

Its principles include, but are not limited to:

a) To increase energy and water efficiency and conservation;

b) To increase use of renewable energy resources;

c) To reduce or eliminate toxic and hazardous substances in facilities, processes, and their surrounding environment;

d) To improve indoor air quality and interior and exterior environments leading to improved human productivity and performance and better human health;

e) To use resources and material efficiently;

f) To select materials and products that would minimize safety hazards and cumulative environmental impacts;

g) To increase use of recycled contents and other environmentally preferred products;

h) To recycle construction waste and building materials during construction and during demolition;

i) To prevent the generation of harmful materials and emissions during construction, operation, and decommissioning/demolition;

j) To implement maintenance and operational practices that reduce or eliminate harmful effects on people and the natural environment;

k) To reuse existing infrastructure, locate facilities near public transportation, and consider redevelopment of contaminated properties.

Glancing at the above principles, we will have the impression that ecological building is not easy to identify, and does not mean any external styles and features. It is inherently supported by a scientific system, and involved in interdisciplinary fields, e.g. passive design, energy efficiency, water conservation, green materials, environment control and so on, with the purpose of improving the performance rather than the appearance. All in all, they cannot be judged by eyes and understandings of laypeople.

4 PROPOSALS

4.1 Assessment System and Mandatory Building Codes

For assuring the quality of ecological housing, it is most important to rate them by quantitative index system how much they achieve environmental goals during the life-cycle process. Quality assurance includes measuring, documenting and monitoring the results of the construction and the use of the building, and reconciling these results with the design requirements. In order to establish scientific standards, lots of technology committees and research institutes concerned with ecological building constituted relevant certification and assessment systems: LEED by U.S. Green Building Council, BREEAM by U.K., Green Building Challenge 2000 by Natural Resources Canada, ECO-PRO by German and so on.

China has also exploded in this field. *Technological Assessment Manual for Ecological Housing in China* was firstly published in 2001, which was organized by Construction Ministry and written by Science and Technology Development Promotion Center, China Architectural Science Institute and Tsinghua University, and then amended twice during the following two years. This *Manual* comes from LEED, including criteria for Sustainable Sites, Energy and Atmosphere, Indoor Environmental Quality, Water Efficiency, Materials and Resources. Presently it is the most authoritative guide for ecological housing in China.

However, the *Assessment Manual* is not mandatory yet and thus has no legal binding force on housing under the guise of ecological name. Evidently developers seldom employ themselves in ecological housing construction willingly, mainly due to extra costs that cannot be paid back soon. So to make ecological building the norm, the next step is to establish mandatory design codes and compile technical rules.

4.2 Localization of Building Codes

Localization should be taken into consideration when constituting building codes. China is so large that local climates and geographies differ greatly. It is fundamental to develop housing consequent with the local conditions. Therefore, building codes cannot be achieved by following a rigid concept.

For instance, in order to simplify the research scope, present *Energy-saving Design Standards* and *Thermal Design Codes* divide China into five sections such as "Severe Cold", "Cold", "Hot-Summer and Cold-Winter",

"Hot-Summer and Warm-Winter" and "Temperate" areas, which is really easy for practice. However, temperature is not the only factor that influences interior thermal comfort. Other important factors such as humidity should also be taken into account. Take the Changjiang River area for example. This area does not belong to central heating areas, but it is bleak and moist in winters there. So residents heat their houses by stoves or other equipments, while the buildings are not designed with insulation, which results in poor interior thermal conditions and serious energy waste. Such buildings cannot be identified as ecological ones. Therefore, a specific concept or partial concepts must be developed for each individual project, and these concepts should include different approaches, alternatives and measures for different zones so that more specific local codes of ecological housing should be further established according to local climates based on the *Assessment Manual*.

4.3 Transparency of Building Codes

Transparency, a cooperative approach and an increased readiness of policy makers and administrative officials to engage in a dialogue is to turn "people affected" into "people involved" so that they take responsibility for their decisions, behavior and formative steps. Thus, participation at all levels and appropriate scope for action are basic principles for ecological housing and shall be taken into account in the further development of housing. On the other hand, being open to the public makes the information on ecological housing more accessible to people. Ecological housing codes can also be improved through communication with the public.

Take U.S.A. for example, policy on and technology of ecological building are generally introduced and public opinions on revision of building laws and codes are often collected on governmental and parties' web sites. From 2003 to 2004, in response to repeated comments that the residential International Energy Conservation Code (IECC) was difficult to understand and implement, and expensive to enforce, the U.S. Department of Energy (DOE) held two Code Development Hearings to replace the former one. Revision draft was open to the public on the Internet. Any interested person and organization can download the form, then express their opinions by email or mail. These opinions will be collected as references to the final revision.

4.4 Incentive Measures

The result will be better if government provides some programs that aim to improve building performance by granting subsidies for suitable measures. These subsidies have usually been designed as a contribution to investment costs or as a loan with reduced interest rates

For example, the Municipality of Tarragona, Spain, has been the pioneer to apply ecological allowances to the Building, Installations and Works municipal Impost. They set an approximate percentage related to the share of the matter on the thermal behavior of the building and the effort that the measures could suppose for the promoter and this percentage would be that of the allowance that a promoter could get. They considered that the accomplishment of half of the measures proposed for every matter were enough to accept that the building could get the settled percentage of the allowances. The matters they consider are the following:

a) **Mediterranean bioclimatic design**. Allowance of 15% for the blocs of flats and 10% for individual houses of the quota of the impost in the case that the project contemplates 3 of the settled conditions.

b) **Thermal isolation**. Allowance of 15% of the quota for the blocs of flats in the supposition that the project compliments 2 of the settled conditions.

c) **Renewable energies**. Allowance of 30% for the blocs of flats and of 50% for individual houses of the quota of the impost, in the case the project includes the installation of any of the settled installations.

d) **Exclusive use of specific durable, reusable, recycled and non-toxic materials**. Allowance of 20% of the quota in the case this kind of materials will be used in 5 of the settled suppositions.

c) **Installations and another environmental parameters**. Allowance of 15% of the quota in the case the blocs of flats have 5 of this conditions and of 15% of the quota in the case that individual houses have 4 of the settled conditions

5   CONCLUSION

It is a very complex and long process to improve the assessment and codes of ecological housing, which involves with accumulation and analysis of interdisciplinary data and experiences. So cooperation among the government, developers, architects, engineers and managers is necessary, as well as the advanced experiences from other countries. Although this work remains a great challenge to experienceless China, it will finally bring long-term social, environmental and economic benefits to us. For the government, development of ecological housing can decrease consumption of resources and pollution of the environment; for the developers, development of ecological communities can enhance the quality of housing and residential conditions, bring positive advertisement effect and thus result in potential economic benefit; scientific research institute and design companies can enlarge their market and improve professional capacity by cooperating with local government, involving in ecological design and compiling the building codes; what is more, the environmental consciousness can be strengthened and the knowledge of ecological housing can be popularized by professional assessment and consultation to lead the public to choose healthy and comfortable housing wisely.

REFERENCES

吕爱民. 应变建筑——大陆性气候的生态策略. 上海：同济出版社，2003

聂梅生等. 中国生态住宅技术评估手册. 北京：中国建筑工业出版社，2003

西安建筑科技大学绿色建筑研究中心. 绿色建筑. 北京：中国计划出版社，1999

http://www.doe.gov/

http://www.eere.energy.gov/

http://www.tgna.altanet.org/

第五届中国城市住宅研讨会论文集，中国香港，2005 年 11 月
Proceedings of the Fifth China Urban Housing Conference, H.K.S.A.R. CHINA. (November 2005)

The Use of Prefabrication Techniques in High-rise Residential Buildings in Hong Kong and Its Impact on Waste Reduction and Building Design

JAILLON Lara and POON C.S.

Department of Civil and Structural Engineering, The Hong Kong Polytechnic University, Hong Kong

Keywords: building design, construction waste, Hong Kong, prefabrication, waste reduction

Abstract: Hong Kong is a mega-city with a dense urban environment where available space is limited, development rate is fast, and land is expensive. The construction of high-rise buildings is consequently a common practice in Hong Kong, to maximize profit and land use. Over years, Hong Kong has been experiencing a high housing demand in a very short period of time, requiring a massive production of residential buildings. The construction industry is generating a significant amount of construction waste. In 2004, about 20 millions tones of construction and demolition waste were generated, of which 12 % was disposed of at landfills and 88 % was disposed at public filling areas. The government is promoting the use of green building technologies to reduce construction waste generated on site, and the use of recycled aggregates derived from construction and demolition waste. This paper reports on an ongoing research study on prefabrication and construction waste minimization, studying the evolution of the use of prefabrication in Hong Kong building projects regarding various aspects such as building design, construction techniques and construction materials, and waste minimization. This paper attempts to describe current construction waste reduction strategies and policies in Hong Kong construction industry. Also, the use of prefabrication construction techniques in Hong Kong residential buildings and its impact on construction waste reduction and building design is examined. The questionnaire survey results revealed that traditional cast in-situs construction using timber formworks is the most waste producing building process on building sites. Therefore alternatives such as prefabrication and precast concrete should be considered to reduce the generation of waste on site.

1   INTRODUCTION

1.1 Housing demand in Hong Kong

Hong Kong is a mega-city with a dense urban environment where available space is limited, development rate is fast, and land is expensive. The construction of high-rise buildings is consequently a common practice in Hong Kong, to maximize profit and land use. Residential buildings represent a large portion of the existing building stock, with a slightly higher number of private housing units compared with public housing units. According to the Rating and Evaluating Department, the private domestic stock at the end of 2004 was over 1 million numbers of units, with a forecast of new completions for the next two years amounting to over 38 thousands additional units (Rating and Evaluating Department 2005). Also according to the Hong Kong Housing Authority, the overall stock of residential flats was over 2 millions in 2003, of which 46 % was public housing and 54 % private housing. Also the forecast of new completions for public housing in the next three years is about 104 thousand additional flats. Over years, Hong Kong has been experiencing a high housing demand in a very short period of time, requiring a massive production of residential buildings.

1.2 Construction waste generation in Hong Kong

According to the Environmental Protection Department, construction waste is a mixture of surplus materials arising from various activities including site clearance, excavation, construction, refurbishment, renovation, demolition and roads works. The inert portion of waste is known as public fill, including debris, rubble, earth

and concrete which are suitable for land reclamation and site formation. The remaining non-inert substances of waste include bamboo, timber, vegetation, packaging waste and other organic materials. In contrast to public fill, the non-inert waste is not suitable for land reclamation and subject to recovery of reusable/recyclable items, but disposed at landfills (EPD 2005).

In Hong Kong, the construction industry is consuming and generating a significant amount of building materials and building waste. In 2004, about 20 millions tones of construction waste were generated, of which 12% was disposed of at landfills (non-inert portion) and 88% was disposed at public filling areas (inert portion or public fill). Since 1993, the annual generation of construction waste has more than doubled in a decade (Figure 1). Construction waste generation, its management and related environmental impacts are growing issues in Hong Kong, as public filling areas and landfill space are limited. In recent years, construction waste represents about 38% of the total intake at three existing landfills. According to the Environmental Protection Department, with the current trend, the landfills will be filled up in 6 to 10 years, and public fill capacity will be run out by mid 2006.

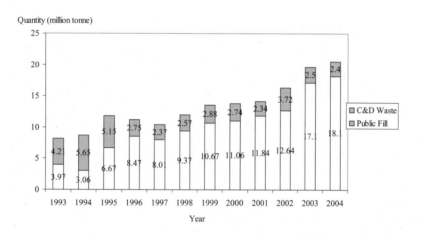

Figure 1　Quantity of construction waste disposed of at landfills and public filling areas in Hong Kong (CEDD)

1.3 Government achievement

In 1998, the government published a ten year Waste Reduction Framework Plan setting targets for the construction industry such as extending the life of existing landfills; reducing the construction waste going to landfills by 25% between 1999 and 2004. Also the Waste Reduction Task Force for the Construction Industry has recommended some measures to reduce construction waste, such as the implementation of construction waste charging scheme; the implementation of waste management plan to the private sector; and the development of training courses on waste management plan.

The government is implementing new regulations and actions such as the introduction of a construction waste landfill charge, the implementation of a trip-ticket system, and the promotion of the use of recycled aggregates derived from construction waste. In 1999, a trip-ticket system was introduced (Works Bureau 1999) in public works contracts for the proper monitoring disposal of the construction and demolition material at public filling facilities or landfills in order to minimize the incidence of illegal dumping. In 2005, a disposal charge will be implemented promoting the "polluter pay principle", charging HK$125/ton for landfills, HK$100/ton for sorting facilities, and HK$27/ton for public fill reception facilities. The waste producers are therefore encouraged to reduce, sort and recycle construction waste to minimize their disposal costs. Since 2002, the Buildings Department has implemented incentive schemes such as those stipulated in the Buildings Department's Joint Practice Note No.2 (Buildings Department 2002) promoting the use of green and innovative building technologies.

2 OBJECTIVES OF THE SURVEY

The objectives of the survey were to investigate the current situation in Hong Kong on the use of prefabrication and precast concrete elements in building projects, and its impact on construction waste minimization and building design. The objectives also includes defining advantages, disadvantages and barriers to the use of prefabrication in buildings.

3 METHODOLOGY

A questionnaire survey was conducted with 130 professionals in the building industry in Hong Kong, in a period of one month in 2005. There were 47 respondents with a response rate of 36%. The majority of respondents were engineers (23%), architects (21%) and builders (19%) from private and government sectors. The returned questionnaires showed that the respondents were generally experienced participants in the industry. The questionnaire consisting of 26 questions was designed to address the following issues: construction methods and waste minimization, prefabrication and design, benefits and barriers to prefabrication, and prefabrication incentives. Also interviews with professionals of the industry were conducted in person in order to reinforce the collected data. Ongoing research works comprise a questionnaire survey, interviews with professionals of the building industry and case study analysis of completed buildings in Hong Kong to strengthen the questionnaire results.

4 RESULTS

4.1 Waste generation on building sites and precast construction

From the survey results, it was revealed that formwork was the most waste producing construction method. The respondents (31%) expressed that according to their experience, the wastage percentage of construction material on building sites was about 16 to 20%, and 22% of the respondents agreed that the wastage percentage was about 11 to 15%.

Also the respondents (33%) opined that according to their experience, the amount of waste reduction on building sites by using precast concrete elements when compared with traditional in-situ construction was about 10 to 20% by volume. 22 % of the respondents agreed that the amount of waste reduction was below 10%.

4.2 The use of precast concrete elements in building projects

From the survey results, it was revealed that external façade walls were the most frequently used precast elements in building projects in Hong Kong, followed by (in order of importance): (2) staircases, (3) floor slabs, (4) internal partitions, (5) external elements, (6) bridge decks and footbridge, (7) beams, (8) bathrooms (volumetric) and (9) columns.

As shown in figure 2, waste reduction was the most important benefit by using precast construction compared with traditional in-situ construction, followed by (in order of importance): (2) quality of end product, (3) site management, (4) aesthetic quality, (5) quality of design, (6) opportunity for standardization, (7) ease of maintenance, (8) program progress, (9) maximize returns, (10) life cycle of building, (11) reduce overall project cost, (12) reduce material cost, and (13) partnership between companies.

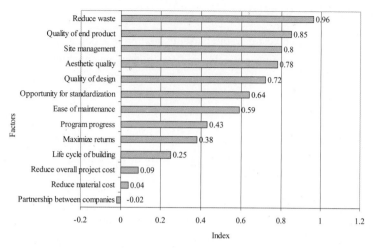

Figure 2　Most important factors when using precast concrete construction, 2005

4.3　Building design and prefabrication

The respondents opined that repetition of similar precast elements at every floor was the most important factor, followed by in order of importance: (2) standard modular design, (3) modular design, (4) repetition of similar design on more than one block, (5) design of building system allowing various combination of precast elements, (6) design of building system allowing variations in different blocks, (7) repetition of similar design on more than one site in different location and Symmetry of building design, (8) design of building system allowing variations in different floors, (9) design for ease of construction, (10) design for durability, (11) design for ease of maintenance, (12) design for adaptability, (13) design for dismantling for reuse or recycling, (14) design for recycling.

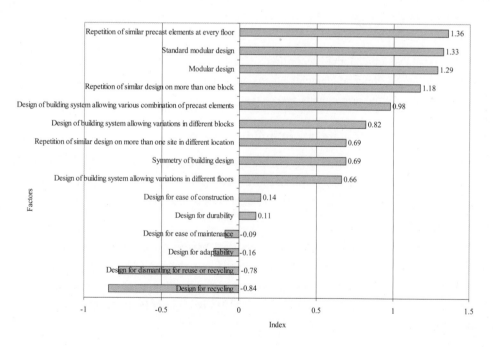

Figure 3　Most important factors when using precast concrete elements, 2005

4.4　Barriers to the use of prefabrication

The respondents expressed that conflict with traditional design process was the most important barrier to the use of precast concrete in Hong Kong followed by in order of importance: (2) need specification change, (3) conflict with construction practice and lack of incentives, (4) lack of support from client, (5) lack of on-site cast yard area, (6) high overall cost, (7) lack of standard components, (8) lack of hoist equipment capacity, and (9) lack of

skilled labor.

5 DISCUSSION

5.1 Waste generation on building sites and precast construction

The survey results show that the major waste producing building work component is formwork. The results indicate that temporary works generate the major amount of wastes on construction sites. In Hong Kong the majority of the buildings have been constructed with traditional cast in-situ concrete, using timber formworks. Therefore alternatives construction methods are being promoted by the government with the implementation of incentives schemes such as the Joint Practice Notes No.2 promoting the use of green and innovative building technologies (Buildings Department 2002). Previous research (Ng 2001) shows that the use of precast concrete could reduce the production of concrete waste in construction by 30%. The results are confirmed by a recent study conducted on Hong Kong building sites (Poon 2004) showing that timber formwork was the major contributor to construction waste, accounting for 30% of the total identified waste. This traditional cast in-situ method is suitable for the construction of building elements which are not standard in size and with frequent changes in building elevation.

5.2 The use of precast concrete elements in building projects

The survey results show that the three most frequently used precast elements are (in order of importance) external façade walls, staircases and floor slabs. The results also indicate that the use of prefabrication as structural elements and volumetric prefabrication is not a common practice in the construction industry in Hong Kong. Recently, the government has implemented incentive schemes to promote the use of non-structural prefabricated external walls (Buildings Department 2002). Also demonstration projects such as the Integer Pavilion showed the use of volumetric prefabrication to promote the application of such a concept to high-rise residential buildings in Hong Kong (Integer Hong Kong 2001). Recently, a few residential building projects have pioneered the use of volumetric prefabrication such as the 41-storey public housing project completed in 2002 using volumetric precast bathrooms; and a private residential project which is under construction using precast kitchen. Also, the lost form system was employed in a private residential building completed in 2003. The permanent formwork system reduces the use of aluminum formwork for the external side. The permanent formwork employed was a precast concrete façade with cladding. The use of prefabrication construction is highly applicable to high-rise residential buildings in Hong Kong, showing many benefits such as financial benefits, increase in speed and quality, on-site safety, and better construction management through quality control. Also a major benefit of using prefabrication is the reduction of the amount of waste generated on building sites.

5.3 Building design and prefabrication

The results show that the repetition of similar precast elements at every floor is the most important factor when using precast concrete elements followed by standard modular design and modular design. Also, the repetition of similar design on more than one block is considered as an important factor. The least important factors were: design for recycling, design for dismantling for reuse or recycle, design for adaptability, design for ease of maintenance. This shows that design concepts promoting life cycle concept and waste life cycle are not considered as significant factors when using precast concrete elements. It also demonstrates that the construction industry is not yet aiming at long term issues and design concepts but rather at short term ones.

5.4 Barriers to the use of prefabrication

The most important barrier to the use of precast concrete in building projects is the conflict with traditional design process. The design process for precast concrete is different from that of the cast in-situ one, as the former is a highly interactive process between the design team members and it requires early involvement by the

contractors. Also late design modifications should be avoided as the manufacturing process of precast elements starts before the first precast unit is on site. The design process for precast elements should include considerations such as manufacturing limitations, site limitations (storage area), and transportation limitations (site access). Other important barriers are the need for specification changes, lack of incentives and conflict with the current construction practice. The results show firstly a resistance to change or adapt design process and construction practice for the use of prefabrication and off-site construction; and secondly a need for legislation and incentives schemes to promote its use.

6 CONCLUSION

The construction industry in Hong Kong is generating a significant amount of C&D waste. Prefabrication and precast construction can reduce waste generation on building sites, as elements are produced in a factory environment and finish work and wet trades are avoided on-site. The government has recently promoted the use of low waste building technologies and prefabrication in building projects. The use of precast construction is highly applicable to high-rise buildings in Hong Kong, especially residential buildings, but changes in the design process and construction process need to be considered by the construction industry. Further studies should consider the application of precast concrete elements to building projects, and its impact on building forms, building design, and waste reduction. Also investigations should consider benefits and barriers to the use of prefabrication, the impact of new regulations promoting its use, and wider applications of prefabrication techniques in building projects such as volumetric prefabrication and structural precast concrete.

ACKNOWLEDGEMENTS

The authors wish to acknowledge the financial support of the Hong Kong Polytechnic University.

REFERENCES

Buildings Department of the HKSARG. (2002). Joint Practice Note No.2, *Second Package of Incentives to Promote Green and Innovative Building*, Hong Kong: HKSARG.

Environmental Protection Department of the HKSARG. (2005). Monitoring of Solid Waste in Hong Kong, *Waste Statistics for 2004*, Hong Kong: HKSARG.

Ng, L.H. (2001). *Building Waste Minimisation in Hong Kong Construction Industry*, MPhil Thesis, Department of Civil and Structural Engineering, Hong Kong: The Hong Kong Polytechnic University.

Poon, C.S., Yu, A.T.W. and Jaillon, L. (2004). Reducing Building Waste at Construction Sites in Hong Kong, *Construction Management and Economics*, 22, 461-70.

Rating and Evaluating Department of the HKSARG. (2005). *The Hong Kong Property Review 2005*, Hong Kong: HKSARG.

Works Bureau of the HKSARG. (1999). Works Bureau Technical Circular No.5/1999, No. 21/2002, No.31/2004, *Trip Ticket System for Disposal of Construction and Demolition Materials*, Hong Kong: HKSARG.

Integer Hong Kong, *Intelligent & Green*. From http://www.integer.com.hk/

Environmental Protection Department of the HKSAR. From http://www.epd.gov.hk/epd/misc/cdm/introduction. htm/

第五届中国城市住宅研讨会论文集，中国香港，2005 年 11 月
Proceedings of the Fifth China Urban Housing Conference, H.K.S.A.R. CHINA. (November 2005)

Anidolic Integrated Systems:
Improvement of Daylight Performance in Buildings

Stephen WITTKOPF

Department of Architecture, National University of Singapore, Singapore

Asia Research Institute, National University of Singapore, Singapore

Keywords: Anidolic System, Virtual Sky Dome, Daylight Factor, Daylight Glare Index, Computational Simulation

Abstract: The likely performance of anidolic integrated systems for diffusing daylight over the complete range of possible daylight conditions is the subject of this article. It helps to identify under which daylight condition the performance is maximized or marginal. The common terms Daylight Factor (DF) and Daylight Glare Index (DGI) have been used to quantify the daylight performance and the new terms Improvement Factor (IF) and Daylight Glare Reduction were introduced to indicate the performance improvement over a reference façade without an anidolic façade. These factors are charted for all sky conditions and may serve as a reference to decide whether the application makes sense or not.

1 INTRODUCTION

The demand for a sustainable environment and in particular sustainable architecture is ubiquitous. It is well known that the energy consumption in buildings is too high and subject to improvements. One improvement is the advanced use of daylight, so as to trim down artificial lighting, which is one major building load. There are many daylighting design tools around which have been classified by the IEA Task 21. This system matrix differentiates into systems that do and don't provide shading (1, 2) and prefer diffuse or direct daylight (A, B). Case studies have been investigated and their improvement was broadly qualified.

This paper investigates one particular technology, which is the anidolic integrated system, classified as 2A since it is a no-shading device (2) and is targeted at the diffuse light (A). Anidolic devices are façade integrated, advanced light redirecting devices, whose curved contour and highly speculative surfaces help to scoop and re-direct light in a non-imaging manner deeper into the interior, thus reducing the need for artificial lights in deep buildings.

First, several façade options have been modeled and the predicted Daylight Factor and Daylight Glare Index compared. The default façade was with regular windows making up 50% of the façade area, The first option is to add a clerestory window right up to the ceiling. The second option is to use that plenum for an anidolic device that releases the scooped through a ceiling opening 4m away from the facade. The last option shows the anidolic device 'closed' so as to check on the shading effect of the cantilevered construction. It can be concluded that anidolic devices significantly improve the daylight in the interior. It levels the Daylight Factor by lowering the illuminance in areas closer to the window whilst increasing the DF in deeper room areas significantly. Similarly DGI improvements are noted. Assuming a viewer's position is deeper in the room and he is looking towards the bright façade, the level of perceived glare has improved from 'uncomfortable to 'acceptable'. Both impacts, a) more light and b) less glare in the rear of the room will eventually make the user abandon artificial light, thus reducing the energy consumption.

The second level of investigation was to determine to what extend the above improvements depend on the sky

conditions. One assumption is that cloudy sky conditions yield higher luminance in areas visible to the anidolic device, and thus ensure a higher yield. Again computational simulation was used to address this question. The improvement of DF and DGI of the anidolic device against the default facade was compared under different CIE sky conditions. The computational simulation proves the assumptions right, meaning the improvement of such an anidolic device is in principle more significant in cloudy regions.

2 SPATIAL DISTRIBUTION OF DAYLIGHT

The wide range of daylight conditions is best represented by the 15 different sky types described by the ISO/CIE Standard General Sky. This new standard extends the previous set of three sky types (overcast, intermediate, and clear only) by adding 5 subtypes for each type which allows a more accurate representation of the various spatial distributions of daylight. The sky luminance distribution basically depends on two varying indices, representing the gradation between horizon and zenith and the scattering around the sun spot. These factors are used to characterize the different sky types and to calculate the luminosity of any sky patch (Kittler and Darula, 2002).

3 COMPUTATIONAL SIMULATION OF THE 15 SKY TYPES – THE VIRTUAL SKY DOME METHOD

This range of sky conditions can be created by means of computational simulation. The Virtual Sky Dome is one method to generate an ISO/CIE General Sky compliant representation of the daylight conditions for use in 3D-CAD based lighting simulation software (Wittkopf, 2004). A VSD imitates the spatial distribution of the sky vault by 145 distinct light sources whose distribution over the hemisphere follows the conventions of sky patch luminance measurements and whose individual luminous flux is calculated by using the set of equations for the 15 sky types (Kittler, Darula, 2002). A tool has been developed that calculates the luminous flux values for any sun position, sky type and radius of the sky dome. These VSD data is converted into importable ASCII file formats eventually representing the spatial distribution of daylight for a particular sky type, time and location in a wider range of 3D CAD based light simulation software. The VSD method has been applied to use with the light simulation software Lightscape and the concordance of Daylight Factors with a reference case (Tregenza, 1999) has verified the universal application of the VSD method (Wittkopf, 2005).

However the simulation of the optical system of the anidolic devices requires an algorithm that accounts for accurate photometric analysis and true reflections. A standard Radiosity based algorithm would fail in modeling the reflections correctly; since they are by default simplified to be ideal diffuse irrespective of the incident angle. Instead, *Photopia*, an optical design and analysis software has been selected that produces comprehensive performance evaluations for non-imaging optical designs. It is based on the Ray tracing algorithm and provides data of various commercially available reflector materials. Subsequently the universal VSD method was applied for use within this software.

4 ANIDOLIC INTEGRATED SYSTEMS – COMPUTATIONAL PERFORMANCE SIMULATION

Various VSD and façade designs are set up for predicting the performance of the system under different sky types. The following chapter lists several experiments with gradually increasing level of detail. The first experiment starts by comparing the Daylight Factor across different façade configurations, so as to introduce the Daylight Factor Improvement Factor of the anidolic system. The second limits the façade configuration to the default and anidolic system façade only, but extends the Daylight Factor assessment across all sky types, as to detect trends and preferences. The third experiment includes the Daylight Glare Index assessment.

4.1 Comparing three different façade designs

The first experiment is to introduce the impact of the façade integrated anidolic system on the daylight factor by

comparing it to other façade configurations. The reference façade comes with the common ribbon window, which is complemented with a second upper ribbon as clerestory windows to be configuration two. The third configuration is the anidolic integrated system comprising an external light collector (replacing the clerestory window), and anidolic ceiling, and an exit aperture located deeper in the room. A forth setup looks at the shading effect of the external collector only.

The room will only receive diffuse daylight from the sky vault, since the façade faces north and the sun is due south at an altitude of 50 degrees. A sky type of uniform luminance distribution was selected (type no. 5). The room dimensions are 6x6m and 3.21m floor-to-ceiling height, as can bee seen in figure 1. The setup of the room and the integrated anidolic device is also shown in figure 1, and follows the dimensions of tested and established 1:1 scale models. (Scartezzini and Couret, 2002). Reflectance and transmission values are listed in table 1. The reading plane for the daylight factors is 0.72m above the floor.

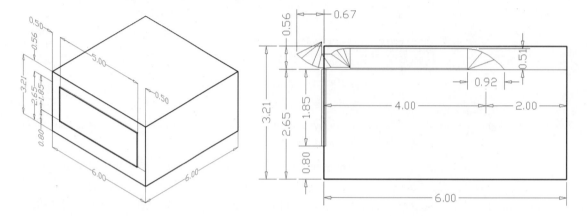

Figure 1   Dimensions of default facade and room and dimensions of anidolic integrated system, comprising of external anidolic collector, anidolic ceiling and exit aperture at 4m distance from window

Table 1   Reflectance and transmittance of surfaces

Surface type	Properties
Walls	50% perfectly diffuse reflectance
Ceiling	80% perfectly diffuse reflectance
Floor	20% perfectly diffuse reflectance
Anidolic system	90% perfectly specular reflectance
Window glass	92% transmittance
Glass over exit aperture	92% transmittance

All daylight factors show an extremely inhomogeneous distribution across the room depth. This is expected since the room is deep and illuminated only from one side. The daylight factor of the reference case (ribbon window) drops to almost a quarter at a distance from the window equal to the ceiling height (rear area). It is further halved at the rear wall of the room with a distance equal to approx. two times ceiling height. This trend is about the same for additional clerestory windows or the design with the external collector shading the window, with the absolute values being above and respectively below the reference case. Of course, additional clerestory windows bring more light in deeper areas but also in those already overexposed window areas, thus not improving the negative imbalanced distribution at all.

The anidolic integrated systems however makes a significant contribution towards leveling the daylight factor. It reduces the unnecessary peak closer by the window through the shading effect of the external anidolic collector and increases the necessary levels in the rear of the room, through re-directing the oversupply of light into areas of need. With the exit aperture of the anidolic ceiling being located 4m away from the window, the daylight factors starts to increase from here and maintains on a relatively high level as can be seen in figure 2.

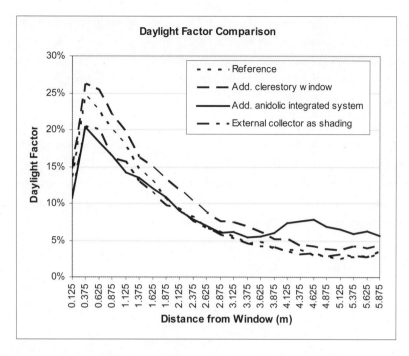

Figure 2　Daylight Factors across all four façade designs with the anidolic integrated system being the only solution to improve the daylight factor distribution significantly.

The improvement is best quantified as a Daylight Factor Improvement Factor (DF IF = DF design / DF reference design) charted over the relevant rear room area only. Figure 3 charts the improvement factor against the reference facade. Cleary the improvement of the anidolic integrated system outperforms the other designs by far. The improvement factor is about 2 below the exit aperture opening and peaks at 2.6 even 50cm deeper in the room. The average improvement factor between the exit aperture and rear wall is around 2.2.

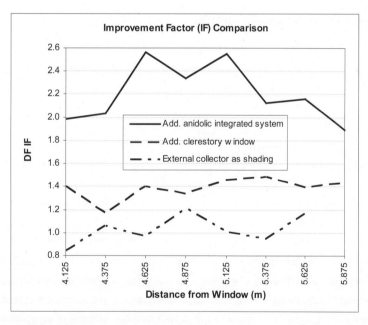

Figure 3　Improvement Factor against reference design with the anidolic integrated system scoring an average factor of 2.2

4.2 Comparison of DF IF across all 15 sky types

The previous experiment was focusing on sky type 5 (uniform luminance distribution only). This experiment is to extend it over the remaining 14 sky types, so as to identify sky types that result in higher or lower improvement factors. The designs with additional clerestory windows and external collector as shading device are no longer considered. The focus is on the improvement factor of the anidolic integrated system over the

are no longer considered. The focus is on the improvement factor of the anidolic integrated system over the default ribbon window design. Figure 4 compares the average IF DF between the exit aperture and the rear wall of the room across all sky types. The improvement factor across the various sky types is quite different and ranges from 3.5 for overcast sky type 2 to 1.9 for clear sky type 12 respectively. All clear sky types (11-15) result in significant lower improvements, with an average factor of around 2. Conversely, overcast skies (1-5) provide the highest improvements; even their lowest still exceeds all of the clear skies.

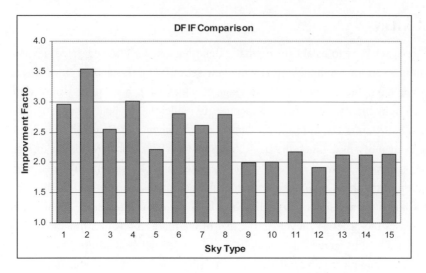

Figure 4   Daylight Factor Improvement Factor across all sky types

4.3 Comparison of DGI across all 15 sky types

The third experiment looks at the Daylight Glare Index (DGI) instead of DF. Glare is an important factor affecting visual comfort. Windows can be extreme bright sources of daylight and the resulting high and uneven distribution of brightness in the field of view can cause discomfort or even disability glare. The window itself is in most of the cases not the immediate cause of glare but rather the visible luminous sky. Since clouds are brighter than deep blue clear sky, the risk of daylight glare should increase under partly cloudy and overcast skies. A common calculation of daylight glare is provided by Chauvel (1982) based on Hopkinson's (1972) equations for general glare. Nazzal (2004) has developed it into a New Daylight Glare Index which is used in this experiment. The user position and field of view for the subsequent assessments is centered at 5m distance from the window view towards the center of the window at a height of 1.25 m corresponding to a sitting position.

Table 2   DGI values across all 15 sky types comparing anidolic integrated system and reference case

DGI/Sky Type	1	2	3	4	5	6	7	8	9	10	11	12	13	14	15
Reference Room	24.7	23.2	27.1	26.4	29.0	29.4	27.3	27.0	32.5	30.7	28.3	28.5	28.9	28.8	26.0
Anidolic Device	20.3	20.9	25.4	22.3	27.0	26.8	25.7	25.9	28.5	28.7	23.7	26.6	26.3	26.7	24.9
Decrease	4.4	2.3	1.7	4.1	2.0	2.6	1.5	1.1	4.0	2.1	4.7	1.9	2.6	2.2	1.2
			2.9					2.2					2.5		
Decrease (%)	18%	10%	6%	15%	7%	9%	6%	4%	12%	7%	16%	7%	9%	7%	4%
			11%					7%					9%		

As shown in table 2 the DGI improvement varies between 18 and 4% for clear sky type 1 and partly cloudy sky type 8 respectively. Expressed in quantitative terms the DGI is improved by an average of 11%, 7% and 9% for overcast, partly cloudy and clear skies respectively. In 60% of sky types the implementation of the anidolic

integrated system improves the subjective appreciation of glare by at least one level, i.e from 'uncomfortable (24.7)' to 'acceptable (20.3)' in the case of sky type 1. For the rest 40% the glare remains within the same perception level. However, despite an average improvement of approx 8%, 73% of the sky types are still in the uncomfortable or intolerable level. They are mainly partly cloudy and clear skies remains unacceptable range. This is mainly due to the window and view configuration of this particular room which is indeed critical. Unlike the previous experiment, there seems to be no obvious trend for daylight glare index.

5 CONCLUSION

The aim of this research was to establish to what extend anidolic façade integrated devices can improve the daylight situation in interiors. Methodologically the new set of ISO/CIE standard skies was taken to simulate a maximum range of daylight conditions. These standard skies have been turned into Virtual Skies Domes, enabling advanced light simulation software to accurately model the daylight propagation through the anidolic integrated system. New terms *Daylight Factor Improvement Factor* and *Daylight Glare Index Reduction* have been introduced to quantify how much the daylighting improves if a standard ribbon façade is complemented with an anidolic integrated system. Generally an integrated anidolic system provides a more homogenized daylight distribution in the interior compared to other façade options, such as additional clerestory windows. It reduces the disturbing overprovision of daylight closer by the window through the shading effect of the external collector and increases the necessary levels in the rear of the room through re-directing the oversupply of light into areas of need. The results suggest that anidolic façade integrated systems are an excellent mean to improve both the daylight factor and glare in buildings, particularly in regions with predominantly overcast skies.

REFERENCES

CIE S 011/E (2003). *Spatial Distribution of Daylight – CIE Standards General Sky*. Commission International de l'Eclairage, Vienna

Chauvel P. (1982). "Glare from Windows: Current views of the problem". *Lighting Research & Technology* 14 (1): 31-46.

Hopkinson R.G. (1972). "Glare from daylight in buildings". *Applied Ergonomics* 34, 206-215.

ISO – International Standardisation Organisation (2004). Spatial distribution of daylight. *CIE Standard General Sky*, ISO Standard 15469:2004.

Kittler R., Darula S. (2002). "IE General Sky Standard Defining Luminance Distributions". In *Proceedings of Canadian Conference on Building Energy Simulation (IBPSA-Canada)*, Montreal, Canada.

Nazzal A., Güler Ö., Onaygil S. (2004). „Subjective Experience of Discomfort Glare in a Daylit Computerized Office in Istanbul and its Mathematical Prediction with the DGI_N Method". *Bulletin of the Istanbul Technical University*, 54(3)

Ng E., Lam K. P., Wu W., Nagakura T. (1999). "A contextual approach to computer aided lighting simulation design in the Tropics", In *Proceedings Illumination Engineers Society of North America Annual Conference*. Oregon, USA.

Ruck N., Aschehoug Ø., Aydinli S., Christoffersen J., Courret G., Edmonds E., Jakobiak R., Kischkoweit-Lopin M., Klinger M., Lee E., Michel L., Scartezzini J.-L., Slekowitz S. (2000). *Daylight in Buildings – A sourcebook on daylighting systems and components*. Publication of the IEA SHC programme. Lawrence Berkeley National Laboratory, USA

Scartezzini J.-L. and Gourret G. (2002). "Anidolic daylighting systems". *Solar Energy* 73(2): 123-135.

Welford W.T. and Winston R. (1989). *Non-Imaging Optics*, Acadmic Pres, New York, USA.

Wittkopf (2004). "A method to construct Virtual Sky Domes for use in standards CAD-based light simulation software". *Architectural Science Review* 47(3): 275-286.

Wittkopf (2005). "Evaluation of Virtual Sky Domes for the prediction of daylight performance with Radiosity-based light simulation software". *Architectural Science Review* 48(2): 173-177.

第五届中国城市住宅研讨会论文集，中国香港，2005 年 11 月
Proceedings of the Fifth China Urban Housing Conference, H.K.S.A.R. CHINA. (November 2005)

Systematical Evaluation of Housing planning and Design "Gaza Case"

Emad S. MUSHTAHA[1], Takahiro NOGUCHI[1] and Moheeb Abu ALQUMBOZ[2]

[1]*Graduate School of Engineering, Hokkaido University, Japan*
[2]*Graduate School of Engineering, Islamic University of Gaza, Palestine*

Keywords: Gaza city, Detached and cooperative housing, Analytical Hierarchy process "AHP"

Abstract: Design approach of cooperative housing in Gaza has been misled by several public and private companies, contractors, and even people themselves; hence their technical demands and attitudes are focused precisely on cost, form, and aesthetic rather than climatic and social comforts. To improve approaches of design, an analytical study of detached houses where people design interior spaces to comfort their thermal and cultural demands has been evaluated. Herein, concepts of AHP "Analytical Hierarchy Process" have been used in illustrating diagrammatically distributed spaces. Accordingly, several climatic patterns of the summer, winter, and summer-winter are found. Moreover, a diagrammatic plan of modern housing design is developed by concepts of traditional houses in order to set future design for future detached or cooperative housing units.

1   INTRODUCTION

Gaza is a small city of $45km^2$ located in Palestinian Territories and, located at N34° longitude with E31° latitude. It has several severe climatic problems through the year, the monthly mean high air temperature is 31.2 °C in a typical summer, and the monthly mean low air temperature is 6°C in the winter that inevitably affects housing design. Significant approaches can be realized by overwhelming problems of housing layout that is derived by climate and culture. Gaza also is known by its densely populated area with a population of 492,621 estimated in December 1999 (Riad, 2002). As a result of land shortages and high population density, high-rise buildings with intensive apartments have been built with widely western planning to lessen overcrowding while climatic and cultural issues were abandoned. This hasn't solved housing crises but even has worsened the situation and its negative impacts on the social and traditional living environment has been occurred. To improve the approach of planning in terms of sustainability, an analytical study for detached houses of post-British mandate's periods; i.e. "Egyptians, Israeli, and Palestinian" have been done.

2   FRAMEWORK OF THE RESEARCH

Architectural typology of houses is widely known that it is a circumstance of repeated characteristics of some elements or spaces regularly. This paper evaluates modern housing designs at different times, thus, a questionnaire of 115 respondents of 17, 48, and 50 detached houses of Egyptian, Israeli and Palestinians times consequently has been analyzed. To analyze the data of the questionnaire, concepts of AHP "Analytical Hierarchy Process" has been used. AHP is designed to cope with both rational and intuitive to select the best from a number of alternatives evacuated with respect to several criteria. In this process, a simple pairwise comparison is carried out to get judgments, which are then used to develop overall priorities for ranking the alternatives (Thomas et al., 1994). Herein, to find housing typology in terms of characteristics of current detached houses, the research has focused on analyzing four criteria (Fig.1) such as land issues, ground floor's activities, orientation of indoor spaces, and standards of spaces. Those criteria have been subdivided to several alternatives, conducting the Matrix-Theory into the analysis, which hypothesizes people's intensions and

satisfaction of the existent orientation and activities. The processes of calculations were to select the best two numbers of alternatives. First and second priorities represent mainly common satisfactions of people on some directional locations beside activities.

3　CHARACTERISTICS OF MODERN DWELLINGS

Statistics were done in mid 2000 revealed that household size was approximated to 6.9 persons and 50.20 % of the population is less than 15 years of age(Riad, 2002). Open spaces are urgently needed for absorbing children' activities and lessening overcrowding in a house; hence it is noticed from the analysis of the questionnaire that almost one third of families commonly share housing units horizontally or vertically in an extended manner. Several reasons are behind it such as shortage of lands and deteriorating economic conditions, and cultural reasons. Head of the family has used to construct his generation's housing units, which in turn, creates a great pressure on his/her financial and cultural conditions that negatively worsen image of architecture. On the other hand, about 45% of the people have a low-income salary with an average income $350-500 per month; hence about 55% of the people are public and private employees. This results in simple housing forms with about 50% of incomplete buildings as a common phenomenon. Challenges for architects, planners and specialists are set to identify future required housing patterns.

3.1　Land Issues

People own more than 85% of housing plots due to several reasons behind it as plots represent safe investments, security and status, at the time almost no other opportunities. Highest and constant percentages of about 48% of plot areas during three periods have been ranged from 150 to 250m^2 to accommodate extended families with an average of about 9 people in a family. Rectangular plots have been weighted firstly (Fig.2), and most of these plots have an elevation of about 10 to 15 m. This priority reflects a newly practical definition of high-density districts where people feel satisfied of their forms. Shared plots represent a significant percentage of about one quarter of study. The shared plots have limited rules of share to family members or relatives only due to privacy and cultural issues. About half of the sample was a yard house and maximum number of yards has an area of less than 20m^2. Generally, most yards are directed to northwest and southeast (Fig.3) to represent consequently first and second priorities. Climatic reasons are behind it; hence northern yards have arranged to gain immense wind for enhancing cooling loads inside spaces. Southeastern yards are absorbing sunlight to developing outdoor conditions. These yards functionally act similar to old courts, where climatic and socio-cultural aspects have been considered. In the questionnaire, it is noticed that guest room is closer than living room to the yard due to the required privacy; hence both yard and guest rooms represent a semi-private place; i.e. guest can easily use both of them while inhabitants can't use them in case of guest's existence. Respondents who have a yard could describe activities of yards as follows: 1) It is a place for chatting and relaxing with the family where shaded areas are occurred in summer. 2) It is a place for children to discharge their energy and enjoy the weather during the daytime. 3) It is a place where you can welcome your guests. Other respondents that don't have a yard have explained reasons behind it such as, firstly I have inherited the house without courts, but I wish I could find a way to have a court, and secondly the regress system which has been used by the municipality has weakened the use of courts. Herein, development of yard-house features into future cooperative housing is urgently needed due to some cultural and environmental issues.

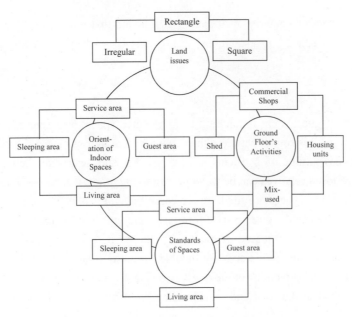

Figure 1   Housing Patterns in terms of Characteristics

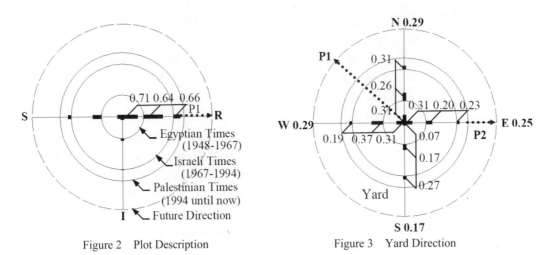

Figure 2   Plot Description   Figure 3   Yard Direction

3.2 Ground Floor's Activities

Ground floors of detached houses embrace several functional types within the space. Housing units, an open space that is known locally by shed and internationally by pilotis, commercial stores, and mix-used spaces form ground floors with different percentages. Some cases have two or even three functional types in a ground floor. It is noticed that mostly occupied spaces are housing units that represent the first priority. This is due to the shortage and high price of lands, and a high density of population that gives almost no space for individual. A newly architectural shed is naturally created and increased during times. The shed is a multi-used space where some cultural and functional activities can be met. Children can enjoy their outdoor activities especially in the summer. The shed is a flexible area that can be changed easily at any urgent time into housing units, commercial stores or even a mix-used type. The commercial and mix-used types have been decreased in the study especially at Palestinian times where economic conditions have been become stable. However, majority of people are employees and their mainly future extensions are housing units or open sheds. To sustain planning, adopting both two priorities (housing units and open spaces) is urgently needed for adults and children.

3.3 Living Environment and Spatial Distribution

People are negatively unsatisfied with their tackling, hence feeling uncomfortably cold and warm during the winter and summer (Emad et al., 2005). Herein, a specific analysis of spaces' orientation and indoor activities

has been done to show main characteristics of spaces. It is found that four zones (guest, living, sleeping, and service areas) form indoor spaces. Investigations on previous issues help evaluating processes of design as follows:

3.3.1 Guest area (GA)

The guest area consists of guest room in addition to its required spaces as a special toilet, entrance hall, and sink. Based on the analysis, it is found that more than about 90% of houses have a special room for guests only. The space has to match culture of Moslems, where privacy and separation between formal guests and inhabitants are a must. Closed relatives can be welcomed in living or guest areas. Activities of about 60% of the sample that occur in the guest spaces are firstly to welcome foreigners only, while the rest is devoted to living and cultural celebrations. Basically, western style furniture represents a percentage of about 55% of the sample, while Arabic style is noticeably increased of about 30% due to its simplicity and rearrangement within the space. It is advised to enhance the living style by flexible furniture to lessening family density. AHP has been utilized to determine the actual directions of the guest area (Fig.4) and it is found that first and second priorities are consequently positioned in the west and east. Dealing problems of the summer more than the winter has been clearly noticed.

3.3.2 Living area (LA)

The living area consists of living room in addition to its required spaces as corridors and balconies. From the analysis of the study, it is mentioned that activities, which occur inside the living space, are mainly enhancing family communication, informally used as a guest space for closed relatives, dining space, and a place for practicing cultural activities. This space has been positioned mainly beside the entrance, which has two opposite routes for the living and guest rooms. Kitchen has been set beside the living area increasingly, where people have meals within the space. On the other hand, positions of the guest room beside living room are decreasing from the time of Egyptian until now due to privacy and flexibility issues. A wide utilization of light Arabic futons in the space has given a flexibility of living environment. The location of this area has been performed first and second priorities consequently to the west and east (Fig.4) due to the required wind of the summer. It is advised to enhancing the living environment by previous activities, except the direction of the space, has to be discussed deeply to deal also the winter problems; hence people spend all their times inside it during the winter.

3.3.3 Sleeping area (SA)

The sleeping area consists of main and secondary bedrooms and its required service. It is found that about 50% of the sample has an average of three bedrooms for parents and children (female and male). Most master bedrooms have been furnished with western style, while children's bedrooms by Arabic futon-style in order to give satisfaction on arranging interior spaces easily where number of children is numerous. Children's bedrooms represent a first living space for them, where about 70% of the sample's children spend more than 8 hours daily inside bedrooms that are managed to deal activities of study, dining, and living issues. The directions of bedrooms are set due to many climatic, cultural reasons, and street location. It is found that first and second priorities of spaces' positions are consequently directed to northwest and east (Fig.4). Housing design deals problems of the summer rather than the winter. Connecting a flexible indoor space that fit indoor activities with outdoor is a significant demand.

3.3.4 Services area (KB)

The service area consists of kitchen and wet areas. Kitchen is devoted to serve directly people at living spaces where people practice different activities within the same space. It is noticed that about 78% of the houses don't have a dining room. In the living space or bedrooms having meals or drinks are commonly used. Thus, closed spaces to the kitchen are arranged consequently, the living space, bedrooms, and finally the guest space. At Egyptian times, bedrooms were far away from the kitchen but currently located beside it. Kitchen should be set

beside living spaces of the family and children. It is noticed that first and second priorities are consequently positioned in the east and south (Fig.4) for the need of sunlight.

3.4 Standards of Spaces

It is noticed from the analysis that a decreasing percentage of a house area of 150-199m^2 has been noticed especially at Israeli times where extension of properties was restricted. Percentages of a house area of 100-149m^2 have been kept constant during the three times though several cultural and financial changes have been occurred. This percentage is very likely to be satisfactory where satisfaction on a house area has been classified into two priorities by asking people to express comfortably satisfied areas of indoor spaces (Table.1). This result implements corrective measurements for a pleasant occupancy of future housing units. The First priority that gives satisfaction on spaces has been directed to utilize smaller scales of housing units and bigger open spaces.

Table 1   Priorities of Housing units' scales

Name of spaces	First priority (m^2)	Second priority (m^2)
Entrance hall	5-8	8-11
Yard	10-20 or >40	<10
Kitchen	9-12	12-15
Storage room	5-8	<5
Guest room	14-18	18-22
Living room	15-20	20-25
Master bedroom	15-18	12-15
Secondary bedroom	12-15	15-18

4   GENERAL CLASSIFICATION OF HOUSING PLANNING

Forwarding the direction, a real extension can be found in the distribution and orientation of spaces (Fig.4). This extension mainly clarifies two priorities of current planning that create climatically two separated summer and winter patterns. It is known that the prevailing wind during the summer comes from the northwest. This action has created summer pattern where most living spaces are oriented to the northwest during the three periods. Other existed directions of spaces have been set to the east and south, which in turn create winter patterns. Directed sunrays can easily penetrate spaces to maximize healthy living environments.

4.1 Planning patterns based on priority hypothesis

Architectural patterns of houses are a circumstance of repeating some characteristics of constructional elements or spaces regularly. The evaluation of housing has focused on achieving most commonly oriented spaces in houses that reflect satisfaction Assembling first, second or even third priorities of preferred spaces individually have represented satisfactions on spaces during times. It is noticed that housing patterns has been basically classified into summer, winter, and summer-winter patterns, which are based on orientation of living spaces. The priority of constructing a diagram has been altered during times; for example, the first priority of planning has been focused on summer patterns that have been encouraged both at Egyptian and Palestinian times (Fig.6). Summer-winter patterns has been obviously encouraged at Israeli times where environmental awareness was newly integrated in housing designs. It is being shown that the architecture of Gaza has neglected winter patterns that have affected people satisfaction negatively. The author believes not only summer patterns have to be integrated to the planning but also winter patterns where both of them can form summer–winter patterns with flexible areas. For this approach, first priorities of current planning (Fig 6.2) have been corrected by traditional architecture planning (Fig 6.1) in order to represent future design (Fig 6). Commonly oriented spaces of modern and traditional housing units have been combined together (Fig 6.3). Accordingly, it is noticed that both west and south directions have living areas, which are mainly directed to get much northwest wind. Thus, living areas of west directions have been neglected because it deals only with summer's problem (Fig 6.4). Southern living

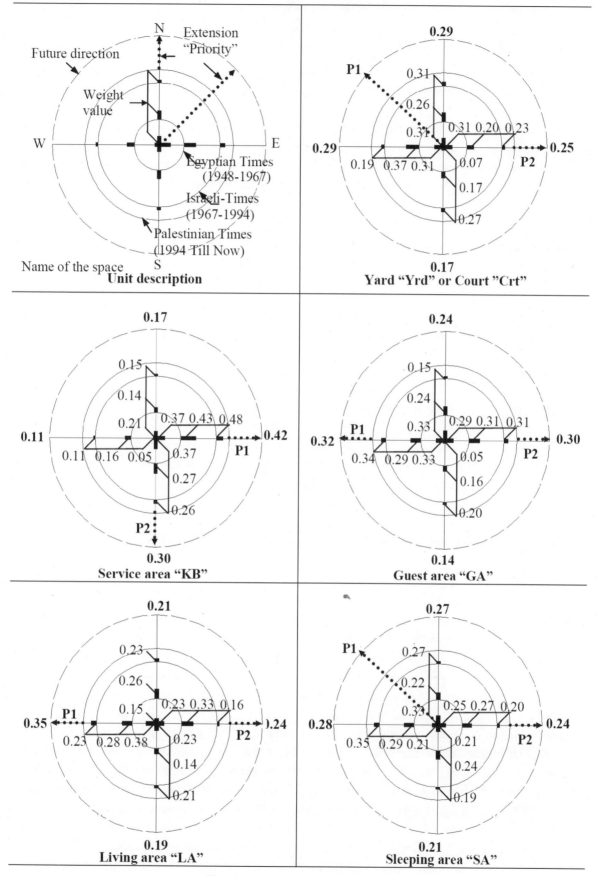

Figure 4　Priorities of the oriented areas

area is connected with northern open spaces through a corridor in order to absorb summer's wind and to gain sunrays of winter. Fig 6.4 has been developed to Fig 6.5 where people strongly recommended having opposite directions for living and guest routes as mentioned at 3.3.2. Moreover, people have insisted to set their kitchen beside living and sleeping areas that make them feel comfortable. The living and sleeping areas represent a special living environment for all family members as mentioned at 3.3. It is recommended to combined them into one space during daytimes and separates them during nighttimes where there is almost no a livable activities (Fig 6.6). This design can be fulfilled by utilizing flexible and functional partitions that afford valuable open spaces. These spaces clearly enhance solving problems of high-density areas. In summer, a family can enjoy and spend times at northern open spaces where cross or passive ventilation can be applied to encourage indoor spaces' activities positively. Living areas would solve problems of winter by exploiting sunrays that enrich indoor spaces warmly. These approaches decrease overcrowding of extending families and increase thermal and social comforts. Detached and cooperative housing can integrate them into planning.

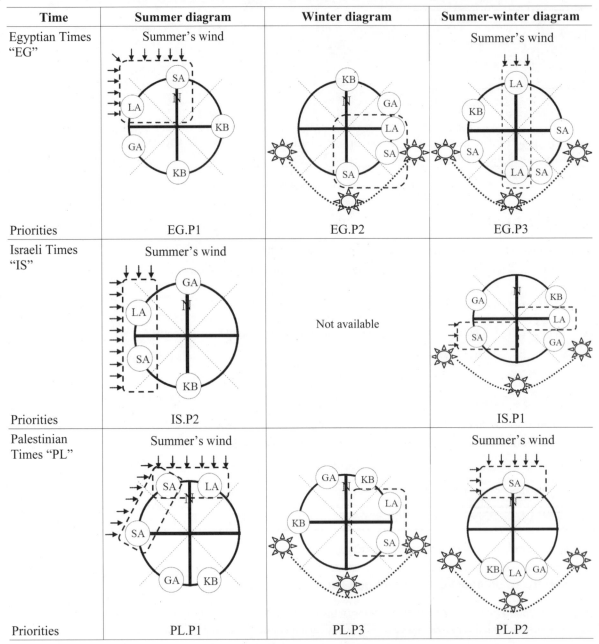

Time	Summer diagram	Winter diagram	Summer-winter diagram
Egyptian Times "EG"	Summer's wind		Summer's wind
Priorities	EG.P1	EG.P2	EG.P3
Israeli Times "IS"	Summer's wind	Not available	
Priorities	IS.P2		IS.P1
Palestinian Times "PL"	Summer's wind		Summer's wind
Priorities	PL.P1	PL.P3	PL.P2

Figure 5   Priorities of the oriented areas

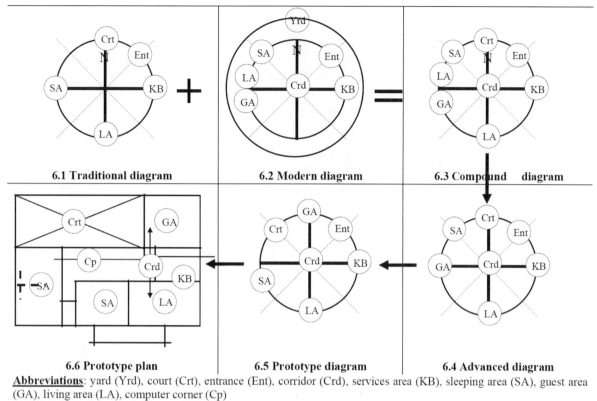

6.1 Traditional diagram　　　　**6.2 Modern diagram**　　　　**6.3 Compound　diagram**

6.6 Prototype plan　　　　**6.5 Prototype diagram**　　　　**6.4 Advanced diagram**

Abbreviations: yard (Yrd), court (Crt), entrance (Ent), corridor (Crd), services area (KB), sleeping area (SA), guest area (GA), living area (LA), computer corner (Cp)

Figure 6　Diagrammatical processes for indoor spaces' development

5　CONCLUSION

Supporting residences with fundamental characteristics of the traditional and modern architecture is highly recommended. The previous analysis is arranged for different issues as follows:

5.1　Distribution of Spaces

(1)　Diagram Fig 6.5 has shown clearly spaces' distribution that might satisfy people.

(2)　The importance of courtyard planning in housing units and its connections with the previous mentioned spaces based on cultural and environmental issues have shown its positive meanings.

(3)　In cooperative housing, combining two units to share an open space vertically is strongly recommended to enhance social and environmental issues. From the previous interpretations, it is noticed that the traditional plans could represent a forward reference, which has been permanently developed with people's satisfactions.

(4)　People has been asked to show their interests of a place for a new tech-space in a house to communicate smoothly the current days' technologies as computer, fax, printer and so on. Respondents of about 85% have shown their satisfaction on this issue. It is advised to integrate living spaces with a small space that can be easily shared by family members (Fig 6.6).

5.2　Standards on housing units and plot areas

(1)　Utilizing smaller scales of housing units with bigger open spaces (Table.1) has a significant meaning in terms of extended families; hence families have been culturally encouraged to share internal spaces.

(2)　It is advisable to use approach of Fig.6 into planning processes in order to get satisfaction on practicing regular daily issues near housing units.

(3)　The first priority of housing units has a smaller scale than second priority. It indicates that people are

interested in managing functional and open spaces greater than scales.

Generally, it is strongly recommended to activate previous characteristics into future processes of planning and construction to get closed to the required sustainability in terms of culture and climate.

REFERENCES

Emad S. Mushtaha et al. (2005). "Sustainable Design for the Residences in Gaza City", *Journal of Asian Architecture and Building Engineering*, 4(1)

Riad Afifi (2002). *Gaza Governorate, Palestinian Central Bureau of Statistics*, Ramallah-Palestine.

Thomas L.Saaty and Luis G.Vargas (1994). *Decision Making in Economic, Political, Social and Technological Environments with Analytic Hierarchy Process*,1st Edition. , RWS publications, V7 Pittsburg.

Adnan Enshassi (1997). "Site Organization and Supervision in Housing Projects in The Gaza Strip", *International Journal of Project Management* (U.K), 15(2): 93-99.

Emad S. Mushtaha et.al. (2005). Design Strategies for the Residences of Gaza City, *Journal of Architecture and Building Science*, AIJ, 22.

Emad S. Mushtaha et al. (2005). "Architectural and Physical Characteristics of Indigenous Gaza's houses", *Journal of Asian Architecture and Building Engineering*, 4(1).

技术专题　营造技术
Technical Session　Building Technologies

可持续发展城乡住宅新建筑体系与住宅产业化的探索和实践：
MST 冷弯薄壁型钢结构住宅建筑体系

Exploration and Practice of New Manufactur Construction System for Sustainable Housing in Urban and Rural Areas: MST Cold Bending Steel for Housing Structure

刘中华[1] 李深恩[1] 孙骅声[2]

LIU Zhonghua[1], LI Shenen[1] and SUN Huasheng[2]

[1] 北京埃姆思特钢结构住宅技术有限公司

[2] 中国城市规划设计研究院深圳分院

[1] Beijing MST Steel Structure Housing Technology Co., Ltd., Beijing

[2] Shenzhen Institute, China Academy of Urban Planning & Design, Shenzhen

关键词： 可持续发展、住宅、新建筑体系、钢结构、产业化

摘　要： 通过产业化的手段，采用可再生型材料，生产环保节能型住宅，创造人与自然和谐共存的城乡人居环境，是社会可持续发展的要求，是人类面临的最终必然选择。MST 冷弯薄壁型钢结构住宅建筑体系正是在这一使命的指引下，采用 0.8~1.8mm 厚度的钢板为材料，以 C 型钢与 U 型钢为基本结构构件，建造钢结构整体住宅，从而形成一整套适用于低层住宅和其他低层民用建筑的轻型钢结构建筑体系。

Keywords: sustainable development, housing, new construction system, steel structure, manufactural construction

Abstract: The objective of creating a sustainable development for an ecological, energy-shifted and co-existence harmoniously connected chars clerisies of human-natural environment confronting us is an eventual option of human's emergency task by way of using science and technology as well as implementing manufactural productivity for housing construction. In this paper, MST System is introduced for the above-mentioned task. By the process of careful study, the selected material is 0.8-1.8mm hot zinc-plating steel. The fundamental structural components are C-shaped and U–shaped steel. The curtain wall and roof are energy-shifted and environmentally protected. A set of light-steel structure for low-rise housing was thus produced.

1 可持续发展战略和中国住宅产业化的回顾

1992 年，联合国在"环境与发展大会"上提出可持续发展战略。围绕这一课题，中国自 1993 年到 1994 年间提出了"中国住宅产业化"的方针。1998 年，国务院办公厅转发了建设部等部委发布的《关于推进住宅产业现代化，提高住宅质量若干意见》（72 号文件）的文件，自此，"住宅产业化"这一革命性的进程在我国住宅建筑行业中酝酿和起步，建设部也相应地成立了住宅产业化办公室等机构。

2 MST 钢结构住宅建筑体系的产生

《MST 冷弯薄壁型钢结构住宅建筑体系》（以下简称 MST 体系）是在上述方针指导下，由北京埃姆思特钢结构住宅技术有限公司研究和开发的。它是在引进美国技术的基础上，结合中国国情，按照中国现行规范进行技术改造形成的。经过两年多的研究开发，MST 体系已经完全具备了住宅产业化的条件，是第一个通过中华人民共和国建设部科研攻关项目立项、鉴定、验收，并向全国推广的建筑体系（建科函[2002]第 88 号、建设部科技司、建设部科技发展促进中心《科学技术成果鉴定书》—— 建科

鉴字[2003]第057号、中华人民共和国建设部公告第218号）。这套体系是国内首创，它填补了国家在建筑体系中低层钢结构住宅的空白，是对中国传统建造方式的一场革命。MST体系涵括了生态、环保、节能、可重复利用原材料等领域的高新技术，使住宅产业化和可持续发展的现代建筑思想成为了现实。

3 MST 低层钢结构住宅体系的特点

MST体系相比传统的砖／混凝土结构或其他钢结构建筑体系有更好的特点：

- 建筑物重量轻。用MST体系建造的低层住宅重量大大轻于砖／混凝土结构住宅，且基础设计也简单。
- 面积利用率高。采用功能材料的复合墙体厚度薄，使用面积比砖／混凝土结构增加10%以上。
- 抗震性能好。MST体系钢结构设计成密肋梁柱，并用木质板材蒙皮形成板肋构造的剪力墙，比不蒙皮时抵御水平风力、地震力的能力提高2倍以上，抗震指标远远优于其他结构体系。
- 建造速度快。构件在工厂制造，现场是装配式作业，一栋300m²精装修住宅的工期为2个月。建造100栋住宅时，采用10栋同时开工的流水作业，建筑的总工期为8个月。
- 建筑品质好。构造精度和建筑品质由工厂生产环节的品质管理体系控制。
- 管线安装方便。MST体系的墙体是中空的，各种管线都安装在墙体构造腔内，室内更显简洁美观。
- 环保性能好。施工现场几乎没有垃圾、粉尘和噪声，不用建筑设备。因此可以说，MST体系的住宅是环保住宅。
- 节能效果好。MST住宅的围护墙有完全断泠（热）桥的构造，因此使用很少的绝热材料就实现了高热阻值指标。它与地源热泵技术、太阳能技术相结合，可以大大地减少能源消耗。
- 材料易于获得。中国是全世界钢铁生产大国，大量采用钢铁材料，减少对其他不可再生资源或难以再生资源的依赖，是对国家经济发展的贡献。

上述特点展示MST体系完全符合可持续发展的原则。

4 MST 体系概述

4.1 MST 体系钢结构构造

MST体系钢结构构造由构件、连接件和螺钉构成。构件分为单个构件（C型与U型两种基本类型）（图1）、组合构件（组合梁、复合柱、过梁）（图2）和整体构件（墙架、梁架和屋架梁）（图3）三类。组合构件和整体构件都由C型、U型两种基本构件构成，构件与构件之间采用热镀锌的自钻自攻螺钉连接（图4）。

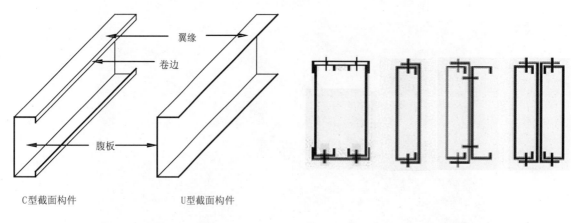

图1 单个构件

图2 组合构件（组合梁）断面示意图

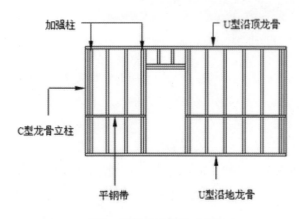

图3 墙架整体构件示意图

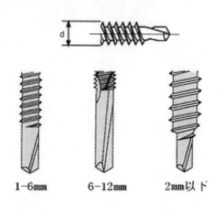

图4 自钻自攻螺钉头部的钻攻部分

图5 不用设备就可以安装墙架整体构件

图6 人字形整体屋架可用人力提至屋顶安装

图5、图6表示的是整体构件和安装。

由构件组装成完整的钢框架以后，其外廓表面须用木质板材完整地封装以达到紧密覆盖（板肋构造），由此产生的蒙皮效应既保证了钢结构的整体稳定性，又能有效地限制钢柱在重载时的变形，因而大幅度提高了体系的载荷能力（见图8中的木质结构板）。图7是在黑龙江边的工地上建造的钢结构框架。

图 7　冷弯薄壁型钢结构的框架构造

MST 冷弯薄壁型钢结构具有四个突出的技术特征：一是构造特征，采用开口的、具有宽展矩形截面的 C 型与 U 型基本构件，组合工艺性能好，节点连接方便，能组成各种复杂的构造形式；二是材料特征，它采用的是带有金属保护层的冷轧钢板，防腐性能好，在寿命年限内不会因锈蚀而变薄，因此构件厚度在 0.8~1.8mm 就能满足强度要求，大大地减少了用钢量；三是构件强度特征，除了冷轧钢板的固有强度外，构件强度还来源于构件在冷弯成型时的形变强化机理，屈曲强度更高，比 H 型钢热轧状态下的强度高得多；四是连接特征，它的任何节点都不采用焊接或螺栓连接的方式，而是采用自钻自攻螺钉。这种"肉长肉"式连接工艺的效果是使螺钉与被连接构件之间没有间隙，形成一体，保证了结构的可靠性，消除了一般钢结构采用焊接带来的强度降低或螺栓连接技术条件要求高等不利因素。

4.2 MST 体系的建筑构造

在建筑方面，MST 体系的围护墙采用构造设计与选用功能材料两种方式实现更高的建筑指标。构造方面，主要体现在绝热层完全覆盖耗能空间的外表面，围护墙完全断冷桥；楼板钢结构与楼面板之间设置减震层，阻隔地板声音向下一层传递。选材方面，对于防火要求高的设计，采用同样厚度的新型板材代替石膏板，使耐火极限从 1 小时升高至 4 小时；在同一钢材品种中，适当地搭配抗拉强度与屈服强度的比值，可以提高梁构件的刚度，达到减少颤动的目的。复合围护墙由绝热层、隔潮层、隔声层和防火层等构成。MST 住宅在节能方面，从中国大陆最北端的黑龙江畔到最南部的南海之滨都有极成功的效果。

MST 体系的复合墙体中设有空气层（构造腔），该空气层除了可以放置保温隔热材料以外，更提供了建筑物上下水管道、强弱电线路、户式中央空调管线系统、取暖回路以及电视电缆、通讯线路、IT 数据网、住宅智能化控制线、报警系统等各类管线的布置空间，包括厨房在内的所有房间都看不到明管明线。图 8 表现的是 160mm 复合墙的构造。在 180mm 复合墙中，还专门在外墙防水装饰层与主墙体之间设计了 10mm 的构造腔，它能完全阻止雨水从外面渗入墙内。图 9 是在车库墙内布置的智能管线。

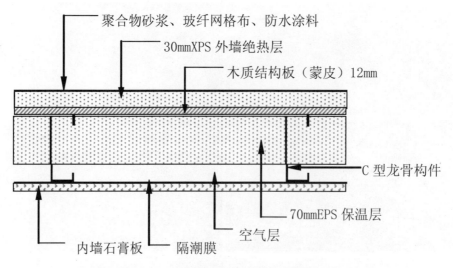

图 8　复合围护墙构造水平剖面示意图

图 9　各种管线布置在墙体构造腔内

4.3　MST 体系结构与建筑方面的主要技术指标

(1)　用钢量（统计值）：35kg/m²

(2)　抗震设防烈度：≥8 度

(3)　160mm 复合墙体热阻计算值：2.6~3.2m²·K/W（达到欧洲标准）

(4)　复合墙体耐火极限：1.0~4.0 小时

(5)　围护墙体（含门、窗工地实测）计权隔声量：45dB

(6)　楼板计权标准化撞击声压级：49dB（国家一级标准为≤65dB）

4.4　MST 体系的装饰与生活设备特点

　　MST 体系采用个性化的内外装饰与生活设备，而且在构造阶段就充分考虑到了使用装饰材料和安装生活设备造成的荷载不均衡分布的情况，并据此在结构设计时构件分布也不均匀，材料使用更趋合理。可以说，MST 体系是建筑结构、内外装饰、生活设备三者的完美统一。图 10 是将车库的一角作为设备间，非常紧凑地将户式中央空调、中央吸尘器、入户式净水器、壁挂式中央热水炉等生活设备集中安装的实景照片，图 11 是室内装饰效果的实景照片，都具有非常典型的 MST 建筑体系的风格和特点。

图10 生活设备安装在车库的一角　　　　图11 两层中空大客厅的装饰效果

5 MST体系的适用范围

MST体系主要适用于低层住宅、宿舍、别墅、农舍、营房、小型医院、小型商业建筑。也可用于大型建筑的屋面和楼面构造，以取代其他结构体系复杂的施工工艺并减轻自重。

采用小型核芯筒提高抵抗水平推力的能力，这样MST体系可以建造4层的公寓式住宅，进而拓展出更大的应用领域和市场前景。MST体系非常适合在中国大陆小城镇改造和小城镇建设中发挥作用。

MST结构体系的构件重量轻，在不易实现车辆运输的特殊场合，可以采用人力轻松地长距离搬运，建筑中也不用安装设备，因此还特别适用于山区以及灾区重建的工程。

6 应用推广MST体系的实践

自建设部发表公告推荐MST体系以来的短短3年时间，MST体系已经在北京、广州、深圳、昆明、黑龙江等地的多个项目中创造业绩。其中黑龙江的项目以低成本进入市场，建设了适于农场职工消费水准的别墅式"农舍"，为中国的小城镇建设与改造提供了一种崭新而高速度的建设方式。

7 结语

可持续发展的城乡住宅建筑体系以及住宅产业化的进程任重而道远，MST正在现有的基础上进一步优化这一体系，与时俱进地采用新材料和新技术来完善这一体系。特别是已经考虑了利用MST体系重量轻、组合工艺性能好的优势，借鉴其他钢结构体系载荷能力强的优点，研究4~7层轻钢结构住宅的建造技术，争取在4~7层轻钢结构住宅这一世界难题中有所贡献。

集成住宅发展和生产模式研究

Study on the Development and Manufacture Mode of Integrated House

刘名瑞

LIU Mingrui

广州市城市规划编制研究中心

Center for Urban Planning, Guangzhou

关键词： 集成住宅、结构体系、大规模定制、集成产业化

摘　要： 本文通过研究我国集成住宅发展的紧迫性和现实意义，简要介绍了现代工业生产模式的变化和国内外住宅生产模式改革的经验，通过比较国外发达国家的住宅生产模式，并结合近年来中国住宅建设新的发展方向，概要地提出适合中国国情的住宅生产模式发展方向——集成住宅。论文通过介绍集成住宅的概念和特征，回顾国内外住宅研究和实践的发展历程，对工业化住宅和产业化发展动态进一步分析和探讨，以期找到集成住宅所能借鉴的技术和政策经验。

Keywords: integrated house, structure system, mass customization, integrated-industrialization.

Abstract: By studying the urgency and realistic meaning of developing integrated house and the interrelated technical system, the paper generally introduces the concepts and the characteristics of the integrated house and its manufacture mode. Compared with the developed countries' experience, it put forward that the manufacture mode of integrated house accords with our dwelling construction development trend, and the new train of thought of dwelling construction.

1　引言

> *一个伟大的时代已经开始了。*
>
> *在这个时代里存在着一种新的精神。*
>
> *工业像一股洪流，滚滚向前，冲向它注定的目标，给我们带来了适合于这个时代的工具，激发着新的精神。*
>
> *经济的法规必然控制着我们的行动和思维。*
>
> *住宅的问题是一个时代的问题，今天的社会平衡就是靠它来保持。在这个革新的时期中建筑的首要任务就是要引起对一切价值的重新估计，对住宅的组成部分重新估计……*
>
> *如果我们消除了内心中对住宅的固有观念，而批判地、客观地看问题，那我们就会得到房子是机器的结论，房子将被大量生产，而且是健康的，和我们时代的任何工具一样美丽。[1]*
>
> ——勒·柯布西耶

2　释题：课题缘起与意义

当前世界经济的迅速一体化、全球化和我国国民经济的快速增长，给我国住宅产业带来了良好的发展机遇和广阔的前景。在科技日益突飞猛进，我国城市化进程加快，城市人口快速增长的背景下，我国

---

[1] （法）勒·柯布西耶著，陈志华译. 走向新建筑. 天津：天津科学技术出版社. 1991 年 11 月.191~192

住宅发展与建设面临着严峻的挑战。集成住宅是发展现代住宅产业化的必然选择和主要方向，而对此方面的研究在国内才刚起步，因此有必要深入探讨集成住宅设计、发展和生产模式。

2.1 集成住宅发展的紧迫性

我国目前正处于快速城市化时期，面对新增的大量城市人口，我们如何在有限的资源上满足需求且提供健康和可持续发展的住宅是非常严峻的问题。"十五"期间我国每年新增城市人口1500万，每年城镇化率提高1%，大量农村人口进入城市，成为城市里的创业起步阶层，住宅需求旺盛。建设部副部长刘志峰曾谈到，按照2020年我国城镇居民人均住宅建筑面积达到32m²估算，2003~2020年，我国城镇新建住宅竣工面积应当达到140亿平方米左右，年均约需要新建住宅2.2亿平方米。[1]

新住宅的大量建设将是我国城市建设所面临最严峻的问题，如何解决是关系到国民经济建设和社会稳定发展。面对住宅市场供需关系的紧张，我们应当采取最优化的措施在保证数量的同时提供高质量的住宅，这一措施就是走产业化的道路。产业化带来先进的生产工艺，讲究效率和成本，同时以质量取胜于市场。具体而言，产业化的体现就是集成住宅，它不仅能满足快速大量建造的同时还保证资源的集约化。集成住宅能有效发挥其体系、技术及产业优势，同时带动了相关产业的快速健康发展，为国民经济建设和提供就业岗位起了积极的作用。

2.2 推进集成住宅建设的现实意义

随着经济的发展和社会的进步，人们生活发生了巨大变化，这就要求未来住宅要能适应新的生活方式和新的生产模式。通过对集成住宅生产模式的分析，评价、推测和整合，选择合理的状态与发展取向，为国家制定相关产业政策提供参考。集成住宅的生产模式建立在高度产业化和集成化的基础上，从设计到施工，甚至销售都是一体化和信息化。所以大力发展集成住宅，符合我国国情，也有利于政府对住宅市场进行正确引导和管理，有利于住宅市场健康发展。

我国目前能源资源短缺，建筑节能已经纳入国家发展战略决策。城市住宅数量大，建筑节能的可行性和效益最高，通过改变城市住宅的生产模式和加强绿色产品体系的开发利用来降低建筑能耗是非常有必要的。可持续发展是当今社会发展的主题，住宅发展和建设也遵循这一原则。通过研究未来住宅新的生产模式，探索某种可能的方法，有效地对即将到来的住宅大建设进行指导和借鉴，以免盲目建设，造成不必要的损失和浪费，这将对我们今后发展有积极意义。

3　集成住宅的概念和体系

3.1 集成技术简介

所谓集成技术，又称系统功能集成，就是将建筑物的若干个既相对独立又相互关联的子系统组成具有一定规模的大系统的过程，这个大系统不是各个子系统的简单堆积，而是借助于建筑物自动化系统和综合布线网络系统把现有的分离的设备、功能、信息组合到一个相互关联的、统一的、协调的系统之中，从而能够把先进的高技术成果，巧妙灵活地运用到现有的集成建筑系统中，以充分发挥其更大的作用和潜力。集成系统主要分为支持系统和可变系统两部分。支持系统主要是结构框架和支持设备，是系统内起主导作用的部分；可变系统是为了满足产品的多样性和个性化，根据不同的风格和使用目的在集成系统内可选用不同的系列化、标准化构配件。

集成技术首先应用于工业建筑，随后被应用在公共建筑上，规模较大的写字楼和会展中心及机场

---

[1]　建设部副部长刘志峰接受记者采访的谈话，记者孙玉波. 中国网. www.china.com.cn. 2002/12/5

都应用了集成技术，主要体现在设备集成，新材料新工艺的应用上。日本最早在20世纪60年代就提出了住宅集成的概念，后来又提出了"住宅部品计划"，从而推动了集成技术在住宅产业上的应用。

3.2 集成住宅概念和特征

集成住宅的定义：它以工业化生产方式，集成了住宅生产的三大体系，由社会化、系列化、定型化生产的部品、材料和设备系统通用部件，根据市场的需求，提供多样性和个性化的住宅，而且在社会高度信息化下能够形成整体产业链的大规模定制的生产模式。住宅社会化生产通用部件分别是住宅结构体系、住宅部品体系、住宅设备体系，这三大体系是集成度很高的集成住宅子系统，它们有各自的技术标准体系，工艺要求等，但在体系接口上互有协调。

集成住宅的主要特征：

(1) 结构体系整体化、轻型化、小型化（**住宅结构体系**）；

(2) 住宅部品高度集成化（**住宅部品体系**）——空间节约、划分灵活；

(3) 设备高度集成化（**住宅设备体系**）——布局紧凑、使用便捷；

(4) 整体产业链的高度集成化（**产业集成**）——节约资源、降低成本。

3.3 集成住宅的体系

(1) 集成住宅技术保障体系

规划、设计、施工及材料、部品和竣工验收的标准、规范体系，住宅建筑与部品模数协调标准，节能、节水、环保等标准。

(2) 集成住宅结构体系

集成住宅的结构体系主要有钢结构，钢混结构，木结构，钢木结构等，但目前采用较多也适合工业化、标准化、系列化大生产的是钢结构。

(3) 集成住宅部品体系

住宅部品是构成住宅的组成部分，是住宅建筑中的一个独立单元，它具有规定的功能。按照住宅建筑的各个部位和功能要求，将住宅进行部品部件化的分解，使其在工厂内制作加工成半成品（即部件化），运至施工现场，实现现场组装简捷、施工迅速，并保证部品安装就位后，能确保其规定的技术要求和质量要求，发挥其功能作用。

(4) 集成住宅设备体系

包括集成住宅中的暖通和空调系统、给水排水设备系统、燃气设备系统、电气与照明系统、消防系统、电梯系统、新能源系统、管道系统。

(5) 集成住宅质量控制和性能评价体系

这是住宅建设的过程控制环节，住宅部品的质量认定标准。要在经济、技术的发展过程中，建立科学公正、公平的评价方法以及认定办法（目前，建设部门正在探索中）。

这五个体系是相互关联的，又是互相制约的。结构体系在集成住宅发展中是最为重要的一部分，起主导作用，既是集成化的根本所在，也是集成住宅的发展前提，需要政府和相关行业协会进行指导和政策扶持。部品体系和设备体系是集成住宅不可缺少的一部分，作为集成住宅产品的配套和补充，也需要大力发展和完善。集成住宅质量控制和性能评价体系是保证集成住宅的实现，是建设过程中的控制环节，是为了提供高质量的居住品质和环境。

4　集成住宅的相关理论和发展回顾

4.1　住宅研究理论

柯布西耶的"住宅是居住的机器"

柯布西耶提出的"The house is an machine for living in"，包含了两层深刻的涵义。首先，住宅的功能要像机器那样讲求实效；其次，要像机器一样能够大批量地由工厂制造生产多快好省的住宅，以满足社会日益增加的需求。柯布西耶主张工业化大量生产住宅，同时，也注意到了来自工业化住宅的灵活性。他是最早提出骨架和装修分开两次施工的创始人。1915 年他设计了"多米诺住宅"方案（Domino），把住宅工业化推进了一大步。它第一次把结构部分和非结构部分区别开来。这两部分都可以在工厂里生产。建造过程是先建成一个开敞的没有完成的住宅框架，其余部分由住户自己利用工业化生产的构件来组装完成，并可随需要的变化加以调整。这个设计是西方设计师第一次既利用工业化生产的长处，又满足不同居住者个性要求的灵活性住宅尝试。柯布西耶的另一个著名的住宅设计是马赛公寓。他不仅在高层建筑类型上有所创新，也体现了城市居住单位的意图。在工业化和灵活性问题上，它又取得了新的进展。柯布西耶把马赛公寓楼结构视为一个架子，每一套型单元像一瓶瓶的酒一样放在架子中。套型单位是固定的，但在概念上其内部是多种多样的，就像一个酒瓶，形状和尺寸虽然不变，但里面的酒却是多样的，居民可以根据自己的需要和爱好加以选择。

  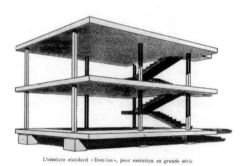

图1　马赛公寓设计概念解析图　　　图2　马赛公寓外观　　　图3　柯布西耶多米诺住宅体系

荷兰 SAR 住宅研究

支撑体(SAR)建筑支撑体是 20 世纪 60 年代由美国麻省理工学院教授哈布瑞根(J. N. Habraken)提出的一个住宅建设新概念，称之为"骨架支撑体"理论。荷兰建筑师随后开办了一个建筑师研究会(Stiching Architecten Research)，简称 SAR。1965 年哈布瑞根在荷兰建筑师协会上首次提出将住宅设计和建造分成"支撑体"和"可分体"的设想，随后对此产生的一整套理论和方法称为 SAR 理论。

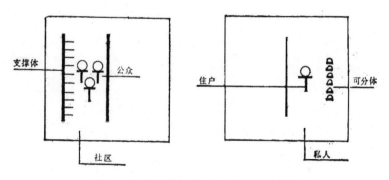

图4　支撑体的创作和可分体的创作[1]

---

[1]　图3引自：鲍家声.支撑体住宅.南京：江苏科学技术出版社，1988-04

在支撑体建筑里，支撑体是建筑固定定型的部分，可以采用工业化、标准化生产，是建筑的骨架，也包括公共部分，不由使用者来改变的而可分体是提供给用户的自由空间，是灵活可变的，可根据用户要求来选择和安排，使用户在支撑体构成的结构空间中能有效地划分所需的实际使用空间，并根据自己的爱好决定内部装饰，形成不同平面形式，产生不同的内部和外部居住空间环境，这样就从根本上解决了标准化和多样化的矛盾。

支撑体不是仅仅一个框架，也不是如今大量住宅那样完全齐备的全部都已建好。它是个房地产产品，包含建筑的框架、管线和公共部分，而可分体则是由工厂大量生产提供的部件，由用户根据自己的使用要求和兴趣爱好、经济能力等来进行设计安装，最后构成自己需要的完全个性化又符合自己实际情况的温馨的家——住宅。[1]

日本百年住宅体系研究

日本自 20 世纪 50 年代开始研究和发展工业化住宅建筑体系。工业化住宅的发展为解决二战后日本的房荒问题起了很大作用。随着居民生活水平的提高，人们开始把注意力集中于住宅的质量和多样性，从而促进了以设计多样化住宅为目标的公共住宅标准设计新系列的发展。在此基础上，又开始以提高住宅使用耐久性为目的的百年住宅体系（CHS，即 Centry Housing System）的研究。日本在 1980 年开始开发的百年住宅体系，是鉴于原有住宅改造的困难，考虑到在人的寿命增长的同时，又要能延长住宅的合理使用寿命，提出改造近远期相结合，适应居住者年龄增长，家庭人口变化和生活方式改变的百年住宅体系。这种体系，在住宅的平面设计上采用新型构件和设备单元构件来组合室内空间，部件和设备在新旧更新上是用标准化、系列化，集成化上采用可替代性来实现的。

4.2 国外集成住宅产业发展概况

4.2.1 欧洲的住宅发展状况

二战后，欧洲国家普遍出现了严重缺房现象。为此，这些国家采用了工业化装配式的生产方式，短时期内生产了大量住宅，并建立了一批完整的、系列化、标准化的住宅建筑体系。这一时期的住宅建设不仅解决了居住问题，而且对这些国家的经济复兴和快速发展起到了关键的作用。欧洲各国的住宅产业发展又有所不同。如前苏联、东欧和英法等国家在五六十年代形成了装配式大板住宅建筑体系；瑞典是世界上住宅工业化最发达的国家，其 80% 的住宅采用以通用部件为基础的住宅通用体系；丹麦发展住宅通用体系化的方向是"产品目录设计"，它是世界上第一个将模数法制化的国家，大量居民住宅也采用多样化的装配式大板体系。法国是世界上推行建筑工业化最早的国家之一，它创立了世界上"第一代建筑工业化"，即以功能主义等现代派建筑理论为指导，以预制大板和工具式模板为主要为标志，建立了许多专用体系，之后，向发展通用构配件制品和设备为特征的"第二代建筑工业化"过渡。进入 20 世纪 80 年代以后，欧洲各国住宅产业化发展有了新的变化和发展，住宅功能和多样化发展得到了关注和重视。

4.2.2 美国及加拿大的住宅发展状况

美国、加拿大的住宅产业化是伴随着建筑市场的发育成熟的。美国、加拿大由于地广人稀，其住宅产业化走了一条不同于欧洲的道路。在住宅建设上，没有采用大规模预制构件装配式建设方式，而以低层木结构装配式住宅为主，注重住宅的舒适性、多样化、个性化。在美国，住宅部品和构件生产的社会化程度很高，基本实现了标准化、系列化，居民可以根据住宅供应商提供的产品目录，进行菜单式住宅形式选择、委托专业承包商建设，建造速度快、质量高、性能好。

---

[1] 刘兰青，董志学. 支撑体住宅应成为现代住宅建设发展的方向. 住宅科技，2000-11

由于美国国土面积大，人口较少，土地资源相对丰富，其住宅产业化的路子基本上是以独立式的小住宅为主。而我国是国土资源相对短缺国家，这种住宅产业化模式在我国并不具备大规模推广条件，但可以吸收美、加等国高品质的部品生产技术和经验。

4.2.3 日本的住宅发展状况[1]

日本的住宅产业化始于 20 世纪 60 年代初期。当时住宅需求急剧增加，而建筑技术人员和熟练工人明显不足。为了使现场施工简化，提高产品质量和效率，日本对住宅实行部品化、批量化生产。70 年代是日本住宅产业的成熟期，大企业联合组建集团进入住宅产业。到 20 世纪 90 年代，采用产业化方式生产的住宅已占竣工住宅总数的 25%~28%。日本是世界上率先在工厂里生产住宅的国家。例如：轻钢结构的工业化住宅占工业化住宅约 80% 左右；70 年代形成盒子式、单元式、大型壁板式住宅等工业化住宅形式，90 年代，又开始采用产业化方式形成住宅通用部件。

4.3 我国集成住宅发展概况

4.3.1 上海现代房地产公司的 MB 体系住宅

MB 建筑体系分为以轻钢龙骨作为支撑体的 MB-1 低层（指三层及三层以下）轻型钢结构和以钢包混凝土梁柱框架为支撑体的 MB-2（指三层以上，包括多层高层，超高层）轻型房屋钢结构体系。

"轻型房屋"顾名思义，就是千方百计减轻建筑物的自身重量。"钢结构体系"则是采用工业化大生产，标准构件，模式化设计，现场组装从而达到高速施工，减少劳动力，提高建筑质量标准的一种新工艺、新技术的建筑方法。轻型房屋钢结构体系的创新特点是："自重轻"、"工期短"、"质量好"、"造价低"。他们应用 MB 体系建造了实验性住宅（图 5），包括一栋 8 层的住宅楼和若干栋独立式别墅，并在此基础上不断完善相应的技术体系、材料、工艺等。

图 5 应用 MB 体系建造的 8 层实验性住宅　　　图 6 远大集成建筑一号楼住宅楼

4.3.2 远大集团的集成住宅建筑

我国首座工厂化生产的集成住宅建筑在长沙建成（图 6）。在全部零部件都是工厂化生产的钢结构房屋里，看不到任何管线路和风口，而房子却正在制冷或取暖。这种我国首创的全新概念的集成建筑，通过了湖南省建委组织的国内外专家的技术鉴定。集成建筑的诞生掀开中国建筑史上新的一页，预示着专业化大工厂生产住宅的时代已经来临。

远大铃木住房设备公司于 1999 年 6 月动工兴建的高品质、新概念的集成建筑样板工程，仅用了 3 个月一号住宅楼就竣工了。该楼所有部件全部工厂化生产，施工采用全新的现场装配、干法作业，既无

---

[1] 宋扬. 国外住宅产业化概览. 住宅与房地产，2002(9)

安装操作噪声，又无过多建筑垃圾，施工周期大为缩短。由于建筑物全部使用钢结构，能抗强风强震，主体寿命可达 100 年以上，特别是将空调、五表等远传系统和电器设备优化集成，实现了建筑智能化管理。

4.3.3　北新建材集团的薄板钢骨住宅体系

北新建材集团最近在中国国际新型建材展上推出一种由工厂化生产、现场组装的薄板钢骨住宅体系，一幢 200m² 独立住宅的主体结构只需 5 天便可成型，一个月交付使用。如门窗、厨卫等装修工程，以及各种管线设备全部采用标准化、系列化设计、配套化供应，住户可以按照自己的喜好和设计，直接从企业提供的菜单上选择各种多样化的产品，从而满足个性化的需求。工业化、标准化、集成化的生产给住宅生产模式带来了一场新的革命。

5　集成住宅的生产模式

5.1　工业生产的新模式：由推动式向拉动式转变——大规模定制

早在 1970 年，预言家阿尔温·托夫勒(Alvin Toffler)就在其《未来的冲击》(Future Shock)一书中对大规模定制生产模式作出了预告。1993 年，约瑟夫·派恩二世(Joseph Pinell)对大规模定制的概念进行了完整的描述。大规模定制能够以几乎每个人都能付得起的价格提供多样化的产品，它是一种崭新的生产模式，通过把大规模生产和定制生产这两种生产模式的优势有机地结合起来，在不牺牲企业经济效益的前提下，满足客户个性化的需要。同时它与市场结合更加紧密了，完成了从推动市场到受市场拉动的转变。大规模定制的基本思想在于：通过产品结构和制造过程的重组,运用现代信息技术、新材料技术、柔性制造技术等一系列高新技术,把产品的定制生产问题全部或者部分转化为批量生产，以大规模生产的成本和速度,为单个客户或小批量多品种市场定制任意数量的产品。[1]

大规模定制具有以下特点：（1）以客户需求为导向。在传统的大规模生产方式中，先生产，后销售，因而这种大规模生产是一种推动型的生产模式；而在大规模定制中，企业以客户提出的个性化需求为起点，因而这种大规模定制是一种需求拉动型的生产模式。（2）以现代信息技术和柔性制造技术为支持。（3）以模块化设计、零部件标准化为基础。（4）以敏捷为标志。（5）以竞争合作的供应链管理为手段。

5.2　大规模定制的集成住宅生产模式

大规模定制的生产方式可应用于各个行业，住宅建设也不例外，但不同的是建筑产品有其独特的产品特性，因而和工业产品又有些区别。在住宅生产领域应用和推广大规模定制很有实际意义，它将给住宅市场带来一场新的革命。目前国内已经有房地产商应用这些新的生产模式于市场了，带来较大的影响。如万通地产的"可定制住宅"（图 7）是一种有益的尝试。

---

[1]　邵晓峰，黄培清，季建华.大规模定制生产模式的研究.工业工程与管理.2001 年第 2 期

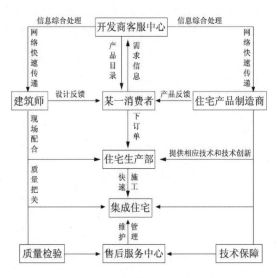

图7 万通的"可定制住宅"模式[1]

图8 新生产模式下的集成住宅生产流程简图

6 小结

　　中国城市住宅的发展已从初级阶段开始进入追求质量、追求品质、追求品牌的时代。这个阶段要求建筑产品应有一个飞跃，就是在保证品质的水准下，如何就提高住宅成品的生产效率，降低成本，简化生产程序，保证质量，并对生态、健康、可持续发展有更高层次的要求。集成化具备上述目标的可能，因此集成化应运而生，这是必然的趋势，是不可阻挡的。就目前我国集成住宅及其产业化发展的现状来看，还存在着不少问题，必须在统一认识的基础上，政府大力支持和推广集成住宅的研究、开发，积极引导开发商和建筑企业，不断的进行新技术，新材料，新工艺的试点应用，在推广的同时，也要注意集成住宅产业链的配套问题。总之，我国的集成住宅尚在起步阶段，但这将是大有希望和发展潜力的市场。一切致力于此的有识之士为之奋斗，以造福步入小康时代的中国广大百姓。

参考文献

（美）大卫·M·安德森，B·约瑟夫·派恩二世. 21世纪企业竞争前沿. 冯涓等译. 北京：机械工业出版社，1999

中国建筑技术研究院信息所，建设部科技信息研究所. 国外住宅统计与发展分析，1998

邵晓峰，黄培清，季建华. 大规模定制生产模式的研究. 工业工程与管理，2001(2)

赵明桥，王小凡. 集成建筑——一种工业化住宅建筑体系. 南方建筑，2001(2)

开彦. 未来住宅的设计. 北京规划建设，2002(1)

宋春华. 中国住宅建设任重道远——对世纪之交住宅建设问题的思考. 建筑学报，1999(10)

阚明. 住宅供给模式与住宅建筑设计（硕士学位论文）. 上海：同济大学建筑学院，1999

林炳耀. 生活方式、生产模式变革与可持续发展战略的实施. 城市规划汇，1997(1)

刘志峰. 住宅产业现代化的发展方向. 中国房地产报，2002-11-27，807，第一版

刘志峰. 接受记者采访的谈话，记者孙玉波. 中国网. http://www.china.com.cn. 2002-12-05

注：此文得到清华大学建筑学院金笠铭教授悉心指导和热忱帮助，在此表示衷心的感谢。

1　图片来源万通地产网站，局部有改动

适合中原地区住宅建设的技术体系

Technical Systems Suitable for House Construction in Central China

张迎新

ZHANG Yingxin

河南省建筑设计研究院

The Architectural Design and Research Institute of Henan Province, Zhengzhou

关键词：　中原地区、住宅建设、结构体系、建筑节能体系

摘　要：　遵循可持续发展的理念，本文分析总结了商品住宅建设中存在的主要问题：重外观花样——轻内在品质，重概念炒作——轻技术含量，重奢华气派——轻以人为本。针对我国中原地区现阶段的经济技术发展水平，以可持续发展为原则，从性能、价格、节能省地等角度综合分析，比较、推荐了几种适合于中原地区住宅建设的结构体系和建筑节能技术体系。

Keywords:　Central China, house construction, structure system, building energy efficiency system

Abstract:　Following to the principle of continuing development, this paper analysis and conclude some main defects in the construction of house: much attention to elevation style – less to internal and real quality, much attention to drumbeating of concept – less to scientific and technical content, excessive luxury – little caring for people. Aiming at the condition of economic and technical development, this paper comparing among various technical systems of building structure and energy efficiency suitable for house construction in Central China, and considers of their performance, price, etc.

1　引言

　　我国中原地区（以河南省为主，包括山东、河北等省的局部）幅员辽阔、人口众多，虽然其社会、经济与技术发展水平基本位居全国的中等地位，但正处于快速上升阶段。该地区的城市化水平正在迅速提高，城市住宅的建设量巨大。本文尝试总结近年来中原地区城市商品住宅建设中存在的主要问题与不足，提出今后应努力改进的方向，并归纳、分析了若干适用的结构和节能（外墙保温）技术体系的主要特点和适用条件。

2　问题与不足

　　由于国家有关规范、标准要照顾到全国经济水平较落后的地区，只对住宅的各项性能提出基本的最低要求，且从编制到发布实施又经过若干年的时间，而近年来中原地区社会与经济水平迅速提高，所以某些方面已不能适应中原地区建设优质城市住宅的需要。一般购房者不具备判别建筑内在品质优劣的能力，选购住宅时只能从房子的外观形象得出"高档"、"低档"的表面印象，这就给个别房产商留下了可乘之机——只作表面文章，忽视内在质量，大量建造并高价销售"金玉其外、败絮其中"的劣质住宅，蒙骗购房者，浪费社会资源，所以有学者将之批为"垃圾建筑"。其主要表现有：

2.1 重概念炒作——轻技术含量

栽了几棵树，挖个小水池就敢炒作"××森林"、"生态社区"、"水景住宅"等等虚幻的概念，将并不适合的大凸窗、转角窗用在寒冷地区的高层住宅，就以"270⁰观景窗"等为噱头加以卖弄。实际上，这种房屋不仅没有采用任何具有实际意义的先进技术，建造标准也很低，材料低劣、施工粗糙。比如：墙体、楼板不隔声，户间干扰严重，屋面、外墙保温隔热性能低下甚至常有渗漏水现象发生。

2.2 重外观花样——轻内在品质

在住宅的立面设计上大做文章，相互进行出奇出新的竞赛，屋顶飘板、构架，墙面圆弧、斜角，大玻璃、多线脚不一而足，像时装一样一年一个新流行，完全抛弃了简洁、真实、大方的现代美学原则，一味迎合低俗的审美趣味。而其户型平面也缺乏深入推敲和精心设计。各功能空间要么大而不当，要么局促狭窄；水电管线任意排布，使用不便，影响美观；尽量压缩结构安全度，为了所谓的"立面需要"强行违背结构力学原理造成无谓的造价提高。甚至有的房产商将最低标准的外墙内保温抹灰偷偷改成普通混合砂浆抹灰；更有的房产商将一个小区内相同的两栋楼分别委托给两家设计院，让两家比赛谁的设计"含钢量"低，并以此为据决定谁能获得后期工程的设计合同。如此做法不一而足，其所建造房屋的结构安全性和耐久性如何，内在品质如何，可想而知！

2.3 重奢华气派——轻以人为本

几年前大肆流行所谓的"欧式风格"，虚假的西洋柱式与线脚、穹顶与拱券泛滥，建成了大批"布景式建筑"，满足了少数暴发户的"伪贵族"心理需求，却严重违背了社会、历史、技术条件和时代精神并毫无意义地增加了造价。另一方面，虽然常把"以人为本"挂在口头，实际上却为了追求气派和"景观"盲目乱建"禁止入内"的大草坪，或仅有的一点绿地又被大面积硬质铺装覆盖，使居民失缺了舒适、人性化的活动场所，违背了"以人为本"的精神。

3　适用的结构技术体系

高新技术虽然先进，但如果脱离了现实的经济条件和使用需要，就没有立即推广的价值而不能成为适用技术。住宅建设中结构体系的选择，必须全面考虑项目的实际需求和当地、当时的经济水平、材料供应和施工能力，结合结构体系自身的特点，做出综合判断。现阶段及今后一定时期内，适用于我国中原地区住宅建设的结构技术体系主要有以下几种：

3.1 砌体墙承重结构

构成砌体的砌块材料有传统的实心黏土砖、多孔黏土砖、烧结页岩砖、小型混凝土空心砌块等。此结构体系的优势是：造价低廉；施工的设备和技术要求低；墙体自身具有较好的热工性能，不需或仅需少量复合其他保温隔热材料即可满足基本的建筑热工要求。因此，多年来在多层、低层住宅的建设中此体系占据压倒比重。

但是，它又有明显的缺点：随着各地禁实政策逐步落实，实心黏土砖终将完全淘汰；多孔黏土砖和烧结页岩砖虽不会马上淘汰，但也要大量毁地、毁山、破坏生态，且烧结工艺大量耗能、污染大气，所以只能是现阶段的过渡材料，其使用也应加以限制；砌体墙的承重能力有限，抗震性能较差，使其只能建造多层及低层房屋。

3.2 钢筋混凝土结构

钢筋混凝土结构体系的承重能力强，抗震性能好，造价适中，对复杂建筑型体的适应能力强，是现阶段高层住宅的首选结构型式，并已有扩展至多层、低层取代砌体结构的趋势。

3.2.1 钢筋混凝土异型柱结构

此体系属于框架结构体系的变种，适用于约十层（按抗震等级不同略有差异）以下的房屋，其填充墙材料可采用加气混凝土砌块、多孔黏土砖、石膏空心砌块等。由于该体系现阶段优越的性价比，许多定位高档的多层、低层住宅也开始采用。该体系在今后相当时期内将有很大发展潜力。

3.2.2 钢筋混凝土剪力墙结构

钢筋混凝土结构体系中剪力墙结构的抗震性能最好，造价最高，因而现阶段主要使用于高层住宅。但是，它也有结构自重大、施工工期长的缺点，一定时期后，将在部分高层建筑中被钢结构体系取代。

3.3 钢结构

钢结构具有自重轻，抗震性能优越，构件尺寸最小的突出优势；与预应力混凝土楼板结合可以实现较大的开间和跨度，便于住户灵活分隔改造；工厂化加工构件、现场装配，加工精度高、施工速度快；钢构件可回收再生利用，符合循环经济、可持续发展的理念；可以说是住宅建设中最先进的结构技术体系。

现阶段，钢结构体系的造价昂贵，为保证其可靠的耐火性能还需付出额外代价。施工设备及技术要求高，非专业公司不能承担。所以，只有个别特殊住宅项目为赶工期而不惜代价采用钢结构体系。但是，一定时间后，随着经济的发展，技术水平的提高与普及，其优越的综合性能将愈加凸显，价格将不再成为其推广的障碍，尤其在高层住宅建设领域它终将取代钢筋混凝土结构体系。

4 适用的外墙保温技术体系

中原地区主要属于寒冷地区、部分属于夏热冬冷地区。建筑节能的目标由规划、建筑平面设计、维护结构保温隔热和机电设备节能共同实现。篇幅所限，以下仅分析几种适用于中原地区住宅建设的外墙保温技术体系：

4.1 外墙内保温

在建筑外墙的室内侧表面复合保温材料，称作外墙内保温。此体系便于施工、价格低廉，因此在建筑节能的早期被普遍采用。经多年工程实践检验，现阶段主要采用聚苯颗粒浆料作为首选的保温材料。

但是，内保温体系具有诸多缺点。如存在大量热桥，冬季可能产生室内局部结露现象，严重影响居住质量；节能要求提高后势必大大增加保温层厚度，压缩了有效使用面积，也给住户进行装修、改造、安装固定物品带来不便。因此，建设部已将其列为"限制使用"类保温体系。尤其河南省已于2005年7月施行节能65％的标准，它更失去了在大城市住宅中采用的可能性。

4.2 外墙外保温

在建筑外墙的室外侧表面复合保温材料，称作外墙外保温。此体系的保温层将建筑外墙整体包覆，彻底杜绝了热桥，保温隔热效果优越；避免了温度变化及自然气候对建筑主体构件的不利影响，有利延长建筑整体寿命。对旧有建筑进行节能改造时，户内居民可照常居住，因而相比于内保温体系有明显的

性能优势。此体系对组成材料的性能和施工操作都有很高要求，以保证其安全性与耐久性，因而造价较高，在早期较难被市场接受。但随着国家节能政策的逐步严格，节能标准的逐渐提高，其优越的性价比愈加明显，它必将成为外墙保温的主力技术体系。

可供选用的保温材料主要有，胶粉聚苯颗粒浆料、膨胀聚苯板、挤塑聚苯板、发泡聚氨酯等，价格依次增高，保温性能以次增强。按照具体施工安装工艺和饰面材料的不同，又可细分多种子系统，在此不一一列举。具体住宅工程应根据项目本身的特性和当地节能标准的要求，权衡比较各方面因素，综合判断选择。

4.3 外墙夹芯保温

建筑外墙分为内外两页，其间的空腔内填充高效保温材料（如聚苯板、发泡聚氨酯、玻璃棉等），称为外墙夹芯保温（欧美称作"三明治墙"）。它属于高档次的外墙保温体系，除具有外保温体系的主要优点外，其可选择的外饰面种类更多、品种更丰富。但其价格较高，墙身较厚，另因抗震性能较差，因而现阶段难以普及推广，只可能在个别特殊项目中采用。

4.4 墙体自保温

建筑外墙自身即具有良好的保温性能，不需另外附加保温材料即可满足节能标准的要求，称作墙体自保温体系。常见的体系有：框架结构−加气混凝土填充墙，框架结构−成品单元式复合幕墙和木结构−保温复合墙。为了减少热桥，前两种体系的墙身必须贴附在梁柱外侧、在室内露出凸角，影响室内使用，所以主要用于公共建筑，很少在住宅中采用；木结构−保温复合墙体系只能应用于低层住宅（如别墅），且出于保护生态的考虑，国家政策限制在建筑中使用木材，所以城市住宅建设也不可能大量采用此技术体系。

技术专题　　评估系统
Technical Session　　Evaluation Systems

第五届中国城市住宅研讨会论文集，中国香港，2005 年 11 月
Proceedings of the Fifth China Urban Housing Conference, H.K.S.A.R. CHINA. (November 2005)

绿色建筑的地域属性——LEED 和 HK-BEAM 比较

Region Characteristic of Green Building: Compare between LEED and HK-BEAM

卜增文　　胡达明

BU Zengwen and HU Daming

深圳市建筑科学研究院

Shenzhen Institute of Building Research, Shenzhen

关键词：　绿色建筑、LEED、HK-BEAM

摘　要：　绿色建筑在实施的过程中必须考虑本国或者本地区的特点，兼顾本地区的资源、气候、经济发展水平、宗教信仰生活习惯等差异，因地制宜采取适当的技术措施。本文分别讨论两个标准条文内容和各个部分在标准中的权重差异，并分析造成这些差异的原因，为中国以及各地制订本地区绿色建筑标准提供参考意见。

Keywords:　Green building, LEED, HK-BEAM

Abstract:　In order to adopt appropriate technological measures in the course of implementing green building, regional characteristics must be taken into account, such as resource, climate, economy level, faith, etc. This article discussed the differences between items of LEED and HK-BEAM, and the weight of every part of the two standards as well. The causes of these differences were analyzed, so as to provide reference suggestions for working out standards of green building in China and other areas.

1　引言

由于美国的土地面积大，所以噪声在 LEED 标准中没有被考虑，但是噪声污染是香港政府关注的主要问题，因为大量的民用建筑都建在道路或铁路附近，地面交通噪声飞行噪声影响到许多香港市民。因此噪声在 HK-BEAM 中所占的比例为 7.5%，要求设计中应考虑特殊的控制措施以降低进入室内的噪声强度。

即使在节能的具体措施上，两个标准也是不一样的，HK-BEAM 中鼓励自然晾干衣物，避免使用人工干衣设施，以节约能耗。而美国由于人们的生活习惯，不可能采用这一措施来节能。

在香港，开发商提供给住户的是毛胚房。而不像美国大量提供产业化的成品住宅或者公寓，因此 HK-BEAM 提出住宅开发弹性设计与布局，设计可装卸的活动隔板是实用而且可行的。这样更换住户或者家庭人数的改变导致房间布置的变动，在每次对房屋的改造过程中，拆卸墙壁或隔板产生大量的固体废物现象就可以避免。

香港属亚热带季风海洋性气候，夏热冬暖。每年从 5 月至 10 月室外平均气温超过 25℃，相对湿度在 60%以上。冬季大部分时间气温在 10℃以上，日照率为 35%，由于受海洋影响，白天风大，从海洋吹向陆地；夜间风速低，从陆地吹向海洋。昼夜温差较小，夏季只有 4~5℃。气候条件和室内热环境优良。有近一半的时间是可以利用自然通风来解决热舒适的问题，而不需要使用空调。自然通风在 HK-BEAM 中占有 5%的比重，而在 LEED 中，提高通风效率只占 1.5%。

深圳和香港气候特点接近，但是经济发展水平差距较大，在制订本地的绿色建筑标准中，不可能照

抄香港的标准，更不可能直接引进 LEED 标准，只能根据自身特点，制定科学的本地标准体系。

2 节能

2.1 自然风干衣物

香港 HK-BEAM3.9 提出"为自然风干衣物的大多数住户提供舒适的干衣设施"，这是符合中国人的生活习惯，并且是节能的有效途径。但是美国人的生活习惯是将衣物在烘干机中烘干，这当然是不节能的生活习惯，但是符合美国人的生活习惯，所以在 LEED 标准中没有这样的措施。

2.2 气密性测试

HK-BEAM 认为在建筑维护结构上安装窗户或其他类似开孔会造成空气泄漏，这意味热量的损失；还会有噪声渗透，外界污染物也可以进入室内。香港沿海多台风可能也是要求建筑气密性高的一个因素。

在美国，建筑的工厂化程度较高，工程质量较容易控制，气密性本来就较高，无需控制；而香港的建筑大多是现场湿作业，质量控制存在难度，因此需要在标准中着重提及。

2.3 节能的建筑服务系统和设备

HK-BEAM 要求符合电梯操作满足《升降电梯与自动扶梯安装节能操作规范》的要求，他们认为，为高层建筑提供服务（如电梯、供电等）的建筑服务系统的能耗非常大，通过系统设计、设备的选择可以降低能耗。因为香港的建筑大多是高层建筑，即使是住宅也是高层建筑，垂直交通的能耗很大，因此在香港的节能中必然要考虑电梯节能。深圳与香港类似，高层建筑林立，深圳市电梯有 43000 台，按照一台电梯 15kW 计算，电梯的电力负荷就有 64.5 万 kW，占深圳总用电负荷的 8%，这是一个巨大的数据，所以如果深圳编写标准也要考虑这一个因素。而美国大多建筑是多层或者低层的建筑，电梯使用较少，电梯的能耗在美国的建筑中能耗所占的比例就不大。

由于美国的电费极其便宜，美国人喜欢享受生活，习惯于长时间开着空调，空调能耗非常之大，所以在 LEED 标准中，非常关注空调能耗。

2.4 公共区域照明系统节能

因为高层建筑多，导致电梯多，所以公共区域如电梯间、楼梯间等所占的面积就大。公共区域的能耗是大家都不关心的，因此 HK-BEAM 要求该区域的照明系统设计时时应考虑以下环境因素：能耗、设备具体能耗、居民住宅的光线渗透等。因为照度、灯具和开关的选择决定了节能性的高低，这样针对具体环节实施节能措施，就可以收到事半功倍的效果。而美国这种情况并不严重，或者说这不是美国现阶段的能耗重点，因此 LEED 标准中并不关注这个环节，只是在标准中笼统地提出节能率的概念。

2.5 自然通风

香港的地域特点是自然通风条件优越，利用自然通风不但解决节能的问题，而且可以改善环境空气品质。对于单独一栋建筑来说，在设计上只需要考虑建筑物构型和当地主导风向就很容易做到。而对于建筑密度大的建筑群而言，当地主导风向的作用就没那么明显，紊乱程度大，对流通风强度降低。

这就需要对风的特性进行更深入的研究，来保障有益的对流通风。而在 LEED 标准中没有提及通风对于节能的贡献，只是要求在室内的通风效率达到 90% 以上，对室外的通风效率并不关注。

3 环境质量

3.1 噪声

美国人居住大多是在郊外，在城市中工作大多是在密闭的空调房间中，噪声对他们工作和生活的影响不大，所以在 LEED 标准中是没有这样的条文。而香港城市地方小，没有条件让大多数居民在郊外生活，大量的民用建筑都建在道路或铁路附近，地面交通噪声影响到许多香港市民。

由于建筑、交通与人口密集，香港也许是世界上最嘈杂的城市之一。政府控制噪声污染政策的目标是确保一个舒适的声音环境，保证人民的生活质量。施工噪声是一项主要的关注目标。

香港的气候特点和深圳一样，属于夏热冬暖，冬季和春、秋季共有 40%以上的时间可以利用自然通风来解决热舒适，而且市区沿海，景观很好，因此一年可能开窗的时间较多，那么开窗的情况下，如何保证室内的噪声满足人的舒适要求，设计中应考虑特殊的控制措施以降低进入室内的噪声强度。HK－BEAM 鼓励研究减少铁路和道路交通噪声的控制措施，如：围护结构中铺设消声板，设置墩座结构、或者设计建筑物的朝向、方位和内部布局等。若受到铁路或公路交通噪声影响的居民住宅在采取了这些控制措施后，仍然超出《香港规划标准与准则》的规定水平，则必须在设计中考虑隔音设施。

3.2 空气质量评估

HK-BEAM 认为，潜在的空气质量影响可能来自以下方面：来自邻近公路上车辆的废气、附近的烟囱和工厂产生的废气、液化气或煤气的燃烧废气等等。要求采取措施减少这些影响，还需考虑开发项目的施工和使用对当地环境的影响。空气质量评估的目的是为了确定以下两点：开发项目在施工和使用过程中对邻近环境的影响；建筑物内部和周围的综合空气质量，以便在设计中结合控制措施来减少居民的空气污染影响。在 LEED 标准中没有关注对于环境的空气质量。

3.3 建筑物周围的微气候

受微弱的自然通风影响，建筑物之间的微气候可能恶化，并导致死角污染和温度升高。相反地，某些布局将风力在人行道上显著放大，导致行人不适和疲劳，损害绿化，堆积残渣等等。风向和风速在高层建筑周围的人行道上会有显著的改变。风速会因为建筑造型的不同而加速或减速，其变化通常有在空旷地带的 2~3 倍之多。特别值得注意的是风力加大的街角和狭道之间区域，加速的风会导致行人不适，甚至会因为受阻的漂浮物造成危险。尽管在这些区域行走很安全，但它会造成吹积物的堆积，成为污染和过热的卫生死角。这是城市建筑引起的通病，而美国除了纽约和芝加哥等少数大城市，很少会有香港这样的情况出现，因此作为一个城市的绿色建筑标准，HK-BEAM 针对性是非常强的。

3.4 降氡措施

香港高层建筑居多，高层建筑的钢筋混凝土等建材里都含有强辐射性成分，而且可能散发出大量的氡气。若没有充足的通风，氡就会在室内空气中聚集到高浓度，导致健康危害。HK-BEAM 中推行采用低放射性建材、特殊的防氡灰泥或其他的防氡材料，或者保证充足的通风，来减轻氡的放射效果，使其浓度控制在 200Bq/m³ 以内，达到世界卫生组织推荐的标准，这又是香港地区的特点。在美国大量存在的住宅是木结构，这种情况就不严重，而是大量使用装饰性材料的挥发物质较多，因此 LEED 标准中对使用低挥发材料特别关注。

4　其他

4.1　本地材料和快速可再生材料

香港本地材料极少，更谈不上快速可再生材料，因此在 LEED 标准中极力推荐的条文并不适合香港，在 HK—BEAM 中也非常正确地放弃这一条文。HK-BEAM 的编制者也非常清楚，建筑施工过程中大量使用的各种材料将显著消耗我们的自然资源。精练、加工和运输过程不但消耗能源还会导致空气污染，而且某些建材和涂料会污染室内空气，从而影响我们的健康和舒适。合理的选材、设计与施工能减轻环境影响。选用可循环材料、延长设计寿命都能有效地达到目的。

4.2　弹性设计与布局

香港的人均居住面积和美国相比非常小，更换住户或者家庭人数的改变都将导致房间布置的变动。在每次对房屋的改造过程中，拆卸墙壁或隔板会产生大量的固体废物。在香港，在毛胚房里设计可装卸的活动隔板是实用而且可行的。这样做可以降低能量与资源的消耗，减少废料的产生，减轻填埋压力，促进灵活建筑技术在香港的使用。而美国的人均居住面积很大，更换装修的量不大，或者说这一现象不普遍，因此在 LEED 标准中并没有对此提出要求，而与香港居住形态类似的日本，在他们的绿色建筑评估标准 CASBEE 中也有了与香港 HK-BEAM 类似的条文，这是实事求是的做法。

4.3　可替代交通设施

香港日益增多的私家车不仅给高速公路和城市交通造成压力，还恶化了空气质量，而高层建筑导致的街道峡谷效应更是加剧了这种影响。解决空气污染问题的方法部分是减少私家车和的士的使用，而能便捷抵达主要交通系统的人行道网络有助于减少私家车的使用，从而减轻空气和噪声污染，促进安全。美国也一样，但是美国的情况比香港要严重很多，所以 LEED 标准中关于这一内容的权重占5.8%，而在 HK-BEAM 中，这一部分的权重只有 3.5%。

4.4　海水冲厕

香港淡水资源严重短缺，50%以上的水从深圳输入，目前尚没有合适的措施来减少对大陆淡水的依赖。因此香港的水价高，政府和市民对于节水也非常重视，最近几年的需水量增长速度已逐渐减缓，但是随着香港的发展，用水需求还会增长，还需要额外的水源来满足全部需求。而香港缺乏合适的水库地址，以及高层建筑的巨额花销限制了建立更多的蓄水池。因此推广将海水应用于冲厕，以及采用节水措施，降低对淡水需求。包括空调冷却水，香港也是鼓励使用海水冷却，并且有很多实例，如整个香港科技大学的空调系统。

而整个美国淡水资源比较丰富，即使是洛杉矶这样的城市，由于有上游水库丰富的水源供水，整个城市并不缺水，因此海水冲厕在 LEED 标准中并不被提倡。但是 LEED 标准中对节水也非常重视，只是由于地域条件的不同，不需大面积推广采用海水冲厕这一个措施。

虽然香港淡水资源严重短缺，但是在 HK—BEAM 中节水的权重只有 3.5%，而 LEED 中节水占7.2%，笔者尚不清楚出现差异的原因，因为权重不高，在认证中极容易被放弃，从而达不到标准制定者的初衷。

5　结束语

LEED 标准是针对一个国家的特点，USGBC 甚至希望全世界都能够使用该标准，因此他的通用性

一定会强一些，相对宏观。但是 HK－BEAM 作为一个城市的标准，一定会更具体，更有针对性。从比较的角度来看，可能有一定的牵强，但是我们会从中得到一些启发，在引进国外的或者其他地区的标准过程中，一定要因地制宜，千万不能生搬硬套。特别是国内现在正在编写绿色建筑的国家标准，各个地方也在纷纷出台地方的所谓绿色建筑或者生态建筑标准，如果不进行大量的基础研究，制定出确实符合中国国情的、实用的标准体系，仅仅照搬美国的或者日本的或者英国的，后果将是非常严重。当然，参考这些相对成熟的标准是可以的，但是一定要消化后才能"拿来"。

参考文献

The Leadership in Energy and Environmental Design (LEED™). *Green Building Rating Systemor for new commercial construction, major renovations and high-rise residential buildings*, Version 2.1

城市内部居住环境评价的指标体系和方法

Study on Index System and Method of Residential Environmental Evaluation in Inner Cities

张文忠

ZHANG Wenzhong

中国科学院地理科学与资源研究所

Institute of Geographic Sciences and Natural Resources Research, the Chinese Academy of Sciences, Beijing

关键词：　城市内部、宜居城市、居住环境、指标体系、评价方法

摘　要：　"宜居城市"已经引起了政府、媒体和学者极大的关注，但主要集中在概念层面上，作者认为关于"宜居城市"的倡导或研究不应停留概念的炒作上，应该明确其内涵、量化其评价指标、确定其建设的方向和步骤等。本文立足于国内外相关研究基础，凸现"以人为本"的城市建设理念，就城市内部居住环境的评价内容、指标体系设计和评价方法等进行探讨。重点对构成居住环境评价的 5 大指标体系，安全性、环境的健康性、生活的便利性、出行的便捷度、居住的舒适度等具体评价内容、数据获取和方法选择等进行了研究。

Keywords:　inner city, amenity city, residential environment, index system, evaluative method

Abstract:　Government now has paid attention to amenity city as well as researcher and society, but they mostly think much of the concept of amenity city. The author points out that we should make the meaning of amenity city clear, quantify its index system and confirm its construction orientation and developmental steps. Based on relevant research accumulation of theory and practice of urban construction and the concept of "a city for people", the paper does research on evaluative content, index system design and evaluative methods of residential environment in inner cities. The paper focuses on the evaluative framework of 5 index systems, which include Convenience, Amenity, Health, Safety and Community, and discusses how to gather data and select Economical Value Evaluation, GIS tools and econometric estimation as three main evaluative methods.

1　引言

2005 年 1 月 12 日国务院常务会议原则通过的《北京城市总体规划（2004 年—2020 年）》，将北京城市发展目标确定为"国家首都、世界城市、文化名城和宜居城市"，其中，"宜居城市"的概念引人关注。究竟"宜居城市"的内涵是什么？许多专家和学者的解释和认识存在着很大分歧。在相关概念和具体内容尚不清晰的情况下，陆续又有诸多城市提出要建设"宜居城市"的目标，一些研究机构和公司也迫不及待地出台了全国"宜居城市"排行榜。可见政府、研究机构、企业对这一个概念的关注程度。笔者认为，关于"宜居城市"的倡导或研究不应停留概念的炒作上，应该明确其内涵、量化其评价指标、确定其建设的方向和步骤等。

关于"宜居城市"的研究和评价应该分为三个层次（图 1）：第一个层次是研究城市之间的"宜居"性，研究的空间范围以独立的城市为单元，研究内容和相应的评价指标相对宏观，即包括环境和生态指标，也包括经济指标和社会发展指标等；第二个层次是研究城市内部不同空间的"宜居"性，以街区、社区为研究的空间范围，或者按照不同的空间尺度把城市划分为一定格网，如以 500m×500m 的格网为研究或评价单元，研究内容和指标选择相对具体，包括安全性、环境健康性、生活方便性、出行便利性、居住舒适性等，这些内容与居民的切身利益关系密切；第三个层次是研究住宅区的"宜居"性，

研究空间范围是独立的住宅或住宅区，以微观层面内容和指标为核心，包括住宅的日照、住宅区的配套设施等，评价内容相对具体。由于混淆了不同层面的研究视角、内涵、范围和内容等，因此对"宜居城市"的认识也就莫衷一是。笔者认为，居住环境的优劣是衡量"宜居城市"的核心，因此本论文研究的核心是探讨第二个层次的问题，即研究城市内部不同空间的"宜居"程度的评价指标体系和方法，换言之，对"宜居城市"的内涵和评价等从居住环境的视角进行分析和诠释。研究的目标是：在"以人为本"的基本理念下，借鉴研究国内外相关理论与实践的基础上，构建"宜居城市"的居住环境评价指标体系和方法。

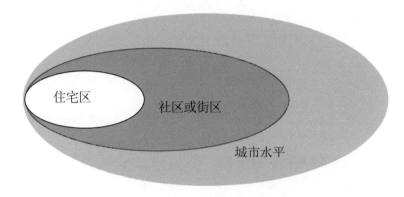

图1 宜居城市研究的空间层次

2 国内外研究现状

现代城市的居住环境问题最早出现在英国的工业革命后。在英国，伴随着工业化、农村圈地运动的发展，致使大量农村人口流入城市。有限的城市居住容量，带来了系列的居住环境问题，并成为一个重要的社会问题凸现出来。面对不断恶化的城市问题，出现了一种否定大城市，向郊外追求新居住空间的动向。此后，该运动发展成为所谓的"田园都市运动"。位于伦敦郊区的Hampstead开发的田园住宅区，在城市设计方面取得了很大的进步。Hampstead田园住宅区的设计意图是建设"卫生的家庭、漂亮的住宅、舒适的街区、庄严的城市、健康的郊外"。从19世纪开始，以理想都市建设和田园都市运动等为背景，追求城市舒适、便利和美观等职能的新一代住宅开发方式逐步形成和发展起来。这一理念也传到美国和其他西方发达国家，在这些国家也出现了新型的郊外居住区。第二次世界大战以后，随着城市规划的发展，对舒适和宜人的居住环境的追求，在城市规划中的地位逐渐得到确立。David L. Smith在其著作《宜居与城市规划》中，以19世纪后半叶的历史为基础，倡导宜居的重要性，并进一步明确了其概念。根据他的定义，宜居的内涵包括三个层面的内容：一是在公共卫生和污染问题等层面上的宜居；二是舒适和生活环境美所带来的宜居；三是由历史建筑和优美的自然环境所带来的宜居。由上可见，伴随着现代城市规划的发展，人们对居住环境的概念和认识逐渐发生了变化。

1961年WHO（世界卫生组织）总结了满足人类基本生活要求的条件，提出了居住环境的基本理念，即"安全性（safety）、健康性（health）、便利性（convenience）、舒适性（amenity）"。20世纪70年代，美国约翰斯坦（Jonhston, 1973）等学者在研究影响人们对居住区的舒适度评价的因素中，发现以下3大因素影响着居民对居住环境的评价：一是与人无关的环境要素，主要是指居住区的自然景观特征；二是人与人之间的环境要素，主要指是邻里的社会特征组成，包括居住区居民社会联系的紧密程度、群体特征、居民受教育程度的高低、职业种类、经济收入水平等社会因素；三是指居住区的位置。美国卡普等学者（Cap, F. M. et al, 1976）在调查旧金山居民对影响居住区位选择的环境因素过程中，让居民从100个因素中挑选出对居住区位选择最重要的选项，结果得出了20个有意义的要素；之后，诺克斯（Knox, 1995）将其分为6类，即：一是与美学相关的因素，包括居住环境的整体外观、整

洁程度、色彩、服务设施的配套程度、住宅的设计和宽敞程度；二是与邻居相关的因素，包括邻居的友好程度，互助程度，居住区居民的自豪感、安全感和孤独感；三是可达性及流动性，主要是指到快速公路的便捷程度；四是与安全有关的因素，包括生命财产安全和周围社会治安状况；五是与噪声有关的因素，包括居住区内部直接的环境噪声，也包括飞机、火车、工厂等居住区外部的噪声；六是令人烦恼的事情，如缺少私密性、上门推销人员的打扰等。

近年来，随着可持续发展理念在社会、经济、以及人们日常生活中的深入，特别是1996年联合国第二次人居大会明确提出"人人享有适当的住房"和"城市化进程中人类住区可持续发展"的理念后，有的学者（asami，2001）提出可持续性（sustainability）也应该是衡量居住环境的重要因素和指标。在城市规划中，把人居环境的营造、人文关怀、生态环境保护和经济可持续发展等置于重要的地位，如2004年2月发表的《伦敦规划》中，将"宜人的城市"作为一个核心内容加以论述，明确提出了经济增长不能侵占市区现有的公共开敞空间等。

国内关于居住环境评价的研究始于1990年代，但主要是关注人居环境的评价和分析。其中，吴良镛（1990）在国内是最早进行人居环境的理论和实证研究的学者，但他认为："人居环境评价标准的建立，目前仍是一项艰巨工作，需漫长过程"，由此可见，居住环境研究的艰巨性和必要性。之后，相关研究成果逐渐增多。如宁越敏等（1999）对人居环境的内涵、评价方法进行了理论上的探讨，建立了人居环境评价指标体系，并以上海市为例，探讨了人居环境的变化的机制等。李王鸣（1999）、陈浮（2000）、刘旺和张文忠（2004）也分别对人居环境评价的理论、方法进行了研究，并分别以杭州、南京和北京市为例做了实证分析工作。另外，也有一些学者，如张文忠等（2005）对居住空间区位优势和城市内部居住环境评价进行了分析。但是，总体而言，目前我国关于城市居住环境评价的理论仍不成熟，评价方法体系仍未系统建立。

3 居住环境评价的内容和体系

3.1 评价内容

居住环境（residential environment）是指围绕居住和生活空间的各种环境的总和，其狭义是指居住的实体环境，广义则还包括社会、经济和文化等综合环境。笔者认为，居住环境一般由以下四个方面的内容构成：一是居住区及其周边的自然环境，包括居住区及其周边的绿化状况、绿地、公园面积的大小、周围的水域环境、环境污染状况，及其与绿地、水域和污染源等的接近程度；二是居住区及其周边空间格局，包括居住区的空间布局、社区规模、公共空间及布局状况、街区的清洁和美化程度；三是居住区及其周边的服务设施构成，其内容包括社区物业管理水平的高低，中小学和幼托机构、购物、娱乐、医疗、银行等配套设施的方便程度；四是居住区和周边的人文环境，包括社区认同、社区的文化传统风貌、居民的生活方式、社会活动和交往方式等。

目前，学术界关于居住环境的研究主要集中在以下几个方面：一是关于居住客观环境指标体系的构建，以及单指标评价和综合评价的探讨与分析，如对安全性、健康性、便利性、舒适性等每项内容包括的指标的分析、选取，以及评价和判断的方法等；二是关于客观环境评价指标的定量化和相关分析，如交通通达性、交通噪声和绿地空间等对居住环境的影响；三是城市内部不同空间居住环境的舒适度、安全性等差异研究；四是以接近性为指标，对居住环境的生活关联设施进行空间评价和分析；五是对生活关联设施的满意度与距离、设施数量等的关联分析，特别是关注在居住环境评价过程中居民价值意识的空间差异；六是不同居民属性，如居民的性别、年龄、职业等对居住环境评价的影响和认同等。

关于居住环境的评价至少包括两大部分的评价内容（图2），一是对居住环境的客观实体的评价。通过建立居住环境评价指标体系，定量评价居住环境优劣程度。二是对居住环境的主观认知的评价。居

住环境是城市居民日常生活高度关注问题，从居民自身出发，分析居民对构成居住环境的设施、环境、文化、服务等的心理认知，对居住环境建设具有重要的指导意义。主观评价主要分析和评价居民对构成居住环境的公共设施、安全、灾害、街区特色、绿地和绿化、空间的开敞性、人际关系等的满意程度。

居住环境的客观评价重点是对评价单元内居住环境的实体评价，如交通线路、交通设施、绿地、商业设施、教育设施、医疗设施、娱乐设施、建筑密度、开敞空间、垃圾处理、街区整洁等进行数量和质量的客观评价。目的是确定城市内部不同空间居住环境的优劣程度，为城市环境建设和改造提供科学依据。居住环境的主观评价的重点是通过问卷调查，了解居民对城市内部不同空间的居住环境的满意程度。如对居住区及周边的安全程度、公共设施利用的方便程度、自然环境的舒适度、人文环境的认同等。居住环境的主观评价更能体现"以人为本"的城市发展理念。将居住环境的客观评价结果与主观评价结果经过一定的计量分析，获得的最终结果才是城市内部不同空间的居住环境总体评价值。在这个过程中，同样可获得构成居住环境各项要素的评价值，如出行便捷度、安全性、舒适度、卫生和健康系数、设施利用方便度等。

从研究层面来看，通过居住环境的分析可以科学地把握城市内部空间结构的形成和演化规律，特别是对构成居住环境的要素的分析，可以掌握城市空间结构特征形成和演变的机制。

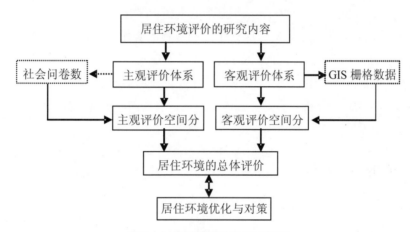

图 2 居住环境评价的基本框架

3.2 评价的指标体系

居住环境是一个复杂的系统，是由多种要素构成的。因此，对居住环境评价的指标应该反映对居住环境影响程度最大的指标。如居住的安全性、环境的健康性、生活的便利性、出行的便捷度、居住的舒适度等 5 大指标体系。

居住环境的安全性和安全满意度评价还可以分为两类，一类是日常安全性，另一类是灾害安全性。前者包括对犯罪的防范性、交通安全性等内容的评价；后者包括地震、火灾、水灾等的安全性评价。安全性指标是衡量居住环境的最基本的条件，其中，所在地区的犯罪率、交通事故发生率、紧急避难场所数量和规模等数据可以作为评价居住环境的重要指标；另外，居民对居住区及其周边的治安状况、交通出行安全程度等的满意程度，以及对紧急避难场所的了解和相应的宣传等的满意程度都是体现居住区安全性的个人行为评价指标（表 1）。

居住区及其周边地区的环境不能对居民的健康造成危害，同时能够享受健康的生活环境是居住环境最为重要的条件之一。居住环境的健康性和环境满意度评价指标是以居民健康可能受到的各种影响为核心，评价居住区及其周边地区的大气污染、水污染、垃圾堆弃、机动车尾气排放和噪声、工厂和生活噪声等环境问题对居民日常生活的影响程度，以及居民对环境问题的满意程度。

居住环境的方便性和设施满意度评价指标是衡量居民日常生活中利用各种设施的方便程度，包括居

住区和周边地区各种设施的数量和质量，如学校的数量（密度）和质量、医疗设施的数量（密度）和等级、文化设施的数量（密度）和等级、商店的数量（密度）和档次等，同时也包括居民对居住区和周边各种服务设施利用的满意程度的评价内容。

居住环境的便捷性和出行满意度指标是反映居民日常生活中，与经常利用的设施和出行的目的地的可接近程度。指标包括利用交通工具的便利性，如公交（地铁）线路、道路的等级、到最近公共设施的距离、到最近交通工具的距离（如距离地铁的距离）、道路的通畅程度等，以及居民对出行条件的满意程度。

居住环境的舒适性指标主要从以下四个方面来评价：①反映居住环境的生活空间性能的指标，包括居住区的建筑密度、建筑物的高度、以及建筑物的布局等；②反映居住区和周边的自然景观的指标，如城市中保留下来的山、河、水面等自然景观，以及林荫道、绿地等绿色生活空间。③表现街区的历史、社会经济活动和地方生活的内容的指标，如居民的生活方式和文化、街道特色等。④居民对居住区或周边地区的认同等，如包括邻里关系、居民属性、对居住区的归属感等。

表1　居住环境评价指标体系

第一层次	第二层次	第三层次	第四层次	第一层次	第二层次	第三层次	第四层次
居住环境指标体系	客观评价	安全性	犯罪率 交通事故率 紧急避难场所	居住环境指标体系	主观评价	环境满意度	空气污染状况 污水排放和水污染状况 道路和工厂噪声状况 商店和学校等生活噪声 垃圾堆弃产生污染 汽车尾气排放产生的污染
		健康性	大气污染系数 垃圾处理率 噪声 饮用水标准			设施满意度	教育设施状况 医疗设施状况 购物设施状况 休闲娱乐状况 儿童游乐状况 居住区的物业管理 居住区的配套设施
		方便性	教育设施数量和等级 医疗设施数量和等级 商业设施数量和等级 娱乐设施数量和等级 儿童游乐场的数量和等级			出行满意度	公交设施的利用 日常生活出行 到市中心的便利度 通勤的便利程度 交通拥堵状况
		便捷性	交通设施数量和等级 交通线路的数量和等级 距市中心的距离			舒适满意度	公园、绿地的状况 绿化状况 建筑景观的美感 清洁状况 公用空地状况 空间开敞性 建筑物密度 邻里关系状况 文化、社区氛围、街区特色
		舒适性	公园、绿地数量和规模 绿化率 公用空地数量和规模 建筑密度 建筑物高度 街区的历史年代				
	主观评价	安全满意度	治安状况 交通安全状况 各种灾害的宣传和管理状况 紧急避难场所状况				

3.3 评价指标的数据获取

以可持续发展为基本理念，从宏观和微观视角，建立城市居住环境评价的主观和客观两个方面的评价体系是本研究的核心之一。但能否获取上述指标的数据是衡量居住环境评价指标体系设计可行性的关

键。数据采集单元可以按照街道办事处所辖的行政范围为单位，也可以按照一定单元格网进行数据获取和整理，如按照 500m×500m 的格网为单元。

在具体实证研究和评价中，对城市宏观数据如城市人口、居民收入等数据主要通过统计年鉴获取。对于反映城市居住环境的客观指标，如商业网点、学校、医院、体育场馆、交通线路及等级、公园等设施的位置可以通过不同比例尺的城市数字化地图（如 1:10000 的地图）获取；建筑物的密度、高度、开敞空间等数据可通过遥感图像解译等获得，另外，实地调查是获取相关数据重要手段。

对于反映城市居住环境的主观指标数据，主要是通过居民社会问卷调查获取。具体是按照城市内部空间结构特征，以及抽样调查选择的原则，选择调查地点、调查对象，获取城市居住环境评价指标的相关数据。居民对居住环境的认知和评价与每个人的价值观和评价角度有关，为了确保问卷调查的科学性，并通过每一个体来反映城市社会整体对居住环境的评价意愿，因此，问卷调查要能够反映不同职业、年龄、家庭、收入等居民的评价意愿，同时也应该反映居住在城市不同区域居民的意愿。

4 居住环境的评价方法

4.1 居住环境的经济价值评价方法

居住环境的经济价值评价就是对居住环境改善或提高带来的效益进行估算，评价居住环境好与差，改善与否之间表现出效益的差异。

关于居住环境改善的效益可用微观经济学中等价变量（EV: Equivalent Variation）和补偿变量（CV: Compensating Variation）的概念来说明。等价变量是指以居住环境改善以后的效用水准为前提，如果不进行居住环境的改善，选择经济补偿时，需要的最小经济补偿额；补偿变量是以居住环境未改善时的效用水准为前提，如果希望享受改善了的居住环境所需支付的最大代价。反之，分析居住环境恶化带来的后果时，等价变量是以居住环境发生恶化后的效用水准为前提，如果要避免恶化的影响必须支付的最大代价，而补偿变量是以居住环境没有恶化时的效用水准为前提，如果接受了环境恶化的影响所应得到的最小经济补偿。

按照上述定义，居住环境价值有以下几种测算方法。如直接运用上述定义的假想市场评价法（CVM: Contingent Valuation Method）和直接费用法（DEM: Direct Expenditure Method）；以及在部分均衡理论的框架中将定义加以扩展形成的消费者剩余法（CSM: Consumer's Surplus Method）和旅行费用法（TCM: Travel Cost Method），还有在价格函数中运用了 CV 思路的 Hedonic 价格法；以及运用结合分析（CA: Contingent Valuation Method）推定效用函数的方法和采用应用一般均衡分析（CGE: Computable General Equilibrium）推定效用水准的方法等。

上述方法评价居住环境的核心是分析居住环境改善或提升后，能够给居民或房地产带来的价值。像 Hedonic 价格法就是分析居住环境水平的单位变化，能够带来边际价值的变化。当 q 表示是居住环境水准，h 表示价格，MV_q 表示边际价值，Hedonic 价格法的核心是推算居住环境水准 q 的单位变化带来了多大的价格 h 变化。

$$MV_q = \frac{\partial h}{\partial q} \tag{1}$$

如居住区绿地的增加、容积率的下降、周边配套的完善等能够给房地产带来多大的增值。

4.2 基于 GIS 的居住环境评价方法

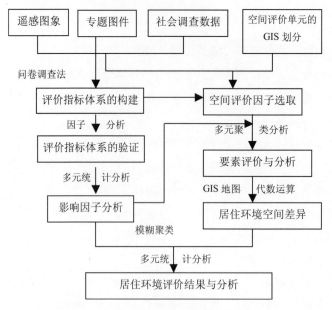

图3 基于 GIS 的居住环境评价方法框图

运用 GIS 对居住环境的评价是把构成居住环境的所有评价指标数据与空间结合起来，利用 GIS 的空间分析性能对城市内部不同空间尺度的居住环境进行定量评价，并将结果直观地表现在地图上（图3）。

如图3所示，根据遥感影像数据、专题地图和问卷调查等数据，建立在 ARC/INFO 平台支持下的居住环境评价的空间、属性一体化数据库，是居住环境评价的基础。在评价数据构建基础上，根据评价目标需求进行评价单元格网的划分，如 500m×500m 的格网、或者按照社区的范围划分，目的是将居住环境的要素评价和最终评价结果能够与具体的空间范围或研究区域相结合，便于指导居民居住区位决策、房地产开发与控制、居住环境改善与调整等。然后，根据上述数据，利用多维标度法（Multidimensional Scaling，MDS）、因子分析方法（Factor analysis）等多元统计方法对居住环境评价因子进行研究，目的是确定影响不同城市居住环境优劣的显著因子。

为了使空间数据和评价结果能够根据评价的目标需求，建立和确定不同空间尺度的数据支撑系统和空间评价结构，也可以构建 GIS 支持下的面源评估模型，充分发挥 GIS 的空间缓冲区功能，运用地图代数运算进行空间叠置等方法，分析居住环境评价的空间差异、空间结构及其变化。

最后可以根据不同评价单元的评价指标体系，利用模糊聚类等方法对评价空间单元进行分类，并运用多元回归分析等方法研究居住环境空间结构形成的过程和机制，目标是为居住环境改善和相关政策制定提供科学理论依据。

5 结语

对"宜居城市"的研究不能停留在城市间的宏观分析、比较和排序上，这样的研究结果很易与政绩等相挂钩，而且很难与类似的研究，如生态城市、魅力城市和文明城市等相区别。"宜居城市"立足于"以人为本"的现代城市发展理念，其建设的核心内容是城市内部的居住环境，这也是与居民的切身利益紧密相关。评价指标应该更多地反映居民关注的居住环境问题，而非经济发展的规模和速度等指标。

居住环境评价的目的是要掌握城市内部不同空间尺度的客观居住环境优劣，不同居民对居住环境的主观认知，解析居住环境的空间结构、剖析影响居住环境形成和演化的显著因子，为政府制定改善居住环境政策、居民择居决策和房地产商住宅开发提供理论依据。

参考文献

陈浮．城市人居环境与满意度评价研究．城市规划，2000

段汉明．人居环境发展的动态特征．西北大学学报(自然科学版)，2000

（美）凯文·林奇．城市意象．方益萍，何晓军译．北京：华夏出版社，2001

李王鸣，叶信岳等．城市人居环境评价. 经济地理，1999

刘旺，张文忠等．北京城市内部人居环境评价及对居住建设的启示．华中建筑，2004

吴良镛．创造我国人居环境的新景象．建筑学报，1990

吴良镛．人居环境科学导论．北京：中国建筑工业出版社，2001

吴良镛．系统的分析统筹的战略——人居环境科学与新发展观．城市规划，2005

王茂军，张学霞，张文忠等．大连市城市内部居住环境评价的空间结构．地理研究，2002

肖明超．宜居城市的公众视角．北京规划建设，2005

张文忠，刘旺，孟斌等．北京市区居住环境的区位优势度分析．地理学报，2005

Asami, Y. (2001). *Residential Environment: Methods and Theory for Evaluation*. University of Tokyo Press.

Barbier, E. et al. (1990). “Environmental Sustainability and Cost-Benefit Analysis”, *Environment and Planning A*, 1990, 22: 1259-1266.

Gao, X, Asami, Y. (2001). “The external effects of local attributes on residential environment in detached residential blocks”. *Urban Studies*, 2001, 38: 487-505.

Knox,P.L. (1987). *Urban Social Geography*. John Wiley & Sons, Inc,

注：国家自然科学基金资助项目（批准号：40071030）。

第五屆中国城市住宅研讨会论文集，中国香港，2005 年 11 月
Proceedings of the Fifth China Urban Housing Conference, H.K.S.A.R. CHINA. (November 2005)

以永續發展觀點看都市超高層建築行為：
超高層建築永續發展能力評估指標建立

Review the Pattern of Skyscraper in Urban Cities from the Aspect of Sustainable Development

王旭斌　　陳錦賜

WANG Hsu-Pin and CHEN Ching-Tzu

文化大學建築及都市計畫研究院

Graduate Institute of Architecture and Urban Planning, Chinese Culture University, Taipei

關鍵詞：　永續發展、建築行為、四生環境系統、生態系統、超高層建築

摘　要：　隨著全球化與經濟的腳步，都市逐漸扮演重要的角色與更多功能的負擔。而在建築開發上，垂直化的發展更是臺灣現代都市建築發展的趨勢。在超高層建築的相關議題上，過去諸多研究主要偏重於對施工技術及相關物理環境危害影響研究。本文嘗試由永續發展的角度查看超高層建築，並藉由不同觀點如環境權、環境倫理、永續建築去發掘超高層建築永續發展之關鍵因子，針對超高層建築發展指標上建議以自然環境系統及人為環境系統，並結合上述生態性、安全性、實用性、經濟性、社會性、文化性、科技性、美觀性、舒適性九項共生條件，建構永續超高層建築永續發展能力評估指針，做為未來都市發展超高層建築評估參考依據。

Keywords: sustainable development, architectural behavior, E.S.L.P-Environmental System, urban ecology, skyscraper

Abstract: Urban city has in gradual effect takes on diverse role and additional capacity load due to rapid economic globalization. In terms of urban development, vertical urbanization has been the trend for Taiwan's architecture and form. However, past literature review for super skyscraper often err on the side of engineering and physical environmental hazard studies. This paper attempts and in view of super skyscrapers, taking perspectives of environmental rights, environmental consciousness and sustainable architecture in search and indicate variables for super skyscrapers and sustainable development. In addition, suggest indicators for super skyscrapers that aim to systematize both the natural and built environments, employing nine mutually inclusive principles in ecology, safety, practicality, economy, social, cultural, scientific, aesthetic and conduciveness as the basis for constructing a capacity indicator evaluation framework for prospective super skyscraper development sustainability in Taiwan.

1　引言

本文嘗試由永續發展與共生理論的角度檢視超高層建築，並藉由不同觀點如環境權、環境倫理、永續建築去發掘超高層建築永續發展之關鍵因子，針對超高層建築發展指標上建議以自然環境系統及人為環境系統，並結合上述生態性、安全性、實用性、經濟性、社會性、文化性、科技性、美觀性、舒適性九項共生條件，建構超高層建築永續發展指標，做為未來台灣發展超高層建築之評估參考依據。本研究之目的針對下列說明：1.探討人類建築與四生環境演化關係；2.探討超高層建築行為與四生環境關係；3.由永續發展觀點共生理論檢視超高層建築之問題；4.由永續發展與環境共生理論探討永續超高層建築指標之訂定。

2　文明發展與四生環境

人類最早的建築行為，是為了解決人類生存與遮風蔽雨的需求，是一種簡單的自覺與自為的活動。

建築開發行為基本是以"自然生態"為中心，以順應自然環境、配合自然環境、利用自然環境為原則，並達到生態環境（E-Ecological Environment）與人為生存環境 S-Swrvival Environment）並存的二元關係。人類從文明進化到農業文明後，開始以農業畜牧技術來從事生產行為，人類建築行為便從自然供給進步到人為自給，由單純生存活命，開始有生活環境的價值（L-Living Environment），這個時期的生活環境仍必須仰靠生態環境的供給，因此，是處於三生共存的狀態。隨著人類知識技術的進步，對於生活從營生目的開始有追求更好生活品質的需求，因此，生活環境建築開發目的亦從"生存與生活"增加"生產"（P-Productive Environment）的環境。人類透過歷史及科學技術的演變，與自然環境共同建立了生態環境（E）與人為的生存環境（S）、生活環境（L）及生產環境（P-Productive Environment）共存的四生環境系統（E.S.L.P-Environmental System）。在四生環境平衡共存的狀態下，基本上自然環境與人類環境是處於對等循環的狀態，但是隨著人類科學技術的進步，自 20 世紀工業革命以降，人類為追求生活及生產環境的無止境的進步，開始改變對於生態環境之看法，"重人為的生活環境與生產環境開發與發展，輕自然的生態環境與人為的生存環境保護與保育。以致造成原有四生環境共存系統結構的解體及自然生態系統動態平衡法則的淪喪。而這種現象則深深重創地球自然環境與人類生存環境，造成地球生態環境與人類生存環境的問題與危機。"（陳錦賜，2003）

2.1 永續發展、環境共生與都市發展關係

針對都市建築開發，朝向垂直化的發展是地狹人稠區域建築發展的趨勢。就超高層建築開發行為而言其實是都市開發的縮影。因此探討超高層建築行為與永續發展觀點，可從都市發展與永續發展論點切入探討。

"永續發展"理念最早自 1972 年 6 月聯合國在瑞典斯德哥爾摩召開"人類環境會議"（The human Environment）中發表"人類環境宣言"，並由"羅馬俱樂部"提出"成長的極限"報告書（The Limit to growth——A Report of club of Rome）並針對環境保育與經濟發展的永續性問題進行討論。1980 年 3 月的聯合國大會向全球呼籲："必須研究自然的、社會的、生態的、經濟的以及利用自然資源體系中的基本關係，確保全球的永續發展"。1983 年聯合國通過成立"世界環境與發展委員會"（World Commission on Environment and Development）針對公元 2000 年及以後年代，提出實現永續發展的長期環境方針。1987 年聯合國"世界環境與發展委員會"（W.C.E.D）的《我們共同的未來》（Our Common Future）報告書，認為永續發展應具備"需要"與"限制"兩個基本觀念。並提出宣言："人類有能力使開發持續下去，也能保證使之滿足當前的需要，又不致危及到下一代滿足其需求能力"。1990 年 8 月全球 75 個國家 130 位地方首長聚集於加拿大多倫多市簽署"多倫多宣言——世界城市及環境"（The Toronto declaration on world cities and their environment），將永續發展觀念由過去政府中央的施政方案，落實到地方組織及人民。更說明永續發展是從政者當有施政理念，更是一般民眾應當參與力行的課題。1991 年，IUCN、UNEP、WWF 三大組織又共同發表"關心地球"（Caring for the earth）報告書，將永續發展理念落實到執行的層次上，強調所謂"永續發展是生存不超過維生生態系統容受力（Carrying Capacity）的情況下，來改善人類的生活品質"。1992 年 6 月聯合國在巴西召開"地球高峰會議"（Earth Summit）提出《里約宣言》及《21 世紀議程》（Agenda 21）促進世界各國研擬永續發展的具體政策與計畫。1993 年聯合國成立永續發展委員會（UNCSD），1996 年歐盟通過永續水資源利用之基本法。1996 年 6 月聯合國在土耳其召開"城市高峰會議"，針對全球都市危機提出行動政策，以促使全球城鄉達到健康、安全、平等、永續四大目標，並強調地方思維及策略與全球永續發展之目的。1997 年 11 月 160 多個國家於日本京都召開"防止地球溫室化會議"簽訂《京都協定書》，提醒人類追求生活及生產環境對地球生態改變可能產生災害的警訊，強化地球環境永續發展的思考。

2.2 環境共生理念

環境共生理念最早由 1859 年美國環保學者汪德爾•菲立普（Wondell Phillips）提出："人類生存在大自然中，就好像一滴水融入無盡的民主海裡"。這個比喻代表人與自然萬物不但互相交融，而且互利共生。1948 年李奧波特（Aldo Leopold）提出"大地倫理觀"之理念，表示"應視地球環境為同一社區"，並以"生態良知"提醒人類應與自然和諧共存。而環境共生理念的明確化則是 1981 年 Norgaard 所提出的"共進化發展（Co-evolutionary development）"的概念，其係將人類的社經環境系統與自然生態系統相結合，並維持和諧共存共榮的關係。而 Norgaard 的"共進化發展"，實質上就是"環境共生"。（陳錦賜，2002）同樣的觀念在 20 世紀 90 年代日本建築學界提出"環境共生建築"、"環境共生住宅社區"與"環境共生都市"的理念，其為減低環境負荷，增加對自然環境的親和力與促進生活舒適與健康亦與共生理念相同。就共生理念而言，不論是東西方皆是為了存續地球環境的生命力與保障人類生存環境，在人類文明發展與地球環境中尋求平衡之環境共生觀。

"環境共生是指在地球環境上生物體與自然環境或與生物體間相互依賴而形成的維生關係並且互利共榮。環境共生就地球環境與生命體間之共生關係來看，它可以透過物理過程、化學過程及生物行為過程達到生命持續的目的。因此共生行為是維繫生命與地球環境持續發展的原動力"（陳錦賜，2002）。求人類與地球環境要能夠永續發展，必須秉持環境共生態度與行為，而環境共生行為即是推動環境永續生生不息的動力。具體而言，永續發展是目標，而環境共生是實現永續發展的方法。

2.3 永續發展、環境共生與都市發展關係

探討永續發展與環境與都市發展的關係，經濟學家、社會學家、環境學家等從各自的領域對可持續發展提出不同見解。主要有以下不同的代表性觀點：觀點一：經濟發展觀。認為可持續發展就是指經濟的發展。同時也強調這種發展應保持在自然與生態的承載力範圍之內。觀點二：回歸自然觀。其認為可持續發展理論是基於生態環境的惡化而提出的，生態環境的惡化又因人類活動所引起。觀點三：以人為中心的發展觀。認為"可持續發展是一種以人的發展為中心，以包括自然、經濟、社會內的系統整體的全面、協調、持續性發展為宗旨的新的發展觀。觀點四：社會發展觀。其認為可持續發展是社會的持續發展，包括生活品質的提高與改善。觀點五：生態發展觀。生態學家係以從自然或生態的角度來認識問題，認為可持續發展是自然資源及其開發利用之間的平衡。觀點六：協調發展觀。可持續發展是社會、經濟與環境的協調發展。認為可持續發展的根本點就是經濟社會的發展與資源環境相協調，其核心就是生態與經濟相協調。另外 Naess（1992）提出不同典範（paradigm）包括環境保護、資源管理、生態發展與深層生態學對都市發展之觀點，可以做以下之分類：

表 1　Naess 不同典範對都市發展之觀點

模式	特徵	對都市觀點
環境保護	關鍵主題：環境與經濟成長間的取捨，強烈的採用以人類為中心的觀點。	主張機能分離，強調衛生保健、基本服務、家戶環境品質
	關鍵課題：污染所造成的之健康衝擊	
資源管理	關鍵主題：以永續性作為管理成長的主要限制，中度的採用以人類為中心的的觀點。	資源保護及廢棄物減量，集中都市結構在其範圍內以限制都市成長
	關鍵課題：資源保護、貧窮、人口成長	
生態發展	關鍵主題：人與自然共同發展，比較是以生態為中心的觀點	資源管理估點加上都市綠化觀點。都市自給自足，進行都市土地的復育以恢復至原先的自然狀態
	關鍵課題：減少對生態的干預及全全球衝擊。	

模式	特徵	對都市觀點
深層生態學	關鍵主題：反成長，倡議所有生物平等生存權，採以生態為中心的觀點	停止都市化，用適當的技術及自給自足的聚落來去帶都市，人口負成長。

中國台灣 21 世紀議程管理中心前主任劉培哲將環境與發展的演替過程可劃分為四個階段，其中第四階段（自 1992 年）即人類對環境與發展認識將進入一個新階段：環境與發展密不可分。認爲根本上解決環境問題，必須要轉變發展模式和消費模式。"環境一詞可謂對主體而言，凡影響主體或被主體所影響的內外部空間、物質、能量與生物（包括人）等一切事物條件及因素的客體。所以環境基本上存在著兩個以上的對象，而將環境存在的多種對象以其存在的方法或行為來維繫其間的相互關係，則是環境產生的特質。觀察環境產生及存在的特質，則可發現共生是形成環境發展的一種特有力量。換言之，環境共生是環境發展的力量。"（陳錦賜，2000）

就以上各專家對於都市發展與環境議題之看法，本文認為以永續發展的觀點來看良性的都市發展必須建構在以人類發展及生態環境之平衡基礎上，亦即以環境共生之發展模式，既關照環境保護亦不限制人類持續進步的需求。因此，超高層建築其發展行爲立基於此觀點下，其永續發展模式必須由"資源型發展模式"逐步轉變成為"技術型發展模式"，並依靠科技進步，節約資源與能源，減少廢物排放，實施清潔生產和文明消費，建立經濟、社會、資源與環境協調、永續發展的新模式與新的永續發展觀。而此論點基礎上，由探討環境與都市開發的關係，進而檢視微觀都市超高層建築行為，可針對由對環境衝擊之減抑，及如何增加對生態環境之貢獻度雙方面進行思考。

3　從永續觀點及環境共生觀點看超高層建築

"摩天大樓源於十九世紀末在美國所發展的高層辦公大樓，強調機能的實用主義，讓建築形式屈從於工程技術必須面對的問題：防火、金屬框架結構、電梯以及各種物理環境設備，使得最早期的摩天大樓成為一種純粹的經濟現象。如何讓投資者獲得最大的利潤，強調利潤與空間計畫的關連性是商業建築最根本的原則，因此，如何創造最大的租金收益，成為摩天大樓設計思考最關鍵的課題。"（施植明，2004）就超高層建築的行為來看，人類挾持以科學技術之進步，以開發自然、征服自然、破壞自然的態度去對待環境，認為科學技術無所不能的態度，無境的追求高度的突破，由此亦可看出人類為追求生活及生產環境的進步對待還境的態度，"重生活環境與生產環境，輕生態環境與生存環境的四生環境共存解體。"（陳錦賜，2003）高層建築對於都市發展而言並不僅限於展現工程技術，其對環境衝擊與社會空間行為之改變其實是更重要之關鍵。台灣隨著都市高度發展及都市土地條件改變，包括都市化現象日益嚴重，區域人口集中南北產生都會區型態，都市土地高度集約使用，地價與房價連袂飆漲。因此，在此都市發展限制與壓力下，建築超高層化有明顯趨勢。而都市建築朝高層高密度發展，蘊含有兩種意義，其一為，都市人口快速成長，土地使用強度不得不要提高，以符合經濟效益。其二為，社會繁榮的象徵與經濟力量紮實穩固的指標。因此在最具活力的都市中心區，營建超越別人的高層建築，便成為展現經濟的成就與社會的繁榮，及誇耀工程科技進步的慣用方式。（翁金山，1994）有關超高層建築之發展最早係由美國開始，導因於對於都市土地高強度需求及工業技術之進展，實現了都市由水平化發展轉向高層化發展的可能性。但是超高層建築對於都市發展而言並不僅限於展現工程技術，其對環境衝擊與社會空間行為之改變其實是更重要之關鍵。針對超高層建築對於都市環境所造成的衝擊，吉爾伯特（Cass Gilbert，1859-1934），建築師，1900 年設計紐約"伍爾沃夫大樓"（Woolworth Building，1913）將摩天大樓界定為"讓土地去買單的一部機器"。超高層建築對於都市環境之衝擊係多面向的。超高層大樓中由於各樓層到避難層的距離增加，所需避難時間易較長，易使使用者心理感到不安。（薛昭信，翁祖模，1989）而高層化亦有衍生犯罪增加之趨勢，根據 Newman，1973，紐約市公

共集合住宅犯罪資料統計：六層以下建築和七層以上建築兩者犯罪率，有顯著的差異，其中最矮房屋類組（二、三層）之發生率，約為最高房屋類組（十六層以上）之一半。另外高層住宅往往使城市中大量二氧化碳和煙塵在密集的高層住宅群中難以擴散，形成硫酸煙霧，毒化環境，而且阻礙太陽光照射，長期處在這種環境下生活，易增加兒童生病之機率。而高層住宅進深大，受日光少，空氣污染物濃度高，衛生條件差，據國外統計，高層住宅中居民得心臟病、眼疾和咽喉炎等發病率高。（欽關淦，1990）就都市物理環境而言，高層建築由於龐大量體及高聳的形狀，若不經過縝密的規劃設計，幾乎均會對鄰近地區形成日照阻礙，造成一些不利影響。（翁金山，1992）另外，超高層所帶來的行人旅次，間接的對停車空間、道路設施及大眾運輸系統產生需求。設若基地周圍的公共設施本就飽和，則超高層建築的使用必對附近交通設施造成重大影響。（林建元，1989）其次，針對建築高層化亦對鄰里關係產生結構性改變與影響，以新興都市高樓住宅為例，同一層樓的鄰居間頂多打招呼、寒暄，很少有交往，即使是一些原本經常見面的老鄰居，住到不同棟國宅後，互動顯著減少，而不再保持密切的來往。（畢恆達，1983）高層建築的居民鄰里之間幾乎不來往，缺少交流，相互間沒有幫助及照顧，造成高層居民一種孤僻感和閉塞感。（欽關淦，1990）以上各學者對於都市超高層化對都市環境所造成之衝擊，包括實質環境因素（日照、採光、交通等）及非實質因素（犯罪率、健康、心理、鄰里關係等）兩部分，因此對於超高層建築開發行為管制上應從這兩大層面思考。根據王敏順，1997，對於台灣超高層建築地區環境行為觀察，整理超高層建築對人類行為衝擊可由建築內部空間、微氣候、建築外部空間、整體居住環境四大面向之關鍵議題。

上述超高層建築對於都市環境衝擊如以永續發展來檢視可更為清晰，永續發展的三大主軸包括環境（自然資源與生態）永續性、經濟永續性與社會永續性。而永續性的實現則是依環境目標、經濟目標與社會目標的共同實現，並且三者間又維繫在共生平衡相互關係下。因此都市建築欲求能永續發展；則其策略研擬必須朝向都市的環境永續性、經濟永續性與社會永續性來思維，並謀求三者間共生平衡來進行。針對環境相關超高層建築發展上，以永續觀點進行檢視發現超高層建築以環境、經濟及社會永續性觀點進行評估因子初步分析。

表2　超高層建築永續面向檢討表

永續發展面向	影響面向	影響情形
環境	建築內部空間	搖擺的增加、人類不確定感覺增加、衝突性建築使用的
	建築外部空間	開放活動空間面積的減少、都市天際線的改變
	微氣候	自然採光面積的減少、風衝擊的增加、日照時間減少
	整體居住環境	噪聲及空氣污染的增加、超高層建築犯罪率的增加、交通擁擠增加、附近公共設施及設備使用率的減少
社會	鄰里關係	鄰里之間幾乎不來往，缺少交流，相互間沒有幫助及照顧，造成高層居民一種孤僻感和閉塞感
	社會公平	影響週鄰開發的權力與公共設施成本負擔
經濟	效率	提供過多的商業樓地板空間，造成資源浪費

建築超高層化是未來都市發展所必須面對之趨勢，就永續發展及環境生態觀點而言，卻是反永續與生態的。如何在兩者之間找到平衡點，使其兼具多元面向之新建築學發展模式，"新建築學基本上是講建築應具有生態學、社會學、經濟學、工程學、藝術學、文化學、科技學與心靈學等綜合學問。因此新建築學將超越原有工學與美學範疇，而邁向多元學門學科共生整合的綜合學問"（陳錦賜，2004）。新建築學必須建立在人類建築與環境共生的基礎上，由此為出發點，進而去探索建築之室內外空間、環

境、文化意涵等關係，結合人類科技文明與生態文化營造共存共榮新局。"所以一座建築欲求能具時代精神與價值，則其必須符合生態性、安全性、實用性、經濟性、社會性、文化性、科技性、美觀性、舒適性等共生和合條件。"（陳錦賜，2004）在此觀點下，本文認爲超高層建築永續發展下應兼具生態性、安全性、實用性、經濟性、社會性、文化性、科技性、美觀性、舒適性等共生條件，亦爲評估指標之訂定主軸。

4 超高層建築永續發展能力評估指標

超高層建築發展係爲都市發展之縮影，因此在指標訂定上，應可以都會區永續發展評估體系，並針對因子部分進行轉換。因此在評估體系結構上主要參考陳錦賜（2001）訂定之"都會區域永續發展能力評估指標內容、範圍與能力程度表"模式訂定超高層建築永續生態評估指標以作爲評量標準。依該研究對於都會區域永續發展能力會區域永續發展能力分爲"自然生態忍度"、"維生資源豐度"、"社會發展穩度"、"經濟成長強度"與"政治決策智度"等五方面來建構，所以其評估指標內容、範圍與能力程度可分成五個階層。第一階層有二個系統，第二階層有四個指標面向，第三階層有十五個評估指標類，第四階層有四十五個評估指標群及一百三十五個評估指標項，第五個階層有五個評估指標支持程度別（詳表3）。而第五個階層的五個支持程度別可分爲極高、高、中、低、極低等五個等級，其可作爲評估量化的參考。針對超高層建築的永續評估體系之訂定建議主要分爲自然環境系統及人爲環境系統，並結合上述九項共生條件，建構永續超高層建築指標系統，其中自然系統部分，係以針對環境面進行考量，其主要考量層面包括生態因素及安全因素。另有關人爲環境系統則包括環境面（美觀因素、舒適因素）、社會面（社會因素、文化因素）、經濟面（經濟因素、科技因素）、政治面（共生因素）四大層面。並建構如下評估體系表：

表3 超高層建築永續發展能力評估系統表

評估指標系統	評估指標面向	評估指標因素	評估指標原則	評估指標範圍	評估指標能力程度				
					極高	高	中	低	極低
自然環境系統	環境面	生態因素	自然容受力 NC	陸域生態系統					
				水域生態系統					
				大氣生態系統					
		安全因素	資源維生力 RV	維生資源系統					
				維生能源系統					
				避難安全系統					
人爲環境系統	環境面	美觀因素	感官感受力 FS	視覺感知系統					
				聽覺感知系統					
				記憶感知系統					
		舒適因素	環境容受力 EC	服務能力系統					
				交通服務系統					
				機能分派系統					
	社會面	文化因素	文化發展力 CD	文化記憶系統					
				文化環境系統					
				文化論述系統					
		社會因素	社會穩定力 SS	居住環境系統					
				生活品質系統					
				生活價值系統					

評估 指標系統	評估 指標面向	評估 指標因素	評估指標原則	評估指標範圍	評估指標能力程度				
					極高	高	中	低	極低
人為環境系統	經濟面	科技因素	科技成長力 TD	研究面向系統					
				科學教育系統					
				生態科學系統					
		經濟因素	經濟發展力 ED	產業結構系統					
				經濟活力系統					
				生產動力系統					
	政治面	共生因素	政治智慧力 PI	智力能力系統					
				計畫能力系統					
				調控能力系統					

超高層建築永續發展能力評估模型是建構在超高層建築永續發展支持力的評估體系與永續發展能力評估體系之基礎上，以定量方法來評估永續發展能力的程度級別。因此本研究建立永續發展能力評估模型如下：

$$SDA=\frac{\sum XN_1+XN_2+\cdots\cdots+XN_I}{N}=F(NC\cdot RV\cdot FS\cdot EC\cdot CD\cdot SS\cdot TD\cdot ED\cdot PI)\times F(M) \quad (1)$$

SDA＝永續發展能力

N＝永續發展能力評估範圍總項目數

Ni＝第 i 個永續發展能力評估範圍項目

X＝評估永續發展能力評估範圍項目能力程度級分

[極高（5分）、高（4分）、中（3分）、低（2分）、極低（1分）]

函數：NC＝自然容受力，RV＝資源維生力，FS＝感官感受力，EC＝環境容受力，CD＝文化發展力，SS＝社會穩定力，TD＝科技成長力，ED＝經濟發展力，PI＝政治智慧力，F（NC）＝自然容受力函數，F（RV）＝資源維生力函數，F（FS）＝感官感受力函數，F（EC）＝環境容受力函數 F（CD）＝文化發展力函數，F（SS）＝社會穩定力函數，F（TD）＝科技成長力函數，F（ED）＝經濟發展力函數，F（PI）＝政治智慧力函數，F（NC·RV·FS·EC·CD·SS·TD·ED·PI) F（M）＝人類活動強度函數

5 結論

有關都市建築欲求能永續發展，則其策略研擬必須朝向都市的環境永續性、經濟永續性與社會永續性來思維，並謀求三者間共生平衡來進行。而超高層建築之發展就永續觀點而言，必須兼顧生態學、社會學、經濟學、工程學、藝術學、文化學、科技學與心靈學等綜合學問，並邁向多元學門整合的方向，因此，針對超高層建築發展指標上建議以自然環境系統及人為環境系統，並結合上述生態性、安全性、實用性、經濟性、社會性、文化性、科技性、美觀性、舒適性九項共生條件，建構永續超高層建築指標系統，包括自然系統部分，係以針對環境面進行考量，其主要考量層面包括生態因素及安全因素，另有關人為環境系統則包括環境面（美觀因素、舒適因素）、社會面（社會因素、文化因素）、經濟面（經濟因素、科技因素）、政治面（共生因素）四大層面，透過此評估系統建立，可作為未來發展超高層建築之參考。

參考文獻

Beck, U. (1992). *Risk Society Towards a New Modernity*. London: Sage

Furman, A. (1998). "A Note on Environmental Concern in a Developing Country–Results From an Istanbul Survey", *Environment and Behavior*, 30(4): 520-534.

Maddox, J. (1972). *The Doomsday Syndrome*, London: Macmillan.

Naess, P. (1992). "Urban development and environmental philosophy". *Rapporteur paper to ECE Research Conference*, Ankara, Turkey. 29 June.

Newman. 紐約市公共集合住宅犯罪資料統計，1973

陳錦賜. 永續發展、環境共生與環境倫理三者關係之探討，2002

陳錦賜. 都會區域發展永續發展評估體系與指標系統建立研究，2002

陳錦賜. 以四生環境共生理念進行建築開發之研究，2003

陳錦賜. 台北 101 國際金融大樓的建築時代精神與價值，2004

楊經文. 摩天大樓—生物氣候設計入門. 施植明譯. 台北：木馬文化，2004

施植明. 亞熱帶摩天大樓的新設計思維—從台北 101 談起，2004

Josef Leitmann. 永續都市-都市設計之環境管理. 吳綱立，李麗雪譯. 台北：六合出版社，2002

李永展，陳錦賜. 永續發展之反思. 建築與規劃學報，2001，2(1)

王敏順. 台灣超高層建築地區環境行為解析. 現代營建，1997

翁金山. 論高層高密度住宅都市環境中之原型空間及人性群居環境之建構. 台灣高層建築國際研討會，1994

翁金山. 都市建築高層化與都市性設施之關連性研究. 供學出版社，1992

欽關淦. 上海應及嚴格控制建造高層住宅. 科技工作者建議. 上海科學技術協會編，1990(14)

薛昭信，翁祖模. 談超高層建築的平面計劃. 建築師，1989-03，15(3)

畢恆達. 高層國宅之空間設計與鄰里關係—國光社區個案研究. 台大城鄉所學報，1983，2(1)：163-176

林建元. 超高層建築之交通影響與對策. 建築師，1989-03，15(3)

绿色建筑评估体系的发展及比较

Development and Comparison of the Green Building Assessment System

谢　辉

XIE Hui

重庆大学城市建设与环境工程学院

Faculty of Urban Construction and Environmental Engineering, Chongqing University, Chongqin

关键词： 绿色建筑、可持续发展、评估体系

摘　要： 大力推行绿色建筑是实现我国可持续发展的城市化进程中的关键性一环。利用建筑评估技术，能够确保绿色建筑设计的顺利实施。本文介绍了国际上具有影响的绿色建筑评估体系的最新发展，包括英国的 BREEAM 体系，美国的 LEED™ 系统，日本的 CASBEE 以及中国的 GBCAS（绿色奥运建筑评估体系）等。通过对比阐述了各个体系不同的发展历程，内容，主要结构，权重，评分方法及主要特色，并结合评估体系在绿色建筑设计中的应用实例，进一步提出在我国发展绿色建筑评估体系的重要意义。

Keywords: Green building, Sustainable development, Assessment system

Abstract: It is a key ring in the urbanization process of realizing China's sustainable development to pursue the green building in a more cost-effective manner. Utilizing the building assess technology, we can guarantee the smooth implementation of the green architecture design. This paper introduced the fresh development of the green building assessment systems that have influence in the world, including BREEAM of Britain, LEED™ of U.S.A., CASBEE of Japan and GBCAS (the building assessment system of 2008 Green Olympics) of China, etc. Through comparing with different development courses, the content, main structure, the weight, the grade method and main characteristic of each system, and combining the application example in the green architecture design, we put forward the important meaning to develop the green building assessment system in China further.

1　引言

21 世纪人类共同的主题是可持续发展。城市建筑作为地球上最大规模、分布最广的人工环境，必须由传统高消耗型发展模式转向高效绿色型发展模式。绿色建筑正是实施这一转变的必由之路，是当今世界建筑发展的必然趋势。绿色建筑能够为人类提供健康、舒适、高效的工作、居住、活动的空间，同时实现最高效率地利用能源、最低限度地影响环境。它是实现"以人为本"、"人——建筑——自然"三者和谐统一的重要途径，也是我国实施 21 世纪可持续发展战略的重要组成部分。

绿色建筑是一个高度复杂的系统工程。它在实践领域的实施和推广有赖于建立明确的绿色建筑评估系统。围绕推广和规范绿色建筑的目标，近年来许多国家发展了各自的绿色建筑标准和评估体系（见表 1），如美国 LEED 评估体系、英国 BREEM 评估体系、澳大利亚 NABERS 建筑环境评价体系、挪威 Eco Profilev、法国 ESCALE 评估体系、日本 CASBEE 评估体系等。一些国际性的评估系统也在发挥着功能，如 iiSBE (International Initiative for a Sustainable Built Environment) 发行的 GB Tool (Green Building Tool) 评估体系。各国发展绿色建筑评估工具都注重与本国的实际情况相吻合，随着绿色建筑实践在各国的不断发展，评估工具也由早期的定性评估转向定量评估，从早期单一的性能指针评定转向综合了环

境/经济和技术性能的综合指针评定。这些评估体系的制定及推广应用对各个国家在城市建设中倡导"绿色"概念，引导建造者注重绿色和可持续发展起到了重要的作用。在新的建筑环境评价体系的指导下，世界建筑业正逐步向"绿化"的方向发展。

表1　世界各国的绿色建筑评估体系

国家	体系拥有者	体系名称	参考网站
美国	USGBC	LEED™	http://www.usgbc.org/LEED
英国	BRE	BREEAM	http://www.breeam.com/
日本	日本可持续建筑协会	CASBEE	http://www.ibec.or.jp/CASBEE
澳大利亚	DEH	NABERS	http://www.deh.gov.au/
加拿大	ECD	BREEAM/Green Leaf	http://www.breeamcanada.ca/
中国	绿色奥运建筑研究课题组	GBCAS	http://www.gbchina.org/
丹麦	SBI	BEAT	http://www.by-og-byg.dk/
法国	CSTB	Escale	http://www.cstb.fr/
芬兰	VIT	LCA House	http://www.vtt.fi/rte/esitteeet/
香港	HK Envi Buliding Association	HK-BAEM	http://www.hk-beam.org/
意大利	ITACA	Protocollo	http://www.itaca.org/
挪威	NBI	Ecoprofile	http://www.byggforsk.no/
荷兰	SBR	Eco-Quantum	http://www.ecoquantum.nl/
瑞典	KTH Infrastructure & Planning	Eco-effect	http://www.infra.kth.se/BBA
台湾	ABRI & AERF	EMGB	http://www.abri.gov/
德国	IKP-Stuttgart University	Build-It	http://www.ikpgabi.uni-stuttgart.de/

2　绿色建筑评估体系的最新发展及比较

目前国际上发展比较成熟、有影响力的绿色建筑评估体系有英国的 BREEAM（Building Research Establishment Environmental Assessment Method）、美国 LEED™(leadership in Energy and Environmental Design)，它们的架构和运作，成为各国建立新型绿色建筑评估体系的重要参考。日本开发的具有鲜明特色的 CASBEE 体系，也具有一定的借鉴价值。我国为迎接 2008 年北京奥运会，也提出了具有中国特色的绿色奥运建筑评估体系（GBCAS）。

2.1　英国 BREEAM

2.1.1　发展历程

从 1990 年起英国建筑研究所（Building Research Establishment，BRE）便开始研发本国的建筑环境评估体系，也就是后来颁布的 BREEAM。它是世界上第一个绿色建筑综合评估系统，也是目前最成功的绿色建筑评估体系之一。其最初目的是为了评估新建办公建筑，提高办公建筑的使用功能，减少其对环境的危害，因此第一个版本是 1990 年开始执行的新建办公建筑评估手册。针对英国的市场需求变化和绿色建筑的发展形势，其他版本的 BREEAM 纷纷登陆，BREEAM 的评估对象逐渐扩展到商业建筑、住宅、超市、工业建筑等其他类型建筑。为保持与社会实践发展的同步和不断更新，BREEAM 每年要做一次修订。BREEAM 的最新版本包括：2003 年版的 BREEAM 商业建筑评估体系，2004 年版的 BREEAM 办公建筑评估体系，工业建筑评估体系及住宅评估体系（EcoHome）。

BREEAM 体系的成熟发展和成功的实践应用，吸引了许多国家和地区参照或直接以 BREEAM 为范

本推出了各种建筑评估系统，如香港的建筑环境评估体系 HK-BEAM，新西兰的绿色住宅计划，加拿大的 BREEAM 绿叶评估体系。

2.1.2 评估指标及权重

BREEAM 的评估架构比较透明、开放、简单可行。最新版的 BREEAM 主要从管理、能源、健康舒适、污染、交通、土地使用、生态材料、水资源 9 项指标对建筑环境进行评估。指标内容大致上可以分为全球性的内容、地区性的内容、室内环境的内容、使用管理的内容等四大类。

在以上指标中，"能源"占较大的权重（表 2），这是由于英国政府历来重视能源消耗以及其可能带来的全球负面影响，如温室气体排放，ODP 危害和酸雨等。

表 2　BREEAM 的评价指标权重表

评价指标	管理	能源和交通	污染	材料	水资源	土地使用和生态	健康舒适
权重	0.15	0.25	0.15	0.10	0.05	0.15	0.15

2.1.3 评估方式及等级划分

当建物通过或超过某一项指标的基准时，就会获得该项指针的分数。每项指标都计分，分值统一。所有分数在权重累加后得到最后的总分。BREEAM 按照建筑得分给予四个主要级别的评定，分别是"通过"、"好"、"很好"和"优秀"。各等级评分范围如表 3 所列。在 2004 年的 BREEAM 办公建筑版本中，各项指标的预计最高得分分别为：管理 160；健康 150；能源 136；交通 104；水 48；材料 98；土地使用 30；生态 126；污染 144。所以，其最高可能分数是 996 分。评估书上清楚的记载着通过了何项指标，但没有负面评价的叙述。根据 BREEAM 的估计，从投入使用后已经对英国 25~35% 新建建筑做了评估，成为各类评估系统中的成功范例。

表 3　BREEAM 评分等级

BREEAM 等级	通过	好	很好	优秀
得分	235~405 分	385~550 分	530~695 分	675 分以上

2.2 美国 LEED 体系

2.2.1 发展历程

LEEDTM（Leadership in Energy and Environmental Design）是由美国绿色建筑协会 (US Green Building Council, USGBC) 研发，并以市场为导向促进绿色竞争和供求、以建筑物生命周期的观点来探讨建筑性能整体表现的绿色建筑评估系统。最初版本 LEED™ 1.0 颁布于 1998 年。2000 年，更高级的版本 LEED™ 2.0 获准执行。目前应用的是 LEED™ 2.1 系统，运用于新建及现有的商业办公大楼，主要协助改善建筑的环境性能、能源效率、公共健康等。为适应建筑的自身发展，LEED 体系最近又作了细化，未来将有更多的版本问世，如 LEED-EB（评估已建建筑）、LEED-CI（评估商业建筑室内部分）、LEED-H（评估家庭）等。LEED™ 体系还有一些地方性版本及军事版本。LEED™ 体系的突出特点是对目标进行评估时，仅用简单的打分求和来计算最终结果，特别易于操作，正因为这一点，它被其他的国家所参考。不同于其他评估体系，LEED™ 体系已广泛地被大众所接受，包括产品制造商、环境团体、建筑业主、中央与地方政府部门、学术界等。

2.2.2 评估指标及权重

LEED 主要包括可持续的建筑选址、能源和大气环境、节水、材料和资源、室内空气质量、创新得分等六大项评估指标。其中每大项又包括了 2～8 个子项，这些子项涵盖更具体的评估内容，每个子项最多可获 1 或 2 分，所有子项的分数累加即得到总分。共 41 个指标，满分 69 分。其中"能源"和"室内空气质量"两项权重最高，其可能获得的最高分数为 17 和 15。一个特色是，每个大项都有若干必须遵照的前提条件，不满足则无法评估。

2.2.3 评估方式及等级划分

在满足前提条件后，累加所有子项的分数得到总分。评估后根据所得分数高低，合格者共分四级评估等级，分别为"合格认证"、"银质认证"、"金质认证"、"白金认证"。由美国绿色建筑协会颁布认证证书。各等级评分范围如表 4 所列。另外，USGBC 会在每年的评选建筑物当中选出一栋得分最高的建筑物给予年度最佳的绿色建筑奖项及荣誉。LEEDTM 已在美国和其他国家得到广泛应用。截至 2004 年，在美国 50 个州，12 个国家中，已有 121 个获得认证的工程项目，1480 个申请认证的注册工程。

表 4 LEED 评估等级及要求分数

LEED™ 等级	合格认证	银质认证	金质认证	铂金认证
要求分数	26~32 分	33~38 分	39~51 分	52 分以上

2.3 日本 CASBEE 体系

2.3.1 发展历程

1994 年日本颁布了《环境基本法》，其中的基本理念是在建筑物的生命周期（从设计、建设、使用、废弃至再生）中必须考虑降低这些行为对环境的负荷。2001 年，由日本学术界、企业界专家、政府等三方面精英力量联合组成的"建筑综合环境评价委员会"，开始实施关于建筑综合环境评价方法的研究调查工作，开发了一套与国际接轨的评价方法，即 CASBEE（Comprehensive Assessment System for Building Environmental Efficiency）。CASBEE 评价各类型建筑，包括办公楼、商店、宾馆、餐厅、学校、医院、住宅。针对不同的阶段和利用者，有 4 个有效的工具，分别是初步设计工具、环境设计工具（DfE Tool）、环境标签工具、可持续运营和更新工具。

2.3.2 评估指标及权重

CASBEE 需要评价"Q：建筑的环境质量和性能"和"LR：建筑的环境负荷降低性"两大指标。"建筑物的环境质量和性能"（Q）包括 Q1 室内环境、Q2 服务性能、Q3 室外环境等评价指标。"建筑的环境负荷降低性"（LR）包括 LR1 能源、LR2 资源与材料、LR3 建筑用地外环境等评价指标。每个指标又包含若干子指标。各评价指标的权重值如表 5 所示。

表 5 CASBEE 的评价指标权重表

评价指标	Q1 室内环境	Q2 服务性能	Q3 室外环境	LR1 能源	LR2 资源与材料	LR3 建筑用地外环境
权重	0.50	0.35	0.15	0.50	0.30	0.20

2.3.3 评估方式及等级划分

CASBEE 采用 5 级评分制，基准值为水平 3（3 分）；满足最低条件时评为水平 1（1 分），达到一般水平时为水平 3。依照权重系数，各评价指标累加得到 Q 和 LR，表示为柱状图、雷达图。最后根据关键性指标－建筑环境效率指标 BEE（Building Environmental Efficiency），给予建筑物评价。BEE = "Q: 建筑的环境质量和性能" / "L: 建筑的环境负荷"。图 1 为 Q/L 二维图，各等级 S、A、B+、B－、C 的可持续性依次递减。

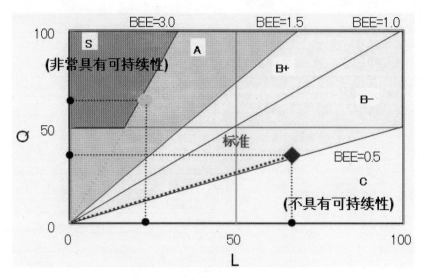

图 1 BEE 指标的 Q／L 二维图

2.4 中国 GBCAS 体系

2.4.1 发展历程

奥运工程是北京目前城市建设的重要主题，绿色奥运又是北京承办奥运的三大宗旨之一。为了使奥运建筑与园区建设能够真正实现"绿色化"的内涵，以"科学、务实"的态度推动绿色奥运的真正落实，"绿色奥运建筑评估体系研究"课题于 2002 年 10 月立项，为科技部"科技奥运十大专项"之一，课题汇集了清华大学、中国建筑科学研究院等 9 家单位近 40 名专家共同开展工作，历时 14 个月。2003 年 8 月，正式出版绿色奥运建筑评估体系（GBCAS）第一版。为考察其可应用性，2003 年 10 月开始对北京一批建设项目作全过程管理。绿色奥运建筑评估体系主要参考了美国 LEED 和日本 CASBEE 体系，同时又考虑到中国的具体国情和绿色奥运的实际问题。

2.4.2 评估指标及权重

绿色奥运建筑评估体系按照过程控制的方法，根据我国建设项目实施过程的特点，把评估体系分成 4 个阶段：规划阶段、设计阶段、施工阶段和验收与运行管理阶段。根据每个阶段的特点制定了相应的评估体系。通过对各个阶段的控制，保证最终绿色建筑的实施。这完全不同于国外（如美国的 LEEDTM 体系）仅限于对最终项目的绿色评估。同时参考了日本的 CASBEE 体系，在具体评分时又把每一阶段的评估指标分为 Q 和 L 两类：Q(Quality) 指建筑环境质量和为使用者提供服务的水平；L(Load) 指能源、资源和环境负荷的付出。所谓绿色建筑，即是消耗较小的 L 而获取较大的 Q 的建筑。

该体系根据各项目在绿色建筑中的作用，分级给出权重系数。表 6 为各阶段第一级指标的权重。每个一级指标下，又设有二级指标，部分二级指标下又有三级指标，从而逐步细化深入。权重系数也是分级设计，这样可以灵活地根据这类评估对象的具体情况，适当修订底层的某些权重系数，使之既适合于

各种不同情况，又能在上一层次得到统一。

表6　GBCAS的评价指标及权重表

	Q / L	一级评估指标	权重
第一阶段： 规划设计阶段	Q 建筑环境质量与服务评价	场地品质	0.15
		服务与功能	0.45
		室外物理环境	0.40
	L 环境负荷和资源消耗	对周边环境的影响	0.35
		能源消耗	0.35
		材料与资源	0.10
		水资源	0.20
第二阶段： 详细设计阶段	Q 建筑环境质量与服务评价	室外环境质量	0.10
		室内物理环境	0.30
		室内空气质量	0.35
		服务与功能	0.25
	L 环境负荷和资源消耗	对周边环境的影响	0.05
		大气污染	0.10
		能源消耗	0.40
		材料与资源	0.30
		水资源	0.15
第三阶段： 施工过程	Q 人的安全与施工质量	人员安全与健康	0.70
		工程质量	0.30
	L 环境负荷与资源消耗	对周边环境的影响	0.55
		能源消耗	0.15
		材料与资源	0.20
		水资源	0.10
第四阶段： 调试验收与运行管理	Q 建筑环境质量与服务评价	室外环境质量	0.10
		室内物理环境	0.20
		室内空气质量	0.15
		服务与功能	0.20
		绿色管理（绿化，服务，垃圾管理）	0.35
	L 环境负荷与资源消耗	对周边环境的影响	0.10
		能源消耗	0.30
		水资源	0.15
		绿色管理（节能节水管理）	0.45

2.4.3　评估方式及等级划分

在GBCAS体系中，只有在前一阶段达到绿色建筑的基本要求，才能继续进行下一阶段的设计、施工工作。当建设过程的各个阶段都达到体系的绿色要求时，这个项目就可以认为达到绿色建筑标准。

GBCAS体系采用了Quality（质量）和Load（环境负荷）双指针方式，这种两维的表述方式可更科学地描绘评价项目的绿色性。在考察建筑物的L（Load）质量时，没有直接采用L而是转化为LR（Load Reduction，建筑物环境负荷的减少）来评价，即"建筑的环境负荷降低得越多，得分越高"，易于操作。然后利用统一的5级评分制（此时L=5–LR）及与之配合的权重表，分别对不同类型的建筑的Q和LR进行评价。参评建筑实际的Q/LR得分=∑（5分制得分×权重系数）。对于包含多类型建筑的园区，需由建筑各类型建筑的面积比乘以其相应的Q、LR得分情况，才为整个园区的综合评价结果。

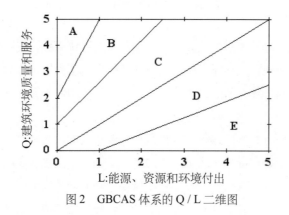

图 2　GBCAS 体系的 Q / L 二维图

图 2 为参评建筑的 Q/L 评估结果二维图。其中：

A 区：很少的资源能源和环境付出和优秀的建筑服务质量，为最佳绿色建筑。

B 区、C 区：尚属于绿色建筑，但或资源与环境消耗太大，或建筑质量略低。

D 区：高资源、能源消耗，但建筑质量不高。

E 区：很多的资源能源和环境付出却获得低劣的建筑质量，一定要避免的建筑。

3　评估实例——某办公建筑（设计阶段）

某办公建筑位于北京市，基本情况：建筑面积 13225m²，建筑总层数 10 层（地上 8 层、地下 2 层），建筑高度 30.3m, 容积率 4.4。

该建筑采用了诸多绿色设计：绿化覆盖率 35.9%；固体废弃物袋装收集，封闭运出；外围护结构保温隔热性能优越，外墙 K＝0.62W/ (m²•k)，单框双玻充惰性气体 Low-E 玻璃，南向外窗采用遮阳板和反光板；屋顶设置转轮式全热回收机组；太阳光伏发电系统；热管真空管太阳能热水系统；新型高效光源和灯具配件；建筑自控系统（统一管理楼内通风、制冷、供暖、供水）；设置屋面的雨水收集系统，但未考虑地面雨水的存储利用。

绿色奥运建筑评估体系对此办公楼项目进行了评估，在规划阶段和设计阶段被评为 B＋，表现突出（图 3）。近日还通过了美国 LEED™认证，初步认定为金级。

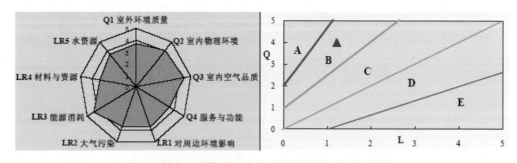

图 3　某办公建筑第二阶段（设计阶段）的评估结果

4　我国发展绿色建筑评估体系的重要意义

与工业发达国家相比，我国的绿色建筑评估体系尚属起步阶段，无论在理论上还是实践上与国外都有较大差距。2001 年建设部住宅产业化促进中心制订了《绿色生态住宅小区建设要点与技术导则》，《国家康居示范工程建设技术要点（试行稿）》，同时《中国生态住宅技术评估手册》、《商品住宅性能评定方法和指针体系》和《上海市生态住宅小区技术实施细则》也将陆续推出。目前已列入国家十五重点攻关计划的"绿色建筑规划设计导则导则和评估体系研究"正在加紧实施之中，北京、上海等地方

的《绿色建筑评估规范》有望年内出台。

　　对于任何一个国家来说，绿色建筑的实施都是一项复杂的系统工程。我国建筑业长期受计划经济体制的影响，缺乏系统的技术政策法规体系，绿色建筑评估标准规范尚未正式颁布，本土化的单项关键技术储备和集成技术体系的建筑一体化研究应用均需进一步深化，国内外绿色建筑领域的合作交流还未全面展开，实施绿色建筑的任务更为艰巨复杂。

　　面对改革、发展的繁重任务和国际建筑业的挑战，我国建筑业应当贯彻十六大精神，树立和落实全面、和谐、可持续科学发展观，倡导循环经济，大力推动节能省地型建筑实施和发展，坚定不移地走可持续发展的道路。当务之急是要加大投入，在学习、借鉴国外成功做法基础上，结合国情加强宣传，让社会各界对推行绿色建筑必要性和紧迫性有充分认识。结合各地地域特征和经济现状，通过技术创新和系统集成，搭建国内外绿色建筑合作交流平台，最终通过研究、设计单位与政府、工业界密切合作，制定颁布成熟适宜的绿色建筑标准和评估规范，大力推动绿色建筑成为我国未来建筑主流，实现建筑业可持续发展。只有这样，我国建筑业才能适应知识经济时代的要求，实现从粗放低效向集约高效的转变。

参考文献

杨谦柔．绿建筑设计评估工具之研究－以办公建筑为例．2001

黄宁．建筑环境评估体系及比较．建筑学报，2005

江亿．北京奥运建设与绿色奥运评估体系．2004 年国际可持续建筑中国区会议论文集，2004

清华大学建筑技术系．海外各国绿色建筑评估系统对比报告．2003

美国绿色建筑委员会．绿色建筑评估体系(第二版)LEEDTM2.0．北京：中国建筑工业出版社，2002

日本可持续建筑协会．Comprehensive Assessment System for Building Environmental Efficiency (CASBEE)，2003

绿色奥运建筑研究课题组．绿色奥运建筑评估体系．北京：中国建筑工业出版社，2003

http://www.topenergy.org/（TopEnergy 绿色建筑论坛）

中外住宅性能评价的对比研究

李桂文　李梅　于江
LI Guiwen, LI Mei and YU Jiang

哈尔滨工业大学建筑学院
School of Architecture, Harbin Institute of Technology, Harbin

关键词：　中外、住宅性能、评价项目、对比

摘　要：　本文通过对日本、美国、法国、欧共体、中国、台湾等国内外住宅性能评价制度名称、评价项目内容的介绍和对比，分析它们各自的特点和相互间的异同，查找原因，最后对我国的住宅性能认定指标体系提出一些建议。

1　引言

随着我国经济的飞速发展和人们生活水平的提高，人们对住宅的性能要求也越来越高，可住宅质量问题却一直困扰着购房者.一方面，是对高质量的住宅需求；另一方面是缺乏质量保障的住宅市场。针对我国住宅发展的现状和问题，1999 年 5 月 11 日，建设部印发了《商品住宅性能认定管理办法》(试行)。商品住宅性能认定制度的推行，对推动我国住宅产业现代化具有非常重要的意义，它为促进我国住宅技术的进步、促进住宅市场的规范、促进住宅品质的提高起到重要作用。其中评价标准是这一制度的技术支撑，所以对住宅性能评价指标体系的研究成为一个具有重要实际意义的工作。

本文研究目的主要有两方面：一是对国外几个住宅性能评价（制度）和评价项目的介绍，使我们对国内外住宅性能评价技术的认识更加清晰；二是希望通过将中国现在推行的《住宅性能评定指标体系》与国外住宅性能评价标准进行对比，找出不同点与相同点，分析原因，完善我国住宅性能评价体系。本文希望在介绍国外住宅性能评价体系（制度）的同时为中国城市住宅评价制度的发展提供理论参考或者一种思考方法。

2　国外住宅性能评价发展

住宅性能认定制度在国外开展较早，有的国家已作为法律实施。如法国 1948 年就制定了建筑新技术、新产品评价认定（审定）制度，对建筑中使用的新部品和新技术进行认定。此后该制度逐步扩展到整个欧洲。1960 年法国、比利时、西班牙、荷兰、葡萄牙等国建立了欧洲联合会建筑技术审定书制度（UEATC）。现在西欧共同体各国均加入了这一组织。日本在调查了法国、英国、美国的制度后，先于 1974 年推行工业化住宅性能认定制度，后又在 1999 年 6 月推出 "促进确保住宅品质等有关法律"，次年 4 月实行，同年日本住宅性能表示基准和评价方法发布，正式实施了性能认定表示制度。所以国外在住宅性能评价领域的研究是比较早的，国外对住宅性能认定制度甚至是标准规范经常进行修改的，其内容也比较完善，都是根据各国的住宅发展状况修订的。

3 我国住宅性能评价制度

"百年大计，质量第一"是多年来我国建筑业高举的大旗，然而在"住宅性能"的概念进入我国住宅建筑设计和房地产开发领域以前，对住宅质量的关注充其量只能局限于住宅的部分标准研究或是施工质量的把关。住宅讲"性能"，始于建设部从 1999 年 7 月起在全国试行住宅性能认定制度（也称"A级住宅认定"）。从此，我国终于有了一个比较完整的评价住宅建筑综合品质的指标体系。试行这项认定制度 4 年后，全国已有 56 个项目通过了 A 级住宅认定终审，其中 20 个项目通过了 3A 级住宅认定。应当说，住宅性能评价体系的建立是我国住宅建设进程中一个值得纪念的里程碑。为适应住宅建设的发展和编制国家标准的需要，目前由建设部住宅产业化促进中心和中国建筑科学研究院等单位起草的国标《住宅性能评定技术标准》（征求意见稿）也已经完成，将在 2005 年正式推出。住宅性能认定根据住宅的适用性能、安全性能、耐久性能、环境性能和经济性能，划分等级。住宅性能按评审结果划分为A、B、C 三大类。A 类为性能好的住宅，分 1A（A）、2A（AA）、3A（AAA）三级；1A 是实用型住宅；2A 是舒适型住宅；3A 是高舒适度住宅。A 级住宅不仅性能可靠、配套齐全，而且符合节约能源、资源、保护环境等可持续发展原则。B 类为性能达不到 A 类标准，但仍可居住的住宅；C 类为性能不适宜居住的住宅。其评定分数显示住宅的整体质量，设立 1A、2A、3A 三个等级。

虽然我国住宅性能认定工作是一项开创性的工作，处于探索阶段，目前尚未在全国大范围展开，但是随着住宅工业化水平和人们对住房品质认识的提高，住宅性能认定体系、推行性能认定制度已经得到专业人士的重视和百姓的普遍欢迎。

4 比较与分析

国内对住宅环境性能、生态住宅、绿色住宅、可持续住宅的评估研究越来越多，但对于住宅的整体性能的评价体系的研究还很少。目前对住宅性能没有统一的定义、对住宅性能评价工作的了解不够、意见不同是这一现象的主要原因。即使这样还是有越来越多的学者和管理者已经意识到在我国住宅建设量逐年增长的今天，住宅性能的研究和建立住宅性能评价的必要性和紧迫性。

这里我们运用比较的方法，对住宅性能评价系统比较成型的国家和地区，如美国、日本、法国，围绕住宅性能评价项目与中国的商品住宅性能评定标准进行纵向的比较，分析其不同点和相同点，希望能对这一制度的研究和推广起到积极的作用（表1）。

表中日本"住宅性能表示制度"共包括 9 大项，主要是体现在住宅的安全性、耐久性、物理性上。可见在日本比较注重住宅的这几方面性能的作用。日本的住宅性能表示制度是中国住宅性能评价体系的蓝本，对我国的住宅性能认定具有一定的影响。

表中美国"住宅建筑用后评估制度"评价项目共包括 8 项，是根据建筑物的用途与性质、以系统的方法和严谨的准则来评估建筑物的实际使用效果及满意程度。表中指标可以看出美国比较重视使用者的主观感受，其中主要包括住宅的外观表现（如规划设计、景观布置、色彩运用、群体关系等）和使用情况（如平面的灵活布置、建造质量、内部空间的使用等）的评价都可以看出这一点，它不像其他国家的评价指标中可量化的指标比重较大，相反其定性的指标比较多。另外，它是表中所列制度中唯一的在住宅使用后进行的住宅综合性能评价标准。

表中法国"住宅性能评价制度"（Qualitel）最初于 1974 年建立，开始时以一栋新建住宅为性能评价对象。由于法国住宅性能评价制度开始的比较早，所以作为许多国家建立住宅性能评价制度前的学习和研究对象。Qualitel 是从建设项目的规划、设计阶段开始评价住宅性能，所以建筑中的配管、设备、材料等一些在建成后被隐蔽的部分都可以在建设时被检测和评定，还包括所用的材料费用。

表1　各国住宅评价制度及评价项目列表

国家	评价制度名称	评价项目	
日本	住宅性能表示制度	1、结构安全性 2、防火安全性 3、耐久性能 4、日常维护管理 5、保温隔热性能	6、空气环境性能 7、采光、照明性能 8、隔音性能 9、高龄者生活对应性能
美国	住宅建筑用后评估	1、规划设计 2、景观布置 3、步行区 4、住宅平面的灵活布置	5、建造质量 6、色彩运用 7、住宅内部空间的使用 8、住宅群体关系
法国	住宅性能评价制度 （Qualitel）	1、配管 2、电器设备 3、室内噪声 4、制冷 5、屋面和外装修的维修费用 6、采暖和供热水费用 7、通到住宅的道路（任选项）	8、共用通道部分的墙体装修材料厨房设备的可变性 9、厨房、浴室、厕所的墙体装修材料 10、楼板装修材料 11 设备维修费 （8~11项为原有项，现已删除）
欧共体	产品指令制度 （Construction Products Directive）1985年	1、结构抗力与稳定 2、防火安全 3、卫生、健康与环境	4、使用安全 5、噪声防护 6、保温节能
中国	中国台湾 住宅性能评估制度	1、结构安全 2、防火安全 3、节能节水 4、维护管理	5、空气环境 6、光环境 7、音环境 8、无障碍设计
中国	《住宅性能评定指标体系》（2004年版）	1、适用性能的评定 　（1）一般规定 　（2）单元平面 　（3）住宅套型 　（4）建筑装修 　（5）隔声性能 　（6）设备设施 　（7）无障碍设计 2、环境性能的评定 　（1）一般规定 　（2）用地与规划 　（3）建筑造型 　（4）绿地与活动场地 　（5）室内外噪声与空气污染 　（6）水体与排水系统 　（7）公共服务设施 　（8）智能化系统 3、经济性能的评定 　（1）一般规定 　（2）节能 　（3）节水 　（4）节地 　（5）节材	4、性能的评定 　（1）一般规定 　（2）结构安全 　（3）建筑防火 　（4）燃气及电器设备安全 　（5）日常安全防范措施 　（6）室内污染物控制 5、耐久性能的评定 　（1）一般规定 　（2）结构工程 　（3）装修工程 　（4）防水工程及防潮工程 　（5）管线工程 　（6）设备 　（7）门窗

表中中国台湾"住宅性能评估制度"是由台湾部属建筑研究所 2005 年 3 月开始向业界推广，制度分四个等级，分设计阶段和施工阶段，五颗星为最高者，符合法规标准是二颗星。其中住宅性能评估标准包括结构安全、防火安全、节能节水、维护管理、空气环境、光环境、音环境及无障碍空间等八大项。

表中中国内地"住宅性能认定指标体系"共包括五大项 33 个项目来综合评定住宅的功能品质。通过评定为社会提供了不同档次的住宅。从 1999 年建立认定制度以来，根据试行情况和我国近几年住宅的发展评定指标体系经过几次修改，由原来的 170 多页缩减到（2004 年版）近 50 页，可见其内容和评定方法是在逐步走向适用性和易操作性。

通过对表中项目的分析我们发现以下几个特点：

一、日本、美国、法国和欧共体的部分国家都属于经济较发达国家，二战后的住宅建设高潮期已经基本过去，现阶段其住宅的质量、功能、设备水平都已经发展到较高水平，并且也能够保持稳定，相对来讲更加注重通过提高住宅的技术含量，实现适居和可持续发展的目的。比如日本、美国、法国都很注重保证住宅的物理性能，满足人体居住的舒适度。其中日本住宅表示制度中的第 5~8 项、法国住宅性能评价制度中的第 3.4.6 项、欧共体的产品指令制度中的第 3.5.6 项都有所体现。

中国内地与台湾的住宅性能评价制度都是在近年建立的，借鉴日本的成分比较大，所以和日本有许多相似的地方，但各地又根据本地的情况进行了调整。我国根据实际情况相应增加了对住宅套型、用地与规划、建筑造型、绿地景观、以及公共服务设施等的项目。这些评价项目是当前居民集中关心的问题，是居民心中评判住宅整体性的好坏标准之一，因此，房间的规模、景观和设施等也包含在评定项目中。

二、中外住宅性能评价不同点主要表现在：各国住宅性能评价的名称不同、各国住宅性能评价的制度体系及标准各不相同、各国住宅性能评价的侧重点不同。

其中前两点不同从表中即可看出，不再赘述。关于各国住宅性能评价的侧重点不同主要表现在评价的时段不同（设计、施工、建成、使用不同时期）、强调的住宅性能不同、定性和定量评价的比例分配不同三个方面。由于各国的住宅发展水平不同、主要的住宅形式不同、对住宅的需求不同以及对住宅性能的认识不同是形成三点不同的主要原因。我国的住宅性能评定指标体系的侧重点也必然随着时间和这些因素的变化不断调整。

三、中外住宅性能评价共同点主要表现在：对住宅的节能要求和住宅舒适性的重视。

众所周知，能源危机使住宅节能成为全世界的共同话题和研究重点，同样在各国住宅性能评价中无一例外的都列入相关的评价项目。比如日本对保温隔热性能、法国对材料的使用、中国台湾对保温节能的评价项目，中国内地在住宅经济性能评价中也将节能、节地、节水、节材划分为共 4 个子项 26 个分项进行评定。另一个共同点是对住宅舒适性的重视，包括评价项目中对空气、声、光、热的控制，同时还考虑到特殊人群的使用，如老年人适应性设计或无障碍设计，这些都是在住宅中"以人为本"的具体体现。

5　总结

通过上述分析，我们对我国的住宅性能评价提出几点建议：一是扩大住宅性能认定的范围，考虑建立对既有住宅或改造住宅的评价工作；二是组织建筑专家根据地区特征制定不同经济条件、不同建设水平、不同地域特征的住宅性能评价标准；三是通过几年的实践，应将这一标准推广到其他性质的建筑评价中去；四是住宅性能评价的时段应加长些，避免住宅运行时期维修管理跟不上，致使住宅性能下降过大的现象。

我国的住宅性能评价研究工作与国外相比晚了近半个世纪，相关标准和制度的研究还处于探索阶段，因此建立一整套全面、科学、可行的评价标准，以便在住宅设计、建设和使用过程中对住宅项性能进行定性、定量的综合评价是我国住宅性能评价面临的主要问题。值得高兴的是，这项制度正被更多的人所了解、接受和认可，各项研究也逐步展开。目前其他国家的经验和相关理论体系对我国的住宅性能评价提供了现实经验和依据，根据中国住宅的技术水平和发展现状积极探索我国的住宅性能评价之路是我们每一名建筑工作者的使命，我们在评价住宅的同时也在将其引入设计领域，对住宅设计的导向和促进作用正逐步显现出来。

参考文献

建设部住宅产业化促进中心. 住宅性能评定指标体系，2004

童悦仲，娄乃琳，刘美霞. 中外住宅产业对比. 第一版. 北京：中国建筑工业出版社，2005

尚春. 我国住宅产业技术进步评价体系与方法的研究. 东南大学硕士论文

http://www.chinahouse.gov.cn/（中国住宅产业网，网站文件）

http://news.sina.com.cn/o/2005-03-30/14145507383s.shtml

技术专题　　　　　　电脑辅助设计
Technical Session　　**CAAD**

第五届中国城市住宅研讨会论文集，中国香港，2005 年 11 月
Proceedings of the Fifth China Urban Housing Conference, H.K.S.A.R. CHINA. (November 2005)

Demand-Driven Generative Design of Sustainable Mass Housing for China

基于市场需求的计算机生成设计与可持续发展的中国住宅产业

Christiane M. HERR[1], Thomas FISCHER[2], WANG Hao Feng[1] and REN Wei[3]

[1] *Department of Architecture, The University of Hong Kong, Hong Kong*

[2] *School of Design, The Hong Kong Polytechnic University, Hong Kong*

[3] *Innovation and Research Department, China Vanke Co., Shenzhen*

Keywords: generative design, housing, customization, sustainability

Abstract: In this paper we present an application of generative design to China's housing development. We give a brief background discussion of contemporary issues in China's housing development as well as of generative design and its potential use in the planning of mass housing in China. We identify difficulties in re-occupying residential units in commodity housing as significant obstacles on China's path towards sustainable housing construction. As this obstacle appears to be associated with the speed of change in China's social fabric, we propose the disaggregation of housing supply by means of a generative approach for semi-automated design of housing variants according to numerical housing demand predictions. Our objective is to demonstrate how generative and sustainable practices can support economically and environmentally feasible housing in China without over-stressing the building industry's capacity for embracing and for contributing to technological innovation.

关键词： 计算机生成设计、住宅开发、用户化、可持续发展

摘　要： 本文展示了计算机生成设计在中国住宅开发中的应用，并简单探讨了当前中国住宅开发所面临的问题以及该设计方法在规划住宅产业发展方面的潜力。本文认为目前住宅产业可持续发展的一个重要障碍是户型设计不能满足多变的市场需求，大量才入住不久的住宅即面临着难以转售的问题，从而造成资源的极大浪费。了解到造成这种障碍的原因是家庭成员和社会结构的快速变化，我们提出把住宅设计以户型选择为基础进行分解。根据市场统计预测居民对户型的需求，利用计算机生成法来实现一套半自动化的住宅设计体系，在提供灵活、多样的户型选择的同时，也提供可以进行多种户型组合的住宅单元平面。我们的研究说明，在不需要大举通过新科技手段来增加建筑业生产能力的情况下，计算机生成设计和可持续发展的住宅实践可以为中国住宅的产业化开发提供一种经济可行的、且对生态环境有利的解决方案。

1 BACKGROUND

As declared in national policy, China's ongoing rapid urbanization process results in the promotion of more than twenty rural areas to city status every year (Cering 2000). In this process, which will continue at its current pace at least until the year 2020, hundreds of millions of people will adopt new and quickly developing urban lifestyles and identities (Fischer and Herr 2004) and hundreds of millions of square meters of housing space are in the process of being planned or constructed at any given point in time. In this context, living space must be planned at speeds quicker than that can be achieved by conventional design methods, and demand for housing space can be expected to continue to stay ahead of supply. Typically applied strategies for tackling this issue, such as the enlargement of planning scales and the planning of repetitive built form, have been criticized as inadequate (Kees Christiaanse Architects & Planners 2005). Resulting building form neither offers much individual variety to its actual and future inhabitants, nor can it adequately respond to diverse and changing spatial needs that are brought about by changing residencies and social structures. Having only limited planning resources available, China's residential sector continues to come under simultaneous pressures to increase

production both quantitatively and qualitatively.

Generative design is understood as a design methodology in which designers do not configure attributes of their products directly but via generative systems. These are implemented through computer software using abstract definitions of possible design variations from which variant designs can be displayed of produced based on variant program execution or variant data (Fischer and Herr 2001). Variation in form is oftentimes achieved by using non-deterministic techniques such as cellular automata, replacement systems, neural networks or genetic algorithms. Gravitating towards conceptual and abstract concerns, applications of generative design principles have in the past tended to be rather experimental in nature and have largely been confined to laboratory scenarios (for examples see Frazer 1995). With a recent increase in digital design practice this seems to be changing. But practical applications in the areas of urban design (Scheurer 2003) or form rationalization (Glymph et al. 2002) for instance, have been technologically intensive and organizationally complex. This is a rather abstract and experimental approach, and consequently much previous generative design research appears barely applicable to the down-to-earth challenges that housing development in China is facing today.

Sustainable practices that have been proposed for China in recent years, such as the use of advanced passive design methods, computer energy-use simulation, the production of high-quality building materials or the recycling of waste material (Rousseau and Chen 2001, p. 297) have largely been ignored in the face of immediate challenges and practical constraints. Sustainable housing development, oftentimes practiced and portrayed as an expensive and technology-intensive effort to create high-tech buildings, shares similar challenges in China as generative design and faces an uphill battle in this developing country for similar reasons. A key stumbling block for both design approaches is China's current socio-economic environment. The country's vast and inexpensive workforce has been described as a strength of China's building sector and a chance for sustainable design (Rousseau and Chen 2001, p. 296). This resource, however, turns out to have a hampering effect on technological innovation. Workers in the construction industry are generally unskilled and tend to spend only short periods of time with one developer or contractor while the enormous supply of workers keeps wages at minimal levels. As a result, it is possible to confront almost any immediate and practical challenge in the building sector pragmatically by putting the necessary human work force to the task instead of considering relatively risky longer-term investments into largely unknown areas of technological innovation. While in more developed contexts it might be possible to advance market-tailored housing offers by means of advanced innovative technologies (see Suominen 2005), housing development in China cannot yet rely on advanced technological innovation to promote sustainable building practices to meet changing user needs.

2 GENERATING VARIANT HOUSING FOR DIVERSE NEEDS

The purpose of the study presented here is to allow generative design approaches in China to carefully learn to "walk before running". Therefore we aim to demonstrate that automated, rule-driven environmental planning can contribute to the improvement of sustainable living conditions as well as to the reduction of developmental risk without substantial construction-technological changes and without the significant cost increase that is oftentimes criticized in technologically intensive approaches to more sustainable housing. Point of departure is a desire to increase the speed and variety of planning by means of generative automation and to avoid technological changes to current construction approaches as far as possible. This can be achieved by focusing on simple and feasible sustainable practices in ways that allow application to large numbers of residential developments. The maintenance of high density urban form has been suggested as an important sustainable design strategy for China's residential building sector (Rousseau and Chen 2001, p. 297) and the mere re-use of existing buildings is frequently described as a simple, effective and resource-efficient strategy for sustainable housing (see for example Mackenzie 1993, p. 51). Residential architecture typically supports re-use by allowing multiple parties to consecutively occupy the same residential unit. This intention, however, is increasingly difficult to fulfill in contemporary China due to the country's quickly changing social structures. Individual wealth, and associated social ideals and aspirations are evolving as quickly as family structures due to professional migration, increasing divorce rates, later marriages, higher life expectancies, etc. As a consequence,

property owners and developers are increasingly struggling to re-occupy residential units which were planned as recently as only ten years ago. Where individual residential units fail to find their market, owners are forced to sell or rent below original expectations. The implicit risk is yet greater. Dropping prices can easily threaten the value of entire estates and, even worse, due to the highly repetitive nature of typical residential housing developments in China, the quality of entire projects can fail to meet quantitatively high market demands to the extent that demolition and re-development remain the only economically viable option. Hence, as China's social fabric develops towards greater diversity, the Chinese housing market is determined to move towards greater variety and flexibility as well as towards a market-oriented housing system (Rosen and Ross 2000). For this purpose we propose a planning approach that confronts the current situation primarily at two levels: Firstly, we suggest acquiring and using differentiated knowledge about market structures and patterns of demand for instance by means of survey-based market research to inform residential planning. Demand analysis is, to some extent, already a common practice for large property developers in China. Secondly, we suggest introducing variance into individual developments based on data provided by market research. This allows disaggregating housing supply and tailoring residential projects closely to given market situations. This can result in higher consumer acceptance, in more differentiated offers to private residential investors and in a significant reduction of the development risk associated with large clusters of potentially obsolete unit plans. A third, and at this point only potential benefit of our proposal lies in its compatibility with adaptive building approaches such as the Open Housing movement (Habraken 1976), which may at some point allow the adaptation and retrofitting of existing residential buildings to new needs (see also Jia 2001).

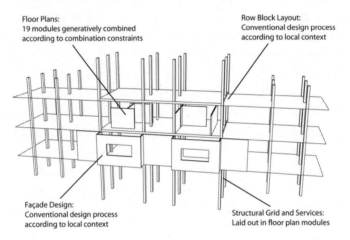

Figure 1　Generatively and conventionally planned building elements

This approach differs from mass customization by avoiding two problems associated with mass-customized housing. These are the administrative effort required for tracking and processing individual customers' configuration data and the possible over-differentiation of living units, which can again result in re-occupation problems (see Suominen et al. 2005). Consequently, the sustainability potential for generative, demand-driven combination of living units can simultaneously allow better fulfillment of present demands while limiting problems that future generations will encounter in meeting their needs (see Miltin and Satterthwaite in Pough 1996, pp. 30 ff.). Our generative model allows automated re-combination of floor plans during the design stage based on contemporary building practice, whereby our focus is on typical urban middle class estates consisting of a few hundred to several thousand "commodified" (commercially developed) residential units in five to six story row blocks. Some parts of the design process are based on generative design routines driven by market data while other parts are based on conventional design approaches to allow suitable responses to local contexts. Figure 1 shows how different building elements within the proposed system are subject to either generative or conventional design methods. Those building elements that we propose for generative solution are those which are more easily automated than those for which we propose conventional design approaches, with the latter allowing great flexibility in accommodating locally changing design constraints and requirements such as climate and lighting conditions, available building materials and transportation distances, site contexts, built

environment and architectural identity. This can help to avoid mistakes that are frequently criticized in mass housing developments such as insensitivity to local context (see Golland and Blake 2004, p. 187).

Different demand patterns, as identified by surveying potential customers during an initial market research stage, are tentatively categorized into a set of seventeen predefined market segments. The market segmentation assumes the occupying party of each living unit to contain at least one "head of household"-bedroom, one living room and at least one bathroom with a bath tub. A "head of household" is typically represented by either the single, couple, single parent or parent couple, who provides accommodation for the remaining occupants, namely children, elderly parents and guests. This basic unit configuration is modified by additional bed rooms, by one additional room for auxiliary use as well as by adjusting the spatial generosity of the rooms. One or two additional bedrooms can be provided, whereas every second additional bedroom comes with a second bathroom with bath tub. The optional auxiliary room can for instance be used as a guest room or study. Possible combinations of these options are available at reduced, average or generous floor plan sizes, relatively to current standards. Viable combinations result in seventeen residential units. Each market segment is specified by a 3-symbol code such as "2+n". The first symbol encodes the number of additional bedrooms (0, 1, 2), the second symbol encodes spatial generosity (-, s, +) and the last symbol encodes the presence of an auxiliary room (n, a). Not every one of the residential unit maps onto exactly one of the seventeen market segments. Rather, individual units occupy up to three market segments so that several overlaps of different units exist in different market segments as shown in figures 3 and 4. Two of the unit plans span across two floors, connected by an internal stair case. The overall number of different floor plan modules hence is nineteen, for which a set of rules for possible combinations is defined. Figure 2 shows plans of row blocks as they are typically constructed to form large residential developments in China on the left and a modified design based on variant floor plans on the right. We distinguish between individual living units, combination units (of which there is one between any two stair cases), access units (which are formed by a stair case and the living units to which it provides access) and head units (which form the ends of row blocks). The original, non-variant design and the variant design are based on the same pattern of support columns. Rule expressions begin with the living unit type in question followed by a logical description of possible combinations such as H+(G&I)|(G&K), which means type H combines with either a combination of types G and I or with a combination of types G and K. Additional rules describe the integration of two-story units. The generative procedure aims to select suitable living unit types by sequentially catering for demand segments in a sequence determined by the segements' sizes. Larger demand segments are prioritized over smaller ones. The selection quantity for each market segment is determined by the respective demand segment's relative size and the targeted number of residents of the entire development. As additional units are co-selected to meet combination rules for combination units, living unit types that are in greater demand are again prioritized. The result of this strategy is a close approximation of the demand pattern. It will be slightly distorted by approximating the closest number of living units that allows the formation of complete row blocks. This is achieved by either adding or subtracting living units, again according to demand priority. Individual living units are mirrored where necessary to provide staircase access, and finally an additional rule can be applied to move those living units that are likely to accommodate elderly occupants to the lower stories as the housing type in question does typically not provide elevators. Row blocks are generated to include 3 to 5 staircases. The layout of row blocks on the site, along with site access and circulation design and landscaping, can be planned separately.

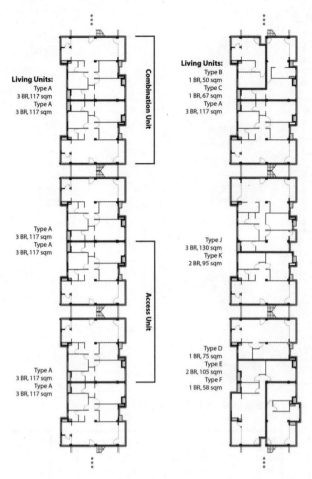

Figure 2   Row block plans with typical repetition of living units on the left and a variant design catering for different market segments on the right

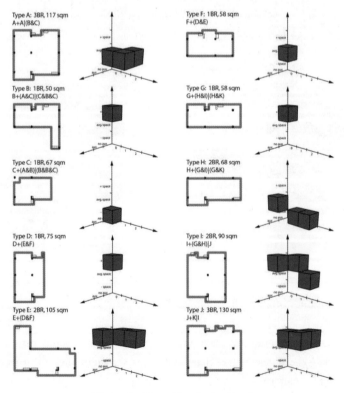

Figure 3   Floor Plan Series Part I

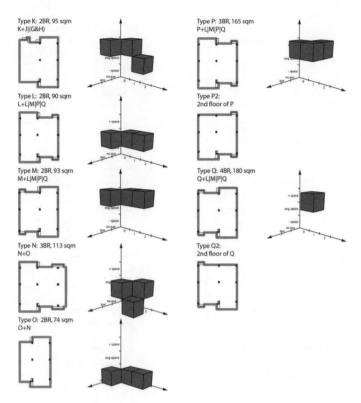

Figure 4　Floor Plan Series Part II

Q2	J,K	O,N	M
Q1	G,H,I	L,P2	L
P2	G,H,I	L,P1	M
P1	G,H,I	O,N	M
P2	G,H,I	M,M	M
P1	G,H,I	M,M	M

M	O,N	N,O	G,H,I	Q2
L	O,N	O,N	I,J	Q1
L	O,N	N,O	I,J	P2
L	O,N	O,N	J,K	P1
L	O,N	O,N	J,K	Q2
M	O,N	O,N	A,A	Q1

L	G,H,K	O,N	P2
M	G,H,I	N,O	P1
M	G,H,I	O,N	P2
M	G,H,K	M,L	P1
L	G,H,I	O,N	Q2
L	B,B,C,C	N,O	Q1

Figure 5　Three housing blocks with 124 living units generated from demand data

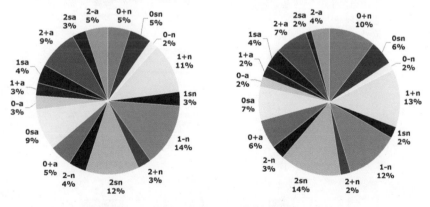

Figure 6　Demand (left) and supply (right) patterns

Figures 3 and 4 show the outlines of all 19 floor plans of the 17 living units, each along with the number of bed rooms provided, size in square meters, positions of service shafts, structural column locations and a diagram showing the market segments covered by each unit. Figure 5 shows three row blocks generated for a hypothetical demand pattern. The underlying demand pattern is shown on the left of figure 6 while the right of figure six shows the supply pattern achieved by the discussed procedure. The correlation between the hypothetical demand pattern and the generated supply pattern is 0.896.

3   CONCLUSION

This paper represents an initial investigation into possibilities of combining conventional design and automated generative strategies to plan sustainable housing developments according to market demand, while acknowledging China's established building practices and social dynamics. The focus of the work presented here relies on useful generative strategies for this purpose. We have demonstrated a model for separating different elements of residential planning into those that may benefit most from automation to produce demand-driven variation of living units and those that may benefit most from conventional architectural design. With a set of combinable floor plans based on a generic structural support system, it was shown how housing supply can be disaggregated and tailored to approximate market demand with a high degree of accuracy. In further developing this approach towards economically and environmentally sustainable housing, more research is needed both in terms of information gathering and processing strategies as well as in terms of construction strategies. To gather necessary market data, a suitable market research method is needed for probing potential markets for representative data describing current and future customer demand patterns amongst defined market segments in order to drive the generative process. Companies involved in housing development in China are already engaged in research and development initiatives for this purpose. With the availability of actual demand pattern data, the floor plan set can be adapted to allow for closer approximations of demand patterns. Further work is necessary to fully formalize the described generative procedure in order to either train planners to perform it manually or to implement it in a self-contained software tool. Additionally, alternative localized façade designs can be developed to allow locally sensitive context integration of generated residential developments.

ACKNOWLEDGEMENTS

We gratefully acknowledge the support from our colleagues at the Department of Architecture at The University of Hong Kong and at the School of Design at The Hong Kong Polytechnic University, in particular Jia Yunyan, Chen Haiyan and Timothy Jachna.

REFERENCES

Cering, D. (多吉才让) (2000). 未来二十年我国会增多少新市镇? *Outlook Weekly(嘹望新闻周刊)*, 3, August 14th 2000

Fischer, T. and C.M. Herr (2001). "Teaching Generative Design". In: Soddu, C. (ed.). *Proc. 4th Conference on Generative Art. Generative Design Lab*, DiAP, Politechnico di Milano University, Italy

Fischer, T. and C.M. Herr (2004). "Identity Crisis and High-Speed Urbanism. Form and Morphogenetic Process as Generators of Design Identity". In: Soddu, C. *Proceedings of the AsiaLink Seminar De Identitale* (pre-print). Rome, Italy, 2004, 109-116

Fischer, T. (2004). Mass Customization and Generative Design. In: Leung, T.-P. (ed.): Kong Kong: *Better by Design*. Hong Kong: The Hong Kong Polytechnic University, 446-455

Frazer, J. (1995). *An Evolutionary Architecture*. London: Architectural Association

Glymph, J., D. Shelden, C. Ceccato, J. Mussel and H. Schober. (2002). "A Parametric Strategy for Freeform Glass Structures Using Quadrilateral Planar Facets". In: *Proc. ACADIA 2002*, Pomona, CA, 303-321

Golland, A. and Blake, R. (eds.) (2004). *Housing Development: Theory, Process and Practice*. London: Routledge

Habraken, N.J. et al. (1976). *Variations: The Systematic Design of Supports*. Laboratory of Architecture and Planning, Cambridge, MA: MIT Press

Hague, P. (1992). *The Industrial Market Research Handbook*. 3rd edition. London: Kogan Page

Huang, Y. (2002). Housing Choices and Changing Residential Patterns in Transitional Urban China. (December 28, 2000). UCLA Asia Institute. *Economic, Social and Legal Issues in China's Transition to a Market Economy*. Paper chntrans01. From http://repositories.cdlib.org/asia/eslictme/chntrans01

Jia, B.S. (2001). Open Housing, Compact City and Environmental Preservation: a Critical Look at Hong Kong's

Experience. In: *Open House International*, 26(1): 26-33

Kees Christiaanse Architects & Planners. (2005). *Master Planners, 9 Traps to Watch Out for in China!* From http://www.kcap.nl

Mackenzie, D. (1991). *Green Design: Design for the Environment*. London: Laurence King

Pugh, C. (1996). *Sustainability, the Environment and Urbanization*. London: Earthscan Publications

Rosen, K.T. and M.C. Ross. 2000. "Increasing Home Ownership in Urban China: Notes on the Problem of Affordability". *Housing Studies*, 15(1): 77-88

Rousseau, D. and Y. Chen. (2001). "Sustainability Options for China's Residential Building Sector". *Building Research & Information*, 29(4): 293-301

Scheurer, F. (2003). "The Groningen Twister. An Experiment in Applied Generative Design". Soddu, In C. (ed.). *Proc. 6th Conference on Generative Art. Generative Design Lab*, DiAP, Politechnico di Milano University, Italy 2003, 90-99

Suominen, J.I. et al. (2005). "My Home, Mass Customization in Housing - Home Menu for Living Platforms". In: Tseng, M.M. and Piller, F.T., *3rd International World Congress on Mass Customization and Personalization*. Hong Kong: University of Science and Technology

第五届中国城市住宅研讨会论文集，中国香港，2005 年 11 月
Proceedings of the Fifth China Urban Housing Conference, H.K.S.A.R. CHINA. (November 2005)

GIS-based 3D visibility analysis for high-density urban living environment

應用地理資訊系統的三維視覺分析于高密度城市居住環境

Simon Yanuar PUTRA[1], Perry Pei-Ju YANG[1] and LI Wenjing[2]

莊正忠[1]　楊沛儒[1]　李文景[2]

[1] *Department of Architecture, National University of Singapore, Singapore*

[2] *Department of Architecture, The Chinese University of Hong Kong, Hong Kong*

[1] *新加坡國立大學建築系*

[2] *香港中文大學建築系*

Keywords: Urban density, urban typology, visibility analysis, 3D GIS, Viewsphere

Abstract: Density and typology configurations of high-density urban form shape the nature of perceivers' visibility, thus determining their spatial perception. Density and typology are both indicators of existing urban characteristics and parameters in urban design process, and therefore are crucial for understanding and shaping the urban environment. The relationships between density, typology, visibility and daylight aspects of urban form are to be explored in this paper, which is our first priority. Previous researches have employed two-dimensional quantitative analytical tools and indicators of visibility to capture the "perceived" visibility of urban form. Recently, our development of Viewsphere 3D Analyst, a three-dimensional visibility analysis tool, was developed. This technological breakthrough brought new and unexplored visibility and daylight indices whose relationships with urban density and typology are yet to be understood. Viewsphere analysis' and (VSI) metrics' contribution and significance in comparison with other preceding visual analyses are to be discussed. The research will establish formative relationships between density, typology, visibility, and daylight factors of urban geometrical setting, and their impact to "perceived quality" of built-environment. By understanding these relationships, factors which have more impacts can be determined, and prioritization of design factors can be made. Different strategies of implementing high density urban development will be tested, and perceptual indicators generated from Viewsphere 3D Analyst will be used for understanding different impacts of tested strategies.

1 INTRODUCTION

High-density living today is no longer peculiar phenomena, but a socially accepted norm, pressurized by land scarcity and financially astronomical land value, e.g., in Tokyo, Hong Kong and Singapore. The rationale of controlling density and typology of built environment for the benefit of pleasing and non-oppressing spatial perception was discovered in conventional studies of urban design, and have always anchored on the hypothesis that "physical environment and the configuration of the urban space, its qualities and characteristics have a major influence on the human perception and behaviour" (Alexander et al, 1988; Lang, 1994; as quoted by Fisher-Gewirtzman et al, 2003). Thus it's evident that physical configuration of urban space and built-environment is determinant for spatial perception, and therefore requires further investigation. "Subjugating" the problem of density and typology was one of the paradigms that encourage development of planning as "science" in the last century which has breed formalized planning institutions in multi-hierarchical levels, from nation-wide to local townscape and suburban or rural precincts.

The first customary question raised then is how to implement density and typology measures in planning and design process to achieve a desirable urban environment. The second question that may contribute to the first is

which types of density and typology of existing urban form are more desirable in terms of perceptions of density, visibility, and daylight exposure.

This research aims to:

- understand the effects of urban density and typology configuration to perceived quality of urban form, especially through investigation of relationships between spatial perceptions of urban density, typology and visibility, with our newly developed volumetric visibility indices (ViewSphere Indices or *VSI*s);

- investigate how density and typology configuration can be articulated in the form of "perceived density", "visibility in quantity and in proportion", and "daylight exposure" indicators;

- discuss our 3D visibility indices in comparison with several established 2D indices to understand the extent of our contribution in the field of visibility analysis of urban space.

2   PERCEIVED DENSITY, TYPOLOGY, AND VISIBILITY INDICES

2.1 Perceived density

"Density" is a general term usable for describing the "intensity" of many phenomena. A characteristic of density is that it is measurable, both nominally (numerical values) and proportionally (labelled value judgment: low, medium, high). Physical development density expressed in FAR and GPR will be the focus of this research, since it is determinant in shaping the physical urban form and does express the amount of usable space required for certain number of population to use, thus much related to the type of land-use in each space-context.

Present methods of expressing FAR and GPR, are well established and appropriate for macro-scale and regional planning, which may not be perceivable from egocentric view of pedestrians. As originally planning tools and indicators, these measures of density are less appropriate for density perception. Therefore a derivative indicator of "perceived density" is proposed for a better representation of human spatial perception. "Perceived density" is the perception of density of urban form which can be considered as an indicator of urban environmental quality. It's hypothesised that spatial distribution of built volumes, in the form of density and typology, may affect the perceived density.

2.2 Typology

Typology, such as grid, can be regarded as an ordering principle, which set out the rules of the environmental development. There are three typologies studied here, the pavilion is finite in its plan form; the street is infinite potentially along one axis, and the court along two axes. The three typologies can be extended into rectangular lattices. With similar site area, block depth, width of inter-space, and floor height among three typologies, "speculation" was conducted on three different typology lattices using two factors, site utilisation factor (the ratio of covered to uncovered site), and built potential (or Floor Area Ratio, FAR, the ratio of floor area to the site area). Courts typology was discovered to have the most built-potential, followed by street and pavilion. The pavilion was found to be inherently inefficient in terms of land use, while the streets was twice more efficient, and the courts was three times more efficient. The speculation suggested that there might be an optimum value of built-potential for each typology. It is possible to have more area of undeveloped land with the same built density through different typological arrangement (Matin & March, 1972).

Type A: Pavilion Type B: Slab Type C: Courts

Figure 1   Three archetypes of urban form in unit
cells, based on Martin and March (1972)
(Black colour represents built area)

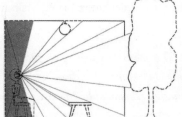

The same ambient array with the
point of observation occupied by a
person.; When an observer is
present at a point of observation,
the visual system begins to
function.

Figure 2   Ambient optic array from a person's visual system(Gibson,
1986)

2.3 Visibility indices

What was not established by Martin and March's work was the relationship between density and visibility
through different typological arrangements, and thus the impact of these physical arrangements on the visual
perception of city dwellers. The main challenge is how visibility perception can be "captured" in a discreet
quantitative measure of "visibility amount", and vice versa.

As was discovered by Geoffrey Owen (2004) and his team, our eyes, or precisely our retina, perceive visual
signals from arrays of photon[1] ambient of our position in the environment through process of estimation, and not
identification. The retina estimates the "true" signal transferred by photonic arrays, or ambient optic arrays in
Gibson's term (1979), then transmitted them to our brain cortex, collectively generating our visual perception.
Another potential measurement apart from traditional energy-related ones is what has been implied by Gibson's
ambient optic array (1979) description of spatial measurement (Figure 2).

Spatial measurement methodology has been proposed by series of quantitative visibility analysis. One of the
first computational visual analyses was "isovist", conceptually proposed by Tandy (1967). However, isovist
only deals with horizontal plane, and thus it's only capable in analysing two-dimensional plan of built-
environment. Visibility analysis was also adopted by Geographic Information Systems (GIS) in particular for
landscape and terrain analysis, with the development of Line of Sight (LoS). Viewshed is a GIS-based visibility
analysis, which is grounded on LoS technique. Thus, viewshed may be considered as the latest widely-used
GIS-based "2.5D" visibility analysis application.

The limitation of these 2D and "2.5D" visibility analysis methods is that they mainly offer two-dimensional
spatial quantification of photonic arrays, including 2.5D which generates "visible areas" from analysis of
extruded building or terrain height, as if photons can only radiates two dimensionally in space. Fortunately, the
spatial realization of ambient optic arrays has been potentially achieved in the development of Viewsphere 3D
Analyst (Yang et al., 2004) and "viewsphere graph" through computational customization of conventional GIS-
based visibility analysis. The analysis was developed using the methodology of measuring the "volume of
space" occupied by ambient photonic array while radiating or travelling from urban built-environment to our
visual receptors, or simply referred as "Volume of Sight" (*VoS*). However, the relationships between visibility,
perceived density, and typology are yet to be explored in this paper, through the application of our novel
computational tool on the discussed typologies.

3   VIEWSPHERE 3D ANALYST AND INDICES (*VSI*S)

The mathematical formulation, conceptual and technical development of Viewsphere has been discussed in our
previous publications (Yang et al., 2005b), which will not be repeated in this paper. The Viewsphere 3D Analyst
or Viewsphere in short can be defined as a 3D visibility analysis by calculating the visible "volume" of ambient
optic array, or Volume of Sight VoS, which is constructed through viewing from a specific observation point to
the surrounding environmental obstruction points by the "scanning" of visual line or the "line of sight". The

---

[1]   Photon is an energy wavicle emitted by the electromagnetic force field. Source:
    http://www.benwiens.com/encyclopedia.html

conceptual foundation of volumetric calculation in our visibility analysis development refers back to William James' statement that:

> *"Its (sensation of space's) dimensions are so vague that in it there is no question as yet of surface as opposed to depth; 'volume' being the best short name for the sensation (of space) in question. Sensations of different orders are roughly comparable, inter se, with respect of their volumes" (1890, p.136).*

GIS-based Viewsphere 3D Analyst was developed and customized on ArcGIS 8.3 platform using ArcObjects based on Visual Basic language version 6 (Figure 4). Viewsphere is designed especially for analyzing 3D urban massing or simple geometrical form, in which the terrain-landscape and urban built environment are integrated and modelled in TIN data. Viewsphere graph is the graphic representation of Volume of Sight *VoS*, a collection of countless vertically stacked ambient optic arrays between the vantage point and all visible points along the line of sight (*LoS*), stretching to the horizontally farthest visible point or obstruction point.

The total viewsphere graph, which appears as a triangular fan in 3D GIS (Figure 3a), can be taken as a specific form of three-dimensional isovist using the 360° or 2π rotation of 3D sight line from a specific observation point. We limit the application of Viewsphere 3D analysis to the context of intensive urban environment, where the ambient optic array can be computed within a confined visible boundary rather than an unbounded open field. However, the approach will need to be revised when dealing with other urban settings with radical variations of terrain or a significantly prominent landmark from a far and long distance viewpoint.

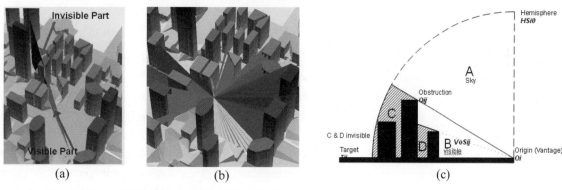

Figure 3　(a) Invisible and Visible parts of line of sight *LoS_{ij}*;
　　　　　(b) Viewsphere 3D analysis in operation; the radiating "rays" are the viewsphere graph;
　　　　　(c) Volumes distribution of ambient optic array in Viewsphere 3D Analyst

The spatial volumes of ambient optic arrays can be calculated from: (A) volume constructed from visible sky optic arrays inside the virtual hemisphere; (B) visible volume *VoS* constructed by visible arrays from observation point to the urban and environmental surfaces before the obstruction point; (C) invisible volumes behind the obstruction point and inside the hemisphere, and (D) invisible volumes in front of obstruction point (c). The volume of sight *VoS*, or the computation of viewsphere graph, provides a GIS-based visibility measure in a three dimensional way as a nominal volumetric index of visible space in cubic meter. The main question is how we can use it for further understanding the 3D spatial characteristics of urban spaces. How do we transform the GIS operation of 3D visibility to effective urban form indices for measuring and comparing the degree of visibility among different urban configurations? For comparing the degree of visibility in different urban settings, we define a 3D urban form indicator *Viewsphere index (VSI)* for measuring the percentage of the visible space *VoS* that fills up the hypothetic spherical view area. *VSI* is a proportional index ranged from 0 to 1, representing the magnitude of certain mental perception of urban environment. *VSI*'s value is much depended on the volume of its virtual hemisphere, which can be controlled by its optional radiuses, such as from a user-defined radius, or its statistical inferences. Thus, two *VSI* readings from the same location with different radius settings will be different as well. To solve this situation in this experiment, we've assigned "the distance to the nearest vertical environmental surface" as the radius setting for *VSI*.

In this *VSI* calculation with nearest distance radius setting, we discovered that volume component C and D cease

to exist, since the limitation of nearest radii ensure that no invisible or occluding volume component may be involved in *VSI* calculation. Since *VSI* is basically operating more as an angular indicator and less as volumetric one, it'll not be surprising that *VSI* and SVF may have high correlation. Sky View Factor (SVF; Oke, 1987; Ratti, 2001) is an established indicator commonly used for urban environmental and climatic studies. In our case, SVF or ψ is employed as indicator for daylight exposure. A very strong correlation has been revealed through experiments, that this type of *VSI* is actually the reverse reciprocal value of SVF, which means:

$$VSI + \psi = 1 \tag{1}$$

This relationship can be explained principally based on conceptual equation of *VSI*, since *VSI* is calculated based on the inward sphere where there is no invisible volume inside, in the form:

$$VSI = \frac{B}{A+B}, \quad \psi = \frac{A}{A+B}. \tag{2}$$

This contributes in the area of urban spatial analysis and also urban climatology, providing proof that SVF can be generated through different approach and different methodology than the original SVF calculation (Ratti, 2001). It reveals that SVF can be a derivative perceptual index from Volume of Sight *VoS* & Viewsphere Index *VSI*, and therefore it may have relationship with environmental perception, or may even act as a perceptual index. It reveals a possibility that daylight exposure, microclimatic factor and visibility are closely inter-dependently related.

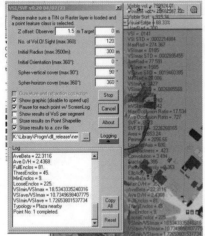
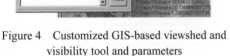
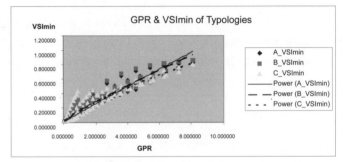

Figure 4   Customized GIS-based viewshed and visibility tool and parameters

Figure 5   (Right)Chart of Linear correlations between GPR (ρp) & *VSImin*

4   PREVIOUS FINDINGS ON INTER-RELATIONSHIPS BETWEEN DENSITY, TYPOLOGY AND VISIBILITY

With the purpose of finding the most suitable index for representing "perceived density", we need to establish the relationships between "planned density" represented by ρ_p or Gross Plot Ratio (GPR) and potential indices of "perceived density" represented by *VSI*s. In the previous study, significant relationships between VSIs and pedestrian's perception of visibility, openness-enclosure, spaciousness, and space-definition, were established from our surveys on urban spaces in downtown Singapore (Putra, 2005; Yang et al., 2005b). Based on this finding, VSIs may be correlated to perceived density as well. Statistical correlations between *VoS*, *VSI*, and ρ_p were explored using linear regression and Pearson's correlation techniques, and it was discovered that *VSI* has very significant correlations with ρ_p in both linear regression and Pearson's correlation for all typologies, indicating "perceived density". More detail relationships are presented on Figure 5, showing nearly identical pattern in all typologies. Planned density pattern showed no difference for all typologies, implying that an urban setting assigned with a certain planned density may have many typological variations.

Since *VSI* has been established statistically as the indicator for "perceived density", a direct relationship

between "perceived density" and daylight exposure can be proposed based on direct inverse mathematical relations between VSI and ψ (Equation 1). We concluded that planned density ρ_p, perceived density VSI, and thus daylight exposure ψ, are generally correlated, only when ρ_p is fixed to a given value. The inverse linear correlation between ψ and VSI imply that increasing perceived density will reduce daylight exposure on urban space. Both VSI and ψ are more influenced by vertical dimensions of surrounding structures. What is definitive is that both daylight exposure ψ and perceived density VSI patterns are different for every typology, affected by different factors. We have also concluded that more horizontally "enclosing" typology will increase building height's impact on perceived density.

Our studies have indicated that VoS has a moderate correlation with perception of visibility, based on this survey question "how much can you see", and thus commendable for representing perception of visibility (Yang et al., 2005b). In our discussion of visibility, volume of optic arrays from the sky component will not be included in VoS, since it's not reflected from environmental surface, the term visibility has been used in many different studies, implying that "the less obstruction objects are visible, the higher visibility perceived", which is a totally different definition. It should not be mistaken also with other definition such as "the amount of light photons" referring to "brightness", or related to the atmospheric quality, or the ability to see as many "tempty" space as possible (empty space = "full" visibility). Our definition of visibility therefore is closer to "the more environmental surfaces visible, of buildings and landscapes, the more ambient optic array perceivable from the surfaces, the higher visibility perception is." From the previous findings (Yang et al., 2005a), our preliminary conclusion is that typological arrangement of urban structure has major impact in shaping pedestrians' visibility inside the urban built-environment.

The next question is then in what way patterns of perceived density, daylight, and visibility are influenced by typology. The key factor of typological impact on these perceptions was discovered to be building coverage ρ_b, or the horizontal dimension of typology. For all typological arrangements, increase in building coverage will always increase perceived density, and decrease daylight exposure and visibility. Therefore, we conclude that the second most influencing factor in this study is building coverage. Thus building height and planned density may actually be the less influencing factor in environmental perception. This finding challenges the notion that low-rise high-density scenario of urban development is a better strategy.

5　CASE STUDY: SINGAPORE NEW DOWNTOWN PLAN 2003 @ MARINA BAY

This case study is the Singapore New Downtown Plan at Marina Bay area, consisting of 313 ha reclaimed land, administrated into 3 planning areas, which are Downtown core further subdivided to Central and Bayfront subzones, Straits View and Marina South. Our focus is the New Downtown plan published on Urban Redevelopment Authority (URA) of Singapore's Skyline magazine July/August 2003 issue, located on Central and Bayfront subzones of 139 ha reclaimed land.

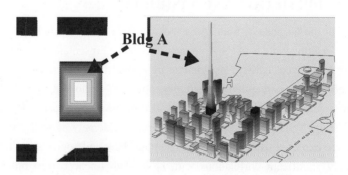

Figure 6　Gross Plot Ratio (GPR) distribution of New Downtown @ Marina Bay (min 8, max 25)

Figure 7　Building coverage variations inspired by Fresnel diagram, and resulting height variations

Since 1997, the vision and planning strategy of New Downtown development aimed at maximizing the

development potential of land parcels by assigning higher planning density. As represented in Figure 6, the planned density of New Downtown development varies from GPR 8 to 25, a significant change from the density of adjacent older CBD's, which is only maximized to GPR 13. This policy was aimed to create opportunities for Singapore to develop a representative, dynamic, and distinctive skyline of its new CBD area, apparently shaped by few key iconic skyscrapers located at strategic points such as Building A. The challenge lies in the balancing process between development potential and urban open space quality, of which the study will contribute by presenting experimentations of different typology and morphology and their impacts on environmental perceptions of New Downtown's open space.

The experiments were conducted by applying 10 variations of building coverage and building height of a single building (Building A) that constitutes a constant planned density value (GPR=25). Building A was designed to be iconically and the tallest and one of those with highest density. The impacts of Building A's variations were observed through Viewsphere's readings of *VoS*, *VSI*, and ψ. These readings will reveal impacts represented by visibility, perceived density, and daylight exposure from variations of Building A's morphology.

The guiding principle for variations of Building A's variation was inspired by Fresnel diagram (Figure 7), from which Unwin (1912) and Martin and March (1972) argued that "the area (of a circle or other compact shapes) is increased not in the direct proportion to the distance to be travelled from the centre to the circumference, but in proportion to the square of that distance," although our diagram may not have the exact proportion. However, ten variations were designated to represent the degree of land use efficiency, from 100% to 10% (of 3055 m^2 site area), from the most to the least efficient variation. Pavilion typology (Type A: tower) was selected in this variation exercise, following BuildingA's original typology.

The GIS-based Viewsphere 3D Analyst was run by ten variations of building coverage ρ_b and height H, each referring to building coverage ρ_b ranges from:

$$\rho_b \in \{100\%, 90\%, 80\%, 70\%, \ldots 10\%\};\qquad(3)$$

which based on site area A_s of 3055 m^2, define building area A_b as:

$$A_b = w \times l;\qquad A_b = A_s \times \rho_b;\qquad(4)$$

Since in this case planned density (or plot ratio) ρ_p was assigned as constant 25, while ρ_p was defined in equation 4, we can calculate number of storey n and thus building height H based on each storey's height h of 3 meters. For example, for $\rho_b = 100\%$, $H = 75$ m; while for $\rho_b = 10\%$, $H = 750$ m. Thus while ρ_b decreases proportionally, H increases exponentially. For each variation of A_b, proportion between building width w and length l was maintained between 1.04 and 1.46 to preserve their rectangular nature. Details of each variation are presented in Table 1.

The analysis was applied to sample points of a number between 2859 to 2881 for each of the ten variations, distributed in a grid-like system with 10 meters resolution, which accumulated to 28701 points analyzed. For each sample point, we defined certain optional settings such as: (a.) height-offset of observer point to 1.5 m to represent the height of average adult eye level; (b.) user-defined radius of maximum visual distance to 1000 m, the distance that can incorporate all areas of case study; and finally (c.) number of Volume of Sight (*VoS*) segments to 180, thus set horizontal angle width α_n to 2° per segments, an optimum setting for improving computational time-burden.

The analysis results are stored together with the sample points in the same GIS database. Table 1 presents these results based on average (mean) value of sample points (between 2859 and 2881) for each variation. From Table 1 we can observe that gross plot ratio ρ_p was maintained to 25, while building coverage ρ_b was decreased proportionally from 100% to 10%, consequently decreases building area A_b proportionally, and increases building height H exponentially from 75 m to 750 m.

It's apparent that with constant planned density ρ_p, decreasing ρ_b and increasing building height H, building A

gets slimmer and taller. Figure 8 illustrates these variations' impacts on visibility *VoS* of which 90% reduction of building coverage ρ_b and 900% increase of building height *H* may raise visibility by 25.7%. However, 50% reduction of ρ_b and 100% increase of *H* will only raise visibility values by 6.8%; while 70% reduction of ρ_b and 233.33% increase of *H* will raise visibility values by 11.5%, which is about half of the first case's increase (25.7%). Therefore generally, variation of building height and coverage of a single building, within the same planned density, may have significant impact on visibility of surrounding urban spaces. The impact significance appears to be largely determined by or even exponentially with correlated building height variation.

Table 1 Morphological variations and their impact on density, visibility & daylight

GPR	BC (%)	Area (m²)	Height (m)	VoS (ave)	VSI (ave)	VSImin (ave)	SVF (ave)
25	100	3055	75	1609646	0.000769	0.413409	0.586591
25	90	2749.5	83.33333	1626535	0.000777	0.412915	0.587085
25	80	2444	93.75	1641613	0.000784	0.413058	0.586942
25	70	2138.5	107.1429	1667992	0.000796	0.412577	0.587423
25	60	1833	125	1693910	0.000809	0.41186	0.58814
25	50	1527.5	150	1720107	0.000821	0.410943	0.589057
25	40	1222	187.5	1753356	0.000837	0.410397	0.589603
25	30	916.5	250	1794872	0.000857	0.409145	0.590855
25	20	611	375	1861731	0.000889	0.407449	0.592551
25	10	305.5	750	2024300	0.000967	0.404848	0.595152

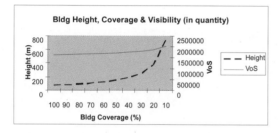

Figure 8 Impact of morphological variations on visibility metric *VoS*	Figure 9 Impact (or sensitivity) mapping of visibility in quantity (*VoS*)

Apparently, the variation of a single building must be adequately significant in order to achieve meaningful visibility impact on large urban space areas. We've also discovered that visibility impacts from a single building are not evenly distributed in urban spatial realm. Figure 9 illustrates these uneven spatial distributions of visibility impacts, or sensitivity mapping of visibility. The impact of varying building A's coverage ρ_b from 100% to 10% may increase *VoS* by maximum 4.3M (millions) m³ at the farthest edges of urban area visible from the particular building (no. 1). This variation will have no visibility impact on urban spaces invisible that building A (no. 2) and very minimum visibility impact on urban spaces nearest to building A (no. 3).

Therefore, observation from spaces at the edge of a building's visibility field will reveal better understanding of that building's impact on visible spaces from the building's morphological variation. The farther the distance from that building, the greater the visibility impact caused by the building's variation. Especially in the case of very tall skyscrapers, which dominated the skyline of very high density urban developments, the edges affected by their visibility impact may extend far beyond the urban spaces inside the city, even to the scale of regional geographic boundaries. However, because of the limited area of urban space analyzed in our case study, the maximum impact can only be observed to approximately 3 times greater than the original values, observable from the farthest spaces from the building. Regardless of the impact significance, our hypothesis has been verified that decreasing building coverage and increasing building height will increase visibility of surrounding urban spaces.

Based on the variations in Table 1, we observed that perceived density *VSI* average value decreased slightly from 0.413409 to 0.404848, and daylight exposure ψ average value increased slightly from 0.586531 to

0.595152. Figure 10a and b illustrate these impacts, of which 90% reduction of building coverage ρ_b and 900% increase of building height H only decrease VSI by 2.07% and increase ψ by 1.46%. Apparently the variation's impact on perceived density and daylight exposure of large urban spaces is far less than that the impact on visibility. Therefore, variation of building height and coverage from a single building, within the same density, has insignificant impact on perceived density and daylight exposure of large surrounding urban spaces. It will be very difficult for a single building's variation to make meaningful impact on perceived density and daylight exposure of large scale urban space.

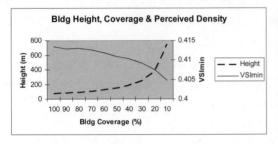 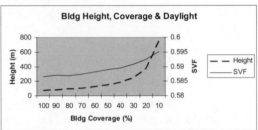

Figure 10   Impact of morphological variations on (a) perceived density and (b) daylight exposure

Figure 11 illustrates the spatial distributions of impacts, or sensitivity mapping of perceived density and daylight exposure, which reveals the reason why impacts on large urban spaces are insignificant in general. The impacts on perceived density and daylight exposure are spatially concentrated around the manipulated building itself, within a radius of approximately 100 m, suggesting that impacts on spaces outside this radius are very low. The impacts of varying building coverage ρ_b from 100% to 10% may decrease VSI by maximum 0.29 and increase ψ by maximum 0.3, at the nearest urban spaces to Building A (Figure 11). The nearer the space to the building, the more change will be perceived on perceived density and daylight exposure. Thus we may conclude that lowering building coverage and raising building height can reduce perceived density at maximum 30%-40% and raise daylight exposure by maximum 100% on the nearest spaces visible from the varied building.

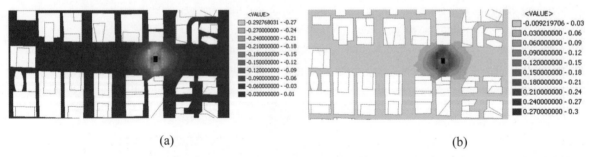

(a)   (b)

Figure 11   (a) Impact (or sensitivity) mapping of perceived density (VSImin); (b) Impact (or sensitivity) mapping of daylight exposure (SVF)

6   GENERAL DISCUSSIONS

Our study has established that relationships between perceptions of density, visibility and daylight of different typological and geometrical settings can be observed *spatially* and *quantitatively*, through the application of Viewsphere 3D Analyst and indices in this study. One of our indices, *VSI*, a perceptual index derived from volumetric visibility index *VoS* has been demonstrated as a qualified candidate for "perceived density" metric, as a better index to represent visual perception of urban density than planned density measure (e.g. GPR) commonly used in planning process. Perceived density metric is useful to establish statistical relationships with visibility metric, which was proposed in our previous publication (Yang et al., 2005a). Perceived density metric *VSI* has also exhibited direct inverse relationship with daylight metric ψ, implying that environments with higher perceived density will also have lower daylight exposure.

The relationships between planned and perceived density, daylight exposure, visibility, and in different

typologies, can be formulated in the following statements. We've discovered that the impact of building height on environmental perceptions depends much on typological arrangement. The change of urban typology will slightly change building height and coverage impact pattern on perceived density, and thus on daylight exposure. However, the change of urban typology will radically change building height and coverage impact magnitude on visibility perception. Thus, urban typology may be a more influential factor than height of urban structures in planning and design considering spatial perceptions. There is no direct influence of planned density to visibility perception, and thus change of perceived density and daylight exposure may not necessarily mean change of visibility and vice versa. Secondary to typology, building coverage is the key factor in environmental perceptual design, in which designing with less coverage may decrease perceived density and increase daylight and visibility.

Our findings apparently support Martin and March (1972)'s conclusion on the importance of urban typology in urban design, especially for improving qualitative perception of visibility. However, our conclusions differ in terms of the choice of typology that will improve perceptual and environmental quality of high-density urban space. Contrary to the notion that more "enclosing" court typology (Type C) should be implemented for improving environmental quality; we argue that designing with "pavilion" typology (Type A: tower) will generate higher visibility perception, as one of the indicators for better environmental quality. Moreover, design strategy in favour of higher building height and less building coverage will generate higher visibility, higher daylight exposure, and lower perceived density, which collaboratively will improve perceptual and environmental quality. The study also proves that a proper design of urban geometry (including both built structures and open spaces) can optimise perceptual quality in open spaces.

However, there are some limitations in the case study on design proposal: (1) only a range of building height is covered; (2) For the geometry of floor coverage of the object building, although different building coverage ratios are applied for analyses, alternative typologies other than pavilion are not considered. (3) Perceptual indices are collected only on the level of 1.5 meter from ground surface of open spaces, according to approximate height of adult's eye. (4) The geometry format of the 3D urban model doesn't facilitate data of vegetation and complex-dynamic geometry. (5) Spatial, visual and environmental perceptions may be influenced by other factors, such as surface's material, colour, and transparency, which have not been studied in this research. (6) Although revealing high correlations between "planned density" measure and *VSI* as "perceived density" metric, we must admit that statistical analysis alone, without direct on-site survey of human perception, may not be sufficient in establishing meaningful relationships in anthropological sense. However, this statistical evidence still gives us sufficient confidence to propose *VSI* as quantitative index of "perceived density", at least in relation with visibility, since it was directly derived from established egocentric and anthropologic perceptual visibility analysis.

ACKNOWLEDGMENT

This research is partially funded by Singapore Millennium Foundation through first author's scholarship scheme.

REFERENCES

Alexander et al.(1987). *A New Theory of Urban Design*. NY & Oxford: Oxford University Press.

Fisher-Gewirtzman, D., Burt, M., Tzamir, Y. (2003). "A 3-D visual method for comparative evaluation of dense built-up environments". *Environment and Planning B: Planning and Design* 30, 575-587.

Gibson, J. J. (1986). *The Ecological Approach to Visual Perception*. New Jersey: Lawrence Erlbaum Associates, Inc.

James, W. (1890). *The Principles of Psychology*. New York: Henry Holt.

Lang J. (1994). *Urban Design: The American Experience*. New York: Van Nostrand Reinhold.

Martin L, March L (eds.) (1973). *Urban Space and Structures*. Cambridge: Cambridge University Press.

Oke, T. R. (1987). *Boundary layer climates*. (2nd ed.). London; New York: Methuen.

Owen, G. (2004). *What the eye tells the brain: The representation of perceptual significance*. Lecture presented on 07 October 2004, Singapore.

Putra, S.Y. (2005). *GIS-based 3D volumetric visibility analysis and spatial and temporal perceptions of urban space*. Doctoral thesis, Dept. Architecture, National University of Singapore.

Ratti C. (2001). *Urban Analysis for Environmental Prediction*. PhD thesis, University of Cambridge, Cambridge.

Tandy. C. R. V. (1967). "The isovist method of landscape survey". In H. C. Murray (ed.). In *Symposium on Methods of Landscape Analysis*, Landscape Research Group, London, 9-10.

Unwin, Raymond. (1912). *Nothing Gained by Overcrowding*. London: Garden Cities and Town Planning Association.

Urban Redevelopment Authority (URA) of Singapore. (2003). Plan of New Downtown at Marina Bay. *Skyline*, July/August 2003. From www.ura.gov.sg/skyline/skyline03/skyline03-04/text/ideas.html.

Yang, P., Putra, S.Y., Li, W. (2005a). "Impacts of density and typology on design strategies and perceptual quality of urban space". *In Proceedings of Map Asia 2005 Conference*, Jakarta

Yang, P., Putra, S.Y., Li, W. (2005b). "Viewsphere: a GIS-based 3D visibility analysis for urban design evaluation". *Environment and Planning B: Planning and Design*. Forthcoming

Yang, P., Putra, S.Y., Heng, C.K. (2004). "Computing the "Sense of Time" in Singapore Urban Streets". In *Proceedings of the 3rd Great Asian Streets Symposium*. Singapore.

第五届中国城市住宅研讨会论文集，中国香港，2005 年 11 月

Proceedings of the Fifth China Urban Housing Conference, H.K.S.A.R. CHINA. (November 2005)

Computer Aided Housing Generation with Customized Generic Software Tools

面向用户的计算机辅助住宅设计生成工具

LI Biao[1] and Odilo SCHOCH[2]

[1] *Department of Architecture, Southeast University, Nanjing*

[2] *Faculty of Architecture, Swiss Federal Institute of Technology Zurich (ETH Zurich), Zurich, Swissland*

Keywords: generative architecture, agent systems, planning tools, internet interaction, mass customization

Abstract: This paper presents a new idea and its applications on the optimized generation of architectural drawings used for housing design or small scale urban planning. The main advantage of the software is the rendering of a virtually unlimited number of architectural possibilities that fulfil "soft" and "hard" relations within apartment design. It is an introduction of the work revolving around the software "GenHouse".

1   PREFACE

Computer is a powerful tool in the information era. However, the application of computer programme to architectural design is limited. It is used mostly in the field of drawing, as a substitution for the conventional paper based drawing method. In addition, it is almost undeveloped in the meditation process of design due to the user's ignorance and suspicion. Architectural design is the combination of technology and art, which is different from other engineering processes. It requires both logic and creativity. Since traditional architectural design always depends on the designers' deducing and experience, so it is amphibious and uncertain. Therefore, computer aided architectural design should be exploited into the designers' way of thinking rather than design representation. Actually, architects used to simulate their production through existing programme. How could an architect ask for advanced computer software if he or she doesn't know of the possibilities? So the key for cooperation between architects and computer programmers is that architects should present the requirements that are in accordance with the principles of programme design. At the same time the architect who knows the computer programme could easily realize that the computer could do something instead of human beings in some parts of the design process.

2   ON SELF GENERATING SYSTEMS, APPLICATIONS AND INTERDISCIPLINARY FEATURES

The field of self-generating algorithms and their applications have various references outside the field of architecture. Nevertheless, several small but powerful communities are starting to apply the principle in building environment. Principles and formal similarities can be found in nature. The field described as "bionic" is scientifically discussing the logics of nature's design and its potential technical application to human artefacts. Some of the logics found in bionic can be reproduced in software by applying algorithms. Such algorithms can be also found in the contemporary calculation of membrane structures as done, e.g., by Ove Arup and Partners or the Institute for Lightweight structures at the University Stuttgart (http://www.uni-stuttgart.de/ilek/Forschung/ :2005). Successful contemporary applications are done at the Chair of CAAD at the Swiss Federal Institute of Technology (ETH) in Zurich, where this work is carried out.

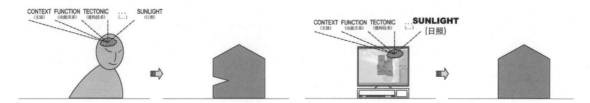

Figure 1　Different thinking between architects and computers

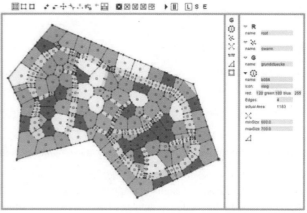

Figure 2　Groningen Twister by F. Scheurer, a selforganising and selfgenerating software using structural and formal parameters for the odd distribution of columns.

Figure 3　Kaisersrot, by M. Braach, a software for selforganized distribution of landplots in urban context based on large number of neighbouring parameters.

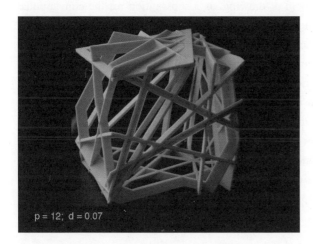

Figure 4　3d-print model of X-Cube - a student's work at ETH Zurich using self organizing algorithms for solving physical problems in complex shape.

Figure 5　extract of XML-Input file with abstracted design information.

Three examples illustrate the general power of this approach. Merged in the label "Kaisersrot" both an urban planning project and the structural calculation of an odd distribution of columns were successfully carried out. Both projects are currently carried out. The high power and the potential of computer based optimisation in the architectural design process are showed in the students' work called "X-Cube", done by the masters students in CAAD at ETH Zurich in 2004. It's a simple design idea of physically building a cube that is defined by some 8 arbitrary intersecting planes, which causes a large number of typological equal problems, such as:

- Problem 1: There is a minimal angle of intersection between two planes – otherwise they would not be able to intersect due to the material's thickness.

- Problem 2: The minimum distance of three intersecting planes as joints within the plane has to be physically constructed.

By hand, pen, ruler or paper, these problems would take most likely a full year – anappropriate software does it in few seconds.

3   AIM

Based on these findings, we aim to experiment with software optimised for solving problems in housing. As energetic, logical and ecological data can be integrated into our software, we consider it t with a high value for future development of sustainable housing in China and all over the world. (see references).

Figure 6   flowchart of the working process with "GenHouse" software

With these concerns, we are developing a tool which could inspire designers' work during their design processes. Its main feature is the ability to handle a great amount of concerns (called "parameters") that influence the spatial setting of rooms and functions in an architectural design. The tool presented in this paper is a more efficient for the design work because we have the permanent safety and never lose control over hard-facts. The tool is self-written software based on the internet technology "macromedia flash" and hence is able to run on almost any platform. The software itself is a collection of separated applications in which each fulfils a specific task. The core application hosts the self-organising algorithms which try to solve given spatial problems such as solar energy input, orientation, energy transmission, physical size, technical installation shafts, functional neighbours, etc. These spatial aspects are described by various sets of parameters. The target process is seen as input (the abstract description of architectural problems in numbers) and a formal output (a vectors based graphical representation of the calculated solution). the software provides open connection between input (XML) and output (DXF). The architects can watch the graphical representation of the optimisation process on the screen immediately and influence it by moving graphical rooms. We introduced a system of spatial entities that represent either rooms or logical units. These entities can move automatically to find their right positions in the plan, which is defined as the self-organization system, using collision detection and analytical algorithms. By this way, the functional relations in an apartment can be optimised through algorithms.

The input files also hold the functional areas (rooms) as they are the key-objects of main interest, including their function, size and desired location information, etc.

The parameters and relations are showed as follows:

- Desired area of rooms (square meters)

- Introduction of a qualification system for quantifying sustainability

- User interaction with the software during the process of design

- Instant graphical representation

- Instant output of "hard factors" of building (material costs, surfaces, etc.)

- Priority of the neighbouring relationships between rooms

- Considerations on natural parameters such as solar impact on north-orientated rooms (both for energy and comfort considerations)

Additional parameters can be easily integrated into the core software, as its inner structure is extendable. The

software can judge the level of each dependency (previously described in the XML file) by its level of fulfilment. For example the desired neighbouring of kitchen and dining hall is fulfilled by 100% when they are touching each other. The south-east orientation of the dining hall is fulfilled by 75% when it is facing south. It is up to the design process of the "programming architect" to decide the overall rating of all single dependencies. In our example, the decision depends on whether the neighbouring aspect is more important than the solar orientation. Solar orientation might be more important and therefore gets 80% at a newly introduced individual scale. neighbouring might get 50%. By this way, our example receives 75% * 80% + 50% * 100% = 110%. This number is internally called "happiness". while recalculating the setting of the spatial distribution a moment later. The functional areas now might be slightly different in terms of position and relation, e.g., the dining hall got a small part of the east-facing facade. By this way, the new design is judged to be better and kept. The process is continued.

Figure 7　Software "GenHouse" in action at different stages in the process. Left: random distribution, middle: finding neighbours, right: one of many final possibilites.

The above example shows the very basics of self-organising principles. Its implementation in software is definitely more complex. A special concern for the work carried out is the handling of known architectural scalcs. These do need partly different approaches, as e.g. their spatial representation is changing. Our work shows examples in urban planning, where neighbourhood and housing tests in regional planning on the upper scale and detail planning on the lower scale were carried out (see Fig. 7).

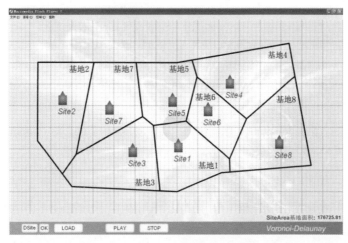

Figure 8　Applications of "GenHouse" for urban planning, based on self controlling digital objects and the Voronoi and Delaunay algorithms.

We introduced a system of spatial entities that represent either rooms or logical units. These entities can move automatically to find their right positions on the plan, which are defined as the self-organization system, using collision detection and analytical algorithms. By this way, the functional relations in an apartment can be optimised through algorithms. They do represent the architects' conventional design routine.

4   QUANTIFYING SUSTAINABILITY THROUGH "HAPPINESS"

The quantification of sustainability is done by the central algorithms of the software. Each spatial entity is permanently able to get all necessary aspects about its future location and shape by itself. This includes the analyses of structural and functional situations and the neighbours and global context. For instance, structural mistakes are identified and the room is asked to move to a structurally better location. Later it is honoured with a better "happiness". The term "happiness" stands for a simplified qualification of sustainability, while virtually endless parameters can change its value. An overall happiness value of the apartment design is then calculated. As a result, all of the computer generated drawings are fulfilling the initial parameters to a very good extend.

5   TECHNICAL APPROACH IN QUANTIFYING HAPPYNESS

Each element of the walls and the whole of the houses are defined as Objects. We also can define a XML file which contains the functions and "happiness" between the houses as a precondition input, Using the software of "GenHouse", we can see the process of "Objects" moving automatically to find their "happiest" position according to the restrictions of XML file. An object is also a programmed object (OOP object oriented programming). By this way, each architectural element (equals digital object) has its own and personalized behaviours. Thus, the number of parameters to be concerned is theoretically unlimited.

6   OUTLOOK

Architects set up the Computer Aided Architecture Design (CAAD) research to solve the contradiction between the inadequate technology of the architectural information processing and a large number of entities in design in the information age. The research in this paper does not belong to the traditional CAAD caring the input, storage and representation of the architectural information. It is called "Computer Aided Evolutionary Architecture Design", touching the kernel of design information processing according to solve complex problems in the design process. Through the interaction with the computer, architects could make full use of advantages. From the new concept we can predict a new situation for the architects in the information age. We regard our prototypical work as a proof of concept that computer aided technology can be used creatively in architectural design. It brings in much more new (or at least different aspects) knowledge about space, context, operation, aging and function that human beings might be able to do.

The software is proved to be a valid tool for design. Its output allows a specific input into the design process. We consider the output as a reliable diagram equivalent to a hand-drawing sketch on paper. It is neither seen as a 'floor plan generator' nor an automated drawing tool. The previously mentioned aspects of sustainability can be extended by implementing parameters of energy in- and output, formal, legal and topographical parameters, building operation-systems and visual aspects. In the Netherlands, Switzerland and China, first real housing design projects are supported by applying these systems. These projects show its high power and flexibility. An application in the current fast expanding building industry in China is recommended so as to opt for a sustainable future.

Further development will be conducted in the 3D organisation of multi-storey buildings, online presentation and the interconnection with digital urban planning tools that use self-generation algorithms as well.

REFERENCES

Braach, M. , Fritz, O. (2002). KaisersRot - computergestützter individualisierter Städtebau. In: *Werk Bauen Wohnen*, p. 4

Fischer, Thomas (2004). Hongkong: Mass Customization and Generative Design. In Leung, Tin-pui (ed.), Hong Kong: Better by Design. School of Design, The Hong Kong Polytechnic University

Fritz, Oliver (2002): "Programmieren statt Zeichnen? - Vom Einfluß digitaler Technologie auf den architektonischen Entwurf". In: *Archithese* 4: 14-19.

Hillier, Bill (1996). *London: Space is the Machine*, Cambridge, Cambridge University Press

O'Sullivan, D.; Torres, P.M. (2001): "Cellular models of urban structures", in Bandini, S. & Worsch, T. (eds.) (2001): *Theoretical and Practical Issues on Cellular Automata, Proceedings of the Fourth International Conference on Cellular Automata for Re-search and Industry* (ACRI 2000), 108–116.

Scheurer, Fabian (2003). "The Groningen Twister An experiment in applied generative design", *Proceedings of Generative Art 2003 conference*, ETH Zurich, Switzerland.

Sowa, Agnieszka (2005). "Computer Aided Architectural Design vs. Architect Aided Computing Design", *Proceedings of eCAADe'05*, Lisbon.

Measuring Neighborhood Living Environment from Drawings and Layouts: Establishing a living environmental evaluation framework by applying GIS and AHP

Haiyan CHEN

Department of Architecture, The University of Hong Kong

Keywords: Living environment evaluation, design parameters, GIS & AHP

Abstract: With the ever-rising interest and demand for achieving environmental cohesion in residential and property sector at the end of last century, the need for environment related information and better understanding of building environmental performance has been increasingly necessary. Many tools for building environment assessment have emerged to meet the needs, such as BREEAM in UK, LEED in US, CASBEE in Japan and international tool of GBTool. However, as argued by many professionals, these tools are rather complex and time/resources consuming in application, especially for small projects where external expertise cannot be afforded. This study is therefore proposed to develop a relative small and simple living environmental evaluation framework, which mainly derives environmental variables from design databases, like neighbourhood layout plan, house unit drawings and design documents. GIS techniques are used for spatial data extraction from drawings and AHP method is applied to weighting generation for the selected environmental variables. The paper generally comprises three sectors: firstly, the current leading assessment tools for building environment evaluation in the world are studied in terms of their assessment framework, criteria, weighting strategy and labelling method, aiming to formulate conceptual background of the study; secondly, by the review of the emerging environmental concerns and prevailing environment-related building design guidelines in China's residential sector, a construction framework for evaluating human-concerned living environment of housing neighbourhoods is formulated; finally the framework is applied to 20 neighbourhoods in Guangzhou to test the applicability of the model.

1   INTRODUCTION

Few would dispute the fact that human settlement and residential built environment are among the major concerns in the context of achieving sustainable urban development (Jenks, 2000). The responsibility of construction and property sector has been acknowledged as the change of living environment – causing a shift in how building is designed, built and operated. Such shift comes from conscious public policy decisions imposed on industry and economic activities as well as growing market demand for environmentally sound products and services (Crawley and Aho, 1999). The central issue in striving towards environmental cohesion in built environment is the development of practical and meaningful yardsticks for measuring environmental performance both in terms of identifying starting points and monitoring process (Crawley and Aho, 1999). Among the influential Building Environmental Assessment (BEA) tools formulated during the last twenty years, BREEAM developed in UK in 1990 is the pioneer, which is most widely referenced. It was soon followed by many local settings – including BEPAC in Canada (Cole, *et. al.*, 1993), Eco-profiles in Norway (GMP, 1996), HK-BEAM in Hong Kong (CET, 1996), LEED in the US (US GBC, 1999), Eco-Quantum in Netherlands (IVAM, 2001) and CASBEE in Japan (IBEC, 2003). Also, in 1998, GBTool, BEA model aiming to apply itself at the 'international level' came into being (Xu, 2004). These tools beyond any doubt have strengthen the environmental concerns and enhanced the knowledge of building environment issues, and have been translated into design guidelines for better environmental practice in building sector (Cole, 1999). However, the application of these tools in built environment evaluation, especially for small projects is not exempt from

problems. The main challenge is its practicability. It has been argued that a complete building environment assessment done by applying the prevailing BEA tools usually needs a team of trained assessors to work for years (Xu, 2004); in addition, in most cases, the in-depth communication and cooperation with design teams and various sectors in the building industry are necessary (Cole, 1999). Hence "*the current BEA methods are typically only applicable to large projects where external expertise can be afforded*" (Crawley and Aho, 1999, pp. 303).

In China, with the mushrooming construction of housing projects and improvement of living standard since housing reform initiated in the early 1980s, environmental concerns have been increasingly raised as an explicit and prominent part of residential planning and design discourses. A clear direction for environmentally responsible building design has been charted, which calls for a better understanding about residential built form and its influence on living environmental performance with reference to Chinese context, and at various settlement scale - from housing district, to neighborhood level and individual site. Given the volume and speed of housing development in urban China, building environmental assessment, as argued, should be in a continual and efficient manner, for the purpose of prompt adjustment of housing development policy and speedy correction of planning/design faults in the light of residential sustainability (Jia and Wen, 2002). In this regard, a relative small and simple living environmental assessment tool may be needed, which on one hand facilitates clear and reliable building environmental assessment, and on the other hand should be relatively easier for use and more cost-effective in application.

This study attempts to propose for developing such an assessment tool for living environmental performance evaluation at neighborhood scale. The objective of the tool is rather a complete or full-range building environmental evaluation, but (i) to facilitate a relative measurement of well or poorly performing of a neighborhood against the set criteria in relation to local living environment; (ii) to allocate a general performance ranking within the selected neighborhood; (iii) to compare the marginal differences among neighborhoods in each environmental category. The tool is developed with reference to world's leading BEA models in terms of assessment framework, weighting strategy and labeling method, and referring to prevailing environmental concerns and active housing design guidelines in China for the assessment criteria selection. To be more focused, several criteria are formulated for the development of the Living Environmental Performance Assessment (LEPA) model: (i) It is proposed for 'human-concerned' building environment evaluation rather than 'ecological-concerned'; (ii) Physical attributes of living environment are the principle focuses rather than aesthetic or economic criteria; (iii) Quantitative rather than qualitative feature of environmental variables are examined; (iv) Evaluation is conducted primarily at micro-scale: 'molecular' environment (intra-neighborhood) rather than 'molar' (inter-neighborhood) environment is concentrated. The following paper is generally structured into three sections: firstly prevailing BEA models are reviewed for developing the assessment framework of LEPA model, particular attention is paid to the application of accumulated design decision in building environment assessment by the world leading BEA tools; second section is a presentation of the formulated LEPA model and finally the model is applied to living environmental assessment for 20 neighborhoods in Guangzhou with the purpose of testing the general reliability of the tool.

2　CONCEPTUAL BACKGROUND OF LEPA MODEL: WITH REFERENCE TO WORLD'S LEADING BEA TOOLS

Usually, the framework of World's leading BEA models comprises four parts: input module, assessment module, output module and explanation of performance (Cole, 1999), which has been summarized by Xu as listed in Figure 1 (Xu, 2004). The 'assessment module' as highlighted in the framework is the major part of the BEA models, which contains the primary components for formulating a building environment assessment model, including *framework establishing and structuring*, p*erformance measuring and scoring*, as well as the *weighting strategy* (Xu, 2004). Some common features of BEA models in these three aspects, respectively, are:

2.1 Framework structuring and establishing

The structuring methods applied by leading BEA models are more or less the same – *Hierarchy Structure*, which allocates selected assessment parameters in levels according to their influences; the structure can be diversified in the number of levels, but normally formulated similarly as: *overall performance – section – category – criterion – sub-criterion*. With the development of BEA models, the consistency of building assessment fields, especially at the category level, has been improved and recognized by scholars (cole, 1998, 2000), which mainly includes indoor environment, site, environment in the immediate surroundings and transport. However, on the more detailed levels, the difference between assessment indicators is still obvious (Xu, 2004). In this study, similar structuring approach will be adopted, more specifically, a four-level hierarchy framework is adopted: Living Environment Performance is the 'overall performance' proposed to be measured by the LEPA model; the specific environmental aspects – living environmental performance (it is further divided into indoor environment, on-site outdoor environment and living environmental cost) forms the second 'Section' level. The environment criteria formulated are the main 'Categories' to be studied and finally a 'Criterion' level will be developed according to related design guidelines and codes covering the detailed and measurable variables

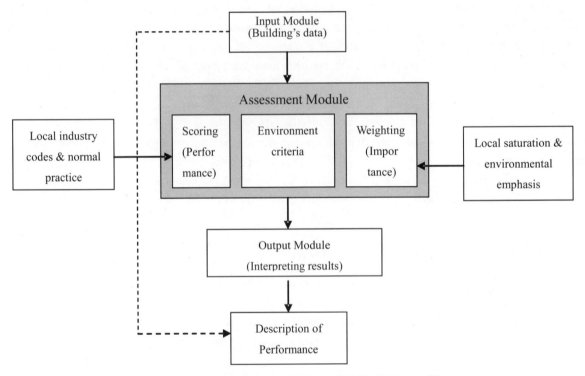

Figure 1   General Structure of BEA models (Xu, 2004, pp. 32)

2.2 Performance measuring and scoring

Basically two approaches are adopted for the measurement of building environmental performance: *feature based* and *performance based*. Although advantage for assessing the actual performance is obvious, the application of this approach is constrained in practice by its strict requirements for knowledge support, technique and in most cases higher time and monetary investment. In reality, most of the existing tools employ feature-based measurement, which can be generally classified into five approaches – (i) by accumulated design decisions; (ii) by computer simulation; (iii) by interview with stakeholders; (iv) by documentary survey and (v) by site investigation. Among the five, design-relevant information has presented a considerable number of environmental issues. The general benefits for adopting design-related environment assessment include (Cole, 1999): (i) It can be conducted at building design stage, therefore workable for both existing building and non-existing building. (ii) It enables an easy translation from assessment outcomes to design decision-making – it helps to identify critical environmental issues and provide guidance on a range of possible design strategies to

address those issues. (iii) It permits the data transmission from designer's database, like CAD files to environment assessment models, thus to speed-up the data collection process and to promote efficiency of the assessment model. (iv) It provides a common platform and an intuitionist language for communication among environmental scholars, design teams, and sometimes building developers and owners. Therefore, argued by Cole (1998) "*Future efforts will inevitably make the transition between building design and building assessment more seamless, possibly by providing either a parallel set of criteria or a further level of detail within a hierarchical structure logically related to the assessment criteria*" (pp.10). Based on such theoretical background, in this study, design-related information is employed for deriving main environmental variables from design databases, mainly neighbourhood layout plan, house unit drawings and design documents. Since most design variables are spatial data in nature, GIS (Geographical Information System) techniques (e.g. Arc View or Arc Infro) can be applied to data extraction and manipulation. The collected raw performance data is normally scored in some way to facilitate comparison. The commonly used scoring strategy by most BEA models - open-ended linear point allocation (1 to 5 scale) is used in this study.

2.3 Weighting strategy

Weighting is an essential part of building environmental assessment and remains the most complex part in the field (Xu, 2004). Currently, there are two main approaches that weighting is adopted in existing BEA tools: *simple rating system* (e.g. LEED and HK-BEAM) and *explicit weighting system* (e.g. GBTool and BREEAM). Compared with the former, explicit weighting methods have the benefit of addressing the weighting issues explicitly and rigorously separating the weighting of criteria from scoring of performance. Thus, as argued by Xu (2004), explicit weighting should be the direction for weighting strategy in future development of BEA tools. Since so far there are no reliable, non-subjective scientific bases available for weighting derivation, consensus-based approach is the most widely applied method for weighting formulation, which is also employed in this study. Given a large range of living environmental criteria and hierarchical nature of the framework, weighting derivation for LEPA models is basically a multi-criteria decision-making problem, hence the commonly used methodology for such problem - AHP (Analytical Hierarchy Process) is adopted in this study.

3　DEVELOPMENT OF THE LEPA MODEL

Summarizing the aforementioned discussion, the proposed LEPA models is a four-level hierarchy framework, structuring living environment attributes into three categories – indoor environment, outdoor environment and living environmental cost. The detailed formulation of LEP indicators and measurement criteria is based on prevailing environmental concerns in China and active building design codes/regulations. Given the limited space of the paper, detailed formulation of evaluation criterion is not possible to be illustrated in length, but the information is available upon request. The finalized LEP model contains 3 categories, 15 criteria and 48 sub-criteria, as illustrated in Table1.

4　VALIDATION OF THE LEPA MODEL

To test the general reliability of proposed LEPA model, a case study with 20 neighbourhoods is conducted in Guangzhou. The study is organized by four steps: firstly related design information – layouts, drawings and design documents are collected from multiple data sources (such as design institutions, housing developers, property management companies); secondly, living environmental Performance Score (PS) of the selected environmental attributes are collected and manipulated by using GIS; thirdly, AHP questionnaire interview with 107 individuals carefully combined by households and relative professionals from five disciplines (architects, urban planner, M&E engineers, housing developers/agents and related government officials) is carried out for Importance Weighting (IW) derivations; and finally after the final LEP index is formulated by aggregating the weighted average performance scores for all the 48 indicators, it is then correlated with housing price appreciation ratio for examining the pertinence of these two sets of indicators. The underlined assumption is that

Table 1 Framework of Living Environment Performance Assessment (LEPA)

Indoor Environment (EI)	On-site Outdoor Environment (EO)	Living Environment Cost (EC)
EI-1 Daylighting and View	**EO-1 Green Space and Landscape**	**EC-1 Travel cost**
EI-11 Building Orientation EI-12 Window to floor area ratio EI-13 Room depth EI-14 Flat plan efficiency EI-15 View factor	EO-11 Green space to site ratio EO-12 Green space per capita EO-13 Green space to surface ratio EO-14 Impervious ratio	EC-11 Number of buses available EC-12 Distance to bus stop
EI-2 Ventilation and Thermal	**EO-2 Local Facilities Provision**	**EC-2 'Mixed-use' cost**
EI-21 The volume effect EI-22 Thermal mass effect EI-23 Ceiling-depth effect EI-24 Cross ventilation effect EI-25 Natural ventilation for K/T	EO-21 Diversity of public services EO-22 Scale of public services EO-23 Pedestrian accessibility	EC-21 Functional mixture of land use EC-22 Degree of land use mixture
EI-3 Noise and Privacy	**EO-3 Pedestrian Convenience**	**EC-3 Infrastructure Cost**
EI-31 Indoor privacy factor EI-32 Distance factor EI-33 Win/Bal proximity factor EI-34 Outdoor noise level	EO-31 Distance to neighborhood entrance EO-32 Distance to kindergarten EO-33 Carriageway ratio	EC-31 Per capita road area EC-32 Per capita drainpipe line length
EI-4 Fire Safety	**EO-4 Outdoor Thermal Condition**	**EC-4 Land and Material Cost**
EI-41 Occupant load EI-42 Length of passageway EI-43 Exist capacity EI-44 Ventilation in stair/lift hall	EO-41 Open space-to-building volume ratio EO-42 Glass-to-surface ratio EO-43 Height-to-floor area ratio	EC-41 Utility and service land area per capita EC-42 Volume of construction per capita
EI-5 Efficiency and Flexibility	**EO-5 Outdoor Cramming Effect**	**EC-5 Operation Cost**
EI-51 Unit size EI-52 Flat layout efficiency EI-53 Potential for flexibility EI-54 Light well and re-entrance	EO-51 General sanitation condition EO-52 Public safety EO-53 Outdoor crowding	EC-51 Operational energy consumption EC-52 Maintenance cost per households

Table 2 Summary of Importance Weights of Studied Living Environmental Attributes (%)

Indoor environment (32.64)		Outdoor environment (33.90)		Environment-related cost (33.10)	
Daylighting and view	7.28	Green space	8.10	Public transport	7.20
Ventilation and thermal	8.41	Local facility provision	8.84	Mixed-use effect	5.41
Noise and privacy	7.18	Pedestrian convenience	4.86	Infrastructure efficiency	4.80
Potential fire safety	5.45	Outdoor thermal condition	5.69	Land/material consumption	8.17
Layout efficiency	4.66	Outdoor cramming	6.39	Maintenance cost	6.73

Table 3 Summary of Regression analysis for LEP index and HPAR

Model summary					Coefficient			
R	R^2	Adjusted R^2	F	Sig.		B	t	Sig.
.494	.244	.197	5.169	.037*	Constant	-1745.8	-1.545	.142
					HPAR	855.02	2.274	.037

with house as a commodity, living environment is the primary function and service for the customers; neighborhoods with good living environmental performance will finally build up better market acceptability and higher reputation, which will enhance their marketability and therefore potential for future price appreciation. Table 2 illustrates the importance weights generated for the LEPA model, and Table 3 summarizes the results of simple linear regression analysis for LEP index and Housing Price Appreciation Ratio (HPAR) of the 20 selected neighborhoods.

As explored by the regression analysis, significant positive relationship exists between LEP index and HPAR. Around 25% of housing price appreciation can be explained by better living environment performance of the neighborhoods. Also, 'one' point increase of LEP index (1 to 5 scale) can generate potential housing price appreciation rate of 855 RBM per square meter. This positive relationship between LEP index and HPAR to some extent provides evidence supporting the reliability of the LEP index derived in this study.

5 CONCLUDING DISCUSSION

Significant enhancement in environmental assessment methods has been seen in the last ten years, which brought about various performance evaluation models for residential buildings; but some of the existing models, regardless of its facilitation in comprehensive building environmental assessment, appears difficult and complicated to use in the practice. The LEPA model described in this study is aimed to provide user with more substantial and practical information on in-use or pre-use housing estates in terms of their living environmental performance. A set of performance indicators is selected mainly in relation to design-related information, thus a relatively easier data collection process is feasible. The presented results of LEPA evaluation for 20 neighbourhoods in Guangzhou, illustrates statistically significant correlation with housing price appreciation ratio, which somewhat proves the reliability of the LEPA model developed in this work. The most desirable and anticipated role of the model would be the offer of concrete suggestions to housing designers and residential development policy-makers with more objective judgement of living environmental performance at neighbourhood scale and the facilitation in promotion of efficient environmental-cautious decision making.

ACKNOWLEDGEMENT

Grateful acknowledgement is made to Dr. JIA Beisi, my primary supervisor. Without his invaluable guidance and constant encouragement, this paper would not have been finished with any possibility . Thanks to Dr. Ganesan S., my co-supervisor for his kindly comments and suggestion on my study. I am also grateful to the University of Hong Kong for providing me with the studentship that enables me to finish the research.

REFERENCES

CET (1996). *Hong Kong Building Environmental Assessment Method (HK-BEAM), version 1/96 & 2/96 for New and Existing Air-conditioned Office Premises*, CET, Hong Kong.

Cole, R. J. (1998). Emerging Trends in Building Environmental Assessment Methods, *Building Research & Information*, 26(1): 3-16, E & FN Spon, London.

Cole, R. J. (2001). Lessons Learned, Future Directions and Issues for GBC, *Building Research and Information*, 29(5): 355-373, E & FN Spon, London.

Cole, R. J., Rousseau, D., and Theaker, I.T. (1993). *Building Environmental Performance Assessment Criteria (BEPAC) Version 1 Office Buildings*, The BEPAC Foundation, Vancouver.

Crawley, D. and Aho, H. (1999). Building Environmental Assessment Methods: Applications and Development Trends, *Built Environmental Assessment Methods*, E & FN Spon: London and New York: 300-308.

Jenks, M. (2000). The Acceptability of Urban Intensification, *Achieving Sustainable Urban Form*, (edited by Williams, K., Burton, E. and Jenks, M.), E& FN Spon: London and New York: 243-250.

Jia, S.H. and Wen H.Z. (2002). Housing Evaluation Indicator System and Method (in Chinese), *Journal of China Real Estate Research*, 2002 (3): 83-95, Shanghai Social and Science Press.

Xu, Z. P. (2004). *Weighting in Green Building Assessment – A Study on GBT2k's Application in Hong Kong*, unpublished PhD thesis, architecture department, University of Hong Kong.

技术专题
Technical Session

材料与构造
Construction & Materials

旧材新说——建筑师关于可生长建筑材料在新时期的认识

Old Materials, but New Conception: the Vegetal Building Materials from the Vision of Architecture during this Time

熊 燕

XIONG Yan

武汉大学城市设计学院
华中科技大学建筑与城市规划学院生态技术研究室
School of Urban Design, Wuhan University, Wuhan

Ecological Technique Studio, School of Architecture & Urban Planning, Huazhong University of Science and Technology, Wuhan

关键词： 可生长建筑材料、生态意义、应用、建构

摘 要： 木材、竹材等最早使用的建筑材料在地球环境日益恶化、全球性能源危机的今天，逐渐显示出它们特有的生态意义：具有优异的环境协调性。本文以一个建筑师的视角出发，介绍了各种可生长建筑材料在建筑领域中的广泛应用以及影响其使用的因素分析，并通过实例分析了可生长建筑材料如何实现建筑学上的真实表达，旨在倡导建筑师合理的使用可生长建筑材料，真正实现建筑的生态设计。

Keywords: vegetal building materials, ecological value, using, tectonic

Abstract: As an architecture , we must get new conception about timber, bamboo and other vegetal building materials in this time. This article talks about the vegetal building material, including four parts. The first one is about the ecological value of vegetal building materials, the second one is about the using of vegetal building materials, the third about the analysis of the factors influencing the architectural design course and the last about the architectural presentation of the vegetal building materials.

1 引言

建筑活动是对自然环境破坏最严重的人类活动之一，大规模的开发建设不仅造成了对资源、能源的肆意攫取，同时又对大气、水土等产生了严重的污染。尤其在中国，城市化进程不断加快，城市建设对自然环境的破坏愈演愈烈，如何做到既能维护生态系统的大平衡，又能促进人居环境和住宅建设的长久健康发展成为每一个城市建设工作者面临的严峻挑战。建筑材料从原料提取、制备到生产、加工、运输、使用以及拆除和降解的整个生命周期内都会对自然环境产生巨大的影响，若能在物质层面做到建筑材料的可持续发展，必将为建筑及城市的可持续发展提供巨大推动力。

可生长建筑材料作为一种古老的建筑材料在人类建筑史中一直扮演着重要的角色。但在过去很长一段时间，人们仅将其作为普通建筑材料研究生产工艺、力学特性和构造方式，却没有从环境学的角度审视它特殊的生态意义。直到今天，地球环境日益恶化，人类生存条件面临严重危机，世界范围内不得不走向可持续发展之路时，建筑材料的生态特性才逐渐得到认识，对可生长建筑材料的研究有了新的开始。

2 可生长建筑材料的生态意义

2.1 可生长建筑材料的定义

可生长建筑材料，顾名思义，就是在自然界利用阳光、水、大气等生物圈资源自行生长并用于建筑之中的材料，其主要包括木材、竹材、稻草、芦苇、秸秆、纸、草皮、特殊绿化等植物材料和部分动物皮毛、骨骼等动物资源。

2.2 可生长建筑材料的生态特性

可生长建筑材料来自于大自然中的有机生命体，他们由一粒种子或一颗受精卵，经过大自然中阳光、空气、水以及其他生物体营养的供给，逐渐生长成熟起来并应用于建筑生产。它们是地球生物圈循环中不可缺少的必要环节，是维持生态系统平衡的重要组成部分。

可生长建筑材料的生态特性主要表现在以下五点：（1）可生长性：只要自然条件维持正常水平，它们就会通过自然界物质能量的循环重复性出现，生生不息；（2）节约能源：可生长建筑材料来自自然可再生能源，相对会减少对石油、煤、天然气等不可再生资源的开发，且在生命周期过程内能大大节省对电、水、汽等能源的消耗；（3）固碳性：来自植物的可生长建筑材料利用光合作用将空气中的二氧化碳转化以纤维素、木质素的形式固定下来，并同时释放出氧气，净化空气；（4）健康，无污染：它们天生具有和大自然和谐共处的性质，有毒有害物质少、无辐射、无异味、无放射性元素，有些甚至还具备改善室内空气质量、调节温度湿度等作用；（5）可回收利用或降解返回生物圈：可生长的建筑材料在使用寿命结束后，构件可重复使用或降级使用，最次也可以自然分解返回生物圈，由此可大大减少建筑垃圾，减轻地球负担。

3 可生长建筑材料的广泛应用

3.1 木材

木材是人类最早使用的建筑材料之一，其使用范围相当广泛、建造技术相对成熟（图1）。尤其在今天，木材更因其具有的生态特性备受青睐，如热工性能良好、无毒无污染、可回收利用等等。尽管木材已被公认为最环保的建筑材料，但在其整个使用生命周期内仍有大量工作要在做，如木材的砍伐、加工、贮藏、运输、预制、装配及使用、销毁、降解仍旧要做到尽可能的减少对环境的破坏，避免过渡砍伐；加工及使用过程注意木材干燥、防腐、防潮、防火；降低添加剂的有毒有害物质等等。

图1 湘西木制吊脚楼　　　　　图2 武汉市水果湖中百超市菜场用竹条制
　　　　　　　　　　　　　　　　成的吊顶

3.2 竹材

早在 2000 多年前我国就出现了用竹子建造的住宅，迄今南方各省仍多采用竹子搭盖一些半永久性或临时性的房屋、棚舍和仓库等。竹材在土建工程中应用也非常广泛，如基柱、建筑推架、脚手架、地面材料（地板）、屋面材料（竹瓦）、墙壁（竹板墙、篱笆墙）、桁架、土竹结构、室内装饰、竹水管、竹筋混凝土等等。按材料形式可将竹材利用分为原竹利用和加工利用两大类，分别可作为建筑施工构件、结构构件、装饰构件、维护构件等使用。

原竹利用是指将竹子砍伐下来后通过简单的物理处理，如：去枝、裁剪、抽篾等工序直接用于土木建筑或室内装饰装修中，主要是利用竹材自身的力学特性及美丽的自然形态（图2）。但同时，竹子作为一种节生草本植物，外实内空、截面口径较小，抗压强度不高，圆形表面不易相互拼接，在一定程度上限制了其以原木形式在建筑中的应用。于是，各种竹子加工技术应运而生，从而产生了丰富的竹子加工利用的手段和形式，如各种人造竹制板、改性竹材、竹材再制品等。

3.3 其他植物资源

3.3.1 芦苇、稻草、秸秆、亚麻等长纤维草本植物

芦苇、稻草、秸秆、亚麻等草本植物的茎叶中含有大量的植物纤维和空气孔隙，材质柔韧，非常适合做隔热材料。另外，草本植物体内含有天然的黏液，有利于自身或与其他材料间的粘合，可增强材料间的抗拉抗剪强度。同时由于草本植物本身刚度较差，作为建筑材料使用时主要是结合其他原材料和粘合剂压制成复合板材，另有少部分直接运用于建筑屋顶作覆层，创造出独树一帜的建筑风格。如胶东沿海地区的海草房，利用当地盛产的海带草厚厚的铺设在屋顶，夏季防晒冬季保温，保证了良好的热稳定性和舒适性；在日本也有大量的民居采用了长纤维的草本植物作为屋顶的覆盖材料（图3）。

图 3　日本高山区的 hida 乡村生活博物馆　　图 4　用藤条编织的阳台外壳

3.3.2 藤条

藤条作为攀援植物的茎，具有极强的抗拉性能，且较木材、竹材等具有更高的抗腐蚀性和耐久性。因其自身形体的限制，藤条主要作为装饰类材料使用（图4），或编织成家具。在设计中若能充分发挥其抗拉性能并结合悬索结构的原理，相信藤条能够在更广泛的建筑领域得到运用。

3.3.3 纸

纸源自木材、芦苇等纤维植物，同样可自然降解，具有可生长性。纸建筑自重轻、安装简易，非常适合做临时建筑，如：日本纸教堂、纸屋为地震后的灾民提供了临时生活场所（图5）；2000 年汉诺威世博会上，板茂设计了一个纸建造的多层展厅（图6）；92 年世博会的瑞士馆则是一个高 33m、外径

13m 的纸塔。但因纸的防潮能力较弱，则较适合干燥地区及室内使用；同时，轻质的结构体系也有可能造成建筑整体稳定性能不够，这些问题在具体的设计中都应当加以重视。

图 5　纸教堂　　　　　　　　　　图 6　2000 年世博会日本馆

3.3.4　草皮、攀援植物、篱笆丛等有生命植物

仍在生长期间的植物在各类建筑中有着非常广泛的应用。许多室内外植物可以除尘、净化气体，这在一些少绿化或有污染的建筑环境里能起到了很好的修复作用。屋顶草皮、屋顶花园不仅能够创造一个优美怡人绿化环境，还能有效地起到保温隔热的效果，有效地降低建筑能耗。攀援植物应用于建筑表面则具有降低风速、隔热保温、隔声，保护墙体等功能，如爬山虎、常青藤等自爬型攀援植物应用较为广泛。而对于隔架攀援植物（图 7），如金银花、紫藤罗等的使用则可以与建筑外露构件（阳台、挑板等）设计紧密的结合在一起，使立面造型更为丰富。

图 7　2000 年世博会罗马尼亚馆　　　　图 8　哈萨克族的毡房

3.4　动物资源

作为生物圈中另一类重要生命体，动物也给我们提供了许多生态材料，其在建筑中的运用可参见表 1。

这些由动物提供的原材料加工过程能耗少，耐久性能好，废弃后能降解，对环境污染小，且伴随着动物的生老病死，它们本身能投入到生命循环的大系统中。在我国，游牧民族对动物毛皮的使用相当普遍，如哈萨克人搭建的毡房（图 8），很多时候都会利用动物的毛皮充当维护构件，抵御外界恶劣气候的变化，保证较为舒适的室内环境。但是，使用这些来自动物的可生长建筑材料必须建立在保护动物维护生态平衡的前提上，不能为了获取这些原材料而肆意捕杀动物，而应该有节制地培养、开发并充分利用，避免资源浪费。

表1 动物提供的原材料及其在建筑中的应用

动物种类	可利用的组织	作为建筑材料的领域
珊瑚虫	珊瑚整体	建筑砌块、建筑结构
蜜蜂	蜂蜡	木材或皮革的表面处理
鱼类	鱼油和鱼蛋白	涂料和粘合剂的结合剂
家禽	卵蛋白	涂料和粘合剂的结合剂
有蹄的动物	羊毛（绵羊和山羊）	纺织品、羊毛毡、门窗的封条、隔热构件
	毛发（马、猪、牛）	增强粉刷性能和楼板性能
	皮肤	室内装饰、煮沸过的蛋白质可用作涂料和粘合剂的结合剂
	骨组织	煮沸过的蛋白质可用作涂料和粘合剂的结合剂、颜料制作（象牙白和黑颜料）
	血液	煮沸过的蛋白质可用作涂料和粘合剂的结合剂，彩色颜料制作
	酪蛋白	涂料、粘合剂、添加剂的结合剂，酪蛋白塑料
	乳酸	化学防护剂

4 合理使用可生长建筑材料

4.1 影响可生长建筑材料应用的因素分析

4.1.1 资源现状及林木市场特征

当木材、竹材等可生长建筑材料作为商品在建筑市场流动时，必须遵循林木资源本身的市场特征，如：林木供给的资源约束性、林木供给的地域性、林木价格对供求的影响速度和强度较低、林木的商业标准化程度低等，而这些势必会影响到它们在建筑设计中的应用程度。

我国人口增长速度快、经济高速发展、基础建设规模不断扩大等等造成木材供应紧张，供需矛盾突出，森林资源相对匮乏。相对于木材的匮乏，我国竹材资源则显得比较富有，"以竹代木"在一定程度上可缓解木材供需的矛盾。

4.1.2 认知程度

建筑师是否采用可生长建筑材料与他们对可生长建筑材料的认知程度是密不可分的。通过对建筑师问卷式调查，发现其对可生长建筑材料的认知及使用存在以下问题：（1）生态设计越来越多被建筑师关注，许多建筑师也对木材、竹材情有独钟，但其往往流于概念设计阶段，极少实现；（2）尽管中国有几千年的木建筑史，但现就职于设计院的大部分建筑师接受的都是学院派或者包豪斯式的现代建筑教育，他们更熟悉用玻璃、钢筋和混凝土的建造，对于木材、竹材等材料应用于建筑设计中的技术却不熟悉；（3）相关设计规范的不完善导致很多建筑师无法可依，设计难以得到推广和认可；（4）设计院生产性质的设计流程，项目周期短，很多建筑师难以实现对建筑材料、构造细部的精心处理，导致"产品"易，"作品"难，"精品"更难。

4.1.3 技术因素

虽然可生长的建筑材料在人类建筑中的应用历史已长达几千年，但由于本身物理组织和力学特性的限制，致使其在当今中国建筑市场中的应用范围远没有钢、混凝土、玻璃等材料广泛。其主要体现在以

下几个方面：（1）材料的抗拉抗压强度很难超越自然材料的力学特性；（2）材料的连接方式受到材料形状、材料物理组织的限制，如竹材不能用钉子、竹木难以无缝连接等；（3）以原材形式使用的材料尺寸规格受自然形态的限制，可塑性较差；（4）各种人造板材的胶合技术仍有待进步，如提高材料强度、减少有害气体的排放等；（5）材料耐火性、耐蚀性、防潮防裂性很大程度依赖于各种涂料，且还无法保证恶劣环境中较长的使用寿命；（6）材料质量本身的不均衡性导致经验性设计占主导地位，设计难以做到科学标准化。以上提出的是针对我国当今建筑业运用可生长建筑材料所遇到的问题，但这些"技术瓶颈"在一定程度上是可以克服的，作为建筑师及相关学者，需要更为深入和实际的研究。

4.1.4 经济因素

市场经济体制下，建设项目往往被当作商业行为在运作，这其中"经济效益"是一只看不见的手，操纵建筑项目的整个过程。尤其对于建筑材料，不同的选择会使建设投资呈现巨大的差别，追求投资的最低化和效益最大化这支"指挥棒"左右着可生长建筑材料的应用。可生长的建筑材料的建造成本相比较于砖石、钢材、混凝土、玻璃等材料在不同的建设条件下结果不同，有以下几种情况：（1）在可生长建筑材料资源丰富的地区，就地取材、技术成熟，使用起来相对经济；（2）在可生长建筑材料资源匮乏的地区，运输成本较高，且气候往往不适应可生长建筑材料的后期使用，会导致后期维护费用的增加，使用起来显得不够经济；（3）各种由可生长建筑材料制成的高性能板材生产工艺复杂，成本较高，目前仍旧比较昂贵。

4.1.5 政策法规

在我国现有的经济体制下，仅依靠经济效益充当指挥棒来实现建筑材料的生态设计显然是不现实的，政府必须采取倾向性政策和强制性法规来鼓励和监督各有关部门使用生态建筑材料，保证建筑可持续发展的方向，如即将出台的《可再生资源法》则是一项有力的举措。但现阶段的政策法规仍不够完善，为进一步促进和保障各种可生长建造材料在建筑设计中的应用，应该更加广泛和深入的制定相关法律法规，使设计能够有规可循、有法可依。而这也恰恰是我国有效控制建筑"生态性"和"经济性"平衡的关键所在。

4.2 建筑师合理使用可生长建筑材料的方法

基于上述资源状况、认知程度、经济和技术、政策法规等条件对可生长建筑材料应用于建筑设计的影响，可生长的建筑材料并不是放之四海皆准的最好选择，而是具有其自身的适用范围的。我们可以根据不同建筑类型及建筑构件对材料的不同要求，有的放矢，科学理性的运用可生长建筑材料。笔者综合归纳后拟出下表（表2），试给建筑师一个参考，帮助其在设计中选择是否使用可生长建筑材料。

5 可生长建筑材料的建筑学上表达

"建构"对建筑本质的关注在一定程度上反映出人们对建筑本体文化的渴望，而这也是建筑师关注材料表达建筑的重要缘由。建筑材料作为"建构"实现的物质基础决定了建造技术的选择和建造形式的呈现，故此处借用"建构"（更确切的说应是"tectonic"）为核心词语展开对可生长建筑材料如何实现建筑学表达的探讨。

表 2　可生长的建筑材料的适用范围

类别		适用范围	适用原因
建筑类型		景园建筑	竹木材料更易融入自然环境；强烈表达中国园林的神韵
		乡土建筑（农村建筑）	充分利用当地材料；符合传统居住方式；建造技术含量低
		临时建筑	构件可以再利用或降解，不给环境造成负担；材料使用寿命和建筑使用寿命相符，减少资源消耗；施工简单，便于拆迁
		装配式居住建筑	舒适性高；组装灵活
		特殊建筑：如博物馆、艺术馆、示范性建筑等	利用可生长的建筑材料更能充分表达设计理念
建筑构件	结构构件	柱、梁、框架、桁架等	力学特性适宜，结构合理
	维护构件	门、窗、墙体、屋顶等	装饰性强；可变性大，易于实现建筑表皮的变化策略；热工性能良好；便于安装拆卸
	装饰构件	地板、墙面装饰等	良好的热工性能；提供较好的视觉、触觉感受
	家具	各式家具	良好色泽质感、对人体无毒无害、富有弹性、舒适性高
地理区域		可生长建筑材料丰富的地区，如：鄂西、江西、广西等	大幅度降低建筑成本；降低材料运输能耗
		能给可生长的建筑材料提供适宜温度、湿度的地区	使建筑构件具有更好的耐久性，可延长建筑寿命

5.1 建构的原则：材料真实性的表达

在建造过程中，材料与结构、构造的选择及组合方式千变万化，从而呈现出千姿百态的建筑形式。作为一种"结构与材料的真实性"——建筑的形式逻辑要与它的结构受力关系相一致，与它的材料属性相一致，所以不同的建筑材料往往会以不同的形式来表达建筑，可生长建筑更不例外。一方面，由于可生长建筑材料来自自然，属性固定、可塑性不高决定其具有独特的建构方式；另一方面，这些建构方式真实的表达了可生长建筑材料的逻辑关系，往往能呈现出令人感动的建筑之美。

5.2 建构的实现：遵循的三个规律

5.2.1 力及与之相伴的物理学

建筑立于地球之上，必须克服其所在环境受到的各种力的作用，这是任何建筑实体存在的前提，由可生长建筑材料建成的建筑自然不能例外。为了使建筑更加稳定和坚实，其结构形式的设计应该满足对重力、风力、动静荷载等的物理抵抗要求，遵循相应的"力"的世界的客观规律。

5.2.2 材料特性

建构实体需要通过材料物质得以表达，而材料的固有属性也是客观存在的自然规律，正如混凝土和竹材是两种截然不同的建筑材料，若想以"建构"的方式表达建筑，则必须首先掌握其材料特性，才能使结构及构造关系真实反映材料的特性。如竹材抗拉而混凝土抗压，则竹子多作为受拉构件而混凝土多作为受压构件；竹子干燥易炸裂决定其在北方干燥地区的适应性不强，而混凝土则防潮抗旱，南北皆宜；竹子外圆中空的形态特征决定其连接方式多为捆绑和榫卯，但混凝土却是独特的铸模浇注形式。

5.2.3　材料组织的方式

在知道如何克服建筑的力作用和了解材料特性后，还必须通过具体的材料组织方式来使建筑以实体形式呈现。不同的可生长建筑材料特性决定了它们具有不同的材料组织方式，而这些组织方式又应该真实反映建筑中各种相互力的作用关系。整体结构设计和构件细部构造设计都是建筑设计的基本组成部分，出色的结构及细部设计往往能充分表达设计师的理念和目标。机械的精致、手工的粗糙；纹理的组织、色彩的搭配；穿插、咬合、拼接、错落的关系等等会使建筑具有打动人心的美感。

5.3　实例分析

云南楚雄彝族村寨里的"垛木房"（又称"木楞房"）是一种简单的木结构住房（图9），屋墙全用去皮圆木（也有少数用木枋的）交叉、相抠、堆垛而成，不涂油漆；墙基多用毛石砌筑，以防野兽虫害侵入，同时可避免圆木直接触地受潮腐烂；外墙一般不开窗，室内光线昏暗；屋顶多为坡顶，盖以茅草或筒板瓦；"垛木房"的木结构不同于其他形式的木结构，无梁柱，屋顶的重量直接靠堆叠的圆木墙承受，内部空间十分简洁。

这种原始的木建构方式在瑞士建筑师彼得·卒姆托的作品中得到了创造性的延续。2000年汉诺威世博会上的瑞士馆（图10）清晰的向人们展示了建筑如何通过材料说话。这座占地3000m²的临时建筑主体全部由木枋堆积而成，用去30000m³的落叶松木和英国红木，巨大的框架结构以铁轴和弹簧连接而成。近3.7万根未干燥的木梁（横截面20cm×10cm）似在伐木场中一样，以严格的平行装配形式互相搭接，形成9m高的墙体。建筑最早的秩序概念是风车式，每个方向拥有特定类型的木材：所有南北向的墙体使用花旗松，东西向的使用落叶松木。这种看起来不会长久的构造遵循了"建构"实现的三个规律，其实是一种真正创新的结实的结构体系，可以经受起大风的考验。

另外，当世博会结束后，展厅被拆，这些美丽的木枋可以回收利用到其他的建筑之中，最大程度的减少资源的浪费和对环境的破坏。

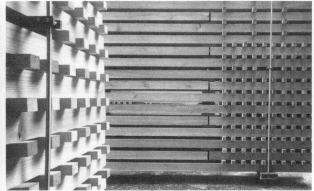

图9　楚雄彝族村寨里的"垛木房"　　　图10　2000年世博会瑞士馆

6　结语

在倡导可持续发展的今天，学术界关于"绿色建筑"的讨论如火如荼，可对大多数的战斗在一线的建筑师来说这些研究仍旧缺乏较好的实际操作性。"生态"要么变成一个时髦词语用来装饰门面，要么就促成了机械工程师的"节能机器"，而丧失建筑应具有的丰富内涵。在了解了各种可生长建筑材料的应用范围、影响因素后，建筑师们不仅要知道合理地使用各种可生长建筑材料，同时应该注意如何通过材料的结构及构造设计来实现建筑学上的表达，从而创造出更多真正的"绿色建筑"，而不是生硬的"绿色机器"。

参考文献

EXPO 2000 Hannover GmbH．汉诺威建筑艺术展．陈潇潇，葛诗利译．大连：大连理工大学出版社，
　　　2004

王天民．生态环境材料．天津：天津大学出版社，2000

吴清仁，吴善淦．生态建材与环保．北京：化学工业出版社，2003

杨静．建筑材料与人居环境．北京：清华大学出版社，施普林格出版社，2001

清华大学建筑学院，清华大学建筑设计研究院．建筑设计的生态策略．北京：中国计划出版社，2001

鲍世行，顾孟潮，涂元季．钱学森论宏观建筑与微观建筑．杭州：杭州出版社，2001

Klaus Daniels (2000). *Low-Tech Light-Tech High-Tech*, Birkhauser

Thoms Herzog, Julius Natterer, and Roland Schweitzer (2004). *Timber Construction Manual*, Germany: English
　　　translation of the fourth revised German edition.

Tom F.Peters. (1996). *Building the Nineteenth Century,* Cambridge, Massachusertts: MIT Press.

http://www.chinesebamboo.net/index.htm（中国竹子网）

http://www.chinatimber.org/（中国木材网）

http://www.icbr.ac.cn/（国际竹藤网络中心网）

注：本课题获国家自然科学基金资助（项目号：50278038）。

透水鋪面設計對環境溫度效益實測評估之研究

Impact Evaluation of Permeable Pavement Design on Environmental Temperature Based on Field Measurement

游璧菁

YOU Pi-Jing

中國科技大學（台北）建築系

東南大學建築系

Department of Architecture, China University of Technology, Taipei

Department of Architecture, Southeast University, Nanjing

關鍵詞： 基地保水、透水鋪面、環境溫度效益

摘　要： 綠建築中基地保水的技術具有土地涵養、減少地表逕流、降低洪峰、調節環境溫度、降低熱島效應等效益，然而，現階段大部分的環境效益缺乏具體的量化數據，提供設計者作為評估或佐證環境規劃改善成效之依據，以至於僅能就質化的效益進行概念性的評估。本研究即針對透水鋪面的環境溫度效益，在實驗區進行現場溫度實測，並將實測結果進行相關係數的分析，並提出透水鋪面對環境溫度效益改善之預估模式，提供設計者作為設計階段環境溫度改善效益之預測參考。

Keywords: water conservation, permeable pavement, environmental temperature benefit.

Abstract: Water conservation technique of base in green building has the following benefits such as soil conservation, reduce the runoff of ground, reduce the flood peak, adjust the environmental temperature, reduce the heat island effect and so on. But for the present stage, most of the environmental benefits lack of specific and quantitative data supplied for designers as a base for evaluation or evidence. Therefore, it can only be evaluated conceptually at qualitative benefits. The research studied the environmental temperature benefits of permeable pavement by measuring the site temperature at the experimental district. The experimental results were analyzed for correlated factors. The prediction model of permeable pavement for environmental temperature improved benefit is proposed as a reference for the designers who work at the design stage of improving environmental temperature.

1 引言

過去的建築環境開發通常不檢討開發基地之透水性能，使得土地喪失良好的吸水、滲透、保水功能，並阻礙了土壤內微生物的生存空間，減弱土地滋養植物的能力。且由於土地失水而降低了蒸發降溫的能力，而喪失調節氣候的功能，加速都市熱島效應的形成。

而目前綠建築發展過程中基地保水的技術具有土地涵養、減少地表逕流、降低洪峰、調節環境溫度、降低熱島效應等效益。然而，現階段大部分的環境效益缺乏具體的量化數據，提供設計者作為評估或佐證環境規劃改善成效之依據，以至於僅能就質化的效益進行概念性的評估。特別是針對環境溫度效益部份，環境規劃在基地保水技術中採用透水鋪面設計，在高溫環境下可促進土壤水分的蒸發，而透過蒸發吸熱的過程帶走高溫，據日本獨立行政法人土木研究所研究說明，透水鋪面可降低路面溫度 15℃ 以上，而實際上的降溫效益由於缺乏量化數據的支持。因此，在透水性設計上設計者無法有效的預測施工後的溫度改善效益。針對此一課題本研究即針對透水鋪面的環境溫度效益，在實驗區進行現場溫度實

測，並將實測結果進行相關係數的分析，以提出透水鋪面對環境溫度效益改善之預估模式，提供設計者在設計階段進行環境溫度改善效益之預測。

2　透水鋪面設計之環境效益

近年來由於生態設計觀念的普及，透水鋪面設計已然成為開放空間地坪材料使用的首要選擇，大量透水鋪面的使用主要由於其對環境有較積極的生態效益，一般而言透水鋪面使用的環境效益說明如下：

(1) 透水鋪面設計對地下水資源保護之環境效益：由於透水鋪面提供面層與土壤基層間相連通的滲水路徑，增加了雨水直接入滲土壤的機會，提供土壤入滲過程水質淨化的作用，藉由雨水入滲淨化機制有效地補注地下水源。

(2) 透水鋪面設計對地表土壤生態環境改善效益：由於透水鋪面兼具滲水保濕及透氣功能，鋪設透水鋪面除提供鋪面上方活動的需要，同時也為鋪面下方的微生物創造良好的生存環境，使土壤中保持多樣化的生物條件優勢。

(3) 透水鋪面設計對減少地表逕流之環境效益：透水鋪面由於材料本身的透水能力，可以有效地紓緩都市排水系統的洩洪壓力，使得地表逕流變化趨於平緩逕流峰值降低，減少都市洪峰發生的機會。

(4) 透水鋪面設計對改善音環境之環境效益：由於透水鋪面材料本身為多孔性結構，因此藉由摩擦及空氣運動的黏滯阻力，可以將部分的音能轉換為熱能，對都市環境而言，可以得到降低環境噪声的功能。

(5) 透水鋪面設計對改善光環境之環境效益：光線投射到透水鋪面時，由於表面孔隙使得投射光線產生擴散反射，改善了光滑面容易出現的定向反射眩光；同時由於表面不易積水，因而解決積水時可能造成的"夜間眩光"，提升到用路安全性。

(6) 透水鋪面設計對改善熱環境之環境效益：透水鋪面的滲水功能使得土壤基層滯留水分，經由太陽輻射產生的蒸發作用，可以吸收環境中的顯熱及潛熱，降低環境溫度紓解都市熱島效應，同時也有減少都市乾燥化的連鎖效果。

3　透水鋪面設計對環境溫度之影響

透水鋪面內部與土壤基層中的水份經由太陽輻射下的蒸發作用，使得環境溫度降低，可以減輕夏季地面材料熱反射所形成的高溫化現象，尤其像台灣地區由於所處緯度及環境開發等因素的影響，夏季高溫化的問題十分嚴重，如果可以藉由透水鋪面的設計來改善環境溫度，將是環境設計者所關心的課題。

透水鋪面在太陽輻射作用下，吸收熱能使內部水分變成水氣，再蒸散於環境中。而這樣的蒸散作用主要透過兩種途徑達成，一種途徑是鋪面的表面直接蒸發，而另一途徑則是鋪面內部水分進行蒸發，再經由鋪面內部的孔隙擴散至表面。惟目前透水鋪面對環境溫度之影響，大多偏於質化的影響說明，缺乏量化的預測評估模式，因此設計者不易針對透水鋪面設計後之環境溫度效益做預測。因此，本研究擬透過實測的方式，分析透水鋪面對環境溫度是否形成顯著的影響，以作為設計者評估是否鋪設透水鋪面的參考依據。

4　透水鋪面設計對環境溫度之影響實測分析

本研究採用現地鋪設透水鋪面實測環境溫度變化的方式，進行透水鋪面環境溫度效益的評估，由於實測的過程在室外進行，透水鋪面可以直接接受太陽輻射及自然氣流變化等環境因素的影響，使得實測結果之預測評估模擬效果提高。

實測方式主要在實驗場鋪設幾種由材料供應廠商提供，應用於實際設計案例的透水鋪面材料，再利

用自動溫度紀錄儀器每隔一分鐘紀錄一筆透水鋪面上方之環境溫度，及非透水鋪面(混凝土鋪面)上方之環境溫度，藉以比較透水鋪面是否具有降低環境溫度的效益，並進一步分析其降溫效果。實測用之溫度記錄儀器可測得最高溫度為 + 80 ℃，最低溫度則為 − 50℃，量測解析度為 0.1℃，紀錄間隔為10s~24h（圖1）。初步分析透水鋪面在透水率較高的條件下，水分會快速地入滲土壤基層，因此表面蒸發降溫的效果就會減少，但是當透水率較低時，水分較易聚集於材料孔隙中，因此接觸太陽輻射高溫時較易蒸發。而透水鋪面含水量的多寡會影響其本身熱傳導效果。因此，本研究在透水鋪面下方亦埋設一組溫度紀錄感應器，以分析透水鋪面傳熱的改變情形。

圖1　數位溫度紀錄儀器

經由實測環境溫度變化的結果，比較透水鋪面與非透水鋪面上方環境溫度變化的差異，兩者溫度變化分布（圖2），利用統計分析的方式提出透水鋪面鋪設後，環境溫度變化的預測模式。

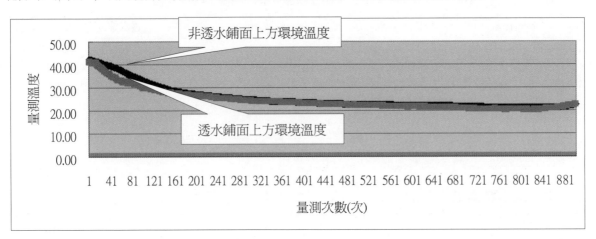

圖2　透水鋪面材料透水率與熱傳導效果關係

5　透水鋪面設計對環境溫度之影響預測

實驗採用透水鋪面為尺寸 20cm×20cm×6cm，透水係數為 $3.5×10^{-4}$，在透水鋪面浸水 24 小時使材料含水率達飽和情況下進行實測，每隔一分鐘紀錄一次溫度，紀錄內容分別為非透水鋪面（混凝土鋪面）上方溫度、透水鋪面上方溫度及透水鋪面下方溫度等三項溫度，由於透水鋪面鋪設時的縫隙直接影響水分蒸發，對環境溫度之影響相對顯著，因此實測進行中針對不同的縫隙進行環境溫度變化量測，以下就針對不同的縫隙實測結果分析說明：

第一組透水鋪面實測鋪設縫隙為 0.3cm，透水鋪面（混凝土鋪面）上方溫度、透水鋪面上方溫度及透水鋪面下方溫度等三項溫度間之相關係數分析結果如下表1。

表1 透水鋪面實測鋪設縫隙為0.3cm時,實測三項溫度間之相關係數分析表

相關係數	非透水鋪面上方溫度 (℃)	透水鋪面上方溫度 (℃)	透水鋪面下方溫度 (℃)
非透水鋪面上方溫度 (℃)	1.000000		
透水鋪面上方溫度 (℃)	0.926517	1.000000	
透水鋪面下方溫度 (℃)	0.763668	0.631479	1.000000

第二組透水鋪面實測鋪設縫隙為0.5cm,透水鋪面(混凝土鋪面)上方溫度、透水鋪面上方溫度及透水鋪面下方溫度等三項溫度間之相關係數分析結果如下表2。

表2 透水鋪面實測鋪設縫隙為0.5cm時,實測三項溫度間之相關係數分析表

相關係數	非透水鋪面上方溫度 (℃)	透水鋪面上方溫度 (℃)	透水鋪面下方溫度 (℃)
非透水鋪面上方溫度 (℃)	1.000000		
透水鋪面上方溫度 (℃)	0.976691	1.000000	
透水鋪面下方溫度 (℃)	0.755297	0.641968	1.000000

第三組透水鋪面實測鋪設縫隙為0.8cm,透水鋪面(混凝土鋪面)上方溫度、透水鋪面上方溫度及透水鋪面下方溫度等三項溫度間之相關係數分析結果如下表3。

表3 透水鋪面實測鋪設縫隙為0.8cm時,實測三項溫度間之相關係數分析表

相關係數	非透水鋪面上方溫度 (℃)	透水鋪面上方溫度 (℃)	透水鋪面下方溫度 (℃)
非透水鋪面上方溫度 (℃)	1.000000		
透水鋪面上方溫度 (℃)	0.987619	1.000000	
透水鋪面下方溫度 (℃)	0.725974	0.680364	1.000000

第四組透水鋪面實測鋪設縫隙為1.0cm,透水鋪面(混凝土鋪面)上方溫度、透水鋪面上方溫度及透水鋪面下方溫度等三項溫度間之相關係數分析結果如下表4。

表4 透水鋪面實測鋪設縫隙為1.0cm時,實測三項溫度間之相關係數分析表

相關係數	非透水鋪面上方溫度 (℃)	透水鋪面上方溫度 (℃)	透水鋪面下方溫度 (℃)
非透水鋪面上方溫度 (℃)	1.000000		
透水鋪面上方溫度 (℃)	0.968446	1.000000	
透水鋪面下方溫度 (℃)	0.849808	0.724583	1.000000

從實測數據可初步得知透水鋪面上方溫度,明顯的較非透水鋪面上方溫度要低。因此本研究將兩組溫度實測數據進行迴歸分析,得到以下迴歸方程式:

$$Y1 = 0.8554X1 + 2.6607 \qquad (1)$$

式中: Y1為透水鋪面上方溫度(℃),X1為非透水鋪面上方溫度(℃)

參考迴歸式(1)設計者可以預估透水鋪面鋪設後環境溫度降低的幅度,作為是否鋪設評估之參考。依據迴歸方程式預估,若設計地點非透水鋪面上方溫度為35℃,則鋪設透水鋪面後其上方環境溫度預測會降為32.6℃,降溫效果可達2.4℃,且當環境溫度愈高時,則透水鋪面蒸發降溫效果則愈顯

著。

　　另外，針對透水鋪面上方及下方的溫度差異進行分析，發現透水鋪面下方溫度明顯的比上方環境溫度低，將兩組溫度實測數據進行迴歸分析，得到以下迴歸方程式：

$$Y2=0.7224X2+2.3433 \tag{2}$$

式中：Y2 為透水鋪面下方溫度（℃），X2 為透水鋪面上方溫度（℃）

　　參考迴歸式（2）設計者可以預估透水鋪面鋪設後透水鋪面下方溫度降低的幅度，藉以預測透水鋪面鋪設於屋頂層或地下室覆土層時，其熱量阻隔第效益評估。依據迴歸方程式預估，若設計地點透水鋪面上方溫度為 35℃，則透水鋪面下方溫度預測會降為 27.6℃，降溫效果可達 7.4℃，且當環境溫度愈高時，則透水鋪面下方降溫效果則愈顯著。

　　從實測結果發現透水鋪面的鋪設，有利於高溫環境溫度下的降溫效益，因此，在都市中鼓勵鋪設透水鋪面可以有效地緩和都市高溫化現象，特別是在夏季可減少高溫化所造成的空調負荷。

6　結語

　　本研究雖針對透水鋪面之環境溫度效益提出具體的實測分析結果，然而考量實驗操作之彈性，實測過程中鋪設透水鋪面之面積約為 $1.5m^2$，相對於大面積的鋪設方式對環境溫度的影響較顯著，且由於每個設計地點溫度、溼度、氣流等環境條件不同，因此，建議後續研究可擴大鋪設面積，並將各地區之環境條件因子納入實測的變數中，使實測數據迴歸所得之預測式，更符合環境條件而使預測精度相對提高，使預測式有效地成為設計者評估環境溫度變化的參考。

　　依據實測結果迴歸方程式預估鋪設透水鋪面後，若環境溫度為 25℃~35℃之間，則透水鋪面上方之溫度約可降低 0.95℃~2.40℃之間，平均降溫幅度為 1.68℃，環境溫度愈高則降溫幅度愈為顯著；而鋪設透水鋪面後鋪面下方的溫度則較鋪面上方降低幅度則介於 4.60℃~7.37℃之間，平均降溫幅度為 5.98℃，同樣也是呈現環境溫度愈高則降溫幅度愈為顯著的趨勢。因此，從環境溫度的角度評估其效益，透水鋪面的鋪設除了具有基地保水的功能外，的確具有顯著的蒸發降溫效益。

參考文獻

柳孝圖. 城市物理環境與可持續發展. 南京：東南大學出版社，1999

馬光. 環境與可持續性發展導論. 北京：科學出版社，1999

顧國維，何澄. 綠色技術及其應用. 上海：同濟大學出版社，1999-05

戴天興. 城市環境生態學. 北京：中國建材工業出版社 2002-07

劉康，李團勝. 生態規劃—理論、方法與應用. 北京：化學工業出版社，2004-07

王波. 透水性鋪裝與生態回歸—城市廣場生態物理環境優化. 東營：石油大學出版社，2004-10

Klaus Daniels (1998). *Low-Tech Light-Tech High-Tech Building in the Information Age*

James Wines, Philip Jodidio (2000). *Green Architecture*

http://pwb2.tcg.gov.tw/tai_searchc.php?index=detail&nid=331&bg=（台北市總合治水對策規劃案宣導博覽會——人行道透水鋪面篇）

http://gip.taneeb.gov.tw/lp.asp?ctNode=1113&CtUnit=228&BaseDSD=12（台灣區國道新建工程局，透水性停車鋪面）

建筑材料可持续利用研究

Sustainable Constructional Material Utilization Research

谭　岚

TAN Lan

深圳华森建筑与工程设计顾问有限公司

Huasen Architecture & Engineering Design Consultants Ltd., Shenzhen

关键词：　可持续利用、再利用、再循环、再生

摘　要：　环境质量的急剧恶化和不可再生资源的迅速减少，对人类的生存与发展构成严重的威胁，成为人类共同关注的重点问题之一。在建筑材料选择方面，我们能对实现可持续发展战略目标做出的贡献包括如下：一是对人类赖以生存的自然资源的保护和循环再生利用，特别是直接和间接地节约不可再生资源；二是保持健康无污染、方便舒适的生态环境，减少和避免建筑活动中对能源的消耗和废弃物排放。

Keywords: sustainable use, reuse, recycle, regeneration

Abstract: With the rapid deteriorism and the reduce of unrenewable resource of the environmental quality, the human beings are facing the serious threats of the existence and the development. So it has become one of the emphasized problem for human being nowadays. In the aspect of the selection of the architectural materials, we are able to achieve the aim of the sustainable development stratagem. These can be expressed as follows: firstly, the protection and reuse of the natural resource, especially in the aspect of economize the unrenewable resource; secondly, to keep the economical environment to reduce and avoid the resource waste and rejectamenta in the building project.

1　引言

建筑既是人类为生存而制造的最大物质产品，也是破坏人类生存环境的最大污染源。其中，建筑材料对生态环境的影响巨大，包括了建筑材料原料制造阶段和生产阶段资源、能源的消耗及对生态环境的影响；建筑使用过程中对人类的健康和生态环境的影响；建筑材料解体、废弃时对生态环境的影响等。

长久以来，技术的天才贡献在建筑创作中受到激赏，占据着绝对的焦点位置；而自然资源的贡献往往受到低估，是不起眼的角色。然而，当人们发现地球的资源存在着利用的极限时，就不得不开始思考可持续发展，用我们在匆忙中忽视或丢掉的东西重塑世界。于是，建筑材料通过合理选择、利用得以真正进入"循环"便受到高度重视，建筑材料的利用也从传统的"线性利用"发展到"循环利用"模式。

2　从传统的线性利用模式到倡导循环利用模式

传统的线性模式对资源的利用常常是粗放的和一次性的，通过把资源持续不断地变成废物来实现经济的数量型增长，其后果是大量耗费不可再生资源，并可能导致生物圈中地方或全球范围生态过程的短路。而循环利用模式倡导的是一种建立在物质不断循环利用基础上的发展模式，它要求把经济活动按照自然生态系统的模式，组织成一个"资源——产品——再生资源"的物质反复循环流动的过程，使得整个经济系统以及生产和消费的过程基本上不产生或者只产生很少的废弃物，只有放错了地方的资源，而

没有真正的废弃物，其特征是自然资源的低投入、高利用和废弃物的低排放，从而根本上消解长期以来环境与发展之间的尖锐冲突。

3 材料可持续利用模式研究

用全生命周期看待建筑，物质材料是生物圈中连续不断的物质循环的一个部分，建筑材料循环贯穿在建筑整个生命周期中，经历了设计→修建→使用→废弃→再回到设计的一个完整的过程。

建筑物质材料流动的环形结构是：原料采集、产品制造、产品使用、废弃物再循环等阶段。这样，建筑物质材料使用的环形模式结构确定为以下阶段（图1）：

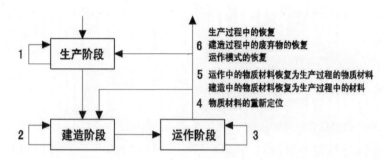

图 1　物质材料使用模式的一种环形结构（资料来源：Yeang K.《Designing With Nature》）

循环模式借鉴了自然生态系统基本的物质材料使用模式，通过重组、再循环和再生用等恢复作用，以最小资源输入为代价，使得各种物质材料得到一定程度的回收利用。这种使用模式的结构也有利于建筑师确定建筑系统内部的能量和物质材料使用模式，确定生命周期中能量和物质材料可能的流动路线。

3.1 重组（Reunite）

即按照自然界的经济原则——节省原则，对建筑解体后产生的大量建筑垃圾和废旧建材，能利用的进行分门别类的分类收集，集中处理，在建造新的建筑时，能够使其再次发挥作用。这样就不会为新建和生产新的建筑材料而消耗更多的自然资源，从而达到减少环境污染的目的。

3.2 再循环（Recycle）

根据自然生态系统内部运作的循环机制，使"建筑原料—建筑—建筑废料—建筑"循环不断，并加强循环中废气、废水、废渣的综合利用和技术开发，变废为宝。

3.3 再生（Regenerate）

再生指已用过的材料或废弃物质经加工处理后作为原料再循环利用。如生活和建筑废弃物的利用，通过物理或化学的方法解体和再加工做成其他建筑部品，获得新的生命。这个过程需要较多的物质能量输入。

4 建筑材料可持续利用策略

4.1 材料再利用（reuse）

这种策略指无须再加工就能再次使用的材料。其来源主要包括了两方面：

一是从旧建筑中拆卸下来的木地板、木板材、木制品、混凝土预制构件、铁器、装饰灯具、砌块、

砖石、钢材、保温材料等。可对以上材料进行分类处理，用于制作建筑构配件。在英国，因为二手砖具有古香古色的外观，满足修建某类建筑的要求，开始实现砖的循环利用。二是生活垃圾中有用物质的再利用，如易拉罐、废弃轮胎、塑料、玻璃等。建于美国新墨西哥州的鹦鹉螺号大地船（Nautilus Earthship）的承重外墙的主材是在孔隙挤满泥土的旧汽车轮胎（图2）。

在美国，每年有超过 2.4 亿个轮胎报废（1999 年统计）。在这些轮胎中，有 76% 被回收利用，剩下的轮胎中的大部分在非法的掩埋式垃圾处理场被处理掉。正是这些轮胎数量之大和对可回收资源的浪费触动了建筑师。"北大建筑研究中心木结构工棚采光屋顶"是北大建筑"建造工作室"利用废弃饮料瓶的空气和塑料瓶体的热惰性做屋顶保温材料的一次尝试（图3）。

这种非常规的材料具备了以下几个特点：

(1) 造价优势：收集廉价的饮料瓶成为准备材料的重要步骤。如果能按买入价约 0.04 元／个来收集，以 100 个塑料瓶计算（实际结果为 96 个），一个屋顶保温盒中主要的保温材料只需要 4 块钱；

(2) 施工简单："塑料瓶"保温材料的构造方法对技术、施工水平要求不高，即将一个瓶的瓶底切掉，另一个瓶的瓶头插入这个瓶的瓶身，交接处用玻璃胶密闭粘结，使瓶子的气密性更好；

(3) 效果良好：可保证了天光进入室内并有良好的漫射效果；

(4) 质量保证：这种保温盒试块经过中国建筑科学院物理研究所热工技术鉴定，证明有效。

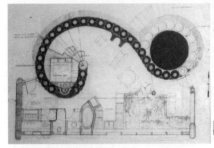  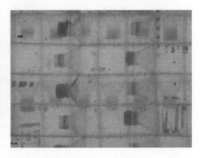

图2　鹦鹉螺号大地船平面图　　　　　图3　保温盒屋及保温材料的可视形态

4.2 材料再循环利用（recycle）

这类材料包括了原生材料和二次加工材料，最大的特征是可进行无害化自行解体，从自然中来，最后回归自然。原生材料包括了草、竹、原木、生土、石、稻草等天然材料，取自于自然，使用后又可回归自然状态；二次加工材料主要指的是纸、竹胶合板等需要由原材料加工而成的材料。为了从理性上深层次探求此种利用模式的出发点，以下将以具有代表性的几种材料为例，从运用的策略进行论述。

4.2.1 风土策略

就地取材，包括了草、生土、原木、石、竹等，具有强烈的地域特点，体现了地域的资源、气候、风土、技术等等特征和朴素的循环利用思想。在这种模式里，适宜技术得到充分的运用。将当代的先进技术有选择的与地区条件的特殊性以及由此产生的民间智慧结合起来，根据地区的实际需求和现实条件，寻求一条适宜、有效的技术路线。很重要的一点是"用地方资源生产满足地方需要，是最合理的经济方式，而依靠远地进口，从而也需要为输出给遥远的陌生人而生产，是非常不经济的"。

海草屋（图4）是胶东沿海地区一种独特的民居形式，已经有 5000 多年的历史。海带草是当地十分丰富的自然资源，为当地民居提供了大量且便宜的制作草苫顶的材料，体现了因地制宜、就地取材的特点。海草屋的特点是以海草为屋顶材料，以石块（部分辅以青砖）作墙体。深红色的海草屋顶与红褐色或青灰色墙面相结合，具有粗犷、朴实之美。

海草作为建筑材料其优势有三点：

(1) 厚厚的草顶，起到了很好的隔热保温作用，形成了冬暖夏凉的居住环境，住起来十分舒适。这也是今天许多人依然愿意建造并居住的一个重要原因；

(2) 海草的耐久性可达 40～50 年之久，也就是说一般海草屋 40 年以上才需要修缮。而普通民间瓦房顶部由于长草或鸟兽筑巢，20 年以上就需要修整；

(3) 废弃的海草可作建筑辅料，丢弃则很快降解。相对于瓦屋顶，海草屋节约了制瓦需要的大量土地和能源，不会对生态环境造成污染。

　　另外，在美国还有用草砖（草捆扎成的包）做承重墙的房屋（图 5）。

　　我国也开始推广节能草砖房的示范项目。草砖由金属网将稻草或麦秸秆紧紧捆扎而成的，尺寸为 100cm×40cm×50cm，隔音、隔热效果非常好。根据实时监测，结果表明：能源效率高，新建草砖房的总体能源效率要比传统砖房高出 72%；经济性好，新建草砖房每年冬天每户的节约取暖燃煤 50%；保温效果好。具有很好的推广意义。

图 4　海草屋　　　　　　　　　　　　　　　　图 5　草砖屋

4.2.2　文化策略

　　材料有双重属性，一是其自身属性，二是其文化价值，体现某种审美取向。这里指的是利用材料蕴含的文化内涵来营造特殊的空间效果。由于地域和民族的差异，不同的材料体系形成不同的建筑文化特征和符号意义，同时也表达了设计者的创作精神和价值观念，以及相应作品的外显气质，在某种程度上传达一种信息和意义。

　　以竹子为例，竹作为建材有着广泛的运用。而现代建筑中，常常利用竹的潜在文化特性来营造宁静、雅致的空间氛围。如建筑师隈研吾在"长城下公社"中设计的"竹屋"（图 6）。

图6　竹屋

图7　"Alvar Aalto's Glass and Furniture"展览　　　图8　分别在印度、土耳其修建的救急房

4.2.3　潜力开发策略

主要指的是非建筑材料→建筑材料的运用。下面以纸为例进行分析：

日本建筑师坂茂（Shigeru Ban）是运用纸建造建筑的先驱者。1986年，日本建筑师坂茂为"Alvar Aalto's Glass and Furniture"展览做室内设计之后，纸作为建筑材料的潜力开始被挖掘出来（图7）。之后建筑师板茂注意到纸筒远比想像中坚固及作为建筑材料的美感。此外，它可被加工成多样的长度和厚度，也可具备防水和防火性，并有很好的隔热和隔声性能。随后坂茂在沃思达大学（Waseda University）的Gengo Matsui的实验室对纸管作为建筑物外观和结构单元的可行性进行了研究和测试。在一系列的成功探索之后，自1994年起，坂茂开始利用自己所取得的独特经验，积极地介入了世界各地的公益性建造工程，如帮助日本阪神地震、卢旺达内战、印度、土耳其地震后的难民兴建临时性住宅（图8）。坂茂为灾民所做的工作，为他赢得了联合国难民署授予的"伦理道德的实验者"的称号。

1995年，他为日本神户地震中的灾民建造了大批救济住房（Paper Log House For Disaster Relief）（图9）。住宅的地基由装满沙子的标准啤酒箱组成。4m×4m的地板支撑着用直径108mm的纸管连接在一起做成的墙板，每个纸管都排列在胶合板的插件上面，由直径为6mm的钢杆水平固定。半透明的双面乙烯基质的屋顶由一个纸筒的框架支撑，两边山墙可以打开，在日本炎热的夏季可以做快速通风之

用。门和窗框用胶合板做成，简单的顶部折叠百叶窗可以提供安全和隐私。建筑的装配可以由居民自己操作，每平方米的造价低于 1000 元（人民币）。约 6 个小时内就能建起的"临时性"纸屋被持续使用了五年之久，最后被拆除的材料可继续投入另一次建造。

2000 年汉诺威世界博览会的日本展馆（Mega Paper Building——The Japanese Pavilion）是坂茂迄今为止所设计的最大规模的建筑（图 10），采用经回收加工的纸料建成，拱筒形的结构由 12.5cm 粗的纸筒网状交叉构成。弧曲屋面和墙身材料也是织物和纸膜。整个展馆长 72m，宽 35m，最高处达 15.5m，面积 3600m²。

图 9　纸的救济住房　　　　　　　　　　　　　图 10　日本展馆

由以上实例的分析，不难看出纸作为一种非传统型的建筑材料具有得天独厚的优势。最基本优势在其可循环利用的特性，自行降解，不会对环境造成压力和破坏。其次是经济性，神户地震后修建的难民住宅每平方米造价低于 1000 元（人民币）；同时，修建时间短，尤其有利于用于修建临时性建筑，如灾后、战后难民居住所；修建相对简单便捷，勿需大型或复杂的及其设备，可自行修建。如日本神户地震后修建的"纸的教堂"就是 150 名志愿者在 5 天内修建的，卢旺达地震后的难民住宅也是由当地居民自行修建。

4.3　材料再生利用（regeneration）

材料的再生利用指材料受到损坏但经加工处理后可作为原料循环再利用的过程。如生活垃圾和建筑废弃物的利用，通过物理或化学的方法解体，做成其他建筑部品。再利用与再生的区别在于：再利用物品指的是用过的，但未受大的损伤，加工量极少的材料；再生物品则是先把废弃物品还原成原材料，再用其做成新产品，需要较多的能量输入。

4.3.1　建筑垃圾再生利用

废弃混凝土是建筑业排出量最大的废弃物，作为再生集料用于制造混凝土、实现混凝土材料的自己循环利用是混凝土废弃物回收利用的发展方向。将废弃混凝土破碎作为再生集料既能解决天然集料资源紧张问题，利于集料产地环境保护，又能减少城市废弃物的堆放、占地和环境污染问题，实现混凝土生产的物质循环闭路化，保证建筑业的可持续发展。

4.3.2　工业废渣再生利用

用工业废渣代替黏土制造实心砖或空心砖，例如，粉煤灰砖、煤矸石砖、页岩砖、矿渣砖、煤渣砖等。可减少废渣堆存占地和减轻环境污染。

某些工业废渣经一定的加工处理可代替部分水泥制混凝土砌块、加气混凝土砌块与墙板、纤维水泥

板、硅酸钙板等。其中最值得利用的是粉煤灰。我国目前粉煤灰排放量已愈亿吨，利用率仅 38%左右，主要用于筑路、制造粉煤灰水泥等。事实上，粉煤灰经适当处理后，可制造价值更高的若干墙体材料，如高性能混凝土砌块、压蒸纤维增强粉煤灰水泥墙板、加气混凝土砌块与条板等。

4.3.3 农业剩余物再生利用

用农植物剩余物与无机胶凝材料复合生产出来的水泥刨花板、矿渣刨花板和石膏刨花板不仅具有轻质、高强、防火、隔热、隔音、调节室内湿度等良好的物理力学性能，而且具有可锯、可钉、可钻、可开槽以及可直接在其表面进行各种饰面装饰的良好的施工性能。而生产中未固化的不合厚度要求的坯料、裁边后的边角料或废品可回收加工后继续使用，不会污染环境。

5　结语

建筑作为人工创造的空间环境，与自然生态系统密不可分，正如以"可持续发展"为主题的国际建协第18次代表大会发表的《芝加哥宣言》所指出的："建筑及其建成环境在人类对自然环境及其生活质量的影响中起着重要的作用；符合可持续发展原理的设计需要对资源与能源的利用效率，对健康影响、材料选择，对生态及社会敏感反应的土地利用，以及一种能起到鼓舞和肯定及培育作用的美学敏感性等方面进行综合的思考"。

基于上述基本思想，第20届世界建协大会的《北京宪章》指出："用传统的建筑概念或设计方式来考虑建筑群及其环境的关系已经不合时宜……。"针对建筑的可持续利用问题，上文已经从建筑材料方面着手，通过循环利用，来达到建筑材料的可持续利用。

虽然目前可循环使用的材料在建筑设计上的运用还并不广泛，但是它指出了未来建筑设计发展的一个趋势，是一条发展之道。

参考文献

中国建筑材料科学研究院．绿色建材与建材绿色化．第一版．北京：化学工业出版社，材料科学与工程出版中心．2003-09

宋晔皓．结合自然，整体设计——注重生态的建筑设计研究．第一版．北京：中国建筑工业出版社，2000-12

（美）Public Technology Inc. US Green Building Council．绿色建筑技术手册 设计·建造·运行．王长庆，龙惟定，杜鹏飞，黄治锺，潘毅群译．第一版．北京：中国建筑工业出版社，1999-06

董卫，王建国．可持续发展的城市与建筑设计．第一版．南京：东南大学出版社，1999-12

张彤．整体地区建筑．第一版．江苏：东南大学出版社，2003-06

（英）布赖恩·爱德华兹．可持续性建筑．周玉鹏 宋晔皓译．第一版．北京：中国建筑工业出版社，2003.6

陈喆．原生态建筑—胶东海草房调研．华中建筑，2001(6)

曹伟．生态建材生态建筑发展战略．新建筑建筑，2001(5)

http://www.soi.wide.ad.jp/class/20020015/slides/05/

http://www.abbs.com/

第五届中国城市住宅研讨会论文集，中国香港，2005年11月
Proceedings of the Fifth China Urban Housing Conference, H.K.S.A.R. CHINA. (November 2005)

百叶遮阳和 Low-E 玻璃在南京地区的综合遮阳效果研究
——南京万科金色家园遮阳效果测试

Evaluation of integrated shading effect of shading blind and Low-E glazing in Nanjing

马晓雯[1]　刘俊跃[1]　李雨桐[1]　陈炼[1]　苏志刚[2]　戴海锋[2]

MA Xiaowen[1], LIU Junyu[1]e, LI Yutong[1], CHEN Lian[1], SU Zhigang[2] and DAI Haifeng[2]

[1] 深圳市建筑科学研究院
[2] 万科企业股份有限公司

[1]Shenzhen Institute of Building Research, Shenzhen
[2]China VANKE Co., Ltd., Shenzhen

关键词：　百叶遮阳、Low-E 玻璃、节能

摘　要：　通过对南京万科金色家园采用百叶遮阳和 Low-E 玻璃窗与没有采用百叶遮阳、采用普通单层玻璃窗对室内的热环境、光环境和空调能耗的对比实测，得出了南京地区西北向采用百叶遮阳和 Low-E 玻璃窗的组合对室内的综合遮阳效果。研究结果表明：西北向百叶遮阳和西北向 Low-E 玻璃窗的组合有效提高了室内的热舒适性，显著降低了空调能耗，起到了显著的节能效果。

Keywords: shading blind, Low-E glazing, energy efficiency

Abstract: By Testing the indoor heat environment, light environment and energy consumption of air-conditioning of two houses which one is installed shading blind and uses Low-E glazing and the other one hasn't shading blind and uses common one-layer glazing, carries out the integrated shading effect of the shading blind and Low-E glazing in Nanjing. The conclusion is the combination of the shading blind and Low-E glazing which are facing northwest can improve indoor heat environment and reduce energy consumption of air-conditioning in Nanjing , so it has the obvious energy efficiency effect.

1　引言

　　南京万科金色家园考虑了地形和景观的需要，主要朝向采取了东西向布局，而南京属亚热带气候，夏季太阳辐射强烈，6 月份的平均最高气温超过了 29℃，7、8 月份的平均最高气温超过了 32℃。因此，通过前期的软件模拟研究，南京万科金色家园在二期工程中采用了一些遮阳措施（图 1）：

　　(1)　起居室西北向阳台外侧设置了"三滑道铝合金推拉百叶"（图 2）；

　　(2)　起居室西南向的阳台设计成 2.3m 的宽大阳台；

　　(3)　起居室与阳台连接的大面积落地玻璃门窗采用了普通双层中空玻璃；

　　(4)　起居室西北向外窗和主卧室、次卧 2 的西南向外窗采用了 Low-E 中空玻璃窗。

　　为了验证和获得这些遮阳措施的实际遮阳效果，万科企业股份有限公司委托深圳市建筑科学研究院于 2004 年 6 月 20 日~7 月 1 日对南京万科金色家园进行了为期 10 天的现场实测。以实现建筑节能技术从理论研究→实际应用→效果验证的全过程。本文主要对起居室采用了百叶遮阳和 Low-E 玻璃窗与不采用百叶遮阳、采用普通玻璃窗的遮阳效果进行了对比测试和分析。

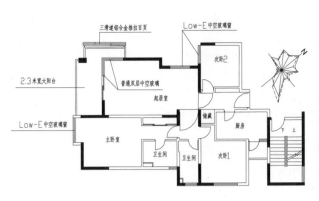 

图1　南京万科金色家园二期遮阳设计　　图2　三滑道铝合金推拉百叶外观

2　测试方法及测试对象

在建筑设计的基础上，为了对比百叶遮阳和无百叶遮阳、Low-E玻璃窗和普通玻璃窗对室内热环境、光环境和空调能耗的影响差异，我们采用了对比实测法。即在南京金色家园中选择完全相同的两个标准层户型（第5层），其中：

(1) 基准户型：南京万科金色家园设计现状户型（图1）。

(2) 对比户型：将起居室西北向阳台上的三滑道铝合金推拉百叶卸掉，西北向外窗换成6mm的普通透明玻璃窗。

3　测试方案

3.1　空调不开启、阳台门和外窗间歇开启、百叶间歇遮挡情况下

(1) 测试目的：判断间歇自然通风状态下，百叶遮阳装置、Low-E外窗对室内热舒适性和室内采光的影响情况。

(2) 阳台门和外窗的开启时间的原则：室外温度低于室内温度时才开。根据测试人员在测试期的热感受，在9:00~19:00的时间段关闭外门窗，其余时间开启外门窗。

(3) 遮阳装置只在有遮阳效果的前提下全遮挡，百叶遮挡时间为11:00~19:00。

3.2　空调间歇开启、阳台门和外窗间歇关闭、百叶间歇遮挡情况下

(1) 测试目的：判断间歇空调状态下，遮阳装置、Low-E外窗对室内空调耗能的影响情况。

(2) 空调间歇开启的原则：是在保证人体热舒适的前提下。根据测试人员在测试期的热感受，在9:00~19:00的时间段开启空调。空调开启时，外窗、阳台门同时关闭。

(3) 遮阳装置只在空调既开启，同时有遮阳效果的前提下全遮挡。百叶遮挡时间为11:00~19:00。

3.3　空调全天开启、阳台门和外窗全天关闭、百叶全天遮挡情况下

(1) 测试目的：判断全空调状态下，遮阳装置、Low-E外窗对空调耗能的影响情况。

(2) 空调开启的原则：全天开启，以保证人体热舒适，当低于设定的室内温度时，空调自动处于待机状态，当高于设定的室内温度时，空调自动启动制冷。同时外窗、阳台门全天关闭，遮阳装置全天全遮挡。

4 测试参数和仪器、仪表

(1) 室内外的干球温度和相对湿度：用温湿度自动记录仪记录；

(2) 室内外风速：用热球风速仪测量；

(3) 外墙内、外表面温度，外窗（阳台门）内、外表面温度，内墙、地面、顶棚表面温度：用热电偶、巡检仪自动记录；

(4) 照度：照度计；

(5) 空调耗电量：精密电度表（能精确到0.1kWh）。

5 测试结果与分析

5.1 间歇自然通风工况

5.1.1 热舒适性的对比

(1) 西北向Low-E中空玻璃窗与普通单玻窗内表面温度对比

图3是间歇自然通风工况下起居室西北向Low-E玻璃窗与普通玻璃窗内表面温度的变化曲线，由图3可以看出：在室内不开空调，白天关闭门窗，夜晚开启门窗（间歇自然通风）的情况下，6:00~21:00的时间段，西北向Low-E中空玻璃窗内表面的温度均低于6mm普通玻璃窗内表面的温度，平均低1.5℃，最高低4.6℃。因此，Low-E玻璃对降低外窗内表面温度的效果比较显著。

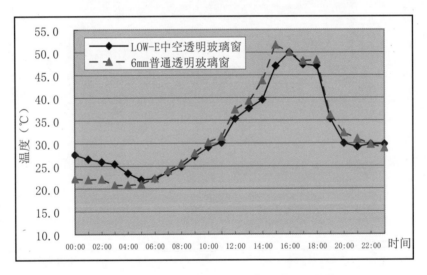

图3 起居室西北向外窗的内表面温度变化曲线

(2) 西北向阳台玻璃门内外表面温度对比

基准户型和对比户型的西北向阳台玻璃门均采用双层普通中空玻璃，但基准户型西北向阳台外侧装置了"三滑道铝合金推拉百叶"，对比户型没有百叶遮阳。

图4和图5是西北向阳台玻璃门外表面和内表面温度的变化曲线，从图4、图5可以得出：在室内不开空调，白天关闭门窗，夜晚开启门窗（间歇自然通风）的情况下，8:00~22:00的时间段，基准户型西北向阳台玻璃门的外表面温度比对比户型平均低2.3℃，最高低9.0℃；内表面温度平均低4.3℃，最高低13.8℃。

因此，百叶遮阳对降低阳台玻璃门内外表面温度的效果非常显著。

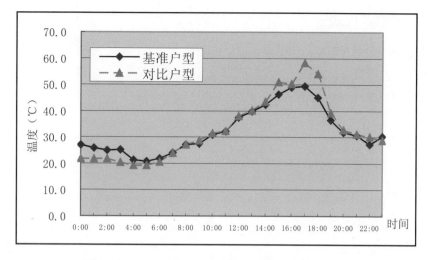

图4　起居室西北向阳台玻璃门外表面温度变化曲线

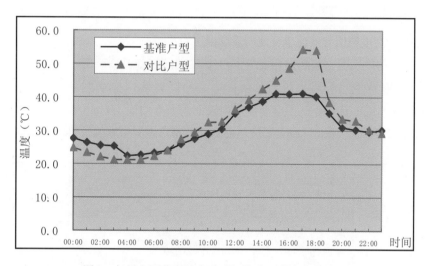

图5　起居室西北向阳台玻璃门内表面温度变化曲线

(3) 室内平均辐射温度比较

在考虑周围物体表面温度对人体辐射换热强度的影响时要用到"平均辐射温度"的概念。其数学表达式为：

$$t_{mr} = \frac{\sum (F_n \cdot t_i)}{\sum F_n} \qquad (1)$$

其中：t_{mr}——平均辐射温度，℃；

F_n—— 房间各围护结构表面面积，m²；

t_i——房间各围护结构表面温度，℃。

我们根据测试数据计算出了起居室的逐时平均辐射温度，图6是该工况下起居室室内平均辐射温度的变化曲线。

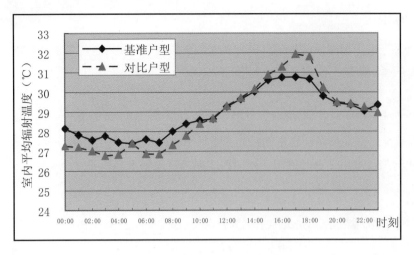

图6　起居室室内平均辐射温度变化曲线

从图6可以看出，在间歇自然通风工况下，起居室室内平均辐射温度：基准户型在11:00~22:00的时间段均低于对比户型，平均低0.34℃，最大低1.17℃。

因此，起居室西北向外窗采用Low-E中空玻璃、西北向阳台采用百叶遮阳后的组合效果，当室内不开空调时可使室内的平均辐射温度降低0.03~1.17℃，即采用了Low-E中空玻璃和百叶遮阳后在关窗的时间段提高了室内的热舒适性。

(4) 室内PMV比较

PMV是描述人体室内热舒适性的另一个重要参数，由于PMV的计算涉及参数较多，而且不能直接求出，必须要耦合求解，因此我们编写了一个PMV的计算程序，计算界面如图7所示。

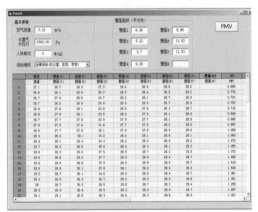
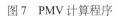
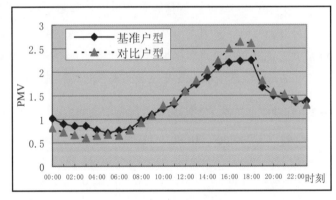

图7　PMV计算程序　　　　　　　　　　图8　起居室室内PMV变化曲线

图8是根据计算出来的PMV值得出的起居室室内PMV变化曲线，由图8可以看出：

(1) 除晚上2:00~7:00的时间段两个户型的室内热舒适性较低之外，其他时间段两个户型的室内热舒适性均不能满足人体热舒适性的要求，需要借助其他的辅助手段来达到室内的热舒适性要求，比如空调；

(2) 在白天，基准户型的起居室室内PMV值略小于对比户型起居室，平均低0.148，最大低0.404。

这说明：(1)百叶遮阳和Low-E玻璃的组合能够提高室内的热舒适性；(2)南京夏季，白天即使采用了遮阳措施，也需要借助空调来满足室内人体的热舒适性。

5.1.2 室内采光的对比

按照《建筑采光设计标准》的规定，房间典型剖面取在房间中部，假定工作面取距地面 0.8m 的平面。然后在典型剖面和假定工作面的交线上每间隔 1000mm 布置一个测点，计算采光系数时取照度最低一点的数值。

表 1 是关窗的时间段（9:00~19:00），基准户型和对比户型起居室室内的最低采光系数值。

从表 1 可以看出：基准户型起居室的采光系数低于对比户型，平均相差 1.5%，最大相差 2.7%。因此，起居室西北向阳台采用了百叶遮阳，同时西北向外窗采用了 Low-E 中空玻璃后，与无遮阳、采用普通玻璃窗相比，室内采光质量下降。

表 1　基准户型和对比户型的室内采光系数（%）

时刻	09:00	10:00	11:00	12:00	13:00	14:00	15:00	16:00	17:00	18:00	19:00	平均值	最小值	最大值
基准户型	3.2	3.6	3.3	3.6	3.8	4.5	4.9	5.6	4.2	5.1	3.8	4.1	3.2	5.6
对比户型	3.8	3.6	3.9	4.8	5.5	6.1	7.6	7.9	6.7	6.6	5.5	5.6	3.6	7.9
差值	-0.6	0	-0.6	-1.3	-1.7	-1.6	-2.7	-2.3	-2.5	-1.5	-1.7	-1.5	0	-2.7

5.2　间歇自然通风工况

由于在白天开空调的时间段，基准户型和对比户型均满足室内热舒适性的要求，而夜晚自然通风情况下两种户型室内热舒适性的差异与间歇自然通风夜晚的情况类似，因此在这个工况下比较百叶遮阳和 Low-E 玻璃的遮阳效果主要是比较白天空调的耗电量。

表 2 是间歇空调工况下起居室在白天的逐时空调耗电量。从表 2 可以看出，在白天开空调的时间段（9:00~19:00），基准户型起居室采用百叶遮阳和 Low-E 中空玻璃，与对比户型起居室不采用百叶遮阳、采用普通玻璃窗相比，可使基准户型起居室空调耗电平均每小时节省 0.45 度。起居室建筑面积为 33.75m²，因此单位建筑面积平均每小时节约空调用电：0.45/33.75 = 0.0133kWh/(h·m²)

可见，百叶遮阳和 Low-E 玻璃的组合能够有效的降低室内空调的耗电量，达到节能的效果。

表 2　间歇空调工况下白天起居室逐时空调耗电量（kWh/h）

时刻	09:00	10:00	11:00	13:00	14:00	15:00	16:00	17:00	18:00	19:00	平均值
基准户型	0	0.83	0.82	0.25	1.23	1.09	1.55	1.17	1.09	1.04	1.01
对比户型	0	0.89	1.09	0.56	1.68	1.64	1.98	2	1.8	1.45	1.45
差值		-0.06	-0.27	-0.31	-0.45	-0.55	-0.43	-0.83	-0.71	-0.41	-0.45

注：11:10~12:50 停电。

5.3　全空调工况

该工况就是为了测试当室内全天满足人体热舒适性时，遮阳百叶和 Low-E 玻璃的组合对室内的节能效果，即比较基准户型和对比户型起居室空调耗电量的差异。

表 3 是全天空调工况下起居室的逐时空调耗电量。从表 3 可以看出：

(1) 百叶遮阳和 Low-E 中空玻璃主要是减少白天的空调耗电量，夜晚减少的比较少。这是因为这些遮阳措施主要是减少白天太阳辐射引起的空调耗电量。

(2) 基准户型起居室采用百叶遮阳和 Low-E 中空玻璃，与对比户型不采用百叶遮阳、采用普通玻璃窗相比，可使基准户型起居室空调耗电全天节约 4.78 度。起居室建筑面积为 33.75m²，因此基准户型起居室单位建筑面积全天节约空调用电：0.78/33.75 = 0.142kWh/(h·m²)

表3　全天空调工况下逐时空调耗电量（kWh）

	09:00	10:00	11:00	12:00	13:00	14:00	15:00	16:00	17:00	18:00	00:00	09:00	全天耗电量	小时平均耗电量
基准户型	0	0.97	1.02	0.91	1.08	1.07	1.22	1.31	1.27	1.26	5.66	7.55	23.32	0.97
对比户型	0	1.09	1.06	1.16	1.3	1.19	1.49	1.8	1.69	1.61	7.18	8.53	28.1	1.17
差值		-0.12	-0.04	-0.25	-0.22	-0.12	-0.27	-0.49	-0.42	-0.35	-1.52	-0.98	-4.78	-0.2

6　百叶遮阳设计的不足

"三滑道铝合金推拉百叶"对提高室内热舒适性和降低空调能耗的效果非常显著，但是无论叶片角度怎么调整，百叶还是部分遮挡了室内人员看景的视线（图9），因此，在无太阳照射的天气或时间段，用户最好使百叶全部拉开不遮挡。

即使百叶全部拉开，还是遮挡了近 1/3 的视野（图10），因此可以使单扇百叶和滑道加宽，使之全部闭合时可以与墙面齐平（图11），这样就满足了室内人员 100% 的看景视野。

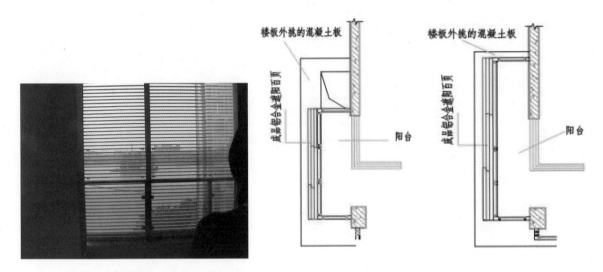

图9　叶片处于90°时由里往外看　　图10　百叶设计现状　　图11　百叶单扇加宽增大视野

7　结论

(1) 在白天，与普通玻璃窗相比，西北向 Low-E 中空玻璃能使玻璃内表面温度平均降低 1.5℃。

(2) 有百叶遮阳的阳台玻璃门与没有百叶遮阳的阳台玻璃门相比，在白天，玻璃门内表面温度平均低 4.3℃，外表面温度平均低 2.3℃。

(3) 采用了百叶遮阳和 Low-E 中空玻璃的起居室与没有采用百叶遮阳和采用普通玻璃的起居室相比，在白天，当室内不开空调时可使室内的平均辐射温度降低 0.03~1.17℃，使室内的 PMV 平均下降 0.148。

(4) 采用百叶遮阳+Low-E 中空玻璃后，室内采光质量下降，对室内采光影响较大。

(5) 起居室采用百叶遮阳和 Low-E 中空玻璃，与不采用百叶遮阳、采用普通玻璃窗相比，可使起居室空调耗电平均每小时节省 0.45kWh，单位建筑面积平均每小时节约空调用电 0.0133kWh/(h·m²)。

(6) 起居室采用百叶遮阳和 Low-E 中空玻璃，与不采用百叶遮阳、采用普通玻璃窗相比，可使起居室全天节约空调用电 4.78kWh，单位建筑面积全天节约空调用电 0.142kWh/m²。

因此，西北向百叶遮阳和西北向 Low-E 玻璃的组合与没有百叶遮阳、采用普通玻璃窗相比，有效的提高了室内的热舒适性，显著降低了空调能耗，起到了显著的节能效果。

参考文献

苏志刚，杨靖．遮阳设计从研究到实施．建筑学报，2004(4)

彦启森，赵庆珠．建筑热过程．北京：中国建筑工业出版社，1986

第五届中国城市住宅研讨会论文集，中国香港，2005 年 11 月
Proceedings of the Fifth China Urban Housing Conference, H.K.S.A.R. CHINA. (November 2005)

阳光、技术与美学——谈光伏技术在住宅建筑中的应用

Sunshine, Technology and Aesthetic: on the Application of PV Technology in Residencial Buildings

李海霞　　郑志

LI Haixia and ZHENG Zhi

华侨大学建筑学院

School of Architecture, Huaqiao University, Quanzhou

关键词：　光伏、技术、光伏住宅、美学

摘　要：　众所周知，太阳能是最具开发潜力且用之不竭的清洁能源。太阳能发电是 21 世纪科学技术的前沿阵地。对于太阳能在住宅建筑应用上的尝试，国内外都有或多或少的研究与成果。太阳能电池板（光伏板）与住宅建筑结合就是太阳能应用方面卓有成效的一个方向。本文依据光伏板与住宅建筑不同部位的结合，分别对光伏围护结构、光伏建筑构件以及光伏建筑材料作一介绍，并结合国外最新住宅实例，期望勾勒出光伏居住建筑发展的新动态，丰富建筑创作的领域。

Keywords: PV, technology, residential buildings with PV, aesthetic

Abstract: As is known , solar energe is the potential and sourceless clear energy source. Solar energy is the foreland of 21st century science technology .For the application of solar energy on residential building , there are more or less research results. Combining Photovoltaics panel with residential building is the efficient direction in the application of solar power. This paper will introduce orderly the building construction with PV, building pieces with PV and building materials with PV by the different displacement in residential building. And with the new residence examples abroad, it is hoped to describe the new trends in PV residence building and to enrich the building creation fields.

1　引言

众所周知，太阳能是最具开发潜力且用之不竭的清洁能源。太阳能发电是 21 世纪科学技术的前沿阵地。对于太阳能在住宅建筑上的应用，国内外都有或多或少的研究与成果。光伏电池板与住宅结合就是太阳能应用方面卓有成效的一个方向。

光伏板是由阳光直接发电，不用燃料的一种能源转换装置。光伏（Photovoltaics）即表示通过太阳电池将光能直接转变为电能的意思。光伏板可以连接成大功率的组件，组件又可以组成太阳能发电装置，供给不同功率的应用。光伏与建筑结合的最新的提法为——光伏建筑一体化（BIPV），并有学者将其划分为两种结构形式：光伏屋顶结构和光伏墙结构。本文依据光伏与居住建筑不同部位的结合，分别对光伏围护结构、光伏建筑构件以及光伏住建筑材料作一介绍，并结合国外最新住宅实例，期望勾勒出光伏住宅发展的新动态，丰富建筑创作的领域。

2　光伏围护结构

光伏围护结构即是将光伏板与建筑的外围护结构（屋顶和墙体）结合在一起的设计。建筑物围护结构即是体现建筑风格和建筑美学的主体，也是建筑功能的主要研究对象——在绝热、空调采暖和日光照明等多方面综合考虑各方面优劣得失进行优化设计，将能源策略运用到建筑的可持续设计里。光伏与建

筑围护结构一体化设计主要表现为光伏墙体与光伏屋面的设计。

2.1 光伏墙体

光伏墙体是将光伏电池与建筑材料相结合，构成一种可用来发电的外墙贴面，既具有装饰作用，又可为建筑提供电力能源，其成本与花岗石一类的贴面材料相当（图1）。这种高新技术在公共建筑中已广泛应用，住宅建筑也开始得到推广。光伏电池还可以与各种不同的玻璃结合制作成特殊的玻璃幕墙，称为光伏幕墙。太阳电池装在双层玻璃的结构中，据估计，它给幕墙系统增加了20%的造价，但与整个多层建筑造价相比，还不到1%。

2.2 光伏屋顶

光伏屋顶即将光伏电池方阵安装在建筑顶部（图2），让屋顶来发电。光电屋顶就是由光伏电池瓦、空气间隔层、屋顶保温层、结构层构成的复合屋顶。美国和日本的许多示范型太阳能住宅的屋顶上都装有太阳能光电瓦板（图3），所产生的电力不仅可以满足住宅自身的需要，而且将多余的电力送入电网。

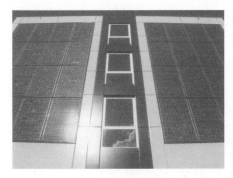  

图1　光伏墙体　　　　　　图2　光伏屋面　　　　　　图3　小住宅的光伏屋面

图4　光伏遮阳板在建筑中的运用

3　光伏住宅构件

光伏构件即是将光伏技术应用到住宅建筑的构造设计中，如光伏窗和光伏遮阳板的设计。光伏发电元件与建筑构件结合设计，具备发电、建筑、装饰等多种功能。常用于窗户、门、阳台，以及遮阳板等，下面分类阐述。

3.1　光伏窗

光伏窗是由半透明薄膜太阳电池制成的功能器件并应用到建筑的采光部位。它既不影响窗户的透光，又充分利用太阳中的能量发电。

3.2　光伏遮阳板

光伏遮阳板是由单晶硅制成的光伏电池方阵安装在窗户上方作为遮阳构件。这样既可以有效的遮挡阳光，又可以将吸收的太阳能进一步转化利用到需要的地方（图4）。

此外，光伏板还可以用于阳台、露台、钟塔、百叶窗、装饰构架等的建筑构造设计中。光伏与住宅构件一体化已经受到设计界广泛关注，并随着光伏技术的发展，光伏构件一体化将在更多的住宅建筑中呈现出多姿多彩的景象。

4　光伏建筑材料

住宅与光伏的结合还常见的是将光伏器件与建筑材料结合的设计。该材料本身通过阳光照射后能够产生电力，同时又是建筑整体装饰的一部分。一般的建筑物外围护表面采用涂料、装饰瓷砖或幕墙玻璃，目的是为了保护和装饰建筑物。如果用光伏器件代替部分建材，即用光伏组件来做住宅的屋顶、外墙和窗户，这样既可用做建材也可用以发电，可谓物尽其美，一举两得。它们可以获取更多的阳光，产生更多的能量，还不会影响住宅建筑的美观，同时集各功能于一身，如装饰、保温、发电、采光等，是未来生态住宅的生命型材料。

4.1　光伏玻璃

光伏电池与各种不同的玻璃结合制作成特殊的玻璃幕墙或天窗，如：隔热玻璃组件；防紫外线玻璃组件；隔音玻璃组件；夹层或夹丝安全玻璃组件；防盗或防弹玻璃组件；防火组件等等。

4.2　光伏瓦

光伏瓦是光伏电池与屋顶瓦板相结合形成一体化的产品，它由安全玻璃或不锈钢薄板做基层，并用有机聚合物将太阳能电池包起来。这种瓦既能防水，又能抵御撞击，且有多种规格尺寸，颜色多为黄色或土褐色。每片光伏瓦相当于一个电池组件的单体，各片瓦的电极联结可形成一个发电系统。在住宅建筑向阳的屋面上装上光电瓦板，既可得到电能，同时也可得到热能，但为了防止屋顶过热，在光电板下留有空气间隔层，并设热回收装置，以产生热水和供暖。

5　光伏住宅的美学表现

光伏住宅考虑的不仅仅是能源利用的问题，还应该充分考虑阳光照耀下所呈现出的美学品质，根据光伏板的安装位置的不同会呈现出不同的艺术表现力，设计者可以发挥个人想像力，将美学、技术以及功能融为一体，做出具有全方位可持续意义上的优秀设计。光伏住宅建筑的美学不是纯粹意义上的视觉

艺术，而是综合了生态、功能为一体的设计美学，它所呈现的是整体设计的最后表现形式，以及设计背后所蕴含的高技术特色。

图5　坡屋顶住宅中各种光伏板的运用

(1) 坡屋顶： 采用普通光伏电池组件，安装在原来的建筑材料之上；也可以将屋面材料与光伏电池结合为一体（光伏电池瓦）直接安装。这种方式多见于美国的私人住宅（图5）。具有轻松随意、与自然和谐的艺术表现力。

(2) 南立面： 一种方式为采用光伏电池组件作为第二层表皮安装在南立面；另一种方式是使用与墙体材料一体化的光伏器件，直接承当建筑的外维护或承重构件，一般其立面难以识别建筑的光伏技术含量。但这种建筑通常具有规则的光伏器件尺寸和规格，立面表现出韵律美。

(3) 天窗： 具有共享空间（中庭）的住宅建筑，考虑采用光伏电池组件（一般为半透明的光伏材料）安装在天窗上。如图6中厅设计采用了光伏电池的天窗，中厅因此也呈现出意趣横生的光影效果，室内空间品质独具特色。

(4) 立面构件： 在遮阳板、百叶窗、装饰构架等设计中考虑引入光伏电池组件，立面效果独具特色。其中最有趣味的是将智能技术结合到立面构件的设计中。例如根据一天中太阳照射角度的变化由计算机、传感设备作出智能反应，相应的调整建筑遮阳板角度，使室内光线呈现最佳效果（图7）。

图6　中厅天窗的光伏板　　　　　　图7　立面光伏构件
(光伏遮阳板可根据日照强度相应作出调节)

6 光伏住宅实例

在上世纪的美国，太阳能住宅因其丑陋的外观和效果不显著的光伏板经常受到指责。设计界普遍反对将光伏板直接贴于建筑表面，常常使用一种光伏建筑一体化的产品来隐藏立面或屋面的太阳能材料。但近两年，通过以下实例我们可以看到国外正兴起一种新的美学观念——毫不隐饰的将光伏板直接应用到住宅表皮，一种全新的真实的视觉语言。

科罗拉多庭院（Colorado Court），Pugh+Scarpa

这个被柏林建筑协会评价为第一座应用光伏技术的真正美观的住宅建筑。坐落在美国科罗拉多州。他的5层高的蓝色光伏板墙是设计的瞩目之处。

科罗拉多庭院是美国第一批100%能源自给的建筑。这座先进的设施是由44套单身公寓组成的、面向低收入者的经济适用住房。与其他高级开发项目不同，科罗拉多庭院采用了多种超常规的节能手法，提高了建筑的效能，在建造和使用的各个过程中减少了能源的消耗。

这座经济适用住宅将采用两种绿色资源发电，不管哪种都不会对环境产生污染。由建筑立面和房顶的199块光电板产生的电流将供应楼内的大部分电力需求。在房顶的一座天然气微型涡轮机也将提供补充电流，同时向楼内供应热水。如果全部按规划实施的话，这座建筑将完全使用自己的电力供应。白天，它可以将多余的电能转移到南加利福尼亚电网，晚上如果需要再调回来。科罗拉多庭院的太阳电力墙和遮阳板是本项目的瞩目之处。通过围合的光伏板光线漫射进室内，形成一种独具魅力的室内光环境。

光伏板在传统上一直被归类为一种一维属性的功能装置，仅仅被视作用来遮蔽的外维护构件，但通过科罗拉多庭院住宅可以看出，光伏板正逐渐以形式美学的载体登上建筑创作的舞台。科罗拉多庭院突出的特征在于立面安装的太阳能光电板（图8），这些电池板不仅是附加物，还是建筑的构造元素。该建筑在没有影响其作为住宅的一般功能的前提下，安装了一套可以产生电能和热能的系统，不仅满足住宅自身供电需要，还可将多余电力送入电网。

图8 科罗拉多庭院墙上的光伏板（渲染图）

7 结语

阳光与住宅结合的设计正在被越来越多的建筑师所青睐。托马斯·赫尔佐格曾在我国举办了题为"太阳能与建筑结合"展览会，他通过发展最佳气候条件下的建筑物的立面设计，通过太阳能技术的融入最有效地运用建筑材料而大幅度地降低了对不可再生能源的使用，成功地把美学、技术以及功能性典范地融入到建筑中，从而现形成了他独特的建筑风格。在建筑材料的选用上大胆创新，采用光伏电池板，整个建筑不仅从整体上与自然很和谐，而且每一个细节都经得起推敲，别具匠心。它带给我们的是

一种全新的设计理念，使我们的建筑师不仅仅局限于建筑的功能性这一个方面，而是要考虑到建筑物功能性、舒适性、美观性与生态性的完美结合，更加贴近于自然，融于自然，并大胆开拓设计思路，不拘泥一格。

综上所述，在满足光伏板有效工作的前提下，通过建筑师的巧妙构思和设计，将光伏与住宅围护结构、住宅建筑构件以及建筑材料结合应用到建筑设计中，根据它们在住宅中安装位置的不同，可以形成独特的视觉语言，呈现出丰富多彩的的艺术表情，丰富设计创作的领域。

参考文献

Peter Fairley (2004). "In the US, architects are ramping up the design power of photovoltaics". Architectural Record, 3

DEO Prasad, Mark Snow (2005). *Designing With Solar Power: A Source Book For Building Integrated Photovoltaics (Bipv)*. Australia: The Images Publishing Group Pty And Earthscan.

帕高·阿森西奥. 生态建筑. 侯正华，宋晔皓译. 南京：江苏科学技术出版社，2001

高辉，何泉. 太阳能利用与建筑的一体化设计. 华中建筑，2004(1)

李宝山等. 从形式设计到技术工艺创新. 太阳能，2004(3)

图片出处：DEO Prasad, Mark Snow, Designing With Solar Power: *A Source Book For Building Integrated Photovoltaics*

注：本文为国务院侨办科研基金资助项目（编号 531525），福建省科技计划项目成果（编号 2003Y019）。

技术专题　　节能与建筑设计
Technical Session　　Energy Saving & Architectural Design

建筑的功能性缺陷对城市住宅建筑节能的制约

The Restriction of Construction Function Flaw to Urban Housing Construction Energy Conservation

李凌高　李春雨

LI Linggao and LI Chunyu

燕山大学建筑学系

Department of Architecture, The Yanshan University, Qinhuangdao

关键词：　建筑节能、观念、功能缺陷

摘　要：　本文通过对城市住宅建筑在影响室内环境舒适度的因素——保温、隔热、采光及通风等基本功能方面存在的缺陷及其成因的分析，指出了发展经济、提高生活质量的思维模式和住宅产品的功能性缺陷这两个方面制约了城市住宅建筑的节能效果，并提出了加大政府的政策引导和职能部门的监管力度、转变设计者、开发者的设计、建设观念和培养消费者的正确消费观念等措施，来规范城市住宅建筑的发展，使城市住宅建筑成为满足时代要求的合格品。

Keywords: Construction energy conservation, concept, function flaw

Abstract: The article is mainly about the factors affect the indoor environmental comfort levels—such as the limitations and the reasons in heat preservation, heat insulation, lighting, and ventilation, and at the same time points out the methodology of developing the economy and increasing people's living qualities and the housing functionality while eliminating energy conservation of urban housing. The author puts forward the government should strengthen the policies and functional departments' management, change the architects and developers' designing ideas and bring up proper consuming concepts, so as to standardize the urban housing development.

1　引言

能源危机已经是刻不容缓要解决的全球性的问题。从 1993 年起，我国已成为能源净进口国；作为一个社会、经济正在快速发展的发展中国家，我国对能源的依赖程度将会越来越高。与世界发达国家相比较，在各个领域，我国的能耗水平都处在高耗能的行列。虽然这其中有历史的、社会的和经济的等多种复杂的因素的影响，但从目前我国社会发展的水平和经济规模来看，经济能力和技术措施已不是解决高耗能问题的瓶颈，造成各行业能耗水平居高不下的根本原因在于发展经济、提高生活质量的思维模式和产品的功能性缺陷两个方面。粗放型的生产模式以及由此而生产出来的、存在这样或那样功能缺陷的产品，越来越不能适应时代的要求。要达到建设节约型社会的目标，必须首先解决好这两方面的问题。

住宅建筑产业是国民经济的支柱产业之一，量大而面广；同时，由于住宅建筑的功能性缺陷问题突出，致使城市住宅在使用过程中的耗能在建筑业整体能耗中占有很大的比例。有关资料显示，我国住宅建筑使用能耗占全国总能耗 30%左右，为相同气候条件下发达国家的 2~3 倍。所以，要解决好城市住宅建筑的节能问题，必须从解决城市住宅建筑的功能性缺陷入手。

2　中国城市住宅建筑功能之现状

当今世界，建筑为了满足人类日益增长的使用要求变得越来越复杂和多样，有些建筑师迷失在建筑风格和国际化的漩涡中，失去了正确的工作方向。吴良镛先生提倡"建筑学的发展要回归基本原理"

（吴良镛，2001），建筑设计也应该回归基本原理。建筑的基本功能是为人们创造安全、舒适的人工生存环境，住宅建筑更是应该首先满足人们舒适的居住需求为前提。除了建筑使用面积和空间数量外，室内空间的使用温度、日照时间、相对湿度和空气的清洁程度等因素决定了人们对室内空间舒适度的感受。要达到人们对室内空间提出的舒适要求，建筑就要满足相应的性能指标。受经济技术条件限制，不同时期，建筑要达到的性能指标是不同的；而这些性能指标是建筑必须具备的性能，是建筑的目的和出发点。换言之，建筑本应该这样建造，具备这些性能，但是由于多年来对建筑本质认识的错位，颠倒了主次，模糊了本质，建筑的物质功能品质不断弱化，以至于当今社会人们不得不重视建筑的可持续发展和节能的问题。

2.1 城市住宅建筑存在的功能性缺陷

我国住宅建筑是建设规模最大的建筑类型，从量上看住宅建筑占总建筑量的一半以上，这充分体现了城市住宅建设的重要性。住宅建筑与每个人都息息相关，是使用频率最高的建筑类型。当今社会，随着社会财富的积累，人们对生活品质的要求越来越高，但是，一般人们关注的焦点都集中在住区的外部环境品质、室内布局和住宅的建筑风格上了，而对建筑的功能品质的缺陷重视的不够，这样就给劣质建筑提供了一个广阔的流通市场，最终的结果是社会要为长期而大量地使用这洋的建筑付出高昂的能源代价。住宅建筑的节能工作对建筑业整体的节能水平有很大的影响。目前，我国住宅建筑中有95%以上属于高能耗建筑，只有10%左右的新建筑实施了建筑节能标准；由此可以推算出每年我国要生产出数以亿计的不能满足社会要求的不合格的建筑。但是，即便是实施了建筑节能标准的新建筑，也存在由于建筑的功能性缺陷而导致的能源浪费的现象。

建筑物的耗能分为建设耗能、使用耗能和拆除耗能三大块，其中使用耗能因其运行周期最长，所以在建筑物总能耗中所占的比例最大。"我国现有建筑的总面积为400亿平方米（其中包括公共建筑约45亿平方米），在使用过程中的采暖、空调、通风、照明等方面所消耗的能量约占全国总能耗的30%"(谭庆琏2005)。因此建筑节能的重点就是在节约使用能耗上。

建筑物的使用耗能主要体现在三大方面，一是保温隔热耗能，二是人工照明耗能，三是室内通风耗能。而建筑物的保温隔热、采光、通风性能正是影响室内舒适性的主要因素。我国的城市住宅建筑在这几方面都存在着功能性的缺陷。

(1) 从建筑物的保温、隔热方面来讲，虽然经过了多年不懈的努力，建筑的保温隔热功能得到了很大的改善；但是，人们（开发商、设计者和使用者）的思维还局限于"为保温而保温"的框框里，设计者、开发商还没有完全站在"保温、隔热"是建筑首先必须具备的基本功能这一角度去设计和建造建筑。例如，在采暖区，人们为了室内的美观，一般都将暖气片置于窗下墙里，此处外墙的厚度被减薄，虽然经过保温处理，也还是形成了明显的热桥。保温、承重两层皮的设计模式，人们更关注的是安全，而保温层仅仅是建筑的"外衣"。在给建筑穿"外衣"时，往往会顾了头而忽视了脚，使建筑在界面的转折处、墙脚处、门窗洞口等处存在功能上的缺陷，这不仅影响室内空间环境的品质，还是建筑节能的瓶颈。应该认识到，保温和承重都是建筑肌体的组成部分，都是难以或者是不可更换的，而建筑的外饰面才是它可更换的"外衣"。

(2) 对于一些设计者来讲，建筑室内的采光设计已经是一个很模糊的概念。一方面表现为不分地区、不辨朝向地大面积地使用玻璃幕墙，除了带来室内的过冷和过热的热工现象外，还会产生过强的眩光，以至于当室外阳光明媚时，室内还要挡上窗帘采取人工照明；另一方面，有些建筑走向了另一个极端，建筑表现出极强的"内向型"特征，整幢建筑极少甚至不设窗户，室内采光完全靠人工照明来解决。在城市住宅建筑中，主要体现为起居室、阳光间开窗面积过大或者采用落地窗所带来眩

光和阳光投射量过大的问题；在南方地区夏季的空调耗能明显增加，用电负荷明显增加，电力紧张的状况始终没有得到缓解。建筑采光功能的缺陷，又创造了一个耗能的增长点。

(3) 室内环境的空气质量一直是人们比较关注的问题。在俄罗斯传统的建筑中就广泛地利用设于墙内（其外墙均较厚）的通风道来解决建筑室内的通风换气的问题；我国福建的"土楼"建筑也设计有完善的通风换气渠道。利用自然通风的方式解决室内空气污染的问题，简便易行，效果良好；但曾几何时，这种设计理念远离了建筑设计领域，除了开窗换气，设计师不再考虑其他的通风模式；而开窗换气是有局限性的，这就使建筑成了一具不会自主呼吸的"非生命"体。目前，我国城市住宅建筑基本上都不具备自主换气的功能，室内空气污染问题日益突出，室内空气环境不断恶化，极大地影响到了人们的身体健康。为了达到室内空间环境的舒适性，人们不得不耗费其他能源来保证室内外空气的流通和交换，能源浪费不可避免。建筑通风功能的缺失，又加剧了城市住宅建筑使用能耗的增长。

建筑功能性缺陷制约着建筑节能工作的成效，杜绝建筑功能性缺陷是解决建筑节能问题的前提和关键。如果这一问题不能很好地解决，那我们的城市住宅建筑真就会是"锦衣其外，破袄其中"了。

2.2 城市住宅建筑功能性缺陷产生的原因

建筑功能性缺陷产生的原因是多方面的，与经济能力、人的观念和利益取向都有直接的关系。

(1) 建国初期，根据国家经济实力的实际情况，我国提出了多快好省地建设社会主义的口号。这一口号适应了当时社会发展的需要。但其产生的负面影响就是粗放型的经济增长方式成为了发展经济的标准模式，实现经济增长依赖资源的高投入。"我国住宅建设也是依靠资源消耗支撑起来的粗放型生产，不仅建设周期长，生产效率低，还直接带来能耗高，环保效益差，质量和性能差等问题"（刘志峰，2005）。这一时期，我国的城市住宅建筑就存在较严重的功能性缺陷，但由于当时社会发展较慢（对比于现实的中国），人们的生活水准较低，住宅建筑处于低水准的"数量型"发展阶段，建筑功能性的缺陷没有引起社会的重视。但是节省的观念根植于了人们的思维中；改革开放以后，某些人为了追求更大的利益，在住宅建设中把该省的省了，不该省的也省了，建筑功能性缺陷日益显现。

(2) 1980年邓小平作了关于建筑业和住宅问题的讲话之后，我国住宅产业逐渐蓬勃兴起。房地产企业为提高城市居民的居住质量做出了突出的贡献。但由于长期以来形成的粗放型的生产观念和起步阶段受限于经济、技术条件，有些开发商重外观、轻内质，住宅产品的质量不能得到很好地保证；也有一些开发商，粗制滥造，慷国家能源之慨，来赚取企业的高额利润。居住区的表面文章越做越精彩了，而建筑的保温、隔热、通风等功能性的问题没能很好解决；从住宅的功能角度来讲是满足不了时代的要求的。

(3) 购房人关注显性的、眼前的一次成本，计较一时投入，忽视或轻视隐蔽的、长期维护成本，从而为不负责任的开发商生产的低成本的、劣质的商品住宅提供了流通的市场。

3　解决措施

住宅产业的发展与政府、开发商、公众三者的利益密切相关；三者要共同关注住宅产业的健康发展，引导住宅产业走可持续发展的道路，摈弃有功能性缺陷的住宅建筑，生产符合时代要求的住宅产品。

3.1　加大政府的政策引导和职能部门的监管力度

国家最近提出了建设"和谐社会"和"节约型社会"的思想，出台了一系列政策法规，为全面开展建筑的节能工作奠定了坚实的基础。

国家新制定的《住宅建筑规范》是以住宅建筑为完整对象，以住宅建筑的性能和功能要求为基础，围绕有关安全、健康、环境保护、节约能源和合理利用资源等公共利益的要求，全文强制的一项重要规范，该规范的另一突出特点即是对住宅节能给予了极大关注。

2005 年提出了建设"节能省地型"城市住宅的发展目标，进一步规范了城市住宅的发展方向，提出以提高人民生活质量和节省资源并重的发展模式。正像宋春华先生所讲的那样：发展"节能省地型"住宅并非是以牺牲舒适度和降低综合性能为代价来换取资源的节约，而是保障人民基本居住权益，并满足不同消费群体对住房的多元化需求 (宋春华，2005)。

要彻底解决住宅建筑存在的功能性缺陷的问题，住宅产业就要走工业化之路，提高建筑构配件的成品率，减少现场的手工操作。只有工业化生产才能真正提高和保证建筑的质量。发展"节能省地型"住宅的提出，进一步明确了住宅产业化的方向，是推进住宅产业化的根本指导思想。

政府部门对住宅产业节能的监管力度也在不断加强，各省已有不同程度的提前行动，来加强建设过程的管理和严把质量验收关，并注重建设资金的控制与审查。例如：江苏省就已经规定"开发商新盖住宅节能率必须超过 50%，否则在审批时就不予通过"。湖南省建设厅也要求从 2005 年 1 月 1 日起，新设计的住宅建筑必须采用此前公布的节能标准，否则将不予验收。这些强有力的措施可以从源头上制止劣质住宅建筑的产生。

3.2　开发商、设计师的建设、设计观念的转变

开发商和建筑设计师应具有社会责任感，不仅仅只关心局部和部门的利益，应站在更高的角度上去关注人类可持续发展的问题。转变陈旧的设计、开发建设的观念，全面、综合地分析问题、解决问题。真正树立建筑可持续发展的理念，关注建筑节能、降低物耗、降低对环境的压力以及资源的循环利用等方面的内容。在注重建筑的外在表现的同时，应更好地刻画建筑的功能品质，打造具有时代精神的建筑精品。

3.3　公众是建筑产品的使用者，从这个意义上讲，他们对住宅产品的流通更有决定权

但是由于每个人所掌握的知识体系的不同，对建筑的认识也是从不同角度体现出来的。但从具有社会意义的节约能源的角度考虑，消费者应掌握以下两个观点：第一，住宅建筑的保温、隔热、采光、通风功能直接关系到你的生活质量，这是你首要要考虑的问题；第二，应树立建筑全寿命周期的节能节材观念、建筑全寿命周期的成本观念。美国的经验告诉我们，住宅的初期成本只占到其生命周期成本的 5% 至 10%，而运营和维护成本占到 60% 到 80%。因此，当你选择了一个合格的住宅产品或者拒绝了一个不合格的产品，你都是在为社会作贡献，同时它也会减轻你今后的生活压力。

4　总结

正像福斯特指出的那样，"归根到底，建筑是要满足人们生活需要的"。因此，从建筑节能和可持续发展的角度来说，应当转变人们旧的建设观念，在关注建筑的艺术内涵的同时更注重建筑的基本性能的完备，使建筑成为满足时代要求的合格品。

参考文献

刘志峰. 在"节能省地生态—住宅产业可持续发展高峰论坛"上的讲话. 上海：2005-06-17

吴良镛. 基本原理，地域文化，时代模式. 中国建设报，2001-12-10，(8)

谭庆琏. 关于发展节能省地型住宅的若干建议

http://www.jxcn.cn/（宋春华. 2005-07-18）

http://www.jxcn.cn/（我国住宅建筑节能须走出六大误区. 2005-07-18）

http://house.tom.com/（成本增加考验开发商 住宅建筑打响节能战. 2005-03-25）

住宅节能——兼论三步节能对住宅设计的影响

Energy-Conservation of Dwelling House: Talking about the Influence of the Third Step of Energy-Conservation

刘新新

LIU Xinxin

河北工业大学建筑与艺术设计学院

Department of Architecture and Art, Hebei University of Technology, Tianjin

关键词： 住宅、节能、三步节能、发展

摘　要： 在住宅的建设中应改变传统的建设方式，以节能能源、保护环境、改善建筑功能与质量为目标，依靠技术标准，推动建筑节能。本文论述了我国住宅建筑能耗的现状，三步节能的实施对住宅设计的影响，以及今后住宅节能的发展。

Keywords: dwelling house, energy-conservation, the third step of energy-conservation, development

Abstract: We should change the traditional method on residential buildings construction. And should take the purpose of saving the energy, protecting the environmen, improving the function, and the quality of dwelling environment. We should promote the work of energy-conservation with technology standards. The article explains the current situations of energy consumption. We should think about the standards of the third step of energy-conservation in the design. The article has also told us the development of energy-conservation of the residential buildings in the future.

1　引言

随着科学技术的日新月异,能源短缺已不容忽视，节约能源已受到世界性的普遍关注，在我国也不例外。目前，全世界有近 30% 的能源消耗在建筑物上，长此以往，将严重影响世界经济的可持续发展。因此，我们必须从可持续发展的战略角度出发，使建筑尽可能少地消耗不可再生资源，降低对外界环境的污染，并为使用者提供健康、舒适、与自然和谐的工作及生活空间。

2　住宅建筑能耗的现状

2.1 我国建筑能耗的基本情况

建筑用能在我国能源消耗中占大约 30%，目前我国住宅建设过程中，耗水占城市用水 32%，城市用地中有 30% 用于住宅，耗用的钢材占全国用钢量的 20%，水泥用量占全国总用量的 17.6%。随着国民经济的持续发展和城乡建设的加快，这一比重还将逐步上升。而且我国每年城乡新建房屋建筑面积近 20 亿平方米，其中 80% 以上为高耗能建筑，单位建筑面积能耗是发达国家的 2~3 倍，此外，既有住宅也是造成能源紧张的重要方面。我国既有城乡住宅建筑总量约 330 亿平方米，而节能型住宅不足 2%。这些既有住宅还在无节制地消耗着大量的能源，对社会造成了沉重的能源负担和严重的环境污染，进一步加剧我国能源紧缺的矛盾，这已成为制约我国社会经济可持续发展的突出问题。

一方面住宅建设的任务还很繁重，另一方面我们又面临着越来越严峻的资源、环境、生态压力。因

此，我们必须改变传统的住宅建设方式。以节能能源、保护环境、改善建筑功能与质量为目标，以科技进步为动力、不断提高用能效率的住宅建设，就成为现阶段建筑节能事业实现跨越式发展的重要内容。

2.2 目前住宅节能中存在的问题

节能型住宅是指在保证住宅功能和舒适度的前提下，按照既定目标，减少能源消耗，并且尽可能对资源进行循环利用，实现资源节约的住宅。目前在住宅节能的推广中还存在很多问题。如全社会还没有充分认识到建筑节能的重要意义；缺乏节能的基本知识和主动意识；对节能建筑缺少有效的奖励政策进行引导和扶植；缺乏具有可操作性的、强制各方利益主体必须积极参与节能的法律法规；缺乏有效的行政监管体系等等。过去由于节能意识的淡薄，致使房屋设计不合理，降低建筑物使用过程中的节能工程初始投资，而很少考虑建成后的日常运行能耗和费用；在采用传统建筑材料建造房屋时，建筑设计保温标准偏低，加上设备效率不高，运行管理不善等等，导致了能量的严重流失和浪费。因此要真正推动建筑节能，仅靠靠制定法规政策还远远不够，所有相关体制都必须做出相应的调整。我们应把建筑节能作为我国可持续发展战略的一部分，在保证和提高建筑舒适性的前提下，有效地利用能源。

3 住宅节能标准及其作用

3.1 我国住宅节能的发展

1986 年建设部颁发了《民用建筑节能设计标准》，目标是在 1980 年~1981 年当地通用设计的采暖能耗基础上节能 30%。根据我国建筑节能提出的基本目标，从 1996 年起新设计的采暖居住建筑应在 1980 年~1981 年当地通用设计能耗水平基础上完成节能 50%。从 2005 年起新建采暖居住建筑应在前一基础上再节能 30%，即在第一步节能的基础上节能 65%，这也是我们常说的三步节能。

3.2 三步节能标准的实施

天津作为较早推行建筑节能的城市之一，从 1986 年第一阶段开始，到目前为止，二步节能的建筑设计已经基本普及，实施建筑节能设计标准带来了可观的社会效益。仅节能 50% 的这部分住宅每年就可以节约采暖耗能 66 吨标煤，节约了大量能源和资金，同时为冬季空气质量好转做出了不可忽视的贡献。节能住宅冬季平均室温提高到 18℃ 以上，舒适度明显改善。

虽然北京和天津地区的建筑节能工作居国内领先水平，但是与国际上发达国家相比，仍有很大差距，如我们的建筑采暖耗热量：外墙大体上为气候条件接近的发达国家的 4～5 倍，屋顶为 2.5～5.5 倍，外窗为 1.5～2.2 倍;门窗透气性为 3～6 倍;总耗能是 3～4 倍。

目前我们住宅建设中采用的主要材料、设备、技术与国外并无大区别，如建筑结构施工采用预拌混凝土、混凝土承重砌块和轻集料砌块，墙体保温采用聚苯板加网格布增强和聚合物砂浆保护，外窗采用塑钢窗和断桥铝合金窗，采暖方式采用散热器、地板采暖和电热膜采暖等。因此我们与国外先进水平的差距，不在材料和施工技术上，而是在设计标准上。所以，进一步提高设计标准势在必行。目前我们建筑材料的性能和施工技术完全可以保证节能 65% 设计标准的要求。同时造价上节能 65% 标准不会大幅度提高建筑造价，首先，在材料和施工上增加的绝对费用以及在整个工程造价中的增加的比重不高。在建筑物围护系统保温方面增加费用的同时，供热采暖系统方面会减少费用。因此可以说，实施节能 65% 设计标准带来造价提高的幅度很小。因此，我们要依靠健全的节能法规和标准体系推动居住建筑的三步节能标准的实施。

3.3 天津市居住建筑三步节能设计标准

天津市自 2005 年起实行建筑"三步节能"设计标准，同时，将作为节能住宅试点城市逐步推向全国。在三步节能的编制过程中，参考国外有关标准，对建筑物维护系统，包括外墙、屋面、外窗的传热系数和锅炉、管网、交换器等采暖系统的热效率重新进行了规定。

和二步节能相比，在新颁布实施的《居住建筑节能设计标准》中对建筑的热工、采暖、空调、通风设计提出了如下的新规定：

首先，明确规定一般住宅建筑的耗热量指标应控制在 14.4W/m² 以下，和二步节能的 20.5 W/m² 相比减少了很多。

第二，对天津地区居住建筑的有关建筑热工、采暖、空调、通风设计提出了新的控制指标和节能措施，并做出新的规定。

对不同层数的住宅的体型系数提出了新的要求，其中高层和中高层住宅建筑的体形系数不宜大于0.30；在维护结构的设计中首先提出外墙宜首选外保温做法，小于等于四层的建筑物，其外墙不应采用内保温做法；当外墙不得不采用内保温做法时，应充分考虑混凝土梁、柱等热桥的影响，并采取可靠的阻断热桥或保温措施；对窗墙面积比提出了新的规定，南向的窗墙面积比可达 0.50，飘窗面积的计算方法有了新的规定；对建筑物各部分维护结构传热系数的限制及要求提出了新的规定（见表 1）；对封闭阳台提出了新的要求，要求封闭在阳台内的外檐墙要设置门窗；提出了参照建筑的概念。

第三，关于建筑节能设计的审查与判定。在今后的设计中设计人员可以不计算建筑物的体形系数和耗热量指标，提出了新的审查判定步骤。

表 1 各部分维护结构传热系数的限值 $K_i[W/(m^2 \cdot k)]$

维护结构部位 层数	屋顶	外墙	不供暖楼梯间		窗户（含阳台门透明部分）	阳台门门芯板	楼板	
			隔墙	户门			接触室外空气楼板	不供暖空间上部楼板
大于等于 5 层	0.50	0.60	1.50	1.50	2.70	1.50	0.50	0.55
大于等于 5 层	0.40	0.45	1.50	1.50	2.50	1.50	0.50	0.55

3.4 依靠技术标准，推动建筑节能

天津市的三步节能设计标准对住宅的设计在二步节能的基础上提出了更高的标准和更先进的理念，同时，通过三步节能标准的实施引领供热节能工作。第二，指导中水的合理应用。污水资源化是解决天津市水资源短缺，构建集约型、节约型、生态型的发展模式的有效手段之一。第三，促进新能源的开发利用。鼓励各种以节约资源、能源为目的的新能源的研究，如地热资源，太阳能等。第四，带动新型建材的应用。随着新型建筑结构体系的研发，以新型墙体材料为主的新型节能建材得到了推广和应用。第五，推动新型住宅体系的研究和推广。

三步节能标准的实施需要经历三个阶段，首先是标准的制定，其次是学习和研究，最后是标准的贯彻实施。北京市已于去年开始三步节能标准的实施，已建成的锋尚国际、MOMA、方庄芳古园等都都是建筑节能的实施项目，并且得到了市民和业主的认可。天津市的三步节能工作刚刚开始进入实施阶段，"三步节能"的提出对过去所做的节能工作进行了很好的继承，也为将来节能事业向更高的方向发展打下了更加坚实的基础。建设部已把建筑节能工作列入今年的重要工作，以城建行业节能增效为龙头，促循环经济大发展。所以，建筑节能工作任重而道远。

4 住宅节能的前景

4.1 住宅产业的发展

住宅产业是发展循环经济、建设资源节约型社会的重要领域，通过住宅产业现代化的途径，大力发展节能省地型住宅，可以为调整经济结构和转变增长方式做出贡献。节能省地型住宅应该定位在以下几个方面：

一是节能，通过规划设计手段和提高建筑围护结构保温隔热性能以及设备和管线的节能，来减少能源消耗。二是节地，合理规划，少占耕地，提高土地利用率，减少重复建设，实现土地资源的集约有效利用。三是节水，充分考虑水资源开采利用与补给的平衡关系；通过住宅节水措施和设备，解决非优质用水的来源；通过分质供水、推广应用节水器具等住宅节水措施与设备，节约用水。四是节材，推广可循环利用的新型建筑体系；推广应用高性能、低材耗的建筑材料，鼓励各地因地制宜地选用当地的、可再生的材料及产品。五是鼓励废弃的建筑垃圾回收与再利用。

4.2 住宅节能的途径

在我国能源不足的情况下，大力节约能源已成为市场经济中一个重要环节，而节能住宅是其重要组成部分。建筑节能包含两部分内容，一部分是加强围护结构的保温隔热能力，另一部分就是从供暖、供冷的热源、输送渠道及实现方式来节约能源。在住宅节能中首先要加强住宅节能意义的宣传和有关标准的贯彻实施。国家在经济政策上予以引导，把节能放在优先地位，保证经济的可持续发展。依靠各专业的通力合作，采用高效经济的节能型建材和先进的构造技术，借鉴国外建筑节能方面的成功经验。尽可能利用环境能源减少矿物能源的消耗量。

住宅节能，一要提高能源利用率。在能源有限的情况下，充分提高能源利用率。二要开发，即开发利用新能源，从环境中获得廉价的自然能源，这才是实行节能的正确途径。

参考文献

涂逢祥. 外墙外保温大发展的历史机遇. 外墙外保温应用技术. 北京：中国建筑工业出版社，2005

涂逢祥. 世纪初建筑节能展望. 建筑，2001-2

天津市建设管理委员会. 居住建筑节能设计标准，2004

谢浩，张伦琳. 试论建筑节能设计. 房材与应用，2003

周铁军，王雪松. 节能整体设计策略与传统技术更新. 建筑新技术. 北京：中国建筑工业出版社，2003

祝根立，游广才，徐晨辉. 加快实施节能65%标准的步伐. 外墙外保温应用技术. 北京：中国建筑工业出版社，2005

建筑生态节能的宏观策略与实施技术体系

Macro Strategy and Operational Technology system of Ecological and Energy-Efficient Building

卢求　刘飞

LU Qiu and LIU Fei

五合国际

Werkhart International, Shanghai

关键词：　能源危机、生态节能建筑、整合设计、技术体系

摘　要：　作为中国著名建筑生态节能设计公司的主要设计师和工程师，笔者长期工作在设计第一线。文中作者以国际、国内大量工程设计经验为基础，首先分析了我国建筑高能耗现状，总结了中国建筑节能的六方面落后表现及四大原因，然后分析了西方发达国家的能源政策、税收引导、以及建筑节能实际操作方面的成功经验。文章第二部分就如何进行绿色生态节能建筑设计进行了详细论述，指出绿色生态节能建筑的设计要从整体环境规划和单体建筑设计两个方面进行，并提出了较为系统的解决方案：包括适合中国国情的生态节能建筑的发展策略，整体设计模式（IDP）以及一整套建筑生态节能设计八大方面的成熟可靠、切实可行的高新技术体系：（1）外围护结构系统；（2）太阳辐射的控制与改善；（3）自然通风与采光的利用；（4）可再生能源的利用；（5）高舒适度，低能耗的室内环境控制系统；（6）降低噪声的技术与构造系统；（7）水资源循环利用系统；（8）提供高舒适度的其他技术系统。最后作者介绍了根据在国内外的工程实践经验基础上，整合开发出的适合中国目前市场需求的高、中、低档三种不同的生态节能住宅技术体系，以利应用在不同档次与市场定位的人居工程，并进一步对这三种档次技术体系进行了成本分析和市场风险分析，为生态节能住宅的开发提供了一定的分析依据。

Keywords: energy crisis, ecological and energy-efficient building, integrated design processes, technology system

Abstract:　The writers have been working on Ecological and Energy-Efficient Design in Buildings for years as chief-consultants in one of the most famous consultancy firm in china: Werkhart International. In the first part of this article, we analyzed the huge building energy consumption situation in china and summarized reasons first; and then introduced western countries' energy policy, relevant tax policy and successful experience in building energy efficient.In the second part, we elaborated how to design Ecological and Energy-Efficient Building, pointed out that an excellent design must pay more attention on two aspects: master planning and single building design, and presented a systematic solution system which includes the development strategy of Ecological and Energy-Efficient Building, Integrated Design Process (IDP) and a comprehensive set of technology system which focuses on eight aspects for designing Ecological and Energy-Efficient Building: (1) Building Envelop System; (2) Solar Radiant Controlling; (3) Passive Ventilating and Natural Lighting; (4) Renewable Energy; (5) HV&AC System; (6) Soundproof and Noise Attenuating Technology; (7) Water Reuse system; (8) Other Technology for Improving Comfort. Finally, based on many our project experiences, we invented three sets of technology system for different level buildings and analyzed their cost and risk in market which provided some data for further analysis.

1　全球性的能源危机

1.1 世界范围能源紧张

目前世界范围内石油、煤炭、天然气三种传统能源占能源消费 90%以上，其中石油占一半以上。2004 年最新权威数据显示，世界石油总储量为 1.15 万亿桶，仅供人类开采约 40 年；石油与天然气在 21 世纪的前半，就将日趋枯竭，预计 2040 年石油消费将达到最高峰，而从 2050 年开始，人类将不得不转

向成本较高的生物能、水利地热、风力、太阳能、核能。

1.2 中国能源状况与建筑能耗

我国能源发展主要存在四大问题。一是人均能源拥有量低、储备量低。二是我国的能源结构依然以煤为主，约占75%，全国年耗煤量已超过13亿吨。由于燃煤效率低，对环境污染严重，造成我国大气污染和酸雨严重。三是能源资源分布不均。主要表现在经济发达地区能源短缺和农村商业能源供应不足，造成北煤南运、西气东送、西电东送。四是能源利用效率低。我国能源终端利用效率仅为33%，比发达国家低10%。

随着城市建设的高速发展，建筑能耗逐年大幅度上升，已成为中国能源消费的主体之一，目前我国建筑用能已达全社会能源消费量的32%。加上每年房屋建筑材料生产能耗约13%，我国的建筑总能耗已达全国能源总量的45%。我国现有建筑面积为400亿平方米，绝大部分为高能耗建筑，预计到2020年，总建筑面积将达到700亿平方米。庞大的建筑能耗，已经成为我国国民经济的巨大负担。

1.3 能源需求不断增加，价格上涨是必然趋势

根据美国能源部能源资讯署资料，1999~2020年全球能源消费形势中，全球能源总消费量将增加60%，其中亚洲及南美州发展中国家将增长1倍。面临能源价格，尤其是石油、天然气价格逐步上涨，居高不下的问题，西方国家很多高耗能建筑开始出现因承担不起昂贵的能源维持费用而被迫停用或者租金一降再降的现象。高能耗的建筑终有一日会因为没有能源可用，而被社会淘汰。建筑面临着一场新的革命，建筑节能势在必行。

2 中国建筑节能技术的现状

2.1 建筑能耗普遍过高

我国目前正处于建设高峰期，每年新建房屋近20亿平方米，超过所有发达国家建设量的总合。而其中95%以上的建筑都是高耗能的建筑，节能技术相对落后。我国建筑能耗大体上是发达国家的三倍，许多欧洲国家住宅的实际年采暖能耗已普遍达到 $6L/m^2$ 的油，大约相当于 $8.57kg/m^2$ 的标准煤，而在我国，达到节能50%的建筑，它的采暖耗能每平方米也要达到12.5kg，约为欧洲国家的1.5倍。

2.2 节能工作落后表现在六个方面

面对能源危机的巨大压力，虽然我国已在1996年就公布了民用建筑节能设计标准，逐步对建筑能耗高的现况进行改善，但是我国在设计水平，建筑技术，设备材料制造及应用上、都与西方发达国家存在较大的差距，主要体现在以下几点：

第一，我国绝大部分建筑的能源系统还都依赖于不可再生的一次能源，而对于可再生能源的利用还相当落后。目前中国以水电、风能利用、太阳能利用、生物质能利用等为代表的可再生能源利用量还不够大，到2003年只有约相当5200万吨标准煤的利用，仅占全国一次能源总消费量的3%。

第二，我国建筑的能源利用效率较低，很多还可再利用的余热、余冷都不回收而被直接白白的排放掉，在造成能源极大浪费的同时也增加了建筑对周围热环境的影响。仅以建筑供暖为例，北京市一个采暖期的平均能耗为 $20.6W/m^2$，与气候条件相同的瑞典、丹麦、芬兰等国家相比，条件相同的建筑一个采暖期的平均能耗仅为 $11W/m^2$。因建筑能耗高，仅北方采暖地区每年就多耗标准煤1800万吨，直接经济损失达70亿元。

第三，我国建筑自身的节能效果还较差，建筑围护结构的热工性能不高，门窗的保温性能，气密性能都有待提高，因此造成了单位面积能耗较高局面。目前，在执行国家节能规范的前提下，我国建筑的围护结构传热系数依然比欧洲国家大 20%~40%。

第四，我国材料设备的生产水平不高，粗放式的生产模式导致了设备及材料的生产成本高，能耗高，排放高，从而导致了建筑间接能耗的增加。

第五，落后的运行管理水平进一步加剧了建筑的能耗。即便是高效节能的系统，如果不辅以优秀的运行管理，也达不到节能的目的。一个优秀的运行管理系统可节能 10%~20%。

第六，无论是开发商，设计者，施工人员，设备制造商，还是最终的业主，运行管理人员都还没有普遍树立环保节能，主动创建生态节能建筑的意识。

3 中国建筑节能难以实施的四大原因

建筑高能耗的现状还没有引起全社会的充分重视。虽然 1995 年制定了国家节能建筑的强制性设计标准，按照这个标准来设计，可以做到节能 50%的目标。但是，此标准实施已经近 10 年了，但真正按照这个标准去建造的建筑，最乐观的估计，在新建筑里还不到 10%。影响我国建筑节能推进的深层根源主要体现在以下四方面：

3.1 缺乏有效的政策激励制度

从发达国家的经验来看，建筑节能工作需要政府在税收政策等方面的大力支持。长期以来，中国缺乏有效的激励政策引导和扶植节能与绿色建筑。我国现行的法律法规对能源、土地、水资源、材料的节约也没有可操作的奖惩方法来强制各方利益主体必须积极参与；而颁发的《民用建筑节能管理规定》，作为一个部门规章，力度远远不够。虽然已先后颁布实施针对三个气候区的节能 50%的设计标准，初步形成了比较完善的民用建筑节能标准体系；但关于建筑节能、节地、节水、节材和环境保护的综合性的标准体系还没有建立。

3.2 能源价格目前偏低，节能对消费者缺少足够吸引力

中国目前能源价格偏低，对中国目前经济条件下的建筑业主来说，建筑后期运营的能耗费用对业主的影响不大，而建造节能建筑的一次性资金高于变通建筑，业主不愿投入，形成建造节能建筑积极性差的局面。

3.3 施工监管不力及施工验收手段差，缺乏有力的惩罚机制

中国虽然建立了相对完整的节能设计规范，但施工质量差，施工验收不严格，使中国的节能建筑数量很少。国家现有的节能建筑规范未能在施工验收阶段严格执行，许多不合标准的建筑也能投入使用，使不达标建筑不断出现。有些建筑节能设计只在报批阶段进行，用以对付审批机构，在建设中为了节约成本完全不与实施，对此缺乏强有力的监管和惩罚机制。

3.4 公众节能意识不足

我国公众的节能、环保意识落后，也是制约中国建筑节能推进的重要原因。公众作为住宅的消费者，意识影响行动，决定了自身对住宅的选择，并进而影响了开发商开发什么样的产品。

公众对节能建筑的意识不足，对节能建筑的需求不强，开发商以市场为导向、以客户为导向，自然在操作中对开发节能建筑也缺乏热情。提高公众节能意识需要政府、媒体、专业机构及社会各方面力量

共同努力。

4 欧美国家成功的生态节能政策体系和技术措施

4.1 美国节能政策的发展

美国虽然在建筑节能技术研发推广上并不代表世界先进水平，但在节能政策制定上也有参考借鉴价值。加州在20世纪70年代末就制订发布了本州建筑节能标准，此后，相继在80年代和90年代对标准作了几次修订，直至2001年推出最新版本的标准。加州节能标准分为规定性指标和功能性指标两部分，前者必须强制执行，后者提供达到规定性指标的各种方式和途径。标准的先进性、实用性和指标控制程度的灵活性，激发了设计师、开发商等标准使用者的创新精神，同时也为标准的下一轮修订奠定了基础。

美国还鼓励有条件的州制订本州的节能政策，并要求以多样化的扶持举措，推进建筑节能技术的发展和节能政策的实施。据此，美国住房和城市发展部提供了便于独户住宅翻新或装修时节省能源的高能源效率房屋抵押贷款，并且对于节能建筑还给予税收上的优惠。

4.2 德国建筑节能的政策体系和技术措施

4.2.1 德国建筑节能规范的发展脉络

德国是一个能源紧缺的国家，能源供应在很大程度上依赖进口。1973年，全球性的石油危机爆发，阿拉伯国家将原油产量降低30%，这直接导致了石油价格的暴涨。这一次爆发的石油危机导致了德国能源政策的改变，并引发了德国建筑节能工作的启动。由于纬度较高，德国冬季较长，建筑供暖耗能成为德国政府着力解决的一个关键领域。多年来，政府通过制定和改进建筑保温技术规范等措施，不断发掘建筑节能的潜力。1976年，德国通过了第一部节能法规《EnEG》，联邦政府被授权制定建筑物保温、采暖及室内通风设备及工业用水设备所应达到的标准等。1977年，德国第一部建筑节能法规《WSVO》开始实施，在这个法规里，限制了建筑的外围护结构、热损失量。建筑师在设计建筑物时也必须提供严谨的建筑物能耗计算证书，以证明建筑物满足节能规范的标准。从那时起，德国禁止建设能耗超标的建筑。

1982年，德国政府又将建筑节能标准在以前基础上提高了25%。1995年，公布了新的建筑节能法规《WSVO'95》，在1982年的基础上再次提高了30%，并限制每平米的建筑能耗。2002年2月，德国又实行最新的建筑节能规范EnEV2002。

4.2.2 德国最新的建筑节能标准的启示与建筑能耗证书体系

德国建筑节能技术的研究与应用，不仅仅是出于经济上利益的考虑，节约能耗费用，也是为了从根本上减少CO_2等有害气体排放量，减少全球范围内的温室效应保护人类生存的环境。

新的建筑节能规范EnEV2002，体现了德国最新建筑节能技术研究成果，有很强的实际操作性。

这项新的建筑保温节能技术规范的核心思想，是从控制单项建筑维护结构（如外墙、外窗、屋顶）的最低保温隔热指标，转化为对建筑物真正的能量消耗量的控制，达到严格有效的能耗控制。实际操作中，一是实行建筑能耗定量化，建筑能耗证书系统，二是新建住宅必须出具采暖需能耗量和住宅能耗核心值。新建建筑必须出具节能范围所需求的建筑热损失计算，证明建筑每年所需的能量。分项列出所需电能、燃油、燃气、燃煤数量，制成建筑能耗计算表。为什么要建立建筑能耗证书系统呢？买一辆私家汽车，百公里油耗多少厂家有明确的技术资料说明，买冰箱，顾客都要买节能冰箱，厂家也有技术资料

说明冰箱每天耗电量，建筑能耗更为可观。住宅每年能耗费用是对使用者一笔巨大开支，建立建筑能耗证书系统对控制建筑能耗是一项非常有效的手段。

4.2.3 规范对具体节能技术体系的引导与控制要求

- 规定建筑最低标准的保温值。
- 节约夏季制冷能耗，控制建筑外墙的热穿透系数的最高允许值。
- 控制建筑的气密性和通风换气量
- 同时规定住宅要有满足卫生，健康要求的通风换气量，要求有足够的开启扇面积。
- 规定住宅建筑中尽可能避免冷桥构造。
- 改善采暖设备和热水系统
- 要求所有新安装的燃油气炉，必须达到欧共体最新节能环保标准。
- 中央供暖系统需安装循环水泵，三级以上自动调节装置，以便根据供暖需要提供相应的热水量。
- 采暖管线
- 中央供暖系统的住宅居住区。必须安装相应的自动控制系统，根据外界温度和时间因素影响，而自动调节供暖量以及自动开启和关闭。
- 室内必须安装温度自动控制装量，以根据温度自动调节和时间变化供暖量。

4.2.4 节能技术研究开发与推广应用的机制

为了减少住宅以及所有建筑物的能源消耗量，德国政府和社会采取的措施多种多样，这方面的经验对中国也有借鉴意义：

- 颁布新的节能法规
- 强化住宅节能技术的基础研究
- 建立针对明确目标群组的宣传信息和咨询系统
- 通过宣传咨询使业主、开发商接受采用新型的节能技术
- 计算机模拟技术和建筑物使用能耗计算方法的深入研究，是生态节能居住区规划和住宅设计的前提条件
- 加强太阳能技术，太阳能取暖，太阳能发电等技术的研究
- 国家银行系统提供低息货款，资助节能技术的应用
- 如：UFW 银行支持的"十万住宅太阳能发电项目"（特别对于低收入社会群体给予较大资助）；DTA 银行支持环保节能措施的项目；各州政府的支持计划；建筑师低收费老建筑提供节能措施咨询设计。
- 私人企业支持科研和节能应用
- 此方面有：Wuestenrot, Schader, Betelsmann 等基金会。

4.2.5 利用税收政策推动建筑节能

1998 年，德国社民党（SPD）和绿党组成联合政府，开始探索制定更深一层的环保方针政策。1999 年，德国开始实行生态环保税收改革目的是降低能耗，鼓励新电源技术的研发，并创造面向未来新就业机会：

政府适当的提高了汽油和建筑采暖用油的税率，环境税收改革通过逐步降低雇主和雇员的养老保险金——完全退还给纳税人开始进行的。生态税的制定减轻了企业和个人的税收负担，而加强了能源消耗的税收。实行这样一套相当复杂而巧妙的税收政策。达到的效果是大大提高了能源的价格，提高社会各

界节约能耗的积极性，促进了各种节能技术的研发应用，同时不增加广大民众的负担。

表1 德国不同能源税收比例

能源种类 ＼ 原油税+生态原油税	原油税	原油税+第一步生态原油税	原油税+第二步生态原油税	原油税+第三步生态原油税	原油税+第四步生态原油税	原油税+第五步生态原油税	生态原油税所占比例
电 (欧分/kWh)	—	1.02	1.28	1.54	1.8	2.05	2.05
交通所耗能源							
柴油 (欧分/L)	31.70	34.77	37.84	40.91	43.98	47.04	15.34
汽油 (欧分/L)	50.11	53.18	56.25	59.32	62.39	65.45	15.34
天然气 (欧分/L)	6	7	7	8	8	8	2
液化天然气 (欧分/L)	6	7	7	7	8	8	2
建筑采暖能源							
轻质燃油 (欧分/L)	4.09	6.14	6.14	6.14	6.14	6.14	2.05
重质燃油 (欧分/kg)	1.53	1.53	1.79	1.79	1.79	2.5	0.97
天然气 (欧分/kWh)	0.18	0.344	0.344	0.344	0.344	0.55	0.37

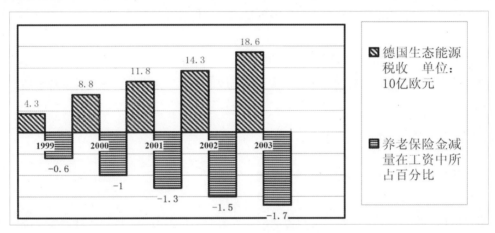

图1 德国生态能源税收增长同减轻养老保险金比例图

4.2.6 旧房改造目标：舒适、节能、环保

德国除对新建筑实行较高节能标准外，旧房改造工作也推进的有声有色。德国政府设立专门的基金，如 KfW 基金，用以推动旧房改造工程，以期实现提高建筑舒适度、降低建筑能耗、减少环境污染三大目标。

具体行动上，德国每年投入大量资金用于住宅改造，改造内容包括增加建筑外保温设施，更换高效门窗，替换高能耗的采暖设施，通过这些维护更新方法，使德国的旧房每平米住宅面积减少二氧化碳排放量达到 40 千克／年，这样的成果得到了各界的肯定，实行旧房改造以来，德国共投入近百亿欧元低息贷款用于此项工作，各种其他形式的帮助也是旧房改造取得成功的因素。

5 舒适节能高品质住宅产品成为中国市场最大需求

一方面由于国际国内能源紧张，环境污染日趋严重，迫使中国住宅产业必须走减低能耗、减少污染的道路。另一方面，中国住宅产业发展迅速，市场与消费者日趋成熟，面对二次、三次置业客户，以及更加理性化的高端客户群体，项目的包装炒作、蒙骗手段、广告推销所带来的效果愈来愈有限，消费者更加注重住宅产品本身的质量。这一点集中体现在对生态绿色人性化的园区环境和舒适节能高品质住宅

产品的强烈需求。

6 生态节能建筑的实施技术体系

越来越多的发展商开始认识到生态节能建筑的市场价值，但市场上真正能提供设计服务的机构很少，产品厂家单项技术宣传的不少，但缺少针对项目整合而成的实施体系。五合国际（Werkhart）结合其特有的国际工程经验，在多年的工程咨询、设计、策划中努力探索一套适合中国国情的具体措施：

6.1 设计工作要从两个方面展开

生态节能建筑的设计要从整体环境规划和单体建筑设计两个方面进行。在整体环境规划中，强调的是建筑与环境的关系，解决建筑与地貌、植被、水土、风向、日照与气候的关系。在单体建筑设计中则主要是通过构造。技术手段创造舒适的室内环境，减少能耗，减少排放。

6.2 生态绿色建筑整体环境的规划设计要点

- 对开发用地应进行前期综合评价，包括生态环境、健康安全性、地质、古迹等方面，避开水源保护区和有土壤、空气、电磁等污染的地区。
- 规划设计要保护用地及其周围的自然环境，尽可能保持和利用原有地形，将开挖面积和植被破坏减至最低。保护和尊重人文环境和优良的城市空间机理，尺度。
- 注意水资源的保护和有效利用,包括控制地下水开采量，雨水的收集利用，径流及排放管理，控制硬质的透水铺装面积。
- 注意建筑整体布局、朝向形成较好的日照、风环境等的影响，改善住区小气候，减少热岛现象。
- 便捷多样的交通
- 限制私人汽车，减少其造成的污染，加强步行交通和公共交通的网络规划。

6.3 节能建筑的设计与高新技术的应用

6.3.1 IDP 设计模式

目前，我国建筑设计中大多采用传统的设计模式，在方案阶段基本上仅有建筑师参与，而后续的设计中，各专业常常各自为政，仅进行一些基本的配合与资料互提，对于生态节能建筑这种对设计要求很高的项目，这样的设计方式显然难以胜任，因为很多技术体系是在方案阶段就应当考虑，否则在后续设计中很难加入，并且要求各专业密切配合。

针对这一现况，五合国际借鉴国外经验，引入了"整合设计"（IDP）这一理念，既在设计的最初方案阶段就有生态节能的专业人员介入，综合考虑规划、建筑、结构、能源系统、暖通等各方面因素，提出初步的生态节能方案，并在后续的设计中综合建筑、规划景观、结构、暖通空调，给排水，建筑电气与楼宇控制，室内设计等各各个专业，通过各专业有机的整和，密切的协作，对建筑自身特点及区域自然资源、环境进行深入分析，根据气候特点和产品需求，综合采用成熟的高新技术及产品，才能形成一整套可行的，适合的，内部有机相连的生态节能体系。

在这一过程很重要的一个环节就是建筑整体能量平衡系统的设计，通过 先进的计算机软件系统对未来建筑的室内外热功环境，能量平衡进行模拟计算，为下一步的建筑、构造、暖通等专业的深化设计提供准确的依据。

6.3.2　提高住宅舒适度要从四方面入手

无论住在什么样的居室中，人们对室内环境舒适度的要求和标准是基本一致定额，即其热功环境、空气质量与光环境。因此，提高住宅的室内环境舒适度就要从以上四个方面入手。

首先是室内热环境的改善，主要通过控制空气温度、室内物体表面温度、相对湿度以及空气流动速度来实现。这不仅需要采用现代构造技术与材料，精心推敲细部构造设计，达到高标准的住宅外围护结构保温隔热性能，消除冷桥；同时需采用高性能门窗，特别是高性能玻璃产品以采用高性能门窗，特别是高性能玻璃产品以采用高效的采暖制冷系统。

充足的新鲜空气原本是住宅最基本的要求，并不是什么高舒度指标，但由于城市环境与人们生活方式的变化，导致住宅通风成为居住生活舒适度的标准之一。如何满足健康的新风换气量，过滤风沙尘埃并减少风感市住宅通风设计要解决的问题。

对于噪声的隔绝，需要针对不同噪声特点，采用多种技术构造来创造舒适的声环境。如通过采用高质量融声墙体系统，提高门窗的玻璃隔声性能和气密性，或通过建筑构造上设置绝缘层的方法解决噪声问题等。

随着居住水平的提高，人们对人工照明光环境的舒适性、个性化、艺术品位及安全、节能等要求也日益突出。影响光环境的因素不仅是照明强度，还包括日光比例、采光方向、光源显色性、色温以及避免色眩光等。因此提高住宅光环境的舒适性，需要对住宅光环境评价方法。

6.3.3　室内舒适环境研究的新动态

在全球范围内，住宅产品生态节能有两大发展趋势，一是调动一切技术构造手段，达到低能耗、减少污染并可持续性发展的目标；二是在深入研究室内热功环境（光、声、热、气流等）和人体工程学的基础上（人体对环境生理、心理的反映），创造健康舒适而高效的居住环境。

传统的中央空调系统，主要致力于控制室内温度、湿度、噪声等物理指标。为达到室内一定的供暖／制冷要求，以空气为介质，需将新风量 3~4 倍的室内空气循环使用，重新加热或制冷并与新风混合再送回室内。不仅导致能耗的增加，同时易产生噪声、风感等不适感觉，也增加了交叉感染的可能。

今天，欧洲新型生态空调系统则采用室内调温与新风系统分离的方式，即楼板辐射与置换式新风系统。技术的研究和应用最初源于大型办公建筑，因为其具有更多的技术需求以及强大的经济动力，将公建中成熟的技术系统应用于住宅之中，需要解决住宅中一些特殊的问题。

6.3.4　舒适节能高新技术体系的应用

国家有关的建筑节能规范是节能建筑设计的基本依据，所有新建筑都应达到这一标准，这一标准只是入门标准。要想达到舒适节能创造建筑精品，需要根据项目的气候条件，项目定位，客户需求特点，有选择的采用高新适用的建筑技术体系。

五合国际在深入研究国际先进技术基础上结合在中国的实际工程实践，归纳总结了适合中国国情的十八大住宅生态舒适节能高新技术体系，分为八个方面：（1）外围护结构系统、（2）太阳辐射的控制与改善、（3）自然通风与采光的利用、（4）可再生能源的利用、（5）高舒适度，低能耗的室内环境控制系统、（6）降低噪声的技术与构造系统、（7）水资源循环利用系统、（8）提供高舒适度的其他技术系统。

十八大技术系统分别为：

（1）高效保温隔热外墙体系	（10）能量活性建筑基础与地源热泵系统
（2）热桥阻断构造技术	（11）高效太阳能利用系统

(3) 高效保温隔热屋面技术与构造设计

(4) 高效门窗系统与构造技术

(5) 高性能保温隔热玻璃技术与选用

(6) 高性能遮阳技术系统

(7) 建筑辐射采暖制冷系统

(8) 置换式全新风系统

(9) 住宅主动通风与"房屋呼吸"技术系统

(12) PCM_相位变化蓄热材料技术体系的应用

(13) 卫生间后排水成套系统

(14) 隔声降噪，外墙及浮筑楼板技术

(15) 提高住宅光环境舒适性的技术系统

(16) 绿色屋面技术系统

(17) 中水循环及雨水回收再生利用系统

(18) 智能楼宇自控系统

6.4 新技术、新产品的引进吸收及国产化

在建筑行业中，发达国家有很多先进的科技产品，而根据项目的需求整合国际、国内技术产品资源形成适当的技术体系是开发中的关键。在工程建设中，一方面引进国外先进技术为我所用，另一方面，全面系统地消化、吸收引进技术并努力创新、不断增强自主研究开发的能力，并开辟各种渠道，结合工程设计和技术改造项目，推广应用新工艺、新技术、新材料、新设备，取得良好的经济效益和社会效益。技术系统立足于国产产品，关键设备材料采用在国内市场上可以购买到的国外产品，是我们的基本原则。

7 生态节能建筑的成本分析

7.1 住宅建筑

建筑节能是以一定室内舒适标准为前提的，在中国建造不同程度的生态节能住宅成本也有所区别。五合国际（Werkhart）根据实际操作经验将生态节能建筑成本划分为低、中、高三种梯度模式：

低度模式：住宅节能达到国家规范标准，采用外墙保温，隔热措施，每平米造价约增加 100 元左右。

高度模式：住宅实现高舒适度低能耗的标准，采用辐射式采暖制冷，量换式新风，高效保温外墙体系，外遮阳系统等达到欧洲节能标准。高层住宅每平米造价约增加 800 元左右；别墅由于需要独立的系统和具有较多的外墙外窗面积，达到相应的舒适节能标准，每平米造价约增加 1500 元左右。

中度模式：节能标准与舒适度介于低度与高度之间，依据不同的自然区域会有区别，根据五合国际在全国二、三级城市初步探索成果，每平米造价约增加 400 到 500 元。

7.2 公共建筑成本

因为公共建筑与其他建筑的节能体系是完全不同的，并且公共建筑的能耗远大于普通住宅，因此公共建筑的节能研究显得尤为重要。不同的公建之间能耗极大，就是同一时代的公建能耗差别也很大。五合国际(Werkhart)为合肥大剧院设计的生态节能系统，是综合采用了国内外成熟的节能技术体系的成果。包括：建筑围护结构热工指标控制、太阳辐射的控制与改善、自然通风的设计、生态能源系统试验建议、建筑内的余热回收、空调系统冷热源、空调风系统设计、空调水系统设计、大堂地板辐射采暖设计、照明系统节能分析。公共建筑采用生态节能建筑体系需要增加造价大约 5~10%。

8　生态节能建筑的风险分析

生态节能技术体系在欧洲已有20年的运行历史，已成为一个成熟的技术系统。通过对体系中所涉及管道等建材的"疲劳应力实验"，材料本身的耐久性在运行工况下可以保持100年质量要求，技术成熟度可见一斑。对于国内节能建筑的市场运作，当然存在一定风险，主要体现在三个方面：

一是施工质量

我国不同地区的施工质量不一，难以使优秀设计完整执行下去。节能建筑对施工质量要求较高，因为我国的建筑工人大多来源于农民，施工人员素质同国外同行有较大差距，技术素质的欠缺对工程监理提出了更高要求。

二是分项委托中带来的内部合作问题

生态节能项目若采用分项委托设计，不同设计机构的衔接与配合非常重要，整个项目的成功来源于不同团队的无缝合作。若此环节运转不当，会为节能项目带来隐患。

三是伪高科技设计机构的迷惑

某些设计机构并无实际操作经验，以高科技节能设计自居，屋顶绿化小区就可称为生态小区，采用太阳能热水器即命名为节能住宅，这种"东郭先生"的危害也相当大。

9　结语

毫无疑问，舒适节能高品质产品是中国住宅发展的方向。尽管在这一过程中，开发商、设计师和建设单位需付出更多艰辛和努力，并将承担一定的风险。但是从根本上，采用高科技、节能环保技术是中国住宅建设的发展方向。

增加科技含量，提高住宅舒适度，降低能耗并保护环境，在技术实施和市场回报上完全可行。随着建筑技术的迅速普及和大规模应用，住宅产品的科技成本还将逐步降低。

新技术的采用，不求最新、最贵，重在系统化的配合与互动。新技术的采用能够促进产品更新换代，创造产品差异化，满足不同层次的社会需求。

住宅节能设计适应性策略调查研究——以武汉冬冷夏热地区为例

Research and Investigation of Adaptability Design Strategies for Energy Saving Residential Building: Based on Wuhan, a Region Hot in Summer and Cold in Winter

林白云山

LIN Baiyunshan

华中科技大学建筑与城市规划学院生态设计研究室

Ecology Research Institute, School of Architecture & Urban Planning, Huazhong University of Science and Technology, Wuhan

关键词： 冬冷夏热地区、住宅节能设计、适应性策略

摘　要： 本文通过实地及网络等方式对武汉冬冷夏热地区普通住宅和已有节能住宅进行调查研究，提出适应武汉地区气候特点的包括窗户、墙体、屋面等的节能住宅策略方案。

Keywords: regions hot in summer and clod in winter, design for energy saving residential building, adaptability strategies

Abstract: Based on investigation of site and internet on normal residential buildings and energy saving residential buildings ,the paper proposes an adaptability design strategies for energy saving residential building, which including on window, wall, roof and so on.

1　引言

武汉位于长江中下游地区，气候特点是夏季气候炎热，冬季潮湿寒冷。居住在武汉的居民都有这样的体验：冬夏季节长，而春秋过渡季节很短。大致说来，春秋加起来也只有 100～130 天左右，也就是说春秋两个季节加起来也只有一个夏季或冬季的长度。

在人民生活水平日益提高的今天，空调已在人们的日常生活中得到普及，然而冬天取暖夏天制冷使得能源消耗急剧上升。在武汉地区，夏天要拉闸限电，不同行业要调整用电时间来避免用电高峰，分区轮休，才能缓解整个城市的用电紧张。《长江日报》 2004 年 5 月 12 日报道日前湖北省缺电量 1000 万千瓦，在武汉日缺电量高达 200 万 kWh。由此可见，能源消耗的严重性尤为突出。节能问题迫在眉睫。

作者通过实地调研及网上调查，提出适应武汉地区的节能住宅可适应性策略。

2　研究背景

2.1　武汉地理位置及气候特点

武汉地理位置（气象台站位置）为：北纬 30°37'，东经 114°08'，海拔 23.3m。武汉冬季及夏季气候参数为："夏季天气参数：最热月月平均气温 29.8℃，极端最高气温 39.4℃，最热月 14 时平均气温 33℃，全年日最高气温≥35℃的天数为 21 天，最热月月平均相对湿度为 71%。冬季天气参数：最冷月月平均气温 3℃，极端最低气温 −18.1℃，日平均气温≤5℃的天数为 59 天，日最低气温≤0℃的天数为 43.8 天，最冷月月平均相对湿度为 76%，日照时数分别为：12 月为 137.1/43 （时数/%），1 月为 124.6/39 （时数/%），2 月为 111.7/36 （时数/%） （数据来自《夏热冬冷地区居住建筑节能设计标准》

2001）。

夏热冬冷地区气候的显著特点是夏季闷热、冬季湿冷、昼夜温差小、年降水量大、日照偏小。春末夏初多阴雨天气，常有大雨和暴雨出现。夏季该地区 7 月份平均气温，比世界上同纬度其他地区高出 2℃ 左右，是地球上这个纬度范围内除沙漠干旱地区以外最炎热的地区。最热月的平均温度为 25℃~30℃，而且以 28℃−30℃ 居多；由于纬度较低，又多连续晴天，夏季太阳辐射相当强烈，太平洋副热带高压溯长江西进，笼罩时可长达 1 个多月。从太平洋上吹来的凉风又受到东南丘陵的阻挡使这个地区夏季处于背风面，因而往往是静风天气。多数地方高于 35℃ 的酷热天气长达半个月至 1 个月。大城市普遍存在"热岛"问题，由于风速、风向、地形及建筑密度和高度等因素，城市中心地带气温一般比周边地区高出 1℃~3℃。夏热冬冷地区又是一个水网地带，十分潮湿，相对湿度经常高达 80% 左右，长江中下游夏季黄梅季节持续阴雨也是常见的，尽管气温不算很高，但由于气压低，湿度高，人体感觉非常闷热。冬季这个地区 1 月份平均气温，比世界上同纬度其他地区要低 8℃~10℃ 左右，是地球上同纬度冬季最寒冷的地区。该地区九城市冬最冷月的平均温度为 2℃~7 0℃，大多在 2℃~5℃ 之间。在冬季，北极和西伯利亚寒潮频繁南侵，经华北平原长驱直人。强大的寒潮到此地区后，受到南岭和东南丘陵的阻挡，因而寒冷时间较长。长江中下游沿岸及其以北一带，日最低气温低于 5℃ 的天数长达两个月，甚至到近 3 个月的时间。冬季太阳辐射量，远不如北方地区，日照时间短、百分率较低。东部日照率最高的地区不超过 50%。由于日照少，也增加了冬季阴冷的程度。冬季的相对湿度仍然很高，达 73%~83%。人体感觉湿冷。

2.2 目前武汉地区住宅现状

历史上由于经济和社会的原因，该地区的居住建筑一般都没有采暖空调设施，建筑设计对隔热保温不够重视，围护结构的热工性能普遍很差，冬夏季建筑室内热环境与居住条件十分恶劣。窗户，普遍采用单层玻璃金属窗，建筑外遮阳措施较少。单层玻璃金属窗的保温隔热性能很差。夏季，在无遮阳措施的情况下，大量太阳热辐射经窗户进人室内；冬季，冷空气渗透严重。窗户也是围护结构中比较薄弱的部分。但随着商品房进入市场，有些住宅设计为了建筑立面效果，窗墙比还有增大的趋势，这无疑会使室内热环境更差。屋面以平屋顶为主，其保温隔热性能比墙体还差，架空屋顶采用较多，但只对夏季隔热有一定效果。

3　现有住宅调研

3.1 普通住宅调研实例

3.1.1 窗户

在实际调研中，我们发现武汉已有的多层住宅大多数为平窗。南向墙面窗户大多数被加了一个盖子，用以阻挡夏季直射的日光，也有阻挡雨水的作用。以前的住宅由于没有考虑空调的位置，空调主机挂得到处都是，立面看上去凌乱不堪（图1）。

图 1　普通住宅窗户

3.1.2　阳台

阳台在武汉的住宅中必不可少。调研发现已有住宅阳台对晾晒等问题没有考虑，结果就是居民自己在阳台上随意搭建，很影响立面形象。由于冬季寒冷，不少居民把阳台改为封闭阳台，为了抵挡夏季强烈的阳光，在阳台里面加了一层窗帘（图2，3）。在调研中还发现有居民自己在阳台上加了一层外遮阳装置（图4）。

图 2　普通住宅阳台　　　　图 3　普通住宅阳台挂的窗帘　　　　图 4　普通住宅阳台外加的可调节外遮阳
　　　　　　　　　　　　　　　　　　　　　　　　　　　　　　　　　　　　　　　系统

3.2　现有节能住宅调研实例

网上调查了武汉"水木清华"楼盘，该楼盘市场反映良好，受到消费者追捧。它的实践证明，只要采取经济实用、切合实际的节能措施，新建居住建筑节能投资和既有建筑节能改造成本，约为80元~120元／m²，在武汉地区目前是增加大约10%左右，但这种因节能所增加的成本可在8~10年所节省的耗能成本中回收。水木清华的产品市场销售价格逐步提升也体现出市场和客户对增加节能科技含量的广泛认可。

3.2.1　武汉"水木清华"楼盘

水木清华是武汉市首家大规模按国家标准实施的节能住宅小区（图5），荣获建设部"2005中国居住创新典范"奖。水木清华二期中已经运用的节能措施，如外墙外保温隔热防水装饰系统、4：9：4的双层中空玻璃、憎水膨胀珍珠岩材料的屋面保温防水系统、雨水回用收集系统（图6），太阳能照明

系统，达到建筑节能50%的标准。

图5　水木清华内景　　　　　　　图6　雨水回用收集系统

3.2.2　武汉"同温层"楼盘

外墙加了2.5cm厚的聚苯颗粒保温层和一层钢板网，再加上中空玻璃的窗户，可以让户内外温差保持在5~7℃。据了解，因为保温性能好，冷气散失慢，最热的时节，物业办公室到下午3时就关空调了。在窗户外侧，则安装了只有以前老房子才有的百叶窗，可以挡住阳光照射。

3.2.3　南京的"锋尚•国际公寓"和"朗诗•国际街区"楼盘

南京也是四大火炉之一，气候上与武汉有相近的特点，在节能环保住宅开发上有很多东西可以互相借鉴。南京的"锋尚•国际公寓"和"朗诗•国际街区"是在当地比较有代表性的且标准较高的节能环保型住宅，在建筑的新技术应用方面，他们整合了国际上较为领先的科技材料，利用了地源热泵技术系统、混凝土顶棚辐射制冷制热系统、健康全新风系统、外墙保温外挂面砖系统、外窗Low-E低辐射玻璃系统、外遮阳系统（图7）、屋顶地面闭合保温隔热系统、隔噪隔声系统、排水噪声处理系统、吸尘排污共十大技术系统，创造了最舒适的环境，使项目产品具备了永久恒温、常年恒湿、置换新风、隔音低噪、防污抗染和节能环保六大技术特点。

图7　可调节外遮阳系统

4　提出相应生态节能策略

基丁武汉冬冷夏热地区特有的气候特征和特有的天然资源，通过以上一些相关调查研究，提出适合武汉地区的生态节能住宅的一些适应性策略。

我们在建筑设计层面考虑更多的是建筑的被动节能设计，即通过建筑设计本身，而非通过利用设备，达到减少用于建筑照明、采暖及空调的能耗。被动设计方法包括：建筑朝向、建筑保温、最佳窗墙比、建筑体形、建筑结构、建筑遮阳、建筑自然通风等。

4.1 规划朝向与体型

由于南向建筑在冬季可以得到最多的太阳辐射量，而在夏季得到的太阳辐射量比东西向的建筑少，因而南向对建筑节能来说是最佳朝向，即使在低能耗建筑中也是如此。在目前的节能建筑中，适宜的朝向为南偏东15°到南偏西15°。建筑朝向的确定取决于多个因素，而非仅仅为节能。地形的限制、城市主导风向、道路以及周围的环境等等都会对朝向的确定有影响。

建筑的体型对建筑能耗也有很大的影响。体型系数越大，意味着暴露在室外空气中的围护结构面积越大，也就是冬季的失热面积和夏季的得热面积越大（建筑的体型系数为建筑的表面积除以体积）。因此，我国的节能设计标准中，对建筑的体型系数都有明确的规定:北方地区宜为0.3以下，夏热冬冷地区则宜为0.35以下。随着墙体和屋顶的保温性能的逐步提高，这部分的能耗占建筑总能耗的比例会不断下降，建筑师可以有更大的自由来设计建筑的形式和处理室内的功能布局。另外，在夏热冬冷地区，凹凸的体型在一定程度上有利于遮阳和过渡季的自然通风，以利于延长过渡季的时间。

建筑师在设计中可以将朝向与体型作为相对宏观层面的节能设计策略加以运用。

4.2 建筑单体层面：窗户、阳台、墙体及屋顶围护结构

4.2.1 窗户

武汉"两季"气候特征下，夏热、冬冷时间较长，热舒适建筑节能必须兼顾夏季隔热和冬季保温效果。窗户无疑是住宅低能耗的最为关键的部位了。高性能的窗户系统主要体现在以下几个方面：第一、高保温、隔热性能：窗户的平均传热系数为0.75W/m²·K，有的甚至达到了1.24 W/m²·K，窗户玻璃普遍采用Low-E镀膜玻璃，减少辐射散热，玻璃之间的空腔充氩、氢等惰性气体；窗框一般采用阻热型塑料框或金属框；甚至玻璃之间的传统的金属隔条也由被称为"暖边"的新型的隔热条替代。第二、高透光性和太阳辐射得热：尽管窗户有2~3层玻璃，但透光率仍可达到0.6以上。而太阳辐射得热系数亦可达到0.55以上，这样就保证了房间的采光和冬天太阳能的利用。第三、高效、灵活的外遮阳系统：可调的外遮阳系统，可以有效地减少夏季的太阳辐射得热，避免夏季室内过热；又可以保证冬季日照不受影响，尽可能地利用太阳能。除此之外，可调的遮阳系统还可以对室内的通风和采光进行控制。为了保证室内的空气品质，需要对房间进行通风换气。一般保证健康的换气率为0.5/h。如果直接将室外新鲜的冷空气送入室内，势必要消耗热T。对于低能耗住宅而言，这部分的能耗可以占整个能耗的1/3，甚至更高。通过热回收系统将排出的废气与送入的新鲜空气进行热量交换.可以减少能耗。这种热回收系统的效率可以达到80%以上，有的甚至达到90%。另外，为了避免回收系统的结霜，需通过地下埋管，对冷空气进行预热，然后再送入热回收系统。

目前我国节能建筑中单位面积窗户的散热(或得热)大约为实体围护结构的4-6倍，而夏季经窗户传入的太阳辐射量是室内过热的主要原因，也是制冷能耗的主要根源。窗户能耗包括窗户传热和空气渗透耗热，约占建筑采暖、空调能耗的50%左右。另外，由于窗户的保温性能差而导致的冷辐射、冷风效应以及可能产生的内表面凝结的问题也是造成室内热环境及不舒适的重要原因。因此，我们可以看到改善窗户的保温、隔热性能不仅是最有效的降低能耗措施，而且对室内热环境舒适程度的改善也是极为关键的。除了提高窗户的保温、隔热性能外，在设计窗户系统时我们还应该考虑窗户的外遮阳系统。窗的节能重点是控制窗的传热系数，增加窗的气密性，限制窗墙面积比。具体做法有:采用塑钢或塑料窗，并设置密封条或采用中空玻璃节能窗；设置活动遮阳构件，夏季遮阳，冬季不影响日照，设置节能窗帘。因为在武汉有夏季过热的问题，如果采用了高效的、可调节的外遮阳设施可以大大减少制冷的能耗和制冷的天数，甚至可以做到夏季无需空调。同时，因为这样设施可调，不影响冬季的太阳能利用。设计高效的、可调节的外遮阳设施，可以大大减少制冷的能耗和制冷的天数。

4.2.2　阳台

阳台在武汉地区的住宅建筑中必不可少。调研却发现现有一些住宅中的阳台设计不能满足住户的要求。早期住宅设计由于没有考虑生活阳台和大厅阳台的分别，住户由于生活的需要自己对建筑进行了改进：有的在阳台上加了晾晒衣物的挑杆，有的将阳台改为封闭阳台，里面又加了一道厚厚的窗帘，还有的在阳台外面加了一道可调节外遮阳卷帘，这些都能给建筑师很多启示，在设计中更多考虑住户需要进行设计。基于武汉冬冷夏热气候条件，对阳台设计提出以下节能策略：生活阳台、大厅阳台功能分开，生活阳台用来晾晒衣物，可采用北向，应考虑设计晾衣杆的位置；大厅阳台有起居功能，南向设计较好，最好是采用封闭式设计，要求阳台窗户和门密封性能良好，考虑到夏季时阳台可起到空气间层的作用及夏季太阳高度角较高，可采用固定外遮阳辅助设计，设计成外挑檐口等。

4.2.3　墙体

武汉地区建筑节能墙体设计主要是在外墙保温方面。随着外墙技术日趋成熟，采用新型墙体保温技术，比如 XPS（挤塑型聚苯乙烯板）、EPS(膨胀型聚苯乙烯板)技术，增加外墙的保温隔热性能，是比较有效的。在武汉"水木清华"楼盘中，由于运用了外墙保温隔热防水装饰系统，极大地改善了冬季和夏季的室内环境舒适度，并且取得了良好的节能效果。

另外需要提到的是建筑山墙面的设计，山墙部分是建筑师在设计中常常忽略的部分。夏热冬冷地区西山墙是建筑热消耗很大一部分，仔细加以考虑不仅可以减少能耗达到节能的效果，也可以使建筑造型更加丰富。可以采用的方法是附加遮阳系统、辅助保温隔热层、进行垂直绿化等方法，在此基础上也可以进行复合设计。方法一：在建筑西山墙外设置辅助遮热板，利用南北纵向外墙出挑墙垛。在出挑的墙垛上设置辅助构件固定遮热板，距离墙面一定距离，在遮热板和墙面之间形成空气间层。遮热板材料采用彩色阳光板，可透光。在遮热板的顶部和底部分别设置可控密封板，便于冬季和夏季控制密封板的开合。另外，在遮热板上端支撑一块流线型导风板，夏季时，打开遮热板上部和下部的密封板，利用遮热板和墙体间空气温差，以及导风板形成的空气负压产生较强的"拔风效应"，使得在遮热板和墙体间形成自下而上较强的气流，从而能带走一部分墙体热量，降低墙体外表面温度；冬季时，把密封板关闭，使遮热板与墙体间形成静止空气间层，利用阳光板的透光性和空气间层的保温效果，形成温室效应，在墙体外形成辅助保温层，起到冬季保温效果。方法二：在建筑西墙外设置辅助的综合立体绿化层。在做好西墙保温的前提下，利用立体绿化提供夏季西墙面的遮阳和隔热。做法同样在建筑西墙沿南北外墙出挑墙垛，在距离墙面一定距离处隔层固定横向植物种植箱。箱内填轻质种植土，种植攀援植物。再从屋顶到地面吊装通长铁链，铁链穿过种植箱，形成植物攀援和灌溉的途径(屋顶设水槽用来浇灌植物)。这种方案，可在夏季利用植物的生长，在墙体外形成额外一道"绿墙"，达到遮阳降温的效果。而且植物本身也会通过自身的蒸腾作用和空气间层降低墙体温度。冬季，植物叶面自然脱落，减少对墙面遮挡，增加墙面太阳辐射得热，起到保温的效果。

4.2.4　屋面

屋面节能可以采取三种方法：一是利用坡屋顶或挤塑型聚苯乙烯板(XPS)整体架空屋面，形成屋顶通风，夏季带走热量，冬季关闭开口达到保温目的，这种方法在屋顶平改坡被中可以被广泛应用；二是在屋面上种植植物，利用植物的光合作用将热能转化为生物能，利用植物叶面的蒸腾作用增加蒸发散热量，降低屋顶室外温度，利用植物培植材料的热阻和热惰性降低屋面内表面温度；三是水分蒸发，可吸收大量热量，为了降低蓄水屋面荷载，可采用 $CaCiz·6Ha0$ 等盐分介质代替水吸湿散热，形成吸湿散热屋面。

值得一提的是由于武汉已有住宅中多数为平屋顶，采用平改坡的方法不仅仅使建筑造型更加生动，更重要的是对屋顶保温隔热和建筑节能有很大作用。屋顶阁楼可采用以下做法：在坡顶空间阁楼内铺设玻璃棉毡、岩棉毡或聚苯板等，也可喷入玻璃棉、岩棉等纤维材料，或在尖顶阁楼内搁放袋装珍珠岩粉，或在吊顶上加铺保温材料。

4.3 其他相关生态资源应用：太阳能、雨水

冬冷夏热地区具有得天独厚的资源优势，其年降水量在 1000mm～1800mm，雨水资源极为丰富。以武汉地区为例，每年梅雨季节、长江汛期都会降落大量雨水。雨水作为一种自然资源具有污染轻，水中有机物较少，总硬度小等特点，经过简单处理后便可用作生活杂用水、工业用水，这要比回收利用生活污水更便宜。如果能将这一优势充分运用到建筑设计中，将回收的雨水用于冲洗厕所或灌溉花草树木，将经过过滤或处理的雨水循环到太阳能热水器中用作洗浴水或非饮用水，不仅可以节约用水而且也实现能源再利用。

4.4 其他相应策略

建筑色彩也可以作为一种节能策略的考虑。根据有关建筑热工原理，由于色彩不同，吸收的太阳辐射热也不同。白色、淡黄色、淡绿色、粉红色的热吸收系数为 0.2~0.4，灰色、深灰色吸热系数为 0.4~0.5，浅褐色、黄色、浅蓝色、玫瑰红色吸热系数为 0.5~0.7，深褐色吸热系数为 0.7~0.8，深蓝色、黑色吸热系数为 0.8~0.9。在设计时，建筑师结合外部造型等，对建筑色彩的节能也应有所考虑。冬季寒冷地区建筑色彩宜用暖色调，夏季炎热地区建筑宜用冷色调，武汉属于冬冷夏热地区，建筑色彩与朝向有很大关系，朝南的宜采用冷色调，朝北的宜采用暖色调。

5　结语

发展节能住宅产业需要多方面努力。一方面需要国家的大力扶持和相关的规范标准，另一方面，也需要房地产开发商转变观念，在建设初期考虑投入能否达到这样的目标，取决于两方面的因素：技术的因素和市场的因素。就市场因素而言，一方面我们在考虑投资回报的时候，应该考虑建筑的高舒适性所引发的居民的购买欲望，而不仅仅是初期投资过大的担忧；另一方面国家应该根据不同的节能水平，给予不同的优惠政策，以鼓励我国建筑节能水平的逐步提高。经过各方面努力，让节能住宅真正走入老百姓的生活，为人们生活造福。

参考文献

学而．长江流域及其周围地区 180 万平方公里 5.5 亿人口居住环境质量有望得到改善和提高．建筑知识，2002(2): 22-23

姚润明，尼克·贝克，李百战．建筑能效设计简便方法．世界建筑，2004(9): 32

傅秀章．低能耗住宅的建筑技术与方法．华中建筑，2004(4): 77-78

郎四维．《公共建筑节能设计标准》要点．科技地产，2005(13): 39

夏热冬冷地区居住建筑节能设计标准

谢兴保，王琨．冬冷夏热地区生态节能建筑的应用探讨．华中建筑，2004(11): 68-69

杨子江．建筑屋面节能技术．工业建筑，2005(2): 40-43

谢浩．建筑及建材色彩与地域气候条件适应性分析．建材发展导向，2004(3): 91

杨维菊．屋顶原来可以更节能．建筑科技，2002(2): 55

孙洪波．夏热冬冷地区居住建筑单元西山墙遮阳隔热设计．工业建筑，2004(5): 26

毛建西．南京"两季"气候特征下热舒适建筑节能对策．华中建筑，2004(2): 74

http://www.whfx.cn/info/3605-1.htm（武汉房地产开发企业协会网）

http://www.rmthx.com/MLNEWS/shownews.asp?newsid=333（瑞鸣工作室网页）

http://news.gshouse.com.cn/print/?class=35,74,&id=2005091200005（甘房网）

http://www.chinahouse.gov.cn/news/hqjj/200591382407.htm（中国住宅产业网）

http://news.163.com/05/0727/08/1PLGEFQT0001124T.html（网易）

注：感谢华中科技大学建筑与城市规划学院李保峰教授的悉心指导。国家自然科学基金项目（批准号50278038）。

城市化加速时期节能设计在寒冷地区农村住宅中的应用

Application of Efficient Design in Rural Residence Buildings of Cold Region in the Urbanization

朱赛鸿　王朝红　王建军
ZHU Saihong, WANG Chaohong and WANG Janjun

河北工业大学建筑与艺术设计学院
School of Architecture & Art design, Hebei University of Technology, Tianjin

关键词：　节能设计、 农村住宅、 适宜性技术、 被动式太阳房

摘　要：　在能源日益枯竭的今天，居住建筑节能已经在城市中受到了广泛的关注，但是在能耗较高的广大北方寒冷地区的农村中，由于缺乏统一的规划和管理，建筑节能基本还是一片空白，村镇住宅没有任何耐候性措施。通过建筑师具有能源意识的设计，节能型的建筑能够使人们得到更为舒适的热环境，更为人性化的居住空间。 在北方寒冷地区，具有初期造价较为低廉，施工技术要求较低，节能效果明显等特点的适宜性节能技术更为适合农村地区的住宅建设。

Keywords: Efficient design, rural residencial buildings, suitability technology, passive solar heating

Abstract: Nowadays for the shortage of the energy sources, more attention is paid on energy saving in living buildings is wider and wider. However, in the rural residencial buildings of cold region that need moor energy in winter, because of the lacking of the management, efficient design of buildings is still a write paper. Through the conscious design ,the building of energy saving also can bring people more comfortable environment and make the living space more humane. The buildings with the expediency technology holding the following features are more suitable for such areas: the first, lower cost in the primary stage; the second, lower requirement of technology; the third, notable effect of saving energy.

1　引言

在能源日益枯竭的今天，在中国的建筑行业中，节能建筑成为业内人士瞩目的焦点。其中，居住建筑节能已经在城市中受到了广泛的关注，国家相关部门也制定了相应的政策法规。前些年由于经济水平的落后，农村地区的能源消耗和污染并不是很大，村镇住宅的节能设计并没有引起足够的重视。伴随着我国城乡经济的飞速发展，城乡面貌也发生了巨大的变化。中国共产党的十六大以后，按照中央的部署，村镇建设工作已经进入了以重点镇建设为主的新阶段。虽然我国村镇建设得到了快速的发展，但是我们应该看到，在小城镇的发展进程中与城市相比，住宅产业发展相对落后，住宅建造仍未摆脱粗放型的生产方式。农村建房基本上是以户为单位进行，居住分散，住宅档次低、功能质量差、生命周期短。在改革开放的 20 多年间很多农民自建的房屋已经重复建设了 4~5 次，甚至更多，造成了人力、物力和财力的极大的浪费。由于缺乏统一的规划和管理，建筑节能基本还是一片空白，农民自建的住宅没有任何耐候性措施。我国正处于工业化和城镇化快速发展阶段，工业的增长、居民消费结构的升级，特别是中国城镇化进程的快速发展，对能源、经济资源的需求将更加迫切。富裕起来的农村居民们也在迫切的要求提高自己的居住环境及住宅品质，但长期的生活习惯以及设计和建造水平的低下使他们很难达到大城市居民住宅的舒适度。为了达到更高水平的生活品质村镇居民不得不耗费大量的能源以提高室内舒适度。因此，建筑节能领域中广大村镇地区住宅建筑特别是北方采暖地区住宅建筑的节能设计应该引起我

们足够的重视。

通过建筑师具有能源意识的设计，节能型的建筑能够使人们得到更为舒适的热环境，更为人性化的居住空间。针对中国北方大多数农村的经济情况以及现实问题，被动节能技术以其初期造价较为低廉，施工技术要求较低，节能效果明显等特点更为适合农村地区村民自建住宅的特点。

2 具有能源意识的平面设计

中国古代住宅的设计思想可以说是现代生态及气候设计理论的雏形，我们的先人可以说是尊重自然的楷模。古代住宅平面设计讲究靠山面水，其设计思想是符合中国北冷南暖、北阴南阳的气候特点的。所以中国古代大部分民宅北墙并不开窗，挡住从北面吹来的寒风；南面能晒到太阳而成为人们活动的主要区域，再加上南面的水，调节了居住的小气候，这样就创造了一个适宜居住的环境。

随着社会的进步，人们的生活方式有了很大的改变，随之而来的也伴随着居住模式的改变，城市中集合住宅模式的演变即为城市人口生活水平不断提高的见证。然而，几十年来，我国广大农村地区在经历了几轮的建房热潮之后，房屋类型由草房改砖房，砖房改楼房，基本布局却仍然没有走出一明两暗的旧模式（图1）。农民住宅能耗在不断地增加而居住质量却没有明显的改善。

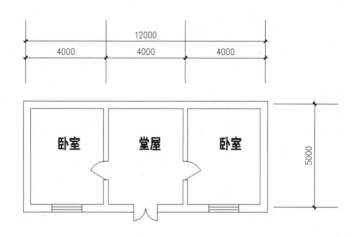

图1 传统农村住宅平面简图

2.1 总平面设计

在总平面设计中，根据热力学原则，建筑外维护结构面积越小则在寒冷季节所损失及炎热季节所得到的热量也就越少，所以连排式住宅通过共用墙体（共用界墙）可以很大程度上节省采暖和降温所需能耗。然而由于农村自建住宅的特点，相邻建筑很难同时建造。并且受传统独门独户观念的影响，共用墙体很难推广。这种特殊情况之下，处理好相邻两墙之间的缝隙对减少冷风渗透具有重要的意义，这里我们可以参考建筑沉降缝的处理手法在农村住宅中加以推广（图2）。

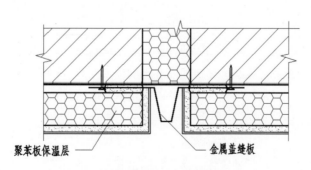

聚苯板保温层　　　　　　　　金属盖缝板

图2 两墙之间缝隙处理

2.2 单体平面设计

在住宅单体平面设计中，从热力设计方面看，室内温度要求较低或无严格要求的房间，可以安排在建筑物的北侧，比如厨房这种几乎不需要供热的房间最好应安排在建筑物的东北侧，起居室，客厅等白天利用率较高的房间应安排在充满阳光的南侧，图3是根据建筑周围日照情况及热力情况绘制的平面简图。

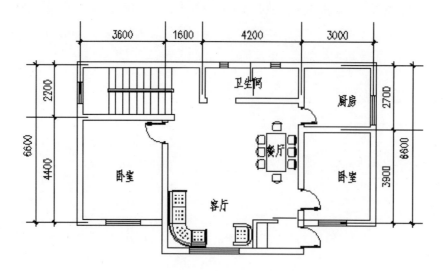

图3　住宅一层平面简图

3　被动设计在冬季采暖中的应用

"被动式太阳能"是指不借助风扇、泵和复杂的控制系统而对太阳能进行收集、贮藏和再分配的系统。简单来说，被动式太阳能建筑由南向的热量收集装置（玻璃窗）及蓄热装置组成。这种功能建立在对建筑设计的综合研究之上，建筑的基本要素诸如墙，窗，楼板等都尽可能地担负着各种不同的功能。例如，墙不仅起到支撑维护的作用还要同时起到蓄热集热体的功能。

目前较为流行的被动太阳能空间热量采集方式可分为三种：

(1)　直接受益

(2)　集热蓄热墙（图洛姆 Trombe 保温墙）

(3)　太阳房

直接受益式是运用南向窗采集热量、建筑主体结构热容量的直接蓄热的蓄热系统。我国北方的农村住宅通俗意义上来说都可以称之为直接受益式被动太阳房，但是由于多采用普通黏土砖作为墙体材料，外墙内外也只做普通抹灰处理，缺乏必要的保温措施。窗户通常采用木框或铝框单层玻璃窗，通常玻璃窗的夜间失热量大于白天得热量，而且房间的温差变化很大导致热舒适性非常低。鉴于农村住宅的特点，集热蓄热墙施工较为复杂，对于施工技术要求也较高。因此推荐农民自建住宅采用直接受益式与太阳房相结合的被动采暖系统。建造被动太阳房最重要的是要做到集热、蓄热、隔热三者之间的平衡。以下几点为建造过程中应该着重注意的问题：

(1)　窗户的隔热、保温措施

外窗总传热系数大，故在采暖地区窗的热损失在建筑物的总热损失中所占比重甚大，约为2/3，其中传热损失为1/3，冷风渗透为1/3，所以窗的保温性格外重要。要增强窗的保温性能，就得提高窗的气密性，减少冷风渗透。农村住宅传统采用的门窗材料一般为木框单层玻璃，使用时间稍长以后窗框非常容易变形，导致门窗气密性很差。为此可使用新型的密闭性能较好的门窗材料，在门窗框与墙间的缝隙密封有弹性的松软的弹性密闭材料(如聚乙烯泡沫材料)、密封膏以及边框设灰口等，框与扇之间可用橡

胶、橡塑或泡沫密封条密封，扇与扇之间用密闭条、高低缝及缝外压条等密封，扇与玻璃之间可用各种弹性压条等密封。这些均能减少冷气渗透，提高窗的保温性能。另外，使用保温窗帘是一种较为经济实用的窗户保温措施，并在保证日照、采光、通风、观景要求的条件下尽可能减小外门窗洞口的面积。以上措施均为一些较为经济的保温措施，在农村住宅建设中可根据实际情况选择相应的措施。

(2) 太阳房与建筑相结合

太阳房损失能量快过于获取能量，因此必须与休息室分开，太阳房可结合建筑出入口建造，在冬季可兼做门斗使用，以防止频繁开门导致的冷风渗透。同时应注意太阳房在夏季的通风遮阳，避免在炎热的夏季产生高温区域，甚至影响整个建筑的舒适度。

4　被动设计在夏季降温中的应用

4.1　遮阳措施

在夏季，遮阳是取得舒适温度的有效方法。因此，夏季窗户的遮阳处理显得尤为重要。

4.1.1　固定遮阳装置

固定遮阳装置指的是各种各样的横向水平挑檐、竖向鳍板，或是前二者结合成的花格格栅。固定式遮阳装置因为简单、造价低、维修少等特点而得到了广泛的采用。理想的固定遮阳装置应该是能够在保证良好的视野和通风的情况下，夏季最大限度的阻挡太阳辐射，冬季最大限度的减少对进入室内的太阳辐射的阻挡。在北方寒冷地区，住宅仅在很短的几个月内经历高温天气，根据夏季太阳高度角大而冬季太阳高度角较小的特点，采用经过计算的横向水平挑檐即可较好的达到夏季遮阳的目的。

4.1.2　绿化遮阳

绿化遮阳指把植物作为建筑的一部分纳入到建筑设计中，使树木作为夏季遮挡太阳辐射的一种特殊的建筑组成部分。鉴于农村住宅多为一层或两层，且基地面积较大，非常适合采用绿化遮阳，可在宅后植树，形成绿色的环境小气候；在房屋南面种植落叶树木，夏日遮阳，冬日叶落透光；树木分层次种植，乔木挡高度角太阳辐射，灌木挡低度角太阳辐射。西墙考虑覆盖落叶藤蔓(如爬山虎)成为易控制的遮阳系统。

4.2　通风措施

近些年来，通风降温已成为世界范围内最主要的降温方法。但是，由于通风降温存在着两种截然不同的降温方法，而且这两种方法还互相排斥。一种是在夏季白天气温达到最高值的时候，风直接吹过人的身体，加速了皮肤水分的蒸发从而使人感到凉爽，但是通过这种方法室外温暖的空气实际上升高了房屋本身的温度。夜间通风降温法则完全不同，这种方法把夜间凉爽的空气引入室内，从而使房屋获得的热量减少到最少。在农村住宅的通风设计中，首先应保证房间的自然通风。受传统观念的影响，北方农村地区的住宅建筑很少在北墙开窗，因此，除了要组织好水平方向的空气流动，即通常老百姓所说的穿堂风以外，应更加重视垂直方向的空气流通。在炎热的夏季，垂直通风比水平通风更容易带走房间的热量。

5 总结

农村住宅由于量多面广且接近自然，在生态节能化上有着得天独厚的优势，而农村住宅的节能建设对改善中国整体住宅环境的提高及建筑节能工作的开展有着不可估量的价值和意义；在能源日益枯竭的今天，我们应该担负起一名建筑师的责任，为建筑节能工作做出我们的努力。

参考文献

中国建筑业协会建筑节能专业委员会．建筑节能技术．北京：中国计划出版社，1996

诺伯特·莱西纳．建筑师技术设计指南：采暖，降温，照明．北京：中国建筑工业出版社，2004

王秀珍．农村生态住宅的设计对策之思考．湖南工程学院学报，2001

温树勋．谈节能住宅建筑铝合金外窗的使用．山西建筑，2001(6)

仲德昆．小城镇的建筑空间与环境．天津:天津科学技术出版社，1993

http://www.topenergy.org/

技术专题
Technical Session

节能技术与设备
Energy Saving: Technologies & Equipments

提高城市住宅节能水平的技术策略

Improve Technology Strategy of Urban Building Energy Efficiency Levels

朱玉梅　　刘加平

ZHU Yumei and LIU Jiaping

西安建筑科技大学建筑学院

School of Architecture, Xi'an University of Architecture & Technology, Xi'an

关键词：　城市住宅、建筑节能、围护结构、热工性能

摘　要：　我国大部分城市已经执行或者正在制订居住建筑节能 65%标准。如何将住宅建筑的性能化节能指标合理地转化为围护结构的热工性能指标，需要对目前还在执行的建筑节能 50%设计标准的住宅的热工性能现状进行分析总结，才有可能在技术上得出合理的设计对策。本文以西安市为例，归类总结近年来城市住宅围护结构的构造做法和热工性能，其节能指标与节能 50%、节能 65%标准的比较，找出目前住宅的热工性能指标与新设计标准的差距。据此提出应优先采用高效节能保温窗；墙体保温材料的选择要综合考虑保温层的特点、造价等因素；同时，对于因抗震设计而产生的热桥的影响应引起高度重视，应寻求新的构造方式以加强热桥部位的保温。

Keywords: urban building, energy efficiency, envelope, thermal property

Abstract:　It has been carried out or it is being drawn out dwelling building energy efficiency 65% standard in our many cities. How can we reasonably transform building energy efficiency index into envelope thermal property index? There is a need to analyze and summarize presently building thermal property situation which is being performed by energy efficiency 50% standard. And then a reasonable design strategy could be able to elicit. This paper take Xi'an as an example to classify and sum up structure materials and thermal properties of envelopes at recent years and compare energy efficiency index of buildings to energy efficiency 50% and 65% standard, and then find out the gap between presently building thermal property index and new design standard. As a result, it put forward that energy-saving windows should be prior to adopt and selecting thermal insulation materials of wall, taking its characteristic and cost into account. Moreover aseismatic buildings affected by thermal bridge must be paid attention to and we must seek new structure materials to strengthen thermal insulation.

1　引言

近年来，我国建筑规模迅速扩大，预计到 2020 年底，全国房屋建筑面积将达 686 亿平方米，其中城市为 261 亿平方米。如此巨大的建筑规模，在世界上是空前的（涂逢详，2004）。房屋在其使用期间内，需要不断消耗大量的能源，主要用于采暖、空调、通风、热水供应、照明、炊事、家用电器等方面。一方面要新建大量的住宅，另一方面又要使住宅有一个较舒适的室内热环境，这就需要消费大量的能源，因此建筑能耗持续迅速增加是不可避免的趋势，建筑能耗占全国总能耗的比例，也将从现在的27.6%快速上升到 33%以上。尽管我国人均能源占有量约为世界平均水平的 40%，能源消费总量已达世界第二，我国面临严重的能源短缺（涂逢详，2004）。节能是国家的一项基本政策，节能法里明确提出建筑要节能，同时，建设部等相关部门陆续制定了建筑节能管理办法，编制了一批建筑节能设计标准，北京、天津、辽宁、吉林、内蒙古、陕西、甘肃、宁夏等省、市、自治区还制订了地方性的实施细则。虽然建筑节能越来越受到重视，但是形势并不令人乐观。到目前为止，不仅既有的 400 多亿平方米

城乡建筑中的99%为高耗能建筑，新建的数量巨大的房屋建筑中，95%以上还是高能耗建筑。单位建筑面积采暖能耗高达气候条件相近的发达国家新建建筑的3倍左右（涂逢详，2004）。我国建筑节能工作进展缓慢是多因素的，需要从各个方面去探讨、研究，不仅从国家政策、人的行为上，还要从技术上考虑。建筑节能发展的重点领域，其中很重要一项是研究新型低能耗的围护结构（包括墙体、门窗、屋面）体系成套节能技术及产品。不管是夏天用空调，冬天采暖，如果能够提高围护结构的热工性能，同时改善采暖、空调的效率，就可以达到节约能源，提高建筑热舒适性的目的。

西安市位于北纬33°39′~34°45′，东经107°40′~109°49′之间的关中平原中部，属暖温带温暖半湿润大陆性季风气候（西安市地图集编纂委员会，1989）。西安地区在全国建筑热工设计分区图上位于寒冷地区，属采暖地区。西安的居住环境以多层砖混为主，并有部分中高层和高层。多层住宅的平面和立面比较规整，一般由多个单元组合而成，体形系数基本上都保持在0.35以下。文章即以西安地区住宅围护结构的热工性能说明目前的建筑节能情况。

2 住宅围护结构的节能指标

我国目前对采暖地区执行的是1996年实施的节能50%《民用建筑节能设计标准（采暖居住建筑部分）》JGJ26-95，根据标准要求，在满足体形系数、窗墙面积比的前提下，对围护结构的传热系数限值作了规定，对于西安地区，它们分别是屋面*0.80 W/(m²·K)，外墙*1.00 W/(m²·K)，外窗4.70 W/(m²·K)；建筑物耗热量指标和耗煤量指标分别是20.2W/m²和9.7kg/m²。按照建设部规划的建筑节能下一阶段目标——节能65%的要求，在节能50%标准的基础上，综合各方面因素，西安地区围护结构传热系数限值应分别是屋面*50 W/(m²·K)，外墙*0.80 W/(m²·K)，外窗4.00 W/(m²·K)；建筑物耗热量指标和耗煤量指标应分别是14.57W/m²和7.02kg/m²标准煤。

注：*表示屋面和外墙的传热系数限值适用于体型系数≤0.30的建筑，以下均同。

2.1 屋面的节能指标

表1是不同屋面的构造做法及其热工性能，其中屋面1是西安市1980年以前住宅的构造形式，屋面2~7是近十年来采用西安市常用保温材料的构造做法。从表中可以看出，除屋面1外，其余几种屋面均能满足标准中规定的传热系数限值0.80 W/(m²·K)，且传热系数值相差很小，但就保温层自重和保温层造价来看，却相差甚远。其中50mm厚聚苯乙烯泡沫塑料板的重量是1kg/m²，而160mm厚水泥膨胀珍珠岩板是72kg/m²，同时它们的价格也相差很多。所以在选用时要综合考虑这些因素。

表1 不同屋面的构造做法及其热工性能

编号	构造做法（由上到下）	传热系数 K(W/(m²·K))	保温层自重(kg/m²)	保温层造价（元/m²）
屋面1	两毡三油防水层；②；150mm 水泥珍珠岩板保温层；40mm1:6 水泥焦渣找坡层；④；⑤	1.01	40	22.95
屋面2	①；②；80mm 憎水膨胀珍珠岩板；③；④；⑤	0.74	20	43.17
屋面3	①；②；160mm 水泥膨胀珍珠岩板；③；④；⑤	0.79	72	63.62
屋面4	①；②；120mm 水泥聚苯板保温板；③；④；⑤	0.79	54	23.25
屋面5	①；②；50mm 聚苯乙烯泡沫塑料板；③；④；⑤	0.78	1	14.83
屋面6	①；②；50mm 硬质岩棉板；③；④；⑤	0.78	6	10.19
屋面7	①；②；30mm 挤塑泡沫板；③；④；⑤	0.75	1.14	18

注：1、①4mm 防水层；②20mm 水泥砂浆找平层；③30mm1:6 水泥焦渣找坡层；④120mm 预制钢筋混凝土空心板；⑤10mm 石灰砂浆抹灰。

2、保温层造价参考《陕西省建筑工程预算定额》（99）或西安市目前市场平均报价。

2.2 外墙的节能指标

表 2 是不同外墙的构造做法及其热工性能，其中外墙 1 是西安市 1980 年以前多层砖混住宅的构造形式，外墙 2 是近十年来西安市普遍采用的做法，也是目前绝大多数新建住宅的构造形式，外墙 3、4、5、6、7 是根据西安市目前常用保温材料设计的节能墙体。

表 2　不同外墙的构造做法及其传热系数

编号	构造做法（由内到外）	主体传热系数 K(W/(m²·K))	平均传热系 Kₘ(W/(m²·K))
外墙 1	20mm 石灰砂浆；240mm 黏土实心砖；20mm 水泥石灰砂浆。	2.04	2.24
外墙 2	20mm 石灰砂浆；240mm 承重多孔砖；20mm 水泥石灰砂浆。	1.62	2.18
外墙 3	50mmASA 保温板；10mm 空气层；240mm 承重多孔砖；20mm 水泥石灰砂浆。	0.77	1.09
外墙 4	20mm 石灰砂浆；40mm 憎水膨胀珍珠岩板；240mm 承重多孔砖；20mm 水泥石灰砂浆。	0.88	1.25
外墙 5	20mm 石灰砂浆；100mm 蒸压粉煤灰加气混凝土块；240mm 承重多孔砖；20mm 水泥石灰砂浆。	0.82	1.12
外墙 6	20mm 石灰砂浆；25mm 聚苯乙烯泡沫塑料板；240mm 承重多孔砖；20mm 水泥石灰砂浆。	0.83	1.22
外墙 7	20mm 石灰砂浆；40mm 硬质岩棉板；240mm 承重多孔砖；20mm 水泥石灰砂浆。	0.88	1.27

从表 2 中可以看出，外墙 1、2 的平均传热系数值均远远大于标准中规定的限值 1.00 w/m²·k，说明目前绝大多数住宅外墙不符合节能要求。按节能要求设计的外墙 3、4、5、6、7 其平均传热系数值略大于限值，这是因为西安市属于八度抗震区，对抗震要求较高，所以构造柱、圈梁多，加之外墙的内保温构造做法，使得热桥影响显著。同时从表中还可以看出，内保温外墙平均传热系数值比主体传热系数值高许多，总体保温效果较差。

2.3 外窗的节能指标

表 3 是不同窗户类型的热工性能及其价格对比情况。其中单层钢窗是西安市 1980 年以前住宅所采用的外窗类型，其余三种是目前西安市常见的窗户类型，尤其单层塑钢窗是近十年来大多数住宅的外窗选择。从表中可以看出，单层钢窗已远远不能达到现行节能 50%标准，单层塑钢窗不能满足节能 65%的要求，单框双玻塑钢窗和中空玻璃塑钢窗均能满足节能 65%要求，尤其是中空玻璃塑钢窗，保温效果较单层塑钢窗要好得多，价格增加幅度却不大。

表 3　不同窗户类型的热工性能及其价格对比

窗户类型	空气间层（mm）	传热系数 K(W/(m²·K))	平均价格（元/m²）
单层钢窗	—	6.4	160
单层塑钢窗	—	4.7	200
单框双玻塑钢窗	12	2.7	250
中空玻璃塑钢窗	12	2.6	240

注：平均价格参考西安市目前市场报价。

2.4 围护结构的节能指标

表4是各围护结构的传热系数值与节能标准中传热系数限值的比较，它表明了西安市住宅围护结构节能状况与节能目标的差距。表中选取上述具有代表性的屋面、外墙和外窗若干个。

表4　围护结构传热系数值与节能标准中限值的比较

传热系数（限值） 围护结构		（平均）传热系数 $(K_m)K(W/(m^2·K))$	节能50% $K(W/(m^2·K))$	节能65% $K(W/(m^2·K))$
屋面	屋面1	1.01	0.80	0.50
	屋面5	0.78		
外墙	外墙1	2.24	1.00	0.80
	外墙2	2.18		
	外墙3	1.09		
外窗	单层钢窗	6.4	4.70	4.00
	单层塑钢窗	4.7		
	中空玻璃塑钢窗	2.6		

3　住宅的节能指标

文章以西安市近十年来的典型住宅为依据说明目前城市住宅的节能情况。

典型住宅1—1的基本情况：

砖混结构，7层，一字形平面，4个单元。长75.78m，宽11.64m，一般层高2.8m，顶层层高2.9m，总高19.7m。一至五层南、北向外墙为370mm厚，其余墙体为240mm厚。

南北向布置，楼梯间不采暖。阳台用塑钢窗封闭。

屋面：从下到上依此为：10mm水泥石灰砂浆抹灰；120mm预制钢筋混凝土空心板；20mm厚1:3水泥砂浆找平层；焦油聚氨酯防水涂料隔气层；40mm厚1:6水泥焦渣找坡层；30mm挤塑泡沫板保温层；20mm厚1:2.5水泥砂浆找平层；两毡三油防水层；砌115×115×300砖礅上卧铺35mm厚490×490预制钢筋混凝土架空板。

外墙：由内到外：20mm石灰砂浆粉刷；370mmKP1型承重多孔砖(240mmKP1型承重多孔砖)；20mm水泥砂浆粉刷。

外窗：采用塑钢窗

楼梯间隔墙：240厚KP1型多孔砖，两边石灰砂浆粉刷。

户门：三防门

图1为住宅1—1西头单元的平面简图。

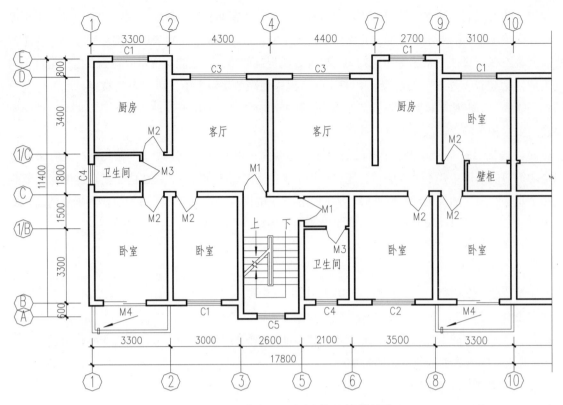

图1　住宅1—1西头单元平面简图

经计算，住宅1—1的耗热量指标和耗煤量指标分别是 21.41 W/m² 和 10.31kg/m²，它与节能标准要求的限值的比较见下表5。

表5　住宅1—1节能指标与节能标准限值的比较

项目 ＼ 节能指标	建筑物耗热量指标（W/m²）	采暖耗煤量指标（kg/m²）
住宅1—1	21.41	10.31
节能50%	20.2	9.7
节能65%	14.57	7.02

4　结论和建议

(1) 西安市1980年以前建造的住宅属非节能住宅。采暖居住建筑没有采取保温措施：围护结构单薄，门窗密闭性差，传热系数大，热损失严重。导致建筑物耗热量和耗煤量巨大，浪费惊人；室内热环境恶劣，冬天寒冷，夏天炎热，室内潮湿，结露，严重影响居民的健康。建议按照有关规定进行节能改造。同时，从近十年来绝大多数住宅的节能情况看，存在同样问题。由于对节能工作执行不利，导致目前很多"节能"住宅与现行节能标准相差甚远，建议对这些住宅加强保温措施。

(2) 西安市属于地震活动频繁地区，对抗震要求较高，住宅建筑的热桥问题显得比较突出。屋面大多是外保温结构形式，基本上不存在问题。而外墙西安市目前大多采用内保温，使热桥状况雪上加霜，外墙平均传热系数高出主体传热系数近半既是实证，所以说这是一个不容忽视的问题。建议加强热桥部位的保温措施以及寻求新的结构形式。同样，多层砖混住宅楼梯间也是抗震的薄弱环节，按抗震规范要求设置构造柱较多，热损失大，建议楼梯间采用与外墙相同的保温措施。

(3) 住宅建筑的节能设计，应根据外墙、屋面以及窗户选型综合考虑。窗户在建筑节能中占有举足轻重

的地位。随着人们生活水平的提高和建筑设计的需要，外窗面积不断增加，在这种情况下，必须提高对外窗热工性能的要求，才能真正做到住宅的节能。技术经济分析也表明，提高外窗热工性能，所需资金不多，每平方米建筑面积约10~20元，比提高外墙热工性能的资金效益高3倍以上（中国建筑业协会建筑节能专业委员会，1997）。所以采用高效保温窗不仅可以有效减轻外墙的保温负担，还能简化节能构造体系，降低节能投资。西安市有着成熟的单框双玻塑钢保温窗和中空玻璃保温窗的技术和市场，建议大力推广使用。

总体而言，我国的建筑节能是个必然的趋热，迄今为止也取得了一定成绩，尤其是在北方采暖地区。但是建筑节能的形势并不令人满意，还有许许多多的问题要研究解决，长江中下游地区的建筑节能工作还完全是个空白。随着全球气候变暖，人们生活水平的提高，对住宅热舒适性的要求越来越高，夏季空调建筑的节能问题日益突出。所以，建筑节能的任务艰巨，同时潜力也很大。

参考文献

涂逢详．建筑节能势在必行．人民日报，2004-04-07

西安市地图集编纂委员会．西安市地图集．西安地图出版社，1989-10

中国建筑业协会建筑节能专业委员会，北京市建筑节能与墙体材料革新办公室．建筑节能：怎么办？．北京：中国计划出版社，1997-10

杨善勤．民用建筑节能设计手册．北京：中国建筑工业出版社，1997

中国建筑西北设计研究院．民用建筑节能设计标准陕西省实施细则 (陕 DBJ24-8-97)．西安，1997

太阳能热水系统在低层低能耗住宅建筑中的应用研究

Application of Hot-Water-Supply System of Solar Energy in Low-Rise Dwelling of Energy Saving

朱赛鸿　方丽

ZHU Saihong and FANG Li

河北工业大学建筑与艺术设计学院

School of Architecture & Art Design, Hebei University of Technology, Tianjin

关键词：　太阳能建筑、太阳能热水系统、地板采暖、建筑节能、低能耗住宅

摘要：　针对我国北方采暖地区低层住宅建筑设计中的太阳能热利用技术进行探讨，指出利用分体式太阳能热水系统，结合低温热水地板辐射供暖技术，在充分考虑分体式太阳能集热器与建筑一体化设计和建筑节能设计的基础上，可以创作出低能耗的太阳能建筑。

Keywords: buildings operated by solar energy, hot-water-supply system operated by solar energy, underfloor-heating, energy efficiency in building, residence buildings of energy saving

Abstract: By the research of the technology about solar energy in the design of low-rise dwelling of cold region, the author points out that we can design buildings of energy saving which operated by solar energy based on the question of the design and energy saving of solar energy hot-water implement and building unit, in which we can use the technology of divide the style of hot-water-supply system of solar energy cooperated with low temperature underfloor-heating .

1　引言

当前，能源问题已经成为制约世界各国发展的主要因素之一，我国是能源消费大国，建筑能耗约占全国总用能的 1/4，居耗能首位。随着我国住宅建设量的不断增加，能源与环境问题日渐突出。一方面我国人均能源拥有量较低，另一方面以煤炭为主的不合理的能源结构以及建筑的高能耗所带来的环境破坏为可持续发展带来巨大压力。

我国的建筑能耗中，北方寒冷地区的采暖能耗占了相当大的比例。因此，建筑节能降耗以及可再生新能源的利用广泛引起人们的重视。

太阳能作为一种可再生的清洁能源，近年来其在建筑中的利用广受关注。我国属于太阳能资源丰富的国家之一，全国总面积 2/3 以上地区年日照时数大于 2000 小时，辐射总量高于 5000MJ/m²·a。北方采暖地区，大多数城乡处于太阳能资源丰富区，为太阳能建筑提供可能（表 1）。

低层住宅建筑屋顶面积、南向墙面积与室内使用面积比值较大，结合恰当的建筑体形设计和外围护结构性能设计，经测算，在太阳能资源丰富地区的晴好天气下，可以创作出完全依靠太阳能满足采暖和生活用热水的低能耗建筑甚至零能建筑。

表1　我国太阳能资源带分布情况

地区等级	年日照时数（h/a）	年辐射总量（MJ/m²·a）	包括的主要地区	国外相当地区	备注
一类	3200~3300	6680~8400	宁夏北部，甘肃北部，新疆南部，青海西部，西藏西部	印度，巴基斯坦	太阳能资源最丰富地区
二类	3000~3200	5852~6680	河北西北部，山西北部，内蒙南部，宁夏南部，甘肃中部，青海东部，西藏东南部，新疆南部	印度尼西亚的雅加达	较丰富地区
三类	2200~3000	5016~5852	山东，河南，河北东南部，山西南部，新疆北部，吉林，辽宁，云南，陕西北部，甘肃东部，广东南部	美国华盛顿	中等地区
四类	1400~2000	4180~5016	湖南，广西，江西，浙江，湖北，福建北部，广东北部，陕西南部，安徽南部	意大利的米兰	较差地区
五类	1000~1400	3344~4180	四川大部分地区，贵州	巴黎，莫斯科	最差地区

资料来源：http://www.solar_cn.com

2　太阳能低层低能耗住宅建筑设计

实现低能耗建筑的设计途径主要包括两个方面，即开源与节流。开源是指开发利用可再生新能源，节流是指提高供暖、空调系统效率和提高建筑外围护结构性能减少建筑热损失。太阳能建筑同时具备上述两个特点：首先太阳能属对环境无污染的可再生资源，其次由于太阳能的低密度也要求建筑有着较高的围护性能和恰当的体形、朝向和空间布局。

2.1　太阳能建筑的朝向和间距

太阳能建筑的朝向选择首先要在节约用地的前提下满足冬季有较多的日照，夏季避免过多的日晒和有利于自然通风降温以及照明的要求。有矛盾时，应视当地的气候条件而定，当冬季供暖是首先考虑的问题时，朝向的确定应使房屋在冬季接受较多的阳光照射和较少的冷风吹袭；而以夏季降温为主时则相反。房屋接受日照的条件包括日照时间和日照量两个方面。

研究证明，冬季太阳能辐射热在9时~15时是全天辐射热的90%左右，太阳能建筑的屋顶面和南向墙面接受了绝大部分可能接受到的太阳能辐射量，应保证充足的阳光照射，建议建筑主面朝向为南向正负30°范围。建筑之间的日照间距应保证冬至日建筑的阳光集热构件不被阴影遮挡。

2.2　太阳能建筑的平面布置

2.2.1　按温度分区

考虑太阳能属一种低密度能源，结合建筑各空间的不同使用功能，在对建筑热环境的设计当中，提出了"温度分区法"的概念，即将起居室、卧室等热舒适指标要求较高的空间布置在南面或东南面，而将厨房、卫生间、存储空间、交通空间等相对温度要求较低空间布置在北侧，且适当控制北向开窗面积，这些空间也作为主要空间的温度阻尼区。通过实际工程证明"温度分区法"的概念是科学有效的。

2.2.2 入口设计

建筑入口，特别是北向入口是冬季冷风渗入、热量损失较多的热工薄弱环节。因此设计太阳能采暖建筑时应重视入口处防风与密闭处理，尽量减少其造成的热损失。

建议在建筑物入口处加设门斗，北入口将门斗的入口方向转折 90° 转为东向，以避开冬季寒风侵入方向，避免冷风直接侵入，同时要加强密封。还应注意必须保证其有足够的宽度，使人们在进入外门之后，有足够的空间先关闭外门，然后再开启内门。

2.3 太阳能建筑的体型

以获得更多的太阳能、热损失更少为基本原则。从降低能耗角度，一定建筑平面积要尽可能减小外墙长度；从收集太阳能角度，应使南向墙面、受光物顶面与建筑其他外立面之比尽可能大，尽可能避免和减少由于南向墙面、屋顶体型变化带来的阴影。在多见的矩形平面中，一般长轴朝向东西的长方体型最好，正方形次之，长轴朝向南北的长方体型最差。坡屋顶好于平屋顶。

2.4 太阳能建筑的外围护性能、材料与构造

按照我国目前有关节能规定，目前已进入"三步节能"阶段，对住宅外围护结构的性能已做出了明确规定，设计太阳能建筑时必须遵守，并且提出更高要求。太阳能建筑对围护结构材料和构造要求，包括外墙与屋面的保温方式、材料选择、构造做法要满足热工性能指标及保证良好的保温、蓄热性能。外门窗是建筑散热的薄弱环节，一些建筑外门窗的耗热量与空气渗透耗热量之和约占建筑总耗热量的 50%以上，因此，应加强门窗节能综合研究，使朝阳窗户尽可能成为得热构件。在严寒和寒冷地区的太阳能建筑地面也应增加保温措施，以提高太阳能利用效率。

3 太阳能热水系统构成

太阳能住宅建筑的采暖和生活热水依托的是太阳能热水系统，其组成部分包括：太阳能集热器、储热器（蓄热器）、散热器、补充热源、控制和管路系统（图 1）。

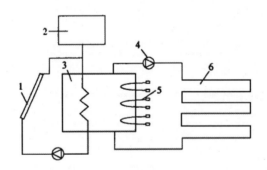

图 1　太阳能热水系统构成

1—太阳能集热器；2—膨胀水箱；3—蓄热水箱；
4—循环泵；5—电加热器；6—采暖盘管

3.1 太阳能集热器

集热器是吸收太阳辐射并向载热工质传递热量的装置，它是热水器的关键部件。目前，国内的太阳能集热器主要有平板集热器、真空管集热器。我国已成为世界上最大的热水器生产和应用国家。

3.2　储热器（蓄热器）

储热装置是储存热水并减少向周围散热的装置，一定的热水蓄热量主要满足夜间供热，使室内温度不致过大波动。储热装置的容量须通过热工计算确定。储热器的储热效果不仅取决于保温材料性能的好坏，还与装置的结构和固定连接方式有关。

3.3　散热器——低温热水地板辐射采暖

由于太阳能属低密度热能源，散热器选择的最佳形式当属低温热水地板辐射采暖。

低温热水地板辐射采暖是在搂地层内设置加热埋管形成的辐射采暖系统，使用不高于 60℃ 的热水流经埋入导管，所释放的热量使混凝土加热，从地表面散出辐射热并均匀地将热量传到室内。由于采用辐射采暖方式，室内温度均匀，梯度合理，室内温度由下而上逐渐递增，地面温度高于呼吸线温度，给人以脚暖头凉的良好感觉，能改善血液循环，促进新陈代谢，达到一定的保健作用。由于地面层及混凝土层蓄热量大，室内温度的热稳定性也非常理想。

在地板辐射采暖中，实测证明，在人体舒适范围内，实感温度比室内环境温度高 2~3℃，因此，在保持同样舒适感的前提下，地板辐射采暖时的室内设计温度，可以比对流采暖降低 2~3℃，房间热负荷相对减少，可以节省供热能耗 20%左右。

3.4　补充热源

为了保证室内温度的连续稳定，当由于气象等因素集热器供温不足时，则应启动补充热源。依据环境等条件不同，补充热源可选择电、燃气、燃油、煤等。

3.5　控制和管路系统

该系统是强制双循环管路，外循环回路是集热器与储热器之间热交换，内循环回路是储热器和散热器之间热交换。依循环工质不同选择不同管路，并进行保温处理。控制系统用来保证整个供热系统的智能化工作并通过仪表显示。

4　太阳能建筑一体化设计

太阳能建筑一体化设计，是指太阳能建筑中太阳能系统构件的各个组成部分与建筑设计的有机结合。当前我国太阳能热水产品已达到世界产量第一，而太阳能热水采暖的太阳能建筑并不多见，其主要原因之一就是一体化设计问题没有解决好。就建筑外形而言，一体化设计主要是分体式太阳能热水器的集热器与建筑的有机结合。按照接受太阳能最大的原则，建议低层住宅建筑采用坡物顶设计。集热器的安装位置主要包括屋顶、遮阳板、檐口、阳台拦板和近地面等。如图 2 所示。当然也可以结合立面设计安装在侧墙面或阳台拦板面形成的垂直集热器，充分收集更多的太阳能。

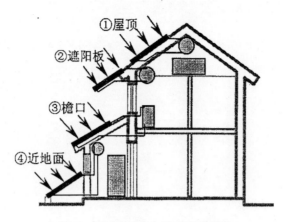

①屋顶
②遮阳板
③檐口
④近地面

图2　低层建筑热水器可安装位置

5　结语

　　针对我国北方采暖地区的住宅建筑，利用分体式太阳能热水系统，结合低温热水地板辐射供暖技术，在充分考虑分体式太阳能集热器与建筑一体化设计和建筑节能设计的基础上，可以创作出低能耗的太阳能建筑。针对低层住宅建筑，由于可安装集热器的屋顶面积与建筑供暖面积比值较大，结合恰当的建筑设计手段（包括被动太阳能技术）和光伏电池技术完全可以进行零耗能建筑的设计尝试。

参考文献

徐华东，赵云．太阳能建筑及其主要影响因素．能源工程．2003(6)

王崇杰，赵学义．论太阳能建筑一体化设计．建筑学报．2002(7)

http://www.cin.gov.cn/meeting/2000kjcx/bg01.htm（涂逢祥．21世纪初建筑节能展望）

第五届中国城市住宅研讨会论文集，中国香港，2005 年 11 月
Proceedings of the Fifth China Urban Housing Conference, H.K.S.A.R. CHINA. (November 2005)

从节能视角看建筑玻璃表皮：
夏热冬冷地区建筑玻璃表皮设计的误区及对策

From the Viewpoint of Energy Efficiency to Realize Glass Facade: the Problems and Strategies of Glass Façade Design in Hot-Summer and Cold-Winter Zone

张卫宁[1]　李保峰[2]

ZHANG Weining[1] and LI Baofeng[2]

[1] 中南财经政法大学投资系
[2] 华中科技大学建筑与城市规划学院

[1] Department of Investment, Zhongnan University of Economics and Law, Wuhan
[2] School of Architecture & Urban Planning, Huazhong University of Science and Technology, Wuhan

关键词： 建筑表皮、气候适应性、夏热冬冷地区

摘　要： 建筑本是一种遮蔽物，但随着技术的进步，它逐渐异化为"时装"。本文结合作者的调查，指出当前夏热冬冷地区建筑玻璃表皮创作中存在的误区。并结合本人的实验研究，提出"适应气候变化的建筑表皮设计"的对策。

Keywords: building skin, climate adaptability, hot-summer and cold-winter zone

Abstract: In original meaning, building is a shelter, but now it has been changed into fashionable dress. The author has found some problems in architectural design through his studies. By using his research the author shows the concept and strategies about the climate-active facade design.

1　引言

从 19 世纪伦敦水晶宫到 20 世纪 50 年代的密斯风格，伴随着玻璃工业及现代建筑运动的发展，透明的玻璃开始大手笔续写着"石头的史书"。正如格罗皮乌斯所说，"从此，一种新的建筑诞生了，容光焕发，以开放的墙面和透明的室内"。晶莹剔透的玻璃表皮带来的视觉效果和装饰美仿佛化解了建筑空间的边界，也仿佛化解了时空的距离。直至今天，无论是住宅还是公建，无论是小城镇还是大城市，从南到北出现了许多"光、薄、透"的建筑。在严寒的哈尔滨，在亚热带的广州，在夏热冬冷的武汉，到处可见"光、薄、透"的玻璃表皮。玻璃表皮或以玻璃作为构图重点的建筑形式比比皆是，几乎遍及了整个中国社会。在提高生活水平的愿望和房地产开发利益驱使下，在豪华、美观的概念下，市场上出现简单模仿国外模式的"过度视觉化建筑"，把特异的"视觉冲击"作为追求目标，很多建筑扩大玻璃墙面积，忽视自然通风及能耗节制，造成使用者的高成本负担。事实上，这些玻璃表皮建筑虽与欧洲新建筑"神似"，但却普遍缺乏相应技术支撑，忽视地区气候条件，不仅为使用者带来不适，且导致能耗激增。（Schittich 等，1999）

2　夏热冬冷地区建筑玻璃表皮的误区

2.1　美丽的代价：能耗增加

科学技术的飞速进步使得建筑越来越变得如同美丽的"时装"，任由建筑师"自由创造"，任由甲方"凭喜好选择"。市场上出现简单模仿西方的"过度视觉化建筑"，把特异的"视觉冲击"作为追求目标，窗户的"美化"成为重要卖点。很多建筑不分地域地盲目扩大玻璃窗面积，夏热冬冷地区的住宅也紧跟"时代步伐"，视野开阔的外飘窗、超大面积的落地窗已经成为大多数住宅的共同设计元素。

我们对武汉、南京、上海、杭州、合肥、长沙及重庆的调查[1]发现，目前夏热冬冷地区大部分已建成住宅的窗户以5mm单层玻璃为主，窗框以非断桥铝合金框为主[2]，这种窗户既不能满足夏季防热的要求，也没有考虑冬季保温的要求。而夏热冬冷地区气候特殊，是世界上相同纬度下气候条件较差的地区。其显著特点是夏热冬冷。调查显示，武汉住宅7、8月份的用电量比5、6月份高出80%，比全年平均用电量高出了45.7%[3]。就我国目前典型的维护构件而言，门窗的能耗约为墙体的4倍、屋面的5倍、地面的20多倍，约占建筑维护部件总能耗的40%~50%[4]。

由于玻璃的传热系数远远大于墙体，再加上玻璃"透短阻长"的特点，即使窗户在建筑表皮中所占的比例不大，但通过窗户损失的采暖及制冷能耗却可能大大超过墙体和屋顶。虽然住宅的窗户只占外维护结构面积的六分之一左右，但由其导致的能耗却占建筑采暖制冷能耗的40%[5]，而且夏季通过玻璃窗的得热量占整个建筑维护结构得热量的40%以上[6]，显然，窗户是建筑保温隔热的最薄弱环节。按照目前建设速度，中国每年需要窗户5亿平方米[7]，其存在隐患及节能潜力可见一斑。在经济迅速发展的今天，随着空调和暖气设备的普及，室内的"夏热冬冷"问题逐渐得以解决，但随之衍生出的住宅能耗问题、环境污染问题以及城市热岛问题却日益突出。

与此同时，表现"光、薄、透"的玻璃幕墙成为公共建筑表皮的主要形式，夏热冬冷地区有的甚至还出现了墙面、屋顶一体化的全玻璃建筑。而选择这种建筑玻璃表皮的同时却未能同步地采用相应的技术，其结果必然是以更大的能耗为代价。

2.2　玻璃的悖论：难以两全

功能、空间这些建筑的非物质要素，归根结底都依赖于材料这种物质要素得以实现。遵从材料的特性是建筑设计的一个本源问题，"因为，不管我们将建筑看作何种艺术的创造，它最基本最本源的考虑是满足特定材料的需要，并提供遮蔽以保护人类免受气候、自然环境和其他敌对力量的侵袭。既然我们只有通过将自然赋予我们的材料组织成坚固的结构才能获得这样的保护，那么我们就只有牢牢遵循结构和物理法则[8]。"尽管科技进步不断地改善着玻璃的性能，几十年来新型玻璃层出不穷，但面对夏热冬冷特殊的气候条件，任何玻璃都显得顾此失彼，难以两全。

---

[1]　2003年12月我们用email给南京、上海、杭州、合肥、长沙及重庆等地的建筑师发送"夏热冬冷地区建筑表皮用材调查表"，共收到相关数据60份

[2]　上述统计的结果为：5mm半板玻璃占窗坡璃的43.1%，非断桥铝合金占窗框的67.6%

[3]　根据华中科技大学水电中心提供的用电数据，取100户居民的平均值进行逐月比较绘制而成

[4]　付祥钊. 夏热冬冷地区建筑节能技术. 第一版. 北京：中国建筑工业出版社，2002-10：124

[5]　石民详. 建筑外窗的设计开放选用概要，建筑节能窗技术，中国建筑工业出版社，2003：47

[6]　李汉章. 武汉节能住宅发展研究. 全国建筑节能应用技术研讨会论文集. 武汉. 2003-11：195

[7]　行业动态Focus. 中国建筑装饰装修，2004-01：18

[8]　Christian Schittich (2001). *Building Skins*, Basel, Boston, Berlin: Birkhauser. p. 29

2.2.1 平版及浮法玻璃

平版及浮法玻璃对各类光谱的反射率几乎相同，得热、散热均快；浮法玻璃对1000nm波长热辐射的反射率略高，但对可见光的通透率也很高，这种"透短"的特性对冬冷地区冬季获取阳光有利，但其"阻长"能力只是相对"透短"而言的，冬季白天在阳光的持续加温下，尚可保证室内的增温，但在冬季夜晚，没了室外热源，能量"只出不进"，耗能是必然的；而"透短阻长"特性导致热量"只进不出"，对夏热地区夏季防热又是极为不利的。

2.2.2 彩色玻璃

彩色玻璃对阳光辐射产生较大的遮挡，这种遮挡本质上是一种对辐射的吸收，而被玻璃吸收的热量最终仍会分别向室内、室外传递，而并非将热量挡在了室外。另外，其过低的日光通过系数在冬季并不利于被动式太阳能利用，而过低的可见光通过率也会影响正常的使用[1]。透过彩色玻璃进入室内的光线具有明显的色彩倾向，这种"不自然"的光线也不利于人们的正常工作及生活。

2.2.3 热反射玻璃

热反射玻璃对可见光和长波辐射均有较佳反射，因而有利于防止夏季室内过热，在上世纪中期开展研究功之后，曾成为高层建筑玻璃幕墙的主要材料。直到20世纪后半叶，光污染及能耗问题日益突出，"光亮派"建筑逐渐退出历史舞台。除光污染之外，热反射玻璃对可见光的阻挡过大，势必增加室内人工照明能耗，而人工照明又会在室内继续产生热量，导致新的空调能耗。此外，在冬季，热反射玻璃因其g值太低，不利于太阳能的被动式利用[2]。

2.2.4 中空（或真空、惰性气体）玻璃

有资料显示，中空（或真空、惰性气体）玻璃的传热系数已经可以降低到$1w/m^2 \cdot k$之下，[3]这意味着在冬季，新型中空（或真空、惰性气体）玻璃可以有效地防止因室内外温差而导致的、以传导（convection）方式实现的热量外溢，因此，从保温的角度来看，这种玻璃适用于寒冷和严寒地区。但在夏季，通过玻璃窗进入室内的热量，包括室内外温差得热和太阳辐射得热两部分，而辐射得热是其主要部分：当窗墙面积比是0.327时，普通铝合金窗太阳辐射得热是温差传热得热的3.1倍[4]。按照重庆市建委董子忠博士的研究，南向及西向窗在夏季辐射得热量远大于温差得热量[5]。由于短波辐射对于玻璃的易通过特性，降低玻璃的K值虽能略为降低其g值及t值，但因为太阳辐射值在冬夏具有较大差别[6]，中空（或真空、惰性气体）玻璃在冬季对被动式太阳能采暖反而产生一定的负面影响，而在夏季又不能有效地阻挡太阳辐射的进入，由于玻璃"透短阻长"的特性，它反而会导致室内温度的持续升高。

2.2.5 低辐射玻璃（Low-E）

低辐射玻璃（Low-E）是利用真空沉积技术在玻璃表面沉积一层低辐射涂层，一般由若干金属或金

---

[1] 以上海耀华皮尔金顿玻璃股份有限公司产品为例：5mm绿色本体着色玻璃的可见光透过率为77%，阳光辐射透过率仅为54%，遮阳系数为76%。这意味着夏季一定有室内过热的问题，而冬季则太阳能利用不佳。详皮尔金顿产品说明书

[2] 以深圳南玻集团建筑玻璃为例：蓝色透明的CBJ106S热反射玻璃的遮阳系数为33%，显然具有较好的遮阳效果，但其可见光透射比仅为7，太阳能透射比仅为11，势必增加人工采光能耗，也不利于冬季太阳能的利用。详南玻集团2002年产品说明书

[3] Cristian Schittich (2001). *Building skins*, Birkhäuser, Basel, Boston, Berlin, p. 32

[4] 黄夏东，赵士怀. 夏热冬暖地区外窗对建筑节能影响的分析. 全国节能窗研讨会论文集. 成都，2002-09: 165

[5] 董子忠. 炎热地区夏季窗户的热过程. 节能窗技术. 中国建筑工业出版社，北京，2003: 89-90

[6] EMPA Akademie (2000). "Die Gebäudehülle", *Fraunhofer IRB Verlag*, p. 61

属氧化物薄层和衬底层组成。一个物体的辐射能与黑体的辐射能之比值被称为"发射率"，发射率越高，意味着该物体得到和损失的能量越大[1]。虽然浮法玻璃对 1000nm 左右波长范围的红外辐射具有一定的阻挡作用（产生温室效应的原因），但因其具有较高的发射率（Emissive 0.85）[2]，因而在冬季的夜晚，玻璃窗仍是散失热量的最主要部位。普通玻璃的长波热辐射发射率约为 0.8 左右，LOW-E 玻璃长波热辐射发射率最低可达到 0.04，对长波热辐射光谱有很强的反射作用。这种某些金属碱性氧化物涂层具有类似二极管的单向导电性，可以抑止物体表面的发射率，在少降低可见光及太阳能透过率的前提下对涂层所在一侧的长波辐射形成有效的阻挡[3]，依此原理，人们用"真空磁控溅射法"在玻璃表面镀上一层或多层含银的薄膜，便可以实现单向传输的目标。这种"单向传输"特性对寒冷地区的建筑在冬季白天利用太阳能和晚上室内保温有利；但对在夏季和冬季具有全然不同要求的夏热冬冷地区则存在不可调和的矛盾。

Low-E 玻璃可调整制造工艺制造出各种不同光学性能的产品，如对太阳光有不同透过率的高透过 Low-E 玻璃、低透过 Low-E 玻璃等。生产厂商向中、低纬度地区推荐的 CEB 系列，（厂家称之为"遮阳系列"）可见光透过率最高的（CEB13）仅为 57，太阳能透过率最高的（CEB13）仅为 37，这意味着在该地区，夏季略有遮阳效果，但却严重降低了自然采光水准且不利于该地区冬季太阳能利用[4]。表 4-4-1 为普通保温玻璃与 Low-E 玻璃的 K 值、g 值及 τvis 值的对比，可以看出，Low-E 玻璃的 K 值明显较普通保温玻璃为低，但其太阳能总能量透过率及可见光透过率也明显降低。事实上，"高透型"Low-E 玻璃有利于建筑冬季的保温和被动式太阳能利用，但却与夏季的目标相悖；"遮阳型"Low-E 玻璃以牺牲室内采光质量为代价换得少量的"遮阳效果"，同时还白白浪费了冬季利用太阳能的潜力。此外，Low-E 膜必须以封入中空玻璃（第二面或第三面）的形式使用，而潮湿的环境对于中空玻璃是一种不佳的使用条件，但偏偏夏热冬冷地区城市的相对湿度往往也很高。

2.2.6　热致变色玻璃（Thermotropic glass）

热致变色玻璃（Thermotropic glass）会在温度达到某一临界值时可以自动降低其可见光通过率，这种特性当然有利于夏日防热，但它在防止热量进入的同时也严重降低了室内照度[5]，并因此增加了人工照明能耗，而人工照明在室内产生的热量往往又会增加空调负荷——孩子与洗澡水一起泼，显然不是两全的办法。

2.2.7　光致变色玻璃（Photochromic glass）

对可见光的阻挡效果明显，但对长波辐射的阻挡作用却有限[6]。虽然太阳辐射的最大强度（峰值）位于可见光的波长范围，但半数以上的能量是以红外辐射的方式放射出来的。[7]光致变色玻璃挡住了光却"放"入了热，这意味着会导致室内的更暗和更热，光线不足则需要开灯，开灯还会继续增热——泼掉了孩子却留下了洗澡水！抛开价格不谈，至少这种玻璃对于一般夏热冬冷地区的民用建筑是缺乏现实意义的。

---

[1]　（英）Randall Memullan．建筑环境学．张振南译．北京：机械工业出版社，2003-01，p.37

[2]　Schittich et al. (1999). *Glass construction manual*, Birkhäuser, p.115

[3]　深圳南玻集团 2002 年产品说明书，6

[4]　深圳南玻集团 2002 年产品说明书，27．上海耀华皮尔金顿玻璃股份有限公司产品也同样具有"顾此失彼，难以两全"的特点

[5]　Andrea Compagno, *Intelligent Glass Fasades*, Birkhäuser, p. 105

[6]　Andrea Compagno, *Intelligent Glass Fasades*, Birkhäuser, p. 41

[7]　B·吉沃尼．人·气候·建筑．陈士驎译中国建筑工业出版社．北京，1978：2

2.2.8 高可见光选择性玻璃

可以允许较多的可见光通过，而又同时限制其他光谱范围的辐射通过，这种特性在夏热地区是有一定积极意义的，但这并不意味着能够完全解决室内过热问题。首先，人们视觉上需要的可见光（即380-780nm范围的辐射）在夏季同样可以产生身体上的"热不舒适"，因此，其"透光限热"的优点具有相对性；其次，对于冬冷地区，"高可见光选择性玻璃"限制长波辐射的进入，白白放弃了冬季白天充分利用太阳能的可能性。结合夏热冬冷地区而言，这种玻璃在夏天并未完全解决室内过热问题，在冬季却又降低了太阳能的利用率。

2.3 概念的混淆：头痛医脚

2.3.1 烟囱效应 vs 温室效应

"温室效应"是指玻璃的"透短阻长"特性导致的室内持续增热现象，它可以被用来实现建筑的被动式采暖；而"烟囱效应"则是指空气受热膨胀变轻，产生向上的浮力，这种空气的上升会导致下部进口处形成负压从而导致室内气流的运动，"烟囱效应"可以被用来实现建筑的被动式降温。这两者都是为建筑师熟悉的被动式太阳能利用策略，两者均基于太阳与玻璃的特性，但作用恰好相反。当两者同时运用于同一建筑空间时，若不做定量研究，往往出现"从量变到质变的飞跃"，并最终以一个概念否定另一个概念。其结果很可能是"概念正确，效果不佳"。

很难设想中医开药方时只写草药名称而不标注剂量。若药名正确而剂量随意，轻则无效，重则有害。但建筑师却常常干这种"只给药名不注剂量"的事，这样的设计不过是"概念设计"而已。中国的建筑设计由于多种原因较为"粗放"，建筑师往往习惯于使用概念而不擅长量化研究，却又不请相关专家做科学化咨询，这种工作模式为生态建筑的失败埋下了伏笔。

2.3.2 "风的通透"vs"光的通透"

"风的通透"和"光的通透"，这两种通透具有完全不同的物理意义。一般认为，南方炎热，因而南方建筑应该具有通透的形态——这是指"风的通透"，但往往建筑师用大玻璃将其做成了"光的通透"，"光的通透"不仅无助于解决南方地区夏季过热的问题，反而会因"温室效应"而增加了建筑室内的过热。很多人认为，北方寒冷，因而其建筑不能太"通透"，这本是要防止"风的通透"，但若一味限制窗墙比，往往却阻碍了"光的通透"，而对于北方建筑的南向，"光的通透"本是被动式利用太阳能的好机会。

对于夏热冬冷地区的冬季，白天需要光的通透，而夏季晚上又需要风的通透，但据我们调查，目前该地区建筑师对其考虑甚少，大量建筑玻璃表皮只考虑了"光的通透"，而忽略了"风的通透"。

2.3.3 主动的"堵"vs被动的"防"

传统的节能观念侧重于被动式的防，主要技术目标是对于冬季室内热量外逸的"隔"和夏季室外热量进入的"堵"。在建筑玻璃表皮设计中仅仅强调保温概念，但这种"保温瓶"式的被动设计，外面的热、冷进不来，与此同时，里面的冷、热也出不去，少了冷热交换，缺了建筑与外界的互动，使建筑成为一个孤立体。更重要的是只考虑被动的"堵"，却忽视了在冬季对太阳能的积极利用和在夏季对强烈阳光主动的防。通过对比我国西北地区、夏热冬冷地区以及欧洲和北美的一些典型城市在冬季的平均日照时数和日照百分率[1]，可以发现，"中国夏热冬冷地区太阳能资源水平高于欧洲，与北美接近"的结

---

[1] 涂逢祥，王美君．中国的气候与建筑节能．暖通空调，1996(4): p11-14．以及全球气候标准值数据库 202.106.103.210/htdocs/21-quanqiuqihou2003.htm 中收集到的数据进行筛选取平均值然后再列表进行比较

论。这意味着，在我国夏热冬冷地区存在"被动式太阳能利用"的可能性。因而，在该地区应用被动式太阳能是有潜力的。对夏热冬冷地区"夏热"、"冬冷"这对不可调和的矛盾，既要在夏季减少太阳的照射量，又要在冬季充分利用太阳的照射，实现太阳能的被动式利用。所以在夏热冬冷地区应在不同季节采取充分利用阳光或有效减少阳光的积极主动的"堵"，而不应是被动的"防"。

可是在夏热冬冷地区，本人曾参与 2002 年在武汉组织的调查，其结果令人惊异[1]：调查的 100 栋住宅中没有一栋设有遮阳措施，相当多用户只能自己采用各种临时遮阳措施；接受调查的武汉市各大设计院的建筑师中，针对"夏热冬冷地区建筑防热及隔热措施"的提问，只有23%的人提到遮阳，可见在相当一部分建筑师的视野中存在着明显的盲点。

3　夏热冬冷地区建筑玻璃表皮的设计策略

现代建筑的潮流是开放与交流，即追求开放的空间与开阔的视野。受此潮流的影响，玻璃表皮在现代建筑上得到了越来越多的应用。玻璃表皮的使用有其优越性：自然光大量均匀进入建筑内部实现更好的照明，室外景观有更好的视线，与周边环境有更好的协调。但是玻璃表皮的使用也有其局限性：如建筑物内部的温室效应；强烈日照形成眩光源造成视觉不适；在冬季，人们需要享受阳光，希望尽可能将室外光能导入室内，而在夏季，隔热降低空调负荷则成为建筑设计的主导思想。建筑表皮是提供气候防护的主要系统，夏热冬冷地区极端的气候条件对建筑玻璃表皮提出了特殊的要求，而面对诸多不尽相同（甚至决然相反）的要求，任何单一的措施都显得"顾此失彼、难以两全"。根据我们足尺模型的露天实验研究（**定量**），以及双层皮玻璃幕墙技术发展总结、案例分析和现状思考（**定性**），我们得出夏热冬冷地区建筑玻璃表皮的设计策略：积极适应气候特点，建立可调节与可变化的系统。因为对于今天的建筑师真正要做的是正视消费文化和图像泛滥的现状，以机智的策略加以转化，并积极地寻求反映这一现状的建筑表达。对于夏热冬冷地区的建筑玻璃表皮应该建构双层皮玻璃幕墙的设计策略。这里应强调双层皮玻璃幕墙对气候要素的利用是建立在对表皮技术手段——材料手段、构造手段和控制手段三个层次的运用的基础之上。其关注重点在三个方面：

首先，是适宜的幕墙技术类型——以从整体上保证和优化了建筑系统运作的平衡。

其次，是合理的双层皮玻璃幕墙构造体系设计——为建筑设计提供了众多可能性。

最后，是实用的建筑材料和技术设备系统——以达到生态节能设计目标的基础。

由传统建筑玻璃单层表皮到今天的建构双层皮玻璃幕墙的设计策略，它是人类面临生态危机情况下做出的气候适应性的一种新反应与探索。优秀的建筑师应该用他们独特的设计构思，丰富大胆的想像，赋予建筑表皮以生命力，使其与建筑内部结构融为一体。在倡导节约能源，保护环境的可持续发展的思想的指引下，建筑的生态型表皮设计必然会拥有更加广阔的发展前景。

参考文献

Cristian Schittich (2001). *Building skins*, Birkhäuser, Basel, Boston, Berlin

Schittich et al. (1999). *Glass construction manual*, birkhäuser

Peter F. Smith (2001). *Architecture in a climate of change*, Architecture Press

注：本文受国家自然科学基金资助（批准号：50278038）。

---

[1]　2002 年笔者对中南建筑设计院、武汉市建筑设计院、武汉轻工建筑设计院、华中科技大学建筑设计研究院等在汉大、中规模甲级建筑设计院不同年龄层次和学历层次的 100 名注册建筑师就"夏热冬冷地区建筑设计策略"问题进行问卷调查，发现许多盲点

第五届中国城市住宅研讨会论文集，中国香港，2005 年 11 月
Proceedings of the Fifth China Urban Housing Conference, H.K.S.A.R. CHINA. (November 2005)

我国既有建筑节能改造的方法初探

张辉　区振勇
ZHANG Hui and Eric OU

中国建筑科学研究院
China Academy of Building Reserch, Beijing

关键词：　既有建筑、节能改造

摘　要：　我国社会经济迅速发展的今天，节约能源已是事关国家发展战略的大事，也是建设事业可持续发展的必然之路。其中建筑节能在社会经济中扮演着越来越重要的角色，它直接影响到到社会经济的发展和人们的生活质量的提高。尽管近年新建建筑发展速度很快，但真正的建筑耗能大户是既有建筑，其节能改造是建筑节能工作的重中之重。本文从建筑节能改造的角度出发，着重阐述我国在既有建筑节能改造上的现状以及存在的种种问题，并提出建筑节能改造的方法。

Keywords: existing buildings, energy efficiency renewal

Abstract:　With the high development of econamy, energy saving become the important element of the society and economys' sustainablity.Although new buildings are built quickly ,the most energy consumption is the existing building, which has an ascendancy of quantity. According to this,building energy efficiency renewal will be the most important work. Based on the analysis of the building renewal, this paper gives an introduction to the current develpoment and problem of renewal in our country and brings forward the feasibility and method of architecture renewal.

1　建筑节能改造工作的背景

去年中央经济工作会议上，胡锦涛同志指出：要大力发展节能省地型住宅，全面推广节能技术，制定并强制执行节能、节材、节水标准。温家宝同志也指出大力抓好能源、资源节约，加快发展循环经济，要充分认识节约能源、资源的重要性和紧迫性，增强危机感和责任感。在今年五月底，建设部下发了《关于发展节能省地型住宅和公共建筑的指导意见》，对于既有建筑节能改造的总体目标有以下详尽的表述：到 2010 年，既有建筑节能改造逐步开展，大城市完成应改造面积的 25%，中等城市完成 15%，小城市完成 10%；到 2020 年，绝大部分既有建筑完成节能改造；同时，建设部近期还出台了若干有关节能工作的文件，初步建立了一套节能的方法，并初见成效。但是，我们的建筑节能改造任务仍相当重，如何科学合理地落实工作并付之行动，将关系到整个总体目标的实现。

2　建筑节能改造的现实意义

经济发展是以能源消费为基础的，经济越是发展，能源消费就越多。党的十六大提出了全面建设小康社会的目标要求，要在优化结构和提高效益的基础上，使国内生产总值到 2020 年力争比 2000 年翻两番。要实现这个目标，未来 20 年间的国内生产总值年均增长不应低于 7.2%，相应地必须有可靠的能源供应作基础。但是，我国能源消费量巨大，是世界第二大能源消费国，统计显示，2003 年，全国缺电省份达 19 个，出现了 1996 年来首次大范围的电力短缺现象。2004 年，缺电情况加重，缺电省份增加到 24 个，最大的电力缺口达到 3000 万千瓦。在缺电的情况下，煤炭供不应求，价格一路上涨。中国石

油、电力、煤炭、天然气等基础性能源供应全面告急，这从侧面反映了我国能源现状不容乐观。尤其是目前迅猛发展的建筑业，每年建成的房屋面积高达 16 亿~20 亿平方米，建筑能耗正持续迅速增长。从广义上统计，建筑能耗已逼近我国能源总消耗量 30%，因此，建筑节能成为社会和经济能否可持续发展的重要因素。对于新建建筑，国家正逐步加大监督管理力度，强制进行节能设计，在施工图审查工作中增加节能设计部分。同时，经过近 20 年的研究实践，新建建筑已形成一批相对成熟的技术，相信未来的建设中，新建建筑的能耗将得到有效的控制，达到节能标准。但是，真正的建筑耗能大户是既有建筑，且 95%为高耗能建筑，单位建筑面积能耗为相同气候条件发达国家建筑的 2~3 倍，其节能改造是建筑节能工作的重中之重。只有既有建筑节能改造取得成效，全国建筑能耗才能大幅度降下来。对新建建筑全面强制实施建筑节能设计标准，对既有建筑有步骤地推行节能改造，到 2020 年，我国建筑能耗可减少 3.35 亿吨标准煤，空调高峰负荷可减少约 8000 万千瓦时（大约接近 4.5 个三峡电站的满负荷出力，相应每年国家可以减少电力建设投资约 10000 亿元），由此造成的能源紧张状况将大为缓解。

3 既有建筑的特点及改造工作的难点

3.1 既有建筑的现状及特点

3.1.1 数量大

迄今为止，我国既有建筑存有量近 400 亿平方米，其中城市建筑总面积约为 138 亿平方米左右，而节能建筑仅有 3.2 亿平方米，95%以上是高能耗建筑。可见改造任务相当艰巨，也反映了节能改造市场还是相当大的。

3.1.2 效率低

这些既有建筑建设时就没有考虑节能设计，普遍存在耗能大、能效低、围护结构的保温隔热性能差等问题，并具有夏季空调用电量大、冬季采暖能耗高的特点。与相同气候条件的发达国家相比，外墙和窗户的热导系数为发达国家的 3~4 倍，外墙的单位建筑面积耗能要高 4~5 倍，门窗空气渗透率要高出 3~6 倍，对社会已造成了沉重的能源负担和严重的环境污染，已成为制约我国可持续发展的突出问题。应该看到，我国既有建筑改造的潜力还是相当大的，实现 50%的节能目标还是很乐观的。

3.1.3 种类多

我国的既有建筑种类繁多，涵盖不同建设年代，不同气候条件，不同使用功能，不同建筑规模，不同结构形式，均需分别对待，只有相对的大原则可以遵循，没有绝对的公式和办法可以套用。但是可以通过区域规划调研，排除无改造价值的建筑，对可改造部分做出分类，对节能改造潜力大的建筑（主要是大型公建）优先考虑改造，这样一方面以提高节能改造的效率，早见成效，另一方面可以作为示范工程为后续改造工作打开局面。

3.2 建筑节能改造遇到的难题

3.2.1 人们的道德观和价值取向

对既有建筑的改造造成影响的，首当其冲是被改造建筑的业主和用户。如何说服业主、用户接受建筑节能改造的必要性和紧迫性，继而配合节能改造，是节能改造工作顺利实施的前提。这中间涉及多方面的因素，包括资金的投入，回报率，使用者的临时安顿等。

3.2.2 资金投入问题

据测算，如果对既有的住宅进行技术改造，单是对围护结构节能改造，成本约 80~100 元／m²，若对北方地区城镇既有住宅进行节能改造，总投资约需要 4000 亿元。若分为 5~10 年改造，每年需要 600 亿元左右。何况要达到 50%的节能目标，单靠围护结构节能改造还远远不够。实际上，经过节能改造的建筑舒适性将会得到相应的提高，并在日后的使用中通过能耗的节约，在 5~8 年内收回成本。

3.2.3 既有建筑改造至今仍然缺乏相关技术规范的指导以及相关地方的法律法规的支持

今年，新建建筑分步骤普遍实施节能率为 50%的《民用建筑节能设计标准（采暖居住建筑部分）》（JGJ26-1995）、《夏热冬冷地区居住建筑节能设计标准》（JGJ134-2001）、《夏热冬暖地区居住建筑节能设计标准》（JGJ75-2003）、《公共建筑节能设计标准》以及《建筑照明节能标准》等规范标准，以大中城市为先导，逐步生效，强制实施，到 2010 年前全国各大中小城市及城镇实施上述标准将全面到位。相对而言，既有建筑改造的相应法律法规还比较缺乏，只有《既有采暖居住建筑节能改造技术规程》（JGJ129-2000），改造工作主要参照上述新建建筑的节能规范来开展。法律法规方面，虽然我国已经出台了《中华人民共和国节约能源法》，并对建筑物节能设计与建造做了明确规定，但作为政府指导性法规，需要地方政府结合当地实际情况配合出台更深入具体的法律法规；而建设部颁发的《民用建筑节能管理规定》作为部门规章约束力尚有待加强。

3.2.4 缺乏完善的建筑节能改造评估体系及相应机构

前面提到，我国既有建筑种类繁多，不可能找到绝对的公式和办法可以套用。必须建立一个独立的专业机构及一套完善的评估体系，对既有建筑进行分类，评估，区别对待，并为设计院能设计出合理，合适的节能改造方案提供必要的建议。芬兰政府从 20 世纪 70 年代初到 1998 年就实施了一个叫做"能源评估"的计划，对积极采用节能技术与产品的消费者实行低息贷款和部分资助。首先由业主申请要求进行节能改造，与政府签订合作协议，由政府派专家上门访问调查，利用"能源评估体系"软件对建筑物的能耗进行评估分析，找出高耗能的原因，为业主提出节能改造的具体建议。由此可见，开展节能改造设计之前，一个完善的建筑节能改造评估体系及专业部门是十分必要的，我们应该参考他们的工作流程，把前期评估工作重视起来。只有建立完善的评估机构和评估体系，才能保证节能改造工作正确、高效、有针对性的开展，才能保证节能改造工作以合理的投入收到满意的效果，才能保证节能改造工作的目标完满实现。

4 既有建筑节能改造的工作内容

我国既有建筑普遍存在耗能大、能效低、围护结构的保温隔热性能差等问题，并具有夏季空调用电量大，冬季采暖能耗高的弱点。因此，我们的节能工作应该围绕上述弱点开展改造。

4.1 从区域节能改造的角度考虑，采取措施改善区域内建筑周围的"小环境"

热岛效应使区域内的温度升高，大大加剧了空调的负荷，造成能源的浪费。如果能通过一定的改造措施有效缓解热岛效应，降低区域温度，则可以达到高效的节能效果。具体措施包括：
(1) 区域改造时，应考虑合理布局城市建筑物，适当取舍，改善区域风环境。考虑地面常年主导风向，设置一定长、宽的风道，引风入城，力求增大气流通量，排出区域内的热量。
(2) 提高区域内的绿地覆盖率，注意绿地的合理分布和植物配置。
(3) 改进排水系统的透水性能，保证水在区域环境内的渗透、保存。

(4) 设置建筑屋顶绿化。

4.2 单体建筑外围护结构的保温隔热性能改造

既有建筑的外围护结构的保温隔热性能和相同气候的发达国家比较，落后很多，我们完全有能力通过改造，达到相对高效的节能性能。具体措施包括：

4.2.1 以改造外墙、门窗、楼梯间、屋顶等围护结构的保温隔热为重点，整体提高建筑的外围护结构热工性能

外墙、楼梯间、隔墙的节能改造，相对于内墙改造对建筑使用者的影响小，效果显著，应结合实际情况优先考虑。更换节能门窗也是提高建筑外围护结构热工性能的有效措施。门窗在围护结构中是耗能较高的部分，既有建筑相当一部分安装的是传统的钢窗，热桥严重，气密性差，更换节能门窗，能极大地提高外围护结构的热工性能，减少空气渗透率。如果采用外墙外保温隔热改造的，门窗的位置应尽量接近外墙，在做外墙节能改造的同时，不改动原有门窗的前提下，安装新的节能门窗，最后再拆除旧的门窗，以减少在改造过程中对建筑用户的影响。

4.2.2 结合立面改造，设置隔热、保温设施

遮阳设施能够确保冬季最大限度地采集有用热能的同时避免夏季过量的阳光，从而有效减少夏季空调的负荷，达到节能的目标。在冬天和气候温和的季节，采集阳光有助于抵消损失的热量，但在夏天，避免采集多余的热量也同样重要；特别是在需要进行人工制冷的时候，更是如此。解决问题的办法有两个：安装遮阳装置，或者使用能控制太阳能采集的玻璃，如反光玻璃和Low-E玻璃。

4.2.3 提高用能效率的节能改造

首要的是提高采暖用能效率。我国北方城市集中供热主要以燃煤锅炉为主，供热采暖综合效率偏低，从锅炉房到建筑物间含制热和配送的综合热效率约为45%~70%，而输送过程中的热损失在8%~15%以上，远低于发达国家的80%的水平。供热采暖系统应在建筑节能政策的带动下，全面赶上国际先进水平。比如以钢制散热器来替代铸铁散热器，并促进热源、输送系统等全面技术创新。还有其他耗能设备的节能改造，可通过更换节能，节水产品来实现。

4.2.4 因地制宜，结合当地具体情况发掘其他可利用的可再生能源，包括太阳能、风能、地热能等

可再生能源是目前最理想的能源供应形式，无污染，永不衰竭。我国可再生能源储量大，分布广，各地方可以因地制宜，结合建筑节能改造的契机开发利用可再生资源。我国太阳能资源丰富，总面积2/3以上地区年日照时数大于2000小时，可以大力推广使用太阳能。个别地区还有其他丰富的可再生资源可供利用，例如，在我国西南水力资源丰富的地区发展小水电，在西北、内蒙古等具备建设风电场的区域发展风电，在西藏重点开发地热能，等等。

5 既有建筑节能改造的若干建议

节能工作是社会经济发展到一定历史阶段的产物，受我国社会经济政策及建设方针的制约，因此，节能工作落后于其他国家是可以理解的，但要有紧迫性，并有条不紊地开展相关工作。

5.1 完善国家建筑节能改造方面的法律法规及技术规范

无规不成圆。推进建筑节能改造工作只有有法可依，才能有效地向前发展。由于能源形势相当严峻，节能改造工作已经关系到国家的社会、经济能否可持续发展。温家宝和曾培炎同志就多次指出，建筑节能不仅是经济问题，而且是重要的战略问题。不切实实行，必定造成未来能源严重紧张的局面，导致社会的不稳定。因此，必须由国家力量来强制实施。建议有关部门加大力度，制订和完善既有建筑节能改造方面的管理条例及相关法规，协调和明确有关各部门的责任、义务，使既有建筑的节能改造工作能够纳入法制化轨道，全面开展起来。同时，还要加快对一些阻碍节能改造的政策进行改革，主要指城镇供热收费体制改革，停止福利供热，实行供热商品化，采暖货币化。我国现行城镇供热体制中，"热"是作为一种福利的形态存在的，因而造成用户不会像用电一样节约用"热"；同时，现行供热系统终端缺乏供热计量和温控设施，无法反映用户实际用热情况，用户也就不会主动采取措施，节约用热了。通过供热收费体制改革，使供热商品化，有利于人们对采暖造成的能源消耗有一个货币化的认识，更快地建立起对采暖部分的节能意识，并能通过新老建筑的采暖能耗对比，更主动、积极地支持和参与节能改造。最后，还要完善相关的技术规范，指导设计院的改造方案设计，并为相关部门的施工图审查提供依据。以上工作，相关部门已经在局部地区开展起来了，相信在不久的将来就会得到加强和完善，推向全国。

5.2 完善的建筑节能改造评估体系及相关部门、企业

既有建筑的节能改造评估工作，能为设计院设计合理的改造方案提供有力的依据。但如何开展呢？节能改造评估体系和相关部门就像软件和硬件的关系，必须紧密结合，缺一不可。有关部门可以组织专家，参考国外已经完善成熟的评估体系和标准，根据我国的国情和现阶段节能改造的任务和目标，尽快建立起本国的评估体系。同时，在有章可循以后，还要着手建立相关的评估专业部门。考虑到我国的既有建筑改造量比较大，类型多，是不能简单地借鉴国外的经验，仅依靠政府部门来完成此项工作。建议政府部门鼓励民间团体，专业院校以及私人企业（包括设计院）参与到节能改造的评估工作中，甚至建立专业的咨询评估公司，进行既有建筑节能改造的评估工作，政府本身仅承担监督和调控职能。这样，就可以使节能改造的前期评估工作从点到面全面的开展起来，使节能改造工作更好地落实到具体行动当中。

5.3 建立中央财政预算建筑节能政府基金，制定经济鼓励政策

既有建筑的节能改造难点之一是庞大的改造费用到底由谁来买单。我国建筑节能改造尚处于起步阶段，单纯依靠建筑业主、用户的自发行为是无法实现建筑节能目标的。为调动用户、建筑所有者的积极性，急需政府出台相关的经济鼓励政策，引导市场，优化资源配置，促进建筑节能发展。借鉴国外成功经验和模式，建议国家建立支持既有建筑节能改造的专用政府基金，专项用于既有建筑的节能改造、建筑节能改造技术的研究、开发及试点示范等。由于现今国家没有制定任何节能建筑的经济激励政策，致使建筑节能完全失去经济政策调控，无法调动用户、建筑所有者的积极性来配合政府开展节能改造工作。因此，建议政府出台相关经济鼓励政策支持既有建筑的节能改造。

6 总结

既有建筑的节能改造是一个很大的命题，其涵盖的内容远比新建建筑多，因此推行起来也要比新建建筑困难得多，复杂得多。但随着经济发展与能源紧缺矛盾的日益凸现，我们已经没有犹豫的时间，节能改造也是迫在眉睫的头等大事了。据了解，相关部门已经在北京、哈尔滨、厦门等地区进行小范围的

改造试验，并初见成效，相信不久的将来，会面向全国推广。作为建筑界的一员，我们要责无旁贷地投入到既有建筑节能改造的工作当中，携手合作，为实现 2020 年绝大部分既有建筑完成节能改造的总体目标而共同努力！

参考文献

王铁宏．对发展节能省地性住宅与公共建筑工作的研究与思考．建筑学报，2005(5)

布赖恩·爱德华兹．可持续性建筑．周玉鹏，宋晔皓译．北京：中国建筑工业出版社

王荣光，沈天行．可再生资源利用与建筑节能，北京：机械工业出版社

http://www.efchina.org/（促进我国建筑节能工作的建议）

http://www.chinahouse.gov.cn/（建筑节能走在路上）

http://www.curb.com.cn/（对我国能源及能源问题的思考）

http://fz93.fzepb.gov.cn/（关于缓解城区"热岛效应"创建生态城市的建议）

注：本文在撰写过程中有幸得到王有为先生的悉心指导，在此深表感谢。

作者索引
Index of Authors

（以英文姓序）

(by English last names)

机构索引

(以英文名称序)

Index of Institutes

(by English names)

河北北方绿野建筑设计有限公司	Hebei Ngreen Architecture Design Co., Ltd, Shijiazhuang	197
河北工业大学	Hebei University of Technology, Tianjin	783, 805, 819
合肥工业大学	Hefei University of Technology, Hefei	217
	Hokkaido University, Japan	633
香港特别行政区房屋署	Housing Department, Hong Kong	95
香港房屋署	Housing Department, Hong Kong	27
深圳华森建筑与工程设计顾问有限公司	Huasen Architecture & Engineering Design Consultants Ltd., Shenzhen	753
华中科技大学	Huazhong University of Science and Technology, Wuhan	63, 155, 169, 175, 181, 263, 347, 381, 549, 737, 797, 825
中国科学院地理科学与资源研究所	Institute of Geographic Sciences and Natural Resources Research, the Chinese Academy of Sciences, Beijing	427, 671
	Institute of Policy Studies, Singapore	117
	Islamic University of Gaza, Palestine	633
美国龙安规划建筑设计顾问有限公司	J.A.O.Design International Architects & Planners Limited	277
荷兰高柏伙伴规划园林建筑顾问公司	KuiperCompagnons, Office for Urban Planning, Landscape and Architectural Consultancy, Rotterdam, The Netherlands	541
中华人民共和国建设部	Ministry of Construction, P.R.C.	3, 9
日本室兰工业大学	Muroran Institute of Technology, Hokkaido, Japan	127
成功大學	National Cheng Kung University, Tainan	47, 81
台湾大学	National Taiwan University	391
新加坡国立大学	National University of Singapore, Singapore	117, 475, 627, 711
宁波大学	Ningbo University, Ningbo	313
华北水利水电学院	North China Institutes of Conservancy and Hydroelectric Power	435
华侨大学建筑学院	School of Architecture, Huaqiao University, Quanzhou	769
上海现代建筑设计（集团）有限公司	Shanghai Xian Dai Architectural Design (Group) Co., Ltd., Shanghai	531
深圳市建筑科学研究院	Shenzhen Institute of Building Research, Shenzhen	581, 665, 761
中国城市规划设计研究院深圳分院	Shenzhen Institute, China Academy of Urban Planning & Design, Shenzhen	645
四川大学	Sichuan University, Chengdu	191, 231, 237, 245, 289
华南理工大学	South China University Of Technology, Guangzhou	257, 355, 563
东南大学	Southeast University, Nanjing	723, 747
中山大学	Sun Yat-sen University, Guangzhou	75, 321